二次电池电极材料结构调控原理与应用

梁叔全　方国赵　曹鑫鑫 等　著

科学出版社

北　京

内 容 简 介

开发与可再生新能源适配的低成本、高安全、高效储能的二次电池系统已成为未来能源绿色革命的支撑技术之一。掌握二次电池电极材料涉及的理论知识、了解电极材料结构调控的原理对基础研究和应用推广具有重要意义。本书前半部分介绍了二次电池电极材料的基础理论、体相结构、微结构调控原理和制备方法与电化学表征；后半部分分析了目前备受关注的各类电极材料在二次电池中的应用。

本书适合从事纳米新能源领域研究的青年科技工作者、相关高技术产业的工程技术人员；也适合高等学校和科研院所从事相关研究的高年级本科生、研究生参考阅读。

图书在版编目(CIP)数据

二次电池电极材料结构调控原理与应用 / 梁叔全等著. —北京：科学出版社，2023.7

ISBN 978-7-03-075448-6

Ⅰ. ①二… Ⅱ. ①梁… Ⅲ. ①蓄电池-电极-材料-研究 Ⅳ. ①TM912

中国国家版本馆CIP数据核字(2023)第072575号

责任编辑：范运年 / 责任校对：王萌萌
责任印制：师艳茹 / 封面设计：赫 健

科 学 出 版 社 出版
北京东黄城根北街 16 号
邮政编码：100717
http://www.sciencep.com
北京厚诚则铭印刷科技有限公司印刷
科学出版社发行 各地新华书店经销
*
2023 年 7 月第 一 版 开本：720 × 1000 1/16
2024 年 7 月第二次印刷 印张：33 1/4
字数：672 000

定价：258.00 元

(如有印装质量问题，我社负责调换)

前言

能源的绿色和可持续供给是人类在地球上持续存在和发展最基本的物质条件。人类在地球上繁衍生息至今，经历了早期以燃烧植物根茎、枝叶为主获取能源，到近现代依靠燃烧煤、石油、天然气等化石能源，再到当代依靠化石能源和水力(包括潮汐)、风力、核能、太阳能发电等多渠道获取能源，能源科学和技术及产业获得了前所未有的发展！

但总体上讲，目前人类消耗的能源主要还是以化石燃料及其衍生产品为主。这一模式显然不具有可持续性，地球上的化石燃料是历经上亿年才演化而成的天然资源，其储量有限，且不可再生。乐观地估计，所有化石能源一起支撑人类可持续发展的时间约为 300 年；同时，伴随着化石能源的持续大规模使用，衍生出了一系列严峻的环境问题，如酸雨、雾霾和温室效应等。环境科学家评估表明：因过度使用化石能源引起的环境问题，造成对人类伤害的最坏结果可能不亚于发生一次世界范围的大战。如果不加以科学的治理，有可能最终引发更大的灾难，将人类在信息科技、人工智能和生物科技取得的巨大进步一笔勾销！

探索和开发可再生新能源，优化能源结构，提高能源转换与存储和利用效率，尽可能抑制能源使用造成的环境破坏，改善地球生态环境已成为当今世界科技支撑可持续发展的重大战略目标。目前，这已引起全球科技界的高度关注和大量经费的投入，这也是为什么这些年来，与能源相关的科技长期处于世界科技前沿的根本原因。

传统汽车的电动化，对于抑制废气排放、治理城市雾霾等方面起着十分关键的作用。在不太遥远的将来，以电为动力的机动车辆终将取代以化石能源为动力的汽车。目前，动力电池技术是新能源机动车发展的核心，已有一些体系，如三元锂电池体系已获得非常成功的规模商业应用，但开发高比能、高安全、低成本、长寿命的动力电池仍然是新能源机动车持续发展和市场推广的瓶颈，新的体系还在进一步探索中，并持续取得进展。

电动汽车虽然在一定程度上通过转换能源的使用方式，提高了能源的使用效率，部分实现了对抑制化石能源过度使用及由此产生的酸雨、雾霾和温室效应等严重危及人类赖以生存的地球生态环境问题的目标，但并没有从根本上改变人类对化石能源的本质依赖，因为目前为动力电池驱动机动车辆、为二次电池提供充电的能量仍然是一次能源，并没有摆脱主要依赖化石能源为主的格局。

在以摆脱对化石能源依赖为主要目标的新绿色可持续能源的研发中，太阳能、新水能(含潮汐能和规模人工光催化、光电催化制备氢等)、生物能、风能等都有机会成为未来具有重要应用价值的新能源体系。但这些能源供给体系中，大多数具有不稳定性和间歇性，这使其并网使用受到了极大的限制。因此，开发与可再生新能源适配的低成本、高安全、高效储能的二次电池系统就显得尤为重要，且已成为未来能源绿色革命的支撑技术之一。

此外，随着通信技术、互联网技术、生物技术和人工智能技术的高速发展和多功能高度融合，相关的便携式电子设备、人工智能装备等不断涌现，并走进千家万户，改变着我们的生活，这必将成为影响人类未来发展的另一类关键科学技术。这类高技术产品和装备严重依赖高能量密度、高安全性能的二次电池技术的支撑。

因此，无论是新能源科技本身，还是信息科技发展，都与二次电池储能相关的新理论、新技术、新材料研发密切相关，涉及人类生存、生产、生活方式变革的方方面面。这些问题能否最终予以解决，将成为人类在 21 世纪面临的重大世纪难题。

湖南省电子封装与先进功能材料重点实验室——“高性能、低成本纳米能源与先进功能材料”科研团队，自 2005 年开展二次电池材料研究至今，已有近 20 年时间了。在 863 计划、国家自然科学基金委员会重点项目、面上项目和青年项目等的资助下，持续开展了锂离子电池、钠离子电池、锌离子电池等方面的新材料研究。至本书成稿，团队先后在 *Energy Environment Science*、*Advanced Materials*、*Advanced Energy Materials*、*ACS Nano*、*Nano Letters*、*Advanced Functional Materials*、*ACS Energy Letters* 和 *Nano Energy* 等国际权威期刊，发表了高水平英文论文 300 余篇，其中高影响因子论文(IF＞10) 50 余篇和 ESI 高被引论文 30 余篇。研究团队本着“立德树人，善学成器，全面发展”的原则，开展科学研究和人才培养。目前，已培养相关博士研究生 25 名，硕士研究生 76 名，为本领域的发展培养了一批优秀的青年人才。

全书框架由梁叔全教授搭建完成，其中第 1 章由梁叔全、方国赵、曹鑫鑫、潘安强、周江共同完成，第 2 章由梁叔全、方国赵、曹鑫鑫共同完成，第 3 章和第 4 章由方国赵、曹鑫鑫、梁叔全共同完成，第 5 章和第 6 章由曹鑫鑫、梁叔全、方国赵共同完成，第 7～9 章由方国赵、曹鑫鑫、梁叔全、张伊放、潘安强等共同完成，第 10 章和第 11 章由方国赵、曹鑫鑫、梁叔全、潘安强共同完成，第 12 章和第 13 章由周江、方国赵、梁叔全共同完成。

感谢这些年来参加本团队科研工作的所有教师，潘安强博士、谭小平博士、唐艳博士、周江博士、方国赵博士、曹鑫鑫博士，已毕业的博士研究生蔡阳声博士、刘赛男博士、秦牡兰博士、秦利平博士、罗志高博士、张伊放博士、王亚平博士、胡洋博士、孔祥忠博士、陈涛博士等，以及硕士研究生和本科生，在此不

——列名致谢；感谢我的爱人康建安女士及家人、亲朋好友、国内外同仁好友，科学出版社相关同志，是你们的帮助、支持和鼓励，让我有足够的信心和勇气使本著作最后得以完成！

由衷地谢谢大家！

由于我们水平有限，难免存在疏漏和不当之处，诚请参阅本书的同仁给予批评、指正和谅解！

梁叔全

2022 年夏于湖南长沙岳麓山下

目　　录

第1章　二次电池发展概要

1.1　引　　言

随着社会经济的高速发展和城市化进程的迅速推进，能源和环境的可持续问题成为人类在21世纪面临的重大挑战。目前人类消耗的能源主要由石油、天然气和煤炭等不可再生的化石燃料提供。同时，伴随着传统能源的大规模使用，衍生了一系列严峻的环境问题，如酸雨、雾霾和温室效应等。因此，探索和应用可再生新能源，优化能源供求结构，提高能源存储、转换和利用效率，控制三废污染排放，改善地球气候环境成为世界能源格局可持续发展的重要战略目标。在新能源开发中，水能、太阳能、风能、潮汐能、生物能等绿色可再生清洁能源技术都具有重要的应用价值。但这些能源供给的不稳定性和间歇性极大地限制了其并网使用。因此，开发与可再生新能源适配的高效储能系统尤为重要。

同时，新能源汽车的推广已成为解决石油短缺和城市污染问题的有效途径。动力电池技术是新能源汽车发展的核心，故开发高比能、高安全、低成本、长寿命的动力电池已成为新能源汽车持续发展和市场推广的关键所在。此外，随着互联网和通信技术的高速发展，便携式电子设备、人工智能装备等正在迅速走进千家万户并改变着人们的生活方式，也推动着高能量密度、高安全二次电池技术的迅速发展。因此，开发二次电池储能新材料、新技术关系到人类的可持续发展和生产生活方式的革命性改变。

现有的二次电池体系包括铅酸电池、镍镉电池、钒液流电池、高温钠硫电池、锂硫电池、锂离子电池、钠离子电池和水系锌离子电池等[1]。其中铅酸电池和镍镉电池的能量密度低、污染环境。钒液流电池的运行和维护成本较高、能量密度低，且钒氧化物易析出并破坏电池结构。高温钠硫电池需要较高的工作温度，其安全问题不容小觑。锂离子电池由于其具有自放电慢、循环寿命长、无记忆效应、能量密度/功率密度高等优势，故在电化学储能领域中占据主导地位。自从索尼公司在20世纪90年代成功实现锂离子电池的商业化以来，锂离子电池的应用已经从最初的消费类电子产品迅速扩展到新兴电动/混合动力汽车、电网储能、航空航天等领域。但是，锂离子二次电池的迅速发展也使锂资源短缺的问题日益突出。锂在地壳中的质量含量约为0.0065%，且分布不均衡，提取难度大，加之电池的其他原料价格昂贵[2]，这极大限制了锂离子电池在大规模储能领域的广泛应用。

钠离子电池具有与锂离子电池类似的电化学工作原理，且钠在地壳中的储量丰富(约占地壳储量的2.83%)、价格低廉(以当前市场价计，工业级碳酸钠约250美元/吨)，因此近些年受到了广泛关注[3]。但由于钠的离子半径比锂大，故钠离子的扩散动力学阻力较大，且易引起宿主材料的体积应变，所以开发可稳定脱嵌钠离子的材料成为钠离子电池发展的关键[4]。另外，钠与锂相比原子质量更大且标准电极电势更高，可见钠离子电池的理论能量密度低于锂离子电池。但是钠离子电池以其成本和环保优势，仍有望替代铅酸电池并应用于低速交通和储能领域。此外，可充电多价离子电池由于采用多价离子作为质荷传递载体，其氧化还原反应涉及多个电子，所以有望实现更高的比容量和能量密度，其中水系锌离子电池因采取水系电解液代替有机电解液，极大地提高了其运行安全性，且具有成本低、环境友好、组装简易等突出优点，也被视作是最具有储能应用前景的二次电池[5]。

总之，二次电池技术能否取得新突破，其关键在于电极材料能否得到创新研究。在全球新能源材料科研的激烈竞争中，在电极材料设计、筛选、合成制备与评价表征领域取得的核心技术突破，在相关机理基础研究方面更深入的科学认识，在全电池体系获得核心技术，关系到下一代储能领域的技术引领。因此，持续在这方面开展相关新材料的基础理论和应用技术研究，必将对推动我国相关前沿技术和产业技术产生深远的影响。

1.2　主要电池体系与研发进展

电池发展历程，如图1-1所示。1800年，意大利的伏打发明了世界上首颗一次电池，这为电池的发展奠定了基础。为了纪念这次伟大的实验，人们将他的名字作为电势的单位，即伏特(Volt)。

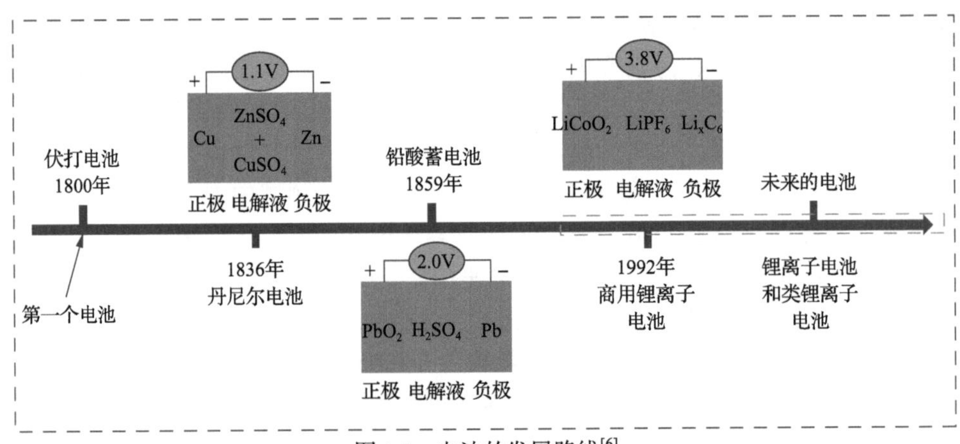

图1-1　电池的发展路线[6]

1836 年英国科学家丹尼尔开发了第一个实用的一次电池（$Zn/ZnSO_4$+$CuSO_4$/Cu，Daniell 电池）。而第一款可充电电池即著名的铅酸蓄电池诞生于 1859 年，其正极的主要成分为二氧化铅（PbO_2），负极的主要成分为铅（Pb），电解液为硫酸溶液[7]。直至今天，铅酸电池的发展历程已超过了 150 年，其制备技术成熟、价格低廉、安全可靠。但因其含有毒的铅而不具备环境友好性，且能量密度低（约 40W·h/kg）、使用寿命短，这极大地限制了铅酸蓄电池的实际应用。虽然在随后开发的镍-镉电池（1895 年）、锌-氢氧化镍电池（1920～1930 年）、镍-金属氢化物电池（1975 年）等二次电池在能量密度方面有所改善，但是循环寿命仍然是这些电池的短板，未能获得市场的认可。尽管如此，铅酸电池的开发打开了二次电池的研究大门，具有十分重要的意义。

20 世纪 50 年代，科学家使用锂金属作为负极，有机锂盐作为电解液，成功构造出了锂一次电池，标志着锂电池的诞生。20 世纪 80 年代，美国、日本等国家和地区的科学家提出使用锂金属作为负极，尝试可充电锂电池的研究，锂二次电池才真正进入科学研究阶段。但是由于在充放电过程中锂离子会在锂金属表面发生不均匀沉积，不断生长形成“锂枝晶”，造成系统严重的安全问题[8]，因此以锂金属作为负极的构想也不理想。直到 1992 年，日本 Sony 公司成功开发了第一代商业化的锂离子电池[9]。这款电池由于使用两种嵌入型的电极材料（钴酸锂和石墨），而没有直接采用金属锂作为负极，极大地提高了运行安全性。随后，其他日本制造商很快进入市场，美国、欧洲和中国公司也紧随其后。在 21 世纪初，锂离子电池的销量出现了惊人的增长，标志着“锂时代”的到来。这项科技相关的三大发明于 2019 年获得诺贝尔化学奖。

钠离子电池的研发几乎与锂离子电池同时进行[10]，但是由于锂离子在电化学上比钠离子具有更大的优势，且锂离子电池率先进入商业化阶段，这使得对钠离子电池的研究相对滞后。但随着人们对锂资源匮乏的担忧，21 世纪初钠离子电池又重新引起了人们的注意。特别是在 2000 年，科学家找到了能用作钠离子电池负极的高容量硬碳材料（放电比容量可达约 300mA·h/g）[11]，从而引发了对钠离子电池新一轮的研发热潮。2015 年，法国国家科学研究中心开发出了第一个钠离子 18650 电池，能量密度可达 90W·h/kg，循环寿命大于 2000 次[12]。至此，钠离子电池也逐渐进入了商业化阶段。

在二次电池的发展历程中，具有多价载荷离子（Zn^{2+}、Mg^{2+}、Al^{3+}、Ca^{2+}等）的二次电池也受到了研究人员的广泛关注[13-16]。然而，镁、铝、钙离子电池由于缺乏合适的宿主材料、电解液复杂且昂贵、电池组装不便利等问题，其研发遇到了瓶颈[14]。而使用中性（或弱酸性）电解液的水系锌离子电池表现出了优异的电化学性能[17]，特别在家庭储能、电网规模储能等方面具有巨大的前景，有望取代目前的铅酸电池。自从伏打在第一个电池中采用金属锌作为负极以来，锌负极因其具有理论容量高、氧化还原电位相对低、成本低、安全性高等优点，在锌-锰电池、镍-锌电池、锌-空气电池等各种锌基二次电池中均被视为理想的负极[18-20]。其中，碱性锌-二氧化锰二次电池因具有较高的工作电压、可观的放电比容量而被大量研究[21]。但是，在碱性电解液中锌金属表面极易生长“锌枝晶”和钝化，这导致其循环寿命和放电性能差，限制了其实际应用[21]。1988 年，Shoji 等首次报道了使用硫酸锌溶液作为电解液的水系锌-二氧化锰电池，开启了水系锌离子电池的研究之路[22]。研究表明，中性或弱酸性电解液能有效地抑制“锌枝晶”的生长，这极大地提高了锌离子脱嵌的库仑效率[23]。近年来国内外的许多大学、研究机构，如滑铁卢大学 Nazar 教授团队、美国西北太平洋国家实验室 Liu Jun 教授团队、马里兰大学王春生教授团队、南洋理工大学范红金教授团队，清华大学康飞宇教授团队、南开大学陈军教授团队、复旦大学夏永姚教授团队、华中科技大学黄云辉教授团队、武汉理工大学麦立强教授团队、本书作者团队等在水系锌离子电池基础研究方面开展了各具特色的研究工作，从而有力地推动了这一领域的进步。

总之，自电池问世以来，虽然经过科学家大量的试验开发出一些具有巨大应用前景的二次电池如锂离子电池、钠离子电池、水系锌离子电池等，但是都各有优势与弊端，且其中一些基础性的机理问题也未完全解决，因此深入理解二次电池的原理与特点，揭示一些重要的反应机理，形成电池结构优化策略，对加快二次电池的实际应用至关重要。下面对几种典型的二次电池的工作原理及研究动态分别进行介绍。

1.2.1 锂离子电池

1976 年，英国化学家 Stanley Whittingham 发现了能储存锂离子的层状电极材料 TiS_2，锂离子可以在电极间来回穿梭，具备充电能力，并且可在室温下工作[8, 24]。Whittingham 用“插层(intercalation)”命名这种锂离子存储方式，即在锂离子嵌入或脱嵌的过程中，主体的基本晶格结构几乎没有变化。但是由于在充放电过程中锂离子会在锂金属表面发生不均匀沉积，形成树枝状锂枝晶，锂枝晶穿透隔膜生长至正极材料表面，从而造成内部短路，引发严重的安全问题。另外，金属锂的高化学反应活性使得电池的循环性能差，而且还存在热失控反应的固有风险，当时这在安全性方面是一个无法解决的问题，因此以锂金属作为负极的构想暂被搁置。20 世纪 80 年代末，牛津大学的 Goodenough 团队预测相比于硫化物，过渡金属氧化物可以在高氧化态下保持稳定(硫族化物中的 S^{n-}倾向被氧化成 S^0 或与水反应生成 H_2S)，同时也提供了更高的电势(相对于 Li^+/Li，＞4.0V)，因此电池具有更高的工作电压和能量密度。他们探索了一系列基于 $LiMO_2$ 的层状结构材料(M=V、Cr、Co、Ni)，并探索了相应化合物可脱出 Li^+的含量，其中 $LiCoO_2$ 的

Li 摩尔含量可降低至 0.067，电压可充至 4.70V[25]。1983 年，Rachid Yazami 证明了锂离子可以通过电化学方式插入石墨中，并且该过程可逆[26]。1985 年，Akira Yoshino 发明了一种以石墨为负极，以 $LiCoO_2$ 为正极的新型非水电解液二次电池体系，后来命名为锂离子电池(lithium-ion battery)[27]。1992 年，日本 Sony 公司将该电池体系实现了商业化。商业化的锂离子电池在重量和体积能量密度上均是镍镉或镍金属氢化物电池的两倍，这有助于极大地减小便携式设备的电源尺寸和重量。通过提供 4V 或更高的电压，单块锂离子电池可以驱动一部手机。由于在相关关键材料的基础研究和应用技术获得的重大进步，M. Stanley Whittingham，John B. Goodenough 和 Akira Yoshino 共同获得了 2019 年诺贝尔化学奖。

锂离子电池由四个关键部分组成：正极、负极、隔膜和电解液，如图 1-2 所示。正负极材料一般都是可以脱出和嵌入锂离子的材料。对于正极材料，要求其电极电位相对高，如层状的 $LiCoO_2$、三元材料或橄榄石(olivine)型 $LiFePO_4$ 等，而与之配对的负极材料则要求电极电位相对低，如石墨，以确保电池具有最大的能量输出。

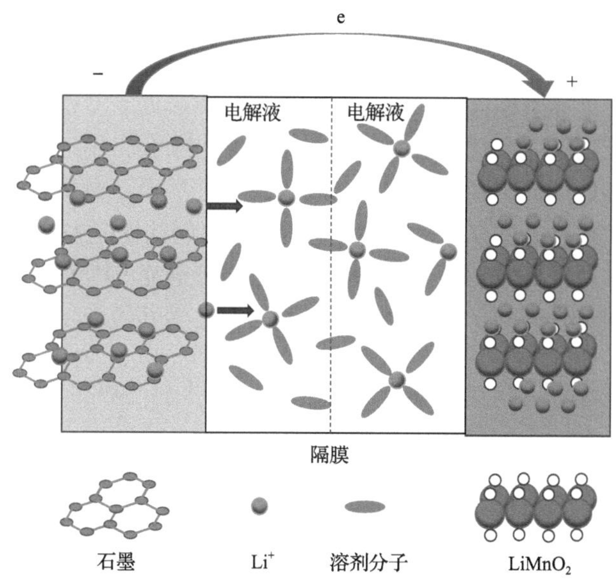

图 1-2　锂离子电池结构示意图[1]

隔膜的主要作用是将电池的正、负极分隔开来，防止两极接触而短路，此外，它还具有能使电解质离子通过的功能。为确保高的离子电导率，提高电池的安全性能，隔膜应具备以下基本特性：电绝缘性好、对电解质具有化学和电化学稳定性、对电解质润湿性好、对载荷离子有很好的透过性、电阻低、具有一定的机械强度。目前通常采用高强度聚烯烃薄膜化的多孔膜如聚丙烯、聚乙烯或它们的复合膜作为隔膜。现有的商业化电解液主要包含两种类型，液态电解液和凝胶电解液。液态电解液通常是在有机溶剂(如烷基醚类乙二醇二甲醚、酯类碳酸乙烯酯等)中溶有锂盐电解质(如无机阴离子盐 $LiPF_6$、有机阴离子盐 $LiN(CF_3SO_2)_2$ 等)的离子型导体，具有连接正负极并传导离子的功能。液态和凝胶电解液均具有较高的室温离子电导率，可以有效地浸润电极表面，形成稳定的固体电解质膜，具有较低的电池内阻和较好的循环稳定性。但当外部温度升高时，或者大电流充放电或短路时，将导致电池内部的温度上升，非常容易引发燃烧爆炸。而采用阻燃的无机固态电解质，则可以从根本上解决电池燃烧的安全问题。固态电解质能够在较宽的温度范围内工作，从而扩宽了锂离子电池的温度适用范围。但目前固态电池的内阻较高，因此发展高电导率的电解质材料、降低固固界面的电阻是关键。

锂离子电池实际上是一种锂离子浓差电池，依靠锂离子在正负电极材料之间的可逆脱嵌完成充放电过程。在正常的充放电过程中，一般锂离子在层状结构的碳材料和层状氧化物的层间嵌入和脱出只引起层间距的改变，不破坏晶体结构。在充电过程中，正极材料中的电子在外电场的作用下通过外部电路转移到负极材料，为了保证电极材料的电中性，锂离子将从正极材料的晶胞中脱出进入电解液，并通过电解液移向负极材料，与转移过来的电子结合并一起嵌入负极材料中。充电结束时，正极处于贫锂态，具有较高的电势，负极处于富锂态，具有较低的电势。电池一旦连通，就会放电。在放电过程中，电子会自发地通过外电路从负极迁移到正极。与此同时，负极的锂离子将脱出并迁移至正极发生反应，完成能量的转化。这种在充放电过程中，锂离子在正负极之间往返脱/嵌的行为通常被形象地称为“摇椅”，因此锂离子电池也被称为“摇椅电池”[28, 29]。

以第一代商业化锂离子电池为例，电池的电化学表达式为

$$(-)\,C_6\,|\,1\,mol\cdot L^{-1}\,LiPF_6-EC+DEC\,|\,LiCoO_2(+)$$

其电池反应机理如下。

$$\text{正极反应：}\ LiCoO_2 \rightleftharpoons xLi^+ + Li_{1-x}CoO_2 + xe^- \tag{1-1}$$

$$\text{负极反应：}\ 6C+xLi^+ + xe^- \rightleftharpoons Li_xC_6 \tag{1-2}$$

$$\text{电池反应：}\ LiCoO_2+6C \rightleftharpoons Li_{1-x}CoO_2 + Li_xC_6 \tag{1-3}$$

根据使用场景的不同，锂离子电池产品具有不同的形状。当前的商用电池主要有三种类型，圆柱形、方形和软包电池，如图 1-3 所示。使用量最大的是圆柱电池，一般遵循标准尺寸模型，即 18650 型电池(圆柱形的型号用 5 位数表示，前两位数字表示直径，中间两位数表示高度，最后一位表示圆柱形，18650 型表示

直径 18mm，高度 65mm 的圆柱电池）。18650 型商业化锂离子电池的体积能量密度为 600～650W·h/L，一般要比棱柱形和软包电池约高 20%，因为圆柱状电池中的堆叠式电池组件缠绕的张力更高。但方形和软包电池由于其在模块级的死区体积小且设计自由度较高，尺寸易于针对最终产品进行定制，因此仍被广泛应用。

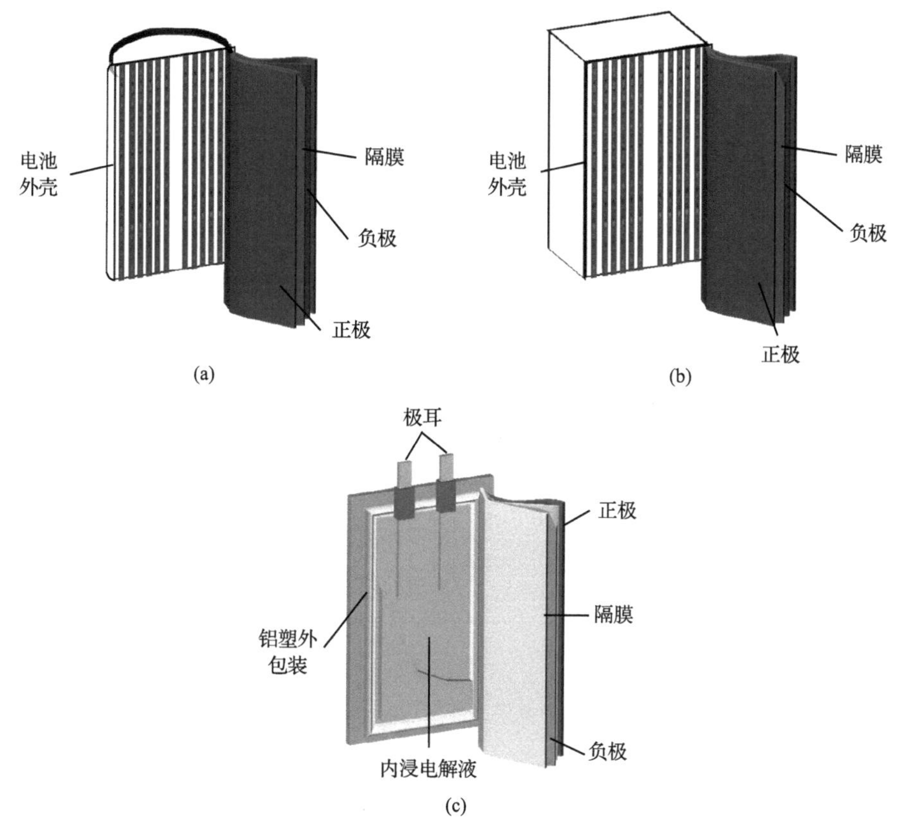

图 1-3　三种代表性的商用电池结构[30]

(a) 圆柱形；(b) 方形；(c) 软包电池

在大规模应用中，如电动汽车等领域，一定数量的电池被包装到一个模块中，模块的设计在很大程度上取决于产品的尺寸和形状，以及它们的互连电路、安全性和温度控制方面要求[30]。还有一类是扣式电池，主要应用在实验室，可用来研究半电池、全电池体系的电化学性能。

尽管锂离子电池在商业上取得了巨大的成功，但我们必须意识到目前的性能已经接近电极材料和电解液的极限。通常，正极材料、负极材料与电解液共同决定了锂离子电池的性能，由于负极材料具有比正极材料更高的储锂容量，因此正极材料是限制锂离子电池性能的关键所在。此外，考虑到锂离子电池性能的限制，以及锂资源短缺导致的成本上升，同样也严重限制着其市场的快速发展和可再生能源的高效利用。再有，目前锂离子电池仍存在一些技术瓶颈，如充电时间较长、使用寿命较短，特别是反复充放电后引起的性能劣化及安全性问题。为了满足动力及储能特殊领域的应用需求，人们对高能量密度电极材料的系统研究始终没有间断。

目前，典型的正极材料为锂过渡金属氧化物，根据其结构的不同，可分为三大类：①层状结构，如 $LiCoO_2$、$LiNi_{0.8}Co_{0.15}Al_{0.05}O_2$、$LiNi_{1/3}Co_{1/3}Mn_{1/3}O_2$ 等；②尖晶石型，如 $LiMn_2O_4$；③橄榄石型，如 $LiMPO_4$(M=Fe、Mn、Co、Ni)等，如图 1-4 所示。

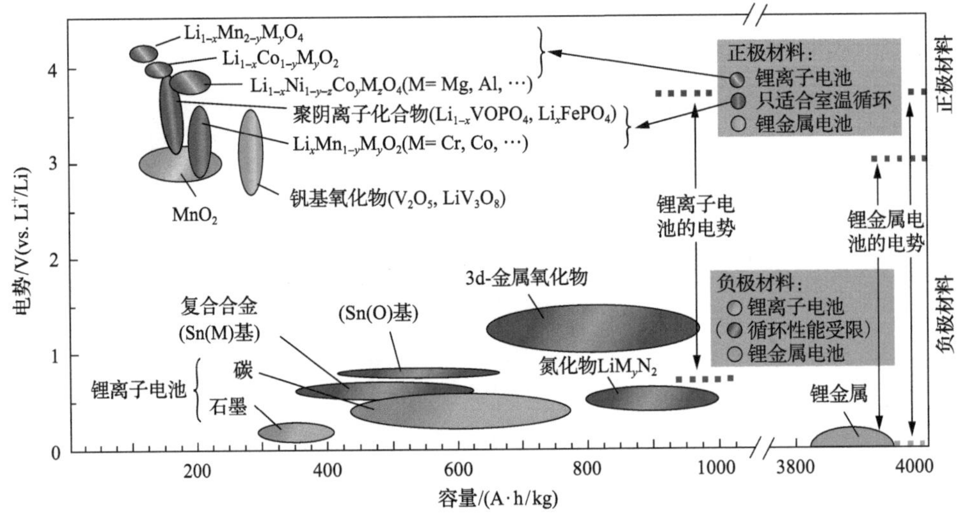

图 1-4　锂离子电池正负极电极材料[31]

层状结构(layered)氧化物中氧离子紧密结合，阳离子位于阴离子围成的多面体晶格位点之中。其中$[MO_2]$构成的平面和 Li 构成的平面相互交叠堆砌，构成了最终层状氧化物的晶体结构。作为第一批商业锂离子电池正极材料采用的钴酸锂，其具有制备方便、开路电压高、比能量高、寿命长、可以快速放电等优点，锂离子电池已发展 30 余年，钴酸锂仍然在市场上占有不小的份额，如图 1-5 所示。钴酸锂的理论比容量很高(274mA·h/g)，然而当 $LiCoO_2$ 完全脱出一个 Li^+时，其结构会发生坍塌，因此 $LiCoO_2$ 在实际应用中只适合脱出 0.5 个 Li^+，比容量只有 140mA·h/g 左右[32]。

值得注意的是，钴元素具有很强的毒性，且相比于镍、锰金属，钴的成本更高，这增加了钴酸锂作为锂离子电池正极材料的成本。采用储量更丰富和环保的金属，如 Ni 和 Mn 取代 $LiCoO_2$ 中的 Co 可得到 $LiNiO_2$、$LiMnO_2$ 和 $LiNi_{0.5}Mn_{0.5}O_2$ 等材料，其实际比容量可达约 200mA·h/g[33]。但是这类材料存在热稳定性差、过渡金属离子溶解等问题，从而使得电池的实际容量衰减过快，极大地削弱了其电化学性能[34]。

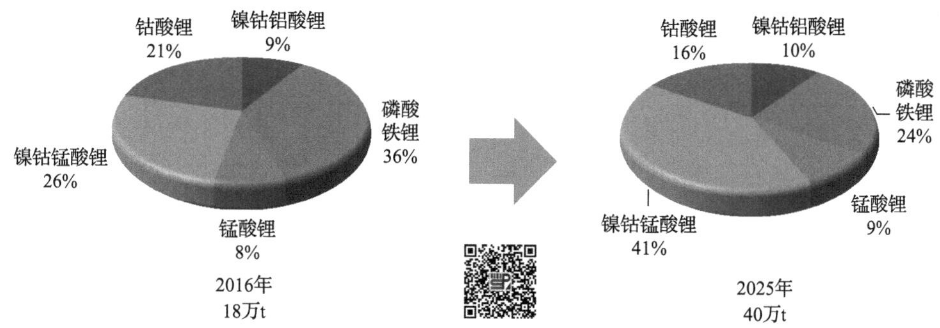

图 1-5　2016 年和预计 2025 年所有锂离子电池市场中各先进材料所占的质量百分比[35](彩图扫二维码)

对三元材料(例如 Li-NiCoMn-O)准确的晶体结构还存有争议，一种观点认为，该材料具有类似于 $LiCoO_2$ 的晶体结构，如图 1-6 所示。O^{2-}作密堆积，金属离子占据阴离子多面体空隙中；结构中有 O^{2-}层、Li^+层和 Co 层，此层中 Co 元素可以被 Ni、Mn 部分取代，具有多种组合，其中 Mn 保持+4 价，无电化学活性，Ni 和 Co 分别为+2 和+3 价。Mn^{4+}的存在能稳定结构，Co^{3+}可以提高材料的电子导电率，同时抑制 Li^+/Ni^{2+}混排。Al 取代 Ni/Co 能够在一定程度上改善材料的结构稳定性，提升材料的循环性能。随着三元正极材料能量密度和安全性能的提升，它们在便携电子设备、电动汽车等发展中的优势明显，电池市场份额比重也越来越高，更高能量密度和更优倍率性能的三元正极材料电池已成为这一代锂离子二次电池的主流。

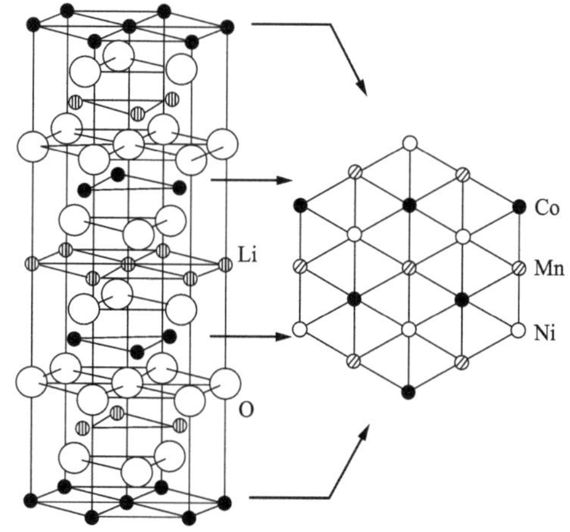

图 1-6　$Li[Ni_{1/3}Co_{1/3}Mn_{1/3}]O_2$ 晶体超晶格结构模型[36]

尖晶石结构氧化物，如 $LiMn_2O_4$，由于其具有原料资源丰富、成本低廉、环境友好、安全性佳和功率密度高等优势，而受到研发者的重视。理想的 $LiMn_2O_4$ 晶体结构属立方晶系 Fd3m 空间群，O^{2-}作面心立方紧密堆积(fcc)，占据晶格 32e 位置；锰离子占据 O^{2-}八面体位点的 16d 位置；锂离子占据 O^{2-}四面体位点的 8a 位置；16c 为空位。由于一个晶胞包含有八个结构基元，即完整晶胞的化学式为 $Li_8Mn_{16}O_{32}$，因此单胞中有 64 个四面体空隙，32 个八面体空隙。Li^+占四面体空隙的 1/8，即占 8 个四面体空隙；$Mn^{3.5+}$占八面体空隙的 1/2，即占 16 个八面体空隙。$LiMn_2O_4$ 晶胞结构的原子占位如图 1-7 所示。

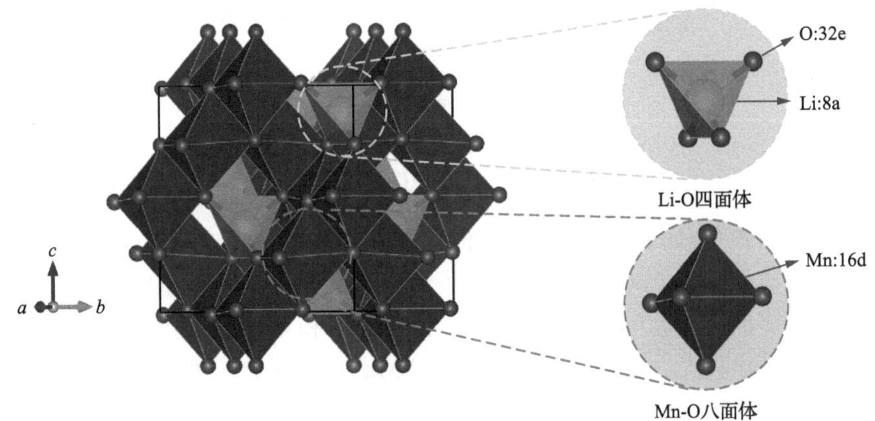

图 1-7　理想的 $LiMn_2O_4$ 晶体单胞结构

与层状结构不同的是，该结构具有三维传输通道，优异的离子电导率使得该材料的倍率性能十分优秀，且氧化性远低于钴酸锂，即使出现短路、过充电也能够避免燃烧、爆炸的风险。然而该材料的主要瓶颈在于实际比容量过低(～125mA·h/g)和结构稳定性差[37]。

橄榄石结构磷酸盐化合物，最重要的是 Goodenough 团队提出的 $LiFePO_4$，属正交晶系，空间群为 Pmnb，O^{2-}作近六方紧密堆积(hcp)。其结构特征为一个八面体$[FeO_6]$、两个八面体$[LiO_6]$和一个四面体$[PO_4]$共边，在三维空间内形成网状结构，如图 1-8 所示[31,38]。

$LiFePO_4$ 电极材料是公认的结构最稳定的锂离子电池正极材料。然而由于聚阴离子磷酸盐中磷和氧形成很强的共价键，使得整个晶体结构变得很稳定，其电子导电率和 Li^+扩散速率都很低，$LiFePO_4$ 在倍率性能方面受到了限制[31]。此外，$LiFePO_4$ 的充放电电压平台在 3.5 V 左右，相对较低，故其被广泛认为是廉价、低能量密度正极材料。

上述三类正极材料是目前商业化程度较成熟的正极材料，但它们都存在着各自的缺陷。特别是其实际比容量都较低。因此，开发比容量更高的正极材料，以获得更高的能量密度，仍然是锂离子电池研究的热点之一。其中，多价态的钒(V^{5+}、

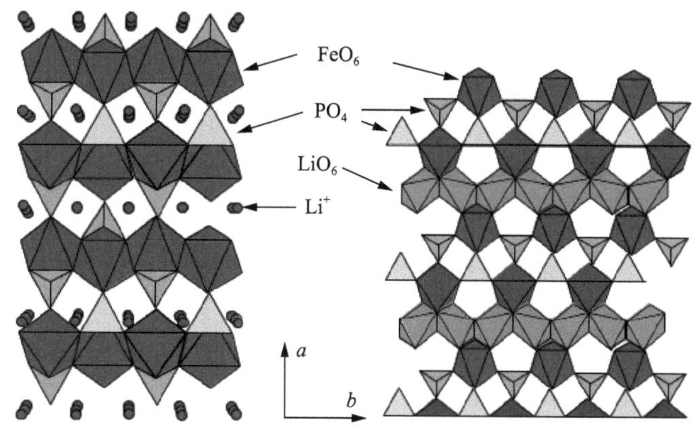

图 1-8　理想 $LiFePO_4$ 晶体结构[31]

V^{4+}、V^{3+}、V^{2+})的氧化物因具有较高的理论容量而备受关注。目前报道的 V_2O_5、LiV_3O_8、$Na_{0.33}V_2O_5$、$K_{0.25}V_2O_5$ 都具有适合锂离子脱嵌的层状或隧道状晶体结构，其理论比容量普遍比较高[39, 40]。例如，当 V_2O_5 在嵌入 3 个 Li^+时，其理论容量可达～441 mA·h/g。但是，这时会生成不可逆的岩盐结构 ε-$Li_xV_2O_5$ 相，造成结构坍塌，导致容量迅速衰减。为了克服这个缺陷，研究人员向 V_2O_5 的层间嵌入金属阳离子(Li^+、Na^+、K^+等)形成钒酸盐材料，金属阳离子在 V_2O_5 的层间中能起到“支柱”的作用，能够极大地提高材料的结构稳定性，且可以有效增加导电性，从而改善材料的电化学性能[41-43]。尽管钒酸盐正极材料的电化学性能逐步地得到提升，但其离实际应用的目标仍然很远，主要是因为：①电子导电性低；②本身不含自由的 Li^+，很难与石墨负极匹配成全电池。因此，对于 V_2O_5 和钒酸盐正极材料，还要开展大量的基础研究工作，例如，通过结构调控及材料复合手段改善其电子导电性、开发性能可靠的金属锂负极材料与之匹配全电池等。

理想的锂离子电池负极材料应具有以下特征：高可逆的质量和体积比容量、相对正极更低的电位平台、高倍率性能、长循环寿命、低成本、优异的化学稳定性和与电解液的相容性。锂离子电池的负极材料从金属锂负极发展到现在，也出现了各式各样的材料。纯锂金属显然是最理想的负极材料，因为它不携带任何无用的质量且与正极匹配可获得最高的工作电压。但是在充电过程中容易形成锂枝晶，易刺穿隔膜导致电池内部短路，进而导致严重的安全隐患。目前主流的负极材料是石墨负极，但其理论电化学储锂容量仅为 372 mA·h/g，远不能满足进一步提高锂离子电池能量密度的需求。此外，由于锂离子在碳材料中的固相扩散速率较为缓慢(在 10^{-12}～$10^{-6}cm^2/s$)，所以，以石墨为负极的锂离子电池功率密度通常不高。因此，迫切需要寻找容量高、离子扩散快的负极材料来提升电池的能量密度和功率密度。

近十年，人们在负极材料领域投入了大量的研究精力，并取得了丰硕的成果。

目前，研究者已经对大量非石墨碳材料包括碳纳米管、碳纳米纤维、石墨烯、多孔碳等，硅及其化合物负极，锗、锡及其合金负极，过渡金属氧化物、硫化物、硒化物、磷化物、氮化物等进行了深入研究，如图 1-9 所示[44]。根据电化学嵌锂/脱锂机理，这些负极材料大致可以分为三大类：①嵌入反应，如碳基材料和 $Li_4Ti_5O_{12}$[45]；②合金化反应，如硅、锗和锡等[46,47]；③转化反应，主要指过渡金属氧化物，如 Co_3O_4 和 ZnO[48]，也包括过渡金属硫化物、磷化物和氮化物等。

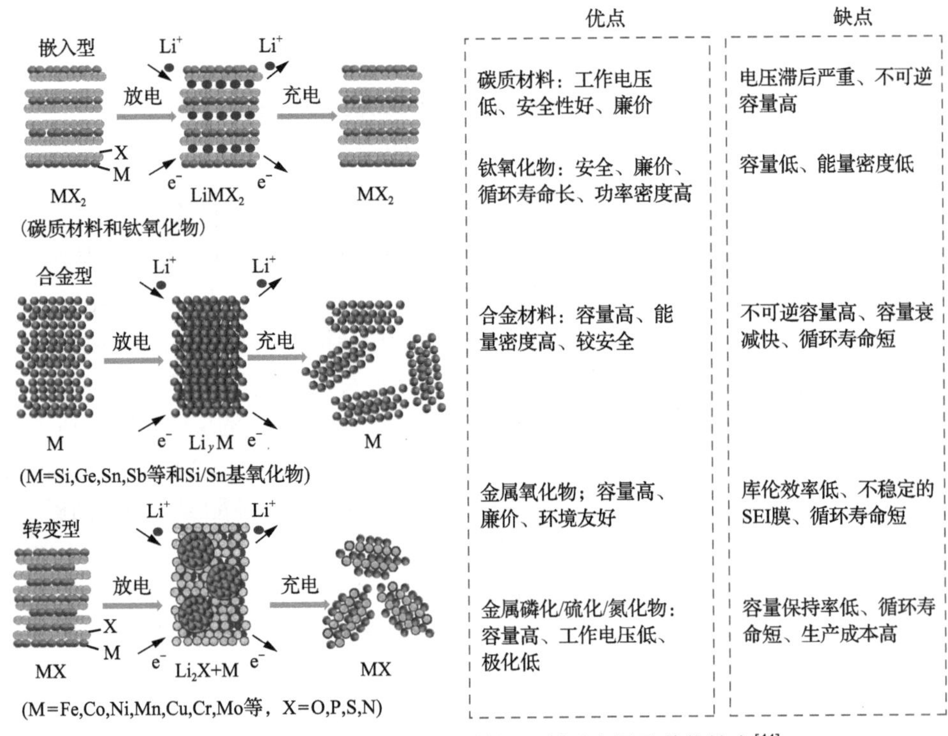

图 1-9　三类典型负极材料的储锂机制示意图及其优缺点[44]

嵌入反应需要宿主材料具有可容纳锂离子的晶格空间和可维持电荷平衡的活性阳离子，但是嵌入反应的负极材料能量密度普遍偏低。合金化反应的优点是比容量高、电化学反应速率快，但是其反应前后材料的体积变化大，容易导致材料粉碎、副反应加剧。转化反应通常受限于材料的不可逆性，因此需要活性材料的颗粒较小，通常粒径需小于几十纳米[49]。与传统的石墨负极相比，上述的负极材料在能量密度和功率密度方面均有很大的潜力。但面向产业化应用的高性能负极材料的设计和开发仍然面临重重挑战。幸运的是，近年来科研领域和工业界都看到了高性能负极材料的巨大机遇，并投入了大量的人力和资金以力求在理论基础和应用研究方面取得突破。

目前，锂离子电池的正负极材料均取得了较大的进展，这些研究证明了实现下一代更高性能电池的可能性，同时提供了对材料内在的物理化学性质及电化学过程中动态结构转变的深刻见解。虽然在很多报道中，新材料的容量已达到当下商业化材料的两倍以上，但这些数据大多基于以新材料为正极，锂片为负极组成扣式半电池测试获得的，缺乏与实际应用水平相关的测试，这使得新材料难以运用到实际的工业生产中。因此，研究人员应当明确实验室与实际应用电池的制造差异，使实验数据更具有可比性，这对于商业化锂离子电池性能的进一步提升是至关重要的，从而有助于电池产业的快速发展[50, 51]。

在工业生产中，通常采用多极片叠层、高比例的活性物质负载量(97%左右)、低含量电解液(一般是 1.3g/(A·h))的方法降低非活性组分含量，以获得更高的质量比容量(以整个电池质量为参照)。而实验室采用的扣式半电池装置具有丰富的锂源和电解液，这会掩盖实际电池中的副反应问题。此外，半电池中的负极材料通常具有更高的比容量和更低的电位，正极材料通常表现出更高的工作电压。原则上，这些正负极材料的组合有可能会使电池性能得到大幅度提升。但电池是一个多组分组成的复杂系统，即使使用当下最为优异的电极材料也有可能制造出性能较差的电池。因此为了更客观、准确地预测新材料的性能，将材料与商业电极材料组装成全电池进行测试是有必要的。

在全电池的充放电过程中，Li^+在正负极间来回迁移，为满足 Li^+利用率的最大化，正负极片负载量的匹配是非常重要的。理论上正负极负载量应参考相应放电容量相等时的比例，但考虑到截止电压、电流密度、成本等因素，实际中通常选择某一电极过量来保证电池的综合性能。全电池中，锂离子仅由正极提供，固体电解质界面膜的形成和电解液分解等副反应将导致锂的不可逆损失，且无法被补充，故循环过程中容量衰减得更快。但一般不采用正极容量过量的方法用于补偿负极的容量损失，一是因为正极材料价格昂贵，二是即使得以补偿，正极过多的锂空位也将导致电池的工作电压和实际容量变低。此外，若多余的锂离子无法进入负极，则会在负极表面形成锂枝晶，从而导致电池的循环性能变差，也会造成电池内部短路，引发安全问题。因此对于非锂金属电池，一般全电池中负极略多于正极，容量比例为 1.1 左右。对于首次不可逆容量损失较小的碳基材料，一般采用加入添加剂的方法进行改善。而对于首次不可逆容量损失较大的材料(如硅基、锡基、金属氧化物等)通常对负极进行预锂化处理。预锂化技术主要包括原位掺杂、接触反应、电化学和化学锂化等。对于锂金属全电池，因制备较薄厚度的锂箔对工业生产来说仍存在一定困难，故负极容量/正极容量比(negative/positive，N/P)大于 1.1。

Balogun 等[52]总结了纳米结构负极材料在全电池中的影响，主要包括四类：碳基材料、合金类材料、Ti 基材料及过渡金属氧化物，如表 1-1 所示，括号中为测试的电流密度，其中，1C 指可充电池以电池标称容量大小为单位对电池进行的一个小时的持续放电的方式，通常指倍率，C 表示容量。

表 1-1 部分扣式锂离子全电池的储锂性能[52]

负极	正极	质量比(负极∶正极)	电压范围/V	工作电压/V	比容量/(mA·h/g)	能量密度/(W·h/kg)和功率密度/(W/kg)
SLA1025 石墨烯	LCO	1:2.5	2.5～4.2	3.6	80	136 和 1150(0.5C)
硬碳/锂复合材料	LCO	—	2.0～4.2	3.6	131	288 和 114(52mA/g)
Ge 纳米棒	LCO	—	2.8～3.9	3.3	1184	475 和 6587(5C)
Sn-C	C-LFP	1∶2	1.8～3.5	2.8	120	340 和 2400(3C)
石墨烯纳米片	LFP	—	1.0～4.0	3.0	165	380 和 392(1C)
多层石墨烯/Si	$LiNi_{1/3}Mn_{1/3}Co_{1/3}O_2$	—	3.0～4.3	3.7	120	156 和 30(23mA/g)
Al 核壳纳米颗粒	LFP	1∶7.7	2.5～4.0	3.3	1000	1500 和 2116(1, 410mA/g)
TiO_2 纳米管	LNMP	—	1.0～3.5	2.1	80	205 和 44(17.5mA/g)
TiO_2-C	LCO	—	2.0～4.75	3.75	413	413 和 100(100mA/g)
TiO_2 纳米纤维	LMO	—	1.7～2.5	2.5	104	83 和 120(150mA/g)
TiO_2 空心纳米管	LFP	1∶1.31	0.9～2.5	1.4	103	165 和 160(100mA/g)
TiO_2-MoO_3	LCO	4∶1	1.0～4.0	3.3	120	285 和 1086(50mA/g)
LTO 纳米颗粒	LCP	1∶1.3	1.5～3.8	3.2	122	378 和 53(17mA/g)
LYO	$LiNi_xCo_yMn_{1-x-y}O_2$	—	1.5～2.7	2.3	—	90 和 2200(1A/g)
C-$LiTi_2(PO_4)_3$	LMO	1∶1.04	0.9～1.7	1.5	103	82 和 119(150mA/g)
$TiNb_2O_7$	LNMO	—	1.5～3.3	3.0	200	250 和 18(15mA/g)
$Li_4Ti_5O_{12}$-$Li_2Ti_3O_7$	LFP	—	1.9～2.5	1.8	125	75 和 48(80mA/g)
Sn-C	$Li[Ni_{0.45}Co_{0.1}Mn_{1.45}]O_4$	1∶2.5	3.1～4.8	4.4	125	170 和 180(132mA/g)
TiO_2(B)纳米线	$LiNi_{0.5}Mn_{1.5}O_4$	—	2.0～3.5	3.0	100	150 和 132(0.5C)
$ZnFe_2O_4$	LFP-CNT	1∶1.5	0.8～3.9	2.1	600	202 和 372(0.1mA/cm²)
Si/CIWGS	$Li(Ni_{0.75}Co_{0.1}Mn_{0.15})O_2$	—	2.7～4.2	3.6	196	720 和 735(200mA/g)
G-纳米片	LNMO	1∶3	2.0～4.9	3.75	100	290 和 84(29mA/g)
FeSb-TiC	LNMO	1∶1.4	2.0～5.0	4.0	120	260 和 127(60mA/g)
TiO_2 纳米纤维	LMO	1∶1.9	1.7～2.5	2.2	105	220 和 314(150mA/g)
TiO_2/LTO 分级纳米片	LCO	1∶2	1.5～3.7	2.5	218	333(335mA/g)和 37025(16.7mA/g)
Ni_3N 纳米片	LNMO	1∶4	2.5～3.9	3.6	100	120(85 mA/g)和 3390(2260mA/g)

大多数碳基和高容量负极材料的放电电压通常低于 0.5V，因此当与放电电位高(大于 3.5V)的正极材料组装时，工作电压可以达到 3.0V 以上。SEI 膜的形成、极化(主要发生在转化反应中)、较差的循环稳定性、较高的氧化还原电势和巨大的体积膨胀是锂离子全电池应用中负极材料需要克服的主要问题。其中 SEI 膜的形成是纳米结构负极材料在锂离子全电池应用中的巨大阻碍，首次循环中容量损失在某些情况下会影响电池的长期循环性能。对于某些 Ti 基材料，如 $Li_4Ti_5O_{12}$，Li^+嵌入电压在 1.55 V(vs. Li^+/Li)左右，还原电压较高，可以避免 SEI 膜的形成，从而实现优异的循环性能，但 Ti 基材料的高电压平台和低容量特点仍然限制了其作为高能量密度锂离子电池负极材料的应用。对于合金类材料(如 Si、Sn、Ge 等)，可以采用与碳材料等复合的方法以改善其固有电导率低和体积膨胀大等问题。过渡金属氧化物具有较高的理论容量，能够提高锂储存性能，当与高压正极材料结合时，可实现高压锂离子电池，是最有望取代传统石墨的材料。

总之，全电池研究的趋势仍然是寻找可以同时获得具有更高能量密度、更高功率密度和高工作电压的配置。寻找合适的正负极匹配，选择合适的锂离子电池工作电压窗口，以使得在循环过程中电极材料可以被完全利用是至关重要的。目前负极材料的研究极大地提高了电池的能量和功率密度，因此对高电压正极材料的研究至关重要，对纽扣全电池开发的进一步研究也应集中在正极材料上。此外，也可将某些高电压负极材料用作某些需要低电压的电池中，这是实用锂离子电池开发的另一个关注点。

1.2.2　钠离子电池

钠离子电池的结构与锂离子电池类似，由正极、负极、电解液、隔膜、集流体和电池壳等组成[53]。工作原理与锂离子电池类似，也是典型的“摇椅电池”。不同的电极材料其储能机制略有不同。以层状 $NaMnO_2$ 为正极材料、硬碳为负极材料的钠离子电池为例，其正负极反应式如下。

$$\text{正极反应：}\ NaMnO_2 \rightleftharpoons Na_{1-x}MnO_2 + xNa^+ + xe^- \quad (1\text{-}4)$$

$$\text{负极反应：}\ C + xNa^+ + xe^- \rightleftharpoons Na_xC \quad (1\text{-}5)$$

$$\text{电池反应：}\ NaMnO_2 + C \rightleftharpoons Na_{1-x}MnO_2 + Na_xC\left(0 \leqslant x \leqslant 1\right) \quad (1\text{-}6)$$

式(1-4)表明，充电时正极材料在外电压的作用下发生氧化反应，同时伴随着钠离子从其晶格中脱出，钠离子穿过电解液和隔膜到达负极并嵌入硬碳负极中。随着充电过程的进行，正极逐步处于贫钠状态，而负极逐步处于富钠状态，同时外电源提供的补偿电荷流向负极使其发生还原反应。正负极之间形成电势差，同时将电能转化为化学能储存于钠离子电池中。放电过程则恰好相反，钠离子从负极材料中脱出，经过电解液的传输到达正极并嵌入其晶格中。同时电子经外电路从负极流向正极，即形成驱动电流。所以钠离子电池材料体系的创新探索可以借鉴锂离子电池较为成熟的研究经验。

正极材料一般是电位较高的嵌钠化合物，如过渡金属层状氧化物 Na_xMO_2、聚阴离子型化合物和普鲁士蓝类似物(Prussian blue analogs, PBAs)等。负极材料一般是电极电位较低的碳材料、合金类材料及金属氧化物、硫化物等。电解液一般用有机溶剂和钠盐配制而成，常用的有机溶剂有碳酸乙烯酯(EC)、碳酸二甲酯(DMC)、碳酸二乙酯(DEC)、乙二醇二甲醚(DME)、碳酸丙烯酯(PC)、碳酸甲乙酯(EMC)、氟代碳酸乙烯酯(FEC)等，常用的钠盐有高氯酸钠($NaClO_4$)、六氟磷酸钠($NaPF_6$)、双(三氟甲基磺酰)亚胺钠(NaTFSI)、三氟甲基磺酸钠($NaCF_3SO_3$)等。隔膜一般是玻璃纤维、聚丙烯(PP)和聚乙烯(PE)微孔膜。

与商业化锂离子电池相比，钠离子电池具有许多潜在的优势。第一，其具有资源优势，钠是地壳中丰度排名第六的元素，大量存在于长石、方钠石和岩盐等矿物中。此外，海洋是一个巨大的钠资源库，其中氯化钠的含量约为 2.7%。因此，作为钠离子电池原材料的钠金属和钠盐是非常廉价的。第二，钠离子电池的集流体更便宜、轻便。铝金属与锂容易发生反应生成二元合金，但对于钠是稳定的。因此，在钠离子电池中，铝可以取代昂贵的铜作为负极的集流体，且铝的密度低于铜，更有利于电池质量能量密度的提升。第三，金属钠比锂更柔软，可以通过机械压力或者改进隔膜的机械性能来抑制钠枝晶的形成[54]。但是钠离子电池同样也存在一些严重的缺陷，一方面金属钠的熔点较低，易产生热失控现象。另一方面，钠离子半径比锂离子大 34%，这使得钠离子更难嵌入电极材料的晶体结构中，发生电化学反应[55]。此外，由于钠离子的体积较大，储钠材料能储存钠离子的个数较少，其比容量一般低于储锂材料。

Choi 等[56]总结了钠离子电池正极材料的工作电压和比容量特性，如图 1-10 所示。根据材料的晶体结构与化学成分可以将钠离子电池的正极材料分为三大类：第一类为层状过渡金属氧化物类 Na_xMO_2(M═Co、Mn、Fe 或 Ni)，具有 α-$NaFeO_2$ 型结构，氧原子为立方密堆积排列，结构中形成了供钠离子扩散的一维、二维或三维通道。第二类为普鲁士蓝类似物，这类材料具有比较开放的立方体框架($KM_2(CN)_6$，M 为 Co、Mn、Fe 或 Ni 等)，有比较充足的空间间隙位置，允许碱金属离子可逆地脱出和嵌入。第三类为聚阴离子化合物，它是另一类极具发展前景的正极材料，因其结构稳定性好、安全性高、随充放电体积变化小等优势而受到广泛关注。聚阴离子 PO_4^{3-} 强烈的诱导效应可以调节过渡金属氧化还原对的能量，从而产生较高的工作电压。NASICON 型聚阴离子化合物具有菱方晶胞结构，离子迁移速率快。这些化合物的分子通式为 $A_3M_2(XO_4)_3$(A 为碱金属阳离子，M

为过渡金属，X 为 P、Si、As 等)，NASICON 框架由$[XO_4]$四面体与$[MO_6]$八面体共享角原子组成。$M_2(XO_4)_3$开放的框架结构可供钠离子快速传输，其晶胞间隙至少可以容纳 4 个碱金属阳离子。因此，NASICON 型聚阴离子化合物是一种很有前景的钠离子电池正极材料。氟磷酸盐类化合物也具有类似结构，包括Na_2MnPO_4F、$NaVPO_4F$、$Na_3V_2(PO_4)_2F_3$、$Na_{1.5}VOPO_4F_{0.5}$和Na_2FePO_4F等，碱金属离子存在于MO_4F_2(M 为过渡金属)的隧道结构中。高电负性的F^-与PO_4^{3-}结合，由于F^-的强诱导作用，使活性氧化还原对的电压升高，形成了一类很有潜力的高能量密度正极材料。相关材料的微观结构将在第 3 章中予以讨论。

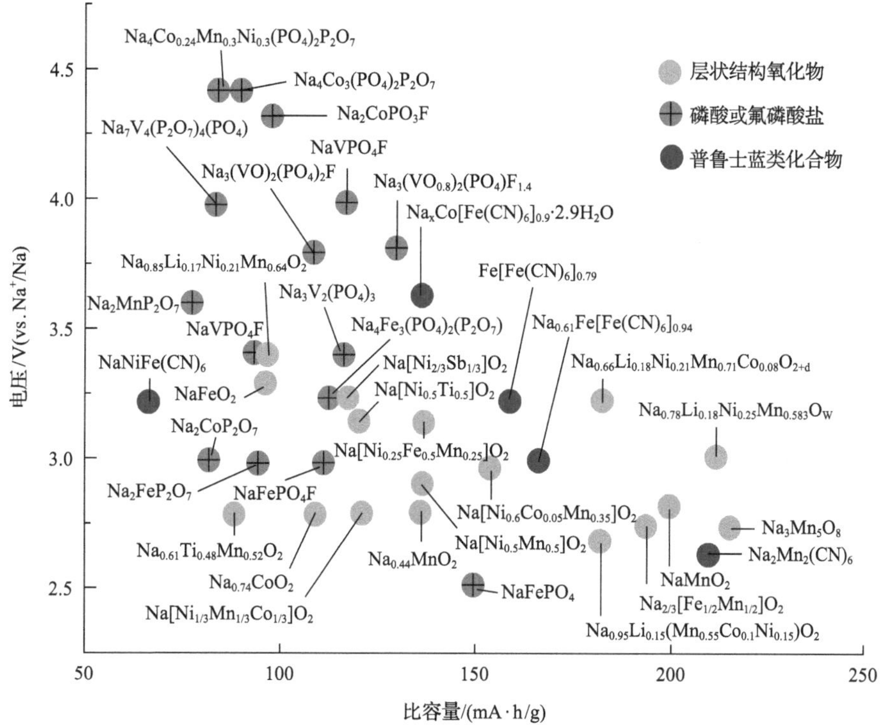

图 1-10　钠离子电池正极材料的工作电压和比容量对比图[56]

对于钠离子电池负极材料，其工作电位通常在 0.0～1.0V (vs. Na^+/Na)。理想的钠离子电池负极材料应具有以下特征：高可逆的质量和体积比容量、相对正极更低的电压平台、高倍率性能、长循环寿命、低成本、优异的稳定性和环境兼容性。

Choi 等[56]总结了目前开发的钠离子电池负极材料的工作电位和化容量特性，如图 1-11 所示。主要包括三类：第一类为碳基材料，包括硬碳、软碳、石墨烯和碳纳米纤维等；第二类为合金类材料，许多金属或非金属元素，如锡、锑、锗和磷等都可以和钠金属合金化，来充当钠离子电池的负极材料；第三类为转化型过渡金属氧化物和硫化物等。

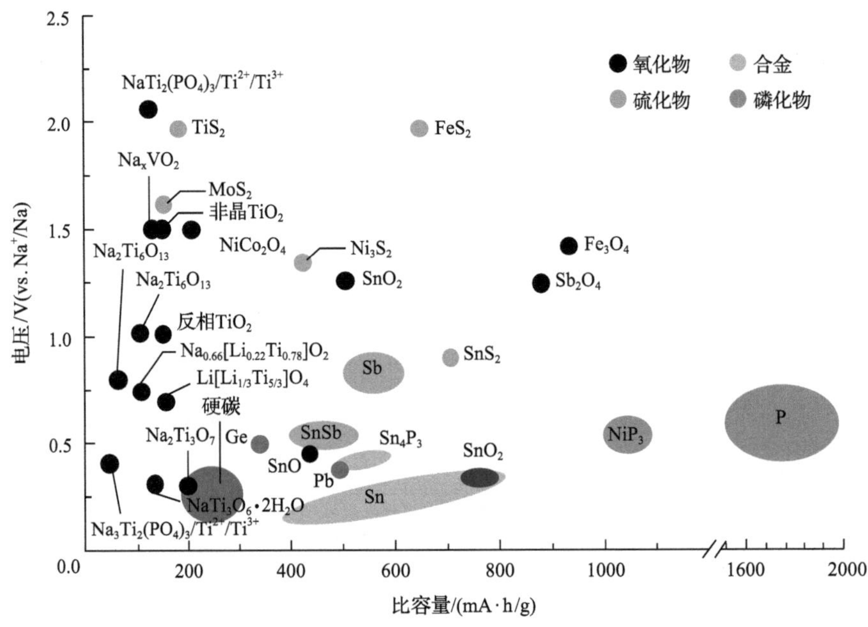

图 1-11 钠离子电池负极材料的工作电压和比容量对比图[56]

硬碳是钠离子电池最受关注的负极材料，它可以释放出高达 350mA·h/g 的比容量，已非常接近石墨的储锂容量。降低加工成本、提高储钠容量、提升首次库仑效率和倍率性能是目前碳基负极材料亟须解决的关键问题。通过原子掺杂和结构优化可以进一步有效提升碳材料的储钠性能，但是需要精准控制掺杂类型及掺杂量。生物质碳材料是低成本硬碳的首选，同时需要对硬碳材料中的钠离子存储机制进行深入解析。研究表面含氧官能团如羧基、羰基与醛基对电极过程的影响，揭示表面、褶皱、杂原子、缺陷结构等对电化学行为的作用规律，为开发高性能、实用型的硬碳负极材料奠定理论基础[57]。

合金化反应类材料是一种极具潜力的高容量钠离子电池负极材料，特别是锡、锑和磷。与钠合金化的过程中伴随的巨大体积膨胀会导致容量迅速衰减。通过碳包覆、纳米化、金属间复合可以有效提升材料的结构稳定性。探索合适的纳米结构及复合金属表界面储钠机制仍存在巨大的挑战[58]。转化反应类材料具有较高的可逆容量，但是循环稳定性和倍率性能有待进一步提升。电子导电性差和体积变化大严重影响了其性能的发挥。通过材料结构纳米化和导电碳修饰可以克服部分缺陷。但需对转化反应中结构重排引起的电压滞后现象进行更深入的研究并加以解决[59]。此外，钛基材料也受到一定的关注，但其储钠容量有待进一步提升，且需要深入理解钛基材料与电解液之间的催化反应并寻求有效抑制方法[60]。

钠离子电池的电解质可分为有机电解液、准固态电解质和全固态电解质。作为钠离子传输的介质，电解质对电极材料的电化学性能的影响(如稳定性、库仑效率、倍率性能)不可忽略。

需要指出的是，金属钠的高活性和低熔点引起的枝晶生长和潜在的安全隐患已成为半电池实际应用的瓶颈，且大量研究证实半电池和全电池在性能上存在显著差异，例如，层状氧化物正极在半电池和全电池中的充放电特征存在显著差异。因此，仅有半电池的性能评价是不够的，还必须通过全电池来评估电极材料、电解质和粘结剂等可能更有利于其快速走向产业应用。目前，钠离子全电池(sodium-ion full cells，SIFCs)作为钠离子半电池与商用电池之间独特的衔接技术而得到重视。

而根据所使用电解质体系的差异，钠离子全电池可以分为基于有机液体电解液的全电池(nonaqueous liquid sodium-ion full cells，NALSIFCs)、基于准固态电解质的全电池(quasi-solid-state sodium-ion full cells，QSSSIFCs)和基于全固态电解质的全电池(all-solid-state sodium-ion full cells，ASSSIFCs)。

目前，对钠离子全电池的研究大多基于有机液体电解质。正极材料多以聚阴离子化合物为主。常用的负极材料包括碳质材料、硫族化合物、聚阴离子化合物和合金负极。根据全电池的匹配类型(正极过量和负极过量)，电极材料的容量贡献是动态变化的。$Na_3V_2(PO_4)_3$ 具有稳定的工作电压平台和良好的循环稳定性，非常适合全电池的研究。本书作者团队[61]以类石墨烯笼包覆的 $Na_3V_2(PO_4)_3$ 为正极，以类石墨烯笼为负极，采用有机电解液匹配了钠离子全电池，所得到的平均工作电压为 2.7V，显示出了优异的性能，在 0.1C 电流密度下，初始放电容量为 109.2mA·h/g，200 次循环后的容量保持为 77.1%，其优异的综合电化学性能，如图 1-12 所示。

在这种全电池中，碳负极是一把双刃剑，因为它的低电压平台使全电池具有较高的能量密度，然而当正极材料过量时容易引起钠枝晶的形成，从而造成安全隐患。因此，有必要严格控制正极材料的用量。考虑到安全性，最好在全电池中选择电压稍高的负极，如硫族化合物、非金属元素和合金。Zhang 等[62]构建了一个基于 Sb 负极，$Na_3V_2(PO_4)_3$ 石墨烯复合正极的全电池，其平均电压为 2.6V，在 0.1C 电流密度下的比容量可达 240mA·h/g。此外，目前报道的全电池正极材料还有普鲁士蓝类似物和有机物。虽然有机化合物被称为绿色电极材料，但其氧化还原电压较低，所以限制了其实际应用。普鲁士蓝类似物具有电压高、容量大、成本低等优点，在 SIFCs 的实际应用中具有广阔的前景。然而，这种材料存在结晶水而导致循环稳定性差，相关研究发现，去除结晶水可以在一定程度上提高全电池的平均电压和能量密度。

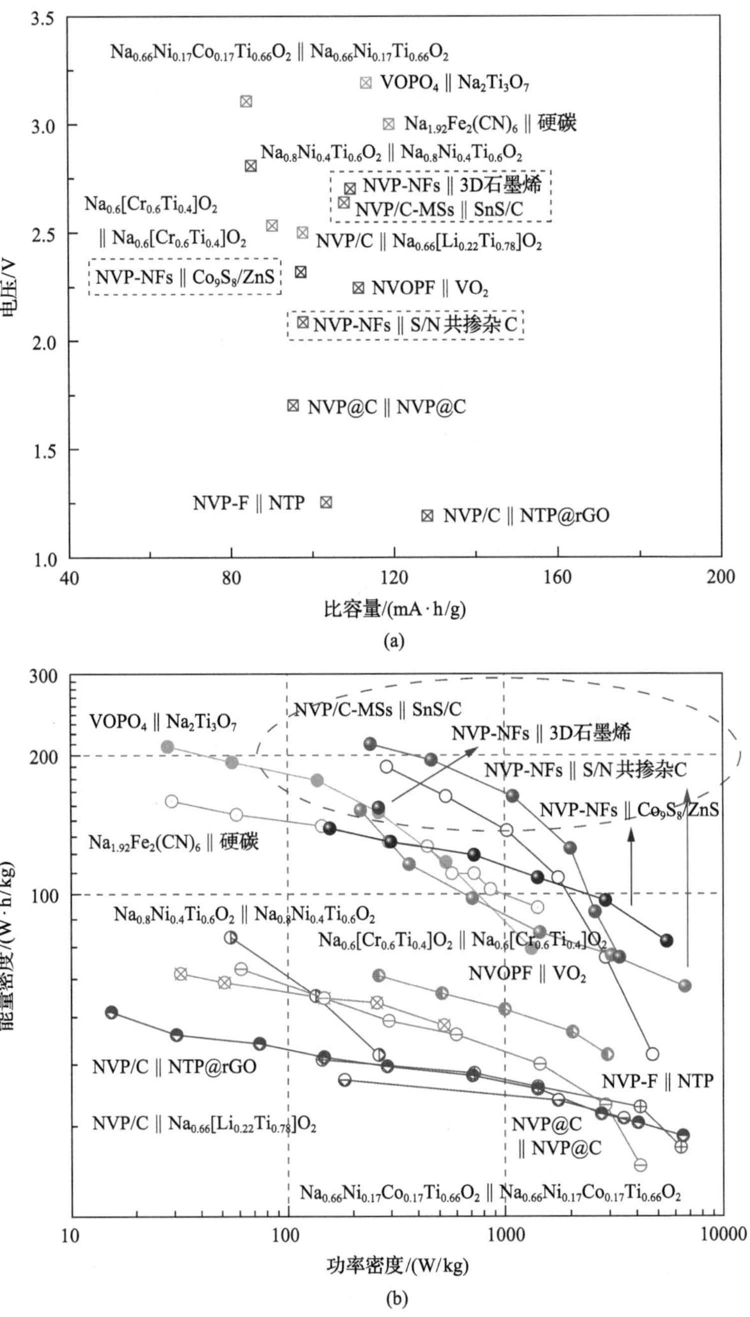

图 1-12 钠离子全电池的综合性能对比图

(a) 工作电压与容量图；(b) 能量密度与功率密度图

除基于传统酯类和醚类电解液的全电池外，研究人员还探索了以基于热稳定性好、电化学窗口宽、不易燃烧的离子液体的全电池[63]。例如，硬碳||$Na_{0.44}MnO_2$全电池在离子液体电解质中的倍率性能和容量保持能力明显优于传统的有机电解液[64]。进一步研究表明，使用离子液体电解质可能是提高全电池性能的另一种方法。目前，无论是在电极材料还是在电解质方面，基于有机液体电解质的全电池都有了长足的发展。也就是说，全电池“能工作”的问题已经解决，而目前面临和迫切需要解决的是“能工作多久”的问题。

基于准固态电解质的全电池具有较高的安全性、较高的机械强度、较好的界面稳定性、较宽的电化学窗口和较好的柔性等综合性能。Gao 等[65]研究了基于交联聚合物凝胶电解质的 Sb||$Na_3V_2(PO_4)_3$ 全电池。该电池显示出良好的电化学稳定性和倍率性能，平均电压为 2.7V。在 0.1C 和 10C 的电流密度下，它的放电比容量分别为 106.8mA·h/g 和 61.1mA·h/g。在 1C 的电流密度下循环 100 次后，比容量为 86.3 mA·h/g，库仑效率接近 100%。准固态系统理论上比液态系统能达到更高的能量密度，因为它们能承受更高的电压。因此，高压正极材料的潜力应该在基于准固态电解质的全电池中得到更好的展示，然而，这方面的工作还很少。

准固态电解质的电压窗口比液态电解质的电压窗口大。但是，与液体电解质相比，在准固态电解质中液体的含量大大降低，界面膜的生成仍然不可避免，因此在长循环过程中钠离子的不可逆消耗依然严峻。对于大多数负极材料，必须通过预钠化程序来实现稳定的循环性能，这无疑导致烦琐的电池制造工序。

具有高离子电导率和良好界面相容性的固态电解质是开发高性能 ASSSIFCs 的关键。与上述两种电解质相比，全固态电解质因其机械强度高、热稳定性好、分解电压高，一度被认为是提高电池能量密度和功率密度的关键。然而，这种电池通常需要在高温下工作(＞250℃，远高于钠金属的熔点)，导致其运行成本高，应用普及度低，安全性差。Huang 等[66]以 $Na_2Ti_3O_7$-$La_{0.8}Sr_{0.2}MnO_3$ 为负极，P2-$Na_{2/3}Fe_{1/2}Mn_{1/2}O_2$为正极，Na-β″-$Al_2O_3$为固态电解质组装的全电池能够在350℃下稳定循环，在 0.05C 和 1C 时，电池的放电比容量分别约为 150mA·h/g 和 100mA·h/g，循环 100 次后的容量保持率为 90%。但工作温度对其电化学性能有很大的影响，当温度下降至 250℃时，电池在 0.05C 时仅提供 67mA·h/g 的容量。Na_3PS_4 电解质相比于其他电解质具有更好的界面相容性和更高的离子电导率(超过 10^{-4}S/cm)。全固态电池比液态和准固态电池消耗更少的钠离子，而从优化性能的角度来看，解决界面阻抗和相容性问题似乎比提高离子电导率更为迫切。

图 1-13 总结了上述三种全电池在容量和能量密度方面的最新进展。结果表明，尽管 ASSSIFCs 具有较高的安全性和较低的钠消耗特性，但较大的界面阻抗经常会导致较大的极化和未优化的负载(正极、负极、电解液)，从而使能量密度、平

均电压、容量均处于较低水平。就像全固态锂金属电池一样，ASSSIFCs 还有很长的研究之路要走。如何有效地操纵固-固界面是其向高能密度储能电池发展的关键。与此形成鲜明对比的是，基于有机液体电解质的全电池在能量密度和功率密度方面都有了很大的进步，经过正极和负极优化的能量密度已达到了 300W·h/kg[67]。基于准固态电解质的全电池目前的研究还较少，由于其具有更加稳定的界面特性，因此其循环耐久性优于基于有机液体电解质的全电池，仍有很大的应用前景，需要进一步提高其循环性能和能量密度。固态电解质的研究由来已久，但目前技术仍不成熟。对于基于准固态电解质的全电池而言，其界面阻抗小、稳定性好等优点使其在改善电化学性能方面表现出更加突出的优势，因此受到越来越多的关注。

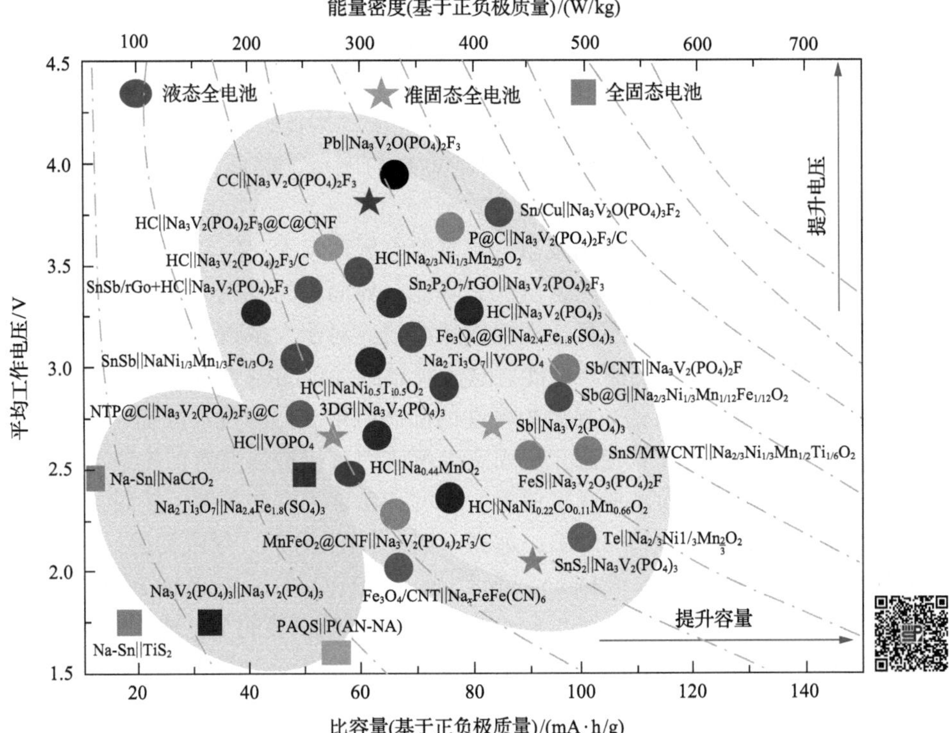

图 1-13　液态、准固态、固态钠离子全电池的容量、能量密度和工作电压对比[68]（彩图扫二维码）

钠离子电池与锂离子电池相比表现出较低的能量密度，但其丰富的资源和较低的成本使其在大规模储能中具有优势。为更有利于钠离子电池的工业化发展，应更加重视钠离子全电池的研究。改善库仑效率是改变全电池电化学性能的关键，这不仅需要提高电极材料的电导率和结构稳定性，也对电解液的稳定性和相容性、隔膜的渗透和吸液、黏结剂的附着力、导电添加剂的分散性等提出了更高的要求。

因此，在目前钠离子全电池的研究中，从各种角度全面考察钠离子全电池的性能，对于加快钠离子全电池的产业化速度是至关重要的。目前，许多公司或研究机构都参与了商业钠离子全电池的研究，包括日本住友化学、法国 RS2E、国内中科海钠科技有限责任公司、辽宁星空钠电电池有限公司等。预计在不久的将来，将会实现钠离子电池的大规模使用，以缓解锂离子电池的供需压力。

1.2.3　水系锌离子电池

水系锌离子电池早在 1988 年就被开发，但由于存在许多难题而一直被搁置，在近几年，由于其在成本和安全方面的巨大优势又重新兴起。水系电解液具有成本低、操作安全、制造方便、环境友好、离子电导率高等优点。

水系锌离子电池与锂离子/钠离子电池类似，也主要是由正极、负极、隔膜和电解质四个部分组成。但不同的是，水系锌离子电池采用的是含有 $ZnSO_4$ 或 $Zn(CF_3SO_3)_2$ 盐的弱酸性水系电解液；金属锌因其资源丰富、成本低、易燃性和毒性低、导电性高、易加工、水的相容性和稳定性高，是一种理想的负极材料，可以被直接作为负极[69,70]。当前，水系锌离子电池主要的研究方向包括：揭示储能机理、开发和改善正极材料性能、提高锌负极的 Zn^{2+}沉积/剥离效率及优化电解液等，如图 1-14 所示[13]。

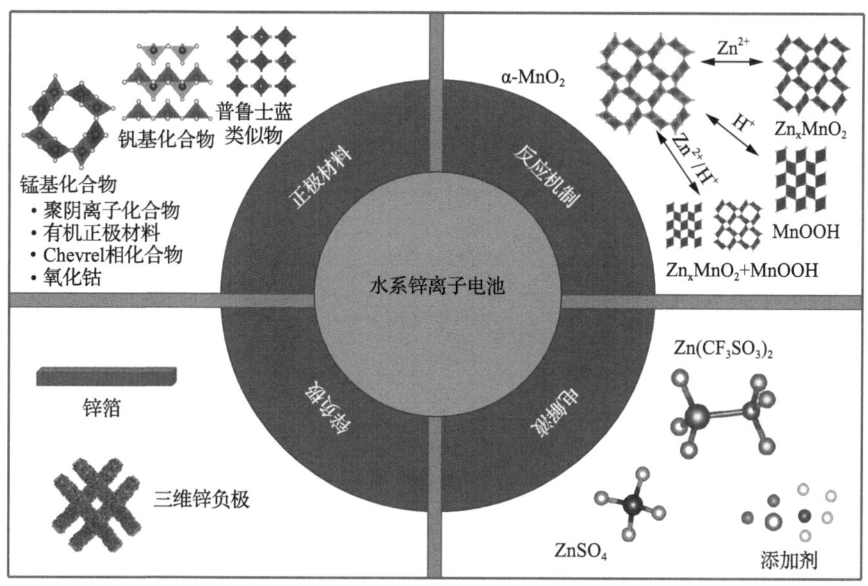

图 1-14　当前水系锌离子电池的主要研究方向[13]

水系锌离子电池体系的反应机理是十分复杂的，到目前为止还没有确切的定论。根据已有的报道主要包括三种：①Zn^{2+}嵌入/脱出反应；②化学转化反应；

③H^+/Zn^{2+}共嵌入/脱出反应。这里以 Zn/α-MnO_2 电池为例，具体介绍这几种反应机制。

(1) Zn^{2+}嵌入/脱出反应机制：由于 Zn^{2+}的离子半径小(0.74Å)，能够在许多隧道状和层状结构的化合物中自由脱嵌。康飞宇教授等报道了由 α-MnO_2 正极、锌负极和弱酸性 $ZnSO_4$ 水系电解液组成的 Zn/α-MnO_2 电池[17]。研究发现，该体系的电荷存储机制是基于在 α-MnO_2 和锌负极之间的来回迁移，即一种典型的 Zn^{2+}嵌入/脱出反应机制。放电时，Zn^{2+}从锌金属负极表面脱离，经过电解液，进入 α-MnO_2 结构，生成 $ZnMn_2O_4$；充电则相反，如图 1-15 所示。上述电池的反应机理可表述为以下反应。

$$\text{正极反应：}\ 2\alpha\text{-}MnO_2 + 2e^- + Zn^{2+} \rightleftharpoons ZnMn_2O_4 \tag{1-7}$$

$$\text{负极反应：}\ Zn \rightleftharpoons Zn^{2+} + 2e^- \tag{1-8}$$

$$\text{电池反应：}\ 2\alpha\text{-}MnO_2 + Zn \rightleftharpoons ZnMn_2O_4 \tag{1-9}$$

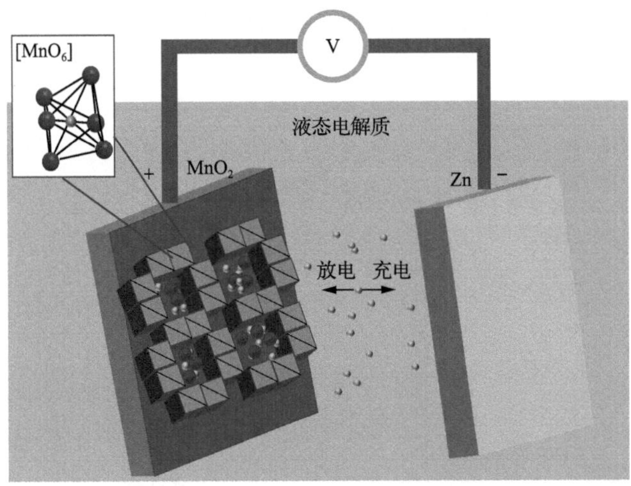

图 1-15　Zn/α-MnO_2 电池中 Zn^{2+}离子嵌入/脱出反应机制示意图[17]

(2) 化学转化反应机制：与 Zn^{2+}嵌入/脱嵌反应机制不同，Liu 等认为 Zn/α-MnO_2 电池的运行是基于 α-MnO_2 和 MnOOH 之间的化学转化反应的原理进行的[23]，如图 1-16(a)所示。在完全放电状态下，他们观察到 MnOOH 相，这是由于电解液中的 H^+与 α-MnO_2 反应生成的。与此同时，为了使系统达到电中性，剩下的 OH^-会与 $ZnSO_4$ 和 H_2O 反应，在正极表面生成 $ZnSO_4[Zn(OH)_2]_3 \cdot xH_2O$ 化合物，如图 1-16(b)所示。充电过程则相反。放电状态下正极材料的元素分布图谱更强有力地证明了这个现象。结果表明短纳米棒和纳米颗粒由 O 和 Mn 元素组成[图

1-16(c)]，而 Zn 元素主要分布在片状化合物上，如图 1-16(d)所示。其电池反应机理如下。

$$\text{正极反应：}\ H_2O \rightleftharpoons H^+ + OH^- \tag{1-10}$$

$$\alpha\text{-}MnO_2 + H^+ + e^- \rightleftharpoons MnOOH \tag{1-11}$$

$$1/2Zn^{2+} + OH^- + 1/6ZnSO_4 + x/6H_2O \rightleftharpoons 1/6ZnSO_4[Zn(OH)_2]_3 \cdot xH_2O \tag{1-12}$$

$$\text{负极反应：}\ Zn \rightleftharpoons Zn^{2+} + 2e^- \tag{1-13}$$

$$\text{电池反应：}\ \alpha\text{-}MnO_2 + x/6H_2O + 1/6ZnSO_4 + 1/2Zn^{2+} \rightleftharpoons MnOOH + 1/6ZnSO_4[Zn(OH)_2]_3 \cdot xH_2O \tag{1-14}$$

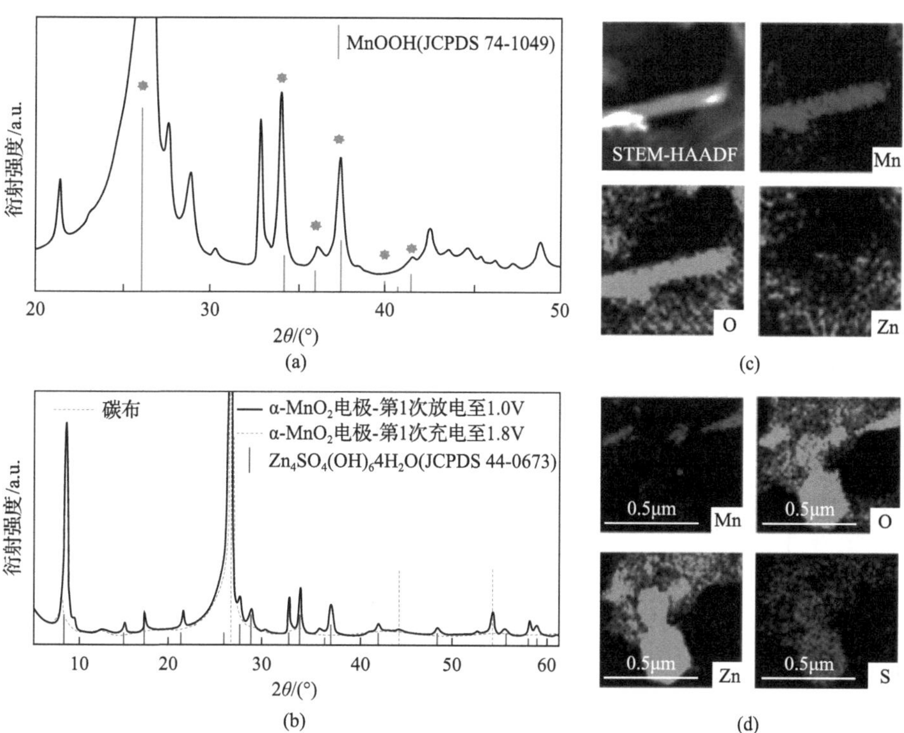

图 1-16　$Zn/\alpha\text{-}MnO_2$ 电池中化学转化反应机制分析

(a)放电到 1.0V 状态的 $\alpha\text{-}MnO_2$ 电极 XRD 谱；(b)放电到 1.0V 再充电到 1.8V 状态的 $\alpha\text{-}MnO_2$ 电极 XRD 谱；(c)首次满放电状态的元素(Mn、O、Zn)分布图谱；(d)首次满充电状态的元素(Mn、O、Zn、S)分布图谱[23]

(3) H^+/Zn^{2+}共嵌入/脱出反应机制：在水系锌离子体系中，许多客体离子如 Zn^{2+}、H^+或来自电解液添加剂的其他阳离子(如 Li^+、Na^+、Mn^{2+})，能够和正极材料反应。

基于 H^+和 Zn^{2+}不同的嵌入热力学与动力学，Sun 等提出了 Zn/α-MnO_2电池的 H^+和 Zn^{2+}共嵌入反应机理[71]。该观点认为，H^+和 Zn^{2+}的嵌入分别发生在不同的工作电压平台。α-MnO_2的放电恒电流间歇滴定曲线[图 1-17(a)]表明，I 区和 II 区的总过电压不同，且 II 区(0.6V)远大于 I 区(0.08V)。这种显著的差异是由于不同的离子插入。众所周知，施加电流后瞬间的电压跃变归因于欧姆电阻和电荷转移电阻，而放电后电压的逐渐变化主要归因于离子扩散。II 区大的过电压归因于大的电压跃变和缓慢的离子扩散。由于 Zn^{2+}的大尺寸和二价 Zn^{2+}与主晶格具有强的静电相互作用，II 区的电压平台很可能是因为 Zn^{2+}的缓慢嵌入。研究人员随后测试了 α-MnO_2 电极在 0.2mol/L$MnSO_4$ 电解液(含 $ZnSO_4$ 与不含 $ZnSO_4$)中的电化

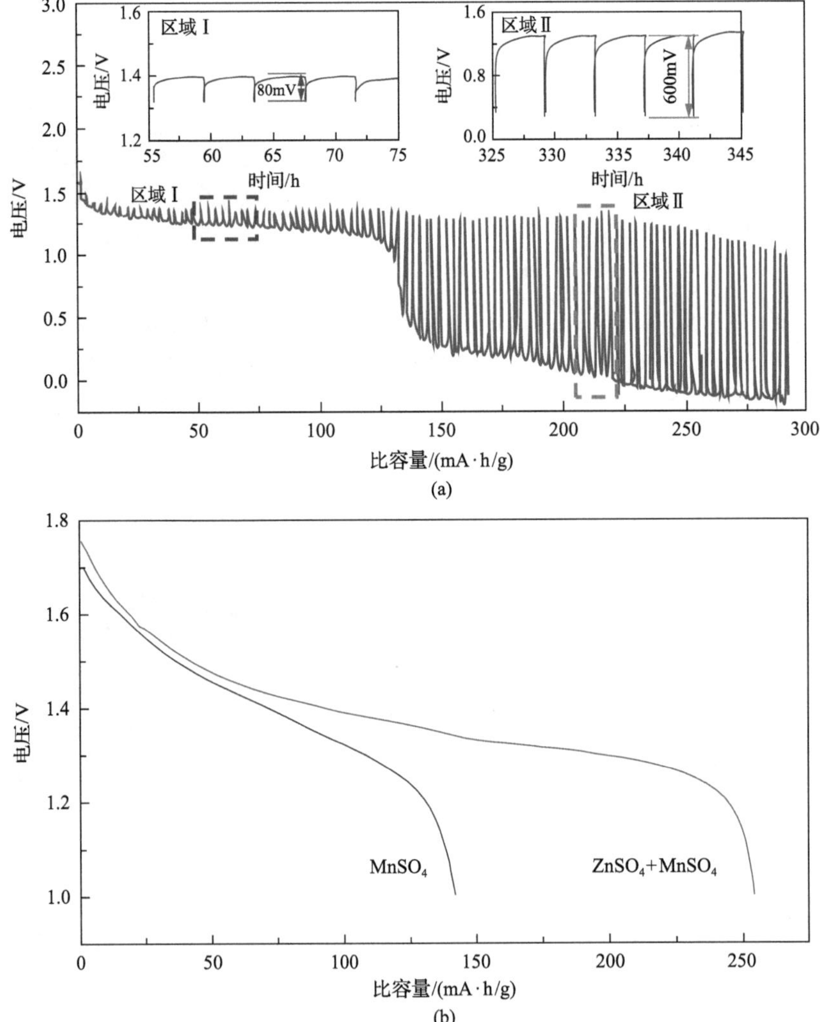

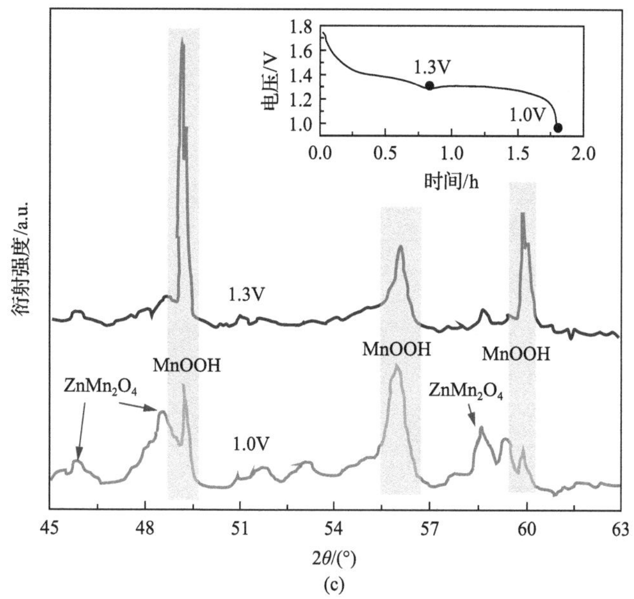

图 1-17　Zn/α-MnO_2 电池中 H^+/Zn^{2+}共嵌入/脱出反应机制分析

(a) α-MnO_2 的放电恒电流间歇滴定曲线；(b) α-MnO_2 在 0.2M $MnSO_4$ 电解液（含 $ZnSO_4$ 与不含 $ZnSO_4$）中的放电曲线；(c) α-MnO_2 在 1.3V 和 1.0V 时的非原位 XRD 图谱[71]

学行为。如图 1-17(b)所示，在不含 $ZnSO_4$ 的电解液中，1.3V 左右的电压平台消失，且在放电至 1.3V 时只观察到典型的 MnOOH 相，而进一步放电至 1.0V 时可同时观察到 $ZnMn_2O_4$ 相(图 1-17(c))，这很好地证明了 II 区主要是 Zn^{2+}的嵌入反应。

除此之外，报道的水系锌离子电池的储能机制还有其他客体离子嵌入反应机制、锰基材料的锰沉积/溶解反应等。其储能机制之所以仍在争论之中，是因为一方面，由于水系电解液环境的复杂性，且很多溶质离子、原子团会与电极材料发生副反应，导致很难确定特定的反应；另一方面，由于反应的复杂性和副反应的负面影响，无法准确判定各种正极材料中客体离子的理论数量及材料主体中的存储位点。因此，很有必要采取更先进的表征技术和精确的理论计算进行分析模拟，对储能机理进一步研究和预测。

开发和应用水系锌离子电池的另一个主要挑战是缺少能提供高容量和良好的结构稳定性的正极材料。如图 1-18 所示，目前报道的水系锌离子正极材料主要包括：锰基氧化物、钒基氧化物、普鲁士蓝及其类似物、聚阴离子型化合物、Chevrel 相化合物、有机正极材料等。其中，锰基氧化物和钒基氧化物因其资源丰富、制备方法简单、放电比容量高等优点，被认为是最有前景的水系锌离子电池正极材料。

具有隧道状和层状结构的锰基化合物如不同晶型的 MnO_2(α、β、γ、δ、ε、λ 等)、Mn_2O_3、Mn_3O_4、$ZnMn_2O_4$、$MgMn_2O_4$ 等具有 1.2～1.4V 的工作电压，且大部分材料能释放出大于 200mA·h/g 的比容量[72]。2016 年，Liu 等报道的(2×2)隧

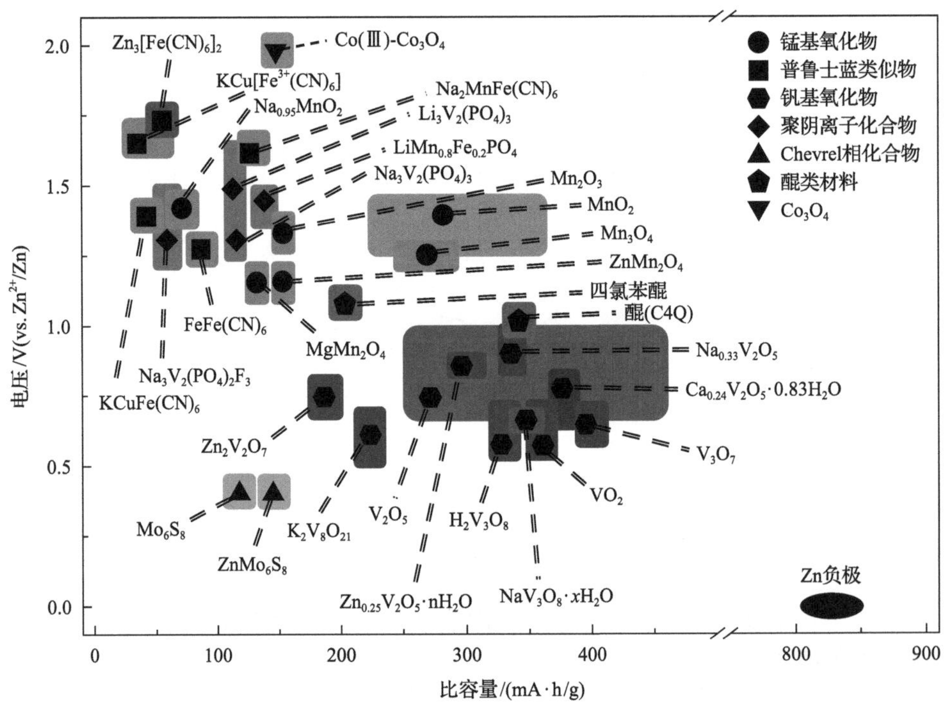

图 1-18　水系锌离子电池正负极电极材料及其电压、比容量[13]

道状的 α-MnO_2 在 C/3 电流密度下(1C=308mA/g)能产生 285mA·h/g 的高比容量，其平均工作电压为 1.44V(vs. Zn^{2+}/Zn)[23]。钒基正极材料通常也具有典型的层状结构和隧道状结构，可容纳不同阳离子或配位离子。2016 年，Nazar 等首次报道了将具有层状结构的钒氧化物($Zn_{0.25}V_2O_5\cdot nH_2O$)用作水系锌离子电池正极，该材料展示了 282mA·h/g 的比容量(在 300mA/g 下)，平均工作电压～0.9V vs. Zn^{2+}/Zn，这意味着该材料可释放出约 250W·h/kg 的能量密度(仅基于正极质量)[73]。自此，一系列的金属钒酸盐如 $Zn_3V_2O_7(OH)_2\cdot2H_2O$、$Ca_{0.25}V_2O_5\cdot nH_2O$、$LiV_3O_8$、$NaV_3O_8\cdot1.5H_2O$、$Na_2V_6O_{16}\cdot1.63H_2O$、$Na_{1.1}V_3O_{7.9}$、$Na_{0.33}V_2O_5$、$Na_5V_{12}O_{32}$、$K_2V_8O_{21}$、$Zn_2V_2O_7$、$Mo_{2.5+y}VO_{9+z}$、$Li_xV_2O_5\cdot nH_2O$，以及各种钒氧化物如 V_2O_5、VO_2、$V_3O_7\cdot H_2O$($H_2V_3O_8$)等相继得到了研究[74]。它们大多具有比容量高、倍率性能好、能量密度高、循环寿命长等优点。

尽管锰基和钒基正极的性能很好，但是大多数材料与二价 Zn^{2+}之间都具有很强的静电相互作用，会引起 Zn^{2+}的扩散变慢，甚至受困于正极晶格中形成含锌相，从而破坏材料结构。特别是锰基正极材料本身就存在 Mn^{3+}的姜泰勒效应(Mn^{3+}外层电子为 $d^4(t_{2g}{}^3e_g{}^1)$，具有高自旋态，容易发生歧化反应，生成更稳定的 Mn^{2+}和 Mn^{4+})的情况下，Zn^{2+}的嵌入更容易导致材料的结构不稳定，这严重影响了电极材料的循环寿命，限制了它的实际应用[75]。因此，开发高效的 Zn^{2+}可逆脱嵌的正极材料显得十分必要。

虽然锌金属负极能直接作为水系锌离子电池的负极材料，但是锌离子的沉积/剥脱库仑效率不理想，限制了它的实际应用。锌枝晶形成、表面腐蚀、钝化等是降低库仑效率的主要因素。目前对锌负极的改善主要集中在两方面。其一，构建新型锌复合负极及锌负极表面包覆。锌枝晶的形成和腐蚀主要来源于平面或二维金属锌箔上的电荷分布不均匀。这种不均匀分布的电荷会诱导不均匀的形核，在平面电极上形成初始的小凸起，而这个小凸起作为电荷中心继续促进电荷的不断积累，从而使枝晶不断长大[76]。与二维金属锌箔相反，具有高电活性表面积、均匀电场的三维集流体可以有效抑制枝晶的形成。例如，Chao 等[77]设计了一种锌纳米片阵列包覆石墨烯泡沫负极，其中三维多孔石墨烯作为高导电基底具有均匀的电荷分布，可减轻非活性氧化物的形成和枝晶生长，表现出快速的 Zn^{2+}沉积/剥脱反应动力学。同样地，通过界面设计或表面涂覆也是抑制锌枝晶生长的有效手段。其二，通过优化电解液改善锌离子沉积/剥脱库仑效率。电解液中的添加剂对抑制枝晶生长起着至关重要的作用。Wan 等[70]在 $ZnSO_4$ 基电解液中添加 Na_2SO_4 能够有效减少锌枝晶的生成。根据静电屏蔽效应，具有较低还原电位的 Na^+可以在锌的初始凸起周围形成带正电的静电屏蔽，从而避免 Zn^{2+}进一步在初始凸起处沉积[78]。因此，在添加 Na_2SO_4 的情况下，锌负极表面没有形成大量的锌枝晶。

1.3　本 章 小 结

自 20 世纪中后期，锂离子电池大规模商业化以来，其发展非常迅速，已逐渐取代了传统的铅酸电池和镍镉电池等蓄电池，革命性地改变了人类的生活。但是，随着锂离子电池的规模应用，其存在的问题也日益突显。首先，传统的锂离子电池使用可燃的有机液态电解液，存在严重的安全隐患。因此，寻找可燃性低、安全、可靠性高的电解液对提高锂离子电池安全性显得尤为重要。其次，钴酸锂、三元材料、锰酸锂、磷酸铁锂等传统正极材料及石墨负极材料的实际比容量较低，不能有效满足其日益增长的能量需求，因此急需开发高容量的电极材料。总之，相比于当下的商用电池，目前电池的四大关键组分(正、负极材料、电解液、隔膜)在性能上均已得到了很大的提升，但如何将各组分性能在同一个电池中体现，仍面临着巨大挑战。此外，实验室的设计条件与实际电池设计有明显差别，对于研究人员而言，了解扣式电池的实验设计、电池制造和测试手段是非常重要的。这样可以节省时间，提高研究效率，并减少技术转化的难度。总的来说，锂离子电池仍需在高效、成本、安全等方面获得进一步突破。此外，由于受到锂、钴等资源的制约，电池的回收再利用也是未来发展的重要方向之一。

钠离子电池虽然已有中小规模的商业尝试，但无论电极、电解液和系统集成方面都还存在不少的问题需要解决。在正极材料方面，过渡金属层状氧化物、普鲁士蓝及聚阴离子化合物的体相结构、储钠行为都需要进行改进。负极材料方面，非石墨碳基材料、合金及化合物的储钠机制、荷质传输及结构保护机制仍需进一步深度剖析，特别是钠离子半径较大，储钠材料普遍存在体积应变大、结构坍塌和不可逆相变等问题。此外与正、负极材料相适配的电解液体系也是钠离子电池走向大规模储能应用所必须攻克的难题。深入研究钠离子全电池器件中正、负极材料与电解液的匹配性和相容性问题，可为钠离子电池由实验室走向产业应用搭建桥梁。预期未来钠离子电池在低速交通和大规模储能领域将占有重要的一席之地。

水系锌离子电池尽管近几年发展迅速，但该体系的研究还处于较为初级的阶段，仍然存在许多挑战。在储能机理方面，电解液中的许多载荷离子如 Zn^{2+}、H^+ 或来自电解液添加剂的其他阳离子(如 Li^+、Na^+、Mn^{2+})都能够和正极材料反应，从而使反应变得十分复杂。因此，需要通过更先进的表征技术和精确的理论预测，对反应机理进行进一步探索；在正极材料方面，二价 Zn^{2+}与正极材料具有很强的静电相互作用，因此使得 Zn^{2+}的扩散受阻，导致结构坍塌和容量衰减，因此可通过引入离子空位、扩宽晶格层间距、构建高活性界面等体相结构设计促进 Zn^{2+}的快速扩散；在锌负极方面，锌枝晶、腐蚀等问题严重阻碍了锌负极的发展。目前，许多研究工作集中在电解质优化、表面涂覆和构建复合锌负极。然而，对锌负极的本体设计如表面晶向调控、合金化、三维构筑等研究还欠深入，因此需要加大对这些方面的基础研究；在电解液方面，由于受限于水系电解液的稳定电压窗口，水系锌离子电池能量密度的提升受到限制。因此，开发耐高压的水系电解液是提升水系锌离子电池能量密度并推动其商业化的必经之路。

参 考 文 献

[1] Dunn B, Kamath H, Tarascon J M. Electrical energy storage for the grid: A battery of choices[J]. Science, 2011, 334(6058): 928-935.

[2] Yabuuchi N, Kubota K, Dahbi M, et al. Research development on sodium-ion batteries[J]. Chem Rev, 2014, 114(23): 11636-11682.

[3] Kundu D, Talaie E, Duffort V, et al. The emerging chemistry of sodium ion batteries for electrochemical energy storage[J]. Angew Chem, 2015, 54(11): 3431-3448.

[4] 曹鑫鑫, 潘安强, 梁叔全, 等. 钠离子电池磷酸盐正极材料研究进展[J]. 物理化学学报, 2020, 26(5): 1905018.

[5] 梁叔全, 程一兵, 方国赵, 等. 能源光电转换与大规模储能二次电池关键材料的研究进展[J]. 中国有色金属学报, 2019, 29(9): 1-53.

[6] Wang F, Wu X, Li C, et al. Nanostructured positive electrode materials for post-lithium ion batteries[J]. Energy Environ Sci, 2016, 9(12): 3570-3611.

[7] Armand M, Tarascon J M. Building better batteries[J]. Nature, 2008, 451(7179): 652-657.

[8] Whittingham M S. Chalcogenide battery[P]. United States, 1977, 4009052. 1977-2-22.

[9] Abe H, Zaghib K, Tatsumi K, et al. Performance of lithium-ion rechargeable batteries: Graphite whisker/electrolyte/ $LiCoO_2$ rocking-chair system [J]. J Power Sources, 1995, 54 (2): 236-239.

[10] Newman G H. Ambient temperature cycling of an Na-TiS_2 cell[J]. J Electrochem Soc, 1980, 127 (10): 2097-2099.

[11] Stevens D A, Dahn J R. High capacity anode materials for rechargeable sodium-ion batteries[J]. J Electrochem Soc, 2000, 147 (4): 1271-1273.

[12] Tarascon J, Masqwelier C, Crogueanec L, et al. A promising new prototype of battery[N]. CNRS News, http://www2.cnrs.fr/en/2659.

[13] Fang G, Zhou J, Liang S, et al. Recent advances in aqueous zinc-ion batteries[J]. ACS Energy Lett, 2018, 3 (10): 2480-2501.

[14] Elia G A, Marquardt K, Hoeppner K, et al. An overview and future perspectives of aluminum batteries[J]. Adv Mater, 2016, 28 (35): 7564-7579.

[15] Canepa P, Sai Gautam G, Hannah D C, et al. Odyssey of multivalent cathode materials: Open questions and future challenges[J]. Chem Rev, 2017, 117 (5): 4287-4341.

[16] Muldoon J, Bucur C B, Gregory T. Quest for nonaqueous multivalent secondary batteries: Magnesium and beyond[J]. Chem Rev, 2014, 114 (23): 11683-11720.

[17] Xu C, Li B, Du H, et al. Energetic zinc ion chemistry: the rechargeable zinc ion battery[J]. Angew Chem, 2012, 51 (4): 933-935.

[18] Li Y, Dai H. Recent advances in zinc-air batteries[J]. Chem Soc Rev, 2014, 43 (15): 5257-5275.

[19] Gu P, Zheng M, Zhao Q, et al. Rechargeable zinc-air batteries: a promising way to green energy[J]. J Mater Chem A, 2017, 5 (17): 7651-7666.

[20] Parker J F, Chervin C N, Pala I R, et al. Rechargeable nickel-3D zinc batteries: An energy-dense, safer alternative to lithium-ion[J]. Science, 2017, 356 (6336): 415-418.

[21] Cheng F Y, Chen J, Gou X L, et al. High-power alkaline Zn-MnO_2 batteries using γ-MnO_2 nanowires/nanotubes and electrolytic zinc powder[J]. Adv Mater, 2005, 17 (22): 2753-2756.

[22] Shoji T, Hishinuma M, Yamamoto T. Zinc-manganese dioxide galvanic cell using zinc sulphate as electrolyte. Rechargeability of the cell[J]. J Appl Electrochem, 1988, 18 (4): 521-526.

[23] Pan H L, Shao Y Y, Liu J, et al. Reversible aqueous zinc/manganese oxide energy storage from conversion reactions[J]. Nat Energy, 2016, 1 (5): 16039.

[24] Winter M, Barnett B, Xu K. Before Li ion batteries[J]. Chem Rev, 2018, 118 (23): 11433-11456.

[25] Mizushima K, Jones P C, Goodenough J B, et al. Li_xCoO_2 ($0<x<1$): A new cathode material for batteries of high energy density[J]. Mater Res Bull, 1980, 15 (6): 783-789.

[26] Yazami R, Touzain P. A reversible graphite-lithium negative electrode for electrochemical generators[J]. J Power Sources, 1983, 9 (3): 365-371.

[27] Yoshino A. The birth of the lithium-ion battery[J]. Angew Chem, 2012, 51 (24): 5798-5800.

[28] Di Pietro B, Patriarca M, Scrosati B. On the use of rocking chair configurations for cyclable lithium organic electrolyte batteries[J]. J Power Sources, 1982, 8 (2): 289-299.

[29] Winter M, Besenhard J O, Spahr M E, et al. Insertion electrode materials for rechargeable lithium batteries[J]. Adv Mater, 1998, 10 (10): 725-763.

[30] Choi J W, Aurbach D. Promise and reality of post-lithium-ion batteries with high energy densities[J]. Nat Rev Mater, 2016, 1 (4): 16013.

[31] Tarascon J M, Armand M. Issues and challenges facing rechargeable lithium batteries[J]. Nature, 2001, 414 (6861):

359-367.

[32] Etacheri V, Marom R, Elazari R, et al. Challenges in the development of advanced Li-ion batteries: A review[J]. Energy Environ Sci, 2011, 4(9): 3243-3262.

[33] Storey C K, Grincourt I, Davidson Y, et al. Electrochemical characterization of a new high capacity cathode[J]. J Power Sources, 2001, 97: 541-544.

[34] Kalyani P, Kalaiselvi N. Various aspects of $LiNiO_2$ chemistry: A review[J]. Sci Technol Adv Mater, 2016, 6(6): 689-703.

[35] Li M, Lu J, Chen Z, et al. 30 Years of lithium-ion batteries[J]. Adv Mater, 2018, 30(33): 1800561.

[36] Koyama Y, Tanaka I, Adachi H, et al. Crystal and electronic structures of superstructural $Li_{1-x}[Co_{1/3}Ni_{1/3}Mn_{1/3}]O_2$ ($0\leqslant x\leqslant 1$) [J]. J Power Sources, 2003, 119: 644-648.

[37] Kim D K, Muralidharan P, Lee H W, et al. Spinel $LiMn_2O_4$ nanorods as lithium ion battery cathodes[J]. Nano Lett, 2008, 8(11): 3948-3952.

[38] Nitta N, Wu F, Lee J T, et al. Li-ion battery materials: Present and future[J]. Mater Today, 2015, 18(5): 252-264.

[39] Wang Y, Cao G. Developments in nanostructured cathode materials for high-performance lithium-ion batteries[J]. Adv Mater, 2008, 20(12): 2251-2269.

[40] Yao J, Li Y, Massé R C, et al. Revitalized interest in vanadium pentoxide as cathode material for lithium-ion batteries and beyond[J]. Energy Storage Mater, 2018, 11: 205-259.

[41] Fang G, Liang C, Zhou J, et al. Effect of crystalline structure on the electrochemical properties of $K_{0.25}V_2O_5$ nanobelt for fast Li insertion[J]. Electrochim Acta, 2016, 218: 199-207.

[42] Liang S Q, Zhou J, Fang G Z, et al. Synthesis of mesoporous beta-$Na_{0.33}V_2O_5$ with enhanced electrochemical performance for lithium ion batteries[J]. Electrochim Acta, 2014, 130: 119-126.

[43] Fang G, Zhou J, Liang C, et al. General synthesis of three-dimensional alkali metal vanadate aerogels with superior lithium storage properties[J]. J Mater Chem A, 2016, 4(37): 14408-14415.

[44] Lu J, Chen Z, Pan F, et al. High-performance anode materials for rechargeable lithium-ion batteries[J]. Electrochem Energy Rev, 2018, 1(1): 35-53.

[45] Zhao B, Ran R, Liu M, et al. A comprehensive review of $Li_4Ti_5O_{12}$-based electrodes for lithium-ion batteries: The latest advancements and future perspectives[J]. Mater Sci Eng R, 2015, 98: 1-71.

[46] Kong X Z, Zheng Y C, Wang Y P, et al. Necklace-like Si@C nanofibers as robust anode materials for high performance lithium ion batteries[J]. Sci Bull, 2019, 64(4): 261-269.

[47] Li S, Wang Z, Liu J, et al. Yolk-shell Sn@C eggette-like nanostructure: Application in lithium-ion and sodium-ion batteries [J]. ACS Appl Mater Interfaces, 2016, 8(30): 19438-19445.

[48] Fang G, Zhou J, Cai Y, et al. Metal-organic framework-templated two-dimensional hybrid bimetallic metal oxides with enhanced lithium/sodium storage capability[J]. J Mater Chem A, 2017, 5(27): 13983-13993.

[49] Arico A S, Bruce P, Scrosati B, et al. Nanostructured materials for advanced energy conversion and storage devices[J]. Nat Mater, 2005, 4(5): 366-377.

[50] Li H. Practical Evaluation of Li-Ion Batteries[J]. Joule, 2019, 3(4): 911-914.

[51] Cao Y, Li M, Lu J, et al. Bridging the academic and industrial metrics for next-generation practical batteries[J]. Nat Nanotech, 2019, 14(3): 200-207.

[52] Balogun M S, Qiu W, Luo Y, et al. A review of the development of full cell lithium-ion batteries: The impact of nanostructured anode materials[J]. Nano Res, 2016, 9(10): 2823-2851.

[53] Hwang J Y, Myung S T, Sun Y K. Sodium-ion batteries: present and future[J]. Chem Soc Rev, 2017, 46(12):

3529-3614.

[54] Adelhelm P, Hartmann P, Bender C L, et al. From lithium to sodium: cell chemistry of room temperature sodium-air and sodium-sulfur batteries[J]. Beilstein J Nanotech, 2015, 6 (1) : 1016-1055.

[55] Wang C, Xu Y, Fang Y, et al. Extended pi-conjugated system for fast-charge and discharge sodium-ion batteries[J]. J Am Chem Soc, 2015, 137 (8) : 3124-3130.

[56] Choi J W, Aurbach D. Promise and reality of post-lithium-ion batteries with high energy densities[J]. Nat Rev Mater, 2016, 1 (4) : 16013.

[57] Hou H S, Qiu X Q, Wei W F, et al. Carbon anode materials for advanced sodium-ion batteries[J]. Adv Energy Mater, 2017, 7 (24) : 1602898.

[58] Tan H, Chen D, Rui X, et al. Peering into alloy anodes for sodium-ion batteries: Current trends, challenges, and opportunities[J]. Adv Funct Mater, 2019, 29 (14) : 1808745.

[59] Wang L, Wei Z X, Mao M L, et al. Metal oxide/graphene composite anode materials for sodium-ion batteries[J]. Energy Storage Mater, 2019, 16: 434-454.

[60] Guo S H, Yi J, Sun Y, et al. Recent advances in titanium-based electrode materials for stationary sodium-ion batteries[J]. Energy Environ Sci, 2016, 9 (10) : 2978-3006.

[61] Cao X, Pan A, Liang S, et al. Chemical synthesis of 3D graphene-like cages for sodium-ion batteries applications[J]. Adv Energy Mater, 2017, 7 (20) : 1700797.

[62] Zhang J, Fang Y, Cao Y, et al. Graphene-Scaffolded $Na_3V_2(PO_4)_3$ microsphere cathode with high rate capability and cycling stability for sodium ion batteries[J]. ACS Appl Mater Interfaces, 2017, 9 (8) : 7177-7184.

[63] Yamada Y, Wang J, Ko S, et al. Advances and issues in developing salt-concentrated battery electrolytes[J]. Nat Energy, 2019, 4 (4) : 269-280.

[64] Wang C H, Yang C H, Chang J K. Suitability of ionic liquid electrolytes for room-temperature sodium-ion battery applications[J]. Chem Commun, 2016, 52 (72) : 10890-10893.

[65] Gao H, Zhou W, Park K, et al. A sodium-ion battery with a low-cost cross-linked gel-polymer electrolyte[J]. Adv Energy Mater, 2016, 6 (18) : 1600467.

[66] Wei T, Gong Y, Huang K, et al. An all-ceramic solid state-rechargeable Na^+-battery operated at intermediate temperatures[J]. Adv Funct Mater, 2014, 24 (34) : 5380-5384.

[67] Wang L, Ni Y, Lei K, et al. 3D porous tin created by tuning the redox potential acts as an advanced electrode for sodium-ion batteries[J]. Chem Sus Chem, 2018, 11 (19) : 3376-3381.

[68] Niu Y B, Yin Y X, Guo Y G. Nonaqueous sodium-ion full cells: Status, strategies, and prospects[J]. Small, 2019, 15 (32) : 1900233.

[69] Zhang N, Cheng F, Liu J, et al. Rechargeable aqueous zinc-manganese dioxide batteries with high energy and power densities[J]. Nat Commun, 2017, 8 (1) : 405.

[70] Wan F, Niu Z, Chen J, et al. Aqueous rechargeable zinc/sodium vanadate batteries with enhanced performance from simultaneous insertion of dual carriers[J]. Nat Commun, 2018, 9 (1) : 1656.

[71] Sun W, Wang F, Wang C, et al. Zn/MnO_2 battery chemistry with H^+ and Zn^{2+} coinsertion[J]. J Am Chem Soc, 2017, 139 (29) : 9775-9778.

[72] Ming J, Guo J, Xia C, et al. Zinc-ion batteries: Materials, mechanisms, and applications[J]. Mater Sci Eng R, 2019, 135: 58-84.

[73] Kundu D, Adams B D, Nazar L F, et al. A high-capacity and long-life aqueous rechargeable zinc battery using a metal oxide intercalation cathode[J]. Nat Energy, 2016, 1 (10) : 16119.

[74] Song M, Tan H, Chao D, et al. Recent advances in Zn-ion batteries[J]. Adv Funct Mater, 2018, 28(41): 1802564.

[75] Fang G, Zhu C, Chen M, et al. Suppressing manganese dissolution in potassium manganate with rich oxygen defects engaged high energy density and durable aqueous zinc-ion battery[J]. Adv Funct Mater, 2019, 29(15): 1808375.

[76] Liu B, Zhang J G, Xu W. Advancing lithium metal batteries[J]. Joule, 2018, 2(5): 833-845.

[77] Chao D, Liang P, Fan H J, et al. A high-rate and stable quasi-solid-state zinc-ion battery with novel 2D layered zinc orthovanadate array[J]. Adv Mater, 2018, 30(32): 1803181.

[78] Ding F, Xu W, Graff G L, et al. Dendrite-free lithium deposition via self-healing electrostatic shield mechanism[J]. J Am Chem Soc, 2013, 135(11): 4450-4456.

第 2 章　电极材料基础理论

2.1　引　　言

二次电池在充、放电过程中，电子、离子会在电极材料内部、电极与电解质界面和电解质中迁移传递，并引发相关的电化学反应，最后实现能量的存储和释放。这类迁移、传递伴随着体系电子组态结构、固体相结构、离子组态结构、缺陷组态结构和热力学组态参数的调整。二次电池的能量密度、功率密度和循环寿命等非常重要的电化学性能指标，在很大程度上取决于二次电池电极材料的电化学、固体科学、热力学和结构动力学等特性[1]。例如，二次电池的能量密度与电极材料的工作电压和容量有关。电极材料的工作电压受载荷离子嵌入和脱嵌正、负极材料晶格时电子排列和轨道能量的影响。也就是说，电池放电时的电压取决于载荷离子的占位，而载荷离子的占位又与电极材料的费米能级变化和载荷离子的相互作用有关[2]。电极材料的容量取决于载荷离子嵌入的数量，它与电极材料的化学成分与结构，以及反应过程中电极材料的相变特征等热力学因素密切相关。功率密度则受电极材料的电子传导、离子扩散等动力学因素的制约[3]。二次电池的循环寿命在很大程度上取决于电极材料在充放电过程中的结构稳定性。

因此，为了获得高性能的电池，必须深入了解二次电池电极材料相关的基础理论，包括电极反应电化学理论、电极材料固体能带理论、热力学理论和离子迁移动力学理论等。这些理论，分散在各种资料、文献，包括诺贝尔奖得主 Goodenough 和其他研究者的相关研究文章、综述文章中[3-8]，下面将在本章各节中予以比较系统的分析介绍。

2.2　主要电极材料与结构演变

二次电池的电极材料因类型不同，结构特征不同，电化学反应机理也不同。面临的性能提升策略也不尽相同。这里以锂离子电池电极材料为例，予以探讨。

通常情况下，锂离子电池的电极材料可分为三种类型：嵌入型材料、合金化型材料和转化型材料，如图 2-1 所示。这些电极材料在结构和性能优化方面，各自仍然存在不少固体科学理论方面的问题和挑战。

嵌入型材料涉及锂离子(或钠离子、锌离子等)嵌入电极材料结构的间隙位置，以及随后捕获电子并在间隙位点间迁移的过程。大多数嵌入型材料具有坚固的晶

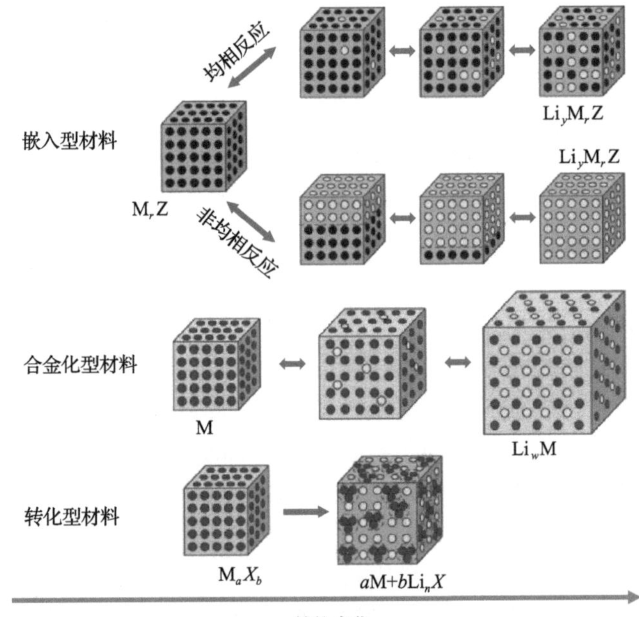

图 2-1　锂离子电池不同类型电极材料的反应机理及其固体结构演变示意图[9]

体结构，易于离子嵌入和脱嵌，使其具有长循环稳定性和高倍率性能。这些特性使它们广泛应用于商用电池中。但离子在嵌入型材料中的嵌入和脱嵌过程也很复杂，因为它们经历了一系列复杂的离子迁移和复杂的电子结构演变等。图 2-1 中描述的离子嵌入过程，一部分是均匀的(即离子与主体结构形成固溶体)，一部分则是不均匀的(即发生了一阶相变)[10]。过去的几十年里，研究人员已开发出各种嵌入型材料，包括具有一维离子扩散通道型化合物，如 $LiFePO_4$、$Na_{0.44}MnO_2$、α-MnO_2、$Na_{0.33}V_2O_5$ 等；具有二维离子扩散通道型化合物，如石墨、$LiCoO_2$、$LiNi_xCo_{1-x-y}Mn_yO_2$、$LiNi_xCo_{1-x-y}Al_yO_2$、Na_xMnO_2、$Na_{2/3}Ni_{1/3}Mn_{2/3}O_2$、$Na_2FePO_4F$、$V_2O_5$、$LiV_3O_8$、$Zn_{0.25}V_2O_5 \cdot nH_2O$ 等；具有三维离子扩散通道型化合物，如 $LiMn_2O_4$、$LiMn_{1.5}Ni_{0.5}O_2$、$Na_3V_2(PO_4)_3$、$Na_3V_2(PO_4)_2F_3$ 等[1]。然而，由于有限的间隙位置，大多数嵌入型材料仅具有相对较低的比容量。另外，由于离子的长程扩散会导致材料晶格的畸变和内部机械应力，故内部的受力不均将会诱导材料产生微裂痕，进而导致性能的衰退。一些高容量正极材料，如钠离子电池正极 O3-$NaMnO_2$/P2-Na_xMnO_2 型层状氧化物、水系锌离子电池正极 β-/γ-MnO_2 隧道状氧化物等，在循环过程中发生了严重的不可逆结构转变，从而导致低库仑效率、低能量利用率和低循环稳定性。

合金化型材料主要是指一些能与锂、钠等形成合金的金属或非金属材料，一般作为负极材料，主要包括 Sn、Zn、Si 及其合金化合物等[11]。与嵌入型材料相比，这些材料可以提供很大的比容量(如 Si 负极的储锂理论容量约为 4200mA·h/g)。然而，在深层次的合金化反应过程中会引起电极材料巨大的体积膨胀，容易引发固体电解质界面(solid/electrolyte-interface，SEI)膜的增厚和失稳及块体材料的碎裂和粉化，从而导致库仑效率低和容量衰减快[12]。

转化型材料大多数是过渡金属化合物 M_aX_b(M = Fe、Co、Ni、Cu 等；X = O、S、Se、P 等)。它们的特征是发生反应时，电极材料被还原为 M 金属单质和 Li_nX(或 Na_nX)两种产物相，并伴随着高容量的释放。其反应电势取决于 M-X 键的电离度，通常在 0.1～1.0V，因此大多数转化型材料都是作为负极材料[13]。在还原过程中，Li_nX(或 Na_nX)的形成是热力学有利的。然而，在氧化过程中，以 M 金属单质为氧化剂对 SEI 膜包围的电化学非活性的 Li_nX(或 Na_nX)进行分解比较困难，因此会造成部分容量的损失[14]。此外，由于转化型材料在反应过程中出现大量的结构重排，这使得放电曲线和充电曲线出现严重的电压滞后问题，从而导致较低的能量利用效率和较严重的材料内部发热[15]。通常认为这种电压滞后现象与转化型材料中阴离子的性质密切相关，阴离子更高的电负性会构筑更稳固的晶格框架，抑制了电极材料的反应和转化，因此其电池滞后衰减顺序为氟化物＞氧化物＞硫化物＞氮化物＞磷化物[15]。此外，由于转化型材料的固有电导率较低，且在反复循环过程中存在粉化问题，故其倍率性能较差，容量衰减较快[16]。除上述问题外，还原过程中形成的高活性 M 金属单质可能会引发副反应发生，从而引起电解质分解[17]；部分高活性 M 金属单质则会进一步发生合金化反应，产生上述合金化型材料对应的问题；放电期间 M_aX_b 分解生成的碱金属化合物(Li_nX 或 Na_nX)也可能会溶解到电解质中，并穿过隔膜与金属对电极相接触从而导致钝化和失效。

由于电极材料与电解液直接接触，因此电极/电解质界面的反应对电极材料的电化学性能也有着重要的影响。通常情况下，锂离子电池负极(如石墨负极)的工作电压在电解液的电化学稳定性窗口之外，所以，当电池处于充电状态时，在负极/电解液界面处发生电解液部分组分还原性分解并伴随一定不可逆的锂离子消耗，同时在负极电极表面会形成一层 SEI(solid /electrolyte-interface)膜，其主要成分(如在锂离子电池中)为无机物如 LiF、Li_2CO_3、Li_2O 及有机物如 ROCOOLi、ROLi 等。这个过程主要发生在循环开始时，尤其是在第一个循环中。

SEI 膜具有固态电解质的特性，即导离子不导电子。作为“保护层”，其稳定后可有效避免电解液进一步被还原和溶剂分子的嵌入，从而保护电极材料以免进一步腐蚀与破坏。然而，在实际的充放电过程中，随着电池反复的充放电，其他带电粒子(电子、阴离子、带电溶剂小分子、杂质离子)和中性物质(溶剂分子、杂质原子)等似乎也能在 SEI 膜中迁移，这会导致石墨的进一步腐蚀、剥落和更多电解质的不可逆消耗，严重时还会形成伴随电解质分解气态产物的释放，如图 2-2(a)所示[18]，从而导致容量损失，循环稳定性变差。因此，反复的循环会造成

SEI 膜的不断溶解和沉积，造成界面不稳定，且会造成锂金属单质在石墨表面不断的沉积，形成 Li/石墨半电池，严重影响电池的寿命[19]。

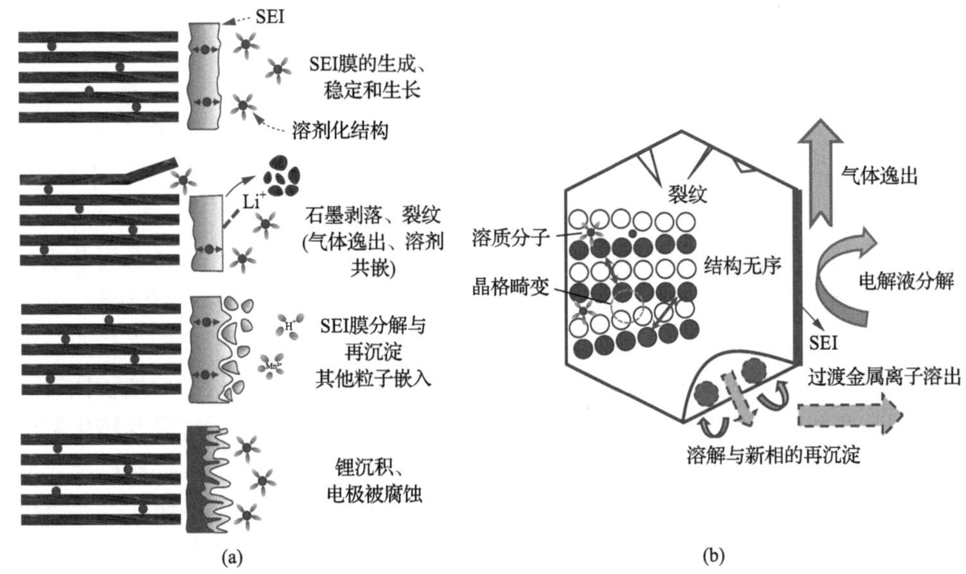

图 2-2　电极材料及相关界面作用

(a) 负极/电解质界面的变化；(b) 正极材料性能退化机理[18]

同样地，在正极材料（特别是高电压正极）表面也存在复杂的界面反应（图 2-2（b））。主要包括[18]：①溶质分子进入正极晶格，扩散缓慢，使离子储存的可逆性变差，导致容量衰减；②晶格中过渡金属离子溶出，导致材料结构不稳定；③电极表面的新相再沉积及电解液分解形成钝化膜，增加了电化学阻抗，影响了离子扩散动力学等。

2.3　电极材料基础理论

2.3.1　电池理论容量及其计算

电池是能够实现化学能与电能相互转换的装置。衡量该装置性能的基础参数有很多，其中，最重要的参数之一是电池的能量密度。能量密度越高，电池储能的能力越强。提升电池的能量密度是基础科学和应用技术研究人员共同的重点研发方向。按照目前的发展速度，预计到 2030 年达到 500W·h/kg 的能量密度[20]，但达到这个目标的困难很大，所以通过创新性的研发以提升现阶段的发展速度是十分必要的。为此，必须了解电池的能量密度的起源。

电池有两个能量密度的概念，一为质量能量密度，即单位质量拥有的能量，单位为 J/kg 或 W·h/kg；二为体积能量密度，即单位体积拥有的能量，单位为 J/L 或 W·h/L。

设定一个一般的电池体系化学反应如式(2-1)，即

$$\alpha A+\beta B \rightleftharpoons \gamma \mathrm{C}+\delta D \tag{2-1}$$

则该反应的吉布斯自由能变化 $\Delta_r G^\Theta$ 计算式可以表示为式(2-2)[7]，即

$$\Delta_r G^\Theta=\gamma\Delta_f G_C^\Theta+\delta\Delta_f G_D^\Theta-\alpha\Delta_f G_A^\Theta-\beta\Delta_f G_B^\Theta \tag{2-2}$$

式中，$\Delta_f G^\Theta$ 为反应物和生成物各自的标准 Gibbs 生成能差。其相应的质量能量密度和体积能量密度计算式用式(2-3)和式(2-4)表示[7]。

$$\varepsilon_M=\Delta_r G^\Theta/\sum M \tag{2-3}$$

$$\varepsilon_V=\Delta_r G^\Theta/\sum V \tag{2-4}$$

式中，ε_M 为质量能量密度，J/kg；ε_V 为体积能量密度，J/L；$\sum M$ 为反应物的质量之和；$\sum V$ 为反应物的体积之和。

对于标准状态下物质的吉布斯自由能数据可通过热力学手册查找。对于吉布斯自由能尚不清楚的物质，如果已知所有参与反应物质的晶体结构，那么可以通过基于第一性原理的密度泛函方法，计算出材料的吉布斯自由能；如果不知道晶体精确结构，那么也可以通过具体的单晶或粉末衍射方法并结合结构精修等方法得出大致的晶体结构，然后计算获得的吉布斯自由能。

电池的能量密度除了通过上述热力学方法进行计算，也可通过电化学方法予以计算，对于电池反应体系，若只考虑非体积功，$\Delta_r G^\Theta$ 还可以表示为式(2-5)，即

$$\Delta_r G^\Theta=-nFE^\Theta \tag{2-5}$$

式中，n 为发生氧化还原反应时转移的电子的摩尔数；F 为法拉第常数，其数值为 96485C/mol；E^Θ 为在标准条件下，电池的热力学平衡电位。

因此，根据式(2-3)～式(2-5)，可以得到式(2-6)和式(2-7)，即

$$\text{质量能量密度：}\varepsilon_M=\frac{-nFE^\Theta}{\sum M} \tag{2-6}$$

$$\text{体积能量密度：}\varepsilon_V=\frac{-nFE^\Theta}{\sum V} \tag{2-7}$$

式中，参数 n 与电池的比容量参数有关，而 nF 也就是 1mol 正极材料发生离子脱

嵌时转移的电荷量，用Q表示，其单位为库仑（C）。一般用到的容量单位为mA·h，其和库仑（C）之间的换算关系如式（2-8）所示。

$$1\text{mA}\cdot\text{h}=1\cdot10^{-3}\text{A}\cdot3600\text{s}=3.6\text{C} \tag{2-8}$$

对于给定的正极材料，其比容量与电荷量的关系可用式（2-9）表示：

$$C_{\text{比}}=\frac{nF}{3.6\cdot M} \tag{2-9}$$

而在实际中，习惯上用W·h/kg或W·h/L表示电池的能量密度。例如，根据式（2-6）和式（2-9）可得到常用的质量能量密度计算式（2-10），即

$$\text{能量密度：}\quad \varepsilon_{\text{M}}(\text{W}\cdot\text{h/kg})=\frac{E(\text{W}\cdot\text{h})}{M(\text{kg})}=\frac{U_{\text{中}}(\text{V})\cdot C(\text{mA}\cdot\text{h})}{1000\cdot M(\text{kg})} \tag{2-10}$$

式中，E为电池放电过程中所释放的能量；$U_{\text{中}}$为中值电压；C为容量；M为整个电池的质量。$U_{\text{中}}$和C很容易在实际测试过程中得到。

从上述式中，可以分析出实际情况中的电子转移数和能量密度的关系。例如，对于$LiFePO_4$/石墨电池体系，其工作原理图如图2-3所示，电池反应方程如下：

$$\text{正极侧反应：}\ LiFePO_4 \rightleftharpoons Li^+ + FePO_4 + e^- \tag{2-11}$$

$$\text{负极侧反应：}\ 6C + Li^+ + e^- \rightleftharpoons LiC_6 \tag{2-12}$$

$$\text{电池总反应：}\ LiFePO_4 + 6C \rightleftharpoons FePO_4 + LiC_6 \tag{2-13}$$

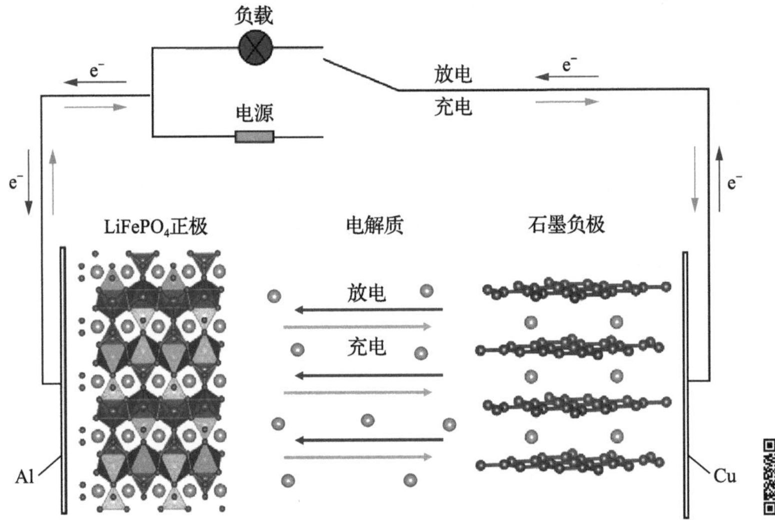

图2-3　$LiFePO_4$/石墨电池工作原理示意图（彩图扫二维码）

$LiFePO_4$ 的摩尔质量为 157.756g/mol。从式(2-9)可以算出，电池的理论比容量为(1/157.756)×96485/3.6 =170(mA·h/g)。测试中，$LiFePO_4$ 的中值电压约为3.4V，其理论电压值也可以根据式(2-5)算出。根据式(2-10)可以算出 $LiFePO_4$ 正极材料的质量能量密度为 170×3.4=578(W·h/kg)。商业化锂离子电池主要正极电极材料的理论质量能量密度列于表 2-1。

表 2-1　重要正极电极材料的质量能量密度

正极材料	理论容量/(mA·h/g)	平均工作电压/V(vs. Li^+/Li)	质量能量密度/(W·h/kg)
$LiCoO_2$	274	3.9	1069
$LiFePO_4$	170	3.4	578
$LiMn_2O_4$	146	4.0	592
$LiNi_{0.8}Co_{0.1}Mn_{0.1}O_2$	280	3.5	980

把石墨负极考虑进去，再进行能量密度计算。假设正极材料中 $LiFePO_4$ 的质量为 1mg，由于在电池体系设计时通常保证负极容量/正极容量比约等于 1.1，则石墨负极的质量约为 0.5mg。充电时，假设 $LiFePO_4$ 中的锂离子完全脱出，其总数量为 1/157.756(mmol)。由于锂离子带的电荷数为 1，所以转移的电子总数目为1×1/157.756=1/157.756(mmol)。基于正负极材料质量的能量密度为[(1/157.756)×96485/3.6]×3.2/(1+0.5)=362.5(W·h/kg)。

值得注意的是，上述电池的能量密度是基于正极和负极质量计算得出的，但是电池中还包括其他的非活性物质，如正负极壳、隔膜、电解液、导电剂、黏结剂等。实验研究中大部分科研人员在计算能量密度时有意无意地忽略了非活性物质的质量，所以事实上算出的能量密度远大于实际值，其借鉴参考意义有限。

因此，在实际生产中，式(2-10)的 M 应取整个电池系统的质量。目前，企业已公布的磷酸铁锂动力铝壳电池电芯的能量密度达到 170W·h/kg，电池系统达到140W·h/kg。

而对于电池的功率密度，其一般是与电池的倍率性能有关，即电池可以以多大的电流进行充放电，计算方法是在大电流密度时，电池功率和电池整体质量的比值，计算式如式(2-14)所示，即

$$\text{功率密度 (W/kg)} = \frac{P\,(\mathrm{W})}{M(\mathrm{kg})} = \frac{U(\mathrm{V}) \cdot I(\mathrm{A})}{M(\mathrm{kg})} \tag{2-14}$$

式中，P 为电池功率，其值为电流与平台电压的乘积。

2.3.2　固态电子理论基础

二次电池充放电过程涉及电子在固体电极材料中的迁移，电子迁移则遵循与

量子力学相关的理论。目前这方面比较成熟的理论就是能带理论。能带理论是目前研究固体中电子运动的一个比较经典的理论。它是利用量子力学，研究晶态固体中电子运动的主要理论。它成功地应用于解决导体、半导体中的系列重要问题。

能带理论的基础之一是假定固体中的电子不再束缚于固体中的个别原子，而是受周围若干原子、离子的影响，其能量分布形成一种特殊的带状分布，称为能带。根据电子所具有的量子效应的特性，二次电池系统中电子在电极材料中的迁移也应该与此相符。与金属和半导体不同的是，系统中除有电子运动外，还有离子迁移。离子迁移或许对电子运动有某种制约作用，但作为一种近似处理，将固体能带理论用于描述电子在电极材料中的输运行为应该是可行的。

根据量子力学原理，描述电子行为的薛定谔方程为：

$$-\frac{\hbar^2}{2m}\nabla^2\psi(\vec{r})+v(\vec{r})\psi(\vec{r})=E\psi(\vec{r}) \tag{2-15}$$

式中，m 为电子质量；$\hbar$ 为普朗克常数除以 2π，$-(\hbar^2/2m)\nabla^2$ 为具有本征能量 E 的电子的动能；$v(\vec{r})$ 为势能；$\psi(\vec{r})$ 为电子波函数，$|\psi(\vec{r})|^2$ 反映在 $\vec{r}=(x, y, z)$ 处电子分布的概率。二次电池电极材料中，$v(\vec{r})$ 中除考虑通常的因素外，还应考虑在材料中迁移的离子对电子运动的贡献。

根据费米-狄拉克原理，在热平衡状态下，无相互作用的电子占据能带中能级为 E 的概率为

$$f(E)=\frac{1}{e^{(E-E_F)/k_BT}+1} \tag{2-16}$$

式中，$f(E)$ 为费米-狄拉克分布函数，它给出能量为 E 的本征态被一个电子占有的概率；k_B 为玻尔兹曼常数；T 为绝对温度；E_F 为电子的费米能级。

由式(2-16)可以看出，当 T=0K 时，如果 $E< E_F^0$（E_F^0 为 T=0K 时费米能级能量），式(2-16)中分母第一项无限趋近于零，$f(E)=1$，表明 E_F^0 以下能级全部被电子占有。当 T=0K 时，如果 $E> E_F^0$，式(2-16)中分母第一项为无穷大，E_F^0 以上能级则完全不被电子所占有。

当温度 $T>$0K 时，这是更通常的情况，则在 E_F 附近有个过渡区，区内 $f(E)$ 显著地由 1 变化至 0，如图 2-4 所示。

这个过渡区的范围约为 k_BT 的数量级，k_B 为波尔兹曼常数。进一步分析 $f(E)$ 在 E_F 附近的变化规律不难发现，只有在 E_F 附近 k_BT 范围内，$f(E)$ 才有显著变化。如果将 $-\frac{\partial f(E)}{\partial E}$ 与 E 的函数关系一并体现在图中，见图 2-5。

由此可见：$-\frac{\partial f(E)}{\partial E}$ 与 E 的函数关系表现出 δ 函数的属性，即在 E=E_F 附近很

窄的范围内取得极大值，即该处的电子态密度较高。这个性质表明：只有能量处于 E_F 附近的那部分电子，对电子电导才有重要贡献！因此，费米能级对电池体系的设计十分重要[21]。表 2-2 为各种金属与费米面有关的参数。

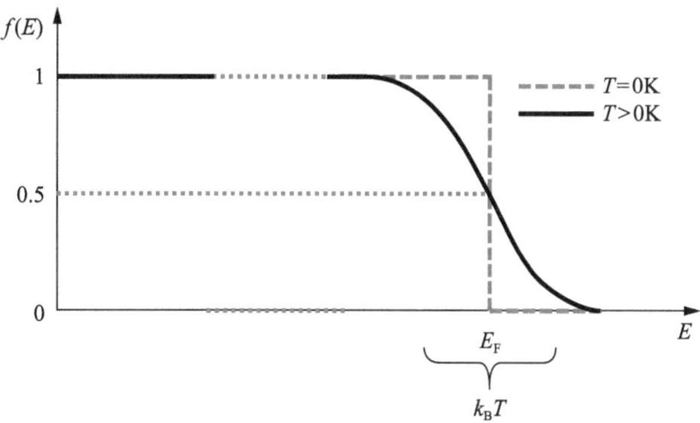

图 2-4　T=0K 和 T>0K 时，占据能量 E 的自由电子费米-狄拉克分布

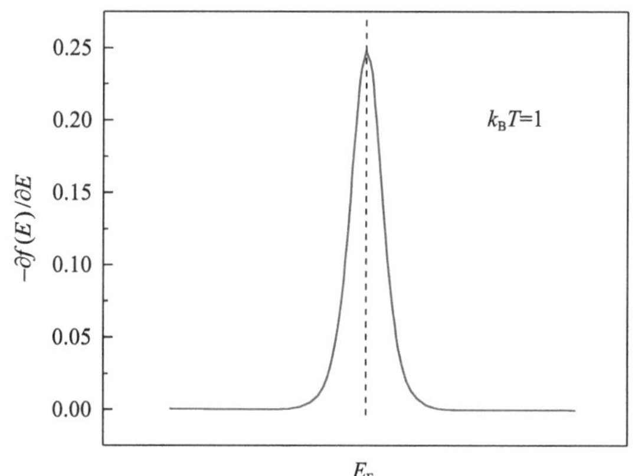

图 2-5　T>0K 时自由电子的费米-狄拉克分布的 $-\dfrac{\partial f(E)}{\partial E}$ 在费米能级 E_F 附近的特征

表 2-2　典型金属电子浓度和主要费米参数

金属	电子浓度/10^{22}cm^{-3}	费米波矢/10^8cm^{-1}	费米速度/(10^8cm/s)	费米能/eV	费米温度/10^4K
Li	4.7	1.11	1.29	4.72	5.48
Na	2.65	0.92	1.07	3.33	3.75
K	1.40	0.75	0.86	2.12	2.46
Rb	1.15	0.70	0.81	1.85	2.15
Cs	0.91	0.64	0.75	1.58	1.83
Cu	8.45	1.36	1.57	7.00	8.12
Ag	5.85	1.20	1.39	5.48	6.36
Au	5.90	1.20	1.39	5.51	6.39

续表

金属	电子浓度/$10^{22}cm^{-3}$	费米波矢/10^8cm^{-1}	费米速度/(10^8cm/s)	费米能/eV	费米温度/10^4K
Be	24.2	1.93	2.23	14.14	16.41
Mg	8.60	1.37	1.58	7.13	8.27
Ca	4.60	1.11	1.28	4.68	5.43
Sr	3.56	1.02	1.18	3.95	4.58
Ba	3.20	0.98	1.13	3.65	4.24
Zn	13.10	1.57	1.82	9.39	10.90
Cd	9.28	1.40	1.62	7.46	8.66
Al	18.06	1.75	2.02	11.63	13.49
Ga	15.30	1.65	1.91	10.35	12.01
In	11.49	1.50	1.74	8.60	9.98
Pb	13.20	1.57	1.82	9.37	10.87
Sn	14.48	1.62	1.88	10.03	11.64
Fe	17.0	1.71	1.98	11.1	13.0
Mn	16.5	1.69	1.96	10.9	12.7
Nb	5.56	1.18	1.37	5.32	6.18
Hg	8.65	1.36	1.58	7.13	8.29

事实上，在电池反应中 E_F 是电子输运的驱动力，使 E_F 附近的电子在放电过程中从高能级的负极经由外电路迁移到低能级的正极，充电过程则相反，从而实现能量的转换与输出[5]。图 2-6(a)展现了正极和负极的 E_F 差、电化学势与电池开路电压的关系，其满足以下方程：

$$FV_{oc} = -\Delta E_F = \mu_A - \mu_C \tag{2-17}$$

式中，F 为法拉第常数；V_{oc} 为开路电压；μ_A 和 μ_C 分别为正极和负极的平衡电化学势，其单位为 J/mol。

而对于电极材料，费米能级又取决于材料的功函数。在锂离子电池中，一般而言，其可逆充放电主要是通过正极材料中过渡金属电子结构的调整，以适应锂离子浓度在比较宽范围变化实现的。在大部分正极材料中，过渡金属离子的外层电子构型具有 3d4s 构造，3d 轨道失去或获得电子对应于在充放电过程中过渡金属元素的氧化或还原($TM^{(x+1)+} + e^- \rightleftharpoons TM^{x+}$)[5]。3d 轨道中的电子，由于强电荷密度库仑力的相互作用，表现出明显的限域特征，能带较窄。不同的过渡金属，如 TM_1 和 TM_2，其 3d 轨道能级不同。当材料中有原子的 d 轨道能带靠近阴离子的 p 能带时，将会引起 3d 能带中的电子与 p 能带中电子的混杂，使能带结构宽化，电子将部分失去限域特性，造成费米能级 E_F 进入导带。因此正极材料的电势取决于过渡金属离子氧化还原对的能级，如图 2-6(a)所示。例如，在 $Li_xNi_{0.5-y}Mn_{1.5-y}Cr_{2y}O_4$

化合物中，不同过渡金属离子氧化还原对具有不同的电势值，如图 2-6(b) 所示[8]。理论上，由过渡金属氧化还原对的能级可求出相应的电势值。图 2-6(b) 中还指出了电池正、负极 SEI 膜和电解质最低未占有电子分子轨道(LUMO)和最高已占有电子分子轨道(HOMO)的关系。

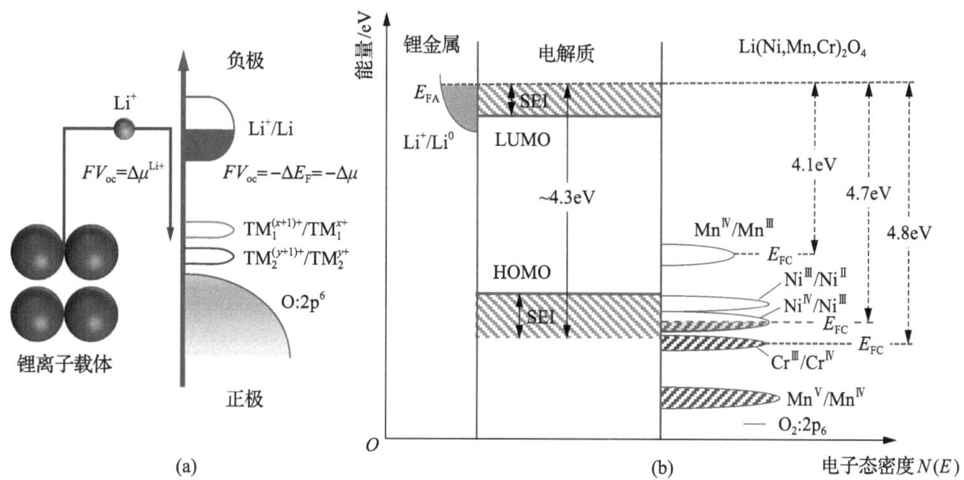

图 2-6　锂离子电池开路电压、费米能级、材料电子结构与电池特性

(a) 费米能级与锂离子电池的开路电压；(b) 具有稳定 SEI 膜的 $Li_xNi_{0.5-y}Mn_{1.5-y}Cr_{2y}O_4$ 氧化物电极电池费米能级与电子态密度示意图[4, 8]

从能带结构的观点看，在设计电极材料时，需要考虑以下两个方面的因素。

(1) 在正极材料选择设计中，应处理好过渡金属氧化还原对的能级与阴离子的 p 轨道能级相匹配的问题。电压作为电池体系可行性分析的直接评判标准之一，本质上受到电极材料中过渡金属元素 d 轨道与阴离子 p 轨道能级的相对位置的限制。当正极材料中过渡金属的化合价发生变化，如 Cr 发生 Cr^{3+}/Cr^{4+}变化时，将引发其 3d 能带中的电子与阴离子 p 能带中的电子混合，发生交互作用，如图 2-7(a) 所示。当过渡金属离子氧化还原对的能量进一步降低，其 d 轨道与阴离子 p 能带重叠，如图 2-7(b) 所示，这时过渡金属的 d 能带发生轨道分裂，由最初的阳离子特征为主的 $(d+p)^n$，形成以阴离子 p 轨道特征为主的 $(p+d)^n$ 反键轨道 *a.b.*，和被占据的 $(d+p)^{n+1}$ 成键轨道 b。氧化还原对拥有的主要是阴离子 p 轨道特征，氧化还原对被氧化后，阳离子表现为更低的 d^{n+1} 价态特征。需要指出的是，反键轨道 $(p+d)^n$ 虽然以阴离子 p 轨道特征为主，但其轨道仍然保留 d 轨道的对称特点，行为上更接近氧化还原对。但随着阴离子 p 轨道占比的进一步增加，氧化还原对 d 轨道将落到远低于阴离子 p 轨道顶部的位置，如图 2-7(c) 所示，阴离子 p 轨道顶部电子的反键特征将变得很不明显，表现出明显的阳离子 d 轨道特征，电子空穴将占据 p 成键轨道，这将造成在阴离子 p 能带中，成键轨道有更多的电子空穴，当电子空穴足够高时，将被反键态阴离子俘获，出现阴离子变价补偿，并形成双阴离子。如阴离子为氧离子，则形成$(O_2)^{2-}$。此时，如果电池处于深度充电过程中，$(O_2)^{2-}$积累到一定浓度，便发生反应生成氧气，导致晶格氧缺失，造成材料结构失稳。

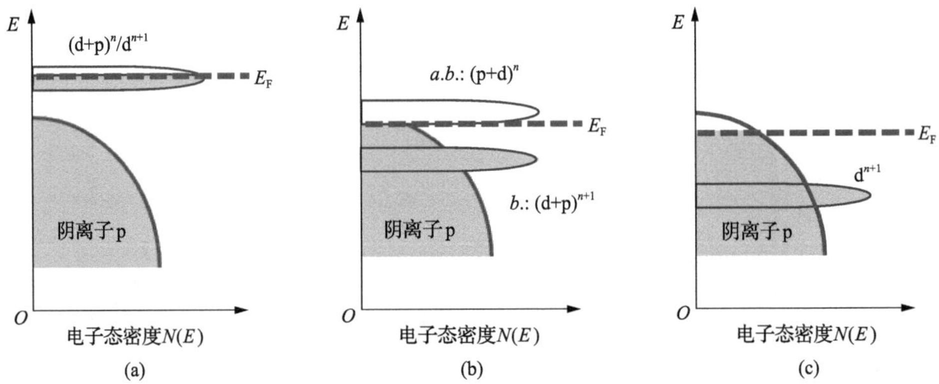

图 2-7 正极材料中过渡金属离子氧化还原对的 d 能带与阴离子 p 能带相互作用情况[4]

(a) d 能带比较靠近阴离子 p 能带，在 d 轨道顶部产生电子空穴并被极化；(b) d 能带插入阴离子 p 能带上部，以阴离子 p 轨道为主形成具有反键特征富含电子空穴的 *a.b.*轨道和以阳离子 d 轨道特征为主的成键轨道 *b.*；(c) d 能带在远低于阴离子 p 能带顶部的下方位置，此时阴离子 p 能带顶部具有明显的阳离子 d 特征并被电子空穴态占有

此外，失氧还会造成材料中过渡金属的平均价态不断变低，例如，Ni^{3+}/Ni^{4+}氧化还原对转化为 Ni^{2+}/Ni^{3+}氧化还原对，Co^{3+}/Co^{4+}氧化还原对转化为 Co^{2+}/Co^{3+}氧化还原对，进而导致电压衰减。

通常对于相变反应机制的同系列材料 MX（M 为过渡金属，X 为 F、O、S、N、P），其工作电压的排序为 Cu＞Ni＞Co＞Fe＞Mn＞Cr＞V＞Ti。而阴离子 p 轨道能级的位置也会对电极材料的电压产生影响，对于不同阴离子的化合物，其工作电压的排序一般为氟化物＞氧化物＞硫化物＞氮化物＞磷化物[22]。此外，同样的正极材料在不同电池体系中的工作电压也有所不同，一般遵循的规律为锂电池＞钾电池＞钠电池＞镁电池＞铝电池[22]。

(2) 费米能级与电解液稳定电压窗口的匹配是另一个需要考虑的问题。电解液最低未占有电子分子轨道（LUMO）与最高已占有电子分子轨道（HOMO）能量差 E_g 为电解液的稳定电压窗口。负极和正极的电化学势为 μ_A 和 μ_C（它们的费米能为 E_F）、电池开路电压 V_{oc}，电池系统维持热力学状态稳定的一般关系为[4]

$$eV_{oc}=\mu_A-\mu_C\leqslant E_g \tag{2-18}$$

式中，e 为电子电荷。以有机电解液电池系统为例，其能量适配状态情况如图 2-8 所示。在有机电解液体系中，负极 $Li_4Ti_5O_{12}$ 因其费米能级（Ti^{4+}/Ti^{3+}，～1.5eV）低于电解液的 LUMO，所以，它在充放电的过程中不会生成 SEI 膜，具有快充和快放的安全优势[23]。然而其工作电压为 1.5V (vs. Li/Li^+)，严重限制了其与正极材料匹配形成开路电压的拓宽。

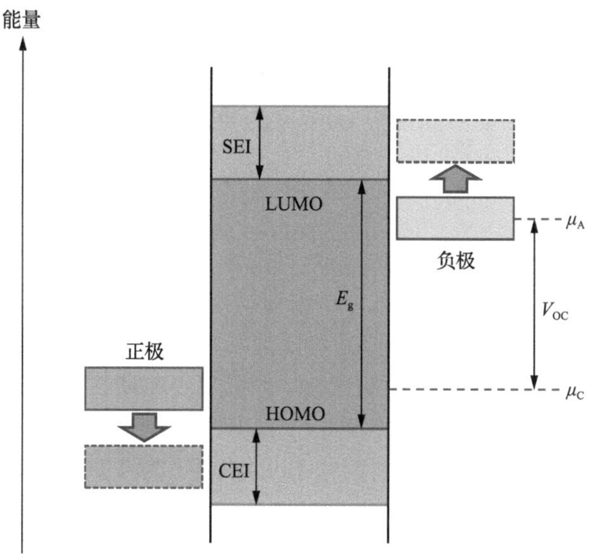

图 2-8　有机电解液电池系统能量适配状态示意图(E_g为电解液的热力学稳定电压窗口[4])

实际电池系统，负极材料的电化学势(μ_A)有可能高于电解液的 LUMO 能级，负极材料的电子会被电解液夺取，使得电解液被还原，通常这时，反应产物会在负极表面形成能阻挡电子由负极转移到电解液 LUMO 能级的 SEI 膜，例如，目前锂离子电池中比较广泛使用的石墨处于电解液 LUMO 能级边界上，能形成性能比较好的 SEI 膜。

同样，正极材料的电化学势(μ_C)也可能低于电解液 HOMO 能级，这时正极材料将夺取电解液中的电子，从而被电解液还原，导致正极材料极化，甚至遭到破坏。目前锂离子电池中广泛使用的 $LiCoCO_2$ 和 NASICON 结构材料的 μ_C 都低于电解液的 HOMO，$LiFePO_4$ 的 μ_C 略低于电解液的 HOMO。为了维持电池系统的稳定，会在正极表面形成阻挡电子转移的 CEI 膜，如图 2-8 所示。

2.3.3　固体热力学理论

只有在平衡态条件下，电极反应才可能是热力学可逆的。为了保持电中性，电极上电子的注入和离子的嵌入必须同时进行，其驱动力分别为费米能级和化学势的差异，而化学势可以由反应物和生成物的相对吉布斯自由能来推导。吉布斯自由能是指反应体系在恒定压力和温度下达到化学平衡时的最小热力学势。

在电池的等温等压过程中，电极反应所做的最大功等于反应体系变化所产生的非体积功，即摩尔自由能的变化。电池对外部环境所做的功可描述为 nFV_{oc}，

因此吉布斯自由能的变化(ΔG)可以定义为热力学中输出功的负值，即

$$\Delta G = -nFV_{oc} \tag{2-19}$$

以嵌入型正极(MA)和锂金属负极组成的电池为例，电极材料在充放电过程中，其电压曲线与材料中 Li 的化学势呈线性关系。正极中特定组分(Li_xMA)的 Li 化学势等于材料的自由能对晶格中 Li 浓度的导数，即

$$\mu_{Li} = \frac{\partial G}{\partial x} \tag{2-20}$$

式中，G 为每摩尔单位 Li_xMA 的吉布斯自由能。

在充放电的过程中，嵌入型正极材料在特定组分 x 处的 Li 化学势等于该组分处自由能 G 的斜率，如图 2-9(a)所示。任何结构和成分的改变都会影响吉布斯自由能和 Li 化学势，从而导致电压的变化。因此，吉布斯自由能与电压之间存在直接的关联，且由 Li 浓度的变化引起的相变及其性质将在电压曲线中具有明显的表现特征。在图 2-9(a)中，当正极材料中 Li 的浓度 x 为 0 时，Li 的化学势为负，最

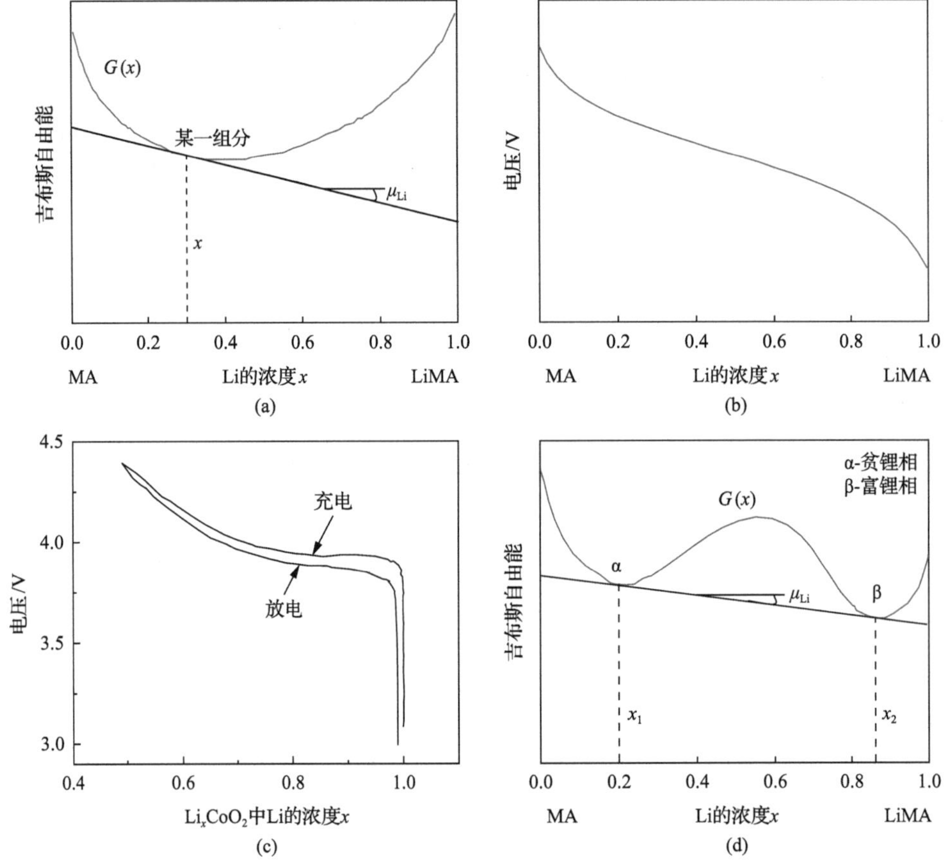

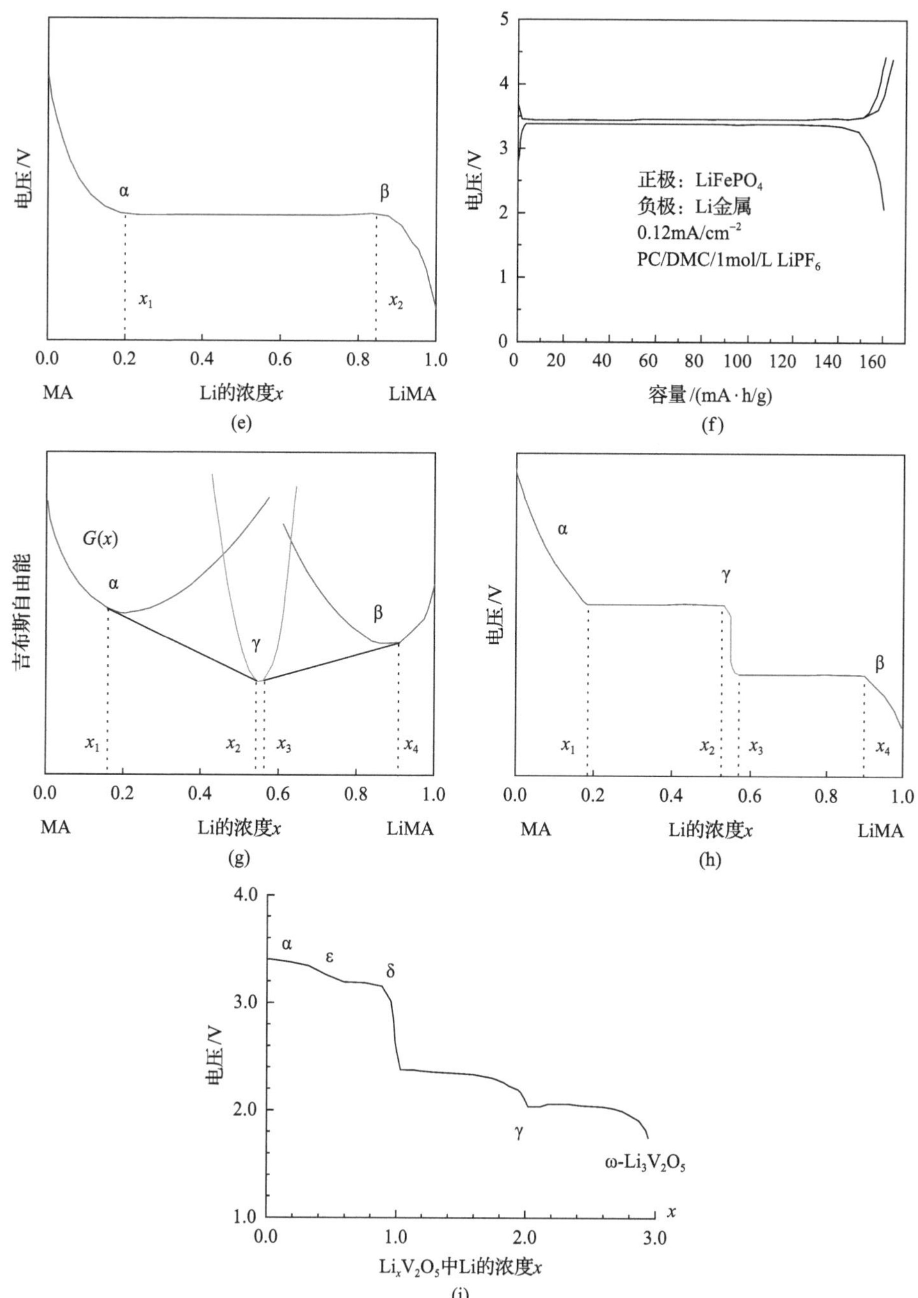

图 2-9　二次电池电极材料吉布斯自由能、充放电过程中电压曲线关系和实例[3,27,28]

(a)、(b)、(c)单相体系；(d)、(e)、(f)发生一级相变体系；(g)、(h)、(i)形成稳定中间相体系

小，根据式(2-19)，此时得到的电池电压值最大，对应图 2-9(b)中 Li 浓度 x 为 0 时的电压值。随着正极材料 Li 的化学势的增大，也即 Li 的浓度 x 从 0 到 1，电池

电压值逐渐减小。如果电极材料与 Li^+只发生固溶反应，则该体系为单相体系，其电压曲线将是一条平滑的倾斜“S”形曲线，如图 2-9(b)所示。该现象也可用吉布斯相律解释，在固定温度和压力的条件下，单相系统自由度数为 1，因此 Li 化学势随着 Li 浓度的变化而变化，具体表现为 Li 浓度越高，Li 化学势越大，电池电压越低[24]。例如，Li^+在 $LiCoO_2$ 中的嵌入即为固溶反应，在锂离子嵌入/脱出期间，钴酸锂的化学式为 Li_xCoO_2(0＜x＜1)，钴的价态在+3 到+4 转变，但由于反应期间未发生相变，因此电压曲线呈现平滑的“S”曲线，如图 2-9(c)所示。

如果锂离子的嵌入伴随着一阶相变的发生，即电极材料由贫锂相 α 向富锂相 β 转变，其自由能曲线将显示两个局部极小值 x_1 和 x_2，如图 2-9(d)所示。在两个极小值之间，总的自由能是两个极小值的机械混合，体系为两相共存，自由度数为 0(假设温度和压力恒定)。因此，Li 化学势在两个极小值之间是恒定的，出现电压平台，如图 2-9(e)所示。例如，$LiFePO_4$/Li 电池在放电过程中发生由 $FePO_4$ 转变为 $LiFePO_4$ 的两相反应[25]，其电压曲线为典型的“L”形，如图 2-9(f)所示。材料尺度纳米化后，纳米效应对电势有一定的影响，且由应力、表界面能、界面处的离子浓度梯度等引起的附加吉布斯自由能使得 $FePO_4$ 和 $LiFePO_4$ 两相的混溶间隙减少，故相变反应具有一定的固溶特征[3, 26]。因此，在实际测试中，一般“L”形电压曲线都以有限范围的“S”形曲线结束。

当反应中有稳定的中间相 γ 生成时，其吉布斯自由能与组成结构的关系如图 2-9(g)所示，其电压曲线为典型的阶梯型，如图 2-9(h)所示。例如，V_2O_5 中 Li^+ 的嵌入就具有明显的多步相变特征，如图 2-9(i)所示。在首次放电期间，经历了由 α-(x＜0.01)向 ε-(0.35＜x＜0.7)、δ-(0.7＜x＜1)、γ-(x＞1)和 ω-$Li_xV_2O_5$(x＞3)等多个阶段的转变[27]。

2.3.4　离子扩散与晶体学理论

上节讨论了电极材料的结构特征与吉布斯自由能对电极材料的电压曲线和本征容量的影响，即控制能量密度方面的热力学因素及其属性；而倍率性能，即功率密度方面则取决于动力学因素。离子的迁移和扩散行为是影响电极材料倍率性能最重要的参数之一，它与电极材料的化学性质、扩散路径、晶体结构等因素有关。对于热力学和动力学理想嵌入型化合物，其基本动力学参数是离子扩散系数(D)，可表达为[29]

$$D = \rho\lambda^2\Gamma \tag{2-21}$$

式中，ρ 为一个几何因子，取决于间隙位点格子的对称性；λ 为相邻间隙位点之间的跳跃距离；Γ 为跳跃频率，Γ 的表达式为[30]

$$\Gamma = v^*\exp(-\Delta E / (kT)) \tag{2-22}$$

式中，v^* 为振动因子；ΔE 为迁移势垒，即活化能(kJ/mol)。

因此，在理想的嵌入化合物中，以锂离子电池为例，Li^+扩散系数随 Li^+浓度的变化是由迁移势垒和振动因子对 Li^+平均浓度的依赖程度决定的。由于扩散系数对迁移势垒具有指数依赖性，所以因材料化学成分、扩散路径、晶体结构变化引起的离子迁移势垒的微小变化都会导致扩散系数的巨大变化。

由于电极材料中离子迁移涉及十分细微的微观结构辨析，实验研究通常具有一定难度。与实验相比，理论计算在探索原子级反应机理等方面具有独特的优势，通过虚拟筛选新电池材料可以降低开发成本，避免无意义的实验。目前用于离子传输动力学方面的理论计算主要有第一性原理、分子动力学模拟和 Monte Carlo 方法等。其中基于第一性原理的 NEB 方法(nudged elastic band)和相应改进版本的 CI-NEB 方法(climbing image nudged elastic band)，可以通过计算沿离子扩散路径的活化能来模拟离子在电池中的传输机制，这是目前在离子扩散领域应用最广泛的方法[31]。其总体策略是，首先通过构筑电极材料的基本结构模型，然后计算离子在空位间不同迁移路径时的扩散能垒，可以寻找已知化学反应的最小能量路径和鞍点。

大多数典型电极材料的晶体结构具有如尖晶石结构(面心立方堆积 fcc)、层状结构(面心立方堆积 fcc)和橄榄石结构(六方最密堆积 hcp)等，晶体结构中都拥有大量的四面体空隙和八面体空隙。例如，图 2-10 是 fcc 中四面体空隙和八面体空隙的空间分布和真实的几何位构型关系。由图可见，四面体空隙与四面体空隙通过共顶点方式连接在一起，四面体空隙与八面体空隙通过共面方式连接在一起，八面体空隙与八面体空隙通过共棱连接在一起，密排面为(111)面，密排方向为〈111〉方向。

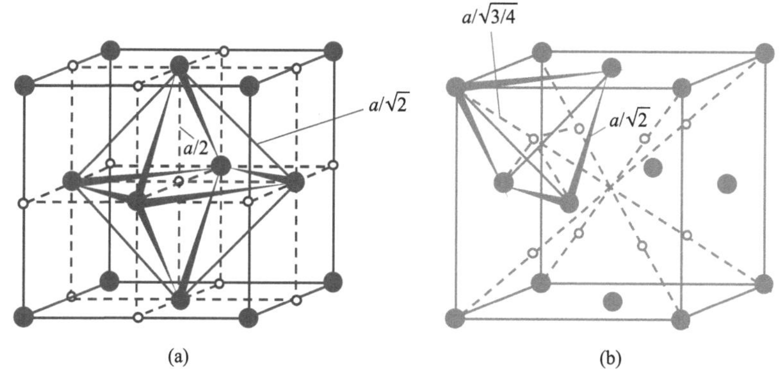

图 2-10　fcc 结构中的四面体空隙和八面体空隙单胞中的位置分布与几何构造关系

(a) 八面体位置分布；(b) 四面体位置分布

离子在相同空隙(等效位点)之间的直接迁移，如四面体空隙-四面体空隙，或者八面体空隙-八面体空隙，通常具有很高的能量，因为此类迁移途径上存在构成密堆积的阴离子，需要穿越 O—O 键通过几乎是不可能的。只有一种情况，这种迁移比较容易实现，那就是存在阴离子空位。阴离子空位的存在是有可能的，但不会太多，因为太多会引起结构失稳。

通常，离子从一种空隙位置经过另一种空隙位置再到达下一个等效位置，这时离子迁移的能垒最低[31]。故一般离子的扩散路径是：①四面体空隙-八面体空隙-四面体空隙，如图 2-11(a)所示；②八面体空隙-四面体空隙-八面体空隙，如图 2-11(b)所示。在尖晶石结构中，嵌入离子最初位于四面体空隙，通过与相邻八面体空隙共享面(能量为 E_a)，沿着能量最低要求选择路径到达下一个等效的四面体空隙。在橄榄石层状结构中，扩散以相似的方式进行，其中四面体空隙为扩散路径的过渡位点。

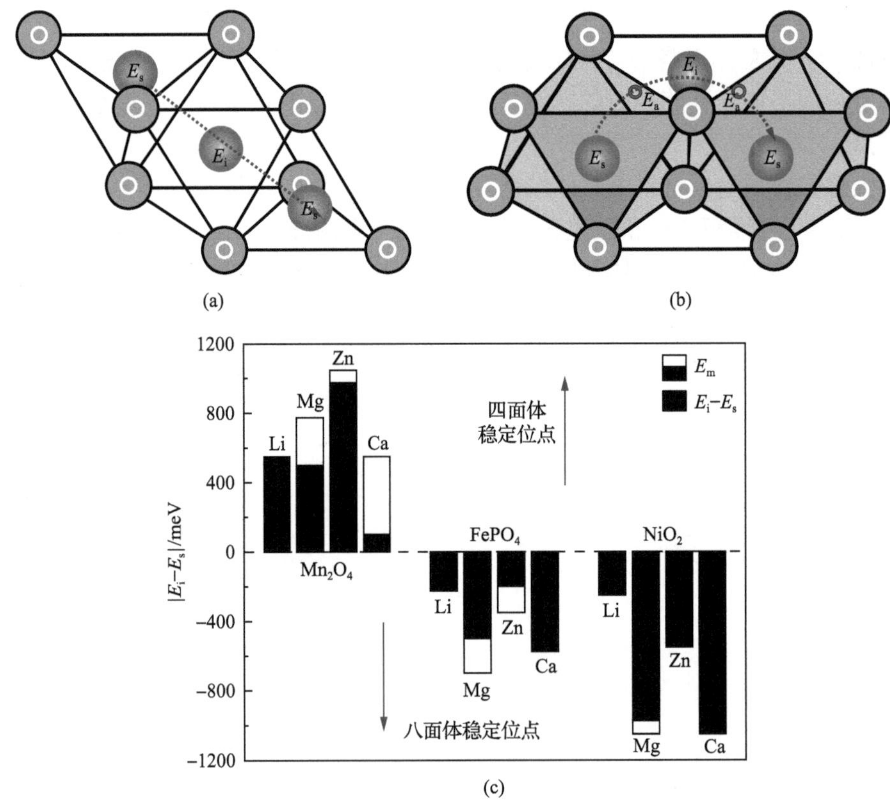

图 2-11　两种拓扑构造中的扩散路径与能量需求

(a)四面体空隙-八面体空隙-四面体空隙扩散路径；(b)八面体空隙-四面体空隙-八面体空隙扩散路径(扩散从能量为(E_s)的稳定嵌入位点，克服能垒(E_a)通过最近的三配位氧原子面，进入能量为(E_i)的过渡位点，最后进入下一个稳定位点)；(c)Li^+、Mg^{2+}、Zn^{2+}和 Ca^{2+} 在典型结构中过渡位点与稳定位点之间的能量差$|E_i-E_s|$及迁移势垒 E_m[6]

离子选择哪种路径和它的最优配位有关，即嵌入离子位于多面体空隙时与附近阴离子所构成的配位环境的稳定性。一般认为从亚稳定配位经过最优配位再到亚稳定配位，这种路径的扩散能垒是最低的。常见的阳离子最优配位为：Li^+和Zn^{2+}为四配位、Mg^{2+}为六配位，而Ca^{2+}为八配位。因此，Li^+、Mg^{2+}、Zn^{2+}和Ca^{2+}离子在尖晶石型Mn_2O_4、橄榄石型$FePO_4$和层状NiO_2结构中离子的迁移扩散情况不尽相同，如图 2-11(c)所示。各离子沿相关途径迁移，由于无论哪种途径，无论过渡位点与稳定位点是四面体还是八面体，它们总是离子迁移途径的一部分，它们之间能量差的绝对值$|E_i-E_s|$就是棒状图中的实心部分(图 2-11(c))。迁移势垒E_m为棒状图的空心部分与实心部分之和[6]，由图可见，$|E_i-E_s|$总体上比E_m要略低一些。一般而言，$|E_i-E_s|$可以用作离子移动判据。有些情况，如Li^+在Mn_2O_4和$FePO_4$、Ca^{2+}在NiO_2，两者完全相同；有些情况，如Li^+在NiO_2、Zn^{2+}在Mn_2O_4和NiO_2、Ca^{2+}在$FePO_4$，则基本相同。

对于层状结构的电极材料，由于 Li 层与 Li 层间隔着过渡金属阳离子层，Li 与周围的 O 形成八面体配位结构，并通过中间四面体位点实现跃迁。已有的研究工作表明：扩散路径上连接两个八面体位置之间的四面体位置接近与八面体共面的某处，应该处于最大能量位置。活化能的大小一方面取决于四面体位点的大小及应变效应情况，另一方面还取决于活化态的Li^+与正下方的过渡金属阳离子之间的静电相互作用。由于迁移速率与活化能呈指数关联，Li^+跃迁所需活化能的小幅下降也可导致Li^+扩散和充放电速率的显著提高，因此增加Li^+扩散率的策略应集中在减少这两个因素对活化能的贡献上。

Kang 等[32]通过锂镍锰氧化物层状正极材料的第一原理计算发现，在层状正极材料中引入较低价的过渡金属阳离子，如Ni^{2+}，能显著降低Li^+在层间的扩散活化能垒。Li^+扩散路径对扩散活化能有重要影响，通过与 Ni 共面的扩散路径其活化能明显低于通过与 Mn 共面的扩散路径。研究还发现，传统固相法合成的材料，SS-$Li(Ni_{0.5}Mn_{0.5})O_2$中包含大量 Li/Ni 位点交换，这种 Li/Ni 位点交换也显著影响Li^+扩散活化能，如图 2-12(a)所示。对于完全锂化的$Li(Ni_{0.5}Mn_{0.5})O_2$，其有8.3%Li/Ni 位点交换的材料与没有 Li/Ni 位点交换的材料相比，正极层间距由 2.64Å 降低至 2.62Å，相对于通过与 Ni 共面的扩散路径，Li^+扩散活化能有 20～30meV 的增加，由 200meV 增加至 230meV。因此，Li/Ni 位点交换明显劣化了材料电化学性能。此外，对材料进行 16%脱锂处理后，没有 Li/Ni 位点交换的材料其层间距扩大至 2.74Å，而含有 8.3%Li/Ni 位点交换的材料其层间距仅扩大至 2.69Å，Li+扩散活化能相对前者较高。因此，Li 位点和 Li/Ni 位点交换成为影响材料性能的重要因素。进一步通过离子交换法合成几乎无层内 Li/Ni 交换的理想材料 IE-$Li(Ni_{0.5}Mn_{0.5})O_2$，并测试其与固相法合成 SS-$Li(Ni_{0.5}Mn_{0.5})O_2$两种材料的能量密度，如图 2-12(b)所示，IE 材料具有更高的能量密度。进一步测试不同倍率条件下的充放电曲线，如图 2-12(c)和(d)所示。由图可见：尽管在低倍率下，两种材料性能相似，但在高倍率下 IE 材料明显优于 SS 材料。

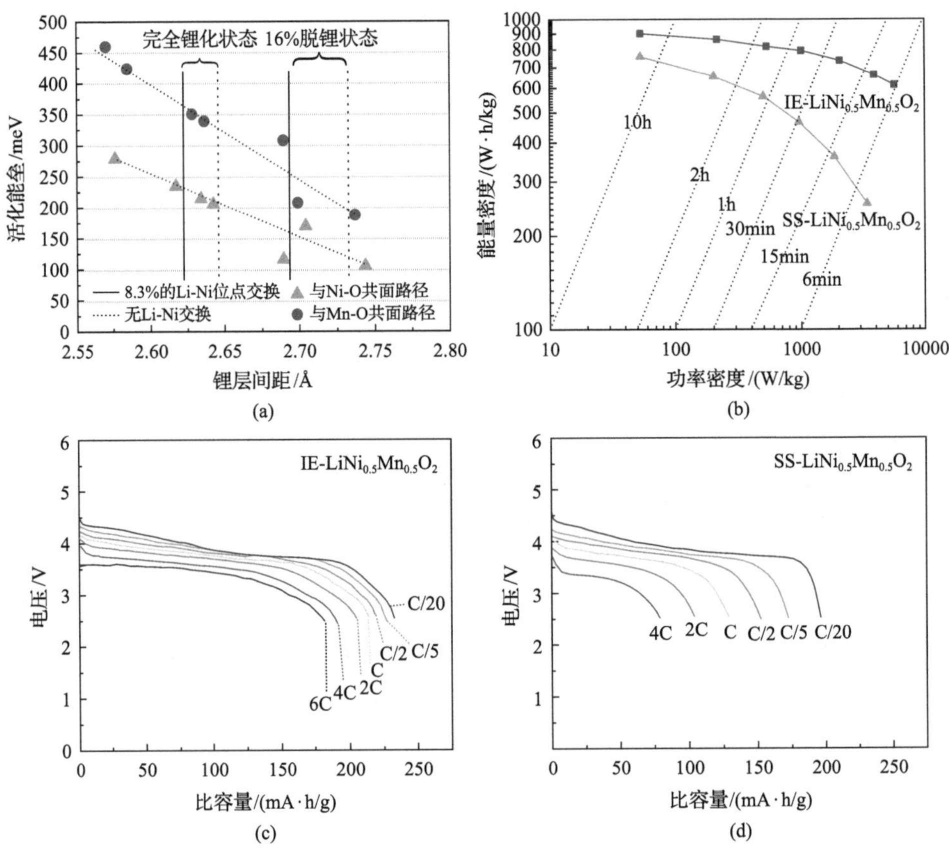

图 2-12　层状电极材料结构与离子迁移过程对活化能及电化学性能构效关系[32]

(a) Li($Ni_{0.5}Mn_{0.5}$)O_2 中 Li^+迁移的活化势垒与 Li 层间距的关系；(b) 两个材料对应的 Ragone 图；(c) 和 (d) 两种材料不同倍率下的放电曲线[32]

扩散路径配位环境的变化对扩散能垒也有很大的影响。一般来说，扩散路径配位环境的变化越小，扩散能垒越小。图 2-13 为 δ-V_2O_5 晶体结构中离子、空位扩散路径与能量需求。δ-V_2O_5 相具有伪层状结构，该结构由边和角共享的 VO_5 方金字塔片组成，嵌入离子位于角共享的四面体空隙位置。尽管嵌入离子位于近似四面体的环境中，但附近还有另外两个额外的氧原子，可以看为近似 6 配位（“4+2”）。离子在 δ-V_2O_5 结构中的初始位点可以认为是 6 配位。离子迁移过程为：离子从边角共享的 VO_5 方金字塔配位多面体（“5”配位）出发，通过三个氧离子组成的共享面，进入近似 6 配位（“4+2”）的氧配位多面体，再进入就近的边

角共享的 VO_5 方金字塔配位（“5”配位），这样实现（“4+2”—“5”—“4+2”）的交替徒迁。与面心立方堆积的四面体到八面体，再到四面体，即（“4”—“6”—“4”）徒迁模式比较，δ-V_2O_5 相中的“4+2”—5—“4+2”徒迁模式，其结构变化更小，因此，应该可以预期各种离子所表现出来的扩散能垒应该更低。图 2-13 的计算结果表明：Li^+在 δ-V_2O_5 相中 $E=|E_i-E_s|$约为 200meV，甚至更低。由图可见，Mg^{2+}在 δ-V_2O_5 结构中嵌入扩散能垒只需～600meV，而 Mg^{2+}在层状 NiO_2 结构中的嵌入扩散能垒高达～1000meV（图 2-11（c））。

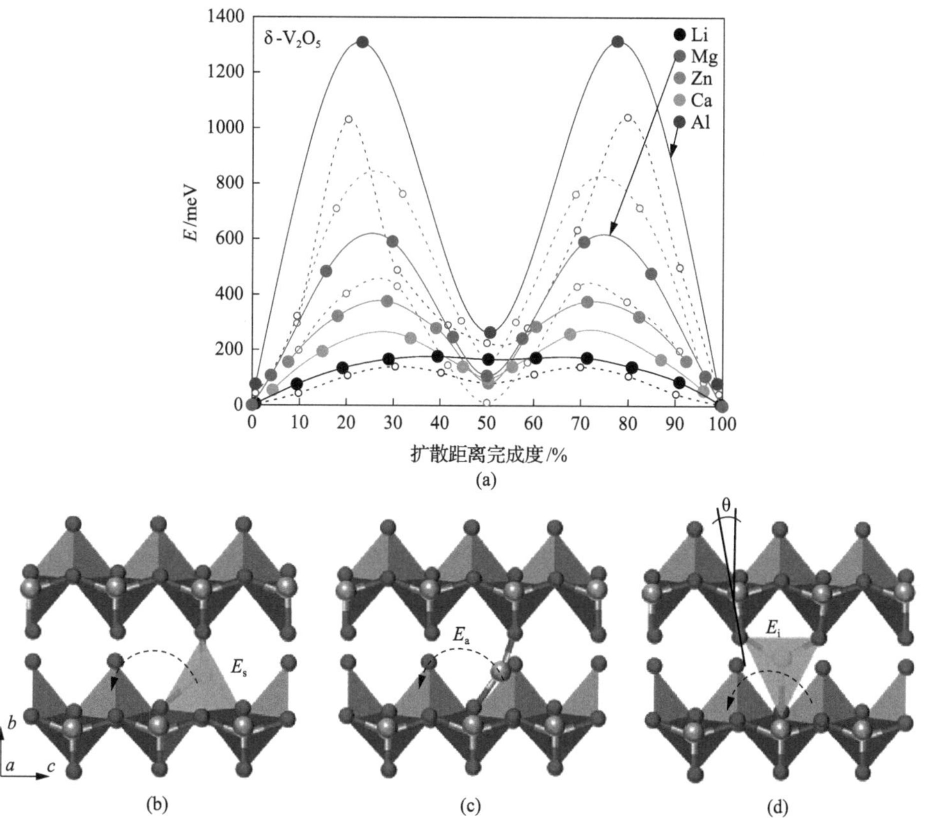

图 2-13　δ-V_2O_5 晶体结构中离子、空位扩散路径与能量需求[6]

（a）不同种类离子在完整（实线）和稀空位浓度极限（虚线）晶格中沿扩散路径所需的迁移能量；Mg 离子迁移实况：（b）稳定区；（c）活化区；（d）中间位点[6]

上述离子扩散模式建立在理想的嵌入型化合物上，实际情况下离子扩散还会受很多因素的影响[27]，主要有晶格振动、掺杂离子、空位缺陷等。例如，锂离子浓度及其在结构中不同程度的短程和长程排序、结构中阴离子和阳离子的性质等也会影响离子扩散。

需要指出的是，Li^+迁移路径上如果有宿主离子，那么迁移的能量需求会增高。

在层状结构中，Li^+通常倾向于占据嵌入型材料中的八面体间隙位置，并沿阻碍最小的跳跃路径穿过相邻的四面体[3]。如果与已占据的八面体共用一个面的中间四面体有宿主离子，Li^+迁移到下一个空的八面体间隙的过程将会因强烈的 Li^+-Li^+相互作用而增加迁移的困难，如图 2-14(a)所示。同样地，在尖晶石结构中，Li^+也会优先选择周围空四面体和八面体空隙的跃迁路径进行迁移，如图 2-14(b)所示。

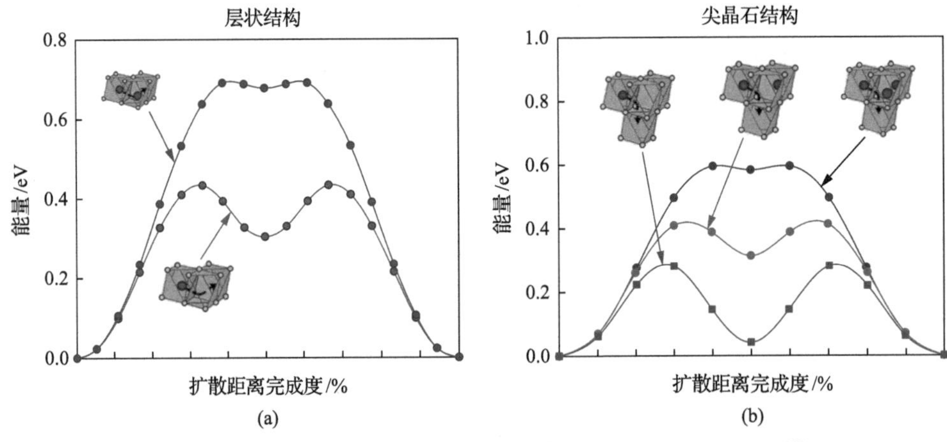

图 2-14　不同晶体结构电极材料中不同离子扩散路径所需能量[3]

(a)层状结构；(b)尖晶石结构

需要指出的是，除以上原子尺度的晶格组成、结构改变会明显影响离子迁移过程外，电极材料晶粒尺度纳米化也会对晶格内的离子迁移产生影响。已有的研究表明：同一种材料，当晶粒尺寸达到纳米尺度时，会产生更多的反应活性位点，同时可以缩短离子的传输路径，具有更好的储能性能。但 Velásquez 等[33]研究发现：尖晶石结构 $LiMn_2O_4$(LMO)的晶粒尺寸纳米化到小于一定的临界尺寸(～15nm)时，电极材料的电池性能反而变差，如图 2-15(a)所示。为了了解这种

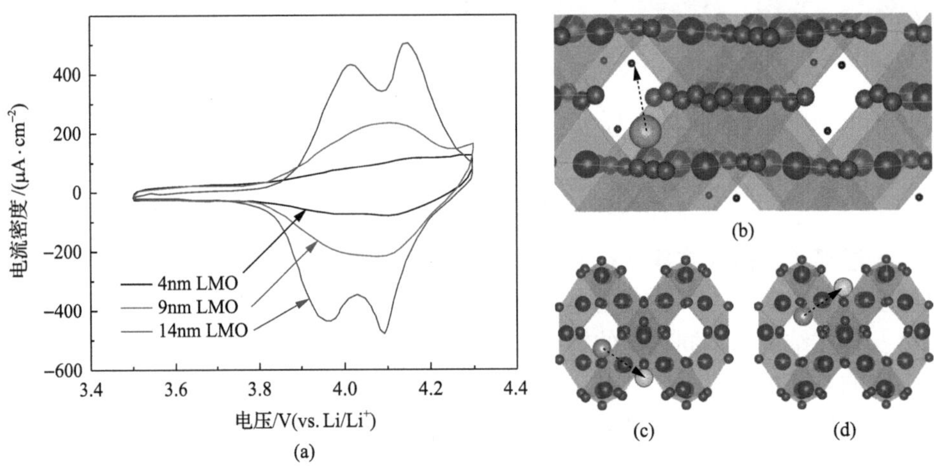

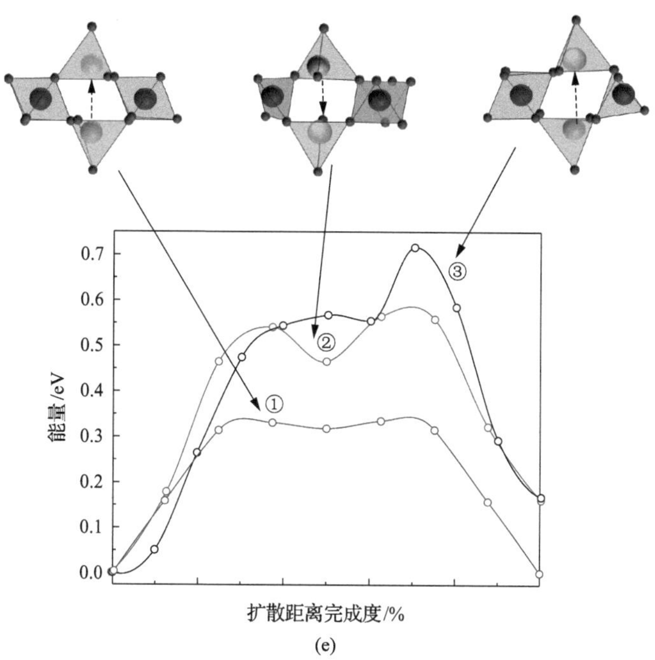

(e)

图 2-15　$LiMn_2O_4$ 纳米尺度效应与离子迁移[33]

(a)不同晶粒尺寸的 LMO 循环伏安图；不同晶粒尺寸的 LMO，(b) 14nm；(c)、(d) 1.3nm；内部 Li^+的扩散路径（用虚线箭头表示，黑点是可被锂离子占据的最小能量的位置）；(e)锂离子扩散路径的能垒分布（①、②和③分别对应(b)、(c)和(d)的扩散路径）[33]

小纳米晶粒子内部发生的罕见现象，根据平均晶粒尺寸不同尖晶石结构 LMO 中锂离子的扩散模式，如图 2-15(b)～(d)所示，采用 NEB 方法计算了 Li^+的扩散能垒，如图 2-15(e)所示。由图可见，Li^+在 LMO 尺寸为 14nm(接近临界平均尺寸～15nm)的晶粒中扩散时，其最大扩散能垒为 0.33eV。随着 LMO 晶粒纳米尺度由临界值～15nm 进一步减小，存在两种可能的锂离子扩散路径，其最高扩散能垒分别增加至 0.59 和 0.72eV。也就是说，随着 LMO 纳米晶粒尺寸从临界值减小至 1.3nm，相应的 Li^+扩散能垒从 0.33eV 增加到 0.59eV 以上。这比较好地解释了为什么当 LMO 纳米晶粒尺寸小于 15nm 时，会导致锂离子脱嵌过程的障碍增加。

2.3.5　固体晶体场理论

为了更准确地描述晶体结构对电化学行为的影响规律，在晶体学的基础上进行了进一步的探究，发现了晶体场理论在其中不可替代的重要性。晶体场理论是 20 世纪 20～30 年代由培特(Bethe)和冯弗莱克(van Vleck)提出来的一种研究过渡族元素化学键理论。该理论认为：在离子晶体中，中心离子与配位离子之间会产生相互作用，形成独特的晶体场。在晶体场中，中心离子的电子轨道可能发生能级分裂，尤其是 d 轨道的能级分裂。

二次电池在充放电的过程中，除涉及宿主离子的迁移和电子的输运外，材料本体的离子晶体场也会发生变化，从而影响电极材料的晶体结构、电子结构和电化学性能。最典型的例子就是 $LiMn_2O_4$ 正极材料在充放电过程中，随着 Li^+ 的嵌入和脱出带来的晶体场结构变化，引起晶体结构相变的 Jahn-Teller 效应。该效应由 Jahn 和 Teller 在 1937 年提出，他们指出在对称晶体场中，如果一个体系的基态有几个简并能级，则体系是不稳定的，体系将发生畸变，使一个能级降低，以降低这种简并性造成的系统能量增加。

$LiMn_2O_4$ 正极材料典型的充放电曲线如图 2-16 所示。放电过程有两个电压平台约在 4V 和 3V。4V 的高电压意味着外场作用强，离子可嵌入拓扑空间小的四面体空隙，更有利于保持体相的立方对称性。3V 的低电压意味着外场作用较弱，一部分离子只能嵌入拓扑空间较大的八面体空隙。不同电压下离子嵌入位点的差异性将会导致对称性较高的立方型 $LiMn_2O_4$ 和对称性较低的四方型 $Li_2Mn_2O_4$ 两相共存系统。这种由充放电电压引发的过渡金属离子电价变化 d 轨道能级分裂，并诱发晶体结构相变的现象就是 Jahn-Teller 效应。

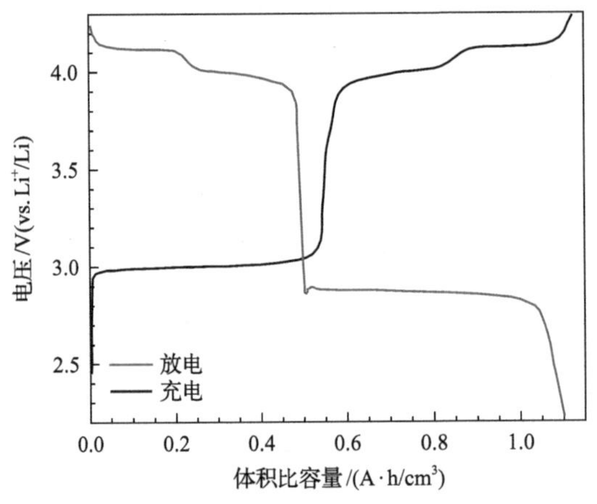

图 2-16　$LiMn_2O_4$ 的典型充放电曲线[34]

Jahn-Teller 效应更深层次的原因是，晶体场变化引发金属离子 d 轨道模式嬗变，造成键合模式调整，从而引发相变。具体到 $LiMn_2O_4$ 材料中，根据元素核外电子的排布规律，可知自由 Mn 原子核外电子排布方式为 $1s^22s^22p^63s^23p^63d^7$。五个 d 轨道分别为 $dx^2\text{-}y^2$、dz^2、dxy、dyz 和 dxz，且能量相等，有三个 d 轨道未填充满，可形成+3 价 Mn^{3+}。当 Mn 与周围离子发生化学作用时，根据形成的对称场不同，五个 d 轨道的能量不再相等，Mn 就会发生化合价变化。各种对称场中 d 轨道的能级分裂和能量变化情况列于表 2-3。由表可见，随着晶体场的形态变化，d 轨道的能级分裂模式是不同的，如图 2-17 所示。例如，在正八面位晶体场中，d 轨道的能级分裂成两组，即能量为 6.0Dq 的 e_g：$dx^2\text{-}y^2$、dz^2 和能量为

–4.0Dq 的 t_{2g}：d*xy*、d*yz*、d*xz*；在四角锥体对称场中 d 轨道的能级分裂成四组，即能量为 9.14Dq 的 $dx^2\text{-}y^2$；0.86Dq 的 dz^2；–0.86Dq 的 d*xy* 和能量为–4.57Dq 的 d*yz*、d*xz*。

表 2-3　各种对称场中 d 轨道的能量　（单位：Dq）

对称场	d 轨道	$dx^2\text{-}y^2$	dz^2	d*xy*	d*yz*	d*xz*
直线型	能量	−6.28	10.28	−6.28	1.14	1.14
三角形		5.46	−3.21	5.46	−3.86	−3.86
正四面体		−2.67	−2.67	1.78	1.78	1.78
正方形		12.28	−4.28	2.28	−5.14	−5.14
四角锥体		9.14	0.86	−0.86	−4.57	−4.57
正八面体		6.0	6.0	−4.0	−4.0	−4.0

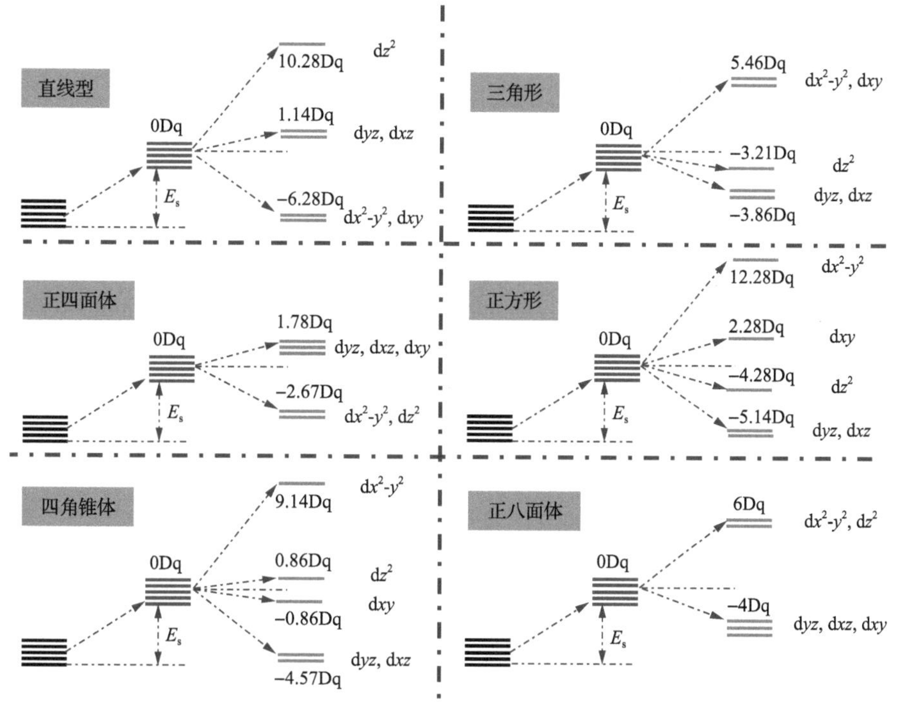

图 2-17　晶体场形态与 d 轨道的能级分裂模式

$LiMn_2O_4$ 中的锰为 $Mn^{3.5+}$，介于 Mn^{3+}和 Mn^{4+}之间。Mn^{4+}的锰失去 4 个电子，还有 3 个外层电子，其构建的晶体场为正八面体对称场，三个价电子以自旋平行方式分别占据 d*xy*、d*yz*、d*xz* 三个 d 轨道，见图 2-17 中正八面体立方晶体场；而 Mn^{3+}的锰失去三个电子，还有四个外层电子，其构建的晶体场为四角锥体对称场，见图 2-17 中四角锥体晶体场，四个价电子以自旋平行方式分别占据能量较低的

dyz、dxz 和能量比较高的 dxy 和 dz^2 四个 d 轨道，dx^2-y^2 轨道上没有价电子，如图 2-18 所示。

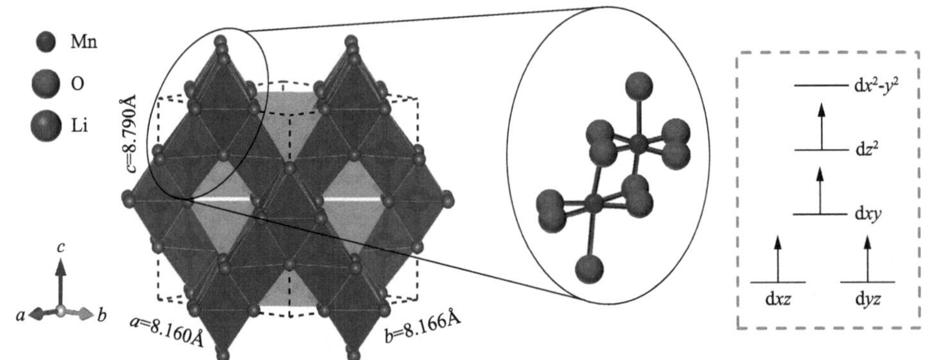

图 2-18　$LiMn_2O_4$ 的 Jahn-Teller 效应离子配位结构与 d 轨道的能级分裂[35]

相较于正八面体立方对称晶体场中 3 个 d 轨道能量相等的稳定状态，在四角锥体对称晶体场中，d 轨道有三个简并能级，为了提升系统的稳定性，体系发生畸变从而降低 dxy 能级，由此可能引起 dz^2 轨道能量的进一步升高。在深放电和高倍率充放电状态下，在 3.0V 电压区间易形成 $Li_2Mn_2O_4$ 相。随着 dz^2 轨道能量的提升，$Li_2Mn_2O_4$ 中的$[MnO_6]$沿 c 轴方向 Mn-O 键被拉长，即 c 轴被拉长。图 2-18 中，沿 z 轴方向化学键最长可被拉长到 2.226Å，这将提升 z 轴排斥力，而 a、b 轴变短，严重时，c/a 轴之比可高达 16%，从而造成 Jahn-Teller 效应引起的八面体形变！$LiMn_2O_4$ 材料中 Jahn-Teller 效应，引起的立方相与四方相之间转变，会使得材料循环性能劣化。更严重的情况下，微观的畸变会导致很大的内应力，发生颗粒粉化，以及电极材料从集流体上剥离等，直接造成电池体系的失效。

克服 Jahn-Teller 效应的主要方法之一是掺杂。掺杂的离子包括 Li、Al、Cr 等，它们部分取代 Mn，提高 $LiMn_2O_4$ 材料的结构稳定性，改善循环稳定性能。Li 过量的材料 $Li_{1+x}Mn_{2-x}O_4$ 可以提高 Mn 的平均化合价，减少材料的 Jahn-Teller 效应；Al 作用与 Li 类似；Cr^{3+}的半径与 Mn^{3+}的半径差不多，但其 d 轨道的更接近立方场的三个 d^3，从而可提高材料结构稳定性。

2.4　本 章 小 结

本章对二次电池电极材料的基础理论如电池理论容量与储能机制、能带理论基础、固体热力学理论、离子扩散与晶体理论、固体晶体场理论等，进行了系统梳理。基于上述基础理论，对电极材料的能量密度、功率密度、循环稳定性等关键电化学性能指标进行了分析，分析充分表明：这些重要特性在很大程度上取决于电极材料的化学成分、电子结构、晶体结构与微纳米结构，以及这些结构的稳定性和载荷粒子在这些结构中的迁移输运规律。

目前这些理论为已商业化材料进一步的系统优化和发挥最佳性能方面提供了很好的指导，也为未来新一代材料的研发指出了努力方向。但仍然存在进一步完善的地方和进一步扩展的空间。例如，目前经典的储能机制主要是从整体的热力学角度对电池储能进行描述，通过电子在正极和负极不同的能级之间跃迁，宿主离子在正极和负极之间迁移，从而进行能量存储。在这个理论中，电池的能量密度与正负极材料的工作电压和特定容量有关，但并没有对具体的储能的微观过程和结构变化的细节进行透彻的解析。能带理论很好地给出了电极材料中由能带结构变化所带来的电极材料的电化学特性的变化，定性理解是很成功的。但如何进行定量的调控，实际上仍然缺乏有效的构效关系，以实施精准的量化调控。而对于离子扩散动力学的研究，大部分工作基于传统晶体学和第一性原理计算研究宿住离子在晶体结构中的扩散能垒，并通过统计分析和经验确认宿住离子的扩散路径和环境。但对于宿住离子在扩散路径中的宿住、徒迁，完成离子扩散的微结构细节、微观机制并不十分清楚，这些细节包括由阴离子构筑的连通空间的结构细节。固体晶体场理论使我们能比较好地理解宿住离子原子核外电子的形态分布变化及其与阴离子配位多面体晶体场变化的相互关系，以及由此产生的深层结构变化，如 Jahn-Teller 效应等，但对由电子分布状态改变引起的电场、磁场局部变化等未能给予充分透彻的分析，从而影响了该理论进一步的充分发挥。但这些基础认识对二次电池电极材料研发具有重要的理论意义和技术价值。因此，非常有必要对宿住离子空间进行精确解析，并对负责能量存储与释放的宿住离子在这些连通空间中宿住、徒迁及其与之相关的形态、电磁场变化，以及其完成能量存储与释放的微观机制再进行进一步的认识。

参 考 文 献

[1] Meng J, Guo H, Niu C, et al. Advances in structure and property optimizations of battery electrode materials[J]. Joule, 2017, 1(3): 522-547.

[2] 张治安, 杜柯, 任秀. 锂二次电池原理与应用[M]. 北京: 机械工业出版社, 2014.

[3] van der Ven A, Bhattacharya J, Belak A A. Understanding Li diffusion in Li-intercalation compounds[J]. Acc Chem Res, 2013, 46(5): 1216-1225.

[4] Goodenough J B, Kim Y. Challenges for rechargeable Li batteries[J]. Chem Mater, 2010, 22(3): 587-603.

[5] Gao J, Shi S Q, Li H. Brief overview of electrochemical potential in lithium ion batteries[J]. Chinese Physics B, 2016, 25(1): 115-138.

[6] Rong Z, Malik R, Canepa P, et al. Materials design rules for multivalent ion mobility in intercalation structures[J]. Chem Mater, 2015, 27(17): 6016-6021.

[7] 彭佳悦, 祖晨曦, 李泓. 锂电池基础科学问题(Ⅰ)——化学储能电池理论能量密度的估算[J]. 储能科学与技术,

2013, 2(1): 55-62.

[8] Julien C, Mauger A, Zaghib K, et al. Comparative issues of cathode materials for Li-ion batteries[J]. Inorganics, 2014, 2(1): 132-154.

[9] Palacin M R. Recent advances in rechargeable battery materials: A chemist's perspective[J]. Chem Soc Rev, 2009, 38(9): 2565-2575.

[10] Reimers J N, Dahn J R. Electrochemical and in situ X-ray diffraction studies of Lithium intercalation in Li_xCoO_2[J]. J Electrochem Soc, 1992, 139(8): 2091-2097.

[11] Obrovac M N, Chevrier V L. Alloy negative electrodes for Li-ion batteries[J]. Chem Rev, 2014, 114(23): 11444-11502.

[12] Chae S, Ko M, Kim K, et al. Confronting issues of the practical implementation of Si anode in high-energy lithium-ion batteries[J]. Joule, 2017, 1(1): 47-60.

[13] Cabana J, Monconduit L, Larcher D, et al. Beyond intercalation-based Li-ion batteries: The state of the art and challenges of electrode materials reacting through conversion reactions[J]. Adv Mater, 2010, 22(35): 170-192.

[14] Poizot P, Laruelle S, Grugeon S, et al. Nano-sized transition-metal oxides as negative-electrode materials for lithium-ion batteries[J]. Nature, 2000, 407(6803): 496-499.

[15] Bresser D, Passerini S, Scrosati B. Leveraging valuable synergies by combining alloying and conversion for lithium-ion anodes[J]. Energy Environ Sci, 2016, 9(11): 3348-3367.

[16] Hu Z, Liu Q, Chou S L, et al. Advances and challenges in metal sulfides/selenides for next-generation rechargeable sodium-ion batteries[J]. Adv Mater, 2017, 29(48): 1700606.

[17] Wu H B, Zhang G, Yu L, et al. One-dimensional metal oxide-carbon hybrid nanostructures for electrochemical energy storage[J]. Nanoscale Horiz, 2016, 1(1): 27-40.

[18] Vetter J, Novák P, Wagner M R, et al. Ageing mechanisms in lithium-ion batteries[J]. J Power Sources, 2005, 147(1-2): 269-281.

[19] Zheng T, Gozdz A S, Amatucci G G. Reactivity of the solid electrolyte interface on carbon electrodes at elevated temperatures[J]. J Electrochem Soc, 1999, 146(11): 4014-4018.

[20] 吴娇杨, 刘品, 胡勇胜, 等. 锂离子电池和金属锂离子电池的能量密度计算[J]. 储能科学与技术, 2016, 5(4): 443-453.

[21] 黄昆. 固体物理学[M]. 北京: 人民教育出版社: 1966.

[22] Zu C X, Li H. Thermodynamic analysis on energy densities of batteries[J]. Energ Environ Sci, 2011, 4(8): 2614-2624.

[23] Tang Y, Liu L, Zhao H, et al. Porous CNT@$Li_4Ti_5O_{12}$ coaxial nanocables as ultra high power and long life anode materials for lithium ion batteries[J]. J Mater Chem A, 2016, 4(6): 2089-2095.

[24] 郑子樵. 材料科学基础[M]. 2 版. 长沙: 中南大学出版社, 2013: 191.

[25] Islam M S, Fisher C A. Lithium and sodium battery cathode materials: computational insights into voltage, diffusion and nanostructural properties[J]. Chem Soc Rev, 2014, 43(1): 185-204.

[26] Genki K, Shin-ichi N, Min-Sik P, et al. Isolation of solid solution phases in size-controlled Li_xFePO_4 at room temperature[J]. Adv Funct Mater, 2009, 19(3): 395-403.

[27] Delmas C, Cognacauradou H, Cocciantelli J, et al. The $Li_xV_2O_5$ system: An overview of the structure modifications induced by the lithium intercalation[J]. Solid State Ionics, 1994, 69(3-4): 257-264.

[28] Meng Y S, Arroyo-de Dompablo M E. First principles computational materials design for energy storage materials in lithium ion batteries[J]. Energ Environ Sci, 2009, 2(6): 589-609.

[29] Kutner R. Chemical diffusion in the lattice gas of non-interacting particles[J]. Phys Lett A, 1981, 81(4): 239-240.

[30] Vineyard G H. Frequency factors and isotope effects in solid state rate processes[J]. J Phys Chem Solids, 1957, 3(1-2): 121-127.

[31] He Q, Yu B, Li Z, et al. Density functional theory for battery materials[J]. Energy Environ Sci, 2019, 2(4): 264-279.

[32] Kang K, Meng Y S, Breger J, et al. Electrodes with high power and high capacity for rechargeable lithium batteries [J]. Science, 2006, 311(5763): 977-980.

[33] Velásquez E A, Silva D P B, Falqueto J B, et al. Understanding the loss of electrochemical activity of nanosized $LiMn_2O_4$ particles: A combined experimental and ab initio DFT study[J]. J Mater Chem A, 2018, 6(30): 14967-14974.

[34] Tang D, Sun Y, Yang Z, et al. Surface structure evolution of $LiMn_2O_4$ cathode material upon charge/discharge[J]. Chem Mater, 2014, 26(11): 3535-3543.

[35] 饶凤雅. 第一性原理计算研究锂离子电池尖晶石结构电极材料的电位问题[D]. 南昌: 江西师范大学, 2017.

第 3 章　电极材料的体相结构与电化学特征

3.1　引　　言

电极材料作为决定二次电池循环寿命、能量密度、功率密度等电化学性能的重要影响因素，其体相结构在材料设计、制备调控、构效关系及性能优化等方面起着至关重要的作用[1]，对电极材料的研究要将其本征结构与电化学特征相结合。根据电极材料的结构特点，主要分为层状结构电极材料、通道结构电极材料、骨架结构电极材料，它们一般都有合适的空间和通道供离子储存和输运，均具备作为电极材料的必要特征。结合分析电极材料在电池体系中的氧化还原反应机制，弄清各类型电极材料的晶体结构在反应过程中的相转变过程，就能够指导二次电池电极材料的设计优化与结构改性。同样，利用充放电电压曲线作为电池体系对电极材料的有效反馈，能够获得电极材料的相变、晶体结构的破坏程度、电子离子迁移机制等方面的信息。因此，系统理解电极材料结构与电化学反应行为的协配关系，可以为电池体系提供更科学的理论支持和技术指导。下面将对这三类主要的电极材料进行详细介绍。

3.2　层状结构电极材料

无论对于正极材料还是负极材料而言，层状结构材料由于其具有更加开放、稳定的层间结构，故可以提供更加通畅的二维离子传输途径，以至锂离子或钠离子可以在其层间进行更加自由的扩散和脱嵌，从而展现了非常优异和均衡的电化学性能，因此，层状结构材料是一类极具潜力的电极材料。层状过渡金属氧化物和层状钒氧化物作为两类非常重要和典型的层状材料，不但具有良好、稳定的层状晶体结构，而且还具有放电比容量高、资源丰富、成本低廉等优势，因此近年来吸引了广泛的关注。

3.2.1　锂离子间隙层状材料

锂离子间隙层状材料的典型代表为 $LiCoO_2$，于 1980 年由 Goodenough 团队发现[2]。$LiCoO_2$ 的晶体结构为 α-$NaFeO_2$ 型，属于三方晶系，$R\overline{3}m$ 空间群，如图 3-1 所示[3]。在此空间群中，Li^+ 占据 3a 位，Co^{3+} 占 3b，O^{2-} 占 6c 位，氧原子近似呈现 ABCABC 立方密堆积排列，在氧原子的层间锂离子和钴离子交替占据其层间的八面体位置，在六角坐标系中，其晶格参数为 $a=b=2.819$Å，$c=14.06$Å，表 3-1 列出了 $LiCoO_2$ 晶体结构的基本参数。

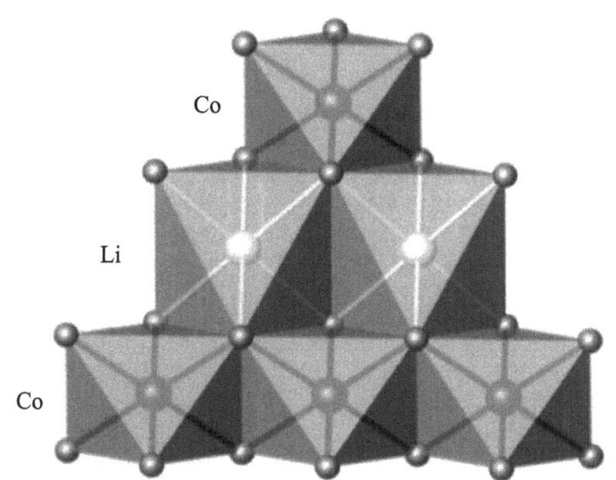

图 3-1　$LiCoO_2$ 型的晶体结构图

Li^+: 3a 位置；Co^{3+}: 3b 位置；O^{2-}: 6c 位置

表 3-1　$LiCoO_2$ 晶体结构的基本参数

$LiCoO_2$. 三方晶系；$R\bar{3}m$ 空间群

$a=b=2.81900$Å；$c=14.0600$Å

$\alpha=\beta=90°$；$\gamma=120°$；$V=96.968747$Å^3

原子种类	原子坐标			原子位置	占位数	占位比
	x	y	z			
Li1	0.00000	0.00000	0.00000	3a	3	1
Co1	0.00000	0.00000	0.50000	3b	3	1
O1	0.00000	0.00000	0.23500	6c	6	1

如图 3-1 所示，该结构非常适合锂离子在晶格中快速地嵌入和脱出。$LiCoO_2$ 是最先被商品化的锂离子电池的正极材料，也是目前市场上应用最广泛的正极材料。该材料的平台电压高达 3.7V，当脱出一个 Li^+时，其理论比容量可达 274mA·h/g。但是目前商业化的 $LiCoO_2$ 一般只达到其理论容量的一半，充电截止电压不超过 4.3V。通过提高工作电压，可以有效地提高 $LiCoO_2$ 的能量密度。然而，在更高电压下锂的脱嵌会导致 $LiCoO_2$ 结构不稳定，造成电池性能的急剧下降。为了解决这个问题，目前最有效的方法是微量元素掺杂和表面处理。有报道通过微量 La 和 Al 共掺杂提升 $LiCoO_2$ 正极材料的可逆容量，La 和 Al 共掺杂成功抑制了 $LiCoO_2$ 正极在充放电过程中的不可逆相变，从而呈现出完全可逆的充放电过程[4]。

纯相 $LiCoO_2$(P-LCO) 在 4.1V 和 4.2V 发生有序/无序相转变，以及在 4.5V 左右发生相转变（O3-H1-3 相变）（图 3-2(a)），而连续相变会极大降低 Li^+的扩散率，

La 和 Al 共掺杂(D-LCO)成功抑制了这些相变，如图 3-2(b)所示，从而可提升材料性能。通过原位高能同步辐射 XRD 对 $LiCoO_2$ 充放电过程中的结构变化进行了研究，发现 La 和 Al 共掺杂的 $LiCoO_2$ 在 4.5V 的截断电压下具有完全可逆的结构演变(图 3-2(c))。进一步分析循环后的形貌变化发现，无掺杂的材料颗粒内部出现了裂纹，这可能是由复杂相变引起的机械应变所致，而掺杂后材料内部的结构

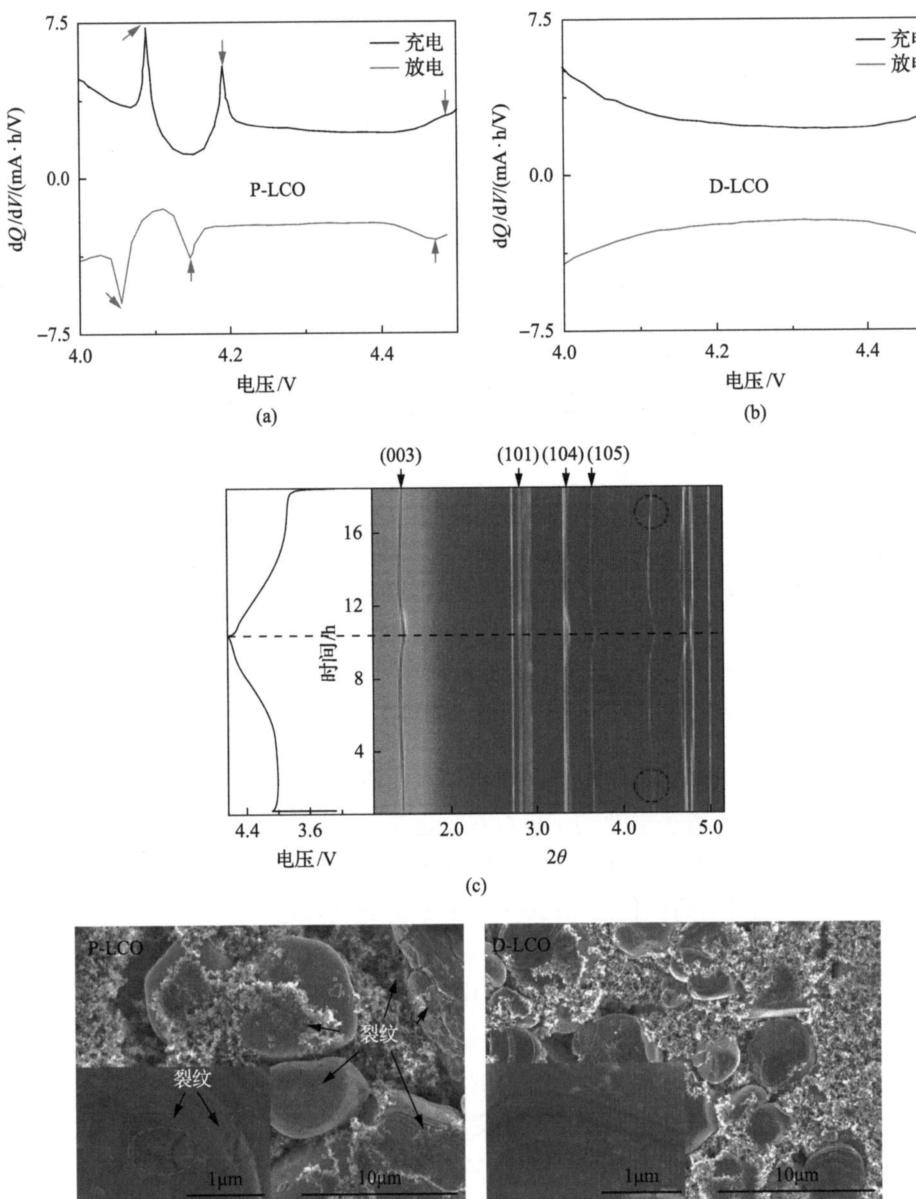

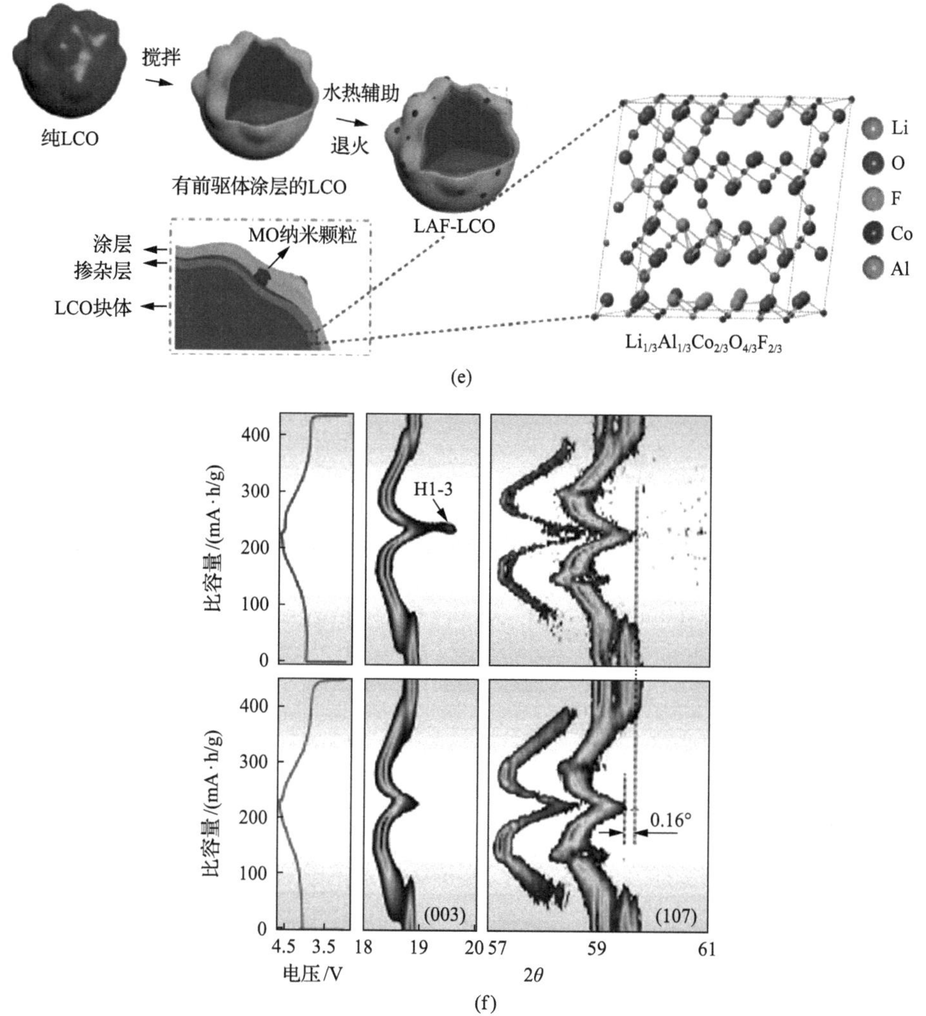

图 3-2　$LiCoO_2$ 的晶体结构、微结构演变与电化学性能关系

(a) P-LCO 的 dQ/dV 曲线；(b) D-LCO 的 dQ/dV 曲线；(c) D-LCO 的原位 XRD 图谱及相应的充放电曲线；(d) 循环后的 P-LCO 和 D-LCO 的 SEM 图像[4]；(e) LAF-LCO 的形成示意图[5]；(f) 原始 LCO（上）和 TMA-LCO（下）的原位 XRD 图谱[6]

稳定性得到了有效改善（图 3-2(d)）。因此，当充电截止电压为 4.5V 时，La 和 Al 共掺杂的 $LiCoO_2$ 比容量达到 190mA·h/g，50 次循环后容量保持率高达 96%，同时倍率性能也得到了极大提高。最近，Qian 等通过一种可扩展的水热辅助混合表面处理的方法，在 $LiCoO_2$ 颗粒表面构建了具有稳定且导电的含 Li、Al 和 F 涂层及 Li-Al-Co-O-F 固溶体组成的薄掺杂层（图 3-2(e)）[5]。这种表面处理阻隔了电解液与 $LiCoO_2$ 颗粒的直接接触，从而减少了活性钴的损失[7]。同时掺杂层在大于 4.55V 的工作电压下，可以抑制 $LiCoO_2$ 的相变，因此在 4.6V 的截止高压下 $LiCoO_2$ 电池

的电化学性能得到增强。此外，Zhang 等通过微量 Ti-Mg-Al 共掺杂(TMA-LCO)实现了 $LiCoO_2$ 在 4.6V 高压下的稳定循环[6]。通过原位 XRD 技术，发现掺杂的 $LiCoO_2$ 在电压高于 4.5V 的条件下没有不可逆相(H1-3)生成(图 3-2(f))。

由于钴元素在地球上的含量非常少，$LiCoO_2$ 的大量消耗导致其成本越来越高。采用资源丰富的 Ni 和 Mn 取代 $LiCoO_2$ 中的 Co 可得到较廉价的 $LiNiO_2$、$LiMnO_2$ 和 $LiNi_{0.5}Mn_{0.5}O_2$ 等材料。

$LiNiO_2$ 具有和 $LiCoO_2$ 相同的层状结构，于 1991 年由 Dahn 等[8]提出，属 $R\bar{3}m$ 空间群。与 $LiCoO_2$ 不同的是，$LiNiO_2$ 中局部[NiO_6]八面体是扭曲的，存在两个长 Ni-O 键和四个短的 Ni-O 键，其晶格参数为 a=2.878Å，c=14.19Å，表 3-2 列出了 $LiNiO_2$ 晶体结构的基本参数。其中 O^{2-} 位于 6c 位置，为立方密堆积。Li^+ 位于 3a 位置，Ni^{3+} 位于 3b 位置，交替占据面心立方的八面体位置，在(111)晶面方向上呈层状排列，可参看图 3-1。

表 3-2 $LiNiO_2$ 晶体结构的基本参数

$LiNiO_2$. 三方晶系；$R\bar{3}m$ 空间群
$a=b=2.87800$Å；$c=14.1900$Å
$\alpha=\beta=90°$；$\gamma=120°$；$V=101.7875$Å^3

原子种类	原子坐标			原子位置	占位数	占位比
	x	y	z			
Li1	0.00000	0.00000	0.50000	3a	3	1
Ni1	0.00000	0.00000	0.00000	3b	3	1
O1	0.00000	0.00000	0.25000	6c	6	1

$LiNiO_2$ 的理论比容量高达 275mA·h/g，但其结构中仅有部分 Li^+ 能够进行可逆性的脱嵌，故实际比容量保持在 150～200mA·h/g。且 $LiNiO_2$ 的合成条件苛刻，热稳定性不好，而且镍离子容易在晶格中混排并占据嵌锂的位置，这使得该材料商业化受阻[9]。

由于 Mn 比 Co 和 Ni 更廉价，且没有毒性，因此 $LiMnO_2$ 也是一种很有前景的层状氧化物正极材料。然而，$LiMnO_2$ 存在物相不纯、结晶性差及循环过程中的结构变化等问题，多年来，研究人员一直都在致力于解决该类问题。但是 $LiMnO_2$ 的电化学性能依然不尽人意。主要有两方面的因素：①在 Li^+ 脱出的过程中，其层状结构有向尖晶石结构转变的趋势；②循环过程中，由于 Mn^{3+} 发生歧化反应生成 Mn^{2+} 和 Mn^{4+}，进而会发生锰溶解，溶解的锰离子还会破坏负极稳定的 SEI 膜。正因为 $LiMnO_2$ 材料的这些明显缺陷，其用于二次电池时的实际比容量只能达到理论值的一半左右。为了将 $LiNiO_2$ 和 $LiMnO_2$ 的长短互补，也有研究工作者尝试制备了 $LiNi_{0.5}Mn_{0.5}O_2$。这个材料可以释放～200mA·h/g 的高比容量，且电压平台在

3.8V，但是镍离子和锂离子在晶格中的错排阻碍了充/放电过程中离子的扩散，导致其应用时容量衰减快、循环稳定性差。

3.2.2　锂离子三元正极材料

镍钴锰酸锂三元正极材料(Li-CoNiMn-O)中，以资源较为丰富且价格相对廉价的镍元素和锰元素取代了钴酸锂正极材料中超过 2/3 的钴，这不仅极大程度地降低了其生产成本，而且该材料在电化学性能上的表现也更为优异，同时其加工工艺简单，这也使三元正极材料逐步取代钴酸锂成为最主要的锂离子电池正极材料之一。尤其在动力电池领域，三元材料已成为主流的正极材料。

三元正极材料有着与 $LiCoO_2$ 类似的 α-$NaFeO_2$ 型层状结构，属三方晶系，$R\bar{3}m$ 空间群，在六角坐标系中，晶胞参数为 a=4.904Å，c=13.884Å。这里以 $LiCo_{1/3}Ni_{1/3}Mn_{1/30}$ 为例，其晶体结构如图 3-3 所示，其中，Li^+ 占据 3a 位置，Ni^{2+}、Co^{3+}、Mn^{4+} 占据 3b 位置，O^{2-} 占据 6c 位置[10]。3b 位置的过渡金属层 Ni、Co 和 Mn 是随机分散的，而锂离子分布于由过渡金属原子与 6 个氧原子组成的[MO_6]八面体结构层间，即[O-MnNiCo-O]层间，如图 3-3(a)所示；另一种可能的结构模式为 Co-O_2、Ni-O_2、Mn-O_2 层有序堆砌模式，如图 3-3(b)所示。由于 Co、Ni、Mn 对 XRD 的散射能力几乎完全相同，故通过 XRD 辨析该结构的微细差异变得异常困难。虽然中子衍射的结构辨析能力比 XRD 强，但 Li、Ni、Co、Mn 四个原子的全谱结构精修非常复杂，要准确辨析的挑战仍很大。

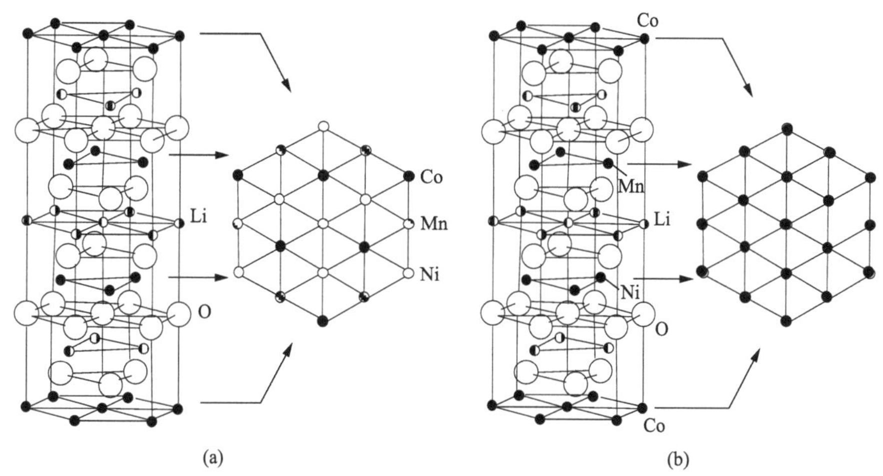

图 3-3　$Li[Ni_{1/3}Co_{1/3}Mn_{1/3}]O_2$ 两种晶体结构模式示意图

(a)超晶格型结构模型；(b)有序堆积模型[10]

三元正极材料(Li-NiCoMn-O)中存在明显的三元协同效应，能兼具三种材料各自的优点。一般认为，Mn 为+4 价，Ni 为+2 价，Co 为+3 价，在 2.8～4.4V 的电压范围内，参与电化学反应的主要是Ni^{2+}，而充电到高电压下时Co^{3+}才会参与到反应中，其中的Mn^{4+}不具有反应活性。三种过渡金属元素的比例不同，晶体结构也有所不同，Ni^{2+}能使c和a的晶胞参数增大，同时使c/a值减小，相应地，晶胞体积也将增大，可逆容量也会有所增加。但Ni^{2+}与Li^{+}的半径相近，当过多Ni^{2+}存在时，容易与Li^{+}发生位置交错现象而产生点缺陷，这反而让纯相材料的合成变得困难。Co^{3+}能有效抑制Ni^{2+}与Li^{+}的混排并保持层状结构的稳定，改善安全稳定性能。但随着Co^{3+}掺入比例的增大，晶胞参数中的c和a值随之减小且c/a值增加，这导致晶胞体积变小，在充放电过程中Li^{+}的脱嵌都会变得更加困难，可逆脱嵌的锂容量也会相应地减少。Mn^{4+}虽然不直接参与充放电过程中的氧化还原反应，但它能通过改善晶体结构来有效地增加可逆容量且能大幅度地降低材料的原料成本，但Mn^{4+}的含量过高也会导致在充放电过程中出现尖晶石相而破坏材料的整体层状结构，从而使得其安全和稳定性变差。

锰基三元正极材料（$LiNi_xCo_yMn_{1-x-y}O_2$）最主要的优势体现在2.5～4.6V的电压区间中的放电容量高达200mA·h/g左右，且相比于纯相$LiCoO_2$在价格上有着明显的优势，Ni^{2+}和Co^{3+}的掺入能有效避免层状$LiMnO_2$结构向尖晶石结构的晶型转变，保持了结构上的稳定性。

钴基三元正极材料（$LiNi_xCo_{1-x-y}Mn_yO_2$）与$LiCoO_2$有着相同的结构，Ni^{2+}和Mn^{4+}的少量掺入不仅弥补了占据市场主流的$LiCoO_2$材料在过充时结构上的缺陷，而且其充放电容量也得到很大程度的提升，同时价格成本的劣势也得到改善。镍基三元正极材料（$LiNi_{1-x-y}Co_xMn_yO_2$）的容量高，是目前主要研究和发展的三元材料，也是现在市场上最主要的三元层状嵌锂氧化物正极材料，但是其合成工艺较为复杂且难以控制，尤其体现在大规模生产中。

$LiCoO_2$、$LiNiO_2$和$LiMnO_2$三相是不能以任意比例形成共熔体系的，其中$LiCoO_2$和$LiNiO_2$是可以完全共熔的，而$LiNiO_2$和$LiMnO_2$则不然。自从Koyama等合成出结构稳定且性能优异的333组分$Li[Ni_{1/3}Co_{1/3}Mn_{1/3}]O_2$，即三组元等摩尔比的三元材料以来，该体系逐步由333向433、622及811的高镍方向发展[11]，如图3-4所示。

此外，$LiNi_{1-x-y}Mn_xCo_yO_2$中的Mn元素容易在电解液中溶解，所以其结构在充放电时会发生转变，这导致其在高压长循环时，容量损失较快[12]。当研究者用Al替换Mn元素时，得到了$LiNi_{0.80}Co_{0.15}Al_{0.05}O_2$三元材料，该材料兼顾了$LiCoO_2$的结构稳定性和$LiNiO_2$的高容量（约200mA·h/g），且价格比$LiCoO_2$更便宜。当电化学活性较弱的$Al^{3+}$取代部分$Ni^{3+}$时，将进一步改善该材料在高电压下的热稳定性，防止其过充[13]。

尽管对三元正极材料在合成制备方法、形态形貌控制和表面修饰等方面进行了非常多的研究，也取得了显著的发展，但频频报道出三元正极材料所引发的一些不可避免的安全事故也在暗示着，要将其发展成完全安全可靠的锂离子二次电池正极材料仍面临不少挑战，这也为开展相关研究留下了不少空间。

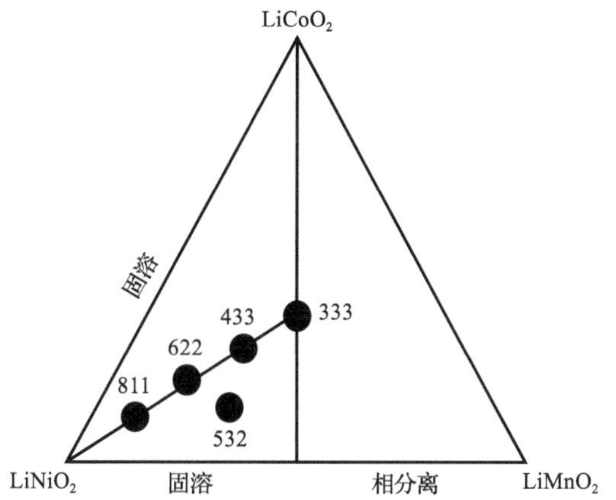

图 3-4　$LiNi_xCo_yMn_{1-x-y}O_2$ 三元材料组成发展示意图[11]

3.2.3　钠离子间隙层状材料

层状氧化物 Na_xMO_2(M 为过渡金属)的结构骨架通常由$[MO_6]$八面体共边形成的过渡金属层沿 c 轴方向排列构成，Na^+嵌在层间。又根据 Na^+在层间的占位特点和最小氧原子层的密堆积方式，将层状氧化物分为 O2 型、O3 型、P2 型和 P3 型等几类结构，见图 3-5。O 型结构是指 Na^+在层间占据八面体(octahedral)位置，而 P 型结构是指 Na^+在层间占据三棱柱(prismatic)位置。2 和 3 则代表最小氧原子层

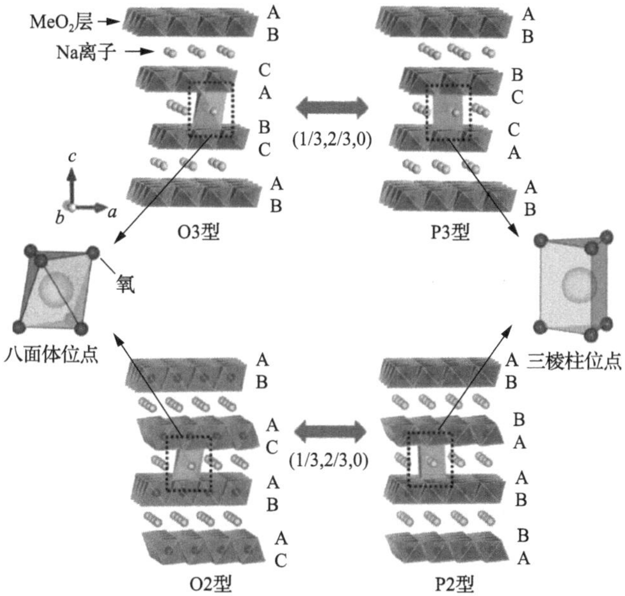

图 3-5　具有 O2、O3 和 P2、P3 层状结构特点的 Na_xMO_2[14]

的密堆积重复周期的关联数。此外，用符号(’)代表单斜变形，如 O’3 和 P’3 表示 O3 和 P3 相的单斜变形。其中，O3 型和 P2 型是目前研究最广泛的层状材料。如图 3-5 所示，O3-$NaMO_2$ 结构中 Na^+是八面体配位，氧原子层的堆垛规律为“AB CA BC…”；P2-Na_xMO_2结构中Na^+是三棱柱配位，氧原子层的堆垛规律为“AB BA…”。O3 型和 P2 型层状正极材料都拥有二维 Na^+传输通道，理论比容量高，且材料压实密度较高，这使钠离子电池拥有更高的能量密度。然而，不论是 O3 型结构还是 P2 型结构，其在 Na^+脱嵌过程均会引起过渡金属层滑移，进而诱导一系列不可逆相变(如 O3 相会转变成 O’3、P3、P’3 和 P3”相)，造成结构崩塌和容量的快速衰减。

为了有效控制 Na_xMO_2 材料在脱出和嵌入 Na^+时的相转变，置换掺杂金属阳离子(如 Li^+、Cu^{2+}、Mg^{2+}、Zn^{2+}、Ti^{4+}等)是最常规的一种方法[15]。以 P2 型 Na_xMnO_2 材料为例，通过 Mg 掺杂可以得到 $Na_{2/3}Mn_{1-y}Mg_yO_2$，Mg^{2+}的掺杂能增加其中 Mn 元素的氧化态，从而缓解 Jahn-Teller 效应，并抑制低电压时的一系列结构转变[15]。此外，Mg^{2+}被引入过渡金属的晶格中，还能打乱 Mn^{3+}/Mn^{4+}的电荷分布，并抑制 Na^+空位的排列，从而有效提升 Na^+的迁移速率。故 Mg 掺杂的 P2 型 $Na_{2/3}Mg_{0.05}Mn_{0.95}O_2$ 展现出良好的循环稳定性(在 6C 电流下循环 50 次依旧能释放 140 mA·h/g 的容量)和突出的倍率性能(28.6 C 下有 106mA·h/g 的容量)。

$Na_{2/3}Ni_{1/3}Mn_{2/3}O_2$ 是一种典型的 P2 型材料，由于 Ni 替换了部分 Mn 元素，它具有高压特性(约 3.7V(vs. Na/Na^+))，且不会产生 Jahn-Teller 效应。然而，当充电至 4.22V(vs. Na/Na^+)时，因 O 原子移动发生的 P2-O2 相转变会导致不可避免的体积变化和容量衰减[16]。如果用不活泼的金属元素(如 Al)置换部分 Ni^+，能有效抑制 O2 相的形成，通常能保障在高电压时不会有过多的 Na^+从棱柱结构中脱出，并维持整个充电过程中的平衡[17]。故 Al^{3+}掺杂的 P2 型 $Na_{0.6}Ni_{0.22}Al_{0.11}Mn_{0.66}O_2$ 在 1.5～4.6V 电压区间工作时，能释放约 250mA·h/g 的高容量，并在循环 50 次后还能保持 200mA·h/g[18]。

$NaNiO_2$ 是一种典型的 O3 型钠离子电池正极材料，其晶体结构的基本参数见表 3-3。该材料的“瓶颈”是在充放电时会发生一系列的相转变，即 O3 相会转变成 O’3、P3、P’3 和 P3”相[19]。与其相似，其他 O3 型材料，如 $NaCoO_2$、$NaFeO_2$、$NaTiO_2$、$NaCrO_2$、$NaMnO_2$ 等，都面临着这个问题。在 $NaNiO_2$ 中引入 Mn^{4+}能得到 $NaNi_{0.5}Mn_{0.5}O_2$，该材料在 2.5～4.5V 电压区间工作时，能释放约 185mA·h/g 的比容量[20]。虽然该化合物中 Ni 的价态降低，但多相转变依旧会发生。为了解决相转变的问题，Wang 等通过用 Ti 置换部分 Ni，优化了 $NaNi_{0.5}Mn_{0.5}O_2$ 的晶体结构[21]。在不影响材料层状结构的前提下，$NaNi_{0.5}Mn_{0.2}Ti_{0.3}O_2$ 的晶格具有更大的 a 和 c 值，且金属原子与氧原子之间的键更长。扩大的层间距能有效抑制因 Na^+嵌入时产生的晶格滑移，从而避免不可逆的多相转变。故 Ti 掺杂的 $NaNi_{0.5}Mn_{0.2}Ti_{0.3}O_2$ 在 1C 的倍率下，首次放电容量为 185mA·h/g，循环 200 次后的容量保持率能达到 85%。

表 3-3　$NaNiO_2$ 晶体结构的基本参数

$NaNiO_2$. 单斜晶系；$C2/m$ 空间群
a =5.32220Å；b = 2.84580Å；c = 5.58320Å
α =γ = 90°；β =110.474°；V = 79.2209Å^3

原子种类	原子坐标			原子位置	占位数	占位比
	x	y	z			
Na1	0.00000	0.50000	0.50000	2d	2	1
Ni1	0.00000	0.00000	0.00000	2a	2	1
O1	0.28290	0.00000	0.80350	4i	4	1

3.2.4　钒基系列层状材料

具有多价态的钒(V^{5+}、V^{4+}、V^{3+}、V^{2+})的氧化物成为二次电池电极材料的研究热点[22]，在锂离子电池、钠离子电池、锌离子电池中均有研究。

正交晶系的 V_2O_5 具有典型的层状结构，如图 3-6(a)所示。钒离子与五个氧原

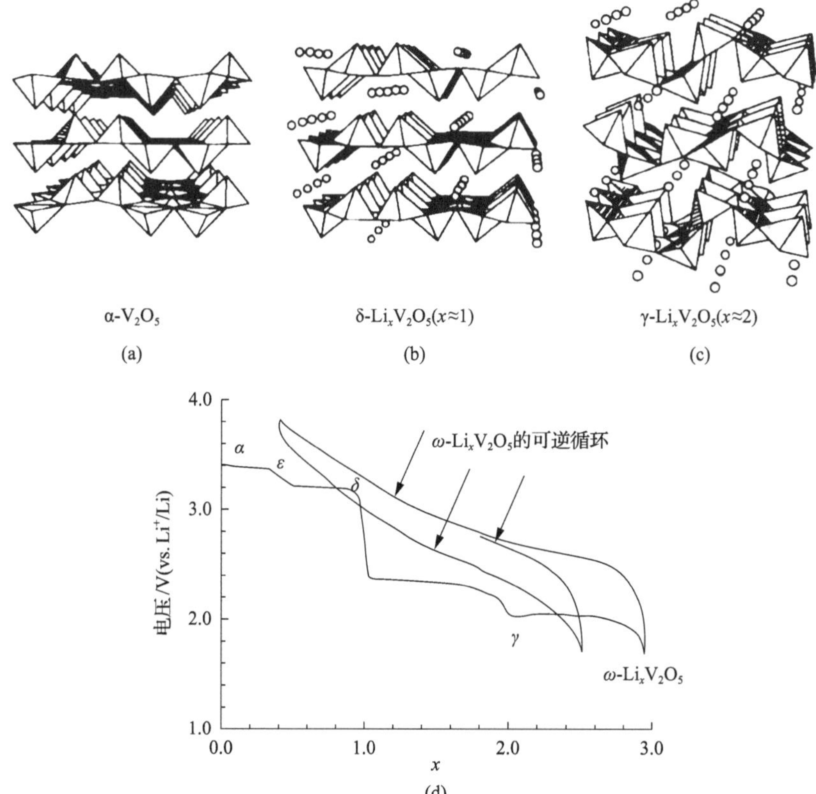

图 3-6　V_2O_5 晶体结构与嵌锂过程中的相转变

(a) α-V_2O_5 结构；(b) δ-$Li_xV_2O_5$ 结构；(c) γ-$Li_xV_2O_5$ 结构；(d) V_2O_5 电化学嵌锂过程与相转变[24]

子的键合较强，形成[VO_5]四方棱锥结构并通过共享边缘和角形成周期性向上-向下序列排列成层状结构单元，通过弱范德瓦尔斯相互作用沿 c 轴堆叠，层与层间距约为 4.37Å，其晶体结构基本参数如表 3-4 所示。这种独特的层状结构可以为锂离子的脱嵌提供更多的电化学储存位点，该材料也是被研究广泛的钒氧化合物[23]。

表 3-4　V_2O_5 晶体结构的基本参数

α-V_2O_5. 正交晶系；*P*mmm 空间群
a =11.516Å；b = 3.566Å；c= 4.373Å
$\alpha=\beta=\gamma$ = 90°；V = 179.55$Å^3$

原子种类	原子坐标			原子位置	占位数	占位比
	x	y	z			
V1	0.1486	0.1050	0.0000	4e	4	1
O1	0.1490	0.4580	0.0000	4e	4	1
O2	0.3200	0.0000	0.0000	4e	4	1
O3	0.0000	0.0000	0.0000	2a	2	1

研究表明，当 Li^+嵌入 V_2O_5 结构中会形成不同的 $Li_xV_2O_5$ 相（$0<x<3$），随 x 的增加而变化[24]：α-V_2O_5（$0<x<0.35$）、ε-$Li_xV_2O_5$（$0.35<x<0.7$）、δ-$Li_xV_2O_5$（$0.7<x\leqslant1$）、γ-$Li_xV_2O_5$（$1<x\leqslant2$）、ω-$Li_xV_2O_5$（$2<x\leqslant3$）。当 $0\leqslant x\leqslant1$ 时，锂离子的脱嵌反应是可逆的。当 x =2 时，V_2O_5 的框架结构发生褶皱，尽管锂离子在脱嵌过程中并不能再生成起始的 α-V_2O_5 结构，但当充到较高电压时，所有的锂均能发生脱嵌。当 $x>2$ 时，结构发生明显的变化，钒离子从原来位置迁移到邻近的空八面体位置，由于锂离子没有较好的迁移通道，因此锂的脱嵌为单相反应，且需要较高的电压（高达 4V）才能把大部分锂从该结构中脱出。当 V_2O_5 嵌入 3 个 Li^+时，理论容量达约 441mA·h/g，然而生成的岩盐结构 ω-$Li_xV_2O_5$ 相不可逆，故造成结构坍塌，容量迅速衰减。

钒酸盐 $M_{1+x}V_3O_8$，其中 M 多为 Li、Na 等元素，是另一类由[V_3O_8]层状框架组成的结构。以 LiV_3O_8 为例，层状结构由八面体和三角双锥组成，结构如图 3-7 所示，属于单斜晶系，$P2_1/m$ 空间群。其中，[V_3O_8]⁻层沿着 a 轴方向叠堆，而[V_3O_8]⁻层由两个基本的结构单元，VO_6 八面体和 VO_5 扭曲双四棱锥通过角共享组成。Li^+或 Na^+可以占据 V-O 层之间不同的八面体和四面体位置，化学计量比的 M^+位于八面体位置，将相邻层牢固地连接起来，过量的 M^+占据层间四面体的位置，八面体位置的 M^+与层之间以离子键紧密相连，不易从结构中脱出，会在层与层之间形成“支柱效应”，以保证该材料在 Li^+/Na^+脱嵌时的结构稳定性，表 3-5 为 LiV_3O_8 晶体结构的基本参数。

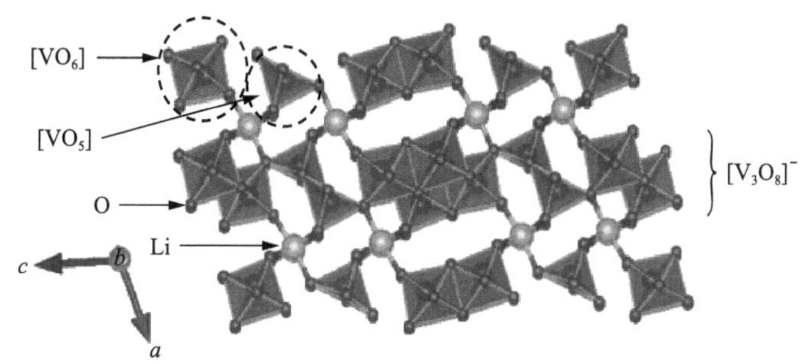

图 3-7　LiV_3O_8 晶体结构示意图

表 3-5　LiV_3O_8 晶体结构的基本参数

LiV_3O_8. 单斜晶系；$P2_1/m$ 空间群
a =6.68000Å；b = 3.60000Å；c = 12.03000Å
$\alpha=\gamma=90°$；β=107.83°；V = 275.4022Å^3

原子种类	原子坐标			原子位置	占位数	占位比
	x	y	z			
Li1	0.49400	0.25000	0.69000	2e	2	1
V1	0.83900	0.25000	0.53600	2e	2	1
V2	0.20400	0.2500	0.0700	2e	2	1
V3	0.06900	0.2500	0.80200	2e	2	1
O1	0.07500	0.2500	0.45800	2e	2	1
O2	0.87900	0.2500	0.92800	2e	2	1
O3	0.79600	0.2500	0.67500	2e	2	1
O4	0.42200	0.2500	0.18800	2e	2	1
O5	0.61600	0.2500	0.43800	2e	2	1
O6	0.28600	0.2500	0.95600	2e	2	1
O7	0.22500	0.2500	0.72500	2e	2	1
O8	0.99200	0.2500	0.17500	2e	2	1

当 $M_{1+x}V_3O_8$ 用于锂离子电池正极材料时，锂化反应是一个简单的单相反应，即

$$M_{1+x}V_3O_8 + yLi^+ + ye^- \xrightarrow{\text{锂化}} Li_yM_{1+x}V_3O_8 \tag{3-1}$$

这是一个典型的嵌入型电化学反应。有研究通过非原位 XRD 技术，研究了 NaV_3O_8 在不同电压状态下(1.5～4V)的 XRD 图谱。结果表明，不论是在充电还是放电的过程中，其 XRD 的峰形基本没发生变化，并且没有新的物相产生。只是在 2θ = 29.4°的衍射峰在充电时会向高角度方向偏移，而放电结束后该衍射峰又会回到 29.4°，这是由于在 Li^+嵌入和脱出 NaV_3O_8 的过程中造成了其晶格的体积和

对应晶面间距的变化[25]。随后，Tao 等[26]首次通过原位 TEM 技术，观测了 NaV_3O_8 纳米棒的锂化过程。研究发现，Li^+会更倾向嵌入$[\bar{1}11]$和$[\bar{2}15]$晶向上的间隙位置，最多能嵌入 2.5 个 Li^+；此外，在锂化过程中虽然$(\bar{1}11)$和$(\bar{2}15)$晶面间距被一定程度地扩大，并产生约 16%的宏观体积膨胀，但其微观形貌保持良好，这也证实了 NaV_3O_8 具有稳定的嵌锂的结构。Cao 等[27]研究了 NaV_3O_8 在嵌入和脱出 Li^+过程中 V 元素的价态变化。研究发现在逐步放电的过程中，越来越多的 V^{5+}会被还原成 V^{4+}；当开始充电时，几乎所有的 V^{4+}又会逐渐被氧化成 V^{5+}，这也证实了 Li^+在 NaV_3O_8 里的嵌入和脱出是基于 V^{5+}/V^{4+}可逆的氧化/还原反应。

$M_{1+x}V_3O_8$ 也是理想的钠离子、锌离子电池正极材料。研究发现，当 NaV_3O_8 被用作钠离子电池正极材料在充放电过程中，与其锂化反应相似，也是一个可逆的单相反应，也不会产生新相，Na^+会在$[V_3O_8]$层间的四面体间隙位置脱嵌[28]，即

$$Na_{1+x}V_3O_8 + yNa^+ + ye^- \xrightleftharpoons{\text{放电/充电}} Na_{1+x+y}V_3O_8 \tag{3-2}$$

在锌离子电池中，LiV_3O_8 在脱嵌 Zn^{2+}过程中也具有可逆结构转变[29]。如图 3-8 所示，在初始放电过程中，Zn^{2+}嵌入 LiV_3O_8 是固溶行为；进一步嵌 Zn^{2+}出现了一个明显的平台，该过程涉及两相反应过程，形成了 $ZnLiV_3O_8$ 相；最后阶段，又发生固溶反应，由 $ZnLiV_3O_8$ 相向 $Zn_yLiV_3O_8$（$y \geqslant 1$）相转变。在充电过程中，$Zn_yLiV_3O_8$ 相通过单相反应转变为 LiV_3O_8 相，表现出可逆性。此外，结晶水在水系电池体系中扮演着重要的角色，因此，$Na_2V_6O_{16} \cdot 3H_2O$、$NaV_3O_8 \cdot 1.63H_2O$ 等化合物表现出了优异的循环性能和倍率性能。

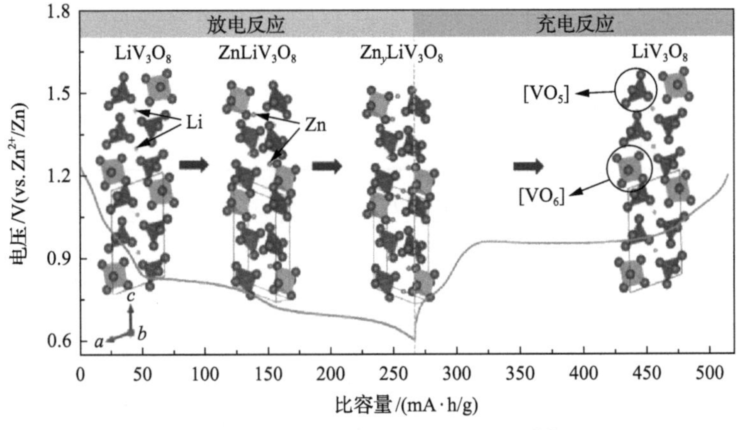

图 3-8　LiV_3O_8 的嵌锌机理示意图[29]

3.2.5　碳类材料

碳类材料在锂、钠离子电池领域中主要用作负极材料，具有十分重要的地位。

碳类材料主要分为石墨，即石墨化碳类材料和非石墨类材料两大类。石墨化碳类材料的归类较为广泛，涵盖天然石墨、人工石墨、改性石墨等。而非石墨类材料又称为无定形碳材料，分为软碳(易石墨化碳材料)和硬碳(难石墨化碳材料)两大类。其中，层状结构的石墨最早被研究，并且已大规模应用于商业化电池产业，现如今石墨在锂离子电池负极材料中仍具有无可撼动的地位，这是因为其具有优异的性价比和较好的性能稳定性等优势。

理想的石墨晶体具有二维层状结构，如图 3-9(a)和(b)所示，可进行完整地层状解理。天然晶态石墨，有六方形结构和菱形结构两种晶体形态。前者是 ABAB 六方堆积的 2H 结构，属于 $P6_3/mmc$ 空间群。后者是近似的 ABCABC 堆积的菱形结构，属于 $R3m$ 空间群。天然石墨中菱形结构的所占比例一般低于 5%。在每一层内，碳原子通过 sp^2 杂化的方式，以 σ 键与其他碳原子连接成六元环形层状结构，相邻碳原子键长为 1.42Å。碳原子中未参与杂化的垂直于层平面的 p 轨道可形成离域大 π 键，层与层间由范德华力相互连接，层间相互作用更弱，层间的距离为 3.40Å。因此石墨易解离，且具有润滑性，沿网络平面表现出良好的导电性。这样的层状结构和层间距能够便于锂离子的嵌入和脱出，且对于石墨本身的结构影响不大。在锂离子电池中石墨的理论比容量为 372mA·h/g，锂离子电池在充电过程中，Li^+从正极迁移到负极，并嵌入到石墨层状材料中，随着锂离子的不断嵌入形成 LiC_6 化合物[30]。

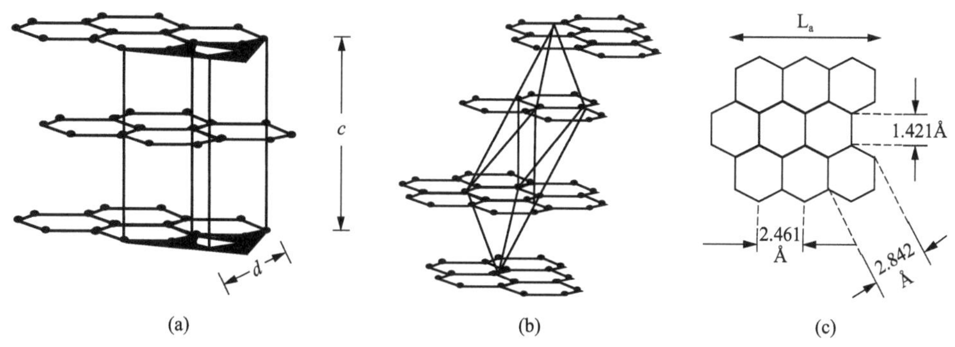

图 3-9　晶态石墨晶体结构

(a)石墨六方形结构；(b)石墨菱形结构；(c)石墨烯结构示意图

在锂离子电池的放电过程中，呈富锂态的负极中的 Li^+会游离脱出，经过电解质和隔膜回到电池正极，流入正极的 Li^+越多，放电容量也随之增加。而这个充放电过程中的 Li^+嵌入/脱嵌具有一定的可逆性，所以电池可以进行多次充放电。石墨的结构较为稳定，制备方法简单，比容量高(200～400mA·h/g)，循环效率高，循环寿命长且资源丰富，价格低廉，对环境无污染[31]。

石墨烯具有理想的二维晶体结构，如图 3-9(c)所示[32]。碳原子以 sp^2 杂化轨道形成六元环，并且周期性地排列在一个平面内。六元环内 3 个 sp^2 杂化轨道互成 120°角排列，与相邻碳原子形成共价键。相邻两个碳原子间距为 0.14nm，其中单层石墨烯的厚度为 0.34nm，比表面积约为 $2360m^2/g$。石墨烯材料具有优良的物理性能，其强度高、承压能力强、电阻率小、导热系数高，是良好的导热材料，同时它还具有优良的光学特性及高熔点等特性。因其具有优良的电子导电性和化学性质，常被作为复合组元应用于锂离子电池和钠离子电池的负极材料[33]。也就是说，将石墨烯作为一种基体材料与其他碳材料进行复合，如与碳纳米管、富勒烯等材料进行复合，以改善其性能。Yan 等[34]合成了一种类三明治结构的层次多孔/石墨烯复合材料，石墨烯的存在能够有利于电子的快速传导，而多孔碳则有利于钠离子的快速扩散。

在无定形碳材料中按照其石墨化的难易程度，可分为易石墨化碳又称软碳和难石墨化碳又称硬碳。软碳是指在 2500℃以上的高温下能石墨化的无定形碳。而硬碳在 2500℃以上的高温也难以被石墨化。更为显著的差别是它们的石墨片层排列方式不同。图 3-10 是软碳和硬碳的结构模型[35]。碳材料都是由最基本的结构单元构成，只不过其以不同的方式交连排列。在软碳中分解前驱体时产生胶质体，使碳基本结构单元长大并以几乎平行的方式进行排列，从而使得其在高温状态下易于进行石墨化；而硬碳的有机前驱体中大分子充分交联，不生成胶质体，基本结构单元不能平行排列，因此即使在高温下也难以石墨化。

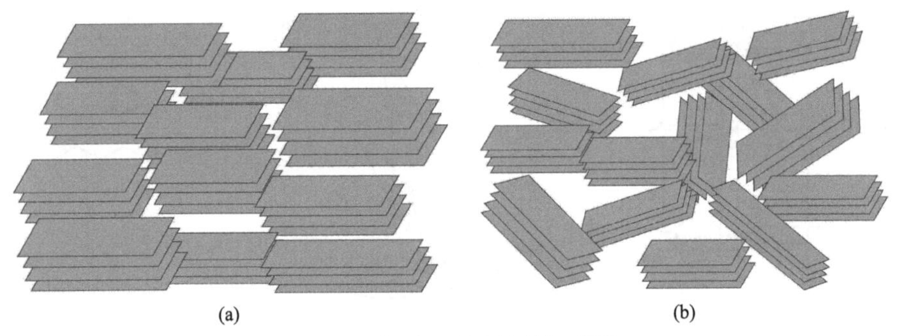

图 3-10　软碳和硬碳结构模型[35]

(a) 软碳；(b) 硬碳

通过对软碳中石油焦炭的储钠性能的研究，发现只有少量的钠离子嵌入，这导致了材料的容量很低，需要通过其他物理或者化学手段进行性能提升。相较而言，硬碳材料的性能更佳。根据硬碳在钠电中的机理研究，硬碳材料在储钠过程中主要发生两个阶段的反应[36]，如图 3-11 所示。

硬碳负极的充放电曲线中包括倾斜区和平台区，关于二者的储钠机制存在争论，主要包括两种观点："嵌入-吸附机理"和"吸附-嵌入机理"，如图 3-11(a)和(b)所示。"嵌入-吸附机理"是由 Dahn 和 Stevens 最先提出的，他们发现葡萄

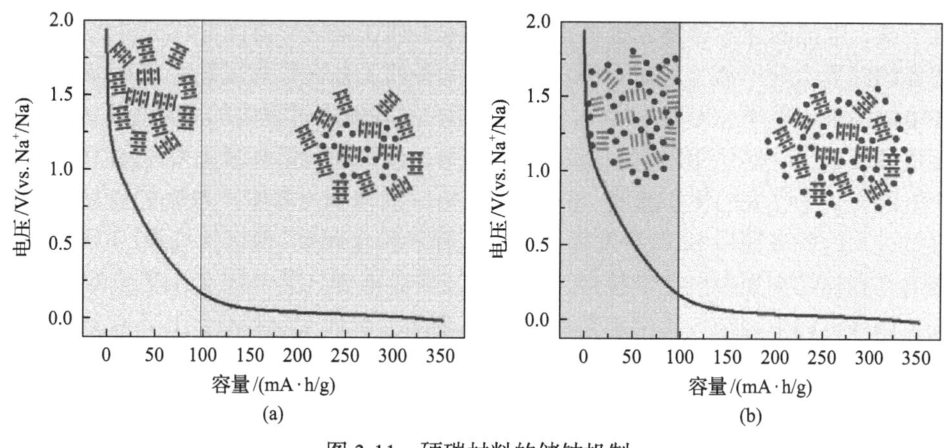

图 3-11　硬碳材料的储钠机制

(a)"嵌入-吸附"机理；(b)"吸附-嵌入"机理[37]

糖热解碳在锂/钠离子电池中的充放电曲线非常相似。因此，他们认为硬碳材料中的钠离子存储机制与锂离子的类似，即高电位斜坡区对应钠离子在碳层间的嵌入和脱出，低电位平台区对应钠离子在缺陷处的吸附和脱附。Cao 等[38]在实验中发现，对于同一前驱体，低温热解碳的微孔较多，但表现出较少的平台容量，而随着热解温度的升高，硬碳中的微孔减少，但平台容量逐渐增加，这种现象与"嵌入-吸附机理"相矛盾。所以，他们提出了另外一种"吸附-嵌入机理"，即高电位斜坡区对应钠离子的吸附和解附，低电位平台区对应钠离子在碳层间的嵌入和脱出。近年来，他们还采用原位 XRD、NMR 及电子顺磁共振等，进一步证明了硬碳中的"吸附-嵌入机理"[37]。在放电过程中，钠离子首先吸附在硬碳的表面活性位点上，导致电压曲线表现为倾斜。随后，钠离子嵌入适当间距的碳层中形成 NaC_x 化合物，表现出类似锂离子嵌入石墨的平坦电压平台。这一机理表明，钠离子的储存能力取决于适当的碳层间距，而不是微孔结构。因此，减少微孔降低了硬碳负极的比表面积，从而有助于提高硬碳负极的初始库仑效率。他们通过降低微孔结构和控制碳层间距，将硬碳负极的首次库仑效率提升至 86.1%，可逆容量高达 362mA·h/g，且低于 0.1V 的平台容量为 230mA·h/g[37]。

硬碳材料储钠电位较低，且容量较高，其在钠离子电池中具有较大的前景。尽管如此，目前硬碳的制备成本较高，且制备产率较低，对其大规模商业化生产带来较大的阻碍。同时，硬碳的电位与钠沉积电位较为接近，这将给钠电池带来一些安全隐患。所以，对于硬碳的制备和其电池安全性需要进行进一步的研究[39]。

碳硅复合材料是近些年碳材料复合改性又一重要方向。由于 Si 可以与 Li 发生合金化反应，形成 $Li_{4.4}Si$ 相，理论比容量远超过其他材料，高达 4200mA·h/g。而且，Si 的放电平台低（＜0.5V，相对 Li/Li^+），与正极匹配组装为全电池后工作电压高，电池的能量密度也极大提高[40]。除上述在电化学方面的优势外，Si 在自然界的储量十分丰富，从矿石原料中提纯制备的工艺也较为成熟，成本低廉，对环境的污染也很小，无毒。然而，单纯的硅在实际使用过程中的循环稳定性极差，容量衰减迅速，这严重限制了其商业化应用，过快的容量衰减主要是因为以下几个方面[41]。①巨大的体积膨胀。Si 完全嵌入 Li 后体积可膨胀至原来的 4 倍，这使得经过几次脱嵌锂后 Si 本身发生严重的破碎和粉化现象，使结构坍塌，与集流体、导电剂和黏结剂失去电化学接触，不可再正常脱嵌锂。②不稳定 SEI 膜的持续生长。循环过程中因结构发生破裂而不断暴露的 Si 界面上会持续生长不稳定的 SEI 膜，这个过程会持续消耗锂离子和电解液，使电池的容量和库仑效率很低。

解决的主要办法有以下几种。将硅颗粒的尺寸降低到纳米级，可以在一定程度上缓解 Si 因体积膨胀导致的粉化现象。但是，纳米化后带来的大比表面积却使 Si 暴露了更多的界面，加剧了不稳定 SEI 膜的形成和副反应的发生，造成电池的库仑效率低和容量衰减严重[42]。所以，一般对 Si 材料进行电化学性能改性除采用纳米化手段外，还需要与其他导电性物质复合，保护 Si 界面。另一个策略是将 Si 与碳材料复合，充分利用碳具有良好的电子导电性及其结构稳定性，从而提高材料导电性和缓冲 Si 的体积膨胀。另外，碳的化学稳定性很好，在表面可以形成稳定的 SEI 膜，起到抑制 Si 界面不稳定 SEI 膜生长的作用[43]。碳硅复合的方法有多种，制备工艺灵活多变，可以得到多种微纳米结构，电化学性能可调可控。目前，在硅碳复合材料方面做了大量的研究，多种形式的碳(碳纳米管、石墨烯、三维碳框架等)均被以不同的复合方式来与 Si 进行复合形成中空、核壳、多孔、三维网络等纳米结构[44]。

3.3　通道结构电极材料

通道结构材料，顾名思义就是在晶体结构中存在供宿住离子扩散、徒迁通道的材料。包括以锰氧化物和锰酸盐为代表的锰基系列通道型材料，以钒氧化物和钒酸盐为代表的钒基系列通道型材料及具有良好的结构稳定性和开放通道结构的普鲁士蓝类似物(PBAs)等，下面分别予以介绍。

3.3.1　锰基系列通道型材料

α-MnO_2 具有典型的通道型结构，其基本结构单元是由相邻的[MnO_6]八面体双链通过角共享形成的(2×2)+(1×1)隧道结构(隧道尺寸分别为 4.6×4.6$Å^2$ 和 2.3×2.3$Å^2$)(图 3-12(a))，可容纳不同阳离子或配位离子。α-MnO_2 晶体结构的基本参数见表 3-6，它属于四方晶系，空间群为 *I*4/*m*，晶胞参数：$a=b$=9.815Å，c=2.847Å。

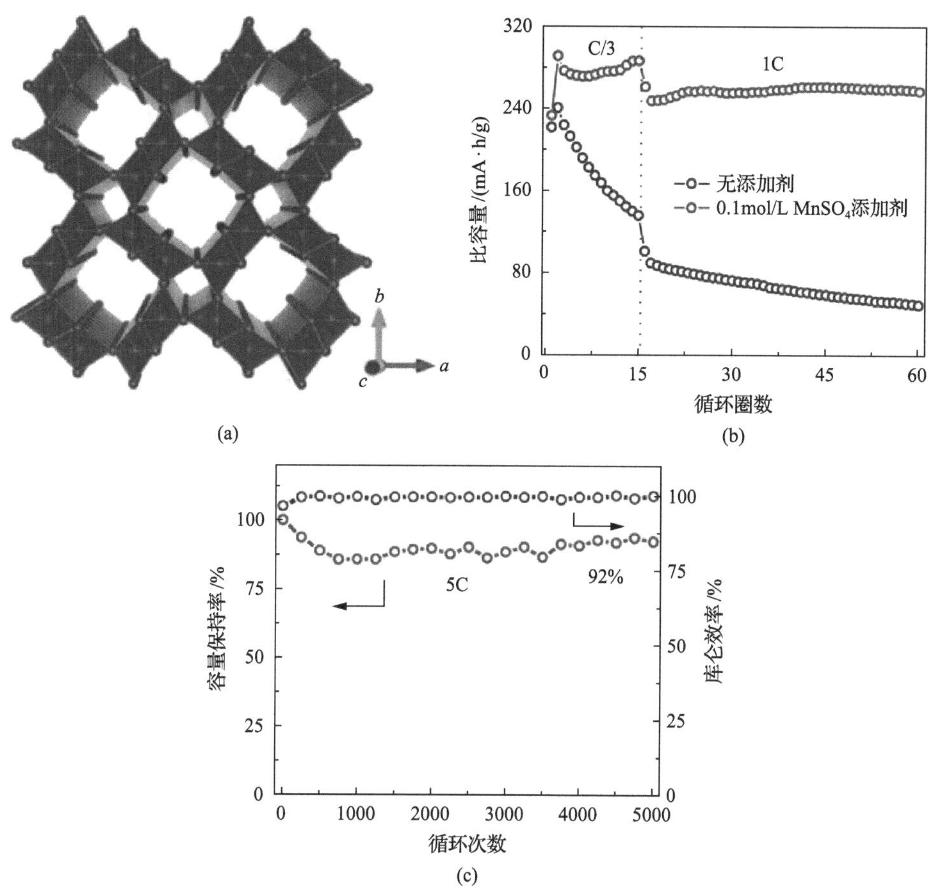

图 3-12　α-MnO_2 的晶体通道结构及电化学性能

(a) α-MnO_2 的晶体通道结构[47]；(b) 在 2M $ZnSO_4$ 电解液加/不加 0.1M $MnSO_4$ 添加剂的循环性能；(c) Zn/α-MnO_2 电池在有 $MnSO_4$ 添加剂电解液中的长循环性能[46]

表 3-6　α-MnO_2 晶体结构的基本参数

α-MnO_2. 四方晶系；*I*4/*m* 空间群
$a=b=9.81500$Å；$c=2.84700$Å
$\alpha=\beta=\gamma=90°$；$V=274.2635$Å^3

原子种类	原子坐标			原子位置	占位数	占位比
	x	*y*	*z*			
Mn1	0.35000	0.17000	0.00000	8h	8	1
O1	0.16000	0.20500	0.00000	8h	8	1
O2	0.16000	0.45800	0.00000	8h	8	1

目前，α-MnO_2 在水系锌离子电池领域被广泛地研究，其工作电压在 1.2～1.4V (vs. Zn^{2+}/Zn)，其放电比容量一般大于 200mA·h/g。Xu 等[45]报道了由 α-MnO_2 正极、

锌负极和弱酸性 $ZnSO_4$ 水系电解液组成的 Zn/α-MnO_2 电池在 0.5C 电流密度下获得 210mA·h/g 的放电比容量。Pan 等[46]开发的 Zn/α-MnO_2 电池通过预先在电解液中加入一定量的 Mn^{2+},这将在 Mn 溶解和电解液中 Mn^{2+}的再氧化之间提供适当的平衡，从而提高材料的稳定性(图 3-12(b))。因此，Zn/α-MnO_2 电池在 5C 电流密度下表现出优异的循环稳定性，5000 次循环之后的容量保持率为 92%(图 3-12(c))。

为了进一步提升性能，研究者还基于 α-MnO_2 开发出了使用其他材料进行复合的新材料[48-51]。Wu 等[49]合成了石墨烯卷包覆的 α-MnO_2 正极，实验证明石墨烯不仅可以提高材料的导电性，且有效缓解了材料的溶解。该材料在 0.3A/g 电流密度下获得了 406.6W·h/kg 的能量密度，并在 3A/g 电流密度下经过 3000 次循环保持了 94%的放电比容量。本书作者研究团队[51]通过调控锰酸钾的晶体内部结构，开发了一种 K^+稳定嵌入隧道空腔的 α-$K_{0.8}Mn_8O_{16}$(图 3-13(a))。结果表明，K^+的稳

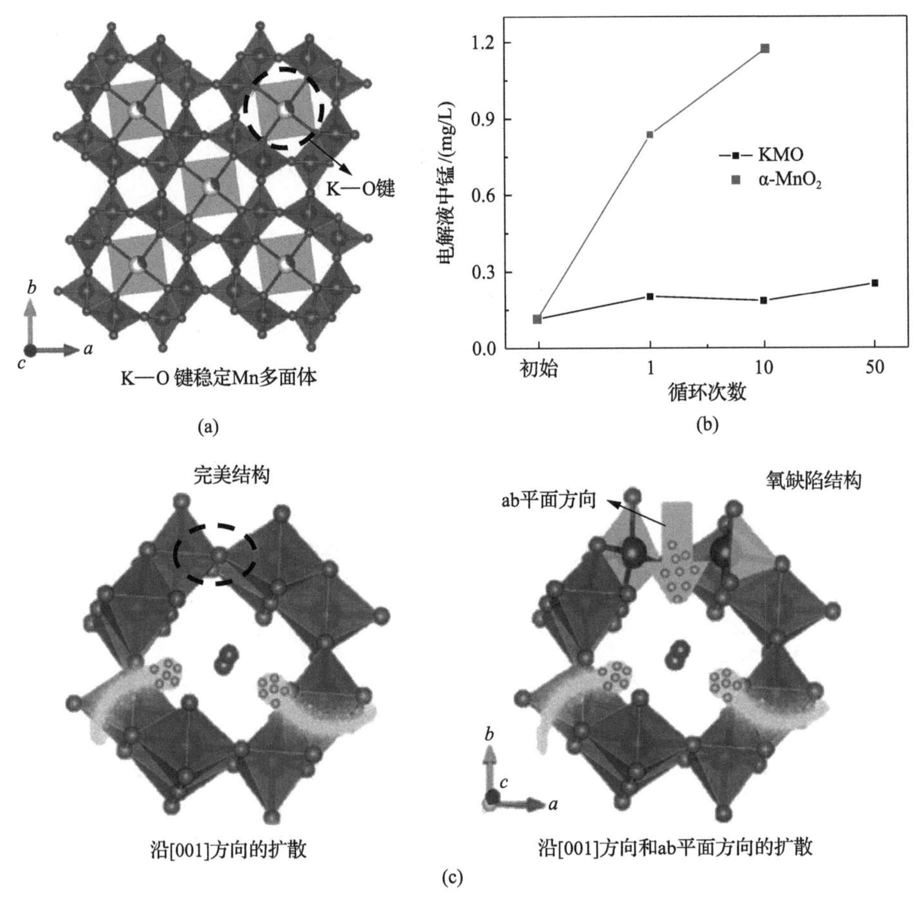

图 3-13　α-$K_{0.8}Mn_8O_{16}$ 结构调控与抑制 Mn 溶解的机理

(a) K^+稳定 Mn 多面体示意图；(b) 在 2M $ZnSO_4$ 电解液中 α-$K_{0.8}Mn_8O_{16}$ 和 α-MnO_2 的 Mn 溶解分析；(c) 在有氧空位和没有氧空位的 α-$K_{0.8}Mn_8O_{16}$ 结构中 H^+嵌入示意图[51]

定嵌入可以有效地缓解在循环过程中的锰溶解(图 3-13(b))。此外，作者证明材料中存在氧缺陷，从而加快了反应动力学(图 3-13(c))。因此，Zn-$K_{0.8}Mn_8O_{16}$ 电池释放出大于 300mA·h/g 的比容量、398W·h/kg 的能量密度(基于正极活性物质的质量)，且在 1A/g 电流密度下经过 1000 次循环无明显的容量衰减。

β-MnO_2 是另一种结构的锰氧化合物材料。它由[MnO_6]八面体单链共享一个顶点组成，形成了沿 c 轴的(1×1)隧道型结构，尺寸为 2.3×2.3Å^2(图 3-14(a))，它被认为是热力学上最稳定的 MnO_2 晶型。β-MnO_2 晶体结构的基本参数见表 3-7，属于四方晶系，空间群为 $P4_2/mnm$，晶胞参数：$a = b$ =4.398Å，c =2.873Å。

由于隧道尺寸较为狭窄，不利于 Zn^{2+}的扩散。早在 2012 年，Xu 等[45]研究表明，块体 β-MnO_2 不具有储锌的电化学活性，但具有多孔特征的纳米 β-MnO_2 表现出了储锌的活性[52]。随后，Islsam 等[53]采用 β-MnO_2 纳米棒作为水系锌离子电池的正极材料，表明 Zn^{2+}可以嵌入 β-MnO_2 纳米棒结构，并使用原位 XRD 技术研究了 β-MnO_2 在锌离子电池电化学反应过程中的结构转变。如图 3-14(b)所示，当 Zn^{2+}嵌入 β-MnO_2 中，形成了嵌锌的新相如 $ZnMn_2O_4$、层状布塞尔矿结构锌锰氧

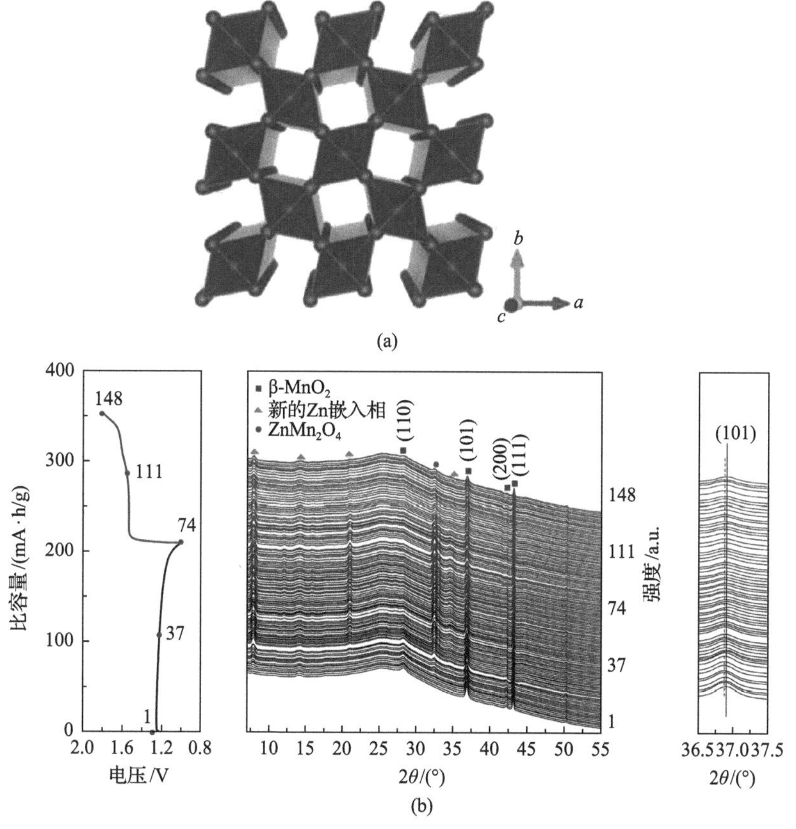

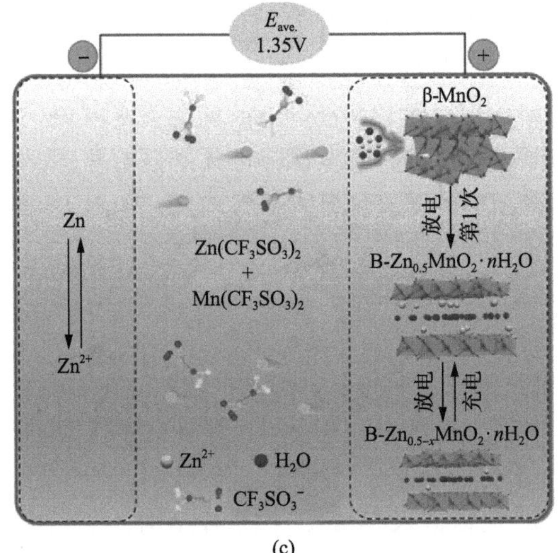

(c)

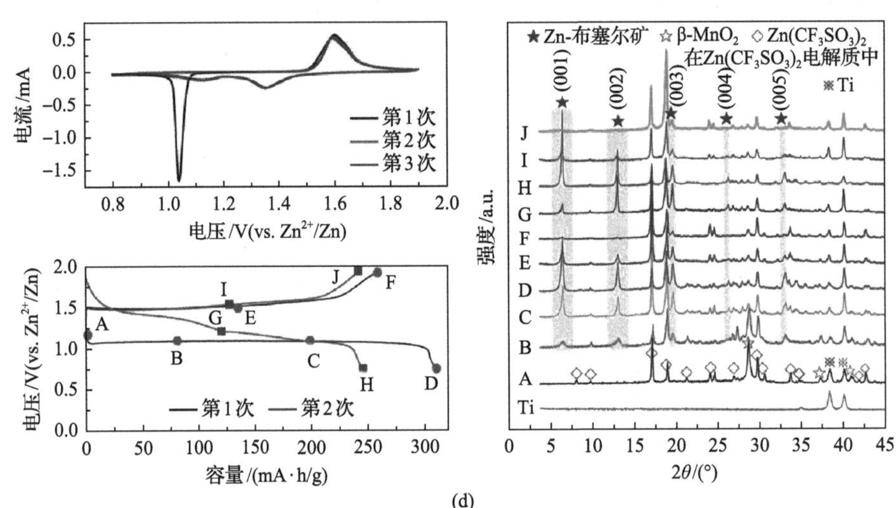

(d)

图 3-14 β-MnO_2的晶体结构及结构演变与电化学特性

(a) β-MnO_2的晶体结构[47]；(b) β-MnO_2纳米棒在充放电过程中的原位 XRD 图谱[53]；(c) Zn/β-MnO_2电池的反应机理示意图；(d) β-MnO_2电极的循环伏安曲线、充放电曲线和非原位 XRD 图谱[54]

表 3-7 β-MnO_2晶体结构的基本参数

β-MnO_2. 四方晶系；$P4_2/mnm$ 空间群 $a=b=4.39830$Å；$c=2.87300$Å $\alpha=\beta=\gamma=90°$；$V=55.5783$Å^3						
原子种类	原子坐标			原子位置	占位数	占位比
	x	y	z			
Mn1	0.00000	0.00000	0.00000	2a	2	1
O1	0.30515	0. 30515	0.00000	4f	4	1

化物(Zn-Buserite)，并伴随着 $ZnSO_4[Zn(OH)_2]_3·5H_2O$ 化合物的生成。Zhang 等[54]也发现，在初始放电过程中隧道状的 β-MnO_2 转变成层状的 B-$Zn_{0.5}MnO_2·nH_2O$ 相，并在随后的循环过程实现了 B-$Zn_{0.5}MnO_2·nH_2O$ 和 B-$Zn_{0.5-x}MnO_2·nH_2O$ 之间的可逆转变(图 3-14(c))。循环伏安 CV 曲线显示，首次 CV 曲线在 1.06V 处有一个尖锐的还原峰，且和后续的 CV 曲线存在较大的差异如图 3-14(d)所示，可推测 β-MnO_2 在首次放电过程中发生了相转变。该反应过程得到了 XRD 结果的证实，在首次放电过程中 β-MnO_2 的特征峰逐渐变弱，且层状 B-$Zn_{0.5}MnO_2·nH_2O$ 新相的特征峰逐渐增强。在随后 Zn^{2+}的脱出过程中，层状相的特征峰强度逐渐减弱。同样，在第二次循环时，层状化合物的特征峰在 Zn^{2+}嵌入/脱出时可逆地增强/减弱，表明了电极的高度可逆性。因此，该材料在 2000 次循环后仍然有 94%的容量保持率。

γ-MnO_2 是另一种结构的锰氧化合物材料。它由单$[MnO_6]$八面体和双$[MnO_6]$八面体链沿着 c 轴交替排列而形成的具有不规则(1×1)隧道和(1×2)隧道，隧道尺寸为 2.3×2.3Å^2 和 2.3×4.6Å^2，属于单斜晶系，空间群为 C2/m，其晶体结构的基本参数见表 3-8。

表 3-8　γ-MnO_2 晶体结构的基本参数

γ-MnO_2. 单斜晶系；C2/m 空间群
a=13.70000Å；b=2.86700Å；c=4.46000Å
$\alpha=\gamma$=90°，β=90.5°；V = 175.1728Å^3

原子种类	原子坐标			原子位置	占位数	占位比
	x	y	z			
Mn1	0.00000	0.00000	0.00000	2a	2	1
Mn2	0.66100	0.00000	0.50600	4i	4	1
O1	0.44650	0.00000	0.76800	4i	4	1
O2	0.89050	0.00000	0.26000	4i	4	1
O3	0.78300	0.00000	0.72600	4i	4	1

Alfaruqi 等[55]研究表明，γ-MnO_2 在 0.05mA/cm^2 时该材料能获得 285mA·h/g 的高放电比容量。同时，研究者通过原位同步辐射和 XRD 技术详细探讨了电化学反应过程中的结构转变。结果表明，在完全嵌锌的状态，隧道状的 γ-MnO_2 转变成尖晶石型 $ZnMn_2O_4$ 相、隧道状 γ-Zn_xMnO_2 相和层状 L-Zn_yMnO_2 相，同时伴随着 Mn^{4+}被还原成 Mn^{3+}、Mn^{2+}状态。如图 3-15 所示，在初始嵌锌阶段，部分 γ-MnO_2 转化成尖晶石型 $ZnMn_2O_4$ 相。进一步的反应使得 Zn^{2+}嵌入剩余 γ-MnO_2 的(1×2)隧道形成隧道状 γ-Zn_xMnO_2 相。随着更多 Zn^{2+}的嵌入，γ-Zn_xMnO_2 的部分含锌隧道倾向膨胀并打开结构框架，形成层状 L-Zn_yMnO_2 相。该结构的转变过程在循环过程中是可逆的，但是其循环稳定性仍需要改善。

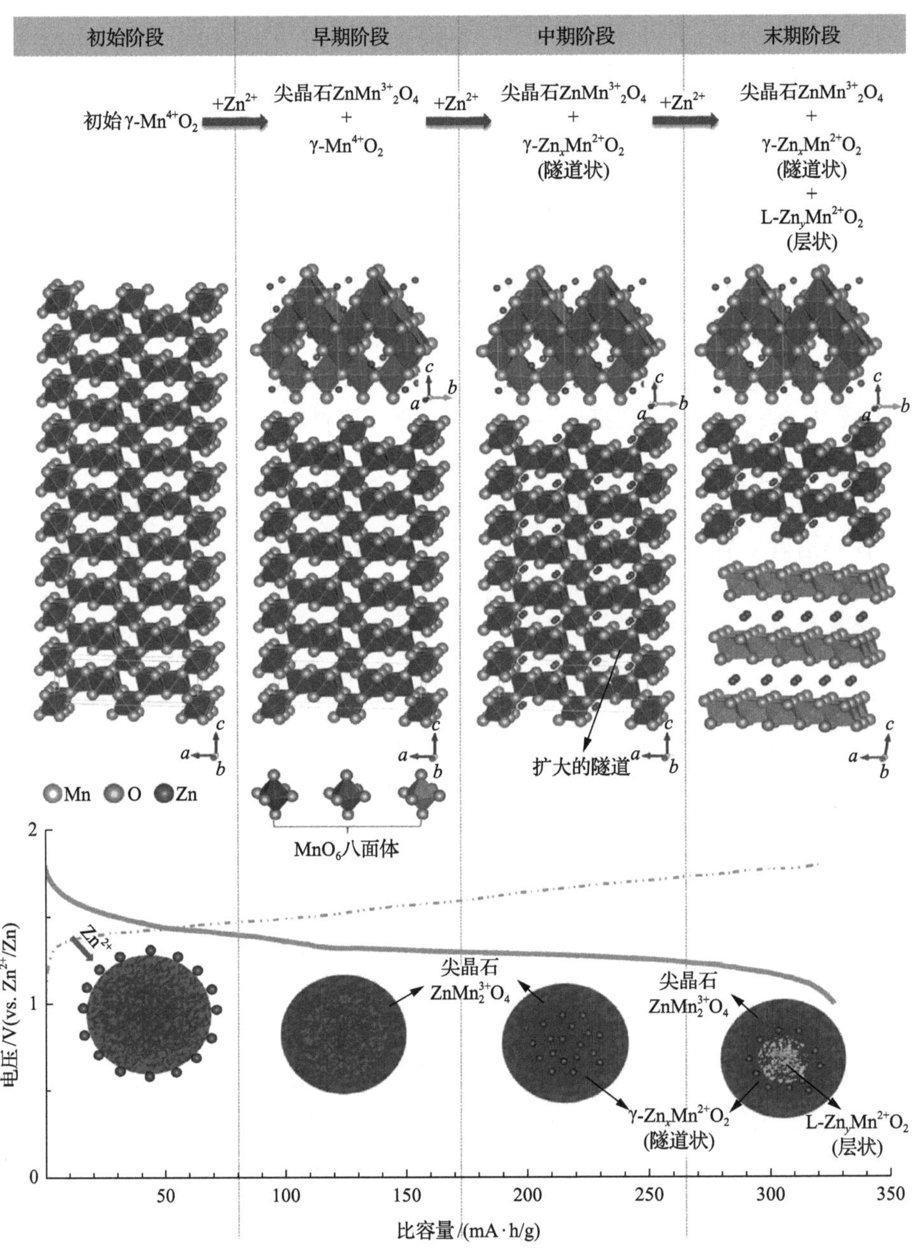

图 3-15　γ-MnO_2的嵌锌过程结构演变与电化学性能[55]

Na_xMnO_2由于钠、锰元素的价格低廉，是一种具有广泛应用前景的通道型锰酸盐正极材料，其中被广泛研究的化合物是$Na_{0.44}MnO_2$，其晶体结构如图 3-16(a)所示，由[MnO_5]四方锥和[MnO_6]八面体组成，锰离子位于两种不同的位点，所有Mn^{4+}离子和半数Mn^{3+}离子位于八面体位点[MnO_6]，其余半数Mn^{3+}离子位于四方锥位点[MnO_5]。通过顶点与两个二重八面体链和一个三重八面体链形成边链，形成两种类型的隧道，即大 S 型隧道和小五角形隧道，钠离子就分布于这两种隧道中[56]。晶胞参数为 a =9.10Å，b =26.34Å，c =2.83Å，构成体积为 678.52Å^3 的单胞，空间群为 *Pbam*，$Na_{0.44}MnO_2$ 晶体结构的基本参数如表 3-9 所示。

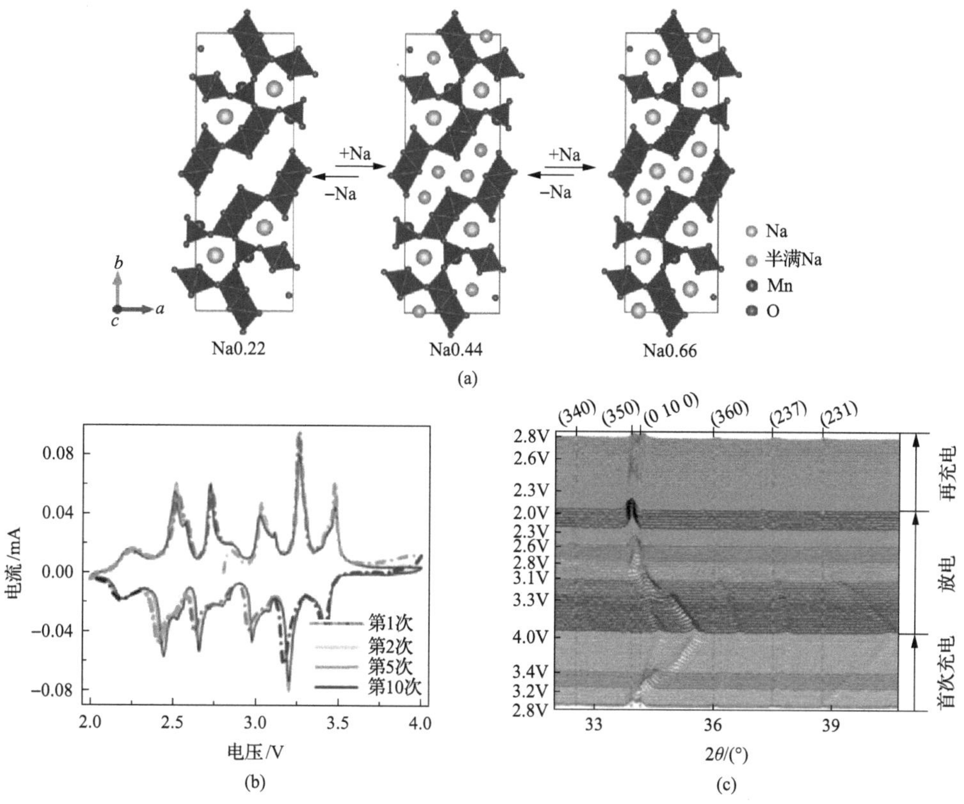

图 3-16　Na_xMnO_2 结构演变与电化学性能

(a) Na_xMnO_2 在钠离子脱嵌过程中的相变[56]；(b) $Na_{0.44}MnO_2$ 正极的循环伏安曲线；(c) 原位 XRD 谱[57]

根据这种结构，c 轴方向是钠离子扩散的主要通道，且只有较大的 S 形隧道才能提供大尺寸钠离子的扩散路径。因此，在充放电过程中，隧道型 Na_xMnO_2 的 x 在 0.22～0.66 的范围内会发生一系列相变，如图 3-16(b) 所示[57]。第一个循环显示出六对对称的氧化还原峰，表示了 Na^+不同的嵌入/脱嵌步骤，连续的两相反应机理。高度重合的峰位置和每个氧化还原对之间很小的电压间隙表明了 Na^+离子的快速扩散。图 3-16(c) 展示了该材料首个完整充放电过程的原位 XRD 图谱，结果也证实了该材料在充放电过程中，发生了一系列相变，且具有很好的可逆性。

研究人员发现 $Na_{0.44}MnO_2$ 很容易形成单晶纳米棒形貌，这缩短了电子和 Na^+离子的输运路径，为 Na^+的脱嵌提供有利的微纳结构。Hosono 等[58]早前报道了采

表 3-9　$Na_{0.44}MnO_2$ 的晶体结构基本参数

$Na_{0.44}MnO_2$. 正交晶系；*Pbam* 空间群
a =9.10250Å；b = 26.3400Å；c = 2.83000Å
$\alpha=\beta=\gamma=90°$；V = 678.5204Å^3

原子种类	原子坐标			原子位置	占位数	占位比
	x	y	z			
Mn1	0.46090	0.30631	0.00000	4g	4	1
Mn2	0.13960	0.08857	0.50000	4h	4	1
Mn3	0.00000	0.00000	0.00000	2a	2	1
Mn4	0.13290	0.30707	0.50000	4h	4	1
Mn5	0.47970	0.11067	0.00000	4g	4	1
Na1	0.28080	0.20500	0.00000	4g	4	0.82
Na2	0.29900	0.41550	0.50000	4h	4	0.43
Na3	0.37660	0.00280	0.00000	4g	4	0.51
O1	0.13970	0.00250	0.50000	4h	4	1
O2	0.27610	0.09450	0.00000	4g	4	1
O3	0.44540	0.16000	0.50000	4h	4	1
O4	0.07240	0.16590	0.50000	4h	4	1
O5	0.33320	0.28450	0.50000	4h	4	1
O6	0.08200	0.26420	0.00000	4g	4	1
O7	0.17140	0.35590	0.00000	4g	4	1
O8	0.00270	0.07350	0.00000	4g	4	1
O9	0.02750	0.43270	0.50000	4h	4	1

用水热法成功合成单相 $Na_{0.44}MnO_2$，在高倍率下没有明显的容量衰减。之后，Liu 和同事[59]研究了煅烧温度对 $Na_{0.44}MnO_2$ 电化学性能的影响，发现 900℃是最佳煅烧条件，得到的 $Na_{0.44}MnO_2$ 纳米线比对比样更长、更细。电池测试结果显示，此正极材料在 20C 的倍率下可以输出 99mA·h/g 的比容量。一些研究者试图通过形貌调控来提高倍率性能和体积能量密度，He 等[57]在酸性还原环境中得到了沿着[001]方向生长的二维 $Na_{0.44}MnO_2$。与一维结构相比，这种二维结构垂直于 Na^+离子的脱嵌路径将抑制表面缺陷的形成，提高了振实密度和 Na^+离子的脱嵌速率。因此，这种材料在 10C 的倍率下可以释放出 96mA·h/g 的比容量。隧道结构 $Na_{0.44}MnO_2$ 优异的电化学性能归因于其开放式的结构，能够承受 Na^+离子脱嵌过程中的多级相变。

3.3.2　钒基系列通道型材料

通过将金属离子 M(如 Na^+、K^+、Ag^+等)掺杂进 V_2O_5 的层状结构可以得到具有三维隧道结构的系列化合物 β-$M_xV_2O_5$。这类化合物具有相似的晶体结构，如 β-$Na_{0.33}V_2O_5$、$K_{0.25}V_2O_5$ 和 $Ag_{0.33}V_2O_5$。以 β-$Na_{0.33}V_2O_5$ 为例，其晶体结构的基本参数见表 3-10，结构属于单斜晶系结构，晶胞参数为：a =10.04Å，b =3.61Å，c =15.34Å。其中 Na^+离子占据其中的 A 位点，晶体结构中有三个不同的钒位点，分别称为 V(1)、V(2)和 V(3)，其中[V(1)O_6]八面体形成锯齿形链，[V(2)O_6]八面体形成沿着 b 轴的双链。这两种八面体进一步和氧原子链接，形成二维层状$[V_4O_{12}]_n$结构，各层之间插入 Na^+离子。$[V_4O_{12}]_n$层通过[V(3)O_5]四角锥和边缘共享的氧原子链接，形成三维隧道结构，如图 3-17 所示。在$[V_4O_{12}]_n$层间插入的 Na^+离子可以充当“支柱”，提高了离子嵌入/脱嵌过程中的空间稳定性。

表 3-10 β-$Na_{0.33}V_2O_5$ 晶体结构的基本参数

β-$Na_{0.33}V_2O_5$.单斜晶系；$C2/m$ 空间群
a =10.03900Å；b = 3.60500Å；c = 15.33500Å
$\alpha=\gamma$ = 90°；β =109.2°；V = 524.1126Å^3

原子种类	原子坐标			原子位置	占位数	占位比
	x	y	z			
V1	0.10300	0.00000	0.33700	4i	4	1
V2	0.41100	0.00000	0.28900	4i	4	1
V3	0.11900	0.00000	0.11700	4i	4	1
Na1	0.41400	0.00000	0.99500	4i	4	0.5
O1	0.04900	0.00000	0.81300	4i	4	1
O2	0.07900	0.00000	0.63700	4i	4	1
O3	0.22200	0.00000	0.43800	4i	4	1
O4	0.22400	0.00000	0.26500	4i	4	1
O5	0.26900	0.00000	0.10700	4i	4	1
O6	0.42100	0.00000	0.75400	4i	4	1
O7	0.46400	0.00000	0.39600	4i	4	1

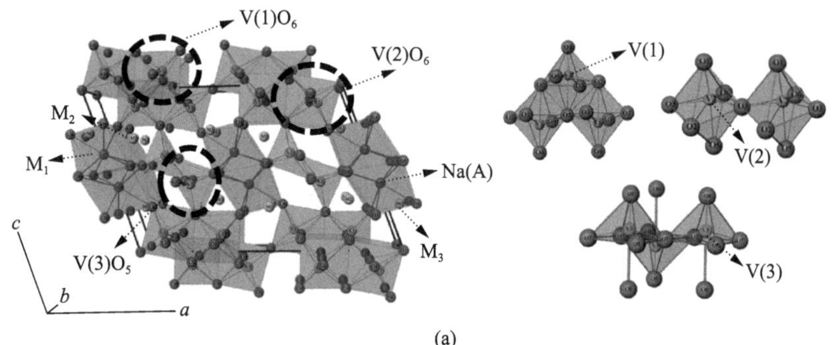

(a)

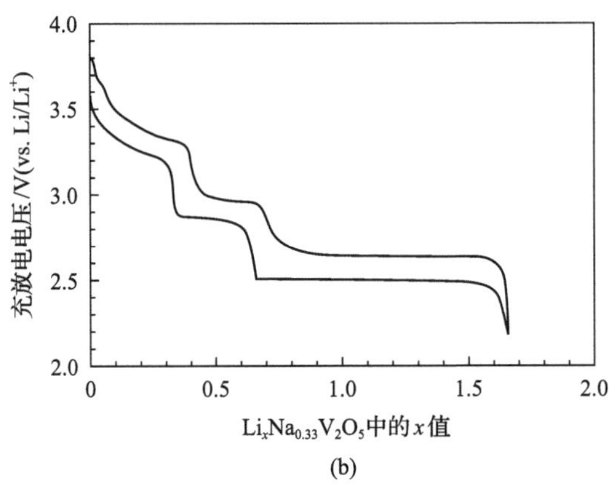

图 3-17　β-$Na_{0.33}V_2O_5$的晶体结构图与充放电曲线[60]

(a)晶体结构；(b)充放电曲线

当 β-$Na_{0.33}V_2O_5$用于锂离子电池正极材料时，其嵌入锂离子后形成化合物 $Li_xNa_{0.33}V_2O_5$(*x* 为嵌入的 Li^+的摩尔数)。Baddour-Hadjean 等[60]研究发现，β-$Na_{0.33}V_2O_5$在 4～2.2V 放电时，其嵌锂主要包含三个过程，主要发生在约 3.3V、约 2.9V、约 2.5V。这三个电压分别对应着 Li^+嵌入 β-$Na_{0.33}V_2O_5$结构中的 M_3、M_2、和 M_1空位。当放电至 3.3V 时，Li^+离子开始占据 β-$Na_{0.33}V_2O_5$结构中的 M_3空位，对应嵌入的 Li^+摩尔数为 $0<x\leqslant0.33$；继续放电至 2.9V 时，Li^+离子嵌入的摩尔数为 $0.33<x\leqslant0.66$，对应锂离子嵌入一半的 M_2 空位；最后，当放电至 2.5V 时，β-$Na_{0.33}V_2O_5$结构中剩余的 M_3、M_2、M_1空位全被 Li^+占据，对应 $0.66<x\leqslant1.67$；当重新对该材料充电时，放电时嵌入的 Li^+几乎能全部脱出。

$K_{0.25}V_2O_5$属于单斜晶系，空间群为 *C*2/*m*，晶格参数：*a*=10.12Å，*b*=3.62Å，*c*=15.65Å，*β*=109°。由于更大的 K^+离子能形成更强的“支柱效应”，使其结构更稳定，并能防止相邻 V-O 层之间的相对滑移[61]。$K_{0.25}V_2O_5$具有特定的层结构，如图 3-18 所示，主要由平行于 bc 平面的两层组成。，一层由共享两个边和角的[VO_5]四角锥层组成，另一层为[VO_6]框架形成的。空隙中的三棱柱结构由围绕着 K^+离子的六个氧原子形成。沿 *c* 轴方向的第六个 V-O 键由弱的静电相互作用组成，其有利于沿 *a*-*b* 平面之间插入阳离子和分子。K^+充当连接相邻 V-O 层的结构元素，称为“支柱”。预先嵌入 K^+离子的 $K_{0.25}V_2O_5$具有显著的晶格膨胀，且沿着 *c* 轴方向从晶胞底部到第一层顶部的垂直距离约为 7.41Å，较 V_2O_5(4.37Å)大得多。这种较大的层间距有利于减轻锂离子嵌入/脱出过程中的结构破坏，又因为 K^+的半径(1.38Å)大于 Li^+(0.76Å)和 Na^+(1.02Å)，作为支柱能够提供更为稳定的支撑作用，这使得夹层结构更加稳定，防止 V-O 层的相对滑动。

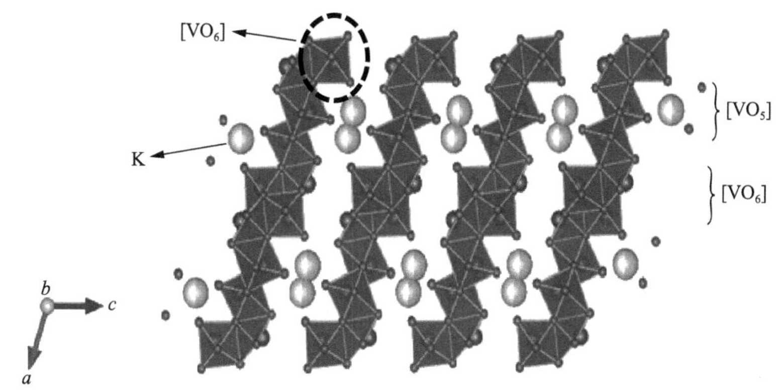

图 3-18　$K_{0.25}V_2O_5$ 的晶体结构图

$Ag_{0.33}V_2O_5$ 是 β-$M_xV_2O_5$ 大家族中重要的一员，在结构中 Ag^+ 占据 A 位点，属于单斜晶系，*C2/m* 空间群，钒原子有 3 个不同的位点(V(1)、V(2)、V(3))，Ag^+ 插入由 V_2O_5 骨架形成的隧道中，并沿 *b* 轴形成一对链，如图 3-19 所示。三种钒位点形成一条双链，V(1)通过共享$[VO_6]$八面体边，沿着 *b* 轴形成无限的 *Z* 字形链，V(3)也形成无限 Z 字形链，但是具有方形金字塔形配位。此外，V(2)通过共享$[VO_6]$角形成无限的阶梯链。晶胞参数：*a*=15.39Å，*b*=3.62Å，*c*=15.07Å，*β*=109.72°，其晶体结构的基本参数见表 3-11。

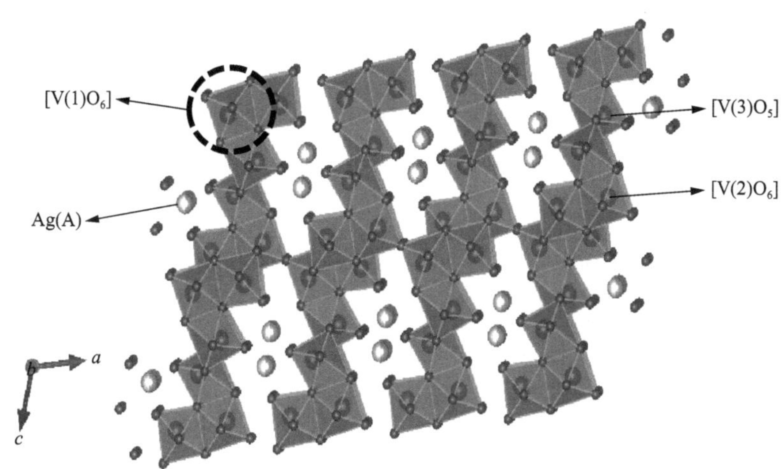

图 3-19　$Ag_{0.33}V_2O_5$ 的晶体结构图

$Ag_{0.33}V_2O_5$ 最大的特点在于放电时，Ag^+ 还原成 Ag 的速率要比 V^{5+} 的还原速率快很多，而这个过程中析出的 Ag 单质会附着在材料表面，从而有效提高了其导电率[62]。本书作者研究团队之前报道的 Ag/$Ag_{0.33}V_2O_5$ 复合材料在 300mA/g 的电流密度下充放电 200 次后，比容量能保持 96.4%(132mA·h/g)[63]。然而 $Ag_{0.33}V_2O_5$

的容量不高，且成本较高，所以并不适用于常规电池的应用。

He 等[64]首次将 $Na_{0.33}V_2O_5$ 用作水系锌离子电池正极材料，在 0.1A/g 下具有高达 367.1mA·h/g 的放电比容量，1000 次循环后仍保留超过 93%的容量。进一步分析 Zn^{2+} 嵌入 $Na_{0.33}V_2O_5$ 时的结构变化，发现在放电过程中会生成 $Zn_xNa_{0.33}V_2O_5$ 相，且该新相在充电过程中完全转化成 $Na_{0.33}V_2O_5$ 相，表现出高度可逆的行为。

表 3-11　$Ag_{0.33}V_2O_5$ 晶体结构的基本参数

$Ag_{0.33}V_2O_5$. 单斜晶系；*C*2/*m* 空间群
a =15.38500Å；b = 3.61500Å；c = 15.06900Å
$\alpha=\gamma$ = 90°；β =109.72°；V = 527.1626Å^3

原子种类	原子坐标			原子位置	占位数	占位比
	x	*y*	*z*			
V1	0.11670	0.00000	0.1190	4i	4	1
V2	0.33790	0.00000	0.10080	4i	4	1
V3	0.28800	0.00000	0.41020	4i	4	1
Ag1	0.99610	0.00000	0.40350	4i	4	0.5
O1	0.00000	0.00000	0.00000	4i	4	1
O2	0.10750	0.00000	0.27290	4i	4	1
O3	0.13320	0.50000	0.07760	4i	4	1
O4	0.26340	0.00000	0.22320	4i	4	1
O5	0.43690	0.00000	0.21870	4i	4	1
O6	0.31430	0.50000	0.05390	4i	4	1
O7	0.3986	0.00000	0.4731	4i	4	1
O8	0.258	0.5	0.4267	4i	4	1

本书作者研究团队[65]也进一步证实 $Na_{0.33}V_2O_5$ 相($Na_{0.76}V_6O_{15}$)具有优越的循环稳定性。$Na_{0.76}V_6O_{15}$ 中[VO_6]八面体充当“立柱”，通过角共享的氧原子连接[V_6O_{15}]，在 Zn^{2+}的嵌入/脱嵌过程中无结构坍塌，表现出很好的可逆性。然而，NaV_3O_8 型层状结构的钒酸钠 $Na_5V_{12}O_{32}$($Na_{1.25}V_3O_8$)在放电过程中生成 $Zn_4V_2O_9$ 的新相，结构遭到破坏，如图 3-20 所示。我们认为，层状 NaV_3O_8 在层表面上具有与 V 原子单连接和三连接的 O 原子，而隧道型 β-$Na_{0.33}V_2O_5$ 只有单连接的 O 原子。与三连接的 O 原子相比，Na^+与单连接 O 原子的相互作用更强。因此，$Na_5V_{12}O_{32}$ 中部分与三连接的氧原子键合的 Na^+离子更容易被 Zn^{2+}取代，形成 $Zn_4V_2O_9$ 的新相。相较之下，$Na_{0.76}V_6O_{15}$ 中的 Na^+与单连接的 O 原子的键合起到了强有力的“支柱”作用，稳定了整个结构，使破坏更加困难。

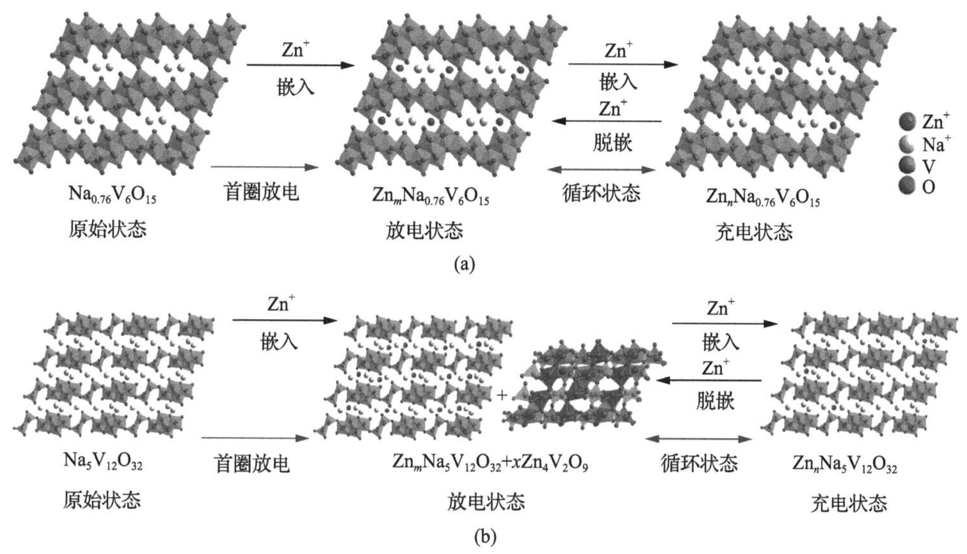

图 3-20　$Na_{0.76}V_6O_{15}$ 和 $Na_5V_{12}O_{32}$ 的储能机理示意图[65]

(a) $Na_{0.76}V_6O_{15}$；(b) $Na_5V_{12}O_{32}$

3.3.3　普鲁士蓝类似物

普鲁士蓝类似物 PBAs 具有良好的结构稳定性和开放的通道结构，且具有两电子氧化还原反应，是一类适合于离子可逆脱嵌的宿住材料[66]。主要有具有立方结构的普鲁士蓝(PB)，具有立方、三方、单斜结构的普鲁士白(PW)和具有立方结构的柏林绿(BG)。具有立方结构的普鲁士蓝类似物，在充放电过程中与普鲁士白和柏林绿之间存在着结构转换。$Na_xFe[Fe(CN)_6]$(FeFe-PB)是一种被广泛研究的具有优良电化学性能的普鲁士蓝类配位材料，具有面心立方晶格结构，空间群为 $Fm\bar{3}m$，晶胞参数：$a=b=c=15.39Å$。通常金属骨架主要由沿着空间三个方向的 $Fe^{Ⅱ}—C≡N-Fe^{3+}$配体组成，每个晶体学晶胞包括 8 个立方体，其活性位点能够容纳半径为 1.6Å 的离子，如图 3-21 所示。

以三方晶系的 $Na_{1.92}Fe_2(CN)_6$ 为正极、硬碳为负极的钠离子全电池随着倍率的增加没有明显的电压衰减[67]。FeFe-PB 在高电位时表现出一定的比容量，特别是当充电到 3.11V 和 3.30V 时及放电到 3.00V 和 3.29V 时，可以发现两对稳定的电压平台。同时结构数据表明，当钠原子脱出和再嵌入的同时伴随着结构从三方-立方-三方的可逆转变。

为了充分利用 PBAs 中的两电子氧化还原反应，研究者们尝试了许多策略。采用结构修饰构建稳定的表面层来保护体相结构是一种有效手段。通过简单的合成工艺可以制备一种高质量的 PBA 纳米晶 $Na_{0.61}Fe[Fe(CN)_6]_{0.94}$(HQ-NaFe)，晶体骨架中有少量的$[Fe(CN)_6]$空位，进一步为 Na^+和电子的转移提供充足的通道，

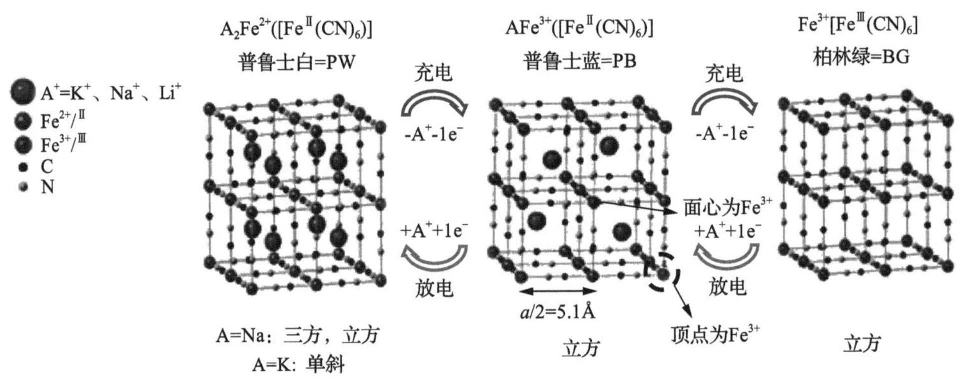

图 3-21　普鲁士蓝类化合物结构与充放电引起的构效关系变化[66]

有效维持了循环过程中晶体结构的完整性，并提升了材料的倍率性能[68]。引入碳是提高 PBAs 类材料电导率的另一种常用手段。Jiang 等[69]将一种均匀的 PBA 立方体嵌入导电碳基体中，保证了PBA晶体与碳之间的紧密接触，制备了$Na_{0.647}Fe[Fe(CN)_6]_{0.93}\square_{0.07}\cdot 2.6H_2O$(FeFe-PB@C) 复合材料。与裸露的样品相比，这种 FeFe-PB@C 复合材料表现出高达 120mA·h/g 的可逆容量、优异倍率性能(90C 时可获得 77.5mA·h/g 的容量)和突出的循环稳定性(在 20C 时循环 2000 次的容量保持率为 90%)。

在众多过渡金属离子的氧化还原对中，Mn^{3+}/Mn^{2+}可以部分取代 PBAs 晶格中的 Fe^{3+}/Fe^{2+}进而引入更高的氧化还原平台，这就衍生出另一类钠锰(II)铁氰化物(II)($Na_{2-\delta}$MnHFC)。Mn^{2+}和 Fe 与-CN 基团的不同原子配位，其中 Mn 配 N、Fe 配 C，铁离子处于低自旋态而锰离子处于高自旋态。目前，许多高质量的 PBAs 晶体都是通过水热法或控制缓慢的化学沉淀法在水溶液中合成的，在晶格或间隙水中会产生一定量的配位水，这在其长时间的循环过程中会产生一系列不利影响，例如，H_2O 分子占据间隙位置会抑制 Na^+的嵌入，水的分解会降低库仑效率和循环寿命。Song 等[70]试图通过干燥来解决这个问题，他们发现从 $Na_2MnFe(CN)_6\cdot zH_2O$ 的结构中去除间隙 H_2O 会生成一种新的脱水相，并表现出优异的电化学性能。当充放电倍率为 20C 时，半电池的放电比容量为 120mA·h/g。

在其他同类化合物 $Na_xMFe(CN)_6$(M =Co、Ni、Ti、Cu 等)中，M 离子是 CN 配体中 N 原子配位的 6 倍，而 Fe 离子与 CN 配体中 C 原子八面体相邻，构成具有较大空隙的三维空间聚合物骨架。客体离子 Na^+占据每个子立方体的中心间隙位置，典型的具有相似晶体结构的化合物如 $Na_2Co_3(Fe(CN)_6]_2$和 $Na_2Cu_3[Fe(CN)_6]_2$。其结构与 FeFe-PB 类似，它们同样拥有两个氧化还原位点(M、Fe)，所以作为钠离子电池正极材料具有 2 个 Na^+的存储容量、长循环寿命和高工作电压。通过镍和钴的取代，可以改善 PBAs 的循环稳定性和增加其工作电位，如图 3-22 所示[71]。

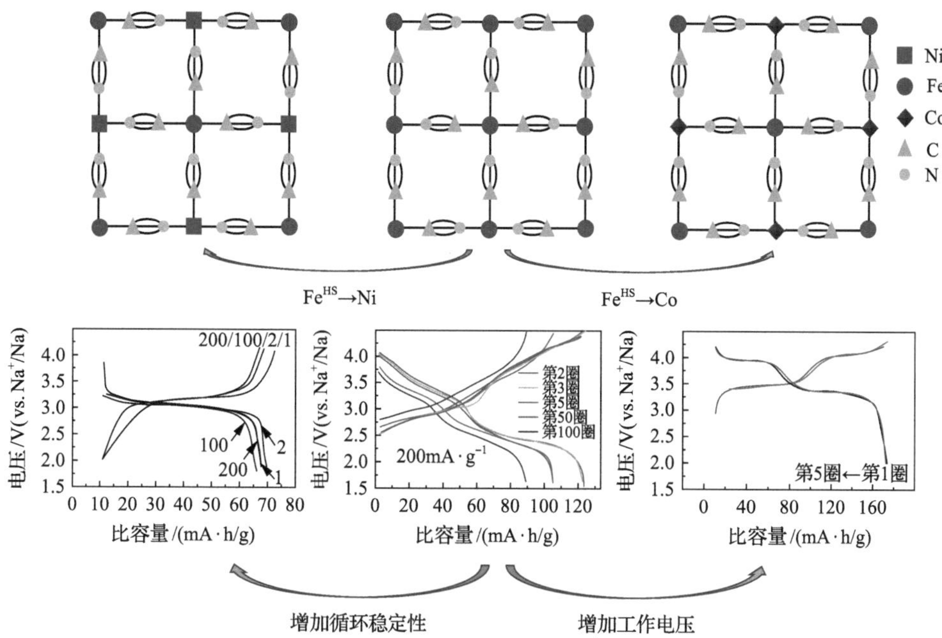

图 3-22　通过结构中高自旋位点的元素替代来改变普鲁士蓝的电化学性能[71]

尽管普鲁士蓝类似物已经表现出极具吸引力的性能，但目前仍存在较大的挑战。在循环过程中，容易形成空位从而导致电子导电性较低、且易发生骨架坍塌和引起晶格无序[68]。此外，此类材料在高温条件下的安全性也是在规模化应用之前必须考虑的重要问题。

3.4　骨架结构电极材料

骨架结构晶体化合物材料主要指晶体结构中阴阳离子之间，形成具有三维结构的配位多面体。结构中没有层状结构或通道结构单元，而是形成三维骨架结构。参与电化学作用的离子住宿在骨架空隙中，因此可以作为二次电池电极材料。典型的骨架结构电极材料有尖晶石型结构的 λ-MnO_2 及 LiM_2O_4(M=Mn、Ni 中的一种或多种)，橄榄石结构的 $LiMPO_4$(M = Fe、Mn、Co、Ni)，NASICON 结构的磷酸钒盐和氟磷酸盐、焦磷酸盐等，下面将予以介绍。

3.4.1　尖晶石型 λ-MnO_2

λ-MnO_2 是具有尖晶石型结构的骨架材料，空间群为 $Fd\bar{3}m$，其晶体结构如图 3-23 所示，该结构中氧离子以密堆积呈多面体结构，不同元素的原子互相作用，Mn 以[MnO_6]八面体结构形态存在。其通用的表达形式是 AMn_2O_4，A 常见的有

Li^+、Na^+、Zn^{2+}、Mn^{2+}、Mg^{2+}等，Mn 原子及 O 原子分别占据八面体的重要位置，即八面体中心(16d)位置和顶点(32e)的位置。$[MnO_6]$骨架中的四面体的主要位点 8a 被剩下的阳离子 A 占据，其余的八面体位点为空位，其晶格常数为：$a=b=c=8.097Å$, $\alpha=\beta=\gamma=90°$，其详细晶体结构的基本参数见表 3-12。四面体与八面体共面组成相互连通的三维离子迁移隧道。这种结构与前面讨论过的仅有一维隧道的 β-MnO_2 或 γ-MnO_2 和二维隧道层状 δ-MnO_2 相比，更有利于离子在晶体结构中的扩散。

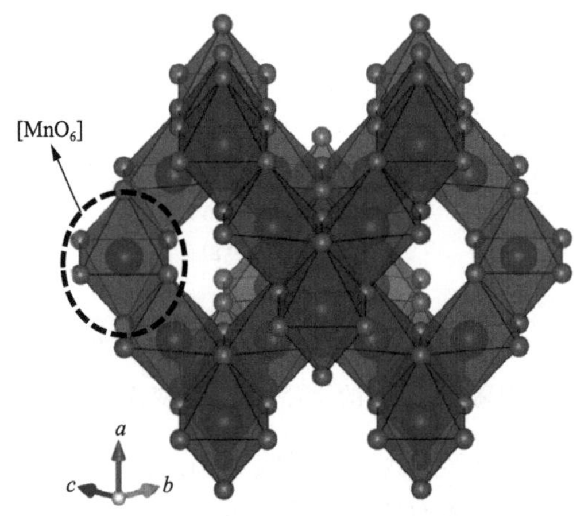

图 3-23　λ-MnO_2 的晶体结构示意图

O^{2-}处于 32e 位置，Mn^{3+}/Mn^{4+}处于 16d 位置

表 3-12　λ-MnO_2 晶体结构的基本参数

λ-MnO_2. 立方晶系；$Fd\bar{3}m$ 空间群

$a=b=c=8.097Å$

$\alpha=\beta=\gamma=90°$；$V=530.929Å^3$

原子种类	原子坐标			原子位置	占位数	占位比
	x	y	z			
Mn1	0.0000	0.0000	0.0000	16d	16	1
O1	0.2450	0.2450	0.2450	32e	32	1

这类材料作为水系锌离子电池正极材料而被广泛研究。在这之前，Knight 等[72]通过研究在尖晶石 $ZnMn_2O_4$ 中 Zn^{2+}的化学脱嵌发现，理想的尖晶石结构不适合 Zn^{2+}的嵌入，因为 Zn^{2+}与尖晶石结构之间存在较强的静电排斥作用。然而，Zhang 等[73]在 $ZnMn_2O_4$ 中引入了丰富的 Mn 空位，从而提升了 Zn^{2+}的扩散速率，实现了 Zn^{2+}在尖晶石结构中的可逆储存。在完美的尖晶石结构中，Zn^{2+}离子从一个四面体(4a)穿过一个空八面体(8c)迁移到另一个四面体，会与相邻八面体中的 Mn^{2+}与产生强烈的静电斥力[图 3-24(a)]。然而，富含 Mn 空位的尖晶石结构使得 Zn^{2+}的扩散

更容易，而没有太多的静电势垒[图 3-24(b)]。

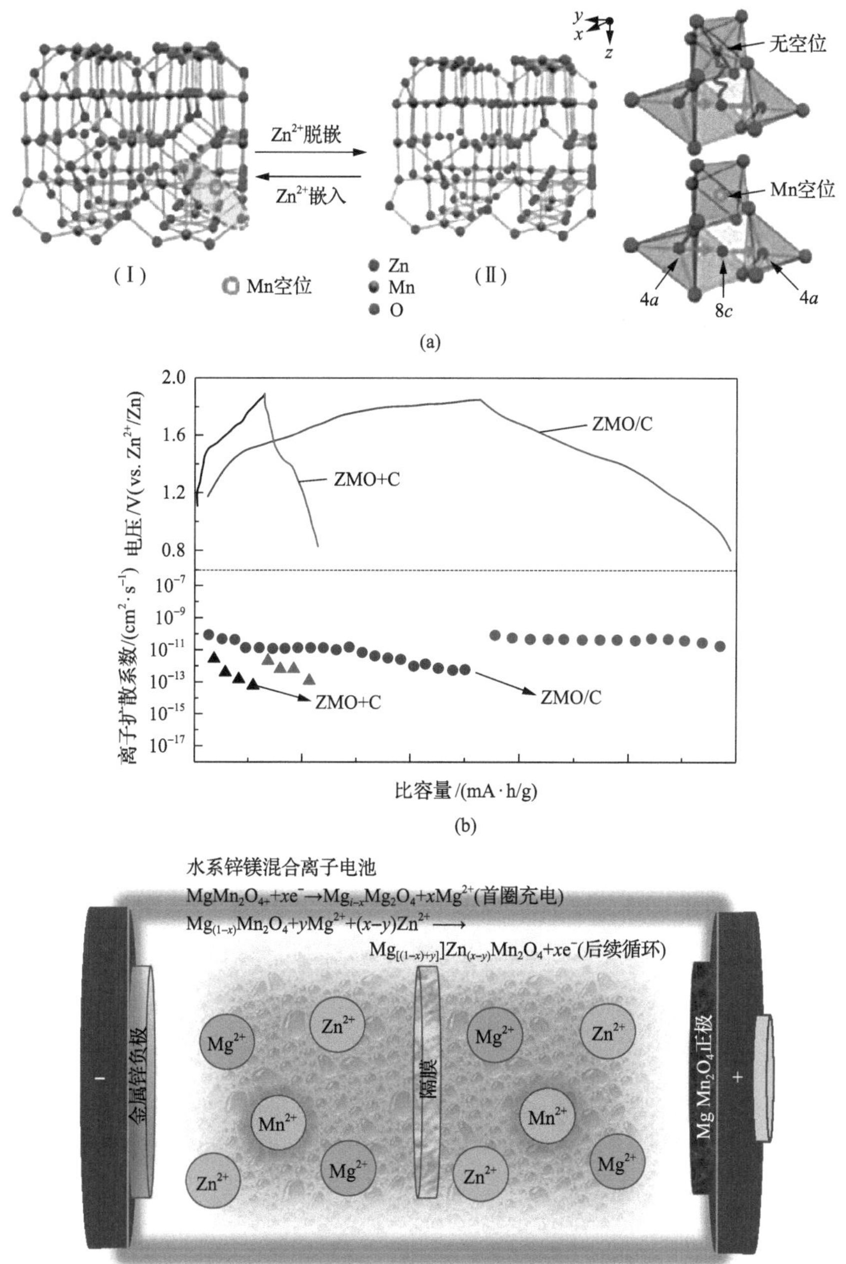

图 3-24 λ-MnO_2 的离子脱嵌机制与电化学特性

(a) 在完整和具有锰空位的 $ZnMn_2O_4$ 结构中 Zn^{2+} 离子的脱嵌示意图；(b) Zn^{2+} 离子的扩散系数[73]；(c) 电池与电化学反应示意图[74]

Soundharrajan 等[74]将尖晶石型 $MgMn_2O_4$ 作为水系锌离子电池正极材料，如图 3-24(c)所示。结果表明，在初始充电过程中，部分 Mg^{2+}从尖晶石中脱出，而在随后的循环中观察到 Zn^{2+}/Mg^{2+}在尖晶石结构中可逆地进行脱嵌。此外，具有尖晶石结构的 Mn_3O_4 也得到了研究[75]。

3.4.2 尖晶石型 LiM_2O_4

LiM_2O_4 类尖晶石型电极材料(M= Mn、Ni 中的一种或多种)，因其具有无毒、低成本、安全性好、循环稳定性优异和倍率性能良好等优点，故具有广阔的实际应用前景。

以最具代表性的 $LiMn_2O_4$ 立方尖晶石为例，其晶体结构空间群为 $Fd\bar{3}m$ 。如图 3-25 所示，在该结构中，O 离子为面心立方密堆积，占据晶格 32e 位置，Mn 原子占据八面体的中心(16d)位置，Li 离子占据四面体的中心(8a)位置，16c 位为空的八面体孔隙位，因此其结构式可表示为 $Li_{8a}[Mn_2]_{16d}[O_4]_{32e}$，其详细晶体结构的基本参数见表 3-13。在晶格中，四面体与八面体共面从而构成一个复杂的三维锂离子扩散通道，这种三维结构展现出一种相互交联的$[MnO_6]$八面体复杂隧道结构，隧道大小足够允许锂离子的嵌入与脱出。锂离子可以自由地通过 8a-16c-8a 的路径脱出和嵌入。

当 $LiMn_2O_4$ 用作锂离子的正极时，电压平台高，倍率性能优异，但实际比容量过低(约 125mA·h/g)，且循环过程中的容量衰减严重[76,77]。目前报道分析的其容量损失的原因主要有在高电位下电极材料与电解液发生反应、Jahn-Teller 畸变效应、$LiMn_2O_4$ 表面锰溶解等[78]。为了提高 $LiMn_2O_4$ 的稳定性，研究者通过用 Ni 取代 $LiMn_2O_4$ 中的部分 Mn 元素得到 $LiMn_{1.5}Ni_{0.5}O_2$。由于 Ni^{2+}转变成 Ni^{4+}具有 4.7V 的高氧化电势，所以 $LiMn_{1.5}Ni_{0.5}O_2$ 是一个较为理想的高电压正极材料[79]。此外，

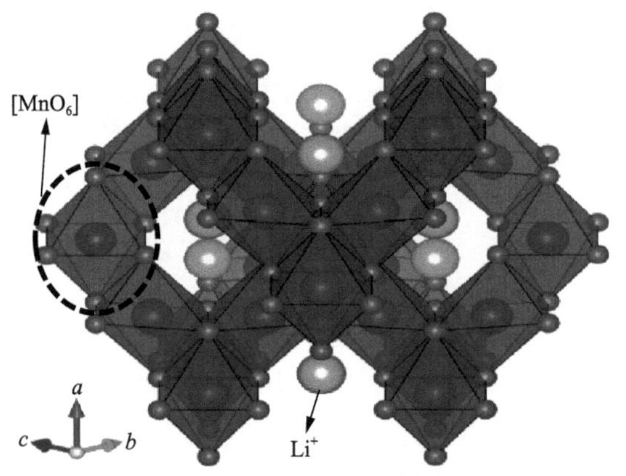

图 3-25 $LiMn_2O_4$ 的晶体结构示意图

O^{2-}处于 32e 位置，Mn^{3+}/Mn^{4+}处于 16d 位置，Li^+处于 8a 位置

表 3-13　$LiMn_2O_4$ 晶体结构的基本参数

$LiMn_2O_4$. 立方晶系；$Fd\bar{3}m$ 空间群
$a=b=c=8.24550Å$
$\alpha=\beta=\gamma=90°$；$V=560.5972Å^3$

原子种类	原子坐标			原子位置	占位数	占位比
	x	*y*	*z*			
Li1	0.12500	0.12500	0.12500	8a	8	1
Mn1	0.50000	0.50000	0.50000	16d	16	1
O1	0.26345	0.26345	0.26345	32e	32	1

Ni 的掺杂可以增加 Mn 元素的氧化态，从而有效抑制了 Jahn-Teller 畸变效应，使材料结构更加稳定。

3.4.3　橄榄石型 $LiMPO_4$

$LiMPO_4$ 类橄榄石结构(M = Fe、Mn、Co、Ni)电极材料被公认为是结构最稳定的锂离子电池正极材料[80]。其中，商业化程度最高的是 $LiFePO_4$，其晶体结构的基本参数见表 3-14。如图 3-26(a)所示，在 $LiFePO_4$ 的晶体结构中，$[FeO_6]$八面体和$[PO_4]$四面体交替连接形成沿 b 轴方向的“Z”字形结构，O 离子近似于六方紧密堆积，P 离子在 4c 位的氧四面体中，Fe 离子和 Li 离子分别在 4c 位和 4a 位的氧八面体中。Li^+离子在 4a 位形成共棱的连续直线链并平行于 *c* 轴，沿[010]方向形成通道，这样 Li^+具有一维可移动性，在充放电过程中可自由地脱出和嵌入[81]。

表 3-14　$LiFePO_4$ 晶体结构的基本参数

$LiFePO_4$. 正交晶系；*Pmnb* 空间群
$a=6.00400Å$；$b=10.32400Å$；$c=4.69530Å$
$\alpha=\beta=\gamma=90°$；$V=291.0396Å^3$

原子种类	原子坐标			原子位置	占位数	占位比
	x	*y*	*z*			
Li1	0.00000	0.00000	0.00000	4a	4	1
Fe1	0.25000	0.28170	0.97340	4c	4	1
P1	0.25000	0.09460	0.41600	4c	4	1
O1	0.25000	0.09620	0.74200	4c	4	1
O2	0.25000	0.45840	0.20200	4c	4	1
O3	0.04920	0.16660	0.28330	8d	8	1

$LiFePO_4$ 在充电过程中 Li^+离子可以完全脱出，转变为 $FePO_4$ 相，对应的理论比容量为 170mA·h/g，在 3.4V 左右有一个非常平稳的放电平台，表现出非常好的可逆性，如图 3-26(b)所示[82]。然而，由于 $LiFePO_4$ 结构中的聚阴离子 PO_4^{3-}将$[FeO_6]$

正八面体隔绝，使得其电子导电率低，为 10^{-9}～10^{-10}S/cm，且 O 的密排六方堆积排列导致 Li^{+}扩散速率慢，限制了 $LiFePO_4$ 的倍率性能，特别是对低温环境下的影响更为明显。目前，提高 $LiFePO_4$ 电化学性能的手段一般通过与碳材料复合以改善其导电性。对合成工艺进行优化，调整 $LiFePO_4$ 的颗粒尺寸、形貌、掺杂量等，可以在一定程度上改善其电导率和低温性能[83]。

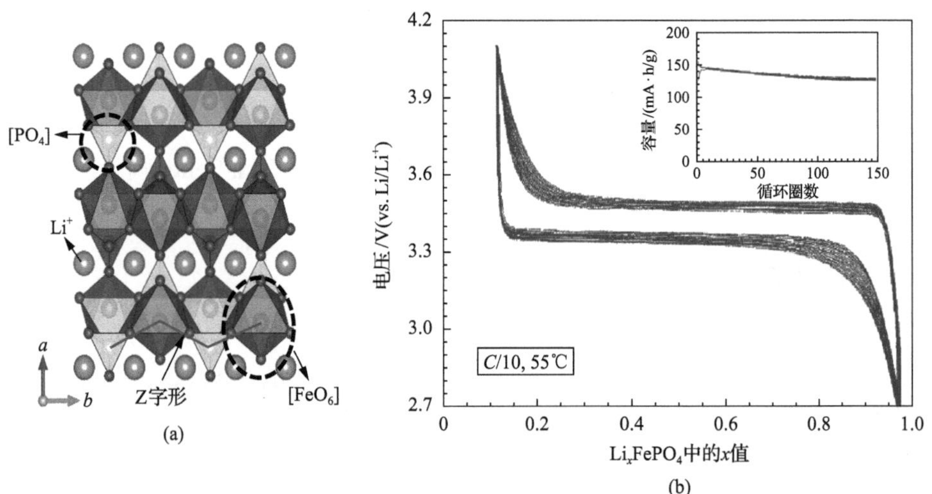

图 3-26　橄榄石结构 $LiFePO_4$ 的晶体结构与电化学特性

(a)晶体结构图；(b)充放电曲线图[82]

3.4.4　NASCION 结构化合物

NASICON 是钠超离子导体(Na^{+} superionic conductor)的简称，该类材料晶体相具有快速的钠离子传输通道和稳定的三维框架结构，在电极材料、固态电解质等领域被广泛研究。通常这种化合物以热力学稳定的菱方晶胞结构存在。下面以该类材料中的典型代表磷酸钒锂($Li_3V_2(PO_4)_3$)和磷酸钒钠($Na_3V_2(PO_4)_3$)为例讨论。

$Li_3V_2(PO_4)_3$具有菱形和单斜两种晶系，单斜晶系 $Li_3V_2(PO_4)_3$ 的电化学性能优于三方晶系，因此成为研究重点。单斜晶系的 $Li_3V_2(PO_4)_3$属于 $P2_1/n$ 空间群，其晶体结构的基本参数见表 3-15，其晶体结构如图 3-27(a)所示。$Li_3V_2(PO_4)_3$晶胞的三维骨架由共用氧原子顶点的[VO_6]八面体和[PO_4]四面体组成，交替形成一个三维网络结构，锂离子有 3 个晶体学位置，Li(1)占据四个氧原子围成的四面体，而 Li(2)和 Li(3)(靠近八面体)占据由不同键长的 Li-O 键组成的扭曲的四面体位置(五重位)。这种 NASCION 结构为锂离子的传输提供了三维扩散通道，锂离子在这种稳定的结构中可以向多个方向扩散[84]。$Li_3V_2(PO_4)_3$ 比橄榄石结构的 $LiFePO_4$有更高的锂离子扩散系数、电导率及低温性能。

表 3-15　$Li_3V_2(PO_4)_3$ 晶体结构的基本参数

$Li_3V_2(PO_4)_3$. 单斜晶系；$P2_1/n$ 空间群
a =8.60750Å；b = 12.04490Å；c = 8.59930Å
$\alpha=\beta$ =90°；γ = 90.5°；V = 891.5112Å^3

原子种类	原子坐标			原子位置	占位数	占位比
	x	y	z			
Li1	0.2598	0.3323	0.3075	4e	4	1
Li 2	0.9412	0.2554	0.2835	4e	4	1
Li 3	0.5488	0.2021	0.3813	4e	4	1
V1	0.257	0.1096	0.4607	4e	4	1
V2	0.7552	0.3919	0.4725	4e	4	1
P1	0.1003	0.1464	0.1099	4e	4	1
P2	0.6044	0.3512	0.1122	4e	4	1
P3	0.0275	0.4916	0.2379	4e	4	1
O1	0.4219	0.3268	0.0743	4e	4	1
O2	0.9295	0.1465	0.1143	4e	4	1
O3	0.3379	0.2759	0.4839	4e	4	1
O4	0.8158	0.2267	0.4932	4e	4	1
O5	0.6391	0.4805	0.0657	4e	4	1
O6	0.1744	0.0449	0.058	4e	4	1
O7	0.4502	0.0595	0.3424	4e	4	1
O8	0.9194	0.4089	0.3362	4e	4	1
O9	0.1815	0.4288	0.1665	4e	4	1
O10	0.6207	0.0759	0.1513	4e	4	1
O11	0.15	0.1976	0.2556	4e	4	1
O12	0.6431	0.3243	0.2847	4e	4	1

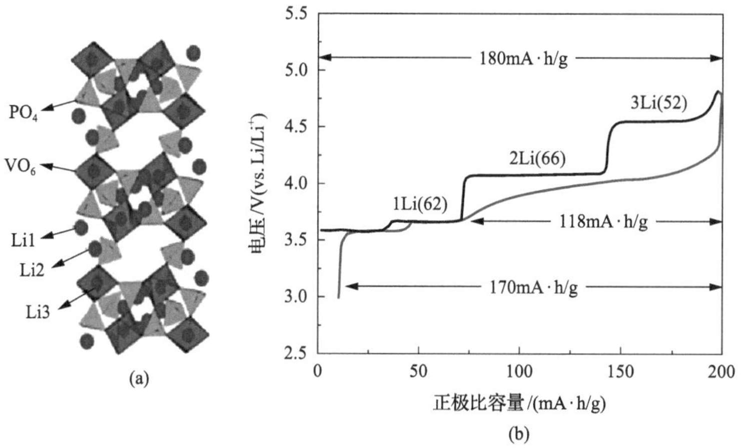

图 3-27　$Li_3V_2(PO_4)_3$ 的晶体结构与电化学特性

(a) $Li_3V_2(PO_4)_3$ 的晶体结构图；(b) $Li_3V_2(PO_4)_3$ 的充放电曲线[85]

如图 3-27(b)所示，当 $Li_3V_2(PO_4)_3$ 中 3 个 Li^+脱嵌时，对应的理论比容量为 197mA·h/g，但此时晶体结构的变化比较大，且不可逆。因此在实际应用中，$Li_3V_2(PO_4)_3$ 通常只脱嵌 2 个 Li^+，对应的理论容量为 133 mA·h/g。通过在 $Li_3V_2(PO_4)_3$ 晶体结构中掺杂 Ce、Al、Cr、Co、Fe、Mg 等离子，不仅在一定程度上提高了其充放电容量和电导率，还进一步提高了其倍率性能和循环稳定性，特别是在 3.0～4.5V 和 3.0～4.8V 高电压范围的性能[86]。

$Na_3V_2(PO_4)_3$ 是另一种很有代表性的 NASICON 结构材料，通常包括三方晶系 γ 相（$R\bar{3}c$）、单斜晶系 α 相（$C2/c$）及 β、β' 等过渡相，α-$Na_3V_2(PO_4)_3$ 为 Na^+有序相，而 γ-$Na_3V_2(PO_4)_3$ 为 Na^+无序相。在室温及以上条件下，γ-$Na_3V_2(PO_4)_3$ 为最稳定相，目前作为钠离子电池正极材料受到广泛的关注，其结构如图 3-28(a)所示。NASICON 结构中 $Na_3V_2(PO_4)_3$ 是由[VO_6]八面体和[PO_4]四面体组成共价骨架[$V_2P_3O_{12}$]，骨架之间形成了三维互连的隧道结构和两种钠离子分布间隙位置(M1 和 M2)，其中位于六配位位点(6b)的 Na(1)，在两个沿着 c 轴方向相邻八面体结构所形成的空隙中，而位于八配位位点(18e)的 Na(2)，位于沿 c 轴方向相邻的四

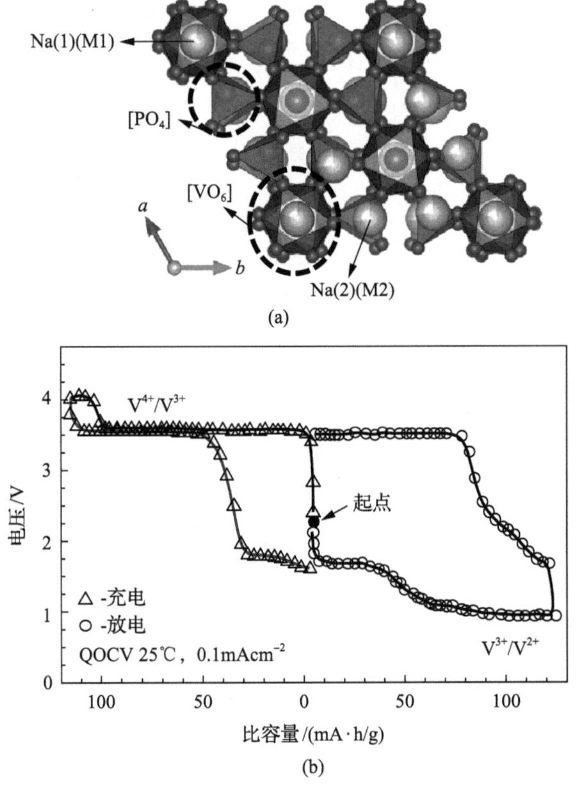

图 3-28　$Na_3V_2(PO_4)_3$ 的晶体结构与电化学特性

(a) $Na_3V_2(PO_4)_3$ 的晶体结构图；(b) $Na_3V_2(PO_4)_3$ || 1 M $NaClO_4$/PC || Na 电池在室温下的 QOCV 曲线[87]

面体$[PO_4]$结构中并与磷原子相平行的位置，每个$[V_2P_3O_{12}]$聚阴离子单元包含 1 个 Na(1)位和 3 个 Na(2)位，最多可容纳 4 个单价 Na^+离子或其他的碱金属离子。其晶体结构的基本参数如表 3-16 所示。在钠离子电池中，$Na_3V_2(PO_4)_3$基于 V^{4+}/V^{3+}和 V^{3+}/V^{2+}氧化还原对的工作电压分别为 3.4V 和 1.6V，如图 3-28(b)所示，因此 $Na_3V_2(PO_4)_3$ 既可以用作正极材料又可以用于负极材料，对应的理论容量分别为 118mA·h/g 和 50mA·h/g[87]。

表 3-16　$Na_3V_2(PO_4)_3$晶体结构的基本参数

$Na_3V_2(PO_4)_3$. 三方晶系；$R\bar{3}c$ 空间群
$a = b = 8.727338$ Å；$c = 21.810705$Å
$\alpha = \beta = 90°$; $\gamma = 120°$；$V = 1438.679Å^3$

原子种类	原子坐标			原子位置	占位数	占位比
	x	*y*	*z*			
Na1	0.333300	0.666700	0.166700	6b	6	0.805
Na2	0.666700	0.968176	0.083300	18e	18	0.731
V1	0.333300	0.666700	0.019252	12c	12	1
O1	0.142988	0.499319	0.077926	36f	36	1
O2	0.544009	0.845803	−0.026061	36f	36	1
P1	−0.042514	0.333300	0.083300	18e	18	1

为了解析 $Na_3V_2(PO_4)_3$结构中的离子扩散通道，Song 等[88]通过第一性原理计算研究了其离子迁移活化能。结果表明，$Na_3V_2(PO_4)_3$结构中沿着 x、y 方向的两条通道和另一条弯曲的迁移通道构成了其三维的离子输运路径。Jian 等[89]采用电化学原位 XRD 技术研究了 $Na_3V_2(PO_4)_3$中钠离子的脱嵌机制，随着钠离子的脱出，$Na_3V_2(PO_4)_3$的衍射峰逐渐变弱而 $NaV_2(PO_4)_3$的衍射峰逐渐增强，在嵌钠后 $Na_3V_2(PO_4)_3$的结构又能完全恢复，表明在 3.4V 处钠离子的脱出/嵌入是典型的两相反应机制，而 $Na_3V_2(PO_4)_3$和脱钠相之间的体积变化仅为 8.26%。他们还通过球差矫正环形明场相扫描电子显微技术(ABF-STEM)直接观察到了钠离子的脱出位置[90]，发现 $Na_3V_2(PO_4)_3$中的钠原子同时占据 M1 和 M2 位置，而 $NaV_2(PO_4)_3$中的钠原子只占据 M1 位置，说明只有 M2 位置的钠离子参与电化学的脱嵌反应。

3.4.5　氟磷酸盐和焦磷酸盐

引入电负性强的 F 元素，可以有效提高磷酸盐的工作电压，此外相比于磷酸根离子 F^-的尺寸更小，有可能获得更合理的空间结构，因此这类材料吸引了大量研究者的关注。

层状结构的 Na_2FePO_4F 是一种极具代表性的氟磷酸盐，它属于正交晶系，空间群为 *Pbcn*，其晶体结构的基本参数如表 3-17 所示。晶体结构如图 3-29 所示。Na_2FePO_4F 结构中，4 个 O 原子和 2 个 F 原子以 Fe 原子为配位中心形成八面体结构，两个$[FeO_4F_2]$通过(O—F—O)面相连形成$[Fe_2O_7F_2]$双八面体，沿 *c* 轴与$[PO_4]$四面体共 O 原子相连，沿 *a* 轴方向两个八面体通过共 F 原子顶点相连形成层状结构。Na^+占据两个晶体学位置，分别为 Na1、Na2，都位于$[FePO_4F]$层间间隙，拥有容易扩散的二维离子通道。这种材料的电子导电性和 Na^+的扩散能力都不好，一般通过“包碳”的方法改善其电化学性能[91]。

表 3-17　Na_2FePO_4F 晶体结构的基本参数

Na_2FePO_4F. 正交晶系；*Pbcn* 空间群
a =5.22000Å；b = 13.85400Å；c =11.77920Å
$\alpha=\beta=\gamma$ = 90°；V = 851.8467Å^3

原子种类	原子坐标			原子位置	占位数	占位比
	x	*y*	*z*			
Na1	0.26330	0.24460	0.32810	8d	8	1
Na2	0.23950	0.12490	0.08360	8d	8	1
Fe1	0.22750	0.0101	0.32610	8d	8	1
P1	0.20350	0.38100	0.08710	8d	8	1
O1	0.26630	0.38820	−0.03960	8d	8	1
O2	0.28460	0.28370	0.13300	8d	8	1
O3	−0.09050	0.39480	0.10270	8d	8	1
O4	0.33980	0.46360	0.15150	8d	8	1
F1	0.00000	0.12380	0.25000	4c	4	1
F2	0.50000	0.10090	0.25000	4c	4	1

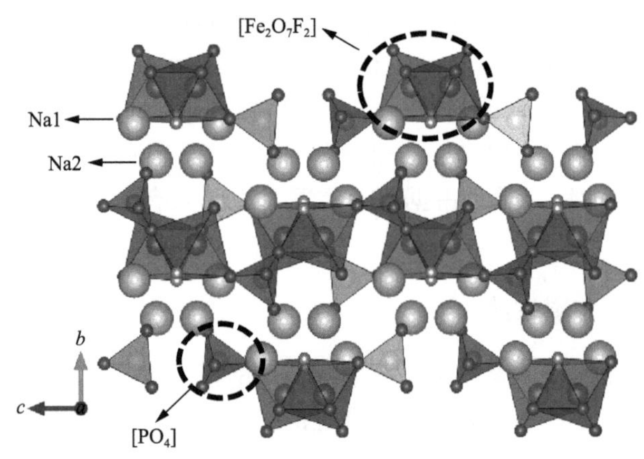

图 3-29　Na_2FePO_4F 的晶体结构示意图

通过 V 或 O 元素的掺杂，能得到性能更好的氟磷酸盐材料，如 $NaVPO_4F$、$Na_3V_2(PO_4)_2F_3$ 和 $Na_3(VO_{1-x}PO_4)_2F_{1+2x}(0\leqslant x<1)$。

$NaVPO_4F$ 可以分为单斜晶系的 *C2/c* 结构和四方晶系的 *I4/mmm* 结构。Barker 等率先报道了四方结构的 $NaVPO_4F$，但该材料的可逆容量仅为 82mA·h/g [92]。Jin 等通过静电纺丝的方法合成了 $NaVPO_4F$/C 的纳米纤维，其在 1C 和 50C 倍率电流下的容量分别为 126mA·h/g 和 61.2mA·h/g，并且循环 1000 次后的容量能保持 96.5%[93]。尽管目前有很多关于 $NaVPO_4F$ 的研究报道，但仍有研究者对 $NaVPO_4F$ 材料是否真实存在保持怀疑。

$Na_3V_2(PO_4)_2F_3$ 是另一种非常具有应用前景的氟磷酸盐，它用作钠离子电池正极材料的能量密度可以高达 500W·h/kg[94],其结构如图 3-30 所示。该结构空间群

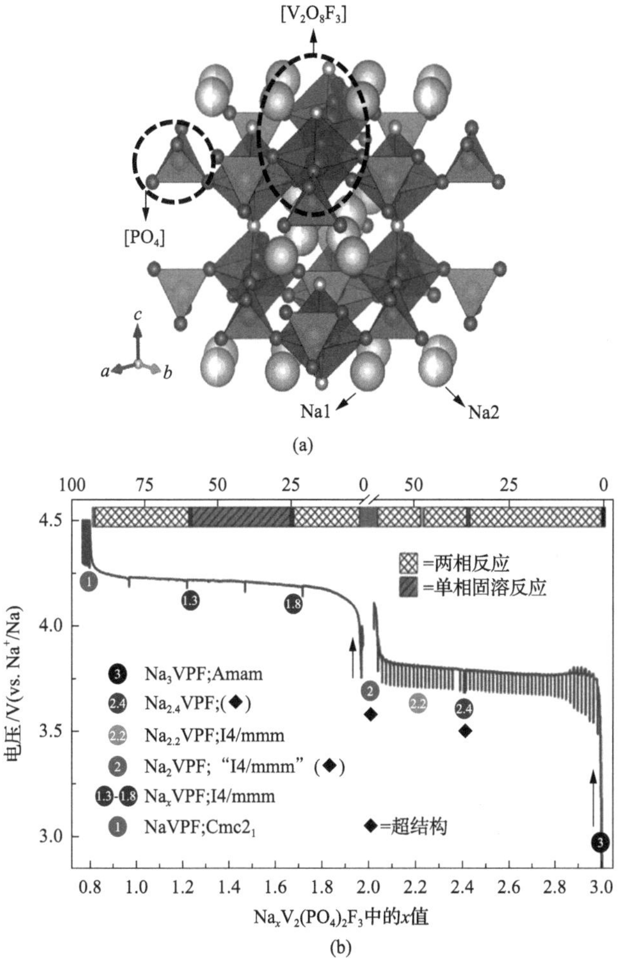

图 3-30　$Na_3V_2(PO_4)_2F_3$ 晶体结构与电压-成分曲线

(a) 晶体结构示意图；(b) Na^+脱嵌过程中的电压-成分曲线[95]

属于 $P4_2/mnm$，其晶体结构的基本参数如表 3-18 所示，其晶体结构由$[V_2O_8F_3]$双八面体与$[PO_4]$四面体间隔性地连接形成三维网状结构，八面体结构之间通过 F 原子沿着 c 轴方向相连，同时与$[PO_4]$四面体通过共顶点的 O 原子相连，从而构成了可供 Na^+沿 a 和 b 方向扩散的隧道结构。在这个开放的框架结构中，被完全占据的 Na 位点被命名为 Na1 位点，而被半占据的 Na 位点被命名为 Na2 位点，Na1∶Na2 的占据率为 2∶1。$Na_3V_2(PO_4)_2F_3$ 的理论容量为 128mA·h/g，对应于 2/3 的 Na^+脱嵌，这个过程涉及 3.7V 和 4.2V 两步电化学反应，如图 3-30(b) 所示[95]。相比于上述氟磷酸盐，O 掺杂的 $Na_3(VO_{1-x}PO_4)_2F_{1+2x}$ $(0\leqslant x<1)$ 除了具有高电压的特点，其 V 的价态更高且材料的极化更小。Guo 等报道了 $Na_3V_2(PO_4)_2O_2F$ 作为钠离子电池正极材料，比容量可达 127.8mA·h/g，平均电压为 3.8V，匹配 Sb 基负极组装的全电池在 1C 的倍率下其放电比容量可达 120mA·h/g，并呈现出优异的低温循环性能[96]。进一步，与商业石墨 MCMB 组装了混合锂/钠离子全电池，实现了高达 3.9V 的工作电压和 328W·h/kg（基于正负极的总质量）的高能量密度[97]。

表 3-18　$Na_3V_2(PO_4)_2F_3$ 晶体结构的基本参数

$Na_3V_2(PO_4)_2F_3$. 四方晶系；$P4_2/mnm$ 空间群
$a=b=9.047$Å；$c=10.705$Å
$\alpha=\beta=\gamma=90°$；$V=876.1851$Å^3

原子种类	原子坐标			原子位置	占位数	占位比
	x	y	z			
Na1	0.52340	0.22990	0.00000	8i	8	1
Na2	0.80300	0.05120	0.00000	8i	8	0.5
V1	0.24783	0.24783	0.18845	8j	8	1
P1	0.00000	0.50000	0.25000	4d	4	1
P2	0.00000	0.00000	0.25530	4e	4	1
O1	0.09690	0.40590	0.16290	16k	16	1
O2	0.09470	0.09470	0.16820	8j	8	1
O3	0.40310	0.40310	0.16050	8j	8	1
F1	0.24760	0.24760	0.00000	4f	4	1
F2	0.24660	0.24660	0.36420	8j	8	1

焦磷酸盐是一类很有潜力的钠离子电池正极材料，如 $NaMP_2O_7$(M=Ti、V、Fe)，$Na_2MP_2O_7$(M=Fe、Mn、Cu、Co)，$Na_{4-\alpha}M_{2+\alpha/2}(P_2O_7)_2$ $(2/3\leqslant\alpha\leqslant7/8$，M = Fe、Mn) 等。它们具有不同的晶体结构，包括三斜晶系（$P\overline{1}$ 空间群）、单斜晶系（$P2_1/c$ 空间群）和四方晶系（$P4_2/mnm$ 空间群）。

Ha 等[98]发现的非化学计量相 $Na_{4-x}Fe_{2+x/2}(P_2O_7)_2$ $(2/3\leqslant x\leqslant7/8)$ 与 $Na_2FeP_2O_7$ 具有相同的晶体结构，理论容量高达 117.4mA·h/g。$Na_{3.12}Fe_{2.44}(P_2O_7)_2$ 的晶体结构

属于三斜晶系 $P\bar{1}$空间群，晶胞参数分别为：a=6.424Å，b=9.44Å，c=10.981Å，α=64.77°，β=86.21°，γ=73.13°，其三维框架是由共角的 $Fe_2P_2O_{22}$ 和 $Fe_2P_4O_{20}$ 基本单元呈中心对称连接而成，每个基本单元包含两个 FeO_6 八面体和两个 P_2O_7 基团，如图 3-31 所示。Ha 等[98]发现 $Na_{3.12}Fe_{2.44}(P_2O_7)_2$ 正极材料的可逆容量约为 90mA·h/g，平均工作电位为 3.0 V (vs. Na^+/Na) 左右。Chen 等[99]采用原位同步辐射 XRD 技术和密度泛函理论计算揭示了 $Na_{3.32}Fe_{2.34}(P_2O_7)_2$ 中的离子存储机理，结果表明在钠离子的脱嵌过程中，$Na_{3.32}Fe_{2.34}(P_2O_7)_2$ 发生的是单相转变且其结构中具有一维的离子迁移路径。研究人员采用多种材料改性的策略对 $Na_{3.12}Fe_{2.44}(P_2O_7)_2$ 化合物的储钠性能进行研究，包括导电碳材料的包覆或复合、构筑三维多孔结构等。

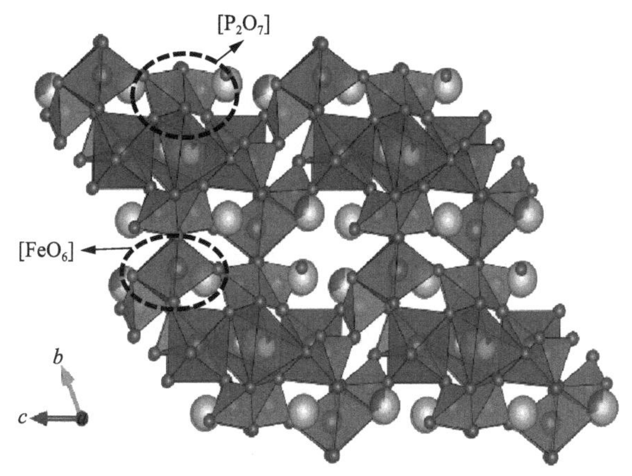

图 3-31　$Na_{3.12}Fe_{2.44}(P_2O_7)_2$ 的晶体结构示意图

3.5　本章小结

二次电池电极材料的体相结构主要有层状结构、通道结构和骨架结构，结构对电池的电化学本征性能有十分重要的影响，同时决定材料的储能机理、电化学特性的提升策略等。

目前，对锂离子电池电极材料的研究比较成熟，已出现了一系列商业化的材料，包括钴酸锂、锰酸锂、三元材料、磷酸铁锂、石墨等。当前对锂离子电池正极材料的研究主要集中在高能量密度、高工作电压、高安全等方向，如高镍三元材料、磷酸锰(镍)锂材料；而对于负极材料的研究主要集中在高比容量、长循环寿命等方向，如硅碳材料。

目前，虽然已有些企业和研究机构在对钠离子电池进行商业化尝试，但是技术成熟的电极材料仍然缺乏，目前最具有商业化前景的电极材料有钠基层状氧化物、磷酸钒钠、氟磷酸钒钠、硬碳材料等。其他二次电池，包括很有希望的水系锌离子电池等，在储能机理和电化学性能等方面仍然存在许多问题，对材料体系的研究也刚起步，电极材料离商业化程度还有一大段距离，需要加大力度来研究。

参 考 文 献

[1] Meng J, Guo H, Niu C, et al. Advances in structure and property optimizations of battery electrode materials[J]. Joule, 2017, 1(3): 522-547.

[2] Mizushima K, Jones P C, Wiseman P J, et al. Li_xCoO_2 ($0<x\leqslant 1$): A new cathode material for batteries of high energy density[J]. Mater Res Bull, 1980, 15(6): 783-789.

[3] Junji A, Yoshito G, Yoshinao O. Synthesis and structure refinement of $LiCoO_2$ single crystals[J]. J Solid State Chem, 1998, 141(1): 298-302.

[4] Liu Q, Su X, Lei D, et al. Approaching the capacity limit of lithium cobalt oxide in lithium ion batteries via lanthanum and aluminium doping[J]. Nat Energy, 2018, 3(11): 936-943.

[5] Qian J, Liu L, Yang J, et al. Electrochemical surface passivation of $LiCoO_2$ particles at ultrahigh voltage and its applications in lithium-based batteries[J]. Nat Commun, 2018, 9(1): 4918-4928.

[6] Zhang J N, Li Q, Ouyang C, et al. Trace doping of multiple elements enables stable battery cycling of $LiCoO_2$ at 4.6V [J]. Nat Energy, 2019, 4(7): 594-603.

[7] Mai L, Xu L, Hu B, et al. Improved cycling stability of nanostructured electrode materials enabled by prelithiation[J]. J Mater Res, 2011, 25(8): 1413-1420.

[8] Dahn J R, Sacken U Von, Juzkow M W. Rechargeable $LiNiO_2$/carbon cells[J]. J Electrochem Soc, 1991, 138(8): 2207.

[9] Dahn J. Structure and electrochemistry of $Li_{1\pm y}NiO_2$ and a new Li_2NiO_2 phase with the $Ni(OH)_2$ structure[J]. Solid State Ionics, 1990, 44(1-2): 87-97.

[10] Koyama Y, Tanaka I, Adachi H, et al. Crystal and electronic structures of superstructural $Li_{1-x}[Co_{1/3}Ni_{1/3}Mn_{1/3}]O_2$ ($0\leqslant x\leqslant 1$) [J]. J Power Sources, 2003, 119: 644-648.

[11] He P, Yu H, Li D, et al. Layered lithium transition metal oxide cathodes towards high energy lithium-ion batteries[J]. J Mater Chem, 2012, 22(9): 3680-3695.

[12] Mao Y W, Wang X L, Xia S H, et al. High-voltage charging-induced strain, heterogeneity, and micro-cracks in secondary particles of a nickel-rich layered cathode material[J]. Adv Funct Mater, 2019, 29(18): 1900247.

[13] Xu J, Hu E, Nordlund D, et al. Understanding the degradation mechanism of lithium nickel oxide cathodes for Li-ion batteries[J]. ACS Appl Mater Inter, 2016, 8(46): 31677-31683.

[14] Yabuuchi N, Komaba S. Recent research progress on iron- and manganese-based positive electrode materials for rechargeable sodium batteries[J]. Sci Technol Adv Mat, 2014, 15(4): 043501-043529.

[15] Clement R J, Billaud J, Armstrong A R, et al. Structurally stable Mg-doped P2-$Na_{2/3}Mn_{1-y}Mg_yO_2$ sodium-ion battery cathodes with high rate performance: insights from electrochemical, NMR and diffraction studies[J]. Energy Environ Sci, 2016, 9(10): 3240-3251.

[16] Zhang J L, Wang W H, Wang W, et al. Comprehensive review of P2-type $Na_{2/3}Ni_{1/3}Mn_{2/3}O_2$, a potential cathode for practical application of Na-ion batteries[J]. ACS Appl Mater Inter, 2019, 11(25): 22051-22066.

[17] Zhao W W, Kirie H, Tanaka A, et al. Synthesis of metal ion substituted P2-$Na_{2/3}Ni_{1/3}Mn_{2/3}O_2$ cathode material with enhanced performance for Na ion batteries[J]. Mater Lett, 2014, 135: 131-134.

[18] Hasa I, Passerini S, Hassoun J. Toward high energy density cathode materials for sodium-ion batteries: investigating the beneficial effect of aluminum doping on the P2-type structure[J]. J Mater Chem A, 2017, 5(9): 4467-4477.

[19] Han M H, Gonzalo E, Casas-Cabanas M, et al. Structural evolution and electrochemistry of monoclinic $NaNiO_2$ upon the first cycling process[J]. J Power Sources, 2014, 258: 266-271.

[20] Komaba S, Yabuuchi N, Nakayama T, et al. Study on the reversible electrode reaction of $Na_{1-x}Ni_{0.5}Mn_{0.5}O_2$ for a rechargeable sodium-ion battery[J]. Inorg Chem, 2012, 51(11): 6211-6220.

[21] Wang P F, Yao H R, Liu X Y, et al. Ti-substituted $NaNi_{0.5}Mn_{0.5-x}Ti_xO_2$ cathodes with reversible O3-P3 phase transition for high-performance sodium-ion batteries[J]. Adv Mater, 2017, 29(19): 1700210.

[22] 梁叔全, 潘安强, 刘军, 等. 锂离子电池纳米钒基正极材料的研究进展[J]. 中国有色金属学报, 2011, 21(10): 2448-2464.

[23] Whittingham M S. The role of ternary phases in cathode reactions[J]. J Electrochem Soc, 1976, 123(3): 315-320.

[24] Delmas C, Cognac-Auradou H, Cocciantelli J M, et al. The $Li_xV_2O_5$ system: An overview of the structure modifications induced by the lithium intercalation[J]. Solid State Ionics, 1994, 69(3-4): 257-264.

[25] Tang Y, Sun D, Wang H, et al. Synthesis and electrochemical properties of NaV_3O_8 nanoflakes as high-performance cathode for Li-ion battery[J]. Rsc Adv, 2014, 4(16): 8328-8334.

[26] Tao X, Wang K, Wang H, et al. Controllable synthesis and in situ TEM study of lithiation mechanism of high performance NaV_3O_8 cathodes[J]. J Mater Chem A, 2015, 3(6): 3044-3050.

[27] Cao L, Chen L, Huang Z, et al. NaV308 Nanoplates as a Lithium-lon-Battery Cathode with Superior Rate Capability and Cycle Stability[J]. ChemElectroChem, 2016, 3(1): 122-129.

[28] He H, Jin G, Wang H, et al. Annealed NaV_3O_8 nanowires with good cycling stability as a novel cathode for Na-ion batteries[J]. J Mater Chem A, 2014, 2(10): 3563-3570.

[29] Alfaruqi M H, Mathew V, Song J, et al. Electrochemical zinc intercalation in lithium vanadium oxide: a high-capacity zinc-ion battery cathode[J]. Chem Mater, 2017, 29(4): 1684-1694.

[30] Zou L, Kang F, Zheng Y P, et al. Modified natural flake graphite with high cycle performance as anode material in lithium ion batteries[J]. Electrochim Acta, 2009, 54(15): 3930-3934.

[31] 马啸啸. 由农田废弃物制备炭基锂离子电池负极材料性能研究[D]. 兰州: 兰州理工大学, 2017.

[32] 张伶俐. 石墨烯及过渡金属氧化物在锂/钠离子电池负极材料中的应用[D]. 南宁: 广西大学, 2018.

[33] Geim A K, Novoselov K S. The rise of graphene[J]. Nat Mater, 2007, 6(3): 183-191.

[34] Yan Y, Yin Y X, Guo Y G, et al. A sandwich-like hierarchically porous carbon/graphene composite as a high-performance anode material for sodium-ion batteries[J]. Adv Energy Mater, 2014, 4(8): 1301584.

[35] 邱珅, 曹余良, 艾新平, 等. 不同类型碳结构的储钠反应机理分析[J]. 中国科学:化学, 2017, 47(5): 573-578.

[36] Komaba S, Murata W, Ishikawa T, et al. Electrochemical Na insertion and solid electrolyte interphase for hard - carbon electrodes and application to Na - ion batteries[J]. Adv Funct Mater, 2011, 21(20): 3859-3867.

[37] Qiu S, Xiao L, Sushko M L, et al. Manipulating adsorption-insertion mechanisms in nanostructured carbon materials for high-efficiency sodium ion storage[J]. Adv Energy Mater, 2017, 7(17):1700403.

[38] Cao Y, Xiao L, Sushko M L, et al. Sodium ion insertion in hollow carbon nanowires for battery applications[J]. Nano Lett, 2012, 12(7): 3783-3787.

[39] 孟朔. 金属氧化物/碳钠离子电池复合负极材料的制备与电化学性能研究. 北京: 北京化工大学, 2018.

[40] An Y, Fei H, Zeng G, et al. Green, scalable, and controllable fabrication of nanoporous silicon from commercial alloy precursors for high-energy lithium-ion batteries[J]. ACS Nano, 2018, 12(5): 4993-5002.

[41] Huang S, Zhang L, Liu L, et al. Rationally engineered amorphous $TiO_x/Si/TiO_x$ nanomembrane as an anode material

for high energy lithium ion battery[J]. Energy Storage Mater, 2018, 12: 23-29.

[42] Wang D, Gao M, Pan H, et al. High performance amorphous-Si@SiO_x/C composite anode materials for Li-ion batteries derived from ball-milling and in situ carbonization[J]. J Power Sources, 2014, 256: 190-199.

[43] Wang W, Favors Z, Li C, et al. Silicon and carbon nanocomposite spheres with enhanced electrochemical performance for full cell lithium ion batteries[J]. Sci Rep, 2017, 7(1): 44838-44846.

[44] Kim S K, Kim H, Chang H, et al. One-step formation of silicon-graphene composites from silicon sludge waste and graphene oxide via aerosol process for lithium ion batteries[J]. Sci Rep, 2016, 6(1): 33688-33695.

[45] Xu C, Li B, Du H, et al. Energetic zinc ion chemistry: the rechargeable zinc ion battery[J]. Angew Chemie, 2012, 51(4): 933-935.

[46] Pan H L, Shao Y Y, Yan P F, et al. Reversible aqueous zinc/manganese oxide energy storage from conversion reactions[J]. Nat Energy, 2016, 1(5): 16039-16045.

[47] Liu B, Sun Y, Liu L, et al. Advances in manganese-based oxides cathodic electrocatalysts for Li-air batteries[J]. Adv Funct Mater, 2018, 28(15): 1704973.

[48] Lee B, Lee H R, Kim H, et al. Elucidating the intercalation mechanism of zinc ions into alpha-MnO_2 for rechargeable zinc batteries[J]. Chem Commun, 2015, 51(45): 9265-9268.

[49] Wu B, Zhang G, Yan M, et al. Graphene scroll-coated alpha-MnO_2 nanowires as high-performance cathode materials for aqueous Zn-ion battery[J]. Small, 2018, 14(13): 1703850-1703857.

[50] Cui J, Wu X, Yang S, et al. Cryptomelane-type KMn_8O_{16} as potential cathode material-for aqueous zinc ion battery [J]. Front Chem, 2018, 6: 352-359.

[51] Fang G, Zhu C, Chen M, et al. Suppressing manganese dissolution in potassium manganate with rich oxygen defects engaged high-energy-density and durable aqueous zinc-ion battery[J]. Adv Funct Mater, 2019, 29(15): 1808375.

[52] Wei C G, Xu C J, Li B H, et al. Preparation and characterization of manganese dioxides with nano-sized tunnel structures for zinc ion storage[J]. J Phys Chem Solids, 2012, 73(12): 1487-1491.

[53] Islam S, Alfaruqi M H, Mathew V, et al. Facile synthesis and the exploration of the zinc storage mechanism of β-MnO_2 nanorods with exposed (101) planes as a novel cathode material for high performance eco-friendly zinc-ion batteries[J]. J Mater Chem A, 2017, 5(44): 23299-23309.

[54] Zhang N, Cheng F, Liu J, et al. Rechargeable aqueous zinc-manganese dioxide batteries with high energy and power densities[J]. Nat Commun, 2017, 8(1): 405-413.

[55] Alfaruqi M H, Mathew V, Gim J, et al. Electrochemically induced structural transformation in a γ-MnO_2 cathode of a high capacity zinc-ion battery system[J]. Chem Mater, 2015, 27(10): 3609-3620.

[56] Zhang D, Shi W J, Yan Y W, et al. Fast and scalable synthesis of durable $Na_{0.44}MnO_2$ cathode material via an oxalate precursor method for Na-ion batteries[J]. Electrochim Acta, 2017, 258: 1035-1043.

[57] He X, Wang J, Qiu B, et al. Durable high-rate capability $Na_{0.44}MnO_2$ cathode material for sodium-ion batteries[J]. Nano Energy, 2016, 27: 602-610.

[58] Hosono E, Saito T, Hoshino J, et al. High power Na-ion rechargeable battery with single-crystalline $Na_{0.44}MnO_2$ nanowire electrode[J]. J Power Sources, 2012, 217: 43-46.

[59] Liu Q, Hu Z, Chen M, et al. Multiangular rod-shaped $Na_{0.44}MnO_2$ as cathode materials with high rate and long life for sodium-ion batteries[J]. ACS Appl Mater Inter, 2017, 9(4): 3644-3652.

[60] Baddour-Hadjean R, Bach S, Emery N, et al. The peculiar structural behaviour of beta-$Na_{0.33}V_2O_5$ upon electrochemical lithium insertion[J]. J Mater Chem, 2011, 21(30): 11296-11305.

[61] Fang G, Zhou J, Hu Y, et al. Facile synthesis of potassium vanadate cathode material with superior cycling stability

for lithium ion batteries[J]. J Power Sources, 2015, 275: 694-701.

[62] Liang S, Yu Y, Chen T, et al. Facile synthesis of rod-like $Ag_{0.33}V_2O_5$ crystallites with enhanced cyclic stability for lithium batteries[J]. Mater Lett, 2013, 109: 92-95.

[63] Zhou J, Liang Q, Pan A, et al. The general synthesis of Ag nanoparticles anchored on silver vanadium oxides: Towards high performance cathodes for lithium-ion batteries[J]. J Mater Chem A, 2014, 2(29): 11029-11034.

[64] He P, Zhang G, Liao X, et al. Sodium ion stabilized vanadium oxide nanowire cathode for high-performance zinc-ion batteries[J]. Adv Energy Mater, 2018, 8(10): 1702463.

[65] Guo X, Fang G, Zhang W, et al. Mechanistic insights of Zn^{2+} storage in sodium vanadates[J]. Adv Energy Mater, 2018, 8(27): 1801819.

[66] Piernas Muñoz M J, Castillo Martínez E. Prussian Blue and Its Nalogues: Structure, Characterization and Applications In Prussian Blue Based Batteries[M]. Springer International Publishing: Characterization and Applications, 2018: 9-22.

[67] Wang L, Song J, Qiao R, et al. Rhombohedral prussian white as cathode for rechargeable sodium-ion batteries[J]. J Am Chem Soc, 2015, 137(7): 2548-2554.

[68] You Y, Wu X L, Yin Y X, et al. High-quality prussian blue crystals as superior cathode materials for room-temperature sodium-ion batteries[J]. Energy Environ Sci, 2014, 7(5): 1643-1647.

[69] Jiang Y Z, Yu S L, Wang B Q, et al. Prussian blue@C composite as an ultrahigh-rate and long-life sodium-ion battery cathode[J]. Adv Funct Mater, 2016, 26(29): 5315-5321.

[70] Song J, Wang L, Lu Y, et al. Removal of interstitial H_2O in hexacyanometallates for a superior cathode of a sodium-ion battery[J]. J Am Chem Soc, 2015, 137(7): 2658-2664.

[71] Wang B, Han Y, Wang X, et al. Prussian blue analogs for rechargeable batteries[J]. Science, 2018, 3: 110-133.

[72] Knight J C, Therese S, Manthiram A. Chemical extraction of Zn from $ZnMn_2O_4$-based spinels[J]. J Mater Chem A, 2015, 3(42): 21077-21082.

[73] Zhang N, Cheng F, Liu Y, et al. Cation-deficient spinel $ZnMn_2O_4$ cathode in $Zn(CF_3SO_3)_2$ electrolyte for rechargeable aqueous Zn-ion battery[J]. J Am Chem Soc, 2016, 138(39): 12894-12901.

[74] Soundharrajan V, Sambandam B, Kim S, et al. Aqueous magnesium zinc hybrid battery: An advanced high-voltage and high-energy $MgMn_2O_4$ cathode[J]. Acs Energy Lett, 2018, 3(8): 1998-2004.

[75] Hao J W, Mou J, Zhang J W, et al. Electrochemically induced spinel-layered phase transition of Mn_3O_4 in high performance neutral aqueous rechargeable zinc battery[J]. Electrochim Acta, 2018, 259: 170-178.

[76] Hosono E, Kudo T, Honma I, et al. Synthesis of single crystalline spinel $LiMn_2O_4$ nanowires for a lithium ion battery with high power density[J]. Nano Lett, 2009, 9(3): 1045-1051.

[77] Lee S, Cho Y, Song H K, et al. Carbon-coated single-crystal $LiMn_2O_4$ nanoparticle clusters as cathode material for high-energy and high-power lithium-ion batteries[J]. Angew Chem Int Edit, 2012, 51(35): 8748-8752.

[78] Tang D, Sun Y, Yang Z, et al. Surface structure evolution of $LiMn_2O_4$ cathode material upon charge/discharge[J]. Chem Mater, 2014, 26(11): 3535-3543.

[79] Liu G Q, Wen L, Liu Y M. Spinel $LiNi_{0.5}Mn_{1.5}O_4$ and its derivatives as cathodes for high-voltage Li-ion batteries[J]. J Solid State Electrochem, 2010, 14(12): 2191-2202.

[80] Chen R, Zhao T, Zhang X, et al. Advanced cathode materials for lithium-ion batteries using nanoarchitectonics[J]. Nanoscale Horiz, 2016, 1(6): 423-444.

[81] Andersson A S, Kalska B, Haggstrom L, et al. Lithium extraction/insertion in $LiFePO_4$: An X-ray diffraction and Mossbauer spectroscopy study[J]. Solid State Ionics, 2000, 130(1-2): 41-52.

[82] Tarascon J M, Armand M. Issues and challenges facing rechargeable lithium batteries[J]. Nature, 2001, 414(6861): 359-367.

[83] Yu F, Zhang L L, Li Y C, et al. Mechanism studies of $LiFePO_4$ cathode material: lithiation/delithiation process, electrochemical modification and synthetic reaction[J]. Rsc Adv, 2014, 4(97): 54576-54602.

[84] Fu P, Zhao Y, Dong Y, et al. Synthesis of $Li_3V_2(PO_4)_3$ with high performance by optimized solid-state synthesis routine[J]. J Power Sources, 2006, 162(1): 651-657.

[85] Saïdi M Y, Barker J, Huang H, et al. Performance characteristics of lithium vanadium phosphate as a cathode material for lithium-ion batteries[J]. J Power Sources, 2003, 119: 266-272.

[86] Dang J, Xiang F, Gu N, et al. Synthesis and electrochemical performance characterization of Ce-doped $Li_3V_2(PO_4)_3$/C as cathode materials for lithium-ion batteries[J]. J Power Sources, 2013, 243: 33-39.

[87] Plashnitsa L S, Kobayashi E, Noguchi Y, et al. Performance of NASICON symmetric cell with ionic liquid electrolyte[J]. J Electrochem Soc, 2010, 157(4): A536-A543.

[88] Song W X, Ji X B, Wu Z P, et al. First exploration of Na-ion migration pathways in the NASICON structure $Na_3V_2(PO_4)_3$[J]. J Mater Chem A, 2014, 2(15): 5358-5362.

[89] Jian Z, Han W, Lu X, et al. Superior electrochemical performance and storage mechanism of $Na_3V_2(PO_4)_3$ cathode for room-temperature sodium-ion batteries[J]. Adv Energy Mater, 2013, 3(2): 156-160.

[90] Jian Z, Yuan C, Han W, et al. Atomic structure and kinetics of NASICON $Na_xV_2(PO_4)_3$ cathode for sodium-ion batteries[J]. Adv Funct Mater, 2014, 24(27): 4265-4272.

[91] Zhang J, Zhou X, Wang Y, et al. Highly electrochemically-reversible mesoporous Na_2FePO_4 F/C as cathode material for high-performance sodium-ion batteries[J]. Small, 2019, 15(46): 1903723.

[92] Barker J, Saidi M Y, Swoyer J L. A sodium-ion cell based on the fluorophosphate compound $NaVPO_4F$[J]. Electrochem Solid State Lett, 2003, 6(1): A1-A4.

[93] Jin T, Liu Y C, Jiao L, et al. Electrospun $NaVPO_4F$/C nanofibers as self-standing cathode material for ultralong cycle life Na-ion batteries[J]. Adv Energy Mater, 2017, 7(15): 1700087.

[94] Bianchini M, Xiao P, Wang Y, et al. Additional sodium insertion into polyanionic cathodes for higher-energy Na-ion batteries[J]. Adv Energy Mater, 2017, 7(18): 1700514.

[95] Bianchini M, Fauth F, Brisset N, et al. Comprehensive investigation of the $Na_3V_2(PO_4)_2F_3$-$NaV_2(PO_4)_2F_3$ system by operando high resolution synchrotron X-ray diffraction[J]. Chem Mater, 2015, 27(8): 3009-3020.

[96] Guo J Z, Wang P F, Wu X L, et al. High-energy/power and low-temperature cathode for sodium-ion batteries: In situ XRD study and superior full-cell performance[J]. Adv Mater, 2017, 29(33): 1701968.

[97] Guo J Z, Yang Y, Liu D S, et al. A practicable Li/Na-ion hybrid full battery assembled by a high-voltage cathode and commercial graphite anode: superior energy storage performance and working mechanism[J]. Adv Energy Mater, 2018, 8(10): 1702504.

[98] Ha K H, Woo S H, Mok D, et al. $Na_{4-\alpha}M_{2+\alpha/2}(P_2O_7)_2$ $(2/3\leqslant\alpha\leqslant7/8$, M =Fe、$Fe_{0.5}Mn_{0.5}$、Mn): A promising sodiumion cathode for Na-ion batteries[J]. Adv Energy Mater, 2013, 3(6): 770-776.

[99] Chen M, Chou S, Dou S, et al. Carbon-coated $Na_{3.32}Fe_{2.34}(P_2O_7)_2$ cathode material for high-rate and long-life sodium-ion batteries[J]. Adv Mater, 2017, 29(21): 1605535.

第 4 章　电极材料微纳结构调控原理

4.1　引　　言

人们对更高性能的二次电池的追求，始终伴随着解决新电极材料结构不稳定和安全风险高的问题。电极材料在充放电的过程中，易出现材料结构受损、体积膨胀、裂纹生成、颗粒脱落等问题，从而导致电池容量衰减和性能下降[1]。针对电极材料存在的问题，研究者在电极材料微纳结构调控方面进行了大量的研究，主要包括体相结构调控、体相复合、形貌调控、表界面包覆等几个方面，如图 4-1 所示。

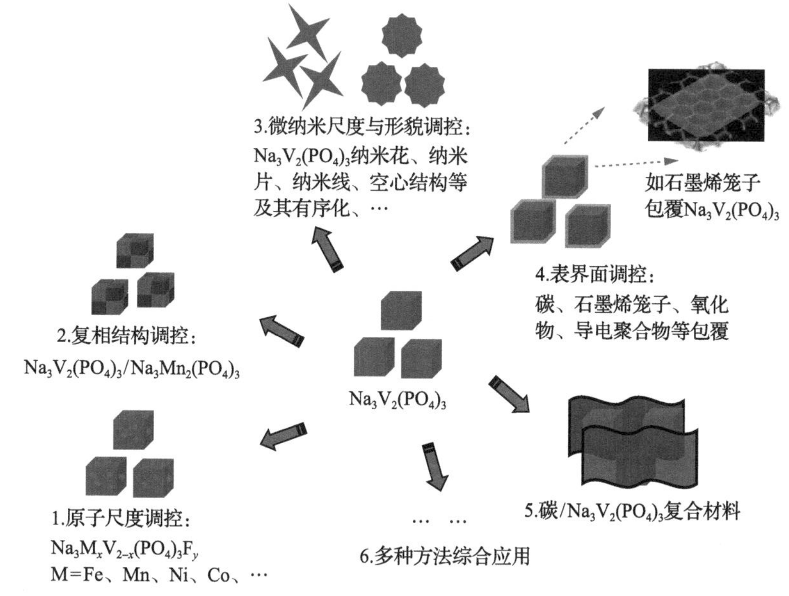

图 4-1　电极材料微结构调控的主要方法(以磷酸钒钠为例)

体相结构调控是指对材料本征结构的改造修饰，以获得结构更加稳定、离子扩散更快的电极材料，包括原子尺度调控和复相结构调控。形貌调控是通过调整材料的颗粒尺寸、形貌、设计多级结构等手段，在抑制电极材料的体积膨胀、改善材料颗粒间的接触与提高电子电导率、扩大电解液的渗透等方面，进一步改善电极材料的电化学性能。此外，电极材料表面一般较为活泼，具有极高的反应活性，极易与电解液发生副反应，进而造成过渡金属离子的溶出、电解液的消耗乃至氧气的释放[2]。一方面导致电极材料的失效，另一方面可能导致热失控乃至爆炸(特别在使用有机电解液时)等安全隐患，因此，电极材料表界面包覆也尤为重要。实际上，为了获得更优性能的电极材料，通常需要在不同层面上采取多种调控手段协同实施。

4.2 电极材料体相结构的调控

体相结构调控主要包括离子掺杂(如阳离子掺杂、阴离子掺杂、聚阴离子掺杂、表面晶格修饰等)、空位调控(如金属阳离子空位、阴离子空位等)、复相结构构筑(如具有不同结构的相复合、具有不同性质的相复合等)等，如图 4-2 所示。

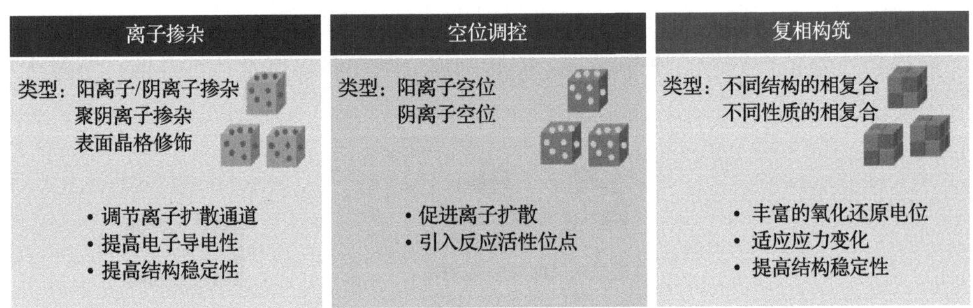

图 4-2 体相结构设计的类型及其优点

4.2.1 离子掺杂与电极材料

在电极材料的本体结构中引入掺杂离子是调节离子扩散通道、提高电子导电性、提高结构稳定性等的一种简单有效的方法。这部分主体在第 3 章中已做过分析研究，下面将再做一些补充介绍。

图 4-3 是我国部分研究人员为致敬 2019 年诺贝尔化学奖得主 John B. Goodenough 教授而制作的致敬徽章。图案以 Goodenough 教授发现的重要层状 $LiCoO_2$ 正极材料结构为主。由图可以理解：离子掺杂乃至于空位调控都是在原子尺度上对电极材料的结构进行改造，以提升其电化学的综合性能。主要包括：增加层间距离、改造通道层的结构、改善通道层的电场、磁场环境，从而为 Li^+离子的嵌入或脱出创造更有利条件。当然，这些改变也会反映到对固体电极材料电子结构的影响。

典型离子掺杂的例子有在 V_2O_5 中嵌入碱金属离子，Liang 等通过一步水热法实现了 Li^+在含水五氧化二钒($V_2O_5 \cdot nH_2O$)结构的层间嵌入，制备出一种用于水系锌离子电池的 $Li_xV_2O_5 \cdot nH_2O$ 正极材料[3]，有效扩宽了材料的层间距，解决了传统 V_2O_5 基正极材料作为水系锌离子电池正极在充放电过程中离子扩散缓慢、材料结构不稳定等瓶颈问题[3]。结构改性对综合电化学性能的影响，如图 4-4 所示。

图 4-3　致敬 Goodenough 教授荣获 2019 年诺贝尔化学奖的徽章

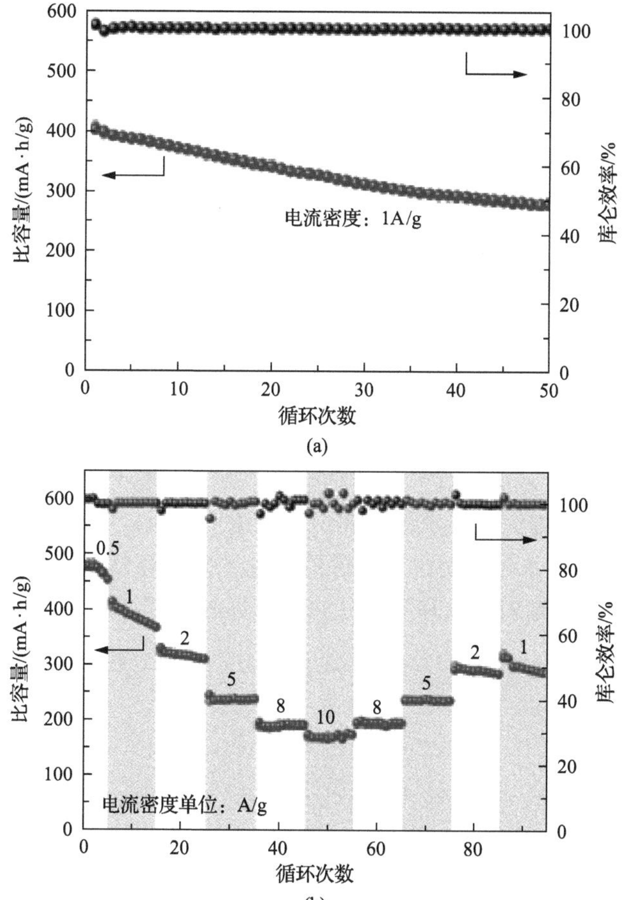

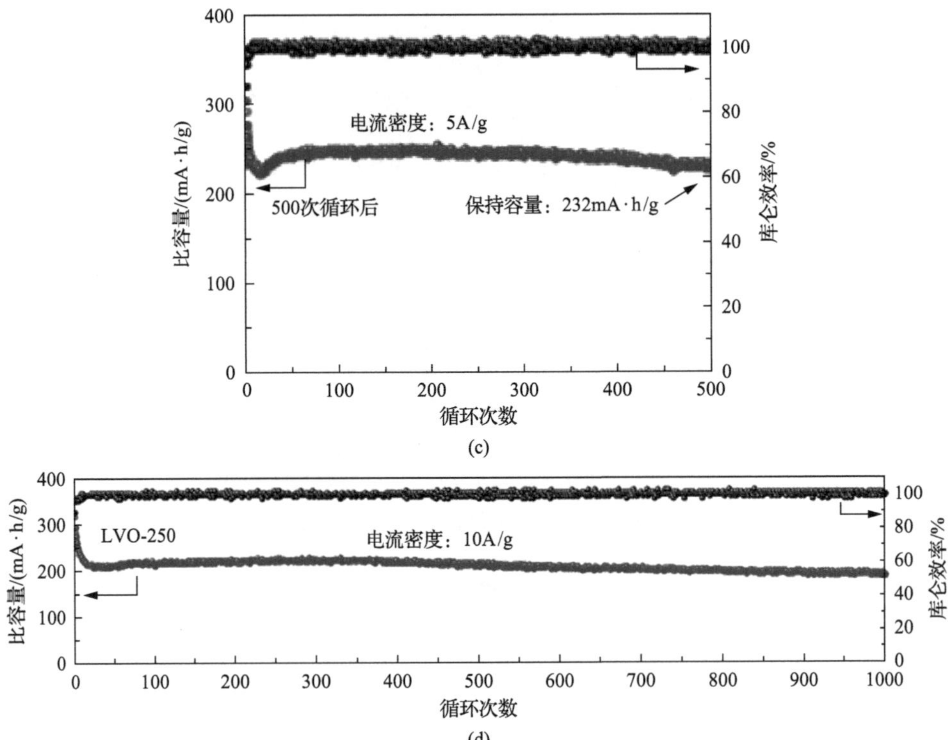

图 4-4　$Li_xV_2O_5 \cdot nH_2O$ 电极材料的电化学性能[3]

(a)、(c)循环性能；(b)倍率性能；(d)长循环性能

另外，离子掺杂也能抑制锰氧化物在循环过程中的晶格氧析出和结构不稳定，能够有效提高该类材料的结构稳定性，改善其循环性能。Yuan 等通过调节 α-MnO_2 中的 K^+含量，发现 K^+的存在会扩大 α-MnO_2 的隧道状通道，如图 4-5(a)所示[4]。第一性原理计算表明，纯的 α-MnO_2 具有约 2.8eV 的带隙，表现出明显的半导体性质(图 4-5(b))，而 α-MnO_2 隧道中存在的 K^+离子会极大地缩小带隙，增加材料的电子导电性，提高锂离子的扩散速率。因此，$K_{0.25}MnO_2$ 具有较高的倍率性能(图 4-5(c))。Li 等报道了一种通过加入含硼聚阴离子来提高富锂层状锰氧化物电化学性能的方法[5]。同步辐射实验和第一性原理计算的研究结果表明，

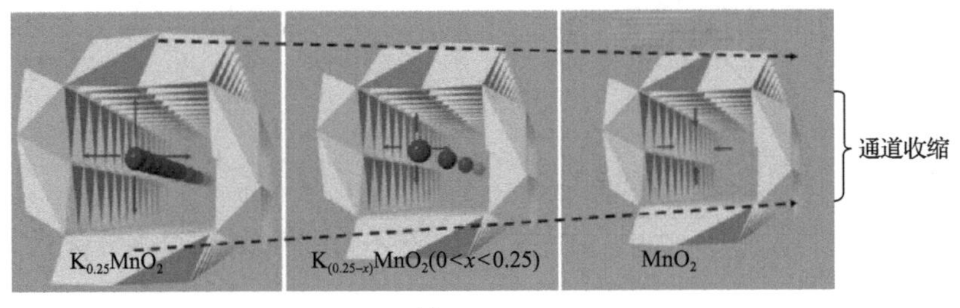

(a)

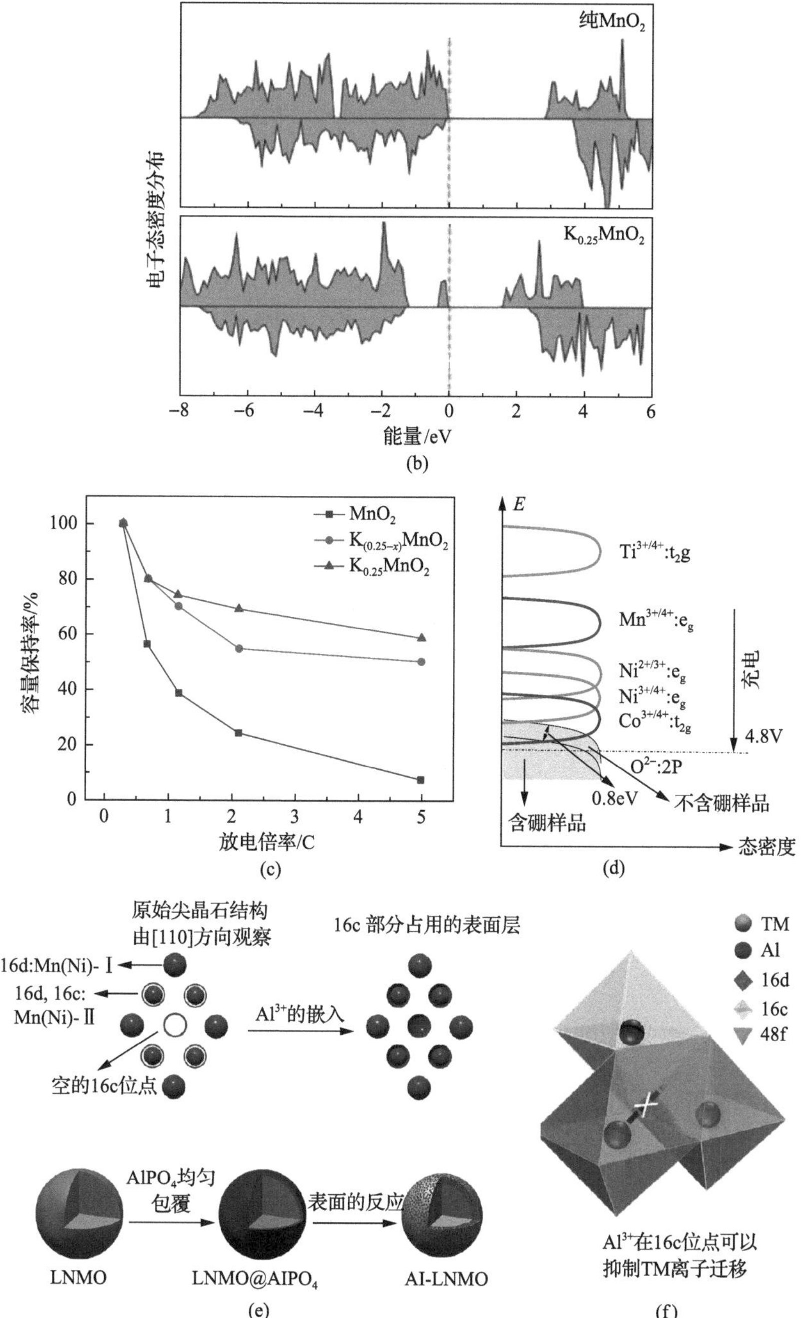

图 4-5　富钾(锂)锰氧化物离子掺杂改性[4, 5, 8]

(a)不同 K^+含量 α-MnO_2 的隧道孔径；(b) $K_{0.25}MnO_2$ 和纯 α-MnO_2 费米能级区域附近的电子态密度；(c)不同 K^+含量 α-MnO_2 的倍率性能；(d)富锂层状锰氧化物中含硼聚阴离子取代前后电荷补偿机理示意图；(e) Al-$LiNi_{0.5}Mn_{1.5}O_4$ 合成示意图；(f) Al^{3+}占据空 16c 八面体位点可以阻止附近过渡金属离子的迁移

硼原子的引入可以有效降低 Mn-O 键的共价性，同时使 O 2*p* 能带顶的位置下降了约 0.8eV（图 4-5（d））。这两个因素都可以减轻循环过程中 O 2*p* 能带的变化，从而稳定材料的结构[6, 7]。

对电极材料表面进行离子掺杂同样能起到稳定结构的作用。Cao 等对高电压不稳定的 $LiNi_{0.5}Mn_{1.5}O_4$（LNMO）正极材料进行了表面相调控。先通过表面氧化物包覆，再经过高温固相反应，让特定的金属离子（如 Al^{3+}、Zn^{2+}）进入 LNMO 表面形成保护层（图 4-5（e））[8, 9]。该方法实现了对高电压材料表面相的精确调控，提升了材料的稳定性同时又避免了其容量牺牲。研究表明，在固相反应时，Al^{3+}等离子进入 LNMO 表面结构的空八面体位点（晶体结构标识 16c 位点），理论计算证明 Al^{3+}在 16c 八面体位点，这对材料稳定性是有利的。因为在尖晶石结构中，过渡金属离子可以通过中间氧四面体在相邻的八面体间转移（晶体结构标识 16d 位点）；在充电时 Li^+从尖晶石结构中的脱出，此时过渡金属离子便可以从 16d 八面体转移到 16c 八面体，造成过渡金属离子溶出。而 Al^{3+}在 16c 八面体位点占据了过渡金属离子的溶出通道，从而有效抑制了过渡金属离子的溶出（图 4-5（f）），实现了表面的稳定及电化学性能的提升。

4.2.2 空位调控与电极材料

从第 2 章关于离子的扩散过程分析中已经看到，离子在迁移过程中会受到材料本体结构的限制，特别是在一些电化学活性低的材料中，缓慢的离子迁移使材料容量和倍率性能的表现不乐观。因此，如果在离子迁移途径中预置一些离子空位，离子的迁移过程将变得比较容易进行。也就是说，可以通过阳离子、阴离子缺陷调控手段，促进离子扩散并引入反应活性位点，从而使材料获得优异的电化学性能。

Koketsu 等发现将嵌 Li^+活性很高的锐钛矿（TiO_2）应用在多离子电池时的活性并不高[10]。基于密度泛函理论的第一性原理计算表明，多价阳离子（Mg^{2+}、Al^{3+}）在结构完整的锐钛矿中的嵌入热力学驱动力小于 Li^+（图 4-6（a））。然而，当在锐钛矿中引入 Ti 空位时，多价阳离子嵌入能的变化要大于 Li^+嵌入能的变化。从热力学角度来看，这些 Ti 空位不仅有利于锂离子的嵌入，而且更有利于多价阳离子的嵌入。该研究通过在电极材料中引入阳离子空位，为离子的嵌入提供了存储位点，提高了材料的电化学活性，为实际高性能电池材料的设计提供了一种新的策略。

在理想的尖晶石结构中，晶格与 Zn^{2+}间具有强的静电排斥力，因此不适合 Zn^{2+}的嵌入[11]。Chen 等研究发现，在尖晶石型 $ZnMn_2O_4$ 中引入丰富的 Mn 缺陷可以极大地促进 Zn^{2+}的扩散，将该材料用作水系锌离子电池正极材料时表现出优异的倍率性能[12]。这是因为在完整的 $ZnMn_2O_4$ 结构中，Zn^{2+}从一个四面体位置（晶体结构标识 4a 位点）穿过一个未占据的八面体位置（晶体结构标识 8c 位点）迁移到一

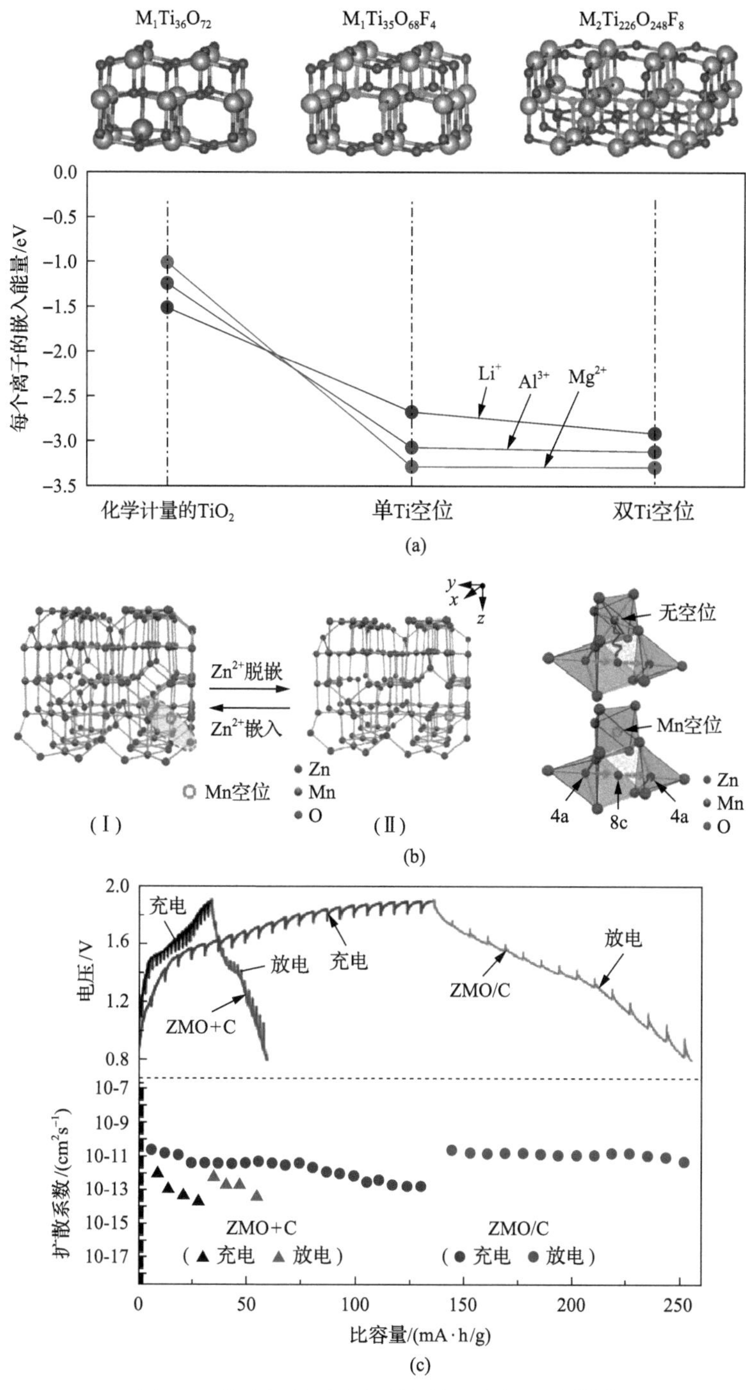

图 4-6　缺陷调控对电极材料结构性能影响[10,14]

(a) 第一性原理计算锐钛矿 TiO_2 和 F 掺杂 TiO_2 中 Li^+、Mg^{2+}、Al^{3+}的嵌入能；(b) 在完整和具有锰空位的 $ZnMn_2O_4$ 结构中；Zn^{2+}的脱嵌示意图；(c) ZMO/C 和 ZMO+C 的充放电曲线和 Zn^{2+}的扩散系数

个 4a 四面体位置，会与相邻的 8d 八面体位置中的 Mn 阳离子产生强烈的静电斥力（图 4-6（b））。而在富含 Mn 空位的 $ZnMn_2O_4$/C（ZMO/C）中因没有静电势垒，Zn^{2+} 的扩散更容易，其扩散系数要高于完整结构（图 4-6（c））。

在各种离子空位类型中，由于晶格中氧离子缺失形成的氧缺陷也是研究比较广泛的一类。氧空位不仅可以提高金属氧化物的电子导电性，还可以作为电化学反应中的活性位点[12]。Zeng 等[13]通过磷化处理成功制备了一种富含氧空位的超薄 P-$NiCo_2O_{4-x}$ 纳米片，并用作碱性锌离子电池的正极材料。得益于电子导电性的提高和活性位点浓度的增加，优化后的 P-$NiCo_2O_{4-x}$ 纳米片电极在 6.0A/g 下释放出 309.2mA · h/g 的放电比容量，并获得 60.4A/g 的超高倍率性能（容量保持率为 64%）。

4.2.3　复相结构构筑与电极材料调控

各种电极材料在电化学性能上都有其固有的特性。因此，协同不同结构的优势，构筑新型的复相电极材料是开发高性能电池材料的一种重要途径。材料在复合过程中会形成新的界面，而这些新的界面有可能成为离子或电子的快速迁移通道。

众所周知，$LiFePO_4$ 是锂离子电池重要的正极材料，但由于其离子电导和电子电导性差和离子扩散速率低的固有缺陷，故其导电性和低温性能较差，这些缺陷都极大地限制了其在高功率动力电池方面的应用[15]。为克服这些缺点，有研究表明，通过与快离子导体结构的 $Li_3V_2(PO_4)_3$ 复合可以有效改善其电化学性能[16]。图 4-7 表征了该复合材料的结构信息和电化学性能。复合材料是由 $LiFePO_4$ 和 $Li_3V_2(PO_4)_3$ 以 8 : 1 的比例组成，如图 4-7（a）所示。从 CV 曲线可以看出，两种相都参与到化学反应中，其中位于 3.60V、3.69V 和 4.10V 左右的充电平台对应于 Li^+从 $Li_3V_2(PO_4)_3$ 晶格中脱出的电位，而位于 3.54V 的长充电平台则对应 Li^+从 $LiFePO_4$ 晶体中脱出的电位（图 4-7（b））。复合相中的 $Li_3V_2(PO_4)_3$ 结构拥有开放的三维框架，有利于提升锂离子的扩散速率[17]。此外，钒和铁阳离子在体相结构中交互掺杂，可以有效提升材料的电化学性能。因此，该复合材料表现出优异的长循环稳定性，如图 4-7（c）所示。

O3 型（$NaMO_2$）和 P2 型（Na_xMO_2）层状材料因容量高是目前研究最广泛的钠离子电池正极材料[18]。在 P2 型层状结构中，Na^+可以在具有低扩散势垒的两个面共享的三棱柱位置之间直接迁移。然而，当充电到高压时，钠层中 Na^+的过度脱出会导致结构破坏。相比之下，O3 型层状结构具有良好的循环稳定性，但 O3 型层状结构中的间隙四面体位置限制了 Na^+的扩散。为了将这两个优势结合起来，Zhou 等开发了一种整合 P2 和 O3 结构的层状复合材料（$Na_{0.66}Li_{0.18}Mn_{0.71}Ni_{0.21}Co_{0.08}O_{2+\delta}$，即 P2+O3 NaLiMNC 复合材料），它在钠离子电池中表现出优异

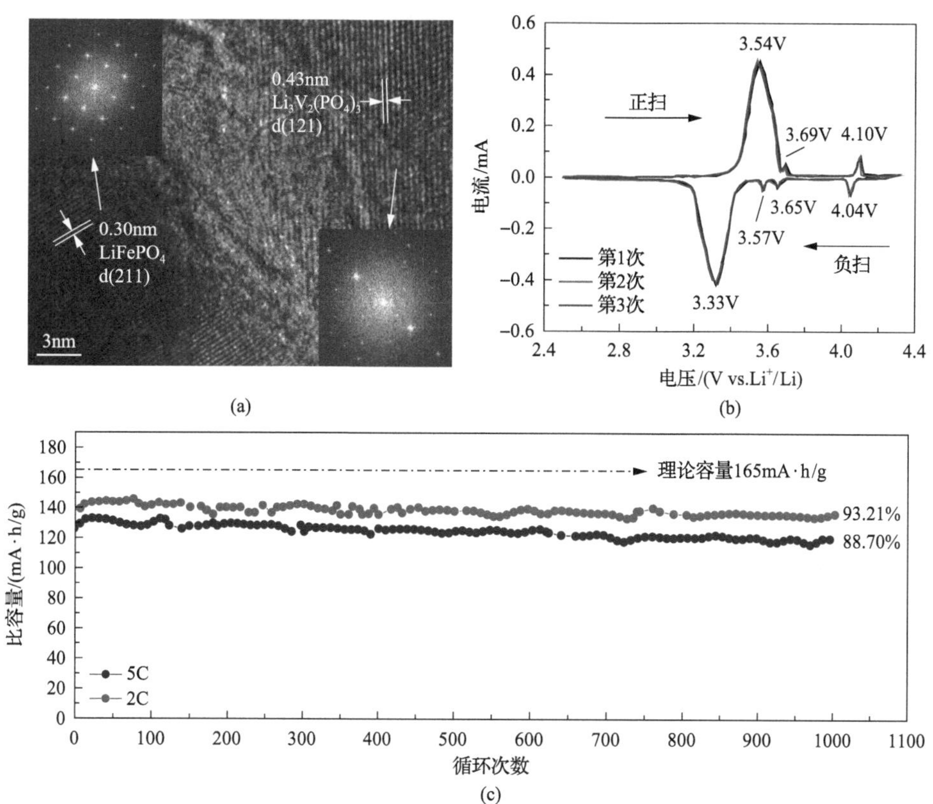

图 4-7　8$LiFePO_4$·$Li_3V_2(PO_4)_3$/C 复合材料的 TEM 图片与电化学特性[5]

(a) TEM 图片；(b) CV 曲线；(c) 长循环性能

的性能[19]。如图 4-8(a)所示，采用原子分辨率球差校正技术分析了 P2+O3 NaLiMNC 复合材料的详细局部结构，证明了 P2 相和 O3 相在复合材料中共存。具有良好离子扩散 P2 相和结构稳定 O3 相的 P2+O3 NaLiMNC 复合材料具有良好的储钠性能，能释放出 640W·h/kg 的能量密度，并在 150 次循环后具有良好的容量保持率。将具有高容量但结构稳定性差、结构稳定但容量偏低的材料进行有机组合，充分利用复相结构的协同效应，从而获得优异的电化学性能。

V_2O_5 具有较高的理论容量，但是其倍率性能和循环稳定性差[20]；许多钒酸盐，如 NaV_6O_{15}、$K_{0.25}V_2O_5$ 等的循环稳定性好，但放电容量相对较低[21]。利用这一点，Niu 等通过一步水热法合成 V_2O_5/NaV_6O_{15} 的分级复相结构[22]。该结构由 V_2O_5 纳米片作为主干，NaV_6O_{15} 纳米纺锤体作为枝链。在充放电过程中，枝链的 NaV_6O_{15} 有助于降低锂离子嵌入/脱出过程中的势垒，缓冲了晶体结构的变化；主干 V_2O_5 有利于增加充放电容量，抑制支链 NaV_6O_{15} 的聚集，维持三维结构的稳定性。同时，V_2O_5/NaV_6O_{15} 复相结构集成了二者丰富的氧化还原电位，可以在充放电过程中有效地适应应力的变化，因此获得高的放电比容量和长循环寿命(图 4-8(b))。

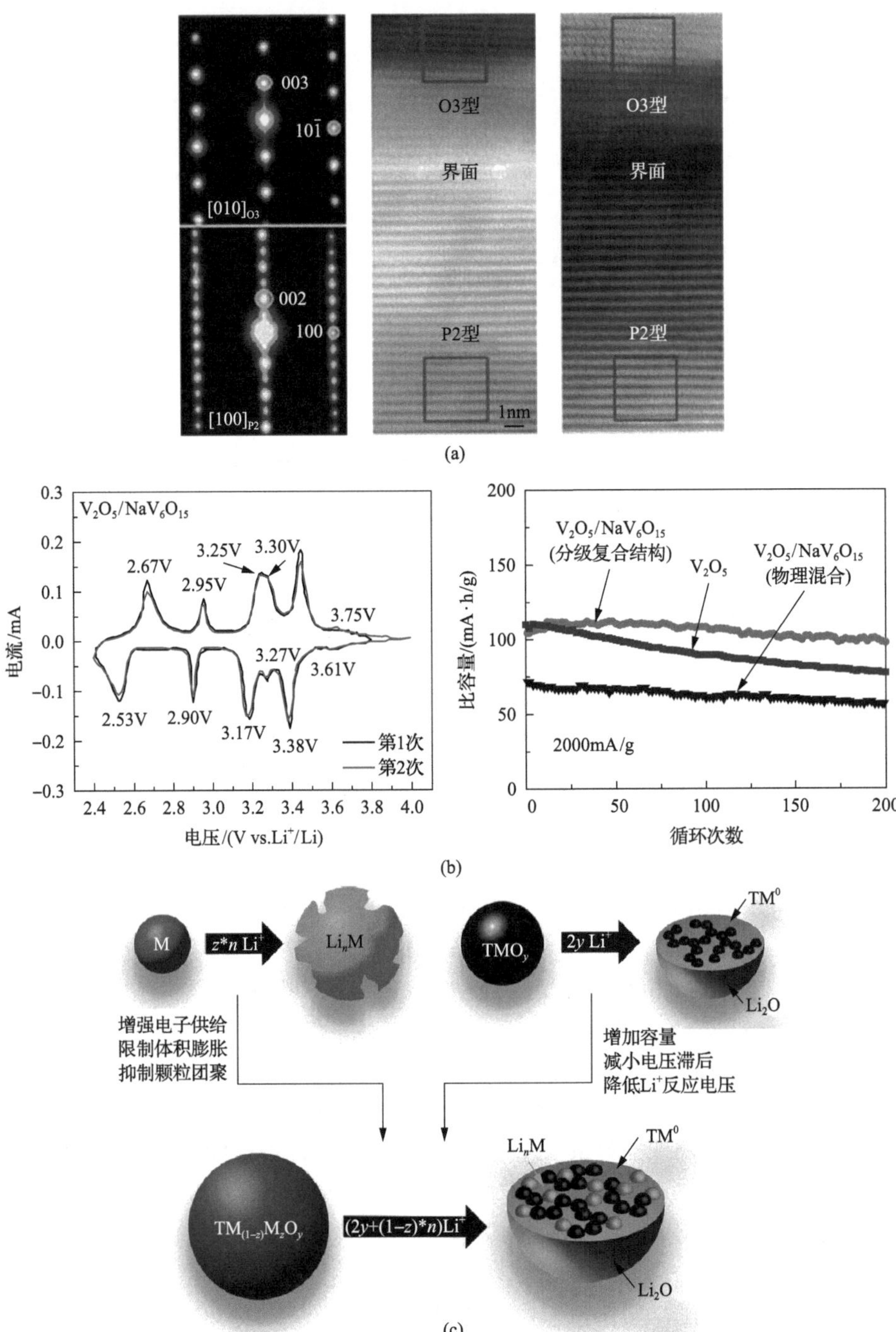

图 4-8　电极复相结构构筑与电化学改性[19,22,26]

(a) P2+O3 NaLiMNC 复合材料的局部结构；(b) V_2O_5/NaV_6O_{15} 分级复相微米球的循环伏安曲线和循环性能；(c) 转化/合金化复合材料的优势

复相构筑在合金化或转化型负极材料中也具有广泛的应用。合金化型材料具有高容量、低氧化还原电位，但体积膨胀大的特点；而转化型材料具有容量低、电压平台高、电压滞后大等特点。因此，结合这两者的优点，可开发新型转化/合金化材料，如 $ZnO/NiO/Co_3O_4$[23]、SnO_2/Fe_2O_3[24]、NiO/ZnO[25]等。在这些合金化/转化型材料中，合金化元素在原子尺度上的极细分布可以抑制转化过程中的颗粒聚集，提高导电性，并促进转化型材料的颗粒形态演变；而转化型材料形成的 Li_2O 和非活性的导电 TM^0 纳米网络型材料反过来可以缓冲合金化反应的体积膨胀(图 4-8(c))。因此，这种协同效应使这些转化/合金材料的电化学性能得到增强。

4.3　形貌调控与电极材料

除体相结构调控外，材料微纳米尺度形态、形貌调控也对它们的性能有重要影响，因为许多材料的性能都高度依赖于组成材料微纳米尺度范围的形态和形貌。通过选择适当的材料制备方法，可以减小材料颗粒尺寸、设计复杂多级结构(图 4-9)，改善其电化学反应的热力学和动力学性质，从而达到具有高能量和高功率密度的目的。按照电极材料的维度分类，可分为零维、一维、二维、三维结构，三维结构又包括中空结构和分级结构。基于表面和结构特征，不同尺度、不同形态的结构表现出各不相同的独特性能。下面将简单展开介绍块体或纳米材料的形貌。

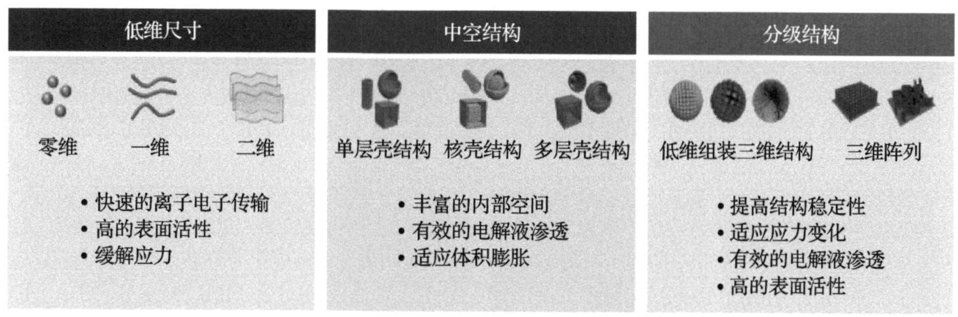

图 4-9　形貌设计的类型及其优点[27]

4.3.1　零维结构与材料性能的调控

一般而言，当组成材料的微细颗粒尺度达到纳米量级(约 100nm)时，可称为零维材料。与块体材料相比，纳米材料因具有超大的比表面积(粉体态)或超大的界面，而使材料具有很多独特的物理和化学特性，如表面效应、尺寸效应和宏观量子隧道效应等。在充放电的过程中，零维结构的纳米颗粒可以提供更多的电化学活性位点，增大电解质电极的接触面积，减小极化，抑制离子脱嵌过程中引起的体积变化，提高电池材料的能量密度。同时，尺寸的降低极大地缩短了离子扩散的路径，可以提高电荷输运(在电解质和活性物质中)和电子转移(在两相界面中)有关的反应速率，从而提高功率密度。相关细节已在2.3.3离子扩散动力学理论中讨论过，在此不再重复。

此外，需要指出的是零维结构的电极材料对研究电极材料中离子的嵌入和脱出的微观机制有特别重要的意义，而机理的正确认识对电池性能调控具有十分重要的意义。离子在电极材料中的嵌入和脱出通常发生在非常微观的尺度，特别是在转化/合金化负极材料中，副反应的发生使得离子的储存行为更加难以观察。与块状材料相比，纳米颗粒在理解材料微观反应机理方面更具有优势。Luo等采用原位高分辨透射电镜技术清晰地揭示了5nm级别Co_3O_4纳米立方颗粒(图4-10(a)和(b))的锂化和脱锂过程[28]。研究表明，在反应的初始阶段，锂离子扩散进入Co_3O_4纳米立方颗粒形成$Li_xCo_3O_4$相。当锂离子继续嵌入时，会导致Co_3O_4晶体结构的破坏，形成Li-Co-O的中间相。在锂化的最后阶段，Co_3O_4纳米立方颗粒完全转化成Li_2O和Co单质的混合相，如图4-10(c)所示。

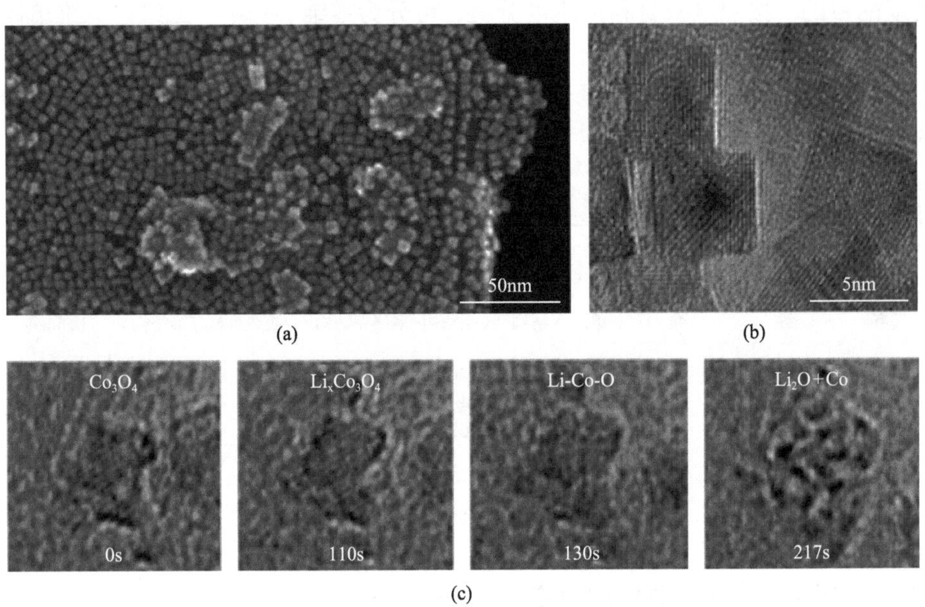

图4-10　Co_3O_4纳米立方颗粒及其锂化过程[28]

(a) SEM图像；(b) HRTEM图像；(c)单晶Co_3O_4立方体嵌锂过程的原位HRTEM图像

4.3.2　一维结构与材料性能的调控

一维结构(如纳米线、纳米棒、纳米管、纳米带等)具有沿一维方向的快速电子传输和沿径向方向的短的离子扩散长度的特点，能有效提高电极材料的电活性，在储能领域有着独特的优势。因此，开展一维纳米电极材料的研究是新能源技术和纳米技术的交叉与前沿。

在一维结构材料的可控合成、性能调控和器件应用等方面，武汉理工大学麦立强教授团队做得尤其出色[29,30]。一维纳米材料的制备方法主要有化学/物理气相沉积、水热法、模板法、电化学蚀刻/沉积、激光烧蚀和电纺丝方法等，但由于每种合成方法的适用对象的限制及不同物质的晶体生长方向的差异，一维纳米结构通常适用于某些特定材料。麦立强教授团队致力于发展低成本合成高性能一维金属氧化物纳米材料的技术，如结合流变相反应和自组装原理合成一维氧化物纳米材料等[31,32]。在此基础上，从材料的本征性能与结构构筑入手，发展了锂化、分级构筑、有序组装、掺杂与有序协同作用等提高一维纳米电极材料性能的调控与优化技术，为一维纳米电极材料的应用与开发奠定科学基础[33,34]。例如，2015 年开发了一种梯度热解静电纺丝法，构筑了多种复杂的一维纳米结构，包括介孔纳米管、豌豆状纳米管和连续纳米线等，如图 4-11(a)所示[34]。这一制备方法可用于合成多种一维纳米结构材料，包括单金属氧化物(CuO、Co_3O_4、SnO_2 和 MnO_2)、二元金属氧化物($LiMn_2O_4$、$LiCoO_2$、$NiCo_2O_4$ 和 LiV_3O_8)和多元素化合物($Li_3V_2(PO_4)_3$、$Na_3V_2(PO_4)_3$、$Na_{0.7}Fe_{0.7}Mn_{0.3}O_2$ 和 $LiNi_{1/3}Co_{1/3}Mn_{1/3}O_2$)。以 $Na_{0.7}Fe_{0.7}Mn_{0.3}O_2$ 介孔纳米管为例，从 TEM 图片中可看到介孔纳米管的直径均一，约为 200nm，表面含有大量的孔洞，如图 4-11(b)所示。作为离子电池正极材料，在 100mA/g 的电流密度下，其初始放电比容量为 107.7mA·h/g，经 1000 次循环

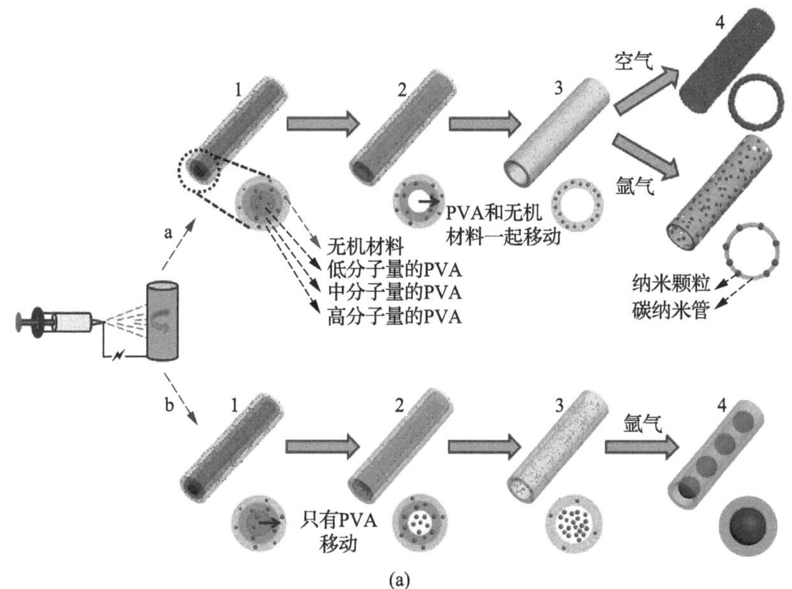

(a)

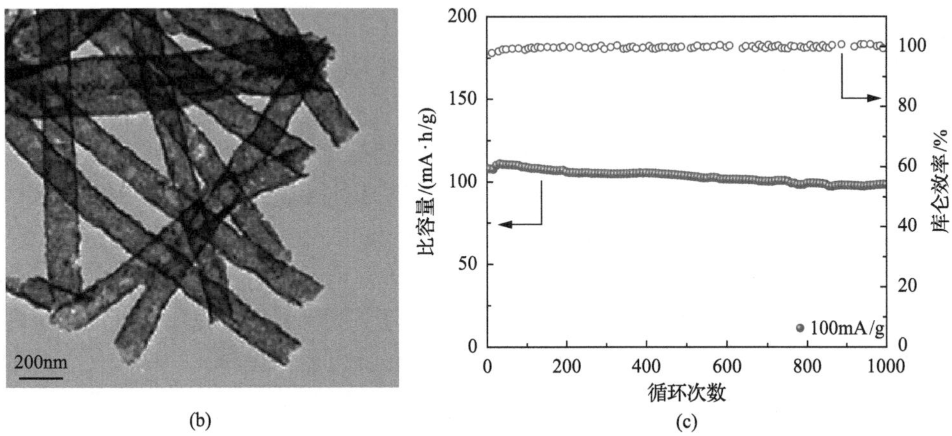

图 4-11　麦立强教授课题组关于一维纳米结构材料的研究工作[34, 35]

(a)合成示意图；(b)$Na_{0.7}Fe_{0.7}Mn_{0.3}O_2$介孔纳米管的 TEM 图像；(c)充放电曲线及循环性能

后其容量保持率高达 90%。其优异的电化学性能归因于 $Na_{0.7}Fe_{0.7}Mn_{0.3}O_2$ 介孔纳米管的高比表面积及其中含有的超薄且均匀连续的介孔碳纳米管。其高比表面积有利于增大活性物质与电解液的有效接触面积，缩短钠离子的传输路径，同时碳纳米管有利于提高活性材料的电导率。此外，其管壁上均匀分布的大量介孔有利于缓冲充放电过程中钠离子在脱嵌时产生的应力变化，从而有利于整体结构的稳定性。

此外，针对电化学能源领域容量衰减快的关键问题，该团队设计组装了以单根纳米线为电极、可原位检测充放电与电输运性能的全固态锂离子电池器件[35]，发现容量衰减与材料电导率降低、结构变化有关，对电池容量衰减机制提出了新的见解，为电池检测诊断提供了新的工具。

本书作者团队在一维纳米结构材料合成方面也做了一些工作。例如，利用 Kalvein 原理(式(4-1))，经热处理成功实现了 $K_{0.25}V_2O_5$ 纳米带有序自组装结构的调控[36]，其形成过程如图 4-12(a)所示。该有序结构的形成是通过局部熔融和自调准机制实现的，交叉处曲率半径减小引起局部熔点降低，在高温煅烧的条件下，实现了 $K_{0.25}V_2O_5$ 纳米带微结构的有序组装，不同煅烧温度合成的样品形貌如图 4-12(b)～(d)所示。实验结果表明，该材料具有优异的电子离子传输特性、结构稳定性及脱嵌可逆性。因此，在 100mA/g 电流密度下，可获得 232mA·h/g 的放电比容量，且在 2000mA/g 电流密度下，经过 800 次循环没有明显的容量衰减。

$$\ln\frac{T_0}{T}=\frac{2\gamma_{\mathrm{vs}}M}{\rho_{\mathrm{M}}\nabla H\dfrac{1}{r}} \tag{4-1}$$

式中，T_0、T 分别为大晶粒和半径 r 的小晶粒的熔点；γ_{vs} 为晶体表面张力；M 为晶体的摩尔质量；ρ_M 为晶体密度；∇H 为晶体融化焓。

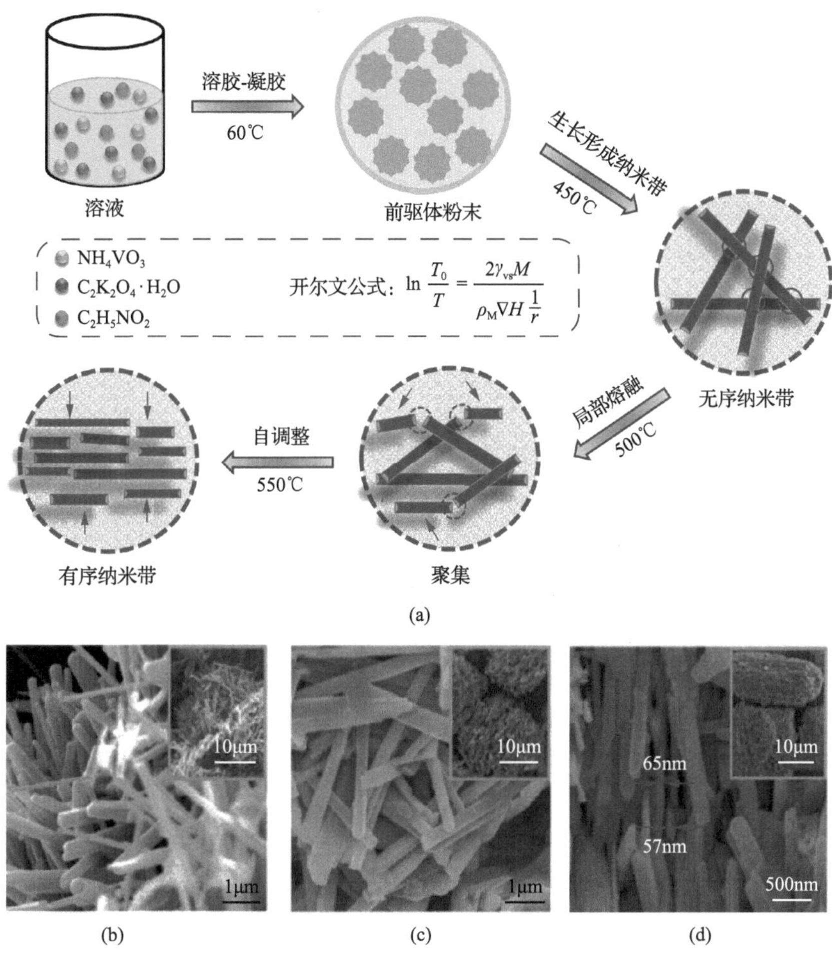

图 4-12　溶胶凝胶法合成 $K_{0.25}V_2O_5$ 纳米带有序结构流程图和样品形貌[36]

(a)合成流程图；(b)450℃；(c)500℃；(d)550℃温度下合成样品的 SEM 图像

此外，还通过水热法设计合成了钠离子计量比较低的 $Na_{0.282}V_2O_5$ 纳米棒[37]，并将其用于锂离子电池正极材料，如图 4-13 所示，合成的产物呈现出均匀的纳米棒状结构，其直径约为 300nm，长度也只有几微米。将该电极材料用于锂离子电池，在 50mA/g 下的初始放电容量为 240mA·h/g；循环至 70 次时，其容量仍为 236mA·h/g，相对首次的保持率为 98.33%。这得益于纳米棒的结构，在这些纳米棒之间存在大量的间隙，有利于电解液的浸入，从而增大了 $Na_{0.282}V_2O_5$ 与电解液的接触面积，缩短了离子的扩散距离，从而获得了更好的电化学性能。

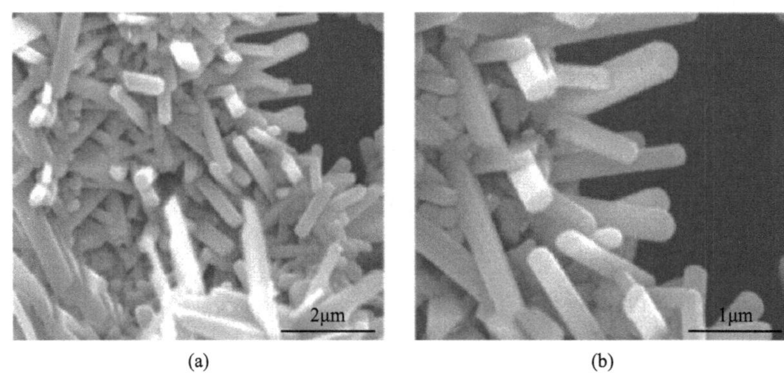

图 4-13　水热法合成 $Na_{0.282}V_2O_5$ 纳米棒电极材料[37]

(a)低倍数 SEM 图像；(b)高倍数 SEM 图像

4.3.3　二维结构与材料性能的调控

二维结构(如纳米片、纳米板、纳米壁等)具有质量轻、表面积大和分布均匀等优点，是快速储能的理想结构。较大的表面体积比使它们具有更有效的活性位点，同时，也更有利于离子和电子的快速转移。

有研究表明，通过溶剂热法可制备单晶的橄榄石型 $LiFePO_4$ 纳米片，该纳米片表面暴露了[010]取向，如图 4-14(a)和(b)所示[38]。尽管 $LiFePO_4$ 的结构稳定，

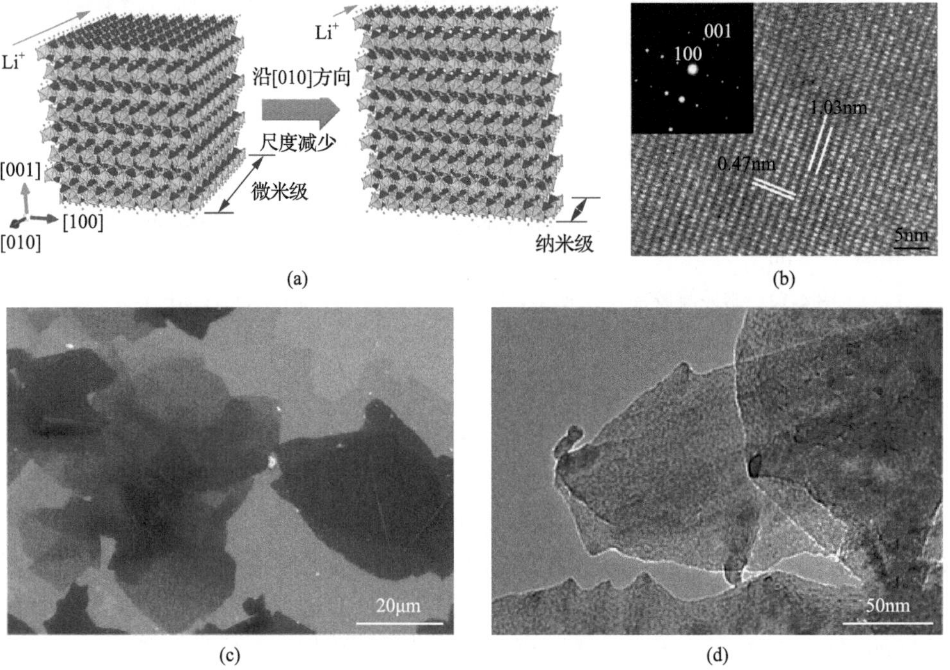

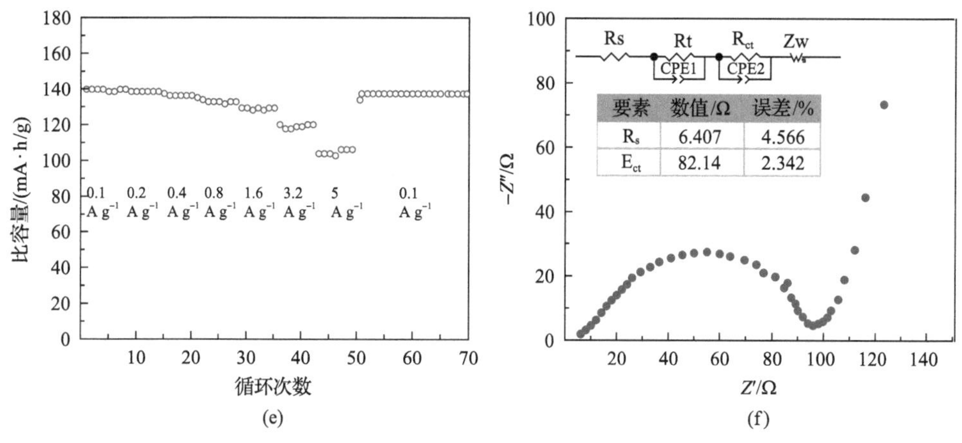

图 4-14　二维纳米片结构与电化学性能调控[38]

$LiFePO_4$纳米片：(a)缩短锂离子沿[010]方向扩散路径示意图；(b)HRTEM 图像；V_2O_5超大超薄纳米片；(c)低倍数V_2O_5超大超薄纳米片的 SEM 图像；(d)高倍数V_2O_5超大超薄纳米片的 SEM 图像；(e)倍率循环性能；(f)电池在测试前的交流阻抗测试结果及拟合时所用的等效电路模型

但其只有一维的离子扩散通道，即沿着[010]方向。因此，减少[010]方向的尺寸能为锂离子的嵌入/脱嵌提供最高的孔密度和最短的扩散距离，所以$LiFePO_4$纳米片表现出了优异的倍率性能和出色的循环稳定性。

本书作者团队等通过溶剂热法和后续煅烧处理合成了片片堆叠的具有超薄超大纳米片(2～5nm)结构的V_2O_5(图 4-14(c)和(d))，该V_2O_5用作锂离子电池正极材料表现出了优异的倍率性能(图 4-14(e))[39]。通过交流阻抗测试技术对组装的半电池进行了测试分析，如图 4-14(f)所示，拟合结果显示R_{ct}电荷转移电阻仅为 82.14Ω，这说明V_2O_5超薄纳米片具有良好的Li^+离子导通能力和导电能力。该材料优异的电化学性能归因于：超薄纳米片层之间的空隙有助于扩大电极材料与电解液的接触面积，并更好地适应因锂离子反复脱嵌引起的体积变化；而纳米片超薄的厚度特性可有效缩短Li^+离子的扩散路径和电子传输的距离；此外，片片堆叠结构可以更好地保持该纳米片电极材料的结构完整性。

4.3.4　三维结构与材料性能的调控

低维尺寸(零维、一维或二维)结构可以在很大程度上提升电极材料的容量，但低维结构材料仍存在一些需要克服的问题，如纳米颗粒的团聚、纳米线不可调节的孔隙率及纳米片的聚集，这些极大地阻碍了表面积的充分利用，甚至阻碍了电解液的进入，使电极材料无法获得更好的循环稳定性。克服这一障碍的一种有效方法是构造分层次的三维结构。

三维结构通常由低维结构组装而成，可表现出多种形貌(如核壳结构、多孔结构、分级纳米阵列等)，因此通过优化形貌结构设计可有效改善结构的稳定性和电极材料的动力学。常用的合成方法有模板法、自组装法等。

Wang 等使用阴离子吸附法，通过调节阴离子吸附时间和酸处理制备了一系列 V_2O_5 空心微球(图 4-15(a))[40]。与 V_2O_5 纳米片、纳米球等相比，V_2O_5 空心微球表现出更高的比容量、更高的倍率性能及更好的循环性能。此外，具有三层壳的 V_2O_5 微球比单层壳、双层壳的 V_2O_5 微球的性能更加优越。这是因为：①三壳微球具有最大的比表面积和孔隙体积；②外部壳保护了内层壳使其不直接浸泡在电解液中，减弱了内层壳表面固相电解质的形成，使得它们的电阻值增加得更小，从而改善了电化学性能。合理增加空心纳米结构的复杂性，可以赋予它们新的功能。Ji 等设计了一种具有特殊结构的中空 $NiSe_2$/N-C 材料[41]，通过双 N-掺杂碳层可以有效地减小体积膨胀，稳定材料结构。同时，$NiSe_2$ 和碳层界面处形成 Ni-O-C 键，加快了电子和离子的穿梭，有效抑制了多硒化物进入电解液，因此该材料具有高度的可逆性，如图 4-15(b)所示。

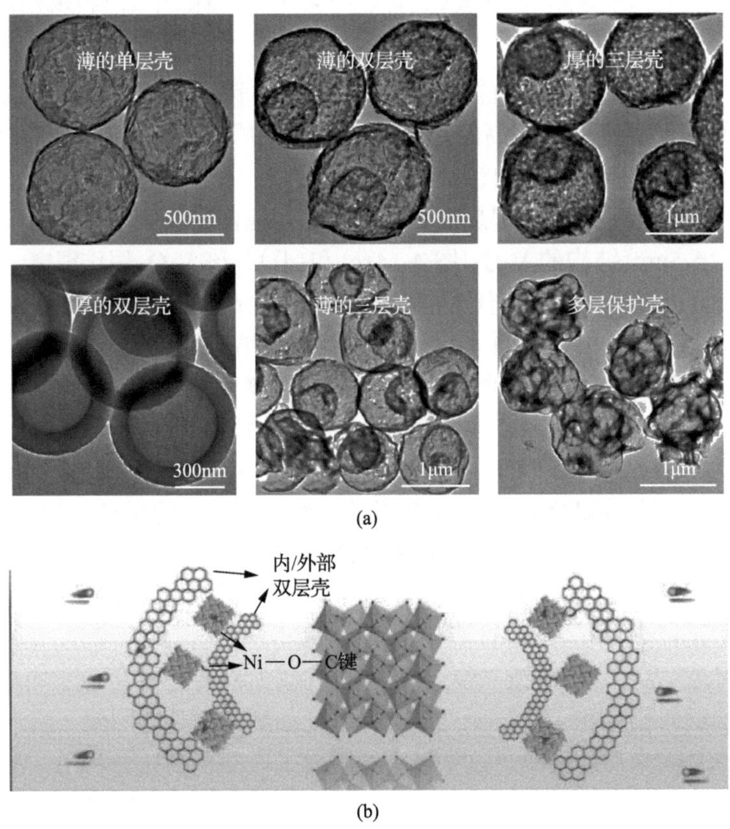

图 4-15　三维中空结构构造与材料电化学性能[40, 41]

(a)空心 V_2O_5 微米球的形貌分析；(b)钠离子在空心 $NiSe_2$/N-C 结构中穿梭的示意图

基于一维或二维纳米结构构建的分级纳米阵列，由于其独特的结构优势，引起了研究者的广泛兴趣。此外，具有良好的机械强度、高导电性、良好的耐腐蚀性的三维导电基底，如泡沫镍、聚合物海绵、三维石墨烯和碳布等，可直接用作为集流体，无需黏结剂，因此具有极高的导电性。例如，Fan 等合成了 VO_2 纳米带阵列生长三维石墨烯复合材料(GVG)[42]。VO_2 纳米带有效减少了锂、钠离子的扩散距离，极大地提高了电极材料与电解液的有效接触，从而有利于提高其倍率性能。同时，该复合材料结合了三维石墨烯的多孔网络结构性质、大的比表面积、优异的电子传导特性和优越的机械性能(图 4-16(a))，表现出了优异的储锂、钠性能(图 4-16(b))。

众所周知，在传统的平面或二维金属(锂、钠、锌等)负极上，由于离子分布不均匀形成的初始小枝晶的尖端作为电场中的电荷中心，不断积累电荷并进一步沉积，促进枝晶的生长[43]。金属枝晶在充放电过程中容易破碎，与集流体分离，引起极大的界面电阻及腐蚀，带来了严重的容量衰减，导致电池寿命缩短，甚至

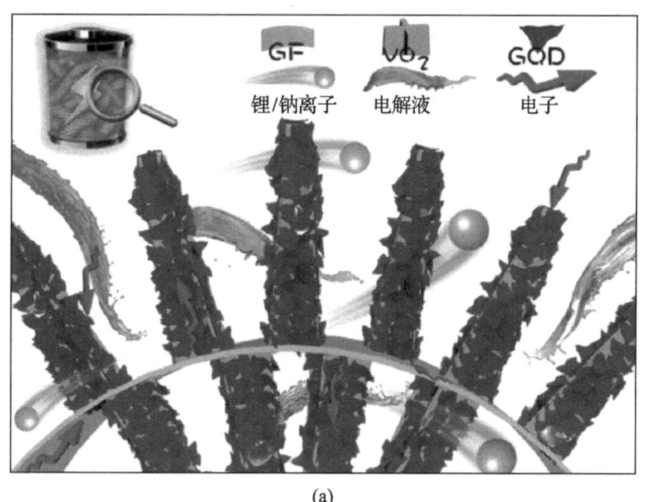

(a)

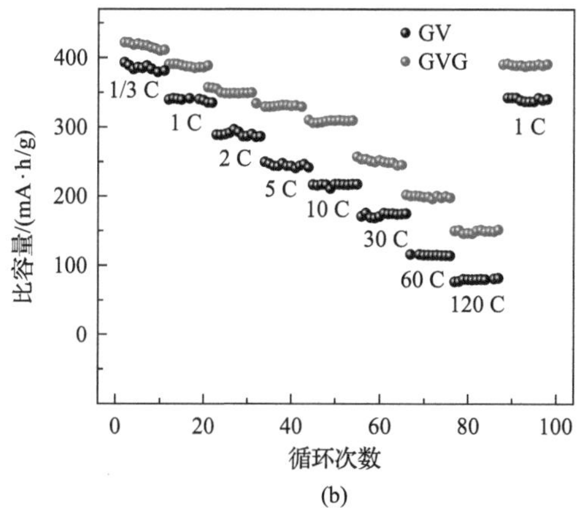

(b)

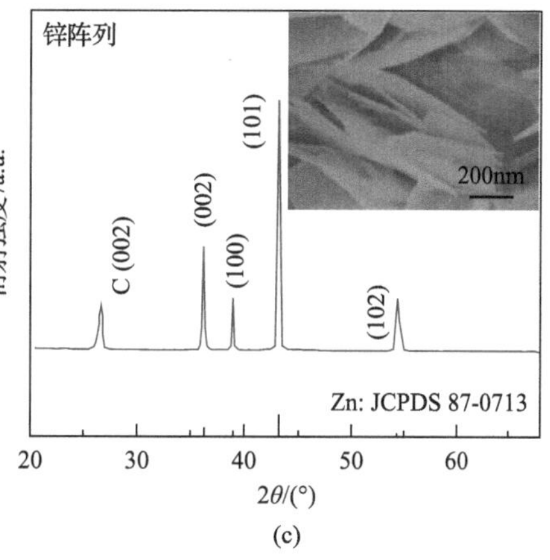

(c)

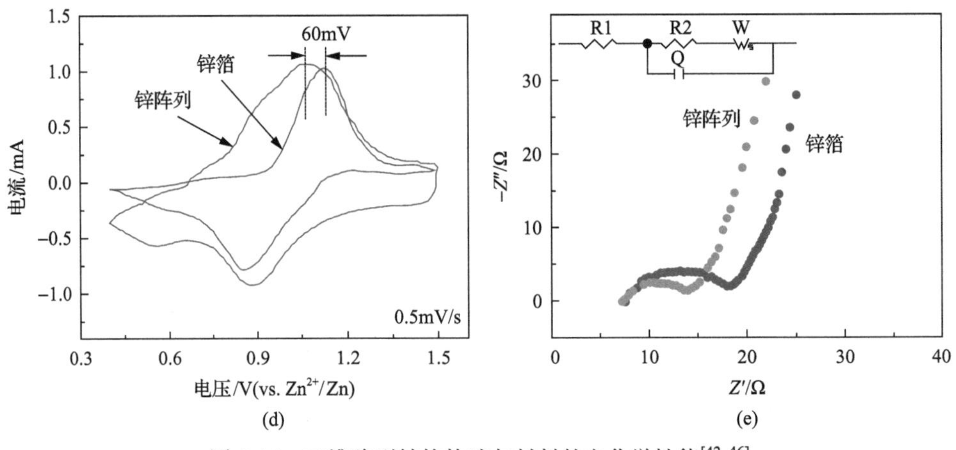

图 4-16　三维阵列结构构造与材料的电化学性能[42, 46]

(a) VO_2纳米带/三维石墨烯复合材料的双连续电子和 Li/Na 离子转移通道示意图；(b) 储锂倍率性能；(c) Zn 纳米片/三维石墨烯复合材料的 XRD 图谱和 SEM 图像；(d) 钒酸锌正极与锌阵列或锌箔负极制备的准固态 ZIBs 经过 5 个循环后的 CV 曲线比较；(e) 锌阵列和锌箔电极在完全充电状态下的 EIS 图谱

存在安全隐患。三维阵列结构的金属负极因具有高电活性表面积及均匀电场，可抑制枝晶的形成，因而受到了研究者的高度重视[44,45]。例如，锌金属负极在水系电解液中反复溶解/沉积的过程，容易产生大量枝晶及氧化物或氢氧化物。这些不仅容易使锌金属的导电性逐渐降低、失活，更会影响锌金属负极的溶解/沉积动力学(倍率)及电池的长期循环。针对这一问题，Chao 等设计了一种 Zn 纳米片阵列包覆三维石墨烯泡沫负极，如图 4-16(c)所示[46]，其中多孔三维石墨烯泡沫作为高导电性基底和大孔剂，以减轻非活性表面氧化物或氢氧化物层的形成和枝晶生长。此外，Zn 纳米片/三维石墨烯泡沫复合材料具有高容量和低极化(图 4-16(d))的特点，比常规致密锌箔电荷转移的电阻低(图 4-16(e))，能够改善锌纳米阵列结构的电化学活性和加快 Zn^{2+}/Zn 的氧化还原动力学。

4.3.5　MOFs 类结构与材料性能的调控

金属有机框架(metal-organic frameworks，MOFs)作为一种新型多孔材料，是由金属离子或金属簇与有机配体通过配位键形成的多维孔状结构[47]。同时，MOFs 是合成各种碳材料、氧化物、硫化物、硒化物、磷化物等功能材料的理想自牺牲模板和前驱体。由于 MOFs 及其衍生物的合成条件简便，且通过选择不同的金属离子和有机配体可以有目的地设计出结构和成分可控的结构，所以近年来在二次电池领域引起人们的广泛关注[48]。然而，许多 MOFs 及其衍生物在充放电过程中存在导电性差、结构坍塌不可逆等问题，阻碍了其实际应用。相比之下，通过三维导电基底构筑的各种 MOFs 基复合微/纳米结构作为电极材料，可以在实际应用中改善电化学行为。例如，Zhang 等通过热解铁基 MOFs 得到长在三维石墨烯基

底上的多孔 Fe_2O_3 纳米结构，获得了优异的储锂性能[49]。Chen 等利用一种同步刻蚀-沉积-生长工艺在导电泡沫镍表面构筑了一种新型的镍钴氢氧化物多级微纳米片阵列，如图 4-17(a)所示，并研究其作为镍-锌二次电池正极的电化学性能[50]。结果表明，构造的三维多级微纳米片结构由纳米级片和微米级支撑骨架组成，其允许活性材料有效暴露参与电化学反应。超薄纳米片和微米级骨架阵列均为垂直排列并具有适当间隙，从而有利于促进活性材料内部的电解液接触和离子扩散。

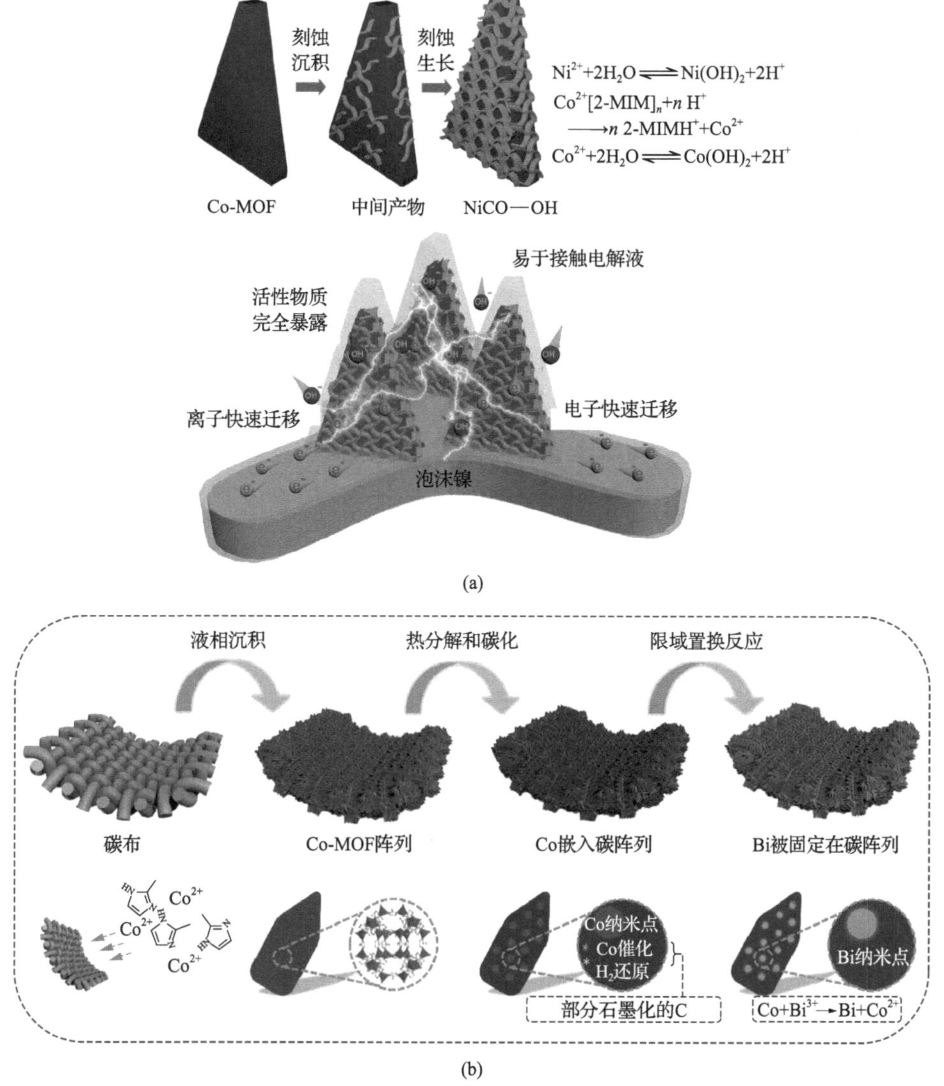

图 4-17　MOFs 衍生三维阵列结构和性能调控因素分析[50,51]

(a) NiCo-DH 分级微纳米板阵列的形成过程及其电化学性能影响因素示意图；(b) 限域于碳基中铋纳米点阵列复合材料的制备过程示意图

此外，微米级骨架连同表面原位形成的交错纳米片直接生长在导电泡沫镍基底上，整个结构为电子从活性材料向集流器快速迁移创造了一条“高速公路”。

除了上述的多级微纳米片制备，还有基于钴基金属有机框架阵列沉积在碳纤维上的材料制备，如图 4-17(b)所示[51]。通过常温置换反应将超小的铋纳米点限域于由金属有机框架衍生的碳基质中。首先在水溶液中将钴基金属有机框架阵列沉积在碳纤维上，随后在惰性气体中将其煅烧为钴单质纳米颗粒限域于碳阵列。碳纤维为金属有机框架阵列的均匀分布提供了支撑，防止金属有机框架在随后制备过程中的结构坍塌，并极大地减少钴单质的团聚。随后采用置换法得到铋纳米点嵌于碳阵列。铋纳米点的小尺寸可降低钠离子嵌入/脱出所带来的体积变化。此外，铋纳米点和碳基质之间存在大量的相界面，这种结构提供了丰富的活性位点，具有快速的钠离子传输动力学。

近年来，金属有机框架还被广泛应用于制备具有中空类结构的模板框架。所制备的衍生材料具有可控的孔结构和大的比表面积。当用作能源存储器件的电极材料时，它们独特的结构能够有效提高电极材料和电解液的接触面积，同时也能更好地减小循环过程中的体积变化。对于过渡金属硒化合物，Liang 等报道了一种新颖的以钴基金属有机框架(ZIF-67)作为模板制备具有核壳结构的介孔 CoSe/C 正十二面体的方法[52]。所得的 CoSe 纳米颗粒被均匀包覆于氮掺杂碳框架中，合成制备流程和材料的形貌如图 4-18(a)所示。该 CoSe/C 复合材料作为一种新的钠离子电池负极材料展示出优良的倍率性能和循环稳定性。对于该类过渡金属硒化

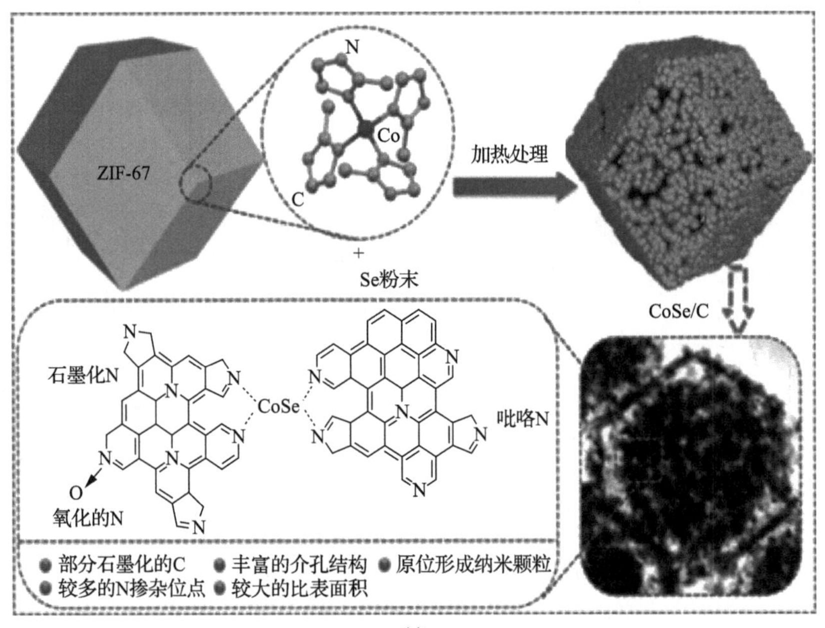

(a)

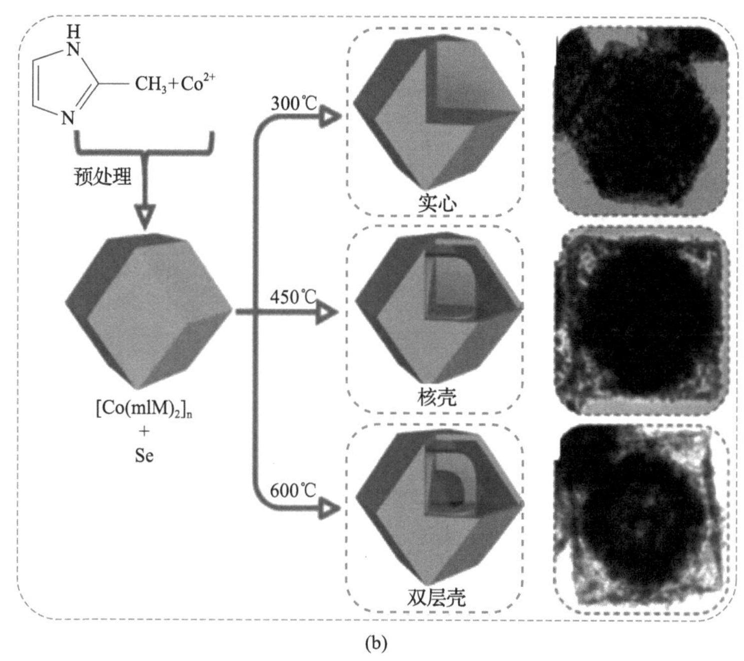

(b)

图 4-18　MOFs 衍生的结构形貌调控制备与表征[52, 53]

(a)氮掺杂 CoSe/C 复合材料的制备过程示意图；(b)$CoSe_2$/C 复合材料的实心、核壳及双层壳结构 $CoSe_2$/C 复合材料的制备过程示意图

物，还通过调节反应温度制备了具有实心、核壳、双层壳结构的 $CoSe_2$/C 正十二面体复合材料，$CoSe_2$ 纳米颗粒原位镶嵌在金属有机框架衍生的氮掺杂碳框架里，如图 4-18(b)所示[53]。当作为超级电容器电极材料时，双层壳结构的 $CoSe_2$/C 空心正十二面体展现出优异的循环稳定性。其优异的电化学性能可能归因于其新颖的双层壳空心结构，为氧化还原反应提供了更多的反应活性位点、便捷的电解液渗透通道、快速的电子传输及良好的结构稳定性。

一般情况下，金属有机框架可以由热处理将其有机成分碳化，并经过后续酸处理去除其金属成分来获得多孔碳材料。部分沸点较低的金属团簇，可以在热处理过程中直接挥发而去除，如锌等。Jeon 等[54]利用锌基金属有机框架 IRMOF-3[其结构见图 4-19(a)]的碳化制备了含氮多孔碳材料，碳化后的 CV 曲线如图 4-19(b)所示。Meng 等[55]以偶氮苯-3,5,4′-三羧酸(H_3ATBC)和 4,4′-联吡啶(BPY)为有机配体制备了钴基金属有机框架，并经低温煅烧合成了 Co_3O_4，制备流程如图 4-19(c)所示。在 2mol/L 的 KOH 电解液中，比电容在 1 A/g 时达到 150F/g，如图 4-19(d)和(f)所示。Co_3O_4 团簇具有多孔结构，增强了电极内的扩散动力学，为电解质离子提供了储备空间。Co_3O_4 材料的非晶态多孔结构也为氧化还原赝电容提供了丰富的电化学活性位点。

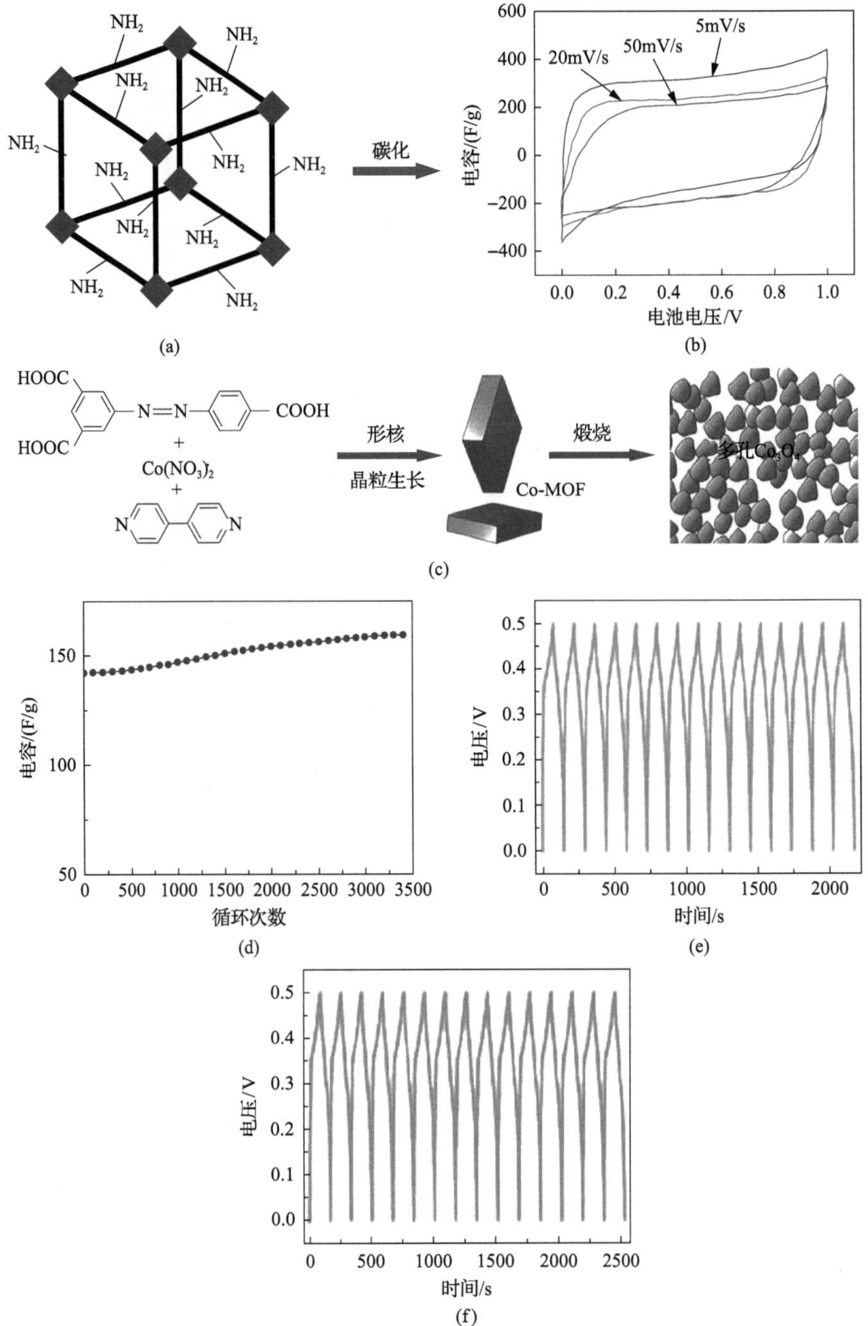

图 4-19　MOFs 衍生多孔结构形貌和性能调控[54, 55]

(a) IRMOF-3 的结构；(b) 碳化后应用于超级电容器的 CV 曲线；(c) Co-MOF 衍生的多孔 Co_3O_4 纳米材料颗粒的合成策略；(d) 电流密度 1A/g 下的长循环性能；(e) Co_3O_4 电极在 1A/g 下的初始 15 次充放电循环性能；(f) 最后 15 次充放电循环

金属有机框架的结构、成分和性质的多样性使其具有广泛的应用前景。上述是金属有机框架衍生的主要三维阵列，中空和多孔结构及其性能调控，这样独特的形貌有效提高了材料的电化学性能，实现了对性能的调控和优化。

4.4　电极材料表界面包覆改性的调控

前面分析表明，体相结构和形貌的调控能在一定程度上改善电极材料的电化学性能。然而，大部分电极材料仍存在表面不稳定、导电性差和体积膨胀引起的材料粉化等缺点，通过表面包覆可以改善这类问题。表面包覆是指用特定材料进行表面涂层或对大块材料进行直接表面处理，是一种提高电极材料结构稳定性、电子导电性的方法。电极材料的表界面是化学储能过程发生的场所，表界面的结构稳定性和电化学稳定性也成为了影响器件稳定性和安全性的决定性因素。主要包括氧化物包覆、非氧化物包覆、导电有机聚合物包覆、碳包覆等，如图 4-20 所示。

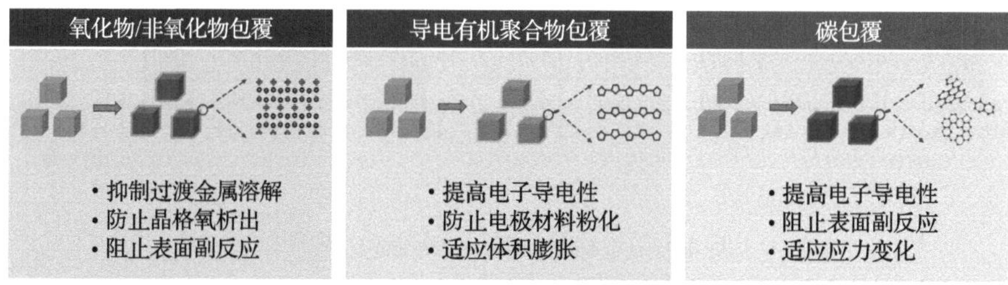

图 4-20　表面包覆的类型及其优点

4.4.1　氧化物包覆

氧化物(如 Al_2O_3、TiO_2、Li_2SiO_3 等)表面包覆是提高电极材料稳定性的一种重要途径，特别是针对高电压正极表面的包覆，能有效地抑制晶格氧的析出和其他的表面副反应[56-59]。Liu 等[57]在球形 $Li_{1.17}Ni_{0.17}Co_{0.17}Mn_{0.5}O_2$ 表面成功地合成了由 Mg^{2+}离子支柱和 Li-Mg-PO_4 层组成的混合表面保护层，如图 4-21(a)所示。表面保护层不仅可以保护锂嵌入氧化物免受电解液中 HF 的侵蚀、减少过渡金属的溶解，而且掺杂的 Mg^{2+}离子的支柱效应使本体和表面结构稳定。因此，合成材料在 60℃下的循环稳定性极大增强，在 250 次循环后，其容量保持率为 72.6%(180 mA·h/g)。该策略为抑制富锂正极材料的不良表面反应和结构坍塌提供了重要的途径，也可用于其他层状氧化物来提高其高温循环稳定性。然而，大部分氧化物包覆方法仍然存在巨大的挑战，主要是需要考虑包覆层与主体材料的晶格匹配程度及包覆层对离子扩散的影响。针对这一问题，Zhang 等[60]在富锂层状氧化

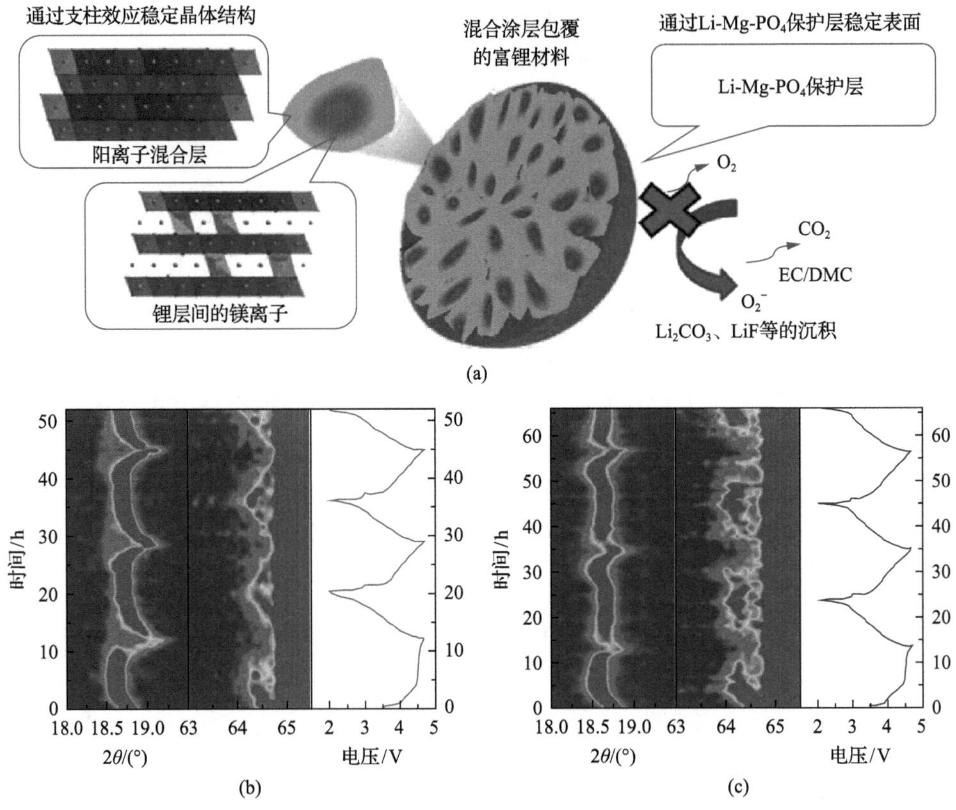

图 4-21　电极材料氧化物表面包覆[8, 60]

(a)稳定表面相包覆富锂正极材料的示意图；(b) $Li_{1.2}Mn_{0.54}Co_{0.13}Ni_{0.13}O_2$ (003)和(108)衍射峰的演变 (c) $Li_{1.2}Mn_{0.54}Co_{0.13}Ni_{0.13}O_2$@$Li_4Mn_5O_{12}$ 的(003)和(108)衍射峰的演变

物 $Li_{1.2}Mn_{0.54}Co_{0.13}Ni_{0.13}O_2$ 表面实现了尖晶石 $Li_4Mn_5O_{12}$ 层均匀包覆。具有结构稳定和三维离子通道的包覆层与富锂层状氧化物高度匹配，有效地抑制了表面的氧活性，并形成过渡态非活性尖晶石相。原始 $Li_{1.2}Mn_{0.54}Co_{0.13}Ni_{0.13}O_2$ 在 4.5V 以下进行充电时，(003)晶面的晶面间距(即晶格参数 c)增大，这是因为在充电时层间 Li^+离子的脱出增强了相邻层的氧原子的相互静电斥力，如图 4-21(b)所示。在这个过程中，虽然金属离子被氧化其半径会减小，但因为 Li^+离子的脱出使得部分氧具有活性，这部分氧会与过渡金属离子成键以补偿金属离子半径的减小，因此(108)晶面的晶面间距(即 a-b 平面参数)没有发生明显变化。然而，当电压充至 4.7V 时，(003)和(108)晶面的晶面间距剧烈下降，这主要是由不可逆的氧损失和过渡金属溶出引起的。而表面包覆的 $Li_{1.2}Mn_{0.54}Co_{0.13}Ni_{0.13}O_2$@$Li_4Mn_5O_{12}$ 的晶面间距变化则表现得比较平缓(图 4-21(c))，表明了 $Li_4Mn_5O_{12}$ 的包覆有效抑制了氧的析出和过渡金属离子的溶出。

4.4.2 非氧化物包覆

与氧化物相比，非氧化物如氟化物、氮化物等在某些方面具有优越的性能，如高导电性、高化学稳定性、高熔点、机械强度等，因此利用非氧化物包覆来改善电极材料的性能也得到了较多的关注。

锂离子电池化学性能衰减的一个关键因素是活性材料中过渡金属的溶解，大多数金属氧化物涂层在循环过程中被电解液分解产生的微量 HF 腐蚀，转化为氟化物包覆层，加剧了电极与电解液界面的不稳定性。有研究表明，利用 MgF_2 包覆可有效抑制正极材料的溶解，提高了电池的循环寿命[61]。此外，氟化物包覆还可以通过诱导正极材料表面发生相变，起到改变材料性能的作用。例如，研究指出，AlF_3 包覆可使富锂镍锰氧化物($Li[Li_{0.19}Ni_{0.16}Co_{0.08}Mn_{0.57}]O_2$)正极材料的表面由初始层状结构转化为尖晶石结构，极大地提高了材料的热稳定性和电化学性能[62]。

由于氮化物的电负性比氧化物的低，因此氮化物具有更好的导电性，通过氮化物包覆通常能改善电极材料的反应动力学，增强倍率性能。Liu 等[63]通过简单的两步法合成了 Mo_2N 包覆 MoO_2 的中空纳米结构。首先在 600℃的 10%H_2/Ar 气氛下还原 MoO_3 粉末，获得 MoO_2 中空纳米结构，接着在 480℃的纯 NH_3 气氛下通过缓慢氮化处理材料表面，以生成 Mo_2N 纳米涂层，如图 4-22(a)所示。由于

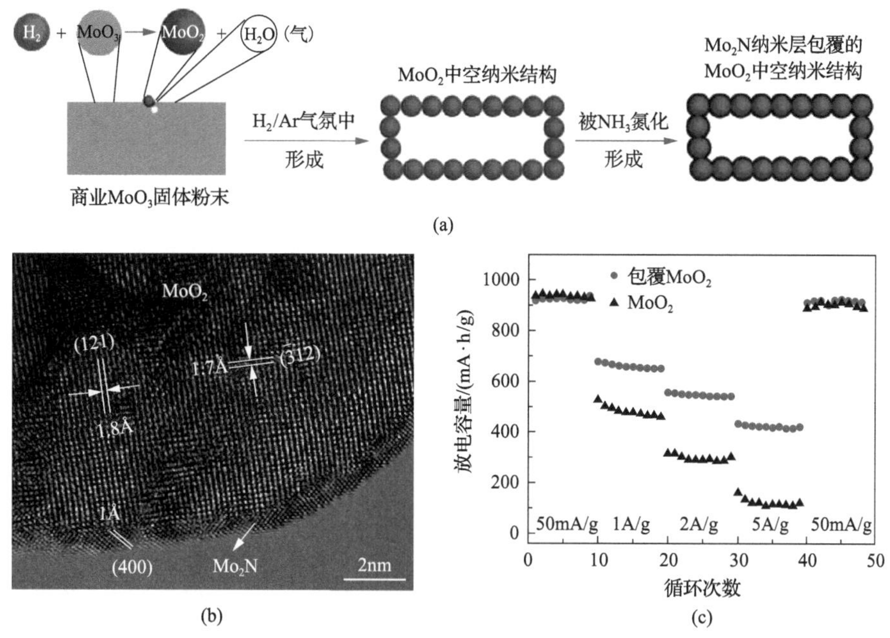

图 4-22　表面氮化物包覆[63]

(a) Mo_2N 包覆 MoO_2 空心纳米结构的合成示意图；(b) HRTEM 图；(c) 材料倍率性能

MoO_2 空心纳米结构是直接在 NH_3 气氛下反应，所得的 Mo_2N 涂层均匀(图 4-22(b))，氮化后的 MoO_2 中空纳米结构的形态得到了很好的保留。超薄的 Mo_2N 包覆层可以保护 MoO_2 以免受在空气中的氧化，同时可以减轻机械性能的退化，从而提高循环的稳定性。此外 Mo_2N 具有更高的电导率，这有助于提高倍率性能。图 4-22(c)显示了 Mo_2N 包覆前后的 MoO_2 空心纳米结构电极的倍率性能。在 5A/g 的电流密度下，MoO_2 电极的容量为 109mA·h/g，仅为初始 50mA/g 电流密度下容量的 11.7%，而 Mo_2N 包覆后的 MoO_2 电极在 5A/g 的电流密度下仍有 415mA·h/g 的容量，表现出优异的倍率性能。

4.4.3 导电有机聚合物包覆

由于导电有机聚合物几乎能在任何材料的表面进行自聚集，且合成方法简单，因此，导电有机聚合物经常被用于包覆电极材料表面，以提高电极材料导电性和防止材料在循环过程中粉化[64, 65]。

Fan 等通过热熔剂法合成了 V_2O_5 纳米带/超薄三维石墨烯复合材料(3D UGF+V_2O_5)，为了进一步提高电极材料的导电性，再通过电沉积的方法在 V_2O_5 纳米带包裹了一层导电聚(3,4-乙烯二氧噻吩)(PEDOT)，如图 4-23(a)所示[64]。该复合材料可以直接作为锂电池的活性电极，而无需任何乙炔碳等导电添加剂和 PVDF 等黏结剂，获得了十分优越的电化学性能。相对于 3D UGF-V_2O_5 纳米带阵列，进一步包覆 PEDOT 的核壳纳米带阵列具有更高的电化学活性(图 4-23(b))。同时 3D UGF-V_2O_5/PEDOT 也具有更大的放电比容量和更高的能量密度。在 1C(300mA/g)电流密度下，能释放出 297mA·h/g 的放电比容量，甚至在 80C 的电流密度下也能有 115mA·h/g 的容量，明显优于 3D UGF-V_2O_5 纳米带阵列，如图 4-23(c)所示。这是由于导电聚合物 PEDOT 明显改善了 3D UGF-V_2O_5 纳米带阵列的锂离子扩散系数和电子导电率，有利于倍率性能的提高。

Kang 等通过在碳布上生长三维 CoP 纳米线阵列，并引入聚吡咯(PPy)包覆 CoP 纳米线，构筑具有核壳结构的 CoP@PPy 纳米线/CP 复合材料(图 4-23(d))[65]。虽然纳米阵列材料能避免黏结剂的使用，提高电子传输，但是对于体积膨胀变化大的负极材料(包括硫化物、硒化物、磷化物)而言，却仍然无法解决体积膨胀的问题。对于该复合材料，PPy 的引入有效抑制了 CoP 纳米线的体积膨胀。研究表明电极材料在初始循环后形成元素 Co，Co 与 PPy 通过 Co-N 键的化学作用形成 Co-PPy 框架。在 Co-PPy 框架的保护下，该电极材料在循环过程中能持续保持其一维结构。而没有 PPy 保护的 CoP 纳米线/CP 电极材料由于高的表面能和循环过程中的体积膨胀将导致结构破坏(图 4-23(e))。所以，PPy 包覆形成 Co-PPy 框架具有双重作用：①Co-PPy 框架作为 3D 导电网络极大地提升了 CoP 电极电荷的转移速率；②Co-PPy 框架有效缓解了体积膨胀带来的应力，保证了结构稳定性并减

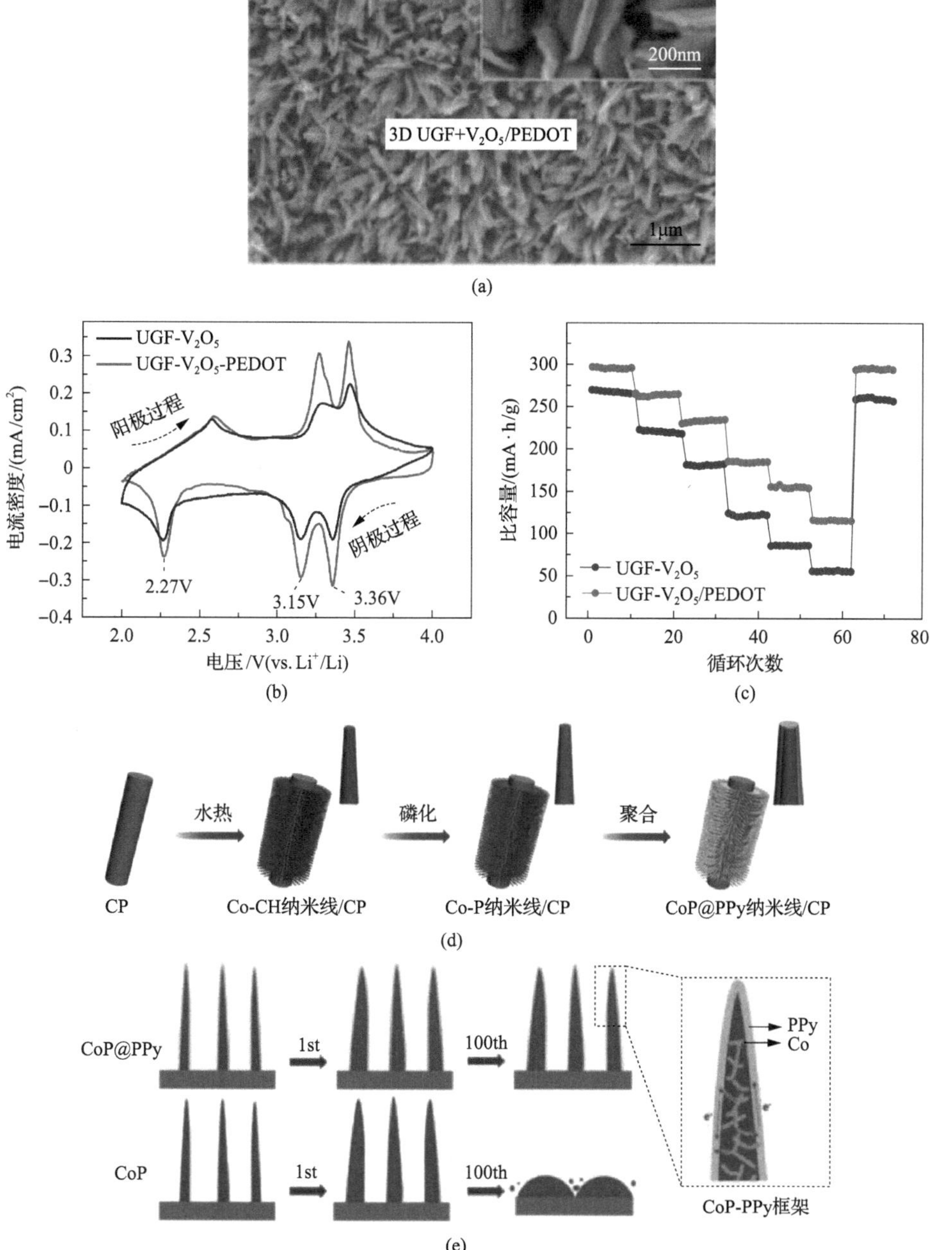

图 4-23　导电有机聚合物包覆改性[64, 65]

(a) UGF-V_2O_5/PEDOT 的 SEM 图片；(b) UGF-V_2O_5/PEDOT 和 UGF-V_2O_5 的 CV 曲线；(c) 倍率性能；(d) CoP@PPy 纳米线/CP 合成示意图；(e) CoP@PPy 纳米线/CP 和 CoP 纳米线/CP 循环过程中的形态变化示意图

小了表面能，防止材料聚集。因此，CoP@PPy 纳米线/CP 电极可在大电流密度和长循环过程中保持良好的电子电导率和快速的钠离子扩散。

4.4.4 碳包覆

碳包覆是最常见的一种材料结构调控改性方法。对材料进行碳包覆，一方面可以改善材料的电导率，另一方面可以提供稳定的电化学反应界面。通常情况下，碳包覆是通过有机碳源在惰性气氛下进行高温碳化，在材料表面形成一层保护层。相比于金属氧化物包覆和导电有机聚合物包覆，碳包覆有其特定的优势，并已成为改性正极材料性能的首选方法。

以 $LiFePO_4$ 正极材料为例，在 $LiFePO_4$ 颗粒表面进行的碳包覆包括原位体相碳包覆和分散碳包覆两种方式[66]：①原位体相包覆中，有机碳源一般都能与原料达到分子程度上的均匀混合，分解后的碳也就自然而然地均匀包覆在晶体表面。除此之外，这种均匀保护能有效抑制晶体颗粒的长大；②分散碳包覆不仅能有效阻隔晶体颗粒之间的接触，抑制晶体颗粒的长大，减少团聚现象，控制晶体形貌，而且碳均匀分散及包覆在 $LiFePO_4$ 的晶粒之间及表面，增加了电子和离子的电导率，降低了极化率，从而改善材料的反应活性和高倍率性能。同时无机碳作为常用的还原剂能有效防止 Fe^{2+}被氧化成 Fe^{3+}。

当然，碳的添加量需要保持在一个适量范围内，加入过多会降低 $LiFePO_4$ 材料的振实密度；碳含量过高则会在烧结的高温状态下将氧化铁还原为单质铁并产生与磷结合的 Fe_2P 杂相，降低 Li^+在脱嵌过程中的反应活性和循环稳定性，这将会降低材料的电化学性能[67-69]。

Zhang 等[70]通过原位合成的方法，首先制备了金属有机框架衍生的介孔碳框架材料，之后通过将液态的含钒前驱体渗透到碳框架中及随后氧化热处理，制备了具有正十二面体形状的 V_2O_5@C 复合材料。通过扫描电子显微镜和透射电子显微镜可观察到碳质框架中的大部分孔都被 V_2O_5 纳米颗粒填充，如图 4-24(a)～(f)所示。当多孔 V_2O_5@C 复合材料用作锂离子电池正极材料时，展示出了优异的电

(a)

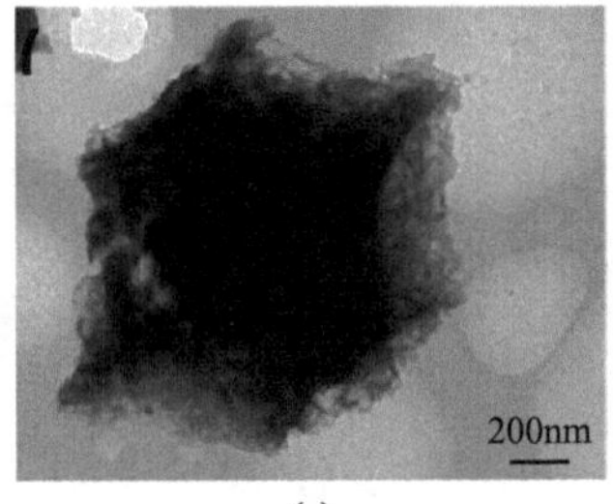

(c)

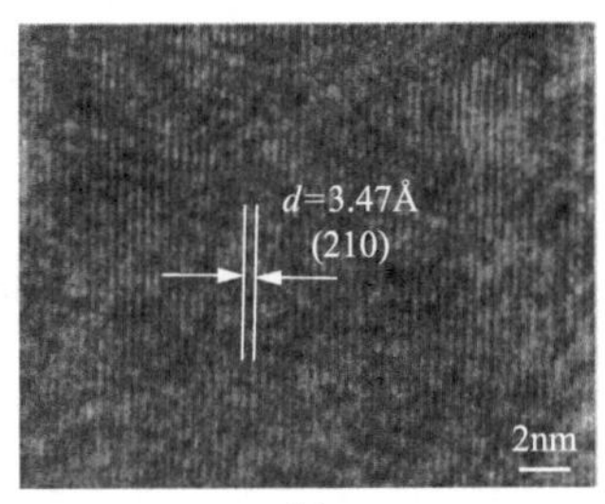

(e)

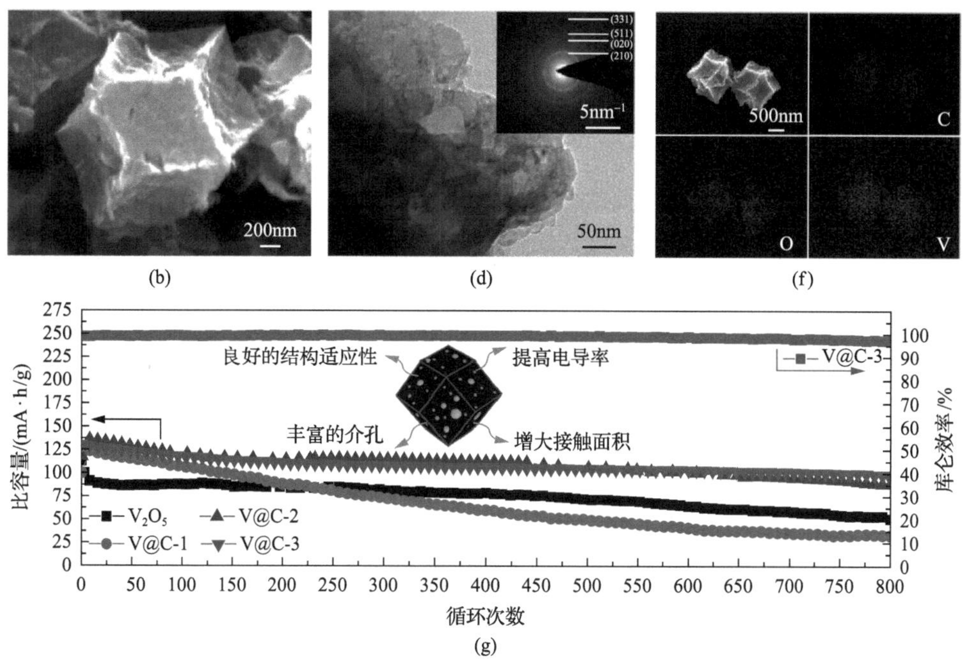

图 4-24　V_2O_5@C 复合材料的包覆表征与电化学性能改性[70]

(a)、(b)扫描电镜图像；(c)、(d)透射电镜图像，(d)的插图为选区电子衍射图；(e)高分辨率透射电镜图像；(f)元素分布图；(g)5 C 倍率下 V_2O_5@C 或 V_2O_5 的长循环性能

化学性能(图 4-24(g))。这可归因于 V_2O_5 和碳的协同效应。V_2O_5 纳米颗粒的尺寸较小，可以缩短锂离子的扩散距离，同时碳框架提高了复合材料的导电性，为循环过程中的体积变化提供了缓冲。

4.4.5　石墨烯包覆

石墨烯自发现以来，在科技界、产业界引发了持续的热潮，尤其是在我国，更是受到前所未有的追捧。相比于普通碳，石墨烯是具有单层原子厚度的层状碳材料，具有优良的电子导电性和化学性质，其作为包覆层通常可以助力材料获得更优的电化学性能，但并未有完全依靠石墨烯为主制备商业化电池的成功范例。

Cao 等通过熔融烃辅助固相反应法成功构筑了一种三维石墨烯笼子包覆的 $Na_3V_2(PO_4)_3$ 纳米片，如图 4-25(a)所示[71]。研究表明，三维石墨烯笼子可以极大地提高钠离子扩散和电子传输动力学，获得高容量和高倍率性能。同时石墨烯笼子有效抑制了高温热处理过程中 $Na_3V_2(PO_4)_3$ 纳米片的生长，始终保持纳米尺度，从而有效抑制了材料充放电过程中的体积变化，防止其团聚，实现超长循环寿命。Choi 等通过超声喷雾热分解法成功制备了一种三维 MoS_2-石墨烯复合钠离子电池负极材料[72]，如图 4-25(b)所示。测定的 Mo、S、C 元素分布图如图 4-25(c)所示，表明石墨烯与 MoS_2 在微球上均匀分布，形成了独特的包覆结构。三维石墨烯结构提高了材料的电子导电性，缓解了反应过程中的应力，降低了 Na^+嵌入的障碍，并在重复循环过程中为体积膨胀提供了空间。因此，三维 MoS_2-石墨烯复合材料具有良好的循环稳定性和良好的倍率性能。

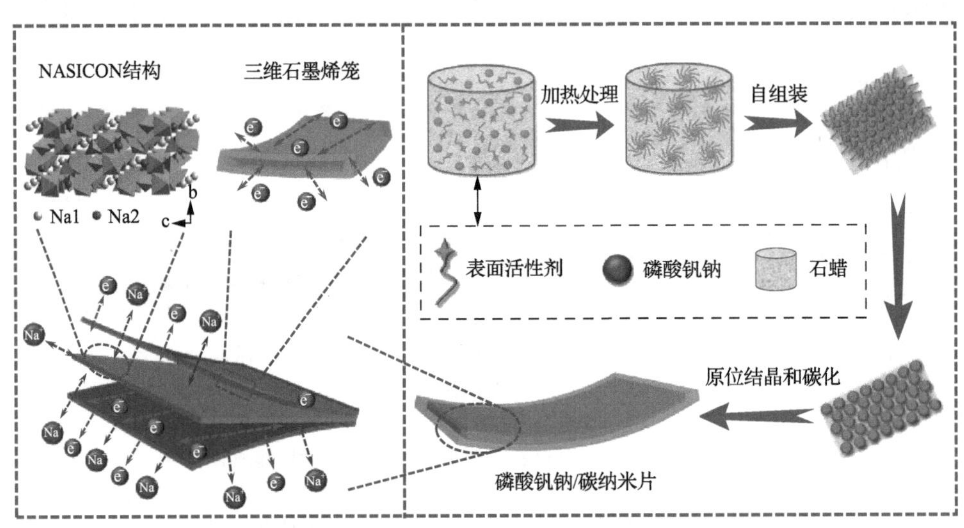

(a)

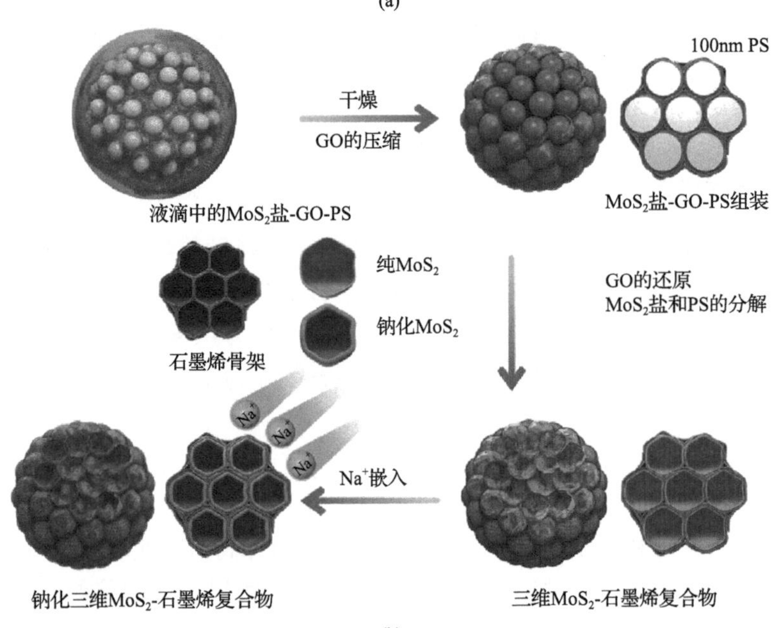

(b)

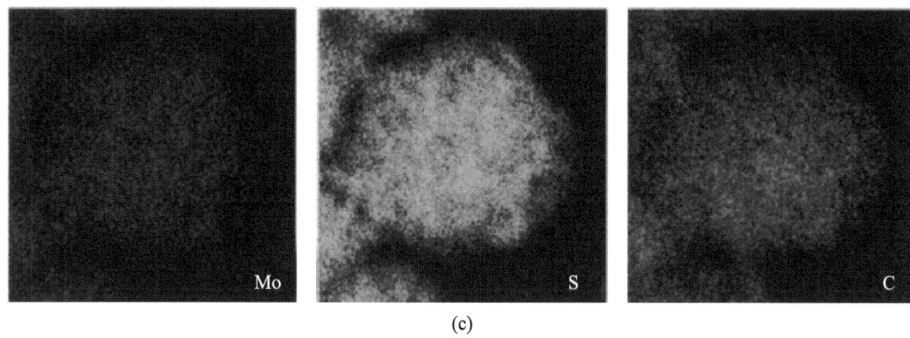

(c)

图 4-25　电极材料石墨烯包覆改性调控的组织演变

(a)三维石墨烯笼子包覆 $Na_3V_2(PO_4)_3$ 纳米片合成示意图；(b)三维 MoS_2-石墨烯复合材料的合成示意图；(c)元素分布图[71, 72]

4.5 本章小结

本章通过综述电极材料的体相结构调控、微纳形貌构筑和表界面改性等优化策略，从不同尺度、结构的层面深入分析了电极材料结构的相结构、形貌尺度及表界面特点与电化学性能之间的联系。通过不同调控手段协同实施，可实现电极材料电化学性能的进一步提高。

然而，在电极材料微结构调控方面仍然存在许多问题与难关。主要表现在：第一，目前报道的大部分调控手段虽然都有效提高了电极材料的电化学性能，但是由于对材料检测的片面性及当前检测手段的局限性，材料制备的可控性及材料的均匀性、稳定性都缺乏很好的保障；第二，目前大多数调控手段制备的电极材料都仍处于实验室研究的水平，能满足中试需求的技术还比较缺乏，离实际生产的需求距离明显。因此，特别需要产业工程技术人员以这些思路为基础，开展相关中试或工业规模的创新研究。

参考文献

[1] Cabana J, Monconduit L, Larcher D, et al. Beyond intercalation-based Li-ion batteries: The state of the art and challenges of electrode materials reacting through conversion reactions[J]. Adv Mater, 2010, 22 (35): 170-192.

[2] Huang Y, Zhao L, Li L, et al. Electrolytes and electrolyte/electrode interfaces in sodium-ion batteries: from scientific research to practical application[J]. Adv Mater, 2019, 31 (21): 1808393.

[3] Yang Y, Tang Y, Fang G, et al. Li^+ intercalated $V_2O_5 \cdot nH_2O$ with enlarged layer spacing and fast ion diffusion as an aqueous zinc-ion battery cathode[J]. Energy Environ Sci, 2018, 11 (11): 3157-3162.

[4] Yuan Y, Zhan C, He K, et al. The influence of large cations on the electrochemical properties of tunnel-structured metal oxides[J]. Nat Commun, 2016, 7 (1): 13374.

[5] Li B, Yan H, Ma J, et al. Manipulating the electronic structure of Li-rich manganese-based oxide using polyanions: Towards better electrochemical performance[J]. Adv Funct Mater, 2014, 24 (32): 5112-5118.

[6] Gao J, Shi S Q, Li H. Brief overview of electrochemical potential in lithium ion batteries [J]. Chinese Phys B, 2016, 25 (1): 018210.

[7] Goodenough J B, Kim Y. Challenges for rechargeable Li batteries[J]. Chem Mater, 2010, 22 (3): 587-603.

[8] Piao J Y, Sun Y G, Duan S Y, et al. Stabilizing cathode materials of lithium-ion batteries by controlling interstitial sites on the surface[J]. Chem, 2018, 4 (7): 1685-1695.

[9] Piao J Y, Gu L, Wei Z, et al. Phase control on surface for the stabilization of high energy cathode materials of lithium ion batteries[J]. J Am Chem Soc, 2019, 141 (12): 4900-4907.

[10] Koketsu T, Ma J, Morgan B J, et al. Reversible magnesium and aluminium ions insertion in cation-deficient anatase TiO_2[J]. Nat Mater, 2017, 16 (11): 1142-1148.

[11] Knight J C, Therese S, Manthiram A. Chemical extraction of Zn from $ZnMn_2O_4$-based spinels[J]. J Mater Chem A, 2015, 3 (42): 21077-21082.

[12] Wang G, Yang Y, Han D, et al. Oxygen defective metal oxides for energy conversion and storage[J]. Nano Today, 2017, 13: 23-39.

[13] Zeng Y, Lai Z, Han Y, et al. Oxygen-vacancy and surface modulation of ultrathin nickel cobaltite nanosheets as a high-energy cathode for advanced zn-ion batteries[J]. Adv Mater, 2018, 30(33): 1802396.

[14] Zhang N, Cheng F, Liu Y, et al. Cation-deficient spinel $ZnMn_2O_4$ cathode in $Zn(CF_3SO_3)_2$ electrolyte for rechargeable aqueous Zn-ion battery[J]. J Am Chem Soc, 2016, 138 (39): 12894-12901.

[15] 梁广川. 锂离子电池用磷酸铁锂正极材料[M]. 北京: 科学出版社: 2013.

[16] Guo Y, Huang Y, Jia D, et al. Preparation and electrochemical properties of high-capacity $LiFePO_4$-$Li_3V_2(PO_4)_3$/C composite for lithium-ion batteries[J]. J Power Sources, 2014, 246: 912-917.

[17] 梁叔全, 潘安强, 刘军, 等. 锂离子电池纳米钒基正极材料的研究进展[J]. 中国有色金属学报, 2011, 21(10): 2448-2464.

[18] Wang P F, Guo Y J, Duan H, et al. Honeycomb-ordered $Na_3Ni_{1.5}M_{0.5}BiO_6$(M=Ni、Cu、Mg、Zn) as high-voltage layered cathodes for sodium-ion batteries[J]. ACS Energy Lett, 2017, 2 (12): 2715-2722.

[19] Guo S, Liu P, Yu H, et al. A layered P2-and O3-type composite as a high-energy cathode for rechargeable sodium-ion batteries[J]. Angew Chem, 2015, 54 (20): 5894-5899.

[20] Pan A Q, Wu H B, Zhang L, et al. Uniform V_2O_5 nanosheet-assembled hollow microflowers with excellent lithium storage properties[J]. Energy Environ Sci, 2013, 6 (5): 1476-1479.

[21] Zhao Y, Han C, Yang J, et al. Stable alkali metal ion intercalation compounds as optimized metal oxide nanowire cathodes for lithium batteries[J]. Nano Lett, 2015, 15 (3): 2180-2185.

[22] Niu C, Liu X, Meng J, et al. Three dimensional V_2O_5/NaV_6O_{15} Hierarchical heterostructures: Controlled synthesis and synergistic effect investigated by in situ X-ray diffraction[J]. Nano Energy, 2016, 27: 147-156.

[23] Lu L, Wang H Y, Wang J G, et al. Design and synthesis of ZnO-NiO-Co_3O_4 hybrid nanoflakes as high-performance anode materials for Li-ion batteries[J]. J Mater Chem A, 2017, 5 (6): 2530-2538.

[24] Zhou W, Tay Y Y, Jia X, et al. Controlled growth of SnO_2@Fe_2O_3 double-sided nanocombs as anodes for lithium-ion batteries[J]. Nanoscale, 2012, 4 (15): 4459-4463.

[25] Qiao L, Wang X, Qiao L, et al. Single electrospun porous NiO-ZnO hybrid nanofibers as anode materials for advanced lithium-ion batteries[J]. Nanoscale, 2013, 5 (7): 3037-3042.

[26] Bresser D, Passerini S, Scrosati B. Leveraging valuable synergies by combining alloying and conversion for lithium-ion anodes[J]. Energy Environ Sci, 2016, 9 (11): 3348-3367.

[27] Lu Y, Yu L, Lou X W. Nanostructured conversion-type anode materials for advanced lithium-ion batteries[J]. Chem,

2018, 4 (5): 972-996.

[28] Luo L, Wu J, Xu J, et al. Atomic resolution study of reversible conversion reaction in metal oxide electrodes for lithium-ion battery[J]. ACS Nano, 2014, 8 (11): 11560-11566.

[29] Zhou G, Xu L, Hu G, et al. Nanowires for electrochemical energy storage[J]. Chem Rev, 2019, 119 (20): 11042-11109.

[30] Yu K, Pan X, Zhang G, et al. Nanowires in energy storage devices: Structures, synthesis, and applications[J]. Adv Energy Mater, 2018, 8 (32): 1802369.

[31] Mai L, Guo W, Hu B, et al. Fabrication and properties of VO_x-based nanorods[J]. J Phys Chem C, 2008, 112 (2): 423-429.

[32] Mai L Q, Hu B, Chen W, et al. Lithiated MoO_3 nanobelts with greatly improved performance for lithium batteries[J]. Adv Mater, 2007, 19 (21): 3712-3716.

[33] Mai L Q, Yang F, Zhao Y L, et al. Hierarchical $MnMoO_4$/$CoMoO_4$ heterostructured nanowires with enhanced supercapacitor performance[J]. Nat Commun, 2011, 2 (1): 381.

[34] Niu C, Meng J, Wang X, et al. General synthesis of complex nanotubes by gradient electrospinning and controlled pyrolysis[J]. Nat Commun, 2015, 6 (1): 7402.

[35] Mai L, Dong Y, Xu L, et al. Single nanowire electrochemical devices[J]. Nano Lett, 2010, 10 (10): 4273-4278.

[36] Fang G, Liang C, Zhou J, et al. Effect of crystalline structure on the electrochemical properties of $K_{0.25}V_2O_5$ nanobelt for fast Li insertion[J]. Electrochim Acta, 2016, 218: 199-207.

[37] Cai Y, Zhou J, Fang G, et al. $Na_{0.282}V_2O_5$: A high-performance cathode material for rechargeable lithium batteries and sodium batteries[J]. J Power Sources, 2016, 328: 241-249.

[38] Zhao Y, Peng L, Liu B, et al. Single-crystalline $LiFePO_4$ nanosheets for high-rate Li-ion batteries[J]. Nano Lett, 2014, 14 (5): 2849-2853.

[39] Liang S, Hu Y, Nie Z, et al. Template-free synthesis of ultra-large V_2O_5 nanosheets with exceptional small thickness for high-performance lithium-ion batteries[J]. Nano Energy, 2015, 13: 58-66.

[40] Wang J, Tang H, Zhang L, et al. Multi-shelled metal oxides prepared via an anion-adsorption mechanism for lithium-ion batteries[J]. Nat Energy, 2016, 1 (5): 16050.

[41] Ge P, Li S, Xu L, et al. Hierarchical hollow-microsphere metal-selenide@carbon composites with rational surface engineering for advanced sodium storage[J]. Adv Energy Mater, 2019, 9 (1): 1803035.

[42] Chao D, Zhu C, Xia X, et al. Graphene quantum dots coated VO_2 arrays for highly durable electrodes for Li and Na ion batteries[J]. Nano Lett, 2015, 15 (1): 565-573.

[43] Liu B, Zhang J G, Xu W. Advancing lithium metal batteries[J]. Joule, 2018, 2 (5): 833-845.

[44] Lu L L, Ge J, Yang J N, et al. Free-standing copper nanowire network current collector for improving lithium anode performance[J]. Nano Lett, 2016, 16 (7): 4431-4437.

[45] Zhao Y, Adair K R, Sun X. Recent developments and insights into the understanding of Na metal anodes for Na-metal batteries[J]. Energy Environ Sci, 2018, 11 (10): 2673-2695.

[46] Chao D, Zhu C R, Song M, et al. A high-rate and stable quasi-solid-state zinc-ion battery with novel 2D layered zinc orthovanadate array[J]. Adv Mater, 2018, 30 (32): 1803181.

[47] Zhang H, Nai J, Yu L, et al. Metal-organic-framework-based materials as platforms for renewable energy and environmental applications[J]. Joule, 2017, 1 (1): 77-107.

[48] Dang S, Zhu Q L, Xu Q. Nanomaterials derived from metal-organic frameworks[J]. Nat Rev Mater, 2017, 3 (1): 17075.

[49] Cao X, Zheng B, Rui X, et al. Metal oxide-coated three-dimensional graphene prepared by the use of metal-organic frameworks as precursors[J]. Angew Chem, 2014, 53 (5): 1404-1409.

[50] Chen H, Shen Z, Pan Z, et al. Hierarchical micro-nano sheet arrays of nickel-cobalt double hydroxides for high-rate Ni-Zn batteries[J]. Adv Sci, 2019, 6 (8): 1802002.

[51] Zhang Y, Su Q, Xu W, et al. A confined replacement synthesis of bismuth nanodots in mof derived carbon arrays as binder-free anodes for sodium-ion batteries[J]. Adv Sci, 2019, 6 (16): 1900162.

[52] Zhang Y, Pan A, Ding L, et al. Nitrogen-doped yolk-shell-structured CoSe/C dodecahedra for high-performance sodium ion batteries[J]. ACS Appl Mater Inter, 2017, 9 (4): 3624-3633.

[53] Zhang Y F, Pan A Q, Wang Y P, et al. Self-templated synthesis of N-doped $CoSe_2$/C double-shelled dodecahedra for high-performance supercapacitors[J]. Energy Storage Mater, 2017, 8: 28-34.

[54] Jeon J W, Sharma R, Meduri P, et al. In situ one-step synthesis of hierarchical nitrogen-doped porous carbon for high-performance supercapacitors[J]. ACS Appl Mater Inter, 2014, 6 (10): 7214-7222.

[55] Meng F, Fang Z, Li Z, et al. Porous Co_3O_4 materials prepared by solid-state thermolysis of a novel Co-MOF crystal and their superior energy storage performances for supercapacitors[J]. J Mater Chem A, 2013, 1 (24): 7235-7241.

[56] Zheng F, Yang C, Xiong X, et al. Nanoscale surface modification of lithium-rich layered-oxide composite cathodes for suppressing voltage fade[J]. Angew Chem, 2015, 54 (44): 13058-13062.

[57] Liu W, Oh P, Liu X, et al. Countering voltage decay and capacity fading of lithium-rich cathode material at 60℃ by hybrid surface protection layers[J]. Adv Energy Mater, 2015, 5 (13): 1500274.

[58] Zhang X, Belharouak I, Li L, et al. Structural and electrochemical study of Al_2O_3 and TiO_2 coated $Li_{1.2}Ni_{0.13}Mn_{0.54}Co_{0.13}O_2$ cathode material using ALD[J]. Adv Energy Mater, 2013, 3 (10): 1299-1307.

[59] Zhao E, Liu X, Zhao H, et al. Ion conducting Li_2SiO_3-coated lithium-rich layered oxide exhibiting high rate capability and low polarization[J]. Chem Commun, 2015, 51 (44): 9093-9096.

[60] Zhang X D, Shi J L, Liang J Y, et al. Suppressing surface lattice oxygen release of Li-rich cathode materials via heterostructured spinel $Li_4Mn_5O_{12}$coating[J]. Adv Mater, 2018, 30(29): 1801751.

[61] Kraytsberg A, Drezner H, Auinat M, et al. Atomic layer deposition of a particularized protective MgF_2 film on a Li-Ion battery $LiMn_{1.5}Ni_{0.5}O_4$ cathode powder material[J]. Chemnanomat, 2015, 1 (8): 577-585.

[62] Sun Y K, Lee M J, Yoon C S, et al. The role of AlF_3 coatings in improving electrochemical cycling of Li-enriched nickel-manganese oxide electrodes for Li-ion batteries[J]. Adv Mater, 2012, 24 (9): 1192-1196.

[63] Liu J, Tang S, Lu Y, et al. Synthesis of Mo_2N nanolayer coated MoO_2 hollow nanostructures as high-performance anode materials for lithium-ion batteries[J]. Energy Environ Sci, 2013, 6 (9): 2691-2697.

[64] Chao D, Xia X, Liu J, et al. A V_2O_5/conductive-polymer core/shell nanobelt array on three-dimensional graphite foam: A high-rate, ultrastable, and freestanding cathode for lithium-ion batteries[J]. Adv Mater, 2014, 26 (33): 5794-5800.

[65] Zhang J, Zhang K, Yang J, et al. Bifunctional conducting polymer coated CoP core-shell nanowires on carbon paper as a free-standing anode for sodium ion batteries[J]. Adv Energy Mater, 2018, 8 (20): 1800283.

[66] Chen Q, Wang J, Tang Z, et al. Electrochemical performance of the carbon coated $Li_3V_2(PO_4)_3$ cathode material synthesized by a sol-gel method[J]. Electrochim Acta, 2007, 52 (16): 5251-5257.

[67] Jin C, Zhang X, He W, et al. Effect of ion doping on the electrochemical performances of $LiFePO_4$-$Li_3V_2(PO_4)_3$ composite cathode materials[J]. Rsc Adv, 2014, 4 (30): 15332-15339.

[68] Wang J, Liu J, Yang G, et al. Electrochemical performance of $Li_3V_2(PO_4)_3$/C cathode material using a novel carbon source[J]. Electrochim Acta, 2009, 54 (26): 6451-6454.

[69] Lim J, Kang S W, Moon J, et al. Low-temperature synthesis of $LiFePO_4$ nanocrystals by solvothermal route[J]. Nanoscale Res Lett, 2012, 7(1): 1-7.

[70] Zhang Y, Pan A, Wang Y, et al. Dodecahedron-shaped porous vanadium oxide and carbon composite for high-rate lithium ion batteries[J]. ACS Appl Mater Inter, 2016, 8 (27): 17303-17311.

[71] Cao X X, Pan A Q, Liu S N, et al. Chemical synthesis of 3D graphene-like cages for sodium-ion batteries applications[J]. Adv Energy Mater, 2017, 7 (20): 1700797.

[72] Choi S H, Ko Y N, Lee J K, et al. 3D MoS_2-graphene microspheres consisting of multiple nanospheres with superior sodium ion storage properties[J]. Adv Funct Mater, 2015, 25 (12): 1780-1788.

第 5 章　电极材料的制备方法

5.1　引　　言

众所周知，材料科学与工程是研究材料组成、结构、生产过程、材料性能与使用性能及它们之间关系的学科。因而把组成与结构、合成与生产过程、性质及使用效能称为材料科学与工程的四个基本要素。把四个要素连结在一起构成了一个四面体，如图 5-1 所示。电极材料制备在二次电池材料科学研究、生产实践中始终占据非常重要的位置，因此材料制备工艺和过程对电极材料的微观结构和性能具有重要的影响。

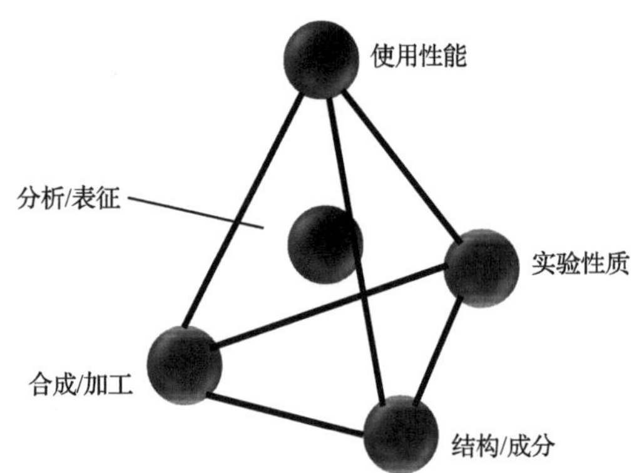

图 5-1　材料科学与工程四大要素关系图

电极材料的组成、尺寸、形貌影响着材料性能，而组成、结构、形貌又受制于材料合成的制备方法。这里电极材料的合成与制备包含两层意思：其一，材料合成一般指合成具有特定物相或晶型的物质，具有化学意义；其二，材料制备是将各种物质制备成特定尺寸和形态的材料，更具材料学意义。近代材料科学与工程发展的一个最显著的特征就是材料结构的进一步微纳米化和控制精细化。

众所周知，随着材料尺度减小到纳米范围，材料本征性能会发生显著的改变。这主要得益于纳米材料特殊的表界面和晶格结构产生的四大效应，即表面效应、界面效应、小尺寸效应和量子效应。对应二次电池的电极材料，材料微纳米化后，金属离子在电极材料中嵌入/脱出的深度小、行程短，电极在大电流充放电下的极化程度小、可逆容量高、循环寿命长；同时，纳米材料的高孔隙率为电解液的浸润和金属离子的输运提供了快捷的通道，从而进一步提高了输出容量和快速充放电的性能。

纳米材料在电极材料研发领域占据重要地位。制备出清洁、成分可控、高振实密度、粒度均匀的微纳米粉体材料是制备工艺研究的重要目标。因此，如何控制纳米材料，尤其是界面的化学成分及其均匀性，以及如何控制晶粒尺寸分布是制备工艺研究的主要课题。对电极粉体材料的制备方法目前主要有三种分类方式，如图 5-2 所示。第一种根据制备原料相态划分，可分为固相法、液相法及气相法；第二种按照反应物湿度状态分，可分为干法和湿法；第三种以制备过程中物理化学反应类型来分，可分为物理法和化学法两大类，其中物理法包括固相法、喷雾热解法、静电纺丝法、模板法和机械合金化法等，化学法包括溶胶-凝胶法、水热(溶剂热)法、化学气相沉积法等。

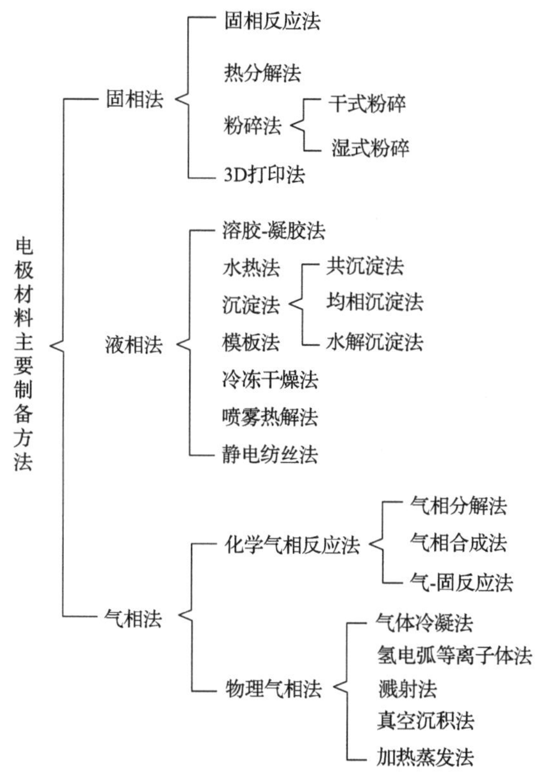

图 5-2　电极材料的主要制备方法

此外，根据微纳米电极材料加工方式的不同，可分为“自上而下(top-down)”和“自下而上(bottom-up)”法。前者是指通过微加工或固态技术不断在尺寸上将材料微型化；后者是指以原子、分子为基本单元，根据人们的意愿进行设计和组装，从而构筑成具有特定功能的材料，主要是利用化学合成技术。

经过近些年的发展，目前，已发展出一些比较有代表性的制备方法，主要包括固相反应法、溶胶-凝胶法、水热法、模板法、静电纺丝法和化学气相沉积法等[1,2]。

5.2　主要制备方法

5.2.1　固相反应合成法

固相反应合成法分为高温固相反应合成法和低温固相反应合成法[3]。高温固相反应合成法是目前二次电池材料科学研究和工业生产中应用最为广泛和成熟的制备方法，已广泛应用于正极材料中无机化合物的合成制备。该法的主要合成流程如图 5-3(a)所示。主要过程有：①按化学计量比一次性称取所有原料；②将所得的原料混合物进行高能球磨(干磨或加入介质湿磨)；③在高温下进行煅烧。高温下的固相反应原理如图 5-3(b)所示。

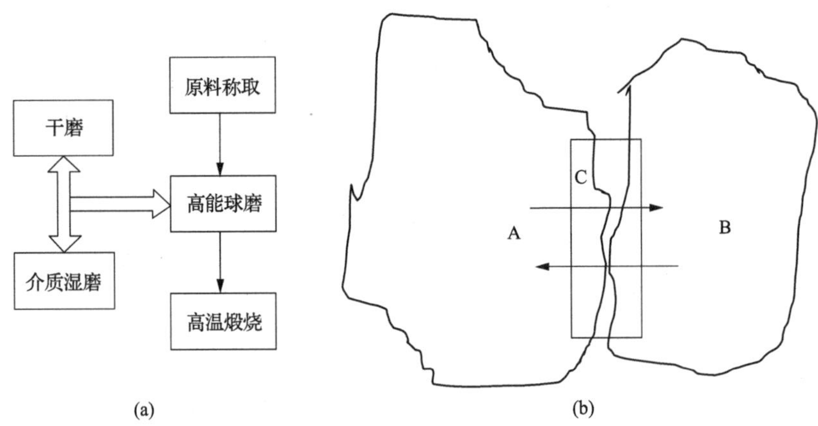

图 5-3　二次电池材料高温固相反应合成制备

(a)流程图；(b)高温固相反应原理图

高温固相反应合成过程可分为扩散-反应-成核-生长四个阶段：①在反应热力学与动力学的驱动下，参与固相化学反应的反应物组元首先进行互扩散，由组元 A 到组元 B 和由组元 B 到组元 A；②参与反应的组元经过充分扩散、混合及接触发生化学反应，生成新相产物原子团簇 C；③当产物原子团簇积累到一定大小时，出现产物的晶核；④晶核生长到一定大小后形成产物的独立晶相。其中最重要的是相邻颗粒之间的界面构筑和界面反应，如图 5-3(b)所示。

由于高温固相反应中最主要的反应首先发生在反应物组元的接触界面，新相产物的晶核也会最先生成，并通过持续的组分扩散和原子迁移长大，形成产物相。随着时间的不断延长，产物相越来越多，反应物越来越少，直到反应组元全部转化为目标产物。因此，对原料的充分研磨十分重要，这样一方面可以让组分均匀分散、颗粒接触更为紧密充分、粒子间的物理吸附提高、反应过程中元素的有效扩散速率和效率提高，另一方面相应地也会降低合成温度，防止合成产物的长大粗化，并节约能源等。

该法的主要优点：①制备工艺简单；②应用范围广，几乎所有材料都可以使用或是部分用该方法来制备；③实验可控性强，只需一次将化学计量比的组分均匀混合，经高温处理后，大多都能合成出预期的材料。

该法也存在一些缺点：①反应温度高和保温时间较长，能耗高；②高温长时间煅烧导致产物颗粒尺度较大，不利于材料本征性能的发挥；③反应物物料的混合程度很难达到原子、分子尺度，造成同一温度下不同微区的热力学平衡不同，反应不完全，进而生成杂质相；④产物形貌难以控制，材料性能不稳定。因此在大规模生产应用中，单一的高温固相合成法难以满足实际需求，通常与其他方法综合使用。

高温固相合成法已成功用于工业规模合成磷酸铁锂（$LiFePO_4$）和磷酸铁锂/磷酸钒锂复合正极材料。按化学计量比称取固体原料前驱体，用球磨机（砂磨机）研磨到一定粒度范围以下，各物料均匀混合的同时接触充分，干燥后在惰性气氛或是具有一定还原性气氛中经 500～800℃高温煅烧可得产物。气氛控制是为了防止 Fe^{2+}和 V^{3+}在高温下被氧化成 Fe^{3+}和 V^{5+}而生成杂质，杂质化合物会明显劣化 $LiFePO_4$ 和 $Li_3V_2(PO_4)_3$ 的电化学性能。

曹国忠等[4]用 $VO(C_5H_7O_2)_2$ 作为钒源和碳源，采用高温固相反应法合成了碳包覆的核壳结构 Li_3VO_4/C，如图 5-4 所示。由图可见，Li_3VO_4/C 的颗粒尺寸在 20～75nm，$VO(C_5H_7O_2)_2$ 高温热解碳可以抑制颗粒生长。此碳包覆的 Li_3VO_4 作为锂离子电池负极材料表现出优异的倍率性能，在 0.1C、10C 和 80C 的倍率下分别具有 450mA·h/g、340mA·h/g 和 106mA·h/g 的可逆容量。其循环稳定性也较好，在 10C 的倍率下循环 2000 次仍保持了 80%的比容量。

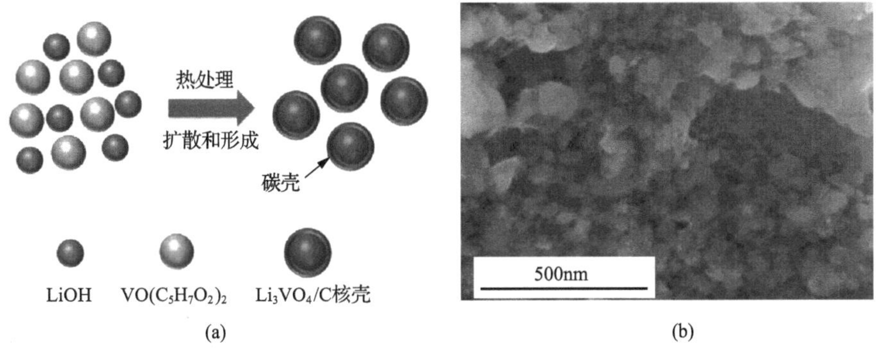

图 5-4 高温固相法合成碳包覆钒酸锂

（a）示意图；（b）典型微结构[4]

Fang 等[5]采用机械辅助高温固相法合成了结晶性良好的 $Na_3V_2(PO_4)_3$ 纳米颗粒，随后在化学气相沉积(chemical vapor deposition，CVD)辅助下用分级结构的碳框架进行了修饰，其合成过程如图 5-5(a)所示。分级结构的碳框架是由石墨状二维碳和碳管交联组成的，粒度达 100～500nm，如图 5-5(b)所示，该结构可以有效提升电子的传输速率和在钠离子脱嵌过程中的结构稳定性。

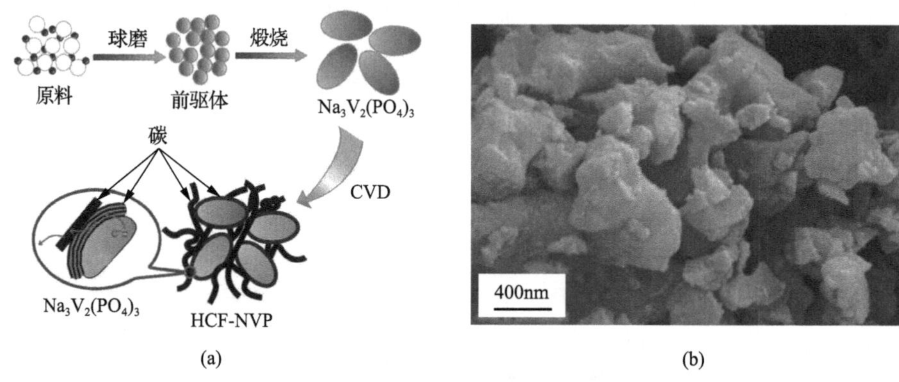

图 5-5　固相法合成分级结构碳包覆磷酸钒钠

(a)示意图；(b)典型微结构[5]

低温固相反应法又称为“软化学法”，相对于高温固相法，其前期的合成温度比较低或经过软化学处理，这一概念首先由南京大学忻新泉教授提出[6]。传统固相合成反应所得到的是热力学稳定的产物，而那些介稳中间产物或动力学控制的化合物通常只能在较低温度下存在，它们在高温时分解或重组成热力学稳定的产物。为了得到介稳态固相反应产物，扩大材料的选择范围，所以有必要降低固相反应温度。

到 20 世纪中期，人们才真正地涉足室温和近室温下的固相反应。低温合成技术由于可以得到高纯度、化学成分配比准确、各组分分布均匀的产物以及反应条件温和、操作简单等诸多优点而备受青睐。低温固相反应法在整个反应中不需要水或其他溶剂做介质，它具有高选择性、高产率、低能耗、工艺过程简单、安全环保等特点，拥有巨大的潜在应用价值[7]。加热氰酸铵制备尿素(Wohler 反应)是一个典型的低温固相反应。

低温固相反应的特点和规律：①需要潜伏期，只有经过潜伏期的混合物，才能将反应体系升高到一定的温度后引发反应；②无化学平衡，合成反应一旦被引发，一般可以进行到底；③拓扑化学控制原理，各反应物的晶格排列高度有序，晶格分子的移动较困难，只有当合适取向的分子足够靠近时，才能提供合适的反应中心，使固相反应得以进行；④分步反应，固相化学反应可通过控制反应物配比和合适的反应温度等条件实现分步反应，并使反应停留在中间态下。

Jiang 等[8]采用一种等离子增强低温固相反应法，制备了锂离子电池尖晶石结构 $LiMn_2O_4$ 正极材料，制备的尖晶石 $LiMn_2O_4$ 粉末粒径尺度在 400nm 左右，如图 5-6 所示。由于颗粒尺寸较小且分布均匀，在锂离子电池中显示出较高的放电容量和优异的循环稳定性。

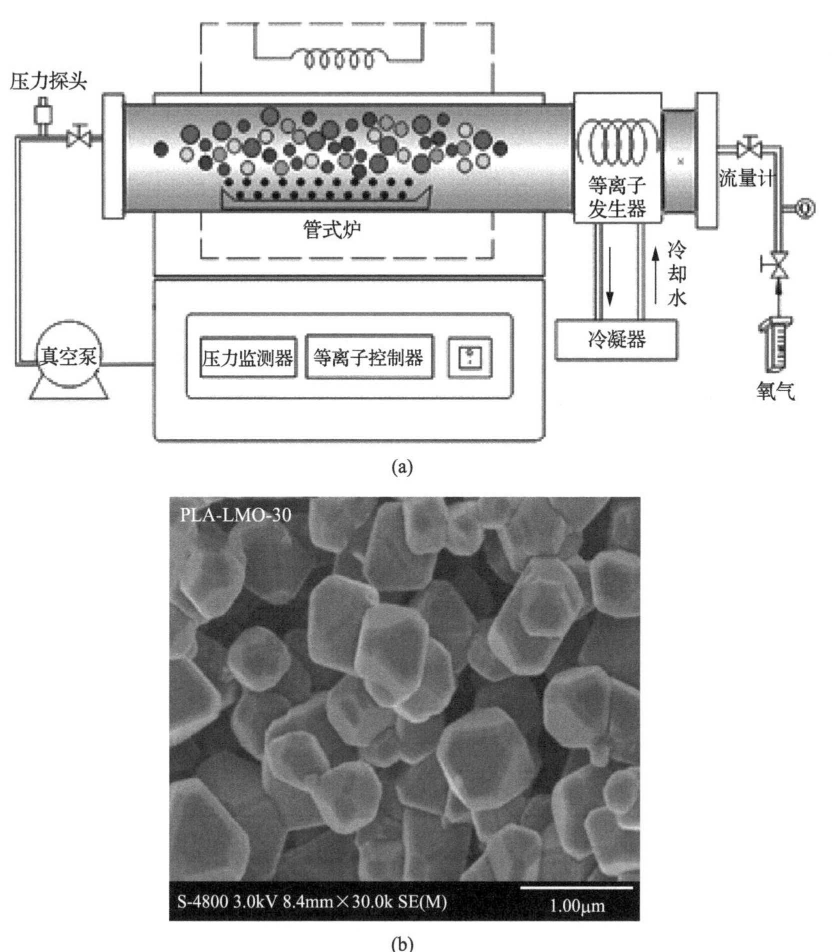

图 5-6　低温固相反应法制备尖晶石 $LiMn_2O_4$ 正极材料

(a)示意图；(b)典型微结构[8]

5.2.2　溶胶-凝胶法

溶胶-凝胶合成法是通过溶胶过程将金属有机或无机化合物在原子或离子尺度水平均匀混合，再经陈化凝胶、干燥过程，并在适当温度下煅烧，实现材料合成的方法。该法不仅可以有效降低最佳合成温度并减少保温时间，还可以明显优化产物的理化性能，如颗粒度、纯度、一致性及电化学性能。

溶胶-凝胶法的主要工艺流程如图 5-7 所示。其主要过程包括以下步骤：①溶胶的制备：首先将含有螯合剂的原料按化学计量比溶于溶剂中，通过螯合剂的水解聚合反应生成溶胶，为加快反应过程和防止离子水解，需要控制反应温度或添加适量的无机酸调节 pH。②溶胶-凝胶转化：在不断加热搅拌的过程中，随着溶剂的不断挥发，溶液中的单体组分不断缩聚成的较大的分子链，溶液黏稠度也会越来越大，流动性越来越差，直至形成几乎没有流动性的凝胶。③凝胶干燥：继续加热系统，溶胶将转变成没有流动性的凝胶，再经更高温度或是低温冷冻干燥后成固相前驱体混合物。④煅烧：混合物经充分研磨后在一定气氛下，在低于常规固相反应合成法的温度下进行煅烧，并适当保温获得预期产物。

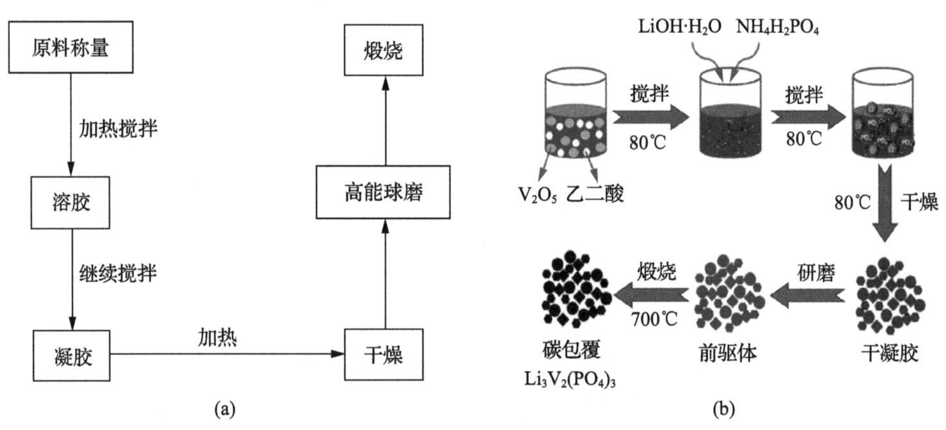

图 5-7　电极材料溶胶-凝胶法制备

(a) 流程图；(b) $Li_3V_2(PO_4)_3$ 制备[9]

以溶胶-凝胶法制备 $Li_3V_2(PO_4)_3$ 的过程，如图 5-7(b) 所示[9]。首先是将螯合剂(草酸)与化学计量比的 V_2O_5 置于水溶剂中在 80℃进行加热反应，溶液变成蓝色透明的草酸钒溶液 $VO—(OCO—COO^-)_2$；在上述溶液中加入化学计量比的 $LiOH·2H_2O$ 和 $(NH_4)H_2PO_4$，继续加热搅拌，水不断挥发，溶液中的草酸钒 $VO—(OCO—COO^-)_2$ 不断缩聚成较大的分子链[—OC—VO—CO—]，直至溶剂挥发完全并经过充分干燥后成绿色的固态凝胶；充分研磨后，得到组分分散均匀的前驱体混合物，在 700℃高温下煅烧得到产物。

溶胶-凝胶法不仅可用于制备微纳米粉体材料，而且也可用于制备薄膜、纤维、体材和复合材料。其具有非常多的优点。①化学均匀性好，由于在溶胶凝胶的过程中，溶胶由溶液制得，化合物在分子或离子水平混合，故胶粒内及胶粒间的化学成分完全一致。此外，对于材料的元素掺杂改性有很大的优势，一般都不会形成个别元素分离、偏析的区域。②反应过程基本都是在可视性的环境下进行，易于控制并及时调整，安全性和可控性较高、相比于固相法有着极低的煅烧温度、工艺流程耗时短、对硬件设置要求和能耗不高等。③产品颗粒粒度小且均匀、结晶度高，通常晶体表面具有亚稳相或其微观形貌为多孔状，故比较容易通过纳米效应改善材料性能，尤其是对于固相法难以合成或合成后性能达不到要求的过渡金属氧化物。

本书作者团队[10]借助科琴碳黑作为硬模板，采用溶胶-凝胶法成功合成了多孔 V_2O_5 纳米材料，合成过程如图 5-8 所示。V_2O_5 粉末的结晶性良好，颗粒尺寸在 50～100nm，且具有丰富的孔隙，可促进电解质渗透、锂离子扩散和电子传输。因此，作为锂离子电池正极材料，其表现出良好的倍率性能（8C 倍率下比容量为 88.6mA·h/g）和容量保持率（在 100mA/g 电流密度下循环 50 次，容量保持率为 94.6%）。

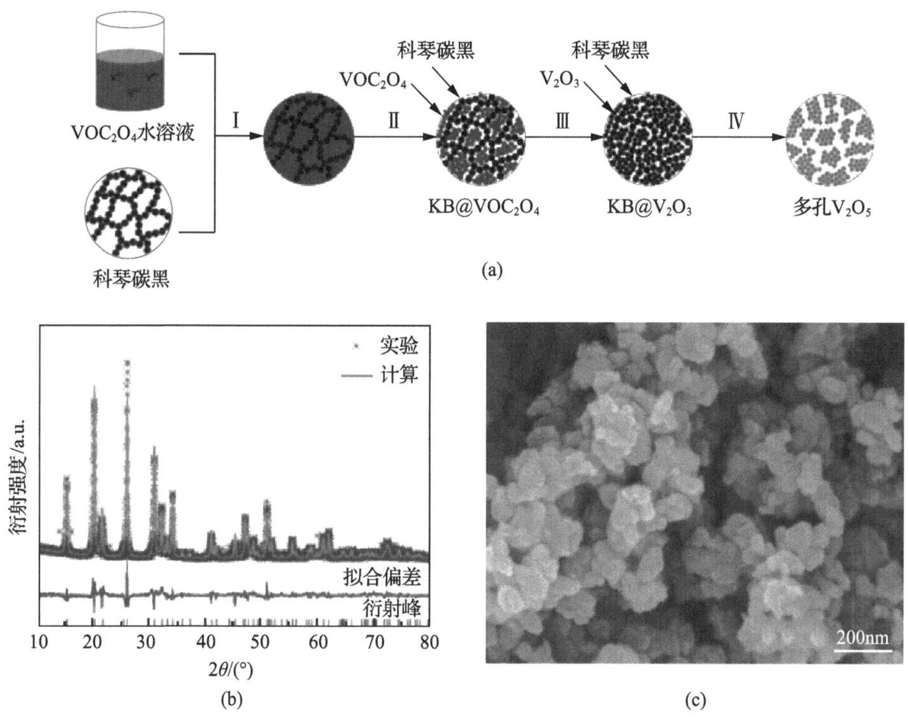

图 5-8　溶胶-凝胶法制备多孔 V_2O_5 正极材料

(a)示意图；(b)物相表征；(c)微结构[10]

溶胶-凝胶法也有一些缺点：①一般前驱体需要过滤和冲洗，需要耗费较多的溶剂，如果是有机溶剂，制备成本会有所增加。②制备效率偏低，周期较长，规模制备可控性相对较低。③凝胶中存在大量微孔，在干燥过程中将会逸出许多气体及有机物，并产生收缩。这些缺点是可以通过溶剂回收、优化工艺适当规避和克服的，所以并不影响该方法在小规模应用上发挥其优势。

如果溶胶-凝胶法与其他处理方法配合应用，不仅能确保溶胶-凝胶法的各种优点，也能在很大程度上规避其缺点，极大降低工艺条件要求，拓宽溶胶-凝胶法在新材料合成上的应用。例如，最常用的是其与高温固相反应合成法配合使用，能有效降低煅烧温度、控制产物形貌、提高产物结晶度、扩大固相反应合成法的适用范围、增加产量、降低成本等，也极大地提高了溶胶-凝胶法在工业生产中的适用性。

5.2.3　水热法

水热过程是指在高温、高压下在水溶液或蒸气等流体中所进行的有关化学反应的总称。水热条件能使通常难溶或不溶的物质溶解，加速离子反应并促进水解反应。在常温常压下一些从热力学分析可以进行的反应，通常因其反应速度极慢，以至于在实际上没有价值。但在水热条件下却可能使反应得以实现。水热法是制备结晶良好、无团聚粉体的一种优选方法。水热法制备纳米材料的流程如图 5-9(a)所示：按化学计量比称取原料，并在一定的溶剂中加热搅拌，均匀混合，并调节好 pH 值；将上述溶液或混合物倒入聚四氟乙烯的水热釜内胆中，而内胆置于钢质水热外壳内，并在设定温度下反应一定时间，自然冷却到室温；将反应产物经过滤或离心沉积，充分洗涤后在一定条件下干燥，经过充分研磨后得到产物。

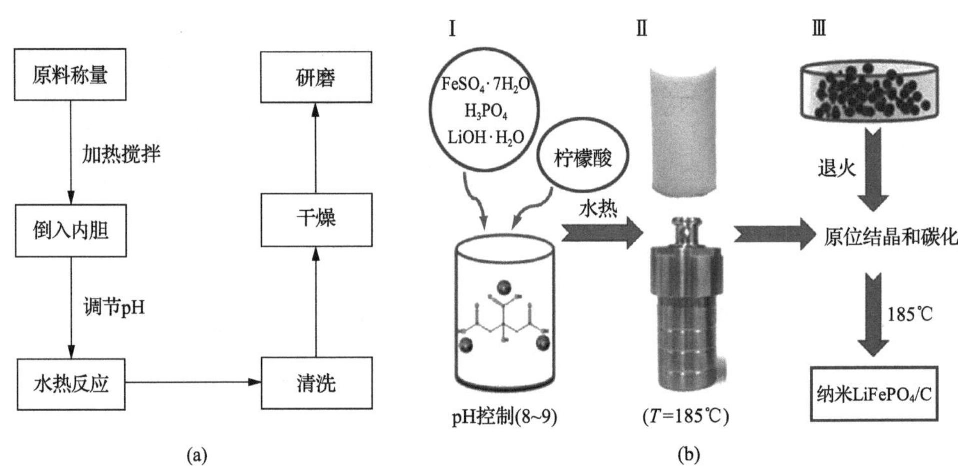

图 5-9　电极材料水热法合成制备

(a)流程示意图；(b) $LiFePO_4$ 水热法合成流程图

以水热法制备 $LiFePO_4$ 纳米材料为例介绍水热法合成过程，如图 5-9(b)所示：①将化学计量比的 $FeSO_4·7H_2O$、H_3PO_4 和 $LiOH·H_2O$ 及螯合剂柠檬酸加入水热釜内胆中，加热搅拌，并调节 pH 为 8～9，Fe^{2+}被螯合剂俘获，形成组分均匀分散的溶液；②将内胆置于反应釜中，再将反应釜置于水热箱中，在 185℃下保温 12 h，其后冷却到室温。在水热过程中，反应釜内的局部区域产生温度差，这些均匀分散的分子或离子在低温区形成过饱和溶液，从而结晶成 $LiFePO_4$，且螯合剂柠檬酸也将被碳化并包覆在 $LiFePO_4$ 表面。

水热法具有如下优点：①相对低的反应温度，避免在高温处理过程中可能形成的产物粉体硬团聚；②在密闭容器中进行，避免组分的挥发，减轻对环境的污染；③工艺相对较简单，可直接得到分散且结晶良好的产物粉体；④生成产物的结晶性好，粒径小且均匀，一般都会集中在几十到几百纳米的范围内。

本书作者团队利用水热法合成了嵌入三维石墨烯网络的 $Na_3V_2(PO_4)_2F_3$ 复合材料[11]，如图 5-10(a)所示。合成材料中每一颗 $Na_3V_2(PO_4)_2F_3$ 方块都被膜状的石墨烯完整地包裹着，$Na_3V_2(PO_4)_2F_3$ 方块的尺寸约为 2 μm，如图 5-10(b)和(c)所示。石墨烯的使用不仅提高了材料本身的导电性，并且有效缓解了材料在嵌入和脱出 Na^+ 离子时的应力和体积的变化。当其被用于钠离子电池正极时，$Na_3V_2(PO_4)_2F_3$@rGO 展现了优异的循环稳定性和倍率性能。在 0.5C 的倍率下(1C 对应 128mA/g)，$Na_3V_2(PO_4)_2F_3$@rGO 的首次放电比容量为 120mA·h/g，循环 50 次后，放电容量能保持 113mA·h/g，在 10C 的高倍率下，其比容量为 90mA·h/g。

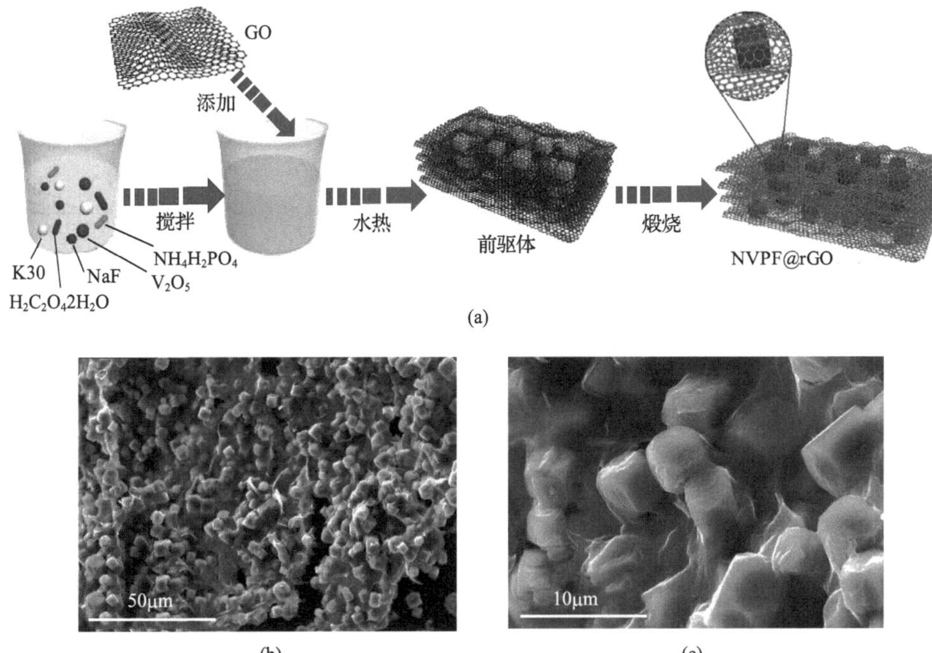

图 5-10　水热反应法制备微立方体状 $Na_3V_2(PO_4)_2F_3$@三维石墨烯复合材料

(a)示意图；(b)低倍数 SEM 图片；(c)高倍数 SEM 图[11]

本书作者团队[12]还提出了一种合成三维碳包覆 $Li_3V_2(PO_4)_3$ 分级微米球的溶

剂热方法，如图 5-11(a)所示。通过改进溶剂热反应的条件可让 $Li_3V_2(PO_4)_3$ 产物从一维结构向二维结构纳米片、三维结构微米花和微米球转变。表面活性剂聚乙烯吡咯烷酮(PVP)在该反应中发生交联反应生成 PVP 基水凝胶，最后被转化为表面被三维碳包覆且二次颗粒尺寸在 3μm 左右的 $Li_3V_2(PO_4)_3$ 分级微米球，如图 5-11(b)所示。该材料用作锂离子电极正极材料时表现出了优异的倍率性能和循环稳定性，在 50C 的倍率下具有 105.3mA·h/g 的初始容量，循环 5000 次后，放电比容量还能保持 85mA·h/g，保持率达 80.7%。

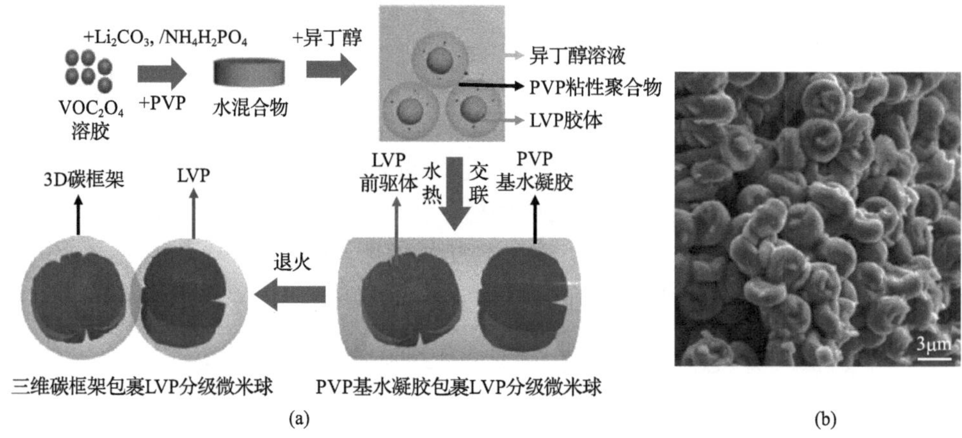

图 5-11 水热反应法制备 $Li_3V_2(PO_4)_3$/C 正极材料

(a)示意图；(b)典型微结构[12]

水热法也有缺点，主要有：①需要在高温、高压且密闭的环境下进行反应，存在爆炸的危险，大规模制备时危险更高，如将该法应用于工业化规模生产时，会对设备提出极高的要求，从而大大增加成本；②反应在非可视性条件下进行，对工艺过程中发生的反应和现象变化的可控性不高，无法及时而有效地进行调节和改变；③反应时间较长，一般都会在 10h 以上，也会带来成本的增加；④水热法所生产或制备的材料颗粒小、孔隙率高，材料的振实密度等相对其他方法偏低，而无法在应用中体现能量密度的优势。

5.2.4 模板法

模板法是合成纳米材料一种简单且普遍适用的合成方法。它利用基质材料中的空隙或外表面作为模板，结合电化学沉积、溶胶-凝胶和化学气相沉积等技术，使物质原子或离子沉积到模板中形成特定纳米结构的材料。模板在合成中具有双重功效，既是定型剂，又是稳定剂，可以分为两类：硬模板和软模板。硬模板是指具有特定形貌结构的材料，如多孔氧化铝、纳米管、多孔 Si 模板、金属模板及经过特殊处理的多孔高分子薄膜等。软模板则是由表面活性剂构成的各种有序聚合物，包括胶团、反相胶团、囊泡、生物大分子等。两者的共性是都能提供一个限域的反应空间，区别在于前者提供的是静态孔道，后者提供的是动态平衡的空腔。

该法相较于其他制备方法的最大优势在于：可以预先根据合成材料的大小和形貌要求，设计出孔径和孔道尺寸可控的材料作为主体模板，然后在其空隙或外表面生成作为客体的纳米材料，因此该法可灵活调控纳米材料的尺寸、形貌、均匀性和周期性，实验装置简单、反应条件温和。目前，该法已被广泛应用于电极材料的合成中。

1999 年，Patrissi 等用模板法合成了一系列多晶 V_2O_5 纳米棒矩阵并研究了它们的电化学性能[13]，如图 5-12 所示。他们首先把三异丙氧基氧化钒(triisopropoxy-vanadium(V) oxide，TIVO)沉积到聚碳酸酯的多孔模板中，然后在高温下分解有机物模板得到所需的氧化钒纳米棒阵列。用该材料制备的锂离子电池，在 200C 和 500C 的倍率下放电，可获得的容量分别为薄膜电极的 3 倍和 4 倍。为了增加模板的孔隙度，提高 V_2O_5 材料单位体积的能量密度，他们事先用 NaOH 对聚碳酸酯模板进行刻蚀处理，再用于 V_2O_5 氧化物的合成[14]。Patrissi 和 Martin 制备了

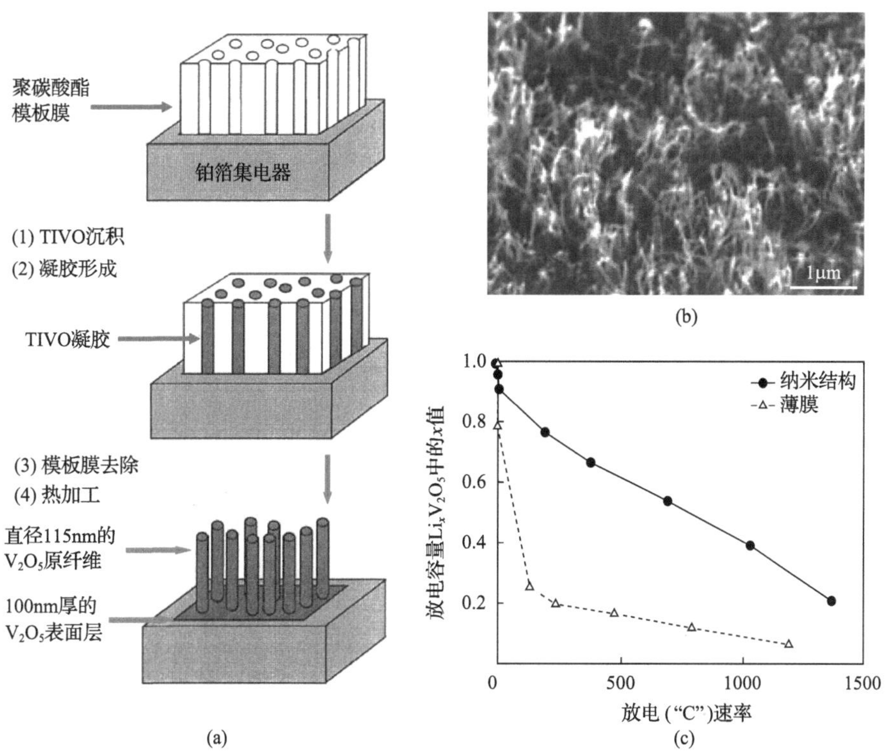

图 5-12　模版法制备 V_2O_5 纳米电极

(a)示意图；(b) V_2O_5 纳米棒阵的 SEM 图；(c)电化学性能[13]

不同直径的 V_2O_5 纳米棒，并比较了其在低温工作时的电化学性能[14]。相同条件下，V_2O_5 纳米棒材料(70nm)比微米尺寸的 V_2O_5 棒状材料能够释放更高的比放电容量。因为纳米材料的表面积更大且 Li^+ 离子扩散所需要经过的距离更短，可以缓解低温下材料的动力学扩散速率慢的不足。

金属有机框架材料是构筑多孔纳米结构电极材料的理想模板。本书作者团队以钒金属有机骨架 MIL-88B(V)为前驱体及自牺牲模板，制备了具有多孔梭子状结构的钒氧化物(V_2O_5 和 V_2O_3/C)[15]，如图 5-13 所示。尽管不同的煅烧氛围对合成物相的影响很大，但是其最终产物都具有均匀的梭子状结构，如图 5-13(b)和(c)所示。以多孔梭子状的 V_2O_3/C 作为代表，将其应用于钠离子电池负极材料。这种复合材料凭借其固有的层状结构和金属特性及多孔梭子状的碳框架，展现了其突出的电化学性能。在 2A/g 电流密度下，其首次放电比容量能达到 181mA·h/g，反复充放电 1000 次后容量仍可保持在 133mA·h/g。

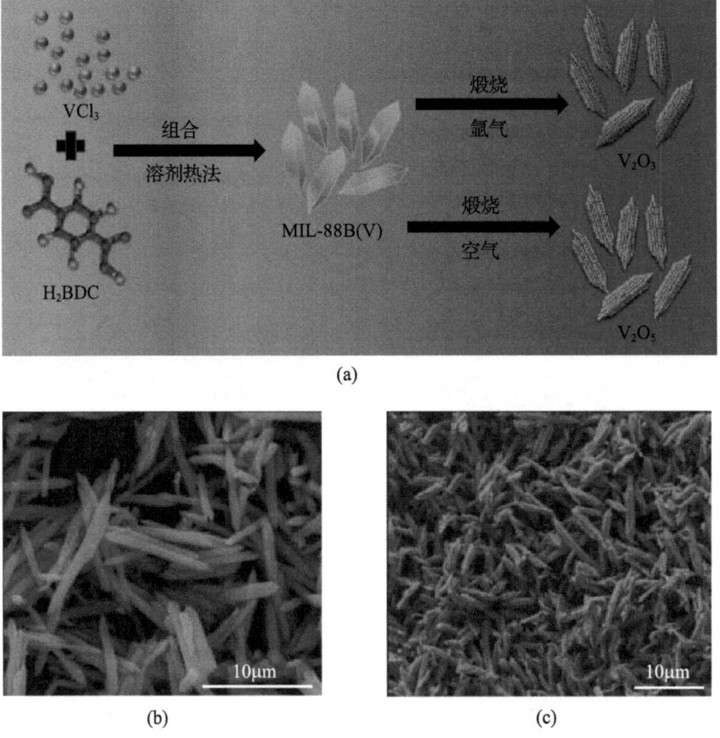

图 5-13　自模板法制备多孔梭子结构的钒氧化物(V_2O_5 和 V_2O_3)

(a)示意图；(b)高倍数典型微结构；(c)低倍数典型微结构[15]

5.2.5　喷雾热解法

喷雾热解法是一种综合了气相法和液相法特点的材料制备技术，最早出现在

20 世纪 60 年代初期，是制备球形材料最有效和普遍的一种方法[16]。它的基本过程是溶液的制备、喷雾、干燥、收集和热处理。其特点是所制备的颗粒分布比较均匀，但颗粒尺寸为亚微米到 10μm。具体的尺寸范围取决于制备工艺和喷雾的方法。喷雾法可根据雾化和凝聚过程分为下述三种方法：①将液滴进行干燥并随即捕集、捕集后直接或者经过热处理之后作为产物化合物颗粒，这种方法是喷雾干燥法；②将液滴在游离于气相中的状态下进行热处理，这种方法是喷雾焙烧法；③将液滴在气相中进行水解是喷雾水解法。近年来，喷雾热解法在新材料制备方面得到了越来越广泛的应用。

该法常用技术可描述为：将各金属盐按照制备复合型粉末所需的化学计量比配成前驱体溶液，经雾化器雾化后，由载气带入高温反应炉中，在反应炉中瞬间完成溶剂蒸发、溶质沉淀形成固体颗粒、颗粒干燥、颗粒热分解、煅烧合成等一系列的物理化学过程，最后形成超细粉末，如图 5-14 所示。由此可以看出，喷雾热分解实际是个气溶胶过程，属气相法的范畴，但与一般的气溶胶过程不同的是它是以液相溶液作为前驱体，因此兼具气相法和液相法的诸多优点，如产物颗粒之间组成相同、粒子外观形貌为球形形态、粒子大小可控、过程可连续及工业化潜力大等。

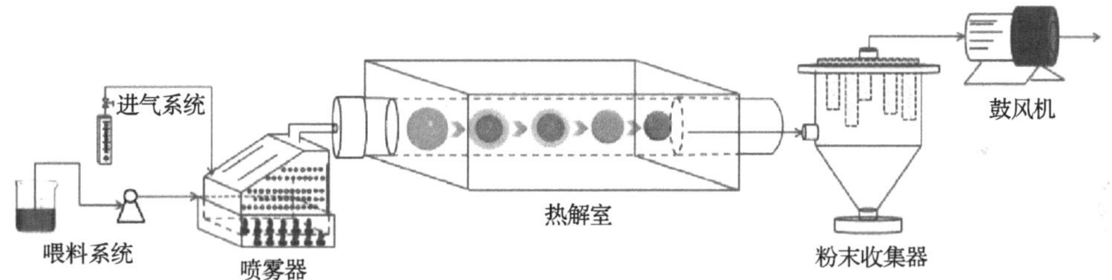

图 5-14　喷雾热解法示意图[17]

该法的优势如下：①制备的颗粒一般呈十分规则的球形且在尺寸和组成上都是均匀的；②产物组分的可控性强，因为起始原料是在溶液状态下均匀混合，故可以精确地控制所制备化合物的最终组分；③过程效率高，这是因为过程在一个液滴内形成了微反应器，能促进整个过程的迅速完成；④过程连续性好，无需各种液相法中后续的过滤、洗涤、干燥、粉碎等过程，因而有利于工业化推广；⑤在整个制备过程中无需研磨，可避免引入杂质和破坏晶体结构，从而保证产物的高纯度和高活性。

NASICON 结构的 $NaTi_2(PO_4)_3$ 材料，由于其特有的“零应变”框架结构及成本低、安全性好的特点引起了广泛的关注。为了同时实现高倍率性能和稳定的循环性能，一个有效的策略就是将纳米级的 $NaTi_2(PO_4)_3$ 粒子嵌入高导电性的碳框架中。Fang 等[18]用喷雾干燥方法制备了 $NaTi_2(PO_4)_3$@rGO 微球，即用三维石墨

烯包裹 $NaTi_2(PO_4)_3$ 纳米立方体，如图 5-15(a)所示。合成的 $NaTi_2(PO_4)_3$@rGO 微球尺寸在 10 μm 左右，见图 5-15(b)和(c)。该材料作为钠离子电池负极材料，具有较高的可逆容量和良好的循环性能，在 0.1 C 倍率下的比容量为 130 mA·h/g，20 C 倍率循环 1000 次的容量保持率为 77%。

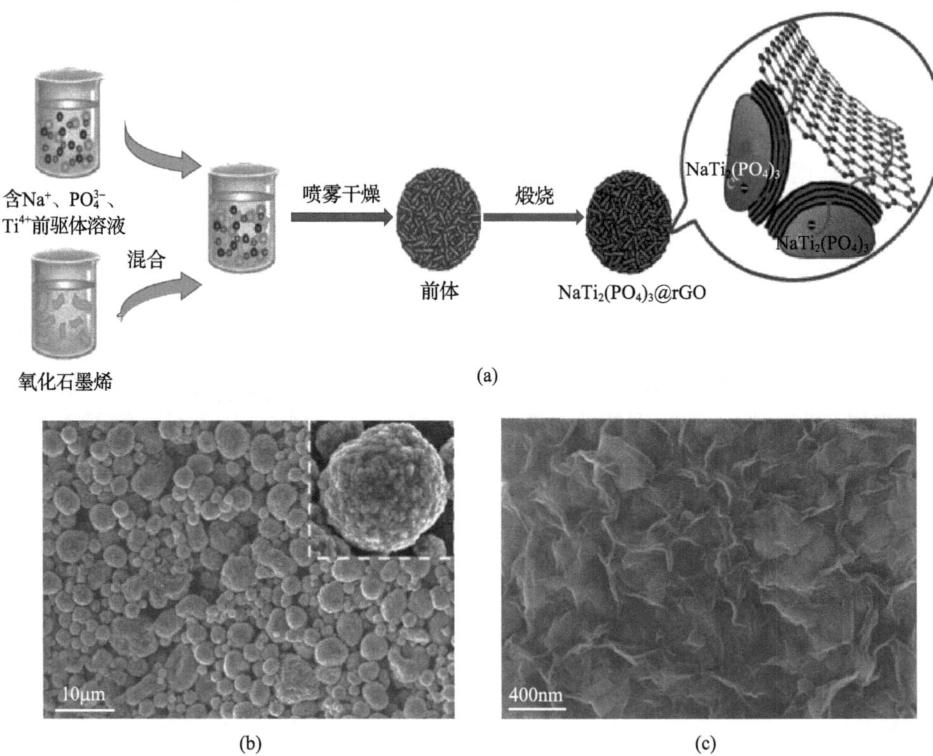

图 5-15　喷雾热分解法合成 $NaTi_2(PO_4)_3$@rGO 微球

(a)示意图；(b)低倍数典型微结构；(c)高倍数典型微结构[18]

5.2.6　静电纺丝法

静电纺丝法是使带电荷的高分子溶液或熔体在静电场中变形流动，然后经溶剂蒸发或熔体冷却固化得到纤维状物质的材料制备方法，简称电纺。静电纺丝法是目前用来制备纳米纤维材料的有效方法。该方法得到的纤维直径可以跨越 10nm～10μm，即微米、亚微米或纳米材料的范围。纤维的比表面积大，导致其表面能和活性增大，因其具有表面或界面协同效应、量子效应等，其在化学、物理性质方面表现出一些特异性。与传统方法相比，静电纺丝技术具有易操作和适用广泛等特点，可以制备有机高分子、无机化合物、复合材料等多种纳米纤维，而这些材料在二次电池电极材料和隔膜领域有着良好的发展和应用潜力。

静电纺丝装置主要由高压发生电源、喷丝头及纺丝液供给系统和接收装置三部分组成[19]。通常纺丝液供给系统可由注射器充当，金属制针头可作为喷丝头，用来与高压电源相连。接收装置通常由导电材质制成，在实验过程中接地用来作为纺丝过程的负极。喷丝头与接收装置之间的几何排布可分为与重力线平行或者垂直的两种基本类型，即立式和卧式。图 5-16 是一种卧式静电纺丝装置示意图[20]。在静电纺丝的工艺过程中，将聚合物熔体或溶液加上几千至几万伏的高压静电，从而在毛细管和接地的接收装置间产生一个强大的电场力。当电场力施加于液体表面时，将在其表面产生电流，并产生一个向外的力，这个力与表面张力的方向相反。如果电场力的大小等于表面张力时，带电的液滴就悬挂在毛细管的末端并处在平衡状态。随着电场力的增大，在毛细管末端呈半球状的液滴在电场力的作用下将被拉伸成圆锥状，这就是 Taylor 锥。当电场力进一步加强且超过某个一个临界值后，将形成射流，实现静电纺丝。最终在接收装置上形成无纺布状的纳米纤维。

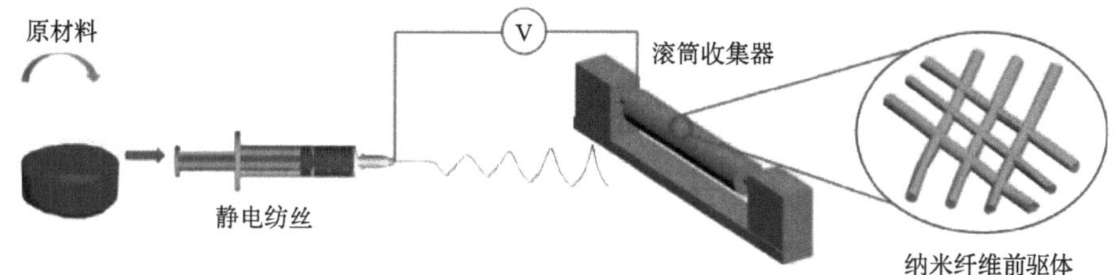

图 5-16　卧式静电纺丝装置示意图[21]

本书作者团队[22]通过静电纺丝法及后续热处理合成了氮、硫共掺杂多孔碳包覆 SnS 纳米颗粒复合纤维材料，如图 5-17(a)所示。将硫源直接溶解于纺丝液中，并在热处理过程中在多孔碳结构中引入硫原子掺杂，并使边缘碳结构部分石墨化，从而有利于实现更多电容性的钠离子存储。图 5-17(b)和(c)中 SEM 图像显示其具有连续且均匀的纤维状形貌，直径约 1μm，表面凹凸不平，分布有片状结构。SnS/C 复合纤维电极展现出优异的电化学性能，在 0.1A/g 下可获得 630mA·h/g 的比容量，并在 1A/g 电流密度下循环 500 次后的比容量保持有 332mA·h/g。

Si 材料的电子导电性低，嵌锂后体积膨胀变大，形成 $Li_{4.4}Si$ 时体积膨胀约为 400%，导致其实际容量衰减很快，严重限制了其实际应用。图 5-18 描述了一种利用该制备技术复合改性的方案。通过静电纺丝法合成毛线结构的 Si/C 复合材料。超长碳纳米管之间相互缠绕形成类似于毛线的纤维状网络结构。Si 纳米颗粒被封装入碳纳米管纤维网络中，且被一层无定形碳包覆。这种特殊的微纳米结构一方面缓解了 Si 的体积膨胀，提升了材料的结构完整性。另外，也保证了电子和离子在复合材料各个方向上的快速传输，提高了材料的导电性。该材料还具有很好的柔韧性，可以直接用作锂离子电池柔性负极，避免了与黏结剂、导电剂混合制备浆料的工序。当其用作锂离子电池负极材料时，毛线状结构的 Si/C 复合材料表现了良好的电化学性能。

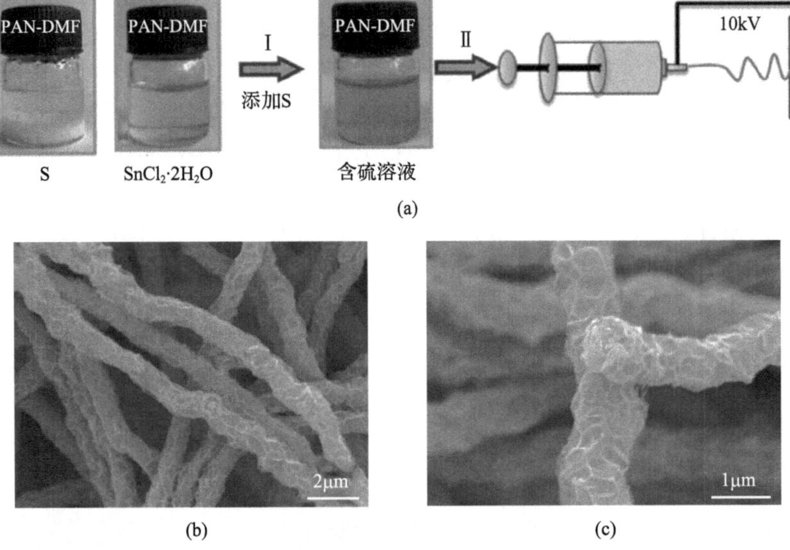

图 5-17　静电纺丝法制备 SnS 纳米颗粒封装于氮硫共掺杂介孔碳纤维

(a)示意图；(b)低倍数典型微结构；(c)高倍数典型微结构[22]

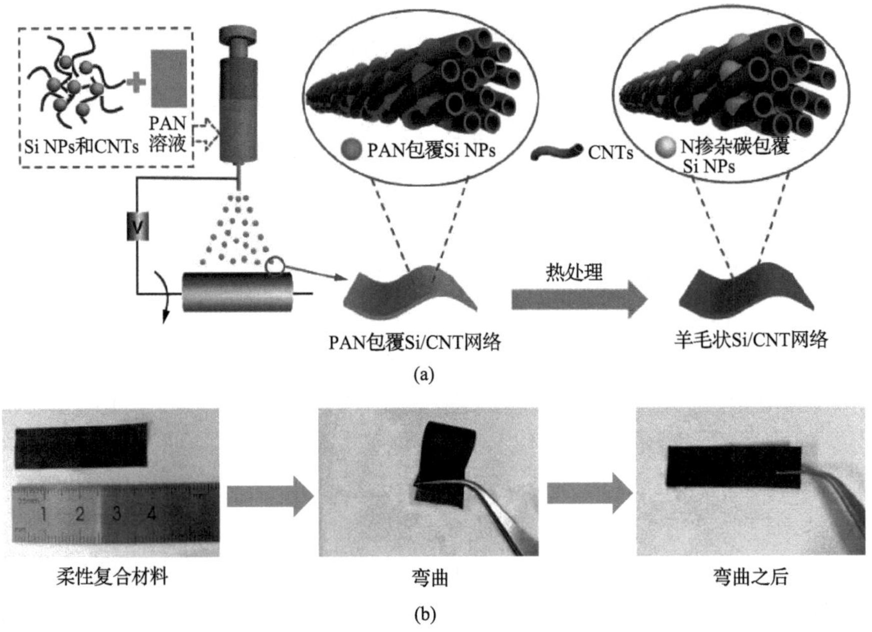

图 5-18　静电纺丝法制备毛线状 Si/CNT 网络

(a)示意图；(b)典型数码照片

需要指出的是，受合成方法的限制，很多无机纳米管，特别是对于多元素氧化物、过渡金属氧化物及多元素复杂无机材料纳米管，很难利用该技术实现其一维结构的有效制备。

5.2.7　化学气相沉积法

化学气相沉积(chemical vapor deposition，CVD)法主要是利用含有薄膜元素的一种或几种气相化合物或单质在衬底表面上进行化学反应生成薄膜的方法。其薄膜形成的基本过程包括气体扩散、反应气体在衬底表面的吸附、表面反应、成核和生长及气体解吸、扩散挥发等步骤。化学气相沉积内的输运性质(包括热、质量及动量输运)、气流的性质(包括运动速度、压力分布、气体加热、激活方式等)、基板种类、表面状态、温度分布状态等都会影响薄膜的组成、结构、形态与性能。利用该方法可以制备氧化物、氟化物、碳化物等纳米复合薄膜。该方法目前被广泛应用于纳米薄膜材料的制备，主要用于制备半导体、氧化物、氮化物、碳化物纳米薄膜。

该方法具有一些独特的优点[23]：①沉积材料种类多样，沉积基底形状尺寸可变，工艺简单灵活；②沉积速率高、可大面积成膜，适合规模生产，降低成本；③可以得到单一的无机合成物质，性能可控性好等；④可以沉积生成晶体或细粉状物质，甚至是纳米尺度的微粒。但是其也存在反应过程比较复杂，反应气态副产品比较多，环保处理要求比较高等缺点。

Kim 等[24]使用化学气相沉积法在薄镍层上直接合成大规模石墨烯薄膜，无需进行激烈的机械和化学处理，即可成功将高结晶石墨烯样品转移到任意衬底上。他们发现可以通过在生长过程中改变镍的厚度和生长时间来控制石墨烯层的平均数量、尺寸面积和衬底覆盖率，从而提供了一种针对不同应用控制石墨烯生长的方式，如图 5-19 所示。

5.2.8　3D 打印法

3D 打印技术(3 dimension printing technology)是将材料通过层层叠加的方式，直接打造成设计好的三维结构的一种材料和结构制造一体化的新型技术。3D 打印继承了快速成型技术、近净成形技术等的优点，拓宽了快速成型技术、近净成形技术适用的材料范围，是一种应用领域十分广泛的增材制造新技术[25]。

从某种意义上说，3D 打印技术是整合数字控制技术、打印技术和材料制备为一体的复杂制造技术。常在模具制造、工业设计等领域被广泛用于制造模型。3D 打印按照计算机的指示将原材料逐层堆积以形成三维物体，其本质是制造过程而不是打印过程，基本的原理和打印过程可简单描述为：首先，以计算机三维设计模型为蓝本，通过软件将其离散分解成若干层平面切片；然后，将数控成形系统、材料供给打印系统和激光束、电子束、热熔喷嘴等能量支持系统实现同频整合，在进行材料逐层堆积的过程中实现材料固结；最后，叠加制造出实体产品。

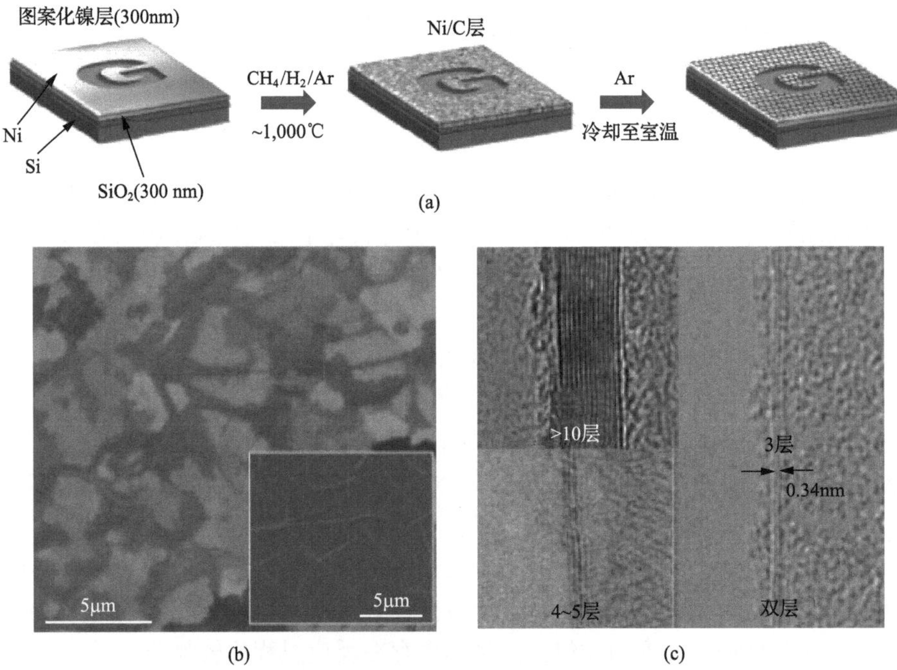

图 5-19　通过化学气相沉积法在镍薄层上合成图案化的石墨烯薄膜

(a)示意图；(b) SEM 图片；(c) TEM 图片[24]

3D 打印的优势包括：①大幅降低了生产成本，缩短了加工周期；②提高了材料和能源的利用率，减少了对环境的影响；③能实现复杂结构产品的设计制造，使得成型产品的密度更加均匀、可控；④一些用 3D 打印制作的几何体是无法用其他技术方法制作出来的。3D 打印存在着许多不同的技术版本，它们的不同之处在于：材料的应用方式、部件层次构建不同，能源支持系统不同等。3D 打印常用的材料有尼龙玻纤、耐用性尼龙材料、石膏材料、铝材料、钛合金、不锈钢、镀银、镀金、橡胶等各类材料。3D 打印技术也可用于二次电池电极的精细制造。

传统的 MnO_2 和石墨烯气凝胶复合电极由于碳无法定型、机械强度太差及工艺复杂等问题，一般做成粉末状材料，虽然提升了材料的电化学性能，却极大地减少了复合材料的应用领域。Ma 等[26]利用低密度的水性氧化石墨烯悬浮液，将 3D 打印引入石墨烯气凝胶制备中，合成了形状可控、电化学和机械性能可控的气凝胶，实现了石墨烯气凝胶 3D 打印，如图 5-20 所示。以 3D 打印的石墨烯气凝胶作为基底，通过控制反应的温度与时间，以一步水热法在气凝胶表面取向生长了片状 MnO_2，将其作为柔性超级电容器电极。将摩擦纳米发电机和氧化锰/石墨烯气凝胶柔性超级电容器共同组装，制造出纳米发电机和 3D 打印柔性超级电容器的集成系统。由于石墨烯气凝胶既作为二氧化锰基底，同时用作电极集流体，因此极大地减轻了电极重量，进一步提升了电极的能量密度。

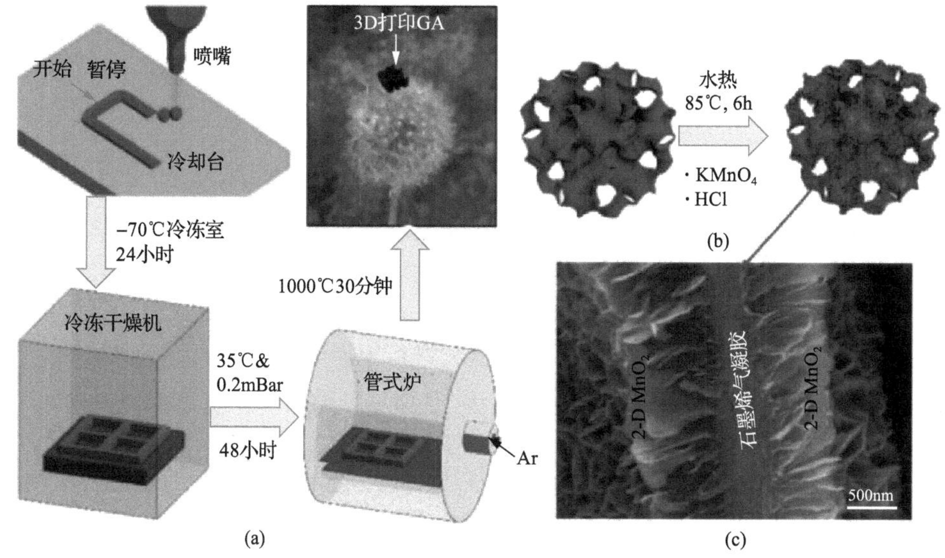

图 5-20　3D 打印法合成 MnO_2/GA 复合电极材料

(a) GA 合成示意图；(b) GA/MnO_2 合成示意图；(c) 典型微结构[26]

许多研究人员已经采用 3D 打印技术来制造高性能的锂离子电池电极。与传统的二维电极(涂敷法)相比，3D 打印技术获取的三维电极具有面能量密度高、锂离子输运距离短等优点。Hu 等[27]开发了基于 $LiMn_{1-x}Fe_xPO_4$@C 纳米晶体阴极的 3D 打印技术，打印了以 $LiMn_{1-x}Fe_xPO_4$ 三维纳米晶体作为正极的锂电池，如图 5-21

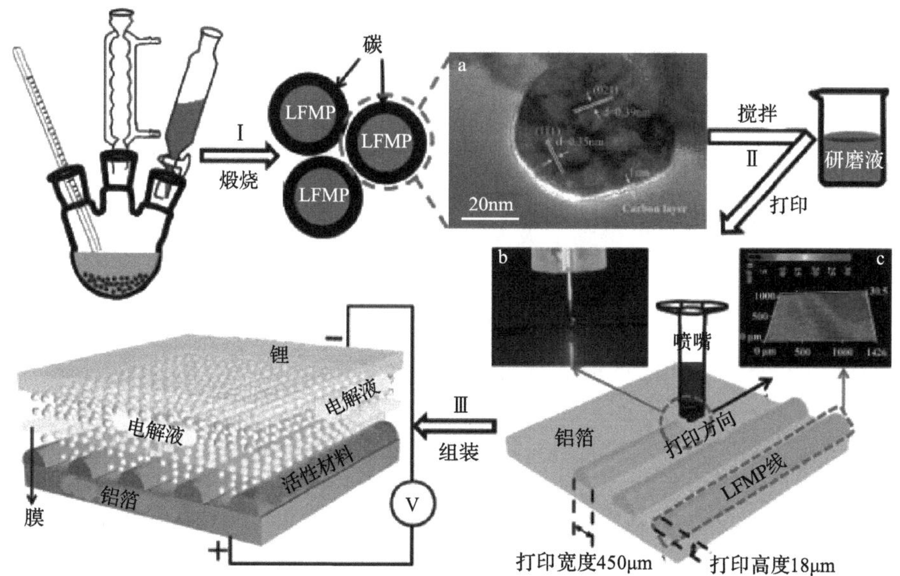

图 5-21　3D 打印碳复合电极和电池制作的示意图[27]

所示。与传统的涂层电极相比，这种打印的三维锂离子电池具有超高的比容量和倍率性能，在 100C 电流密度下提供 108mA·h/g 的放电容量，是文献报道 $LiMn_{0.21}Fe_{0.79}PO_4$@C 正极中倍率性能最高的。

5.2.9 沉淀法

沉淀法通常利用各种溶解在水中的物质反应生成不溶的物质，如氢氧化物、碳酸盐、硫酸盐、配位聚合物等，再将沉淀物加热分解，得到最终产物。或者在溶液状态下将不同化学成分的物质进行混合，在混合溶液中加入适当的沉淀剂制备纳米粒子的前驱体沉淀物，再将此沉淀物进行干燥或煅烧，从而制得相应的纳米粒子[28]。存在于溶液中的离子 A^+和 B^-，当它们的离子浓度积超过其溶度积 $[A^+]·[B^-]$时，A^+和 B^-之间就开始结合，进而形成晶核。由于晶核生长和重力的作用发生沉降，形成沉淀物。一般而言，当颗粒粒径成为 1μm 以上时就形成沉淀。沉淀物的粒径取决于核形成与核成长的相对速度，即核形成的速度低于核成长的速度，那么生成的颗粒数就少，单个颗粒的粒径就变大。沉淀法设备需要简单、成本低、原材料易得，产物浓度越高，收率越高。但体系引入沉淀剂易作为杂质混入沉淀物，导致产物的纯度低，沉淀物可能为胶状物，水洗、过滤、分离比较困难。

沉淀法可分为共沉淀法、均相沉淀法、水解沉淀法等。在含有多种阳离子的溶液中加入沉淀剂后，所有离子完全沉淀的方法称为共沉淀法，通过控制工艺条件，这种方法可以合成原子或分子尺度均匀混合的材料。如果控制溶液中的沉淀剂浓度，使之缓慢地增加，则使溶液中的沉淀处于平衡状态，且沉淀能在整个溶液中均匀地出现，这种方法称为均相沉淀法。采用水解反应产生沉淀的方法称为水解沉淀法，主要包括无机盐水解沉淀和金属醇盐水解沉淀。

金属有机框架(MOF)是由桥接配体与金属中心通过配位键自组装形成的一类新型晶体材料。近年来，以 MOF 为前驱体制备的具有多孔结构、理想成分和高比表面积的纳米材料也得到了极大的关注。MOF 的高孔隙率和大表面积特别适用于涉及物质存储及与其他材料相互作用的应用，如气体的存储、分离和催化等[29]。此外，MOF 材料也被广泛应用在电化学储能和转换技术中。合成 MOF 的方法包括沉淀法、溶剂热法、超声波处理法等。

本书作者团队[30]采用溶液沉淀法制备了尺寸不同的钴基金属有机框架 ZIF-67。如图 5-22(a)所示，首先，将六水合硝酸钴和 2-甲基咪唑分别溶解于甲醇中，两溶液均匀混合后静置一段时间，即可形成紫色沉淀。形成晶体的分子式为 $[Co(mIM)_2]_n$。随后，紫色固体产物经乙醇洗涤、离心收集及 50 ℃真空干燥得到 ZIF-67 粉末产物。由图 5-22(b)中的 SEM 图像可见，ZIF-67 为均匀的正十二面体结构，平均尺寸为 500 nm。结构各异的金属有机框架材料在一定气氛中热处理后，可以得到多种过渡金属硫族化合物和衍生碳的复合材料，这些材料在电池、催化等领域有广泛的应用。

(a)　(b)

图 5-22　沉淀法制备金属有机框架 ZIF-67

(a)示意图；(b)典型微结构[30]

5.3 本章小结

在锂离子电池技术高速发展的 30 多年中,电池关键材料的制备技术也在快速发展。电极材料的先进制备技术开发，可以从材料体相结构、界面结构优化设计和微、纳结构调控等角度入手，通过控制有机物诱导固相法、新型的导电碳骨架和有机碳源作为双碳源喷雾造粒法、水/溶剂热法、控制纳米结构择优生长构筑复杂微纳米复合结构等，实现单原子尺度的掺杂、多原子尺度的复合、纳米尺度的包覆、生长形貌的控制等，探索材料选择合成制备与微纳结构、分级结构和异质结构的可调可控制备技术，提升电极材料的离子转移效率和电子传输速率，进而有望进一步提升材料的综合电化学性能。

此外，如何通过优化电极原材料和制备过程，开发电极材料的高效、短流程制备的新技术，进而降低材料的生产制备成本，这也是工程化应用的研究重点。包括将溶胶凝胶法和 3D 打印法相结合制备高振实密度的新型电极材料，将固相反应法和化学气相沉积法相结合实现电极材料的宏量制备和导电网络的构筑等。

参 考 文 献

[1] Guo G Z. Nanostructures and Nanomaterials: Synthesis, Properties and Applications[M]. London: Imperial College Press, 2004.

[2] 俞书宏. 低维纳米材料制备方法学[M]. 北京: 科学出版社, 2019.

[3] Leising R A, Takeuchi E S. Solid-state cathode materials for lithium batteries: effect of synthesis temperature on the physical and electrochemical properties of silver vanadium oxide[J]. Chem Mater, 1993, 5 (5): 738-742.

[4] Zhang C, Song H, Liu C, et al. Fast and reversible li ion insertion in carbon-encapsulated Li_3VO_4 as anode for lithium-ion battery[J]. Adv Funct Mater, 2015, 25 (23): 3497-3504.

[5] Fang Y, Xiao L, Ai X, et al. Hierarchical carbon framework wrapped $Na_3V_2(PO_4)_3$ as a superior high-rate and extended lifespan cathode for sodium-ion batteries[J]. Adv Mater, 2015, 27 (39): 5895-5900.

[6] 忻新泉, 周益明. 低热固相化学反应[M]. 北京: 高等教育出版社, 2010.

[7] Xin X Q, Zheng L M. Solid state reactions of coordination compounds at low heating temperatures[J]. J Solid State Chem, 1993, 106 (2): 451-460.

[8] Jiang Q, Zhang H, Wang S. Plasma-enhanced low-temperature solid-state synthesis of spinel $LiMn_2O_4$ with superior performance for lithium-ion batteries[J]. Green Chem, 2016, 18 (3): 662-666.

[9] Chen T, Zhou J, Fang G, et al. Rational design and synthesis of $Li_3V_2(PO_4)_3$/C nanocomposites as high-performance cathodes for lithium-ion batteries[J]. ACS Sus Chem Eng, 2018, 6 (6): 7250-7256.

[10] Su Y, Pan A, Wang Y, et al. Template-assisted formation of porous vanadium oxide as high performance cathode materials for lithium ion batteries[J]. J Power Sources, 2015, 295: 254-258.

[11] Cai Y, Cao X, Liang S, et al. Caging $Na_3V_2(PO_4)_2F_3$ microcubes in cross-linked graphene enabling ultrafast sodium storage and long-term cycling[J]. Adv Sci, 2018, 5 (9): 1800680.

[12] Liang S, Tan Q, Xiong W, et al. Carbon wrapped hierarchical $Li_3V_2(PO_4)_3$ microspheres for high performance lithium ion batteries[J]. Sci Rep, 2016, 6 (1): 33682.

[13] Patrissi C J, Martin C R. Sol-gel-based template synthesis and li-insertion rate performance of nanostructured vanadium pentoxide[J]. J Electrochem Soc, 1999, 146 (9): 3176.

[14] Patrissi C J, Martin C R. Improving the Volumetric energy densities of nanostructured V_2O_5 electrodes prepared using the template method[J]. J Electrochem Soc, 2001, 148 (11): A1247-A1253.

[15] Cai Y, Fang G, Zhou J, et al. Metal-organic framework-derived porous shuttle-like vanadium oxides for sodium-ion battery application[J]. Nano Res, 2017, 11 (1): 449-463.

[16] 于才渊, 王喜忠. 喷雾干燥技术[M]. 北京: 化学工业出版社, 2013.

[17] Hong Y J, Kang Y C. One-pot synthesis of core-shell-structured tin oxide-carbon composite powders by spray pyrolysis for use as anode materials in li-ion batteries[J]. Carbon, 2015, 88: 262-269.

[18] Fang Y, Xiao L, Qian J, et al. 3D graphene decorated $NaTi_2(PO_4)_3$ microspheres as a superior high-rate and ultracycle-stable anode material for sodium ion batteries[J]. Adv Energy Mater, 2016, 6 (19): 1502197.

[19] 杨卫民, 李好义, 阎华, 等. 纳米材料前沿–纳米纤维静电纺丝[M]. 北京: 化学工业出版社, 2018.

[20] Kong X Z, Zheng Y C, Wang Y P, et al. Necklace-like Si@C nanofibers as robust anode materials for high performance lithium ion batteries[J]. Sci Bull, 2019, 64 (4): 261-269.

[21] Cui R, Lin J, Cao X, et al. In situ formation of porous $LiCuVO_4/LiVO_3$/C nanotubes as a high-capacity anode material for lithium ion batteries[J]. Inorg Chem Front, 2020, 7 (2): 340-346.

[22] Wang Y, Zhang Y, Shi J, et al. Tin sulfide nanoparticles embedded in sulfur and nitrogen dual-doped mesoporous carbon fibers as high-performance anodes with battery-capacitive sodium storage[J]. Energy Storage Mater, 2019, 18: 366-374.

[23] 石玉龙, 闫凤英. 薄膜技术与薄膜材料[M]. 北京: 化学工业出版社, 2015.

[24] Kim K S, Zhao Y, Jang H, et al. Large-scale pattern growth of graphene films for stretchable transparent electrodes

[J]. Nature, 2009, 457 (7230): 706-710.

[25] 蔡志楷, 梁家辉. 3D 打印和增材制造的原理及应用[M]. 北京: 国防工业出版社, 2017.

[26] Ma C, Wang R, Tetik H, et al. Hybrid nanomanufacturing of mixed-dimensional manganese oxide/graphene aerogel macroporous hierarchy for ultralight efficient supercapacitor electrodes in self-powered ubiquitous nanosystems[J]. Nano Energy, 2019, 66: 104124.

[27] Hu J, Jiang Y, Cui S, et al. 3D-printed cathodes of $LiMn_{1-x}Fe_xPO_4$ nanocrystals achieve both ultrahigh rate and high capacity for advanced lithium-ion battery[J]. Adv Energy Mater, 2016, 6 (18): 1600856.

[28] 张立德, 牟季美. 纳米材料和纳米结构[M]. 北京: 科学出版社, 2020.

[29] Liang J, Liang Z, Zou R, et al. Heterogeneous catalysis in zeolites, mesoporous silica, and metal-organic frameworks [J]. Adv Mater, 2017, 29 (30): 1701139.

[30] Zhang Y F, Pan A Q, Wang Y P, et al. Self-templated synthesis of N-doped $CoSe_2$/C double-shelled dodecahedra for high-performance supercapacitors[J]. Energy Storage Mater, 2017, 8: 28-34.

第 6 章　电极材料主要表征方法

6.1　引　　言

材料的化学组成及其结构是决定其性能和应用的关键因素，因此在不同维度、尺度准确表征电极材料的组成、结构及其相关信息是十分重要的。为了深度理解材料的构效关系，在原子和纳米尺度对电极材料进行表征尤为重要。材料的表征方法有很多，发展也很快，为了消除各种表征中的不确定性，研究人员通常需要结合多种检测技术，以获得更可靠的信息。

按照电极材料设计、合成和电化学性能评价的流程，以及表征技术涉及的学科领域划分，电极材料的表征包括以下几个方面：一是材料制备合成所需原材料的化学组成表征，以保证合成所用原材料的品质符合要求，主要利用多种特征谱仪，如原子发射光谱、X 射线光电子能谱、拉曼光谱及红外光谱等[1]；二是电极材料制备合成过程的评价表征，目的是为了揭示合成过程中的主要物理、物理化学、化学反应过程，及其发生次序、步骤、条件(如温度、压力、时间)等，包括热重分析、差示扫描量热分析、原位 X 射线衍射、红外光谱、拉曼光谱分析等[2]；三是合成材料的微观结构、物理结构表征，主要涉及材料形貌、粒度大小及分布、晶体结构、界面结构、缺陷结构、比表面积等，主要采用 X 射线衍射仪、中子衍射仪、扫描电镜、透射电镜、原子力显微镜和比表面孔径分析仪等[3]进行分析；四是合成材料制备成电池，完成的各项电化学分析评价表征，主要包括充放电测试、倍率性能测试、循环伏安测试、电化学交流阻抗谱、恒电流间歇滴定测试等[4]。

6.2　电极材料制备相关的理化表征技术

电池材料的制备过程总体上可概括为原材料种类选取、比例设计、均相混合、反应合成、产物评价表征。在这些过程中，居于首位的是对合成过程的理解和优化控制。如果这个环节出了问题，将造成整个电池材料和器件制备的失败。当然，电极材料合成制备的其他环节的理化评价表征也很重要。

6.2.1　基于质量守恒和能量守恒原理的综合热分析

电池材料在制备合成过程，涉及不同化学组成的原材料在升温过程中，比较

复杂的物理化学反应过程，可表示为式(6-1)，即

$$A + B \longrightarrow C + D + \Delta H \tag{6-1}$$

式中，A、B 为合成电极材料所需原料组元(前驱体)；C、D 为合成反应产物组元；ΔH 为合成反应过程中的摩尔焓变。

监控分析这个反应过程质量变化和能量变化最重要的现代物理化学分析手段是综合热分析，包括热重分析(thermogravimetric analysis，TG)、差示扫描热分析(differential scanning calorimeter，DSC)和差热分析法(differential thermal analysis，DTA)等。TG 是在程序控温条件下，定量测量系统的重量变化与温度(或时间)变化关系曲线的一种方法。在一定的升温速率下，如果原料中含有水或易挥发物，或者反应物之间合成反应有气相组元生成时，记录系统重量随温度的变化而得到的曲线就会体现出重量变化。DSC 是通过测试在一定气氛下，样品和参比样品之间功率差或热流差随温度变化的情况，以确定合成反应的放热和吸热量，据此来分析材料合成过程中发生的反应是吸热反应还是放热反应。DTA 则是在程序控温下，测量样品与参比样品温度差和温度关系的一种分析技术。三种热分析方法各有所长，可以单独使用，也可以联合使用。一般来说，TGA、DSC 和 DTA 曲线能够通过一个样品同步记录获得。

钴基金属有机框架(ZIF-67)和硒混合，经过高温反应可制备 CoSe/C 复合电极材料。如图 6-1(a)所示为一定质量均匀混合的粉末，在氩气气流下，以升温速率为 5℃/min，从室温到 1000℃升温加热的 TG 和 DSC 结果[5]。在 223.9℃的吸热峰是由硒粉的熔化引起，可以查其熔点核实。在 297.4℃处检测到一个强吸热峰，并对应约 25.9%的质量减少，其可归因于 ZIF-67 和硒之间的反应。300～600℃质量的逐渐减少对应于 ZIF-67 中有机配体的进一步分解和碳化。图 6-1(b)为纯 ZIF-67 在氩气气氛中的 TG 和 DSC 曲线。ZIF-67 中的钴离子与有机配体间的化学键会由于 Co 和 Se 的反应在低于 600℃的温度下断裂，而有机框架在 600℃左右会进一步分解碳化[6]，故质量迅速下降。此外，位于 716.1℃的小吸热峰可能是由反应剩余硒的挥发造成的[7]。因此，图 6-1(a)中 600℃后的质量减少可以归因于有机成分的碳化和硒的挥发。在 800℃后质量逐渐稳定，说明有机成分完全碳化的温度高于 800℃。

6.2.2　基于物质化学键合特征的光谱分析

在 6.2.1 节描述的在材料合成的化学反应过程中会有大量新的化学键形成。它们与不同波长、频率的光相互作用产生特征光谱，已成为合成材料理化检测、表征的重要手段。

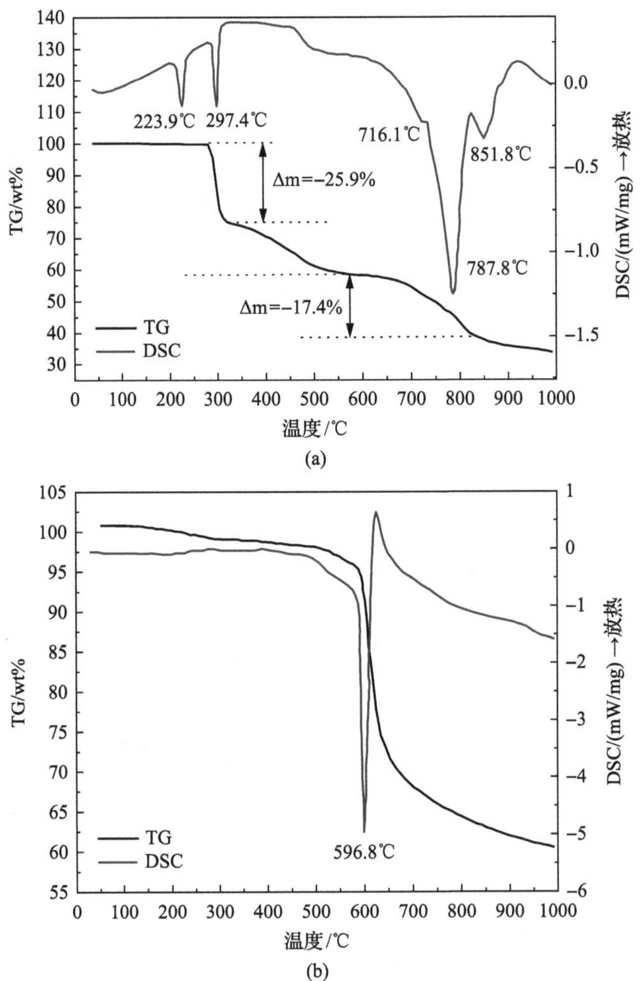

图 6-1　ZIF-67 和硒粉混合物料、ZIF-67 原料的 DSC 和 TG 分析

(a) ZIF-67 和硒粉反应的 DSC 和 TG 典型综合热分析图谱；

(b) 在氩气气氛下 ZIF-67 从室温到 1000℃的 DSC 和 TG 曲线[5]

1. 拉曼光谱分析

拉曼光谱(Raman spectrum)分析法是基于拉曼散射效应，对与入射光频率不同的散射光谱进行分析，以得到分子振动、转动方面的信息，并应用于分子结构研究的一种分析方法。拉曼散射为非弹性碰撞，其产生的散射光频率与入射光频率不同，频率小于入射光频率(ν_0)的谱线称为斯托克斯线($\nu_0 - \Delta\nu$)，频率大于入射光频率(ν_0)的谱线称为反斯托克斯线($\nu_0 + \Delta\nu$)，如图 6-2 所示。通常，斯托克斯散射的强度比反斯托克斯散射高得多。因此，在拉曼分析中，通常使用斯托克斯散射线。斯托克斯光的频率与激发入射光源的频率之差称为拉曼位移（$\Delta\nu$）。不同物质化学键的振动与不同波长和频率的入射光发生耦合产生不同特征的拉曼散射效应。通过所获取试验样品的特征拉曼光谱与标准物质特征谱拉曼光谱进行比对、分析可获得材料中大量化学键的信息，包括化学键振动、转动、键长等信号。

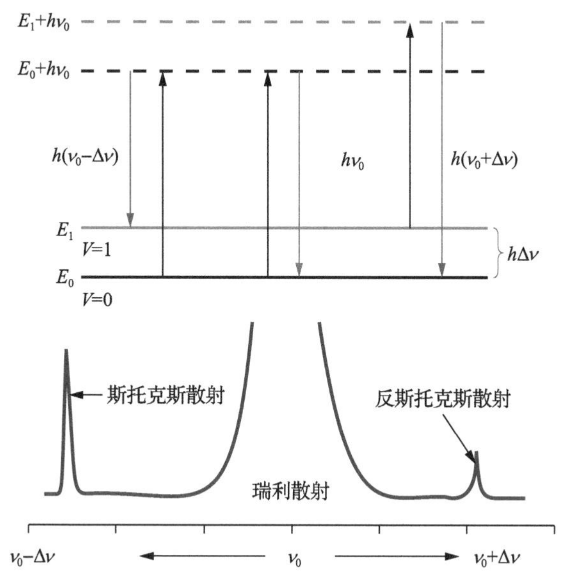

图 6-2　拉曼散射的基本原理（E_0 基态；E_1 振动激发态；$E_0+h\nu_0$，$E_1+h\nu_0$ 激发虚态）

拉曼光谱提供了物质独一无二的化学信号，可以用于识别特定物质并区别于其他物质。通常用于定性测试，在特定条件下也可用于定量测试。同时，需要指出的是拉曼光谱分析还可以实现原位分析，用于材料合成过程和电化学反应过程中的组分和结构表征[8]。

拉曼光谱分析具有以下几个优点：①可快速、简单且无损伤地测试样品；②需要的样品量非常少；③可以测试出很小面积上的拉曼散射效应。

拉曼光谱是表征碳包覆材料性能有效且常用的分析方法。图 6-3 是 V_2O_5@C 复合材料、纯 V_2O_5 及碳框架材料的典型拉曼光谱图，可根据碳的拉曼散射峰值，粗略计算产物材料中石墨碳与无定形碳的比例[9]。由图可知：V_2O_5@C 复合材料的拉曼图谱在 1350cm^{-1} 和 1570cm^{-1} 附近存在两个峰，分别代表无序相的拉曼特征峰（D 峰）和有序相的特征峰（G 峰），这说明复合材料中碳的存在。I_G/I_D 的比值的变化在一定程度上揭示了碳材料结构的变化，这里 I_G/I_D 的比值与高温碳化后碳层的石墨含量成正比。V_2O_5@C 中其他所有的拉曼峰都可以归属于钒氧化物的特征峰，列入表 6-1[9]。

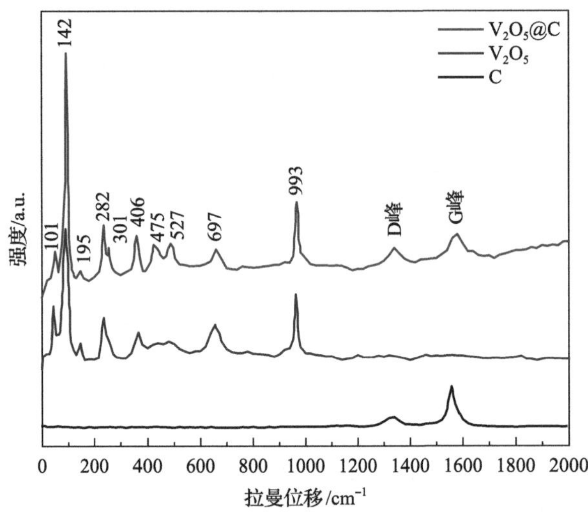

图 6-3 V_2O_5@C 复合材料、纯 V_2O_5 以及碳框架的拉曼光谱图[9]

表 6-1 V_2O_5 的拉曼峰及其对应的振动模式匹配[9]

频率/cm^{-1}	匹配峰型	振动模式
993	V=O 伸缩振动	A_g
697	V-O_1 伸缩振动	B_{2g} 和 B_{3g}
527	V-O_2 伸缩振动	A_g
475	V-O_1-V 弯曲振动	A_g
406	V-O_2-V 弯曲振动	A_g
301	R_x 振动	A_g
282	O_3-V-O_2 弯曲振动	B_{2g}
195	晶格振动	A_g
142	晶格振动	B_{3g}
101	T_y 平移振动	A_g

2. 红外吸收光谱分析

红外吸收光谱分析法又称红外分光光度分析法，是研究物质分子对红外辐射吸收特性而建立起来的一种定性、定量分析方法。这种分析方法是利用物质吸收红外光能量后，引起具有偶极矩变化的分子振动、转动或能级跃迁等信号来分析材料中的功能团或化学键等信息的分析表征技术。通常红外光谱的数据需要进行傅里叶变换处理，因此红外光谱仪和傅里叶变化处理器联合使用，称为傅里叶变换红外光谱(Fourier transform infrared spectroscopy，FT-IR)。

红外光谱在可见光区和微波光区之间，波长范围为 0.75～1000μm，根据仪器技术和应用不同，习惯上又将红外光区分为三个区：近红外光区（0.75～2.5μm）、中红外光区（2.5～25μm）、远红外光区（25～1000μm）。近红外光区的吸收带主要是由低能电子跃迁、含氢原子团伸缩振动的倍频吸收等产生的。该区光谱可用来研究稀土和其他过渡金属离子的化合物，并适用于含氢原子团化合物的定量分析。中红外光区是目前应用最为广泛的光谱区。绝大多数有机化合物和无机离子的基频吸收带均出现在该区。由于基频振动是红外光谱中吸收最强的振动，所以该区最适于进行红外光谱的定性和定量分析。远红外光区的吸收带主要是由气体分子中的纯转动跃迁振动-转动跃迁、液体和固体中重原子的伸缩振动、某些变角振动、骨架振动及晶体中的晶格振动所引起的。它适用于对异构体金属有机化合物（包括络合物）、氢键、吸附现象的研究。

红外光谱属于分子光谱，可作为拉曼光谱的补充，有红外发射和红外吸收光谱两种，常用的一般为红外吸收光谱。通常所说的分子红外吸收光谱是分子的振-转光谱，即分子的红外吸收光谱是起源于分子的振动、转动能级跃迁而产生的辐射或吸收，它的表现形式为带状光谱。分子从初始态能级 E_1 吸收一个能量为 $h\nu$ 的光子，可以跃迁到激发态能级 E_2，就可获得吸收光谱。反之，从激发态能级跳回到初始态能级而辐射出部分电磁波（光），就可获得发射光谱。整个运动过程满足能量守恒定律：

$$E_2 - E_1 = h\nu \tag{6-2}$$

式中，E_1 为初始态能级；E_2 为激发态能级；h 为 Planck 常数（4.136×10^{-15}eV/s）；ν 为吸收或发射光频率。能级之间相差越小，分子所吸收的光的频率越低，波长越长。

傅里叶变换红外光谱通常以吸收光的波长或波数为横坐标，以透过百分率为纵坐标表示吸收强度，峰强与分子跃迁的概率或分子偶极矩有关。一般来说，极性较强的分子或基团对应的吸收峰也较强；分子的对称性越低，所产生的吸收峰越强[10]。图 6-4 是在以 MOF 材料为模板制备电极材料试验中，Zn-MOF 和 Co-MOF 红外光谱的定性分析结果。由图可见，Zn-MOF 和 Co-MOF 材料的 FT-IR 谱具有相似的形状[11]，以 Co-MOF 的 FT-IR 光谱为例在 400～1600cm^{-1} 有 424cm^{-1} 处的峰对应于 Zn-N 伸缩振动，1148 和 1304cm^{-1} 附近的峰属 C-H 弯曲振动，1424cm^{-1} 及 1357cm^{-1} 处的峰对应 C-N 伸缩振动，1566cm^{-1} 处的峰对应 C═N 双键伸缩振动，以及 688cm^{-1}、757cm^{-1}、995cm^{-1} 处的峰为 C—C 和 C—O 的弯曲振动等共九种主要的振动模式。最后需要指出的是，红外光谱分析技术还可以实现原位分析，用于分析材料合成过程中的微观机理[8]。

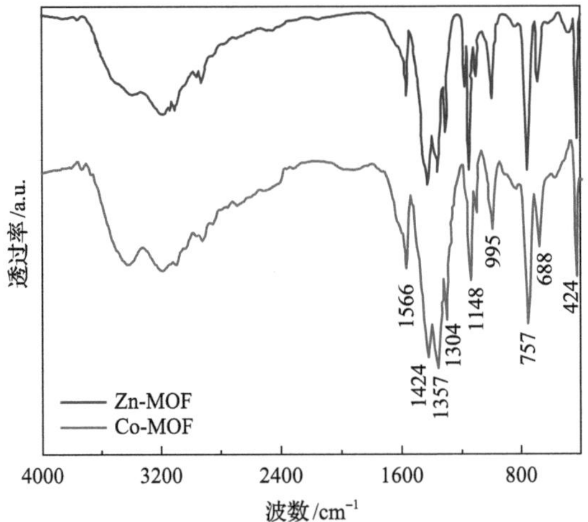

图 6-4　Zn-MOF 和 Co-MOF 的 FT-IR 图谱[11]

3. 等离子体发射光谱分析技术

电感耦合等离子体-原子发射光谱(inductively coupled plasma-atomic emission spectrometry，ICP-AES)也被称为电感耦合等离子体-发射光谱(inductively coupled plasma-optical emission spectrometry，ICP-OES)，可应用于液体试样(包括经化学处理能转变成溶液的固体试样)中金属元素和部分非金属元素(约 74 种)的定性和定量分析[12]。

该方法可用于元素成分分析原理：每种元素原子由激发态回到基态时发射的特征谱线具有独有性，这是因为各种元素的原子结构不同，而具有不同的光谱。因此，每一种元素的原子被激发后，能产生出特定波长的辐射光谱线，这代表了元素的特征。而采用电感耦合等离子体是因为等离子体可以达到很高的温度，有利于待测元素原子或离子发射出特征波长的光子。ICP 分析测试原理如图 6-5 所

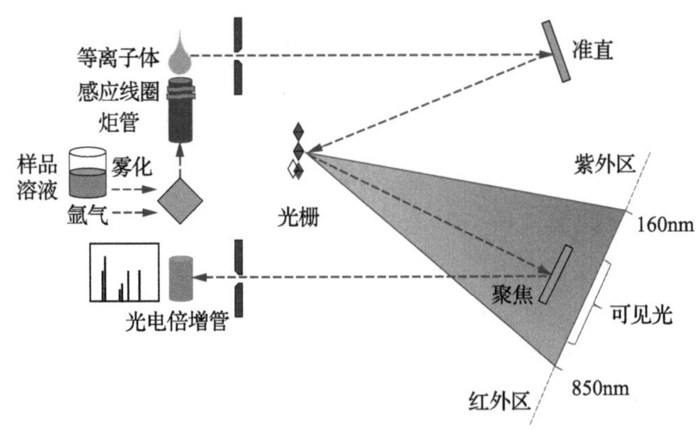

图 6-5　ICP 分析测试原理图

示。主要包括三个基本过程：等离子体的产生、样品与高温等离子体发生作用、产生光子形成发射光谱。

这里我们以很有应用前景的水系锌离子电池锰基正极材料元素定量分析为例说明其应用。该材料在实际应用中，通常会受到锰的溶解和结构坍塌的困扰。本书作者团队通过钾离子掺杂，可以有效缓解锰氧化物在循环过程中的锰溶解[13]。采用 ICP-OES 技术分析了 $K_{0.8}Mn_8O_{16}$ 和 α-MnO_2 作为正极的锌离子电池循环后电解液中 Mn^{2+} 离子的浓度，结果如图 6-6 所示。结果表明：在 $K_{0.8}Mn_8O_{16}$ 中锰的溶解得到了明显的有效缓解，即使在 50 次循环后锰的浓度也可保持稳定。相比之下，α-MnO_2 表现出锰离子的快速溶解，电解液中溶解锰的含量远高于 $K_{0.8}Mn_8O_{16}$。

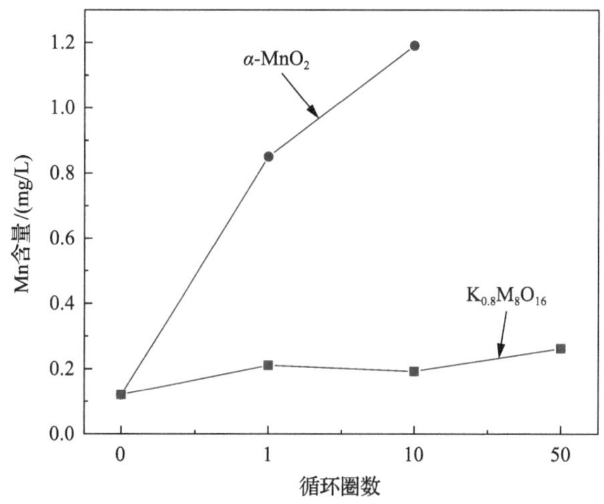

图 6-6　采用 ICP-OES 技术分析 $K_{0.8}Mn_8O_{16}$ 和 α-MnO_2 作为正极的锌离子电池循环后电解液中 Mn^{2+} 离子的含量[13]

需要指出的是，还有一种类似的元素分析技术，叫作电感耦合等离子体-质谱仪分析技术(inductively coupled plasma-mass spectrometry，ICP-MS)[14]，其用途与 ICP-AES 基本上是一致的。其主要区别是 ICP-AES 利用的是原子发射光谱进行定性和定量分析，而 ICP-MS 利用的是离子质谱，采用荷质比不同而进行分离检测。两者可分析的元素基本一致，不过由于分析检测系统的差异，两者的检测限度有所差异：ICP-AES 可以分析固体溶解度超过 20%的溶液，而 ICP-MS 只能分析固体溶解度为 0.2%左右的溶液。

4. X 射线光电子能谱分析技术

X 射线光电子能谱(X-ray photoelectron spectroscopy，XPS)，也称为化学分析用电子能谱(electron spectroscopy for chemical analysis，ESCA)，是分析材料表面化学性质的一项重要技术。

该方法的分析原理：利用 X 射线为激发源与材料表面作用，表层原子受到 X 射线的作用产生光致电离，即当一束光子($h\nu$)辐照到样品表面时，光子可以被样品中某一元素的原子(A)轨道上的电子所吸收，这使得该电子脱离原子核的束缚，以一定的动能从原子内部发射出来，变成自由的光电子(e^-)，而原子处于受激发状态，被离子化(A^+)，用反应式表示为式(6-3)，即

$$A + h\nu \longrightarrow A^+ + e^- \tag{6-3}$$

整个过程，如图 6-7 所示。在光电离过程中，固体物质的结合能用下面的方程表示，即

$$E_k = h\nu - E_b - \phi_s \tag{6-4}$$

式中，E_k为出射光电子的动能；$h\nu$为 X 射线源光子的能量；E_b为特定原子轨道上的结合能；ϕ_s为谱仪的功函。

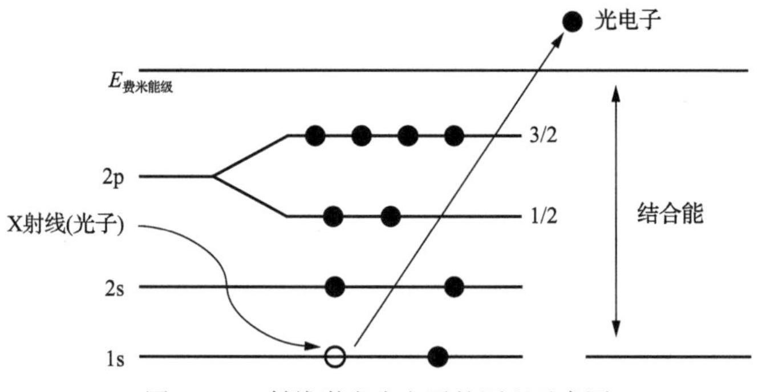

图 6-7　X 射线激发光电子的原理示意图

通常光电子能谱记录仪以横坐标为结合能，纵坐标为光电子的计数率，记录样品表面元素受激发后发射出的超过一定动能的光电子。每一种原子有一定特征能量的电子发射。光电子谱峰的能量和强度可用于定性和定量分析材料表面所含元素(氢、氦元素除外)。需要强调的是，XPS 提供的分析结果是材料表面 1～10nm 内的信息，而不是样品整体的平均信息。

另外，需要指出的是，很多时候在 XPS 分析中，由于所采用的 X 射线激发源的能量较高，不仅可以激发出原子价轨道中的价电子，还可以激发出芯能级上的内层轨道电子，其出射光电子的能量仅与入射光子的能量及原子轨道的结合能有关。因此，对于特定的单色激发源和特定的原子轨道，其光电子的能量是特征的。当固定激发源能量时，其光电子的能量仅与元素的种类和所电离激发的原子轨道有关。因此，可以根据光电子的结合能定性分析物质的元素种类。

传统 XPS 分析可以给出固体材料表面的元素组成及其化学态，即原子价态或

化学环境及元素的相对含量等信息。最新的 XPS 分析技术还能提供元素及其化学态在表面横向及纵向与深度分布的信息(即 XPS 线扫描和深度剖析)，同时还有表面元素及其化学态的空间分布和浓度分布(即成像 XPS)。此外，根据激发源的不同，常用电子能谱分析技术还包括俄歇电子能谱(auger electron spectroscopy，AES)和紫外光电子能谱(ultraviolet photoelectron spectroscopy，UPS)，它们都是研究原子、分子和固体材料的有力工具[15]。

这里以 $CoSe_2$/C 复合材料为例，说明如何用 XPS 对其表面元素进行定性分析和化合态分析。$CoSe_2$/C 复合材料的典型 XPS 定性分析结果，如图 6-8 所示[16]。XPS 总谱说明复合材料表面主要含有 C、N、Co 和 Se 元素。检测到 O 元素是由于材料暴露于空气中吸附了部分氧。

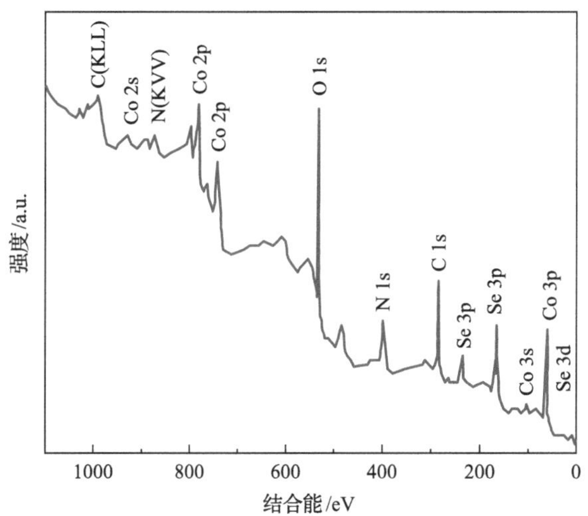

图 6-8　$CoSe_2$/C 复合材料的 XPS 谱图[16]

在 XPS 分析中，由于原子外层电子的屏蔽效应，芯能级轨道上电子的结合能在不同的化学环境中是不一样的，有一些微小的差异。这种结合能上的微小差异就是元素的化学位移，它取决于元素在样品中所处的化学环境。利用这种化学位移可以分析元素在该物质中的化学价态和存在形式。图 6-9 是 $CoSe_2$/C 复合材料中 C 1s 和 N 1s 的高分辨 XPS 谱[16]，C 1s 的高分辨 XPS 谱包含位于 284.3eV、285.4eV 和 286.9eV 的峰，分别对应 sp2 C、N-sp2 C 和 N-sp3 C 键，说明碳含有氮杂原子掺杂。进一步由 N 1s 的 XPS 谱分析了 N 元素的状态，谱线表明复合材料中氮原子存在不同的氧化态，包括吡啶 N、吡咯 N 和石墨 N，结合能分别为 398.4eV、399.6eV 和 400.7eV。碳材料中含有异质原子氮掺杂有助于提高碳材料的导电性并暴露更多的电化学活性位点。

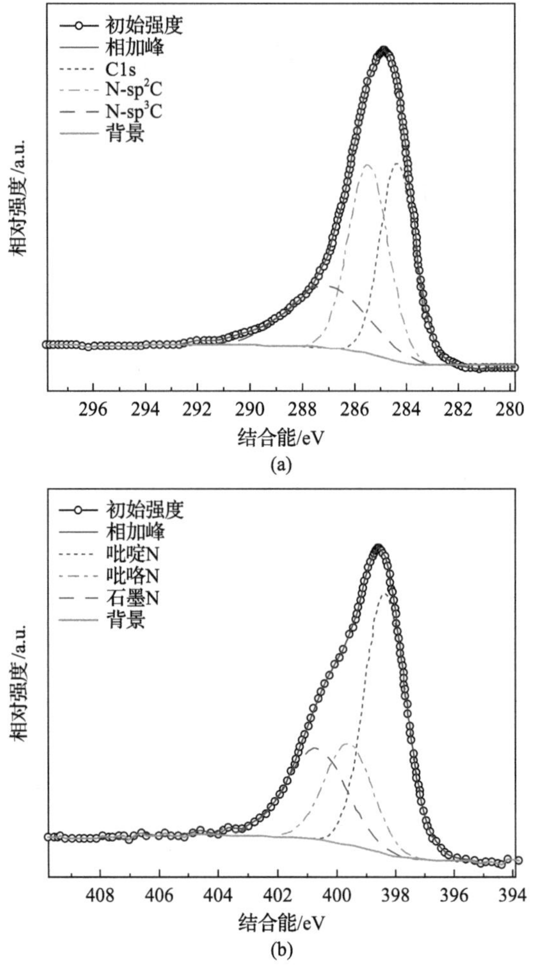

图 6-9　$CoSe_2$/C 复合材料中 C 1s 和 N 1s 的高分辨 XPS 谱[16]

(a)C 1s 高分辨 XPS 谱；(b)N 1s 高分辨 XPS 谱

5. 核磁共振分析

核磁共振(nuclear magnetic resonance，NMR)分析技术是源于原子核间的共振产生磁能级跃迁形成核磁共振波谱，用于解析物质分子结构、构型构象。NMR 波谱法是一种无需破坏试样的分析方法，虽灵敏度不够高，但仍可从中获取分子结构的大量信息，此外还可得到化学键、热力学参数和反应动力学机理等方面的信息，也可做定性、定量分析。

想要得到具有高分辨的分子内部结构信息的谱图，一般采用液态样品。用一定频率的电磁波对样品进行照射，使特定环境中的原子核实现共振产生磁能级跃迁，在照射扫描中记录发生共振时的信号位置和强度，就得到 NMR 谱，谱上的共振信号位置反映了样品分子的局部结构(如官能团、分子构象等)，信号强度则通常与有关原子核在样品中存在的量有关。固体核磁共振波谱(solid-state NMR)表征技术可实现样品的无损检测，并具有定量和原位分析等优点，可获取电池材料的化学组成、局域结构及微观离子扩散动力学等信息，目前已广泛应用于电极材料、固体电解质和电极表面固体电解质(SEI)膜等领域的研究中[17]。

在很强的外磁场中，某些磁性原子核可以分裂成两个或更多的量子化能级。用一个能量恰好等于分裂后相邻能级差的电磁波照射，该核就可以吸收此频率的波，发生能级跃迁，从而产生 NMR 吸收。在外磁场 H_0 中，当原子核吸收或放出能量时，就能在磁能级之间发生跃迁(图 6-10)，跃迁所遵从的旋律为$\Delta m=\pm 1$，能量变化为ΔE 式(6-5)，即

$$\Delta E=\gamma h/2\pi\cdot H_0 \tag{6-5}$$

式中，γ 为磁旋比；H_0 为外磁场强度；如果再通过电磁波照射，外加一个能量为 $h\nu_0$，并能满足

$$\Delta E=h\nu_0=\gamma h/2\pi\cdot H_0 \tag{6-6}$$

式中，ν_0 为共振频率。这个电磁波就可引起原子核的磁能级在两个能级之间的跃迁，从而产生核磁共振现象。因此，核磁共振的条件是

$$\nu_0=\gamma/2\pi\cdot H_0 \tag{6-7}$$

故某种核的具体共振条件(H_0，ν_0)是由核的本性决定的。

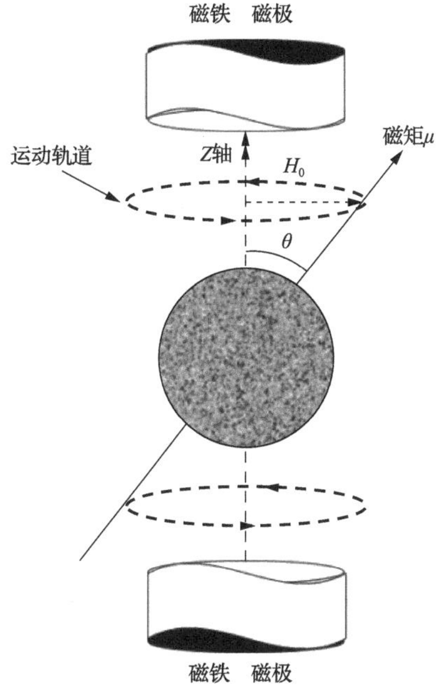

图 6-10　核磁共振现象的基本原理图

为了探索 Al^{3+}离子掺杂提高 P2-$Na_{0.67}Al_xMn_{1-x}O_2$ 电化学性能的内在机理，杨勇团队通过短程固体 NMR 结构表征技术，采用非原位固体 NMR 来表征 $Na_{0.67}MnO_2$ 和 $Na_{0.67}Al_{0.1}Mn_{0.9}O_2$ 电极在充放电过程中的局域结构演变[18]。深入研究了电化学循环过程中的局域结构演变[19]。他们发现：位于 250～600ppm、650～900ppm、900～1400ppm 和 1400～1850ppm 的 NMR 共振分别对应于水合峰、P2'、P2 和 C2/c 相。水合信号在高电压下易于出现在未掺杂材料中，这表明具有较低钠含量的层状钠过渡金属氧化物更易受 H_2O 的影响，而 Al 掺杂可有利于抑制 H_2O 在 Na^+离子层中的插入。如图 6-11(a)所示，$Na_{0.67}MnO_2$ 电极在首次充电过程中，P2 相的信号强度降低，而 1620ppm 处 C2/c 的相信号增加并逐渐向低场移动，这对应于 Mn^{3+}离子的氧化。此外，充电终点时氧层发生滑移将使许多局部环境或层错堆垛，最终导致在 1100ppm 左右产生宽的信号。在首次放电过程中，^{23}Na NMR 谱几乎与充电过程相反，表明该过程为可逆的电化学过程。随着 Na^+离子的进一步嵌入，在 825ppm 观察到新的 P2'相信号。同时，对应于 C2/c 和 P2 相的 NMR 信号强度降低。当材料完全放电时，仅观察到 P2'信号($x \geqslant 0.87$)。与 $Na_{0.67}MnO_2$ 相比，在原始 $Na_{0.67}Al_{0.1}Mn_{0.9}O_2$ 电极的 ^{23}Na NMR 谱中不存在 C2/c 相的信号(图 6-11(b))。更重要的是，对于 $Na_{0.67}Al_{0.1}Mn_{0.9}O_2$ 电极，P2'相只在 x=0.97 时观察到。上述固体 NMR 结果证实了 10mol%的 Al 掺杂使材料在循环期间更温和的局部结构演变。

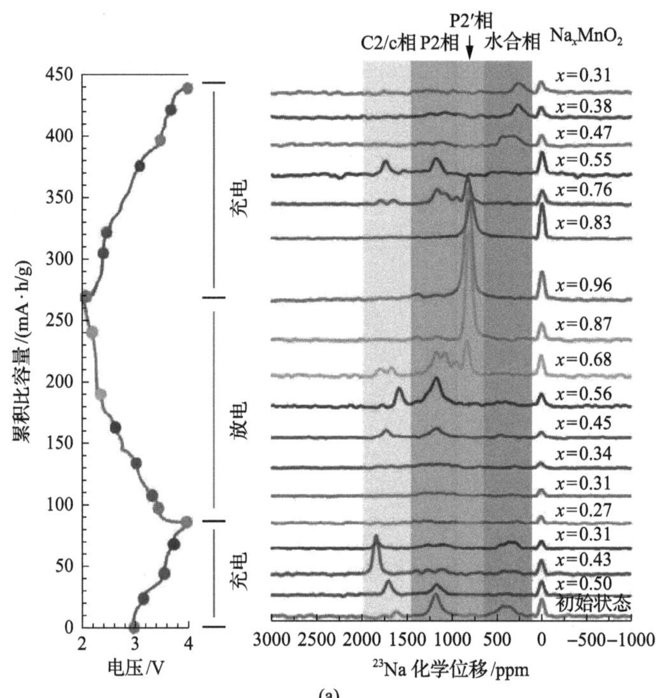

(a)

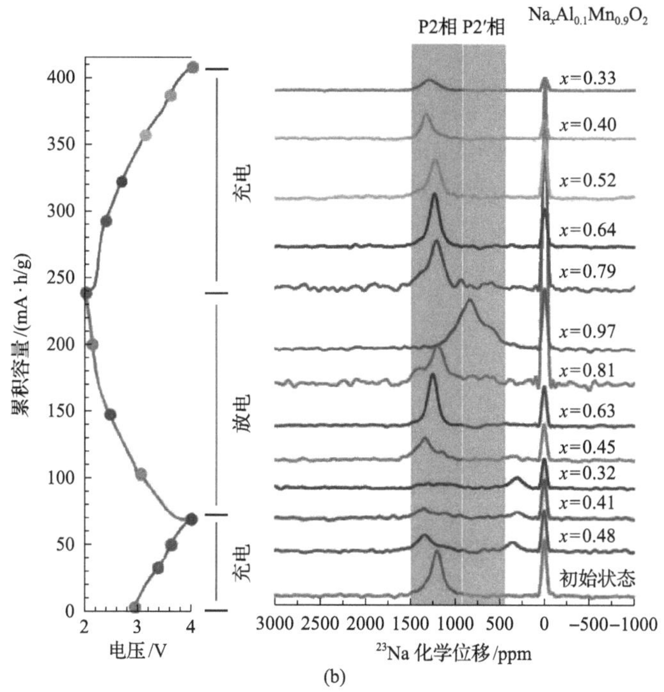

图 6-11　$Na_{0.67}MnO_2$ 和 $Na_{0.67}Al_{0.1}Mn_{0.9}O_2$ 首次充放电和第二次充电期间的非原位 ^{23}Na NMR 谱图

(a) $Na_{0.67}MnO_2$；(b) $Na_{0.67}Al_{0.1}Mn_{0.9}O_2$[18]

6. 比表面积和孔分布分析

比表面分析通常是基于 BET(Brauner-Emmett-Teller)等温吸附原理，使用氮气(N_2)吸附法，计算并分析多孔固体物质比表面积和孔径分布的一种测试分析方法。比表面积是指 1g 固体物质的总表面积，包括颗粒外部和内部通孔的表面。BET 法测定比表面的原理是被测物质表面在低温下发生物理吸附。通常以氮气为吸附质，以氦气或氢气作载气，两种气体按一定比例混合，达到指定的相对压力，然后流过固体物质。当样品管放入液氮保温时，样品即对混合气体中的氮气发生物理吸附，而载气则不被吸附。这时屏幕上即出现吸附峰。当液氮被取走时，样品管重新处于室温，吸附氮气就脱附出来，在屏幕上出现脱附峰。最后在混合气中注入已知体积的纯氮，得到一个校正峰。根据校正峰和脱附峰的峰面积，即可算出在该相对压力下样品的吸附量。改变氮气和载气的混合比，可以测出几个氮的相对压力下的吸附量，从而可根据式(6-8)来计算单分子层吸附体积 V_m。

$$\frac{p}{V(p_0-p)}=\frac{1}{V_mC}+\frac{(C-1)}{V_mC}\frac{p}{p_0} \tag{6-8}$$

式中，p 为平衡吸附压力；p_0 为吸附温度 T 时 N_2 的饱和蒸气压；V 为被吸附气体的总体积(标准状态)；V_{m}为单分子层吸附体积(标准状态)；C为与吸附热和冷凝热有关的常数。

图 6-12 为典型多孔材料的Ⅳ型等温吸附-脱附曲线。其中，在 AB 段形成单层吸附，在 BC 段形成多层吸附，在 CD 段吸附气体分子在材料孔道内形成毛细凝聚，吸附量上升。当毛细凝聚填满材料中全部孔道后(D 点以后)，吸附只在远小于内表面的外表面发生，吸附量增加缓慢，吸附曲线出现平台。在毛细凝聚段，吸附和脱附不是完全可逆过程，吸附和脱附曲线不重合，形成滞后回线。

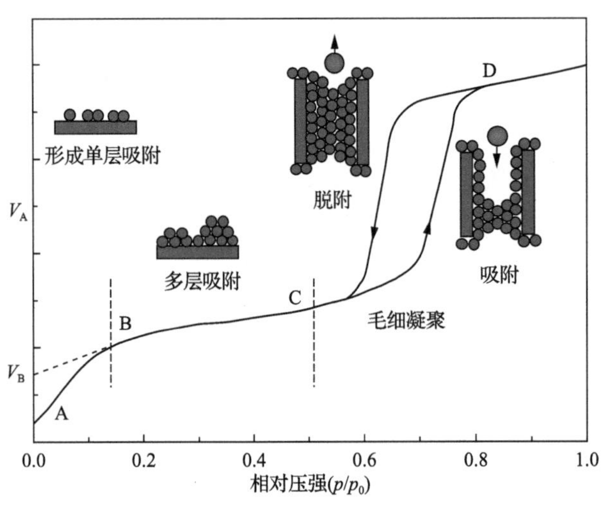

图 6-12　多孔材料的Ⅳ型等温吸附-脱附典型曲线及吸附机理示意图

V_m可通过在 AB 段以$\dfrac{p}{V(p_0-p)}$对$\dfrac{p}{p_0}$作直线求得，其斜率为$\dfrac{(C-1)}{V_mC}$，截距为$\dfrac{1}{V_mC}$。由此可得

$$V_m=\frac{1}{\text{斜率}+\text{截距}} \tag{6-9}$$

若已知每个被吸附分子的截面积，可求出被测样品的比表面，即

$$S=\frac{V_mN_AA_m}{2240W}\times10^{-18} \tag{6-10}$$

式中，S 为被测样品的比表面；N_A 为阿伏伽得罗常数(6.02×10^{23})；A_m 为氮分子等效最大横截面积(密排六方理论值=$0.162\mathrm{nm}^2$)；W 为被测样品质量。

此外，采用 BJH（Barrett-Joyner-Halenda）方法可获得孔径大小和孔径分布情况[19]。BJH 方法的主要原理为：在 77K 时，吸附在多孔固体表面上的氮气量是其压力的函数，测得的氮气吸附量可细分为膜厚变化量和毛细管凝聚或脱除量两部分。吸附过程中，随着气体压力的上升，在多孔物质的表面及孔壁发生多层吸附并形成液膜、孔内发生毛细管凝聚并形成类似液体的弯月面。液膜厚度与压力、样品性质有关，并可用式(6-11)描述；毛细管凝聚时的孔径与 p/p_0 的关系可用 Kelvin 方程描述：

$$r_k = \frac{2\sigma_1 V_{\text{ml}}}{RT_b \ln\left(\frac{p}{p_0}\right)} = -\frac{0.953}{\ln\left(\frac{p}{p_0}\right)} = -\frac{0.414}{\lg\left(\frac{p}{p_0}\right)} \tag{6-11}$$

式中，r_k 为凝聚在孔隙中吸附气体的曲率半径；σ_1 为液态凝聚物液氮的表面张力，$0.0088760\text{N}\cdot\text{m}^{-1}$；$V_{\text{ml}}$ 为液态凝聚物液氮的摩尔体积，$0.034752\text{L}\cdot\text{mol}^{-1}$；$R$ 为气体常数，$8.314\text{J}\cdot\text{mol}^{-1}\cdot\text{K}^{-1}$；$T_\text{b}$ 为分析测试时的冷浴温度，77.35K。据此，在某一假设下，从实测样品得到的一组吸附数据就可计算出其每两相邻数据（压力、吸附量）之间的膜厚体积变化量、发生毛细管凝聚或脱除的孔径体积变化量，进而得到某一假设下该样品的孔径、孔体积和孔表面积分布数据。

本书作者课题组[21]制备了双层纳米片自组装的 Ni/MnO 多孔微球。多孔微球中的镍分布均匀，提高了材料的电子导电性，体现出了良好的电化学性能。针对于 Ni/MnO 微米球的多孔结构，采用氮气吸附/脱附测试对其比表面积和孔径分布进行了研究。Ni/MnO 的氮气吸附-脱附等温曲线属于典型的Ⅳ型等温线并带有滞后回线，如图 6-13 所示。根据 BET 方法计算后，Ni/MnO 多孔微米球的比表面积

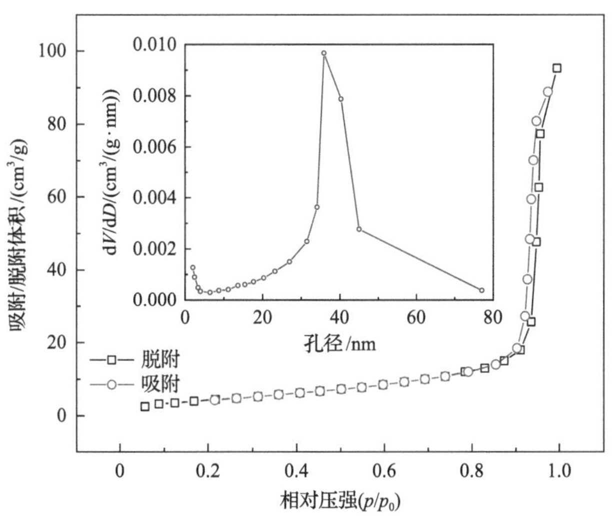

图 6-13　Ni/MnO 多孔微球的氮气吸附-脱附等温曲线和 BJH 孔径分布曲线[21]

为 33.5m²/g。图 6-13 中的插图是 Ni/MnO 的 BJH 孔径分布图，结果表明材料的孔径分布范围主要集中在 20～60nm。高比表面积和丰富的多孔结构有利于电解液的浸润和离子的传输。

6.3　电极材料微结构相关的物理表征技术

6.3.1　X 射线衍射分析

X 射线衍射(X-ray diffraction，XRD)技术是利用固定波长为 λ 的 X 射线照射到晶体材料中，X 射线与晶粒中的原子发生相互作用产生衍射，进行物相的定性和定量分析。图 6-14(a)为 X 射线衍射仪的结构示意图，主要由 X 射线光管、样品台、测角器、检测器和计算机控制处理系统等组成。当 X 射线的入射角 θ 与晶粒中某一晶面间距 d 与满足布拉格定律时，则形成衍射谱，如图 6-14(b)所示。用公式表示为

$$n\lambda=2d_{hkl}\sin\theta \tag{6-12}$$

式中，n 为衍射级数，n=1, 2, 3 等整数；λ为 X 射线波长；d_{hkl} 为发生衍射晶面的面间距；θ 为 X 射线入射角。对于指数为(hkl)的不同晶面，会在不同的 θ(或 2θ)角度形成衍射峰。由于电极材料中晶粒在空间中的取向是随机、均匀且通常没有择优取向性的，为了获得不同晶面的衍射峰，可以通过图 6-14(a)中 X 射线光管与样品台的相对转动连续改变入射角 θ，从而获得材料中所有满足布拉格定律晶面的衍射峰。

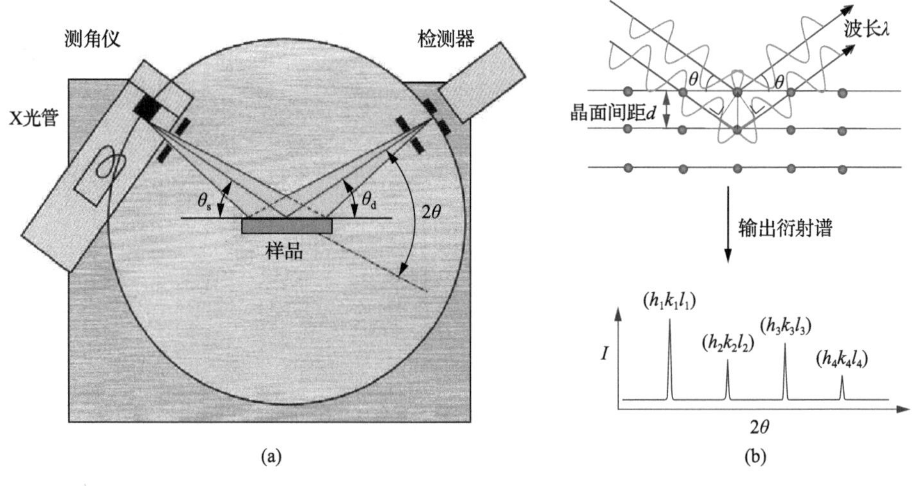

图 6-14　晶态固体 X 射线衍射分析技术

(a)衍射仪；(b)衍射原理和输出谱图

电极材料衍射花样的特征最主要的有两个：一个是衍射线在空间的分布规律，主要受晶粒大小、形状和位向决定；另一个是衍射线的强度，主要取决于晶体中原子的种类和它们在晶胞的位置。为了表述晶体结构对衍射强度的影响，引入结构因子(structure factor) F_{hkl} 的概念。对于一个含 N 个原子的晶胞系统，其结构因子定义为

$$F_{hkl}=\sum_{j=1}^{N}f_j(s)\exp\left[2\pi i(hx_j+ky_j+lz_j)\right] \tag{6-13}$$

式中，$f_j(s)$ 为第 j 个原子对 X 射线散射的系数；h、k、l 为发生衍射晶面的晶面指数；x_j、y_j、z_j 为第 j 个原子在晶胞中的位置坐标。X 射线衍射强度与 F_{hkl} 的平方成正比。

通过电极材料 XRD 谱和衍射峰强度的准确测量，并利用实验样品 XRD 图谱与数据库中已知标准衍射谱的物质卡片(pdf 卡片)进行对比，用特征三强峰实现了物相辨识。如果进一步采用 GSAS (general structure analysis system)、FullProf 等软件对 XRD 图谱进行全谱拟合精修，可获取材料的晶胞参数、原子占位、温度因子、物相比例等信息[22]。此外，根据 XRD 谱还可以获取材料的结晶度、物相定量、晶胞参数、择优取向、晶粒内应力等结构信息和特性参数[23]。

本书作者课题组采用水热法制备了一种 V_2O_5/NaV_6O_{15} 复合材料，其 XRD 全谱拟合结果如图 6-15 和表 6-2 所示[24]。通过与标准晶体结构数据进行对比，可以对复合材料进行定性分析，分别对应于正交相 V_2O_5 (*Pmmn* (59), 647638-ICSD) 和单斜相 NaV_6O_{15} (*C*2/*m* (12), 1647638-ICSD) 的两相复合物。进一步采用全谱拟合手段进行定量分析，可以得到 V_2O_5 和 NaV_6O_{15} 的质量占比分别为 39.82%和 60.18%。此外，还可以得到复合材料中两相详细晶胞的参数信息，可以看出与纯单相相比，复合材料中各相几乎无形变(表 6-2)。

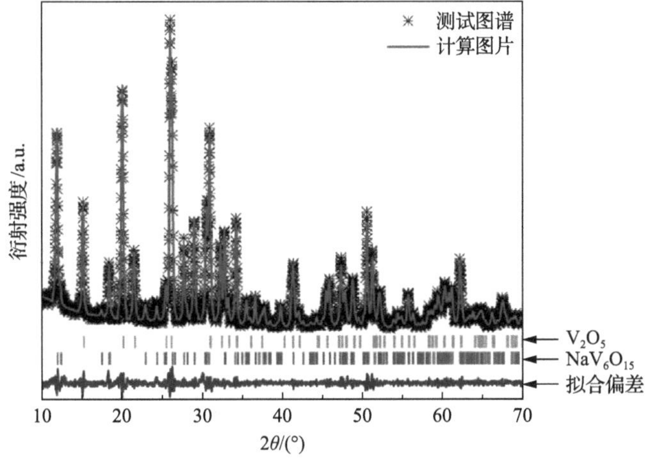

图 6-15　V_2O_5/NaV_6O_{15} 复合材料的 XRD 全谱拟合精修图[24]

表 6-2　V_2O_5/NaV_6O_{15} 复合材料的拟合晶胞参数、相含量及与 V_2O_5(647638-ICSD)和 NaV_6O_{15}(1647638-ICSD)标准参数的对比[24]

样品	晶胞参数					相含量%	wRp%
	a/nm	b/nm	c/nm	β/(°)	V/nm^3		
复合材料中的 V_2O_5	1.15103	0.35637	0.43726	90.0000	0.1794	39.819	8.15
V_2O_5	1.15100	0.35630	0.43690	90.0000	0.1792	—	—
复合材料中的 NaV_6O_{15}	1.00828	0.36081	1.54002	109.505	0.5281	60.181	8.15
NaV_6O_{15}	1.00883	0.36172	1.54493	109.570	0.5311	—	—

6.3.2　扫描电子显微镜分析

扫描电子显微镜(scanning electron microscope，SEM)简称扫描电镜，主要用于分析被测材料样品的显微形貌和物理化学特性，其工作原理如图 6-16 所示。由图 6-16(a)系统顶部热阴极电子枪发射出电子束，直径约 50μm 左右，在加速电压的作用下，电子束变成波长约为 0.003nm(3pm)的电子波，经过 2～3 个电磁透镜的汇聚作用，聚焦成极细的入射电子束(约 3～5nm)，照射到分析样品表面。在双偏转线圈的控制下，电子束在试样表面进行扫描。当入射电子束打到试样表面时，与材料表面极微区域物质发生相互作用，产生各种电子，如图 6-16(b)所示，主要有俄歇电子、二次电子、背散射电子、吸收电子、透射电子和特征 X 射线等。这些电子和特征 X 射线的强度随试样的表面形貌特征而变，从而产生信号衬度，并被信号检测器接收，信号检测器将不同的特征信号经放大器进行放大，通过调节阴极射线管的电子束强度，即可得到试样表面不同特征的扫描图像。通常二次电子可获得材料表面形貌像，背散射电子可获得形貌像和成分情况。

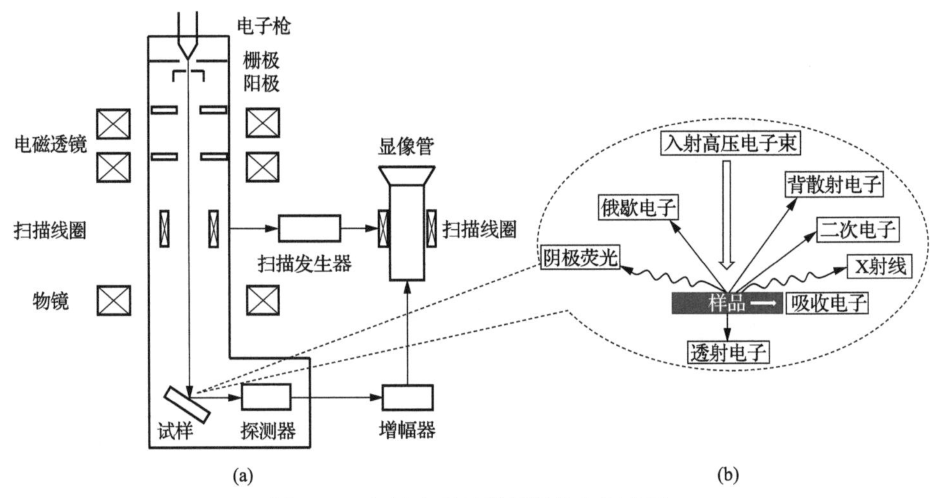

图 6-16　扫描电子显微镜结构和原理图

(a)工作系统结构；(b)电子束与材料相互作用

由于电子束极为细小，与普通光学显微镜相比，SEM 图像分辨率特别高，同时可将试样微区域放大数万乃至数十万倍。为了获得高质量的图像，必须控制好加速电压、聚光镜电流、物镜光阑、物镜与试样表面距离、样品安放情况、聚焦效果、放大倍数、亮度和衬度等多种因素，需要结合样品和仪器实际探索。

用 SEM 可分析被测样品的各种物理特性，主要包括：进行表面形貌的观察，获得三维立体形态图像；进行试样内部组织结构的观察；分析颗粒大小等。高质量图像的获取受到加速电压选择、聚光镜电流控制、物镜光阑控制、物镜与试样表面距离、样品安放情况、聚焦效果、放大倍数选择、亮度和衬度选择等多种因素的制约，需要结合样品和仪器实际，在实验中确定。

扫描电镜与能谱相结合，利用能量色散谱仪(energy dispersive spectxrmleter，EDS)可以对微区元素进行成分的定性与定量分析[25]。当样品原子的内层电子被入射电子激发或电离时，原子就会处于能量较高的激发状态，此时外层电子将向内层跃迁以填补内层电子的空缺，从而使具有特征能量的 X 射线释放出来。EDS 就是利用不同元素发射的 X 射线光子特征能量不同这一特点来进行成分分析的。结合电子束在样品表面不同的扫描方式，可以进行点、线、面的元素定性和定量分析。

下面以 SEM 观察微纳米结构的尖晶石型二元过渡金属氧化物表面形貌演变为例，说明其应用。$MnCo_2O_4$ 被认为是一种优良的材料，但 $MnCo_2O_4$ 基电极材料依然存在电子导电率低和体积变化大等缺点。因此，本书作者课题组[26]制备了一种三维分级多孔哑铃状 $MnCo_2O_4$。该材料由大量的单晶纳米棒紧密堆积组成，具有良好的结构稳定性。为研究哑铃状前驱体的生长机理和形貌演变，通过 SEM 观察了不同溶剂热时间对前驱体形貌的影响。如图 6-17(a)所示，溶剂热 2h 后体系中开始出现两端有光滑斜面的圆柱体。当溶剂热时间延长到 6h 后，可以清晰地观测到圆柱两端斜面发生部分溶解，变得凹凸不平(图 6-17(b))。随反应时间进一步延长至 12h，斜面的溶解和再结晶过程加剧，逐渐演化为片状结构(图 6-17(c))及纳米棒状(图 6-17(d))，最终形成了哑铃状结构。

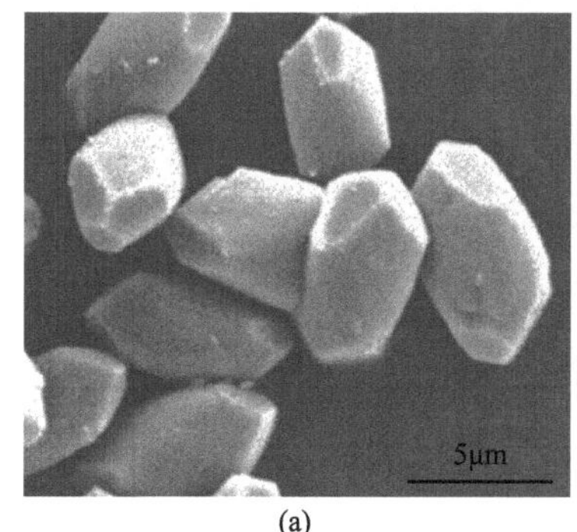

(a)

(b)

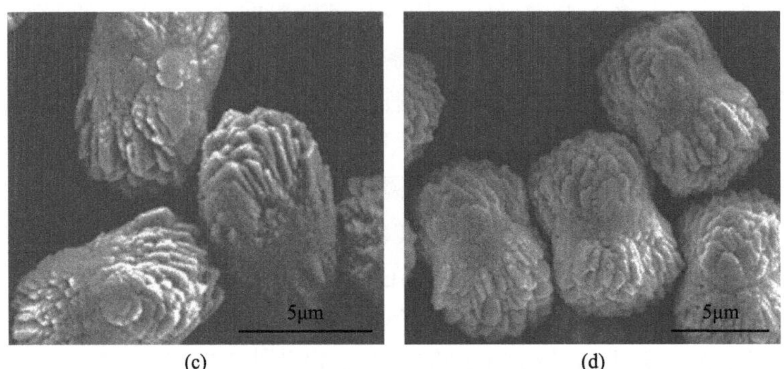

图 6-17　溶剂热时间影响二元过渡金属氧化物 $MnCo_2O_4$ 表面形貌

(a) 2h；(b) 6h；(c) 12h；(d) 24h[26]

能量色散谱仪(EDS)，简称能谱仪，依据不同元素的特征 X 射线具有不同的能量这一特点来对检测的 X 射线进行分散展谱，实现对微区成分的分析，它已广泛应用于样品表面的成分定性和定量分析。图 6-18 为本书作者课题组[21]制备的双层纳米片自组装的 Ni/MnO 多孔微球的 EDS 分析结果。元素面分布图像表明 Mn、Ni 和 O 元素在微米球中分布均匀。样品的 EDS 检测结果证明了 Mn、Ni、O 元素的存在。

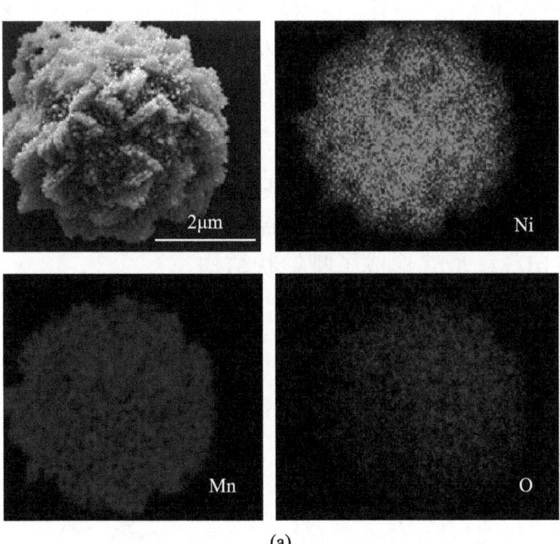

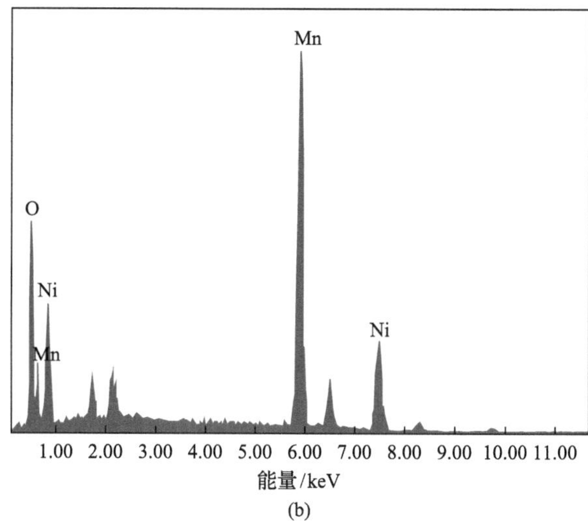

(b)

图 6-18　二元过渡金属氧化物 Ni/MnO 的元素面分布图和 EDS 图谱[21]
(a)元素面分布图；(b)EDS 图谱

6.3.3　透射电子显微镜分析

透射电子显微镜(transmission electron microscopy，TEM)，顾名思义，就是利用透过材料样品电子成像的电子显微分析技术，如图 6-16(b)。在 TEM 系统中，电子枪发射出的电子束，在高电压加速作用下，经过电磁透镜汇聚成极细的入射电子束，电子束穿透样品，发生散射、干涉和衍射等信号。利用这些信号形成图像，进而研究试样的晶体形貌、微观结构、晶格与缺陷、微孔尺寸等信息[27]。为了让电子束能更多地透过材料样品，TEM 样品需要特殊减薄，厚度一般在 10～100nm，因此 TEM 制样难度比较大，颗粒样品相对要求低一些。通常 TEM 加速电压比 SEM 高出许多，一般加速电压在 200kV，电压在 200～400kV 称为高压透射电镜，400kV 以上的称为超高压透射电镜。

作为一种材料超微结构显微分析技术，随着电子束汇聚加强和分辨率提高，TEM 可以将试样微结构放大几万至上百万倍，从而发展出高分辨(high-resolution TEM，HRTEM)和超高分辨(ultra-high-resolution TEM，UHRTEM)透射电子显微分析技术，点分辨率可达到 0.205nm，可观察到晶格条纹图像。进一步消除高压电子束通过试样形成物点孔径角偏大等图像变形，可以获得球差校正的透射电镜(spherical aberration corrected transmission electron microscope，ACTEM)图像，点分辨率可达 0.08nm，可以获得晶体中的原子图像。这些技术能够观察样品更细微的微观结构，能精确到纳米级、埃级；通过衍射角度调节，能有效确定细小晶粒重要结构信息，如晶面间距离和晶粒取向等信息[27]。当前，透射电子显微分析技术已经拥有原子尺度的分辨能力，同时透射电子显微镜是一种可以提供对试样进行物理分析和化学分析(如形貌观察、结构分析、缺陷分析、成分分析等)所需的全部功能的高端结构表征仪器。

TEM 的成像质量主要取决于仪器的精度，但一台好的 TEM，如果使用不当，也会降低仪器的使用效能。因此，正确操作 TEM 十分重要，包括维持足够高的真空系统、规范样品置放、控制好电子枪高压和灯丝电流、电子枪合轴、照明部分的倾斜调整、放大倍数选择等，具体情况也需要结合样品和仪器实际，在实验中确定。

下面以 TEM 观察微纳米结构的过渡金属氧化物 MnO 材料微结构为例，说明其应用[21]。如图 6-19 所示，使用 TEM 观察并计算了 Ni/MnO 多孔微球的颗粒大小和晶面间距。可见，微米球由大量直径约为 50nm 的纳米颗粒组成，颗粒之间存在孔隙。图 6-19(c)是 Ni/MnO 微米球的高分辨 TEM 图像，图中存在两组晶格条纹，晶面间距为 0.20nm 和 0.25nm，分别对应于 Ni 的(111)晶面和 MnO 的(111)晶面。

图 6-19　二元过渡金属氧化物 Ni/MnO 的 TEM 表征结果

(a)、(b) TEM 图；(c) HRTEM 图[21]

下面另一个例子说明如何通过 TEM 系统上的能量色散 X 谱仪(EDS)实现材料元素面分布分析的实例。由于 Nb_2O_5 导电率低(3×10^{-6}S/cm)及其难以控制晶体结构的缺点，使其在锂离子超级电容器负极中的应用受到阻碍。为提升 Nb_2O_5 的性能，本书作者课题组[28]报道了一种通过一步水热反应-煅烧方法得到将基于正

交相的 Nb_2O_5 量子点嵌入 ZIF-8 衍生的氮掺杂多孔碳的先进复合材料的方法。如图 6-20 所示，通过 EDS 面分布分析，说明 Nb_2O_5 量子点/氮掺杂碳复合材料中有 Nb、O、N 和 C 元素的均匀分布。

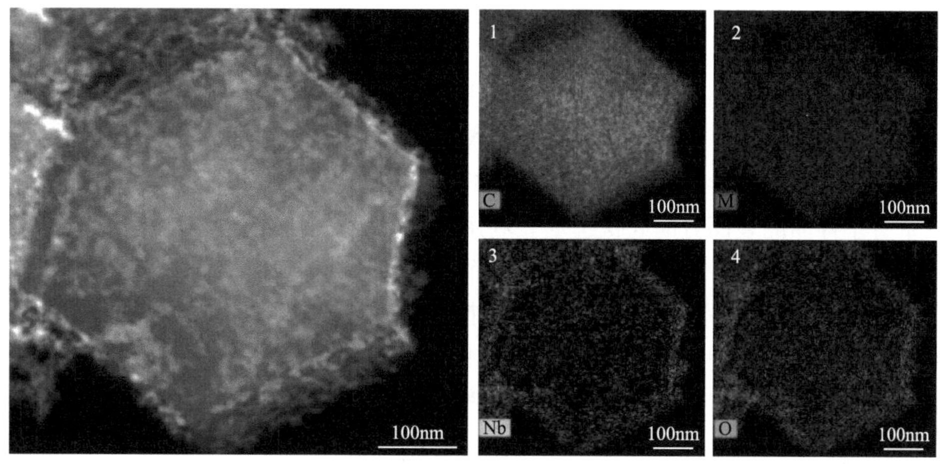

图 6-20　Nb_2O_5 量子点/氮掺杂碳复合材料的 TEM 形貌及其 EDX 元素分布图像[28]

二维层状材料在传感、催化、储能等诸多应用领域表现出了优良的电、光、磁及机械性能，具有良好的应用前景，成为材料科学领域的研究热点。因此本书作者课题组[29]采用简便的“自下而上”的溶剂热合成方法，制备了长宽超过 100μm、厚度仅为几个纳米的超大超薄 B 型 VO_2 纳米片材料。如图 6-21 所示，HRTEM 结果表明所得的 VO_2(B)是单晶结构，其晶格条纹间距为 0.353nm，与单斜晶型 VO_2(B)的(110)面的晶面间距十分吻合。而选区电子衍射(selected area electron diffraction，SAED)结果表明产物的结晶性良好，同时也证明了 VO_2(B)纳米片材料沿(001)面择优生长，对应晶带轴为[001]。

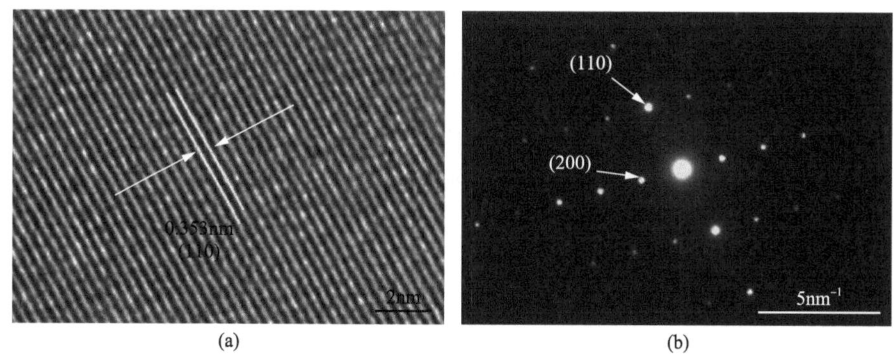

(a)　　(b)

图 6-21　VO_2(B)超薄纳米片的透射电镜表征

(a) HRTEM 图像；(b) SAED 结果[29]

6.3.4 原子力显微镜分析

原子力显微镜(Atomic Force Microscopy，AFM)通过检测待测样品表面和一个微型力敏元件之间极微弱的原子间相互作用力，研究测试样品表面结构和特性的显微分析仪器。原子力显微镜的工作原理如图 6-22 所示[30]，将一个对微弱力极敏感的微悬臂一端固定，另一端有一微小的针尖，针尖与样品表面轻轻接触，由于针尖尖端原子与样品表面原子间存在极微弱的排斥力，通过在扫描时控制这种力的恒定，带有针尖的微悬臂将对应于针尖与样品表面原子间作用力的等位面而在垂直于样品的表面方向起伏运动。利用光学检测法或隧道电流检测法，可测得微悬臂对应于扫描各点的位置变化，从而可以获得样品表面形貌的信息。

AFM 分析技术具有非破坏性、不会损伤样品、应用范围广、软件处理能力强等优点，可以用于导体、半导体和绝缘体表面特性的检测，如原子之间的接触、原子键合、范德华力、卡西米尔效应、弹性、硬度、黏着力、摩擦力等，其分辨率可接近原子水平。

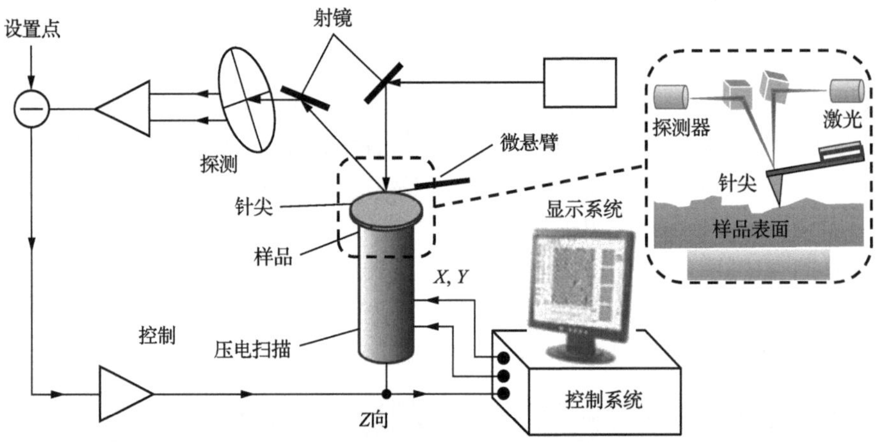

图 6-22 原子力显微镜工作原理示意图

下面以 AFM 观察超薄纳米 VO_2 结构细节为例，说明其应用。本书作者课题组[29]通过溶剂热制备出超薄 VO_2(B)纳米片材料。该材料用作锂离子正极材料表现出了优异的倍率性能和出色的循环稳定性。为了更精确地获得 VO_2(B)纳米片的片层厚度信息，使用 AFM 对样品进行表征，结果如图 6-23 所示。大片的 VO_2(B)纳米片平整，其厚度仅为 5.2nm。纳米片间存在层层堆叠的 VO_2(B)纳米片结构，如图 6-23(b)所示。进一步测试结果表明：纳米片厚度在 2～5nm，见图 6-23(c)。

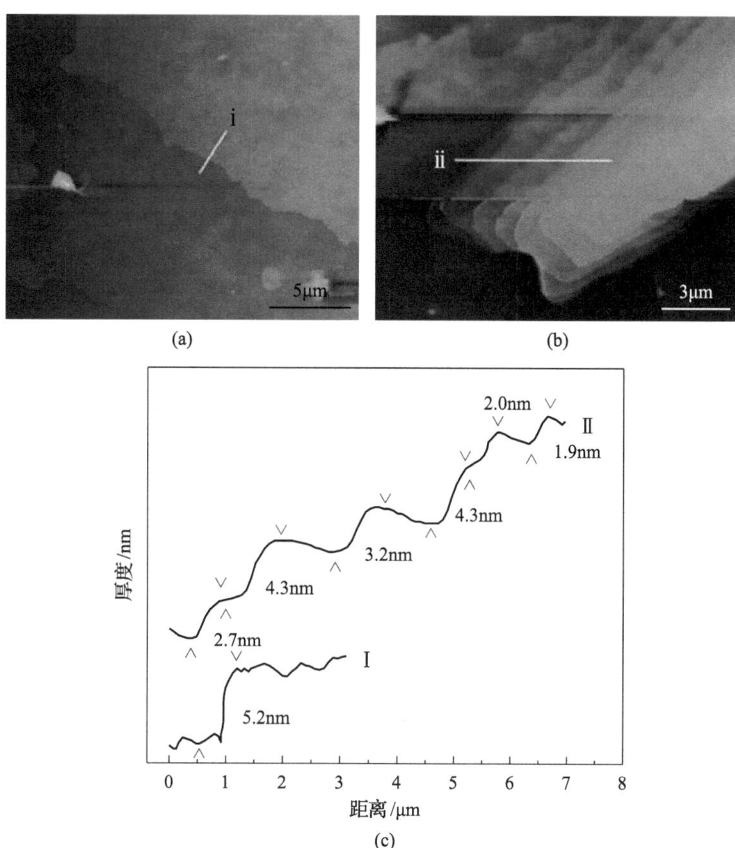

图 6-23　片状纳米 VO_2(B)的 AFM 观察表征结果

(a)单独纳米片；(b)层层堆叠结构的 AFM 图像；(c)厚度信息[29]

6.4　电池材料的电化学表征

电极材料组成、结构理解清楚以后，其能否用于制备性能优良的电池，还必须利用这些材料组装成相关电池，进行一系列的电化学性能评价。用于实验室测试的电池一般为纽扣式半电池，有时为了更全面地评估材料的综合电化学性能，也组装成纽扣式全电池，甚至实验性的软包电池或标准的 18650 电池。这些评价表征技术主要包括：电池的充放电测试、倍率性能测试、循环伏安测试、赝电容计算、交流阻抗测试、恒电流(电压)间歇滴定测试等，下面分别予以介绍。

6.4.1　充放电测试

使用多通道电池测试系统，通过对二次离子电池施加一定大小的电流或电压，来记录其电压或容量变化的曲线，完成电池充放电测试。常用方式有：恒流充放电、恒压充放电、倍率充放电等。该测试中最重要的测试结果有：充放电容量随电压变化的曲线和充放电容量随循环次数变化的曲线，可以分别用来确定电池中活性材料的库仑效率、比容量和循环稳定性。通过施加递增或递减的电流对电池进行充放电测试，可以得到比容量随电流密度的变化曲线，即电池的倍率性能图。这里电池的充放电电流密度和比容量都是基于活性材料的质量来计算的。

钒资源储量丰富，钒基化合物又易于合成，且其能量密度高，所以 V_2O_5 是锂离子电池正极材料研究的热点，也被认为是最有应用前景的正极材料之一。本书作者课题组[31]通过简单的水热反应自组装形成尺寸均匀的钒基前躯体纳米球，然后在空气中煅烧得到了多层结构的 V_2O_5 空心纳米微球。将其组装成 V_2O_5//Li 纽扣式半电池对材料进行充放电测试。如图 6-24 所示为将 V_2O_5 空心球制成电极在

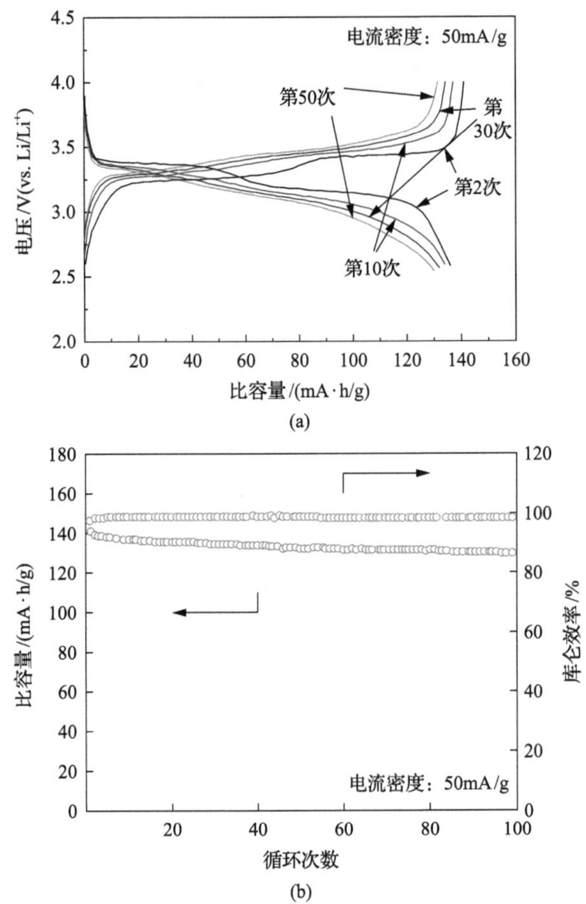

图 6-24 V_2O_5//Li 电池典型的充放电测试结果

a 第 2、10、30、50 次的充放电曲线； b 循环性能曲线[31]

50mA/g 电流密度下，2.5～4V 电压下不同次数的充放电曲线和循环曲线。从充放电曲线中可以发现有两个明显的电压平台，对应于锂离子的嵌入和脱出过程，循环过程中不同次数的曲线形状基本重合，表明锂离子的嵌入和脱嵌过程具有很好的可逆性。V_2O_5 空心球电极在 50mA/g 电流密度下，首次放电容量为 141.2mA · h/g，为理论容量的96%（在2.5～4V 电压下，嵌入一个锂离子的理论容量为147mA · h/g），循环 100 次后容量仍保持为 130.3mA · h/g，为首次放电容量的 92.2%。而且，库仑效率几乎为 100%。

图 6-25 为上述 V_2O_5//Li 电池的倍率性能测试结果，在 50mA/g、100mA/g、200mA/g、300mA/g 和 400mA/g 电流密度下的容量分别为 147mA · h/g、139mA · h/g、112mA · h/g、92mA · h/g 和 78mA · h/g；在循环 25 次后，又回到 100mA/g 的电流密度下，仍能获得 137mA · h/g 的容量，再循环 120 次后，还保持有 133mA · h/g 的容量。这表明所制备的多层壳 V_2O_5 空心纳米微球在循环过程中的可逆性良好。

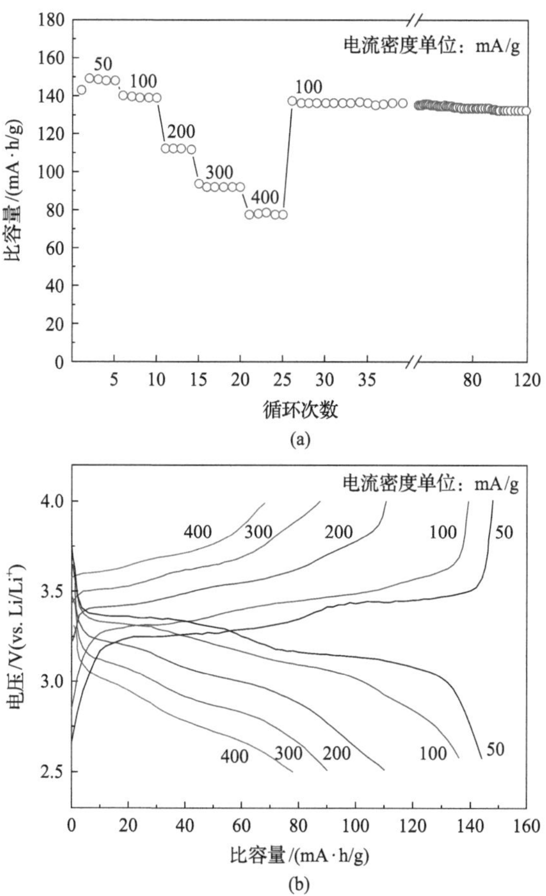

图 6-25　V_2O_5//Li 电池典型的倍率充放电测试结果

(a) 倍率性能图；(b) 倍率充放电曲线[31]

6.4.2　循环伏安测试

循环伏安法(cyclic voltammograms，CV)是以控制电极电位，将三角形电波的电位输入待测电极，待电位线性增加至某一设定值后，再反向操作至原电位，电位改变期间若有氧化还原反应发生，则会有电流产生，从而得到电流对电位的关系。循环伏安法可以观察电池电极材料的氧化还原反应机制、电池的可逆性、活性物质结构的改变，也可以测量电化学反应发生时的扩散系数与电子转移数等[4]。利用循环伏安法来测试超级电容器的 CV 曲线，可以反映所制备材料的电容性能及所表现的氧化还原峰的位置来判断体系发生的氧化还原反应。

基于不同扫描速率下的循环伏安曲线(cyclic voltammograms，CV)，可以用经典的 Randles Sevchik 公式来计算离子扩散系数[32]：

$$I_{\mathrm{p}} = 2.69 \times 10^5 n^{3/2} A D^{1/2} v^{1/2} C_0^* \tag{6-14}$$

式中，I_{p} 为峰值电流；n 为每个物质反应时的电子转移数量(对于 Li^+离子或 Na^+离子，$n = 1$)；A 为电极的活性表面积；D 为离子的扩散系数；v 为扫描速率；C_0^* 为不同电化学状态下对应的离子浓度。

图 6-26 为上述多层结构 V_2O_5 空心球制成的电极在 0.05mV/s 扫描速度下、2.5～4V 电压下的第 1～5 次的 CV 曲线。由图可知，在阴极扫描过程中，V_2O_5 出现了两个明显的还原峰，分别出现在 3.36V 和 3.17V 附近，这表明锂离子在嵌入 V_2O_5 的过程中发生了两步相变，第一个还原峰对应锂离子在嵌入时发生的由 α-V_2O_5 到 ε-$Li_{0.5}V_2O_5$ 的相变，锂离子进一步占据层间空位；第二个还原峰对应发生的由 ε-$Li_{0.5}V_2O_5$ 到 δ-LiV_2O_5 的相变。在阳极扫描过程中，也可以发现两个明显

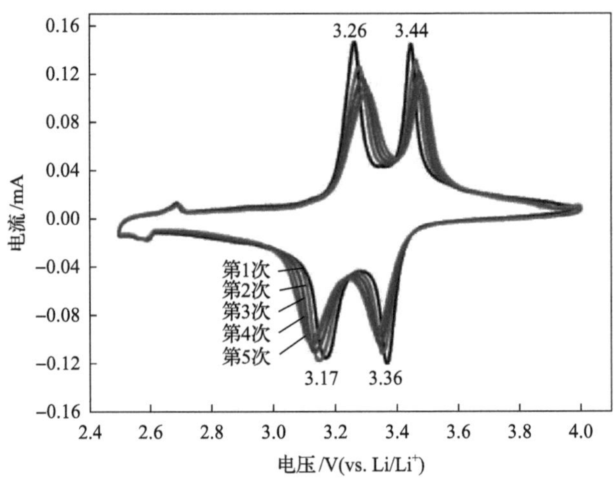

图 6-26　V_2O_5//Li 电池典型的 CV 测试结果[31]

的氧化峰，分别出现在 3.44V 和 3.26V 附近，对应锂离子的脱嵌，发生由 δ-LiV_2O_5 到 ε-$Li_{0.5}V_2O_5$ 的可逆转变，再可逆转变为 α-V_2O_5。由图可见，多层壳 V_2O_5 空心球电极的前 5 次的 CV 曲线基本重合，这表明锂离子在电极材料的嵌入和脱嵌过程中有很好的可逆性。

6.4.3 赝电容计算

电荷在储能器件中的储存方式可以分为两类：非法拉第过程(non-Faradaic process)，即在电极与电解液界面上没有发生电荷转移的过程，一般是电荷可逆地吸附或脱附于具有高比表面积的电极材料的表面从而形成双电层电容，从而实现储能的目的[33]；法拉第过程(Faradaic process)，即在电极表面发生氧化还原反应的过程，并且在电极与电解液界面发生电荷转移的过程。前者的反应过程比较简单，后者则包括多种可能，既可以发生在电极材料的表面(即所谓的赝电容)，也可以通过扩散的形式发生于块体材料内部，即严格意义下的离子电池[34]。

具体来说，法拉第过程又可以细分为如下几种类型：①电解液中的阳离子与电极材料发生反应，导致后者成分发生改变生成不同的相或物质[33]，这种情况一般发生在一次电池中；②电解液中的阳离子可以嵌入层状或隧道型电极材料的层间间隙，并伴随着电极材料中金属阳离子价态的降低来维持电荷平衡[35]；③电解液中的阳离子也可以通过电荷转移的方式被电化学吸附于电极材料的表面上[36]，从化学上来说，第③种与第②种类似，都涉及了氧化还原反应并伴随着电极材料中金属阳离子的变价现象，但与第(2)种不同的是，这种电化学吸附过程电解液中的阳离子不需要进入电极材料的层间间隙并扩散，故而在动力学上，这种反应过程更迅速，具有电容的特性，也被称为氧化还原型赝电容[37]。

另外，对于第(2)种类型的法拉第过程，虽然一般来说，嵌入反应因为涉及扩散过程，通常比较慢，但在某些情况下，例如，在层与层之间依靠范德华力连接的层状材料中，离子在层间的扩散还是比较迅速的，这样的插层反应也可以被认为是具有电容型的特点，即所谓的插层型赝电容[37]。Conway 提出[36]，因为在这些插层过程中，载流阳离子是以法拉第过程的方式储存在电极材料层间的，即电极材料内发生了氧化还原反应，其金属阳离子价态发生了变化，但并未引起相变(即结构重排)，故而表现出赝电容特性。因为赝电容型储能材料相比传统电池材料具有更高的功率密度，同时又能提供比双电层电容器高出至少一个数量级的能量密度，故而储能领域的学者们对开发赝电容型储能材料产生了浓厚的兴趣[37]。

为了界定电极材料储能时的赝电容贡献和传统的扩散贡献，Dunn 等[38]于 2007 年在研究纳米尺寸对 TiO_2 储锂性能的影响时，提出采用不同扫描速率的 CV 测试来分析电极材料的动力学行为的方法，并给出了具体的计算模型。通过不同扫描速率下的 CV 测量来分析材料电化学动力学。测量的电流(i)和扫描速率(v)遵循式(6-15)的关系[39]：

$$i = av^b \tag{6-15}$$

式中，a 和 b 为可调值。b 值与电荷存储机制相关，即 b 值为 0.5 时表示离子的行为受扩散控制，b 值为 1.0 时受表面赝电容控制。通过公式(6-16)可以进一步量化赝电容的贡献[40]：

$$i(\mathrm{V}) = k_1 v + k_2 v^{1/2} \tag{6-16}$$

式中，k_1 和 k_2 为给定电位的常数；$k_1 v$ 为表面赝电容控制的容量贡献；$k_2 v^{1/2}$ 为扩散控制的容量贡献。

V_2O_5 作为钒氧化物中价态最高的氧化物，在二次电池的应用领域有着相当重要的应用地位。但在水系锌离子电池中，晶体层间距和中心阳离子的静电排斥不利于其性能的发挥。本书作者课题组从改善或屏蔽高价态中心阳离子带来的强静电排斥力作用的角度出发，制备了水合 V_2O_5 纳米片，并研究了其储锌机制。通过不同扫速的 CV 测试法对材料进行了赝电容行为分析，其结果如图 6-27 所示。拟合结果显示图 6-27(a)中标识的四个氧化还原峰的峰值电流所对应的反应过程的 b 值分别为 0.73558，0.6364，0.68456 和 0.65577。这说明 V_2O_5 纳米片在储锌时表现出了一定的电容性行为。如图 6-27(d)所示，V_2O_5 纳米片材料在 0.4mV/s、0.8mV/s、1.2mV/s 和 2.0mV/s 扫速下的赝电容贡献比例分别为 38.6%、47.9%、53.3% 和 58.4%。该水合 V_2O_5 材料表现出的赝电容现象主要来源于纳米片结构较高的比表面积所引起的表面吸附型氧化还原反应，即吸附型赝电容贡献。

6.4.4　交流阻抗测试

电化学交流阻抗谱(electrochemical impedance spectroscopy，EIS)主要用来研究电池体系中的反应动力学行为和界面结构信息[41]。采用电化学工作站进行交流

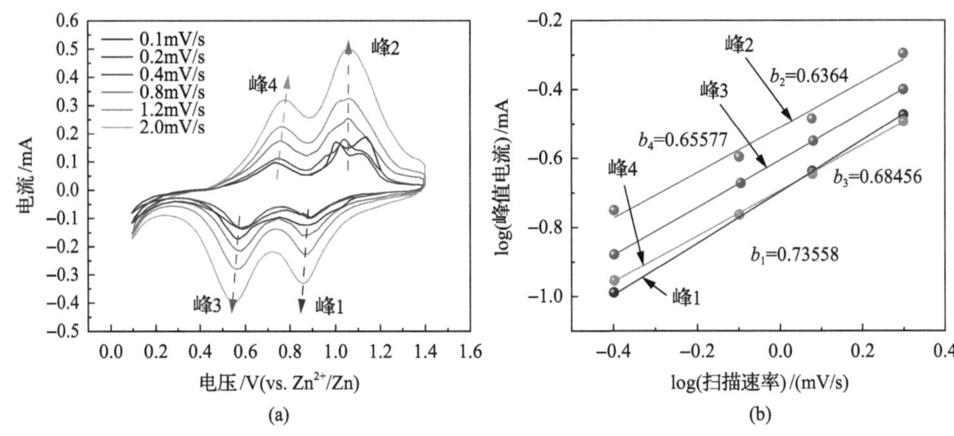

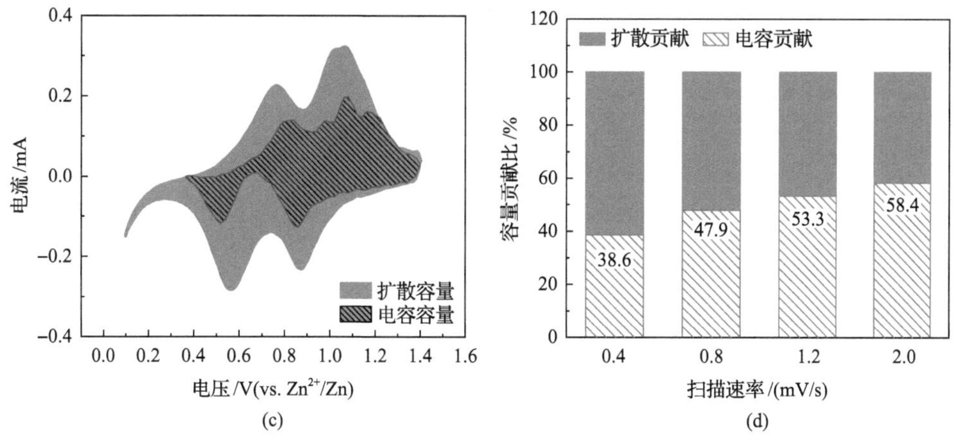

图 6-27　V_2O_5 纳米片的赝电容行为分析

(a) 不同扫速下的 CV 曲线；(b) V^{5+}/V^{4+}和 V^{4+}/V^{3+}两对氧化还原峰对应的 b 值拟合结果；(c) 1.2mV/s 扫速下的赝电容贡献情况；(d) 不同扫速下的赝电容贡献率

阻抗测试，测试的频率范围为 100kHz～0.01Hz。具体测试方法为：在离子二次电池的开路电压(变化控制在 5mV 以下)达到稳定状态后，对电极两端施加一个高频的交流电压信号以产生响应电流信号，以此计算出电极的阻抗。同时，这种交变的信号对电池的影响基本上可以忽略，所以通过对电极表面反应的推断结果也是接近真实值的。

由测试所得的量可绘制成各种形式的曲线，即得到 EIS 阻抗谱。EIS 谱图通常有两种表示形式：Nyquist 图和 Bode 图，其中 Nyquist 图的应用较广。在平板电极中，电极过程由电荷传递和扩散过程共同控制，Nyquist 图由高频区的半圆和低频区的一条 45°的直线构成，如图 6-28 所示。高频区由电极的反应动力学(电荷传递过程)控制，低频区由电极反应的反应物或产物的扩散控制。

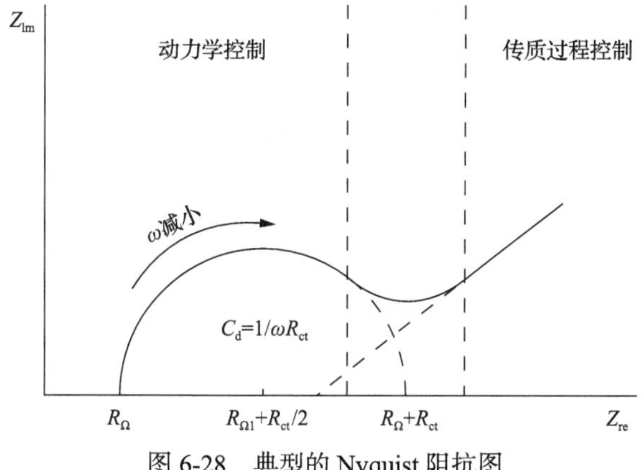

图 6-28　典型的 Nyquist 阻抗图

Warburg 阻抗与电极内离子的扩散密切相关，为了研究活性材料中离子的扩散行为，通过以下公式可以计算离子的扩散系数[42]，即

$$D_{Li^+} = \frac{R^2T^2}{2A^2n^4F^4C^2\sigma^2} \tag{6-17}$$

式中，R 为理想气体常数；T 为绝对温度；A 为电极的表面积；n 为每个活性材料分子参与电化学反应时的转移电子数；F 为法拉第常数；C 为离子的浓度；σ 为 Warburg 因子且与阻抗的实部（Z_{re}）相关：

$$Z_{re} \propto \sigma\omega^{-1/2} \tag{6-18}$$

式中，ω 为角频率，因此 Warburg 因子可以根据 Z_{re} 与角频率的平方根倒数之间的线性关系获得。根据式（6-17）和式（6-18）可以计算出活性材料中表观离子的扩散系数。

本书作者课题组以钴基金属有机框架（ZIF-67）作为模板制备了具有核壳结构的 CoSe/C 复合材料[5]。所得的 CoSe 纳米颗粒被均匀包覆于氮掺杂的碳框架中。为了揭示不同处理条件导致 CoSe/C 复合电极性能差异的动力学原因，我们研究了电极材料的电化学阻抗谱。如图 6-29 所示，样品的 Nyquist 图均由高频区的半圆部分和低频区的直线部分组成。半圆部分主要反映电极/电解液界面的电荷转移反应。而低频区的斜线部分反映了钠离子在电极材料中的扩散过程。采用等效电路对 EIS 测试结果进行了拟合，拟合数据总结于表 6-3 中。氮掺杂 CoSe/C 电极的电荷转移阻抗（R_{ct}）远小于 CoSe/C 或纯 CoSe 电极，说明氮掺杂的碳框架可以有效地提高电极的电子传输能力。

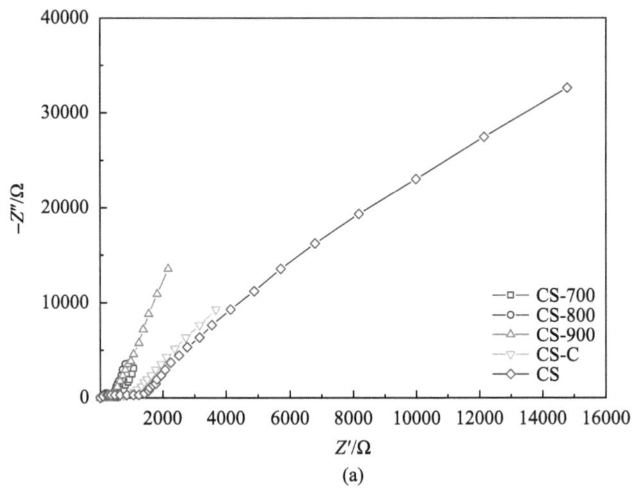

(a)

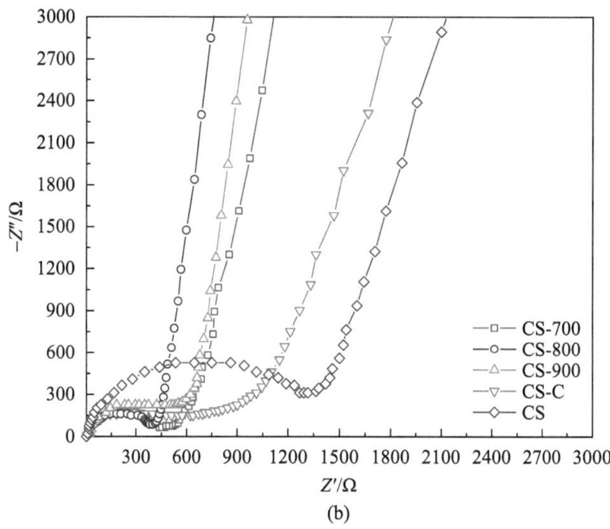

(b)

图 6-29　CoSe/C 复合电极的交流阻抗分析：(a) Nyquist 阻抗图；(b) 局部放大图

表 6-3　由图 6-29 中 Nyquist 等效电路拟合的各电池组件的参数[5]

样品	R_s/Ω	R_{ct}/Ω	R_{cell}/Ω (R_{cell}=R_s+R_{ct})
CS-700	5.361	461.3	466.661
CS-800	5.313	390.8	396.113
CS-900	5.442	554.8	560.242
CS-C	7.986	735.9	743.886
CS	10.26	1185	1195.26

6.4.5　恒电流(电压)间歇滴定测试

分析离子在嵌入型电极材料中的固相扩散过程对于理解电池中的动力学行为是非常重要的。离子在固体中的扩散过程比较复杂，其中既包括离子晶体中的"换位机制"类型的扩散，又包括浓度梯度对扩散的影响，同时还包括化学势影响的扩散，离子的扩散系数一般可以用化学扩散系数来表示。所谓化学扩散系数，其实是一个包含上述几种扩散过程的宏观概念，目前被广泛用于离子电池电极材料的分析和研究中[43]。对于离子的嵌入/脱出反应来说，其固相扩散过程是一个较为缓慢的过程，通常是整个电极反应的速控步骤。因此，离子的扩散速度决定了整个电极反应的速度，扩散系数越大，也就意味着电极的大电流充放电能力越强，其功率密度也就越高，倍率性能也越好。因此，测量离子扩散系数是电极材料动力学行为的重要分析手段。目前来说，常用的离子扩散系数的测量方法有恒电流间歇滴定测试法(galvanostatic intermittent titration technique，GITT)[44]、恒电位间歇滴定测试法(potentiostatic intermittent titration technique，PITT)[45]、交流阻抗测试法[46]和循环伏安测试法[47]等。

恒电流间歇滴定技术就是在一段时间间隔内对电池施加一个恒定电流进行放电(或充电，这里以 Zn^{2+}离子电池放电过程为例进行描述)，这一段恒电流放电过程称为一个电流脉冲，在电流脉冲期间，电极材料因为发生了氧化还原反应，正极材料与参比电极之间的电压将随之降低，如图 6-30(a)所示。一般要求脉冲电流要尽量小，而脉冲间隔时间也不宜过长，需要保证在脉冲期间的实时电压(V)与脉冲时间的平方根($\sqrt{t}$)呈近似线性关系为宜。在电流脉冲期间，因为脉冲电流和

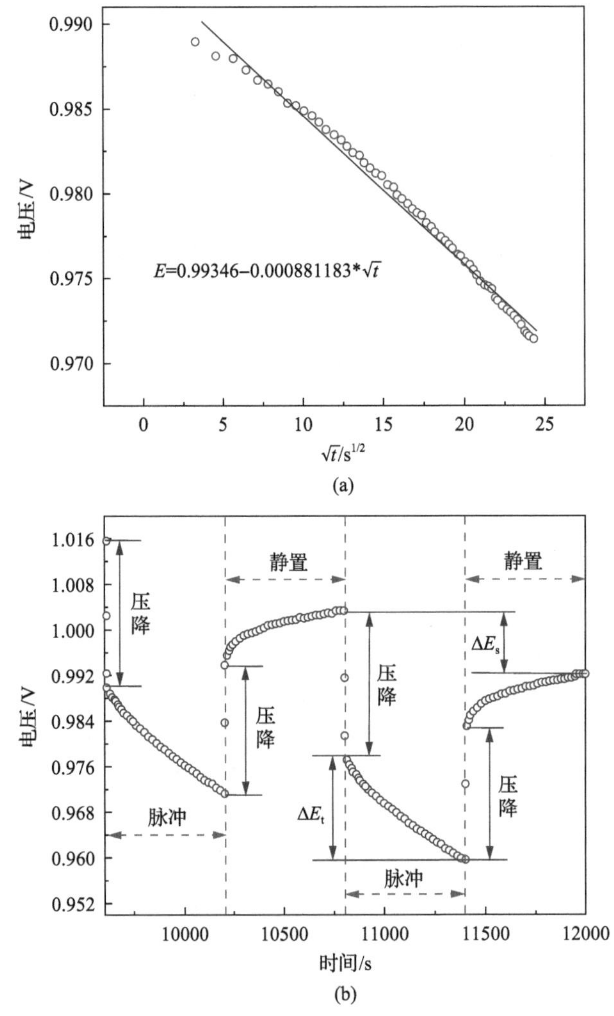

图 6-30　GITT 测试及计算示意图

(a) GITT 测试中放电脉冲阶段电压与时间的平方根的近似线性关系；(b) GITT 测试计算中各参数含义示意图

脉冲时间间隔保持不变，所以每段电流脉冲期间，都有恒定量的 Zn^{2+}离子通过电极表面。然后停止电流脉冲，将电池静置一段时间，这时由于受到浓度梯度和化学势的驱动，Zn^{2+}离子将从电极表面向内部扩散，从而导致电极表面的部分 Zn^{2+}离子浓度降低，继而导致电压的上升，如图 6-30(b)所示。GITT 技术是稳态技术和暂态技术的综合，该测试方法消除了恒电位等技术中的欧姆降问题，所得测试数据准确，设备简单易行。通过记录并分析在该电流脉冲后电池的电位响应曲线，分别记录电流脉冲时间间隔内的暂态电位变化 ΔE_t 和由该脉冲电流引起的最终稳态电压变化 ΔE_s，再代入下面由 Fick 第二定律推导得到的计算式中，即可计算这一段电流脉冲过程对应的离子扩散系数[48]，即

$$D=\frac{4}{\pi\tau}\left(\frac{m_B V_M}{M_B S}\right)^2\left(\frac{\Delta E_s}{\Delta E_\tau}\right)^2 \tag{6-19}$$

式中，τ 为电流脉冲的持续时间；m_B、M_B 和 V_M 分别为活性物质的质量、摩尔质量和摩尔体积；S 为电极的表面积；ΔE_s 为电池稳态电压的变化；ΔE_τ 为施加恒流脉冲后的暂态电压变化；D 为离子在固相中的扩散系数，cm^2/s。

6.5 本章小结

材料的组成和结构是决定其性能的关键要素。电极材料的本征结构特性，如化学组成、晶体结构、结晶性、颗粒尺寸及分布、表界面结构、缺陷空位等结构信息都会对其电化学性能的表现产生影响。在电池体系中更是存在离子在固体材料、电解液及固液界面之间的输运，同时伴随着电子的传输，随着充放电过程的进行，电极材料和电解液的成分和结构都在发生着变化。利用本章介绍的系列表征技术，研究电极材料在充放电过程中的结构演变过程，为揭示材料离子存储机制提供指导，研究不同电化学状态下电极/电解质异质界面结构及其在充放电循环过程中的演变规律，建立异质界面的演变模型。探讨材料电化学反应过程中的结构变化，阐明微观结构演化机制与储能性能之间的内在联系和规律，获得长期循环过程中结构演变对电极稳定性的影响规律。通过循环伏安法、充放电测试等方法研究电池的充放电特性和循环稳定性。通过电化学交流阻抗谱、恒电流间歇滴定技术和恒电压间歇滴定技术等方法研究了离子在电极材料中的扩散情况。计算电极材料在充放电过程中的晶体结构演变，探究离子在电极材料中的迁移机理。

总之，新型高精表征技术的发展和系列原位表征技术的开发为电极材料的本征结构表征及其在电化学反应过程中的机理探索提供了重要手段。借助高精度、全方位的电极材料表征技术，可以从原子、分子、化学键等微观角度揭示电极材料的结构与性能的深层关联。借助系列电池原位表征技术，分析电极材料在工作

过程中的相转变、界面作用机制，探究纳米电极材料结构、成分和形貌与其电化学性能的内在关联，为电极材料优化、电池系统优化提供更精准的科学指导。

参考文献

[1] 谷亦杰, 宫声凯. 材料分析检测技术[M]. 长沙: 中南大学出版社, 2009.

[2] 刘德宝. 功能材料制备与性能表征实验教程[M]. 北京: 化学工业出版社, 2019.

[3] 李晓娜. 材料微结构分析原理与方法[M]. 大连: 大连理工大学出版社, 2014.

[4] 张鉴清. 电化学测试技术[M]. 北京: 化学工业出版社, 2010.

[5] Zhang Y, Pan A, Ding L, et al. Nitrogen-doped yolk-shell-structured CoSe/C dodecahedra for high-performance sodium ion batteries[J]. ACS Appl Mater Inter, 2017, 9 (4) : 3624-3633.

[6] Wang X J, Zhou J W, Fu H, et al. MOF derived catalysts for electrochemical oxygen reduction[J]. J Mater Chem A, 2014, 2 (34) : 14064-14070.

[7] Campos C E M, de Lima J C, Grandi T A, et al. Structural studies of cobalt selenides prepared by mechanical alloying[J]. Physica B, 2002, 324 (1-4) : 409-418.

[8] 孙姝纬, 赵慧玲, 郁彩艳, 等. 锂电池研究中的拉曼/红外实验测量和分析方法[J]. 储能科学与技术, 2019, 8 (5) : 975.

[9] Zhang Y, Pan A, Wang Y, et al. Dodecahedron-shaped porous vanadium oxide and carbon composite for high-rate lithium ion batteries[J]. ACS Appl Mater Inter, 2016, 8 (27) : 17303-1731110.

[10] 翁诗甫, 徐怡庄. 傅里叶变换红外光谱分析[M]. 北京: 化学工业出版社, 2016.

[11] Fang G Z, Zhou J, Liang C W, et al. MOFs nanosheets derived porous metal oxide-coated three-dimensional substrates for lithium-ion battery applications[J]. Nano Energy, 2016, 26: 57-65.

[12] 辛仁轩. 等离子体发射光谱分析[M]. 北京: 化学工业出版社, 2018.

[13] Fang G, Zhu C, Chen M, et al. Suppressing manganese dissolution in potassium manganate with rich oxygen defects engaged high energy density and durable aqueous zinc ion battery[J]. Adv Funct Mater, 2019, 29 (15) : 1808375.

[14] 游小燕, 郑建明, 余正东. 电感耦合等离子体质谱原理与应用[M]. 北京: 化学工业出版社, 2014.

[15] 黄惠忠. 表面化学分析[M]. 上海: 华东理工大学出版社, 2007.

[16] Zhang Y F, Pan A Q, Wang Y P, et al. Self-templated synthesis of N-doped $CoSe_2$/C double-shelled dodecahedra for high-performance supercapacitors[J]. Energy Storage Mater, 2017, 8: 28-34.

[17] 李超, 沈明, 胡炳文. 面向金属离子电池研究的固体核磁共振和电子顺磁共振方法[J]. 物理化学学报, 2020, 36 (4) : 12-27.

[18] Liu X, Zuo W, Zheng B, et al. P2-$Na_{0.67}Al_xMn_{1-x}O_2$: Cost-effective, stable and high-rate sodium electrodes by suppressing phase transitions and enhancing sodium cation mobility[J]. Angew Chem Int Edit, 2019, 58 (50) : 18086-18095.

[19] 刘湘思, 向宇轩, 钟贵明, 等. 锂/钠离子电池材料的固体核磁共振谱研究进展[J]. 电源技术, 2019, (1) : 1.

[20] 杨正红. 物理吸附 100 问[M]. 北京: 化学工业出版社, 2017.

[21] Kong X, Wang Y, Lin J, et al. Twin-nanoplate assembled hierarchical Ni/MnO porous microspheres as advanced anode materials for lithium-ion batteries[J]. Electrochim Acta, 2018, 259: 419-426.

[22] 梁敬魁. 粉末衍射法测定晶体结构[M]. 2 版. 北京: 科学出版社, 2019.

[23] 黄继武, 李周. 多晶材料 X 射线衍射: 实验原理、方法与应用[M]. 北京: 冶金工业出版社, 2012.

[24] Qin M, Liu W, Shan L, et al. Construction of V_2O_5/NaV_6O_{15} biphase composites as aqueous zinc-ion battery cathode [J]. J Electroanal Chem, 2019, 847: 113246.

[25] 周玉, 武高辉. 材料分析测试技术: 材料 X 射线衍射与电子显微分析[M]. 哈尔滨: 哈尔滨工业大学出版社, 2019.

[26] Kong X, Zhu T, Cheng F, et al. Uniform $MnCo_2O_4$ porous dumbbells for lithium-ion batteries and oxygen evolution reactions[J]. ACS Appl Mater Inter, 2018, 10(10): 8730-8738.

[27] 黄孝瑛. 材料微观结构的电子显微学分析[M]. 北京: 冶金工业出版社, 2008.

[28] Liu S, Zhou J, Cai Z, et al. Nb_2O_5 quantum dots embedded in MOF derived nitrogen-doped porous carbon for advanced hybrid supercapacitors applications[J]. J Mater Chem A, 2016, 4(45): 17838-17847.

[29] Liang S Q, Hu Y, Nie Z W, et al. Template-free synthesis of ultra-large V_2O_5 nanosheets with exceptional small thickness for high-performance lithium-ion batteries[J]. Nano Energy, 2015, 13: 58-66.

[30] 袁帅. 原子力显微镜纳米观测与操作[M]. 北京: 科学出版社, 2020.

[31] Wang Y, Nie Z, Pan A, et al. Self-templating synthesis of double-wall shelled vanadium oxide hollow microspheres for high-performance lithium ion batteries[J]. J Mater Chem A, 2018, 6(16): 6792-6799.

[32] Bard A J, Faulkner L R, Leddy J, et al. Electrochemical Methods: Fundamentals and Applications[M]. New York: Wiley, 1980.

[33] Winter M, Brodd R J. What are batteries, fuel cells, and supercapacitors?[J]. Chem Rev, 2004, 104(10): 4245-4270.

[34] Conway B E. Transition from “supercapacitor” to “battery” behavior in electrochemical energy storage[J]. J Electrochem Soc, 1991, 138(6): 1539-1548.

[35] Conway B E. Two-dimensional and quasi-two-dimensional isotherms for Li intercalation and upd processes at surfaces[J]. Electrochim Acta, 1993, 38(9): 1249-1258.

[36] Conway B E, Birss V, Wojtowicz J. The role and utilization of pseudocapacitance for energy storage by supercapacitors[J]. J Power Sources, 1997, 66(1-2): 1-14.

[37] Brezesinski T, Wang J, Tolbert S H, et al. Ordered mesoporous alpha-MoO_3 with iso-oriented nanocrystalline walls for thin-film pseudocapacitors[J]. Nat Mater, 2010, 9(2): 146-151.

[38] Wang J, Polleux J, Lim J, et al. Pseudocapacitive contributions to electrochemical energy storage in TiO_2 (Anatase) nanoparticles[J]. J Phy Chem C, 2007, 111(40): 14925-14931.

[39] Augustyn V, Simon P, Dunn B. Pseudocapacitive oxide materials for high-rate electrochemical energy storage[J]. Energ Environ Sci, 2014, 7(5): 1597-1614.

[40] Chao D, Liang P, Chen Z, et al. Pseudocapacitive Na-ion storage boosts high rate and areal capacity of self-branched 2D layered metal chalcogenide nanoarrays[J]. ACS Nano, 2016, 10(11): 10211-10219.

[41] 查全性. 电极过程动力学导论[M]. 北京: 科学出版社, 2020.

[42] 巴德, 福克纳. 电化学方法原理和应用[M]. 2 版. 邵元华译. 北京: 化学工业出版社, 2005.

[43] Ngamchuea K, Eloul S, Tschulik K, et al. Planar diffusion to macro disc electrodes——what electrode size is required for the Cottrell and Randles-Sevcik equations to apply quantitatively?[J]. J Solid State Electr, 2014, 18(12): 3251-3257.

[44] Weppner W, Huggins R A. Determination of the kinetic parameters of mixed-conducting electrodes and application to the system Li_3Sb[J]. J Electrochem Soc, 1977, 124(10): 1569-1578.

[45] Tang S B, Lai M O, Lu L. Study on Li^+-ion diffusion in nano-crystalline $LiMn_2O_4$ thin film cathode grown by pulsed laser deposition using CV, EIS and PITT techniques[J]. Mater Chem Phys, 2008, 111(1): 149-153.

[46] Chen J S, Diard J P, Durand R, et al. Hydrogen insertion reaction with restricted diffusion. Part 1. Potential step——EIS theory and review for the direct insertion mechanism[J]. J Electroanal Chem, 1996, 406(1-2): 1-13.

[47] Maclead A J. A note on the Randles-Sevcik function from electrochemistry[J]. Appl Math Comput, 1993, 57(2-3): 305-310.

[48] Ngo D T, Le H T T, Kim C, et al. Mass-scalable synthesis of 3D porous germanium-carbon composite particles as an ultra-high rate anode for lithium ion batteries[J]. Energ Environ Sci, 2015, 8(12): 3577-3588.

第 7 章　锂离子电池用磷酸盐基正极新材料

7.1　融熔烃辅助固相法制备 $8LiFePO_4 \cdot Li_3V_2(PO_4)_3/C$ 复合新材料

7.1.1　概要

$LiFePO_4$ 因其比容量较高、热稳定性好、环境友好和成本低廉等优势目前已经成为一种成熟的商业化电池材料。然而，$LiFePO_4$ 正极材料电子导电性差和离子扩散效率低的固有缺陷导致其导电性和低温性能较差，并且这些缺陷都极大地限制了在高功率动力电池方面的应用[1]。为了克服这些缺点，国内外研究者们在碳包覆、物相复合、离子掺杂、控制微粒尺寸及优化合成工艺等方面进行了研究，但效果仍然不理想。有研究表明，通过与快离子导体结构的 $Li_3V_2(PO_4)_3$ 复合可以有效改善其电化学性能[2]。这是因为橄榄石型 $LiFePO_4$ 晶体结构中的一维扩散通道限制了离子的快速迁移，而单斜结构 $Li_3V_2(PO_4)_3$ 拥有开放的三维框架，具有更大的离子通道和更高的工作电位[3]。在复相磷酸盐材料的制备过程中，钒和铁阳离子在体相结构中交互掺杂，可以有效提升材料的电化学性能。

本节介绍一种采用油酸作为表面活性剂、固体石蜡作为熔融介质制备出均匀的 $xLiFePO_4 \cdot Li_3V_2(PO_4)_3/C$ 复合材料纳米片的新方法[4]。$LiFePO_4$ 和 $Li_3V_2(PO_4)_3$ 纳米晶粒在纳米片中均匀复合。同时，在氢氩混合气氛中高温煅烧的过程中，纳米晶粒被油酸原位碳化衍生的导电碳层均匀包覆。制备的 $xLiFePO_4 \cdot Li_3V_2(PO_4)_3/C$ 纳米片厚度为 13～300nm，纳米片之间相互交联构成开放的多孔结构，其比表面积为 $30.21m^2/g$。这为解决 $LiFePO_4$ 面临的技术难题提供了新思路。

7.1.2　材料制备

为了保证制备新材料的质量，在原材料选用上采用了反应混合更容易均匀、反应活性更高的前驱体，以用于新材料的制备合成。

1. 前驱体 $FeC_2O_4 \cdot 2H_2O$ 和 $VOC_2O_4 \cdot nH_2O$ 的制备

(1)通过沉淀反应合成二水合草酸亚铁 $FeC_2O_4 \cdot 2H_2O$[5]。首先将 $FeSO_4 \cdot 7H_2O$ 和 $H_2C_2O_4 \cdot 2H_2O$ 按照 1∶1 的化学计量比加入盛有 200mL 去离子水的烧杯中，在室温环境下剧烈搅拌。然后在溶液中逐滴加入 5mL 浓度为 10%的硫酸，继续搅拌

4h，得到黄色的悬浮液。悬浮液在 40℃的干燥箱中静置陈化 2 天。再通过抽滤装置过滤得到黄色沉淀物，并用蒸馏水清洗多次，直至中性。将黄色沉淀置于干燥箱中于 80℃干燥 24h，即得到 $FeC_2O_4 \cdot 2H_2O$ 粉末。

(2) 采用溶胶凝胶法制备草酸钒($VOC_2O_4 \cdot nH_2O$)。首先，称取化学计量比为 1∶3 的 V_2O_5 和 $H_2C_2O_4 \cdot 2H_2O$，将其置于盛有去离子水的烧杯中。将溶液在室温下持续搅拌，直到其颜色从黄色变为深蓝色，这表明溶液中钒离子的化合价从+5 价降到了+4 价。在此过程中，草酸既作为还原剂来还原高价态钒离子，又起到了螯合剂的作用。将蓝色溶液置于干燥箱中于 80℃干燥 12h，即获得 $VOC_2O_4 \cdot nH_2O$ 深蓝色粉末。其中发生的化学反应如下：

$$V_2O_5 + 3H_2C_2O_4 \longrightarrow 2VOC_2O_4 + 2CO_2 + 3H_2O \tag{7-1}$$

2. $LiFePO_4$ 和 $Li_3V_2(PO_4)_3$ 复合材料的制备

$LiFePO_4$ 和 $Li_3V_2(PO_4)_3$ 复合材料纳米片是采用一种在熔融石蜡介质中的固相反应制备的，具体流程如下。

(1) 球磨：首先，采用 QM-3B 高能球磨机将 $NH_4H_2PO_4$ 和油酸球磨 1h，再加入石蜡继续研磨 30min。然后，添加 $FeC_2O_4 \cdot 2H_2O$ 和 $VOC_2O_4 \cdot nH_2O$ 并继续球磨 10min，再加入 $CH_3COOLi \cdot 2H_2O$ 并球磨 10min。在前驱体中，控制 Li∶Fe∶V∶P∶油酸的摩尔比为 11∶8∶2∶11∶11，即可得到 $8LiFePO_4 \cdot Li_3V_2(PO_4)_3/C$ 复合材料。加入石蜡的质量为油酸的 2 倍。将黏稠状前驱体置于干燥箱中于 105℃干燥 30min，以去除前驱体中吸附的水分。

(2) 煅烧：将前驱体置于通有氢氩混合气($5\%H_2/95\%Ar$)的管式炉中，以 5℃/min 的升温速度升温至 750℃并保温 8h 后随炉冷却，即可得到 $8LiFePO_4 \cdot Li_3V_2(PO_4)_3/C$ 复合材料。在煅烧的过程中，石蜡介质挥发，并在管式炉末端的低温区凝结。

7.1.3 合成材料结构的评价表征技术

材料表征方法主要是将合成的材料置于 XRD 设备中扫描并得出衍射图谱。图谱扫描方式为步进扫描，其中步长为 0.02°，计数时间为 2s。随后，采用 Jade 软件对 XRD 图谱进行全谱拟合精修，获取材料的晶胞参数、原子占位、物相比例等信息[6]；通过 SEM 观察样品的形貌及颗粒大小，以对反应合成过程做出进一步研判；通过 TEM 观测以获得材料更精细的内部结构信息，如晶面间距等，在更小尺度观察碳包覆厚度及 $LiFePO_4$ 与 $Li_3V_2(PO_4)_3$ 之间的具体复合情况；拉曼光谱分析可检测包覆碳层的结构信息；比表面分析可分析合成材料的比表面积、孔体积和孔径分布情况等信息。

7.1.4　合成材料的结构分析与评价表征结果与讨论

1. XRD 测试表征

图 7-1 为制备的 $8LiFePO_4·Li_3V_2(PO_4)_3/C$ 复合材料的 XRD 图谱。采用 Rietveld 全谱拟合精修方法(JADE 9.0 软件，MDI)拟合衍射图谱来分析复相材料的晶体结构和相含量。该复相材料由斜方晶系的 $LiFePO_4$(空间群：*Pnma*，162064-ICSD)和单斜晶系的 $Li_3V_2(PO_4)_3$(空间群：$P2_1/n$, 98362-ICSD)组成，衍射图谱中没有寄生相(如 Fe_2P、V_2O_3)和结晶碳的信号。衍射图谱的峰形尖锐、峰强较高，表明复相材料具有良好的结晶性。表 7-1 为复合材料中 $LiFePO_4$ 和 $Li_3V_2(PO_4)_3$ 晶体的晶胞参数等信息。此外，测试图谱和计算谱图吻合得很好，其较小的误差因子(R=6.68%)表明拟合结果的可信度高。多相拟合精修结果表明复相材料中 $LiFePO_4$ 和 $Li_3V_2(PO_4)_3$ 的质量分数分别为(75.7±1.2)%和(24.3±1.2)%。

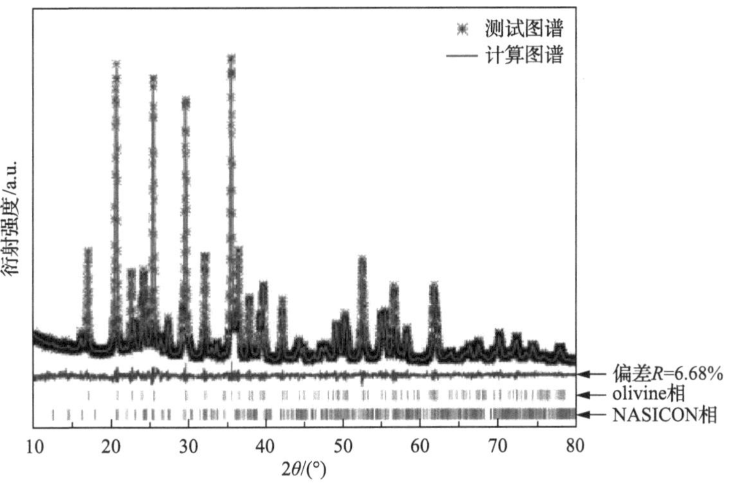

图 7-1　$8LiFePO_4·Li_3V_2(PO_4)_3/C$ 复合材料的 X 射线衍射谱及 Rietveld 全谱拟合精修

表 7-1　拟合 $8LiFePO_4·Li_3V_2(PO_4)_3/C$ 中 $LiFePO_4$ 和 $Li_3V_2(PO_4)_3$ 的晶胞参数及与 $LiFePO_4$ (162064-ICSD)和 $Li_3V_2(PO_4)_3$ (98362-ICSD)标准数据的对比

样品	晶胞参数					相含量/%	R/%
	a/nm	b/nm	c/nm	β/(°)	V/nm^3		
LFP in 8LFP·LVP	1.03144	0.60021	0.46940	90.0000	0.2906	75.7	6.68
LFP	1.03182	0.60037	0.46937	90.0000	0.2908	—	—
LVP in 8LFP·LVP	0.85940	0.86027	1.20468	90.5359	0.8906	24.3	6.68
LVP	0.86056	0.85917	1.20380	90.6090	0.8899	—	—

与纯相 $LiFePO_4$(162064-ICSD)的晶胞参数相比，$8LiFePO_4·Li_3V_2(PO_4)_3/C$ 复合材料中 $LiFePO_4$ 的晶胞体积明显缩小，这可能是由钒离子掺入 $LiFePO_4$ 的晶格中所致。因为 V^{3+}(0.74Å)的离子半径小于 Fe^{2+}(0.78Å)。同时，与纯相 $Li_3V_2(PO_4)_3$(98362-ICSD)的标准参数相比，$8LiFePO_4·Li_3V_2(PO_4)_3/C$ 复合材料中 $Li_3V_2(PO_4)_3$ 的晶胞体积明显增加，表明部分铁离子也掺入了 $Li_3V_2(PO_4)_3$ 的晶格中。由此表明，在高温煅烧的过程中，前驱体中大部分的 Fe 和 V 都倾向于生成 $LiFePO_4$ 和 $Li_3V_2(PO_4)_3$ 相，而少量的 Fe 和 V 会分别掺杂到 $Li_3V_2(PO_4)_3$ 和 $LiFePO_4$ 的体结构中，形成交互掺杂的嵌布式结构。此外，拟合得到的复合材料中 $LiFePO_4$ 和 $Li_3V_2(PO_4)_3$ 相的质量分数也与设计的比例略有出入，这更进一步印证了两相之间交互掺杂的存在。据文献报道[7,8]，在 $LiFePO_4$ 晶体中掺杂 V^{3+}和在 $Li_3V_2(PO_4)_3$ 中掺杂 Fe^{2+}均有助于提升材料的电子导电性和电化学性能。

2. SEM 和 TEM 检测表征

采用场致发射扫描电子显微镜和透射电子显微镜研究了所制备复合材料的形貌特征和微观晶体结构。图 7-2(a)中的低倍 SEM 图显示出复合材料由疏松和相互连通的纳米片组成。纳米片的形状一致，尺寸均匀且高度分散。图 7-2(b)为复合材料的高倍 SEM 图，$8LiFePO_4·Li_3V_2(PO_4)_3/C$ 纳米片厚度为 13～300nm，纳米片的直径为 1～2μm。图 7-2(c)为高倍 TEM 图像，单个 $8LiFePO_4·Li_3V_2(PO_4)_3/C$ 纳米片由许多直径为 30～100nm 的纳米颗粒组成，且片中有大量孔径为 10～50nm 的孔隙。图 7-2(d)为复合材料纳米片的扫描透射电子显微镜高角环形暗场像(HAADF-STEM)及其对应的元素面分布图，证实了纳米片中 Fe 和 V 元素是均匀分布的。这表明制备的复合材料中 $LiFePO_4$ 和 $Li_3V_2(PO_4)_3$ 不是宏观上的物理混合，而是晶粒之间的精细复合。由复合材料的 HRTEM 图像(图 7-2(e))可见，晶粒表面均匀包覆了一层厚度约为 5nm 的无定型碳层。根据 C-S 分析结果，复相 $8LiFePO_4·Li_3V_2(PO_4)_3/C$ 中包覆碳的质量分数约为 4.86%。图 7-2(f)为复合材料的 HETEM 图像，不同晶区的 FFT 图谱分别显示了 $LiFePO_4$ 和 $Li_3V_2(PO_4)_3$ 晶体的衍射花样，其中间距为 0.3nm 的晶面对应于斜方晶系 $LiFePO_4$ 晶体的(211)晶面，间距为 0.43nm 的晶面对应于单斜晶系 $Li_3V_2(PO_4)_3$ 的(121)晶面。此微观晶体结构表征结果与 XRD 结果一致。

在此制备方案中，油酸作为表面活性剂，引导 $8LiFePO_4·Li_3V_2(PO_4)_3$ 晶体在高温环境中的生长行为。油酸($CH_3(CH_2)_7CH=CH(CH_2)_7COOH$)是一种从动植物油脂中提取出来的单不饱和 Ω-9 脂肪酸，其结构中含有长链烷基、羧基和不饱和键，是一种阴离子表面活性剂。油酸中的羧基可以锚定前驱体中的无机盐粒子，亲油端长链伸入熔融石蜡介质中，其结构中的烷基长链和不饱和键可以为前驱体粒子提供良好的疏水环境，在无机前驱体和有机石蜡介质间构建了稳定的异质界

图 7-2　片状纳米 $8LiFePO_4 \cdot Li_3V_2(PO_4)_3/C$ 复合材料的微结构图

(a)、(b) SEM 图；(c) TEM 图；(d) STEM-HAADF 图；(e)、(f) HRTEM 图；
(e) 的插图为包覆碳层的傅里叶变换(Fourier transform，FFT)谱；(f) 的插图分别为对应区域的 FFT 谱

面。在升温和煅烧的过程中，油酸改性的前驱体粒子原位结晶且沿特定方向择优生长，形成了 $8LiFePO_4 \cdot Li_3V_2(PO_4)_3/C$ 纳米片。同时，油酸在高温环境下原位分解，形成了包覆于复相晶粒表面的导电碳层。这种原位包覆高导电碳可以显著提升锂离子电池电极材料的电子导电性。

3. Raman 和 BET 检测表征

图 7-3(a) 中的拉曼散射光谱证实了复合材料中存在导电碳。位于 $1330cm^{-1}$ 和 $1610cm^{-1}$ 处的两个宽阔的峰属于碳材料中典型的 D 峰(无序碳)和 G 峰(有序石墨

化碳），表明复合材料中存在碳包覆层且包覆碳部分石墨化。通常采用 D 峰和 G 峰的强度比来衡量碳材料的无序/有序化程度，即 I_D/I_G 越大，说明碳材料的无序化程度越高。数据表明，在合成的复相 $8LiFePO_4·Li_3V_2(PO_4)_3/C$ 纳米片中，I_D/I_G 的比值约为 0.97，表明包覆碳层的石墨化程度较高。这可能是由于高温煅烧的过程中，过渡金属离子（Fe^{2+}、V^{3+}）反向催化表面活性剂的碳化，形成了石墨化程度较高的热解碳。石墨化程度高的碳有利于提升复合材料的电子传输速率。

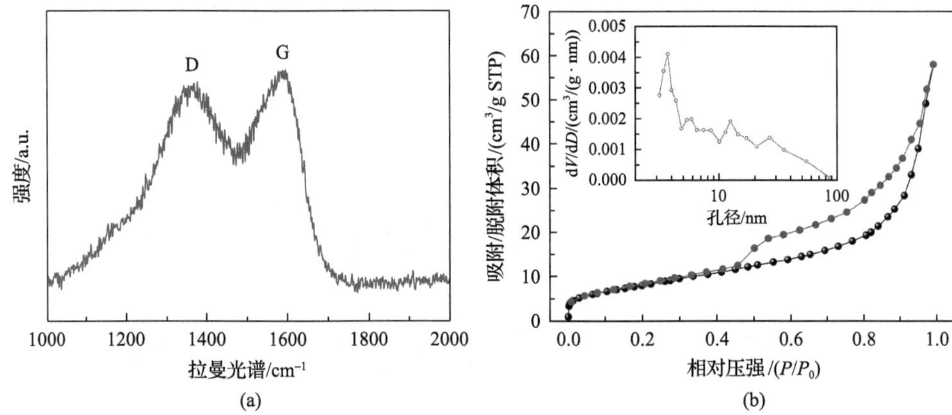

图 7-3　$8LiFePO_4·Li_3V_2(PO_4)_3/C$ 复合纳米片材料的拉曼散射和氮气等温吸附/脱附特性
(a) 拉曼散射光谱；(b) 氮气吸附-脱附等温曲线（(b) 中插图为对应的孔径分布曲线）

通过测定氮气等温吸附-脱附曲线，可以分析 $8LiFePO_4·Li_3V_2(PO_4)_3/C$ 纳米片的比表面积和孔隙特征。如图 7-3(b) 所示，等温曲线属于Ⅱ类吸附等温线且具有 H3 型回滞环，这表明复合材料中存在大量的狭缝状介孔。根据多层吸附理论（即 BET 方程）获知 $8LiFePO_4·Li_3V_2(PO_4)_3/C$ 纳米片的比表面积约为 30.21m^2/g。由 BJH 模型（即 Barret-Joyner-Halenda 法）分析可知，复合材料中的孔径大部分分布在 12～30nm，孔隙容量为 0.11cm^3/g。这种较大的比表面积和多孔结构可以为电解液渗透提供有效通道，同时为锂离子的快速嵌入/脱出提供更多的活性位点。

7.1.5　电化学性能与动力学分析的评价表征技术与方法

电池极片的制作方法是将活性物质、乙炔黑和聚偏二氟乙烯（PVDF）黏结剂按照 75：15：10 的质量比例混合均匀，加入 N-甲基吡咯烷酮制作成浆料并涂覆在铝箔或铜箔集流体上。随后，将极片在手套箱中组装成 2016 式纽扣电池并进行各项电化学性能测试。主要的半电池性能测试包括：循环伏安法（CV）测试，在电化学工作站上，以 0.1mV/s 的扫描速度在 2.5～4.3V 的电压范围内进行；常温充放电测试，在蓝电电池测试系统上，通过充放电实验来测量电池在常温（25℃）下的倍率性能和循环稳定性等，其中设定 1C = 170mA/g；交流阻抗（EIS）测试：在电化学工作站上，在 100kHz～0.01Hz 的频率范围内对电池进行 EIS 测试，并得到电池内阻的具体组成信息。

锂离子扩散系数计算：在电化学工作站上，以 0.05～1.0mV/s 不同的扫描速度在 2.5～4.3V 的电压范围内进行循环伏安测试，用经典的 Randles Sevchik 公式来计算离子扩散系数：

$$I_{\mathrm{p}} = 2.69 \times 10^{5} n^{3/2} A D^{1/2} v^{1/2} C_0^{*} \tag{7-2}$$

式中，I_{p} 为峰值电流；n 为每个物质反应时的电子转移数量(对于 Li^+ 离子，n=1)；A 为电极的活性表面积；D 为离子的扩散系数；v 为扫描速率；C_0^* 为不同电化学状态下对应的离子浓度。

7.1.6　电化学性能与动力学分析的评价表征结果与讨论

1. CV、充放电、EIS 测试结果与分析

将合成的 $8LiFePO_4 \cdot Li_3V_2(PO_4)_3/C$ 复合纳米材料组装成纽扣式半电池来测试其电化学性能。图 7-4(a)为复合材料电极在 2.5～4.3V(vs. Li^+/Li)电压范围内、扫描速率为 0.1mV/s 的条件下，测得的前 3 次的循环伏安曲线。在 CV 曲线上可以观察到 4 对明显的氧化还原峰。位于 3.54V/3.33V 的一对氧化还原峰对应于 $LiFePO_4$ 中 Fe^{2+}/Fe^{3+} 的氧化还原反应。而其他三对位于 3.60V/3.57V，3.69V/3.65V 和 4.10V/4.04V 的氧化还原峰对应于 $Li_3V_2(PO_4)_3$ 中 V^{3+}/V^{4+} 的氧化还原反应。与之前关于 $LiFePO_4/Li_3V_2(PO_4)_3$ 复合电极材料的报道一致[9]，$Li_3V_2(PO_4)_3$ 位于 3.6V 左右的氧化峰被 $LiFePO_4$ 位于 3.54V 的氧化峰吞并。前 3 次连续的 CV 曲线基本重合，说明复合电极材料具有良好的稳定性。$LiFePO_4$ 的氧化峰和还原峰的电位差较小，说明复相 $8LiFePO_4 \cdot Li_3V_2(PO_4)_3/C$ 纳米材料具有较低的极化损失。

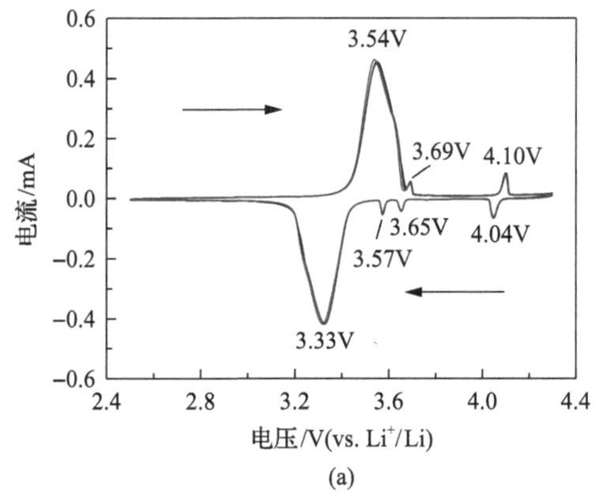

(a)

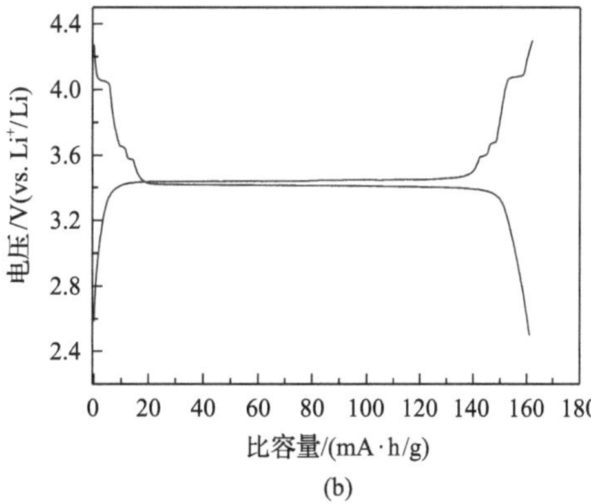

(b)

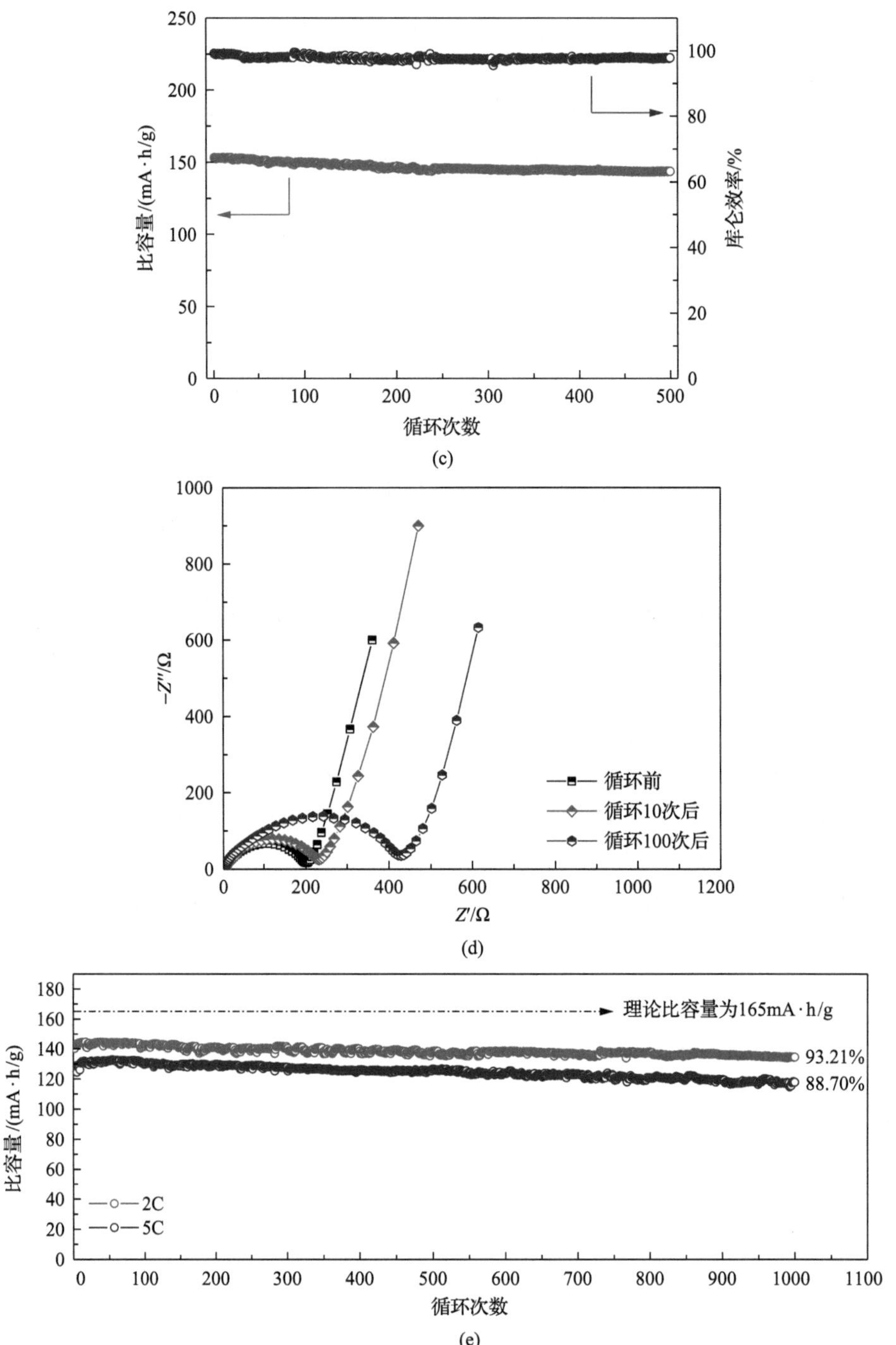

图 7-4　$8LiFePO_4·Li_3V_2(PO_4)_3/C$ 复相纳米片材料的电化学性能表征

(a) 在 2.5～4.3V、0.1mV/s 下前 3 次的循环伏安曲线；(b) 在 0.1C (1C = 170mA/g) 下首次的充放电曲线；(c) 在 2.5～4.3V、电流密度为 1C 时的循环性能；(d) 经不同循环后的 Nyquist 曲线；(e) 材料在 2C 和 5C 倍率下的长循环性能

图 7-4 b 为复合材料电极在 0.1C 倍率下首次的充放电曲线。曲线中显示出四个充放电电压平台，表明锂离子在复相材料中的多步脱出/嵌入反应机制。其中位于 3.60V、3.69V 和 4.10V 左右的充电平台对应于 Li^+离子从 Li_3V_2 PO_4 $_3$晶格中脱出的电位。位于 3.54V 的长平台对应 Li^+离子从 $LiFePO_4$晶体中脱出的电位。同时，位于 4.04V、3.65V 和 3.57V 左右的三个放电平台对应于 Li^+离子嵌入 LiV_2 PO_4 $_3$晶格，并伴随着从 LiV_2 PO_4 $_3$到 Li_3V_2 PO_4 $_3$的相变。位于 3.33V 的放电平台对应于 Li^+离子嵌入 $FePO_4$相中变成 $LiFePO_4$。充放电电压平台的数量和电位与 CV 结果相互吻合。此外，该复合正极材料在 0.1C 的倍率下释放出 161.5mA · h/g 的放电比容量，此值已接近复合材料的理论容量值，且首次库仑效率高达 97%，表明复相 $8LiFePO_4·Li_3V_2$ PO_4 $_3$/C 优异的电化学可逆性。

图 7-4 c 为复相 $8LiFePO_4·Li_3V_2$ PO_4 $_3$/C 电极在 1C 倍率下，2.5　4.3V vs.Li^+/Li 电压范围内的循环性能图。复合材料的最大放电比容量为 153.1mA · h/g，经过 500 次循环后，其比容量仍可保持 93.86%，平均每个循环的容量衰减率为 0.1%。在整个循环过程中，库仑效率一直保持在 98%以上，表明该复相电极材料具有优异的电化学可逆性。

图 7-4 d 为复相 $8LiFePO_4·Li_3V_2$ PO_4 $_3$/C 电极在 1C 倍率下循环不同次后在 100kHz　0.01Hz 的频率范围内测得的电化学交流阻抗谱。图 7-4 d 中的插图为拟合阻抗谱所采用的等效电路图，经过拟合得到复相 $8LiFePO_4·Li_3V_2$ PO_4 $_3$/C 电极的电荷转移电阻 R_{ct} 为 158.2Ω。经过 10 次和 100 次循环后，相应的电荷传输电阻分别为 175.4Ω 和 327.1Ω　表 7-2　。经过 10 次和 100 次循环后，其电荷转移电阻略有增加，这种现象在电极材料的服役过程中很常见。此复合材料循环后的电荷转移阻抗少量增长是由于纳米片状复合 $8LiFePO_4·Li_3V_2$ PO_4 $_3$被高导电性碳紧密包覆，形成了快速的离子扩散路径和电子传输网络。

高倍率条件下实现长循环寿命是锂离子电池在大功率应用场景中　如电动汽车和插电式混合动力汽车　亟须解决的问题。图 7-4 e 为 $8LiFePO_4·Li_3V_2$ PO_4 $_3$/C 纳米片电极在 1000 次循环过程中的电化学性能。在前几次中观察到其比容量逐渐上升，这可能是由电解液逐渐润湿电极材料的活化过程所致，这种现象在高孔隙度的纳米材料中比较常见。复相电极在 2C 和 5C 的倍率下循环，可分别释放出高达 144.3mA · h/g 和 132.8mA · h/g 的放电比容量。在 2C 的倍率下经过 1000 次循环后，仍可保持 134.5mA · h/g 的比容量，为初始容量的 93.2%。在 5C 的倍率下经过 1000 次循环后，复合电极仍可释放 117.8mA · h/g 的比容量，平均每个循环的容量衰减率为 0.0113%。这表明复相 $8LiFePO_4·Li_3V_2$ PO_4 $_3$/C 纳米片具有优异的长循环稳定性。优异的循环稳定性归因于此复合磷酸盐纳米材料独特的成分和结构特征。均匀的导电碳包覆层可以有效提升复合材料的电子传输速率，提高材料的结构稳定性。多孔纳米结构可以有效缓冲离子脱嵌过程中对体结构造成的应变，保持活性材料的结构稳定性。

表 7-2　复相 $8LiFePO_4·Li_3V_2(PO_4)_3/C$ 电极的交流阻抗参数的拟合结果

样品	R_s/Ω	R_{ct}/Ω
循环前	2.932	158.2
循环 10 次后	6.302	175.4
循环 100 次后	3.944	327.1

2. 倍率充放电测试结果

图 7-5 为 $8LiFePO_4·Li_3V_2(PO_4)_3/C$ 复合电极在 2.5～4.3V 电压范围内的倍率性能和相应的充放电曲线。如图 7-5(a)所示，该复相磷酸盐具有优异的倍率性能，在 0.1C、0.5C、1C、2C 和 5C 的倍率下，分别可以释放 161.5mA · h/g、157.3mA · h/g、152.9mA · h/g、145.9mA · h/g 和 132.8mA · h/g 的放电比容量。即使在 10C 的超大倍率下，仍可释放 118.6mA · h/g 的放电比容量。

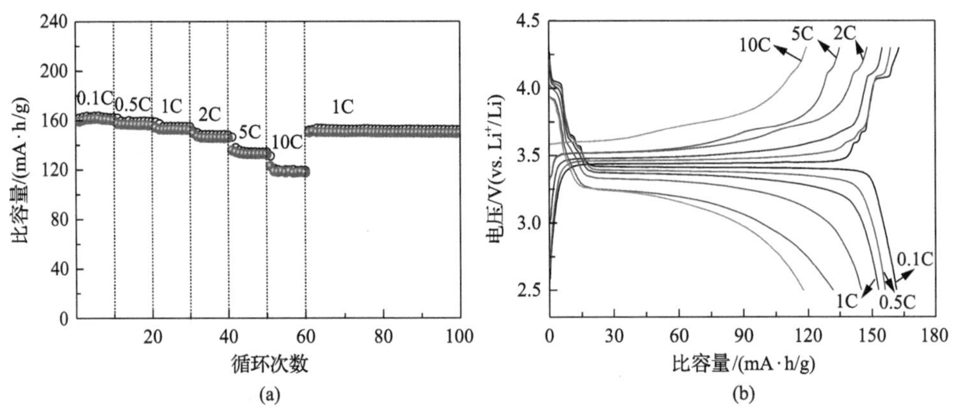

图 7-5　$8LiFePO_4·Li_3V_2(PO_4)_3/C$ 复相纳米片电极材料的电化学性能

(a)倍率性能；(b)不同倍率充放电曲线图

经过大倍率快速充放电后，当将电流密度设为 1C 时，其放电比容量仍可恢复至 151.1mA · h/g，且复合材料在不同的倍率下均表现出良好的循环稳定性。图 7-5(b)显示了复合材料电极在不同倍率下的充放电曲线，即使在 10C 的大倍率下，其充放电电压平台依然清晰可见。复合磷酸盐均匀的纳米片状结构有效缩短了锂离子的传输距离，多孔间隙结构可以为电化学反应提供充足的活性位点，而导电碳包覆层有效提升了复合材料中的电子输运效率。因此，所制备的 $8LiFePO_4·Li_3V_2(PO_4)_3/C$ 纳米片表现出优异的倍率充放电特性。

3. 锂离子扩散系数计算

为了进一步揭示在 $LiFePO_4$ 中引入快离子导体结构 $Li_3V_2(PO_4)_3$ 后对其电化学性能的影响，采用循环伏安法拟合了锂离子的表观扩散系数。图 7-6(a)为复合电极在 2.5～4.5V 电压范围内以 0.05mV/s、0.1mV/s、0.25mV/s、0.5mV/s、0.75mV/s 和 1.0mV/s 的扫描速率所测定的 CV 曲线。图中显示了 4 组氧化还原峰，分别为 A1/A1′，B1/B1′，B2/B2′，B3/B3′，由图可见，随着扫描速率的增加，阳极峰向右移动，对应的阴极峰向左移动，表明扫描速率越大，其极化效应越大。同时氧化还原峰的强度随着扫描速率的增加而增大。图 7-6(a)中的峰值电流(I_p)与扫描速率的平方根($v^{1/2}$)呈线性关系，如图 7-6(b)所示，说明这是受扩散控制的电化学过程。对于半扩散和有限扩散，峰值电流与扫描速率的平方根成正比，这种关系可以用经典的 Randles Sevchik 公式(7-2)来表示。由于在电化学系统中的情形非常复杂，电极和电解液的多个方面都可能会影响离子的扩散行为。在此，我们采用表 7-3 中的有效电荷转移数量(n_e)和有效离子浓度(C_{0e}^*)仅对固相电极材料中的有效离子扩散系数(D_{se})进行研究。由表 7-4 中的结果可知，锂离子在固相复合材料中的有效扩散系数值在 10^{-10}～$10^{-9}cm^2/s$，且整体趋于稳定。此复相 $8LiFePO_4 \cdot Li_3V_2(PO_4)_3/C$ 纳米片电极材料的离子扩散系数比 $LiFePO_4$(10^{-15}～$10^{-13}cm^2/s$)[10]、$LiMnPO_4$($1.5\times10^{-13}cm^2/s$)[11]和 $LiFe_xMn_{1-x}PO_4$(10^{-17}～$10^{-15}cm^2/s$)[12]至少高 3 个数量级，并且与 $Li_3V_2(PO_4)_3$[13]、$xLiFePO_4\cdot(1-x)LiVPO_4F$[14]复合材料和 $xLi_3V_2(PO_4)_3\cdot LiVPO_4F$ 复合材料[15]的扩散系数相当。由此表明，即使只有少量的快离子导体结构 $Li_3V_2(PO_4)_3$ 参与复合，通过制备 $LiFePO_4$ 和 $Li_3V_2(PO_4)_3$ 复合材料也可以显著提升其离子扩散速率。

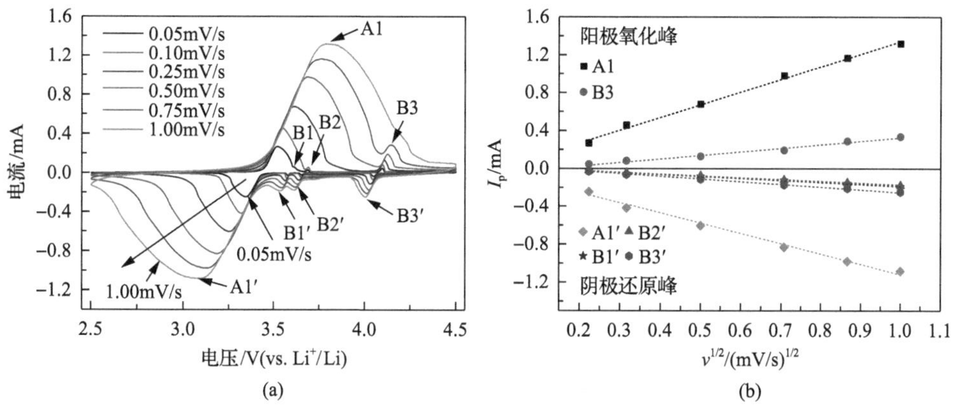

图 7-6　$8LiFePO_4\cdot Li_3V_2(PO_4)_3/C$ 复相电极的锂离子扩散系数计算

(a)在不同扫描速率下的 CV 曲线；(b)图(a)中峰值电流(I_p)与扫速平方根($v^{1/2}$)之间的线性关系

表 7-3 复相 $8LiFePO_4·Li_3V_2(PO_4)_3/C$ 电极在不同充放电状态下的有效电荷转移数量(n_e)和离子浓度(C_{0e}^*)

阳极/阴极峰	电极状态	C_{0e}^*/(mol/cm^3)	n_e
A1/A1′	$8FePO_4·Li_3V_2(PO_4)_3$	2.48×10^{-3}	0.8890
B1/B1′	$8FePO_4·Li_{2.5}V_2(PO_4)_3$	2.07×10^{-3}	0.0555
B2/B2′	$8FePO_4·Li_2V_2(PO_4)_3$	1.66×10^{-3}	0.0555
B3/B3′	$8FePO4·LiV_2(PO_4)_3$	8.28×10^{-4}	0.1110

表 7-4 采用 Randles Sevchik 式计算的复相 $8LiFePO_4·Li_3V_2(PO_4)_3/C$ 电极的锂离子扩散系数

电极状态	阳极氧化过程		阴极还原过程	
	峰	D_{se}/(cm^2/s)	峰	D_{se}/(cm^2/s)
$8FePO_4·Li_3V_2(PO_4)_3$	A1	4.6×10^{-10}	A1′	2.9×10^{-10}
$8FePO_4·Li_{2.5}V_2(PO_4)_3$	B1	—	B1′	6.4×10^{-9}
$8FePO_4·Li_2V_2(PO_4)_3$	B2	—	B2′	9.4×10^{-9}
$8FePO_4·LiV_2(PO_4)_3$	B3	1.6×10^{-9}	B3′	8.7×10^{-9}

根据以上的实验结果与分析讨论，制备的 $8LiFePO4·Li_3V_2(PO_4)_3/C$ 纳米片表现出优异的电化学性能，具体表现为比容量高、循环稳定性优异、倍率性能佳。这可归因于制备的高导电碳包覆复合磷酸盐独特的体相结构特征和微纳结构优势：①纳米片状形貌缩短了锂离子的扩散距离，多孔结构有效增加了活性材料和电解液的接触面积；②纳米片之间具有充足的三维空间，为电解液渗透提供了便捷的途径，且可以更好地适应充放电过程中的体积变化；③$LiFePO_4$ 与 $Li_3V_2(PO_4)_3$ 体相结构之间交互掺杂，形成嵌布式结构，可以有效提升复合材料的电子导电性和离子扩散速率；④复相材料纳米晶粒被导电碳紧密包覆，构建出三维电子传输网络，同时构筑出稳定的表面，抑制电极过程中的副反应。

7.1.7 小结

通过熔融烃辅助一步固相法，可成功合成 $8LiFePO_4·Li_3V_2(PO_4)_3/C$ 纳米片复合正极材料。这种短流程制备技术的成本低、效率高、绿色环保，可以实现大规模化生产。制备的复合材料中，$LiFePO_4$ 和 $Li_3V_2(PO_4)_3$ 纳米晶粒均匀地分散在纳米片中且被导电碳紧密包覆，过渡金属离子在二者的体相结构中交互掺杂，形成嵌布式复相结构，有效提升了锂离子的扩散速率。这种熔融烃介质辅助高温固相合成方法也可以推广到其他复杂成分微纳米材料的制备中，实现在高温条件下的可控制备。

制备的复相 $8LiFePO_4·Li_3V_2(PO_4)_3/C$ 纳米片可作为锂离子电池正极材料，表现出优异的电化学性能，包括高可逆容量、优异的循环稳定性和良好的倍率性能。

7.2　三维结构 $LiMnPO_4 \cdot Li_3V_2(PO_4)_3/C$ 复合新材料

7.2.1　概要

$LiFePO_4$ 材料的成功应用引发了研究人员对与 $LiFePO_4$ 类似的 $LiMnPO_4$ 材料的重视。$LiMnPO_4$ 结构也具有弯曲的一维锂离子扩散通道，其倍率和循环性能受到了限制[16]。同样通过将 $LiMnPO_4$ 与快离子导体 $Li_3V_2(PO_4)_3$ 复合可以提升其电化学性能[17]。本节介绍一种以油酸作表面活性剂、熔融石蜡作溶剂的固相法制备纳米棒-纳米片交联结构的 $LiMnPO_4 \cdot Li_3V_2(PO_4)_3/C$ 复合材料[18]，并对合成新材料的化学特性、相结构、显微结构、结构演变、离子扩散动力学及综合电化学性能等进行了系统表征分析。

7.2.2　材料制备

$LiMnPO_4 \cdot Li_3V_2(PO_4)_3/C$ 复合材料的制备主要包括以下步骤。

(1)前驱体制备：将 $NH_4H_2PO_4$ 和油酸按照 1∶1 的化学计量比加入 80mL 不锈钢球磨罐中，加入一定量的不锈钢磨球，以 1200 转/分的转速高能球磨 1h。再加入一定量固体石蜡，继续球磨 30min。随后加入 $C_4H_6MnO_4 \cdot 4H_2O$、$VOC_2O_4 \cdot nH_2O$ 和 $CH_3COOLi \cdot 2H_2O$ 并进一步球磨 1h。在混合前驱体中，控制 Li∶Mn∶V∶P∶油酸的摩尔比为 4∶1∶2∶4∶4，且加入石蜡的质量为油酸的 2 倍。

(2)合成煅烧处理：将黏稠状的前驱体置于干燥箱中于 105℃下干燥 1h，然后移入通有氢氩混合气(Ar 和 H_2 的体积占比分别为 95%和 5%)的温度自动控制管式炉中进行高温煅烧。以 2℃/min 的升温速度升温至 700℃保温 10h 后随炉冷却，即可得到具有纳米棒-纳米片交联结构的 $LiMnPO_4 \cdot Li_3V_2(PO_4)_3/C$(LMP·LVP/C)复合材料。

7.2.3　合成材料结构的评价表征技术

材料表征主要技术有以下几种。①XRD 测试，合成产物在 XRD 设备中扫描出衍射图谱，图谱扫描步长为 0.02°，计数时间为 2s。采用 JADE 软件对 XRD 图谱进行全谱拟合精修，获取材料的晶胞参数、原子占位、物相比例等信息。②SEM 及其能谱技术可观察 LMP·LVP/C 复合材料样品的微观形貌、表面形态和微区成分等信息。③TEM 观测可获得材料内部更精细的结构信息，如层间距、在更小尺度观察碳包覆厚度及 LMP 与 LVP 之间的具体复合情况。④拉曼光谱分析可获得包覆碳层的结构信息。⑤比表面分析可分析材料的比表面积、孔体积和孔径分布情况等信息等。

7.2.4 合成材料结构分析评价表征的结果与讨论

1. XRD 和 Raman 测试表征

图 7-7(a)为制备的 LMP·LVP/C 复合材料的 X 射线粉末衍射谱及 Rietveld 全谱拟合精修结果。所有的衍射峰都可以检索为斜方晶系 $LiMnPO_4$(空间群 *Pbnm*，PDF 97-003-8208)和单斜晶系的 $Li_3V_2(PO_4)_3$(空间群 $P2_1/n$，PDF 97-016-1335)，没有其他杂相和结晶碳的衍射信号。此外，尖锐的峰形和较高的峰强表明此复合材料的结晶性良好。采用 Rietveld 全谱拟合精修的方法(JADE 9.0 软件，MDI)来进一步研究复合材料中各相的晶体结构信息和相含量。对此复合材料衍射谱的 Rietveld 精修是基于斜方晶系(空间群 *Pbnm*)和单斜晶系(空间群 $P2_1/n$)的标准晶体结构来拟合计算的。例如，位于 25.451°、29.565°和 35.439°的特征峰属于斜方 LMP 相，位于 20.673°、24.525°和 29.339°的特征峰属于单斜 LVP 相。详细的拟合结果列于表 7-5 中，可见拟合结果和测试结果吻合良好。平均误差系数(R)为 7.84%，说明拟合结果的可信度较高。经过对比分析，所制备的 LMP·LVP/C 复合材料中 LMP 的晶胞与纯相 LMP 相比出现了明显收缩，这可能是由于在 LMP 结晶的过程中少量体积较小的 V^{3+}离子(0.74Å)掺杂到了体积较大的 Mn^{2+}离子(0.80Å)的位置。然而，与纯相 LVP 相比，LMP·LVP/C 复合材料中 LVP 的晶胞明显伸张，表明 Mn^{2+}离子也掺杂到了 LVP 晶格中。因此，这种 LMP 和 LVP 之间的交互掺杂有助于提升材料的导电性、离子传输和催化脱嵌反应。复相材料中 LMP 和 LVP 的质量分数分别为 27.7%和 72.3%，与预期 1∶1 的摩尔比一致。

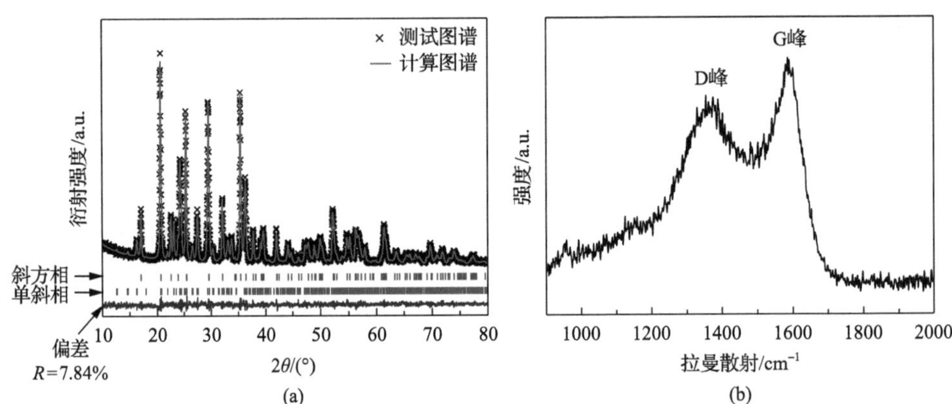

图 7-7 LMP·LVP/C 复相材料的 X 射线衍射和拉曼散射分析

(a) X 射线衍射谱及 Rietveld 全谱拟合精修结果；(b) 拉曼散射光谱

表 7-5　LMP·LVP/C 复相材料中 LMP 和 LVP 晶胞参数和相含量的拟合结果及与 LMP（PDF 97-003-8208）和 LVP（PDF 97-016-1335）标准数据的对比

样品	晶胞参数					相含量/%	R/%
	a/nm	b/nm	c/nm	γ/(°)	V/nm^3		
LMP in LMP·LVP/C	0.4706	1.0372	0.6031	90.0000	0.2944	27.7	6.63
LMP	0.4711	1.0374	0.6038	90.0000	0.2951	—	—
LVP in LMP·LVP/C	0.8596	1.2063	0.8602	90.4165	0.8919	72.3	7.84
LVP	0.8608	1.2045	0.8599	90.5000	0.8915	—	—

图 7-7(b)为复相 LMP·LVP/C 的拉曼光谱，拉曼光谱可分析研究 LMP·LVP/C 复合材料中包覆碳的存在形式和含量。拉曼谱中位于 1361cm^{-1} 和 1589cm^{-1} 附近的两个碳材料的特征峰源于无序碳(D 峰)的 A_{1g} 伸缩振动模式和有序石墨碳(G 峰)的 E_{2g} 伸缩振动模式。据报道，D 峰和 G 峰的强度比(I_D/I_G)通常可作为一个衡量碳材料结晶性的有效指标，即 I_D/I_G 比值越小，碳材料的有序程度越高。在研究中，所制备的 LMP·LVP/C 复合材料中，I_D/I_G 的值约为 0.91，表明包覆碳层具有较高的石墨化程度。高石墨化碳包覆更有助于提升材料的电子导电性。此外，在 953cm^{-1} 附近有一个可识别的弱峰，对应 PO_4^{3-}阴离子伸缩振动的拉曼光谱。这种现象是合理的，因为 LMP·LVP 颗粒表面包裹着致密的导电碳层，这阻碍了拉曼光束与 PO_4^{3-}的相互作用。根据碳硫分析结果可知所制备 LMP·LVP/C 复合材料中实际的碳含量为 7.37%。

2. SEM 和 TEM 检测表征

使用 SEM 和 TEM 观察所制备复相磷酸盐的表面形貌和内部微观结构特征。图 7-8(a)和(b)中的 SEM 图像显示 LMP·LVP/C 复合材料是由取向随机的纳米棒和纳米片搭建而成。纳米棒的直径为 40～100nm。纳米片的厚度为几十纳米，且在面内延伸 300～500nm。此外，相邻的纳米棒和纳米片松散地搭建在一起，它们之间有充足的开放空间，这非常有利于电解液的浸润和离子与电子的快速传输。低倍的 TEM 图像(图 7-8(c))清楚地显示出纳米片与纳米棒交接的结构特点，其中纳米片在 TEM 下非常透明，证明了其超薄特征。纳米棒和纳米片彼此连接形成开放的内部空间，这与 SEM 图像的结果相一致。采用扫描透射电子显微镜下的高角度环形暗场相(HAADF-STEM)及与其对应的元素面分布情况(图 7-8(d))进一步证实了所制备样品中 C、V 和 Mn 元素是均匀分布的，表明复合材料中 LMP 和 LVP 两相是高效复合，而非简单的宏观混合。

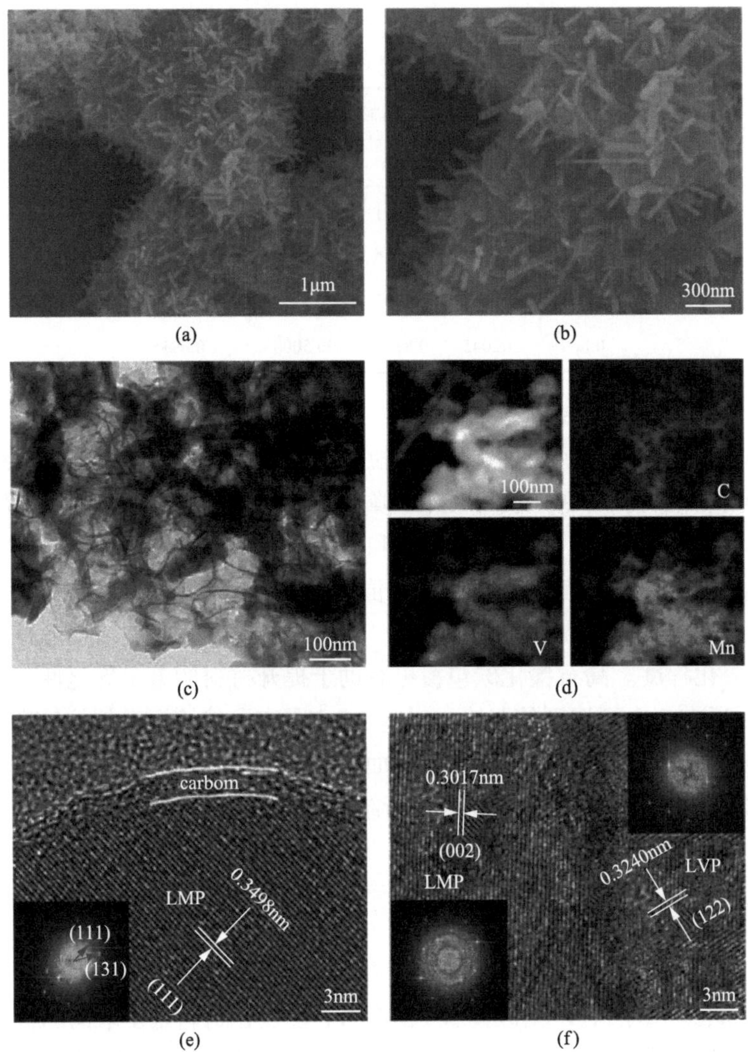

图 7-8　纳米棒-纳米片交联结构 LMP·LVP/C 复合材料的微结构

(a)、(b) SEM 图；(c) TEM 图；(d) STEM-HAADF 图；(e)、(f) HRTEM 图；(e) 的插图为 LMP 晶粒的 FFT 谱；(f) 的插图分别为对应区域的 FFT 谱

图 7-8(e) 和 (f) 为所制备复相 LMP·LVP/C 的 HRTEM 图像，从中可以观察到厚度约为 3nm 的无定型碳紧密包覆在纳米晶粒表面。图 7-8(f) 可以看到两组不同的 FFT 花样，分别对应于 LMP 和 LVP 晶体衍射的斑点，且可以看到两相之间存在明显的晶界，而这些界面可以提供丰富的离子扩散通道，暴露更多的电化学活性位点。从图 7-8(f) 中可以观察到两种不同类型的晶格条纹，其中间距为 3.017Å 的条纹对应 LMP 的(002)晶面，间距为 3.24Å 的条纹对应 LVP 的(122)晶面，这进一步表明两相是纳米晶粒尺度的复合。这种独特的三维纳米结构和嵌布式体相

结构预期会提升此复合材料的电子导电性和结构稳定性，进而提升其在锂离子电池中的循环稳定性和快速充放电特性。

3. 生长机制探索

图 7-9 示意了通过在有机熔融烃介质中的固相反应法合成纳米棒-纳米片交联结构 LMP·LVP/C 复合材料的结构生长机理。油酸是一种典型的含有羧基、长链烷基和不饱和键的阴离子表面活性剂。在此复合磷酸盐的制备过程中油酸起到了表面活性剂的作用，在升温和煅烧的过程中，油酸中的羧基可以锚定在纳米粒子的表面，极性的尾部长链延伸到石蜡溶剂中。此外，油酸中的烷基长链和不饱和键的存在为纳米粒子提供了良好的疏水环境，通过热力学方法引导纳米晶体的形核和生长。由图 7-10 中对单独纳米棒和纳米片的元素面分布情况的分析可知，为了降低界面能，LMP 纳米晶体首先自组装成纳米片状形貌，而 LVP 纳米晶体首先自组装成纳米棒状形貌。随着结晶生长时间的进一步增加，大量消耗了附近的元素以供给前驱体，LMP·LVP 复合纳米晶簇在纳米片和纳米棒的表面上进行原位结晶，而且 LMP 和 LVP 纳米晶粒都被油酸原位分解碳化后衍生的导电碳均匀包覆，有效提升了复合材料的电子输运效率和结构稳定性。

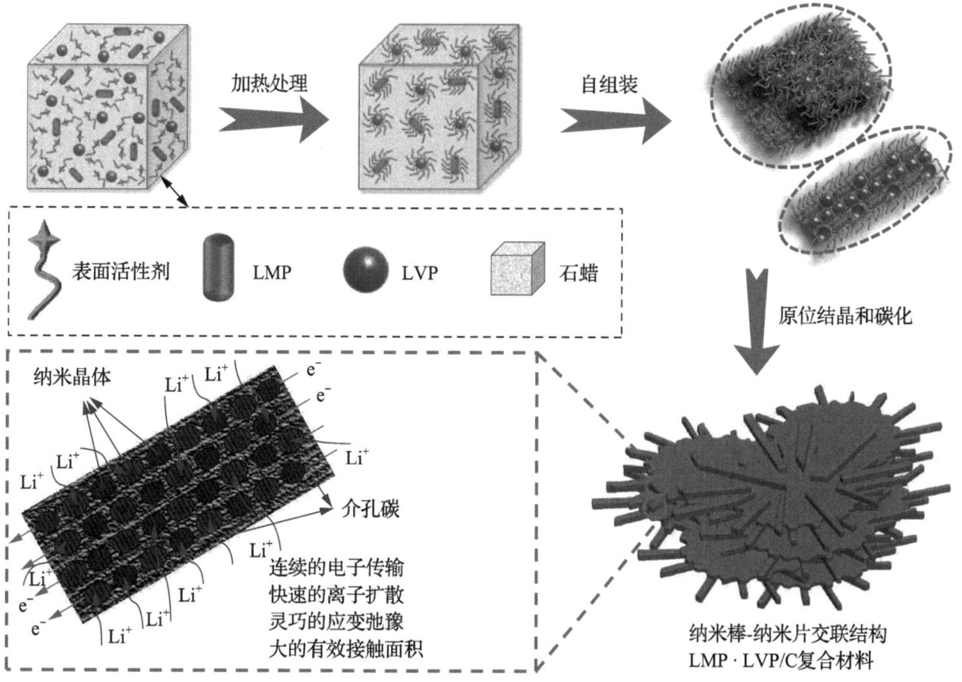

图 7-9　纳米棒-纳米片交联结构 LMP·LVP/C 复合材料的形成机理示意图

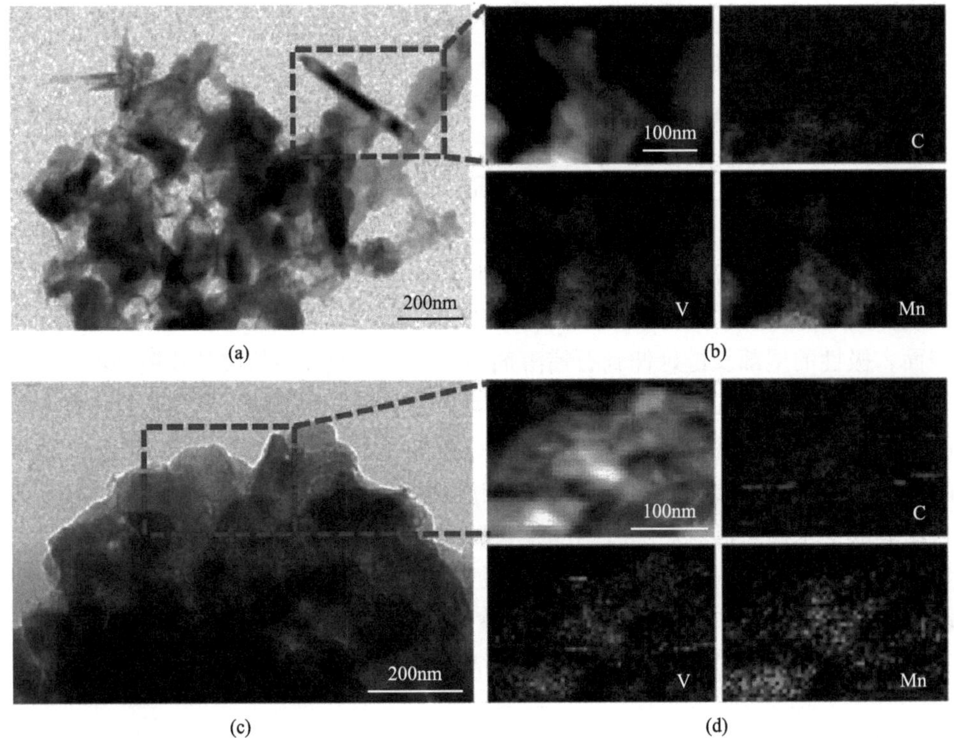

图 7-10　纳米棒-纳米片交联结构 LMP·LVP/C 复合材料的结构和成分表征

(a)、(c) TEM 图像；(b)、(d) STEM-HAADF 图像

7.2.5　电化学性能与动力学分析评价表征技术

将活性物质、乙炔黑、聚偏二氟乙烯(PVDF)黏结剂按照 75∶15∶10 的质量比制成极片，并在手套箱中将试样极片组装成 2016 式纽扣电池进行各项电化学性能测试。主要的半电池性能测试包括：在电化学工作站上，以 0.1mV/s 的扫描速度在 3.0～4.5V 的电压范围内进行循环伏安测试；在蓝电电池测试系统上，通过充放电实验来测量电池在常温(25℃)下的倍率性能和循环稳定性等，其中设定 1C = 170mA/g；在电化学工作站上，以 0.05～0.8mV/s 不同的扫描速度在 3.0～4.5V 的电压范围内进行循环伏安测试，用经典的 Randles Sevchik 公式(7-2)来计算离子扩散系数；在电化学工作站上，在 100kHz～0.01Hz 的频率范围内对电池进行交流阻抗(EIS)测试，Warburg 阻抗与电极内离子的扩散密切相关，为了更进一步研究活性材料中离子的扩散行为，通过 6.4.5 节式(6-15)计算离子的扩散系数。

7.2.6 电化学性能与动力学分析的评价表征结果与讨论

1. CV、充放电、测试结果与分析

首先采用循环伏安技术在 0.05mV/s 的扫描速率下来评估 Li^+在 LMP·LVP/C 复合材料中的脱嵌行为。如图 7-11(a)所示，前 3 次 CV 曲线基本重合且无明显的衰减现象，说明 Li^+的脱嵌过程具有良好的可逆性。在 CV 曲线中可以看到 3 个明显的氧化峰(3.61V、3.69V 和 4.11V)和 4 个明显的还原峰(4.03V、3.97V、3.64V 和 3.56V)，这对应于 Li_xMnPO_4 ($x = 1, 0$)和 $Li_xV_2(PO_4)_3$ ($x = 3.0, 2.5, 2.0, 1.0$)中的多级相转变。阳极峰较阴极峰少一个，这是由于从 Li_xMnPO_4 (x 从 1 到 0)中脱出 Li^+离子和从 $Li_xV_2(PO_4)_3$ (x 从 2 到 1)中脱出第二个 Li^+离子的阳极峰在 4.11V 左右相互重叠。此外，与 LVP 轮廓清晰且尖锐的氧化还原峰相比，LMP 氧化还原峰的峰强较弱，这是由于 LMP 材料本征的动力学过程较缓慢。

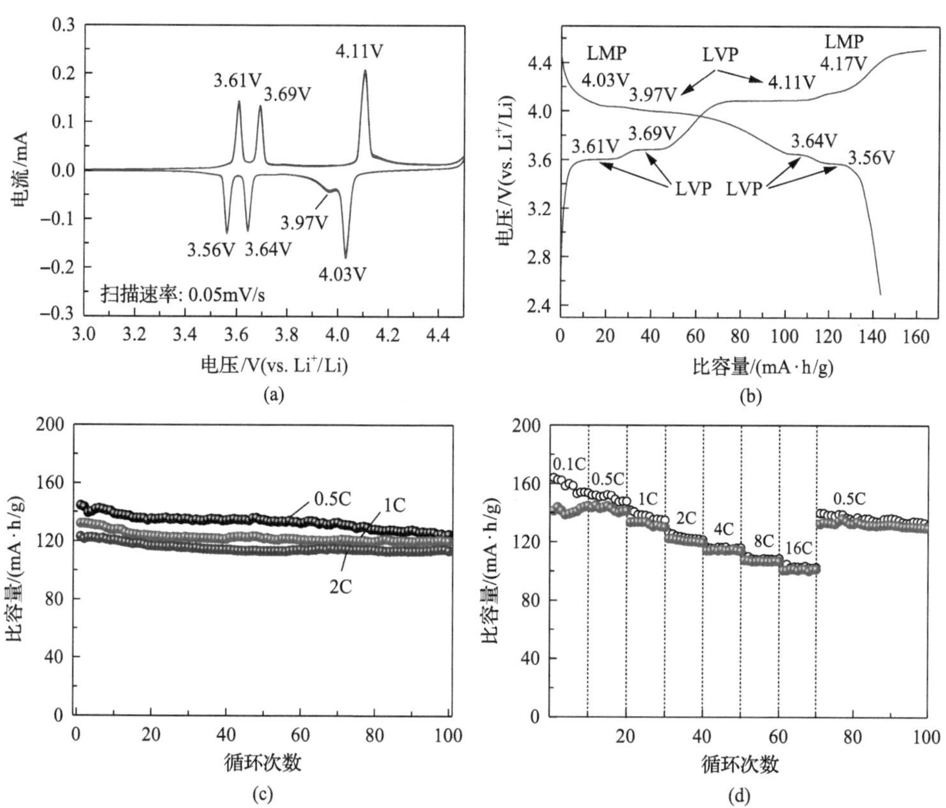

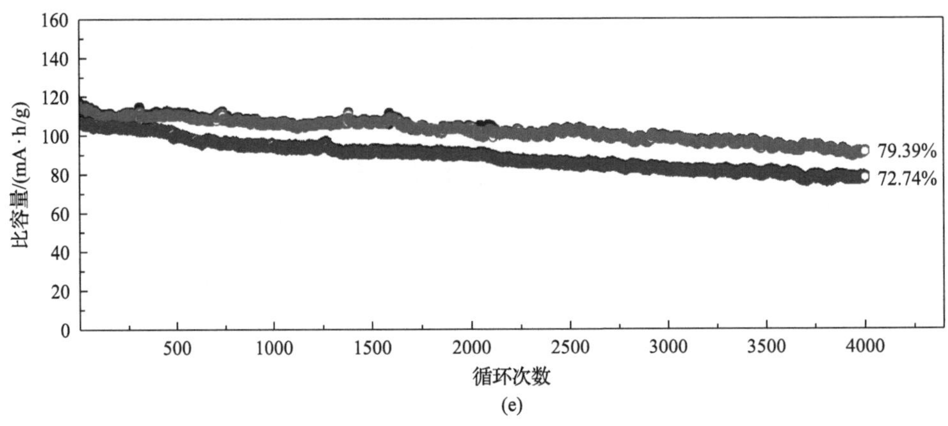

(e)

图 7-11　LMP·LVP/C 复相材料的电化学性能

(a)在 3～4.5V、0.05mV/s 下的前 3 次循环伏安曲线；(b)在 0.1C(1C = 170mA/g)下的首次充放电曲线；(c)在 0.5C、1C 和 2C 下的循环性能；(d)0.1～16C 的倍率性能；(e)复合材料在 4C 和 8C 倍率下的长循环性能

图 7-11(b)显示了LMP·LVP/C复合电极在2.5～4.5V的电压窗口中以0.1C(1C = 170mA/g)的倍率充放电的首次充放电曲线。其中位于 3.56V、3.64V、3.97V 左右的充电电压平台对应于 Li^+从 LVP 晶格中的脱出电位，4.03V 左右的充电平台对应于 LMP 中 Li^+的脱出电位，表明复相材料中多步离子的脱出过程。放电曲线中也可以观察到 4 个对应的电压平台，充放电电位平台与 CV 曲线中的氧化还原峰一一对应。此复合材料在 0.1C 倍率下的首次放电比容量为 145(mA·h)/g，对应的首次库仑效率为 88.5%。

图 7-11(c)为 LMP·LVP/C 复合材料在 2.5～4.5V 电压范围内以 0.5C、1C 和 2C 倍率进行充放电时的循环性能，其最大放电比容量分别为 144.4(mA·h)/g、132.1(mA·h)/g 和 123(mA·h)/g，经过 100 次循环后对应的容量保持率分别为 86.3%、90.8%和 92.3%。显而易见，所有复合电极的比容量在初始阶段都有缓慢上升的趋势，随后逐渐趋于稳定，这可能是复合电极在循环初期的活化过程所致，在之前的文献中也常有此现象出现[19]。

为了进一步探究 LMP·LVP/C 复合材料的快速充放电特性，图 7-11(d)显示了其随倍率递增(0.1～16C)时的电化学性能。复相 LMP·LVP/C 电极在 0.1C、0.5C、1C、2C、4C 和 8C 的倍率下分别可以释放出 145(mA·h)/g、144.4(mA·h)/g、133.7(mA·h)/g、122.4(mA·h)/g、114.8(mA·h)/g 和 107.6(mA·h)/g 的放电比容量，即使在 16C 的大倍率下，仍可以释放 101.3(mA·h)/g 的高可逆容量。当经过大倍率充放电后重回到 0.5C 的倍率时，其比容量可以恢复至 135.9(mA·h)/g。

图 7-11(e)显示了复相 LMP·LVP/C 正极材料在高倍率下的循环耐久能力。在 4C 和8C的倍率下，复合电极的首次放电比容量分别为117(mA·h)/g和107.5(mA·h)/g。在 4C 的倍率经过 4000 次的长循环后，复合电极的放电比容量降低至 92.9(mA·h)/g，

对应于 79.39%的容量保持率且每次的容量衰减率仅为 0.0052%。在 8C 的倍率经过 4000 次循环后，其放电比容量量下降至 78.2(mA·h)/g，容量保持率为 72.74%，每次循环的容量衰减仅为 0.0068%。即使在大倍率下长时间循环，复合电极材料在整个循环过程中的库仑效率都维持在 100%附近，说明此复相电极具有优异的结构稳定性。

此复合磷酸盐正极材料在低电流密度下循环时，其容量衰减较快，而在较高电流密度下循环时，比容量反而趋于稳定，如图 7-12 所示。

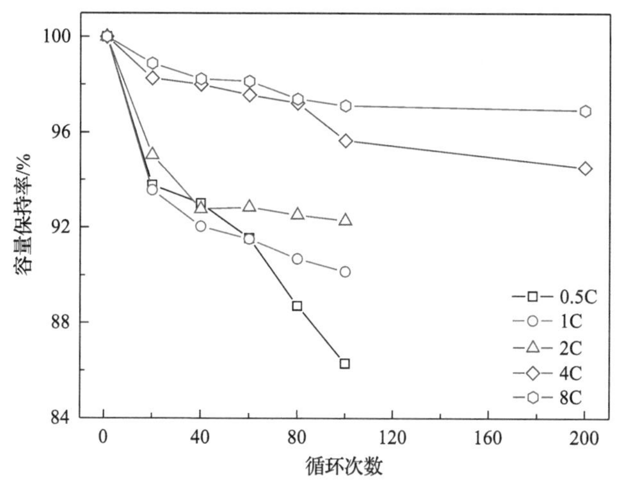

图 7-12　LMP·LVP/C 复相电极在不同倍率下的循环稳定性对比图

根据扩散方程($\tau=L^2/2D$)，当电极在较低电流密度下充放电时(如 0.5C)，扩散时间 τ 足够长，电解液有足够的时间渗透到活性材料内部，更多的活性材料参与电化学反应，因此获得了较高的放电比容量。然而，此时会导致活性材料严重的体积膨胀/收缩，加剧宿主材料的结构崩塌，导致后续循环中容量迅速衰减。反而在高电流密度下充放电时，急剧缩短了离子的扩散时间 τ，且 Li^+的脱嵌反应大部分发生在活性材料的表面，这有助于提升离子的扩散动力学行为和保持宿主材料的结构稳定性，因此获得更好的循环稳定性。这种现象在其他一些电极材料中也经常出现[20]。

2. *反应动力学分析*

为了进一步揭示对提升具有纳米棒-纳米片交联结构的 LMP·LVP/C 复合材料电化学性能的影响因素，在 0.05～0.8mV/s 的扫描速率范围内测试复合电极的 CV 曲线。如图 7-13(a)所示，随着扫描速率的增加，阳极氧化峰逐渐向右移动，相应的阴极还原峰逐渐向左移动，导致极化加剧。随着扫描速率的增加，所有氧化还原峰的强度都逐渐增强。图 7-13(b)显示出 CV 曲线的峰值电流(I_p)与扫描速率的平方根($v^{1/2}$)呈线性关系，表明电极的反应过程是受扩散控制的。锂离子的表观扩散系数是基于 Randles Sevcik 公式计算出来的。由于电化学系统中的反应情况非常复杂，我们使用n_e和C_{0e}^*的有效值计算离子在活性材料中的固态扩散系数(D_{se})。基于图 7-13(b)中I_p与$v^{1/2}$曲线的斜率，可以计算出各个氧化还原过程的有效电子转移数(n_e)和有效离子浓度(C_{0e}^*)，具体数据列于表 7-6。根据表 7-6 和图 7-13(b)中I_p与$v^{1/2}$曲线的斜率，可以计算出有效扩散系数(D_{se})，详细结果列于表 7-7。锂离子在固相电极中的有效扩散系数的D_{se}值在10^{-11}～$10^{-9}cm^2/s$，且整体数据趋于稳定。

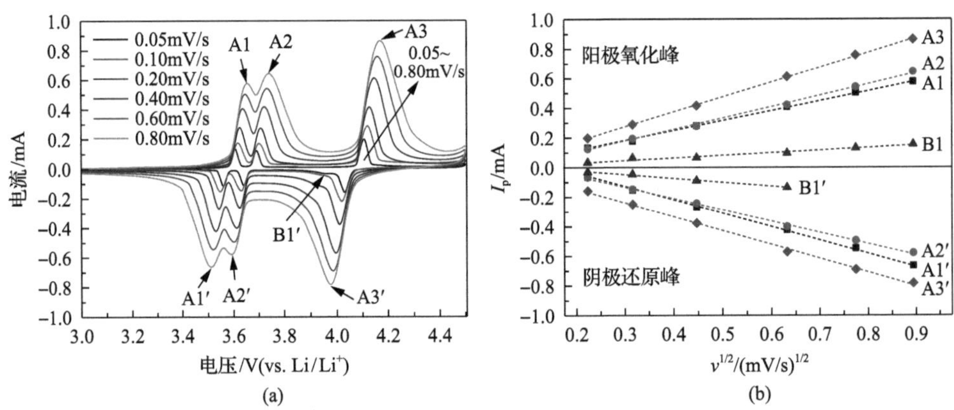

图 7-13 LMP·LVP/C 复相电极材料的反应动力学分析

(a)CV 曲线；(b)峰值电流(I_p)与扫描速率平方根($v^{1/2}$)之间的关系

表 7-6 LMP·LVP/C 复相材料电极在不同充放电状态下的有效电荷转移数量(n_e)和离子浓度(C_{0e}^*)

阳极/阴极峰	电极状态	C_{0e}^* /(mol/cm³)	n_e
A1	$LiMnPO_4 \cdot Li_{2.5}V_2(PO_4)_3$	2.05×10^{-2}	0.25
A2	$LiMnPO_4 \cdot Li_2V_2(PO_4)_3$	1.86×10^{-2}	0.25
A3	$LiMnPO_4 \cdot LiV_2(PO_4)_3$	1.49×10^{-2}	0.50
A3′	$MnPO_4 \cdot LiV_2(PO_4)_3$	3.72×10^{-3}	0.50
B1′	$MnPO4 \cdot Li_2V_2(PO_4)_3$	7.45×10^{-3}	0.50
A2′	$LiMnPO_4 \cdot Li_2V_2(PO_4)_3$	1.86×10^{-2}	0.25
A1′	$LiMnPO_4 \cdot Li_{2.5}V_2(PO_4)_3$	2.05×10^{-2}	0.25

表 7-7　基于 CV 曲线采用 Randles Sevchik 式计算的复相电极中锂离子的扩散系数

电极状态	阳极氧化过程		阴极还原过程	
	峰	D_{se} / (cm^2/s)	峰	D_{se} / (cm^2/s)
$LiMnPO_4·Li_{2.5}V_2(PO_4)_3$	A1	7.17×10^{-10}	A1′	1.32×10^{-9}
$LiMnPO_4·Li_2V_2(PO_4)_3$	A2	1.19×10^{-9}	A2′	1.16×10^{-9}
$MnPO_4·LiV(PO_4)_3$	A3	3.82×10^{-10}	A3′	8.16×10^{-9}
$MnPO4·Li_2V_2(PO_4)_3$	—	—	B1′	3.89×10^{-11}

通过交流阻抗测试进一步研究了不同循环次数后电极的电荷转移状况。图 7-14(a)为不同循环次数后测得的交流阻抗谱，基于等效电路对阻抗谱进行拟合，结果列于表 7-8 中。经过 10 次循环后，电荷转移电阻(R_{ct})从首次的 73.62Ω 降低至 66.53Ω，这与电池前几次循环过程中容量攀升的结论相一致。即使经过 1000 次长循环后，电荷转移阻抗也仅有少量的增长，表明 $LiMnPO_4·Li_3V_2(PO_4)_3$/C 复合材料具有稳定的快速电子迁移能力。Warburg 阻抗与电极内锂离子的扩散密切相关，为了研究活性材料中锂离子的扩散行为，通过式(6-15)计算了复相磷酸盐经过不同循环次数后锂离子的扩散系数。

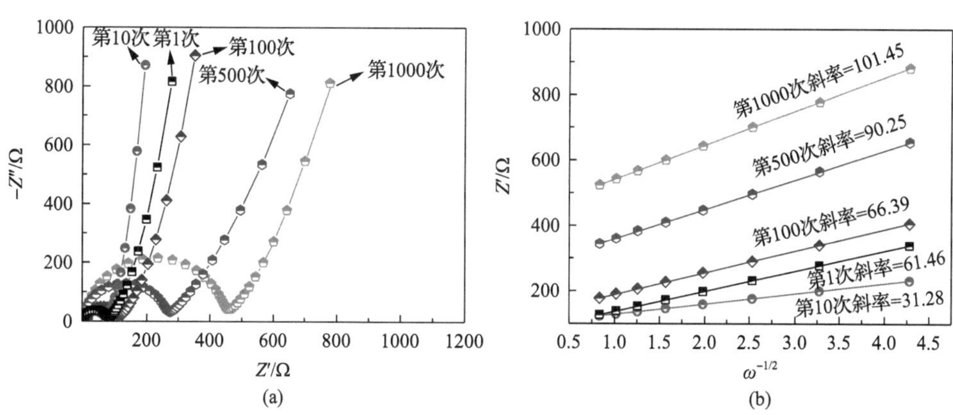

图 7-14　LMP·LVP/C 复相材料电极交流阻抗分析

(a) Nyquist 图；(b) 在低频区 Z' 与 $\omega^{-1/2}$ 之间的线性关系

表 7-8　LMP·LVP/C 复相材料电极的交流阻抗参数的拟合结果

电池状态	R_s / Ω	R_{ct} / Ω
首次循环后	2.93	73.62
循环 10 次后	6.90	66.53
循环 100 次后	7.59	93.98
循环 500 次后	11.53	251.00
循环 1000 次后	12.68	424.80

由表 7-9 可见，LMP·LVP/C 复合材料的离子扩散系数至少比 $LiFePO_4$（10^{-13}～$10^{-15}cm^2/s$）[10]、$LiMnPO_4$（$10^{-13}cm^2/s$）[11]和 $LiFe_xMn_{1-x}PO_4$（10^{-15}～$10^{-17}cm^2/s$）[12]高两个数量级，并且与 $Li_3V_2(PO_4)_3$[13]、$xLiFePO_4\cdot(1-x)Li_3V_2(PO_4)_3$ 复合材料[14]和 $xLi_3V_2(PO_4)_3\cdot LiVPO_4F$ 复合材料[15]的离子扩散速率相当。扩散系数与 EIS 结果表明，此纳米棒-纳米片交联结构的 LMP·LVP/C 复合材料具有优异的电子传输速率和离子扩散效率。

表 7-9　LMP·LVP/C 复相材料电极中锂离子的扩散系数

电池状态	Warburg 因子（σ）	D_{Li^+} /（cm^2/s）
首次循环后	61.46	2.89×10^{-11}
循环 10 次后	31.28	1.12×10^{-10}
循环 100 次后	66.39	2.48×10^{-11}
循环 500 次后	90.25	1.34×10^{-11}
循环 1000 次后	101.45	1.06×10^{-11}

由以上分析可见，经过熔融烃中固相法合成的具有纳米棒-纳米片交联结构的 LMP·LVP/C 复合材料具有显著的性能优势。这种优异的电化学性能表现是由复合磷酸盐的体相结构和微纳结构优势共同决定的：①三维纳米结构内部充足的空隙，易于电解液的渗透；②纳米尺度缩短了离子和电子的输运距离；③阳离子共掺杂效应提升了材料的电子导电性；④表面原位生长的导电碳层助于电子传输并稳定材料结构。

7.2.7　小结

在熔融烃介质中采用一步固相法可成功合成具有三维纳米棒-纳米片交联结构的 LMP·LVP/C 复合材料。对材料的微纳结构进行了详细的表征，并提出了形貌生长机理。此复合磷酸盐作为锂离子电池正极材料表现出优良的电化学性能，包括良好的倍率性能和优异的循环稳定性。复合材料在 16C 的高倍率下充放电时，可以释放出 101.3（mA · h）/g 的比放电容量。在 8C 的倍率下经过 4000 次循环后，其容量保持率为 72.74%。其优良的电化学性能归因于纳米棒-纳米片交联的三维结构，磷酸盐共掺杂形成的嵌布式复相结构及表面活性剂原位碳化衍生的高导电碳包覆层。这种兼顾微纳结构优化与体相结构调控的材料设计改性策略也可以推广到其他新型功能材料领域。

7.3　碳胶囊封装 $LiMn_xFe_{1-x}PO_4$ 复合新材料

7.3.1　概要

与 $LiFePO_4$ 相比(3.45V vs. Li^+/Li)，$LiMnPO_4$ 因其具有较高的氧化还原电位(4.1V(vs. Li^+/Li))，理论能量密度(701W · h/kg)比 $LiFePO_4$(586W · h/kg)高出约20%，在动力电池领域具有潜在的应用价值而更具吸引力[21]。然而 $LiMnPO_4$ 相比 $LiFePO_4$，其电子导电性和 Li^+ 离子的扩散速率更低，所以其很难获得良好的综合电化学性能[22]。此外，$LiMnPO_4$ 还存在 Jahn-Teller 效应、$LiMnPO_4$ 与 $MnPO_4$ 相界面张力、$MnPO_4$ 相的亚稳态等问题，故其放电容量低、极化程度高、循环稳定性和倍率性能差[23]。为了克服 $LiMnPO_4$ 的这些缺陷，最有效的方法是碳包覆、锰位点掺杂和粒径纳米化[24]。

本节介绍一种基于软化学法的短流程制备技术成功合成了三维碳胶囊封装 $LiMn_xFe_{1-x}PO_4$ 纳米晶复合材料的方法[25]。通过调控锰和铁的不同比例，分别合成了 $LiMn_{0.8}Fe_{0.2}PO_4/C$、$LiMn_{0.5}Fe_{0.5}PO_4/C$ 和 $LiMn_{0.2}Fe_{0.8}PO_4/C$ 三种不同成分且具有橄榄石结构的纳米磷酸盐。电化学性能测试结果表明 $LiMn_{0.5}Fe_{0.5}PO_4/C$ 材料具有最优的性能表现，包括优异的倍率性能和循环稳定性。其独特的三维碳胶囊包覆结构可以有效提升电子传输效率，纳米晶自组装的纳米簇结构具有较大的比表面积，Fe 与 Mn 的氧化还原竞争反应可以有效提升材料的电化学活性。

7.3.2　材料制备

为了保证制备新材料的质量，在原材料选用上采用了反应混合更容易均匀、反应活性更高的前驱体，用于新材料制备合成。

1. 前驱体 $FeC_2O_4·2H_2O$ 和 $MnC_2O_4·2H_2O$ 的制备

首先将 $FeSO_4·7H_2O$ 或 $MnSO_4·H_2O$ 与 $H_2C_2O_4·2H_2O$ 按照 1∶1 的化学计量比加入盛有 500mL 去离子水的烧杯中，在室温环境下剧烈搅拌。然后在溶液中逐滴加入 5mL 浓度为 10%的硫酸，接着搅拌 4h，得到黄色或淡粉色的悬浮液。悬浮液在 90℃的干燥箱中静置陈化 12h，沉淀获得二水合草酸亚铁($FeC_2O_4·2H_2O$)与二水合草酸亚锰($MnC_2O_4·2H_2O$)前驱体。

通过抽滤装置过滤得到黄色或淡粉色沉淀物，并用蒸馏水清洗多次，直至中性。将黄色或淡粉色沉淀置于干燥箱中于 80℃干燥 24h，即得到 $FeC_2O_4·2H_2O$ 粉末或 $MnC_2O_4·2H_2O$ 粉末备用。

2. 三维碳胶囊封装 $LiMn_xFe_{1-x}PO_4$ 纳米复合材料的制备

$LiMn_xFe_{1-x}PO_4$ 的制备是通过一种软化学法的短流程路径，主要步骤包括前驱体制备和煅烧合成制备。

前驱体制备：将 $NH_4H_2PO_4$ 和油酸加入不锈钢球磨罐中高能球磨 1h，然后加入适量石蜡继续球磨 30min，再添加 $FeC_2O_4·2H_2O$ 和 $MnC_2O_4·2H_2O$ 继续球磨 20min。接着加入 $CH_3COOLi·2H_2O$ 并球磨 40min。在 $LiMn_{0.5}Fe_{0.5}PO_4/C$ 的前驱体中，控制 Li∶Fe∶Mn∶P∶油酸的摩尔比为 2∶1∶1∶2∶2；在 $LiMn_{0.8}Fe_{0.2}PO_4/C$ 的前驱体中，控制 Li∶Fe∶Mn∶P∶油酸的摩尔比为 5∶1∶4∶5∶5；在 $LiMn_{0.2}Fe_{0.8}PO_4/C$ 的前驱体中，控制 Li∶Fe∶Mn∶P∶油酸的摩尔比为 5∶4∶1∶5∶5。加入石蜡的质量为油酸的 2 倍。将黏稠状前驱体置于干燥箱中于 105℃干燥 30min，将前驱体中吸附的水分除去。

煅烧合成制备：将混合前驱体置于通有氢氩混合气（$5\%H_2/95\%Ar$）的温度控制管式炉中，以 2℃/min 的升温速率升温至 650℃并保温 8h 后随炉冷却，即可得到 $LiMn_xFe_{1-x}PO_4$ 纳米复合材料。

7.3.3 合成材料结构的评价表征技术

主要分析表征手段有以下几种。XRD 测试，图谱扫描的方式是步进扫描，步长为 0.02°，计数时间为 2s。采用 GSAS 软件对 XRD 图谱进行全谱拟合精修，获取材料的晶胞参数、原子占位、物相比例等信息。通过拉曼光谱分析，可得到包覆碳层的结构信息。利用傅里叶红外光谱仪来分析材料中的官能团或化学键等信息。通过 SEM 观察 $LiMn_xFe_{1-x}PO_4/C$ 样品的微观形貌、表面形态信息。通过 TEM 获得材料内部精细的结构信息，如获得的层间距。在更小尺度观察碳包覆的厚度及元素面的分布情况。通过测试材料的氮气等温吸附-脱附曲线来分析其比表面积、孔体积和孔径的分布情况等信息。

7.3.4 合成材料结构分析与评价表征结果与讨论

1. XRD、Raman 和 FT-IR 测试表征

图 7-15 为所制备的三维碳胶囊封装 $LiMn_xFe_{1-x}PO_4$ 纳米复合材料的物理与化学表征结果。由图 7-15（a）中的 XRD 谱可见，$LiMn_{0.8}Fe_{0.2}PO_4/C$、$LiMn_{0.5}Fe_{0.5}PO_4/C$ 和 $LiMn_{0.2}Fe_{0.8}PO_4/C$ 三种不同 Mn/Fe 比的复合材料均与标准的斜方晶系 $LiFePO_4$（空间群：*Pnma*，162064-ICSD）一致，未检测到包覆碳材料的衍射信号。为了进一步研究不同 Mn/Fe 比对晶胞结构的影响，采用 GSAS 软件对三种复合材料的 XRD 谱进行了全谱拟合精修。精修结果如图 7-15（d）～（f）所示，可见测试谱与拟合谱吻合得很好，较小的 *R* 值说明拟合结果非常可靠。详细的拟合晶胞参数

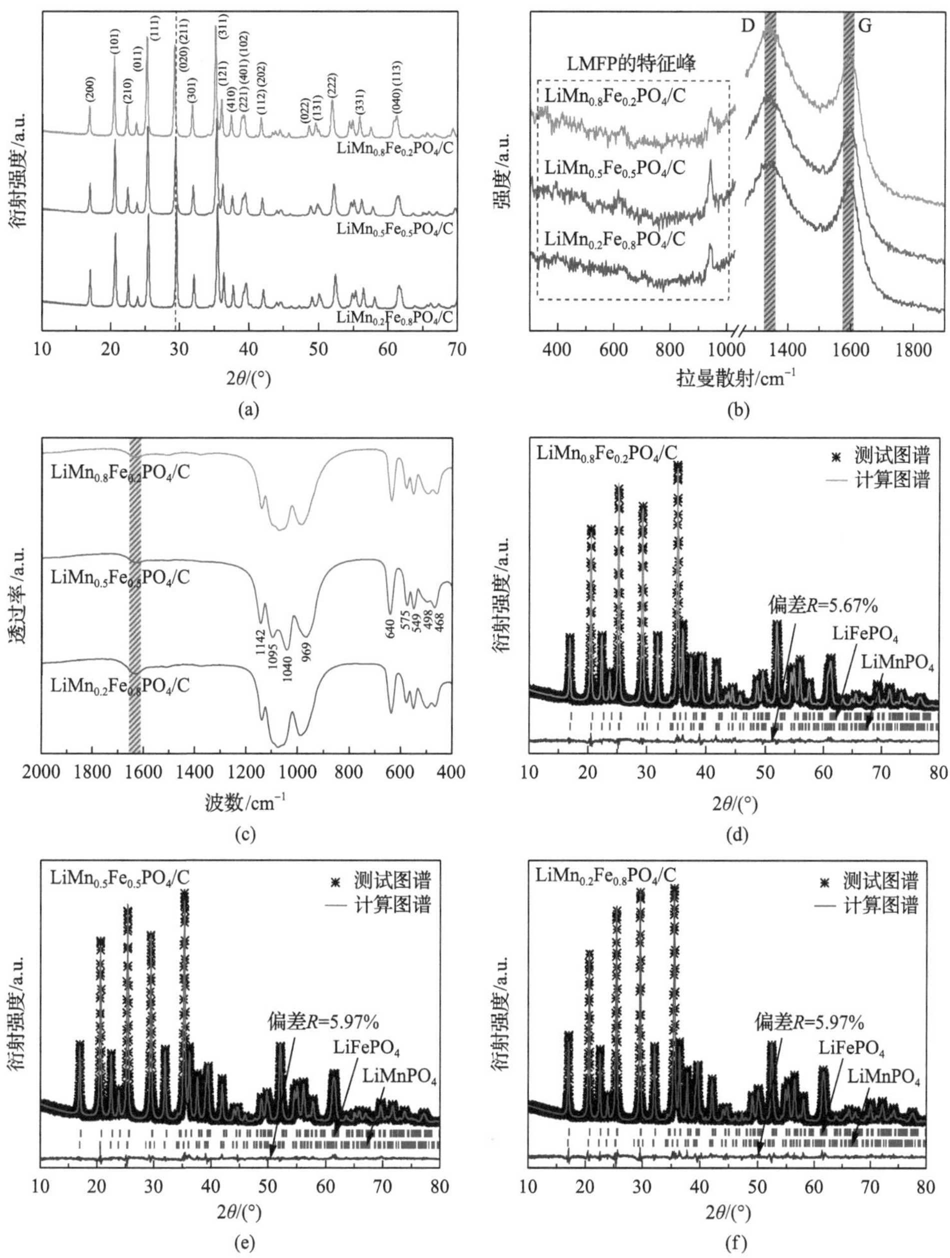

图 7-15　$LiMn_xFe_{1-x}PO_4/C$ 纳米复合材料的物理和化学表征

(a) X 射线衍射谱；(b) 拉曼散射谱；(c) FT-IR 图；(d)、(e)、(f) XRD 谱及全谱拟合精修

如表 7-10 所示，可见随着 Mn/Fe 比的变化，所得到的 $LiMn_xFe_{1-x}PO_4/C$ 复合材料的晶胞参数也会发生规律性的变化。为了更清晰地显示出其中的规律，将晶胞参数数据整理为图 7-16。可见，$LiMn_xFe_{1-x}PO_4$ 的晶胞大小随着 Mn 含量的增加而增

大，这是由于 Mn^{2+}的半径比 Fe^{2+}大而造成的，从而印证了 Vegard 定律[26]。这说明复合材料中 Mn^{2+}和 Fe^{2+}在晶胞中随机地占据同样的位置，而不是 $LiMnPO_4$ 和 $LiFePO_4$ 的简单复合。

表 7-10　$LiMn_xFe_{1-x}PO_4/C$ 精修后的晶胞参数及 $LiMnPO_4$(187789-ICSD) 和 $LiFePO_4$(290339-ICSD)的标准数据

样品	晶胞参数					R/%
	a/nm	b/nm	c/nm	β/(°)	V/nm^3	
$LiMnPO_4$(187789-ICSD)	0.47500	1.04439	0.61018	90.000	0.3023	—
$LiMn_{0.8}Fe_{0.2}PO_4$	0.47393	1.04284	0.60855	90.000	0.3008	5.67
$LiMn_{0.5}Fe_{0.5}PO_4$	0.47194	1.03844	0.60505	90.000	0.2965	5.97
$LiMn_{0.2}Fe_{0.8}PO_4$	0.46979	1.03395	0.60182	90.000	0.2923	5.97
$LiFePO_4$(290339-ICSD)	0.46868	1.03351	0.60088	90.000	0.2916	—

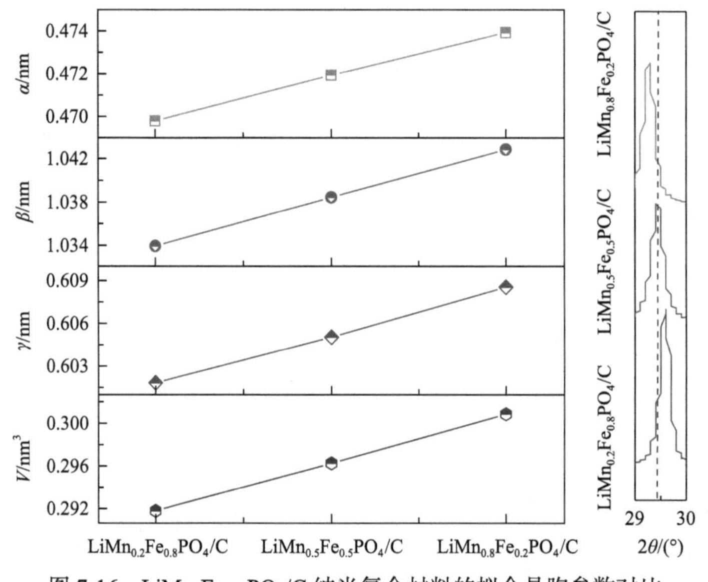

图 7-16　$LiMn_xFe_{1-x}PO_4/C$ 纳米复合材料的拟合晶胞参数对比

如图 7-15(b)中 $LiMn_xFe_{1-x}PO_4/C$ 纳米复合材料的拉曼散射谱所示，其中位于 900～1100cm^{-1} 的信号是 PO_4^{3-}的拉曼特征峰，位于 1350cm^{-1} 和 1590cm^{-1} 附近的两个宽而强的拉曼峰分别属于碳质材料的 D 峰(无序碳)和 G 峰(有序碳)。三个样品中 D 峰和 G 峰的强度比均小于 1，这说明包覆的碳材料存在部分石墨化。图 7-15(c)显示了 $LiMn_xFe_{1-x}PO_4/C$ 样品的 FT-IR 图，其中位于 1100cm^{-1}～900cm^{-1} 的信号与橄榄石结构中磷酸根分子间的对称/非对称振动有关，位于 650cm^{-1}～530cm^{-1} 的峰是 PO_4 四面体中 P-O 键的反对称弯曲所致[27]。

2. SEM 和 BET 检测表征

根据实验观察，提出三维碳胶囊封装 $LiMn_xFe_{1-x}PO_4$ 纳米复合材料的制备机制，结构演变过程如图 7-17 所示。在熔融的非极性石蜡介质中，表面活性剂油酸可以有效诱导 $LiMn_xFe_{1-x}PO_4$ 前驱体无机盐粒子的均匀分散。在高温煅烧的过程中，表面活性剂引导 $LiMn_xFe_{1-x}PO_4$ 纳米晶的原位结晶和定向生长。同时油酸原位碳化使三维导电碳胶囊包覆在 $LiMn_xFe_{1-x}PO_4$ 纳米晶的表面。为了减小体系的总能量，纳米晶趋向于组装成纳米团簇，这进一步提高了复合材料的振实密度。

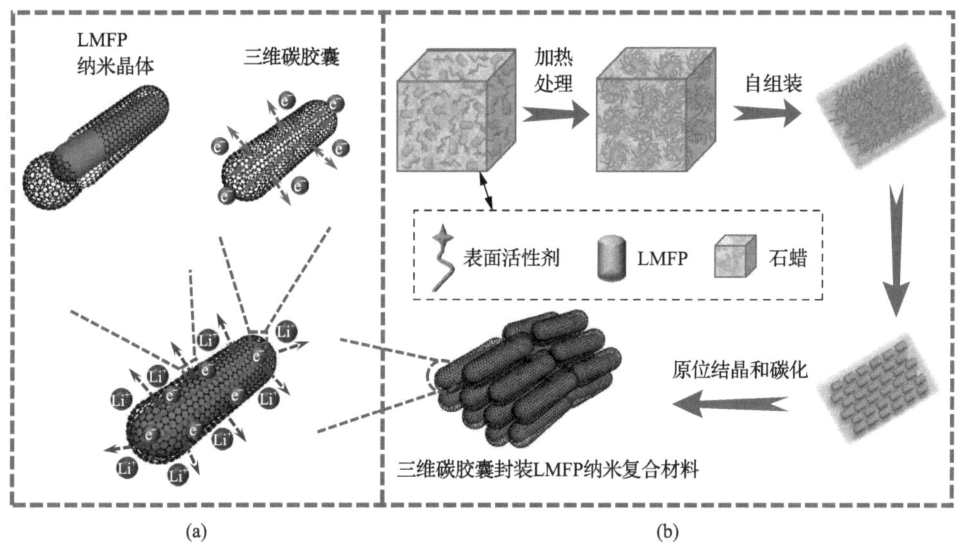

图 7-17　三维碳胶囊封装 $LiMn_xFe_{1-x}PO_4$ 纳米复合材料的特性

(a)电子和离子扩散路径；(b)制备过程和形成机理示意图

采用扫描电子显微镜对三维碳胶囊封装 $LiMn_xFe_{1-x}PO_4$ 纳米复合材料的微观形貌进行研究，如图 7-18 所示，$LiMn_{0.8}Fe_{0.2}PO_4/C$、$LiMn_{0.5}Fe_{0.5}PO_4/C$ 和 $LiMn_{0.2}Fe_{0.8}PO_4/C$ 复合材料的 SEM 图像都显示出纳米尺度的颗粒，颗粒尺寸均在几百纳米，其中 $LiMn_{0.8}Fe_{0.2}PO_4/C$ 的颗粒尺寸最不规整，$LiMn_{0.5}Fe_{0.5}PO_4/C$ 的颗粒是比较规整的团簇，而 $LiMn_{0.2}Fe_{0.8}PO_4/C$ 材料的颗粒形状类似梭形。为了进一步研究 $LiMn_xFe_{1-x}PO_4/C$ 复合材料的孔结构特征，采用氮气等温吸附-脱附实验测试了其物理吸附性能，结果如图 7-18(g)～(i)所示。$LiMn_xFe_{1-x}PO_4/C$ 复合材料都显示出Ⅳ类吸附等温线，这与材料中的介孔结构相关。三者都有不同大小的 H3 型回滞环，这与结构中的狭缝状孔有关。$LiMn_{0.8}Fe_{0.2}PO_4/C$、$LiMn_{0.5}Fe_{0.5}PO4/C$ 和 $LiMn_{0.2}Fe_{0.8}PO_4/C$ 复合材料的 BET 比表面积分别为 $17.58m^2/g$、$25.88m^2/g$ 和 $19.58m^2/g$。由三种材料的孔径分布情况可知，它们的孔大部分分布在 2～100nm，

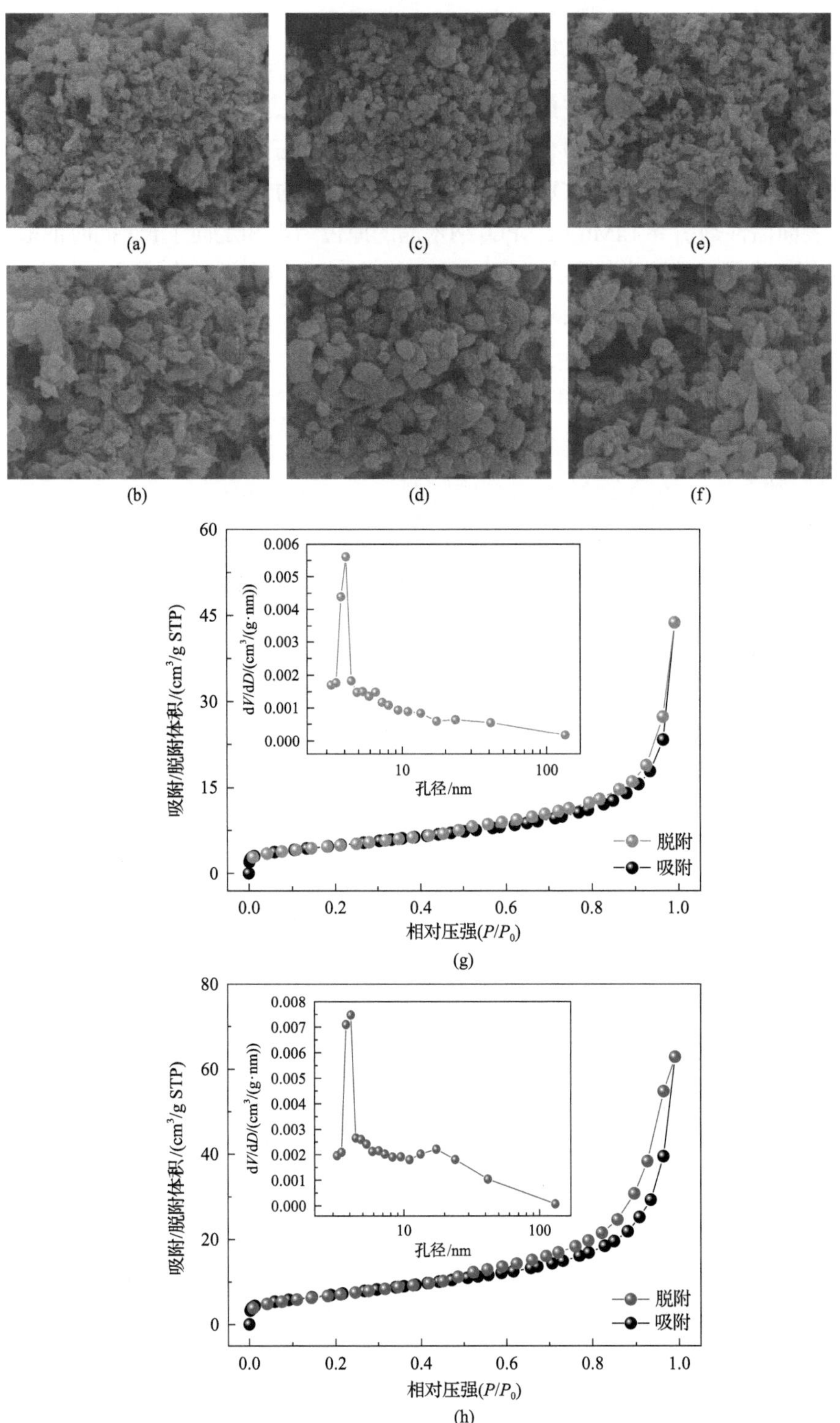
(a)
(c)
(e)
(b)
(d)
(f)
吸附/脱附体积/(cm³/g STP)
相对压强(P/P₀)
dV/dD/(cm³/(g·nm))
孔径/nm
脱附
吸附
(g)
吸附/脱附体积/(cm³/g STP)
相对压强(P/P₀)
dV/dD/(cm³/(g·nm))
孔径/nm
脱附
吸附
(h)

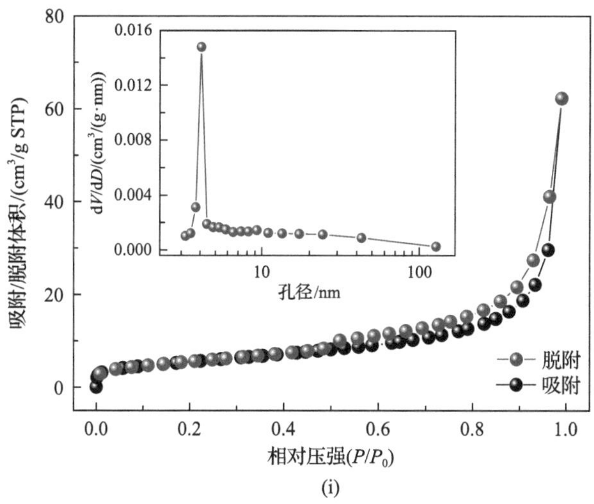

(i)

图 7-18　复合材料的 SEM 图像与比表面、孔结构特征

(a)、(b) $LiMn_{0.8}Fe_{0.2}PO_4/C$；(c，d) $LiMn_{0.5}Fe_{0.5}PO_4/C$；(e)、(f) $LiMn_{0.2}Fe_{0.8}PO_4/C$ 的 SEM 图像；(g) $LiMn_{0.8}Fe_{0.2}PO_4/C$；(h) $LiMn_{0.5}Fe_{0.5}PO_4/C$；(i) $LiMn_{0.2}Fe_{0.8}PO_4/C$ 的氮气等温吸附-脱附曲线，插图为对应的孔径分布曲线

其结构中占比最多的孔径均在 2～5nm，这样的介孔孔径非常有利于离子的扩散且不易发生结构坍塌。

3. TEM 和 BET 检测表征

为了更清晰地揭示三维碳胶囊封装 $LiMn_xFe_{1-x}PO_4/C$ 纳米复合材料的微观结构特征，在透射电子显微镜下观察了不同成分的三个样品，如图 7-19 所示。$LiMn_{0.8}Fe_{0.2}PO_4/C$ 和 $LiMn_{0.5}Fe_{0.5}PO_4/C$ 复合材料都是由直径约为 30nm 的单晶纳米棒组装成的直径为几百纳米的团簇，而 $LiMn_{0.2}Fe_{0.8}PO_4/C$ 是由单晶纳米颗粒组装成的纳米团簇。可见，在这个前驱体体系中，$LiMn_xFe_{1-x}PO_4$ 晶体的一次颗粒生长情况受 Mn 和 Fe 比例的影响。从 HRTEM 图像中可以看出 $LiMn_xFe_{1-x}PO_4$ 的结晶良好，且晶粒表面均包覆了很薄的一层导电碳。图 7-19(c) 中晶格条纹的间距为 0.43nm，对应于 $LiMn_{0.8}Fe_{0.2}PO_4$ 晶体的 (110) 晶面。图 7-19(f) 中间距为 0.35nm 的晶格条纹对应于 $LiMn_{0.5}Fe_{0.5}PO_4$ 晶体的 (111) 晶面。图 7-19(i) 中间距为 0.52nm 和 0.24nm 且相互垂直的晶格条纹分别对应于 $LiMn_{0.2}Fe_{0.8}PO_4$ 晶体的 (020) 晶面和 (200) 晶面。此外，由图 7-19(j) 中 $LiMn_{0.5}Fe_{0.5}PO_4/C$ 复合材料的 HADDF-STEM 图像和对应的元素面分布情况可见，Mn、Fe、P、O 和 C 五种元素在同一个纳米团簇中是均匀分布的。

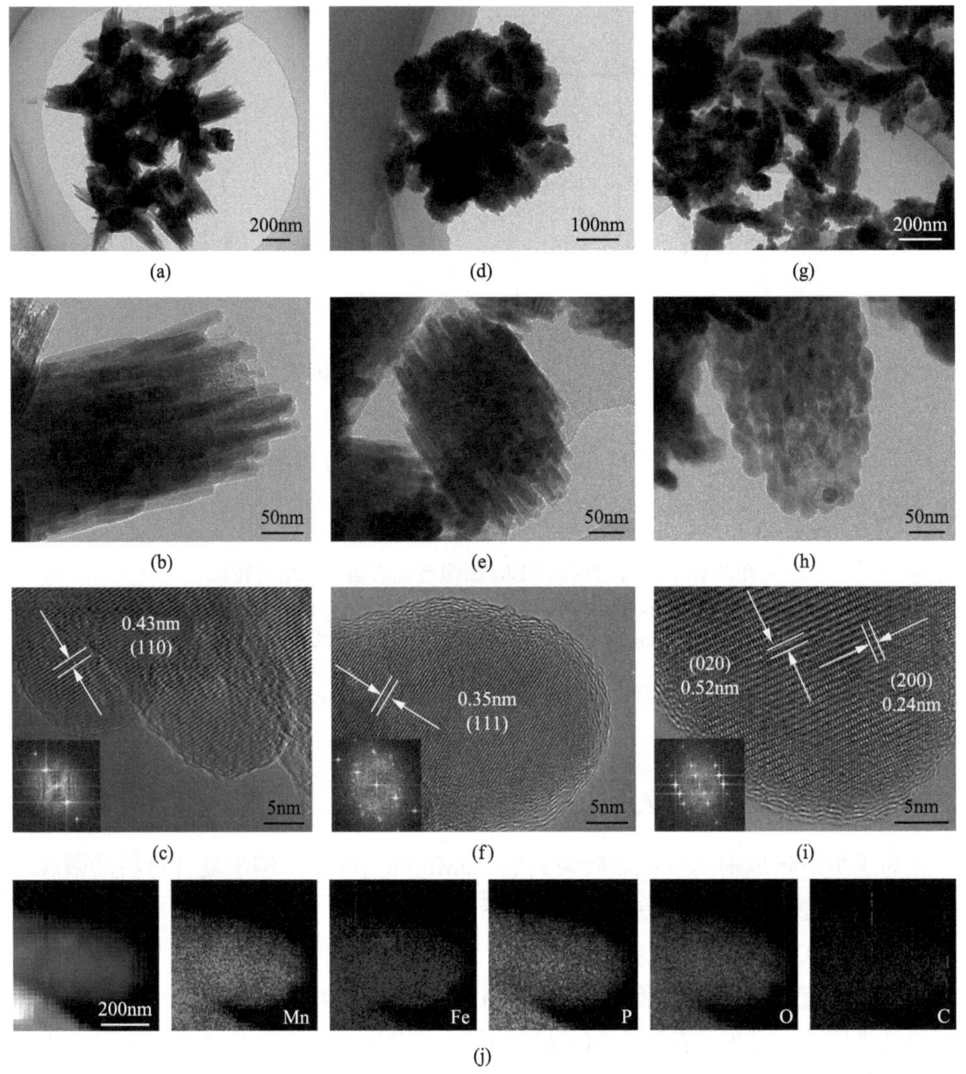

图 7-19　复合材料的 TEM、HRTEM 和 HADDF-STEM 图像和对应的元素面分布

(a)～(c) $LiMn_{0.8}Fe_{0.2}PO_4/C$；(d)～(f) $LiMn_{0.5}Fe_{0.5}PO_4/C$；(g)～(i) $LiMn_{0.2}Fe_{0.8}PO_4/C$；(j) $LiMn_{0.5}Fe_{0.5}PO_4/C$ 的 HADDF-STEM 图像和对应的元素面分布情况

为了详细研究 $LiMn_xFe_{1-x}PO_4$ 纳米晶表面包覆的三维碳胶囊的结构特征和多孔特性，采用盐酸将 $LiMn_xFe_{1-x}PO_4/C$ 复合材料中的非碳成分浸出，得到三维多孔碳骨架进行进一步的表征。$LiMn_{0.8}Fe_{0.2}PO_4/C$、$LiMn_{0.5}Fe_{0.5}PO_4/C$ 和 $LiMn_{0.2}Fe_{0.8}PO_4/C$ 复合材料经刻蚀后残余的导电碳分别标记为 C-82、C-55 和 C-28。图 7-20 中的 TEM 图像显示出三种复合材料经刻蚀后残余的三维导电碳胶囊完整地保留了原始材料的纳米团簇形貌。其中图 7-20(a) 和 (e) 插图中的选区电子衍射谱显示了非晶碳的

光晕，而图 7-20(c) 中的选取电子衍射谱显示了石墨化碳的多晶环，说明 C-55 材料的有序度最高。图 7-20 中的 HRTEM 图像均显示出中空的三维碳胶囊是由 5～10 层类石墨烯碳构成的。图 7-20(g)～(i) 分别显示了三种碳胶囊骨架的吸附-脱附曲线和相应的孔分布情况。三种碳材料均为Ⅳ类吸附等温线，对应材料中的介孔结构。C-82、C-55 和 C-28 的 BET 比表面积分别为 414.37m^2/g、698.48m^2/g 和 529.75m^2/g。由它们的孔分布曲线可见，C-55 的孔径主要集中在 10nm 以下，说明其纳米簇结构最为规整，而 C-82 和 C-28 在几纳米和几十纳米范围内均有大量孔径分布。

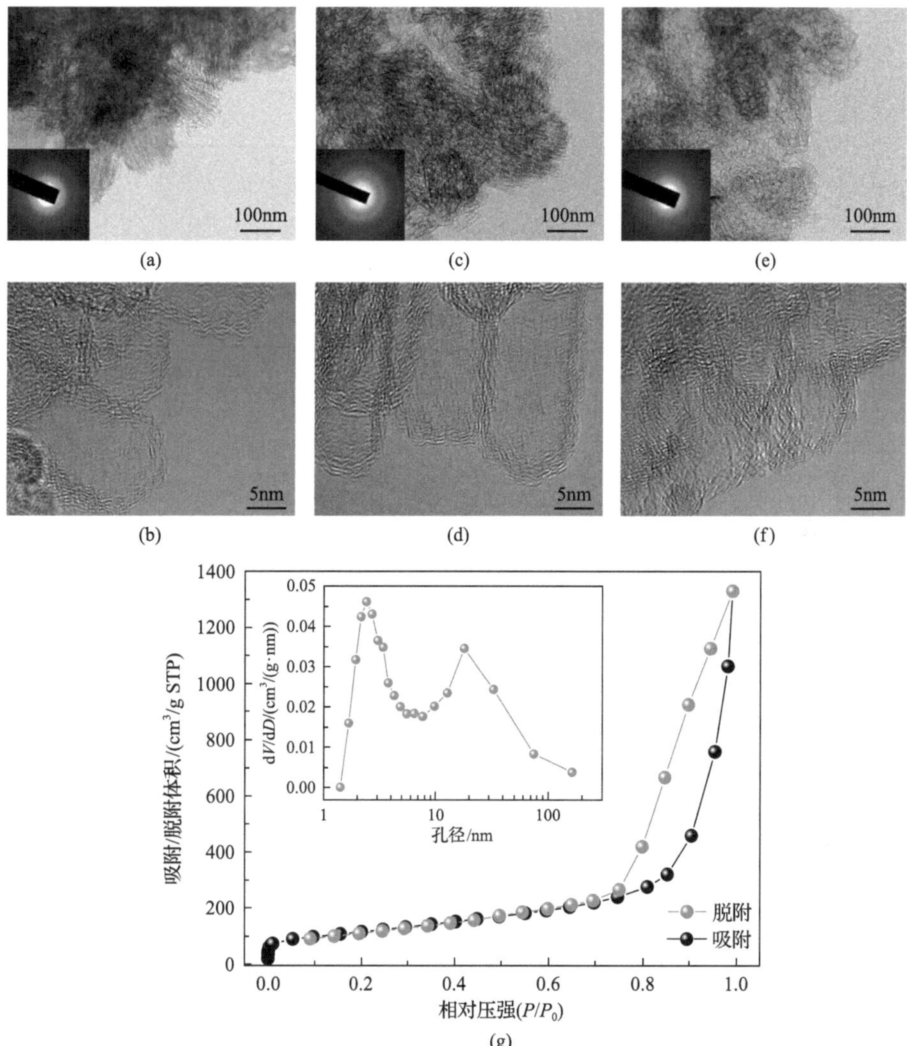

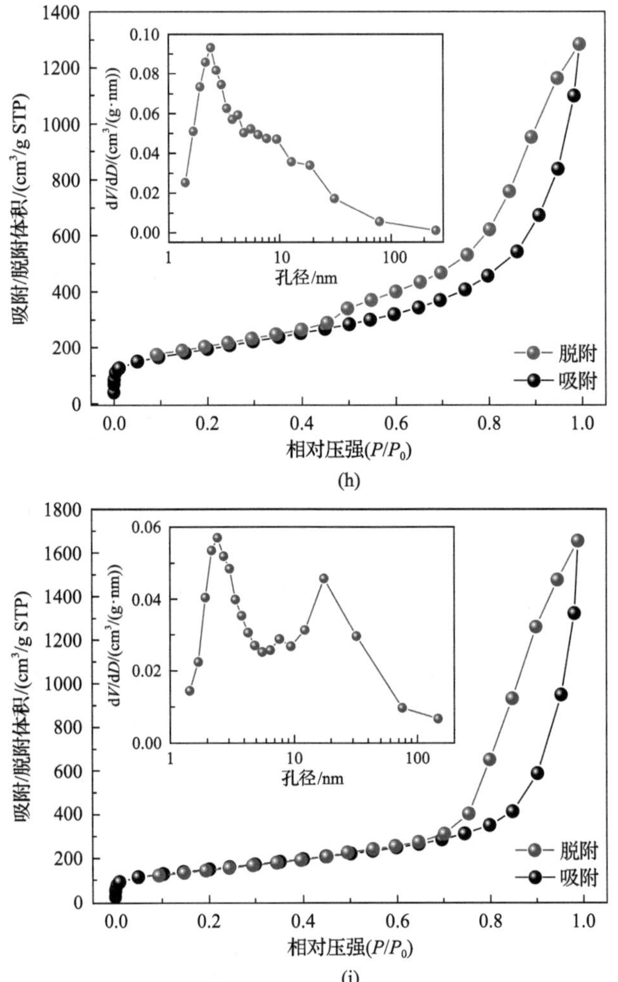

图 7-20　$LiMn_xFe_{1-x}PO_4$/C 复合材料经刻蚀后残余碳的 TEM、HRTEM 图像和比表面、孔结构特征
(a)、(b) C-82；(c)、(d) C-55；(e)、(f) C-28 的 TEM 和 HRTEM 图像；(g) C-82；(h) C-55；(i) C-28 的氮气等温吸附-脱附曲线，插图为相应的孔径分布曲线

7.3.5　电化学性能与动力学分析表征技术与方法

将活性材料、乙炔黑（导电碳）和聚偏二氟乙烯（PVDF）黏结剂三种物质按照 75∶15∶10 的质量比例研磨均匀，加入 N-甲基吡咯烷酮搅拌成均匀的浆料，并涂覆于相应的集流体表面，最终制成极片。随后，在手套箱中将所得极片组装成 2016 式纽扣电池进行各项电化学性能测试。主要半电池性能测试包括：在电化学工作站上，以 0.05～0.2mV/s 不同的扫描速率在 2.5～4.4V 的电压范围内进行循环伏安测试；在蓝电电池测试系统上，通过充放电实验来测量电池在常温（25℃）下的倍

率性能和循环稳定性等，其中设定 1C = 170mA/g。在蓝电电池测试系统上采用电流脉冲(0.1C)对电池进行充放电完成恒电流间歇滴定，并测定电极电势随离子脱嵌程度变化的曲线来计算离子的扩散系数[28]。

7.3.6　电化学性能与动力学分析表征的结果与讨论

1. 充放电测试结果与分析

为了研究三维碳胶囊封装 $LiMn_xFe_{1-x}PO_4$ 纳米复合材料的电化学性能，将它们组装成 CR2016 型锂离子半电池来测试其电化学性能。图 7-21(a)～(c)分别显示了 $LiMn_{0.8}Fe_{0.2}PO_4/C$、$LiMn_{0.5}Fe_{0.5}PO_4/C$ 和 $LiMn_{0.2}Fe_{0.8}PO_4/C$ 复合材料的倍率充放电性能。$LiMn_{0.5}Fe_{0.5}PO_4/C$ 表现出最优的电化学性能，在 0.1C、0.2C、0.5C、1C、2C、5C 和 10C 的倍率下，$LiMn_{0.5}Fe_{0.5}PO_4/C$ 正极的放电比容量分别为 161mA · h/g、158mA · h/g、155mA · h/g、148mA · h/g、140mA · h/g、128mA · h/g 和 111mA · h/g，即使在 20C 的高倍率下，也可以获得 90mA · h/g 的可逆容量。而 $LiMn_{0.2}Fe_{0.8}PO_4/C$ 正极材料在 0.1C、0.2C、0.5C、1C、2C、5C、10C 和 20C 的倍率下，分别释放出 152mA · h/g、150mA · h/g、145mA · h/g、138mA · h/g、

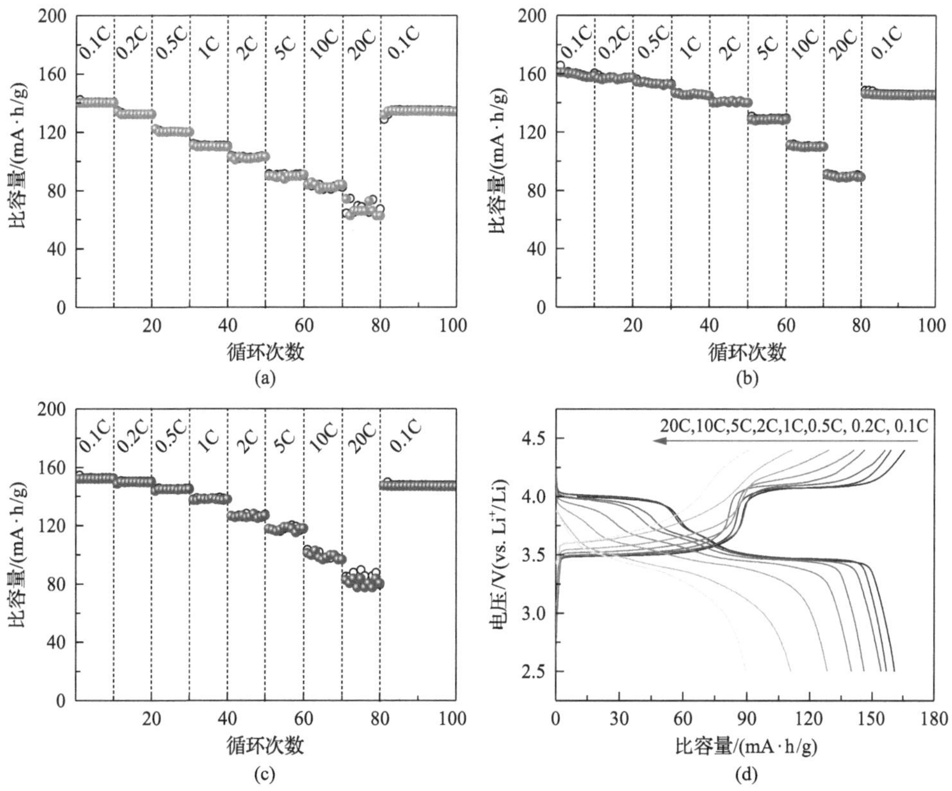

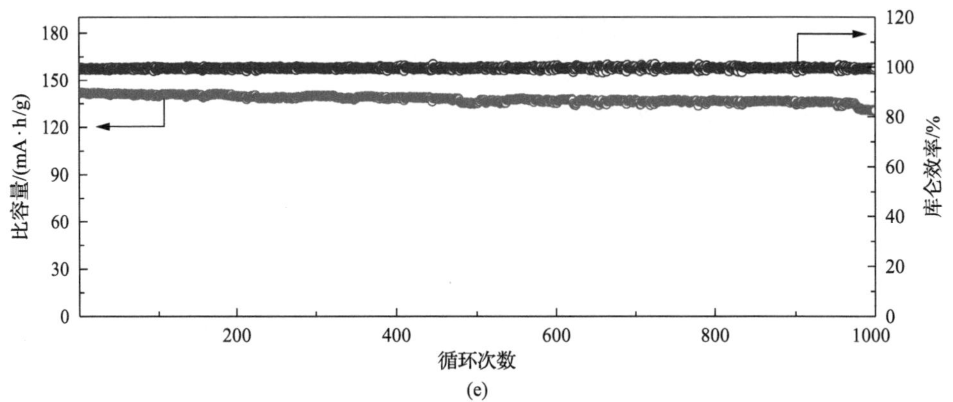

图 7-21　复合材料的倍率性能、充放电性能和长循环性能

(a) $LiMn_{0.8}Fe_{0.2}PO_4/C$；(b) $LiMn_{0.5}Fe_{0.5}PO_4/C$；(c) $LiMn_{0.2}Fe_{0.8}PO_4/C$；
(d) $LiMn_{0.5}Fe_{0.5}PO_4/C$ 的倍率充放电曲线；(e) $LiMn_{0.5}Fe_{0.5}PO_4/C$ 在 2C 倍率下的长循环性能

128mA · h/g、117mA · h/g、100mA · h/g 和 83mA · h/g 的放电比容量。$LiMn_{0.8}Fe_{0.2}PO_4/C$ 复合材料表现出最差的比容量和倍率性能，在 0.1C、0.2C、0.5C、1C、2C、5C、10C 和 20C 倍率下的放电比容量分别为 140mA · h/g、132mA · h/g、122mA · h/g、111mA · h/g、103mA · h/g、90mA · h/g、85mA · h/g 和 65mA · h/g。造成三种复合材料电化学性能差异的原因可能是不同 Mn/Fe 比造成的电化学活性氧化还原的差异及微纳米结构不同引起的电子及离子传输差异。

图 7-21(d) 显示了 $LiMn_{0.5}Fe_{0.5}PO_4/C$ 复合材料在不同倍率下的典型充放电曲线，其中位于 3.5V 和 4.1V 左右的充放电电压平台分别对应于 Fe^{2+}/Fe^{3+} 和 Mn^{2+}/Mn^{3+} 的氧化还原电位。即使在大于 5C 的倍率下，充放电电压平台仍然清晰可见，说明该 $LiMn_{0.5}Fe_{0.5}PO_4/C$ 复合材料具有优异的结构稳定性和电化学活性。为了进一步研究 $LiMn_{0.5}Fe_{0.5}PO_4/C$ 复合材料的长循环性能，测试了其在 2C 的倍率下经过 1000 次循环的性能表现，如图 7-21(e) 所示。$LiMn_{0.5}Fe_{0.5}PO_4/C$ 正极材料在 2C 倍率下的首次放电比容量为 141.6(mA · h)/g，经过 1000 次循环后的比容量降低至 130.5mA · h/g，对应的容量保持率为 92%，说明此三维高导电碳胶囊封装的 $LiMn_{0.5}Fe_{0.5}PO_4$ 材料具有优异的循环稳定性。

2. CV 测试结果与分析

图 7-22 为 $LiMn_xFe_{1-x}PO_4/C$ 复合材料电极在 2.5～4.4V 电压范围内分别以 0.05mV/s、0.1mV/s、0.15mV/s 和 0.2mV/s 的扫描速率测定的 CV 曲线。根据测试结果可以发现，随着扫描速率的增大，氧化峰向右移动，对应的还原峰向左移动，表明扫描速率越大，电池的极化效应越明显。同时氧化还原峰的强度随着扫描速率的增加而增大。$LiMn_{0.5}Fe_{0.5}PO_4/C$ 电极的 CV 曲线中的氧化还原峰与图 7-21(d) 中的充放电曲线相对应。

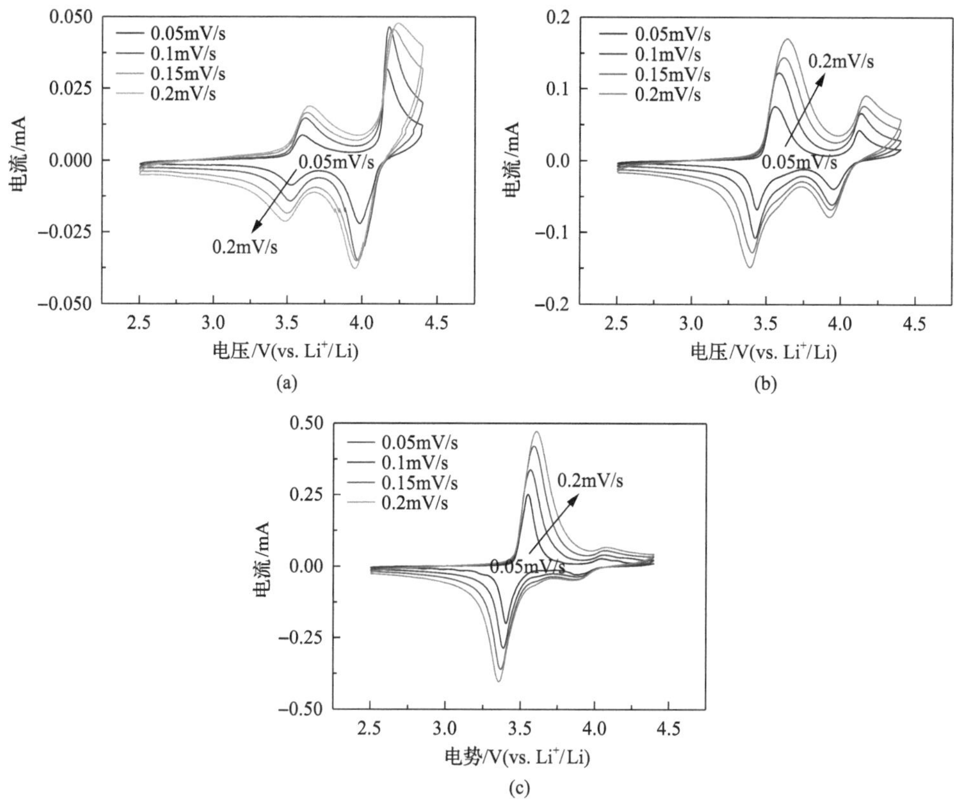

图 7-22　复合材料的电极在不同扫描速率下的 CV 曲线

(a) $LiMn_{0.8}Fe_{0.2}PO_4/C$；(b) $LiMn_{0.5}Fe_{0.5}PO_4/C$；(c) $LiMn_{0.2}Fe_{0.8}PO_4/C$

3. 恒电流间歇滴定测试结果与分析

为了进一步揭示 $LiMn_xFe_{1-x}PO_4/C$ 电极中的离子扩散动力学行为，采用 GITT 技术计算了不同成分 $LiMn_xFe_{1-x}PO_4/C$ 电极的 Li^+ 离子扩散系数，结果如图 7-23 所示。$LiMn_{0.5}Fe_{0.5}PO_4/C$ 电极在氧化还原过程中 Li^+ 离子的扩散系数为 $1\times10^{-9}\sim1\times10^{-12}cm^2/s$，明显高于 $LiMn_{0.8}Fe_{0.2}PO_4/C$ 和 $LiMn_{0.2}Fe_{0.8}PO_4/C$ 电极的扩散系数，其中 $LiMn_{0.8}Fe_{0.2}PO_4/C$ 电极在 Mn^{2+}/Mn^{3+} 发生氧化还原时具有较差的离子扩散系数，这可能是其电化学性能较差的因素之一。

综上所述，三种碳胶囊封装 $LiMn_xFe_{1-x}PO_4$ 纳米复合材料由于其成分差别和微纳结构差异表现出不同的电化学性能。其中 $LiMn_{0.5}Fe_{0.5}PO_4/C$ 表现出最优的综合电化学性能，其独特的碳胶囊包覆纳米晶结构有效促进了电子的传输效率，较大的比表面积和优异的孔径分布有利于暴露更多的电化学活性位点和电解液的充分浸润，此外其均衡的 Mn/Fe 比例有效促进了电化学氧化还原竞争，提升了复合材料电化学活性。

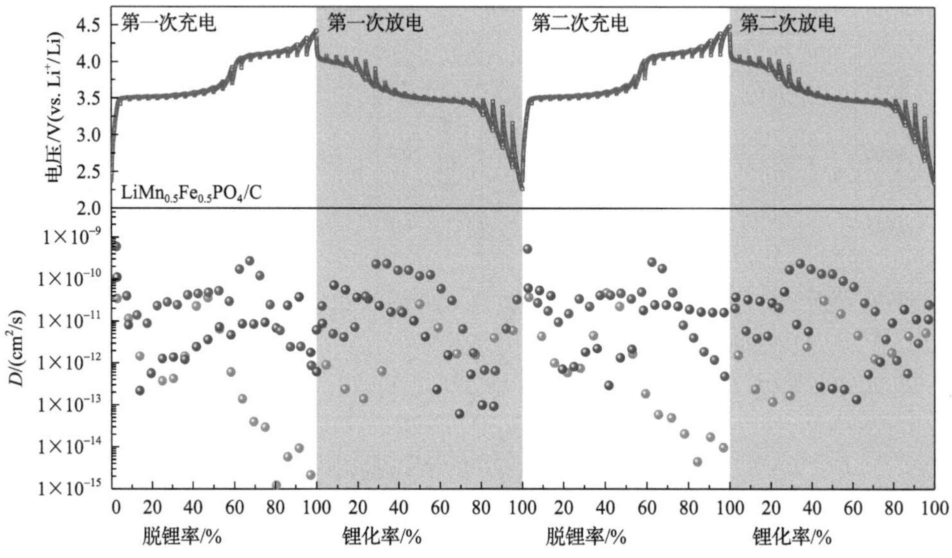

图 7-23　$LiMn_xFe_{1-x}PO_4/C$ 电极在不同充放电状态下的 GITT 曲线和对应的 Li^+离子扩散系数

7.3.7　小结

采用软化学与固相反应法可成功合成三维导电碳胶囊封装 $LiMn_xFe_{1-x}PO_4$ 纳米晶复合材料。通过 SEM/TEM 电镜和等温吸附-脱附表征发现不同成分的 $LiMn_{0.8}Fe_{0.2}PO_4/C$、$LiMn_{0.5}Fe_{0.5}PO_4/C$ 和 $LiMn_{0.2}Fe_{0.8}PO_4/C$ 复合材料具有不同的微观结构和孔径特征。将 $LiMn_xFe_{1-x}PO_4/C$ 复合材料中的非碳成分刻蚀后，可以保留独特的三维导电碳结构，这种独特的碳材料在储能或催化领域将有广泛的应用。电化学测试结果表明，$LiMn_{0.5}Fe_{0.5}PO_4/C$ 复合材料表现出最优的电化学性能，包括优异的倍率性能和循环稳定性，在 0.1C 的倍率下，其放电比容量可达 161 (mA·h)/g，即使在高达 20C 的倍率下，其比容量仍可保持 90(mA·h)/g，在 2C 的倍率下经过 1000 次循环后其容量保持率可达 92%。其优异的电化学性能是由其体相成分特性和微纳结构特征共同决定的：三维导电碳胶囊骨架有效提升了复合材料的电子传输效率；微纳米团簇结构具有大的比表面积和丰富的介孔，有效促进了离子的输运；Mn 和 Fe 的氧化还原竞争提升了复合材料的电化学活性。

参 考 文 献

[1] 梁广川. 锂离子电池用磷酸铁锂正极材料[M]. 北京：科学出版社, 2013.

[2] Guo Y, Huang Y, Jia D, et al. Preparation and electrochemical properties of high-capacity $LiFePO_4$-$Li_3V_2(PO_4)_3/C$ composite for lithium-ion batteries[J]. J Power Sources, 2014, 246: 912-917.

[3] 梁叔全, 潘安强, 刘军, 等. 锂离子电池纳米钒基正极材料的研究进展[J]. 中国有色金属学报, 2011, 21(10): 2448-2464.

[4] Liang S, Cao X, Wang Y, et al. Uniform $8LiFePO_4 \cdot Li_3V_2(PO_4)_3/C$ nanoflakes for high-performance Li-ion batteries [J]. Nano Energy, 2016, 22: 48-58.

[5] Chen J Y, Simizu S, Friedberg S A. Quasi one dimensional antiferromagnetism in $FeC_2O_4 \cdot 2H_2O$[J]. J Appl Phys, 1985, 57(8): 3338-3340.

[6] 梁敬魁. 粉末衍射法测定晶体结构[M]. 2 版. 北京: 科学出版社, 2019.

[7] Omenya F, Chernova N A, Upreti S, et al. Can vanadium be substituted into $LiFePO_4$?[J]. Mater Chem Front, 2011, 23(21): 4733-4740.

[8] Sun C S, Zhou Z, Xu Z G, et al. Improved high-rate charge/discharge performances of $LiFePO_4/C$ via V-doping[J]. J Power Sources, 2009, 193(2): 841-845.

[9] Sarkar S, Mitra S. $Li_3V_2(PO_4)_3$ Addition to the olivine phase: Understanding the effect in electrochemical performance[J]. J Phys Chem C, 2014, 118(22): 11512-11525.

[10] Zhao Y, Peng L, Liu B, et al. Single-crystalline $LiFePO_4$ nanosheets for high-rate Li-ion batteries[J]. Nano Lett, 2014, 14(5): 2849-2853.

[11] Zhang L F, Qu Q T, Zhang L, et al. Confined synthesis of hierarchical structured $LiMnPO_4/C$ granules by a facile surfactant-assisted solid-state method for high-performance lithium-ion batteries[J]. J Mater Chem A, 2014, 2(3): 711-719.

[12] Ding B, Xiao P, Ji G, et al. High-performance lithium-ion cathode $LiMn_{0.7}Fe_{0.3}PO_4/C$ and the mechanism of performance enhancements through Fe substitution[J]. ACS Appl Mater Inter, 2013, 5(22): 12120-12126.

[13] Zhang R, Zhang Y, Zhu K, et al. Carbon and RuO_2 binary surface coating for the $Li_3V_2(PO_4)_3$ cathode material for lithium-ion batteries[J]. ACS Appl Mater Inter, 2014, 6(15): 12523-12530.

[14] Lin Y C, KuoFey G T, Wu P J, et al. Synthesis and electrochemical properties of $xLiFePO_4 \cdot (1-x)LiVPO_4F$ composites prepared by aqueous precipitation and carbothermal reduction[J]. J Power Sources, 2013, 244: 63-71.

[15] Wang J, Wang Z, Li X, et al. $xLi_3V_2(PO_4)_3 \cdot LiVPO_4F/C$ composite cathode materials for lithium ion batteries[J]. Electrochim Acta, 2013, 87: 224-229.

[16] 潘安强. 钒-基纳米材料或纳米复合材料用作锂电池正极的性能研究[D]. 中南大学博士学位论文, 2011.

[17] Luo Y, Xu X, Zhang Y, et al. Three-dimensional $LiMnPO_4.Li_3V_2(PO_4)_3/C$ nanocomposite as a bicontinuous cathode for high-rate and long-life lithium-ion batteries[J]. ACS Appl Mater Inter, 2015, 7(31): 17527-17534.

[18] Cao X, Pan A, Zhang Y, et al. Nanorod-nanoflake interconnected $LiMnPO_4.Li_3V_2(PO_4)_3/C$ composite for high-rate and long-life lithium-ion batteries[J]. ACS Appl Mater Inter, 2016, 8(41): 27632-27641.

[19] Fang G Z, Zhou J, Hu Y, et al. Facile synthesis of potassium vanadate cathode material with superior cycling stability for lithium ion batteries[J]. J Power Sources, 2015, 275: 694-701.

[20] Mai L, Dong F, Xu X, et al. Cucumber-like V_2O_5/poly(3,4-ethylenedioxythiophene)&MnO_2 nanowires with enhanced electrochemical cyclability[J]. Nano Lett, 2013, 13(2): 740-755.

[21] Wang H, Yang Y, Liang Y, et al. $LiMn_{1-x}Fe_xPO_4$ nanorods grown on graphene sheets for ultrahigh-rate-performance lithium ion batteries[J]. Angewandte Chemie, 2011, 50(32): 7364-7368.

[22] Choi D, Wang D, Bae I T, et al. $LiMnPO_4$ nanoplate grown via solid-state reaction in molten hydrocarbon for Li-ion battery cathode[J]. Nano Lett, 2010, 10(8): 2799-2805.

[23] Ruan T, Wang B, Wang F, et al. Stabilizing the structure of $LiMn_{0.5}Fe_{0.5}PO_4$ via the formation of concentration-gradient hollow spheres with Fe-rich surfaces[J]. Nanoscale, 2019, 11(9): 3933-3944.

[24] 胡国荣, 杜柯, 彭忠东. 锂离子电池正极材料: 原理、性能与生产工艺[M]. 北京: 化学工业出版社, 2017.

[25] 曹鑫鑫. 磷酸盐正极材料的结构设计及其储锂/钠性能研究[D]. 中南大学博士学位论文, 2019.

[26] Zhao M, Huang G, Zhang W, et al. Electrochemical behaviors of $LiMn_{1-x}Fe_xPO_4$/C cathode materials in an aqueous electrolyte with/without dissolved oxygen[J]. Energ Fuel, 2013, 27(2): 1162-1167.

[27] Peng L, Zhang X, Fang Z, et al. General facet-controlled synthesis of single-crystalline {010}-oriented $LiMPO_4$(M = Mn、Fe、Co) nanosheets[J]. Mater Chem Front, 2017, 29(24): 10526-10533.

[28] 李荻. 电化学原理[M]. 北京: 北京航空航天大学出版社, 2018.

第 8 章　锂离子电池用钒基正极新材料

8.1　超薄超大 V_2O_5 片状纳米新材料

8.1.1　概要

V_2O_5 因具有较高的理论比容量、良好的循环稳定性和丰富的储量资源，被视作十分有前景的锂离子电池正极材料，受到科研工作者们的广泛关注[1]。但其较差的 Li^+ 离子扩散速率和导电性严重影响了 V_2O_5 的电化学性能。材料纳米化被认为是一种有效的解决办法，其可增大材料的表面积，缩短 Li^+ 离子的扩散路径并增强电极材料的导电性。目前已有多种微纳结构的 V_2O_5 材料包括纳米阵列[1]、纳米棒[2]、纳米线[3]、纳米带[4]、纳米片[5]和三维自组装微/纳米球[6]等用于锂离子电池正极材料，且表现出了良好的电化学性能。对于 V_2O_5 而言，超薄纳米级厚度有助于 Li^+ 离子的快速脱嵌，超大的片层结构可使材料在 Li^+ 离子的反复脱嵌过程中保持良好的结构完整性。然而，V_2O_5 层间由较强的共价键连接，通过传统的剥离法较难获得超大的 V_2O_5 纳米片材料。因此，探索行之有效的方法来合成超大超薄的 V_2O_5 纳米片材料对电化学材料的基础研究和实际应用有重要的研究意义。

本节介绍一种溶剂热“自下而上”合成法，可制备出长宽超过 100μm，厚度仅为 3.18～5.3nm 的超大超薄 B 型 VO_2 纳米片材料，经过煅烧可以得到超薄超大片状纳米 V_2O_5 材料[7]。该材料呈现出一种特殊的片片堆叠结构，将其用作锂离子正极材料表现出了优异的倍率性能和循环稳定性。

8.1.2　材料制备

制备的主要步骤：超大薄膜 B 型 VO_2 前驱体的制备和超大薄膜 V_2O_5 的制备。

首先，称取 50mg V_2O_5 粉末置于烧杯中，加入 5mL 去离子水并超声处理 5min。随后加入 10mL H_2O_2 并搅拌直至 V_2O_5 完全溶解得到亮黄色溶液，再加入 10mL 异丙醇继续搅拌 5min。最后，将上述溶液转入容积为 50mL 的聚四氟乙烯反应釜内胆中，以钢壳密封，置入炉中于 180℃反应 6h。通过抽滤装置过滤得到蓝色沉淀物，并用乙醇、去离子水各清洗两次，室温下自然风干，得到蓝色样品。

将上述深蓝色产物置于马弗炉中，以 1℃/min 的升温速率升温至 350℃，煅烧 2h 后自然冷却，即可得到超薄超大片状纳米 V_2O_5 材料。

8.1.3　合成材料结构的评价表征技术

材料表征的主要技术有：XRD 测试，用于产物物相分析，扫描范围为 10°～80°(2θ)；FT-IR 和 Raman 表征，进一步获得样品精细的结构信息，以确定前驱体的物相结构，FT-IR 记录的频率范围为 4000～400cm^{-1}，Raman 的入射波长为 488nm，功率为 10mW；通过环境扫描显微镜和透射电子显微镜观测可获得 VO_2(B)和 V_2O_5 超大超薄纳米片材料片层的微观形貌；通过 AFM 可获得纳米片的厚度信息，采用敲击模式测得。

8.1.4　合成材料结构分析评价表征与结果分析讨论

1. XRD 测试表征

使用 X 射线衍射分析手段对上述前驱体样品进行物相分析，其测试结果如图 8-1(a)所示。将该 XRD 衍射图谱与单斜晶型 VO_2(B)的标准图谱(JCPDS 81-2392，$C2/m$(12)空间群，a=12.093Å, b=3.702Å, c=6.433Å)进行对比，发现该样品仅显示出(001)、(002)和(003)衍射峰，说明其具有明显的取向特性。

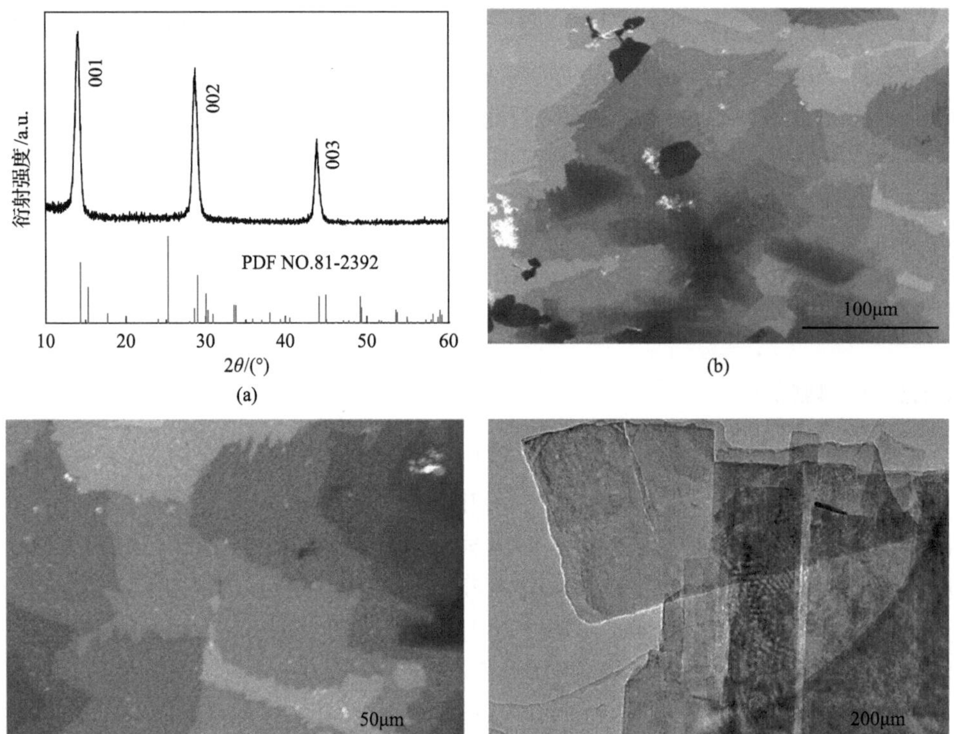

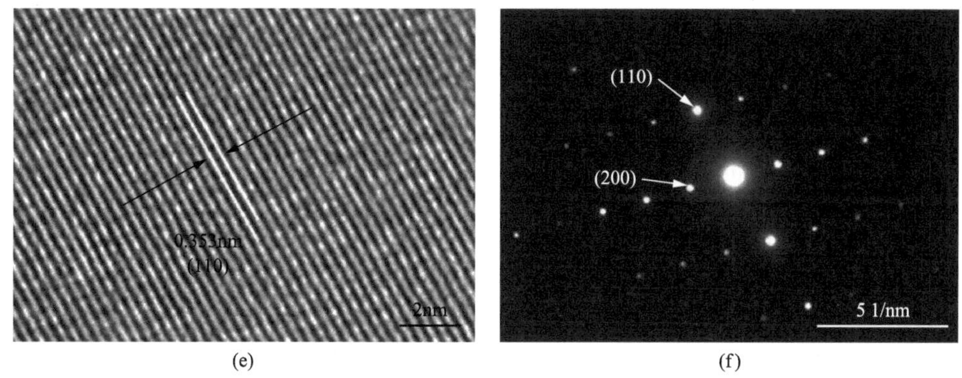

(e)　　　　(f)

图 8-1　VO_2(B)超大超薄纳米片的结构分析

(a) XRD；(b)、(c) SEM；(d) TEM；(e) HRTEM；(f) SAED

在 350℃下于空气中经过 2h 煅烧后，VO_2(B)超薄纳米片即可转化为 V_2O_5 纳米片，并良好地保持了超大超薄的纳米片形貌。图 8-2(a)为煅烧后所得样品的 XRD 图谱，其结果与正交型 V_2O_5 的标准图谱(JCPDS 41-1426，*Pmmn*(59)

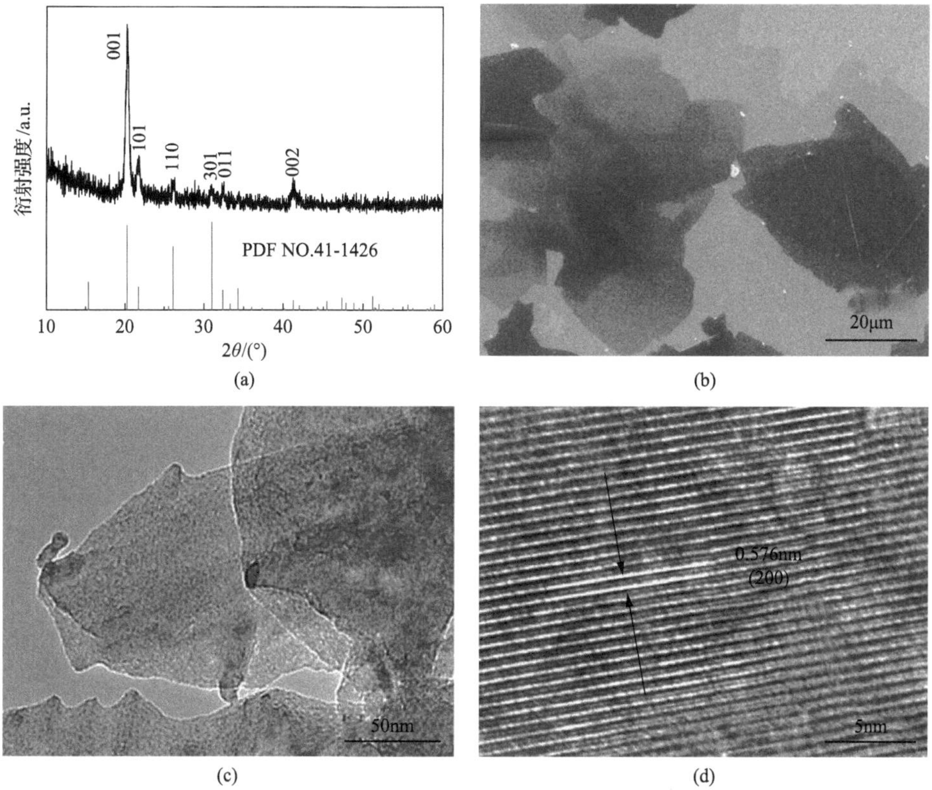

(a)　　　　(b)

(c)　　　　(d)

图 8-2　V_2O_5超大超薄纳米片的结构分析

(a) XRD；(b) SEM；(c) TEM；(d) HRTEM

空间群，$a = 11.516$Å, $b = 3.5656$Å, $c = 4.3727$Å，$\alpha = \beta = \gamma = 90°$)吻合。虽然图谱上显示有诸如(101)、(110)、(011)等衍射峰的存在，但位于20°左右的(001)峰明显强于其他衍射峰，表明V_2O_5也具有很强的取向性。

2. FT-IR和Raman测试表征

仅由前驱体样品XRD中的三个峰不足以确定样品物相,因此采用傅里叶变换红外光谱分析仪(FT-IR)和拉曼(Raman)光谱分析仪对样品的结构信息进行进一步分析，其结果如图8-3(a)和(b)所示。红外图谱展现了典型的V═O伸缩振动、V—O—V耦合振动、V—O—V弯曲振动等信号。拉曼图谱也展现了样品具

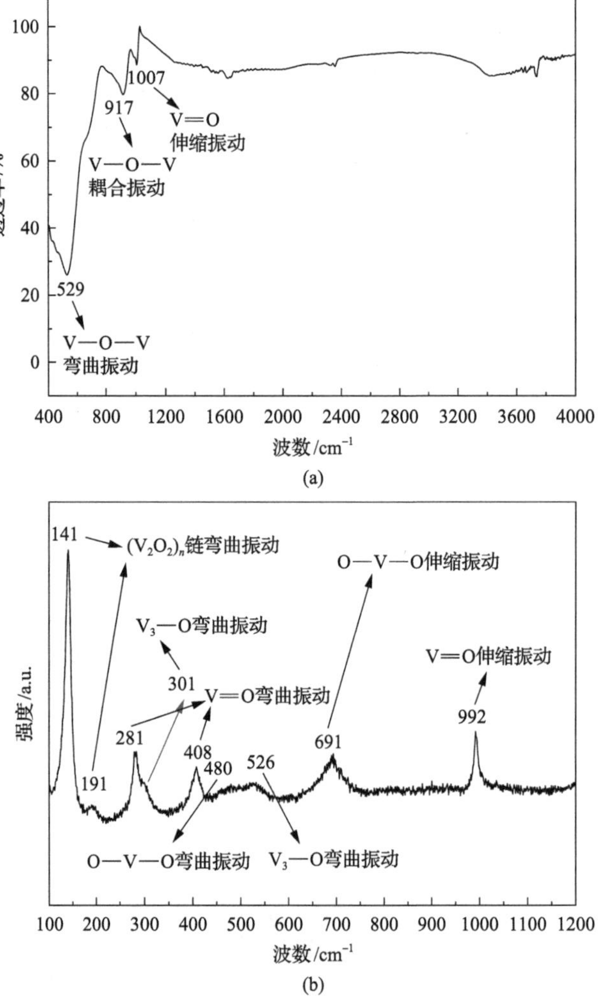

图8-3　VO_2(B)超大超薄纳米片的红外图谱和拉曼图谱

(a)红外图谱；(b)拉曼图谱

有 O—V—O、V═O 伸缩振动信号，$(V_2O_2)_n$链、V═O、V_3、O—V—O 弯曲振动信号。此外，两项测试结果均与前人报道的 VO_2(B)测试结果相吻合[8]，进一步证实得到的产物为纯相的 VO_2(B)。

3. SEM 和 TEM 测试表征

场发射电子扫描显微镜(FESEM)的测试结果证明了其片层微观结构。如图 8-1(b)和(c)所示，该溶剂热反应的产物具有超大的纳米片结构，其长宽均超过 100μm。异丙醇的加入对于这一独特微观结构的形成起着至关重要的作用，为了验证这一想法，用等量的去离子水替代异丙醇并保持其他反应参数不变，进行上述反应，反应结果表明并无沉淀生成。正是因为异丙醇的加入，V_2O_5溶胶才得以还原成 VO_2(B)，继而自主生长成超大的 VO_2(B)纳米片。采用该方法合成的 VO_2(B)纳米片的长宽远大于之前报道的 VO_2(B)纳米片材料[9, 10]。

该纳米片的片片堆叠结构可以在 TEM 结果(图 8-1(c)和(d))中清楚地观察到。高分辨 TEM 观测结果(图 8-1(e))表明所得的 VO_2(B)是单晶结构，其晶格条纹间距为 0.353nm，这与单斜晶型 VO_2(B)(110)面的晶面间距十分吻合。而选区电子衍射(SAED)结果表明产物的结晶性良好，同时也证明了 VO_2(B)纳米片材料沿(001)面择优生长。这种择优取向的产生可能是源于最密堆积的(001)晶面上有更多的原子和大量的 O-H 和 V-O 键官能团[11]，此外该晶面的表面能也更高。通过以上分析可以知道，该溶剂热反应的产物为纯相且具有(001)择优取向的单斜型 VO_2(B)超大纳米片材料。

FESEM 测试结果(图 8-2(b))表明所得的 V_2O_5纳米片仍然是超大超薄的片层结构，TEM 结果则更清楚地揭示了这一微观形貌特点，如图 8-2(c)所示，高分辨 TEM 结果表明 V_2O_5纳米片是结晶性良好的单晶，其晶格条纹间距为 0.576nm，如图 8-2(d)所示，这与(200)面的晶面间距相吻合。

该纳米片材料的合成机制可表述如下：首先由 H_2O_2 和 V_2O_5 反应制备得到 V_2O_5溶胶。在随后的溶剂热反应过程中，V_2O_5溶胶颗粒与异丙醇相遇发生反应并被还原成 VO_2。最后，VO_2纳米颗粒在极性溶剂环境中沿(001)面自主择优生长成超大的纳米片结构以达到稳定状态。

4. AFM 测试表征

为了更精确地获得 VO_2(B)与 V_2O_5纳米片的片层厚度信息，使用原子力显微镜(AFM)对样品进行了进一步的表征。测试结果表明(图 8-4(c))，大片的 VO_2(B)纳米片平整，其厚度仅为 5.2nm(图 8-4(a))。而小片的片片堆叠的 VO_2(B)纳米片结构厚度在 5～18nm(图 8-4(b))。综合前面提到的 XRD 和 TEM 结果，VO_2(B)纳米片是沿(001)面择优生长的单晶纳米片，其晶面间距为 0.615nm，因此厚为 1.9～5.2nm 的 VO_2(B)纳米片对应于 3～8 层(001)晶面。由此可见，该 VO_2(B)

超薄纳米片仅由 3～8 层 VO_2 层构成。图 8-4(d)～(f) 显示了 V_2O_5 纳米片的厚度

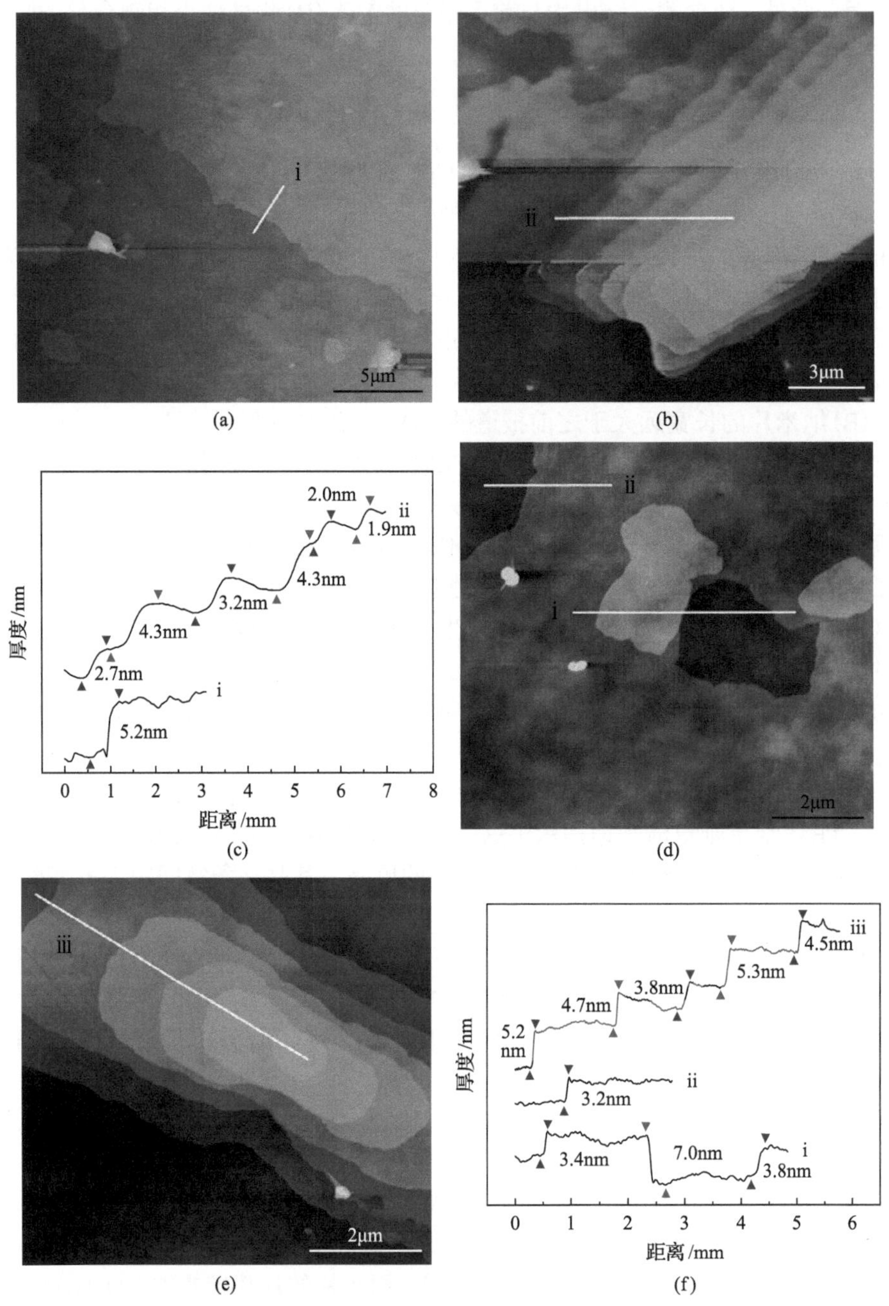

图 8-4　合成材料的 AFM 测试结果

(a) 单独大片结构的 VO_2(B) 纳米片；(b) 片片堆叠结构的 VO_2(B) 纳米片；(c) 片片堆叠结构的 VO_2(B) 纳米片的厚度；(d) 单独大片结构的 V_2O_5 纳米片；(e) 片片堆叠结构的 V_2O_5 纳米片；(f) 片片堆叠结构的 V_2O_5 纳米片的厚度

信息。由图可见，独立的大片纳米片结构和片片堆叠的纳米片结构均得到了很好的保持，其厚度为 3.18～5.3nm。尤其是片片堆叠结构，在片与片之间间距如此近的情况下，经过 2h 煅烧仍能保持其堆叠结构而不团聚为块状结构，这是非常难得的。良好的结构保持得益于较为温和的烧结条件(缓慢的升温速率和较低的煅烧温度)。

8.1.5 电化学性能与动力学分析评价表征技术

将活性材料、乙炔碳及聚偏二氟乙烯(PVDF)以 7∶2∶1 的质量比制成极片，电解液为浓度为 1mol/L 的 $LiPF_6$溶液(溶剂为体积比 1∶1∶1 的碳酸乙酯(EC)、碳酸二乙酯(DEC)和碳酸二甲酯(DMC))，在手套箱中将试样极片组装成 2016 式纽扣半电池进行各项电化学性能测试。主要半电池性能测试包括：在电化学工作站上，以 0.05mV/s 的扫描速率在 2.5～4.0V(vs. Li^+/Li)的电压范围内进行循环伏安测试；在蓝电电池测试系统上，通过充放电实验来测量电池在常温(25℃)下的倍率性能和循环稳定性等；EIS 测试在电化学工作站测得，测试的频率范围为 100kHz～10MHz。

8.1.6 电化学性能与动力学分析评价表征结果与讨论

1. 循环伏安、充放电测试结果与分析

为了探究 V_2O_5 纳米片材料的电化学性能，首先，在 2.5～4.0V(Li^+/Li)的电压区间内进行了循环伏安测试(CV)，结果如图 8-5(a)所示。前 5 次的 CV 曲线几乎完全重合，没有明显的衰减，说明该材料的循环稳定性优异。位于 3.38V 和 3.17V 的两个氧化峰分别对应于 α-V_2O_5转化为 ε-$Li_{0.5}V_2O_5$和 ε-$Li_{0.5}V_2O_5$转化为 δ-LiV_2O_5的两步嵌锂反应过程[12, 13]，而位于 3.43V 和 3.25V 的两个还原峰则分别对应于上述两步嵌锂过程的逆反应过程[14]，且氧化峰与还原峰的电压间隙较小，表明电极材料极化较小。

为了评估 V_2O_5 纳米片电极材料的循环性能，对其进行了恒流充放电测试。在 0.1A/g 的电流密度下，该材料具有 141mA · h/g 的高比容量(图 8-5(b))，约为其理论比容量的 96%，循环 60 次后，容量无明显衰减。图 8-5(c)和(d)展示了该材料的倍率性能和所对应的充放电曲线。在 0.1A/g、0.2A/g、0.4A/g、0.8A/g、1.6A/g、3.2A/g 及 5A/g 的电流密度下，其首次放电容量分别为 139mA · h/g、138mA · h/g、136mA · h/g、133mA · h/g、129mA · h/g、119mA · h/g 及 103mA · h/g。当电流密度重新设回 0.1A/g 时，其放电比容量又重新回到了 137mA · h/g，表明该材料有优异的大电流充放电能力。图 8-5(d)中的充放电曲线显示，在 0.1A/g、0.2A/g 及 0.4A/g 较低的电流密度下循环，其放电曲线和放电平台几乎相互重合；而在 0.8A/g 和

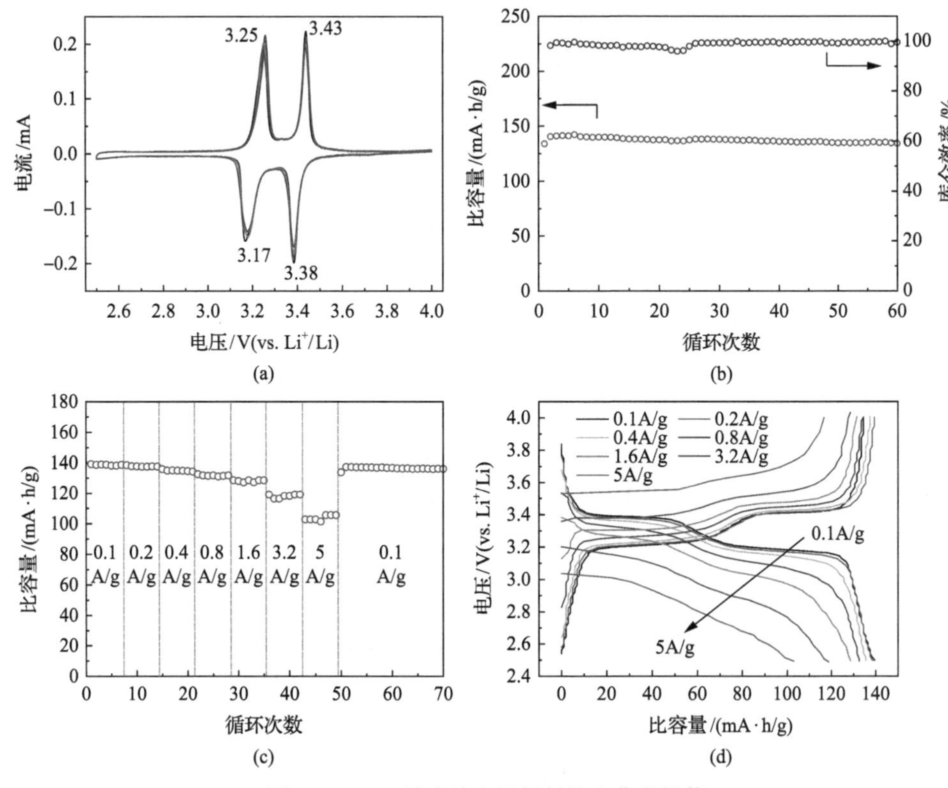

图 8-5　V_2O_5 纳米片电极材料的电化学性能

(a) 前 5 次的 CV 曲线；(b) 0.1A/g 下的恒流充放电循环性能；
(c) 倍率循环性能；(d) 倍率测试对应的不同电流密度下的首次充放电曲线

1.6A/g 等较大的电流密度下，能观察到两个明显的放电平台；当电流密度进一步增大至 3.2A/g 和 5A/g 时，仍能分别释放出高达 119mA · h/g 和 103mA · h/g 的放电比容量。该倍率性能与 Rui 等报道的 V_2O_5 纳米片材料的倍率性能相接近[5]，明显优于许多其他的报道结果[15]。图 8-6 (a) 为 V_2O_5 纳米片电极材料在三种电流密度下 (0.3A/g、1.5A/g 和 3A/g) 的恒流充放电循环图，其最大放电比容量分别为 135mA · h/g、125mA · h/g 和 116mA · h/g，且循环 200 次后，其容量保持率分别高达 93.8%、96.3%和 87.1%。为了进一步探究材料的长循环稳定性，将电池在 1.5A/g 的大电流密度 (～10C) 下循环了 500 次，其容量保持率达到了 92.6%，平均每次容量衰减率仅为 0.015%。在 3A/g (约 20C) 的电流密度下循环 1000 次，容量保持率为 64.8%。该 V_2O_5 纳米片材料的循环性能明显优于此前报道的纳米片自组装 V_2O_5 微米球材料[16]。优异的循环性能得益于其超大的纳米片结构和片片堆叠的纳米片层结构，这能够在 Li^+ 反复的循环脱嵌过程中更好的保持其结构完整性。

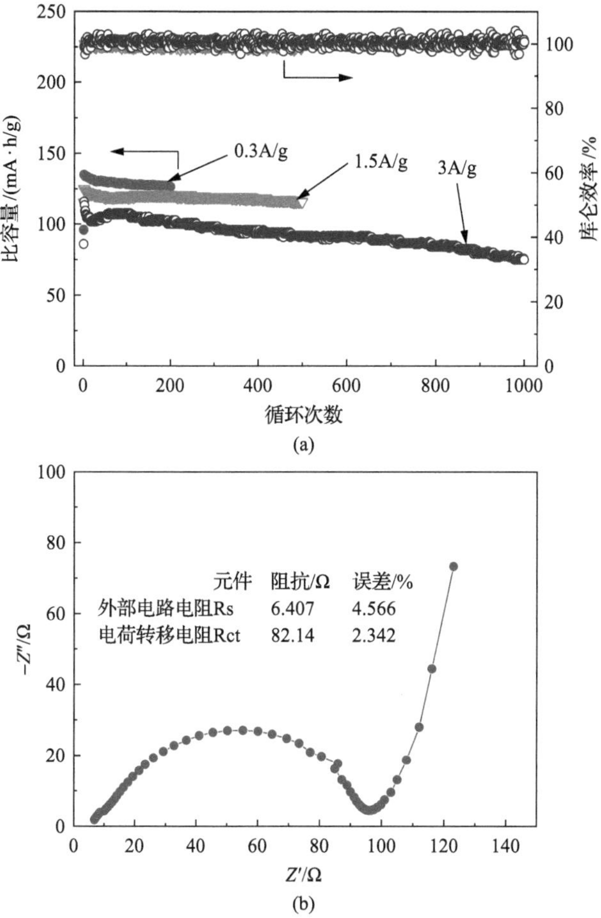

图 8-6 V_2O_5 纳米片电极材料循环性能和交流阻抗测试

(a) 0.3A/g、1.5A/g 和 3A/g 下的循环性能；(b) 电池在测试前的交流阻抗测试结果

2. EIS 测试与分析

为了进一步探讨 V_2O_5 超薄纳米片电极中锂离子的导通能力，本节采用交流阻抗测试技术对组装的半电池进行了测试分析，其结果如图 8-6(b) 所示。拟合时所采用的等效电路模型也以插图的形式显示在图 8-6(b) 中，其中 R_s 元件为电解液的电阻和其他电池组件的欧姆电阻，R_f 为电极与电解液间 SEI 膜的电阻，而 R_{ct} 为电化学反应过程中的电荷转移电阻，其大小与所研究正极材料的表面理化性质高度相关[17]，QPE_1、QPE_2 和 Z_W 分别为电极表面钝化层的电容容抗、双电层电容容抗及 Warburg 阻抗。拟合结果显示 R_{ct} 电荷转移电阻仅为 82.14Ω，这说明 V_2O_5 超薄纳米片具有良好的 Li^+ 离子导通能力和导电能力，这也进一步解释了该材料优异的电化学性能。

这一优异的电化学性能可归因于 V_2O_5 超薄纳米片材料独特的微观结构优势：超薄纳米片层之间的空隙有助于扩大电极材料与电解液的接触面积，并更好地适应锂离子反复脱嵌引起的体积变化；而纳米片超薄的厚度特性可有效缩短 Li^+离子的扩散路径和电子传输距离；此外，片片堆叠结构可以更好地保持该纳米片电极材料的结构完整性。

8.1.7　小结

通过一步溶剂热反应可合成均匀的 VO_2(B)超薄纳米片材料，所得的纳米片材料长宽均超过 100μm。该 VO_2(B)超薄纳米片经简单的煅烧处理即可转化为 V_2O_5，且其超大超薄纳米片的微观结构能够得到良好保持。通过多种表征手段清晰且全面地揭示了其超大超薄的片层结构和片片堆叠的结构。该材料用作锂离子电池正极材料，表现出了优异的电化学性能，如比容量高、循环稳定且倍率性能好。该优异的电化学性能得益于该 V_2O_5 纳米片材料的超薄特性和片片堆叠结构，因为这种微观结构有助于 Li^+离子的嵌入和脱嵌，并保持了材料的结构完整性。因此，该材料是一种有应用前景的高性能锂离子电池正极材料。

8.2　纳米条带复合有序组装 $K_{0.25}V_2O_5$ 新材料

8.2.1　概要

钒基化合物的结构特征决定了该类材料可能具有良好的电化学性能，电极材料微结构的有序组装对材料电化学性能会有更进一步的改善。本节以长度达到微米尺度、截面在纳米尺度的 $K_{0.25}V_2O_5$ 条带束为例[18, 19]，介绍一种通过溶胶凝胶法实现合成材料的择优定向生长，形成纳米条带，经后续的煅烧处理，利用物理化学开尔文原理，交叉处曲率半径减小将引起局部熔点降低，见式(8-1)，实现微结构的有序组装，机理如图 8-7 所示。

$$\ln\frac{T_0}{T}=\frac{2\gamma_{vs}M}{\rho_M \nabla H\frac{1}{r}} \tag{8-1}$$

式中，T_0、T 分别为大晶粒和半径 r 的小晶粒的熔点，K；γ_{vs} 为晶体表面张力，MPa；M 为晶体摩尔质量，g/mol；ρ_M 为晶体密度，g/cm^3；∇H 为晶体融化焓，kJ/mol。

结果表明，这种结构优化处理可以改善晶体结构和形貌。该有序结构具有优

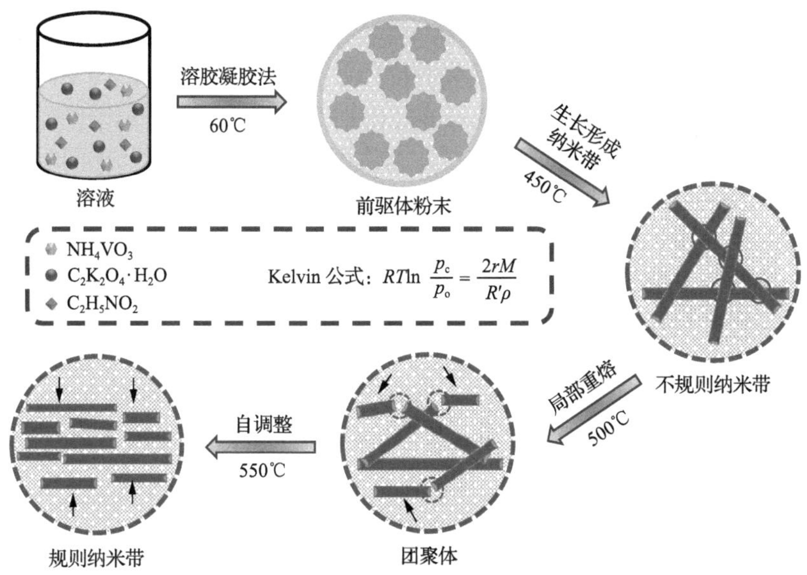

图 8-7　$K_{0.25}V_2O_5$ 纳米条带有序结构组装的原理图

异的电子离子传输特性、结构稳定性及脱嵌可逆性。因此，作为锂离子电池正极展示出较好的电化学性能，在 800 次充放电循环后几乎没有容量衰减[18]。

8.2.2　材料制备

$K_{0.25}V_2O_5$ 纳米条带材料合成的主要步骤如下。首先，将 1.0528g 的偏钒酸铵和化学计量的草酸钾溶解在 40mL 去离子水中，并在 60℃持续搅拌。然后，在溶液中加入甘氨酸继续搅拌至凝固。最后，将所得的固体粉末通过不同温度烧结得到最后产品。在 450℃、500℃和 550℃中得到的样品分别命名为 K450、K500 和 K550。

8.2.3　合成材料结构的评价表征技术

材料表征实验主要有：SEM 观察样品的形貌及颗粒大小；TEM 测试获得材料的结构信息；TG 和 DSC 研究前驱体的热稳定性；XRD 测试获得材料的物相结构信息；拉曼光谱分析获得 $K_{0.25}V_2O_5$ 材料的化学键合信息。

8.2.4　合成材料结构分析与评价表征与结果分析讨论

1. XRD 和 Raman 测试表征

所有样品的 XRD 图谱都与单斜 $K_{0.25}V_2O_5$ 相(空间群：*A*2/*m*, JCPDS 39-0889)相匹配，如图 8-8(a)所示。$K_{0.25}V_2O_5$ 有着特殊的结构，既包含由 VO_5 正方棱锥相互共享两条边和角所组成的层，也含有由 VO_6 和 VO_5 框架沿着 *b* 轴所组成的 3D

隧道结构。预嵌钾的 $K_{0.25}V_2O_5$，沿 c 轴方向的晶面间距为 7.41Å，比 V_2O_5 的(4.37Å)明显要大。大的层间距能够有效地缓解锂脱嵌所引起的应力，抑制了材料本体结构的破坏。相对于其他具有 3D 隧道结构的材料，如 $Li_{0.3}V_2O_5$ 和 β-$Na_{0.33}V_2O_5$，$K_{0.25}V_2O_5$ 具有更优化的结构[20, 21]。由于 K^+离子半径比 Li^+离子半径和 Na^+离子半径都要大，所以 K^+离子在层间会形成更强的支柱，这使得层结构更稳定，与此同时，它防止了相邻钒氧层之间的相对滑移[22]。此外，相对于 K450 和 K500，K550 具有更高的 c 值和更大的层间距，从而有利于锂离子扩散。

$K_{0.25}V_2O_5$ 样品的拉曼光谱如图 8-8(b)所示。K550 的拉曼光谱记录了 14 个振动信号，分别位于 115cm^{-1}、147cm^{-1}、220cm^{-1}、260cm^{-1}、320cm^{-1}、408cm^{-1}、444cm^{-1}、501cm^{-1}、551cm^{-1}、699cm^{-1}、776cm^{-1}、870cm^{-1}、940cm^{-1} 和 972cm^{-1}。低频区域的声子模式来源于弯曲振动，而中、高频模式则源于 O—V—O 和 V—O—V 的弯

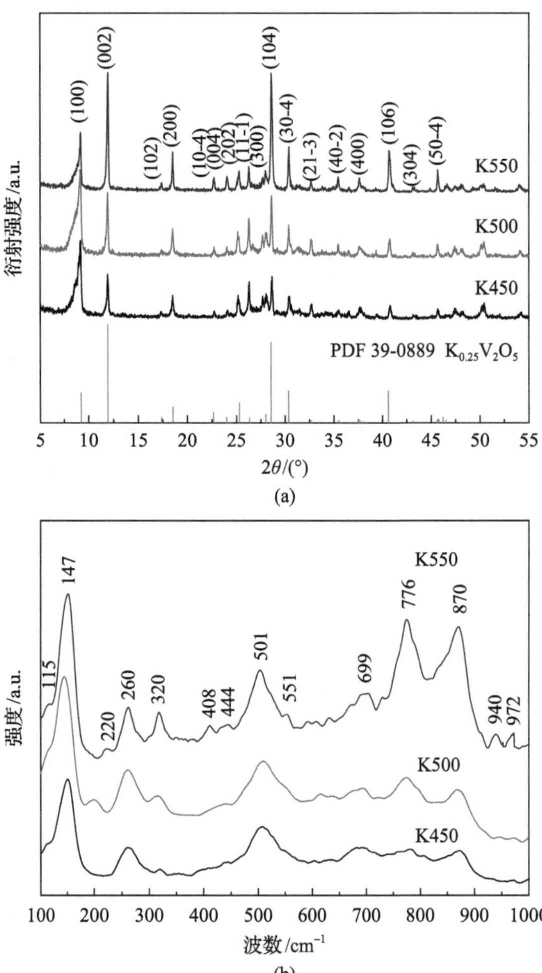

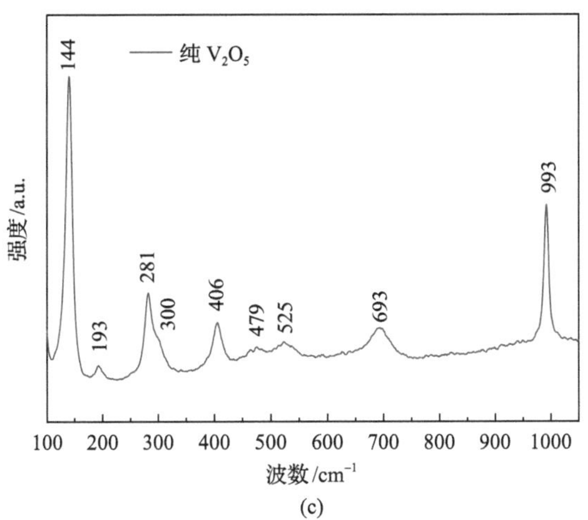

(c)

图 8-8　K450、K500 和 K550 的 XRD、拉曼、TEM、HRTEM 和 SAED 图像

(a) XRD 图谱；(b) 拉曼图谱；(c) 纯 V_2O_5 的拉曼图谱

曲振动及 V—O 的伸展振动[23]。与纯 V_2O_5 的拉曼光谱(图 8-8(c))相比，$K_{0.25}V_2O_5$ 的拉曼图谱有几种变化：位于 $144cm^{-1}$ 反映 V_2O_5 长程有序的典型振动模式转移到 $147cm^{-1}$；在中频区域的几个模式也发生了变化。相反，沿 c 轴的 V—O 拉伸振动模式反而从 $993cm^{-1}$ 减少到 $972cm^{-1}$。这意味着 V—O 被嵌入的 K^+ 离子所减弱。与此同时，波长在 776～$870cm^{-1}$ 出现了一些额外的峰，这个结果表明 $K_{0.25}V_2O_5$ 中形成了新的 K—O 化学键。相似的现象也在嵌锂 V_2O_5、$Na_{0.33}V_2O_5$ 等化合物中报道过[24-26]。

2. SEM 和 TEM 测试表征

通过溶胶凝胶法合成具有纳米片和纳米棒的前驱体，如图 8-9(a)所示，随后将前驱体进行煅烧。$K_{0.25}V_2O_5$ 有序纳米结构的形成是基于煅烧过程中纳米带的局部熔融和自调准机制。在 450℃时，其形成了混乱的任意取向的纳米带聚团(图 8-9(b))。纳米带本身的表面能很高，它们总是趋向团聚来减少表面能。随着温度的上升，整个纳米带聚团开始自我调节，形貌逐渐由混乱的纳米带聚团转变成有序聚合纳米聚团(图 8-9(c))。如图 8-10(d)所示，K550 有序纳米结构由厚度约 57nm 的纳米带组成。

图 8-8(d)中的 TEM 图片显示，每根带的宽度约 200nm。HRTEM 图像(图 8-8(e))显示晶格条纹间距约为 0.74nm，对应单斜 $K_{0.25}V_2O_5$ 相的(00-2)晶面，且选区电子衍射表明每根纳米带都是单晶。结合衍射斑点分析表明，K550 纳米带的择优生长方向沿着三维隧道方向，也即[010]方向(图 8-8(f))。

3. 有序纳米结构形成机制的探索

为了解析有序纳米结构的形成机制，利用 TEM 表征了在 500℃下获得的纳米

图 8-9　前驱体和经不同温度热处理材料的 SEM 图像和 TEM 图像
(a)前驱体；(b)K450；(c)K500；(d)K550；(e)K550 的 TEM 图像；
(f)K550 的 HRTEM 和 SAED 图像

带。图 8-10(a)和(b)表明，在纳米带和纳米带接触点存在局部的熔融或开裂。这是因为一方面，纳米带间交点引起的应力会导致局部材料的热力学不稳定；另一方面，交点处存在曲率半径较小的区域(图 8-10(c))，根据开尔文公式(8-1)，这些区域的溶解度较高，所以随着温度的升高，这些区域会首先熔化。结果表明

535℃之后有一个明显的吸热峰但没有质量减少(图 8-10(d)),故可以推测有大量的纳米带断裂,并自组装成稳定的有序化纳米带排列结构。

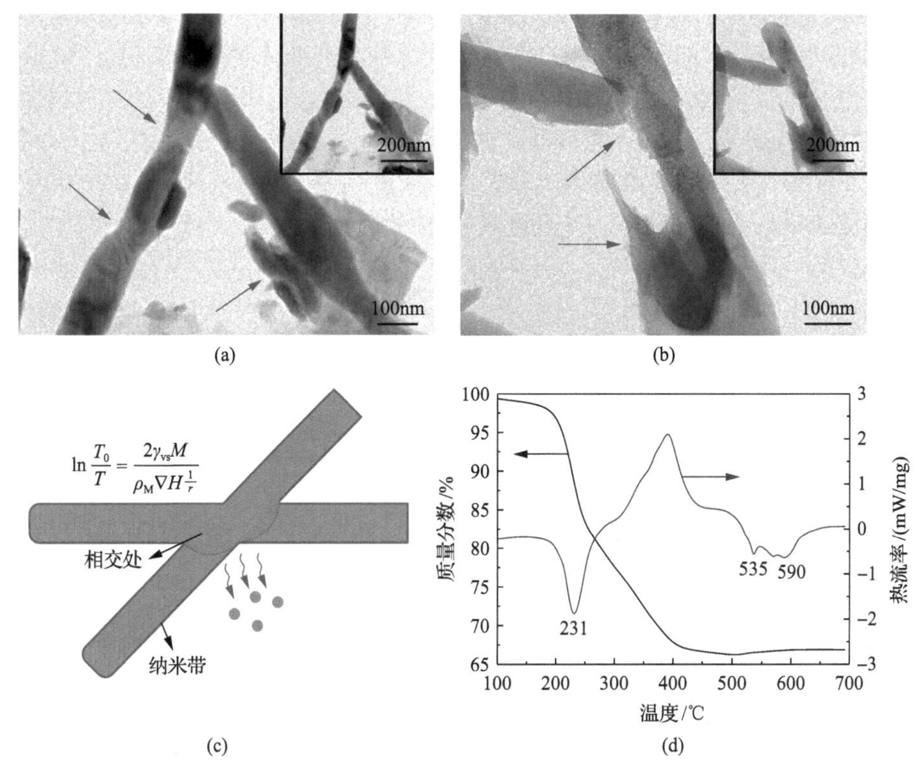

图 8-10 材料 K500 的 TEM 图像、交叉处局部熔融和前驱体的 TG 和 DSC 曲线
(a)、(b) K500 的 TEM 图像;(c) 交叉处局部熔融示意图;(d) 前驱体的 TG/DSC 曲线

8.2.5 电化学性能与动力学分析的评价表征技术

将活性材料、乙炔碳及聚偏二氟乙烯(PVDF)以 7∶2∶1 的质量比制成极片,在手套箱中将试样极片组装成 2016 式纽扣半电池进行各项电化学性能测试。主要的半电池性能测试包括:在电化学工作站上,以 0.05mV/s 的扫描速率在 1.5～4.0V (vs. Li^+/Li) 的电压范围内进行循环伏安测试;在蓝电电池测试系统上,通过充放电实验来测量电池在常温(25℃)下的倍率性能和循环稳定性等;EIS 测试在电化学工作站测得,测试频率范围为 100kHz～10MHz。

8.2.6 电化学性能与动力学分析的评价表征结果与讨论

1. CV、EIS 测试结果与分析

图 8-11(a)为在 1.5～4.0V 电压范围内的 CV 曲线。这里以 K550 电极的 CV

曲线作为例子，分析其电化学行为。六个主要的还原峰分别位于 3.68V、3.48V、3.22V、2.89V、2.50V 和 2.00V，这对应于多步锂嵌入反应。六个主要的氧化峰位于 2.73V、2.88V、2.95V、3.26V、3.49V 和 3.71V，这对应于多步锂脱出反应。K550 的曲线面积明显比 K450 和 K500 的大，氧化还原峰更强，说明 K550 具有更快的电化学反应并拥有更高的容量[1]。在 100mA/g 电流密度下的充放电曲线(图 8-11(b))也证明了 K550 电极具有更高的容量，以及更小的滞后电压。这可能与 K550 纳米带的有序化结构及其较好的结晶度有关，因为有序化的结构和较好的结晶度能提高离子电导率，加速锂离子的扩散。

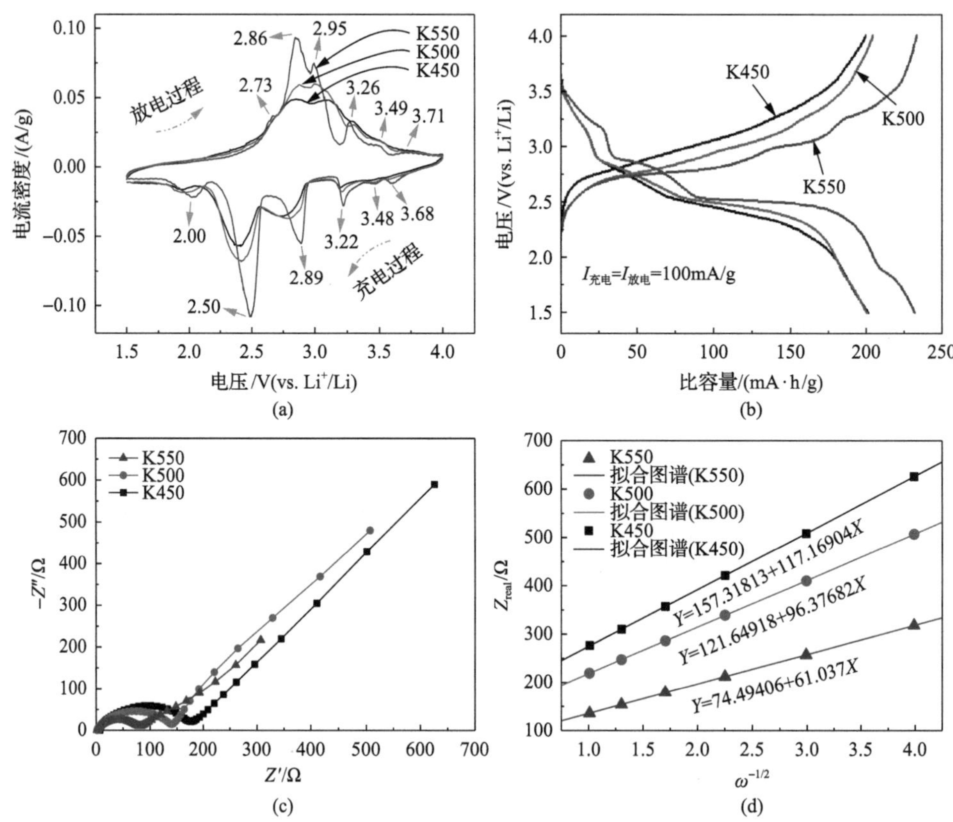

图 8-11　K450、K500 和 K550 材料的电化学性能

(a) 0.05mV/s 时的典型循环伏安曲线；(b) 100mA/g 时典型循环的充放电曲线；(c) EIS 图谱；(d) 低频范围内 Z' 和 $\omega^{-1/2}$ 之间的关系曲线

阻抗图谱表明，K550 电极的电荷转移阻抗 R_{ct} 为 73.5Ω，比 K450(153.1Ω)和 K500(121.6Ω)都要低，如图 8-11(c)所示。图 8-11(d)展示了三个电极的 Z_{real} 与 $\omega^{-1/2}$ 的线性曲线，计算其斜率可得韦伯因子 σ，表明 K550 拥有更高的锂离子扩散系数。上述结果进一步说明了有序化的纳米带和具有较好的结晶度更有利于离子

扩散并减少 R_{ct} 值。

2. 电化学活化现象分析

图 8-12(a)显示了在 500mA/g 电流密度下 K450、K500 和 K550 的循环性能。所有电极在初始的循环阶段都有较长的容量上升过程。为了解析容量上升的机理，测试了 K550 电极 25 次循环之后的 XRD 图谱，结果表明在循环过程中电极材料没有发生相变(图 8-12(b))。为了进一步证实电极材料的活化现象，在测试 500mA/g 电流密度的循环性能之前，分别采取 50mA/g、100mA/g、200mA/g、300mA/g、500mA/g 不同电流密度对电极进行前两次循环活化。如图 8-12(c)所示，当前两次活化循环是在 50mA/g 和 100mA/g 电流密度下进行时，后续在 500mA/g 电流密度下测试的容量较稳定。而当前两次循环在 200mA/g 和 300mA/g 电流密度下活化时，后续在 500mA/g 电流密度下测试的容量会稍有上升。直接在 500mA/g 电流密

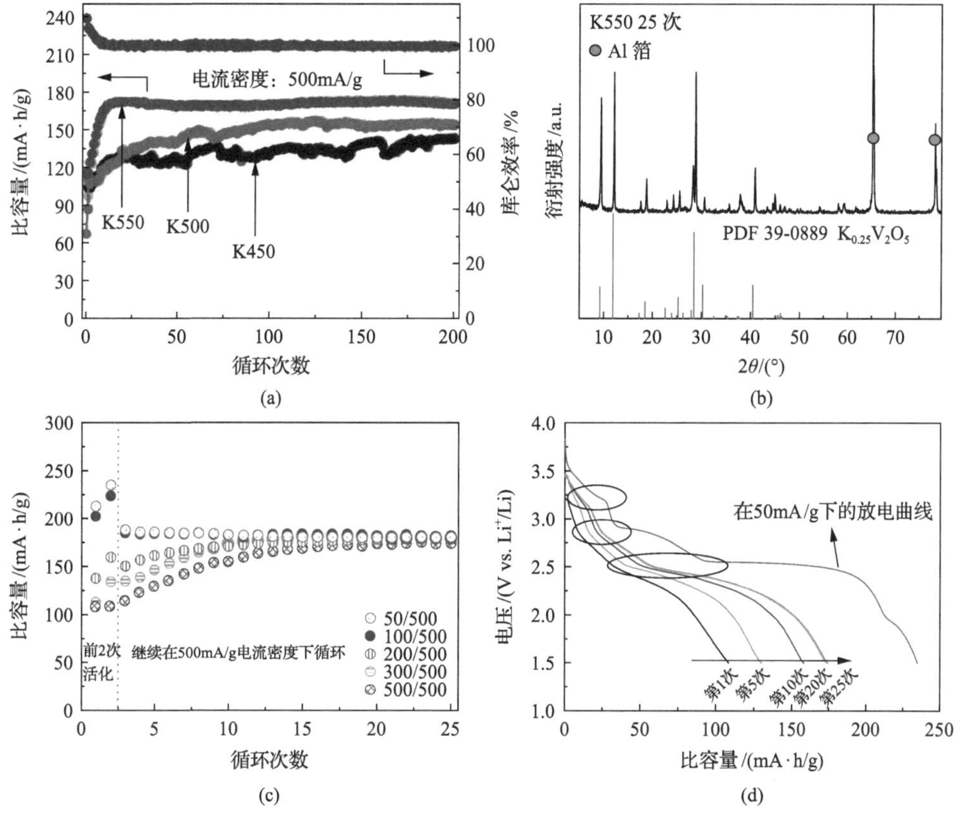

图 8-12　K450、K500 和 K550 循环性能、XRD 图谱

(a)在 500mA/g 下的循环性能；(b)K550 电极在 500mA/g 下 25 次后的 XRD 图谱；(c)在不同电流密度下活化的循环性能；(d)50mA/g 下的典型放电曲线和 500mA/g 下直接测量的不同循环下的放电曲线

度下进行活化，容量上升的趋势会更长。因此，电极材料的活化也许是导致容量上升的主要原因。当电极在低电流循环时，每个过程的反应时间很长，有足够的时间让材料活化，但在高电流密度时，每个过程的反应时间很短，这将需要更多的循环次数来活化材料。随着循环的增加，锂离子扩散的通道变得畅通，容量也趋向稳定。500mA/g 电流密度下的放电曲线进一步说明了电极材料的活化过程。随着循环的增加，放电平台变得越来越明显(图 8-12(d))。相对于 K450 和 K500，K550 经过 200 次循环仍然保持最高的比容量 172mA · h/g。此外，K550 容量上升的速率比其他两个要快，这进一步说明 K550 电极极具有较快的电化学反应和更好的离子导电性。

3. 充放电测试的结果与分析

进一步对 K550 电极进行电化学性能表征。图 8-13(a)展示了 K550 在 300mA/g 下的循环性能。K550 电极在前 7 次循环中容量从 150mA · h/g 上升到 203mA · h/g。100 次循环之后容量仍然保持在 187mA · h/g，相对于最高容量其保持率可达 92.1%。此外，接近 99%的库仑效率和基本重合的充放电曲线说明 K550 电极具有很好的可逆性，这归结于材料独特的形貌和其优异的结构稳定性。K550 电极也展现出了优越的倍率性能。如图 8-13(b)所示，在 100mA/g、300mA/g、500mA/g、1000mA/g 和 1500mA/g 电流密度下，电极可释放出 232mA · h/g、196mA · h/g、175mA · h/g、133mA · h/g 和 100mA · h/g 的放电比容量，且在每个倍率电流下，K550 电极始终表现出很稳定的容量。当回到小倍率电流时，容量能够恢复到 221mA · h/g，并在 70 次循环之后仍保持 201mA · h/g 的容量。K550 在高电流密度下的长循环性能如图 8-13(c)所示。所有电极在开始时都表现出容量上升的现象。在 1000mA/g

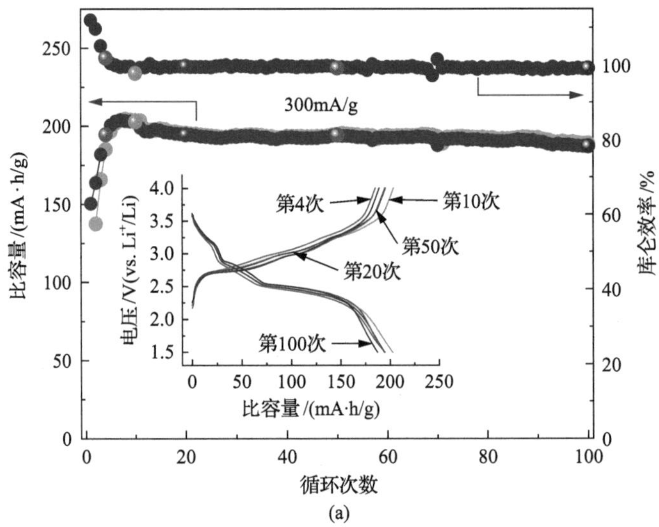

(a)

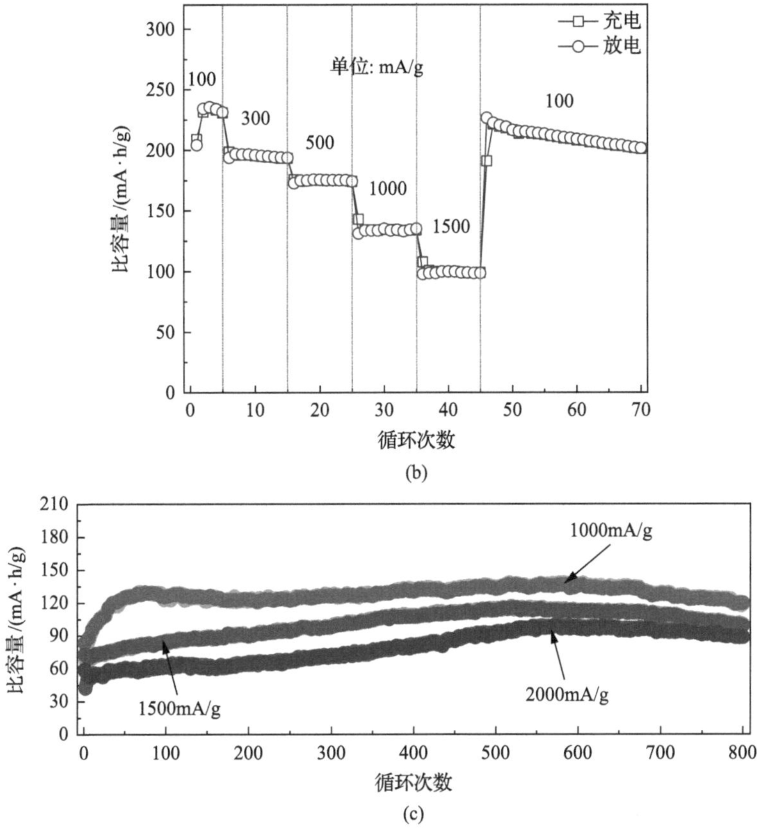

(b)

(c)

图 8-13　K550 材料电极的电化学性能

(a) 300mA/g 下的循环性能；(b) 倍率性能；(c) 长循环性能

时，50 次循环后容量达到稳定并取得 137mA·h/g 的最高容量。800 次循环之后相对于最大容量保持了 87.6%。此外，当在 1500mA/g 和 2000mA/g 电流密度下测试时，经过 800 次循环仍可分别获得 99mA·h/g 和 88mA·h/g 的比容量，这证明了该材料具备良好的稳定性。

为了进一步了解 K550 电极结构稳定性的机理，测试了不同循环次数后的 SEM 图像。如图 8-14 所示，有序纳米结构在 300mA/g 电流密度下循环 5 次和 50 次，甚至 300 次之后，其形貌仍能得到较为完整的保留。因此，其优越的电化学性能可以归因于：首先，有序化的纳米带增大了比表面积，缩短了锂离子的扩散距离，确保了足够的锂离子能够参与电极反应；其次，有序纳米结构在锂嵌脱的过程中能够保持稳定，这有助于超长的循环寿命；再次，煅烧温度起着至关重要的作用，这可以使材料获得合适的结晶度和有利的形貌；此外，3D 隧道的内在晶体结构可以防止内部结构崩塌，从而增强了材料的可逆性。

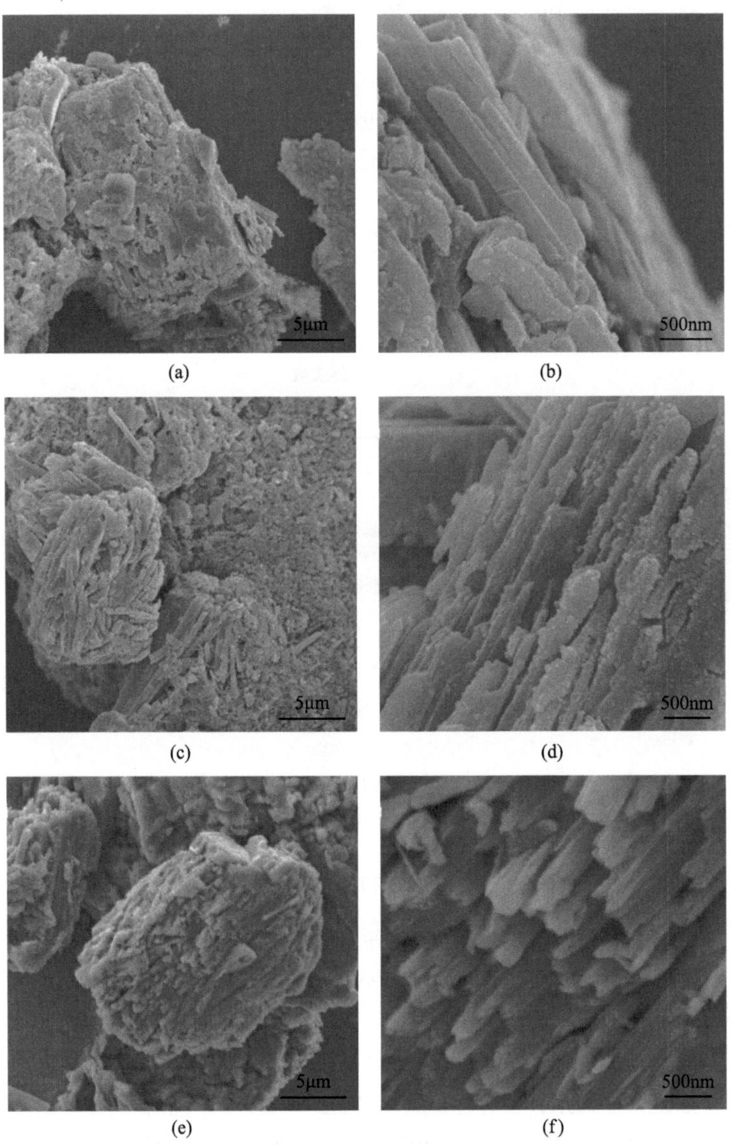

图 8-14　K550 电极材料在不同状态下的 SEM 图像

(a)、(b)在 300mA/g 电流密度下的 5 次循环；(c)、(d)50 次循环；(e)、(f)300 次循环

8.2.7　小结

溶胶凝胶法可合成长度数微米，厚度 100nm 以下的 $K_{0.25}V_2O_5$ 纳米带材料，经热处理可实现其高度有序化，实现有序纳米自组装结构调控。实验结果表明，

该有序结构的形成是由于局部熔融和自调准机制；该材料具有优异的电子离子传输特性、结构稳定性及脱嵌可逆性；该材料在 100mA/g 电流密度下，获得了 232mA · h/g 的放电比容量，且在 2000mA/g 电流密度下，拥有良好的稳定性。

8.3　钒酸盐三维气凝胶新材料

8.3.1　概要

三维气凝胶材料是由纳米片、纳米线和纳米带等低维的纳米结构组装而成，其具有高比表面积、合适的纳米微孔和孔隙网络[27-31]，能有效地整合纳米结构和微米结构的优点[32-34]。

本节介绍一种通过水热法构筑一系列三维碱金属钒酸盐气凝胶新材料，包括 NaV_3O_8、NaV_6O_{15} 和 $K_{0.25}V_2O_5$ 材料的制备方法[19, 35]。所得到的气凝胶是由超长纳米纤维构成的三维分层多孔结构，研究表明这种结构能提升材料的结构稳定性、机械稳定性、脱嵌锂的可逆性。当其作为锂离子电池正极材料时，所有电极都表现出优良的电化学性能。三种气凝胶材料的比容量均大于 200mA · h/g，其中 NaV_3O_8 气凝胶在 1000mA/g 电流密度下的循环寿命高达 600 次，容量保持率良好，$K_{0.25}V_2O_5$ 气凝胶在 1000mA/g 高电流密度下具有 144mA · h/g 的高倍率容量。

8.3.2　材料制备

三维碱金属钒酸盐气凝胶的合成具体可以分为以下三大步骤：第一步，制备凝胶状水凝胶：将 1mmol V_2O_5 和一定化学计量的碱金属碳酸氢盐分散到 30mL 去离子水中，在室温下磁力搅拌 2h。充分搅拌后，将上述混合物在 180℃下于 50mL 聚四氟乙烯内衬高压釜中热处理 12h 以获得水凝胶；第二步，冷冻干燥：将水凝胶转移到烧杯中，用去离子水轻轻摇动并清洗数次，去除杂质离子，然后通过冷冻干燥工艺进一步处理，得到三维碱金属钒酸盐气凝胶的前驱体；第三步，煅烧处理：将制备好的气凝胶在空气中 450℃退火 2h，加热速度为 0.5℃/min。为了进行比较，采用类似的方法合成了无冻干工艺的 NaV_3O_8 材料。

8.3.3　合成材料结构的评价表征技术

材料表征实验主要有：通过 XRD 测试和拉曼光谱测试分析所制备产物的相纯度和晶体结构；通过 SEM 观察样品的形貌及颗粒大小，以对反应合成过程做出进一步研判；通过 TEM 获得材料更精细的结构信息；通过氮气吸附-脱附测试测定材料的比表面积和孔径分布。

8.3.4　合成材料结构分析的评价表征与结果分析讨论

1. NaV_3O_8 气凝胶的 XRD、Raman、氮气吸附测试表征

通过 XRD 和拉曼图谱检测所制备产物的相纯度和晶体结构。如图 8-15(a)所示，几乎所有衍射峰都与 NaV_3O_8 相(JCPDS 35-0436)一致。(101)晶面的衍射峰强度远强于其他衍射峰的强度，表明纳米纤维具有择优取向，这与 HRTEM 结果相符。NaV_3O_8 的结构框架与 LiV_3O_8 同构，都由扭曲的$[VO_6]$八面体组成，它们通过共享棱边和顶点连接形成$[V_3O_8]^-$层。NaV_3O_8 样品的拉曼图谱显示了位于 132cm^{-1}、166cm^{-1}、226cm^{-1}、307cm^{-1}、479cm^{-1}、549cm^{-1}、795cm^{-1} 和 990cm^{-1} 的八个主要峰(图 8-15(b))。低频区声子模来源于键的弯曲振动，中频和高频区声子模来源于 O—V—O 和 V—O—V 弯曲振动和 V—O 拉伸振动[25]。在 795cm^{-1} 处出现一个典型的强峰可能是角共享氧原子的振动[36-38]。

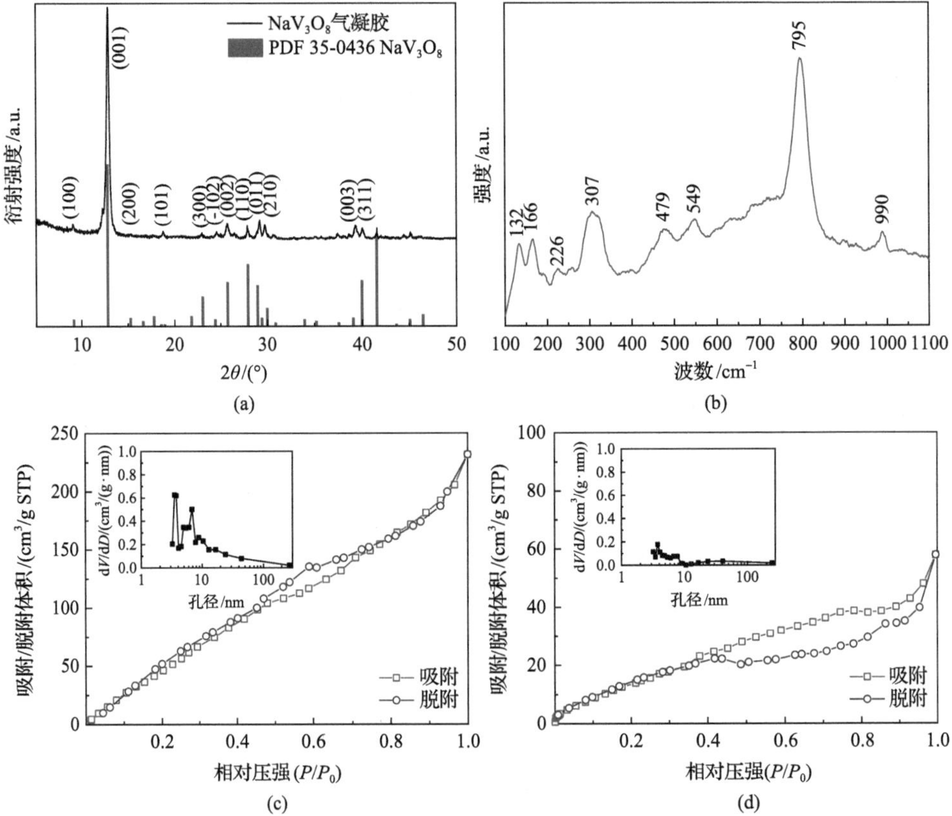

图 8-15　NaV_3O_8 气凝胶的 XRD、拉曼散射、氮气吸附-脱附曲线

(a) XRD 图谱；(b) 拉曼图谱；(c) NaV_3O_8 气凝胶；(d) NaV_3O_8 的氮气吸附-脱附曲线，插图为相应的孔径分布曲线

NaV_3O_8 气凝胶和没有冷冻干燥的 NaV_3O_8 的比表面积可通过氮气的等温吸附-脱附曲线测量。计算出 NaV_3O_8 气凝胶的表面积约为 $164m^2/g$(图 8-15(c))，远高于没有冷冻干燥 NaV_3O_8 材料的 $36m^2/g$(图 8-15(d))。没有冷冻干燥的 NaV_3O_8 材料的低比表面积是由纳米带的聚集所导致的。孔径分布曲线表明 NaV_3O_8 气凝胶纳米纤维之间的空间具有几微米到 100nm 的直径。这种三维结构不仅为快速离子扩散提供了额外的通道，而且还有效地防止了电化学反应过程中电极材料的团聚。

2. NaV_3O_8 气凝胶的 SEM 和 TEM 测试表征

制备 3D 碱金属钒酸盐凝胶的合成路径如图 8-16(a)所示。选择 V_2O_5、碱金属碳酸氢盐作为原料，通过络合和自组装过程形成水凝胶，再经过冷冻干燥工艺制备得到气凝胶，虽然在冻干过程中发生了一点收缩，但整体形状保留了下来，这表明三维结构的骨架结构是稳定的。三维结构由许多纳米网格组成，像一种渔网状的网络，每个网络都由交叉连接的超长纳米网络编织而成。最后，在空气中加热得到所制备的钒酸盐气凝胶。图 8-16(a)展示了圆柱形水凝胶和 NaV_3O_8 气凝胶的光学照片。纳米网络可以通过图 8-16(b)得到证实。从图中可以清楚地看到纳米纤维是均匀的，宽度在 100～200nm，长度在几十微米。

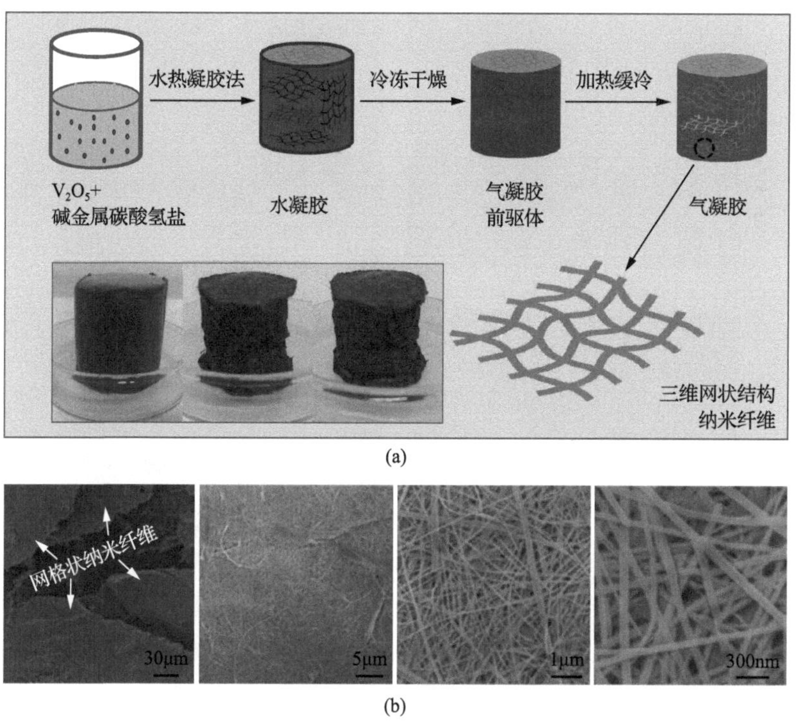

图 8-16　3D 碱金属钒酸盐凝胶的合成路线与合成材料

(a)合成路线示意图、圆柱形水凝胶和 NaV_3O_8 气凝胶的光学图像；(b) NaV_3O_8 气凝胶前驱体的 SEM 图像

SEM 图像和 TEM 图像(图 8-17)证明纳米纤维和网络结构在空气中煅烧之后的形态依旧能够保持。HRTEM 图像(图 8-17(d)插图)显示了清晰的晶格条纹，晶格间距大约为 0.67nm，其对应于 NaV_3O_8 相的(101)晶面间距。结果表明，冷冻干燥对 NaV_3O_8 气凝胶是至关重要的。而没有经过冷冻干燥合成的 NaV_3O_8 材料，其前驱体尽管也由超长纳米带组成，但是很明显地发生了团聚。如图 8-18(a)和(b)所示，煅烧之后形成了聚集的 NaV_3O_8 小块，而不像气凝胶的网络结构。

3. 其他气凝胶的测试表征

除了 NaV_3O_8 气凝胶，通过类似的合成方法扩展到制备其他碱金属钒酸盐气凝胶，如 NaV_6O_{15} 和 $K_{0.25}V_2O_5$。SEM 图像表明，NaV_6O_{15} 与 $K_{0.25}V_2O_5$ 气凝胶及其前驱体都具有互连纳米网络结构的形貌，如图 8-19(a)～(d)所示。通过 XRD 图谱表明，获得的 NaV_6O_{15}(JCPDS 24-1155)和 $K_{0.25}V_2O_5$(JCPDS 39-0889)都是纯相，如图 8-19(e)和(f)所示。

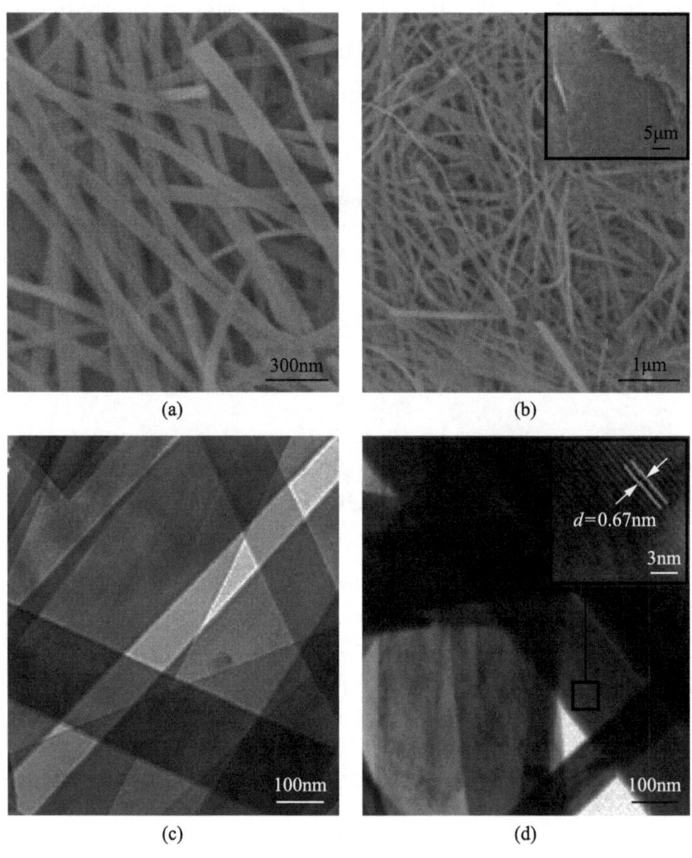

图 8-17　NaV_3O_8 气凝胶的 SEM 和 TEM 图像

(a)、(b)SEM(b)中小图为低倍数 SEM 图；(c)、(d)TEM(d)中小图为 HRTEM 图

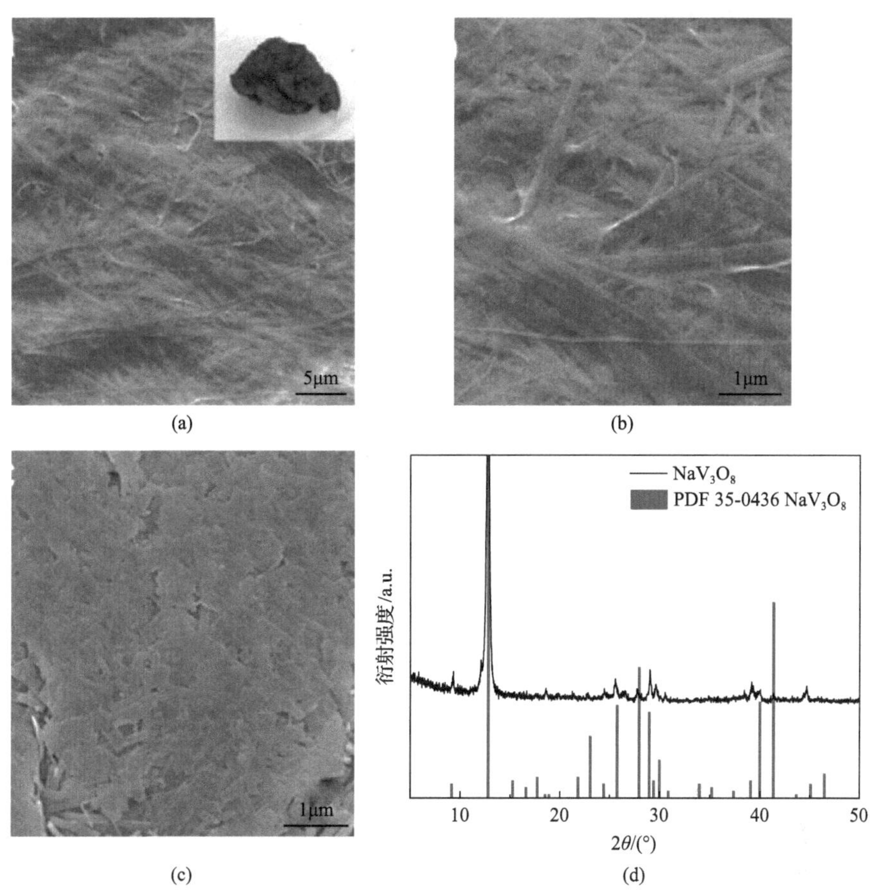

图 8-18　前驱体、未经冷冻干燥材料的结构

(a)、(b)前驱体的 SEM 图像；(c)未经冷冻干燥的 NaV_3O_8 材料的 SEM 图像；(d)未经冷冻干燥的 NaV_3O_8 材料的 XRD 图谱

8.3.5　电化学性能与动力学分析评价表征

将活性材料、乙炔碳及聚偏二氟乙烯(PVDF)以 7∶2∶1 的质量比制成极片，在手套箱中将试样极片组装成 2016 式纽扣半电池进行各项电化学性能测试。主要的半电池性能测试包括：在电化学工作站上，以 0.05mV/s 的扫描速率在 1.5～4.0V(vs. Li^+/Li)的电压范围内进行循环伏安测试；在蓝电电池测试系统上，通过充放电实验来测量电池在常温(25℃)下的倍率性能和循环稳定性等；EIS 测试在电化学工作站测得，测试频率范围为 100kHz～10MHz。

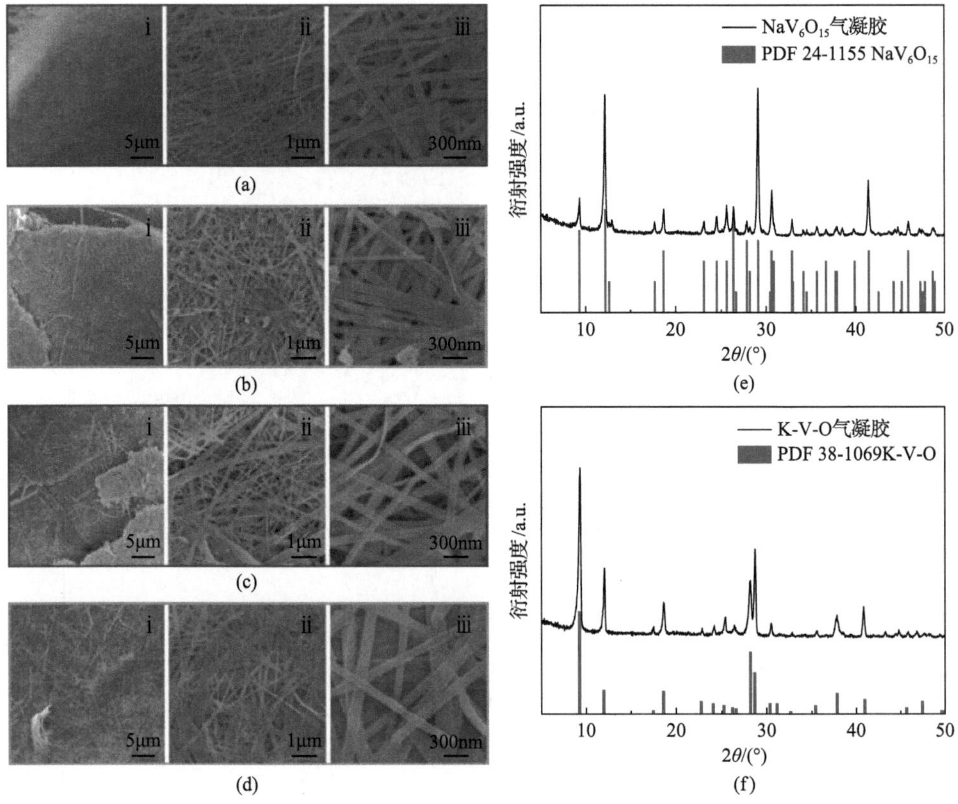

图 8-19　其他气凝胶前驱体、气凝胶结构

(a) NaV_6O_{15} 气凝胶前驱体；(b) NaV_6O_{15} 气凝胶；(c) $K_{0.25}V_2O_5$ 气凝胶前驱体；(d) $K_{0.25}V_2O_5$ 气凝胶；(e) NaV_6O_{15} 气凝胶；(f) $K_{0.25}V_2O_5$ 气凝胶

8.3.6　电化学性能与动力学分析的评价表征结果与讨论

1. NaV_3O_8 气凝胶的 CV、充放电测试结果与分析

实验测试了将所制备的 NaV_3O_8 气凝胶作为锂离子电池正极材料的电化学性能。CV 曲线显示了 NaV_3O_8 气凝胶的多步嵌锂反应。如图 8-20(a)所示，可以清楚地观察到 3.61V、3.24V、2.86V、2.54V、2.20V 和 1.93V (vs. Li^+/Li) 的还原峰。阳极扫描时，在 2.9V 产生宽的可逆氧化峰和其他两个氧化峰，其对应锂离子的脱出。据报道，3.61V 的还原峰对应于初始锂离子嵌入 NaV_3O_8 结构的八面体位置[39]。当放电至 2.54V 时，锂离子嵌入空的四面体位置[39]。虽然 NaV_3O_8 和 LiV_3O_8 具有相似的结构，但是其锂离子的嵌入行为是不同的。LiV_3O_8 在低于 2.5V 时存在 LiV_3O_8 和 $Li_4V_3O_8$ 之间的不可逆转变，导致放电比容量降低及循环寿命变差[40]。但是，所合成的 NaV_3O_8 气凝胶在 2.20V 和 1.93V 的还原峰是可逆的，有助于其

良好的循环稳定性。图 8-20(b)显示了在 50mA/g 电流密度下不同循环次数的典型充放电曲线。由图可以看出，这些电极具有 2.0～2.5V 的主要放电平台和 2.5～3.0V 的主要充电平台区域，这与 CV 曲线非常一致。50 次循环后，充放电电压平台没有发生明显变化，这证明了 NaV_3O_8 气凝胶的良好可逆性。

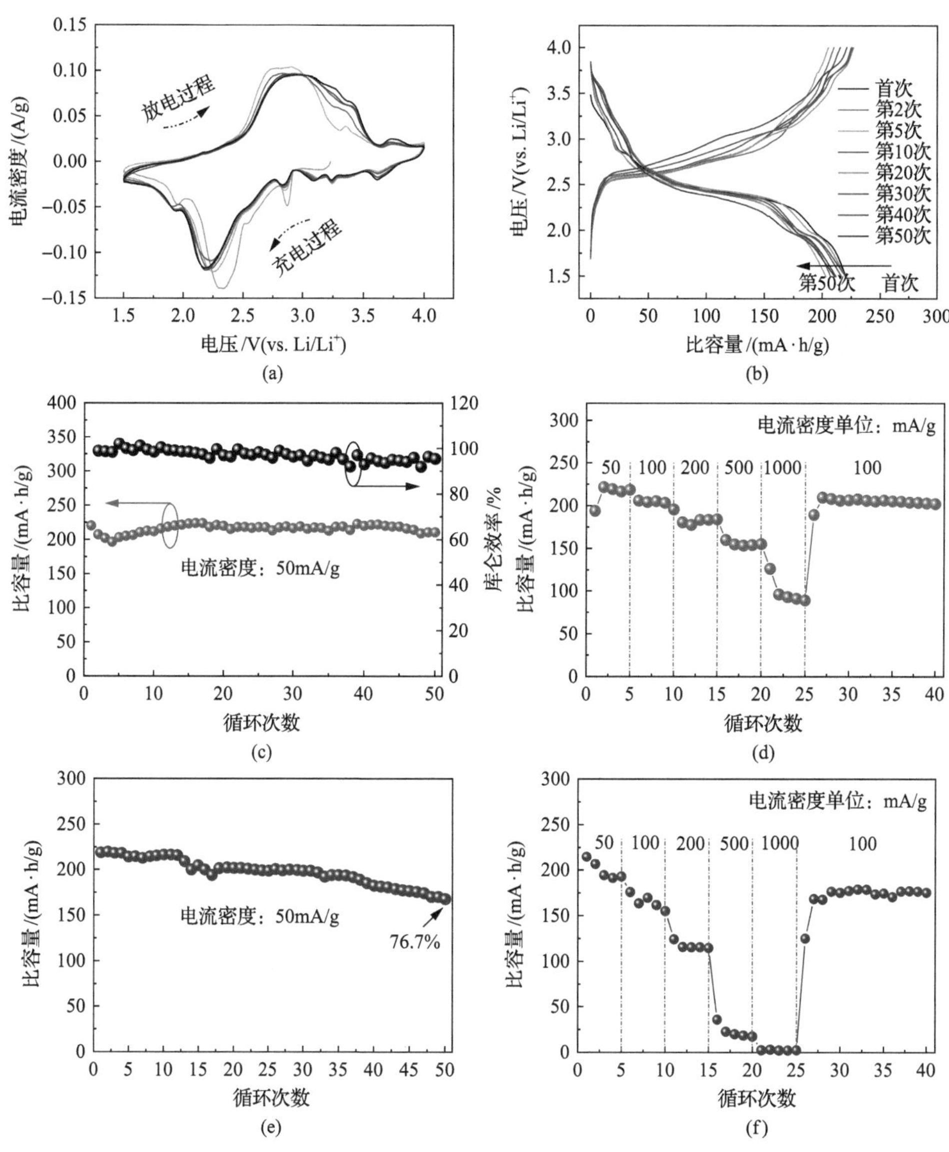

图 8-20　NaV_3O_8 气凝胶的电化学性能

(a)0.1mV/s 的前 6 次 CV 曲线；(b)50mA/g 电流密度时典型的恒电流充电/放电曲线；(c)50mA/g 电流密度下的循环性能和库仑效率；(d)倍率性能；(e)没有冷冻干燥的 NaV_3O_8 材料在 50mA/g 电流密度下的循环性能；(f)倍率性能

图 8-20(c)表明，该材料具有 220mA · h/g 的初始放电比容量，在 50 次循环后获得 211mA · h/g 的可逆比容量，其容量保持率为 95.9%，这说明 NaV_3O_8 气凝胶具有良好的稳定性。图 8-20(d)显示了 NaV_3O_8 在 50～1000mA/g 电流密度时的倍率性能。在 50mA/g、100mA/g、200mA/g 和 500mA/g 各倍率下，NaV_3O_8 分别具有 221mA · h/g、203mA · h/g、184mA · h/g 和 155mA · h/g 的放电比容量。即使在 1000mA/g 的高电流密度下，它仍然保持 96mA · h/g 的高比容量，证明 NaV_3O_8 气凝胶具有很好的倍率性能。虽然，没有冷冻干燥的 NaV_3O_8 材料在 50mA/g 的电流密度下其首次循环中显示出 217mA · h/g 的比容量，但其容量在循环 50 次后的保持率仅为 76.7%，如图 8-20(e)所示。此外，它无法承受高倍率电流，并且在 500mA/g 电流密度下仅有 40mA · h/g 的低容量，表明其倍率性能较差，如图 8-20(f)所示。

NaV_3O_8 气凝胶电极具有长循环寿命性能。如图 8-21(a)所示，NaV_3O_8 气凝胶在 500mA/g 电流密度下可以获得 155mA · h/g 的高放电比容量，经过 400 次循环后比容量依旧保持在 133mA · h/g。与首次循环容量相比，每次循环的衰减率仅为 0.035%。此外，在 1000mA/g 电流密度下获得了 105mA · h/g 的放电比容量，经过 600 次循环后无明显的容量衰减，如图 8-21(b)所示。结果表明 NaV_3O_8 气凝胶具有优异的循环稳定性。

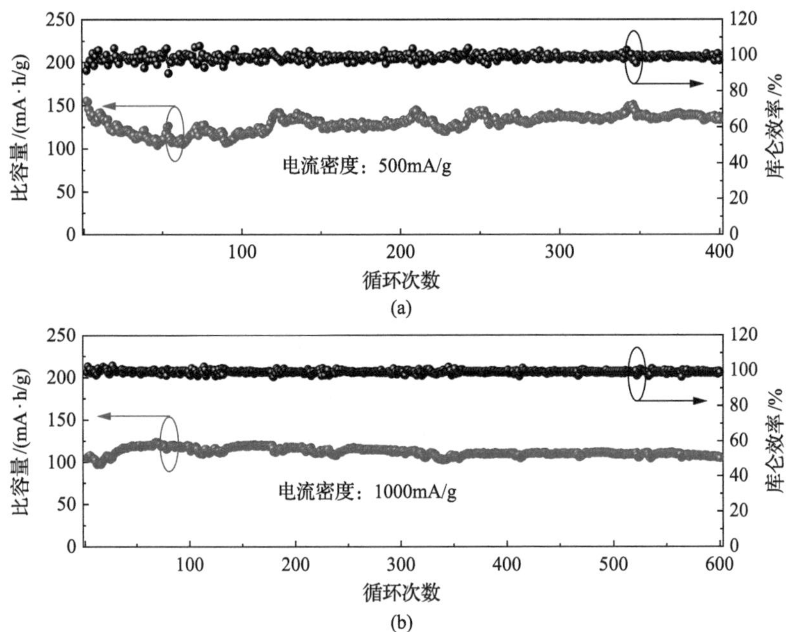

图 8-21　不同电流密度下 NaV_3O_8 气凝胶的长循环性能

(a) 500mA/g；(b) 1000mA/g

2. 其他气凝胶的充放电测试结果与分析

NaV_6O_{15} 和 $K_{0.25}V_2O_5$ 的储锂性能如图 8-22 所示。充放电曲线(图 8-22(a))表明，NaV_6O_{15} 气凝胶具有典型的多步嵌脱锂行为，并且在 50mA/g 电流密度下释放了 244mA·h/g 的高比容量。从图 8-22(b) 和 (c) 可以看出，NaV_6O_{15} 气凝胶显示出

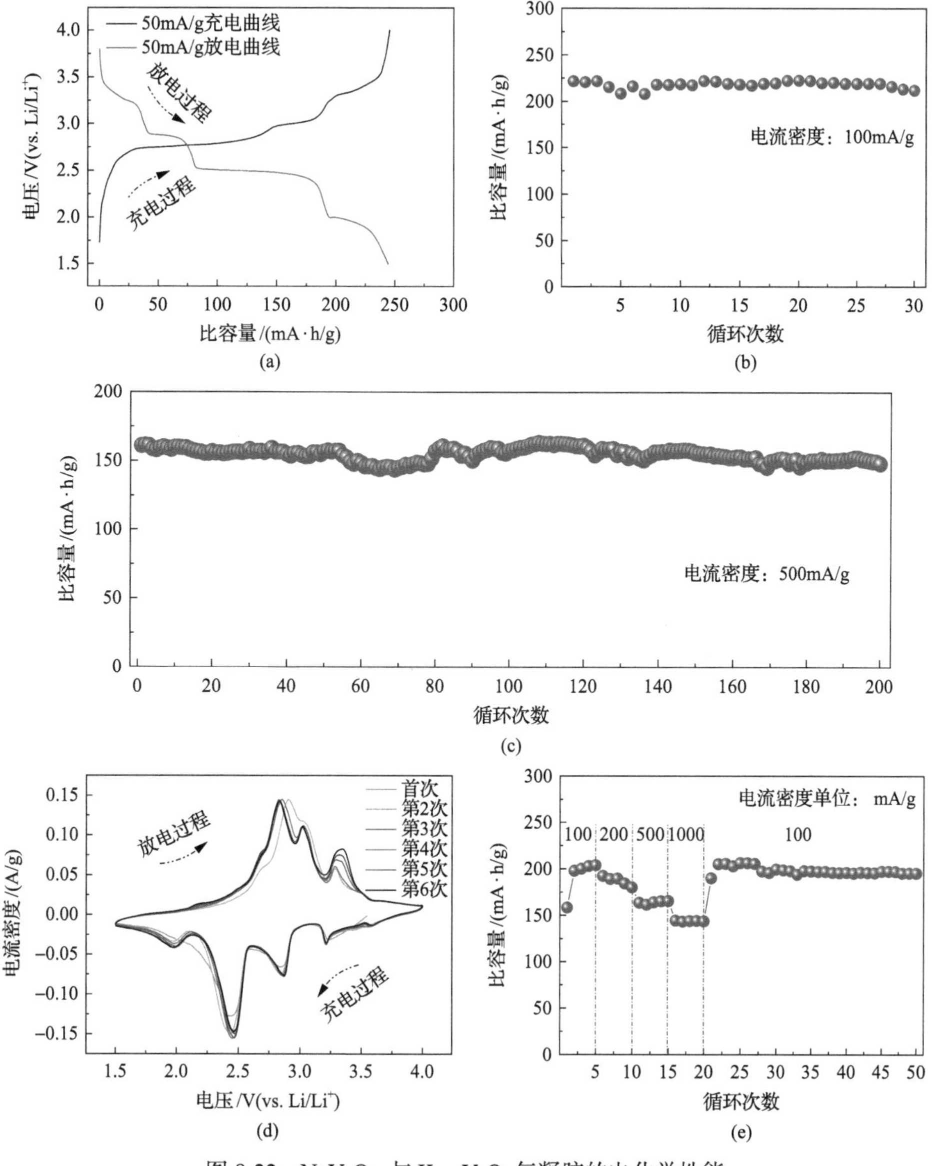

图 8-22　NaV_6O_{15} 与 $K_{0.25}V_2O_5$ 气凝胶的电化学性能

(a) NaV_6O_{15} 气凝胶在 50mA/g 时典型的恒流充放电曲线；(b) 100mA/g 时的循环性能；(c) 500mA/g 时的循环性能；(d) $K_{0.25}V_2O_5$ 气凝胶的 CV 曲线；(e) 倍率性能

优异的循环性能，在 100mA/g 电流密度下循环 30 次后的容量保持率为 96%，在 500mA/g 下循环 200 次的容量保持率为 93%。通过 CV 曲线(图 8-22(d))可以看出，$K_{0.25}V_2O_5$ 气凝胶也具有高度可逆的多步嵌脱锂行为，并且具有优异的倍率性能。如图 8-22(e)所示，在 1000mA/g 电流密度下具有 144mA·h/g 的高放电比容量。由于预先添加的阳离子如 Na^+ 和 K^+ 作为“支柱”导致更稳定的框架，三种气凝胶材料都表现出优异的循环稳定性，特别是 NaV_3O_8，其在循环 600 次之后没有容量衰减。其优异的电化学性能可归因于特定的结构和极好的结构稳定性：①交叉的纳米纤维网不仅具有大的比表面积以提供足够的电极和电解质接触，而且也可以在各个方向上实现电子运输[40]；②具有大孔结构的三维结构纳米网格具有优异的机械稳定性并有效缓冲了循环过程中电极的体积膨胀，从而有利于容量保持，并具有出色的循环稳定性；③活性材料表现出良好的锂嵌入/脱出可逆性和优异的内部结构稳定性，保证了优异的 Li^+ 离子储存性能。

3. 储能行为及结构稳定性分析

图 8-23(a)显示了在 100mA/g 电流密度下的循环性能及充放电曲线，并在特定的充放电截止电压下研究了 Li^+ 离子嵌入/脱嵌的结构可逆性。如图 8-23(b)所示，从图中可以观察到在 2θ=65.1330°和 78.2270°的衍射峰为集流体 Al 相的衍射峰。除此之外，大部分的衍射峰都是 NaV_3O_8 的主要特征谱线。通过仔细观察，发现 XRD 图谱的两个区域(25°～30°和 39°～41°)有几个衍射峰的位置发生了改变。在放电过程中，2θ=26.60°处的衍射峰强度增加并向右移动至 2θ=26.80°。与此同时，2θ=25.7°的衍射峰也发生了轻微偏移。整体上，NaV_3O_8 的结构没有发生明显的变化，不同循环次数的非原位 XRD 图谱表明 50 次循环后 NaV_3O_8 的晶体结构保持不变，表现出优异的内部结构稳定性(图 8-23(c))。良好的锂嵌入可逆性和结构稳定性在其长循环寿命性能中起着重要作用。

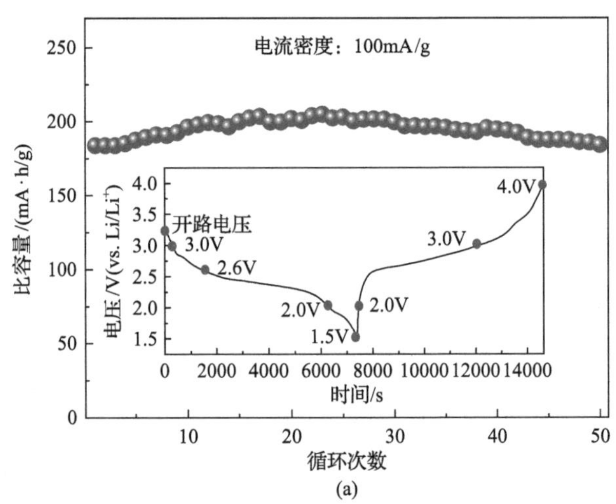

(a)

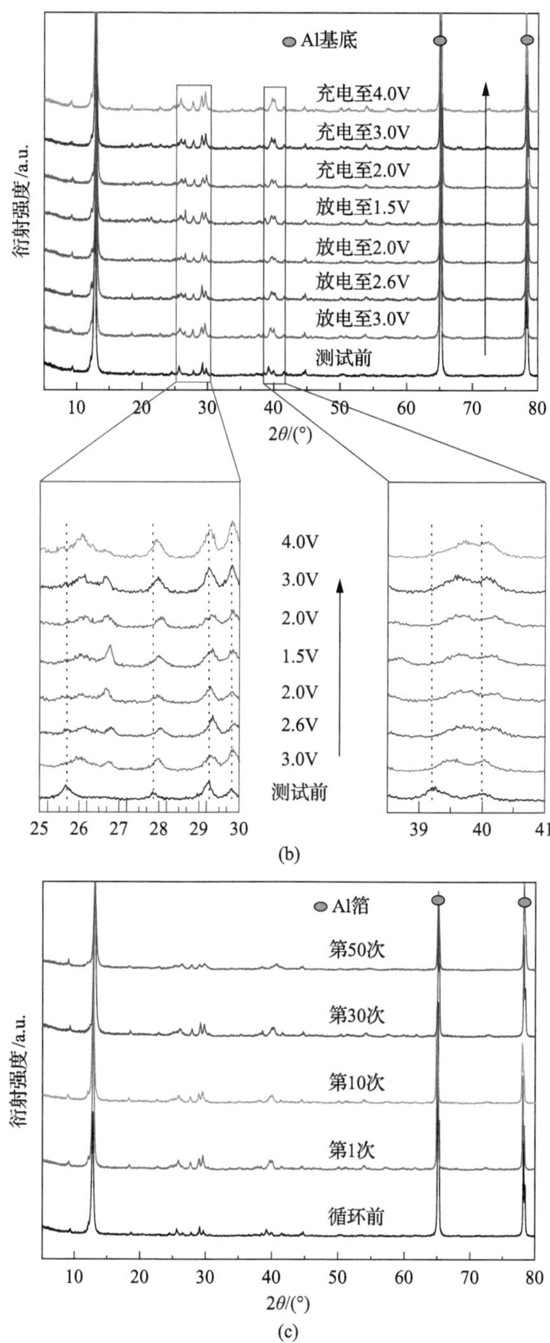

图 8-23　NaV_3O_8 正极储能性能与结构稳定性分析

(a) NaV_3O_8 正极在 100mA/g 电流密度下的循环性能(插图：100mA/g 电流密度下第 1 次的恒流充放电曲线)；(b) 在第 1 次恒流充放电过程中不同状态下的非原位 XRD 图谱；(c) NaV_3O_8 气凝胶在 100mA/g 电流密度下不同循环周期后的非原位 XRD 图谱

通过 SEM 进一步研究 NaV_3O_8 电极在循环过程中的形态变化。从图 8-24(a)～(e)可以看出，NaV_3O_8 电极紧密地黏附在铝箔上，并在不同的循环次数之后保持了整体的完整性。为了进一步探索活性材料的形态，SEM 图像显示了超声处理后 NaV_3O_8 电极的形貌，如图 8-24(f)～(j)中所示。3D 分层纳米网络分布在 PVDF 黏合剂和乙炔黑导体之间。这种分层结构即使在循环 50 次之后也能保持循环的完整性。许多电极材料特别是低维纳米结构，在锂嵌入过程中会发生聚集或粉化，这导致容量迅速降低[41,42]。在该工作中，三维纳米网络结构被保留，从而可以避免纳米材料的团聚，实现有效的体积调节，极大地提高了循环稳定性。

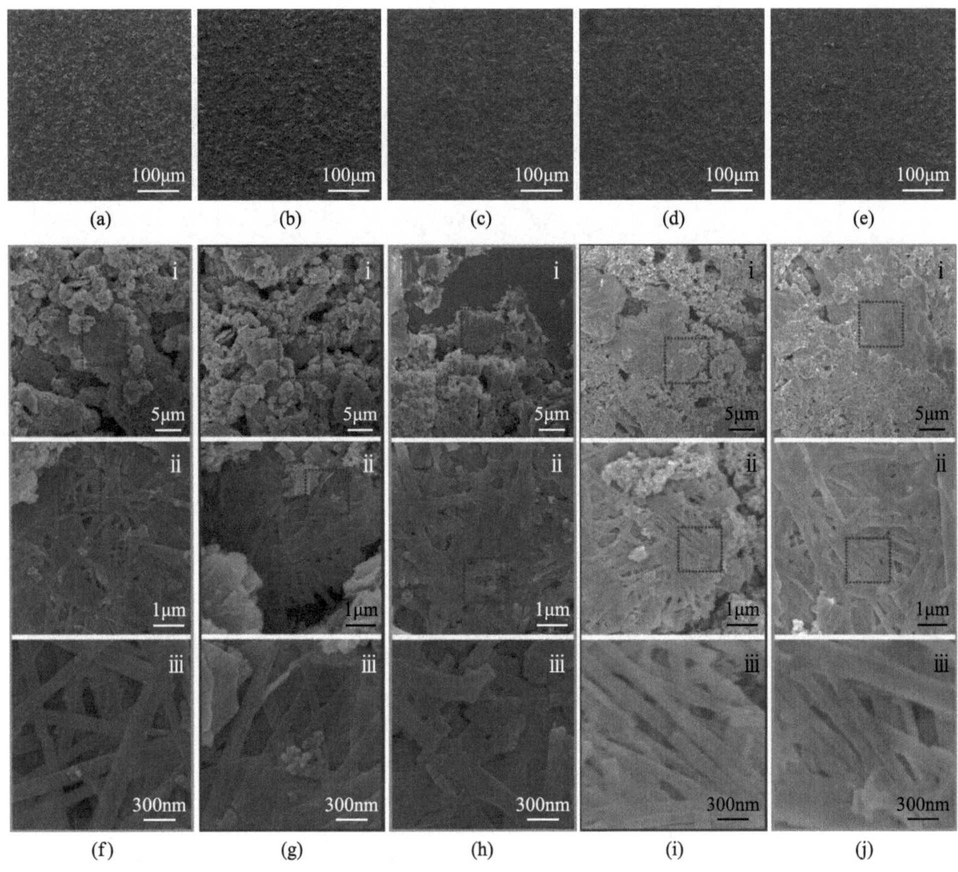

图 8-24 循环后 NaV_3O_8 电极的非原位 SEM 图像

(a)初始；(b)第 1 次；(c)第 10 次；(d)第 30 次；

(e)50 次循环后 SEM 图像；(f)～(j)对应的用丙酮超声处理过的 NaV_3O_8 电极的 SEM 图像

8.3.7 小结

通过水热法及冷冻干燥工艺成功制造了具有三维结构的碱金属钒酸盐气凝

胶。该类气凝胶材料是由超长的纳米纤维交叉编织而成。这种结构具有优异的机械稳定性，良好的锂嵌入/脱嵌可逆性及稳定的内部结构，这使其具有高比容量、高倍率性能、长循环稳定性等优良的储锂性能。所制备的 NaV_3O_8 气凝胶在 1000mA/g 电流密度下可以获得 600 次循环的长循环性能而没有容量衰减。制备的 $K_{0.25}V_2O_5$ 气凝胶在 1000mA/g 电流密度下具有 144mA · h/g 的高倍率性能。

参考文献

[1] Chao D, Xia X, Liu J, et al. A V_2O_5/sonductive-polymer core/shell nanobelt array on three-dimensional graphite foam: a high-rate, ultrastable, and freestanding cathode for lithium-ion batteries[J]. Adv Mater, 2014, 26(33): 5733.

[2] Pan A Q, Zhang J G, Nie Z M, et al. Facile synthesized nanorod structured vanadium pentoxide for high-rate lithium batteries[J]. J Mater Chem, 2010, 20(41): 9193-9199.

[3] Lee J W, Lim S Y, Jeong H M, et al. Extremely stable cycling of ultra-thin V_2O_5 nanowire-graphene electrodes for lithium rechargeable battery cathodes[J]. Energy Environ Sci, 2012, 5(12): 9889-9894.

[4] Wang Y, Zhang H J, Lim W X, et al. Designed strategy to fabricate a patterned V_2O_5 nanobelt array as a superior electrode for Li-ion batteries[J]. J Mater Chem, 2011, 21(7): 2362-2368.

[5] Rui X, Lu Z, Yu H, et al. Ultrathin V_2O_5 nanosheet cathodes: realizing ultrafast reversible lithium storage[J]. Nanoscale, 2013, 5(2): 556-560.

[6] Pan A, Wu H B, Yu L, et al. Template-free synthesis of VO_2 hollow microspheres with various interiors and their conversion into V_2O_5 for lithium-ion batteries[J]. Angew Chem Int Ed, 2013, 52(8): 2226-2230.

[7] Liang S, Hu Y, Nie Z, et al. Template-free synthesis of ultra-large V_2O_5 nanosheets with exceptional small thickness for high-performance lithium-ion batteries[J]. Nano Energy, 2015, 13: 58-66.

[8] Soltane L, Sediri F. Rod-like nanocrystalline B-VO_2: Hydrothermal synthesis, characterization and electrochemical properties[J]. Mater Res Bull, 2014, 53: 79-83.

[9] Liu L, Yao T, Tan X, et al. Room-temperature intercalation-deintercalation strategy towards VO_2(B) single layers with atomic thickness[J]. Small, 2012, 8(24): 3752-3756.

[10] Wang W, Jiang B, Hu L W, et al. Single crystalline VO_2 nanosheets: A cathode material for sodium-ion batteries with high rate cycling performance[J]. J Power Sources, 2014, 250: 181-187.

[11] Mai L, Gu Y, Han C, et al. Orientated langmuir-blodgett assembly of VO_2 nanowires[J]. Nano Lett, 2009, 9(2): 826-830.

[12] Cava R J, Santoro A, Murphy D W, et al. The structure of the lithium-inserted metal oxide δ-LiV_2O_5[J]. J Solid State Chem, 1986, 65(1): 63-71.

[13] Hu Y S, Liu X, Muller J O, et al. Synthesis and electrode performance of nanostructured V_2O_5 by using a carbon tube-in-tube as a nanoreactor and an efficient mixed-conducting network[J]. Angew Chem Int Ed, 2009, 48(1): 210-214.

[14] Odani A, Pol V G, Pol S V, et al. Testing carbon-coated VO_x Prepared via reaction under autogenic pressure at elevated temperature as Li-insertion materials[J]. Adv Mater, 2006, 18(11): 1431-1436.

[15] Yu R, Zhang C, Meng Q, et al. Facile synthesis of hierarchical networks composed of highly interconnected V_2O_5 nanosheets assembled on carbon nanotubes and their superior lithium storage properties[J]. ACS Applied Materials & Interfaces, 2013, 5(23): 12394-12399.

[16] Pan A Q, Wu H B, Zhang L, et al. Uniform V_2O_5 nanosheet-assembled hollow microflowers with excellent lithium storage properties[J]. Energy Environ Sci, 2013, 6(5): 1476-1479.

[17] Sarkar S, Banda H, Mitra S. High capacity lithium-ion battery cathode using LiV_3O_8 nanorods[J]. Electrochim Acta, 2013, 99: 242-252.

[18] Fang G, Liang C, Zhou J, et al. Effect of crystalline structure on the electrochemical properties of $K_{0.25}V_2O_5$ nanobelt for fast Li insertion[J]. Electrochim Acta, 2016, 218: 199-207.

[19] 方国赵. 结构调控对可充电金属离子电池电极材料储能性能的影响[D]. 中南大学博士学位论文, 2019.

[20] Xu Y, Han X, Zheng L, et al. Pillar effect on cyclability enhancement for aqueous lithium ion batteries: a new material of β-vanadium bronze $M_{0.33}V_2O_5$ (M=Ag、Na) nanowires[J]. J Mater Chem, 2011, 21(38): 14466-14472.

[21] Bao J, Zhou M, Zeng Y Q, et al. $Li_{0.3}V_2O_5$ with high lithium diffusion rate: a promising anode material for aqueous lithium-ion batteries with superior rate performance[J]. J Mater Chem A, 2013, 1(17): 5423-5429.

[22] Zhao Y, Han C, Yang J, et al. Stable alkali metal ion intercalation compounds as optimized metal oxide nanowire cathodes for lithium batteries[J]. Nano Lett, 2015, 15(3): 2180-2185.

[23] Baddour-Hadjean R, Boudaoud A, Bach S, et al. A comparative insight of potassium vanadates as positive electrode materials for Li batteries: influence of the long-range and local structure[J]. Inorg Chem, 2014, 53(3): 1764-1772.

[24] Baddour-Hadjean R, Raekelboom E, Pereira-Ramos J P. New structural characterization of the $Li_xV_2O_5$ system provided by raman spectroscopy[J]. Chem Mater, 2006, 18(15): 3548-3556.

[25] Baddour-Hadjean R, Pereira-Ramos J P, Navone C, et al. Raman microspectrometry study of electrochemical lithium intercalation into sputtered crystalline V_2O_5 thin films[J]. Chem Mater, 2008, 20(5): 1916-1923.

[26] Baddour-Hadjean R, Bach S, Emery N, et al. The peculiar structural behaviour of β-$Na_{0.33}V_2O_5$ upon electrochemical lithium insertion[J]. J Mater Chem, 2011, 21(30): 11296-11305.

[27] Yin H, Zhao S, Wan J, et al. Three-dimensional graphene/metal oxide nanoparticle hybrids for high-performance capacitive deionization of saline water[J]. Adv Mater, 2013, 25(43): 6270-6276.

[28] Xu Y, Sheng K, Li C, et al. Self-assembled graphene hydrogel via a one-step hydrothermal process[J]. ACS Nano, 2010, 4(7): 4324-4330.

[29] Worsley M A, Pauzauskie P J, Olson T Y, et al. Synthesis of graphene aerogel with high electrical conductivity[J]. J Am Chem Soc, 2010, 132(40): 14067-14069.

[30] Wu Z S, Sun Y, Tan Y Z, et al. Three-dimensional graphene-based macro- and mesoporous frameworks for high-performance electrochemical capacitive energy storage[J]. J Am Chem Soc, 2012, 134(48): 19532-19535.

[31] Chen P, Yang J-J, Li S-S, et al. Hydrothermal synthesis of macroscopic nitrogen-doped graphene hydrogels for ultrafast supercapacitor[J]. Nano Energy, 2013, 2(2): 249-256.

[32] Chen J, Sheng K, Luo P, et al. Graphene hydrogels deposited in nickel foams for high-rate electrochemical capacitors [J]. Adv Mater, 2012, 24(33): 4569-4573.

[33] Sun Y, Wu Q, Shi G. Supercapacitors based on self-assembled graphene organogel[J]. Phys Chem Chem Phys, 2011, 13(38): 17249-17254.

[34] Wu Z S, Yang S, Sun Y, et al. 3D nitrogen-doped graphene aerogel-supported Fe_3O_4 nanoparticles as efficient electrocatalysts for the oxygen reduction reaction[J]. J Am Chem Soc, 2012, 134(22): 9082-9085.

[35] Fang G, Zhou J, Liang C, et al. General synthesis of three-dimensional alkali metal vanadate aerogels with superior lithium storage properties[J]. J Mater Chem A, 2016, 4(37): 14408-14415.

[36] Yang G, Wang G, Hou W. Microwave solid-state synthesis of LiV_3O_8 as cathode material for lithium batteries[J]. J Phys Chem B, 2005, 109(22): 11186-11196.

[37] Pan A Q, Zhang J G, Cao G Z, et al. Nanosheet-structured LiV_3O_8 with high capacity and excellent stability for high energy lithium batteries[J]. J Mater Chem, 2011, 21 (27): 10077-10084.

[38] Zhang X, Frech R. Spectroscopic investigation of $Li_{1+x}V_3O_8$[J]. Electrochim Acta, 1998, 43 (8): 861-868.

[39] Kawakita J. Comparison of $Na_{1+x}V_3O_8$ with $Li_{1+x}V_3O_8$ as lithium insertion host[J]. Solid State Ionics, 1999, 124 (1-2): 21-28.

[40] Ren W, Zheng Z, Luo Y, et al. An electrospun hierarchical LiV_3O_8 nanowire-in-network for high-rate and long-life lithium batteries[J]. J Mater Chem A, 2015, 3 (39): 19850-19856.

[41] Niu C, Meng J, Han C, et al. VO_2 nanowires assembled into hollow microspheres for high-rate and long-life lithium batteries[J]. Nano Lett, 2014, 14 (5): 2873-2878.

[42] Liu J, Lu P J, Liang S, et al. Ultrathin Li_3VO_4 nanoribbon/graphene sandwich-like nanostructures with ultrahigh lithium ion storage properties[J]. Nano Energy, 2015, 12: 709-724.

第 9 章　锂离子电池用 MOFs 衍生复合新材料

9.1　叶片状三维纳米阵列氧化物 MOFs 复合新材料

9.1.1　概要

金属有机框架(metal-organic frameworks，MOFs)是一类具有高孔隙率且结构稳定的有机-无机杂化材料[1, 2]。由于其有机成分在分解过程中可转换为特殊的孔道结构，所以金属有机框架成为空心多孔结构的金属氧化物、硫化物和硒化物与碳的复合材料等常用的模板[3-5]。以金属有机框架为模板的衍生材料具有可控的孔结构和大的比表面积，在能源储存器件中，其独特的结构不仅可以有效地提高材料与电解液的接触面积，还可以减少循环过程中的体积变化。

本节介绍一种利用 MOFs 简便地制备二维金属纳米片复合材料的方法[6]。首先构筑 Zn/Co-MOFs 纳米片包覆三维泡沫镍(3DNF)和碳纤维(CF)复合材料，将 Zn/Co-MOFs 纳米片在空气中煅烧可直接转化为多孔金属氧化物，得到 ZnO、Co_3O_4 二维多孔叶状纳米片。Co_3O_4/3DNF 复合材料作为无黏结剂锂离子电池负极表现出优异的电化学性能，在 25A/g 下具有可达 2000 次的长循环性能和高倍率性能。

9.1.2　材料制备

三维 3DNF/多孔纳米片或 CF/多孔纳米片的制备包括两个主要步骤。①化学沉积：将 2mmol 的 $Co(NO_3)_2 \cdot 6H_2O$ 或 2mmol 的 $Zn(NO_3)_2 \cdot 6H_2O$ 溶于 40mL 去离子水，记为溶液 A。另外，将 1.3g 2-甲基咪唑溶于 40mL 去离子水，记为溶液 B。然后将溶液 A 快速地注入溶液 B 中，并立即将一块清洁的 3DNF 或 CF($2\times2cm^2$)置于上述混合溶液中。②煅烧：静置一段时间后取出 3DNF 或 CF 洗涤烘干，在马弗炉中以 1℃/min 的加热速率加热到 300℃并保温 1h，得到所需的三维复合材料。

多孔 Co_3O_4 粉体的制备与三维 3DNF/多孔纳米片或 CF/多孔纳米片一样，只是不使用 3DNF 或 CF 作为沉积基材。

9.1.3　合成材料结构的评价表征技术

材料表征的主要技术有：XRD 测试，用于产物物相分析，扫描范围为 10°～80°(2θ)；FT-IR 测试，进一步获得样品精细的结构信息，FT-IR 记录的频率范围为 4000～400cm^{-1}；SEM 观测，获得 MOFs 材料与三维多孔纳米片复合材料的微观形貌；TEM 测试进一步获得材料的精细结构信息。

9.1.4　合成材料结构分析评价表征结果与分析讨论

1. XRD、FT-IR、SEM 和 TEM 测试表征

MOFs 衍生 ZnO 或 Co_3O_4 纳米片包覆三维导电基底的合成过程包括两个主要步骤。首先，在室温下采用沉积法在三维导电基底(3DNF)上直接生长 Zn-MOF 和 Co-MOF。图 9-1(a)显示了沉积 1h 的 Zn-MOF/3DNF 和 Co-MOF/3DNF 的 XRD 图谱，可见 Co-MOF 与 Zn-MOF 的 XRD 图谱一致，表明 Co-MOF 与 Zn-MOF 的结构相似，这与以前报道的结果一致[7]，证明成功制备了生长在 3DNF 上的 Zn-MOF 和 Co-MOF。这在图 9-1(b)给出的 FT-IR 图谱中得到了进一步证实，Zn-MOF 和 Co-MOF 的 FT-IR 图谱具有相似的形状，在 400～1600cm^{-1}有 9 种主要的振动模式[8]。以 Zn-MOF 的 FT-IR 图谱为例，424cm^{-1}处的峰对应于 Zn-N 伸缩，而 1148cm^{-1}和 1304cm^{-1}附近的峰属于 C-H 振动，1566cm^{-1}处的峰对应于 C=N 振动[7]。通过将 Zn-MOF/3DNF 和 Co-MOF/3DNF 在空气中 300℃下煅烧，可以制备 ZnO/3DNF 和 Co_3O_4/3DNF。XRD 图谱如图 9-2(a)和图 9-2(d)所示，图中除了三个典型的镍峰，其他的衍射峰可以很好地与 ZnO 相[JCPDS 36-1451]和 Co_3O_4 相[JCPDS 43-1003]对应，这表明 Zn-MOF 和 Co-MOF 已完全转化成相应的氧化物。

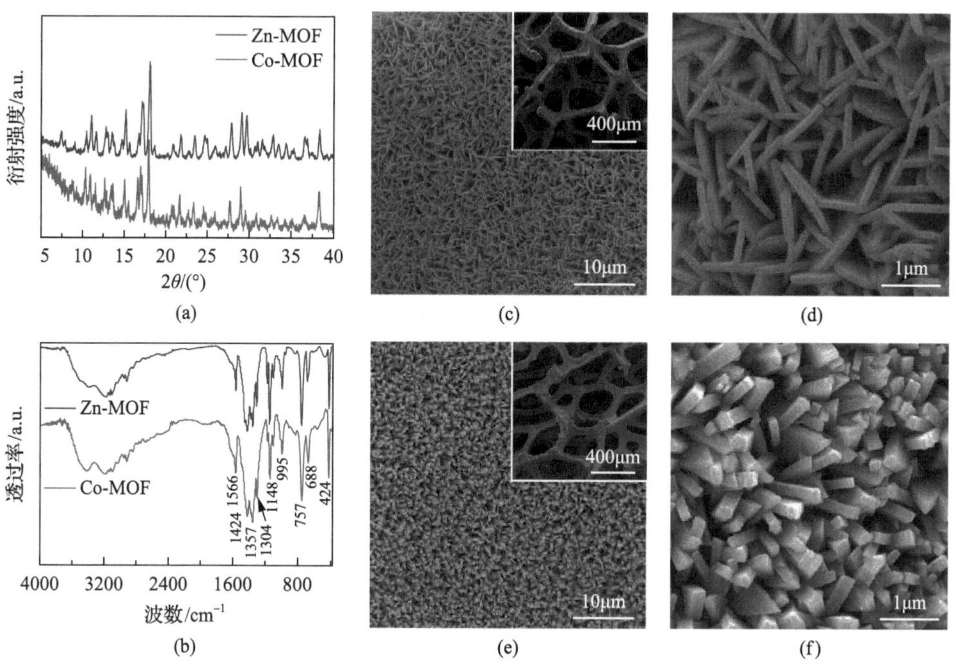

图 9-1　Zn-MOF/3DNF 和 Co-MOF/3DNF 的 XRD、FT-IR 和 SEM

(a) XRD；(b) FT-IR；(c)、(d) Zn-MOF/3DNF 的 SEM；(e)、(f) Co-MOF/3DNF 的 SEM

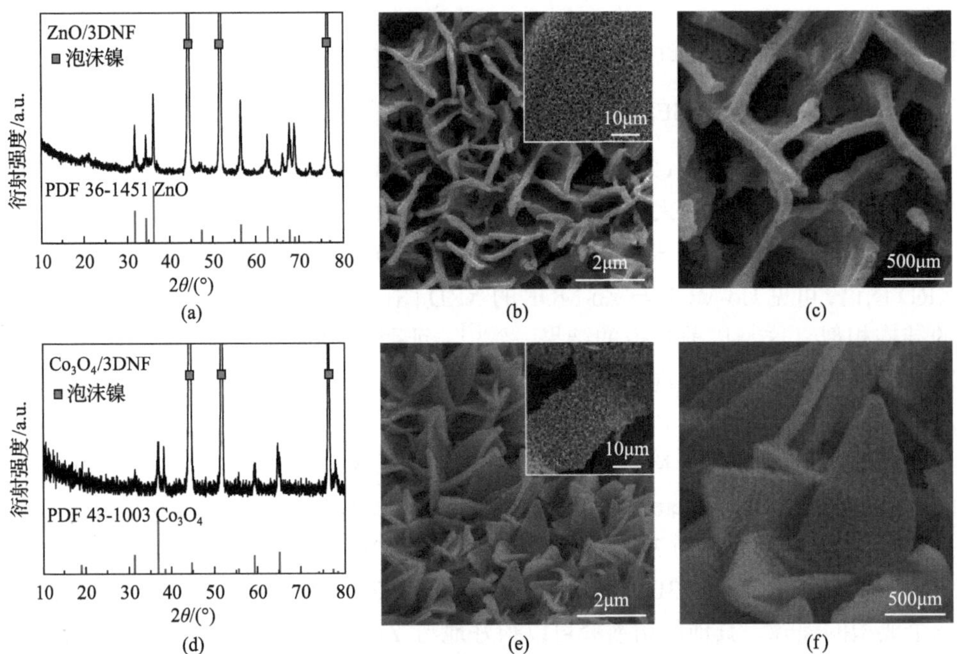

图 9-2 ZnO/3DNF 和 Co_3O_4/3DNF 的 XRD 图谱和 SEM 图像

(a) ZnO/3DNF 的 XRD 图谱；(b)、(c) ZnO/3DNF 的 SEM 图像；(d) Co_3O_4/3DNF 的 XRD 图谱；(e)、(f) Co_3O_4/3DNF 的 SEM 图谱

图 9-1 (b) 和 (c) 及图 9-1 (e) 和 (f) 分别表征了 Zn-MOF/3DNF 和 Co-MOF/3DNF 的形貌。由图可以看出，3DNF 被均匀的纳米片覆盖，且纳米片的表面光滑。尽管 Zn-MOF 和 Co-MOF 的结构很相似，但是它们的形貌却有微小的区别。Zn-MOF 纳米片呈椭圆片形状，其厚度为 50～100nm；Co-MOF 纳米片则呈叶片状形状，其厚度为 100～150nm。经过热处理得到的 ZnO/3DNF 和 Co_3O_4/3DNF 的 SEM 形貌分别如图 9-2 (b) 和 (c) 及图 9-2 (e) 和 (f) 所示，ZnO 纳米片相互连接形成纳米阵列网络，而 Co_3O_4 为叶状纳米片的形貌且具有多孔特征。

煅烧产物的多孔叶状纳米片结构可进一步由 TEM 图像证实。图 9-3 (a) 显示了 Co_3O_4 纳米片的 TEM 图像，由图可以看出，纳米片中有明显的孔隙。图 9-3 的高分辨透射电子显微镜 (HRTEM) 图像显示出纳米片由许多相互连接的纳米颗粒组成，每个纳米颗粒的直径为 5～10nm，在纳米颗粒之间观察到许多直径在 1～3nm 的纳米孔，同时可以看出纳米颗粒是随机取向的。图中标示的～4.67Å 和～2.43Å 的晶面间距分别对应于 Co_3O_4 相[JCPDS 43-1003]的 (111) 和 (311) 晶面。图 9-3 (c) 中已标明的电子衍射环进一步表明了所制备的叶状 Co_3O_4 纳米片的多晶结构。

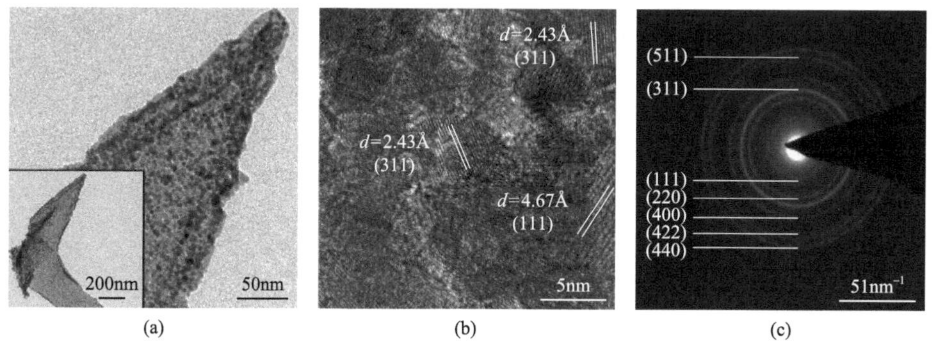

图 9-3　Co_3O_4 纳米片的 TEM、HRTEM、SAED 图像

(a) TEM；(b) HRTEM；(c) SAED

2. 方法延伸合成样品的测试表征

除 ZnO/3DNF 和 Co_3O_4/3DNF 样品外，还成功地制备出 ZnO 包覆碳纤维(ZnO/CF)、Co_3O_4 包覆碳纤维(Co_3O_4/CF)等复合材料。ZnO/CF 和 Co_3O_4/CF 等复合材料的物相和形貌如图 9-4 和图 9-5 所示。前驱体的 SEM 图像显示 CF 被均匀的纳米片覆盖，且纳米片的表面光滑。热处理后的样品相互连接形成纳米阵列网络，且具有多孔特性。其 XRD 图谱分别如图 9-4(d) 和图 9-5(d) 所示，XRD 图谱

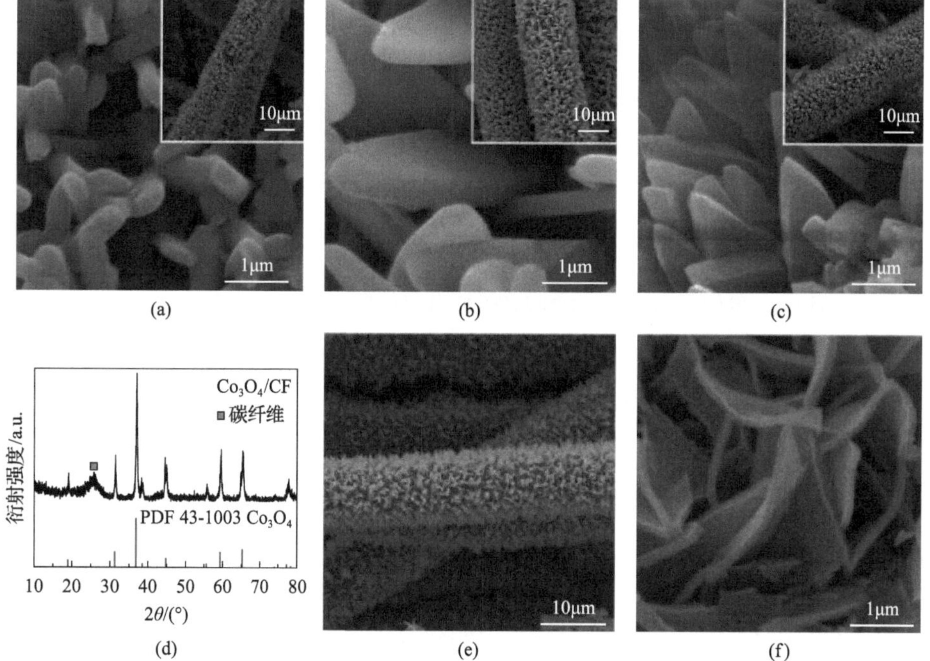

图 9-4　不同反应时间的 Co-MOF/CF 的 SEM、XRD 和生长 1h Co-MOF 的 Co_3O_4/CF 的 SEM 图像

Co_3O_4/CF：(a) 0.5h；(b) 1h；(c) 2h；生长 1h 的 Co-MOF 的 Co_3O_4/CF：(d) XRD 图谱；(e)、(f) SEM 图像

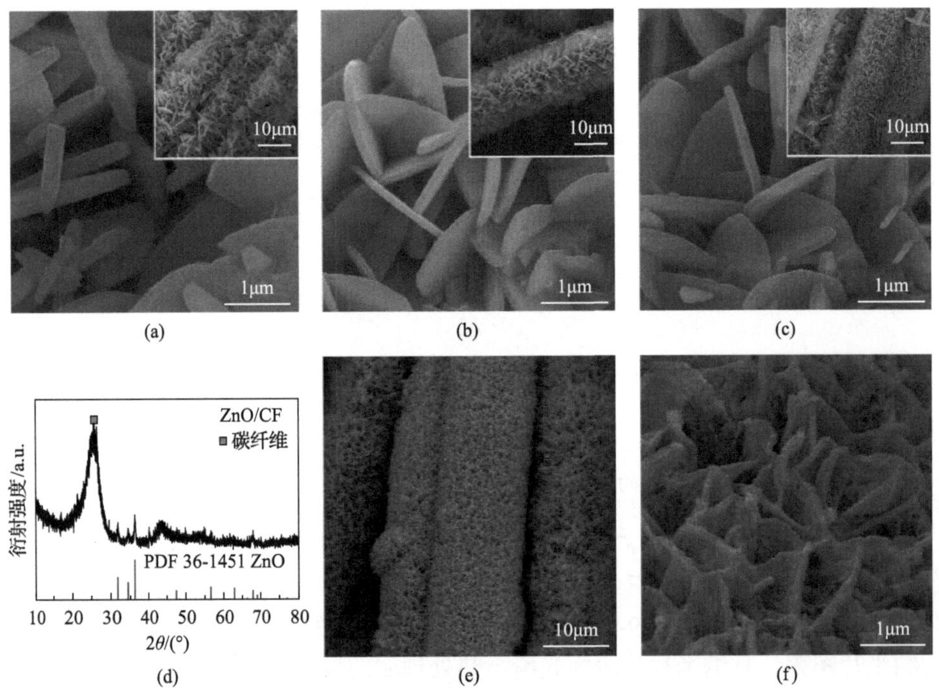

图 9-5　不同反应时间的 Zn-MOF/CF 的 SEM、XRD 和生长 1h Zn-MOF 的 ZnO/CF 的 SEM 图像

(a) 0.5h；(b) 1h；(c) 2h；生长 1h 的 Zn-MOF/CF：(d) XRD 图谱；(e)、(f) SEM 图像

中的衍射峰可以分别很好地与 Co_3O_4 相[JCPDS 43-1003]和 ZnO 相[JCPDS 36-1451]对应，表明 Zn-MOF 和 Co-MOF 已完全转化成相应的氧化物。由此可见，该方法可以扩展到通过适当选择特定的 MOF 来制备其他复合物。

3. 生长机制探索

基于该方法的普适性，了解纳米片 MOFs 在 3D 衬底表面生长的机理是十分必要的。因此，我们选择 Co-MOF/3DNF 作为研究对象，探索了 Co-MOF/3DNF 的成核生长机理，并用 XRD 和 SEM 对 Co-MOF/3DNF 的生长过程进行了表征。首先，如图 9-6(b) 所示，将钴离子和 2-甲基咪唑分子吸附在 3DNF 表面，在短短 2min 内形成薄膜，然后有大量的小颗粒包覆在 3DNF 上，如图 9-6(c) 所示，这是 Co-MOF 结晶的早期阶段。随着反应时间的延长，晶核长大并成为晶体生长的胚(图 9-6(d) 和(e))，逐渐生长形成均匀的叶状纳米片。然而，如果生长时间太长，部分叶状纳米片会聚集在一起，形成不均匀的形貌，如图 9-6(f) 所示。图 9-7 显示了生长不同时间 Co-MOF 所对应的 XRD 图谱。从中可以清楚地看见，生长 5min 的 Co-MOF 呈现出几个弱的衍射峰，说明在开始时 Co-MOF 处于初始结晶阶段。随着反应时间的延长，衍射峰变得更加明显，表明结晶度随着反应时间的延长而增加。将 Co-MOF/3DNF 在空气中 300℃下煅烧得到多孔 Co_3O_4 纳米片包覆 3DNF

复合材料，详细的形成过程见图 9-8。多孔 Co_3O_4 纳米片是由许多更小的纳米片组成的，这样连接而成的纳米片可以提高电极材料的电导率，同时 Co_3O_4 纳米片的多孔结构可使电极与电解质的接触面积增大，从而有利于锂离子的扩散。

图 9-6　生长时间对 Co-MOF/3DNF 微结构的影响

(a)纯泡沫镍的 SEM 图像；(b)生长 2min 的 SEM 图像；(c)生长 5min 的 SEM 图像；(d)生长 15min 的 SEM 图像；(e)生长 30min 的 SEM 图像；(f)生长 2h 的 SEM 图像

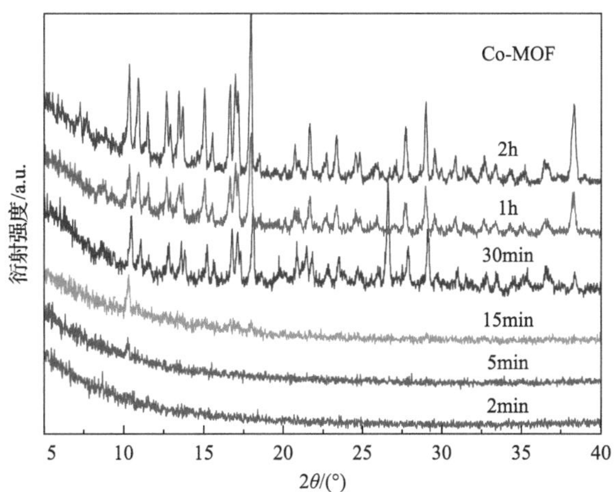

图 9-7　不同生长时间 Co-MOF 的 XRD 图谱

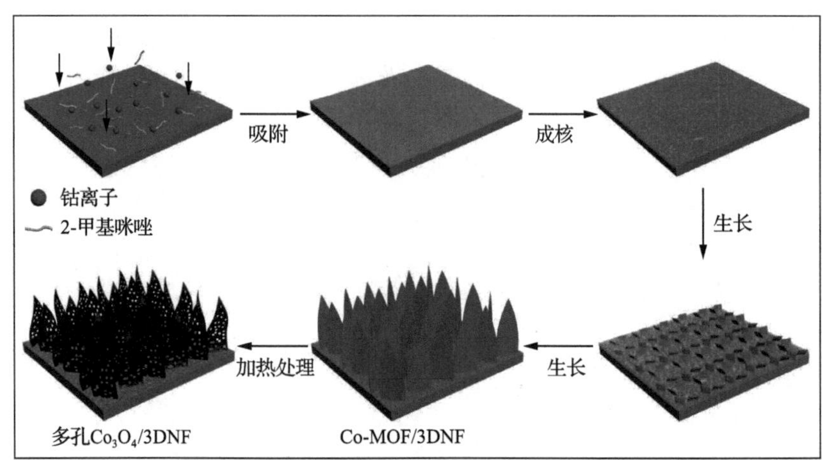

图 9-8　Co_3O_4/3DNF 复合材料的合成示意图

4. 对比样的测试表征

SEM 图像显示纯 Co-MOFs 前驱体为叶片状结构，如图 9-9(a)和(b)所示。煅烧后得到的纯相 Co_3O_4 粉末，其 XRD 图谱的衍射峰可以很好地与 Co_3O_4 相[JCPDS 43-1003]对应，如图 9-9(c)所示。与前面观察到的特征相似，Co_3O_4 纳米片也具有多孔特征，如图 9-9(d)所示。

9.1.5　电化学性能与动力学分析技术

对于无粘结剂的 MOF 衍生类负极，直接将其作为电极。对于粉末样，将活性材料、乙炔黑及聚偏二氟乙烯(PVDF)以 7∶2∶1 的质量比制成极片，在高纯氩手套箱中将试样极片组装成 2016 式纽扣半电池，然后进行各项电化学性能测试。主要测试包括：CV 测试，在电化学工作站上，以 0.1mV/s 的扫描速度在 0.01～3.0V(vs. Li^+/Li)的电压范围内进行；倍率性能和循环稳定性，在蓝电电池测试系

(a)

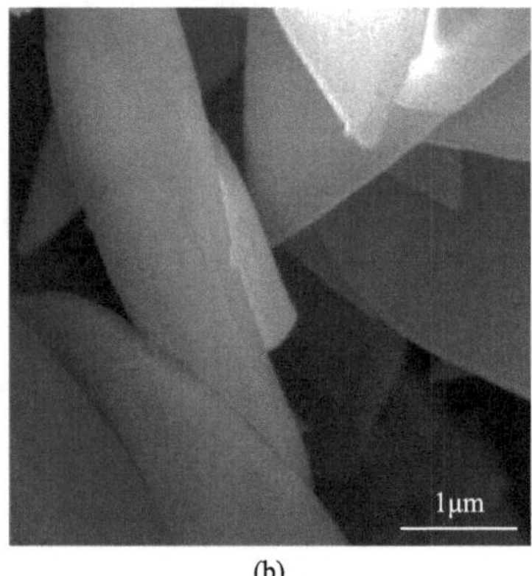

(b)

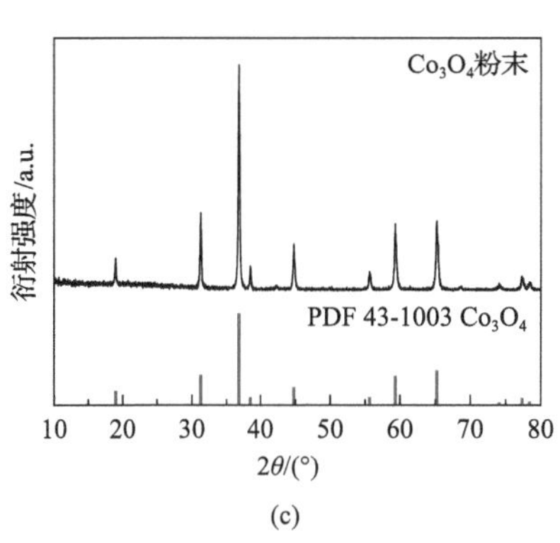

(c)

(d)

图 9-9　Co-MOF 粉末的 SEM 图像和 XRD 图谱

(a)、(b)生长 1h 的 Co-MOF 粉末的 SEM 图像；(c)Co_3O_4粉末的 XRD；(d)SEM 图像

统上，常温(25℃)下通过充放电实验进行；EIS 测试，在电化学工作站进行，测试频率范围为 0.01Hz～100kHz。

9.1.6　电化学性能与动力学分析结果与讨论

1. CV、充放电测试结果与分析讨论

将 Co-MOF/3DNF 作为无黏结剂的锂离子电池负极材料，采用循环伏安法(CV)和恒电流充放电(GCD)测试法研究了其电化学行为。在电压窗口 0.01～3.0V (vs. Li^+/Li)中以 0.1mV/s 的扫描速度记录了初始 3 次的 CV 曲线。如图 9-10(a)所示，初始阴极扫描过程在 0.95V 左右呈现出不可逆的还原峰，这主要归因于氧化钴的还原和固体电解质膜(SEI)的形成[9]。在 0.95V 还原峰后面有一个位于 0.7V 的小还原峰[10-13]。在 1.25V 和 2.05V 附近观察到两个氧化峰，这与 Co^0 的多步氧化反应有关。根据此前的报道，在 1.25V 处的氧化峰可能归因于 Co 和 CoO 之间的中间态 CoO_x($0<x<1$)[14]。在随后的循环中，氧化峰的位置基本不变，但还原峰移至 1.15V，表明初始的循环存在极化。随后的几次 CV 曲线几乎重叠，这表明 Co_3O_4/3DNF 负极具有良好的可逆性和稳定性。

图 9-10(b)显示了在 0.5A/g 电流密度下最初五个循环的充放电曲线，初始放电曲线显示在约 1.0V 处出现一个明显的放电平台，随后在大约 0.7V 处出现了轻微的电压平台，这与初始 CV 曲线一致。后续循环的放电电压平台较高，这与先前关于 Co_3O_4 负极的典型锂离子嵌入行为的报道相似[9, 13-17]。随后的 4 次充放电曲线的几乎重叠，这表明 Co_3O_4/3DNF 在初始循环后具有良好的可逆性。图 9-10(c)直观地显示了在 0.5A/g 电流密度下 Co_3O_4/3DNF 电极的循环性能。在最初的 60 个循环中，放电容量呈现上升趋势，这可能是由于初始活化过程中 SEI 膜的形成和 Li^+离子扩散能力的改善。在随后的循环中，电极的容量变得相当稳定。在 150

次循环时仍可保持 1217mA·h/g 的高放电容量。即使在 300 次循环之后，电极也能够稳定提供 1204mA·h/g 的容量，表明 Co_3O_4/3DNF 复合材料具有优异的循环稳定性。此外，库仑效率保持在 99%左右，说明电极具有优良的锂离子嵌入/脱出可逆性。

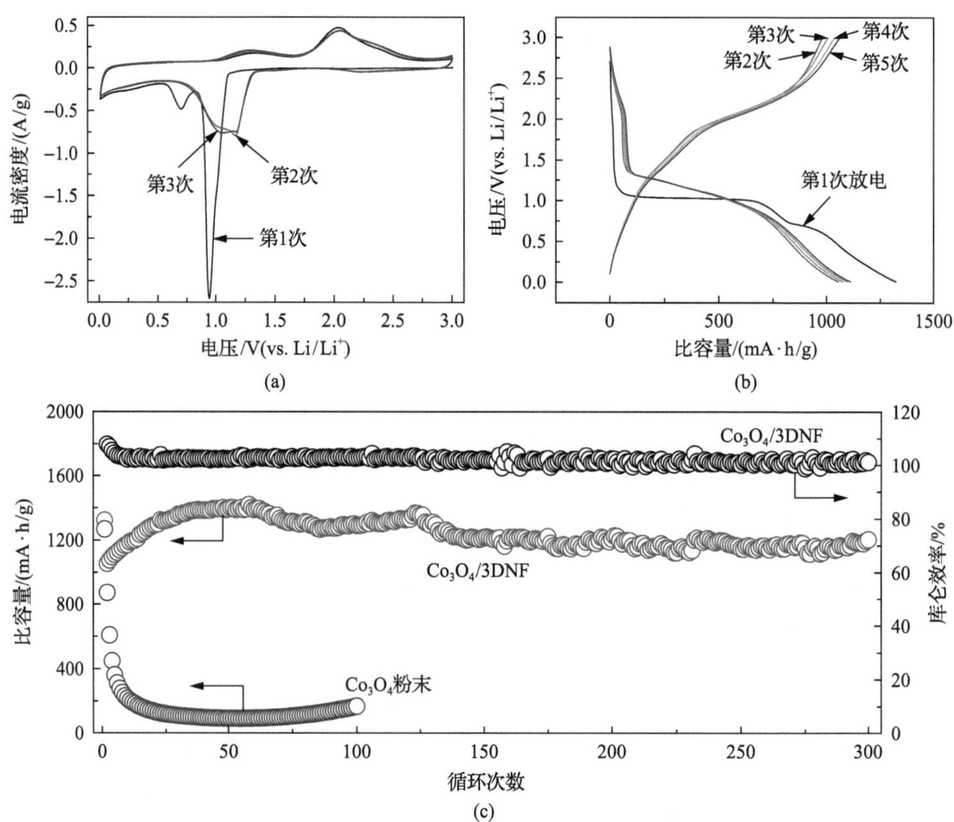

图 9-10　电极的 CV 曲线和充放电测试结果

(a) Co-MOF/3DNF 以 0.1mV/s 的初始 3 次循环伏安曲线；(b) Co_3O_4/3DNF 电极在 0.5A/g 时初始 5 次的充放电曲线；(c) 不同材料在 0.5A/g 时的循环性能和库仑效率

为了进一步说明复合材料所具有的优越性，在 0.5A/g 电流密度下测试了纯相多孔 Co_3O_4 纳米片的循环性能。其在第 2 次循环时的放电容量为 872mA·h/g，然后在第 20 次循环时迅速下降到 138mA·h/g，表现出严重的容量衰减，这一结果表明通过使用 3D 泡沫镍衬底生长 Co_3O_4 纳米片可以显著提升循环性能。测得 Co_3O_4/3DNF 的电荷转移电阻(R_{ct})为 53.93Ω，远小于纯 Co_3O_4 纳米片电极(373.3Ω)，如图 9-11 所示，这表明 3DNF 能有效地增强电极中的电子输运动力学，从而获得优良的锂离子电池电化学性能。

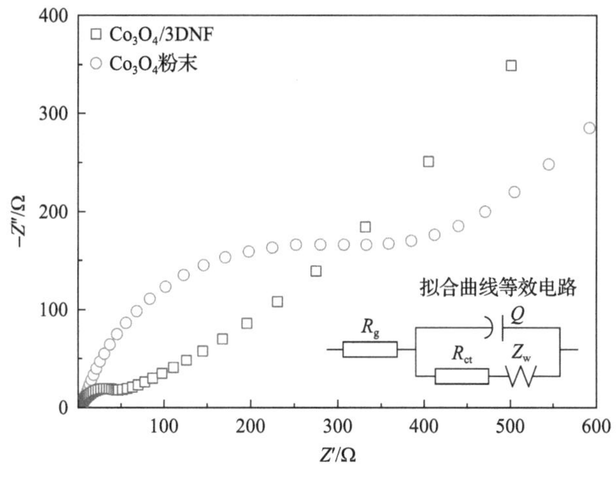

图 9-11　Co_3O_4/3DNF 和 Co_3O_4 的阻抗

2. 倍率充放电测试结果与分析

图 9-12(a) 显示了 Co_3O_4/3DNF 在 0.2～25A/g 的不同电流密度下的倍率性能。第 2 次放电容量为 1135mA·h/g，在前 20 次循环即在 0.2A/g 和 0.5A/g 电流密度时，电极容量逐渐增加，然后随着电流密度分别增加到 1A/g、2A/g、5A/g、10A/g 和 20A/g，可分别获得 1226mA·h/g、1130mA·h/g、923mA·h/g、751mA·h/g 和 543mA·h/g 的放电比容量。在高倍率测试后，将电流密度重新设置回 1A/g 时，电极容量能够恢复至 1192mA·h/g 的高比容量。此外，当在 100 次循环之后再次将电流密度重置为高倍率时，在各种电流密度下仍然保持了理想的放电容量，并且即使在 25A/g 电流密度下也能观察到 364mA·h/g 的高容量，突显了 Co_3O_4/3DNF 卓越的倍率性能。值得注意的是，与以往报道的高倍率 Co_3O_4 基负极材料相比，如 Co_3O_4@碳纳米管阵列(在 5A/g 时容量为 408mA·h/g)[15]、雪花状 Co_3O_4(在 3A/g 时容量为 977mA·h/g)[18]、多壁碳纳米管/Co_3O_4 纳米复合材料(在 1A/g 时容量为 514mA·h/g)[19] 及 Co_3O_4-碳纳米片复合材料(在 10A/g 时为 390mA·h/g)[20]等，Co_3O_4/3DNF 复合材料的倍率性能具有较大的优势。

除高倍率性能外，在大电流充放电下的长循环稳定性是实际应用的另一个关键要求。如图 9-12(b) 所示，在电流密度为 5A/g 和 20A/g 的情况下，Co_3O_4/3DNF 复合材料表现出优于 2000 次循环的稳定性能。当在 5A/g 电流密度时，第 2 次放电释放出 896mA·h/g 的高放电容量，约为首次循环的 80%。500 次循环之后仍能够保持 976mA·h/g 的可逆容量，相对于第 2 次循环容量基本无衰减。即使在 2000 次循环之后，Co_3O_4/3DNF 复合材料的可逆容量仍可达到约 600mA·h/g，相当于每个循环的容量衰减率为 0.016%。进一步在 20A/g 的较高电流密度下进行测量，Co_3O_4/3DNF 电极仍显示出优异的循环性能，尽管在第 2 个循环后容量从 630mA·h/g

迅速下降，但在第 50 次循环时可维持 366mA·h/g 的可逆容量，在接下来 2000 次循环中保持了相对稳定的容量，放电容量为 300mA·h/g。基于第 2 次放电容量和第 50 次循环的放电容量，容量衰减率分别为 0.026%和 0.009%。为了说明在 20A/g 电流密度下前 50 次循环容量衰减的原因，对第 1、10 和 50 次循环之后的电极材料进行了 SEM 图像表征。容量的急剧下降可能与材料的降解和不稳定 SEI 膜的形

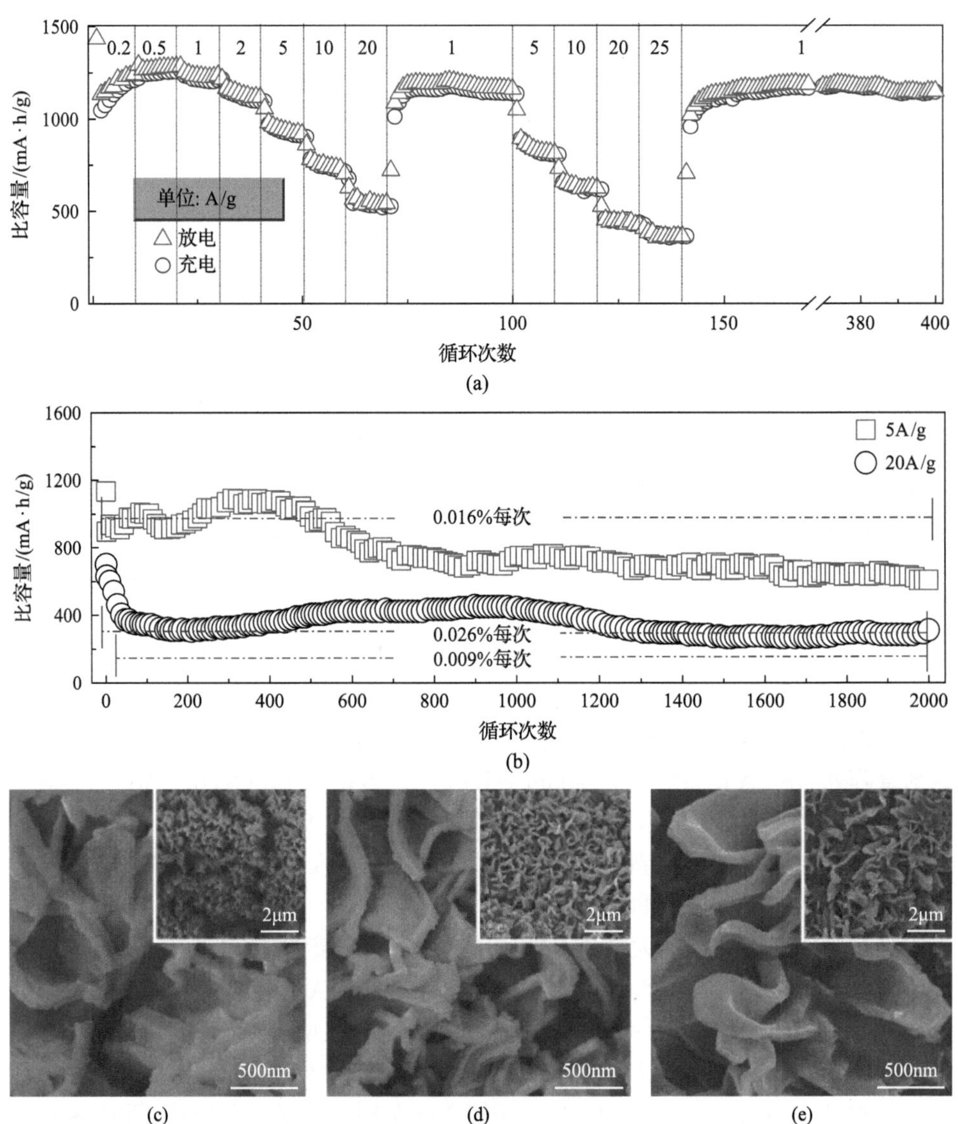

图 9-12　Co_3O_4/3DNF 的倍率性能、长循环性能和结构变化

(a)倍率性能；(b)在 5A/g 和 20A/g 电流密度下的长循环性能；(c)第 1 次循环；(d)第 10 次循环；(e)第 50 次循环后的 SEM 图像

成有关[21-23]。如图 9-12(c)所示，在首次循环之后，Co_3O_4 纳米片上形成并覆盖了一层厚的 SEI 膜，然而 SEI 膜在循环时逐渐变薄，如图 9-12(d)所示。Sun 等论证了 SEI 膜在循环过程中的转变，认为厚 SEI 膜是在容量衰减过程中形成的，但在容量稳定过程中演化为稳定的 SEI 膜[24]。图 9-12(e)为 50 次循环后的 Co_3O_4 纳米片的 SEM 图像，由图可以看出，纳米片表面清洁光滑，表明 SEI 膜趋于稳定，从而在后续循环中表现出良好的循环稳定性。

根据以上分析，Co_3O_4/3DNF 复合材料既具有高倍率性能，又具有优异的循环稳定性。根据文献对比分析，本工作所得到的电化学结果在 Co_3O_4 基负极材料中是目前最好的。在所有具有黏结剂的电极中，Sun 等[24]制备的中孔 Co_3O_4 空心球在 5A/g 电流密度下具有最好的性能，其长期循环稳定性为 7000 个循环，然而电极的比容量较低，需要经历复杂的再活化过程。Wang 等[25]报道了三壳层 Co_3O_4 空心微球具有 1615mA·h/g 的高放电比容量，但其循环次数仅为 30 次。对于大多数无黏结剂的 Co_3O_4 基电极，它们要么循环性能差(如 Co_3O_4 纳米带阵列[26]、Co_3O_4/3D 石墨烯[27])，要么倍率性能差(如 Co_3O_4 纳米线阵列[28]、Co_3O_4 纳米颗粒薄膜[29])。Co_3O_4/3DNF 复合材料优异的电化学性能可能归因于其优化的结构和机械稳定性：①二维多孔叶状的 Co_3O_4 纳米片不仅具有大的比表面积，并且最大限度地暴露了电化学反应的活性位点，缩短了 Li^+离子的扩散距离并有效地缓冲了循环过程中的体积膨胀；②具有优异导电性的 3DNF 促进了电子输运，改善了 MOF 衍生的叶状 Co_3O_4 纳米片的导电性，降低了锂离子电池的内阻；③2D 多孔 Co_3O_4 纳米片和 3DNF 的协同作用形成了优异的循环稳定性和高倍率性能。

9.1.7　小结

通过 Zn-MOF 和 Co-MOF 纳米片在三维导电基底沉积获得三维导电基底@Zn-MOF(或 Co-MOF)复合材料，经过煅烧处理，成功制备了基于 Zn-MOF 和 Co-MOF 纳米片衍生的多孔过渡金属氧化物包覆三维导电基底的复合材料。实验结果表明：MOF 包覆三维导电基底的形成机理是基于 MOF 在三维导电基底表面均匀形核、长大，并逐渐形成均匀的叶状纳米片；所制备的 Co_3O_4/3DNF 复合材料在无黏结剂情况下用作锂离子电池负极材料，表现出高倍率性能(在 25A/g 电流密度下获得 364mA·h/g 的放电比容量)和长循环稳定性(在 5A/g 和 10A/g 电流密度下进行 2000 次循环)。

9.2　八面体状 Cu_2S(Se)@C 复合新材料

9.2.1　概要

与传统的石墨材料相比，过渡金属硫化物和硒化物具有更高的理论比容量[30-32]。

然而，这种材料的反应机制通常为转换反应，在循环过程中会产生较大的结构变化，反复脱嵌锂/钠容易导致电极材料结构坍塌，进而导致严重的容量衰减[33]。此外，通常过渡金属硫化物和硒化物的电子导电性较差，所以电极材料的倍率性能较差[34]。研究表明，空心结构材料由于能够缓冲体积变化可以在循环过程中保持更好的结构稳定性[35]。同时，在过渡金属硫化物或硒化物中引入碳材料制备的复合材料，可以提高整体材料的电子导电性[30-32]。

本节介绍一种以铜基金属有机框架为前驱体，通过简单的硫化/硒化热处理制备的空心多孔的 $Cu_2S@C$ 和 $Cu_2Se@C$ 正八面体复合结构。由于其具有独特的空心多孔结构，大的比表面积和稳固的框架，因此所得电极表现出优异的电化学性能。

9.2.2　材料制备

$Cu_2S@C$ 和 $Cu_2Se@C$ 正八面体复合结构的制备包括两个主要步骤。①铜基金属有机框架八面体的制备。首先将 4.2g 硝酸铜溶解在 30mL 去离子水中，2g H_3BTC 和 3g PVP（M_w=40000）溶于 30mL DMF 和 30mL 乙醇的混合溶液中。在固体粉末完全溶解后，将上述两溶液混合，搅拌 20min。随后，将所得的蓝色溶液转移到容积为 100mL 的聚四氟乙烯内衬中，将该内衬密封于不锈钢高压反应釜中，在 100℃保温 10h。最终将产物用乙醇离心洗涤多次，并收集干燥。②空心 $Cu_2S@C$ 和 $Cu_2Se@C$ 八面体复合材料的制备。将 0.5g 所得的铜基金属有机框架前驱体粉末与 40mg 升华硫粉末或 0.1g 硒粉进行研磨混合，在 5% H_2/95% Ar 气氛下在 700℃热处理 4h，升温速率为 2℃/min，得到 $Cu_2S@C$ 和 $Cu_2Se@C$ 八面体复合材料。

9.2.3　合成材料结构的评价表征技术

材料表征主要技术有：XRD 测试，扫描范围为 10°～80°（2θ），用于产物物相分析；SEM 和 TEM 测试，用于分析样品的晶体表面形貌和晶体内部的精细结构；氮气吸附-脱附测试，通过吸附氮分子的量来计算物质的比表面积，测定材料比表面积和孔径分布；Raman 表征，进一步获得样品精细的结构信息，说明碳材料的存在；热重分析和差示扫描热分析，测定复合材料中的碳含量。

9.2.4　合成材料结构的分析与评价表征结果与讨论分析

1. XRD、SEM 和 TEM 测试表征

图 9-13（a）为铜基金属有机框架的 XRD 测试结果。所制备铜基金属有机框架的 XRD 图谱与此前报道的一致[36]。图 9-13（b）和（c）为材料的 SEM 图像，由 SEM 图可以看出，铜基金属有机框架呈八面体状，尺寸均匀，大小为 3～4μm，并且表面光滑完整，说明成功合成了铜基金属有机框架。

图 9-13　铜基金属有机框架八面体前驱体的 XRD 和 SEM 图像

(a) XRD；(b)、(c) SEM 图像

后续硫化和硒化热处理产物的 XRD 图谱如图 9-14(a)和(d)所示。其衍射峰分别可与辉铜矿结构的 Cu_2S(JCPDS 72-1071)和 Cu_2Se(JCPDS 29-0575)对应，无其他杂质。Cu_2S@C 复合材料保持了铜基金属有机框架的八面体结构，如图 9-14(b)所示，与铜基金属有机框架前驱体相比，Cu_2S@C 的尺寸减小到 2～3μm，这与有机框架在热处理过程中有机物的分解收缩有关，同时 Cu_2S@C 八面体的表面粗糙化，可观察到明显的颗粒。部分破碎的八面体结构说明其内部为空心结构。通过

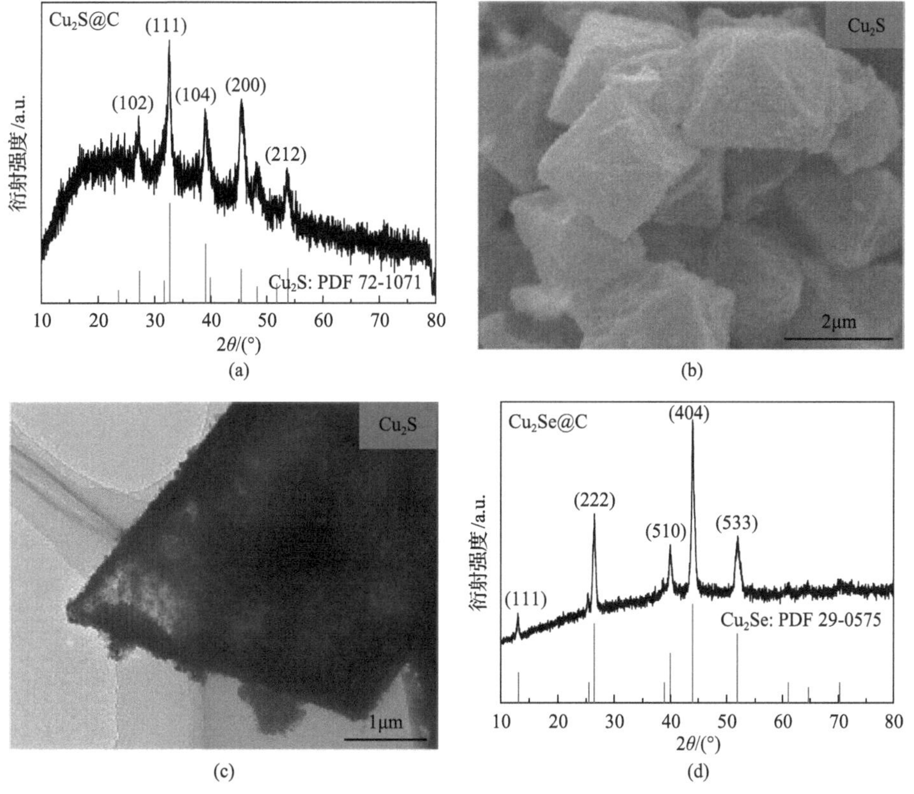

图 9-14　$Cu_2S@C$ 和 $Cu_2Se@C$ 的 XRD 图谱、SEM 和 TEM 图像

$Cu_2S@C$ 的(a) XRD；(b) SEM；(c) TEM；$Cu_2Se@C$ 的(d) XRD；(e) SEM；(f) TEM

TEM 表征证明了其内部的空心结构，如图 9-14(c)所示，且由纳米颗粒组成，为铜元素向外扩散在材料外表和硫反应所致。将铜基金属有机框架和硒粉进行反应可以对应得到铜的硒化物。Cu_2Se 的形貌和内部结构与 $Cu_2S@C$ 相似，如图 9-14(e)和(f)所示。

2. 氮气吸附-脱附测试表征

以 $Cu_2S@C$ 复合材料为例，对其进行氮气吸附-脱附测试，分析其硫化产物的比表面积和孔结构分布。如图 9-15(a)所示，在相对压力为 0.4～1.0 时具有明显滞后环，通过 BET 计算法测得复合材料的比表面积为 90.3m^2/g，说明材料具有多孔结构。基于 BJH 拟合得到的孔结构的尺寸主要为 2.5～15.5nm，如图 9-15(b)所示。

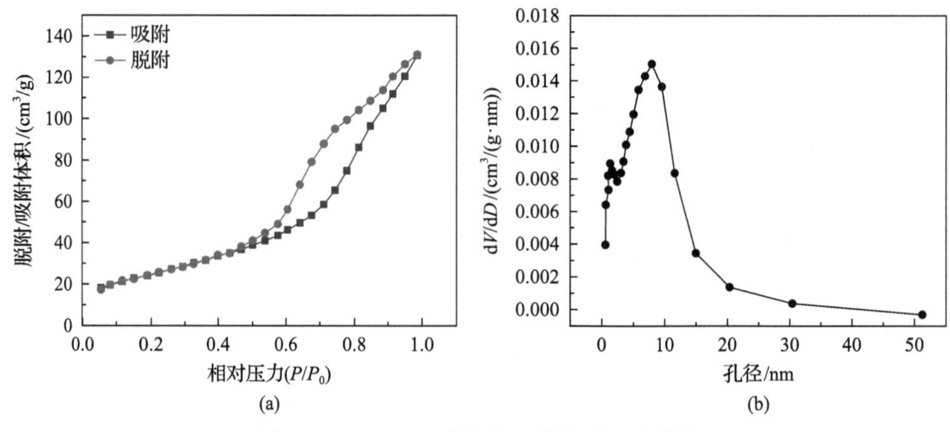

图 9-15　$Cu_2S@C$ 的氮气吸附和孔尺寸分布

(a)氮气吸附-脱附曲线；(b)孔尺寸分布

3. Raman 和 TG/DSC 测试表征

图 9-16(a)和(b)分别为 Cu_2S@C 和 Cu_2Se@C 样品的拉曼图谱。所得样品中均可看到位于 1350cm^{-1} 的 D 峰和位于 1570cm^{-1} 的 G 峰，其为碳材料的特征峰，说明复合材料中碳结构的存在，碳结构是由铜基金属有机框架前驱体中的有机部分衍生而来的。

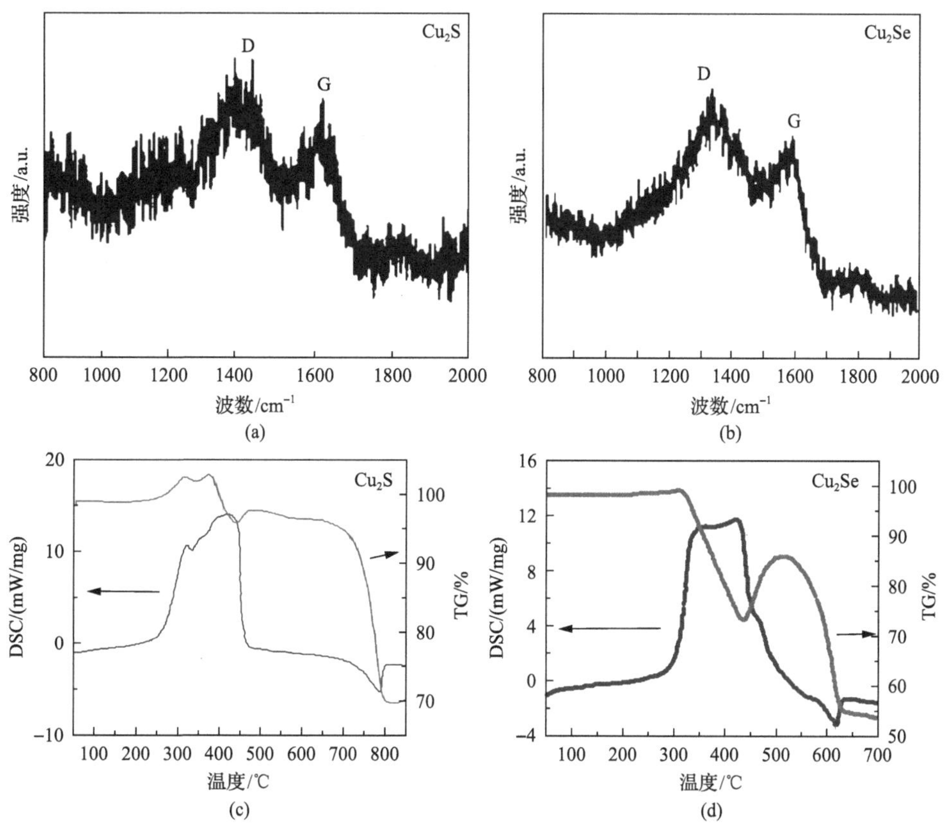

图 9-16　Raman 和 TG/DSC 测试结果

Cu_2S@C 的(a)拉曼图谱；(c)TG/DSC 曲线；Cu_2Se@C 的(b)拉曼图谱；(d)TG/DSC 曲线

此外，通过热重分析测试了 Cu_2S@C 和 Cu_2Se@C 中的碳含量。热重和差热测试均在空气气氛下进行，升温速度为 10℃/min。在 Cu_2S@C 样品的测试过程中，位于 250～370℃的质量增加归因于 Cu_2S 与氧气发生反应生成 $CuSO_4$。在 370℃左右 $CuSO_4$ 开始分解为氧化铜和二氧化硫，导致体系质量下降。随后 27.9%的重量减少是由于碳的氧化(图 9-16(c))。同时分析了 Cu_2Se@C 样品在升温过程中的变化，从图 9-16(d)可以看出，从 300℃开始，大约 25.7%的重量减少可以归于硒的氧化及氧化硒的挥发，随后 12.6%的重量增加是由于铜的氧化，最终 33.1%的重量减少是由于碳的氧化。由上述分析可知，Cu_2S@C 和 Cu_2Se@C 样品中的碳含量分别为 27.9%和 33.1%。

9.2.5　电化学性能与动力学分析技术

将活性物质、乙炔黑及 PVDF 以 7∶2∶1 的质量比混合研磨制成极片，以 1mol/L 的 $LiPF_6$(溶剂为体积比 1∶1 的碳酸乙酯(EC)和碳酸二甲酯(DMC))为电解液，锂金属作为对电极和参比电极，聚丙烯膜作为隔膜，在手套箱中将试样极片组装成 2016 式纽扣半电池进行各项电化学性能测试。主要的半电池性能测试包括：在蓝电电池测试系统上，通过充放电实验来测量电池在常温(25℃)下的倍率性能和循环稳定性等；在电化学工作站上，以 0.1～1.0mV/s 不同的扫描速率在 0.01～3.0V(vs. Li^+/Li)的电压范围内进行循环伏安测试。

9.2.6　电化学性能与动力学分析结果与讨论

1. 充放电测试结果与分析

图 9-17 给出了将 Cu_2Se@C 空心八面体用作锂离子电池负极材料，充放电电压范围为 0.01～3V 条件下的循环和倍率性能。在 100mA/g 的电流密度下，Cu_2Se@C 的首次放电容量为 579mA·h/g，首次库仑效率为 68%。在随后的循环中，伴随着库仑效率的上升，容量逐渐上升，这可归因于电解液的浸润及空心结构的逐渐活化。循环 80 次之后容量降为 512mA·h/g。Cu_2Se@C 也展现出优异的倍率性能，在电流密度为 100mA/g、200mA/g、500mA/g、1000mA/g 和 2000mA/g 的倍率下分别获得 460mA·h/g、369mA·h/g、339mA·h/g、292mA·h/g 和 258mA·h/g 的放电比容量。

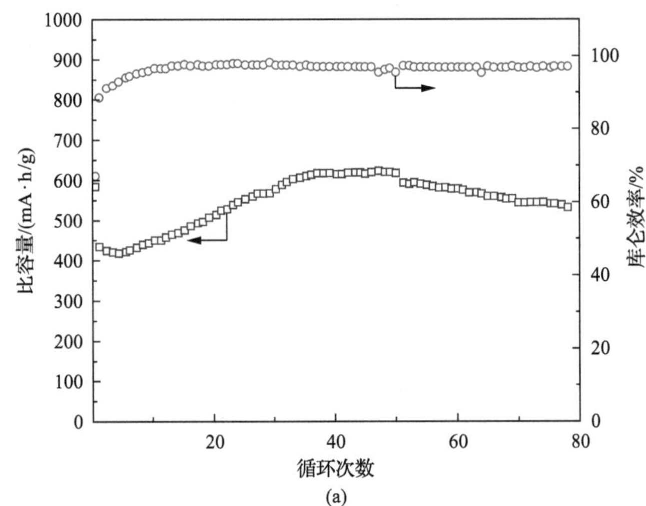

(a)

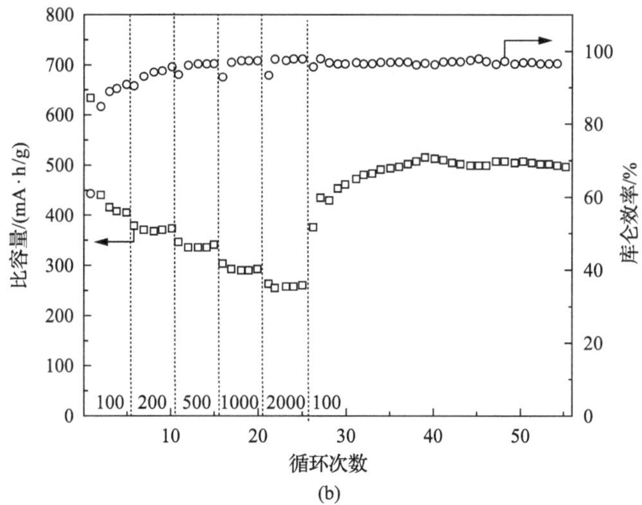

(b)

图 9-17 Cu_2Se@C 锂离子电池电极电化学性能

(a) 在 100mA/g 电流密度下的循环性能；(b) 100～2000mA/g 电流密度下的倍率性能

2. 储锂机制研究

为了探究 Cu_2Se@C 电极的锂离子存储机制，根据不同扫描速率下的 CV 曲线计算了赝电容对储锂容量的贡献率，结果如图 9-18 所示。不同扫描速率的 CV 曲线形状相似，氧化峰和还原峰的强度随扫描速率的增加逐渐增大，故峰位发生偏移。通过峰电流 (i) 和扫描速率 (v) 之间的关系来定性分析电容贡献与扩散贡献的容量[37]。通过拟合得到充放电过程 $\log(i)$-$\log(v)$ 曲线的斜率得到 b 值分别为 0.7661 和 0.8145，如图 9-18 (b) 所示，说明在循环过程中具有电容行为。进一步对电容贡献进行了定量计算[37]，如图 9-18 (c) 和 (d) 所示，在 0.2mV/s 的扫描速率下，电容贡献占据总容量的 83.9%，在 0.8mV/s 的扫描速率下，电容贡献占据总容量的 90.6%。结果表明，Cu_2Se@C 电极材料在循环过程中表现出以电容行为为主的储能机制。

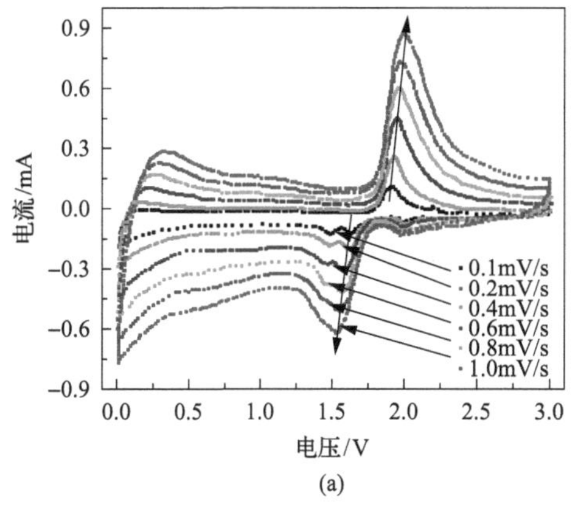

(a)

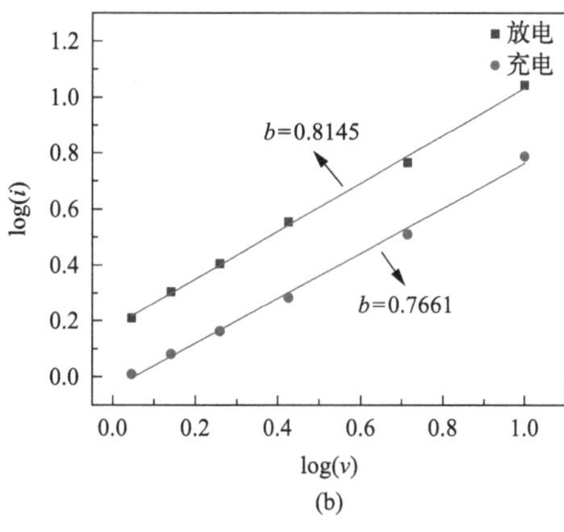

(b)

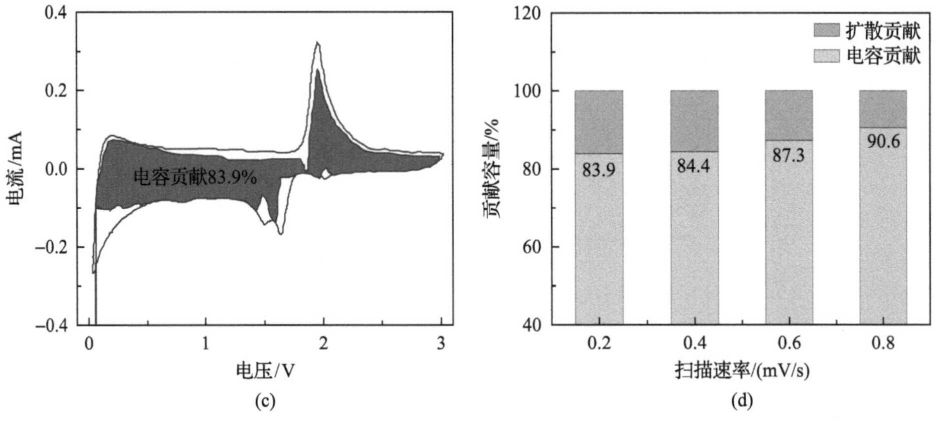

图 9-18　Cu_2Se@C 电极的锂离子存储机制

(a)在不同扫描速率下的 CV 曲线；(b)log(*i*)-log(*v*)关系图；(c)0.2mV/s 下电容控制所贡献的比例；(d)不同扫描速率下归一化的电容和扩散控制贡献容量的比例

9.2.7　小结

通过对铜基金属有机框架前驱体进行硫化或硒化的热处理，分别制备了多孔结构的 Cu_2S@C 和 Cu_2Se@C 八面体微纳米复合新材料。新材料具有大于 $90m^2/g$ 的比表面积和直径在 2.5～15.5nm 的孔隙，能有效提高电解液与活性物质的接触面积。独特的结构使 Cu_2S@C 和 Cu_2Se@C 作为锂离子电池负极材料展现出优异的循环和倍率性能，如 Cu_2Se@C 在 100mA/g 的电流密度下循环 80 次无容量衰减，在 2000mA/g 倍率电流密度下能达到 258mA·h/g 的放电比容量。采用循环伏安法对其锂存储机制和储锂过程中的表面行为动力学进行研究，表明循环过程以电容行为为主控制，电容贡献占据总容量的 90.6%。

9.3　MOFs 正十二面体状 V_2O_5@C 复合新材料

9.3.1　概要

V_2O_5 的锂离子扩散速率[38]和电导率[39, 40]较低。通过将纳米尺度的电极材料和碳材料复合可提高电子传输和锂离子扩散的速率，倍率性能将得到很大的改善。在 V_2O_5 的表面包覆碳、惰性金属氧化物等保护层，是一种有效提高循环稳定性的方法。由于循环过程中会经历反复的体积膨胀和收缩，这可能会导致纳米结构的破坏及材料从碳基质上脱落，从而进一步导致容量的衰减。因此，保护层良好的物理化学特性对于复合材料的电化学性能具有十分重要的作用，其应具备多孔结构及合适的厚度，使电解液较易渗透到活性物质内部。金属有机框架材料具有丰富的形貌和结构，其衍生的碳质框架具有比表面积高[41]、孔容大[42]及可控的物理化学特性[43-45]。此外，这些具有不同结构的碳质框架提供了制备具有不同形貌的碳复合材料的方法。因此，将 V_2O_5 纳米颗粒封装在多孔碳框架中是提高电化学性能的一种有效方法。

本节介绍一种使用金属有机框制备介孔碳框架材料，再将液态的含钒前驱体渗透到碳框架中并进行氧化热处理，得到具有正十二面体形状的 V_2O_5@C 复合新材料的方法[46]。V_2O_5 和碳框架之间的复合结构连续完整，保证了材料结构的稳定性，复合材料中的碳含量可以通过在空气中热处理的时间来调控。V_2O_5@C 复合新材料作为锂离子电池正极材料，展现出了优异的倍率性能和循环稳定性。

9.3.2　材料制备

正十二面体形状的 V_2O_5@C 复合材料的制备主要包括以下几步步骤。

1. 前驱体正十二面体状的碳框架的制备

前驱体沉淀物：以沸石型咪唑框架(ZIFs)作为金属有机框架前驱体。制备过程依据已报道的工作，即化学沉淀法制备 ZIF-67[47]。将 1mmol 六水合硝酸钴和 5mmol 2-甲基咪唑分别溶于 50mL 甲醇中形成透明溶液。将上述两种溶液混合并剧烈搅拌 30s，然后静置 24h 得到浅紫色沉淀物。沉淀物经离心收集、乙醇洗涤及真空干燥后，得到干燥均匀的 ZIF-67。

前驱体沉淀物煅烧：将得到的 ZIF-67 在惰性气氛(氩气)900℃条件下热处理 4h，升温速率为 5℃/min。将获得的产物加入 1mol/L 的盐酸溶液中搅拌 24h，去除碳框架中的钴金属，经水和酒精多次洗涤后干燥备用。

2. V_2O_5@C 复合材料的制备

前驱体草酸钒(VOC_2O_4)溶液的制备：将摩尔比为 1∶3 的 V_2O_5(2.728g)和草酸($H_2C_2O_4 \cdot 2H_2O$，5.673g)分别加入 10mL 去离子水中，在 80℃的条件下搅拌直到形成蓝色澄清的草酸钒溶液(浓度为 3mol/L)。

碳框架分散：将上述制备得到的碳框架通过超声均匀分散于草酸钒溶液中，在此过程中，草酸钒溶液渗透到多孔的碳框架里，随后通过一步离心将产物分离。

煅烧：将产物在空气中以 1℃/min 的升温速率加热到 350℃，分别保温 4h、3h 或 2h。将得到的样品分别命名为 V@C-1、V@C-2 或 V@C-3。作为比较，不在草酸钒溶液中加入碳框架，通过相似的干燥及热处理方法制备了纯的块状 V_2O_5，热处理时间为 2h。

9.3.3　合成材料结构的评价表征技术

材料表征主要技术有以下几种：XRD 测试，用于产物物相分析，扫描范围为 10°～80°(2θ)；Raman 表征，进一步获得样品精细的结构信息，说明碳材料的存在，证明了 V_2O_5 和碳材料的成功复合；SEM 和 TEM 测试，用于分析合成过程中各个样品晶体的表面形貌和晶体内部的精细结构；热重量分析，测定复合材料中的碳含量；氮气吸附-脱附测试，通过吸附氮分子的量来计算物质的比表面积，从而测定材料比表面积和孔径分布。

9.3.4　合成材料结构的分析评价表征结果与分析

1. XRD 和 Raman 测试表征

图 9-19 为通过沉淀反应制备的 ZIF-67 的 XRD 图谱和模拟的 XRD 图谱，其结果与文献报道一致，说明成功制备了 ZIF-67 晶体[48]。图 9-20(a)为 $VOC_2O_4 \cdot nH_2O$@C 复合材料在空气中经 350℃热处理 2h 后所得产物的 XRD 图谱。V_2O_5@C 和 V_2O_5 的 XRD 谱线均与斜方晶系的 V_2O_5(JCPDS 75-0457: *Pmn*21(31)，a=11.48Å，b=4.36Å，c=3.555Å)标准峰一致，说明 VOC_2O_4 被充分氧化为 V_2O_5。纯 V_2O_5 峰的强度更高，峰宽更窄，说明其颗粒尺寸更大。同时测定了多孔碳框架的 XRD 图谱，在 26°左右检测到一个强峰，说明碳质框架中存在高度石墨化的碳，而 V_2O_5@C 复合材料在 26°附近的峰相较于纯 V_2O_5 更宽，说明在最终产物中是有残余的碳存在的。图 9-20(b)为 V_2O_5@C 复合材料的拉曼图谱，在 1350cm^{-1} 和 1570cm^{-1} 附近存

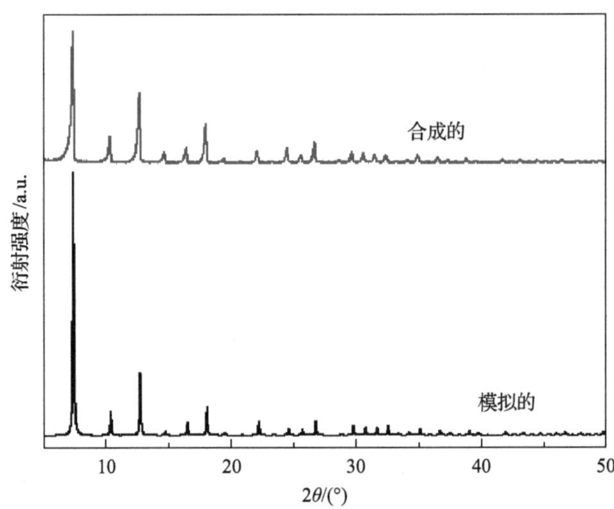

图 9-19　合成 ZIF-67 的 XRD 图谱及其模拟的 XRD 图谱

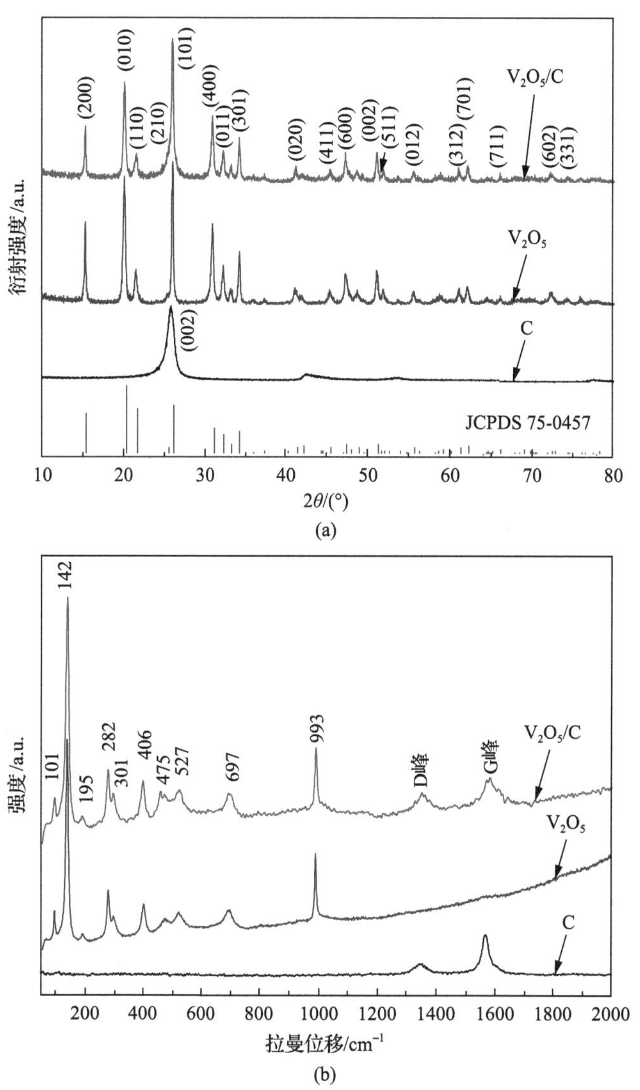

图 9-20　V_2O_5@C 复合材料、纯 V_2O_5 及碳框架的 XRD 谱和拉曼散射光谱

(a) XRD 谱；(b) 拉曼光谱

在两个峰，为碳材料的特征峰 D 峰和 G 峰[49]，这进一步说明了复合材料中碳的存在。G 峰的高强度说明碳具有石墨化特征，这和 XRD 结果相一致。D 峰说明碳中存在大量的缺陷。V_2O_5@C 中其他所有的拉曼峰都可以归属于钒氧化物的特征峰 (表 9-1)[50-52]。这些结果均证明了 V_2O_5 和碳材料的成功复合。

表 9-1 V_2O_5的拉曼峰及其对应的振动模式匹配

频率/cm^{-1}	匹配峰型	振动模式
993	V═O 伸缩振动	A_g
697	V—O_1 伸缩振动	B_{2g} B_{3g}
527	V—O_2 伸缩振动	A_g
475	V—O_1—V 弯曲振动	A_g
406	V—O_2—V 弯曲振动	A_g
301	R_x 振动	A_g
282	O_3—V—O_2 弯曲振动	B_{2g}
195	晶格振动	A_g
142	晶格振动	B_{3g}
101	T_y 平移振动	A_g

2. 多孔碳框架的 SEM 和 TEM 测试表征

图 9-21 为 ZIF-67 的 SEM 图。如图所示，ZIF-67 大小均匀，尺寸为 1.5～2.0μm，为规则的正十二面体结构。将 ZIF-67 在 900℃的高温下碳化。在此过程中金属有机框架中的有机成分转变为部分石墨化的碳，得到 Co/C 复合材料。随后通过酸洗将碳框架中的钴单质去除，得到了多孔碳框架。图 9-22 为多孔碳框架的形貌和结构表征图。如图 9-22(a)和(b)所示，煅烧后的 ZIF-67 正十二面体结构可以完整保留，表面收缩且可观察到大量的孔隙结构。TEM 图像(图 9-22(c)和(d))证实正十二面体的碳框架内部具有多孔结构。从高分辨 TEM 图 9-22(e)可以看出，碳框架的边缘拥有大量纳米尺度的孔洞，此为钴单质纳米颗粒去除后形成的。从图 9-22(f)可以看出，孔洞是由石墨化的碳层封闭组成，其形成原因是 ZIF-67 在碳

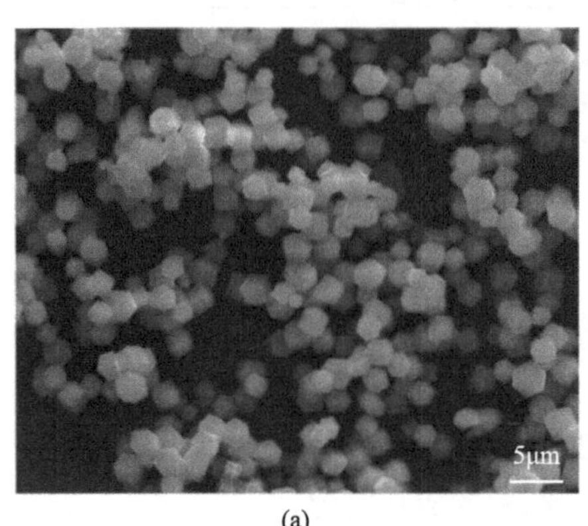

(a)

(b)

图 9-21 ZIF-67 的 SEM 图像

(a)低倍数；(b)高倍数

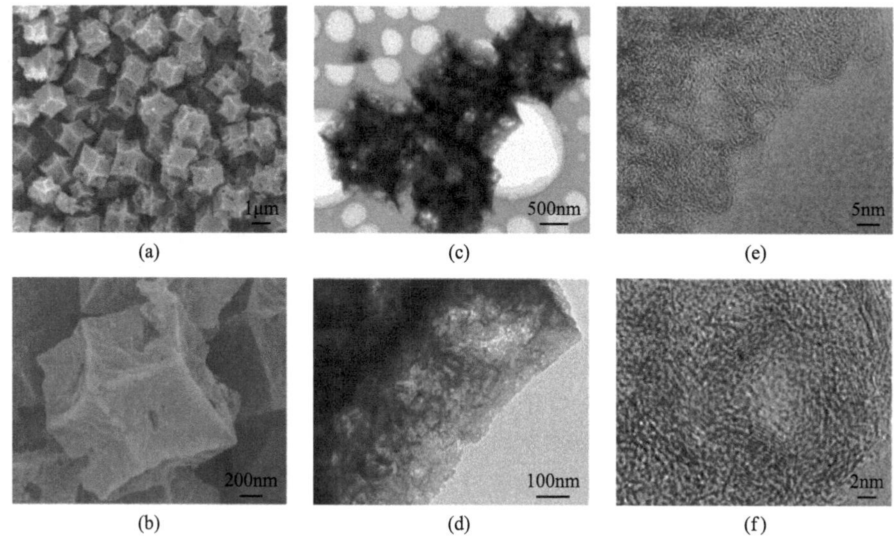

图 9-22　碳框架的 SEM、TEM 和 HRTEM 观察

(a)、(b) SEM 图像；(c)、(d) TEM 图像；(e)、(f) HRTEM 图像

化过程中钴的催化作用使钴单质颗粒周围的碳部分石墨化。将得到的正十二面体多孔碳框架分散在 VOC_2O_4 溶液中，使得 VOC_2O_4 充分地渗入碳框架中，经过干燥，在多孔碳质框架中的 VOC_2O_4 溶液变为 $VOC_2O_4 \cdot nH_2O$ 胶状固体，随后在空气中以 350℃煅烧，$VOC_2O_4 \cdot nH_2O$ 胶体原位氧化为 V_2O_5 纳米颗粒并镶嵌在碳框架孔中。

3. V_2O_5@C 的 SEM 和 TEM 测试表征

图 9-23 为多孔碳框架吸附 VOC_2O_4 后产物的 SEM 图像，可以看到复合前驱体保留了正十二面体形状，且相较于吸附前的碳框架，孔结构明显减少，这说明 $VOC_2O_4 \cdot nH_2O$ 成功附着于碳框架的孔隙中。

图 9-23　$VOC_2O_4 \cdot nH_2O$@C 复合前驱体的 SEM 观察

通过 FESEM 研究了煅烧不同时间的 V_2O_5@C 复合材料的形貌。如图 9-24 和图 9-25 所示，煅烧 2h、3h、4h 后所得的三个样品均为正十二面体结构，表明碳质框架的结构稳定性较好。然而，随着煅烧时间的延长，V_2O_5@C 正十二面体的表面逐渐变得粗糙。从图 9-24(a)和(b)可以看出，煅烧 2h 的样品(V@C-3)的表面相对比较光滑，碳框架结构明显。当煅烧时间延长至 4h 后，样品 V@C-1 的表面十分粗糙，部分结构坍塌，由裸露的、尺寸为 13～300nm 的 V_2O_5 颗粒组成(图 9-25(a)和(b))。而对于样品 V@C-2，经过 3h 的煅烧，碳框架被部分去除，导致其表面粗糙，可观察到 V_2O_5 颗粒(图 9-25(c)和(d))。三个样品细微形貌的不同是由碳的去除程度导致的。通过 TEM 研究了 V@C-3 复合材料的内部结构，对比图 9-22(c)的碳框架与 9-24(c)中 V@C-3 的形貌和多孔碳框架的形貌，碳质框架中的大部分孔都被 V_2O_5 纳米颗粒填充。图 9-24(d)中可观察到不同衬度的 V_2O_5 纳米颗粒，说明 V_2O_5 纳米颗粒被碳框架封装起来。其选区电子衍射谱证明了碳框架中的 V_2O_5 呈多晶结构，衍射环分别对应于 V_2O_5 的(210)、(020)、(511)和(331)晶面。从图 9-24(e)中可以观察到间距为 3.47Å 的晶格条纹，对应于 V_2O_5 的(210)晶面。元素分布图如图 9-24(f)所示，同样证明了 C、V 和 O 元素在十二面体复合材料中的均匀分布，从而说明 V_2O_5 在碳框架中是均匀分布的。

为了说明多孔碳框架的作用，同时制备了不加碳框架、由草酸钒溶液直接搅拌干燥及热处理所得的纯 V_2O_5，其形貌不规则，由大量尺寸不一的颗粒组成，如图 9-26 所示，表明碳质框架的加入可改善 V_2O_5 的形貌和结构。根据上述观察分析，提出了 V_2O_5@C 正十二面体复合新材料的结构形成演变过程与机制，如图 9-27 所示。

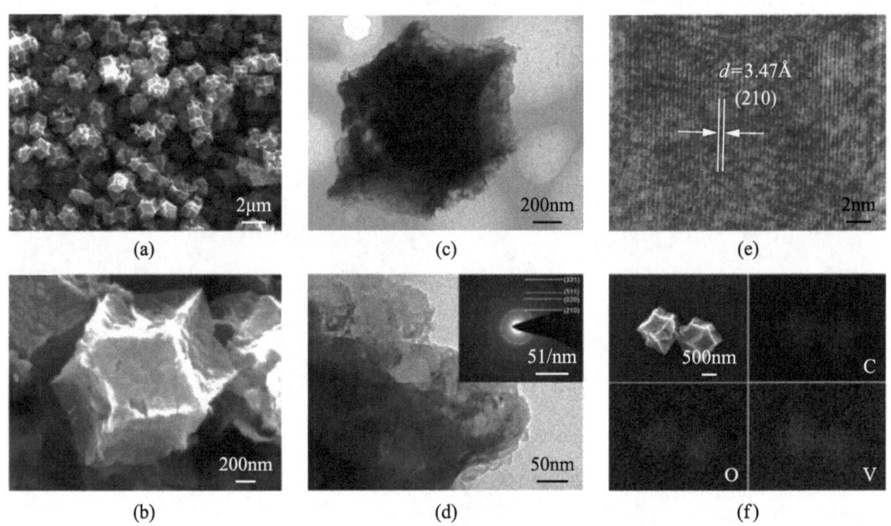

图 9-24　V@C-3 复合新材料的 SEM、TEM 和 HRTEM 图像和元素分布

(a)、(b) SEM 图像；(c)、(d) TEM 图像及选区电子衍射图；(e) HRTEM 图像；(f) 元素分布图

图 9-25　V@C-1 和 V@C-2 的 SEM 图像

(a)、(b) V@C-1 的 SEM 图像；(c)、(d) V@C-2 的 SEM 图像

图 9-26　纯 V_2O_5 的 SEM 图像

(a) 低倍数；(b) 高倍数

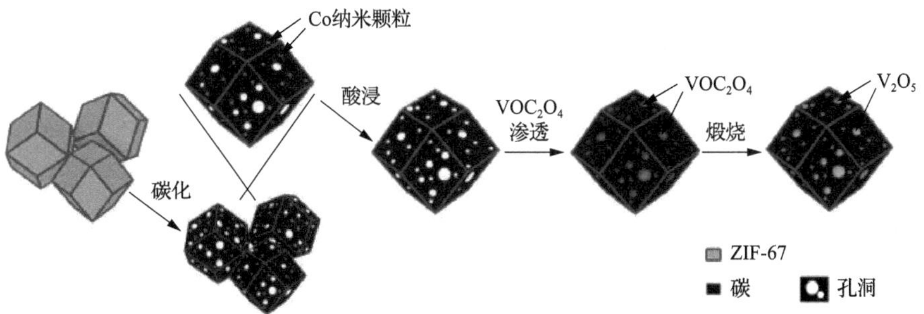

图 9-27　V_2O_5@C 复合新材料制备的结构演化机制

4. TG 和氮气吸附-脱附测试表征

为了得到 V_2O_5@C 复合新材料，应该选择适宜的煅烧温度，使碳框架不会被全部氧化的同时 $VOC_2O_4·nH_2O$ 可完全转化为 V_2O_5。图 9-28 为 $VOC_2O_4·nH_2O$@C 复合材料在空气中煅烧的 TG/DSC 曲线。在 30～200℃的温度区间，质量的下降主要归因于物理吸附水与 $VOC_2O_4·nH_2O$ 中化学结晶水的去除。262℃处的放热峰及质量下降对应于 VOC_2O_4 的分解，而 VOC_2O_4 被完全氧化为 V_2O_5 的温度约为 350℃，这一结果和文献测试结果相一致[53]，而在 440℃的质量下降则为碳的完全氧化。由此，选择 350℃为制备 V_2O_5@C 复合材料的煅烧温度。

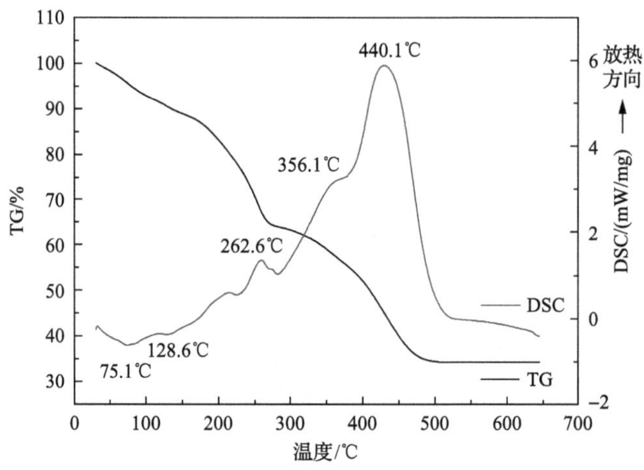

图 9-28　$VOC_2O_4·nH_2O$@C 复合前驱体的 TG/DSC 曲线

图 9-29 为 V@C-1、V@C-2 和 V@C-3 三个样品的热重曲线。由于 V_2O_5 在空

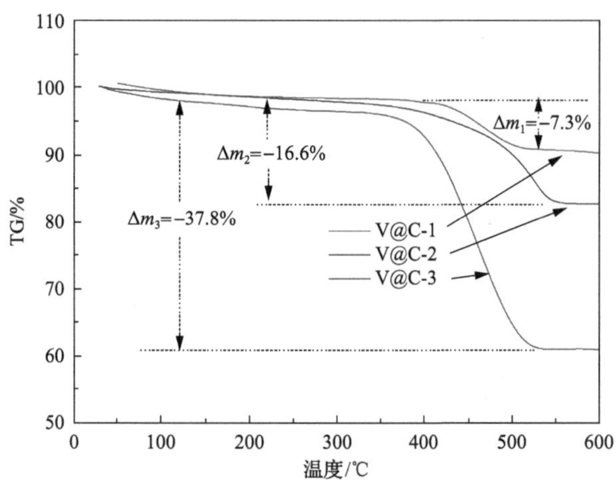

图 9-29　V_2O_5@C 复合材料的热重曲线

气中可稳定存在，位于 350～550℃的质量下降即为碳的氧化。根据计算可知 V@C-1、V@C-2 和 V@C-3 中碳的含量分别为 7.3%、16.6%和 37.8%。

采用氮气吸附-脱附技术对比了 V@C-3 与多孔碳框架的比表面积和内部孔结构，研究复合前后的结构变化。图 9-30(a)为多孔碳框架和 V@C-3 复合材料的氮气吸附-脱附曲线。多孔碳框架在相对压力为 0.4～1.0 时存在明显的回滞环，说明其具有多孔结构。与 V_2O_5 复合后的回滞环明显变小，根据 Brunauer-Emmett-Teller 方法计算得到多孔碳框架与 V@C-3 的比表面积分别为 420.8m^2/g 和 64.2m^2/g。孔径分布曲线表明，V@C-3 样品在 10nm 以下尺寸的孔体积急剧减小，如图 9-30(b)所示。以上结果说明碳框架中多数孔都被 V_2O_5 纳米颗粒填充，但是，V_2O_5@C 复合材料仍然具有较高的比表面积和孔隙率，从而有利于锂离子电池电极材料中电解液的渗透。

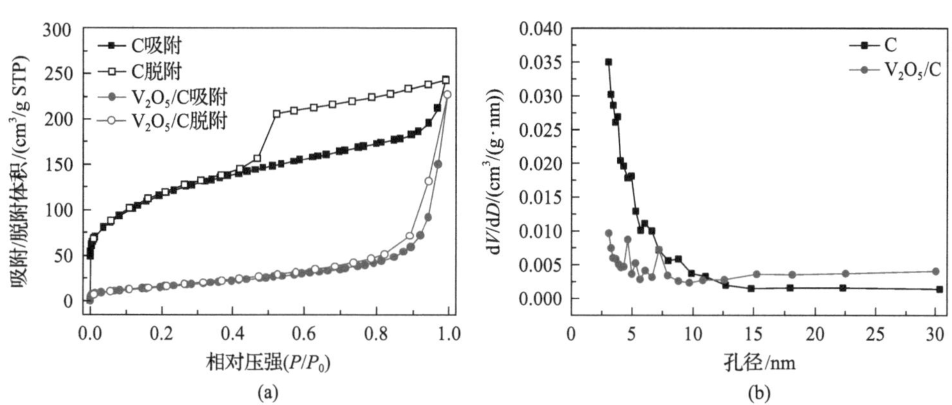

图 9-30　多孔碳框架及 V@C-3 复合材料的氮气吸附-脱附测试

(a)氮气吸附-脱附曲线；(b)孔径分布

9.3.5　电化学性能与动力学分析技术和方法

将活性物质和乙炔黑及 PVDF 以 7∶2∶1 的质量比混合研磨制成极片，电解液为 1mol/L 的 $LiPF_6$(溶剂为体积比为 1∶1∶1 的碳酸乙酯(EC)、碳酸二甲酯(DMC)和碳酸二乙酯(DEC))，锂金属作为对电极和参比电极，聚丙烯膜作为隔膜，在手套箱中将试样极片组装成 2025 式纽扣半电池进行各项电化学性能测试。主要半电池性能测试包括：在电化学工作站上，以 0.1～1.0mV/s 不同的扫描速度在 2.5～4.0V(vs. Li^+/Li)的电压范围内进行循环伏安测试；在蓝电电池测试系统上，通过充放电实验来测量电池在常温(25℃)下的倍率性能和循环稳定性等；EIS 测试在电化学工作站进行，测试频率范围为 0.01Hz～100kHz。

动力学分析——锂离子扩散系数的计算：在电化学工作站上，以 0.1～1.0mV/s 不同的扫描速度在 2.5～4.0V(vs. Li^+/Li)的电压范围内进行循环伏安测试，根据式(6-17)，对于锂离子半无限扩散模型[54]，计算锂离子在正极材料中的扩散系数。

9.3.6 电化学性能与动力学分析结果与讨论

1. CV 测试和锂离子扩散系数结果与分析

图 9-31(a)为 V@C-1、V@C-2、V@C-3 和 V_2O_5 电极材料的循环伏安(CV)曲线，扫描速率为 0.1mV/s，电压范围为 2.5～4.0V(vs. Li^+/Li)。从样品 V@C-3 的 CV 曲线中可以看到，在 3.38V 和 3.18V 检测到两个还原峰，分别对应于从 α-V_2O_5 到 ε-$Li_{0.5}V_2O_5$，再到 δ-LiV_2O_5 的相转变过程[55]。同时在 3.25V 和 3.45V 处的氧化峰对应于锂离子的多步脱出过程，相应的相转变分别为从 δ-LiV_2O_5 到 ε-$Li_{0.5}V_2O_5$，再到 α-V_2O_5[56]。对于 V@C-3 样品，其两对氧化还原峰的电压差分别只有 75mV(*a* vs. *a′*)和 65mV(*b* vs. *b′*)。随着碳含量的减少，氧化还原峰的电压差逐渐增大。对于纯 V_2O_5 电极，检测到的电压差分别为 192mV(*a* vs. *a′*)和 140mV(*b* vs. *b′*)，说明通过与碳的复合，减少了 V_2O_5@C 电极的极化。碳材料的加入可有

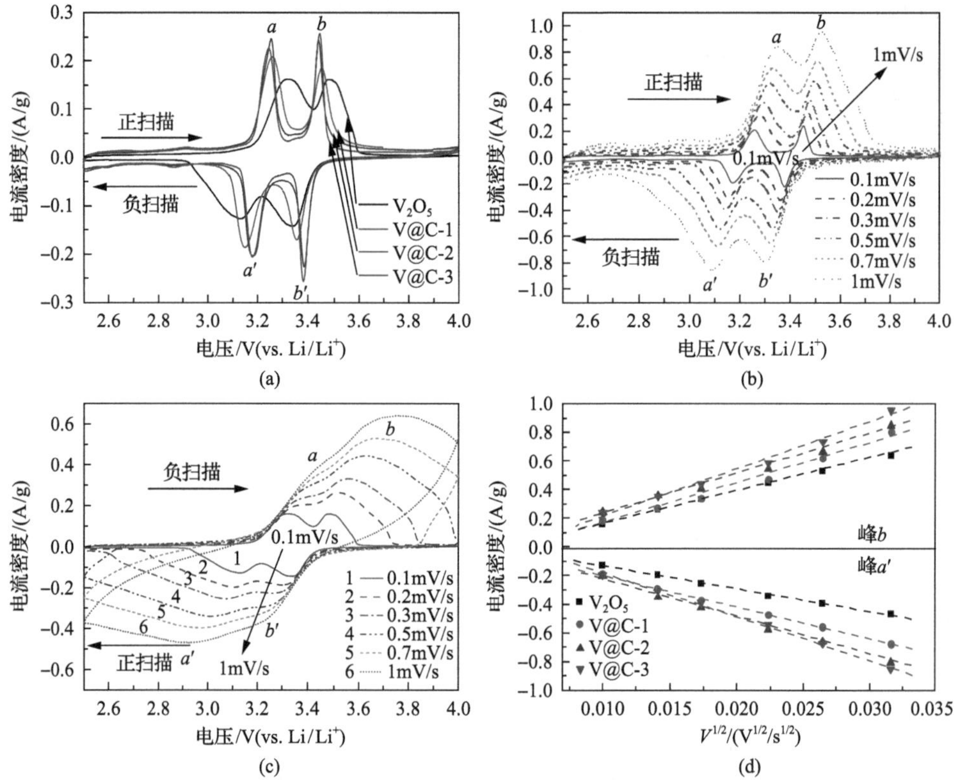

图 9-31　不同碳含量 V_2O_5@C 复合新材料及纯 V_2O_5 的 CV 特性分析

(a)在 0.1mV/s 下不同材料的 CV 曲线比较；(b)V@C-3 电极在不同扫描速率下的 CV 曲线；(c)纯 V_2O_5 电极在不同扫描速率下的 CV 曲线；(d)*b* 和 *a′*氧化还原峰的峰电流 I_p 及 $V^{1/2}$ 的线性拟合结果

效增加电极和电解液之间的接触面积，同时使 V_2O_5 和碳框架之间的复合结构连续而完整。

图 9-31(b)和(c)及图 9-32(a)和(b)分别为 V@C-3、V_2O_5、V@C-1 和 V@C-2 电极材料在不同扫描速率下的 CV 曲线。随着样品中碳含量的减少，在高扫描速率下，两对氧化还原峰逐渐难以分辨。在 1mV/s 的扫描速率下，从 V@C-3 样品的CV曲线仍可清晰分辨出两对氧化还原峰，而纯 V_2O_5 仅可检测到一个很宽的峰。同时对于样品 V@C-3 来说，随着扫描速率增加，氧化还原峰的偏移很小，说明其极化小、氧化还原反应速率快[57]。

图 9-31(d)为峰 a' 和峰 b 处的峰电流和扫描速率的平方根之间的关系图，从中可以看到两者呈线性关系。根据计算所得，V@C-3 在峰位置为 b 和 a' 处的 Li^+ 离子扩散系数分别为 $3.86\times10^{-11}cm^2/s$ 和 $3.18\times10^{-11}cm^2/s$。而纯 V_2O_5 电极的值分别为 $1.59\times10^{-11}cm^2/s$ 和 $7.8\times10^{-12}cm^2/s$，表明 V@C-3 在位于 b 和 a' 的氧化还原峰处锂离子的扩散系数分别是纯 V_2O_5 的 2 倍和 4 倍，说明碳框架的引入可明显提高复合材料的扩散动力学。所有样品计算所得的锂离子扩散系数总结在表 9-2 中。

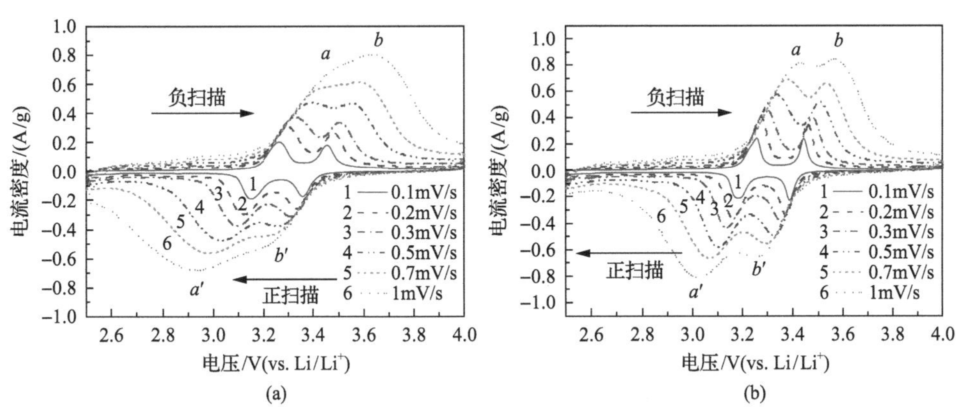

图 9-32　V@C-1 和 V@C-2 电极在不同扫描速率下的 CV 曲线

(a) V@C-1 电极；(b) V@C-2 电极

表 9-2　由 CV 曲线计算的锂离子扩散系数

样品	氧化过程(充电)		还原过程(放电)	
	峰位	D_{Li^+} ($10^{-11}cm^2/s$)	峰位	D_{Li^+} ($10^{-11}cm^2/s$)
V_2O_5	b	1.59	a′	0.78
V@C-1	b	2.48	a′	1.54
V@C-2	b	2.51	a′	2.17
V@C-3	b	3.86	a′	3.18

2. 倍率、EIS 测试结果与分析

图 9-33(a)给出了 V@C-3 复合材料在不同电流密度下的充放电曲线(1C=147mA/g)。从曲线中能看到两对明显的平台，其平台电压和 CV 曲线的峰所在位置一致。V@C-3 复合电极在 1C、2C、4C、8C、16C、32C 和 64C 的电流密度下，放电比容量分别为 140mA·h/g、135mA·h/g、132mA·h/g、129mA·h/g、125mA·h/g、121mA·h/g 和 117mA·h/g。当电流重置为 1C 时，能够恢复到 138mA·h/g 的比容量，说明 V@C-3 具有优异的倍率性能。作为对比，V@C-1、V@C-2 和 V_2O_5 电极的倍率性能如图 9-33(b)所示，说明随着碳含量的减少，其倍率性能逐渐变差。尽管四个样品在 1C 和 2C 的倍率下表现出相近的放电比容量，但是碳含量低的样品在高倍率下的比容量急剧衰减。例如，纯 V_2O_5 样品在 32C 的倍率下比容量只有 20mA·h/g，而 V@C-3 的比容量则高达 121mA·h/g。图 9-34 为 V@C-1、V@C-2 和 V_2O_5 电极在不同倍率下对应的充/放电曲线，可以看到在大扫描速率下

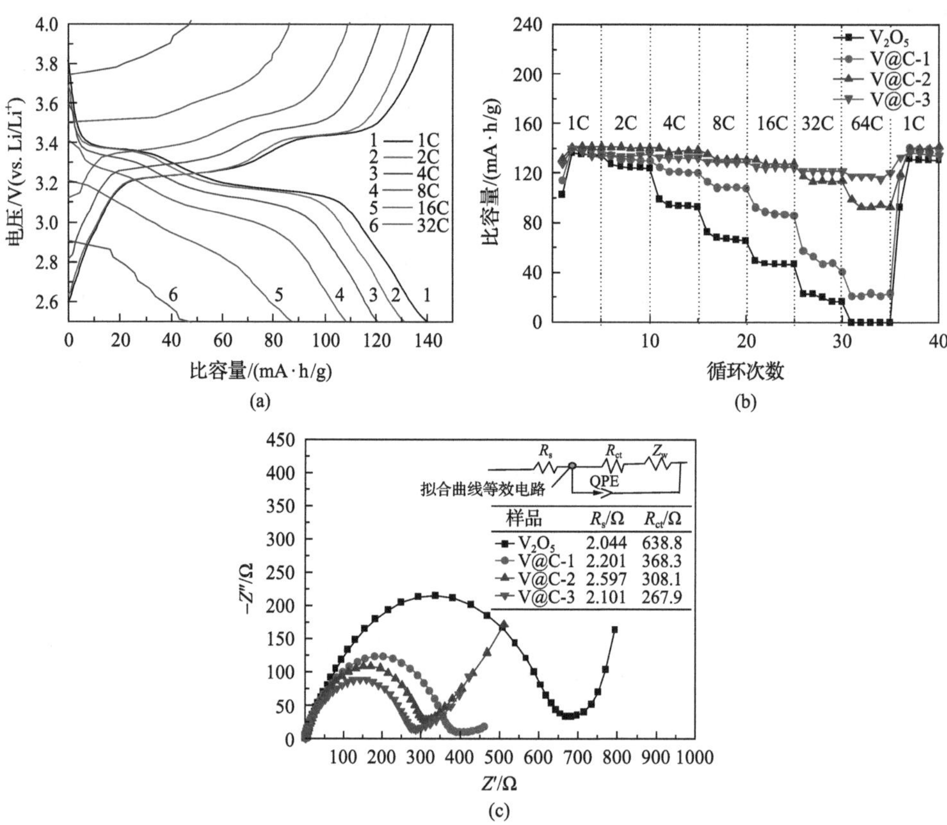

图 9-33　V@C-3、V_2O_5@C 和 V_2O_5 的电化学性能

(a)不同电流密度下 V@C-3 的充放电曲线；(b)在电压窗口为 2.5～4V 的测试条件下，V_2O_5@C 和 V_2O_5 的倍率性能比较；(c)V_2O_5@C 和 V_2O_5 的 Nyquist 图

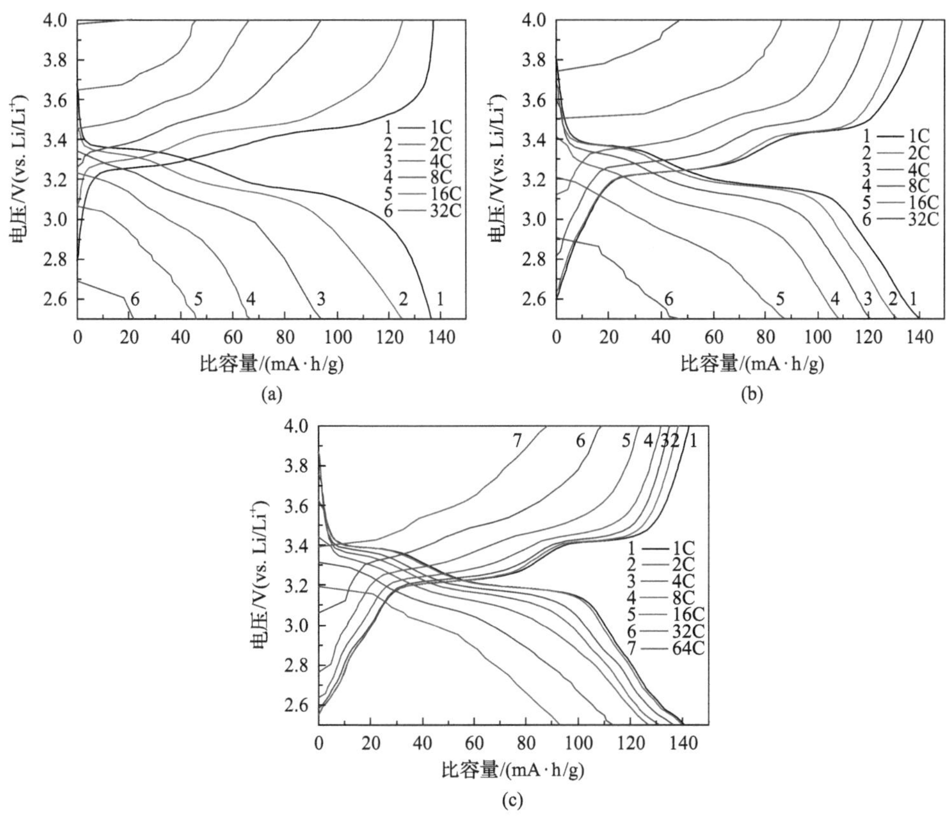

图 9-34 不同电流密度下的充放电曲线

(a) V_2O_5；(b) V@C-1；(c) V@C-2

充放电平台完全消失，验证了其倍率性能较差。

通过电化学阻抗测试(EIS)进一步研究了电极的电荷转移阻抗，测试在ZAHNER-IM6ex电化学工作站上进行，频率范围为100k～0.01Hz。如图9-33(c)所示，在等效电路图中，R_s为电解液阻抗和电池组件阻抗的结合，R_{ct}为电荷转移阻抗，QPE为双电层电容，Z_w为韦伯阻抗。根据拟合结果得到V@C-1、V@C-2、V@C-3和V_2O_5电极的电荷转移阻抗分别为368Ω、308Ω、267Ω和638Ω，可以看到V@C-3的R_{ct}远比纯V_2O_5电极小，这主要归功于多孔的V_2O_5@C框架，它不仅增大了电极和电解液的接触面积，同时还提高了电子传输的能力[58, 59]。

3. 长循环充放电测试与分析

图9-35展示了V_2O_5@C复合材料和纯V_2O_5电极在5C电流密度下的长循环性能。如图所示，V@C-3复合材料的首次放电比容量为130mA·h/g，并在800次循环后保持98mA·h/g的比容量，容量保持率为75.7%。V@C-2样品的容量和循

环稳定性和 V@C-3 相似，但在 700 次循环后的容量明显下降。V@C-1 在 800 次循环中的比容量由 130mA · h/g 降至 30mA · h/g，其原因可能是 V@C-1 结构中大部分碳框架被烧掉，十二面体结构脆弱，在循环中无法缓解体积的变化，导致没有支撑的 V_2O_5 纳米颗粒完全暴露在电解液中，而随着循环进行，V_2O_5 纳米颗粒逐渐从十二面体框架上脱落。对于纯 V_2O_5 来说，在初始 10 次其比容量就衰减到最低值，说明在大电流密度下 V_2O_5 颗粒遭受了剧烈的结构破坏。将 V@C-2 电极与已报道的 V_2O_5 电极材料的倍率性能进行对比并列于表 9-3，说明所制备的 V_2O_5@C 复合材料作为锂离子正极材料具有优异的倍率性能。

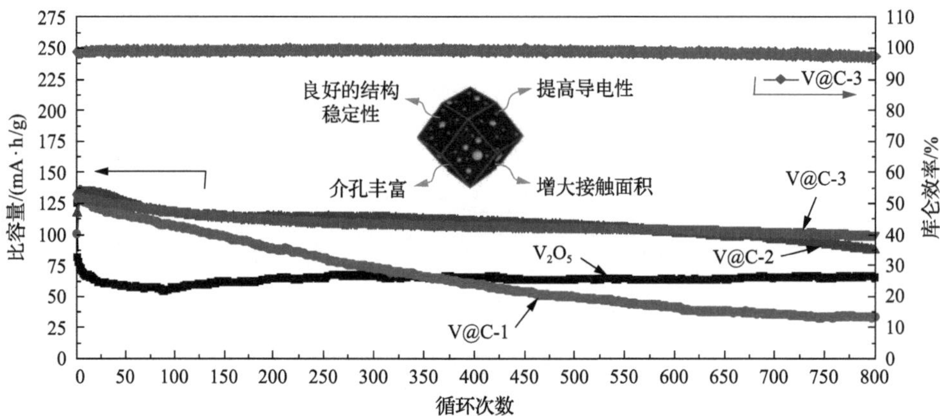

图 9-35　5C 倍率下 V_2O_5@C 和 V_2O_5 的长循环性能

表 9-3　文献报道的 V_2O_5 电极的电化学性能

电极描述	电压区间/V	电流密度/(mA/g)	比容量/(mA · h/g)
V_2O_5 纳米片[60]	2.5～4	100（0.7 C） 3200（21.7 C） 5000（34 C）	139 119 103
V_2O_5 薄膜[61]	2.75～3.8	147（1 C） 1470（10 C）	104 83
V_2O_5 纳米带阵列[62]	2.5～4	147（1 C） 1176（8 C）	139 87
V_2O_5 微米片[63]	2.4～4	100（0.7 C） 2000（13.6 C）	146 110
V_2O_5 微米花[64]	2.5～4	100（0.7 C） 2000（13.6 C） 5000（34 C）	147 116 88
SnO_2/V_2O_5 核/壳纳米线[65]	2.7～4	200（1.3 C） 2000（13.6 C） 5000（34 C）	138 122 114

续表

电极描述	电压区间/V	电流密度/(mA/g)	比容量/(mA · h/g)
三维多孔 V_2O_5[66]	2.5～4	73.5 (0.5 C) 1176 (8 C) 8232 (56 C)	142 120 86
此项工作：V@C-2	2.5～4	147 (1 C) 4704 (32 C) 9408 (64 C)	140 113 92
此项工作：V@C-3	2.5～4	147 (1 C) 4704 (32 C) 9408 (64 C)	140 121 117

9.3.7　小结

通过将液态的钒前驱体吸附到由有机金属框架衍生的碳框架中，随后进行氧化热处理，可成功制备正十二面体状的 V_2O_5@C 复合新材料。所获得的 V_2O_5@C 孔隙率大，尺寸分布均匀。作为锂离子电池正极材料，新材料展示出了良好的电化学性能。主要是因为：①V_2O_5 在碳框架中的均匀分布能够提高电极材料的导电性；②V_2O_5 被封装于正十二面体形状的碳框架中，可以在循环中保持结构的完整和稳定；③复合材料的高孔隙率能够为电解液渗透提供便捷的通道；④电极和电解液的接触面积增大，降低了氧化还原反应的极化；⑤独特的结构、优良的机械性能使其表现出优异的半电池电化学性能(在 5C 条件下稳定循环 800 次)。

参 考 文 献

[1] Li B, Wen H M, Cui Y, et al. Emerging multifunctional metal-organic framework materials [J]. Adv Mater, 2016, 28(40): 8819-8860.

[2] Furukawa H, Cordova K E, O'Keeffe M, et al. The chemistry and applications of metal-organic frameworks [J]. Science, 2013, 341(6149): 1230444.

[3] Wu H B, Xia B Y, Yu L, et al. Porous molybdenum carbide nano-octahedrons synthesized via confined carburization in metal-organic frameworks for efficient hydrogen production [J]. Nat Commun, 2015, 6: 6512.

[4] Meng W, Chen W, Zhao L, et al. Porous Fe_3O_4/carbon composite electrode material prepared from metal-organic framework template and effect of temperature on its capacitance [J]. Nano Energy, 2014, 8: 133-140.

[5] Zhou X M, Shen X T, Xia Z M, et al. Hollow fluffy Co_3O_4 cages as efficient electroactive materials for supercapacitors and oxygen evolution reaction [J]. ACS Appl Mater Inter, 2015, 7(36): 20322-20331.

[6] Guozhao F, jiang Z, Caiwu L, et al. MOFs nanosheets derived porous metal oxide-coated three-dimensional substrates for lithium-ion battery applications [J]. Nano Energy, 2016, 26: 57-65.

[7] Chen R, Yao J, Gu Q, et al. A two-dimensional zeolitic imidazolate framework with a cushion-shaped cavity for CO_2 adsorption [J]. Chem Commun, 2013, 49(82): 9500-9502.

[8] Liu Q, Low Z X, Feng Y, et al. Direct conversion of two-dimensional ZIF-L film to porous ZnO nano-sheet film and its performance as photoanode in dye-sensitized solar cell [J]. Micropor Mesopor Mat, 2014, 194: 1-7.

[9] Wang D, Yu Y, He H, et al. Template-free synthesis of hollow-structured Co_3O_4 nanoparticles as high-performance anodes for lithium-ion batteries [J]. ACS Nano, 2015, 9(2): 1775-1781.

[10] Abbas S M, Hussain S T, Ali S, et al. Synthesis of carbon nanotubes anchored with mesoporous Co_3O_4 nanoparticles as anode material for lithium-ion batteries [J]. Electrochim Acta, 2013, 105: 481-488.

[11] Zheng Y, Qiao L, Tang J, et al. Electrochemically deposited interconnected porous Co_3O_4 nanoflakes as anodes with excellent rate capability for lithium ion batteries [J]. RSC Adv, 2015, 5(45): 36117-36121.

[12] Zhuo L, Wu Y, Ming J, et al. Facile synthesis of a Co_3O_4-carbon nanotube composite and its superior performance as an anode material for Li-ion batteries [J]. J Mater Chem A, 2013, 1(4): 1141-1147.

[13] Ming J, Ming H, Kwak W J, et al. The binder effect on an oxide-based anode in lithium and sodium-ion battery applications: the fastest way to ultrahigh performance [J]. Chem Commun, 2014, 50(87): 13307-13310.

[14] Li C, Chen T, Xu W, et al. Mesoporous nanostructured Co_3O_4 derived from MOF template: A high-performance anode material for lithium-ion batteries [J]. J Mater Chem A, 2015, 3(10): 5585-5591.

[15] Gu D, Li W, Wang F, et al. Controllable synthesis of mesoporous peapod-like Co_3O_4@carbon nanotube arrays for high-performance lithium-ion batteries [J]. Angew Chem, 2015, 54(24): 7060-7064.

[16] Li L, Seng K H, Chen Z, et al. Self-assembly of hierarchical star-like Co_3O_4 micro/nanostructures and their application in lithium ion batteries [J]. Nanoscale, 2013, 5(5): 1922-1928.

[17] Su P, Liao S, Rong F, et al. Enhanced lithium storage capacity of Co_3O_4 hexagonal nanorings derived from Co-based metal organic frameworks [J]. J Mater Chem A, 2014, 2(41): 17408-17414.

[18] Wang B, Lu X Y, Tang Y. Synthesis of snowflake-shaped Co_3O_4 with a high aspect ratio as a high capacity anode material for lithium ion batteries [J]. J Mater Chem A, 2015, 3(18): 9689-9699.

[19] Huang G, Zhang F, Du X, et al. Metal organic frameworks route to in situ insertion of multiwalled carbon nanotubes in Co_3O_4 polyhedra as anode materials for lithium-ion batteries [J]. ACS Nano, 2015, 9(2): 1592-1599.

[20] Wang H, Mao N, Shi J, et al. Cobalt oxide-carbon nanosheet nanoarchitecture as an anode for high-performance lithium-ion battery [J]. ACS Appl Mater Interfaces, 2015, 7(4): 2882-2890.

[21] Ebner M, Marone F, Stampanoni M, et al. Visualization and quantification of electrochemical and mechanical degradation in Li ion batteries [J]. Science, 2013, 342(6159): 716-720.

[22] Guo J, Jiang B, Zhang X, et al. Topochemical transformation of Co(Ⅱ) coordination polymers to Co_3O_4 nanoplates for high-performance lithium storage [J]. J Mater Chem A, 2015, 3(5): 2251-2257.

[23] Wu F, Xiong S, Qian Y, et al. Hydrothermal synthesis of unique hollow hexagonal prismatic pencils of $Co_3V_2O_8 \cdot nH_2O$: A new anode material for lithium-ion batteries [J]. Angew Chem, 2015, 54(37): 10787-10791.

[24] Sun H, Xin G, Hu T, et al. High-rate lithiation-induced reactivation of mesoporous hollow spheres for long-lived lithium-ion batteries [J]. Nat Commun, 2014, 5: 4526.

[25] Wang J, Yang N, Tang H, et al. Accurate control of multishelled Co_3O_4 hollow microspheres as high-performance anode materials in lithium-ion batteries [J]. Angew Chem, 2013, 52(25): 6417-6420.

[26] Wang Y, Xia H, Lu L, et al. Excellent performance in lithium-ion battery anodes: Rational synthesis of $Co(CO_3)_{0.5}(OH)_{0.11}H_2O$ nanobelt array and its conversion into mesoporous and single-crystal Co_3O_4 [J]. ACS Nano, 2010, 4(3): 1425-1432.

[27] Sun H, Liu Y, Yu Y, et al. Mesoporous Co_3O_4 nanosheets-3D graphene networks hybrid materials for high-performance lithium ion batteries [J]. Electrochim Acta, 2014, 118: 1-9.

[28] Kong D, Luo J, Wang Y, et al. Three-dimensional Co_3O_4@MnO_2 hierarchical nanoneedle arrays: Morphology control and electrochemical energy storage [J]. Adv Funct Mater, 2014, 24(24): 3815-3826.

[29] Ha D-H, Islam M A, Robinson R D. Binder-free and carbon-free nanoparticle batteries: A method for nanoparticle electrodes without polymeric binders or carbon black [J]. Nano Lett, 2012, 12(10): 5122-5130.

[30] Wang Q, Zou R, Xia W, et al. Facile synthesis of ultrasmall CoS_2 nanoparticles within thin N-doped porous carbon shell for high performance lithium-ion batteries [J]. Small, 2015, 11(21): 2511-2517.

[31] Zhang K, Hu Z, Liu X, et al. $FeSe_2$ microspheres as a high-performance anode material for Na-ion batteries [J]. Adv Mater, 2015, 27(21): 3305-3309.

[32] Zhang Y, Pan A, Wang Y, et al. Dodecahedron-shaped porous vanadium oxide and carbon composite for high-rate lithium ion batteries [J]. ACS Appl Mater Inter, 2016, 8(27): 17303-17311.

[33] Zhao Y, Wang L P, Sougrati M T, et al. A review on design strategies for carbon based metal oxides and sulfides nanocomposites for high performance Li and Na ion battery anodes [J]. Adv Energy Mater, 2017, 7(9): 1601424.

[34] Hu Z, Liu Q, Chou S, et al. Advances and challenges in metal sulfides/selenides for next-generation rechargeable sodium-ion batteries [J]. Adv Mater, 2017, 29(48): 1700606.

[35] Xie X C, Huang K J, Wu X. Metal-organic framework derived hollow materials for electrochemical energy storage [J]. J Mater Chem A, 2018, 6(16): 6754-6771.

[36] Chen T, Hu Y, Cheng B, et al. Multi-yolk-shell copper oxide@carbon octahedra as high-stability anodes for lithium-ion batteries [J]. Nano Energy, 2016, 20: 305-314.

[37] Augustyn V, Simon P, Dunn B. Pseudocapacitive oxide materials for high-rate electrochemical energy storage [J]. Energ Environ Sci, 2014, 7(5): 1597.

[38] Watanabe T, Ikeda Y, Ono T, et al. Characterization of vanadium oxide sol as a starting material for high rate intercalation cathodes [J]. Solid State Ionics, 2002, 151(1-4): 313-320.

[39] Liu J, Zhou Y, Wang J, et al. Template-free solvothermal synthesis of yolk-shell V_2O_5 microspheres as cathode materials for Li-ion batteries [J]. Chem Commun, 2011, 47(37): 10380-10382.

[40] Rui X, Zhu J, Liu W, et al. Facile preparation of hydrated vanadium pentoxide nanobelts based bulky paper as flexible binder-free cathodes for high-performance lithium ion batteries [J]. Rsc Adv, 2011, 1(1): 117.

[41] Lim S, Suh K, Kim Y, et al. Porous carbon materials with a controllable surface area synthesized from metal-organic frameworks [J]. Chem Commun, 2012, 48(60): 7447-7449.

[42] Pachfule P, Biswal B P, Banerjee R. Control of porosity by using isoreticular zeolitic imidazolate frameworks (IRZIFs) as a template for porous carbon synthesis [J]. Chem-Eur J, 2012, 18(36): 11399-11408.

[43] Torad N L, Hu M, Kamachi Y, et al. Facile synthesis of nanoporous carbons with controlled particle sizes by direct carbonization of monodispersed ZIF-8 crystals [J]. Chem Commun, 2013, 49(25): 2521-2523.

[44] Su P, Jiang L, Zhao J, et al. Mesoporous graphitic carbon nanodisks fabricated via catalytic carbonization of coordination polymers [J]. Chem Commun, 2012, 48(70): 8769-8771.

[45] Aiyappa H B, Pachfule P, Banerjee R, et al. Porous carbons from nonporous MOFs: influence of ligand characteristics on intrinsic properties of end carbon [J]. Cryst Growth Des, 2013, 13(10): 4195-4199.

[46] Zhang Y, Pan A, Wang Y, et al. Dodecahedron-shaped porous vanadium oxide and carbon composite for high-rate lithium ion batteries [J]. ACS Appl Mater Interfaces, 2016, 8(27): 17303-17311.

[47] Wu R, Qian X, Rui X, et al. Zeolitic imidazolate framework 67-derived high symmetric porous Co_3O_4 hollow dodecahedra with highly enhanced lithium storage capability [J]. Small, 2014, 10(10): 1932-1938.

[48] Banerjee R, Phan A, Wang B, et al. High-throughput synthesis of zeolitic imidazolate frameworks and application to CO_2 capture [J]. Science, 2008, 319(5865): 939-943.

[49] Ferrari A C, Basko D M. Raman spectroscopy as a versatile tool for studying the properties of graphene [J]. Nat Nanotechnol, 2013, 8 (4) : 235-246.

[50] Pan G X, Xia X H, Cao F, et al. Carbon cloth supported vanadium pentaoxide nanoflake arrays as high-performance cathodes for lithium ion batteries [J]. Electrochim Acta, 2014, 149: 349-354.

[51] Ramana C V, Smith R J, Hussain O M, et al. Surface analysis of pulsed laser-deposited V_2O_5 thin films and their lithium intercalated products studied by Raman spectroscopy [J]. Surf Interface Anal, 2005, 37 (4) : 406-411.

[52] Pol V G, Pol S V, Calderon-Moreno J M, et al. Core-shell vanadium oxide-carbon nanoparticles: Synthesis, characterization, and luminescence properties [J]. J Phys Chem C, 2009, 113 (24) : 10500-10504.

[53] Pan A, Liu J, Zhang J G, et al. Template free synthesis of LiV_3O_8 nanorods as a cathode material for high-rate secondary lithium batteries [J]. J Mater Chem, 2011, 21 (4) : 1153.

[54] Xu J, Chou S L, Zhou C, et al. Three-dimensional-network $Li_3V_2(PO_4)_3$/C composite as high rate lithium ion battery cathode material and its compatibility with ionic liquid electrolytes [J]. J Power Sources, 2014, 246: 124-131.

[55] Rui X, Zhu J, Sim D, et al. Reduced graphene oxide supported highly porous V_2O_5 spheres as a high-power cathode material for lithium ion batteries [J]. Nanoscale, 2011, 3 (11) : 4752-4758.

[56] Wu H B, Pan A, Hng H H, et al. Template-assisted formation of rattle-type V_2O_5 hollow microspheres with enhanced lithium storage properties [J]. Adv Funct Mater, 2013, 23 (45) : 5669-5674.

[57] Su J, Wu X L, Lee J S, et al. A carbon-coated $Li_3V_2(PO)_3$ cathode material with an enhanced high-rate capability and long lifespan for lithium-ion batteries [J]. J Mater Chem A, 2013, 1 (7) : 2508-2514.

[58] Li H, Zhou H. Enhancing the performances of Li-ion batteries by carbon-coating: Present and future [J]. Chem Commun, 2012, 48 (9) : 1201-1217.

[59] Shen L, Li H, Uchaker E, et al. General strategy for designing core-shell nanostructured materials for high-power lithium ion batteries [J]. Nano Lett, 2012, 12 (11) : 5673-5678.

[60] Liang S, Hu Y, Nie Z, et al. Template-free synthesis of ultra-large V_2O_5 nanosheets with exceptional small thickness for high-performance lithium-ion batteries [J]. Nano Energy, 2015, 13: 58-66.

[61] Ostreng E, Gandrud K B, Hu Y, et al. High power nano-structured V_2O_5 thin film cathodes by atomic layer deposition [J]. J Mater Chem A, 2014, 2 (36) : 15044-15051.

[62] Qin M, Liang Q, Pan A, et al. Template-free synthesis of vanadium oxides nanobelt arrays as high-rate cathode materials for lithium ion batteries [J]. J Power Sources, 2014, 268: 700-705.

[63] An Q, Zhang P, Wei Q, et al. Top-down fabrication of three-dimensional porous V_2O_5 hierarchical microplates with tunable porosity for improved lithium battery performance [J]. J Mater Chem A, 2014, 2 (10) : 3297.

[64] Chen L, Gu X, Jiang X, et al. Hierarchical vanadium pentoxide microflowers with excellent long-term cyclability at high rates for lithium ion batteries [J]. J Power Sources, 2014, 272: 991-996.

[65] Yan J, Sumboja A, Khoo E, et al. V_2O_5 loaded on SnO_2 nanowires for high-rate Li ion batteries [J]. Adv Mater, 2011, 23 (6) : 746-750.

[66] Wang S, Li S, Sun Y, et al. Three-dimensional porous V_2O_5 cathode with ultra high rate capability [J]. Energ Environ Sci, 2011, 4 (8) : 2854.

第 10 章　钠离子电池用磷酸盐基正极新材料

10.1　类三维石墨烯笼封装 $Na_3V_2(PO_4)_3$ 纳米片组装新材料

10.1.1　概要

钠超离子导体(NASICON)结构的 $Na_3V_2(PO_4)_3$ 材料以其优异的结构稳定性、较高的氧化还原电位(约 3.4V vs. Na^+/Na)、良好的热稳定性(高达 450℃)和较大的理论能量密度(约 394W·h/kg)，被认为是最有前途的储钠正极材料之一[1]。与其他聚阴离子型化合物(如 $Li_3V_2(PO_4)_3$、$K_3V_2(PO_4)_3$)类似[2,3]，$Na_3V_2(PO_4)_3$ 本征电子的导电性较差(约 10^{-9}S/cm)，这极大地限制了其电化学性能的发挥。制备 $Na_3V_2(PO_4)_3$ 与碳的复合材料可以显著提升其电子导电性和电化学性能。此外，构筑纳米结构的 $Na_3V_2(PO_4)_3$ 可以有效缩短离子的扩散距离，进而显著提升材料的离子扩散动力学行为[4]。

本节重点介绍，本著作研究团队构想提出的，利用表面活性剂——石蜡熔融介质包裹合成产物或前驱体，通过固相反应制备类三维石墨烯纳米笼封装 $Na_3V_2(PO_4)_3$ 纳米片(NVP-NFs)阵列的材料制备新方法[5]，如图 10-1 所示。

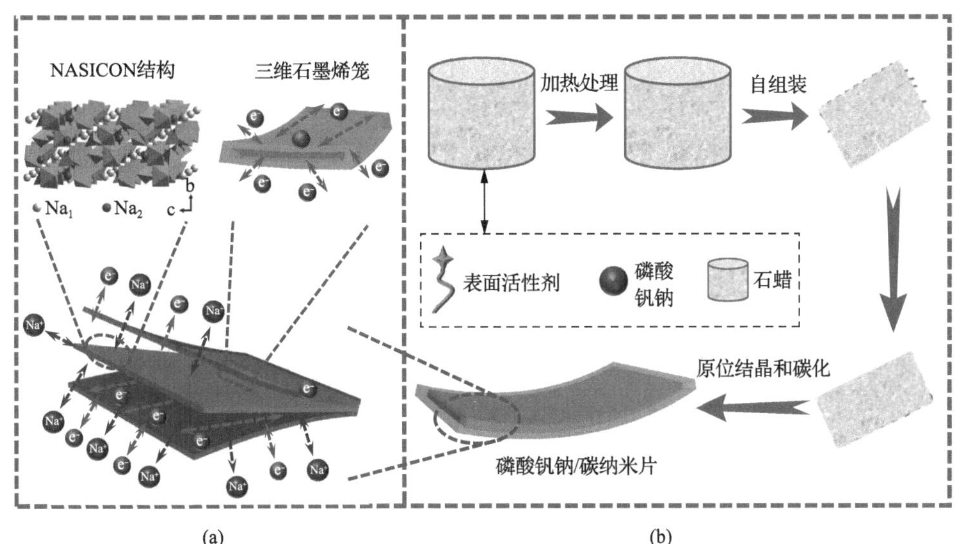

图 10-1　类三维石墨烯纳米笼封装 NVP-NFs 的示意图

(a)类三维石墨烯包覆 NVP-NFs 具有充足的电子和离子扩散路径；(b)制备过程和形成机理示意图

$Na_3V_2(PO_4)_3$纳米片被表面活性剂高温原位碳化形成的类石墨烯碳紧密包覆。类石墨烯碳笼相互连通构成了三维的导电碳网络。其独特的三维结构有效增加了电极活性材料和电解液的接触面积，提高了电子的传输效率。作为钠离子电池正极材料，此类三维石墨烯笼封装 NVP-NFs 表现出接近理论值的放电比容量、优异的倍率性能和超长的循环寿命。此外，刻蚀 NVP-NFs 后残余的三维类石墨烯纳米笼也是一种性能优良的钠离子电池负极材料。用类三维石墨烯包覆的 NVP-NF 作为正极，类三维石墨烯纳米笼作为负极可以匹配成钠离子全电池，此钠离子全电池表现出高比容量和良好的稳定性。

10.1.2　材料制备

类三维石墨烯封装 $Na_3V_2(PO_4)_3$ 纳米片的制备主要分三个步骤。①草酸钒($VOC_2O_4\cdot nH_2O$)的制备：首先将化学计量比为 1∶3 的 V_2O_5 和 $H_2C_2O_4\cdot 2H_2O$ 溶解于去离子水中，于 75℃下剧烈搅拌，直至形成深蓝色溶液，这表明生成了 VO^{2+} 离子。持续搅拌数小时直至水分蒸发，获得 $VOC_2O_4\cdot nH_2O$。②前驱体制备：将 $NH_4H_2PO_4$ 与油酸置于 80mL 球磨罐中，加入适量不锈钢磨球后在 QM-3B 高能球磨机中研磨 1h，然后加入石蜡并继续球磨 1h，再加入 $VOC_2O_4\cdot nH_2O$ 并将混合糊状物继续球磨 0.5h，最后，加入 CH_3COONa 并进一步研磨 0.5h。球磨混合物中 Na∶V∶P∶油酸的总摩尔比为 3∶2∶3∶3，其中石蜡的重量是油酸的两倍。③材料煅烧合成：将黏稠前驱体混合物在 105℃的烘箱中干燥 0.5h，并转移至通有高纯 Ar/H_2(体积比 95∶5)混合气的温度自动控制管式炉中，以 2℃/min 的升温速率升温至 800℃下煅烧 8h 即得到最终的类三维石墨烯纳米笼封装 $Na_3V_2(PO_4)_3$ 纳米片(NVP-NFs)。

作为对照实验，采用与上述类似的实验流程但不添加石蜡，可以制备出 $Na_3V_2(PO_4)_3$ 纳米颗粒(NVP-NPs)；采用与上述类似的实验流程但不添加油酸，制备出了团聚严重的 $Na_3V_2(PO_4)_3$ 块体(NVP-BPs)。

10.1.3　合成材料结构的评价表征技术

材料表征实验主要有：XRD 测试，采用 X 射线衍射仪扫描不同阶段合成产物的衍射图谱，图谱扫描的方式是步进扫描，步长为 0.02°，计数时间为 2s。采用 Jade 软件对 XRD 图谱进行信息匹配；SEM 观察，样品的形貌及颗粒大小，以对反应合成过程做出进一步研判；TEM 观测，通过 TEM 获得材料内部结构更精细的信息，如层间距、表面包覆层结构等；采用扫描透射电子显微镜下的高角环形暗场像(HAADF-STEM)及其元素面分布图像来分析材料的微区成分；拉曼光谱分析，检测包覆碳层的结构信息；傅里叶变换红外光谱测试，分析材料中的功能团或化学键等信息；X 射线光电子能谱测试，分析材料表面元素成分、原子价态、化学键等信息；比表面分析，分析合成材料比表面积、孔体积和孔径分布情况等信息。

10.1.4　合成材料结构的评价表征结果与分析讨论

1. XRD 和 SEM 测试表征并探索生长机制

图 10-1 为石墨烯笼封装 NVP-NFs 的形成过程示意图。本方案采用油酸作为表面活性剂、石蜡作为非极性溶剂，通过熔融烃介质中的固相反应法制备了类三维石墨烯包覆 NVP-NFs。油酸是一种典型的阴离子表面活性剂，其结构中包含有强极性羧基、不饱和键、长烷基链和非极性尾部。石蜡是一种常用的疏水性烷烃溶剂，可以为亲水性前驱体提供稳定的生长环境。首先在高能球磨机中将 $NH_4H_2PO_4$、$VOC_2O_4 \cdot nH_2O$、CH_3COONa 和油酸均匀地分散到石蜡介质中，形成黏性混合前驱体。在低温煅烧过程中（<300℃），油酸中的羧基与钠-钒-磷酸盐混合物结合，其疏水尾部暴露于非极性石蜡介质中。根据之前的报道，大部分过量的油酸和石蜡在 250～400℃从混合物中挥发，仅在产物表面留下很薄的包覆层[6]。图 10-2(a)中不同煅烧温度下样品的 XRD 图谱显示，伴随着钠-钒-磷酸盐混合前驱体的分解，NVP 物相在 500℃开始逐渐形成。NVP 纳米片前驱体在不同煅烧温度下的 TEM 图像[图 10-2(b)～(e)]显示，在 500～700℃，NVP 纳米晶逐渐组装成纳米片状结构。最后，当温度升至 800℃时，NVP 纳米晶体完全组装成均匀的

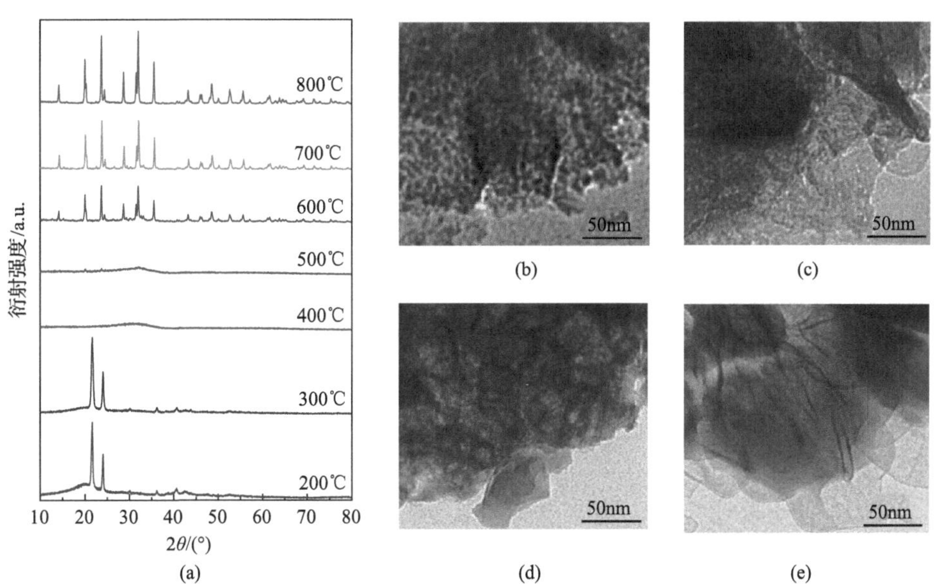

图 10-2　煅烧合成温度对合成相和 NVP 纳米片结构的影响

(a)合成产物的 XRD 图谱；前驱体 TEM 图像：(b) 400℃；(c) 500℃；(d) 600℃；(e) 700℃

纳米片状形貌。这说明油酸中长烷基链和不饱和键的存在促进了 NVP 纳米晶的结晶和定向生长。

2. NVP-NFs 样品粉末的物理化学表征

图 10-3(a)显示了所制备的 NVP-NFs 样品的粉末 XRD 图谱。所有的衍射峰都可以索引到菱形晶胞 NASICON 结构(空间群 $R\overline{3}c$，ICSD 98-024-8140)，没有杂相或结晶碳的衍射峰出现。图 10-3(b)为 NVP-NFs 样品的拉曼散射光谱，其中 200～1100cm^{-1} 的峰是 NVP 的拉曼特征峰。位于 1350cm^{-1} 和 1590cm^{-1} 附近的两个宽而强的拉曼峰分别属于碳质材料的 D 峰(无序诱导的声子模式)和 G 峰(石墨的 E2g 振动)。D 峰和 G 峰的强度比(I_D/I_G)约为 0.99，说明包覆碳层的石墨化程度较高。高石墨化碳材料具有优异的电子导电性。通过 FTIR 图谱进一步表征 NVP-NFs 样品表面官能团的情况，如图 10-3(c)所示。位于 580cm^{-1} 和 1048cm^{-1} 处的特征峰是由 PO_4 四面体中 P—O 键的伸缩振动所致，而位于 631cm^{-1} 处的特征峰是由独立的[VO_6]八面体中的 V^{3+}—O^{2-} 键的伸缩振动所致。此外，1150～1250cm^{-1} 的红外信号归因于 PO_4 基团的伸缩振动。为了探测所制备的 NVP-NFs 材料的表面化学成分和氧化状态，测试了其 XPS 谱图。如图 10-3(d)所示，在 NVP-NFs 的 XPS 谱图中观察到了五种元素的信号，即 C 1s、O 1s、Na 1s、P 2s、P 2p 和 V 2p 峰。图 10-3(e)显示了 V 2p$_{3/2}$ 的结合能约为 515.5eV，这与 NVP 中的 V^{3+} 非常一致。表征结果同时证实了所制备的 NVP-NFs 具有良好的结晶性。采用 N_2 吸附-脱附技术对制备的类三维石墨烯包覆 NVP-NFs 的孔隙情况进行表征，如图 10-3(f)所示。该等温吸附-脱附线属于具有 H3 滞后环的 IV 型曲线，这类滞后环是由样品中的裂隙状孔隙所致。根据 Brunauer-Emmet-Teller(BET)方法计算可得 NVP-NFs 的比表面积为 33.54m^2/g。图 10-3(f)中的插图为 BJH 孔隙尺寸分布曲线，可见 NVP-NFs 样品中大部分的孔隙小于 20nm。

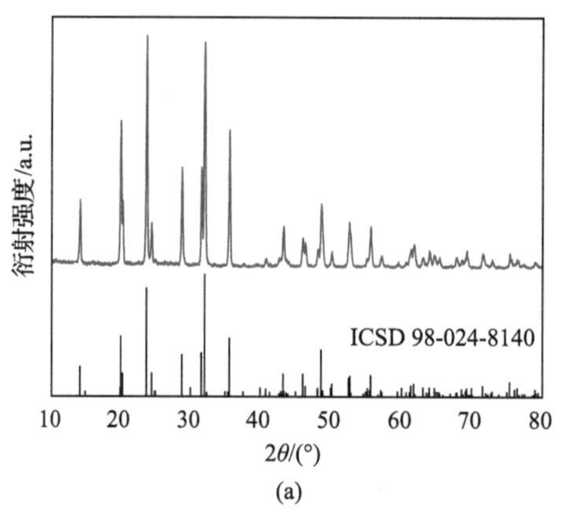

(a)

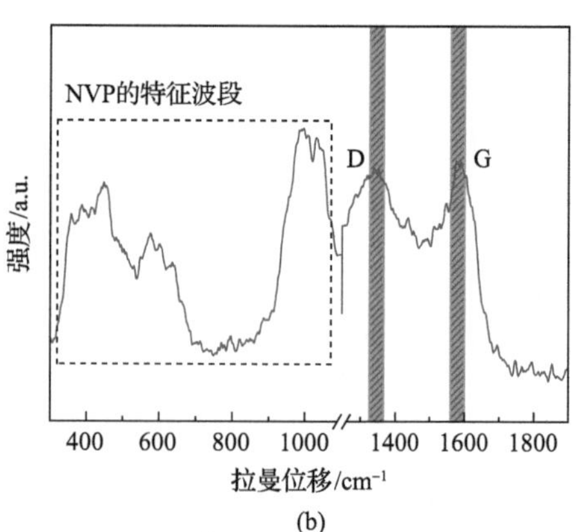

(b)

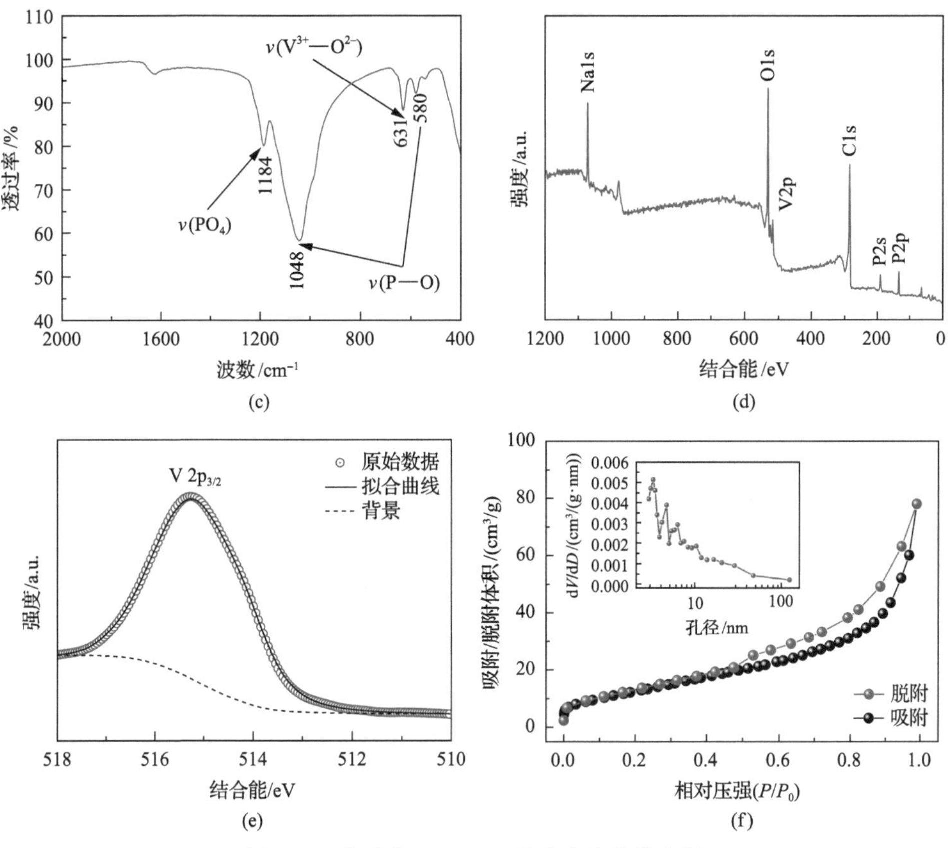

图 10-3　制备的 NVP-NFs 的物理和化学表征

(a) X 射线衍射谱；(b) 拉曼散射谱；(c) FTIR 图；(d)、(e) XPS 谱；(f) N_2 吸附-脱附曲线和相应的孔径分布情况

3. NVP-NFs 样品和石墨烯笼的电子显微学分析

采用场发射扫描电子显微镜和透射电子显微镜对 NVP-NFs 复合材料的形貌和微观结构进行了研究。图 10-4(a) 和 (b) 中的 SEM 图像表明，此材料是由相互交联的纳米薄片阵列组合而成，纳米片之间存在明显的间隙。这些纳米片的表面光滑，厚度为 20～30nm，平面延伸为 200～300nm。TEM 图像进一步揭示了阵列状结构实际上是由大量超薄纳米薄片构成，NVP-NFs 被原位生成的三维类石墨烯碳结构紧密包覆。如图 10-4(c) 和 (d) 所示，在 NVP 纳米薄片的表面上可以观察到 7～8 层石墨烯碳。这种独特的结构可以提供快速的电子传输通道并缩短钠离子的扩散距离。高分辨率 TEM(HRTEM) 图像中显示了清晰的间距为 4.1Å 和 6.8Å 的晶格条纹，分别对应于菱形晶胞 NVP 晶体的 $(2\bar{1}0)$ 面和 $(01\bar{1})$ 面的晶面间距，如图 10-4(e) 所示。选区电子衍射(SAED) 谱进一步揭示了 NVP-NFs 的单晶特征，并

且可以索引至[122]晶带轴。此外，高角环形暗场像扫描透射电子显微镜(HAADF-STEM)图像及其元素面分布图显示了纳米薄片中 C、P 和 V 是均匀分布的，如图 10-4(f)所示。

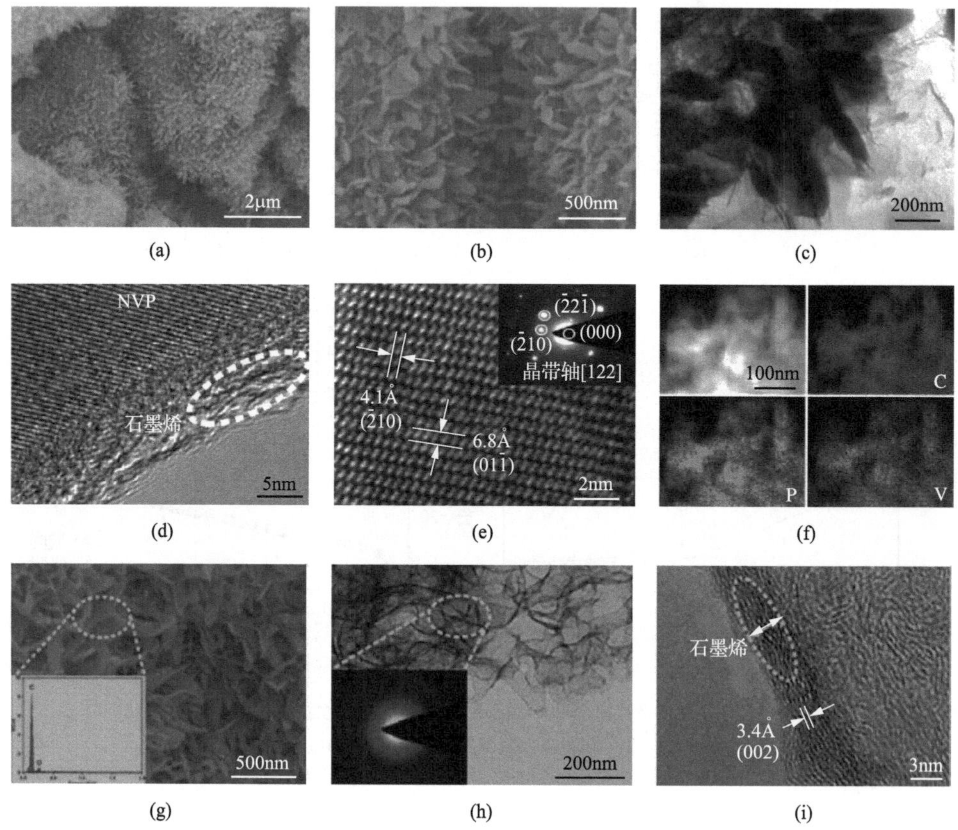

图 10-4　制备的 NVP-NFs 和经刻蚀后残余的类三维石墨烯笼的形貌和微观结构表征

NVP-NFs 的(a)、(b) SEM 图像；(c) TEM 图像；(d)、(e) HRTEM 图像和对应的 SAED 谱；(f) STEM-HAADF 及其元素分布图像；类三维石墨烯笼的(g) SEM 图像；(h) TEM 图像；(i) HRTEM 图像

通过酸刻蚀的方法将类三维石墨烯包覆 NVP-NFs 材料中的 NVP 浸出，进一步研究类三维石墨烯骨架的形貌和微观结构。图 10-4(g)中的能量色散 X 射线(EDX)光谱表明，材料中的 NVP 晶体已经完全被氢氟酸浸出且仅保留了碳质框架。图 10-4(g)中的 SEM 图像显示，复合材料经过刻蚀后基本保持了均匀的纳米薄片结构，且没有明显的结构塌陷。通过 TEM 图像[图 10-4(h)]可以清晰地看到相互连通的类三维石墨烯骨架。HRTEM 图像[图 10-4(i)]中清晰地显示了 0.34nm 的晶格条纹，与石墨的面间距离 d 可以很好地对应。这种强韧的类三维石墨烯多孔骨架在之前的研究中很少有报道。

4. 对照样品的电子显微分析

由图 10-5 中对照实验样品的 SEM 和 TEM 图像可以看出，前驱体在不添加石蜡时，制备出的材料为 NVP 纳米颗粒(NVP-NPs)；前驱体在不添加油酸时，制备出了团聚严重的 NVP 块体(NVP-BPs)。在没有石蜡基质的情况下仅能够获得纳米颗粒状 NVP[图 10-5(a)～(c)]，说明石蜡的存在可以使混合物中油酸均匀分散，有利于引导 NVP 在高温合成过程中的结晶和定向生长。在不添加油酸的情况下仅能够得到直径为 0.5～2μm 的不均匀大颗粒[图 10-5(e)～(g)]，说明 NVP 前驱体表面上吸附的表面活性剂油酸可以有效抑制晶体的无序生长。图 10-5(d)和图 10-5(h)分别为 NVP-NPs 和 NVP-BPs 样品的 HRTEM 图像，其中间距为 2.6Å 和 5.9Å 的晶格条纹分对应于 NVP-NPs 和 NVP-BPs 材料中的($2\bar{3}2$)晶面和($1\bar{1}2$)晶面。

图 10-5　NVP 样品的电子显微分析

NVP-NPs 样品的(a)、(b)SEM 图像；(c)TEM 图像；(d)HRTEM 图像；NVP-BPs 样品的(e)、(f)SEM 图像；(g)TEM 图像；(f)HRTEM 图像

5. 对照样品的物理化学表征

图 10-6 为 NVP-NPs 和 NVP-BPs 样品的物理化学表征结果，XRD 图谱显示它们都是结晶良好的纯相 NVP。拉曼散射谱均显示出了碳质材料明显的信号峰。根据氮气吸附-脱附分析得到 NVP-NPs 和 NVP-BPs 样品的 BET 比表面积分别为 $25.95m^2/g$ 和 $5.23m^2/g$，均比类三维石墨烯包覆 NVP-NFs 样品的小，如图 10-6(a)～(f)所示。此外，根据 TG 测量结果，NVP-NFs、NVP-NPs 和 NVP-BPs 样品中的碳含量分别为 8.4%、6.7%和 1.5%，如图 10-6(g)～(i)所示。

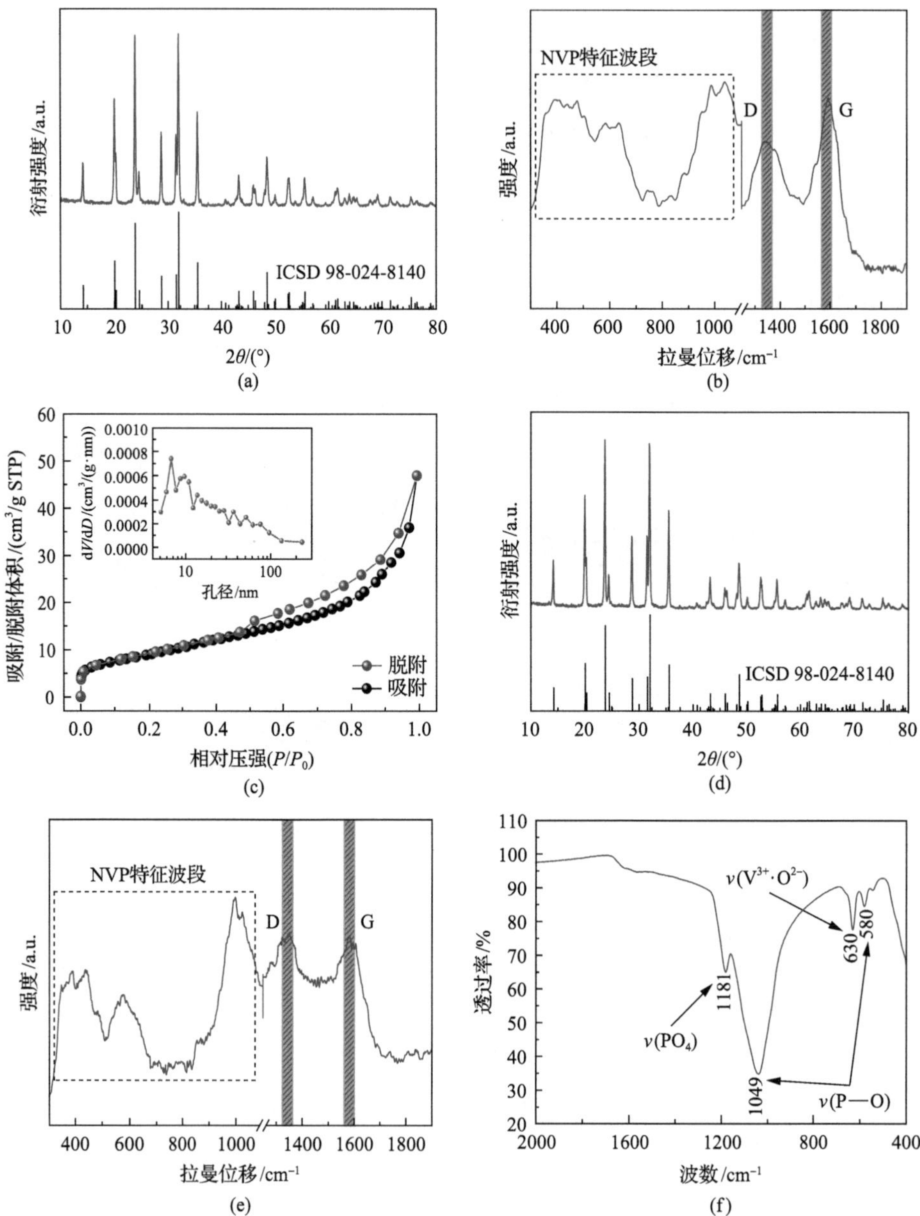

衍射强度/a.u.
ICSD 98-024-8140
2θ/(°)
(a)
NVP特征波段
D
G
强度/a.u.
拉曼位移/cm⁻¹
(b)
吸附/脱附体积/(cm³/g STP)
dV/dD/(cm³/(g·nm))
孔径/nm
脱附
吸附
相对压强(P/P₀)
(c)
衍射强度/a.u.
ICSD 98-024-8140
2θ/(°)
(d)
NVP特征波段
D
G
强度/a.u.
拉曼位移/cm⁻¹
(e)
v(V³⁺·O²⁻)
630
580
1181
v(PO₄)
1049
v(P—O)
透过率/%
波数/cm⁻¹
(f)

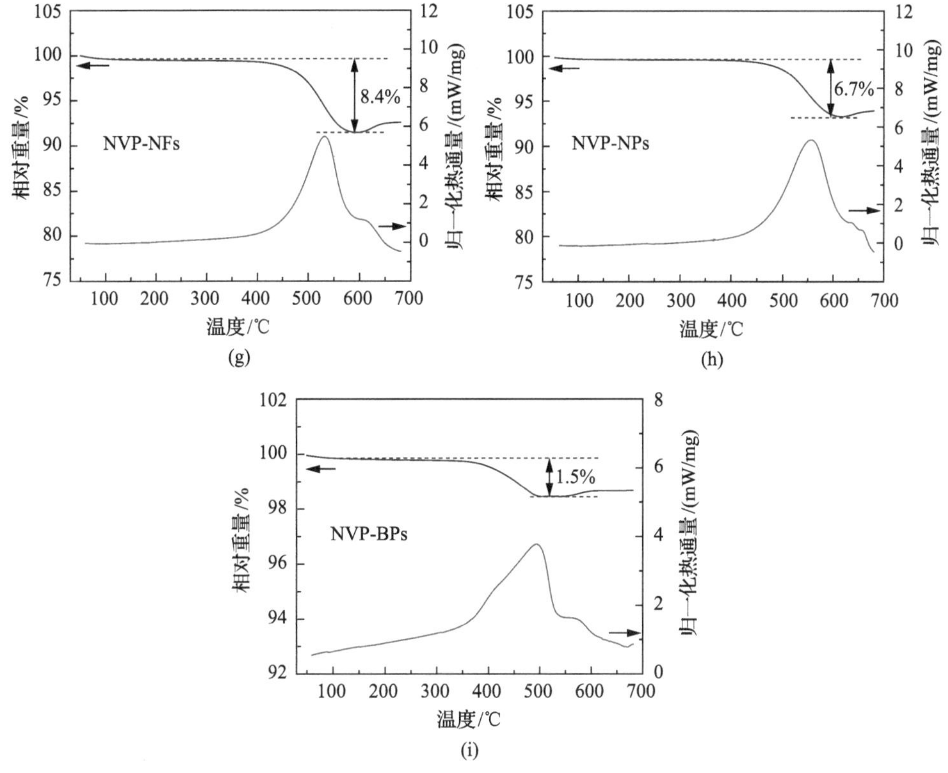

图 10-6　NVP 样品的物理化学表征

NVP-NPs 样品的(a) XRD 谱；(b)拉曼散射谱；(c) N_2 吸附-脱附曲线和相应的孔径分布情况；NVP-BPs 样品的(d) XRD 谱；(e)拉曼散射谱；(f) FTIR 图；(g) NVP-NFs 样品的 TG-DTA 曲线；(h) NVP-NPs 样品的 TG-DTA 曲线；(i) NVP-BPs 样品的 TG-DTA 曲线

10.1.5　电化学性能与动力学分析技术和方法

极片和半电池制作：将活性物质、乙炔黑、聚偏二氟乙烯(PVDF)黏结剂按照 75∶15∶10 的质量比制成正极片，以金属钠片为负极、玻璃纤维膜(glass fiber, GF/D)为隔膜、1mol/L $NaClO_4$ 的碳酸丙烯酯(PC)/氟代碳酸亚丙酯(FEC)溶液作为电解液，在充满高纯氩气的手套箱(Mbraun, Germany)中完成 CR2016 型扣式钠离子电池的组装。

全电池的组装：以 NVP-NFs 为正极、三维石墨烯为负极组装成钠离子全电池，控制正极和负极活性材料的质量比约为 1∶0.72，在组装全电池之前负极经过预嵌钠处理。

主要半电池性能测试：循环伏安法(CV)测试，在电化学工作站上，以 0.1mV/s 的扫描速度在 2.5～4.0V 的电压范围内进行；常温充放电测试，在蓝电电池测试系统上，通过充放电实验来测量电池在常温(25℃)下的倍率性能和循环稳定性等，其中设定 1C = 117.6mA/g；EIS 测试，在电化学工作站上，在 100kHz～0.01Hz 的频率范围内对电池进行交流阻抗(EIS)测试，并得到电池内阻的具体组成信息。

钠离子扩散系数计算：在电化学工作站上，以 0.05～1.0mV/s 不同的扫描速度在 2.5～4.0V 的电压范围内进行循环伏安测试，用经典的 Randles-Sevchik 公来计算离子扩散系数。

10.1.6 电化学性能与动力学分析结果与讨论

1. 钠离子半电池的电化学表征

首先将 NVP-NFs 组装成半电池以评估它们作为钠离子电池正极材料的电化学性能，如图 10-7 所示。图 10-7(a)显示了前 5 次连续的 CV 曲线，扫描速率为 0.1mV/s。前 5 次 CV 曲线几乎是重合的，没有明显的峰值强度或位置变化，说明 NVP-NFs 在循环过程中具有良好的可逆性。另外，3.32V 处的阴极峰和 3.51V 处的阳极峰对应于 V^{3+}/V^{4+}还原氧化对，同时对应 NVP 晶格中两个 Na^+ 的脱嵌/嵌入(即 $Na_3V_2(PO_4)_3\text{-}2Na^+\text{-}2e^- \rightleftharpoons NaV_2(PO_4)_3$)。根据该反应，一个 $Na_3V_2(PO_4)_3$ 分子中的 V^{3+}离子氧化成 V^{4+}离子伴随着两个电子转移，其理论容量为 117.6mA·h/g。图 10-7(b)显示了 NVP-NFs 正极以 1C 的倍率循环时在第 1、第 2 和第 5 次循环的充放电曲线，充电和放电平台分别位于 3.48V 和 3.33V，与 CV 结果吻合得较好。类三维石墨烯笼封装 NVP-NFs 的首次充电比容量和放电比容量分别为 117.2mA·h/g 和 115.1mA·h/g，对应的首次库仑效率为 98.2%。伴随着 $Na_3V_2(PO_4)_3$ 和 $NaV_2(PO_4)_3$ 的相变过程，可以观察到明显的充放电电压平台。首次容量的部分损失，可能是由于电解质分解或其他不良的副反应。在后续的循环中其充电和放电曲线几乎相同，这表明 NVP-NFs 电极具有良好的可逆性。图 10-7(c)显示了类三维石墨烯包覆的 NVP-NFs 正极在 1C 倍率下的循环性能。NVP-NFs 电极的初始放电比容量为 115.2mA·h/g，非常接近理论容量。在 500 次循环后，可以保持 112.0mA·h/g 的放电容量，相当于其初始容量的 97.2%。

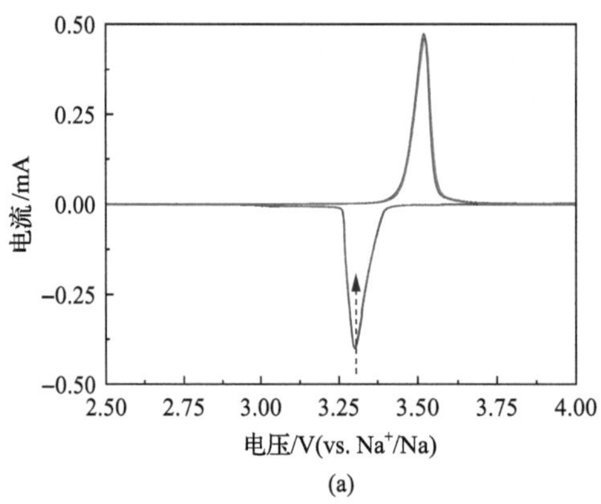

(a)

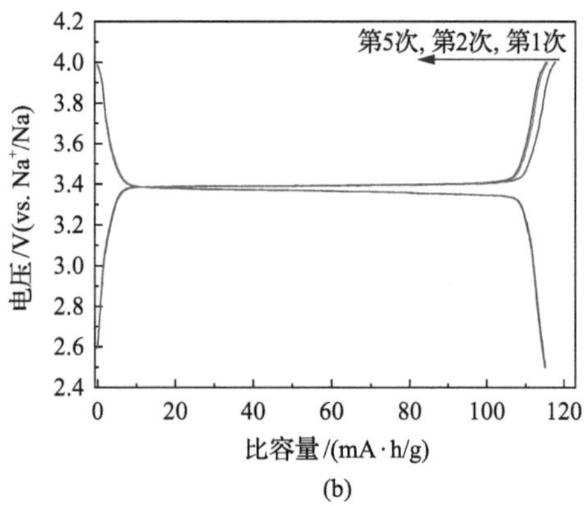

(b)

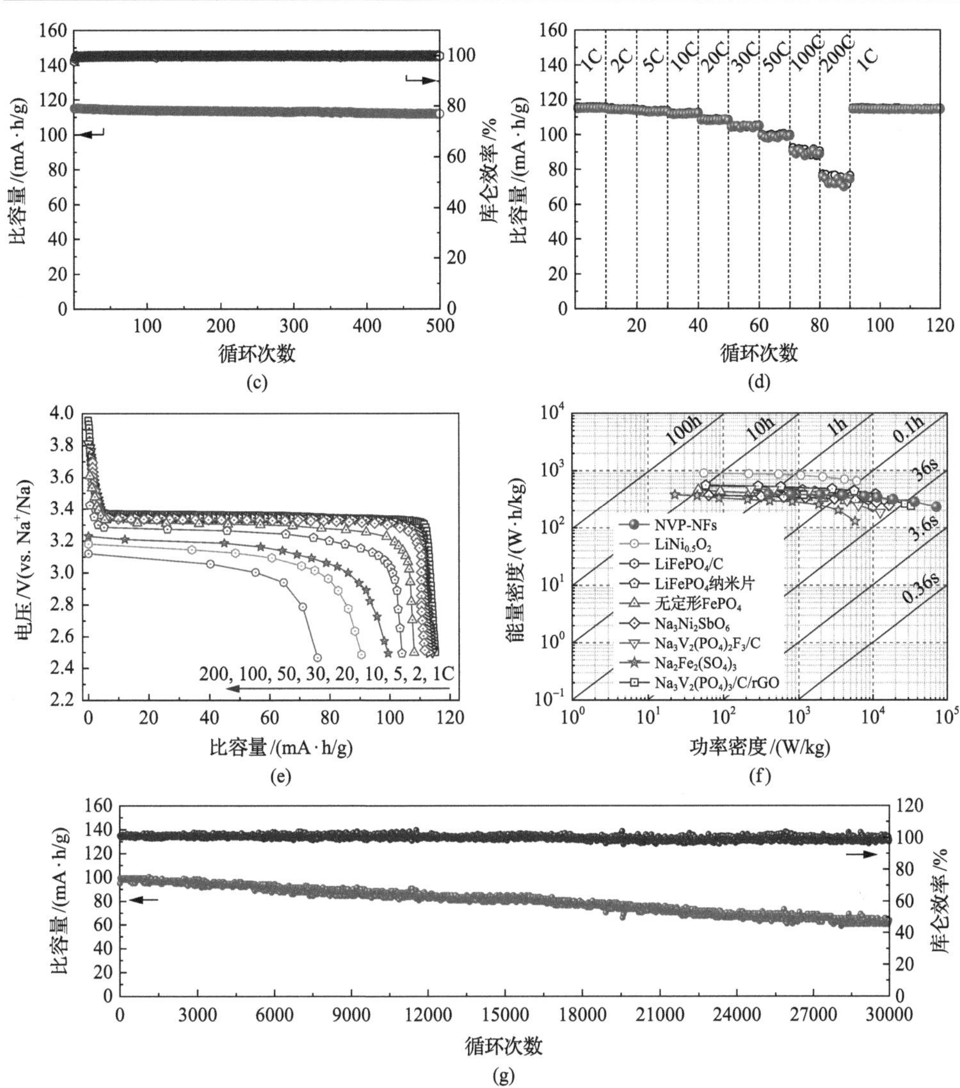

图 10-7　NVP-NFs 正极材料的电化学性能

(a) 前 5 次 CV 曲线；(b) 在 1C 倍率下的首次、第 2 次和第 5 次充放电曲线 (1C=117.6mA/g)；(c) 在 1C 倍率下的循环性能；(d) 倍率性能；(e) 对应的恒流放电曲线；(f) NVP-NFs 正极与锂/钠离子电池先进正极材料的能量/功率密度对比；(g) 在 50C 倍率下的长循环性能和库仑效率

图 10-7(d) 显示了 NVP-NFs 的倍率性能，在 1C、2C、5C、10C、20C、30C、50C 和 100C 的倍率下，NVP-NFs 正极的放电比容量分别为 115.2mA·h/g、114.2mA·h/g、113.1mA·h/g、111.6mA·h/g、108.1mA·h/g、104.0mA·h/g、99.4mA·h/g 和 90.5mA·h/g。即使在 200C 的超高倍率下，也可以获得 75.9mA·h/g 的可逆容量。这种出色的倍率性能可与超级电容器相媲美。当电流密度由高倍率恢复到 1C 时，其放电比容量也恢复到了 114.5mA·h/g(初始容量的 99.4%)。结果表明 NVP-NFs

电极具有良好的倍率性能。为了进行比较，我们还测试了 NVP-NPs 和 NVP-BPs 的倍率性能，如图 10-8(a)和(d)所示。与 NVP-NPs 和 NVP-BPs 相比，类石墨烯包覆 NVP-NFs 在不同倍率下(尤其是在高倍率下)表现出了显著的比容量提升。图 10-7(e)显示了不同倍率下的放电电压平台。即使倍率大于 20C，放电电压平台仍然可以清楚地呈现。此外，不同倍率下的平台电压差较小，说明 NVP-NFs 电极的极化程度较低。根据放电电压曲线[图 10-8(b)和图 10-8(e)]的比较可见 NVP-NPs 和 NVP-BPs 电极的极化程度远高于 NVP-NFs 电极。一般来说，电极材料的极化主要是由电子输运电阻引起的。NVP-NFs 上的类石墨烯包覆层显著提高了电极材料的电子导电性，从而降低了极化率。

图 10-7(f)显示了 NVP-NFs 正极及一些锂/钠离子电池先进正极材料的能量/功率密度对比图(基于正极材料的质量)。NVP-NFs 正极在 397.1W/kg 的低功率密度下可以实现 387.3Wh/kg 的高能量密度。即使在 72kW/kg(充放电时间为 18s)的大功率密度下，仍具有 231.9W·h/kg 的能量密度，表明 NVP-NFs 可以获得高能量密度和功率密度。这一结果与目前最先进的锂/钠离子电池正极如 $LiNi_{0.5}Mn_{0.5}O_2$[7]、$LiFePO_4/C$[8]、$LiFePO_4$纳米薄片[9]、非晶 $FePO_4$[10]、$Na_3Ni_2SbO_6$[11]、$Na_3V_2(PO_4)_2F_3$[12]、$Na_2Fe_2(SO_4)_3$[13]和 $Na_3V_2(PO_4)_2/C/rGO$[14]相比也独具优势。

此外，对 NVP-NFs 的长循环稳定性进行了研究。如图 10-7(g)所示，NVP-NFs 正极在 50C 的倍率下具有 99.4mA·h/g 的初始放电容量，并在 30000 次循环后保持 62.1mA·h/g 的比容量，容量保持率为 62.5%，平均每个循环容量衰减率为 0.0013%。整个循环过程中的库仑效率约为 100%，表明在高电流密度下脱出/嵌入 Na^+时，NVP-NFs 电极材料具有优异的可逆性。然而其他两种正极材料的长循环性能就要差得多。如图 10-8(c)所示，NVP-NPs 电极在 50C 倍率下经 20000 次循环后仅保持 52mA·h/g 的比容量，而 NVP-BPs 电极在 50C 倍率下经过 5000 次循环后几乎没有容量[图 10-8(f)]。综上所述，NVP-NPs 正极的比容量、倍率性能和循环稳定性均优于最新报道的 NVP 正极材料。

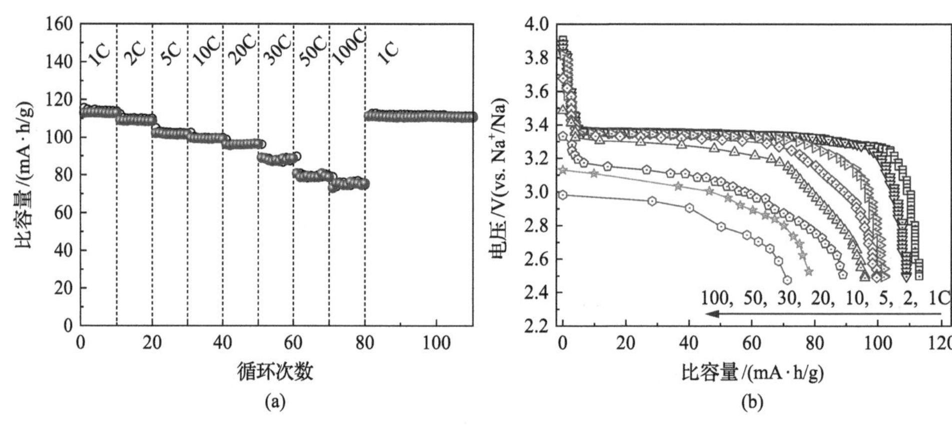

(a)　　(b)

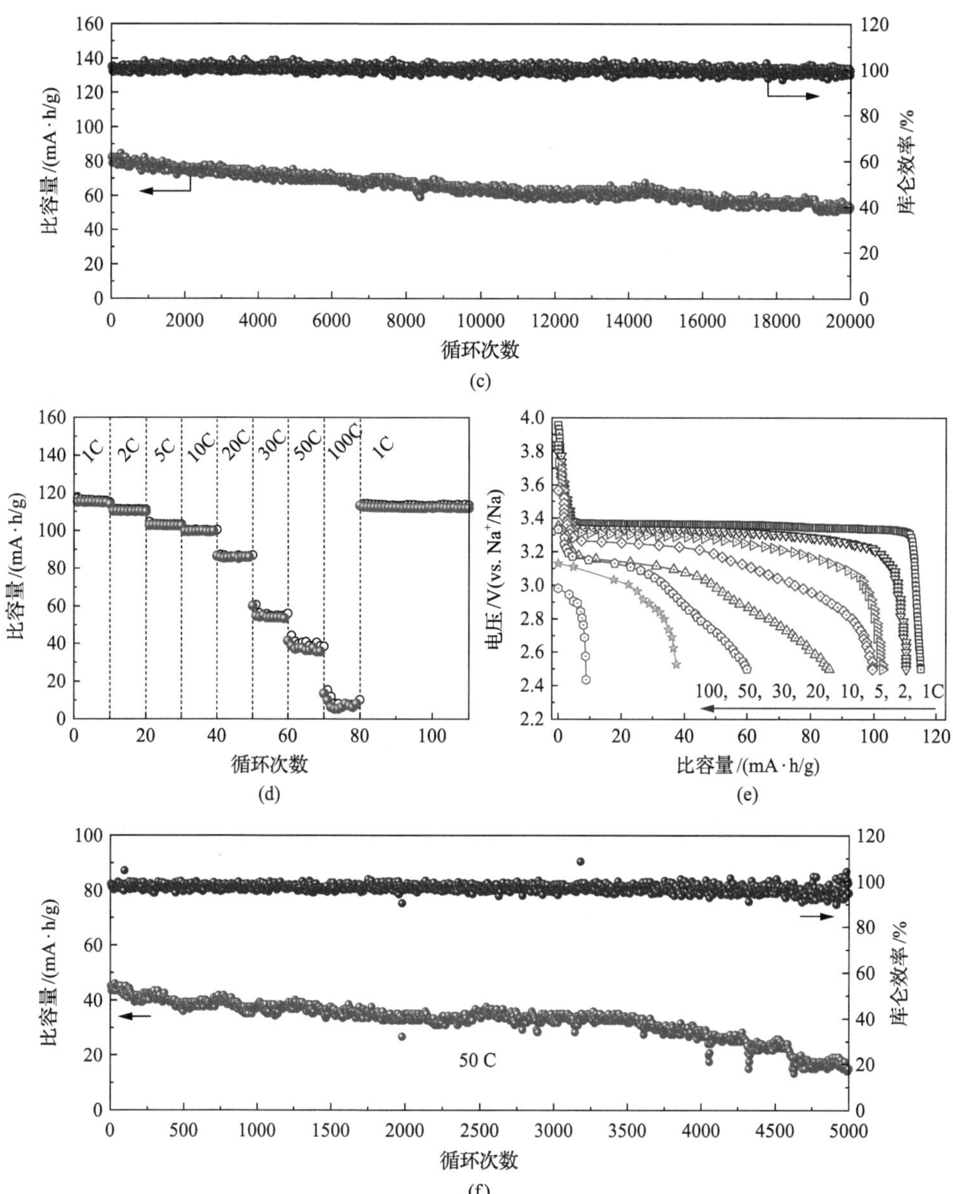

图 10-8　NVP-NPs、NVP-BPs 正极材料的电化学性能

NVP-NPs 正极材料(a)倍率性能；(b)对应的恒流放电曲线；(c)在 50C 倍率下的长循环性能和库仑效率；NVP-BPs 正极材料(d)倍率性能；(e)对应的恒流放电曲线；(f)在 50C 倍率下的长循环性能和库仑效率

2. 类石墨烯笼的储钠性能表征与钠离子全电池的性能

将刻蚀后得到的类三维石墨烯骨架作为钠离子电池负极材料组装成半电池进行测试。图 10-9(a)显示了纯类三维石墨烯笼在电流密度为 0.1A/g 时的典型充放

电曲线。第 2 次放电和充电比容量分别为 276mA·h/g 和 236mA·h/g，其较大的不可逆容量可能与负极表面 SEI 膜的形成有关，这种现象在比表面积较大的材料中更加明显。然而，库仑效率在后续循环过程中持续增加。当以 0.1A/g 的电流密度

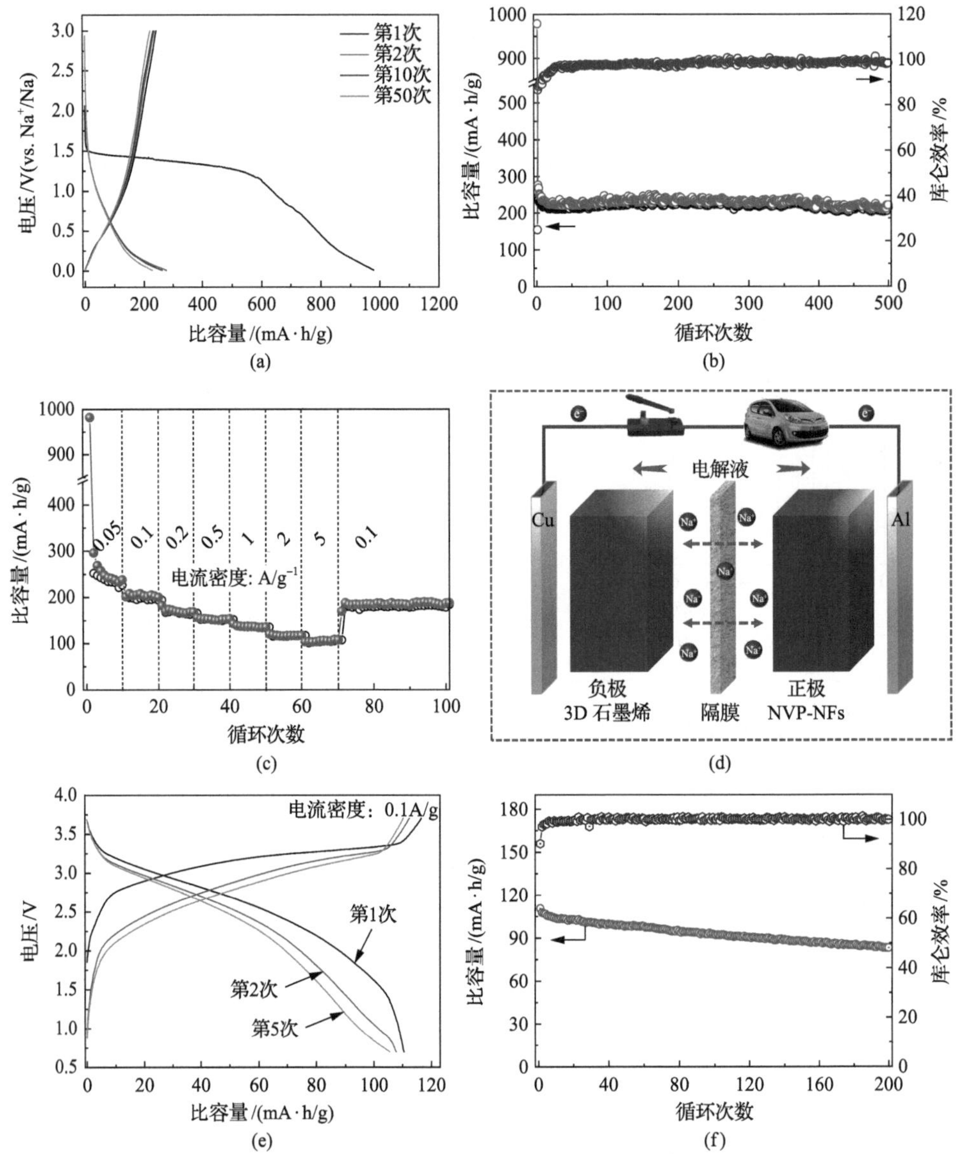

图 10-9　类石墨烯笼的储钠性能和钠离子全电池性能

类三维石墨烯负极：(a)在 0.1A/g 下和 0.01～3.0V(vs. Na^+/Na)电压窗口中的恒流充放电曲线；(b)循环性能；(c)倍率性能；(d)以 NVP-NFs 为正极、类三维石墨烯为负极的钠离子全电池示意图；(e)全电池在 0.1A/g 下和 0.7～3.7V 的电压窗口中的恒流充放电曲线；(f)全电池循环性能

循环时，类三维石墨烯电极显示出 242.5mA·h/g 的初始充电容量，并且在 500 次循环后容量仍保持有 203.2mA·h/g[图 10-9(b)]。如图 10-9(c)所示，类三维石墨烯负极材料在 0.05A/g、0.1A/g、0.2A/g、0.5A/g、1A/g、2A/g 和 5A/g 的电流密度下也分别提供 252.2mA·h/g、207.7mA·h/g、182.6mA·h/g、156.5mA·h/g、142.8mA·h/g、120.4mA·h/g 和 103.8mA·h/g 的可逆容量，表现出优异的高倍率性能。当电流密度恢复为 0.1A/g 时，其比容量恢复到 188.3mA·h/g。此类三维石墨烯笼的电化学性能可与目前已经报道的钠离子电池碳基负极材料相媲美。

基于上述结果，利用 NVP-NFs 正极和类三维石墨烯负极构建了钠离子全电池。图 10-9(d)展示了钠离子全电池的结构组成。图 10-9(e)显示了钠离子全电池在 0.1A/g 电流密度下的部分充放电曲线。全电池显示出倾斜的放电电压平台且平均工作电压为2.7V。可见其初始充电和放电比容量分别为 115.8mA·h/g 和 109.2mA·h/g，相当于首次库仑效率为 94.3%。如图 10-9(f)所示，基于 NVP-NFs 正极的质量，钠离子全电池在 0.1A/g 电流密度下的初始放电比容量为 109.2mA·h/g。经过 200 次循环后，它仍能保持 84.2mA·h/g 的比放电容量，为初始容量的 77.1%，表明钠离子全电池具有良好的可逆性。在目前已经报道的钠离子全电池体系中，我们匹配出的钠离子全电池兼具了高中值电压和高可逆容量的优点。

3. 电极的反应动力学和电极结构的稳定性分析

为了深入理解类三维石墨烯修饰 NVP-NFs 正极优异电化学性能背后的因素，进行了 EIS 测试分析、非原位 XRD 和 TEM 表征。图 10-10(a)显示了在不同扫描速率下 NVP-NFs 的 CV 曲线，可见氧化还原峰的峰值电流随着扫描速率的增加而增大。图 10-10(b)为峰值电流(I_p)与扫描速率平方根($v^{1/2}$)之间的关系，与线性关系吻合较好。结果表明，NVP-NFs 电极中的两相转变是受扩散控制的。基于 Randles-Sevcik 公式计算了 Na^+离子的表观扩散系数，结果表明 NVP-NFs 复合材料中 Na^+脱出和嵌入过程中的离子扩散系数高达 $10^{-10}cm^2/s$。

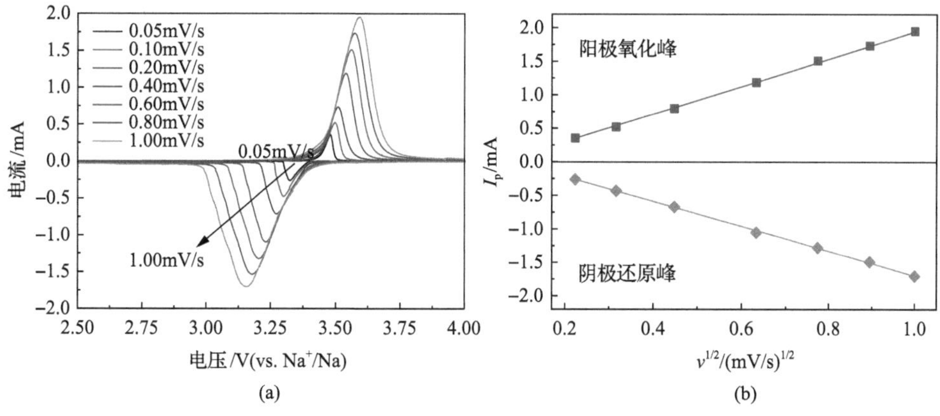

(a) (b)

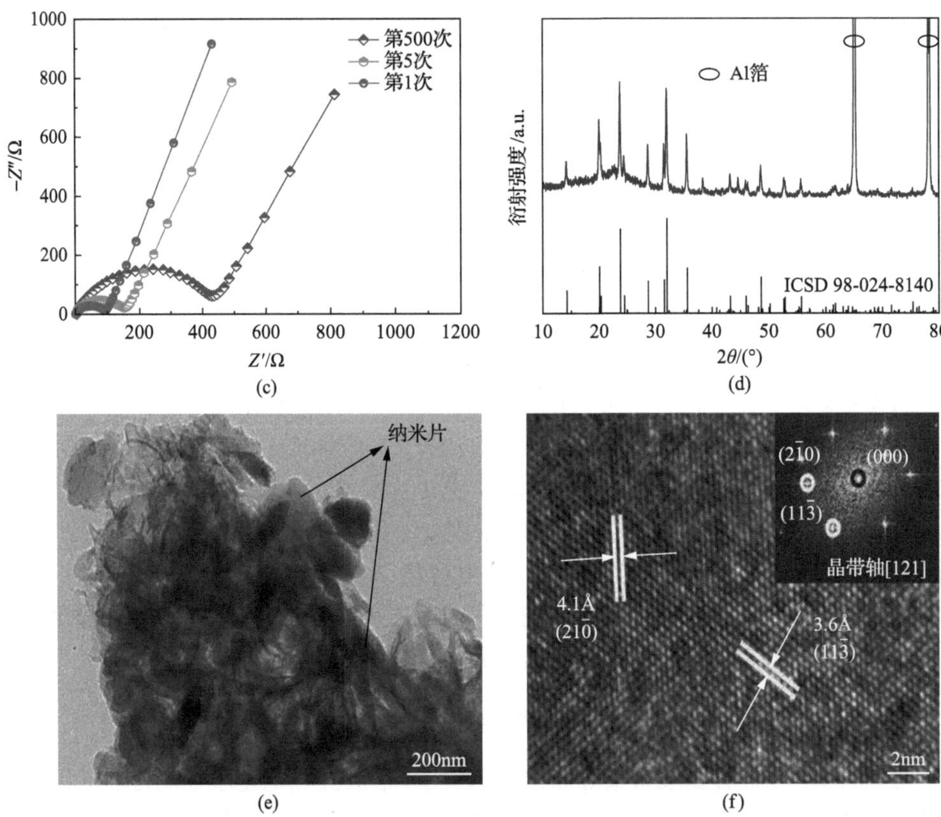

图 10-10　NVP-NFs 电极的动力学分析和非原位表征

NVP-NFs 正极(a)在不同扫描速率下的 CV 曲线；(b)对应的峰值电流(I_p)和扫描速率平方根($v^{1/2}$)之间的线性关系；(c)在 1C 倍率下不同循环次数后的交流阻抗谱；(d)NVP-NFs 正极在 20C 倍率下经过 10000 次循环后的非原位 XRD 图谱；(e)TEM 图像；(f)HRTEM 图像

利用电化学阻抗法对电极的电荷转移电阻和钠离子扩散系数进行了评估。Nyquist 图[图 10-10(c)]表明，NVP-NFs 正极在循环前的电荷转移电阻(R_{ct})仅为 68.08Ω，远低于图 10-11(a)中的 NVP-NPs(183.1Ω)和 NVP-BPs(333.8Ω)。即使在 500 次循环之后，也仅检测到很小的阻抗增加，这表明 NVP-NFs 电极具有快速的电子迁移速率[图 10-10(c)]。基于图 10-11(b)和(c)中阻抗谱低频区 Z'和 $\omega^{-1/2}$之间的线性关系可以拟合出不同循环后 NVP-NFs 电极及循环前的 NVP-NPs 和 NVP-BPs 电极的 Na^+离子扩散系数。NVP-NFs 新电极的 Na^+离子扩散系数为 $2.53\times10^{-10}cm^2/s$，高于 NVP-NPs($2.58\times10^{-11}cm^2/s$)和 NVP-BPs($4.10\times10^{-11}cm^2/s$)的扩散系数。此外，即使经过 500 次循环后，NVP-NFs 电极仍然表现出快速的离子扩散速率($5.88\times10^{-11}cm^2/s$)。NVP-NFs 电极优异的动力学行为表明类三维石墨烯笼封装的 NVP 纳米片正极极大地改善了离子输运动力学和电子导电性，因此表现出上述的高倍率能力和优异的循环稳定性。

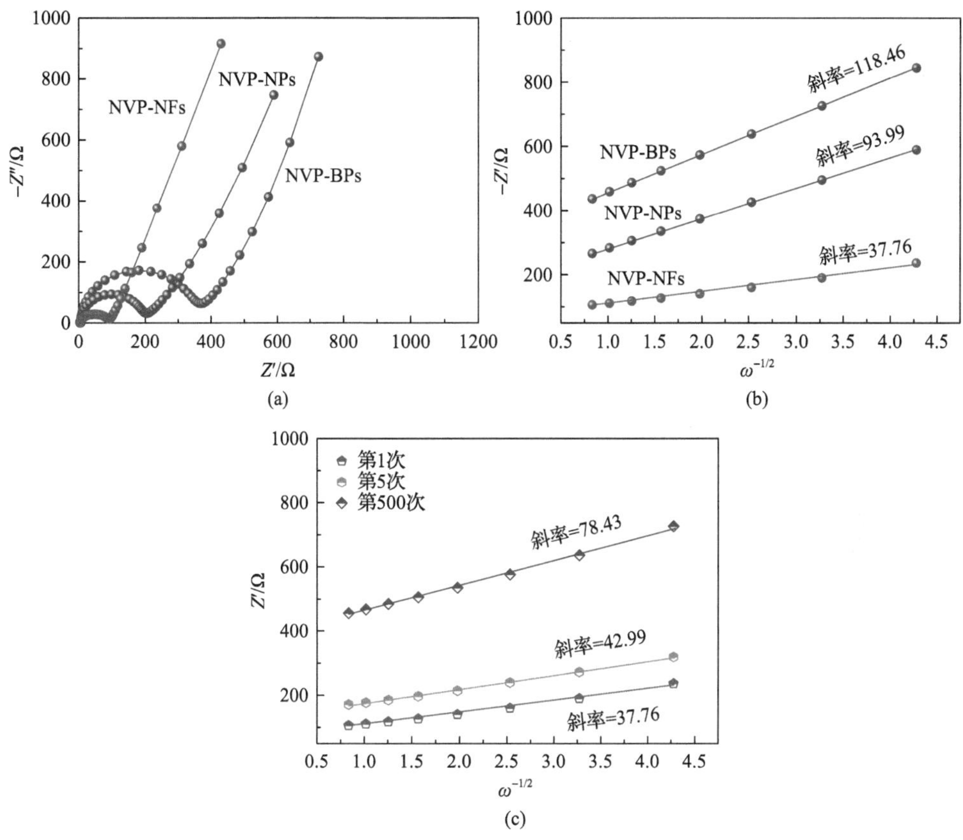

图 10-11　NVP-NFs、NVP-NPs 和 NVP-BPs 电极的反应动力学分析

(a) Nyquist 图；(b) 低频区 Z'和 $\omega^{-1/2}$ 之间的线性关系；(c) NVP-NFs 正极在 1C 倍率下不同循环次数后阻抗谱中低频区 Z'和 $\omega^{-1/2}$ 的线性关系

NVP-NFs 电极经过 10000 次循环后的非原位 XRD 图谱[图 10-10(d)]显示，所有衍射峰都可以很好地检索为菱形晶胞 NVP 相，说明其优异的结构完整性。通过 TEM 进一步研究了 NVP-NFs 的结构稳定性[图 10-10(e)]。即使在 50C 倍率下经过 10000 次循环，纳米薄片构建的阵列状结构也能很好地保持，且没有观察到聚集或粉碎。此外，HRTEM 图像清晰地显示出晶格条纹，如图 10-10(f) 所示。这进一步证明了 NVP-NFs 在 10000 次快速循环后仍具有高度有序的单晶结构。在这项工作中，结晶良好的 NVP 阵列式结构具有优异的结构稳定性，这是由于其纳米片表面包覆的类三维石墨烯碳笼具有优异的机械稳定性。

10.1.7　小结

本节通过一种简便的熔融烃类辅助固态反应策略，合成新型类三维石墨烯笼封装的 NVP 纳米片。当其用作钠离子电池的正极时，NVP-NFs 具有高达 115.2mA·h/g

的可逆容量，这非常接近其理论容量。即使在 200C 时，电极也可以释放 75.9mA·h/g 的比放电容量。在 50C 的倍率下经长达 30000 次循环后，电极仍可保持其初始比容量的 62.5%。此外，基于 NVP-NFs 正极和三维石墨烯负极的先进钠离子全电池在 0.1A/g 电流密度下可提供 109.2mA·h/g 的高比容量并且在 200 次循环后容量为初始容量的 77.1%。这些优异的电化学性能表现归功于材料独特的结构和有利的晶体结构，为钠离子的快速扩散和电子输运提供了双连续的电子/离子输运路径和较大的电极-电解液接触面积。同时，坚固的结构可以在重复的 Na^+脱出/嵌入过程中快速适应体积变化。我们相信这项工作是大规模储能钠离子电池技术发展中的重要里程碑。

10.2 纳米片组装 $Na_3V_2(PO_4)_3$/C 分级微球新材料

10.2.1 概要

$Na_3V_2(PO_4)_3$ 是一种重要的钠离子电池正极材料，但其也有电子传导率低(10^{-9}S/cm)的缺陷，这限制了它进一步的实际应用[15]。因此，利用材料组织调控技术优化结构并提升性能已成为钠离子电池的研究重点之一。

本节介绍一种采用简便且可控的方法合成氮掺杂碳包覆纳米片组装的 $Na_3V_2(PO_4)_3$ 微球(NVP/C-MSs)的结构调控新技术[16]。通过追踪材料微观结构随水热时间的演变规律，提出了一套表面活性剂引导的自组装和连续溶解与再结晶的形态演化机制。这种独特的氮掺杂碳改性的多孔结构为电子和钠离子的传输提供了良好的动力学条件。因此，由于其兼具电子/离子双连续传输通道、活性材料接触面积大和结构稳定性好这三大优势，所以将 NVP/C-MSs 用于钠离子电池正极材料时表现出接近理论值的比容量、优异的倍率性能和循环稳定性。此外，以 NVP/C-MSs 为正极、SnS/C 纤维为负极成功匹配出了具有较高比容量和良好循环稳定性的钠离子全电池。这表明 NVP/C-MSs 是一种很有希望应用于大规模储能系统中的先进正极材料。

10.2.2 材料制备

本节通过水热法制备了 $Na_3V_2(PO_4)_3$/C 分级微球，其主要步骤如下。①油浴回流制备前驱体：首先将 0.1102g 五氧化二钒分散在 18mL 去离子水中，随后逐滴加入 2mL 的过氧化氢，在室温下剧烈搅拌一个小时，得到亮黄色溶液，标示为A。接着，将 0.2091g 磷酸二氢铵和 0.2796g 尿素溶解于 20mL 去离子水中，并在装有回流冷凝器和搅拌子的三颈圆底烧瓶中搅拌 10min，然后加入 0.5872g 油酸钠，在室温下连续搅拌分散 1h，所得均匀的乳浊液记为 B。然后，在剧烈搅拌下，将溶液 A 逐滴加入溶液 B 中，并在 80℃下用油浴回流 10h。在此过程中，溶液的颜色逐渐由橘黄色变成墨绿色。②水热法合成：将制备好的混合物溶液转移到 50mL 的不锈钢反应釜的内衬中。将反应釜密封并置于 200℃的烘箱中保温 48h，保温完成后自然冷却至室温并保持几个小时。在水热的条件下，这些组分自组装成圆柱形的 NVP/C 前驱体水凝胶。将该水凝胶用去离子水冲洗 3 次，然后冷冻干燥，形成多孔的 NVP/C 气凝胶。③煅烧：最后，将所得的气凝胶在纯氩的气流下以 2℃/min 的速率升温到 800℃并保温 8h 即可得到黑色的 NVP/C-MSs 材料。

此外，为了研究前驱体浓度对 NVP/C 微纳结构的影响，制备了一系列不同前驱体溶液浓度的 NVP/C 样品，具体的实验参数和样品命名见表 10-1。

表 10-1　不同条件下制备的 NVP 样品的命名

水热时间/h	每个反应釜中的目标产物浓度				
	0.005mol/L	0.01mol/L	0.015mol/L	0.02mol/L	0.025mol/L
6			NVP/C-15-6		NVP/C-25-6
12			NVP/C-15-12		NVP/C-25-12
24			NVP/C-15-24		NVP/C-25-24
36			NVP/C-15-36		NVP/C-25-36
48	NVP/C-5-48	NVP/C-10-48	NVP/C-MSs (NVP/C-15-48)	NVP/C-20-48	NVP/C-25-48

10.2.3　合成材料结构的评价表征技术

材料表征实验主要有：XRD 测试，采用 X 射线衍射仪扫描不同阶段合成产物的衍射图谱，图谱扫描的方式是步进扫描，步长为 0.02°，计数时间为 2s。采用 Jade 软件对 XRD 图谱进行信息匹配；SEM 观察，样品的形貌及颗粒大小，以对反应合成过程做出进一步研判；EDS 能谱分析，研究材料微区的成分和分布情况；TEM 观测，通过 TEM 获得材料内部结构更精细的信息，如层间距、表面包覆层结构等；拉曼光谱分析，检测包覆碳层的结构信息；热重和差示扫描热分析，定量分析材料中包覆碳的质量分数；X 射线光电子能谱，分析材料表面的元素成分、原子价态、化学键等信息；比表面分析测试，分析合成材料比表面积、孔体积和孔径分布情况等信息。

10.2.4　合成材料结构的评价表征结果与分析讨论

1. NVP/C-MSs 样品和碳笼的电子显微学分析

用场发射扫描电子显微镜和透射电子显微镜研究了 NVP/C-MSs 复合材料的形貌和晶体学性能。如图 10-12(a)和(b)所示，NVP/C-MSs 很好地保持了前驱体的分级微球形态，并且可以观察到微球的平均直径为 10μm。即使在 800℃高温煅烧之后，也没有观察到明显的结构坍塌或破碎。放大的 FESEM 图像进一步揭示了微球的详细特征，微球是由 20～30nm 厚的纳米片组成，如图 10-12(c)所示。

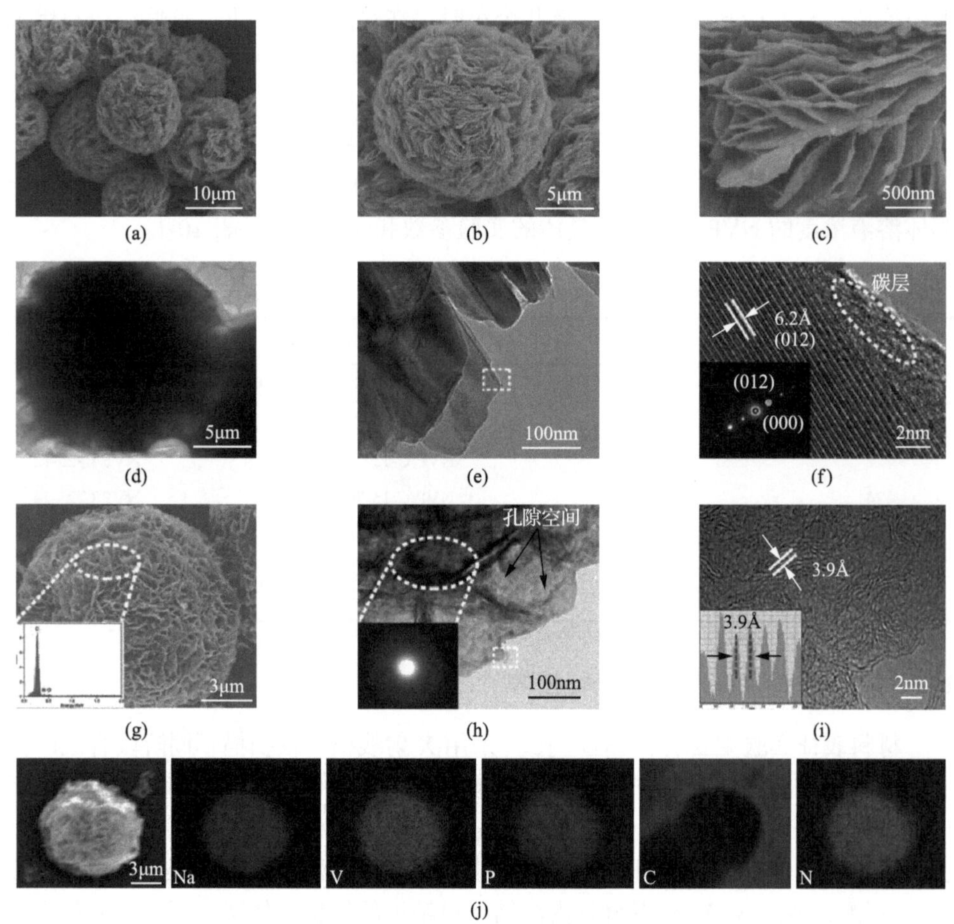

图 10-12　NVP/C-MSs 和将 NVP 纳米晶粒刻蚀后残余碳骨架的形貌和微观结构表征

(a)～(c) NVP/C-MSs 的 FESEM；(d)、(e) TEM；(f) HRTEM 和对应的 SAED 谱；(g) 残余碳骨架的 FESEM；(h) TEM；(i) HRTEM；(j) EDX 暗场像和对应的元素面分布情况

此外，相邻纳米片之间相互松散地连接，它们之间有明显的空隙。TEM 图片[图 10-12(d)]清楚地显示了 NVP/C-MSs 微球的内部结构。由图 10-12(e)可见，分级微球是由呈放射状排布的纳米片构建而成的。由图 10-12(f)可见，高分辨 TEM 图像(HRTEM)清楚地显示了面间距为 6.2Å 的晶格条纹，与菱方晶胞 NVP 的(012)晶面相对应。值得注意的是，在 NVP 表面上均匀包覆着 3nm 左右的薄碳层。此外，在氢氟酸中将 NVP/C-MSs 复合材料中的 NVP 刻蚀掉后，可以得到纯碳骨架，从而进一步确认三维分级的碳网络。通过能量色散 X 射线光谱仪(EDX)[图 10-12(g)的

插图]表明 NVP 晶体已被完全移除，只有碳基底得到了很好的保留。由图 10-12(g)可见，分级微球的形貌保持良好。而且，在碳骨架中分布有许多空隙[图 10-12(h)]。从 HRTEM 图像[图 10-12(i)]中可以清楚地观察到 3.9Å 的面间距，比普通石墨的晶面间距(～3.4Å)要大，表明三维的碳骨架适合 Na^+的输运。此外，图 10-12(j)中的元素面分布图像也证实了在 NVP/C-MSs 复合材料中存在 Na、V、P、C 和 N 五种元素，并且这五种元素分布非常均匀。

2. NVP/C-MSs 样品粉末的物理化学表征

NVP/C-MSs 复合材料精修后的 X 射线衍射谱如图 10-13(a)所示。该图中所有的衍射峰均能很好地与菱方晶胞的 $Na_3V_2(PO_4)_3$(空间群：$R\bar{3}C$ 、ICSD 98-024-8140)匹配，表明得到的产物纯度极高。如图 10-13(b)所示，拉曼散射光谱证明了复合材料中存在碳。在图 10-13(b)中可以清楚地观察到两个明显的碳材料的特征峰，分别位于 $1326cm^{-1}$(D 峰)和 $1588cm^{-1}$(G 峰)，表明碳已经部分石墨化。在拉曼光谱中没有观察到 PO_4^{3-}的特征峰，这是由于其信号被紧密包覆的碳层掩盖。进一步采用 XPS 测试来探测 NVP/C-MSs 复合材料表面的元素成分和化学价态。

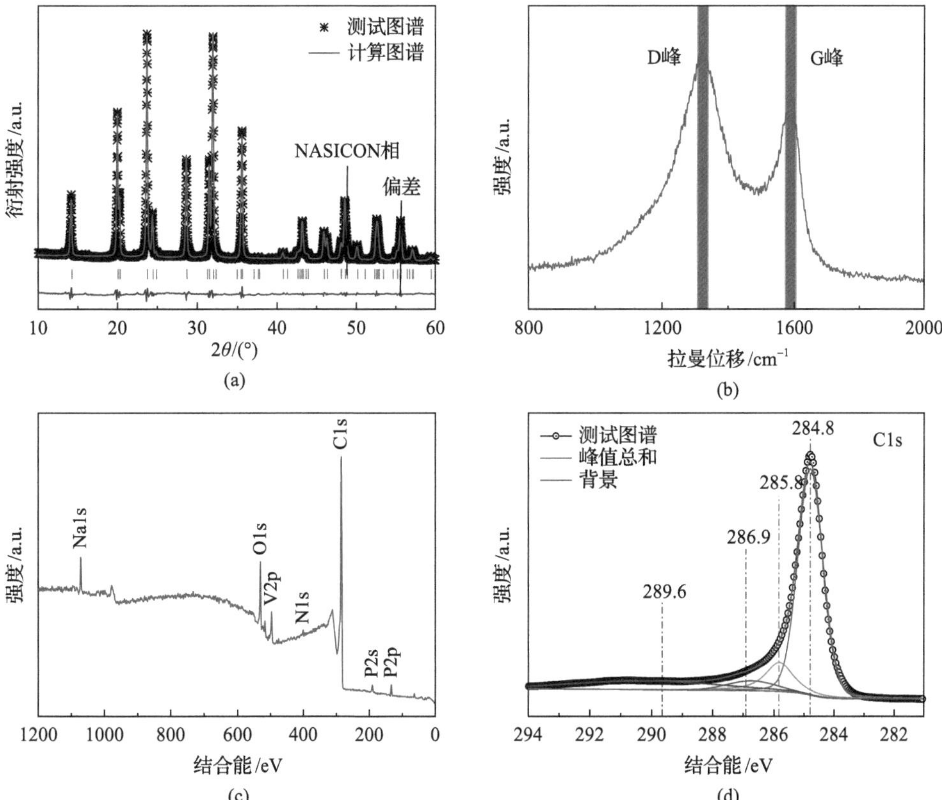

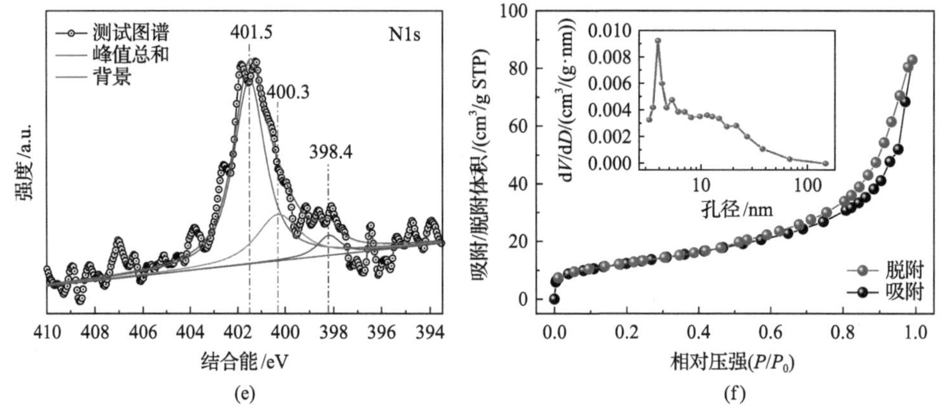

图 10-13　NVP/C-MSs 材料的物理和化学表征

(a) X 射线衍射谱及全谱拟合精修；(b) 拉曼散射谱；(c) XPS 全谱；(d)、(e) C 1s 和 N 1s 的高分辨 XPS 谱；(f) N_2 吸附-脱附曲线和相应的孔径分布情况（插图）

图 10-13(c) 中的 XPS 全谱显示了 Na 1s、V 2p、P 2s、P 2p、O 1s、C 1s 和 N 1s 六种元素的信号。如图 10-13(d) 所示，C 1s 的高分辨 XPS 谱可以分解为位于 284.8eV、285.8eV、286.9eV 和 289.6eV 处的四个峰，位于 284.8eV 的主峰对应于石墨化的 sp^2 C；位于 285.8eV 和 286.9eV 处的两个小峰对应于不同键合状态的 C-N 键，分别为 N-sp^2 C 和 N-sp^3 C，说明表面包覆碳中含有异质氮掺杂；位于 289.6eV 处的峰与 CO 类的化学键有关[17]。图 10-13(e) 中的 N 1s 高分辨 XPS 谱可以分解为位于 398.4eV、400.3eV 和 401.5eV 处的三个特征峰，分别对应于吡啶 N、吡咯 N 和石墨 N[18]。此外，根据元素分析结果可得复合材料中 N 元素的质量分数约为 2.37%。采用 N_2 等温吸附-脱附测试进一步探究 NVP/C-MSs 复合材料的孔结构特征，如图 10-13(f) 所示。该等温吸附-脱附曲线属于具有 H3 滞后环的 IV 型曲线，这类滞后环是由样品中的裂隙状孔隙所致。NVP/C-MSs 样品的 BET 比表面积为 $44.78m^2/g$。图 10-13(f) 的插图显示了孔径分布曲线，可见 NVP/C-MSs 的孔隙大部分在 3～40nm，这些孔大部分是由自组装纳米片之间的间隙产生的。

3. 结构演化过程追踪和机制探索

为了探究反应时间对纳/微米分级结构 NVP/C 复合材料形貌演变的影响，拍摄了不同反应时间产物的 FESEM 和 TEM 图像，如图 10-14 所示。图 10-14(a1)～(a4) 是水热时间为 6h 的产物图像，由图片可知，快速成核和生长导致形成了不规则的花状结构。这种花状结构是由一些直径约为 1.5μm，厚度为 20～40nm 的纳米片堆积成的。如图 10-14(b1)～(b4) 所示，当水热时间增加到 12h 时，大量的原始纳米片开始生长并聚集在一起形成球状结构。如图 10-14(c1)～(c4) 所示，随着反应时间增加到 24h，为了降低体系的总表面能，纳米片自发组装成微球结构。

这种微球的直径为 4～5μm，纳米片的厚度为 30～40nm。如图 10-14(d1)～(d4) 所示，当水热时间增加到 36h，原始的微球会进一步生长并最终成形，这个时候伴随着再结晶的过程，形成了更致密的内部结构。如图 10-14(e1)～(e4)所示，随着水热反应进一步增加到 48h，分级结构的微球完全演化成形。制备的微球具有高度的均匀性，直径约为 10μm，由大量的厚度约为 25nm 的沿径向排列的纳米片构成。自组装的纳米片排列非常紧凑，充分利用了有限的空间。

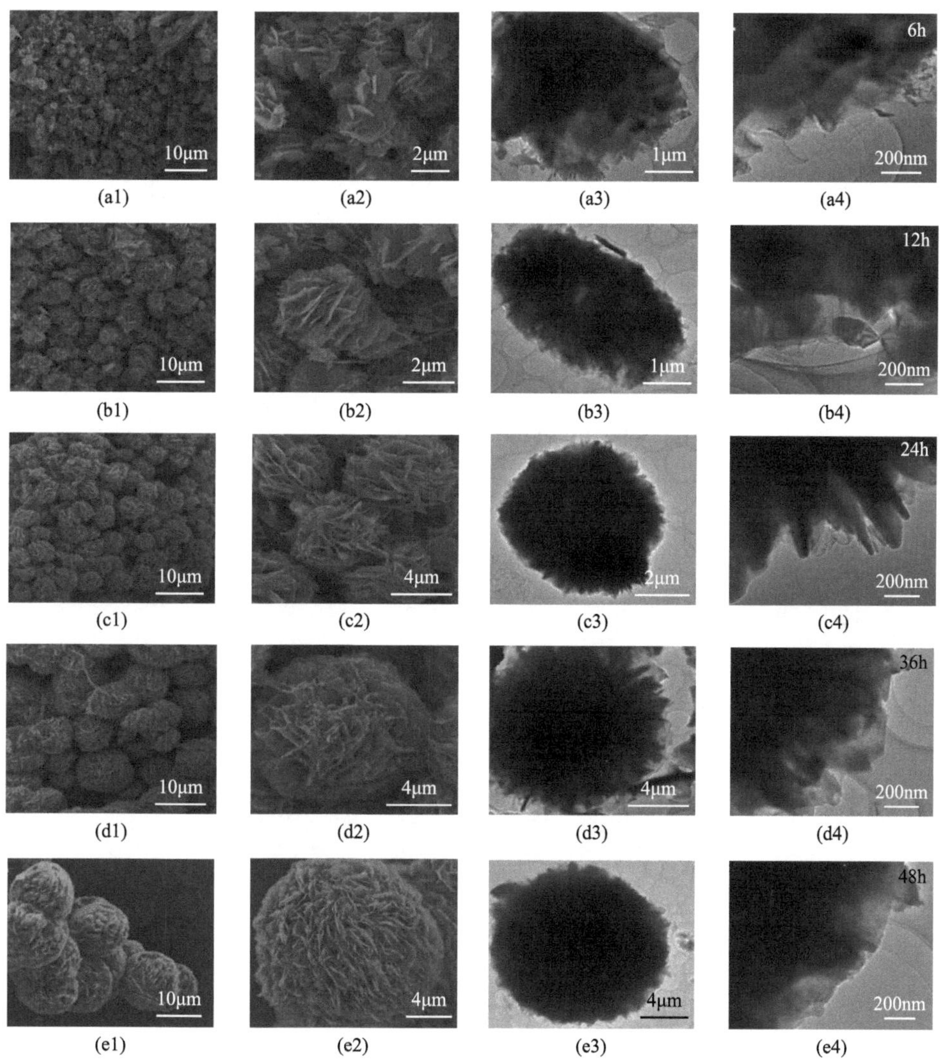

图 10-14　NVP/C 微观形貌随水热时间演变的 SEM 和 TEM 图像

(a1)～(a4) 6h；(b1)～(b4) 12h；(c1)～(c4) 24h；(d1)～(d4) 36h；(e1)～(e4) 48h

通过调整前驱体溶液的浓度也可以调控 NVP/C 复合材料的三维结构。如

图 10-15 所示，各反应釜中前驱体溶液浓度对微球大小的影响不大，微球的平均直径为 10μm。但是不同的反应条件对微球的分级结构有很大的影响，特别是对一次纳米结构。当前驱体溶液的浓度为 0.005M 时，固体微球由缠结且弯曲的超薄 NVP/C 纳米片构成，如图 10-15(a1)～(a5)所示。当浓度增加到 0.01M 时，三维分级的微球结构由大的纳米片构成，且纳米片的厚度超过了 20nm，如图 10-15(b1)～(b5)所示。当浓度增加到 0.02M 时，分级结构的微球是由超厚的纳米片堆积构成，纳米片之间几乎没有空隙，如图 10-15(d1)～(d5)所示。当浓度进一步增加到 0.25M 时，可以形成纳米颗粒组装成的 NVP/C 微球，如图 10-15(e1)～(e5)所示。

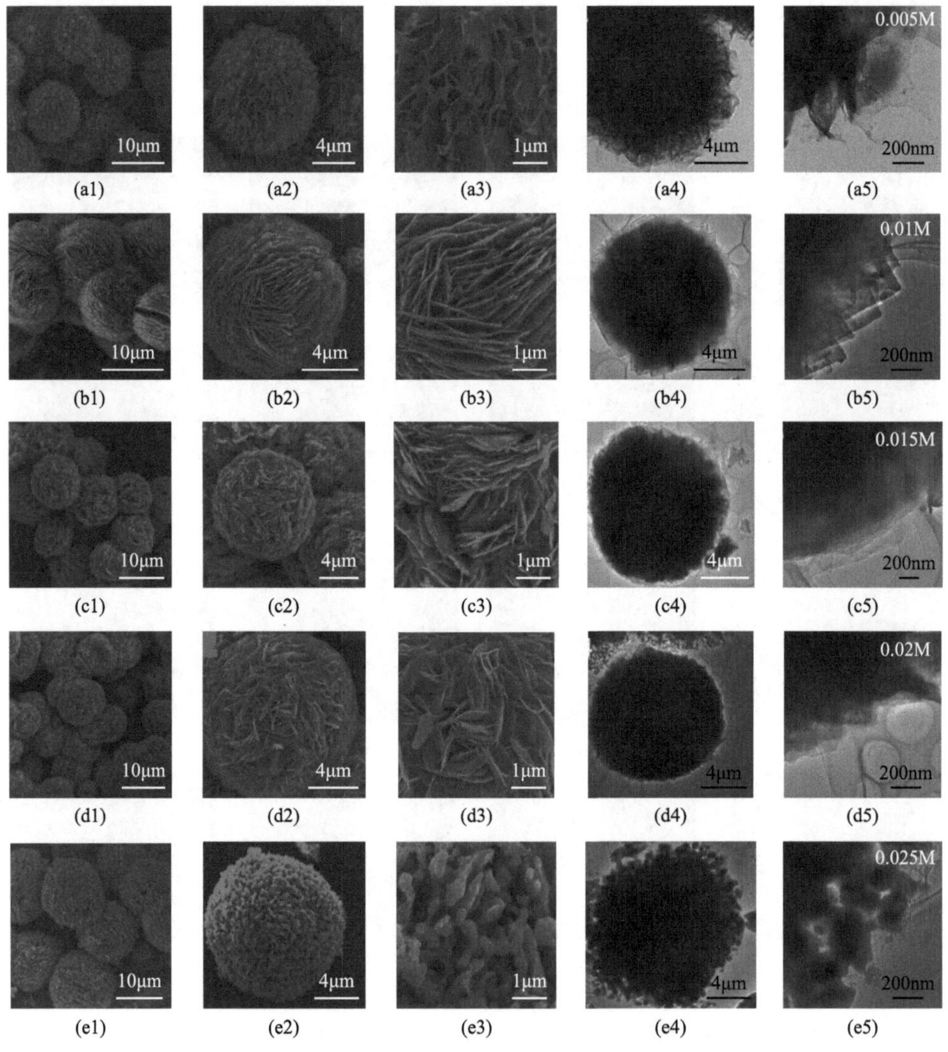

图 10-15　前驱体溶液浓度对 NVP/C 微观形貌影响的 SEM 和 TEM 图像

(a1)～(a5) 0.005M；(b1)～(b5) 0.01M；(c1)～(c5) 0.015M；(d1)～(d5) 0.02M；(e1)～(e5) 0.025M

根据之前的报道，纳米结构材料可以通过定向生长的机制自组装成微米级的结构[19]。基于上述的 SEM 和 TEM 结果和分析，图 10-16 对可能的形成过程进行了示意性的描述。本书使用具有高极性羧基和非极性尾部的油酸钠作为 NVP/C 微球合成的钠源和结构导向剂。同时，油酸钠中的长烷基链作为碳源，随着 NVP 的高温结晶原位碳化后形成了碳骨架。首先，将 V_2O_5 和过氧化氢溶解在去离子水中，制备了 $V_2O_5 \cdot nH_2O$ 稀溶胶。然后，将 $V_2O_5 \cdot nH_2O$ 稀溶液加入油酸钠、$NH_4H_2PO_4$ 和尿素的混合溶液中，形成具有阳离子表面的磷酸钒钠亲水胶体。在油浴搅拌的过程中，加入的阴离子表面活性剂——油酸钠捕获了具有阳离子表面的磷酸钒钠胶体，这个过程还伴随着电荷密度的重排和复合胶束的形成。在水热过程中，许多前驱体迅速形核，然后在表面活性剂的引导下生长成片状的纳米晶。随后，聚集的核成为吸附随后新形成的核和初生晶体生长的中心。这些新形成的纳米晶体不具有热力学稳定性，因此它们会逐渐自组装并形成微球，以使界面能降到最低。随着反应时间的延长，初生的纳米晶经历了连续的溶解和再结晶过程，以充分利用有限的空间。再将制备好的微球前驱体进行退火，伴随着有机物的原位碳化，NVP 形核结晶。有趣的是，随着前驱体浓度的增大，纳米级的一次颗粒逐渐增大，而一次颗粒之间的空间逐渐减小。

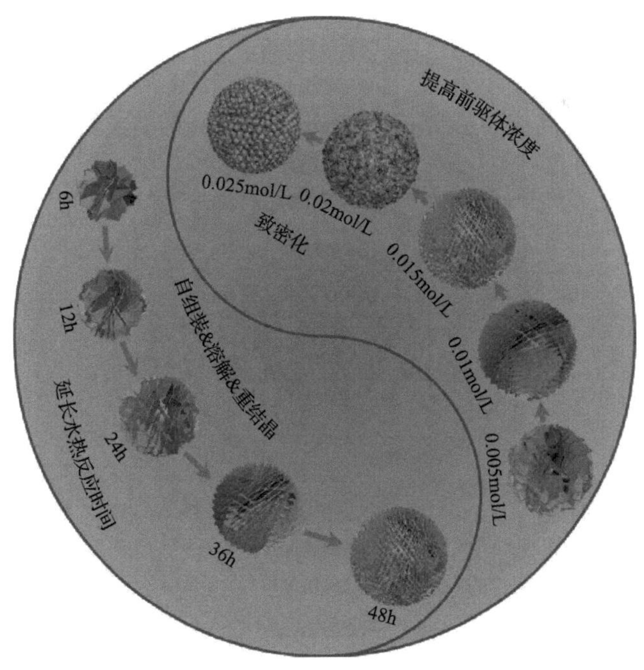

图 10-16　不同一次颗粒组成不同尺寸的分级微球的形成机理示意图

4. 对照样品的物理化学表征

前驱体溶液的浓度是决定 NVP/C 微/纳米结构的关键因素。为了进行对比，本节研究并分析了由不同浓度前驱体制备得到的产物。这些 NVP/C 产物的 XRD 图谱[图 10-17(a)～(d)]也表现出和 NVP/C-MSs 相似的高纯度和高结晶度。

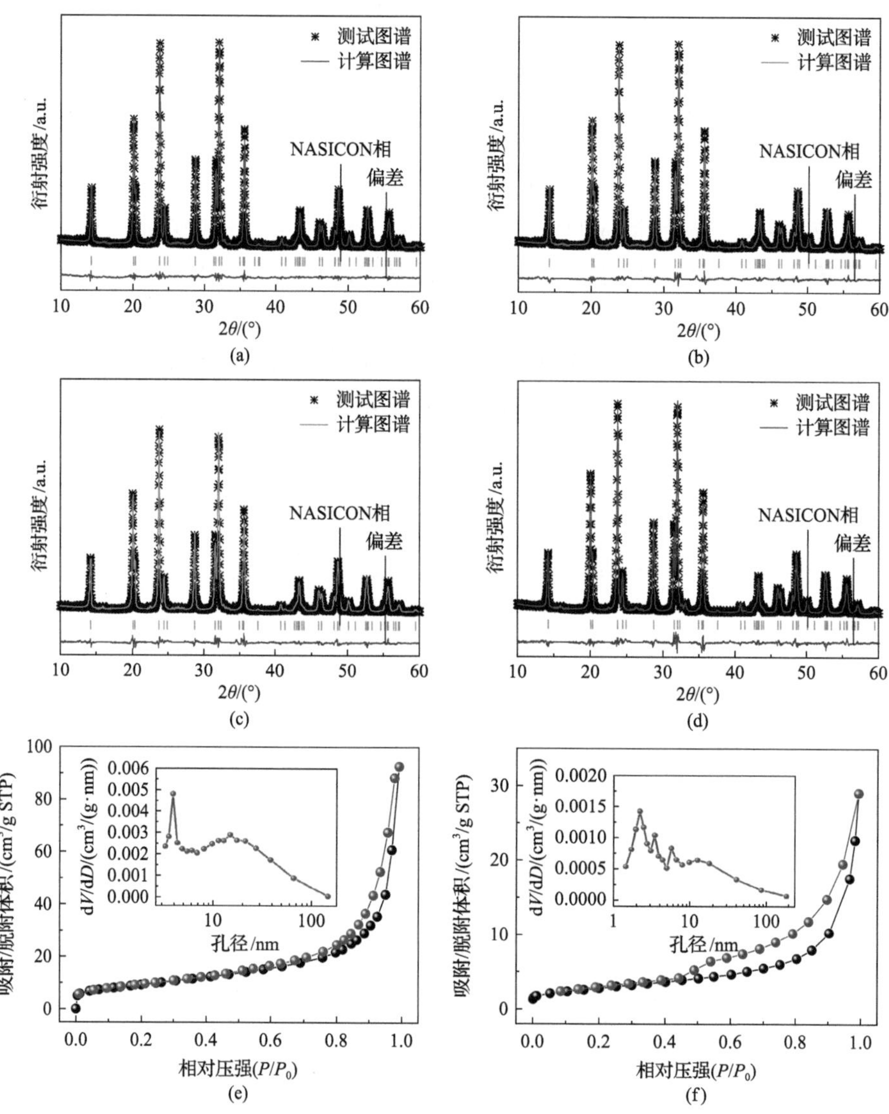

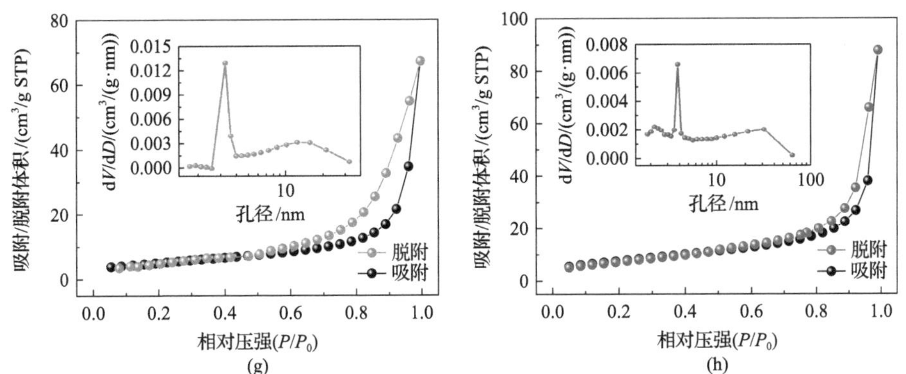

图 10-17　对照样品的 X 射线衍射谱及全谱拟合精修和 N_2 吸附-脱附曲线及相应的孔径分布

(a)、(e) NVP/C-5-48；(b)、(f) NVP/C-10-48；(c)、(g) NVP/C-20-48；(d)、(h) NVP/C-25-48

如图 10-13(f) 和图 10-17(e)～(h) 所示，通过氮气吸附-脱附曲线探究了 NVP/C 产物的孔径分布和比表面积。在这五种样品中，NVP/C-MSs 具有最高的 BET 比表面积，为 44.78m^2/g，比 NVP/C-5-48 样品(33.28m^2/g) 和 NVP/C-10-48 (27.81m^2/g) 的比表面积略高。NVP/C-20-48 和 NVP/C-25-48 样品的比表面积比较低，分别仅有 18.32m^2/g 和 10.11m^2/g。此外，根据热重分析结果[图 10-18]，NVP/C-

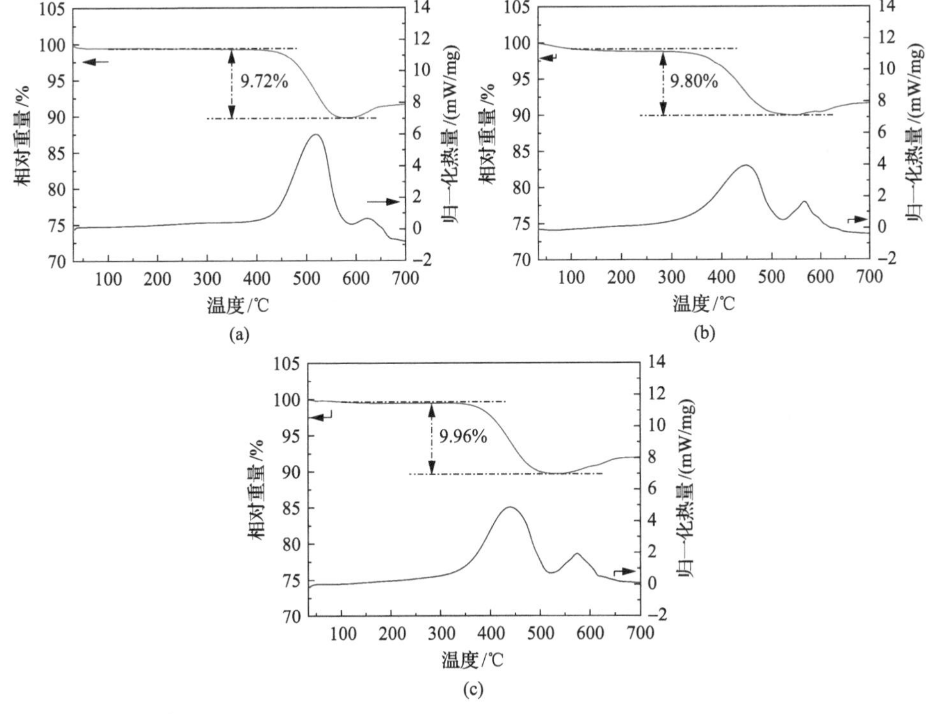

图 10-18　对照样品的 TG-DTA 曲线

(a) NVP/C-MSs；(b) NVP/C-5-48；(c) NVP/C-25-48

MSs、NVP/C-5-48 和 NVP/C-25-48 复合材料中的碳含量分别为 9.72%、9.8%和 9.96%。根据元素分析，NVP/C-5-48 和 NVP/C-25-48 样品中的氮含量分别为 2.12%和 1.99%，表明氮元素成功掺杂到碳包覆层的骨架中。综上所述，NVP/C-MSs 样品具有分级多孔的结构，相对较高的 BET 表面积，并且具有合适的氮掺杂和碳包覆，这些都有助于其电化学性能的提升。

10.2.5 电化学性能与动力学分析技术和方法

极片和半电池的制备、钠离子扩散系数计算与 10.1.5 节一致。

全电池的组装：以 NVP/C-MSs 为正极、SnS/C 为负极组装成钠离子全电池，控制正极和负极活性材料的质量比约为 5∶1，组装全电池之前负极同样经过预嵌钠处理。

主要半电池性能测试包括：循环伏安法(CV)测试，在电化学工作站上，以 0.1mV/s 的扫描速度在 2.5～4.0V 的电压范围内进行；常温充放电测试，在蓝电电池测试系统上，通过充放电实验来测量电池在常温(25℃)下的倍率性能和循环稳定性等，其中设定 1C = 117.6mA/g；EIS 测试：在电化学工作站上，在 100kHz～0.01Hz 的频率范围内对电池进行交流阻抗(EIS)测试，并得到电池内阻的具体组成信息。

在蓝电电池测试系统上，采用电流脉冲(0.1C)对电池进行充放电完成恒电流间歇滴定，并测定电极电势随离子脱嵌程度变化的曲线来计算离子扩散系数，计算式与 6.4.5 节式(6-15)一致[20]。

10.2.6 电化学性能与动力学分析结果与讨论

1. 钠离子半电池的电化学表征

纳米片组装的多孔 NVP/C 分级微球正极材料具有连续的电子和钠离子传输通道，在钠离子电池中表现出优越的高倍率性能和循环稳定性。首先，用 NVP/C 材料组装成半电池，用以评估其作为钠离子电池正极材料的电化学性能，结果如图 10-19 所示。本节比较了五种 NVP/C 材料的倍率性能，如图 10-19(a)所示，在 0.5C 的电流密度下 NVP/C-MSs 电极的平均可逆容量为 116.3mA·h/g，高于 NVP/C-5-48(112.3mA·h/g)、NVP/C-10-48(114.8mA·h/g)、NVP/C-20-48(103mA·h/g)和 NVP/C-25-48(101.3mA·h/g)电极。随着电流密度从 1C 增加到 100C，NVP/C-MSs 电极的比容量从 114.7mA·h/g 降到 99.3mA·h/g。这表明在超高倍率下其也能获得较高的比容量。在 100C 的电流密度下经过快速充放电后，将电流密度再次减小为 0.5C 之后，NVP/C-MSs 电极的比放电容量完全恢复，显示了其优异的 Na^+ 存储可逆性。与此相比，NVP/C-5-48、NVP/C-10-48、NVP/C-20-48 和 NVP/C-25-48

电极材料在 100C 的高电流密度下显现出比较低的可逆容量，分别为 68.3mA·h/g、85.3mA·h/g、36.7mA·h/g 和 16.8mA·h/g，即使当电流密度再次减小到 0.5C 时，它们也不能恢复其初始的比容量。图 10-19(b) 显示了在不同倍率下 NVP/C-MSs 的充放电曲线。即使在高于 10C 的倍率下，其充放电电压平台仍然清晰可见。

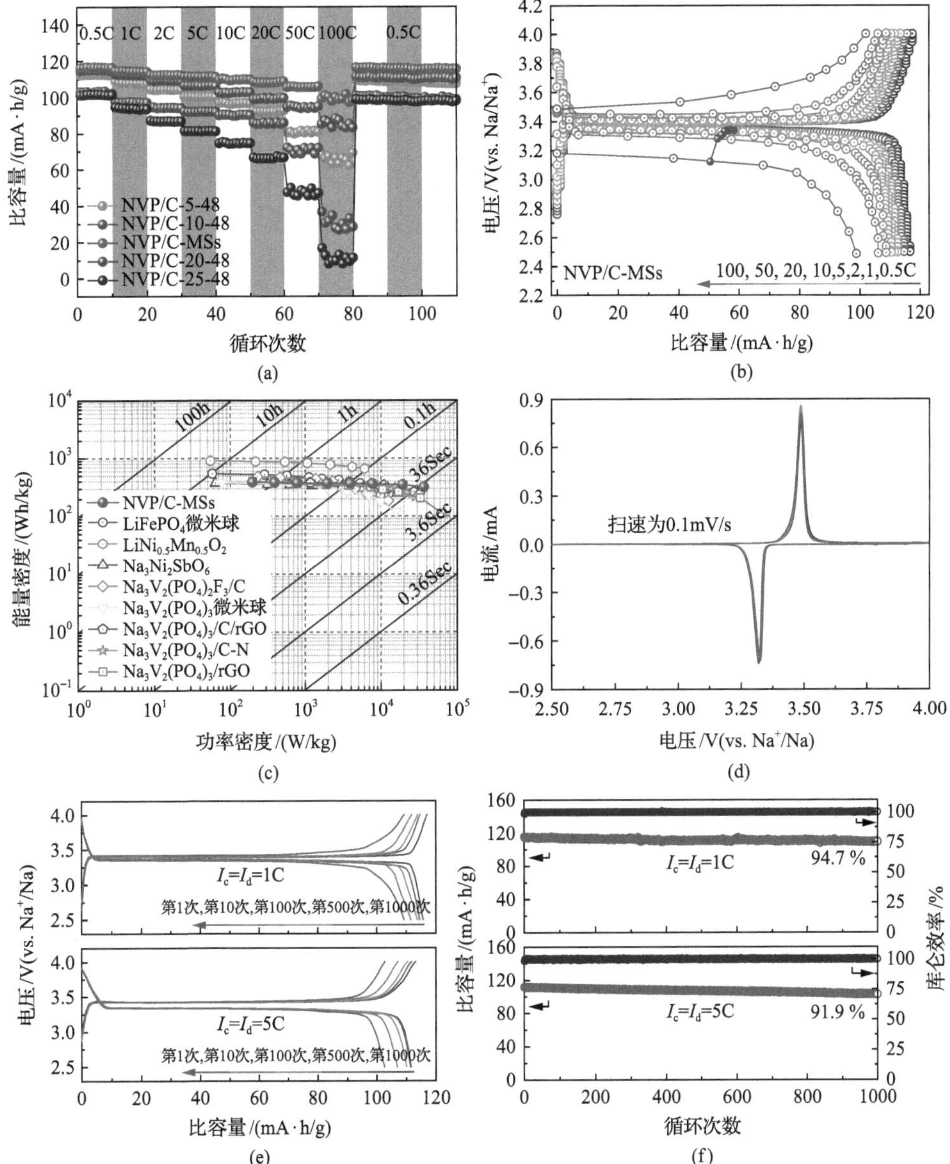

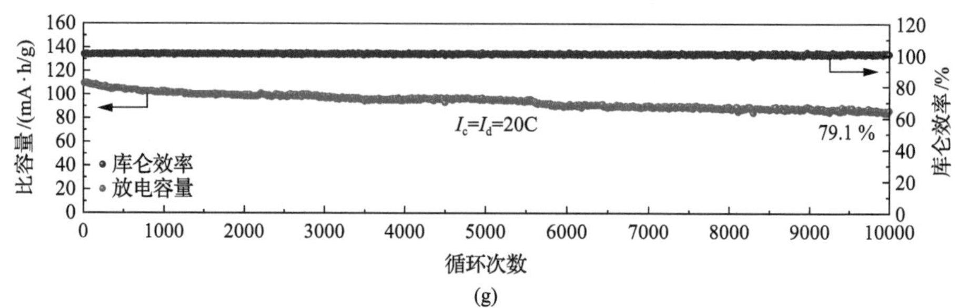

图 10-19　NVP/C-MSs 电极材料的电化学性能表征

(a) 在 0.5～100C 间的倍率性能 (1C = 117.6mA/g)；(b) 不同电流密度下的充放电曲线；(c) 与锂/钠离子电池其他正极材料的能量/功率密度对比；(d) 前 5 次 CV 曲线；(e) 在 1C 和 5C 倍率下的充放电曲线；(f) 循环性能；(g) 20C 倍率下的长循环性能

为了评估 NVP/C-MSs 正极材料的实际应用潜力，本节根据不同倍率下的容量、工作电压和正极材料的质量计算了其功率密度和能量密度。图 10-19(c) 显示了 NVP/C-MSs 正极与报道的锂/钠离子电池正极材料的能量/功率密度对比情况。NVP/C-MSs 正极在 392.5W/kg 的低功率密度下可以获得 382.9W·h/kg 的高能量密度，甚至当功率密度增加两个数量级时 (即 36.7kW/kg，充放电时间为 36s) 仍然可以保持 82.5%的能量密度 (316W·h/kg)，这表明 NVP/C-MSs 正极可以同时实现高功率密度和高能量密度。该性能可与目前最先进的锂/钠离子电池材料相媲美，如 $LiFePO_4$ 微球[8]、$LiNi_{0.5}Mn_{0.5}O_2$[7]、$Na_3Ni_2SbO_6$[11]、$Na_3V_2(PO_4)_2F_3/C$[12]、$Na_3V_2(PO_4)_3$ 微球[21]、$Na_3V_2(PO_4)_3/C/rGO$[14]、$Na_3V_2(PO_4)_3/C\text{-}N$[22] 和 $Na_3V_2(PO_4)_3/rGO$[23]。

图 10-19(d) 是 NVP/C-MSs 电极在 0.1mV/s 的扫描速率下前五次的循环伏安曲线。首次和随后的几个循环中都可以看到 NVP/C-MSs 电极在 3.48/3.33V 处有一对氧化还原峰，这是由 Na^+ 离子在 $Na_3V_2(PO_4)_3$ 中脱出和嵌入所引起的 ($Na_3V_2(PO_4)_3\text{-}2Na^+\text{-}2e^- \rightleftharpoons NaV_2(PO_4)_3$)。此外，NVP/C-MSs 的氧化还原峰轮廓尖锐对称，表明这种电极具有良好的可逆性和较弱的极化。图 10-19(e) 是 NVP/C-MSs 电极在 2.5～4.0V 的电压范围内，1C 和 5C 的电流密度下循环的恒流充放电曲线。充放电曲线的电压平台与 CV 结果一致。NVP/C-MSs 电极在 1C 时初始的充放电容量分别为 117mA·h/g 和 115.6mA·h/g，对应 98.8%的首次库仑效率。当倍率增加到 5C 时，它仍能保持 113mA·h/g 和 111.3mA·h/g 的充放电容量，首次库仑效率为 98.5%。同时，NVP/C-MSs 电极表现出极高的稳定性。如图 10-19(f) 所示，在 1C 下经过 1000 次充放电循环后，115.6mA·h/g 的初始容量减小为 109.5mA·h/g，容量保持率为 94.7%。在 5C 的高倍率下，经过 1000 次充放电循环后，保持了 102.3mA·h/g 的放电比容量，容量保持率为 91.9%。此外，为了评估 NVP/C-MSs 电极的高功率工作潜力，本节测试了其高倍率长循环性能。NVP/C-MSs 在 20C 倍率

下的初始比放电容量为 109.5mA·h/g，经过 10000 次循环后仍保持了 86.6mA·h/g 的比容量，容量保持率为 79.1%，平均每次的容量衰减率为 0.002%，如图 10-19(g)所示。此外，平均库仑效率接近 100%，表明 NVP/C-MSs 材料在反复嵌入和脱出 Na^+的过程中，即使在长期高倍率循环中，都具有非常优异的相变可逆性。如此优异的比容量、倍率性能和循环稳定性，优于大多数最新报道的 NVP 正极材料，表明由均匀的氮掺杂碳包覆、大的间隙空间所改进的电子/离子迁移动力学、优异的结构稳定性和分级微球结构所引入的高比表面积之间的协同作用有利于改善材料的电化学性能。

2. 电极的反应动力学和电极结构的稳定性分析

为了进一步理解纳米片组装的多孔 NVP/C 分级微球电极的电化学性能，对此进行了循环伏安测试、恒电流间歇滴定、电化学阻抗测试、非原位 SEM 和 TEM 测试等。如图 10-20(a)～(j)所示是扫描速率为 0.1～1.0mV/s 的 CV 曲线，以及峰值电流(I_p)与扫描速率平方根($v^{1/2}$)之间的关系。随着扫描速率的增加，氧化还原峰的强度增加，而且氧化峰和还原峰分别向高电位和低电位移动。基于经典的 Randles-Sevchik 公式计算了固态复合材料中 Na^+离子的表观扩散系数。NVP/C-MSs 电极在氧化过程和还原过程中的扩散系数均能达到≈$10^{-9}cm^2/s$，这几乎比 NVP/C-5-48 和 NVP/C-10-48 电极高出一个数量级，比 NVP/C-20-48 和 NVP/C-25-48 电极高出两个数量级。GITT 计算结果显示，NVP/C-MSs 材料中 Na^+的扩散系数较小，但是总体上高于在其他 NVP/C 材料的扩散系数，如图 10-21 所示。NVP/C-MSs 优异的 Na^+扩散行为能够改善嵌入/脱出的反应动力学。此外，测试了 NVP/C-MSs 电极从第 1 次到第 1000 次的 EIS 谱。即使经过 1000 次循环，也仅检测到了很小的阻抗增加，如图 10-20(k)所示。这表明高导电性氮掺杂碳网络的存在确实改善了电荷转移动力学。

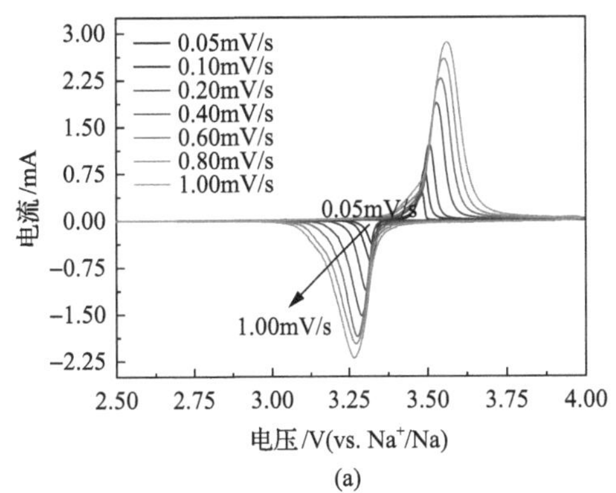

(a)

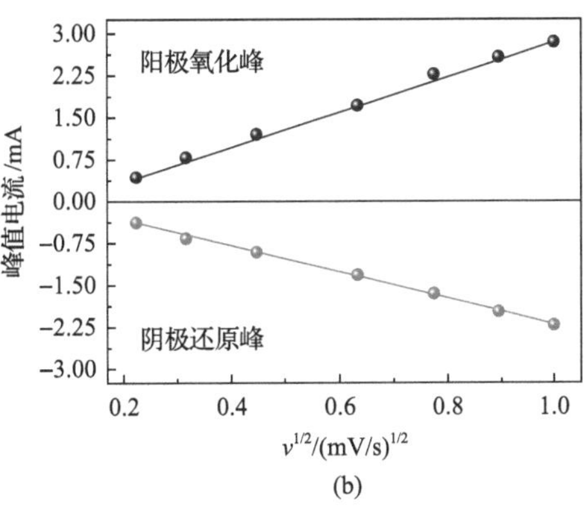

(b)

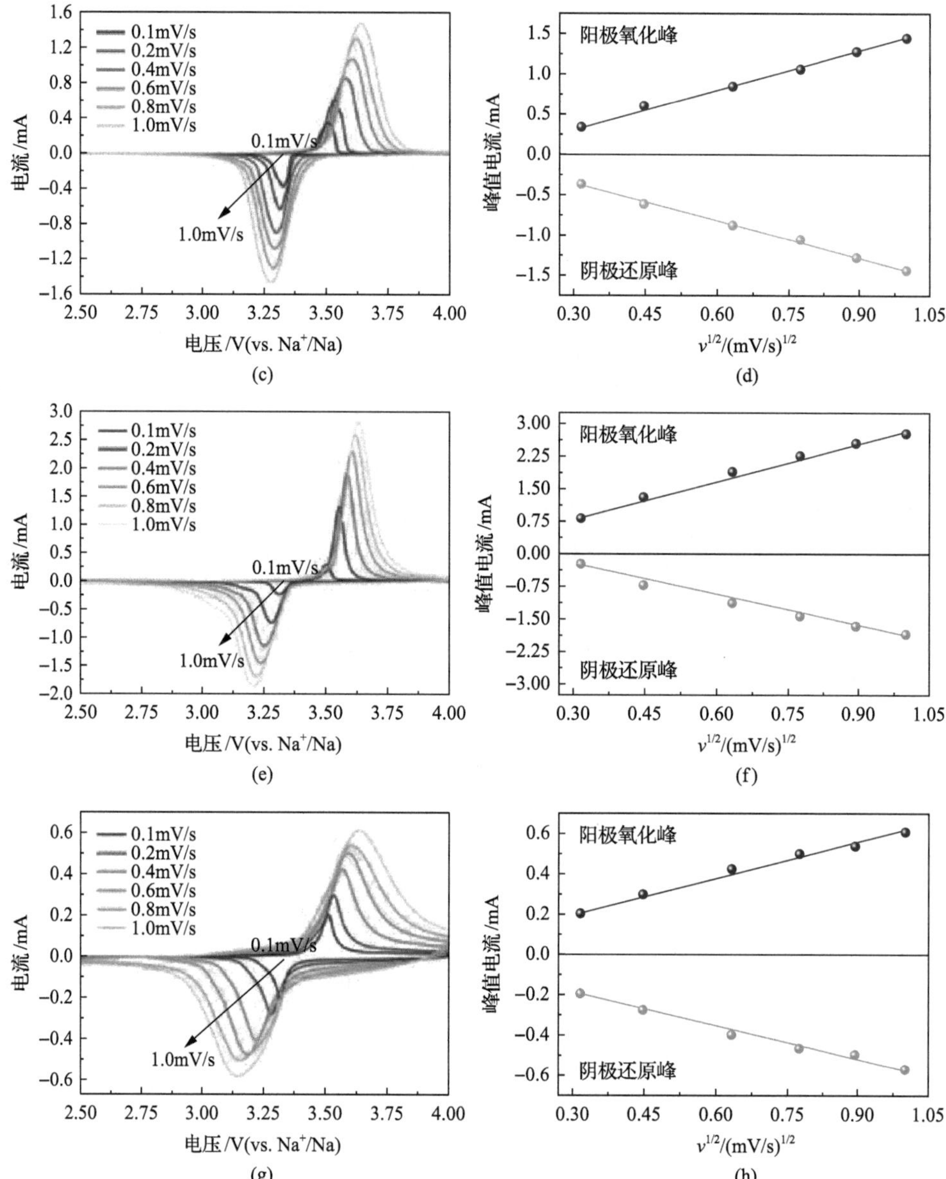

0.1mV/s
0.2mV/s
0.4mV/s
0.6mV/s
0.8mV/s
1.0mV/s
电流/mA
电压/V(vs. Na+/Na)
峰值电流/mA
$v^{1/2}/(mV/s)^{1/2}$
阳极氧化峰
阴极还原峰
(c)
(d)
(e)
(f)
(g)
(h)

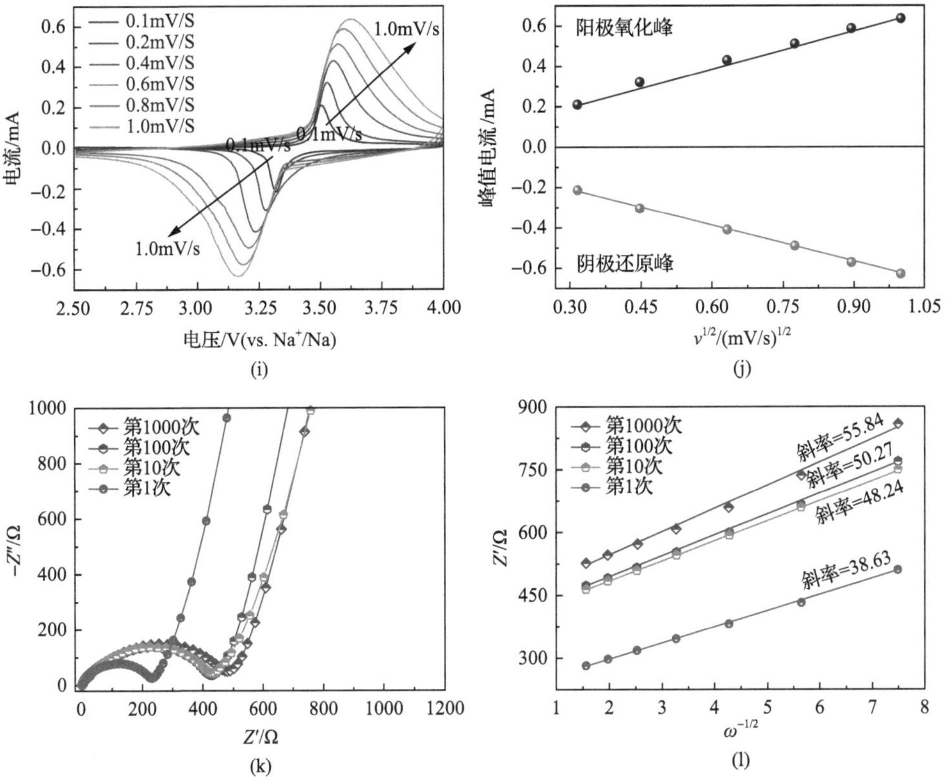

(i)　(j)

(k)　(l)

图 10-20　电极在不同扫描速率下的 CV 曲线和对应的峰值电流(I_p)与扫描速率平方根($v^{1/2}$)之间的线性关系及在不同循环后的交流阻抗谱和低频区 Z'与 $\omega^{-1/2}$ 的关系

(a)、(b) NVP/C-MSs；(c)、(d) NVP/C-5-48；(e)、(f) NVP/C-10-48；(g)、(h) NVP/C-20-48；(i)、(j) NVP/C-25-48；NVP/C-MSs 的(k)交流阻抗谱和(l)低频区 Z'与 $\omega^{-1/2}$ 的线性关系

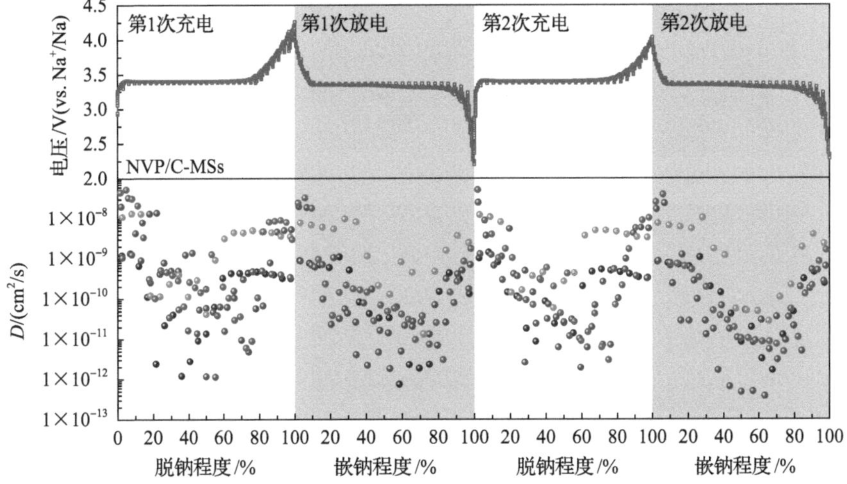

图 10-21　NVP/C 电极在不同充放电状态下的 GITT 曲线和对应的 Na^+扩散系数

通过非原位 SEM 和 TEM 进一步研究了 NVP/C 电极在 5C 的电流密度下经过 1000 次循环后的形态和结构变化。即使经过 1000 次充放电循环之后，NVP/C-MSs 的形貌仍然保持不变，没有任何明显的粉化或尺寸变化[图 10-22(b1)～(b3)]。从 HRTEM 图像[图 10-22(b4)]可见，NVP 的晶体结构和氮掺杂碳保护层仍保持完整。虽然 NVP/C-5-48 和 NVP/C-25-48 电极的单晶结构可以维持[图 10-22(a4)和(c4)]，但是它们有严重的聚集或者粉化[图 10-22(a1)～(a3)和(c1)～(c3)]，导致了界面不稳定、活性材料和集流体之间的电接触损耗及容量衰减。综上所述，NVP/C-MSs 复合材料坚固的三维微球结构可以显著促进快速的电子传输和离子扩散，并适应循环过程中的体积变化。

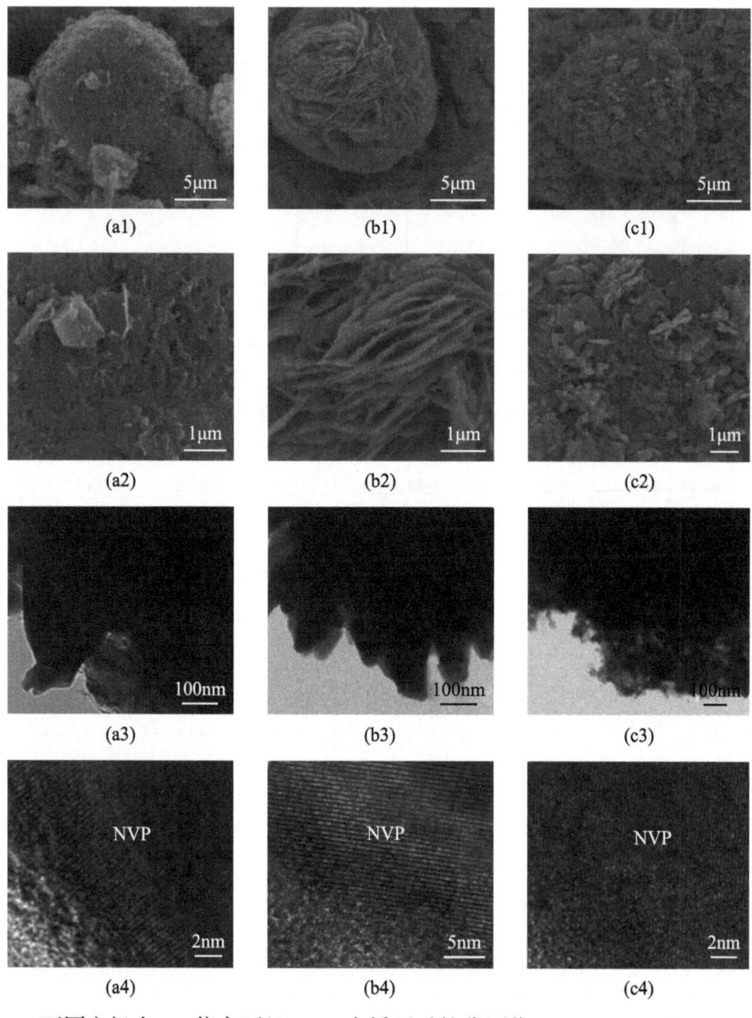

图 10-22　不同电极在 5C 倍率下经 1000 次循环后的非原位 SEM、TEM 和 HRTEM 表征

(a1)～(a4) NVP/C-5-48；(b1)～(b4) NVP/C-MSs；(c1)～(c4) NVP/C-25-48

3. 钠离子全电池的性能表征

由于 NVP/C-MSs 电极在半电池测试中表现出优异的性能，所以进一步利用 NVP/C-MSs 作为正极，自制的 SnS/C 纤维作为负极组装成钠离子全电池。图 10-23(a)和(c)中上半部分是 NVP/C-MSs//Na 的 CV 曲线和所对应的充放电曲线。图 10-23(a)中的下半部分是 SnS/C 在 0.001～2.0V 电压范围内的 CV 曲线，其中有多步合金化/去合金化的氧化还原峰和转化反应峰。相应地，图 10-23(c)中下半部分是充放电曲线，并且明显的平台也与 CV 曲线相一致。图 10-23(b)是 NVP 材料中 V^{4+}/V^{3+}(vs. Na^+/Na)氧化还原电势和层状 SnS 材料 $Sn^{2+}/Sn/Na_{15}Sn_4$ 转化和合金反应电势的示意图。基于 NVP 正极和 SnS 负极的钠离子全电池的平均工作电位是根据两者的电压差进行预测的，如图 10-23(b)所示。

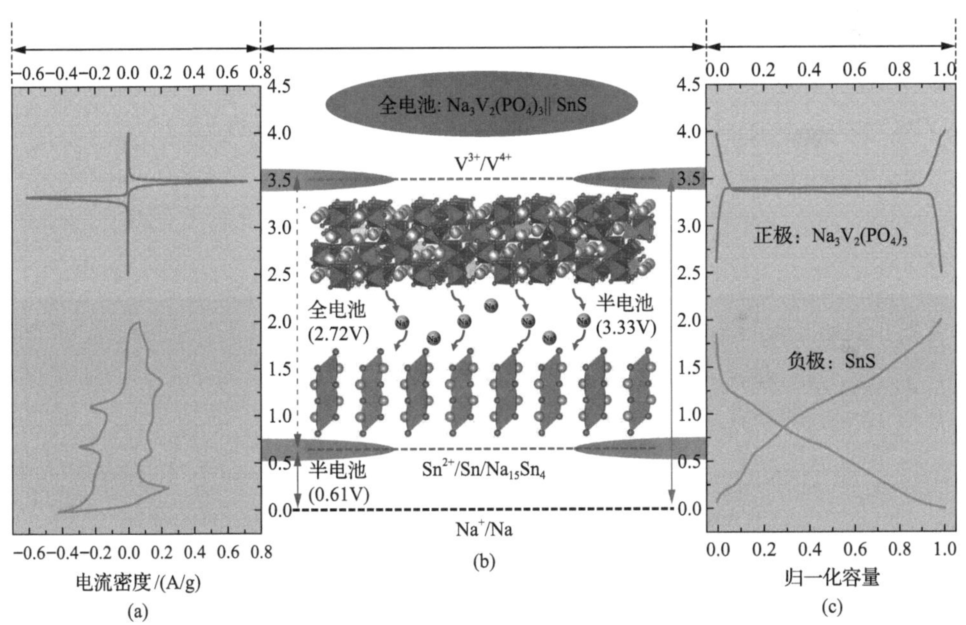

图 10-23　NVP/C-MSs 和 SnS/C 在半电池中的反应与电化学性能

(a) CV 曲线；(b) NVP 中 V^{4+}/V^{3+}氧化还原对的电势和层状 SnS 中 $Sn^{2+}/Sn/Na_{15}Sn_4$ 转化/合金反应的示意图；(c) 恒流充放电曲线

图 10-24(a)是钠离子全电池在 200mA/g 电流密度下典型的充放电曲线。全电池显示出倾斜的充放电电压平台，初始的充电比容量和放电比容量分别为 104mA·h/g 和 102mA·h/g。如图 10-24(b)所示，基于 NVP/C-MSs 正极的质量，钠离子全电池在 200mA/g 电流密度下的初始比放电容量为 102mA·h/g。经过 500

次循环之后，它仍能保持 76.1mA·h/g 的比容量，是初始比容量的 74.6%，这表明 NVP-/CMSs ‖ SnS/C 钠离子全电池具有出色的循环稳定性。图 10-24(c) 的倍率性能测试表明，从 100mA/g 到 2000mA/g 的电流密度，全电池都可以得到有效的循环。在 100mA/g 电流密度下的容量为 107.5mA·h/g，在 500mA/g 电流密度下的比容量为 95.3mA·h/g。即使在 2000mA/g 的电流密度下，放电比容量仍保持为 62mA·h/g，约为 100mA/g 电流密度下可逆容量的 58%。图 10-24(d) 和 (e) 总结了许多最近报道的钠离子全电池的参数，包括电池电压、容量、能量密度和功率密度等主要的电化学参数。本节研制的 NVP/C-MSs ‖ SnS/C 全电池表现出最大的能量密度约为 223W·h/kg(此时功率密度为 249W/kg) 和最大的功率密度 3488W/kg (此时能量密度为 90W·h/kg)。综上所述，上述杰出的特性使得该材料具有卓越的电化学性能，可与目前最先进的钠离子全电池相媲美，如 $VOPO_4$ ‖ $Na_2Ti_3O_7$[24]、$Na_{1.92}Fe_2(CN)_6$ ‖ 硬碳[25]、NVOPF ‖ VO_2[26]、对称的 $Na_{0.8}Ni_{0.4}Ti_{0.6}O_2$[27]、对称的 $Na_{0.6}[Cr_{0.6}Ti_{0.4}]O_2$[28]、对称的 NVP@C[29]、NVP/C ‖ NTP@rGO[30]、NVP-F ‖ NTP[31]、NVP/C ‖ $Na_{0.66}[Li_{0.22}Ti_{0.78}]O_2$[32]和对称的 $Na_{0.66}Ni_{0.17}Co_{0.17}Ti_{0.66}O_2$[33]。

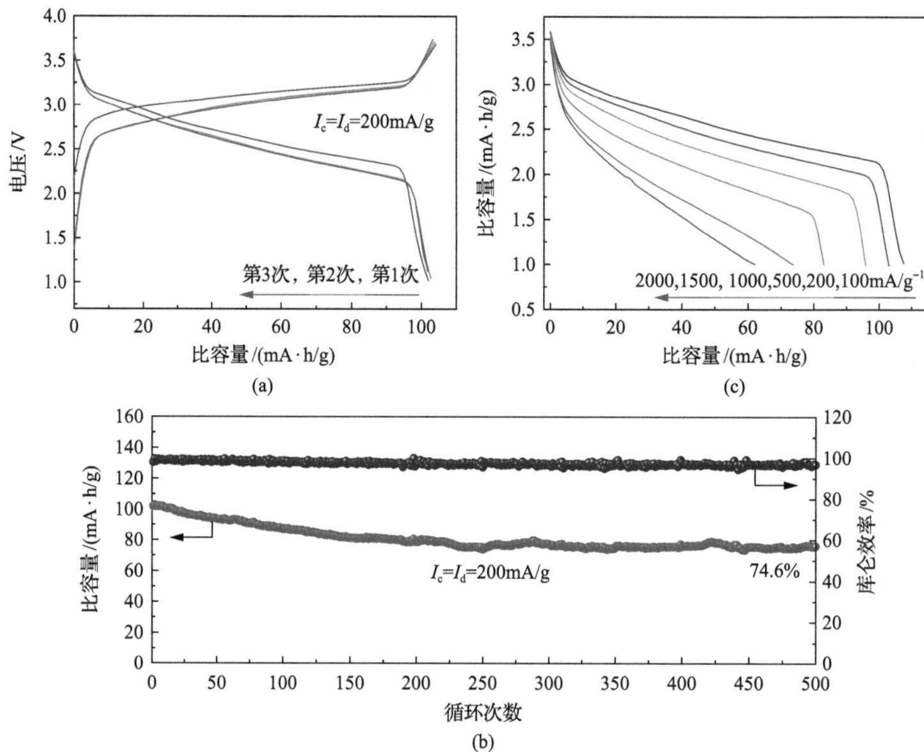

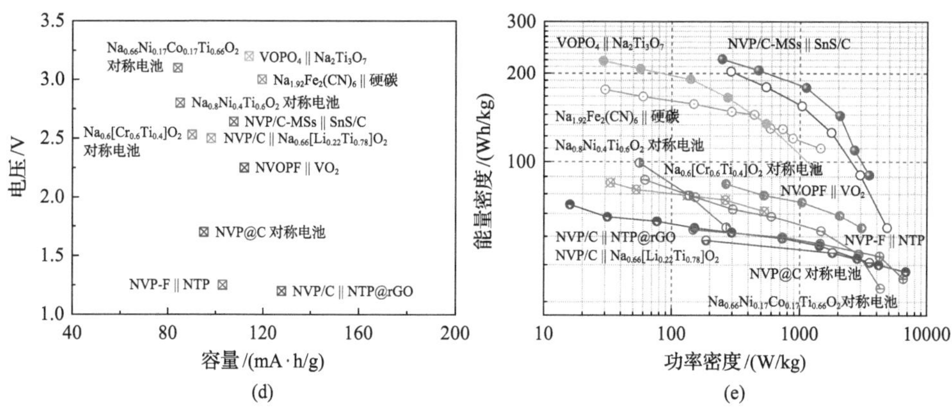

图 10-24　组装的 NVP/C-MSs ‖ SnS/C 钠离子全电池的电化学性能

(a)典型的充放电曲线；(b)循环性能和库仑效率；(c)不同电流密度下的容量；(d)NVP/C-MSs ‖ SnS/C 钠离子全电池的电压和容量与其他文献报道的对比图；(e)NVP/C-MSs ‖ SnS/C 钠离子全电池与目前先进的钠离子全电池的能量/功率密度对比

10.2.7　小结

通过水热辅助的自组装与随后的煅烧处理，合成了纳米片组装的 $Na_3V_2(PO_4)_3$ 分级微球，并详细研究了水热反应时间和前驱体溶液浓度对 NVP 产物微米/纳米结构的影响，同时提出了其形貌演变的机理。这种新型的微米/纳米结构不仅提供了双连续的电子/离子通道和大的电极电解液接触面积，而且与纳米材料相比，它具有更高的振实密度。此外，坚固的结构稳定性减轻了离子在反复嵌入/脱出过程的体积变形。结果表明，NVP/C-MSs 在钠离子半电池和全电池中均具有优异的电化学性能。在半电池中，在 0.5C 的电流密度下可以获得 116.3mA·h/g 的比容量，在 100C 的倍率下可以获得相当高的 99.3mA·h/g 的比容量和良好的循环稳定性，在 20C 的电流密度下可以循环 10000 次。更重要的是所制备 NVP/-CMSs ‖ SnS/C 钠离子全电池拥有 223W·h/kg 的能量密度和较长的循环稳定性。

10.3　三维石墨烯包覆微立方体状 $Na_3V_2(PO_4)_2F_3$ 复合新材料

10.3.1　概要

NASICON 型磷酸盐具有三维开放框架结构，是 Na^+ 的超级离子导体，有益于 Na^+ 的脱嵌和嵌入[34]。当 $Na_3V_2(PO_4)_3$ 结构中的一个聚阴离子[PO_4^{3-}]被 3 个 F^- 取代后，会得到具有更高能量密度的 $Na_3V_2(PO_4)_2F_3$(NVPF)，它既具有离子快速迁移的能力，还具有出色的结构稳定性。所以，这种钒基氟磷酸盐是一种具有高工作电压、大能量密度的理想钠离子电池正极材料。然而，NVPF 的电子导电率仅为 10^{-12}S/cm，这严重制约了其倍率性能。为了克服这个短板，复合导电材料(如石墨烯、碳纳米管、碳量子点等）改善其反应动力学是最为有效的策略。石墨烯的使用不仅可以提高材料本身的导电性，还可以有效缓解材料在嵌入和脱出 Na^+离子时的应力和体积的变化[35, 36]。

本节介绍一种采用水热法和冷冻干燥技术相结合制备微立方体状 $Na_3V_2(PO_4)_2F_3$/石墨烯（NVPF@GO）复合新材料[37]的方法。当 NVPF@GO 复合新材料被用于钠离子半电池正极时，展现出良好的倍率性能和循环稳定性。通过非原位 XRD 技术研究了其不同电压状态下的结构变化，利用伏安法和恒电流间歇滴定法研究了该复合新材料电极的钠离子扩散行为，并采集了该材料循环数次后的 TEM 数据来研究其形貌变化。当该电极材料与 N 掺杂的石墨烯匹配成钠离子全电池时，也表现出优异的电化学性能。

10.3.2　材料制备

微立方体状 $Na_3V_2(PO_4)_2F_3$@三维石墨烯复合新材料的制备过程，如图 10-25 所示。主要包括以下几个步骤。

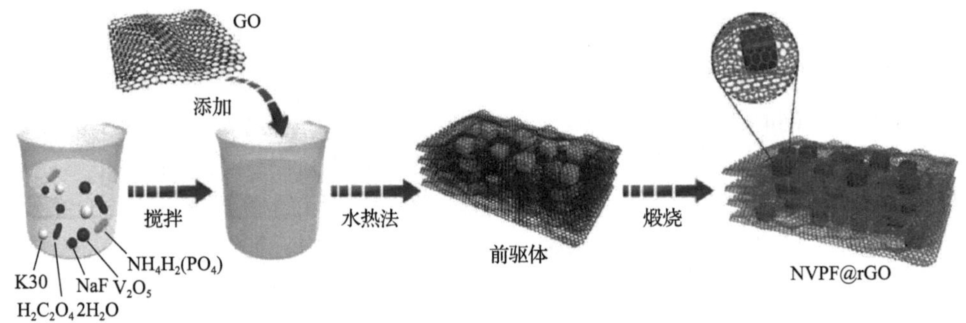

图 10-25　制备微立方体状 $Na_3V_2(PO_4)_2F_3$@三维石墨烯复合新材料的流程图

采用改良的 Hummers 法制备石墨烯[38]：首先，将 0.6g 石墨和 3.0g $KMnO_4$ 置于研钵中充分研磨后，转移至 50mL 的水热釜中；然后，向水热釜中加入 30mL 浓硫酸后拧紧不锈钢壳，并置于冰浴中；反应 2h 后，将水热釜放入 80℃的烘箱中保温 2h；待其冷却至室温，通过多次离心洗涤后，将得到的氧化石墨分散在去离子水中；最后，通过数小时的连续超声处理，即可获得浓度约为 0.2mg/mL 的石墨烯悬浮液。

制备 $Na_3V_2(PO_4)_2F_3$@三维石墨烯复合新材料：首先，将 0.182g V_2O_5 和 0.324 g $H_2C_2O_4$ $2H_2O$ 溶于 15mL 去离子水中，并用磁力搅拌器在 70℃剧烈搅拌 20min，直至生成深蓝色溶液；然后，向上述溶液中分次加入 0.23g $NH_4H_2PO_4$ 和 0.126g NaF，并持续搅拌。20min 后，向该溶液中加入 0.5g 聚乙烯吡咯烷酮（K30）；继续搅拌直至白色 K30 粉末全部溶解后，向溶液中加入 15mL 石墨烯（GO）悬浮液

(～2mg/mL)，并剧烈搅拌 15min，超声波振荡 10min。随后，将得到的黑色混合物转移至 50mL 的水热釜中，并在 170℃的烘箱中保温 9h，待其冷却至室温，将得到一块柱状黑色凝胶，通过冷冻干燥机冷冻并脱水；最后，将得到海绵状的前驱体放入真空管式炉，在氩气气氛中以 5℃/min 的升温速率加热至 480℃，并保温 8h 合成所需新材料。

此外，通过上述相同方法，在不加入石墨烯和 K30 的条件下，制备出纯 NVPF。

10.3.3　合成材料结构的评价表征技术

材料表征实验主要有：X 射线衍射仪测定所合成样品的物相和结构；利用配备了 X 射线能谱仪的场发射扫描电子显微镜观察并记录 NVPF@rGO 的微观形貌；透射电子显微镜深入表征所合成样品的显微结构；傅里叶变换的红外干涉仪分析 NVPF@rGO 的化学键；X 射线光谱分析仪分析样品中钒元素的氧化态；利用物理吸附仪分析 NVPF@rGO 的 BET 比表面积和孔的分布；通过 Raman 光谱仪和热重分析仪测定该复合材料中碳的结构和含量。

10.3.4　合成材料结构的评价表征结果与分析讨论

1. 材料合成的 TG-DSC 表征分析

为了探索 NVPF@rGO 复合材料的合适煅烧温度，对前驱体的热重-差热曲线进行分析，如图 10-26 所示。热重曲线上有两个重量快速损失的阶段。第一个阶段位于室温～104℃，共损失重量约 4.7%，并伴随位于差热曲线 76.9℃处的一个大吸热峰，这归因于物理吸附在前驱体中的水分蒸发；第二个阶段位于 400～480℃，损失重量约 20.8%，并在差热曲线上出现了一个较大的吸热峰，这对应残

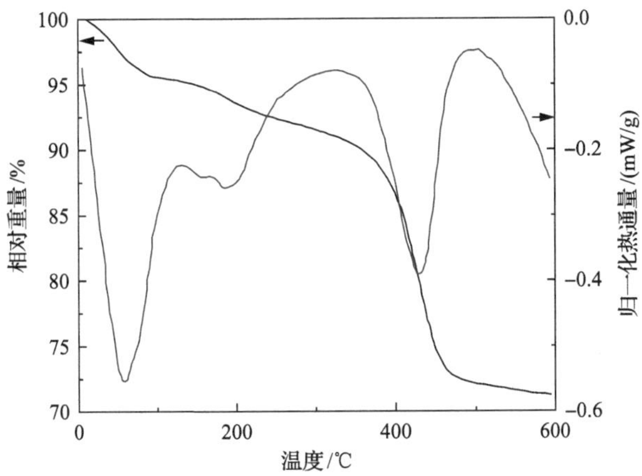

图 10-26　NVPF@rGO 前驱体的热重-差热图谱

余 K30 的分解和碳化；当温度进一步升高时，差热曲线上不再出现明显的吸热或放热峰，热重曲线上也没有出现明显的重量损失，说明 480℃可以合成 NVPF@rGO 复合材料。为防止 NVPF 中的 F 元素随温度继续升高而分解，故本实验采用 480℃作为制备 NVPF@rGO 复合材料的煅烧温度。

2. 合成材料的 XRD、FT-IR、拉曼、XPS 和 N_2 吸附-脱附分析表征

由于没有 $Na_3V_2(PO_4)_2F_3$ 的标准 PDF 卡片，所以本工作首先制备并测得 XRD 图谱，通过 Rietveld 精修获得精确的晶体结构参数，如图 10-27(a)所示。图中所有的衍射峰都能索引为四方晶系的 $Na_3V_2(PO_4)_2F_3$ 相(其空间群为 $P4_2/mnm$)，并且没有出现其他杂相，说明该方法合成了高纯的 $Na_3V_2(PO_4)_2F_3$ 相。精修的误差 $R_p = 5.08\%$、$R_{wp} = 8.59\%$，均在允许的误差范围内。精修后的晶格参数为 $a = b = 9.03Å$、$c = 10.63Å$、$V = 0.8685Å^3$。这与以前的报道一致[39]。如图 10-27(b)所示，V 原子位于$[VO_4F_2]$的中心，两两相邻的$[VO_4F_2]$形成双八面体的$[V_2O_8F_3]$单元，$[PO_4]$四面体通过共顶点的氧原子与相邻的$[V_2O_8F_3]$单元交替相连，构成了 NVPF 的三维框架结构，该结构在[110]和[$1\bar{1}0$]晶向存在较大的三维离子通道，能够使 Na^+快速迁移[40]。Na^+在该结构中有全占位和部分占位两种情况，虽然两者均被 4 个 O 离子和 3 个 F 离子环绕，但是由于全占位的 Na^+在结构中非常稳定，脱出时需要很高的能量，所以它一般不参与电化学反应；而部分占位的 Na^+在结构中并不十分稳定，容易发生迁移，所以 $Na_3V_2(PO_4)_2F_3$ 的电化学行为一般是由部分占位的 Na^+离子决定[39]。

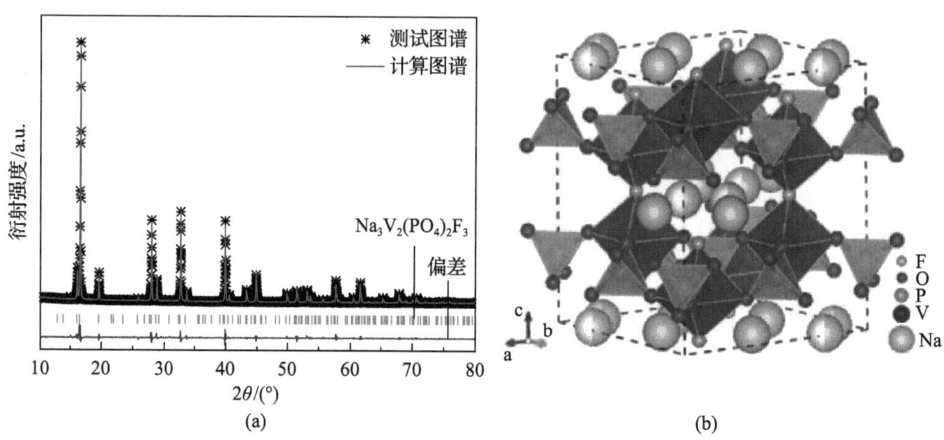

图 10-27　$Na_3V_2(PO_4)_2F_3$ 的 XRD 图谱和晶体结构

(a)精修后 XRD 图谱；(b)晶体结构示意图

通过分析 NVPF@rGO 复合材料的 XRD 图谱，如图 10-28(a)所示。发现所有的衍射峰均与本书 Rietveld 精修后的 NVPF 图谱对应，说明制备过程中 K30

和 GO 的添加对于合成 NVPF 没有影响。该 XRD 图谱的背底在 $2\theta=27°$附近出现了一个较宽范围的“鼓包”，说明添加的石墨烯被大量还原为 rGO[41,42]。红外光谱被用于进一步表征 NVPF@rGO 的结构。如图 10-28(b)所示，位于 1025～

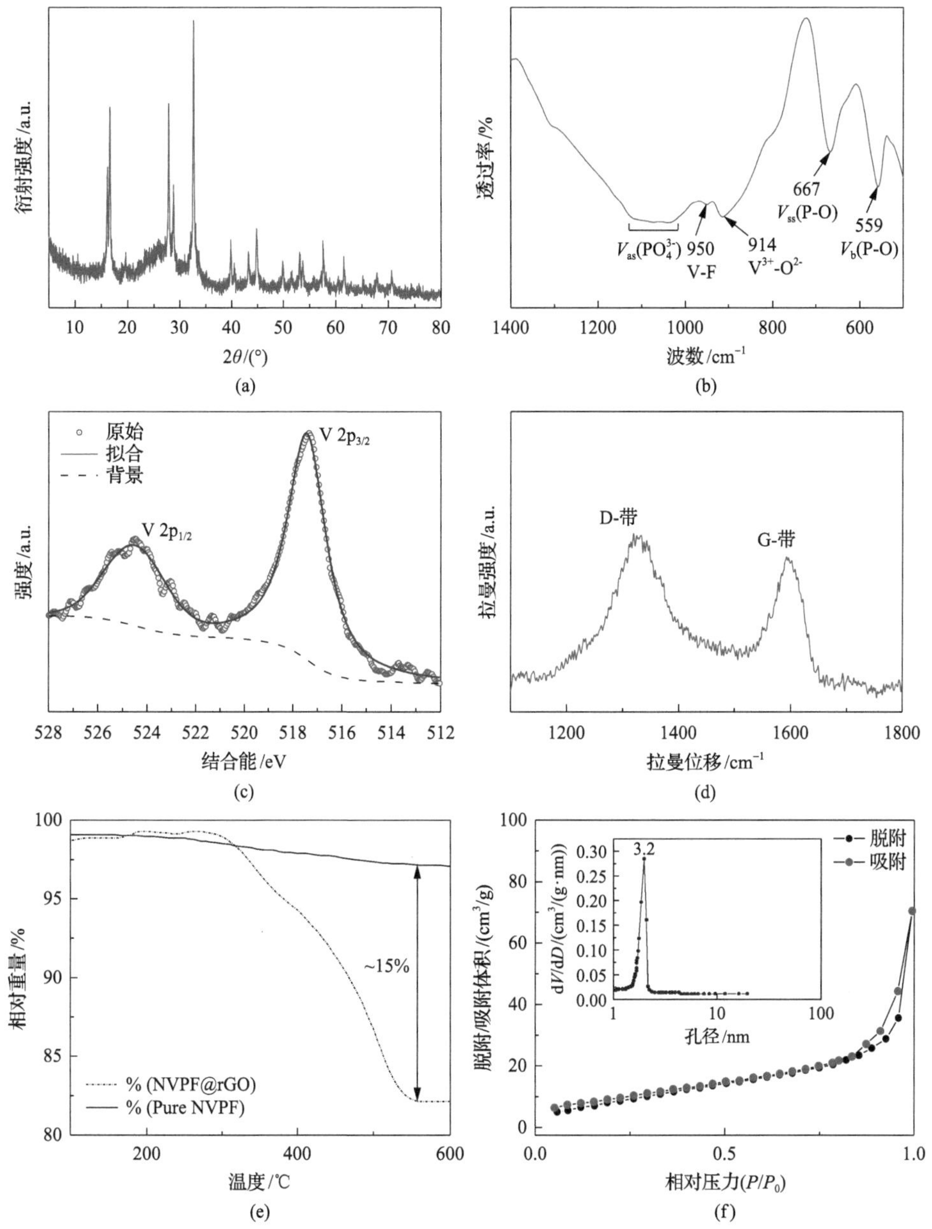

图 10-28　NVPF@rGO 的 XRD、FT-IR、XPS、拉曼光谱、N_2 吸附-脱附曲线

(a) XRD 图谱；(b) 红外光谱；(c) V 元素的 XPS 光谱；(d) 拉曼光谱；(e) TG 曲线；(f) N_2 吸附-脱附曲线及孔径分布图

1125cm^{-1}的宽带可以表征为$[PO_4]$四面体中 P-O 键的不对称伸缩振动，而 667cm^{-1}和 559cm^{-1}处的两个峰则分别对应其对称伸缩振动和弯曲振动[34]。位于 914cm^{-1}处的特征峰是由$[VO_6]$正八面体中 V^{3+}-O^{2-}键的振动所贡献[43]。950cm^{-1}处的特征峰证实了该材料中 V-F 键的存在[34]。如图 10-28(c)所示，在 XPS 光谱的测试结果中，位于 517eV 和 524eV 的一对特征峰分别对应 V $2p_{3/2}$和 V $2p_{1/2}$，说明该复合材料中的 V 元素呈+3 价，这与其他 NVPF 相关文献的结果一致[34, 44]。

为了深入研究 NVPF@rGO 复合材料中碳的状态和含量，本工作还分别测定了该材料的拉曼光谱和热重数据。如图 10-28(d)所示，在 1326cm^{-1}和 1592cm^{-1}位置分别呈现有两个明显的拉曼特征峰，它们分别对应无序碳(D-band)和石墨化的碳(G-band)。这两个峰强度的比值 I_D/I_G 约为 1.04，这进一步说明添加的石墨烯在反应过程中发生还原，形成还原氧化石墨烯(rGO)，并产生了较多的缺陷[38, 41]。鉴于 NVPF 在空气中高温受热后，F 离子会大量分解，所以同时测定了纯 NVPF 和 NVPF@rGO 复合材料在空气气氛的热重数据，如图 10-28(e)所示。当纯 NVPF 被加热至 250℃左右时，其质量开始缓慢地减少；直至 550℃左右时，其质量停止损失，说明 F 离子已不再分解，共计损失约 2.9%。相比而言，NVPF@rGO 加热至 300℃左右，其质量开始急剧减少，这是因为 rGO 在这个过程中被快速氧化为气体形式的碳氧化合物；当升温至 550℃左右时，其质量不再变化，表明 rGO 已被全部氧化，共计损失 17.7%。前后两个样品损失的质量差即为 NVPF@rGO 中的 rGO 含量～15%。

此外，采用 N_2 吸附-脱附的方法研究了 rGO 包覆的 NVPF 微立方体的表面结构和孔分布情况。如图 10-28(f)所示，在低压范围内(0.05～0.8)，其吸附量逐渐增大，并且 NVPF@rGO 的 N_2 吸附曲线和脱附曲线基本重合；在横坐标为 0.8～1 的高压区间内，两条曲线不再重合，即吸附曲线在上，脱附曲线在下，形成了明显的滞后环，属于典型的Ⅳ型吸附-脱附曲线，这可能与堆叠的石墨烯形成了较多狭缝孔有关。通过 Brunauer-Emmet-Teller(BET)测定，NVPF@rGO 的比表面积为 34.99m^2/g。由 NVPF@rGO 的 Barrett-Joyner-Halenda(BJH)孔径分布曲线[10-28(f)插图]显示，该复合材料内部存在较多直径约为 3.2nm 的介孔。

3. 合成材料的电子显微学分析

通过场发射扫描电子显微镜观察并记录了纯 NVPF 样品的显微形貌，如图 10-29(a)所示，大量微米级的小方块均匀地堆叠在一起。高倍数的 SEM 图片显示，该 NVPF 方块的尺寸为 3～4μm，如图 10-29(b)所示。

图 10-29 纯 NVPF 的 SEM 图片

图 10-30 记录了 NVPF@rGO 复合材料在场发射扫描电子显微镜和透射电子显微镜下的显微结构。如图 10-30(a)所示，NVPF 保持了纯相时的微立方体状的形貌，并均匀地分散在褶皱的石墨烯上。放大后 SEM 图片显示，每一颗 NVPF 方块都被膜状的石墨烯完整地包裹着，如图 10-30(b)和(c)所示。相比于纯相的颗粒尺寸，该复合材料中 NVPF 方块的尺寸约为 2μm，这表明石墨烯的包覆有效抑制了 NVPF 显微结构的长大。在这种独一无二的结构中，石墨烯的包覆不仅能构建三维导电网络结构，提高了 NVPF 的导电性，还有助于缓解该材料在充放电过程中的应力变化。选出一粒代表性颗粒如图 10-30(d)所示，进行 EDS 面扫描，结果表明 NVPF@rGO 复合材料由 Na、V、O、P、F 和 C 元素组成，并且 C 元素在该复合材料中均匀分布，如图 10-30(e)所示，从而证实了石墨烯均匀地包覆着 NVPF 方块。通过进一步分析 TEM 图片[图 10-30(f)]可以发现，NVPF 方块的尺寸保持为～2μm，而石墨烯如同一张透明的薄膜紧密地包裹着微立方体状的 NVPF。图 10-30(g)

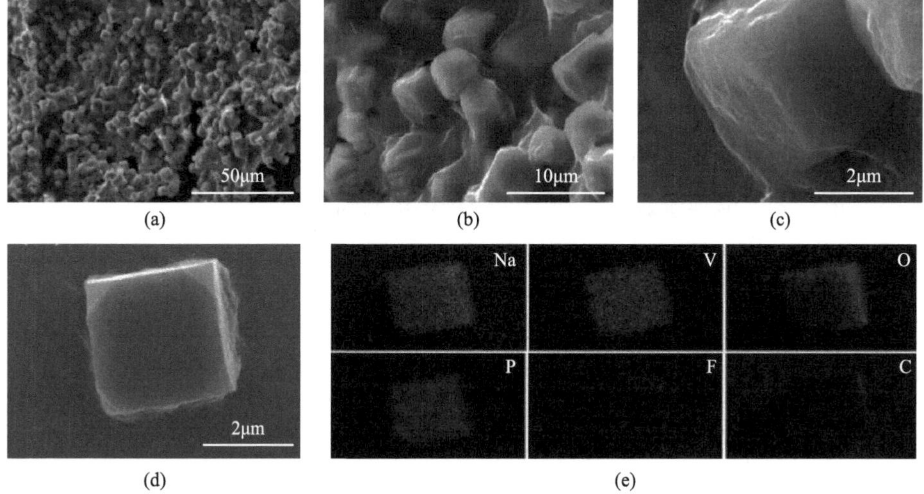

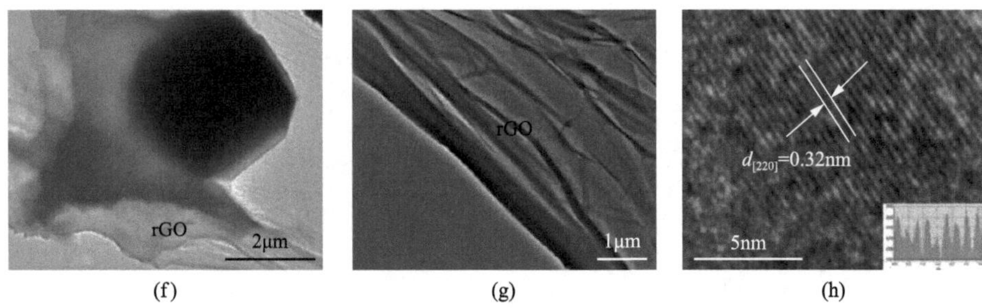

图 10-30　NVPF@rGO 复合材料的 SEM、EDS、TEM 和 HRTEM 表征

(a)～(d) SEM 图片；(e) EDS 面扫图片；(f)、(g) TEM 图片；(h) HRTEM 图片

证实了合成的 rGO 是带有褶皱的超薄膜。该纳米材料的晶格条纹清晰可见，其条纹间距 d 约为 0.32nm[图 10-30(h)]，该值与四方晶系的 $Na_3V_2(PO_4)_2F_3$(220) 晶面的面间距一致。

10.3.5　电化学性能评价表征与动力学分析技术

采用手套箱(Mbraun，德国)将合成的新复合材料与对电极、隔膜、电解液组装成 CR2016 纽扣电池，并测试其电化学性能。主要工作有以下几方面。

正极片制备方法：首先，将 70%活性物质、20%乙炔黑、10%聚偏氟乙烯(PVDF)混合均匀，并将其溶于一定计量比的 N-甲基吡咯烷酮(NMP)中搅拌 12h；然后，把浆料以 10μm 的厚度均匀涂在铝箔上，并放入 100℃的真空烘箱中保温 12h；最后，将极片裁剪成直径为 10mm 的圆片。

半电池的组装：将金属钠片、玻璃纤维分别作为对电极和隔膜，而电解液是采用 1M $NaClO_4$ 和碳酸乙烯酯/碳酸二甲酯(EC/DMC)按照 1∶1 的体积比混合，并加入 5%氟代碳酸乙烯酯(FEC)而配成的溶液。

利用多功能电化学工作站，测试电池的循环伏安曲线(CV)，扫描速率为 0.1mV/s、0.2mV/s、0.3mV/s、0.5mV/s、0.8mV/s 和 1mV/s，电压窗口为 2～4.3V。利用蓝电测试系统分别测试电池在室温下的恒流充放电性能，并用间歇恒电流电位滴定法研究该复合材料电极的钠离子扩散行为。

10.3.6　电化学性能评价表征与动力学分析结果与讨论

1. 钠离子半电池的电化学表征

图 10-31(a)是 NVPF@rGO 循环不同次数的 CV 曲线，图中两个还原峰分别位于 3.53V 和 3.96V，两个氧化峰则分别在 3.71V 和 4.08V 的位置，它们分别对应着复合材料脱出和嵌入两个钠离子时的氧化还原反应(V^{3+}/V^{4+})。其对应的充放电机制为 $Na_3V_2(PO_4)_2F_3 \rightleftharpoons NaV_2(PO_4)_2F_3 + 2Na^+ + 2e^-$[45-47]。此外，每条 CV 曲线上的氧化还原峰都非常明显，并且峰的位置基本都保持一致，这表明 NVPF@rGO

复合材料具有良好的可逆性。

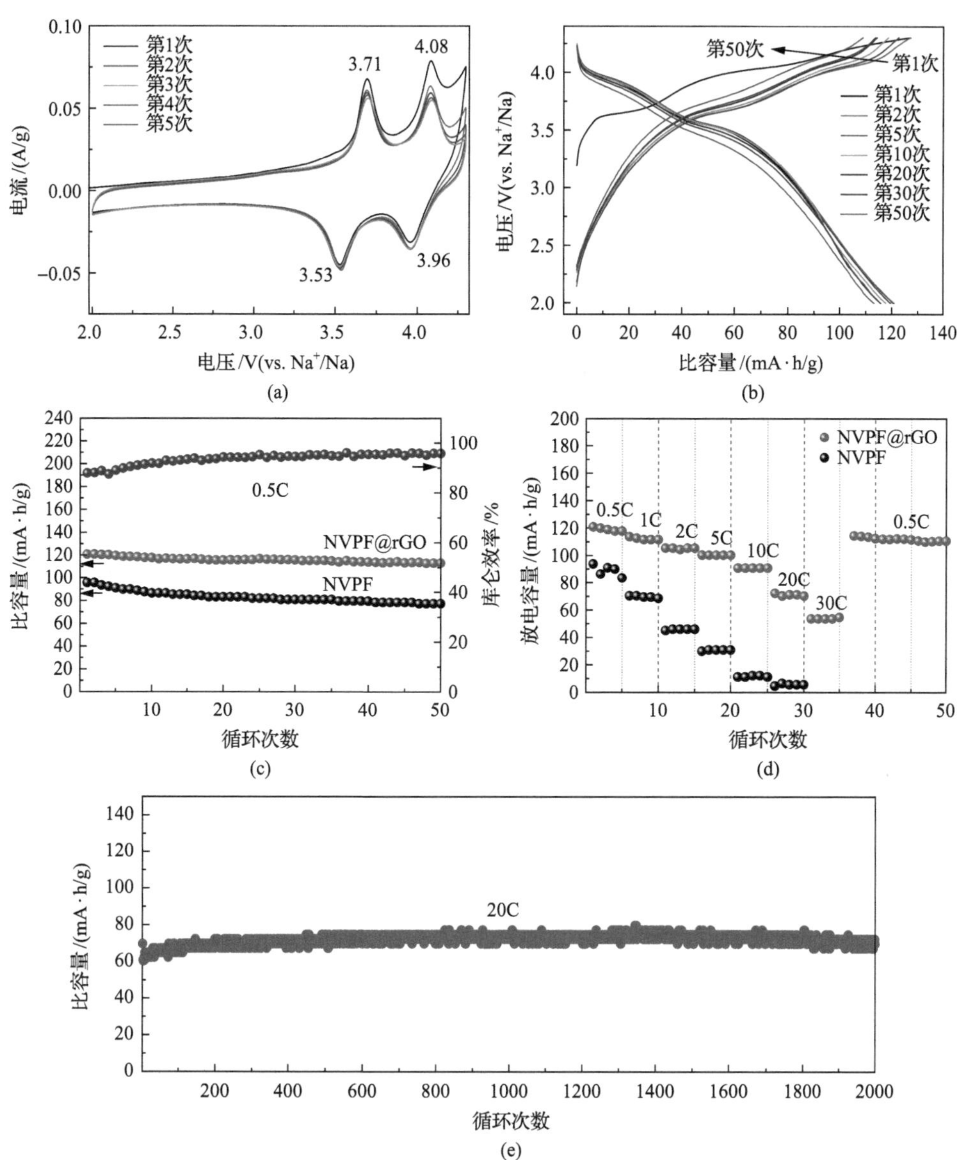

图 10-31　NVPF@rGO 电极和纯 NVPF 电极的电化学性能

(a) NVPF@rGO 电极第 1～5 次的 CV 曲线(扫描速率为 0.1mV/s，电压窗口为 2～4.3V)；(b) NVPF@rGO 电极在 0.5C 倍率电流下的充放电曲线；NVPF@rGO 和 NVPF 正极 (c) 0.5C 倍率电流下的循环曲线；(d) 0.5～30C 倍率电流下的性能；(e) NVPF@rGO 电极在 20C 倍率电流下的循环曲线

图 10-31(b) 显示了 NVPF@rGO 在 0.5C 的倍率电流下 (1C = 128mA/g) 循环前 50 次的充放电曲线，各组充放电曲线均有两个充电平台 (3.7V 和 4.1V 附近) 和两

个放电平台(3.9V 和 3.5V 附近)，这与 CV 数据相吻合。从第 2 次到第 50 次，充放电曲线基本保持重合，说明将 NVPF@rGO 用作钠离子电池正极时，其充放电行为很稳定。

当 NVPF@rGO 和纯 NVPF 电极在倍率电流为 0.5C 下分别连续充放电时，NVPF@rGO 的首次放电比容量为 120mA·h/g,而纯 NVPF 电极的首次放电容量仅为 95mA·h/g，如图 10-31(c)所示，循环 50 次后，NVPF@rGO 的放电容量能保持 113mA·h/g，而纯 NVPF 电极的容量仅为 77mA·h/g。这说明 rGO 的包覆，有效地提升了 NVPF 的放电比容量和循环稳定性。

NVPF@rGO 和纯 NVPF 电极在不同倍率电流下(0.5～30C)连续充放电的性能如图 10-31(d)所示。石墨烯包覆的 NVPF 电极在 0.5C、1C、2C、5C、10C、20C 和 30C 倍率电流下，其平均放电比容量分别为 119、111、104、100、90、71 和 53mA·h/g；当电流密度恢复至 0.5C 时，该复合材料的比容量能恢复至～114mA·h/g。然而，纯相 NVPF 电极的倍率性能并不理想，当倍率电流增大至 2C 时，纯相 NVPF 电极的比容量就衰减至～45mA·h/g，这也证明包覆 rGO 有利于提升 NVPF 微米方块的倍率稳定性。

如图 10-31(e)所示，NVPF@rGO 电极在 20C 的倍率电流下长循环测试时，循环 2000 次后，依旧能释放 69mA·h/g 的容量，对应的容量保持率高达 98%。该复合材料良好的电化学性能可以归功于 NVPF 稳定的三维框架结构和石墨烯优异的导电性能的协同作用。相比较而言，本工作合成的 NVPF@rGO 比已报道的许多 NVPF，具有更好的性能。例如，Song 等合成的 NVPF 在 11.7mA/g 的电流密度下只能释放 105mA·h/g 的比容量[43]；Liu 等通过多孔碳基底和包覆的碳加强了 NVPF 的电子导电性，但是它在 10C 的倍率电流下循环 1000 次的容量保持率只有 70%[12]。Qi 等报道的纳米花状的 NVPF 具有改善的循环稳定性，但是这个材料在 10C 的倍率容量不到 40mA·h/g[44]。

2. 电极结构的稳定性分析

为了深入揭示 NVPF@rGO 电极的充电/放电机理，本节采集了它在不同充放电状态时的 XRD 图谱。如图 10-32 所示，NVPF@rGO 电极无论是被充电至 3.8V、4.2V，还是被放电至 3.7V、3.3V，甚至循环 2 次后，其对应的 XRD 图谱都具有相似的特征峰，表明其结构在循环过程中很稳定，这也证实该复合材料的电化学行为属于高度可逆的脱嵌型。在 $2\theta = 65.12°$和 $78.16°$的两个衍射峰分别对应的是 Al 相(JCPDS 04-0787)的峰，即集流体[45]。如放大的图片所示，在未循环的 XRD 图谱上，$2\theta = 27.87°$和 $39.82°$的两个衍射峰分别对应于 NVPF 的(220)和(040)晶面；当 NVPF@rGO 电极依次被充电至 3.8V 和 4.2V 时，上述两个衍射峰都相应地向高角度偏移了一定幅度，根据布拉格方程和以前的报道[46-49]，这是由于 Na^+ 从 NVPF 的晶格中脱出，导致(220)和(040)晶面的面间距减小；然而，当 NVPF@rGO 电极依次被放电至 3.3V 和 3.7V 时，(220)和(040)晶面对应的衍射峰又逐渐恢复到了初始的位置。该结果论证了 NVPF@rGO 电极的电化学行为是可逆的脱出和嵌入 Na^+离子的过程。

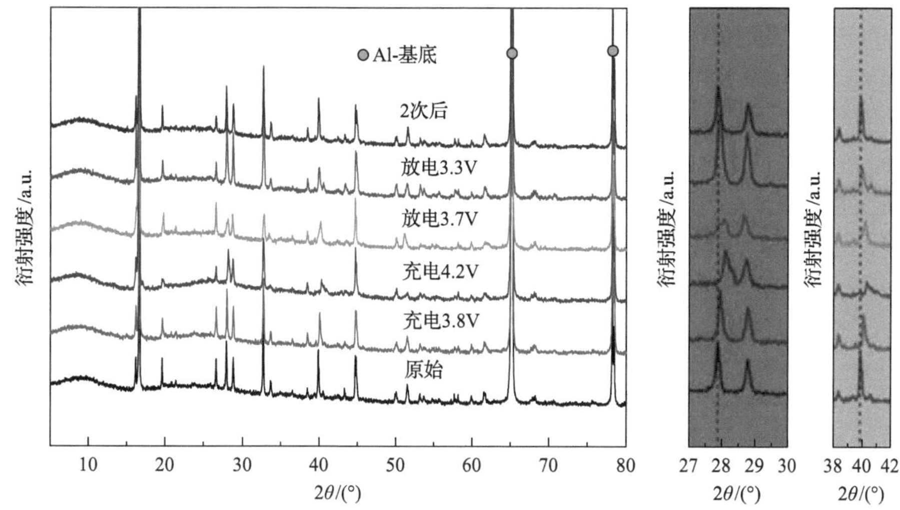

图 10-32　NVPF@rGO 电极在 0.5C 充电和放电至不同电压状态下的非原位 XRD 图谱

通过透射电子显微镜对 NVPF@rGO 复合材料循环 50 次后的显微形貌进行研究，如图 10-33(a)所示，即使在 0.5C 倍率电流循环了 50 次，在图中依旧能看到石墨烯包覆着 NVPF 微立方体，与循环前的 TEM 图片基本一致。高分辨图中[图 10-33(b)]的晶格条纹清晰可见，其条纹间距为～0.202nm，对应 NVPF

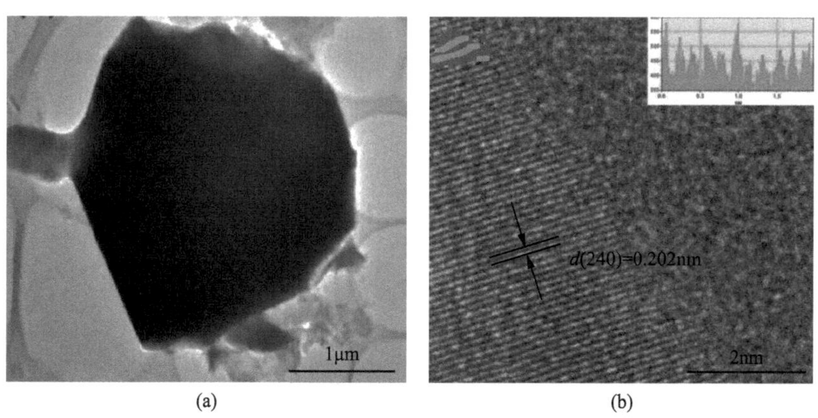

图 10-33　在 0.5C 倍率电流下循环 50 次后 NVPF@rGO 电极材料的透射电镜分析

(a) TEM 图；(b) HRTEM 图

(240)晶面的面间距，这也证实了微立方体状的 NVPF 在循环过程中具有优异的结构稳定性。

3. 电极反应动力学分析

为了深入研究 NVPF@rGO 复合材料的电化学性能，分别采用循环伏安法和恒定电流间歇滴定法(GITT)测定了该材料 Na^+离子的扩散系数。图 10-34(a)展示了 NVPF@rGO 在电压窗口为 2.0～4.3V，不同扫描速率(0.1mV/s、0.3mV/s、0.5mV/s、0.8mV/s 和 1.0mV/s)的 CV 曲线。当扫描速率增加时，对应的 CV 曲线不仅面积扩大了，而且其氧化还原峰的强度和位置都发生了变化，这个现象可以解释为极化效应增大[50]。图 10-34(b)绘出了上述 CV 曲线的峰值电流(I_p)和对应扫描速率的平方根($v^{1/2}$)的线性关系。该拟合结果证实 NVPF@rGO 复合材料的电化学行为属于典型的扩散过程。进一步采用 Randles-Sevcik 公式计算 NVPF@rGO 的 Na^+扩散系数。

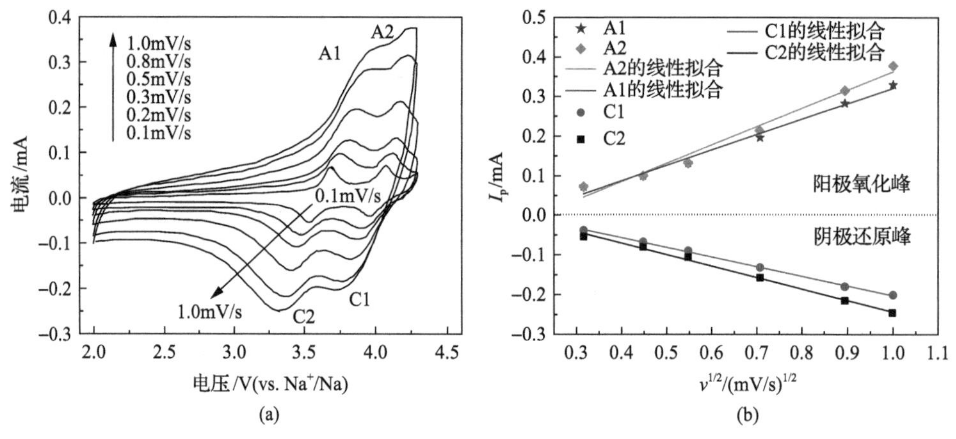

图 10-34　NVPF@rGO 电极的反应动力学分析

(a)不同扫描速率下的 CV 曲线；(b)峰值电流(I_p)和对应扫描速率的平方根($v^{1/2}$)的线性关系

CV 曲线上的两个氧化峰(A1、A2)和两个还原峰(C1、C2)分别对应着 Na^+离子的脱出和嵌入反应，其扩散系数分别为 D_{A1} = 5.13×10^{-11}cm^2/s、D_{A2} = 1.58×10^{-10}cm^2/s、D_{C1} = 2.52×10^{-10}cm^2/s 及 D_{C2} = 4.44×10^{-11}cm^2/s。对比这四个反应能发现，位于高电位的氧化还原对(A2/C1)比低电位的氧化还原对(A1/C2)具有更大的扩散系数，说明 Na^+离子在高电位(～4V)时具有更好的扩散能力。

此外，通过 GITT 技术测试 NVPF@rGO 复合材料在充放电过程中的 Na^+离子扩散系数。GITT 测试时的单个充电(放电)滴定曲线如图 10-35(a)和(b)所示，电压缓慢的变化与钠离子的扩散有关，而电压的骤变则主要归因于电荷的转移和欧姆电阻[51]。NVPF@rGO 电极从首次充电过程至第 2 次放电过程的有效扩散系数

D_e 如图 10-35(c)所示。计算出的 D_e 值在 10^{-9}～10^{-10}cm^2/s，该结果表明这种典型的 NASICON 复合材料具有离子快速扩散的机制。在充电(放电)过程中，在 3.7V(3.5V)的低电压平台的扩散系数明显小于在 3.9V(4.1V)的高电压的扩散系数值，这说明 Na^+离子在低电压扩散时受到一定的阻碍，且需要相对更多的能量，该数据也与 CV 的测定结果一致。此外，NVPF@rGO 复合材料电极的扩散系数比许多其他已报道的 NASICON 型磷酸盐更大[34, 52-54]，说明这种具有 3D 结构的复合材料具有更出色的离子导电性。

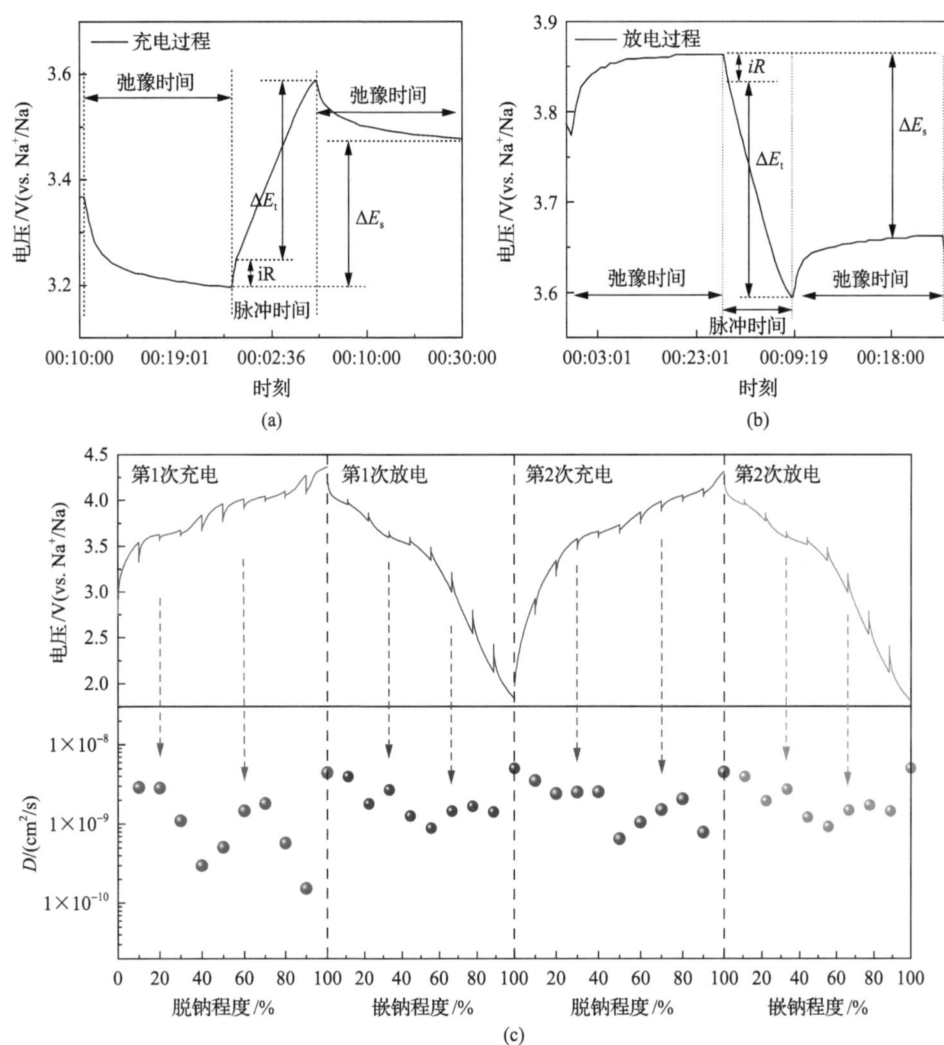

图 10-35　NVPF@rGO 电极的 GITT 测试表征

(a)单个充电滴定曲线；(b)单个放电滴定曲线；(c)GITT 充放电曲线和对应的离子扩散系数

4. 钠离子全电池的性能表征

为了进一步验证 NVPF@rGO 复合材料的实用性，以 NVPF@rGO 为正极，氮掺杂碳纳米片为负极，组装了钠离子全电池(NVPF@rGO|电解液|氮掺杂碳)，其结构示意图如图 10-36(a)所示。图 10-36(b)呈现了该全电池在 0.5C 倍率下，电压窗口为 1.5～3.9V 时循环不同次数的充放电曲线。其首次充电比容量和放电比容量分别为 110mA·h/g 和 98mA·h/g，对应的库仑效率为 89%；在 3.02V 和 3.68V 出现了一对充电平台，对应放电曲线上的放电平台位于 2.96V 和 3.57V；并且从第 2 次到第 10 次，图中的三组充放电曲线几乎重合。如图 10-36(c)所示，该全电池在 0.5C 的循环曲线基本保持平稳，且循环 50 次后，它的放电容量还能保持为 99.6mA·h/g，该结果也证实了此全电池具有高度可逆的充放电行为。如图 10-36(d)所示，当该全电池在不同倍率下进行连续充放电时，在 0.5C、1C、2C、5C、10C 和 20C 倍率电流下，其平均放电比容量分别为 96mA·h/g、95mA·h/g、88mA·h/g、79mA·h/g、68mA·h/g 及 55mA·h/g；当充放电电流恢复至 0.5C 时，这个全电池的比容量能恢复至约 95mA·h/g。如此优异的倍率性能归因于电极材料具有良好的钠离子传输能力。此外，此钠离子全电池在 10C 倍率电流下的长循环测试结果

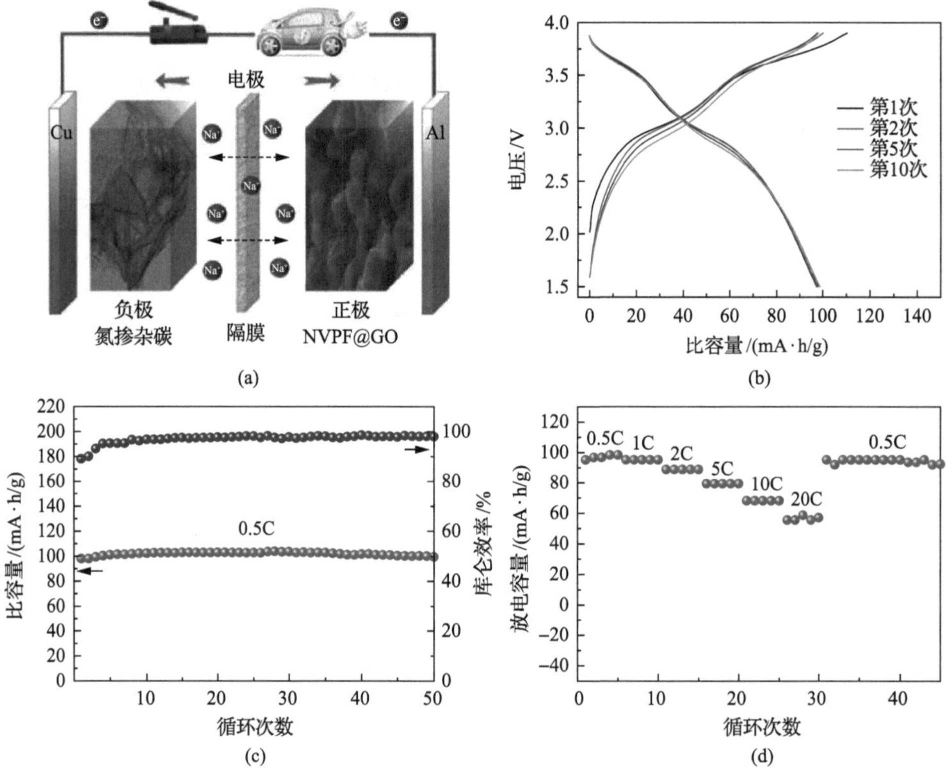

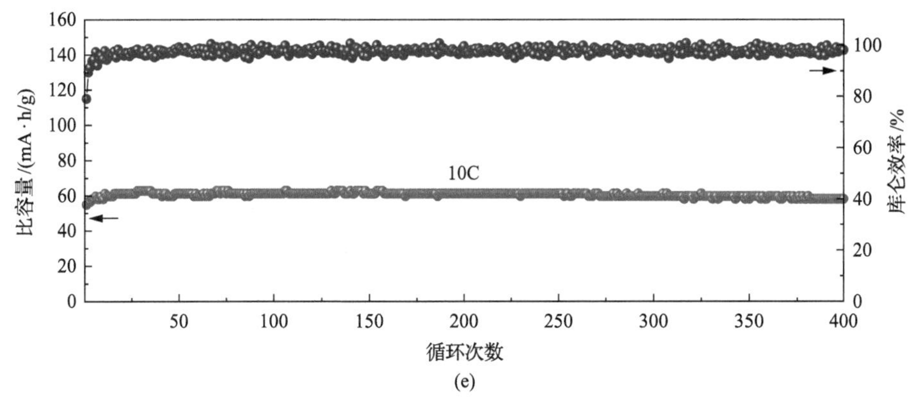

图 10-36　NVPF@rGO|电解液|氮掺杂碳全电池及其电化学性能

(a)全电池示意图；(b)在 0.5C 倍率下的充放电曲线；(c)循环曲线；(d)倍率性能；(e)10C 倍率下的循环曲线

如图 10-36(e)所示。在前 15 次循环，其放电比容量逐渐从 55mA·h/g 提升至 61mA·h/g；即使循环至 400 次，其容量依旧能保持为 58mA·h/g，这进一步证实了全电池突出的循环稳定性。

图 10-37 显示了本工作组装的全电池和其他已报道的磷酸盐基全电池的能量密度和功能密度的对比。本工作组装的全电池在功率密度为 192W/kg 时对应的能量密度为 291W·h/kg；虽然能量密度随着功率密度的增加而逐渐降低，但是当功率密度提升至 6144W/kg 时，其能量密度还能保持为 139W·h/kg。由图可见，尽管本工作组装的全电池在功率密度小于 100W/kg 时对应的能量密度没有 $VOPO_4|Na_2Ti_3O_7$ 高[55]，但是它比其他储能装置具有更令人满意的功率性能[30, 55-60]，如当 NVPF@rGO|氮掺杂碳的能量密度在功率密度为 192W/kg 时，近

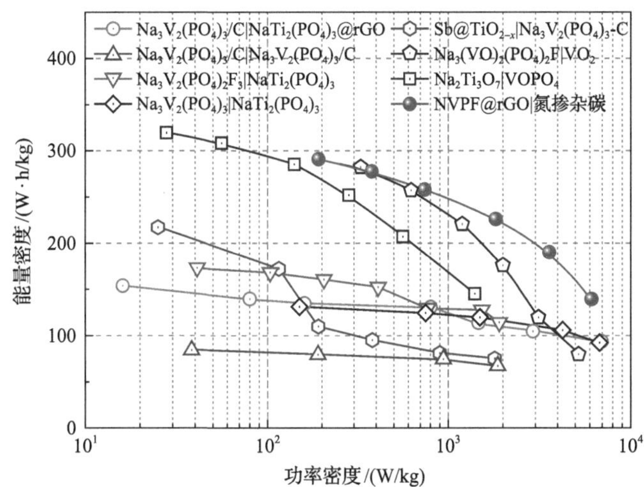

图 10-37　新全电池和其他已报道的磷酸盐基全电池的能量密度与功率密度的对比[30, 55-60]

乎是 $Na_3V_2(PO_4)_3/C|Na_3V_2(PO_4)_3/C$ 能量密度的 3 倍，是 $Na_3V_2(PO_4)_3|NaTi_2(PO_4)_3$ 和 $Na_3V_2(PO_4)_3/C|NaTi_2(PO_4)_3$@rGO 能量密度的 2 倍。

10.3.7 小结

通过水热法及物理混合，将 $Na_3V_2(PO_4)_2F_3$ 微立方体嵌入三维石墨烯网络，制备了 NVPF@rGO 复合新材料。当其被用于半电池正极材料时，NVPF@rGO 展现了改善的循环稳定性和提高的倍率性能。NVPF@rGO 电极的非原位 XRD 图谱和 TEM 图片均被采集，以揭示它在脱出和嵌入钠离子时突出的可逆性能；CV 和 GITT 方法研究揭示了该复合材料的钠离子传输速率在 10^{-9}～$10^{-11}cm^2/s$。此外，当 NVPF@rGO 与氮掺杂碳组装成钠离子全电池(NVPF@rGO|电解液|氮掺杂碳)时，它呈现出高度的充放电可逆性和令人满意的功率性能(当功率密度为 192W/kg 时能量密度为 291W·h/kg)。综上所述，NVPF@rGO 是理想的钠离子正极材料。

参 考 文 献

[1] 宋维鑫, 侯红帅, 纪效波. 磷酸钒钠 $Na_3V_2(PO_4)_3$ 电化学储能研究进展[J]. 物理化学学报, 2016, 33(1): 103-129.

[2] Wang X P, Niu C J, Meng J S, et al. Novel $K_3V_2(PO_4)_3/C$ bundled nanowires as superior sodium-ion battery electrode with ultrahigh cycling stability[J]. Adv Energy Mater, 2015, 5(17): 1500716.

[3] Luo Y, Xu X, Zhang Y, et al. Hierarchical carbon decorated $Li_3V_2(PO_4)_3$ as a bicontinuous cathode with high-rate capability and broad temperature adaptability[J]. Adv Energy Mater, 2014, 4(16): 1400107.

[4] 谷振一, 郭晋芝, 杨洋, 等. NASICON 结构正极材料用于钠离子电池的研究进展[J]. 无机化学学报, 2019, 35(9): 1535-1550.

[5] Cao X, Pan A, Liu S, et al. Chemical synthesis of 3d graphene-like cages for sodium-ion batteries applications[J]. Adv Energy Mater, 2017, 7(20).

[6] Choi D, Wang D, Bae I-T, et al. $LiMnPO_4$ nanoplate grown via solid-state reaction in molten hydrocarbon for li-ion battery cathode[J]. Nano Lett, 2010, 10(8): 2799-2805.

[7] Kang K, Meng Y S, Breger J, et al. Electrodes with high power and high capacity for rechargeable lithium batteries[J]. Science, 2006, 311(5763): 977-980.

[8] Oh S W, Myung S T, Oh S M, et al. Double carbon coating of $LiFePO_4$ as high rate electrode for rechargeable lithium batteries[J]. Adv Mater, 2010, 22(43): 4842-4845.

[9] Li Z, Peng Z, Zhang H, et al. [100]-Oriented $LiFePO_4$ nanoflakes toward high rate li-ion battery cathode[J]. Nano Lett, 2016, 16(1): 795-799.

[10] Lee Y J, Yi H, Kim W J, et al. Fabricating genetically engineered high-power lithium-ion batteries using multiple virus genes[J]. Science, 2009, 324(5930): 1051-1055.

[11] Yuan D, Liang X, Wu L, et al. A honeycomb-layered $Na_3Ni_2SbO_6$: a high-rate and cycle-stable cathode for sodium-ion batteries[J]. Adv Mater, 2014, 26(36): 6301-6316.

[12] Liu Q, Wang D, Yang X, et al. Carbon-coated $Na_3V_2(PO_4)_2F_3$ nanoparticles embedded in a mesoporous carbon matrix as a potential cathode material for sodium-ion batteries with superior rate capability and long-term cycle life [J]. J Mater Chem A, 2015, 3(43): 21478-21485.

[13] Barpanda P, Oyama G, Nishimura S, et al. A 3.8-V earth-abundant sodium battery electrode[J]. Nat Commun, 2014, 5: 4358.

[14] Rui X, Sun W, Wu C, et al. An advanced sodium-ion battery composed of carbon coated $Na_3V_2(PO_4)_3$ in a porous graphene network[J]. Adv Mater, 2015, 27(42): 6670-6676.

[15] 曹鑫鑫, 周江, 潘安强, 等. 钠离子电池磷酸盐正极材料研究进展[J]. 物理化学学报, 2020, 36(5): 1905018.

[16] Cao X, Pan A, Yin B, et al. Nanoflake-constructed porous $Na_3V_2(PO_4)_3$/C hierarchical microspheres as a bicontinuous cathode for sodium-ion batteries applications[J]. Nano Energy, 2019, 60: 312-323.

[17] Marton D, Boyd K J, Al-Bayati A H, et al. Carbon nitride deposited using energetic species: A two-phase system[J]. Phys Rev Lett, 1994, 73(1): 118-121.

[18] Zhang C, Fu L, Liu N, et al. Synthesis of nitrogen-doped graphene using embedded carbon and nitrogen sources[J]. Adv Mater, 2011, 23(8): 1020-1024.

[19] Ye J, Liu W, Cai J, et al. Nanoporous anatase TiO_2 mesocrystals: additive-free synthesis, remarkable crystalline-phase stability, and improved lithium insertion behavior[J]. J Am Chem Soc, 2011, 133(4): 933-940.

[20] 李荻. 电化学原理[M]. 北京: 北京航空航天大学出版社, 2018.

[21] Zhang J, Fang Y, Xiao L, et al. Graphene-scaffolded $Na_3V_2(PO_4)_3$ microsphere cathode with high rate capability and cycling stability for sodium ion batteries[J]. ACS Appl Mater Interfaces, 2017, 9(8): 7177-7184.

[22] Yao Y, Jiang Y, Yang H, et al. $Na_3V_2(PO_4)_3$ coated by N-doped carbon from ionic liquid as cathode materials for high rate and long-life Na-ion batteries[J]. Nanoscale, 2017, 9(30): 10880-10885.

[23] Xu Y, Wei Q, Xu C, et al. Layer-by-layer $Na_3V_2(PO_4)_3$ embedded in reduced graphene oxide as superior rate and ultralong-life sodium-ion battery cathode[J]. Adv Energy Mater, 2016, 6(14): 1600389.

[24] Li H, Peng L, Zhu Y, et al. An advanced high-energy sodium ion full battery based on nanostructured $Na_2Ti_3O_7$/$VOPO_4$ layered materials[J]. Energy Environ Sci, 2016, 9(11): 3399-3405.

[25] Wang L, Song J, Qiao R, et al. Rhombohedral prussian white as cathode for rechargeable sodium-ion batteries[J]. J Am Chem Soc, 2015, 137(7): 2548-2554.

[26] Chao D L, Lai C H, Liang P, et al. Sodium vanadium fluorophosphates (NVOPF) array cathode designed for high-rate full sodium ion storage device[J]. Adv Energy Mater, 2018, 8(16): 1800058.

[27] Guo S H, Yu H J, Liu P, et al. High-performance symmetric sodium-ion batteries using a new, bipolar O3-type material, $Na_{0.8}Ni_{0.4}Ti_{0.6}O_2$[J]. Energy Environ Sci, 2015, 8(4): 1237-1244.

[28] Wang Y, Xiao R, Hu Y S, et al. P2-$Na_{0.6}[Cr_{0.6}Ti_{0.4}]O_2$ cation-disordered electrode for high-rate symmetric rechargeable sodium-ion batteries[J]. Nat Commun, 2015, 6: 6954.

[29] Jiang Y, Wu Y, Chen Y, et al. Design nitrogen (S) and sulfur (S) co-doped 3D graphene network architectures for high-performance sodium storage[J]. Small, 2018, 14(10): 1703471.

[30] Fang Y, Xiao L, Qian J, et al. 3D graphene decorated $NaTi_2(PO_4)_3$ microspheres as a superior high-rate and ultracycle-stable anode material for sodium ion batteries[J]. Adv Energy Mater, 2016, 6(19): 1502197.

[31] Ren W, Zheng Z, Xu C, et al. Self-sacrificed synthesis of three-dimensional $Na_3V_2(PO_4)_3$ nanofiber network for high-rate sodium-ion full batteries[J]. Nano Energy, 2016, 25: 145-153.

[32] Wang Y, Yu X, Xu S, et al. A zero-strain layered metal oxide as the negative electrode for long-life sodium-ion batteries[J]. Nat Commun, 2013, 4: 2365.

[33] Guo S, Liu P, Sun Y, et al. A high-voltage and ultralong-life sodium full cell for stationary energy storage[J]. Angew Chem, 2015, 54(40): 11701-11705.

[34] Guo J Z, Wang P F, Wu X L, et al. High-energy/power and low-temperature cathode for sodium-ion batteries: In situ XRD study and superior full-cell performance[J]. Adv Mater, 2017, 29 (33): 1701968.

[35] Wu Z-S, Zhou G, Yin L-C, et al. Graphene/metal oxide composite electrode materials for energy storage[J]. Nano Energy, 2012, 1 (1): 107-131.

[36] Xiong F, Tan S, Wei Q, et al. Three-dimensional graphene frameworks wrapped $Li_3V_2(PO_4)_3$ with reversible topotactic sodium-ion storage[J]. Nano Energy, 2017, 32: 347-352.

[37] Cai Y, Cao X, Luo Z, et al. Caging $Na_3V_2(PO_4)_2F_3$ microcubes in cross-linked graphene enabling ultrafast sodium storage and long-term cycling[J]. Adv Sci (Weinh), 2018, 5 (9): 1800680.

[38] Luo Z, Zhou J, Wang L, et al. Two-dimensional hybrid nanosheets of few layered $MoSe_2$ on reduced graphene oxide as anodes for long-cycle-life lithium-ion batteries[J]. Journal of Materials Chemistry A, 2016, 4 (40): 15302-15308.

[39] Bianchini M, Brisset N, Fauth F, et al. $Na_3V_2(PO_4)_2F_3$ revisited: A high-resolution diffraction study[J]. Chem Mater, 2014, 26 (14): 4238-4247.

[40] Liu Z, Hu Y Y, Dunstan M T, et al. Local structure and dynamics in the Na ion battery positive electrode material $Na_3V_2(PO_4)_2F_3$[J]. Chem Mater, 2014, 26 (8): 2513-2521.

[41] Lu Y, Wu J, Liu J, et al. Facile synthesis of $Na_{0.33}V_2O_5$ nanosheet-graphene hybrids as ultrahigh performance cathode materials for lithium ion batteries[J]. ACS Appl Mater Interfaces, 2015, 7 (31): 17433-17440.

[42] Wang Z L, Xu D, Huang Y, et al. Facile, mild and fast thermal-decomposition reduction of graphene oxide in air and its application in high-performance lithium batteries[J]. Chem Commun, 2012, 48 (7): 976-978.

[43] Song W, Wu Z, Chen J, et al. High-voltage NASICON sodium ion batteries: merits of fluorine insertion[J]. Electrochim Acta, 2014, 146: 142-150.

[44] Qi Y, Mu L, Zhao J, et al. pH-regulative synthesis of $Na_3(VPO_4)_2F_3$ nanoflowers and their improved Na cycling stability[J]. J Mater Chem A, 2016, 4 (19): 7178-7184.

[45] Fang G, Zhou J, Liang C, et al. General synthesis of three-dimensional alkali metal vanadate aerogels with superior lithium storage properties[J]. J Mater Chem A, 2016, 4 (37): 14408-14415.

[46] Bianchini M, Fauth F, Brisset N, et al. Comprehensive investigation of the $Na_3V_2(PO_4)_2F_3$-$NaV_2(PO_4)_2F_3$ system by operando high resolution synchrotron X-ray diffraction[J]. Chem Mater, 2015, 27 (8): 3009-3020.

[47] Song W, Cao X, Wu Z, et al. Investigation of the sodium ion pathway and cathode behavior in $Na_3V_2(PO_4)_2F_3$ combined via a first principles calculation[J]. Langmuir, 2014, 30 (41): 12438-12446.

[48] Sharma N, Serras P, Palomares V, et al. Sodium distribution and reaction mechanisms of a $Na_3V_2O_2(PO_4)_2F$ electrode during use in a sodium-ion battery[J]. Chem Mater, 2014, 26 (11): 3391-3402.

[49] Cai Y, Liu F, Luo Z, et al. Pilotaxitic $Na_{1.1}V_3O_{7.9}$ nanoribbons/graphene as high-performance sodium ion battery and aqueous zinc ion battery cathode[J]. Energy Storage Mater, 2018, 13: 168-174.

[50] Liang S, Cao X, Wang Y, et al. Uniform $8LiFePO_4 \cdot Li_3V_2(PO_4)_3/C$ nanoflakes for high-performance Li-ion batteries[J]. Nano Energy, 2016, 22: 48-58.

[51] Fan X, Zhu Y, Luo C, et al. Pomegranate-structured conversion-reaction cathode with a built-in Li source for high-energy Li-ion batteries[J]. ACS Nano, 2016, 10 (5): 5567-5577.

[52] Bucher N, Hartung S, Franklin J B, et al. P2-$Na_xCo_yMn_{1-y}O_2$ (y= 0、0.1) as cathode materials in sodium-ion batteries effects of doping and morphology to enhance cycling stability[J]. Chem Mater, 2016, 28 (7): 2041-2051.

[53] Niu Y, Xu M, Zhang Y, et al. Detailed investigation of a $NaTi_2(PO_4)_3$ anode prepared by pyro-synthesis for Na-ion batteries[J]. RSC Adv, 2016, 6 (51): 45605-45611.

[54] Chen J, Li S, Kumar V, et al. Carbon coated bimetallic sulfide hollow nanocubes as advanced sodium ion battery anode[J]. Adv Energy Mater, 2017, 7 (19) : 1700180.

[55] Li H, Peng L, Zhu Y, et al. An advanced high-energy sodium ion full battery based on nanostructured $Na_2Ti_3O_7/VOPO_4$ layered materials[J]. Energy Environ Sci, 2016, 9 (11) : 3399-3405.

[56] Ren W, Zheng Z, Xu C, et al. Self-sacrificed synthesis of three-dimensional $Na_3V_2(PO_4)_3$ nanofiber network for high-rate sodium-ion full batteries[J]. Nano Energy, 2016, 25: 145-153.

[57] Saravanan K, Mason C W, Rudola A, et al. The first report on excellent cycling stability and superior rate capability of $Na_3V_2(PO_4)_3$ for sodium ion batteries[J]. Adv Energy Mater, 2013, 3 (4) : 444-450.

[58] Wang N, Bai Z, Qian Y, et al. Double-Walled Sb@ TiO_{2-x} nanotubes as a superior high-rate and ultralong-lifespan anode material for Na-ion and Li-ion batteries[J]. Adv Mater, 2016, 28 (21) : 4126-4133.

[59] Chao D, Lai C H, Liang P, et al. Sodium vanadium fluorophosphates（NVOPF）array cathode designed for high-rate full sodium ion storage device[J]. Adv Energy Mater, 2018, 8 (16) : 1800058.

[60] Chihara K, Kitajou A, Gocheva I D, et al. Cathode properties of $Na_3M_2(PO_4)_2F_3$[M= Ti、Fe、V] for sodium-ion batteries[J]. J Power Sources, 2013, 227: 80-85.

第 11 章　钠离子电池用 MOFs 组装两相复合新材料

11.1　氧缺陷调 MOFs 组装 Co_3O_4/ZnO 片状纳米新材料

11.1.1　概要

由于两种组分间的协同作用，所以将两种过渡金属氧化物复合可以有效抑制过渡金属氧化物在充放电过程中的体积膨胀，提高其导电性[1-3]。此外，具有氧空位的过渡金属氧化物已被证明可以创造更多的电化学活性位点，提高钠离子电池的比容量和倍率性能[4, 5]。

在本节中，介绍一种化学沉淀法制备片状混合双金属氧化物(Co_3O_4/ZnO) MOF 纳米片新材料的方法，这种纳米片具有丰富的氧空位、较高的表面积和较大的孔体积，可以为钠离子提供更多的活性位点[6-8]。由于 Co_3O_4 和 ZnO 分布的均匀性，保证了离子/电子的快速输运。此外，Co_3O_4 和 ZnO 具有协同电化学特性。因此，这些多孔复合物作为钠离子的负极显示出优良的电化学性能[9]。

11.1.2　材料制备

为了保证制备新材料的质量，采用了反应混合更容易均匀，反应活性更高的前驱体作为原材料，用于新材料的制备合成。首先，制备双金属 CoZn-MOFs 纳米片。将 1mmol $Co(NO_3)_2 \cdot 6H_2O$ 和 1mmol $Zn(NO_3)_2 \cdot 6H_2O$ 溶于 40mL 去离子水，记为溶液 A。另取 1.3g 2-甲基咪唑溶于 40mL 去离子水，记为溶液 B。溶液 A 和溶液 B 充分搅拌后，将溶液 A 迅速倒进溶液 B 混合均匀，然后在室温下静置 4h。然后，洗涤、离心、烘干获得 CoZn-MOFs 纳米片，记为 CoZn(1∶1)-MOFs。通过调节 $Co(NO_3)_2 \cdot 6H_2O$ 和 $Zn(NO_3)_2 \cdot 6H_2O$ 的比例(总量为 2mmol)，分别制备 Co-MOFs、CoZn(2∶1)-MOFs、CoZn(1∶2)-MOFs、Zn-MOFs。

其次，将双金属 CoZn-MOFs 纳米片转化为双金属 TMO(Co_3O_4/ZnO)纳米片。将上述 CoZn-MOFs 放置在马弗炉中，以 0.5℃/min 的速率升温，至 400℃保温 1h，然后随炉冷却。由 CoZn(2∶1)-MOFs、CoZn(1∶1)-MOFs 和 CoZn(1∶2)-MOFs 转化得到的双金属 TMO 分别命名为 CoZn-O1、CoZn-O2 和 CoZn-O3。此外，也用相同的条件合成 Co_3O_4 和 ZnO。

11.1.3　合成材料结构的评价表征技术

材料结构表征主要是通过 XRD 测试，具体操作是把合成产物在 XRD 设备中扫描出衍射图谱，扫描方式是步进扫描，步长为 0.02°，计数时间为 2s。采用 Jade 软件对 XRD 图谱进行全谱拟合精修，获取材料的晶胞参数、原子占位、物相比例等信息；SEM 观察，样品的形貌及颗粒大小，以对反应合成过程做出进一步研判；TEM 观测，通过 TEM 获得材料内部更精细的结构信息，如获得的层间距等。比表面分析测试，分析合成材料比表面积、孔体积和孔径分布情况等信息。

11.1.4　合成材料结构评价表征结果与分析讨论

1. 前驱体的 XRD 和 FT-IR 测试表征

如图 11-1(a)所示，所有 CoZn-MOFs 纳米片的 XRD 图谱与 Co-MOFs 和 Zn-MOFs 纳米片的一致，表明将 Co^{2+}离子或 Zn^{2+}离子并入 Zn-MOFs(或 Co-MOFs)中不会造成结构破坏或变化。这是由于四面体配位中的 Zn^{2+}(0.74Å)和 Co^{2+}(0.72Å)的离子半径相近且相互作用良好，所以可以相互取代。结果表明，获得的样品具有同构的晶体框架，这些类似的结构可通过 FT-IR 图谱得到进一步证实，如图 11-1(b)所示。所有样品都显示出相似的 FT-IR 图谱，主要的振动信号在 400～2000cm^{-1}，与其他研究报道中的结果一致[10]。

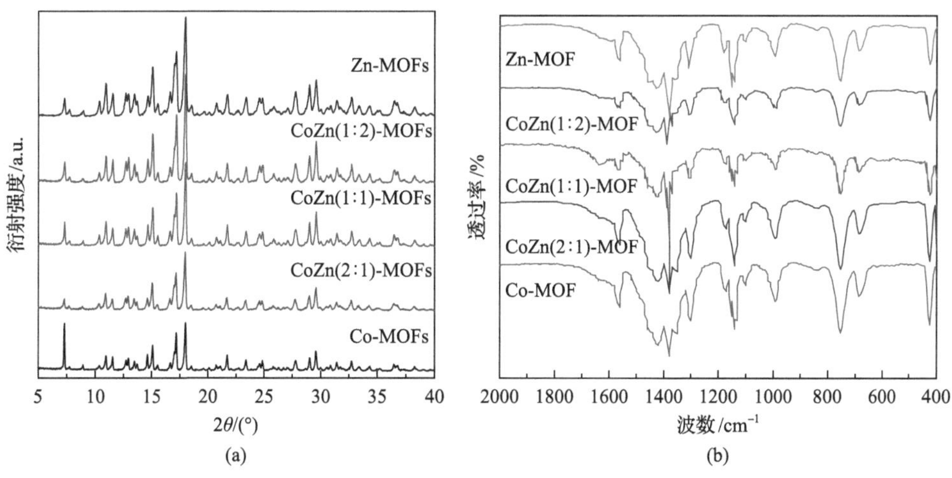

图 11-1　CoZn-MOFs 纳米片的 XRD 和 FT-IR 测试表征

(a) XRD 图谱；(b) FT-IR 图谱

通过元素标测分析进一步证实了双金属 MOF 纳米片的特性。图 11-2(a)显示 Co、Zn、C、N 和 O 元素均匀分布在整个 CoZn(1∶1)-MOFs 纳米片。能量分散 X

射线(EDX)分析检测到 Zn^{2+}/Co^{2+}的摩尔比为 1.03，如图 11-2(b)所示，与实验原始用量一致。

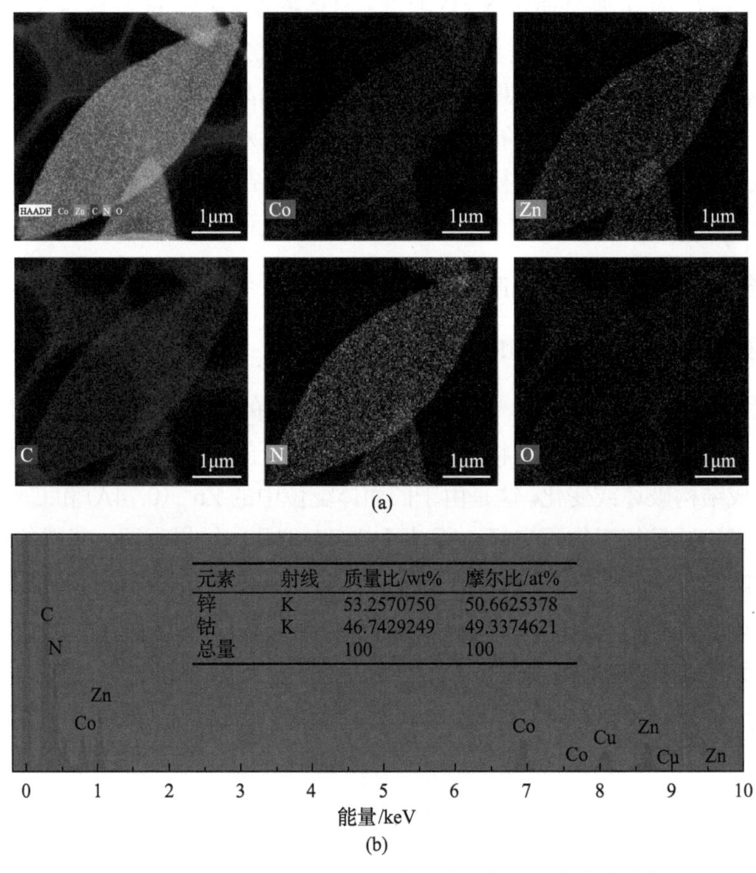

元素	射线	质量比/wt%	摩尔比/at%
锌	K	53.2570750	50.6625378
钴	K	46.7429249	49.3374621
总量		100	100

图 11-2　CoZn(1∶1)-MOFs 纳米片的化学元素分布分析

(a)元素分布图；(b)EDX 能谱

2. 前驱体的 SEM 和 TEM 检测表征

CoZn(1∶1)-MOFs 纳米片是通过 $Co(NO_3)_2·6H_2O$ 和 $Zn(NO_3)_2·6H_2O$ 混合溶液及 2-甲基咪唑水溶液在室温下制备的，机制大致如图 11-3(a)所示。选择叶片状的 Co-MOFs 和 Zn-MOFs 纳米片来制备 CoZn-MOFs 纳米片的原因是它们的合成条件简单且均为异质同构体。TEM 图像证实，所有获得的样品都显示出宽度为 3～4μm、长度约为 10μm 的叶状纳米片的形态，但它们之间也显示出一些不同。如图 11-3(b)所示，Co-MOFs 纳米片呈橄榄叶状薄片结构，而 Zn-MOFs 纳米片则呈椭圆形。同时，CoZn(1∶1)-MOFs 纳米片的形貌介于 Co-MOFs 和 Zn-MOFs 纳米片的形貌之间，这也证实了溶液反应中单个纳米片中的 Co^{2+}离子和 Zn^{2+}离子的共生性。SEM 图像[图 11-3(c)]观察到的 CoZn-MOFs 纳米片的形状与 TEM 图像一致，且随着 Co∶Zn 摩尔比的降低，形态从橄榄叶状形状逐渐演变为椭圆形状。

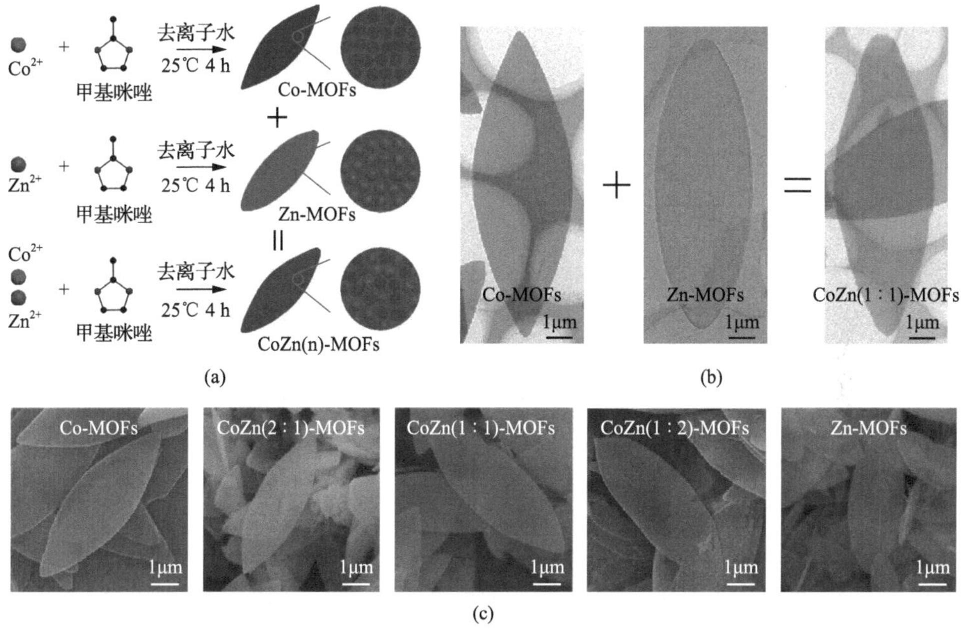

图 11-3　CoZn-MOFs 纳米片的形成机理和微结构

(a)形成机制示意图；(b)TEM 图片；(c)SEM 图片

3. TMO 的 XRD 和 FT-IR 测试表征

将 MOFs 纳米片在空气中进行烧结处理可得到 TMO 纳米片。为了测定上述双金属 TMOs 中两相的含量，我们进行了步进扫描 X 射线衍射。如图 11-4(a)所示，单体 Co-MOFs 和 Zn-MOFs 纳米片转化的样品的衍射峰可以很好地与立方 Co_3O_4 相和六方 ZnO 相对应，这表明了样品的相纯度高。而由双金属 MOFs 纳米片得到的 CoZn-O1、CoZn-O2 和 CoZn-O3 含有 Co_3O_4 和 ZnO 两个相。通过进一步的观察，可以看出随着 Co^{2+}离子或 Zn^{2+}离子含量的降低，Co_3O_4(或 ZnO)的衍射峰强度降低。FT-IR 图谱进一步证实了 Co_3O_4 和 ZnO 的共存，如图 11-4(b)所示。Co_3O_4 在 567cm^{-1} 和 659cm^{-1} 处仅显示了两个吸收峰，这是由 Co-O 的振动引起的。对于 ZnO，在 445cm^{-1} 处仅观察到一个吸收峰，两种类型的吸收峰出现在 CoZn-O1、CoZn-O2 和 CoZn-O3 的红外光谱图中。另外，各相对应吸收峰的强度随 Co^{2+}离子或 Zn^{2+}离子含量的增加而增大。

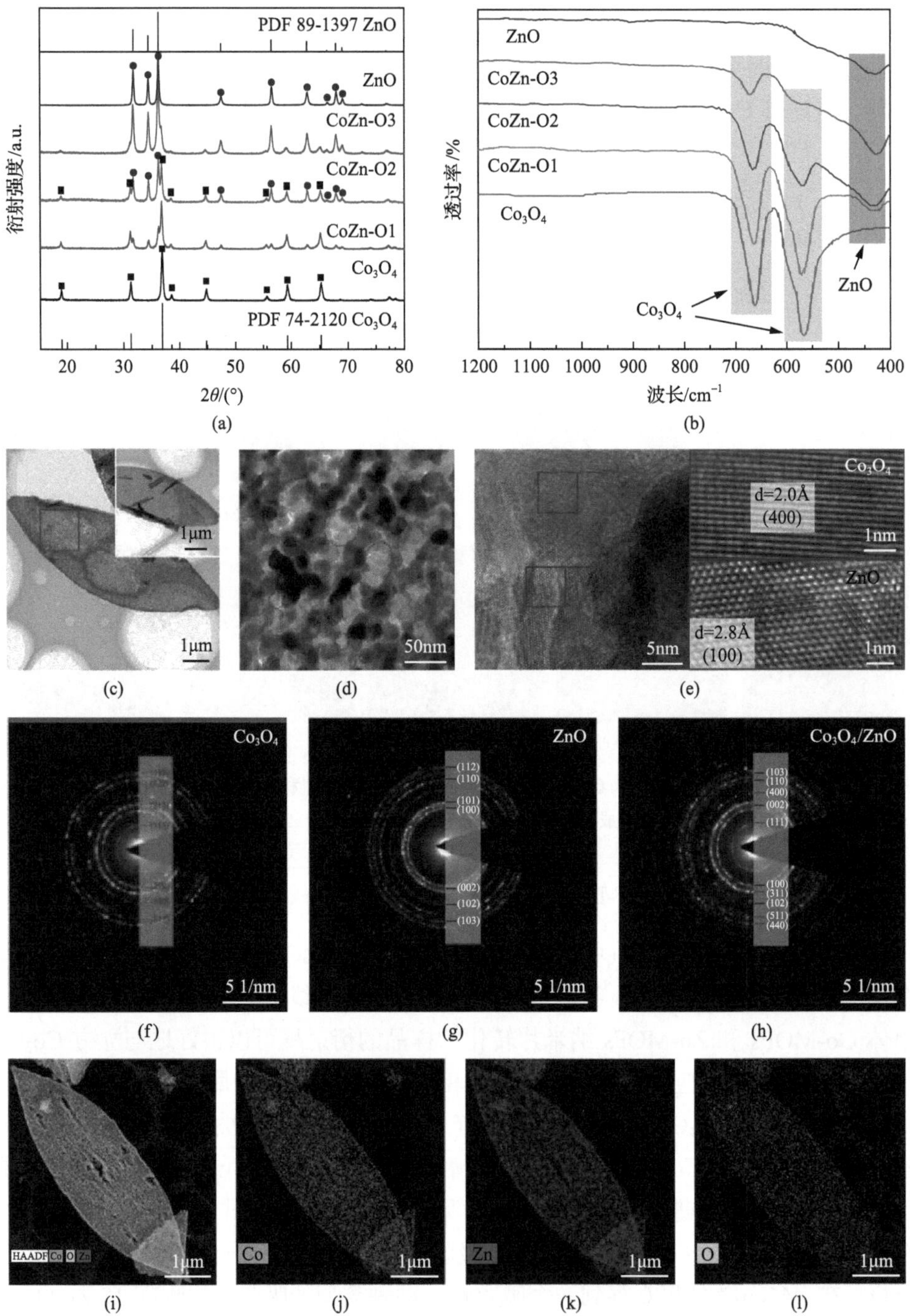

图 11-4　ZnO 和 CoZn-O3、CoZn-O2、CoZn-O1、Co_3O_4 纳米片的结构分析表征

(a) XRD 图谱；(b) FT-IR 光谱；(c)、(d) CoZn-O2 TEM 图像；(e) CoZn-O2HRTEM 图像；(f) Co_3O_4 的 SAED 图像；(g) ZnO 的 SAED 图像；(h) CoZn-O2 SAED 图像；(i)～(l) CoZn-O2 的元素分布

4. TMO 的 TEM 测试表征

由图 11-4(c)和(d)可知，多孔 CoZn-O2 纳米片同时包含大孔和中孔结构。这些气孔是由 MOFs 在热解过程中的有机成分分解为 H_2O、CO_2 和其他小分子所形成的。进一步用高分辨透射电镜(HRTEM)和选区电子衍射(SAED)研究样品的结构和相态。这些多孔纳米片由许多直径为 10～20nm 的小型超薄晶片组成，晶片之间相互连接形成一个片状结构。在高分辨透射电镜图像中观察到了清晰的晶格条纹。CoZn-O2 纳米片有两种类型的晶格条纹，2.0Å 的晶格条纹间距属于立方 Co_3O_4 相的(400)晶面，而 2.8Å 的晶格条纹对应于六方 ZnO 相的(100)晶面，如图 11-4(e)所示。从而表明 Co_3O_4 和 ZnO 的两个相共存，这进一步从 SAED 得到了确认。图 11-4(f)～(h)显示了 Co_3O_4、ZnO 和 CoZn-O2 三种不同物质的 SAED 图像。三个 SAED 图像都具有清晰的衍射环，表明样品具有高结晶度和多晶特性。很明显，CoZn-O2 的衍射环[图 11-4(h)]是 Co_3O_4[图 11-4(f)]和 ZnO[图 11-4(g)]衍射环的组合。元素图表明，Co、Zn 和 O 元素在整个纳米片中均匀分布[图 11-4(i)～(l)]，这进一步证明了 Co_3O_4 和 ZnO 成功地整合到一个纳米片中。

5. TMO 的 BET 和 XPS 检测表征

大的比表面积和孔体积有利于暴露出更多的电化学反应活性位点。为了进一步研究样品的比表面积和多孔特性，测试了三个样品的氮气吸附-脱附等温线[图 11-5(a)]。为了清晰地展示，在作图时，CoZn-O2 和 ZnO 的等温线分别增加 $50cm^3/g$ 和 $100m^3/g$ 的吸附/脱附体积数值。所有样品的等温线均为Ⅳ型，其中 ZnO 和 CoZn-O2 的相对压力范围为 0.85～1.0，Co_3O_4 的相对压力范围为 0.95～1.0。结果表明，CoZn-O_2 的 S_{BET}、$S_{Lagmuir}$ 和 V_{pore} 分别为 $38.6m^2/g$、$41.1m^2/g$ 和 $0.417cm^3/g$，介于 ZnO 和 Co_3O_4 之间。如图 11-5(b)所示，根据相应的 Barrett-Joyner-Halenda(BJH)孔径分布，计算出的 Co_3O_4、CoZn-O2 和 ZnO 的平均孔径(R_{pore})分别为 26.9nm、

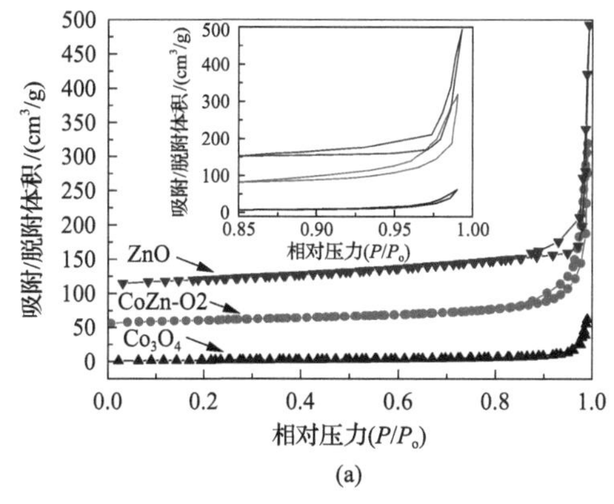

(a)

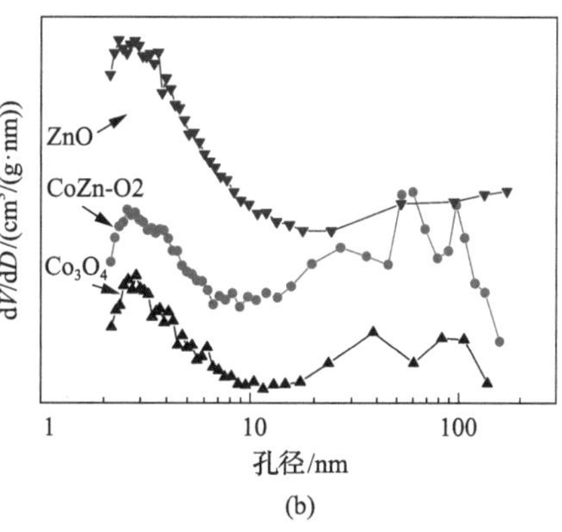

(b)

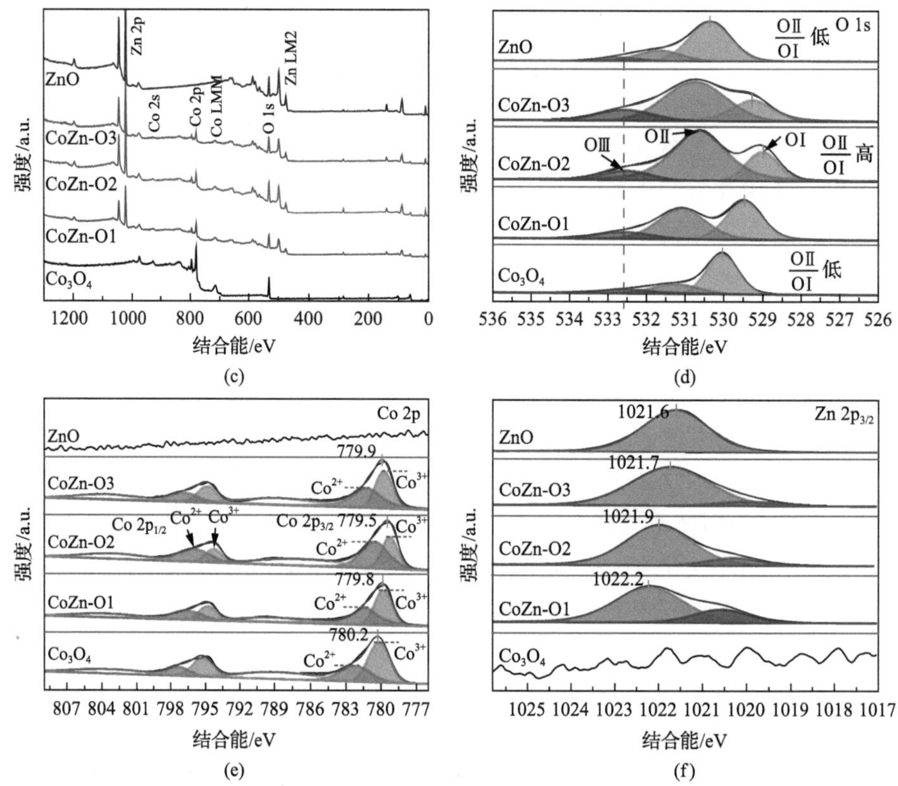

图 11-5 ZnO 和 CoZn-O2、Co_3O_4 N_2 等吸附-脱附、孔径分布和 XPS 分析

(a) N_2 吸附-脱附等温线；(b)孔径分布；(c)XPS 光谱；(d)O 1s 的高分辨率 XPS 光谱；
(e)Co 2p 的高分辨率 XPS 光谱；(f)Zn $2p_{3/2}$ 的高分辨率 XPS 光谱
为了清楚起见，CoZn-O2 和 ZnO 的等温线分别被 50cm³/g 和 100cm³/g 所抵消

21.6nm 和 16.5nm。很明显，CoZn-O2 含有更多的大孔和中孔，这与上述提到的透射电镜结果相对应。这些孔有利于电解质的渗透，特别是大孔能有效地减缓电化学反应过程中的体积膨胀。

图 11-5(c)显示了 Co_3O_4、CoZn-O1、CoZn-O2、CoZn-O3 和 ZnO 的 XPS 光谱。所有的双金属复合物都含有 Co、Zn 和 O 元素，而 ZnO 和 Co_3O_4 分别没有 Co 和 Zn 的信号。在 O 1s 的高分辨率 XPS 光谱中，有三种氧元素：OⅠ、OⅡ和 OⅢ，如图 11-5(d)所示。在大约 532.6eV 处 OⅢ出现高结合能峰是由于表面吸附的 OⅡ、H_2O 和 CO_2 的存在。在低结合能峰处存在两种类型的氧离子，表明 OⅠ是由于氧原子与金属键合，而 OⅡ是由于大量具有低氧配位的缺陷位点。根据 XPS 数据拟合区域得到 CoZn-O2 中 OⅡ/OⅠ的相对原子比为 3.61，高于其他样品。因此认为 CoZn-O2 中存在更多的氧空位，从而提高了 Co_3O_4 的导电性，使缺陷态上的两个电子容易被激发。结果表明，在 Co_3O_4 的带隙中，氧空位可以产生新的缺陷态，此外，氧空位引起的缺陷和晶格畸变能促进锂离子的输运，有助于提高电化学性

能。值得注意的是，与 ZnO 和 Co_3O_4 相比，CoZn-O2 复合物的 OⅠ和 OⅡ的信号峰向低能方向移动，这是由于这两个相的协同作用。此外，本节也对 Co、Zn 的化学状态变化进行了详细的探讨。在 Co 2p-XPS 光谱[图 11-5(e)]中，除 ZnO 外，所有样品的形状都相似，在 789eV 和 804eV 处都有两个信号峰，这与前面的报道一致。然而，对于复合物来说，Co $2p_{3/2}$ 峰朝着低结合能峰一侧移动，表明 Co 的电子密度增加，Co 的平均电子态降低(Co^{2+})。根据拟合曲线的面积，计算了样品中 Co^{2+}/ Co^{3+}的相对原子比。所有复合物的 Co^{2+}/Co^{3+}值都高于 Co_3O_4 的值，特别是 CoZn-O2 的值最高(1.55)，表明 CoZn-O2 中存在更多的 Co^{2+}离子。部分 Co^{3+}离子还原为 Co^{2+}离子也会进一步产生氧空位，因此 CoZn-O2 具有更多的氧空位。Zn $2p_{3/2}$ 的高分辨率 XPS 光谱表明，在 1021.6eV 处观察到一个典型的对称峰。然而，混合物中的这个峰向高能处迁移(CoZn-O3 位于 1021.7eV，CoZn-O2 位于 1021.6eV 和 CoZn-O1 位于 1022.2eV)，如图 11-5(f)所示。这意味着当 ZnO 的含量增加时，Zn 的结合能向着低能方向转移，说明存在更多的 Zn 原子和 O 原子键合。在混合物图谱的低能处还可以看到一个小峰，这是由 ZnO 和 Co_3O_4 之间的相互作用所引起的。除此之外，随着 Co_3O_4 含量的增加，这个小峰的强度也随之增加，说明它们之间的相互作用变得更强烈。

11.1.5 电化学性能测试与动力学分析

正极制备方法、半电池的组装与 10.3.5 节一致。

半电池性能测试：利用多功能电化学工作站测试本工作中电池的循环伏安曲线(CV)，扫描速率为 0.1mV/s，电压窗口为 0.01～3.0V。利用蓝电测试系统测试电池在室温下的恒流充放电曲线，并用间歇恒电流电位滴定法研究该复合材料电极的钠离子扩散行为。

11.1.6 CV、充放电、倍率充放电测试结果与分析

CoZn-O2 复合材料体现出优异的储钠性能。如图 11-6(a)和(b)所示，在初始循环时，CV 曲线和放电/充电曲线高度重叠，表明其具有优异的反应的可逆性能。图 11-6(c)的结果表明，在 300mA/g 的电流密度下，CoZn-O2 电极作为钠电池的负极具有比其他电极更好的充放电性能。其中，ZnO 电极的循环性能最差，CoZn-O3 的容量也很低，Co_3O_4 和 CoZn-O1 的二次放电容量初始很高，但是却不稳定，后续容量快速下降；而 CoZn-O2 电极在循环中容量较高，且稳定性好，在前 100 次循环中容量几乎无明显衰减，表现出优异的循环性能。同时，对样品的循环性能进行了研究。如图 11-6(e)所示，在 2000mA/g 电流密度下，CoZn-O 电极组装循环 1000 次后的容量保持率高达 91%，表明其具有出色的循环稳定性和良好的可逆性，同时也表现出极高的库仑效率，说明合适的 CoZn-O2 比例有助于制备电化学性能更为理想的复合物。

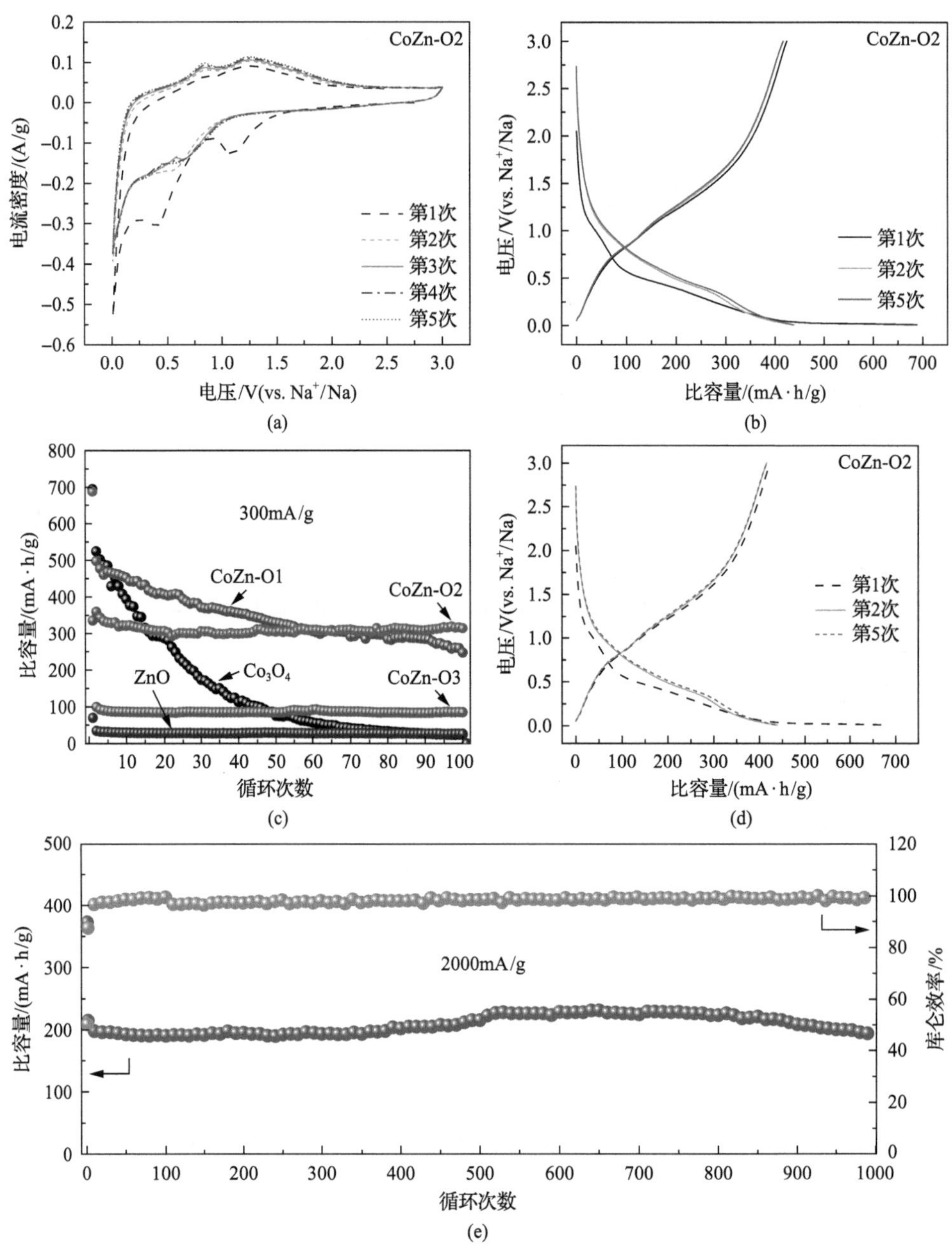

图 11-6　新材料组装的钠离子电池的电化学性能

CoZn-O2 的(a)初始 5 次循环的 CV 曲线和(b) 100mA/g 电流密度时第 1、第 2 和第 5 次的放电/充电曲线；(c) 300mA/g 电流密度时 Co_3O_4、CoZn-O1、CoZn-O2、CoZn-O3 和 ZnO 的循环性能；(d) CoZn-O2 的倍率性能；(e) 2000mA/g 电流密度下 CoZn-O2 电极的循环性能

为了进一步探索其电化学性能，对样品进行了倍率测试，CoZn-O2 电极在初始

100mA/g 的电流密度下达到 440mA·h/g 的高容量，即使在 2000mA/g 的电流密度下仍然具有 242mA·h/g 的较高容量，当电流密度恢复至 100mA/g 时，仍能达到 400mA·h/g 的高容量，展示出优异的倍率性能和出色的循环稳定性[图 11-6(d)]。

综上所述，CoZn-O2 混合材料具有良好的倍率性能和良好的循环稳定性，这是作为 SIBs 的关键特征。CoZn-O2 复合物优良的电化学性能应归因于其物理/结构特征和电化学特性的两相协同效应。一方面，双金属 MOFs 制备的多孔混合纳米片具有较高的表面积和较大的孔体积，有利于电解质的渗透，并能有效地减缓充放电过程中的体积膨胀，使其具有良好的结构稳定性和循环性能。尤其是，CoZn-O2 复合物具有丰富的氧空位，可以为钠离子快速插入提供更多的电化学活性位点，从而极大地提高倍率性能。此外，在纳米尺度上，两相的界面/化学分布是均匀的，所以保证了快速的离子电子输运和迁移。另一方面，具有高催化活性的 Co_3O_4 有助于 SEI 膜的可逆生长，且具有高理论容量的 ZnO 有助于容量的大幅增加。Co_3O_4 与 ZnO 之间的协调多步转化反应可以有效地缓解体积膨胀，从而获得优异的循环稳定性。

11.1.7　小结

综上所述，通过对双金属 MOFs 纳米片进行的简单热处理，成功制备了二维混合双金属 TMO(Co_3O_4/ZnO)纳米片。这些杂化物继承了来自单一 Co 或 Zn MOFs 纳米片的每一种衍生物的优点。研究表明，Co_3O_4/ZnO 复合纳米片具有丰富的氧空位、较大的比表面积和孔体积。Co_3O_4 和 ZnO 均匀的分布保证了离子/电子的快速输运迁移。此外，它们还表现出极好的电子输运动力学和作为钠离子电池负极的协调电化学行为。在钠离子电池中，Co_3O_4/ZnO 混合电极具有优异的性能，在 2000mA/g 电流密度下，其具有 242mA·h/g 的高比容量和高达 1000 个周期的循环寿命，容量保持率为 91%。

11.2　中空氮掺杂碳包覆 MOFs 组装 Co_9S_8/ZnS 纳米片复合新材料

11.2.1　概要

通过对双金属有机骨架(CoZn-MOFs)的硫化和煅烧，制备了一种中空氮掺杂碳包覆双金属硫化物(Co_9S_8/ZnS)纳米片新材料[11]。经过实验结果分析，提出了双金属硫化物的形成机理，如图 11-7 所示。该机理表明，随着 CoZn-MOFs 的碳化，Co_9S_8/ZnS 纳米颗粒在硫化过程中进行原位生长，如图 11-7(a)所示。同时发现中空纳米片的形成主要基于柯根达尔效应[图 11-7(b)]。这种中空结构的新型纳米片可以缓冲反应过程中的体积变化，同时可用作钠嵌入/脱出反应的刚性结构

[图 11-7(c)]。如图 11-7(d)所示，Co_9S_8 相和 ZnS 相之间丰富的相界为电子和离子的快速输运创造了大量的非本征缺陷和活性位点。此外，在中空氮掺杂碳包覆 Co_9S_8/ZnS 纳米片中，含氮的碳基体中掺杂了大量的吡啶氮和吡咯氮，这也能极大地增强赝电容效应，保证电子和离子的快速扩散动力学，从而协同提高了复合材料的倍率性能和循环可逆性。恒电流间歇滴定技术(GITT)表明，相对于单金属硫化物，具有较丰富氧化还原反应的双金属硫化物的钠离子扩散系数较高。优化后的 Co_9S_8/ZnS (Co_1Zn_1-S)在 0.1A/g 电流密度下的比容量为 542mA·h/g，同时具有 10A/g 电流密度下的高倍率性能及该倍率下长循环寿命(高达 500 次)。此外，$Na_3V_2(PO_4)_3$||Co_1Zn_1-S 全电池具有高可逆容量和良好的循环稳定性，500 次循环后的容量保持率为 93%。

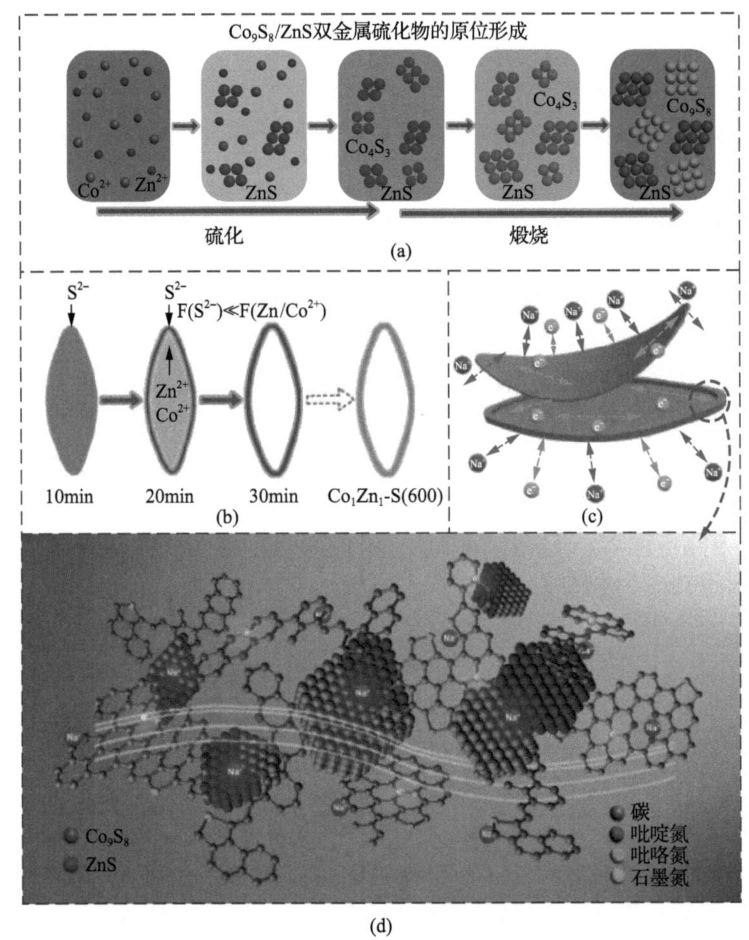

图 11-7　中空氮掺杂碳包覆双金属硫化物(Co_9S_8/ZnS)纳米片复合与增效机制

(a)原位生成 Co_9S_8/ZnS 双金属硫化物的示意图；(b)空心结构的演变；(c)、(d)快速的电荷储存和离子扩散动力学

11.2.2　材料制备

中空氮掺杂碳包覆 Co_9S_8/ZnS 纳米片的制备步骤如下。

(1)油浴：将 100mg CoZn(1∶1)-MOFs 纳米片和 400mg 硫代乙酰胺(TAA)分散于 40mL 乙醇，在 90℃的油浴装置中加热 30min。

(2)热处理：收集粉末并在 600℃的氩气气氛中热处理 2h，升温速率为 2℃/min，得到的样品记为 Co_1Zn_1-S(600)。

(3)对比样品：为了对比，以其他 Co、Zn 比例的 CoZn-MOFs 和通过不同温度烧结得到的样品，记为 Co_xZn_y-S(T)。同时采用与本组相似的方法制备了 $Na_3V_2(PO_4)_3$[12]。

11.2.3　合成材料结构的评价表征技术

材料表征的主要技术有：XRD 测试，合成产物在 XRD 设备中扫描出衍射图谱，图谱扫描步长为 0.02°，计数时间为 2s。采用 Jade 软件对 XRD 图谱进行全谱拟合精修，获取材料的晶胞参数、原子占位、物相比例等信息；SEM 观察 Co_9S_8/ZnS 纳米片样品的微观形貌、表面形态和微区成分等信息；TEM 观测获得材料内部更精细的结构信息，如获得的层间距等信息。TG 确定选择的物质因通过分解、氧化或挥发(如水分)而造成质量的减少或增加。XPS 用来测定样品组成元素的价态。

11.2.4　合成材料结构的形成与评价表征结果和分析讨论

1. Co_9S_8/ZnS 组装结构的形成机制

通过对 CoZn(1∶1)-MOFs 进行不同时间的硫化处理，探索了 Co_9S_8/ZnS 纳米颗粒在硫化过程中的原位生长机制。如图 11-8(a)～(d)所示，SEM 图像显示在硫化过程中 CoZn(1∶1)-MOFs 内部的有机框架逐渐溶解，在表面形成了一个硫化物壳层，随着反应时间的增加，硫化物壳层变得更加明显。XRD 图谱表明，CoZn(1∶1)-MOFs 在 30min 后完全硫化，并转化为 ZnS 和 Co_4S_3 的双金属硫化物，如图 11-8(e)所示。然而，ZnS 和 Co_4S_3 的结晶性较低，需要进一步烧结。

TEM 图像进一步证实了 CoZn(1∶1)-MOFs(T)纳米片中心和边缘之间的对比增强，表明空心结构逐渐形成。由此可以推断，硫离子在最初的硫化过程中与 CoZn(1∶1)-MOFs 表面的金属离子反应，形成了一层薄薄的硫化物层[图 11-9(a)]。这种缓冲壳是空心结构的关键因素，因为其防止了内部的 CoZn(1∶1)-MOFs 与外部 S^{2-}离子的直接接触。显然，由于离子半径较小，Zn^{2+}/Co^{2+}离子在缓冲壳中的扩散速度比 S^{2-}离子快，说明 Zn^{2+}/Co^{2+}离子向外扩散比 S^{2-}离子向内扩散要容易得多[13]。因此，Zn^{2+}/Co^{2+}离子从内部 CoZn(1∶1)-MOFs 扩散到外壳的外表面，进

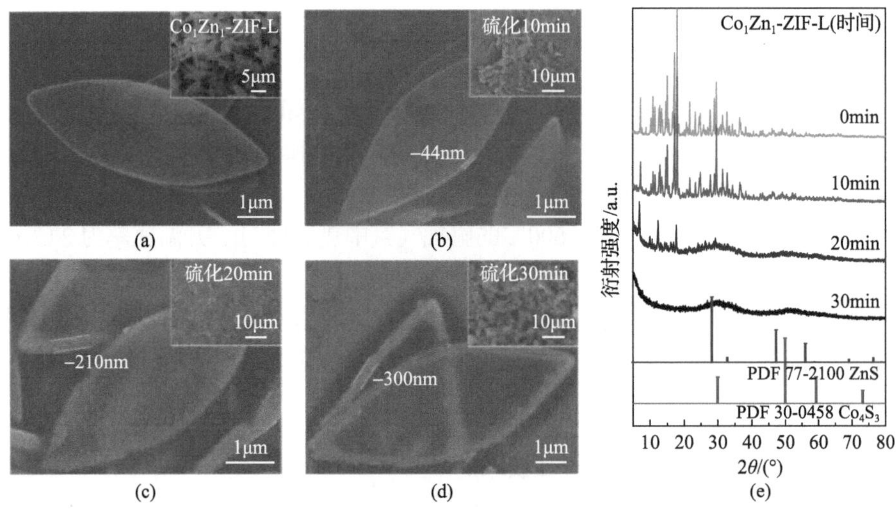

图 11-8　不同硫化时间对 MOFs 结构的影响

(a) 0min；(b) 10min；(c) 20min；(d) 30min；(e) XRD 图谱

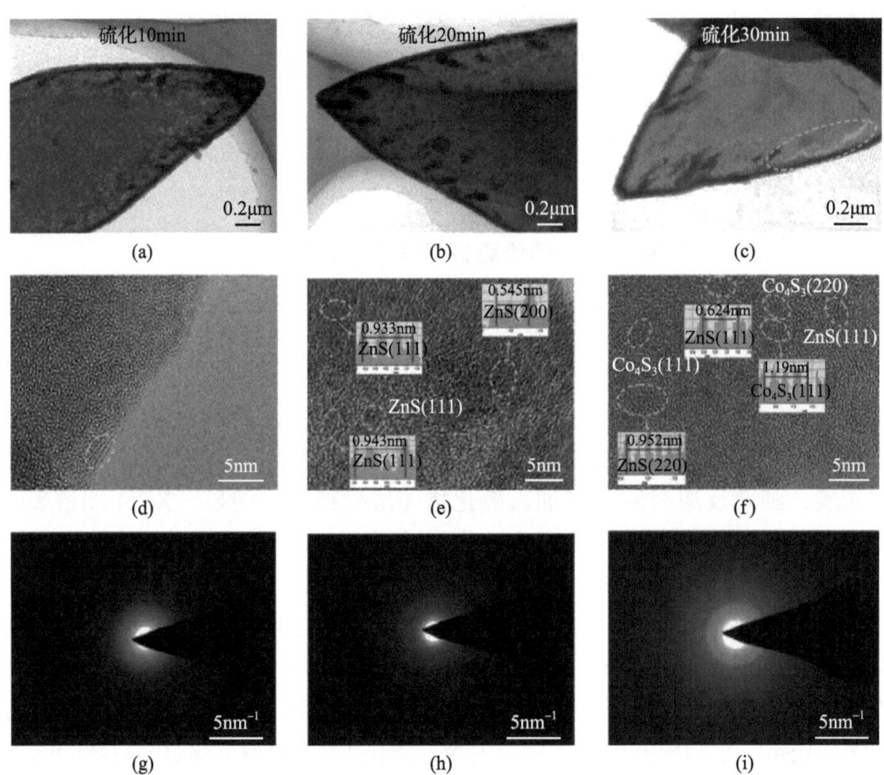

图 11-9　不同硫化时间的 CoZn(1∶1)-MOFs TEM、HRTEM 和 SAED 观察 TEM 图像

(a) 10min；(b) 20min；(c) 30min；HRTEM 图像：(d) 10min；(e) 20min；(f) 30min；
SAED 图像：(g) 10min；(h) 20min；(i) 30min

一步与 S^{2-}离子反应。内部 CoZn(1∶1)-MOFs 的逐渐溶解导致内部形成空腔，壳体下方的裂纹也说明了内部具有空心结构，如图 11-9(c)所示。HRTEM 图像[图 11-9(d)～(f)]和 SAED 图像[图 11-9(g)～(i)]提供了详细的结构信息。与 CoZn(1∶1)-MOFs 的 HRTEM 图像相比，CoZn(1∶1)-MOFs(10min)中的少量晶格条纹表明初始过程中的硫化反应很少。随着硫化时间的延长，晶格条纹和衍射环变得更加明显，表明硫化物已逐渐形成。

2. 合成新材料的 XRD、XPS、SEM 和 TEM 检测评价表征

通过热重(TG)实验进一步分析随后的煅烧过程，如图 11-10(a)所示。在～285℃和～475℃时，两个放热峰分别为 ZnS 的结晶和 Co_4S_3 相向稳定相 Co_9S_8 的转化。XRD 图谱[图 11-10(b)]显示，在 500℃后形成了 Co_9S_8，且在更高温度下继续煅烧可进一步提高结晶度。在 600℃(Co_1Zn_1-S(600))下获得的样品纯度高、结晶度好。如图 11-10(c)所示，由于 CoZn(1∶1)-MOFs(10min)碳化过程中 MOFs 残留部分被还原的 Co，因此检测到金属钴相(JCPDS 15-0806)。CoZn(1∶1)-MOFs(20min)在煅烧后，ZnS 与 Co 的共存进一步证实了 Zn^{2+}离子优先发生硫化反应。煅烧过程中，残余有机骨架原位转化为氮掺杂碳。

由图 11-11(a)可清楚地看到，Co_9S_8/ZnS 复合材料的衍射峰由立方 Co_9S_8 相(JCPDS 73-1442)和立方 ZnS 相(JCPDS 77-2100)所组成。用 XPS 测定了 Co_1Zn_1-S(600)组成元素的价态。如图 11-11(b)所示，高分辨率 N 1s 图谱主要表现出三种氮的信号，分别对应于吡啶 N(398.5eV)、吡咯 N(399.7eV)和石墨 N(401.0eV)[14]。表 11-1 表明，含锌化合物中的 N 含量高于 Co_9S_8。吡啶/吡咯氮在 Co_1Zn_1-S(600)中的比例高达 75.5%。吡啶/吡咯氮在碳中可产生大量的非本征缺陷和活性位点，从而有助于赝电容的超快钠存储[15, 16]，因此可促进快速的反应动力学和良好的倍率性能。

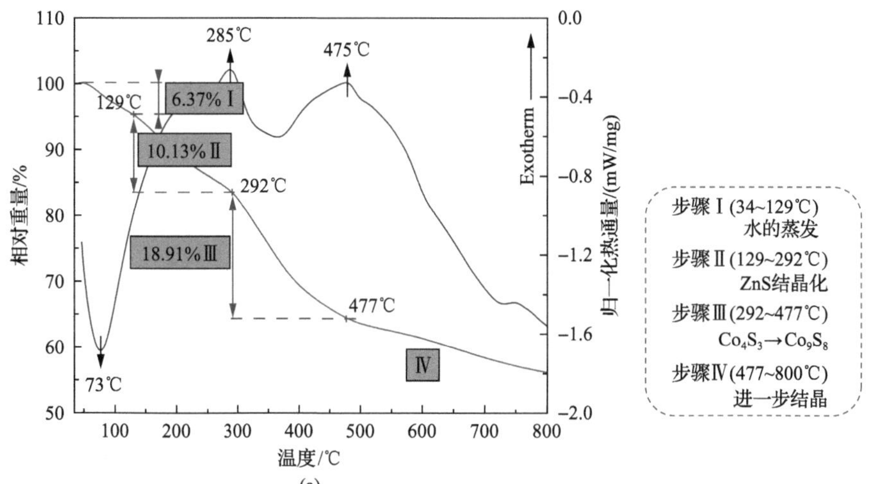

(a)

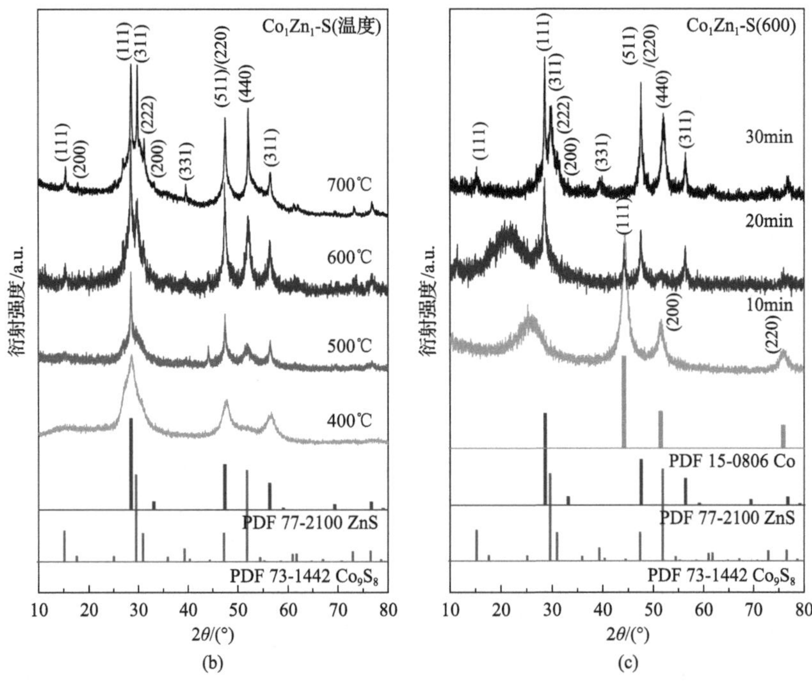

图 11-10 热分析和 XRD 分析

(a) CoZn(1∶1)-MOFs(30min)的 TG 曲线；(b)不同温度下合成的 Co$_1$Zn$_1$-S(T)的 XRD 图谱；(c) CoZn(1∶1)-MOFs(*T*)在 600℃下合成的 Co$_1$Zn$_1$-S(600)的 XRD 图谱

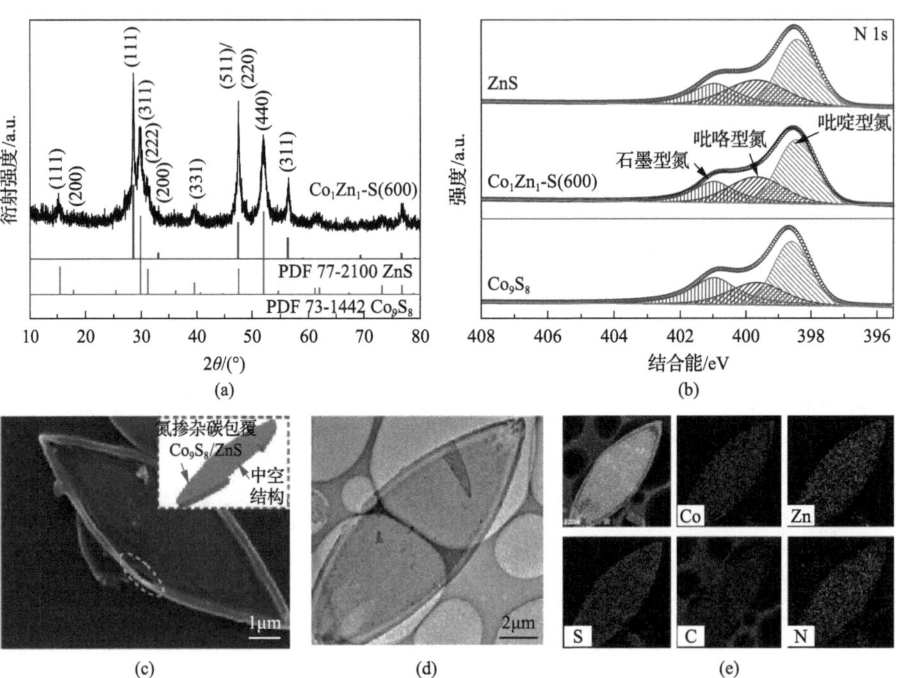

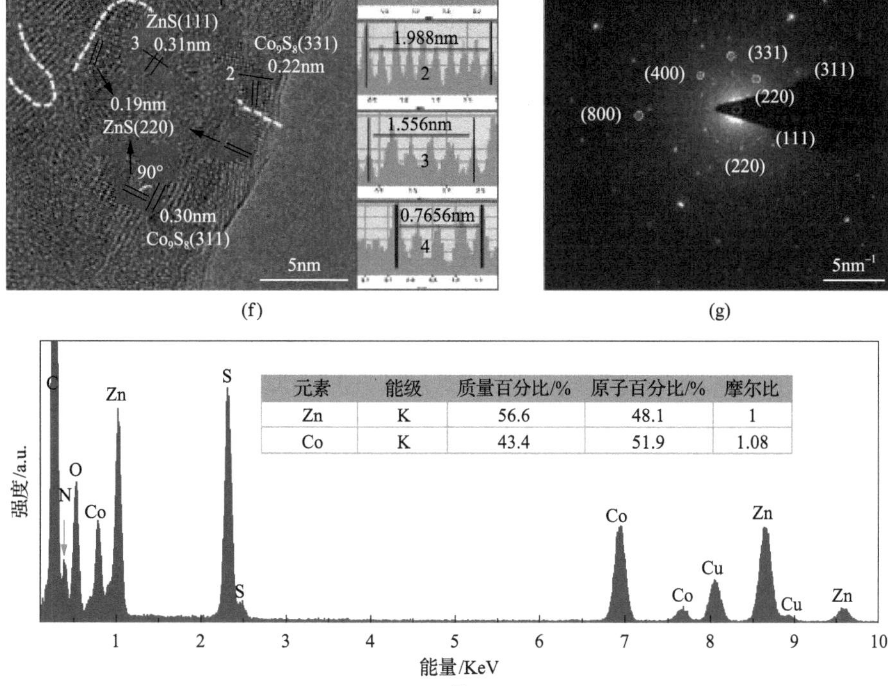

元素	能级	质量百分比/%	原子百分比/%	摩尔比
Zn	K	56.6	48.1	1
Co	K	43.4	51.9	1.08

图 11-11　Co_1Zn_1-S(600)、ZnS 和 Co_9S_8 的微结构和成分分析

Co_1Zn_1-S(600)的(a)XRD 图谱；(c)SEM 图像；(d)TEM 图像；(e)元素分布；(f)HRTEM 及其对应晶面测量图像；(g)SAED 图谱；(h)EDX 元素分析；(b)ZnS、Co_1Zn_1-S(600)和 Co_9S_8 的 N 1s 高分辨率 XPS 图谱

SEM 图像[图 11-11(c)]显示了烧结后其仍保持了良好的空心纳米片结构，且得到 TEM 图像的证实，如图 11-11(d)所示。元素分布图显示，Zn、Co、S、C 和 N 均匀分布在空心纳米片中，如图 11-13(e)所示。HRTEM 图像[图 11-11(f)]显示了 ZnS 和 Co_9S_8 粒子之间丰富的相边界。双金属硫化物界面处大量的晶格畸变产生了更多有利于增强导电性的晶格缺陷和储 Na^+的活性位点。SAED 图谱[图 11-11(g)]进一步证明了 ZnS 和 Co_9S_8 在 Co_1Zn_1-S(600)中的共存。通过元素能谱分析得到 Zn∶Co 的摩尔比为 1.08[图 11-11(h)]，这与最初的实验设计相吻合。

表 11-1　ZnS、Co_1Zn_1-S(600)和 Co_9S_8 的氮含量

样品	样品中的总含 N 量/%	各类 N 的占比/%		
		吡啶 N	吡咯 N	石墨 N
ZnS	11.0	46.1	29.0	24.9
Co_1Zn_1-S(600)	11.29	46.8	28.7	24.5
Co_9S_8	9.54	42.0	25.3	32.7

11.2.5 电化学性能与动力学分析表征

正极材料和极片的制备方法、半电池的组装方法以及半电池的电化学性能测试方法与 11.1.5 节的描述一致。

11.2.6 电化学性能与动力学分析表征结果与讨论

1. 充放电测试结果与分析

Co_1Zn_1-S(600)电极在 0.1A/g 电流密度下的初始库仑效率为 71%，首次放电和充电容量分别为 745mA·h/g 和 529mA·h/g。随后的充放电曲线无明显变化，说明 Co_1Zn_1-S(600)具有良好的可逆性，如图 11-12(a)所示。在 0.1A/g 电流密度下经 100 次循环后，具有良好的 97.8%的容量保持率。Co_1Zn_1-S(600)复合材料在 10A/g 电流密度下表现出 258.6mA·h/g 的高倍率性能，如图 11-12(b)所示。此外，在 10A/g 电流密度下经 500 次循环后，其容量仍保持在 219.3mA·h/g[图 11-12(c)]，这明显优于具有不同 Co 和 Zn 比例的其他金属硫化物。图 11-13 的结果表明：

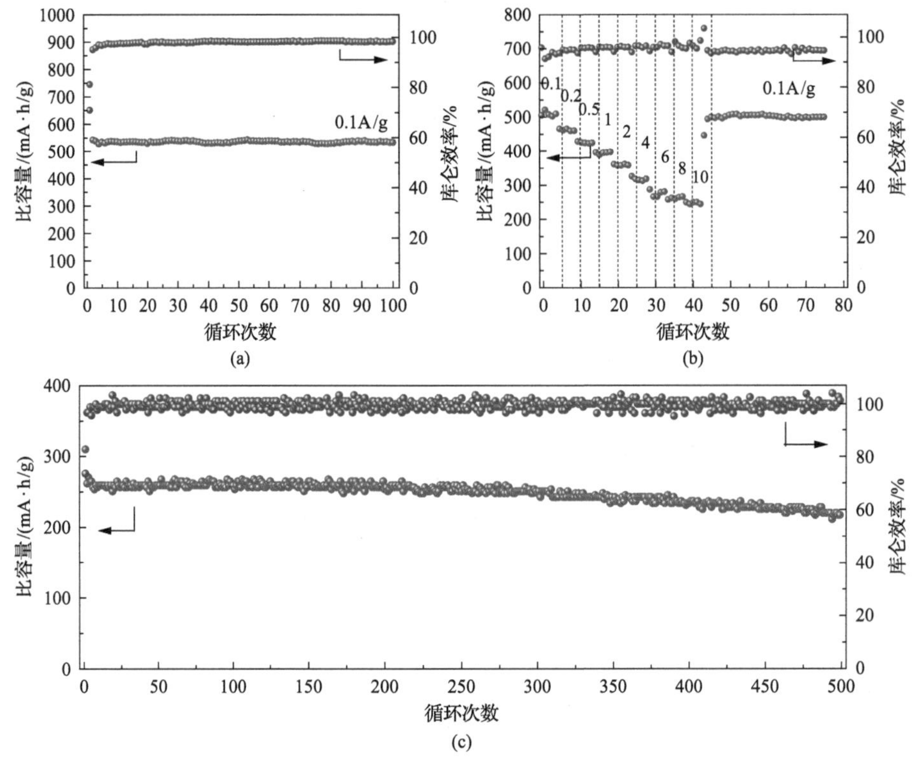

图 11-12　钠离子半电池电化学性能

(a) 0.1A/g 电流密度下的循环性能；(b) 0.1～10A/g 电流密度下的倍率性能；(c) 10A/g 电流密度下 Co_1Zn_1-S(600)的长循环性能

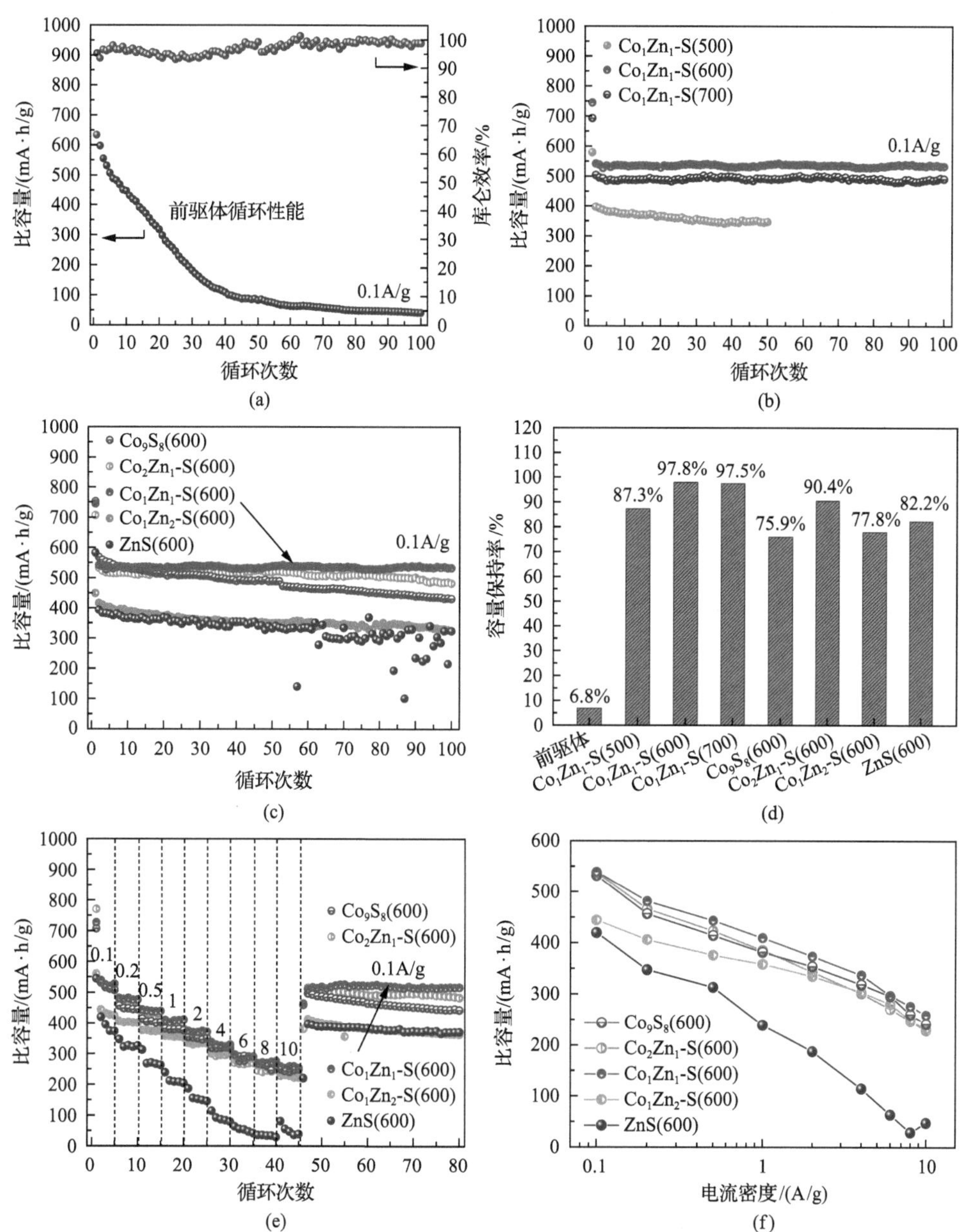

图 11-13 Co_1Zn_1-S(600)电极的电化学性能与其他材料的比较情况

(a)前驱体 Co_1Zn_1-ZIF-L(30min)；(b)在不同温度下退火的 Co_1Zn_1-S(T)；(c)0.1A/g 电流密度下的循环性能；(d)0.1A/g 电流密度下的容量保持率比较；(e)、(f)倍率性能

Co_1Zn_1-S(600)的循环性能和倍率性能比前驱体 Co_1Zn_1-ZIF-L(30min)、在其他温度下退火的 Co_1Zn_1-S(T)、不同 Co/Zn 比例的 Co_xZn_y-S(600)样品都要优越。

为了进一步验证 Co_1Zn_1-S(600)的实际应用，组装并测试了 Co_1Zn_1-S(600)为负极和 $Na_3V_2(PO_4)_3$ 为正极的全电池，如图 11-14(a)所示。对 Co_1Zn_1-S(600)先进行预钠化处理，以补偿半电池中钠在初始循环过程中的损失。此外，为了保证材料的最大利用率且合理评价 Co_1Zn_1-S(600)的电化学性能，本工作以 $Na_3V_2(PO_4)_3$ 正极与 Co_1Zn_1-S(600)负极的容量比≈1.2∶1 组装全电池，电池容量仅以负极材料的重量计算。全电池在 2.3V 处呈现出放电平台，在 0.17mA 下经 50 个循环后无容量衰减，库仑效率≈100%，如图 11-14(b)所示。在 1.65mA 的大电流下经 500 个循环后可保持 93%的容量，如图 11-14(c)所示，说明该全电池具有长期的循环稳定性。结果表明 Co_1Zn_1-S(600)是一种非常有前途的钠离子电池负极材料。

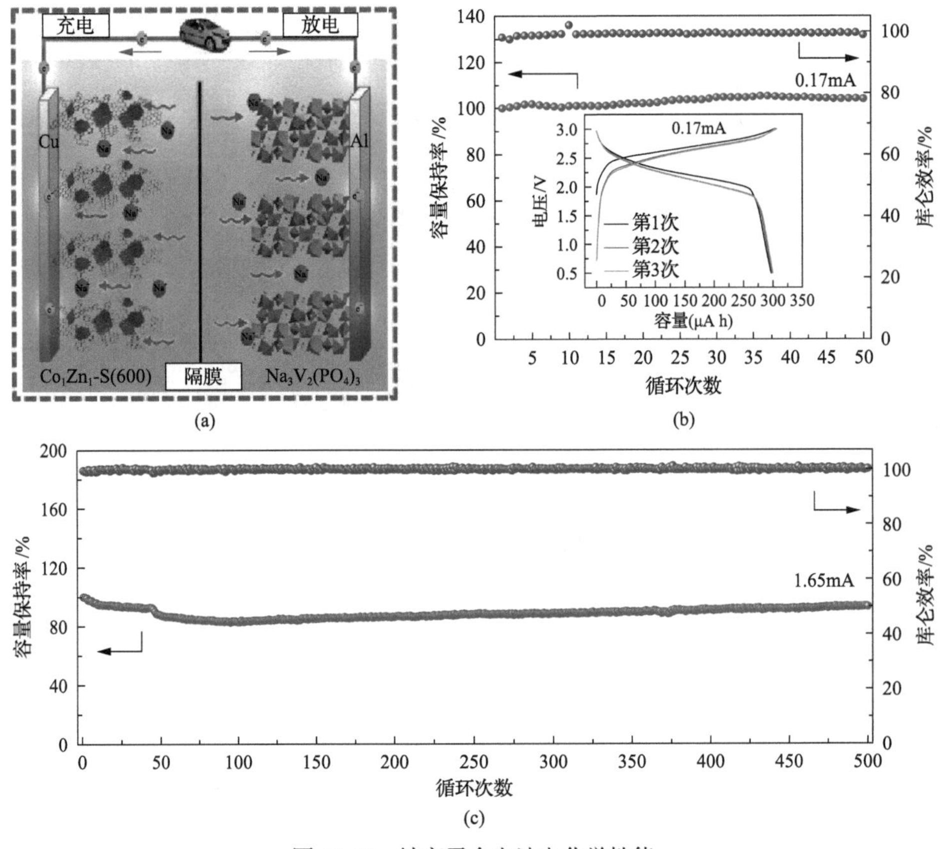

图 11-14　钠离子全电池电化学性能

(a) $Na_3V_2(PO_4)_3$||Co_1Zn_1-S(600)全电池示意图；

(b)在 0.17mA 的容量保持率；(c)在 1.65mA 的全电池的长循环容量保持率

2. 储能机理研究

图 11-15(a)显示了 Co_1Zn_1-S(600)前 3 次循环的伏安曲线，扫描速率为 0.1mV/s，

其具有多个氧化还原峰，这与恒电流充放电(GCD)曲线一致，如图 11-15(b)所示。在初始扫描中，位于 1.48V 附近的微小阴极峰可归因于在硫化物晶体中嵌入 Na^+ 离子以形成钠化金属硫化物。进一步的钠化反应对应于双金属硫化物的转化反应和锌的合金化反应。0.58V 和 1.73V 处的氧化还原峰可归因于 Co_9S_8 和 Co/Na_2S 之间的转化反应，而另一对在 0.17V 和 0.95V 左右的氧化还原峰可归因于 ZnS 和 Zn/Na_2S 之间的转化反应及 Zn 和 $NaZn_{13}$ 之间的合金化/脱合金化转化。此外，利用 X 射线衍射和透射电镜对循环过程中的相变进行了研究。在完全放电的状态下，观察到与 Na_2S(JCPDS 23-0441)、Co(JCPDS 15-0806)和 $NaZn_{13}$(JCPDS 03-1008)有关的几个弱衍射峰，这些峰进一步由非原位 HRTEM 和 SAED 得以确认。图 11-15(c)显示出现了 Na_2S 的(200)和(400)晶面，Co 的(111)晶面，$NaZn_{13}$ 的(200)、(420)和(422)晶面。生成的金属和合金纳米颗粒可以提高电极的金属导电性，从而实现快速的电子传输。这些小晶体的产物也同样产生了显著的赝电容效应。在充电过程中，Co_9S_8 和 ZnS 相再次出现[图 11-15(d)]，表明电极具有良好的可逆性。相对应的 XRD 图谱证明了这一点，如图 11-16 所示。相关的反应机理可以描述如下。

转化反应：

$$x\mathrm{Na}^+ + \mathrm{Co_9S_8} + xe^- \rightleftharpoons \mathrm{Na}_x\mathrm{Co_9S_8} \tag{11-1}$$

$$x\mathrm{Na}^+ + \mathrm{ZnS} + xe^- \rightleftharpoons \mathrm{Na}_x\mathrm{ZnS} \tag{11-2}$$

$$\mathrm{Na}_x\mathrm{Co_9S_8} + (16-x)\mathrm{Na}^+ + (16-x)e^- \rightleftharpoons 9\mathrm{Co} + 8\mathrm{Na_2S} \tag{11-3}$$

$$\mathrm{Na}_x\mathrm{ZnS} + (2-x)\mathrm{Na}^+ + (2-x)e^- \rightleftharpoons \mathrm{Zn} + \mathrm{Na_2S} \tag{11-4}$$

式中，x 为离子或电子的数量。

合金化反应：

$$13\mathrm{Zn} + \mathrm{Na}^+ + e^- \rightleftharpoons \mathrm{NaZn_{13}} \tag{11-5}$$

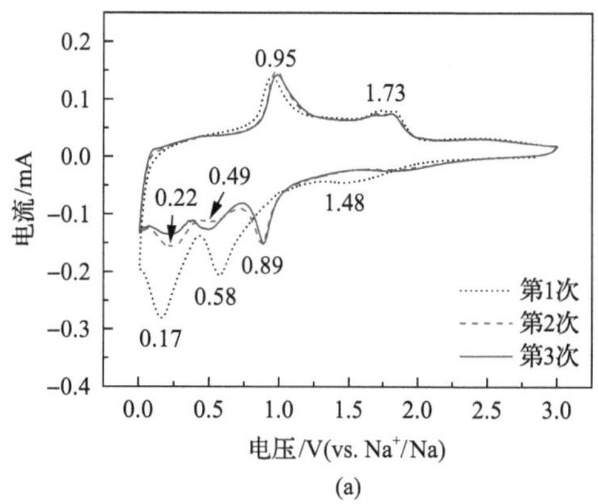

(a)

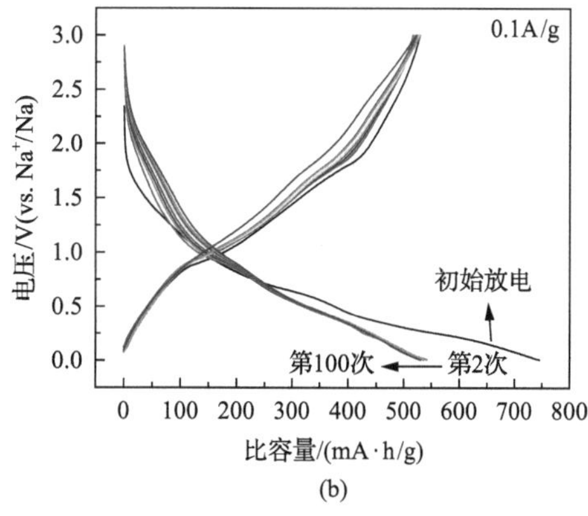

(b)

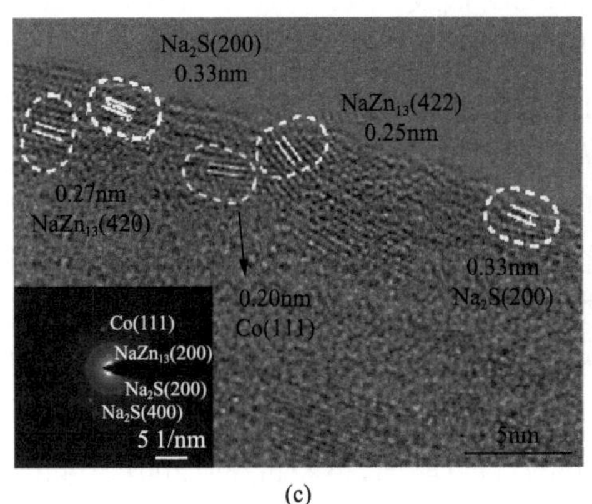

(c)

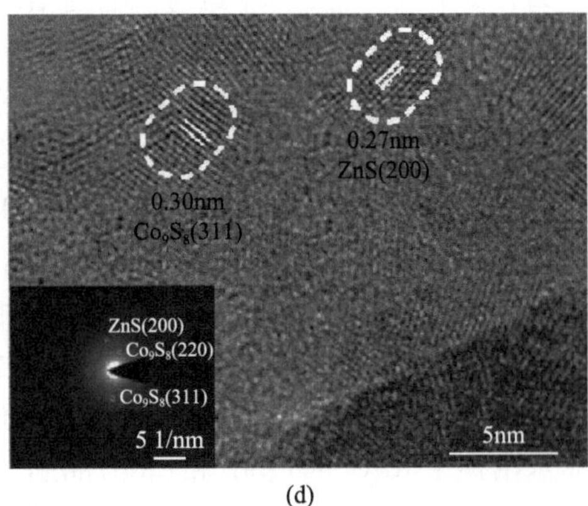

(d)

图 11-15　电化学性能与结构演化的关联分析

(a)在 0.01～3.0V(vs. Na^+/Na)范围内 0.1mV/s 的 CV 曲线；(b)0.1A/g 电流密度下的恒电流充放电曲线；(c)首次完全放电状态的非原位 HRTEM 图像和 SAED 图像；(d)首完全充电状态的非原位 HRTEM 图像和 SAED 图像

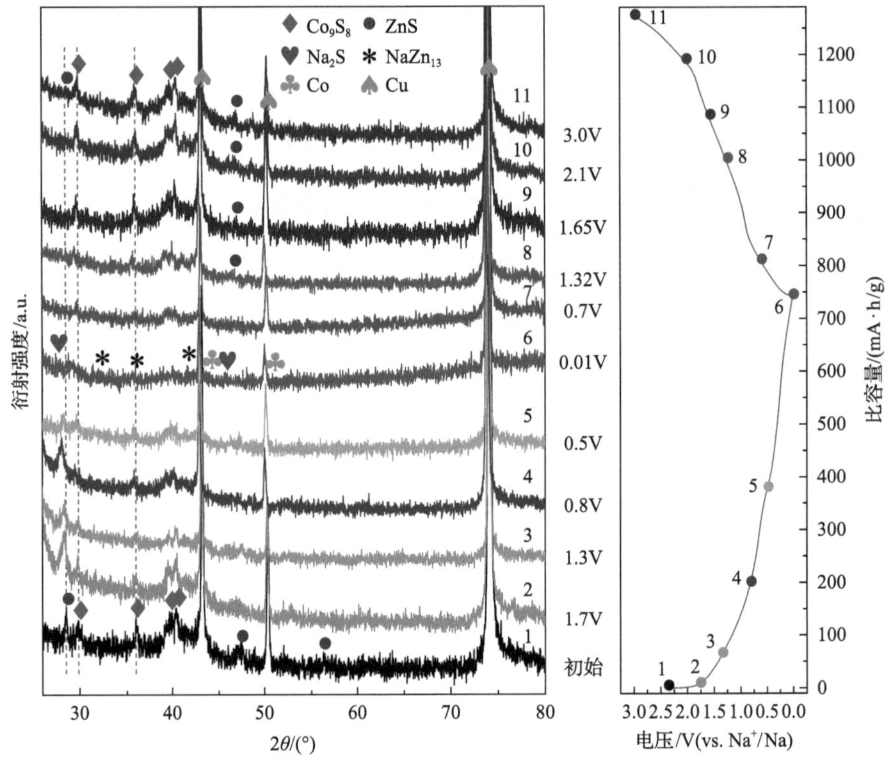

图 11-16　Co_1Zn_1-S(600)电极在不同放电/充电状态下的非原位 XRD 图谱

元素分布图显示，在完全充电后，纳米片中存在少量的钠，如图 11-17(a)所示。这是由于 SEI 层的形成和双金属硫化物中残留了部分钠。残留的钠可以提高电极离子和电子的导电性，有利于快速的赝电容行为。此外，在循环后纳米片仍保持完整，显示出在钠嵌入/脱嵌反应过程中较缓和的转变。这是由于 Co_9S_8 和 ZnS 的氧化还原电位不同，使它们在钠离子的嵌入/脱出过程中减轻了脱嵌应力。

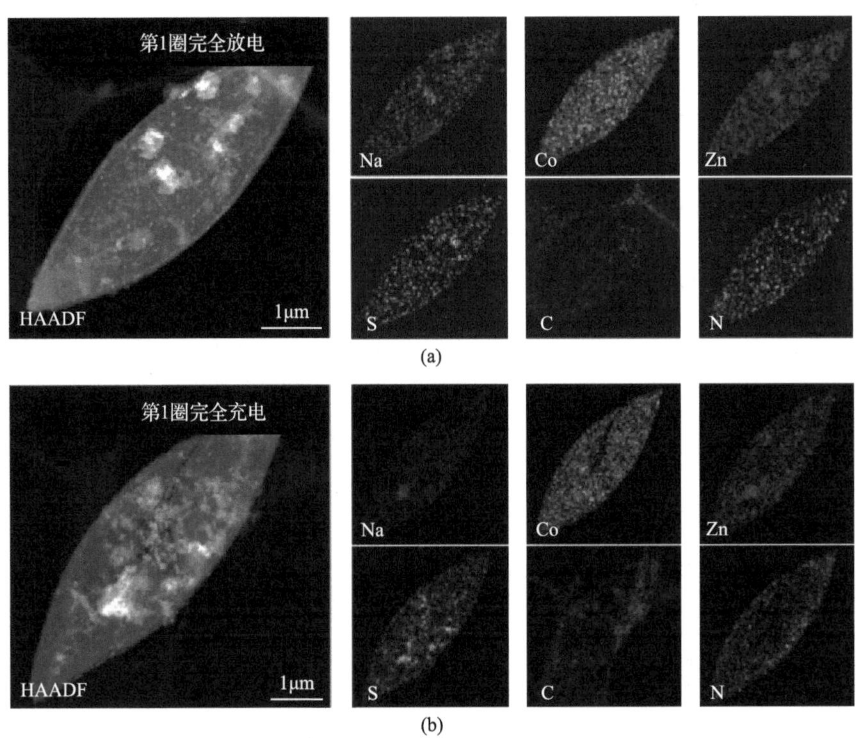

图 11-17　首次完全放电状态和首次完全充电状态的非原位 HAADF 图像和元素分布
(a)首次完全放电状态；(b)首次完全充电状态

3. 赝电容效应分析

图 11-18(a)表征了 Co_1Zn_1-S(600)电极材料在不同扫描速率下的 CV 曲线。如图 11-18(b)所示，根据峰 1～峰 4 峰值电流(I_p)并通过的 log(i)-log(v)图的斜率计算的 b 值分别为 0.81、0.86、0.86 和 0.97，表明 Co_1Zn_1-S(600)的动力学主要受表面电容的控制。计算得到的阴影区域如图 11-18(c)所示，在 0.2mV/s 扫描速率下 Co_1Zn_1-S(600)电极材料的电容控制贡献为 84.2%，高于 Co_9S_8 和 ZnS，如图 11-19 所示。这是因为两相间具有丰富的相界，同时存在着如小晶粒、丰富的吡啶/吡咯氮和高比表面积。此外，反应产物的金属导电性和小晶粒也有助于促进赝电容效应。图 11-18(d)表明，随着扫描速度的增加，赝电容贡献率从 79.7%逐渐提高到 90.3%。结果表明，Co_1Zn_1-S(600)中的电荷储存主要是赝电容过程，其具有电化学动力学快的特点。

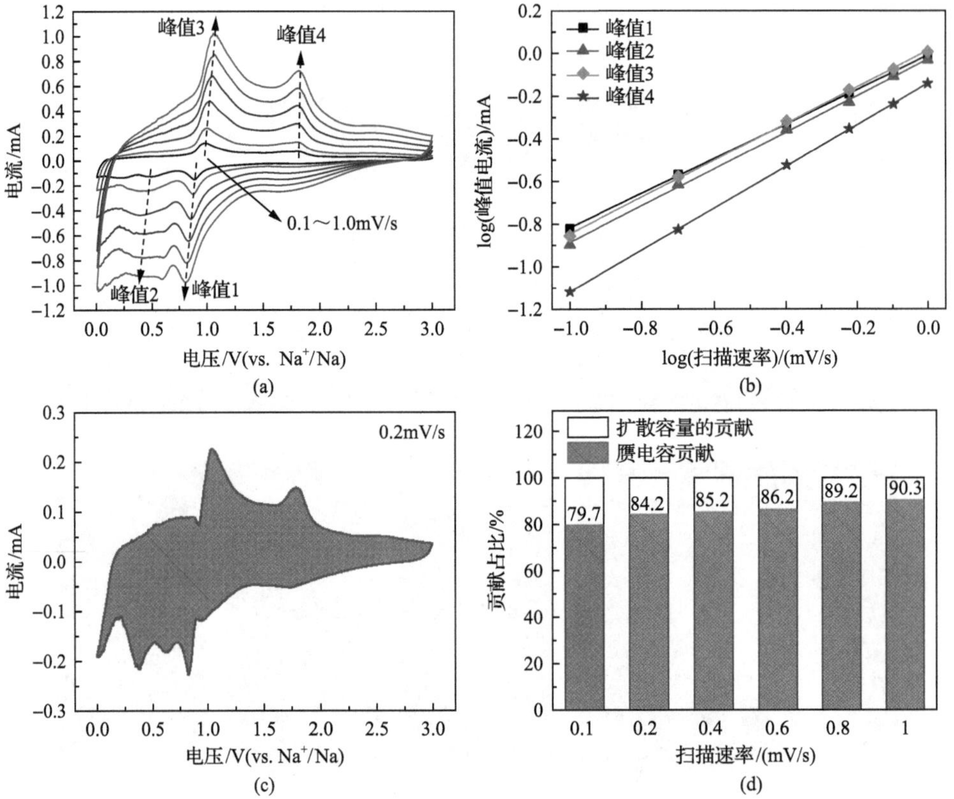

图 11-18　Co_1Zn_1-S(600)的赝电容贡献分析

(a) 0.1～1.0mV/s 下的 CV 曲线；(b) 特定峰值电流下对应的 log(峰值电流)-log(扫描速率)图；(c) 0.2mV/s 下的赝电容部分；(d) 不同扫描速率下赝电容贡献百分比的条形图

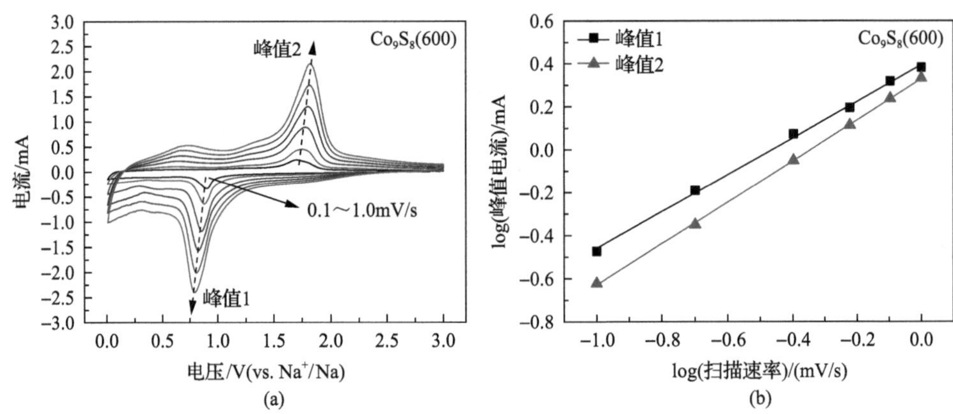

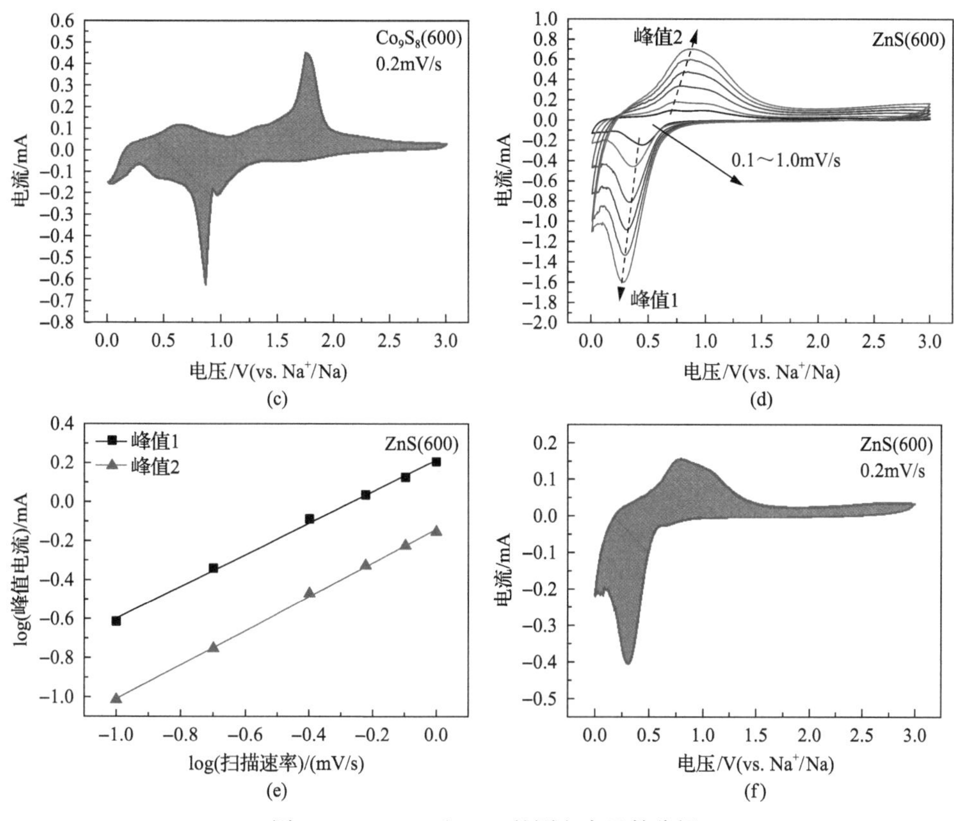

图 11-19　Co_9S_8 和 ZnS 的赝电容贡献分析

(a)、(d) 不同扫描速率下的 CV 曲线；(b)、(e) 在特定峰值电流下对应的 log (峰值电流)-log (扫描速率) 图；(c)、(f) 0.2mV/s 下的赝电容部分

4. 钠离子扩散系数测试结果与分析

利用 GITT 研究了 Co_1Zn_1-S (600) 的多级钠嵌入/脱嵌反应对离子扩散和导电性能的影响。离子扩散系数随放电/充电过程而变化，最小值出现在每个氧化还原平台，如图 11-20 所示，表明 Na^+离子从晶体框架中嵌入或脱出。由于纳米晶结构域的存在，固相扩散长度变短，因此 Co_1Zn_1-S (600) 的 Na^+离子扩散系数较高。此外，Co_1Zn_1-S (600) 中 Na^+离子扩散系数的波动较小，整体上高于单相硫化物，说明两相双金属硫化物可以增强离子扩散和导电性。一方面，相界限制了晶体结构域的生长，产生了晶体缺陷和离子快速扩散的活性位点；另一方面，两相硫化物不同的氧化还原电位和不同步反应能可以减轻 Na^+离子在嵌入/脱嵌过程中的应力变化，从而有助于 Na^+离子的扩散。

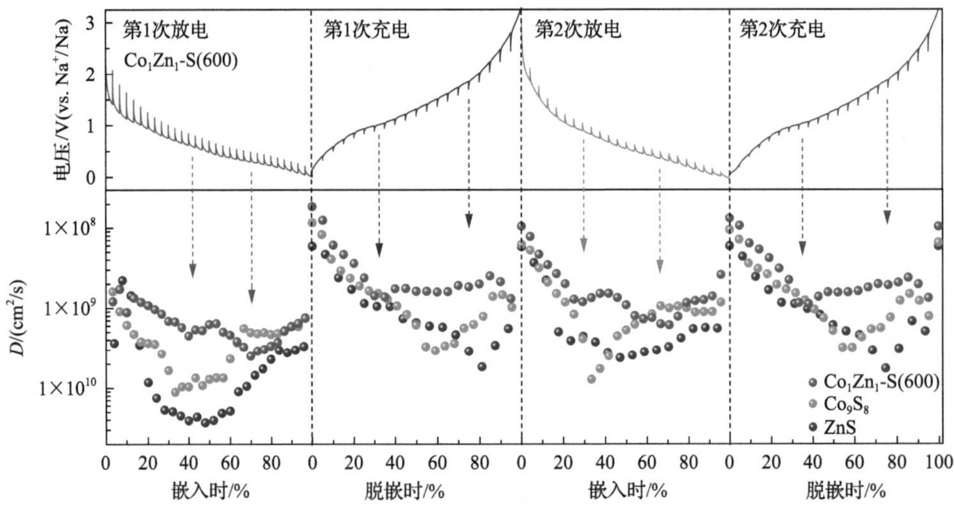

图 11-20　Co_1Zn_1-S(600)电极在不同放电/充电状态下的 GITT 曲线及相应的 Na^+离子扩散系数

5. EIS 测试结果与分析

利用电化学阻抗谱(EIS)研究了不同电压状态下循环电阻的变化。如图 11-21

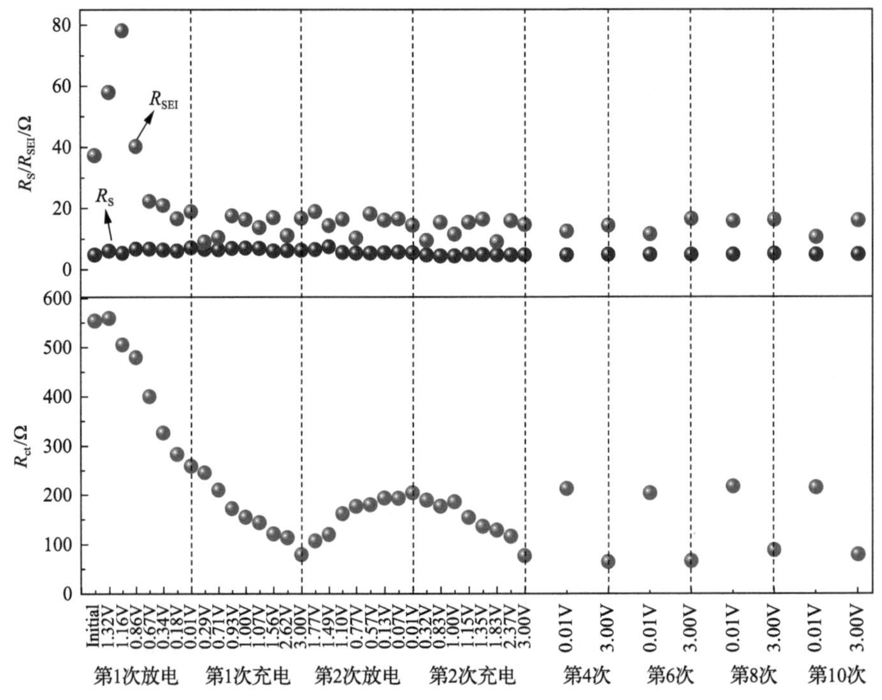

图 11-21　电解质电阻 R_S、SEI 层电阻 R_{SEI} 和电荷转移电阻 R_{ct} 的拟合结果

所示，电解质电阻(R_S)很小，并基本保持不变(4～7Ω)。R_{SEI} 是 SEI 层的电阻，在放电过程的初始阶段(最大值≈78Ω)增大，然后逐渐减小到稳定值(10～20Ω)，表明在初始放电过程后形成了一个稳定的 SEI 层。电荷转移电阻 R_{ct} 在初始放电过程中从 554Ω 开始下降，在随后的充电过程中进一步下降，在充满电状态(3V)下达到最小值(79Ω)。在第 2 次放电过程结束时，R_{ct} 升高并达到最大值(204Ω)，随着 2 次充电的次数增加而再次降低。结果表明，Co_1Zn_1-S(600)电极的阻抗值在完全充放电期间的变化具有一定的规律，这进一步证明了其具有良好的可逆性。此外，第 1 次放电后的 R_{ct} 值变小，表明反应动力学得到改善，即形成了一个稳定的 SEI 层，从而有助于获得良好的循环性能。电极在初始或完全充电状态下呈现半导体性质，这意味着电子导电性为限制因素。在完全放电状态下出现类金属材料的性质，即离子导电率为限制因素，对应着 R_{ct} 达到最大值。

11.2.7　小结

通过对 CoZn-MOFs 的硫化和煅烧处理，可合成中空氮掺杂碳包覆的 Co_9S_8/ZnS 纳米片。研究表明：Co_9S_8/ZnS 的丰富相界和碳中丰富的吡啶氮/吡咯氮提高了电子和离子的导电性；相对于单相硫化物，两相双金属硫化物具有协同效应，表现出高的钠离子扩散系数、赝电容效应和良好的可逆性；优化后的样品 Co_1Zn_1-S(600)具有最优异的电化学性能，在 0.1A/g 电流密度下，获得了 542mA·h/g 的可逆比容量，经过 100 次循环后的容量保持率为 97.8%；同时，在 10A/g 的电流密度下获得了优异的循环稳定性，循环 500 次后容量无明显衰减；与 $Na_3V_2(PO_4)_3$ 组装的全电池展现出很好的循环性能，表明该材料极具应用前景。

11.3　相界增效 $CoSe_2$/ZnSe 纳米片复合新材料

11.3.1　概要

许多研究表明，构造成异质结构为材料引入更多异相界面可以提升材料的性能[17-19]。然而，由于其结构的复杂性，对异质结构中协同效应的认知还相对较少，特别是相界面异质结构中的电子态等特征。

本节介绍一种通过热解 CoZn(1∶1)-MOFs 纳米片，调控设计制备双金属硒化物复合新材料($CoSe_2$/ZnSe 纳米片，记作 CoZn-Se)的方法，结合新材料评价表征解释新材料的相界效应。同步辐射表征和密度泛函理论(DFT)计算的实验和理论分析表明，CoZn-Se 的相界处存在界面电荷的重新分布，表现为在界面的位置上电子从 $CoSe_2$ 转移到 ZnSe 上。钠离子吸附能计算进一步证明了 ZnSe 一侧相界中的电子密度更高，更有利于钠离子的吸附，加快了反应动力学。异质相界效应机制，如图 11-22 所示。此外，原位 XRD 和非原位 TEM 证明了 CoZn-Se 存在多步氧化还原反应，这有效地缓解了钠离子嵌入时产生的应力，因此提高了电极材料在脱嵌钠离子过程中的可逆性。相比其他的电极材料，CoZn-Se 表现出了更高的钠离子扩散速率，同时也表现出了高倍率性能和高达 4000 次的长循环稳定性。更重要的是，$Na_3V_2(PO_4)_3$ ‖ CoZn-Se 全电池在 0.1A/g 的电流密度下表现出了高可逆容量 332mA·h/g(基于 CoZn-Se 的质量)，并且循环 800 次后的容量保持率高达 83%[20]。

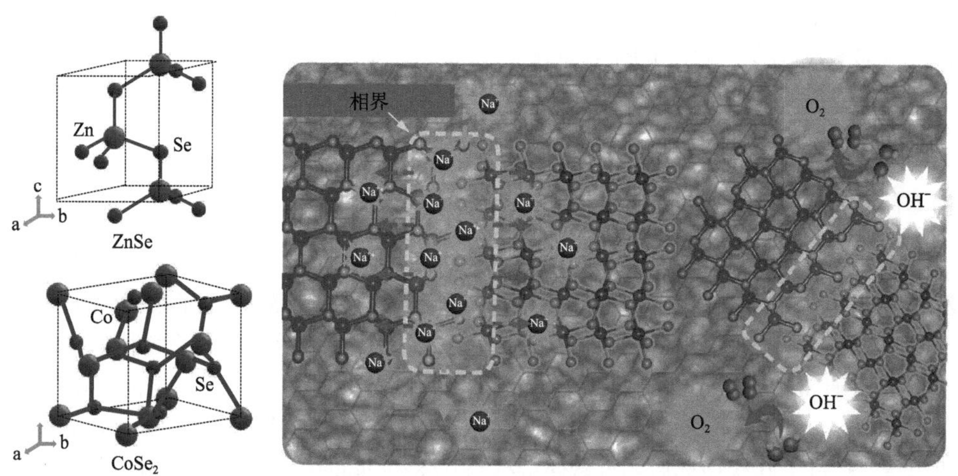

图 11-22　CoZn-Se 的两相结构及其相界增强效应示意图

11.3.2　材料制备

由于前面已介绍过 MOFs 的详细制作工艺，CoZn-MOFs 片的制备在此不进行详述。CoZn-Se 纳米片的制备流程主要包括前驱体制备和煅烧合成。

前驱体制备：将含有 100mg CoZn(1∶1)-MOFs 纳米片和 100mg 硒粉末的 40mL 水合肼溶液放置在 90℃的油浴锅中加热 20min。

煅烧合成：随后收集粉末，以 2℃/min 的升温速率在氩气气流中 600℃煅烧 2h。相应的单金属硒化物则由单金属 Co-MOFs 和 Zn-MOFs 纳米片通过相似的方法得到。

11.3.3　合成材料结构的评价表征技术

主要分析表征手段有：XRD 测试，图谱扫描的方式是步进扫描，步长为 0.02°，计数时间为 2s。采用 GSAS 软件对 XRD 图谱进行全谱拟合精修，获取材料的晶胞参数、原子占位、物相比例等信息；SEM 观察 CoZn(1∶1)-MOFs 纳米片样品的微观形貌、表面形态信息；通过 TEM 获得材料内部精细的结构信息，如获得的层间距等，在更小尺度观察碳包覆的厚度及元素面分布情况；通过 XAFS 进一步确定 CoZn-Se、$CoSe_2$ 和 ZnSe 的局部电子结构。

11.3.4　合成材料结构的评价表征结果与分析讨论

1. XRD 和 SEM 测试表征分析

如图 11-23(a)所示，CoZn-Se 的 XRD 图谱与立方晶系 $CoSe_2$ 相(空间群 *Pa*-3(205)，PDF 88-1712)和六方晶系 ZnSe 相(空间群 *P*63*mc*(186)，PDF 80-0008)的混合图谱对应，说明了复合物是由 $CoSe_2$ 和 ZnSe 共同组成的。SEM 图像表示 CoZn-MOFs 前驱体[图 11-23(b)]在经过硒化后仍很好地保持了纳米片的形状[图 11-23(c)]，这些 CoZn-Se 纳米片为多孔结构。

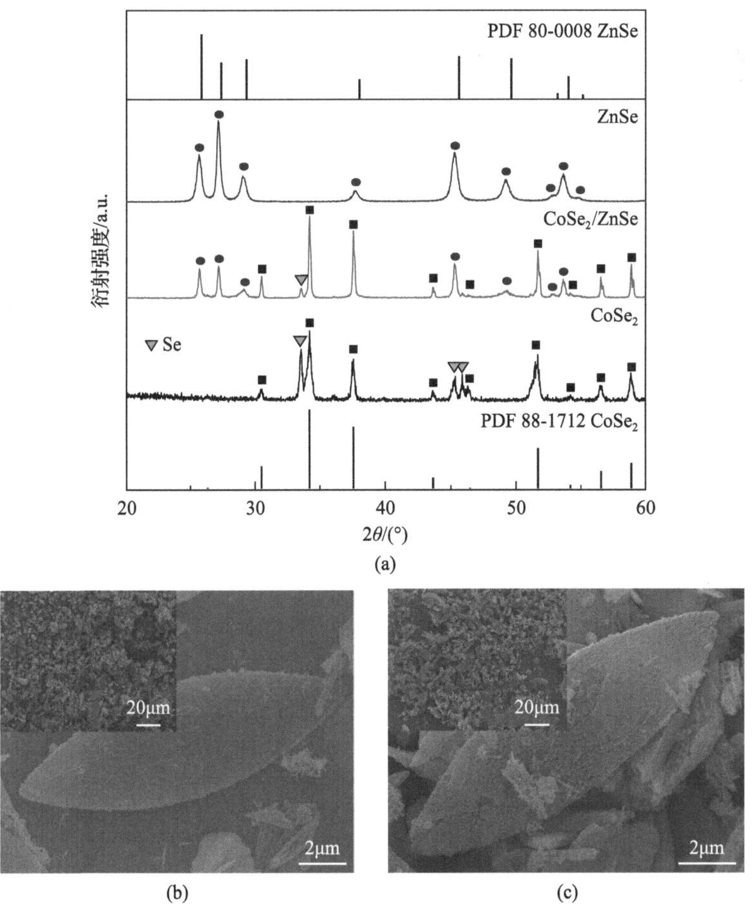

图 11-23　前驱体和合成材料新材料 XRD、SEM 表征

(a) CoZn-Se、ZnSe 和 $CoSe_2$ 的 XRD 图谱；(b) CoZn-Se 前驱体的 SEM 图像；(c) CoZn-Se 的 SEM 图像

2. TEM、XAFS、EXAFS 测试表征分析

图 11-24(a)进一步证明了 CoZn-Se 纳米片具有多孔特征。元素(Co、Zn 和 Se)线扫描[图 11-24(b)]结果显示 Co 和 Zn 元素的信号峰交替出现，宽度变化范围为十到几十纳米，这说明了 $CoSe_2$ 和 ZnSe 颗粒相互连接，因此可能存在大量的相界面。HRTEM 图像进一步确定了 CoZn-Se 中的相界[图 11-24(c)]。纳米晶体区域的晶格条纹分别是 ZnSe 的(102)、(203)晶面和 $CoSe_2$ 的(220)、(321)晶面相匹配。图中可以清晰地看出两相间的相界，证明了材料中存在大量的晶格失配和破坏。这将有助于为钠离子提供更多的反应位点[17]。高角度环形暗场扫描 TEM (HAADF-STEM)和元素分布图[图 11-24(d)]表明 C 和 N 元素共同存在于纳米片中，说明了两相晶体区域中包裹着氮掺杂碳，这主要来自 CoZn-MOF 前驱体的碳化衍生。包覆的氮掺杂碳能有效地提供电子和离子传输的快速路径，确保了材料的快速反应动力和优良的倍率性能[15, 16]。

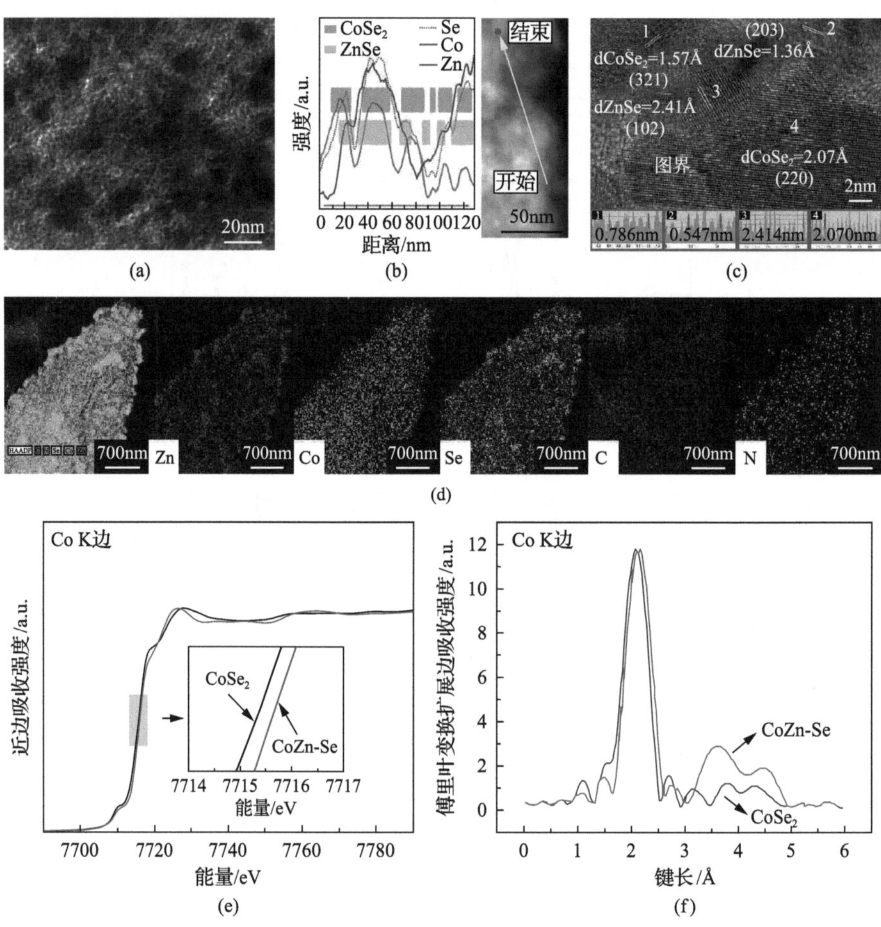

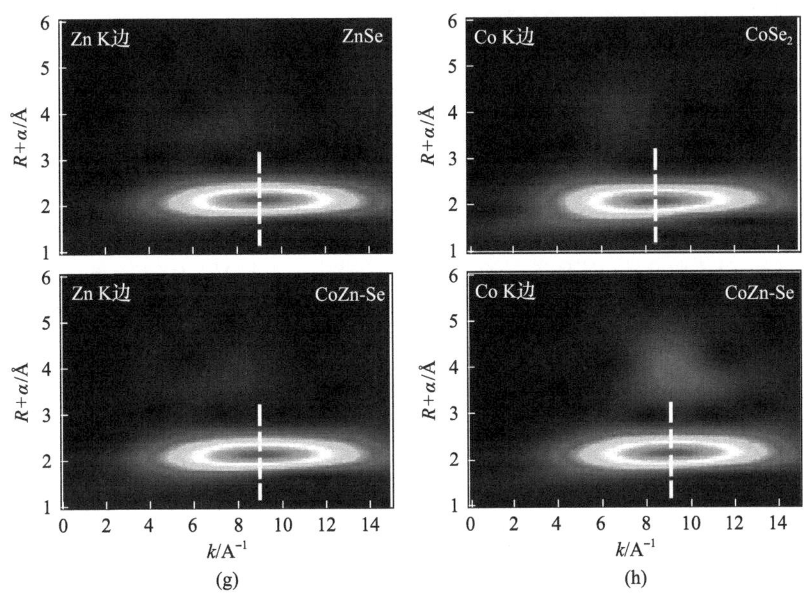

图 11-24　CoZn-Se 相关材料的 TEM 结构、成分和 XANES、EXAFS、小波分析
(a) CoZn-Se 的 (a) TEM 图像；(b) 元素 (Co、Zn 和 Se) 线扫描；(c) HRTEM 图像；(d) 元素分布图像；$CoSe_2$ 和 CoZn-Se 的 (e) Co K 边 XANES 图谱；(f) Co K 边 EXAFS 图谱；(g) ZnSe 和 CoZn-Se 的 Zn K 边 EXAFS 信号的小波变换；(h) $CoSe_2$ 和 CoZn-Se 的 Co K 边 EXAFS 信号的小波变换

通过同步辐射 X-射线吸收谱 XAFS 进一步弄清了 CoZn-Se、$CoSe_2$ 和 ZnSe 的局部电子结构。如图 11-24 (e) 所示，在 Co K 边 X 射线近边吸收 (XANES) 图谱中，可以看出 CoZn-Se 的吸收边相对于 $CoSe_2$ 向高能方向迁移，说明在 CoZn-Se 中电子从 $CoSe_2$ 迁移到 ZnSe，因此造成了界面的电子重新分布。Co K 边的扩展边 X 射线吸收精细结构 (EXAFS) 光谱也被用于研究 CoZn-Se 的精细的结构，如图 11-24 (f) 所示。相比 $CoSe_2$ 样品，CoZn-Se 中的 Co-Se 键的键长稍微增大，这主要是由相界中异质不同自旋态的共存和 Co-Se 之间 Jahn-Teller 畸变程度的不匹配引起。据报道，对于 Co^{2+} 离子的 $3d^7 (t_{2g}{}^6 e_g{}^1)$，其中 e_g 轨道被不均匀占用，因此产生强烈的 Jahn-Teller 效应；而 Zn^{2+} 离子的 $3d^{10}$ 不会产生 Jahn-Teller 效应[21]。此外，小波变换 (WT) 等高线图 [图 11-24 (g) 和 (h)] 及 ZnSe、$CoSe_2$ 和 CoZn-Se 的第一配位壳中 R-空间的拟合进一步证明了 CoZn-Se 中存在电子结构差异和结构无序。这些相界中的电子重新分布有助于提高材料的储钠性能。

11.3.5　电化学性能与动力学分析技术

正极制备方法、半电池的组装、半电池的电化学性能测试与 11.1.5 节一致。

11.3.6 电化学性能与动力学分析结果与讨论

1. CV 和充放电测试结果与分析

如图 11-25 表征了 CoZn-Se 负极在扫描速率为 0.1mV/s 时的前 3 次 CV 曲线。由图可以看出，CoZn-Se 电极中存在多个氧化还原反应。在初始的阴极扫描段中可以观察到两个分别位于 0.81V 和 0.31V vs. Na^+/Na 处的强峰，这主要与金属硒化物的还原和 SEI 膜的形成有关。在随后的扫描中，1.14V、0.61V 和 0.4V 处存在三个阴极还原峰，在 1.05V 和 1.79V 处存在两个阳极氧化峰。为了解释这些氧化还原反应，将 $CoSe_2$ 和 ZnSe 的第 2 次 CV 曲线进行详细比较。如图 11-26(a)所示，在 $CoSe_2$ 的 CV 曲线中，在 1.14/1.79V 附近存在一对氧化还原峰，这主要对应于 $CoSe_2$ 和 Co/Na_2Se 两相之间的转化反应。另外，从 ZnSe 的 CV 曲线中可以看到，在 0.61V 和 0.40V 处有两个还原峰，这主要对应于 ZnSe 还原为 Na_2Se 和 Zn 并进一步使 Zn 合金化生成 $NaZn_{13}$ 的过程，而仅有的一个主要较强氧化峰位于 1.05V，主要是由相应可逆的 $NaZn_{13}$ 去合金化及 Zn 氧化生成 ZnSe 造成的。综上可以明显地看出，CoZn-Se 的氧化还原反应包括 $CoSe_2$ (1.14V/1.79V) 转化反应和 ZnSe(0.61V 和 0.40V/1.05V) 的转化/合金化反应。相关详细的反应机理随后讨论。

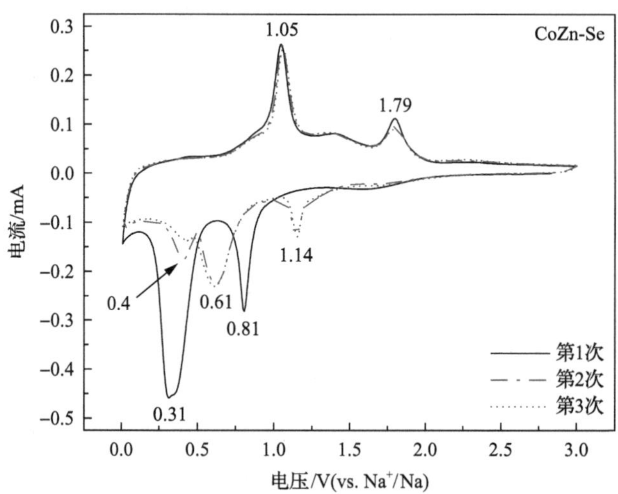

图 11-25 在 0.01～3.0V(vs. Na^+/Na)时，0.1mV/s 下的前 3 次 CV 曲线

CoZn-Se 电极在 0.1A/g 电流密度下的初始放电和充电容量高达 575mA·h/g 和 416mA·h/g。除了初始的循环，随后的恒流充放电曲线几乎重叠，如图 11-26(b)所示，这说明 CoZn-Se 电极材料具有优良的可逆性和稳定性。同时，循环 100 次后的容量保持率为 93%，而单金属硒化物则急速衰减，如图 11-26(c)所示。CoZn-Se

电极在 10A/g 电流密度下，表现出比单金属硒化物更优良的倍率容量 263mA·h/g [图 11-26(d)]，当电流密度重新设回 0.1A/g 时，其容量可以完全恢复到初始的水平。CoZn-Se 电极优秀的循环性能和高储钠容量主要是由两相组成所决定的。

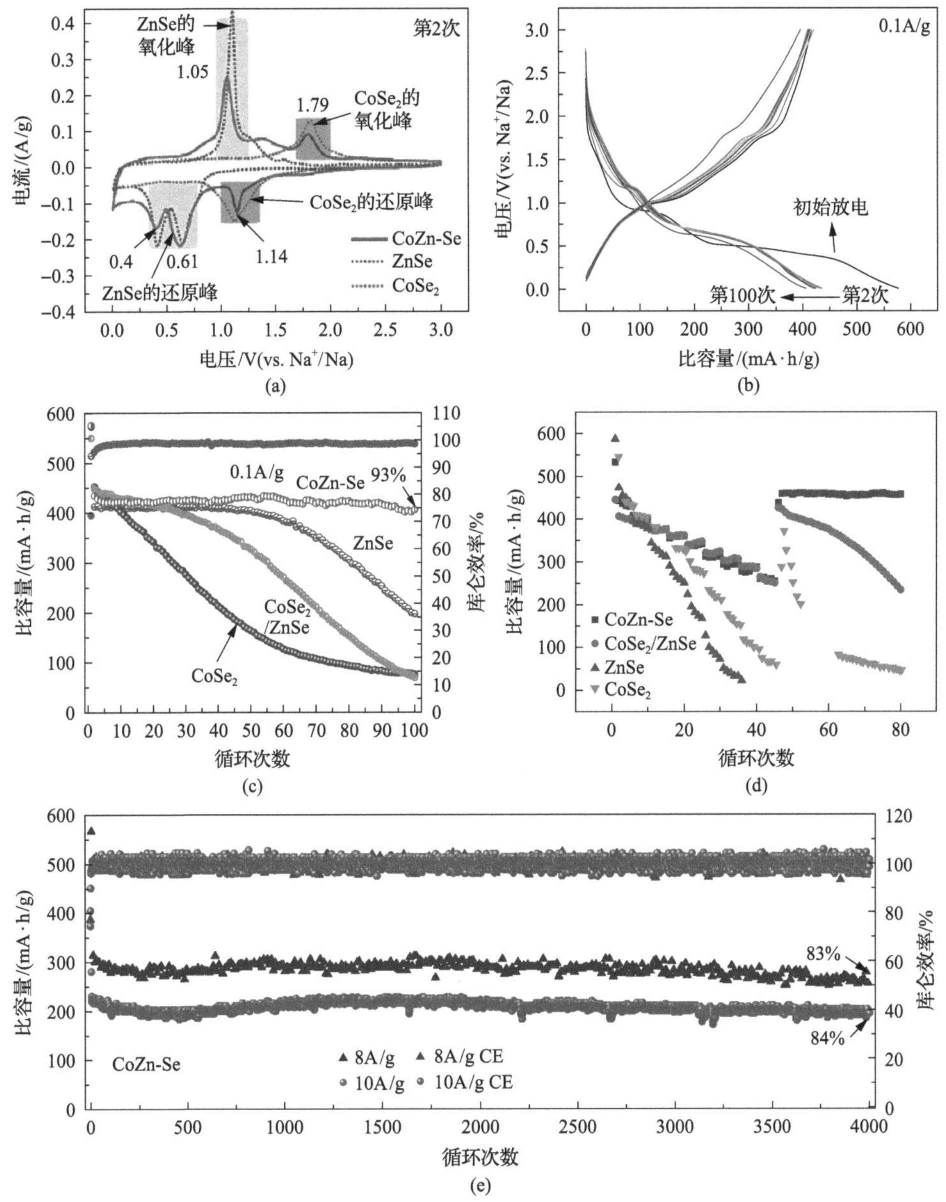

图 11-26　相关材料及全电池的电化学性能

(a) CoZn-Se、ZnSe 和 $CoSe_2$ 在 0.01～3.0V、0.1mV/s 下第 2 次的 CV 曲线；(b) CoZn-Se 在 0.1A/g 电流密度下的典型恒电流充放电曲线；CoZn-Se、ZnSe、$CoSe_2$/ZnSe 和 CoSe；(c) 在 0.1A/g 的循环性能；(d) 倍率性能；(e) CoZn-Se 在 8A/g 电流密度下的和 10A/g 电流密度下的长循环性能

为了进一步阐释相界效应，直接将 $CoSe_2$/ZnSe(摩尔比为 1∶1)进行简单的机械混合。然而其电化学行为仅表现出两相的简单叠加[图 11-26(c)和(d)]，这并不能保证其循环稳定性和高倍率充放电性能。为了展示 CoZn-Se 电极的优越性，我们在电流密度为 8A/g 和 10A/g 条件下进行 4000 次循环，发现其容量保持率分别为 83%和 84%，如图 11-26(e)所示。

将 CoZn-Se 负极和 $Na_3V_2(PO_4)_3$ 正极组装成全电池，进一步测试双金属硒化物的电化学性能。全电池在 0.1A/g 电流密度下的可逆容量为 332mA·h/g(基于 CoZn-Se 的质量)，放电平台高于 2.0V，如图 11-27(a)(b)所示。在高电流密度 1A/g 下，循环 800 次后仍具备较高的容量保持率 83%，这表明该全电池优越的循环稳定性[图 11-27(c)]。

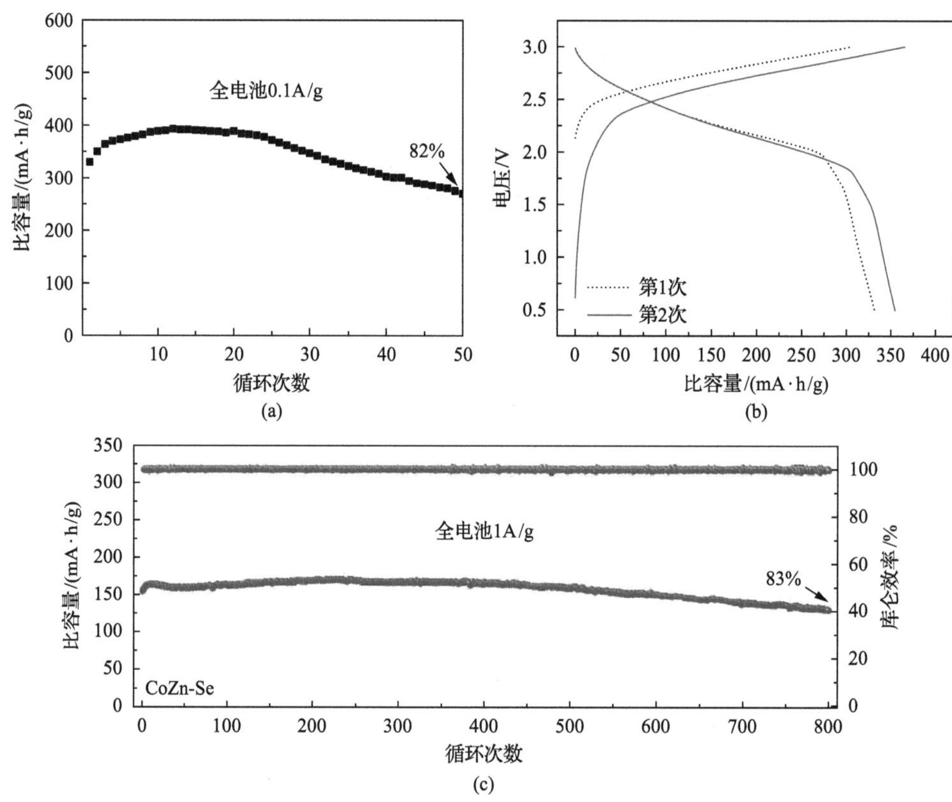

图 11-27　$Na_3V_2(PO_4)_3$ ‖ CoZn-Se 全电池性能

(a)在 0.1A/g 电流密度下的循环性能；(b)典型的恒电流充放电曲线；(c)在 1A/g 电流密度下的长循环性能

2. 反应动力学分析

本节通过 GITT 详细分析 CoZn-Se 的储钠反应动力学。由图 11-28(a)和(b)

同样可以看出，CoZn-Se 的多步氧化还原反应为两单金属相反应的叠加。在充放电过程中研究并计算了所有样品的钠离子扩散速率。相比 $CoSe_2$ 和 ZnSe，CoZn-Se 电极的钠离子扩散速率更高，变化更小，说明了两相双金属硒化物中丰富的相界使得材料中含有更高的晶格缺陷并引入更多的活性位点，从而有助于钠离子的扩散和传输。同时，两相的多步氧化还原反应能有效减少反应中产生的应力。

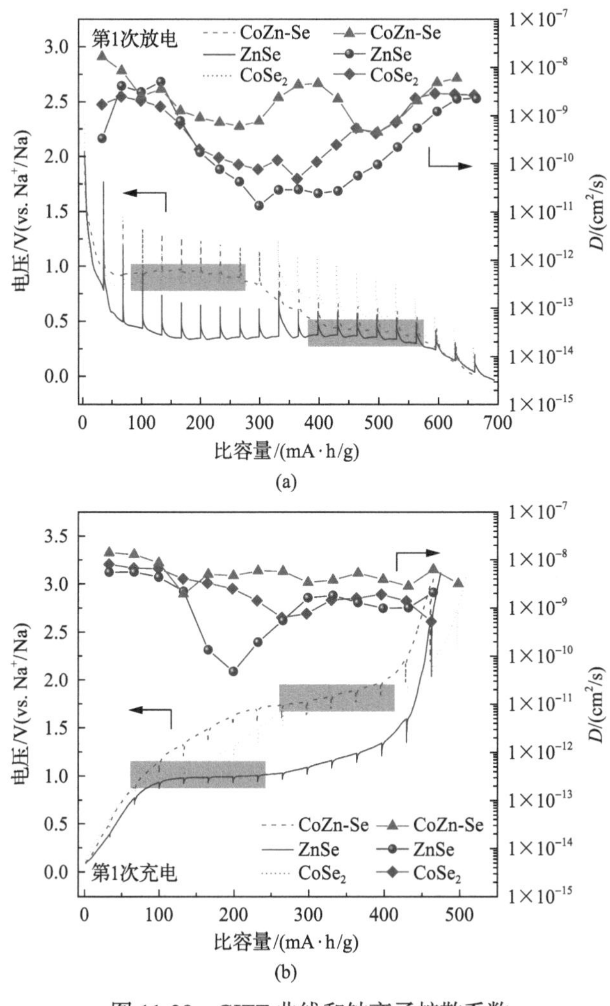

图 11-28　GITT 曲线和钠离子扩散系数

(a) 首次放电过程；(b) 首次充电过程

3. DFT 计算与相界特征分析

为了了解相界对反应动力学的影响，通过 DFT 计算，对 CoZn-Se 复合结构中的界面电子行为进行了研究。通过计算 $CoSe_2$ 和 ZnSe 的电子态密度，发现 $CoSe_2$ 中费米能级上拥有电子，并无带隙，而 ZnSe 在 2.13V 处存在一个带隙[图 11-29(a)]。这说明了 $CoSe_2$ 本身具备金属特性，而 ZnSe 为半导体特性。而 CoZn-Se 的电子态密度结合了 $CoSe_2$ 和 ZnSe 的特点，这主要是两相间较强的相互作用所导致的。根据 CoZn-Se 中相界不同的电子密度和电荷分析，发现在 ZnSe 侧有 0.09 个电子，也就是相界处电子由 $CoSe_2$ 侧向 ZnSe 侧迁移[图 11-29(b)]。图 11-29(c)为 CoZn-Se 界面上的平面宏观平均静电势和电荷密度差。从中可以清楚地看到，ZnSe 的平均静电势是高于 $CoSe_2$ 的，其差值高达 4.94eV，这说明界面中存在一个较强的静电势场，使得电子从 $CoSe_2$ 一侧迁移到 ZnSe 一侧。ZnSe 表面可以容纳这些电子，使界面电子重新分布，这与前面 XAFS 图谱中的 Co K 边和 Zn K

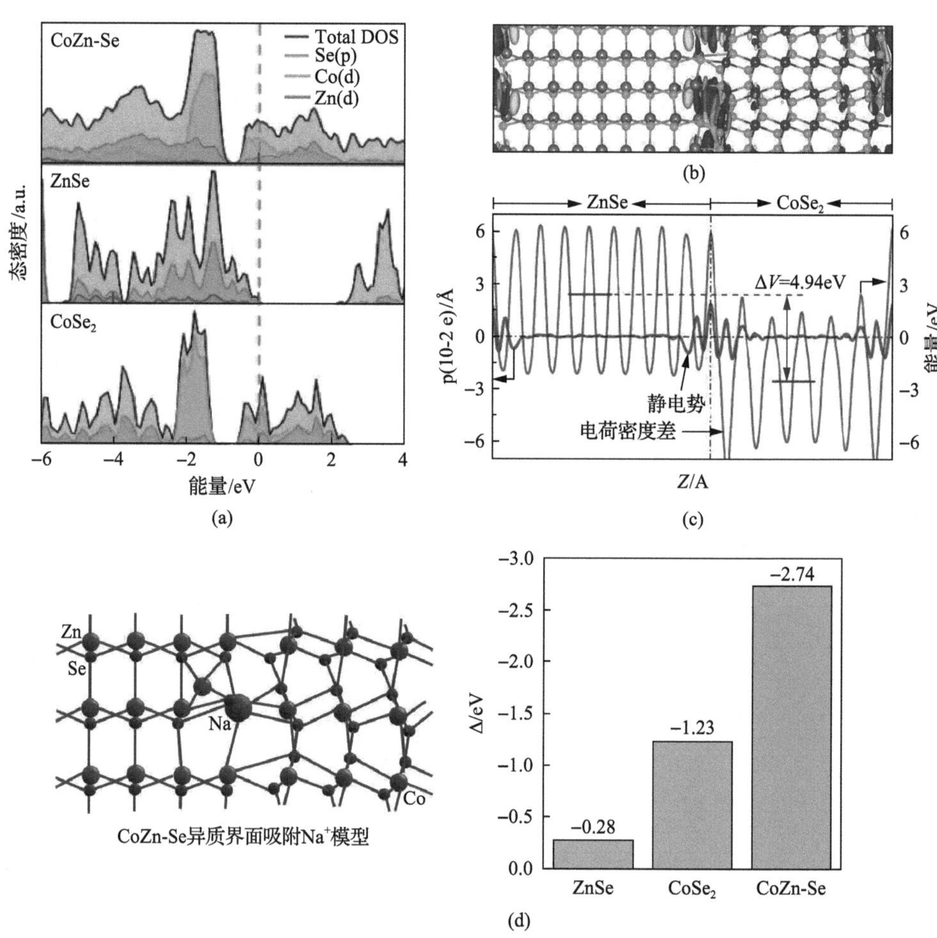

图 11-29　CoZn-Se、ZnSe、$CoSe_2$ 的电子能带与结构及 Na^+ 吸附能分析

(a) CoZn-Se、ZnSe、$CoSe_2$ 的电子态密度分析；(b) CoZn-Se 异质界面相边界 $CoSe_2$、ZnSe 之间的差分电荷密度计算值(深色和浅色气泡分别代表电子的积聚和损耗)和(c)平面和宏观平均静电势；(d) CoZn-Se 异质界面吸附 Na^+ 模型及 CoZn-Se、$CoSe_2$ 和 ZnSe 的 Na^+ 吸附能比较

边的结果相对应。这些电子的积累可使相界上 ZnSe 一侧增强对钠离子的作用力。通过对钠离子吸附能的计算表明，CoZn-Se 的吸附能–2.74eV 远低于 $CoSe_2$ 的–1.23eV 和 ZnSe 的–0.28eV［图 11-29(d)］，这进一步证明了 CoZn-Se 界面是有助于吸附钠离子的，因此使反应动力得到增强。

4. 储钠机理研究

CoZn-Se 优越的电化学性能促使我们对其储钠反应机理进行详细探索。如图 11-30(a)和(b)所示，从原位 XRD 图谱形象地看出 CoZn-Se 电极的变化过程。在初始的放电阶段，电压达到第一个放电平台 0.81V，$CoSe_2$ 的衍射峰逐渐消失，而 ZnSe 的三个衍射峰则变得越来越弱，直到电压到达放电平台 0.31V 后完全消失，这表明 CoZn-Se 中 $CoSe_2$ 先发生转化反应，ZnSe 后续发生转化和合金化反应。图 11-30(c)显示，位于 22.8°和 37.5°的衍射峰与立方相 Na_2Se(PDF 47-1699)中的(111)和(220)晶面相匹配。非原位 SAED 图像［图 11-30(d)］和 HRTEM 图像［图 11-30(e)］进一步证实在初始完全放电状态下形成了 Co(PDF 15-0806)和 $NaZn_{13}$(PDF 03-1008)。因此，在放电过程中，CoZn-Se 还原为 Na_2Se、Co 和 $NaZn_{13}$。而在充电过程中，Na_2Se 的衍射峰逐渐消失，$CoSe_2$ 和 ZnSe 相的相关峰逐渐被检测出来。首次完全充电态的非原位 SAED 图［图 11-30(f)］和 HRTEM 图［图 11-30(g)］进一步说明了 CoZn-Se 中 $CoSe_2$ 和 ZnSe 相的反应可逆性。经过 50 次循环后，从 CoZn-Se 的元素线扫描［图 11-30(h)］和 HRTEM 图像［图 11-30(i)］可以看出该两相是

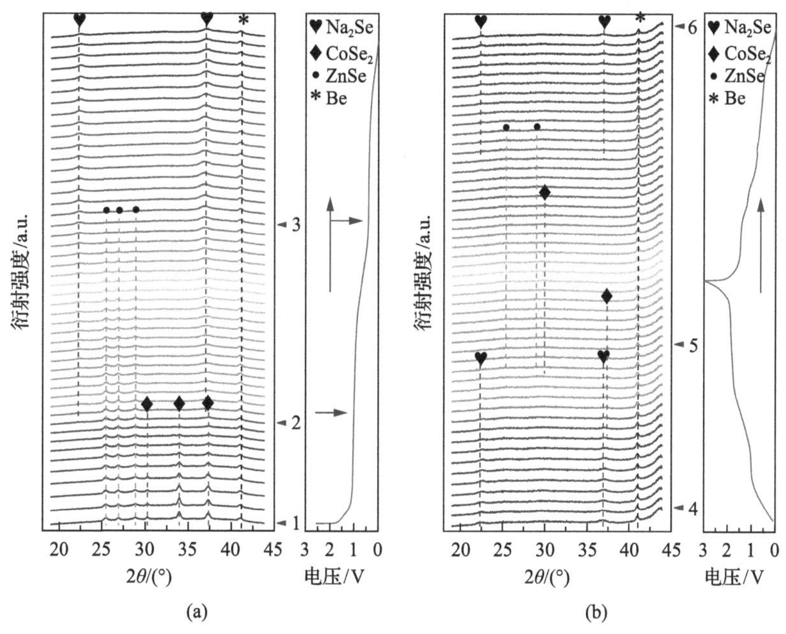

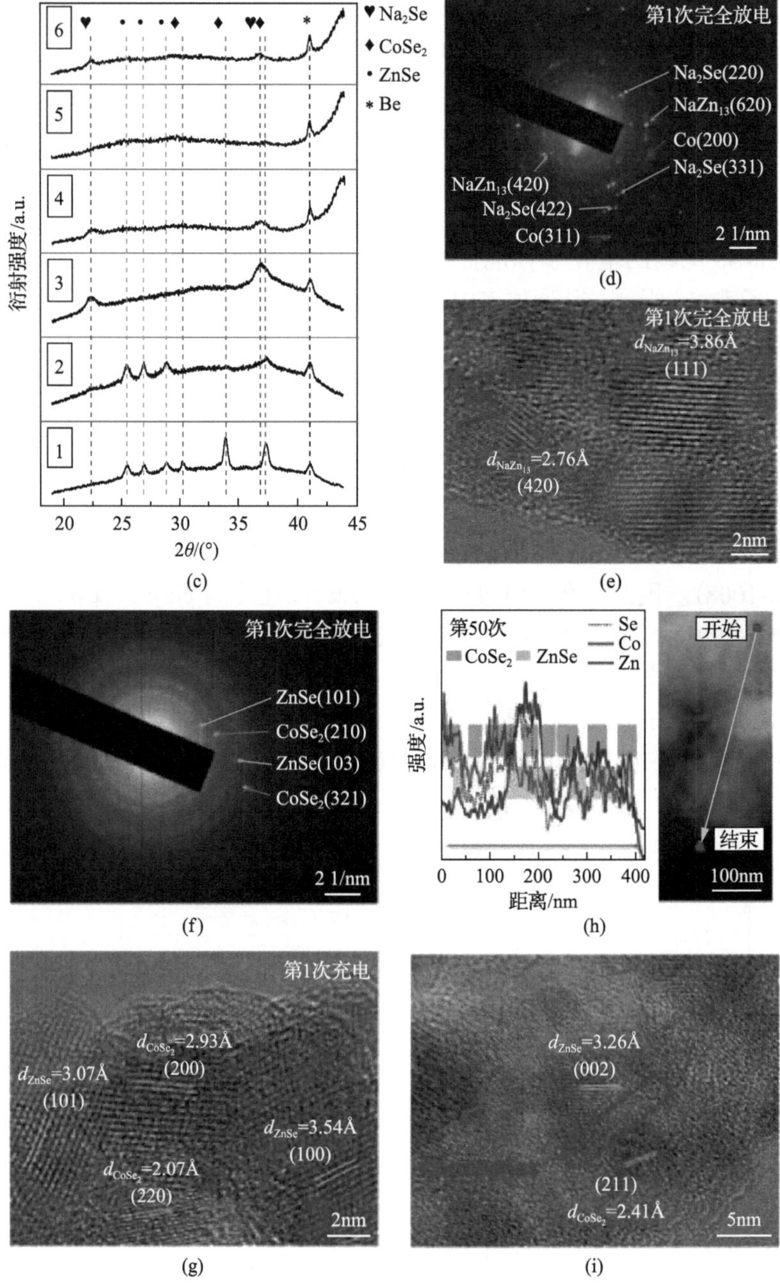

图 11-30　CoZn-Se 的储钠反应机理分析

(a)首次放电的原位 XRD 图谱；(b)首次充电和 2 次放电的原位 XRD 图谱；(c)从(a)和(b)中挑选的 XRD 图谱；(d)首次放电结束状态的非原位 SAED 图像；(e)首次放电结束的非原位 HRTEM 图像；(f)首次充电结束状态的非原位 SAED 图像；(g)首次充电结束状态的非原位 HRTEM 图像；(h)第 50 次循环后元素(Co、Zn 和 Se)线扫图谱；(i)第 50 次循环后的 HRTEM 图像相互邻近的，说明该双金属硒化物在循环中是稳定的，而且在循环后 CoZn-Se 中的相界仍然存在。

11.3.7　小结

以双金属 MOFs 纳米片为前驱体，合成了具有异质结构的双金属硒化物（$CoSe_2$/ZnSe）。实验和理论计算结果表明，$CoSe_2$/ZnSe 中两相界面处的电子发生了重新分布，界面处电子从 $CoSe_2$ 一侧迁移到 ZnSe 一侧，形成一个较强的静电势场。因此，$CoSe_2$/ZnSe 相对于单相硒化物表现出了较低的钠离子吸附能，从而促进了反应速率。$CoSe_2$/ZnSe 复合材料作为钠离子电池负极，在 0.1A/g 电流密度下获得了 416mA·h/g 的可逆容量，经过 100 次循环后的容量保持率为 93%。在 8A/g 和 10A/g 电流密度下获得 4000 次稳定的长循环寿命。此外，其与 $Na_3V_2(PO_4)_3$ 组成的全电池也可获得 800 次的循环，容量保持率为 83%。

参 考 文 献

[1] Miszta K, de Graaf J, Bertoni G, et al. Hierarchical self-assembly of suspended branched colloidal nanocrystals into superlattice structures[J]. Nat Mater, 2011, 10(11): 872-876.

[2] Jin B, Zhou X, Huang L, et al. Aligned MoO_x/MoS_2 core-shell nanotubular structures with a high density of reactive sites based on self-ordered anodic molybdenum oxide nanotubes[J]. Angew Chem Int Ed Engl, 2016, 55(40): 12252-12256.

[3] Zhou W, Tay Y Y, Jia X, et al. Controlled growth of SnO_2@Fe_2O_3 double-sided nanocombs as anodes for lithium-ion batteries[J]. Nanoscale, 2012, 4(15): 4459-4463.

[4] Xu Y, Zhou M, Wang X, et al. Enhancement of sodium ion battery performance enabled by oxygen vacancies[J]. Angew Chem Int Ed Engl, 2015, 54(30): 8768-8771.

[5] Yan C, Chen G, Zhou X, et al. Template-based engineering of carbon-doped Co_3O_4 hollow nanofibers as anode materials for lithium-ion batteries[J]. Adv Funct Mater, 2016, 26(9): 1428-1436.

[6] Chen Y Z, Wang C, Wu Z Y, et al. From bimetallic metal-organic framework to porous carbon: high surface area and multicomponent active dopants for excellent electrocatalysis[J]. Adv Mater, 2015, 27(34): 5010-5016.

[7] Sibille R, Mazet T, Malaman B, et al. Site-dependent substitutions in mixed-metal metal-organic frameworks: A case study and guidelines for analogous Systems[J]. Chem Mater, 2015, 27(1): 133-140.

[8] Tang J, Salunkhe R R, Liu J, et al. Thermal conversion of core-shell metal-organic frameworks: A new method for selectively functionalized nanoporous hybrid carbon[J]. J Am Chem Soc, 2015, 137(4): 1572-1580.

[9] Fang G, Zhou J, Cai Y, et al. Metal-organic framework-templated two-dimensional hybrid bimetallic metal oxides with enhanced lithium/sodium storage capability[J]. J Mater Chem A, 2017, 5(27): 13983-13993.

[10] Chen R, Yao J, Gu Q, et al. A two-dimensional zeolitic imidazolate framework with a cushion-shaped cavity for CO_2 adsorption[J]. Chem Commun, 2013, 49(82): 9500-9502.

[11] Fang G Z, Wu Z X, Zhou J, et al. Observation of pseudocapacitive effect and fast ion diffusion in bimetallic sulfides as an advanced sodium-ion battery anode[J]. Adv Energy Mater, 2018, 8(19): 1703155.

[12] Cao X X, Pan A Q, Liu S N, et al. Chemical synthesis of 3D graphene-like cages for sodium-ion batteries applications[J]. Adv Energy Mater, 2017, 7(20): 1700797.

[13] Huang Z F, Song J, Li K, et al. Hollow cobalt-based bimetallic sulfide polyhedra for efficient all-pH-value electrochemical and photocatalytic hydrogen evolution[J]. J Am Chem Soc, 2016, 138(4): 1359-1365.

[14] Chen P, Xiao T Y, Qian Y H, et al. A nitrogen-doped graphene/carbon nanotube nanocomposite with synergistically enhanced electrochemical activity[J]. Adv Mater, 2013, 25(23): 3192-3196.

[15] Wang Y, Song Y, Xia Y. Electrochemical capacitors: Mechanism, materials, systems, characterization and applications[J]. Chem Soc Rev, 2016, 45(21): 5925-5950.

[16] Shen W, Wang C, Xu Q, et al. Nitrogen-doping-induced defects of a carbon coating layer facilitate Na-storage in electrode materials[J]. Adv Energy Mater, 2015, 5(1): 1400982.

[17] Wang S, Yang Y, Quan W, et al. Ti^{3+}-free three-phase $Li_4Ti_5O_{12}/TiO_2$ for high-rate lithium ion batteries: Capacity and conductivity enhancement by phase boundaries[J]. Nano Energy, 2017, 32: 294-301.

[18] Yin J, Li Y, Lv F, et al. NiO/CoN porous nanowires as efficient bifunctional catalysts for Zn-air batteries[J]. ACS Nano, 2017, 11(2): 2275-2283.

[19] Guo C, Zheng Y, Ran J, et al. Engineering high-energy interfacial structures for high-performance oxygen-involving electrocatalysis[J]. Angew Chem, 2017, 56(29): 8539-8543.

[20] Fang G, Wang Q, Zhou J, et al. Metal organic framework-templated synthesis of bimetallic selenides with rich phase boundaries for sodium-ion storage and oxygen evolution reaction[J]. ACS Nano, 2019, 13(5): 5635-5645.

[21] Xu X, Liang H, Ming F, et al. Prussian blue analogues derived penroseite (Ni、Co) Se_2 nanocages anchored on 3D graphene aerogel for efficient water splitting[J]. ACS Catal, 2017, 7(9): 6394-6399.

第 12 章　水系锌离子电池用锰基正极新材料

12.1　离子掺杂和氧缺陷调控 $K_{0.8}Mn_8O_{16}$ 棒状纳米新材料

12.1.1　概要

因为高充放电容量和高工作电压将导致电极材料电化学和热不稳定性的增加，高能量密度的锰基正极材料通常会受到锰溶解和结构坍塌的限制，从而引起严重的容量衰减[1]。研究表明，在电解液中额外添加 Mn^{2+} 或石墨烯包覆技术可以抑制 Mn^{3+} 的歧化，从而提高锰基正极材料的循环稳定性[2-4]。而通过改善材料的本征结构来抑制锰溶解也具有十分重要的意义。此外，限制锰基正极材料发展的另一个问题是，Zn^{2+} 离子与宿主材料之间强烈的静电相互作用所引起的缓慢反应动力学及在循环中发生的严重结构转变，可能导致较高的 Zn^{2+} 离子迁移能垒[5, 6]。

本节介绍一种通过溶胶凝胶法，制备晶体内部结构可控的棒状纳米新材料的方法，研发一种 K^+ 预嵌隧道空腔稳定结构的含氧缺陷的锰酸钾（$K_{0.8}Mn_8O_{16}$）材料[7]。其可以作为一种高能量密度、长循环稳定的水系锌离子电池正极材料。结果表明，K^+ 的稳定嵌入可以有效地缓解在循环过程中的锰溶解。同时，晶体内的氧缺陷有利于加快反应动力学。此外，还表明 $K_{0.8}Mn_8O_{16}$ 的存储机制是基于 H^+ 的嵌入和转化反应。Zn-$K_{0.8}Mn_8O_{16}$ 电池释放出大于 300mA·h/g 的比容量和 398W·h/kg 的能量密度（基于正极活性物质的质量），且在 1A/g 电流密度下经过 1000 次循环无明显的容量衰减（154mA·h/g）。

12.1.2　材料制备

含氧缺陷的棒状纳米 $K_{0.8}Mn_8O_{16}$（KMO）材料的实验流程主要包括：前驱体制备和煅烧两个主要步骤。首先，向 40mL 去离子水中加入 5mmol $C_4H_6MnO_4·4H_2O$ 和 0.83mmol $C_2H_3KO_2$，在 80℃下搅拌得到前驱体。然后，将收集起来的粉末放置在马弗炉中，以 5℃/min 的加热速率升温，然后在 800℃进行 5h 的热处理，合成 KMO 纳米棒新材料。

为了对比研究，同时还合成了 α-MnO_2 纳米棒。将 5mmol $C_4H_6MnO_4·4H_2O$ 和 0.83mmol $C_2H_3KO_2$ 添加到 40mL 的 0.1mol/L $KMnO_4$ 水溶液中，然后将其转移到聚四氟乙烯内衬的高压釜中，在 140℃下加热 12h，获得 α-MnO_2 纳米棒。

12.1.3 合成材料结构的评价表征技术

材料结构的表征手段有：XRD 测试，图谱扫描的方式是步进扫描，步长为 0.02°，计数时间为 2s；SEM 观察 $K_{0.8}Mn_8O_{16}$(KMO)纳米棒样品的微观形貌、表面形态信息；通过 TEM 获得材料内部精细的结构信息，如层间距等；使用 EDS 和 ICP 确定 KMO 中元素的具体含量；通过 XAFS、近边 X 射线吸收精细结构(NEXAFS)和光致发光光谱(PL)验证 KMO 中的氧缺陷。

12.1.4 合成材料结构评价表征结果与分析讨论

1. XRD、SEM 和 TEM 测试表征

XRD 图谱表明 KMO 和 α-MnO_2 都呈现出四方晶系 α-MnO_2 相的晶体结构。如图 12-1(a)所示，(110)晶面的放大图显示，与 α-MnO_2 相比，KMO 的衍射峰略微向低角度移动，表明 KMO 中(110)晶面的间距增大，这可能是由钾离子嵌入 KMO 结构引起。KMO 的所有特征峰均与四方晶系 $K_{1.33}Mn_8O_{16}$ 相(空间群 I4/m，PDF 77-1796)的标准卡片对应的很好。

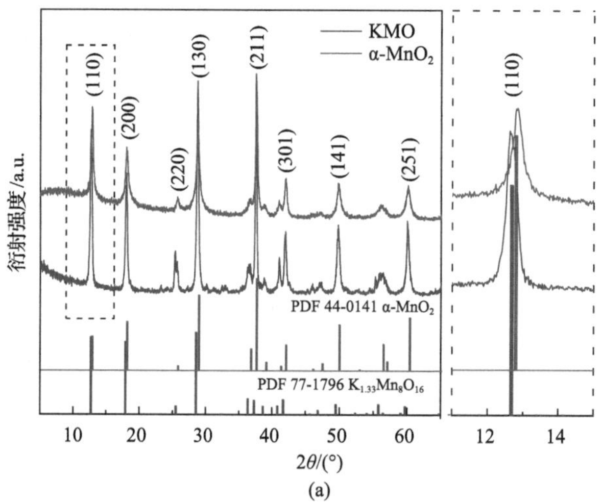

(a)

(b) (c) (d)

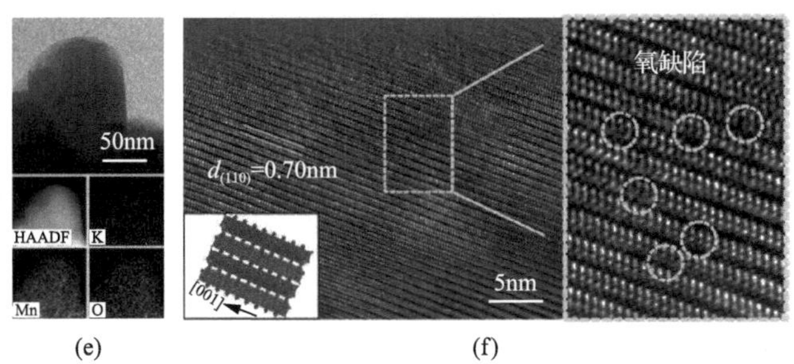

(e)　　　　(f)

图 12-1　KMO 和 α-MnO_2 的相组成和微结构分析

(a) XRD 图谱；(b) KMO 的 SEM 图像；(c) α-MnO_2 的 SEM 图像；(d) KMO SAED 图像和 TEM 图像(小图)；(e) KMO 的元素分布图像；(f) KMO 的 HRTEM 图像

SEM 图像表明两个样品都是纳米棒状形貌，如图 12-1(b)和(c)所示，且每个纳米棒都是一个单晶[图 12-1(d)]。KMO 纳米棒的元素分布图像揭示了 K、Mn 和 O 元素均匀分布在纳米棒中，如图 12-1(e)所示，这也进一步证明了钾离子嵌入了 KMO。HRTEM 图像显示出清晰的晶格条纹，且晶面间距为 0.70nm，与四方晶系 $K_{1.33}Mn_8O_{16}$ 相(110)面的晶面间距相对应，如图 12-1(f)所示。这表明 KMO 纳米棒是沿着[001]择优方向生长，即图 12-1(f)中的插图，[001]方向是沿着由[MnO_6]八面体共角双链构成的(2×2)隧道方向。在更高倍数的 HRTEM 图像中可以清晰地看到，某些区域的[MnO_6]八面体(如图虚线圈标记)的图像强度变得微弱而模糊，表明[MnO_6]八面体发生了变形，这可能是由氧缺陷引起的[8]。KMO 中的氧缺陷将在后续部分进行详细分析。

2. EDS 和 ICP-OES 检测表征

能量色散 X 射线(EDX)图谱和 ICP-OES 元素含量分析表明，KMO 中 K∶Mn 的摩尔比大约为 0.1，如图 12-2 所示。因此，将所得 KMO 的化学式描述为 $K_{0.8}Mn_8O_{16}$。

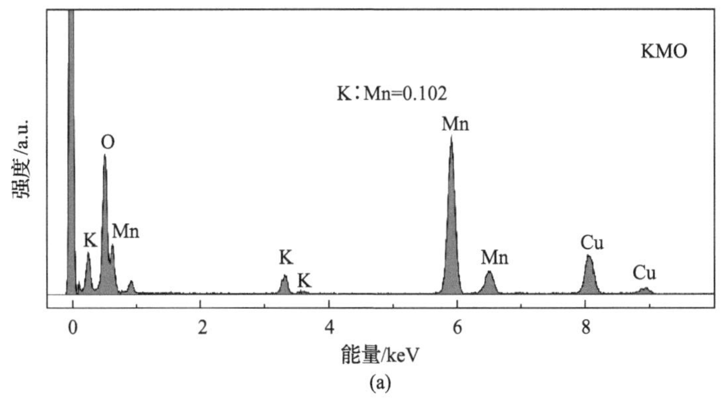

(a)

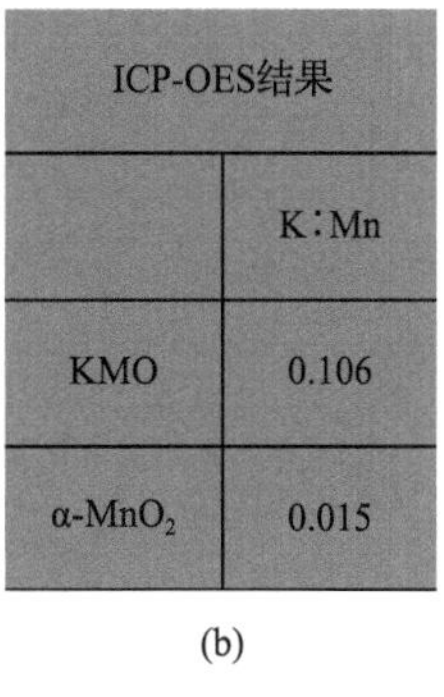

ICP-OES结果	
	K∶Mn
KMO	0.106
α-MnO_2	0.015

(b)

图 12-2　合成新材料的 EDX 和 ICP-OES 元素含量分析

(a) KMO 的 EDX 图谱；(b) KMO 和 α-MnO_2 的 ICP-OES 结果

而在 α-MnO_2 中，K∶Mn 的摩尔比大约为 0.015，表明 α-MnO_2 中 K 的含量较少。

3. XPS、NEXAFS 和 PL 检测与温度控制实验表征

通过 X 射线光电子能谱(XPS)、近边 X 射线吸收精细结构(NEXAFS)和光致发光光谱(PL)进一步验证了 KMO 中的氧缺陷。在 O 1s 高分辨率 XPS 光谱中，530.1eV 和 531.5eV 处的信号峰分别归因于完整结构的晶格氧和缺陷区域的氧,如图 12-3(a)所示。相对于 α-MnO_2，KMO 在 531.5eV 处具有较明显的峰，表明它富含氧缺陷[9]。同时，KMO 中氧元素的 K-边 NEXAFS 光谱在 530.5eV 和 531.8eV 下呈现出两个信号峰[图 12-3(b)]，这与 XPS 数据相对应。其中一个在 530.5eV 的峰可归因于晶格氧，而另一个在 531.8eV 的峰是氧缺陷附近的氧离子，这进一步证明了 KMO 中存在丰富的氧缺陷。图 12-3(c)显示相对于 α-MnO_2，KMO 中 Mn L-边的峰的结合能降低，表明在 KMO 中的 Mn 的价态下降，这是由 KMO 中 K^+离子嵌入和氧缺陷共同造成的[10]。PL 图谱显示 KMO 的信号峰强度比 α-MnO_2 的强，图 12-3(d)进一步证实了 KMO 中氧空位的浓度更高。这是因为 PL 图谱的信号峰强度是与空穴和俘获在空穴电子的复合相关，样品中的氧空位越多，信号峰就越强[11, 12]。

为了探究氧缺陷产生的原因，本节进行了温度控制实验，制备了 KMO-400 和 KMO-600 样品(分别在 400℃和 600℃下合成)。图 12-3(e)显示，在更高温度下合成的样品具有更好的结晶度。根据图 12-3(f)中不同温度合成的 KMO 样品的 O 1s 高分辨率 XPS 光谱中两个峰的拟合面积，进一步计算了样品中的氧缺陷含量。结果表明，氧缺陷的含量随温度的升高而增加，即从 KMO-400 中的 15% 到 KMO-800 中的 36%。因此可以推测，KMO 中氧空位的形成是由于在高温下部分氧原子不稳定，很容易从晶格中脱出，从而导致了氧缺陷[13]。

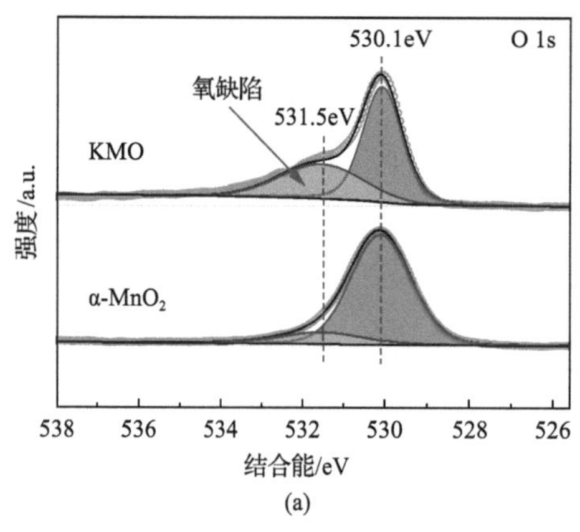

(a)

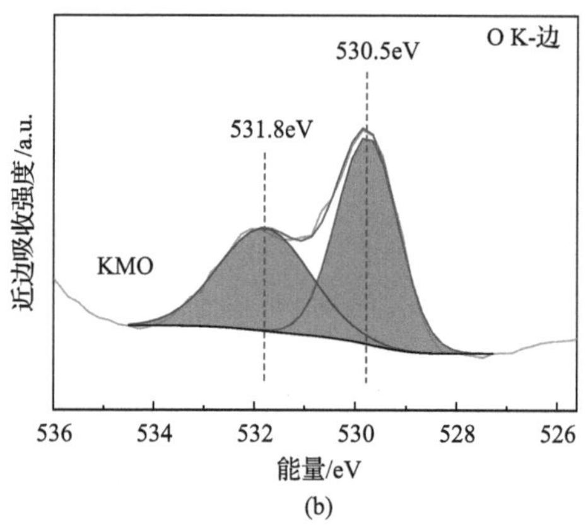

(b)

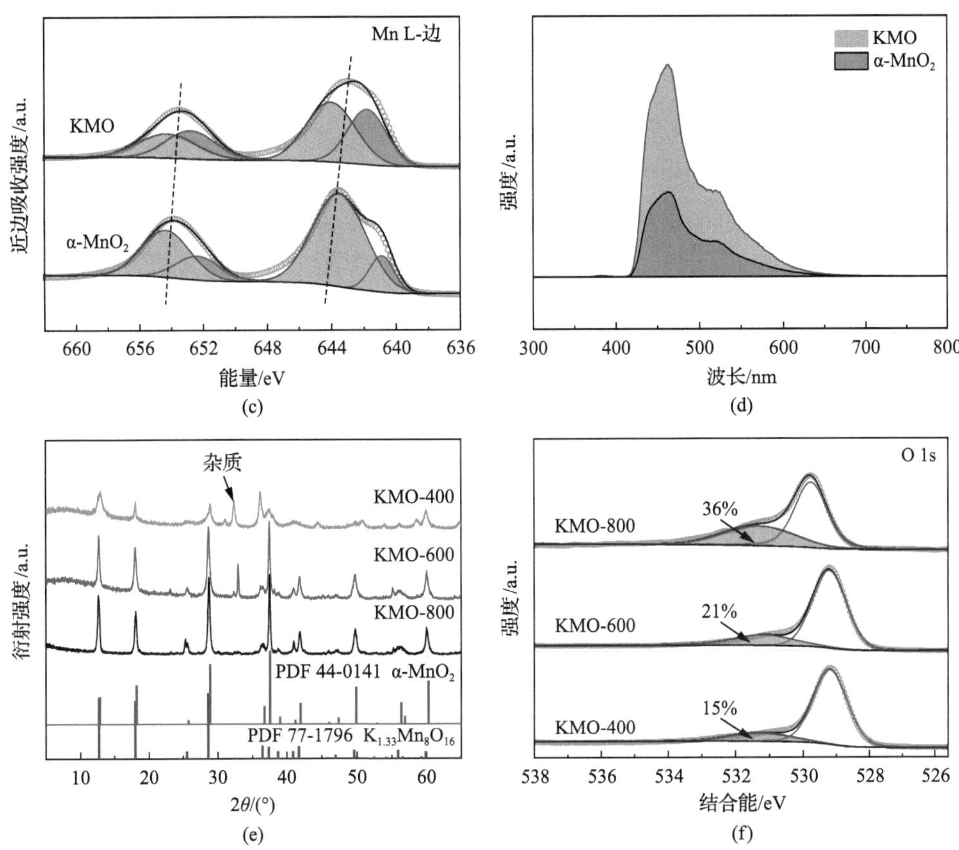

图 12-3　合成新材料 KMO 和 α-MnO_2 的 XPS、NEXAFS 光谱和 XRD 分析

(a) O 1s 高分辨率 XPS 光谱；(b) KMO 的 O K-边 NEXAFS 光谱；(c) Mn L-边 NEXAFS 光谱；(d) PL 光谱；(e) 不同温度下合成的 KMO 样品的 XRD 图谱；(f) O 1s 高分辨率 XPS 光谱

12.1.5　电化学性能与动力学分析技术和方法

将活性物质和乙炔黑及 PVDF 以 7∶2∶1 的质量比混合研磨制成极片，锌金属作为负极电极，聚丙烯膜作为隔膜，2mol/L $ZnSO_4$/0.1mol/L $MnSO_4$ 混合水溶液为电解液，在空气中将试样极片组装成 2016 式纽扣半电池进行各项电化学性能测试。主要半电池性能的测试包括：在电化学工作站上，以 0.1～1.0mV/s 不同的扫描速度在 1.0～1.8V (vs. Zn^{2+}/Zn) 的电压范围内进行循环伏安测试；在蓝电电池测试系统上，通过充放电实验来测量电池在常温 (25℃) 下的倍率性能和循环稳定性等。通过恒电流间歇滴定测试技术 (GITT) 研究 H^+ 扩散系数及其随充电/放电过程的变化规律。

12.1.6 电化学性能与动力学分析结果与讨论

1. K^+离子掺杂抑制锰溶解的分析

在 100mA/g 电流密度下，KMO 电极的初始放电比容量为 216mA·h/g，然后逐渐上升至第 10 次循环时的 320mA·h/g，如图 12-4(a)所示，这可能是因为高结晶的 KMO 经历了初始活化。经过 50 次循环后，KMO 可以保持 278mA·h/g 的放电比容量。而 α-MnO_2 的容量保持率较低，50 次循环后仅为初始容量的 60%(136mA·h/g)，这表明掺入 K^+离子的 KMO 具有更稳定的循环寿命。

对 KMO 和 α-MnO_2 电极进行阻抗实验分析，其阻抗拟合数值列于表 12-1，结果表明，KMO 电极初始的电荷转移电阻 R_{ct}(41.7Ω)小于 α-MnO_2 电极(301Ω)。从表中可以看出，KMO 的电子转移或离子转移较快，具有更优的动力学；另一个重要信息是循环过程中 KMO 和 α-MnO_2 的阻抗变化。如图 12-4(b)所示，KMO 电极的 R_{ct} 在循环过程中的变化不大，而 α-MnO_2 正极的 R_{ct} 却显著增加。据报道，循环过程中 R_{ct} 的增加会导致容量的衰减[14]。同时，采用 ICP-OES 技术分析循环过程中 KMO 和 α-MnO_2 在 2mol/L $ZnSO_4$ 电解液中锰的浓度。结果表明，在 KMO 中锰的溶解较少，且 50 次循环后电解液中锰的浓度也保持稳定，如图 12-4(c)所示，这表明锰的溶解得到了有效缓解。相比之下，α-MnO_2 表现出锰离子的快速溶解，其电解液中溶解锰的含量远高于 KMO。众所周知，锰的溶解是锰基材料结构崩塌的一个主要因素[15]，而结构崩塌又会导致 R_{ct} 增加和容量的快速衰减[16]。上述分析表明，KMO 中 K^+离子的稳定掺入可以有效抑制锰的溶解，这是因为在 KMO 中 K^+离子与 Mn-O 多面体结合，从而增强了其本征稳定性，如图 12-4(d)所示。

表 12-1 KMO 和 α-MnO_2 的 R_s 和 R_{ct} 阻抗拟合结果

样品	状态	R_{ct}/Ω	R_s/Ω
KMO	初始状态	41.7	0.428
	第 1 次	62.4	0.619
	第 10 次	38.1	0.610
	第 50 次	60.5	0.664
α-MnO_2	初始状态	301	1.45
	第 1 次	361	1.71
	第 10 次	481	1.81

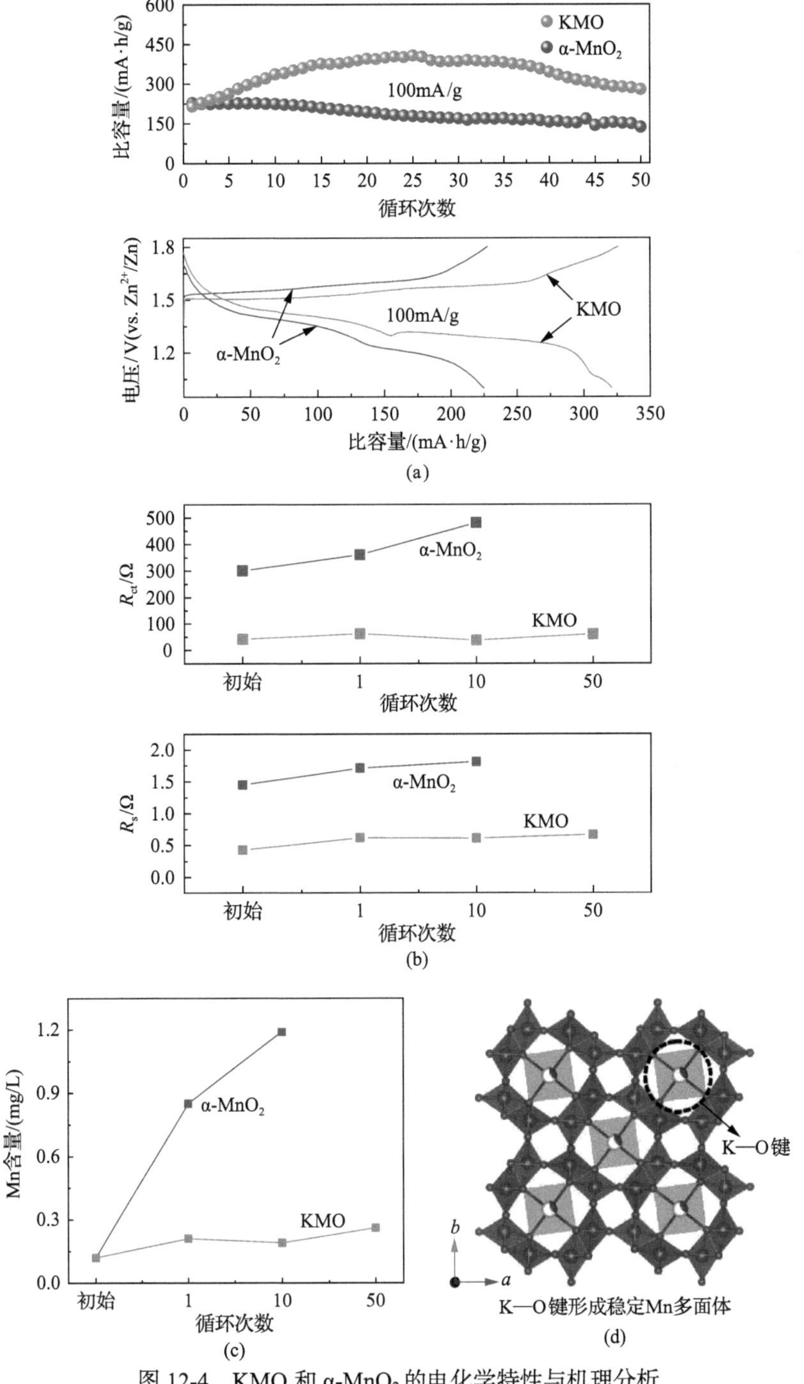

图 12-4　KMO 和 α-MnO_2 的电化学特性与机理分析

(a)循环性能和第 10 次循环的恒电流充放电曲线；(b)循环过程中电阻变化；(c)电解液中 Mn^{2+}离子的元素分析；(d)K^+离子掺入稳定锰多面体的示意图

2. 氧空位增强动力学分析

在 α-MnO_2 中(2×2)通道是电荷传输的关键扩散路径，考虑到在 KMO 的(2×2)通道中插入 K^+可能会阻塞 H^+离子的扩散速率(H^+离子是本工作中主要的电荷传输载体，后续部分将进行详细讨论)。然而，相对于 α-MnO_2，KMO 的容量却出乎意料地得以提高。回顾图 12-4(a)中的恒电流充放电曲线，发现 KMO 样品在 1.05V 处有一个不寻常的放电平台，这有助于提高容量。这一现象与 α-MnO_2 及其他文献报道的水系锌离子电池中的锰基正极有很大的不同。根据文献报道，在锂离子电池中存在氧缺陷的尖晶石 $LiMn_2O_4$ 材料会在 3.2V(vs. Li^+/Li)时出现一个额外的电压平台[17, 18]。因此，KMO 中出现的不寻常的放电平台(1.05V)可能是由于氧缺陷的存在。

进一步通过反应动力学分析并探讨氧缺陷的作用。CV 曲线表明，KMO 电极的峰值电流密度远高于 α-MnO_2 电极，如图 12-5(a)所示，表明前者具有更高的电化学活性和更高的容量。此外，在不同的扫描速率下[图 12-5(a)中的插图]，与 α-MnO_2 相比，KMO 的过电位间隙更小(此处以第一对氧化还原对为指标，如 KMO 在 0.1mV/s 下为 1.399/1.614V)。KMO 的高活性和小极化可能是由于其存在氧缺陷。首先，氧缺陷极大地提高了 KMO 的电子浓度，降低了氧化还原反应中电子输运和电荷转移的能量。另一方面，HRTEM 图像表明氧缺陷可引起[MnO_6]八面体的变形，可能会打开[MnO_6]多面体壁，这有助于 H^+在 *ab* 平面上扩散。如图 12-5(b)所示，在完整的 KMO 结构中，H^+主要沿着隧道方向往材料内部扩散。而在具有氧缺陷的 KMO 结构中，H^+在隧道方向和 *ab* 平面上可以同时扩散，

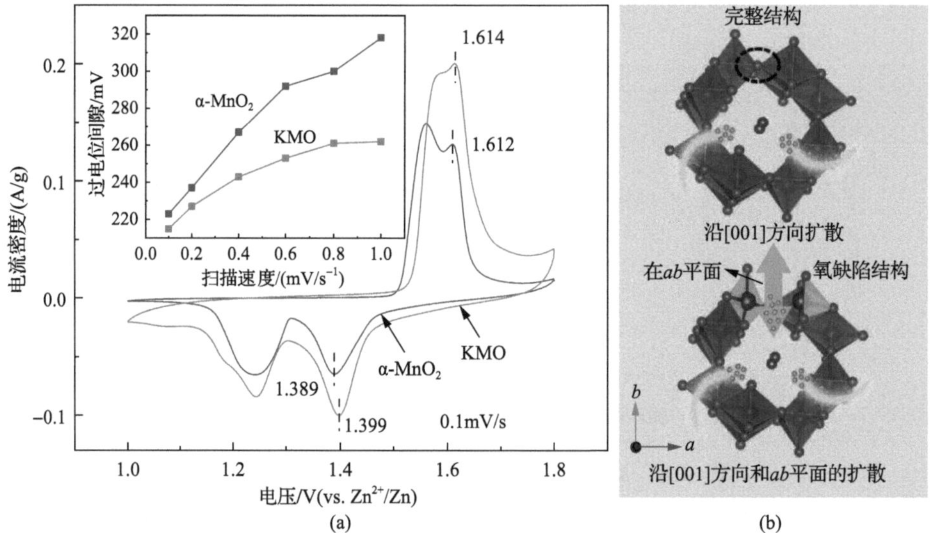

(a)　　　　(b)

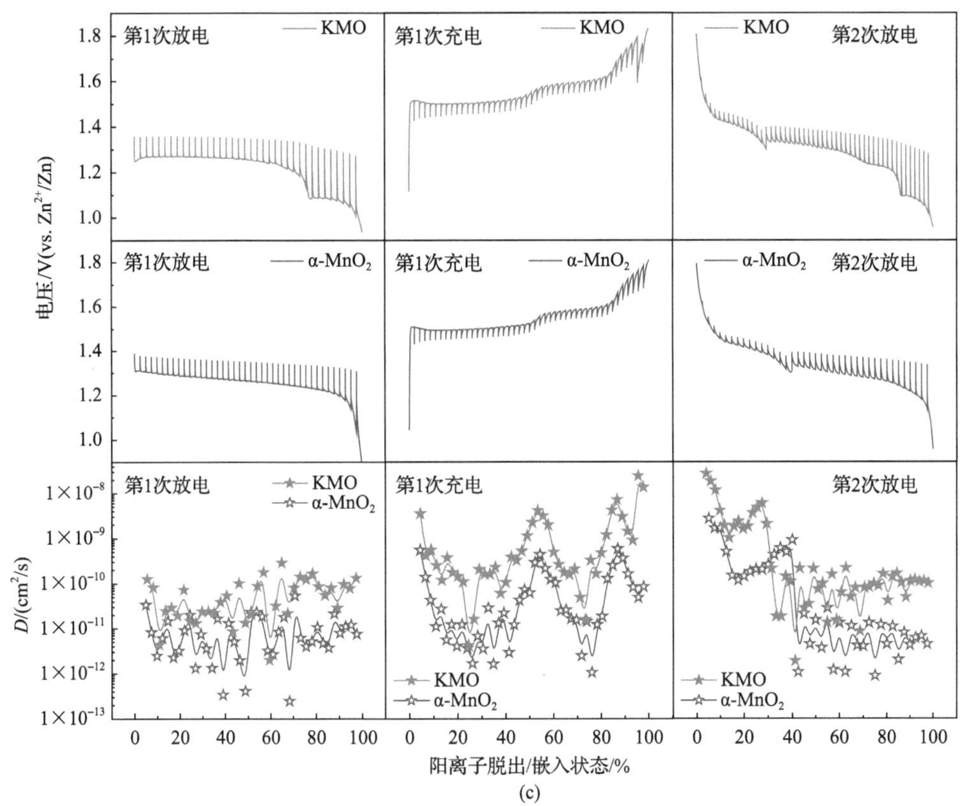

图 12-5　KMO 和 α-MnO_2 电极的电化学特性与机理分析

(a)在 0.1mV/s 下的典型 CV 曲线；(b)H^+离子在完整结构和具有氧缺陷结构的 KMO 中扩散的示意图；(c)不同充放电状态下的 GITT 曲线和相应的 H^+离子扩散系数

从而极大地提高了其电化学活性和反应动力学。通过恒电流间歇滴定技术(GITT)对材料的离子扩散系数进行了深入分析[19]，并计算出 KMO 和 α-MnO_2 电极在充放电过程中 H^+离子的扩散系数。如图 12-5(c)所示，两者的扩散系数显示出相同的趋势，而 KMO 电极的扩散系数比 α-MnO_2 电极的扩散系数高出一个数量级。这进一步验证了氧缺陷有利于离子扩散。

3. 赝电容效应分析

通过不同扫描速率下的 CV 实验进一步分析了 KMO 和 α-MnO_2 电极的电化学动力学，结果如图 12-6 所示。根据峰值电流密度(i)与扫描速率平方根($v^{1/2}$)之间的线性关系计算 b 值，其反映了 KMO 电极上的氧化还原反应具有部分表面赝电容行为。同时，计算得到在 0.1mV/s 下 KMO 电极总容量的 38.4%为赝电容贡献，并随着扫描速率的增大逐渐提高到在 1.0mV/s 下的 64.2%[图 12-6(b)]，从而证明了 KMO 电极的快速反应动力学。此外，KMO 电极在每个扫描速率下的赝电容贡

献都高于 α-MnO_2 电极[图 12-6(d)]，这可能是因为氧空位引起 KMO 的高表面活性促进了快速的表面反应。

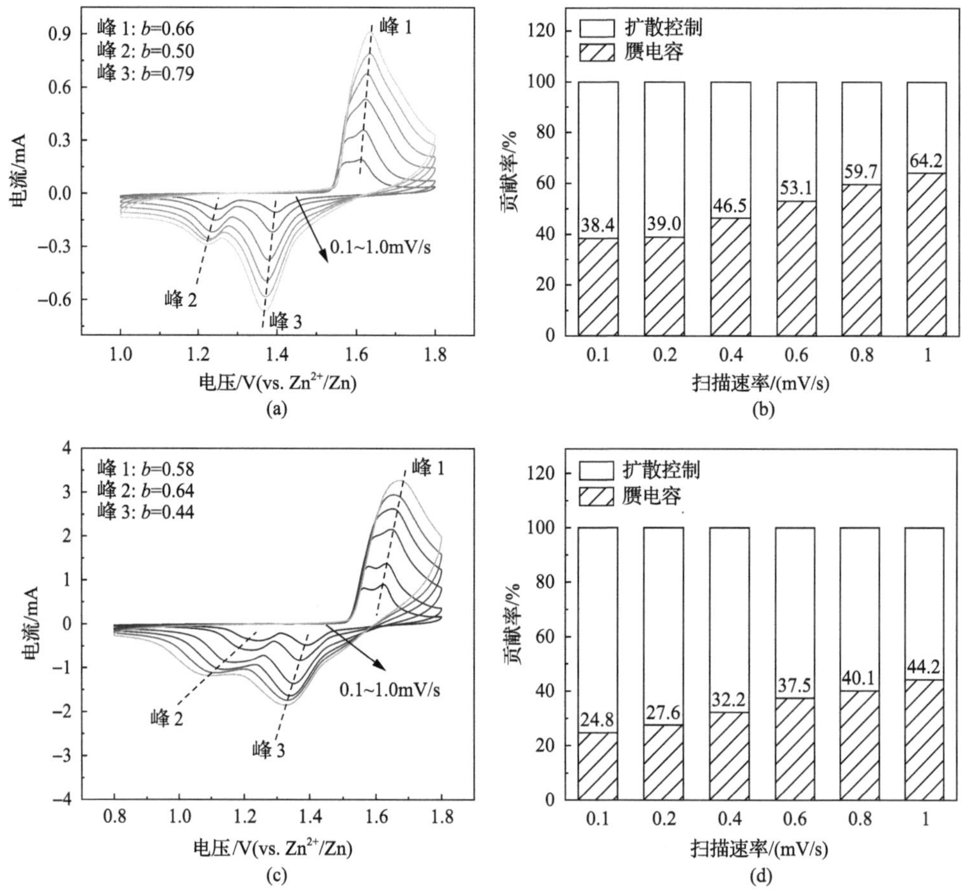

图 12-6　KMO 和 α-MnO_2 的电极 CV 曲线与赝电容贡献分析

(a)KMO 电极和(c)α-MnO_2 电极在不同扫描速率下的 CV 曲线；(b)KMO 电极和(d)α-MnO_2 电极赝电容贡献相应的百分比

4. 充放电测试结果与分析

图 12-7(a)表征了 KMO 电极材料在 0.8～1.8V(vs. Zn^{2+}/Zn)的电压范围内的倍率性能。由图可看出，在每个倍率下，KMO 电极的容量都比 α-MnO_2 电极的容量大得多。通过计算得到，KMO 电极在 132W/kg 功率密度下可获得超高的能量密度 398W·h/kg，如图 12-7(b)所示，明显超过了大多数报道的水系锌离子电池正极材料，如 α-MnO_2[2]、β-MnO_2[20]、$ZnMn_2O_4$[10]、$MgMn_2O_4$[21]、ZnHCF[22]、VS_2[23]、$Na_3V_2(PO_4)_2F_3$[24]、$Na_2V_6O_{16}\cdot 3H_2O$[25]等。KMO 电极在 1000mA/g 电流密度下，具

有超过 1000 次循环的稳定性，放电比容量保持为 154mA·h/g。而 α-MnO_2 电极则表现出显著的容量衰减，在 200 次循环后放电比容量仅为 50mA·h/g，如图 12-7(c)所示。不管是倍率性能还是循环性能，KMO 在初始阶段都表现出容量上升的趋势，这可能是因为 KMO 具有高的结晶度，在初始阶段存在活化的过程[26]。尽管如此，在 1000mA/g 电流密度下，KMO 电极的最后 10 次充放电曲线基本相同，且具有大于 1.35V 的工作电压，这进一步证明了 KMO 电极的高稳定性和可逆性。与其他锰基正极如 $ZnMn_2O_4$[10]、$MgMn_2O_4$[21]、γ-MnO_2[27]、α-MnO_2[28]等相比，KMO 电极的循环性能更好。

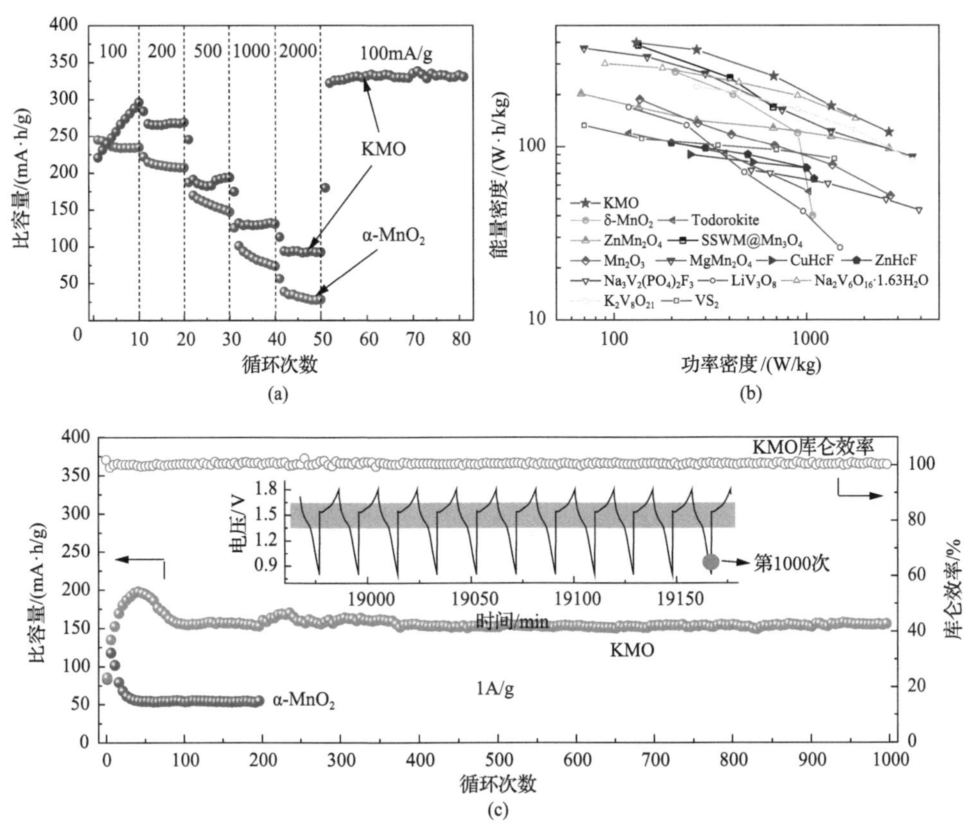

图 12-7　KMO 和 α-MnO_2 电极电化学性能

(a)倍率性能；(b)KMO 与部分文献报道的材料的能量/功率密度比较(仅基于正极材料的重量)；(c)长循环性能

5. 储锌机理研究

到目前为止，水系锌离子电池锰基正极的储能机理仍然很复杂且备受争议。Liu 等证明了 α-MnO_2 和 H^+离子之间发生化学转化反应[29]，这种类似的转化反应也出现在 KMO 和 α-MnO_2 纳米棒中。如图 12-8(a)所示，非原位的 XRD 图谱表明，在 KMO 电极的放电过程中出现了典型的 $Zn_4SO_4(OH)_6 \cdot 5H_2O$ 相(JCPDS 39-0688)和 MnOOH 相(JCPDS 74-1842)。因此可以推测，水系电解液中的 OH^- 离子可能与 $ZnSO_4$ 和 H_2O 反应形成片状的 $Zn_4SO_4(OH)_6 \cdot 5H_2O$，而 H^+离子则会扩散到 KMO 纳米棒中，如图 12-8(b)所示。这一假设得到了 EDX 元素分布的有力佐证。如图 12-8(c)所示，K 和 Mn 元素主要分布在纳米棒上，而薄片仅由 Zn、

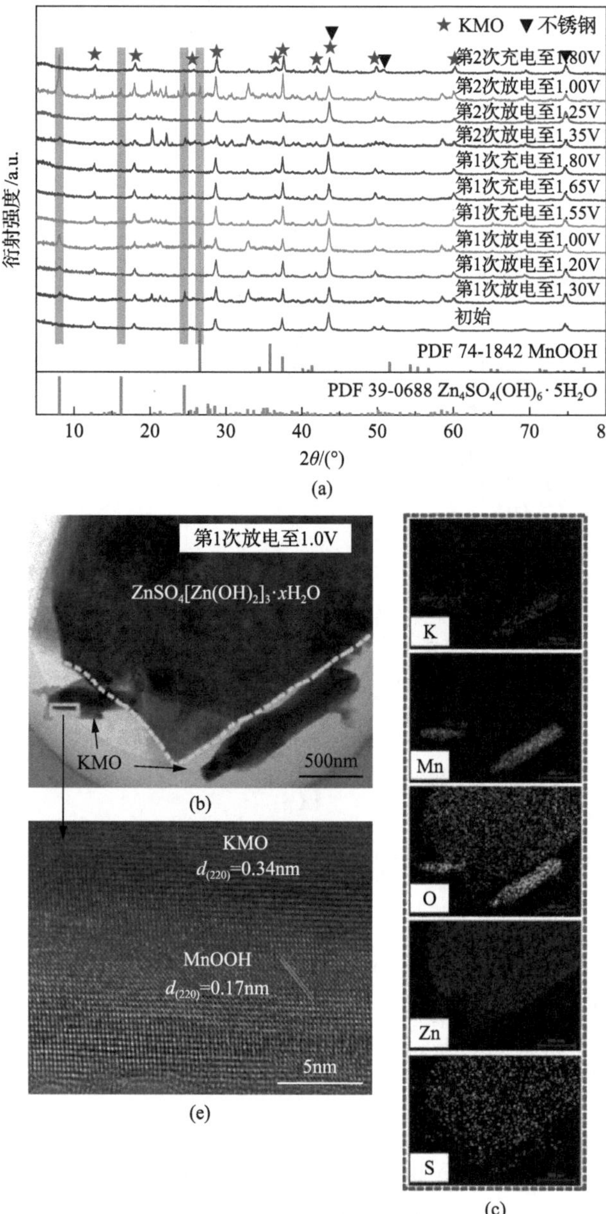

(a)

(b)

(e)

(c)

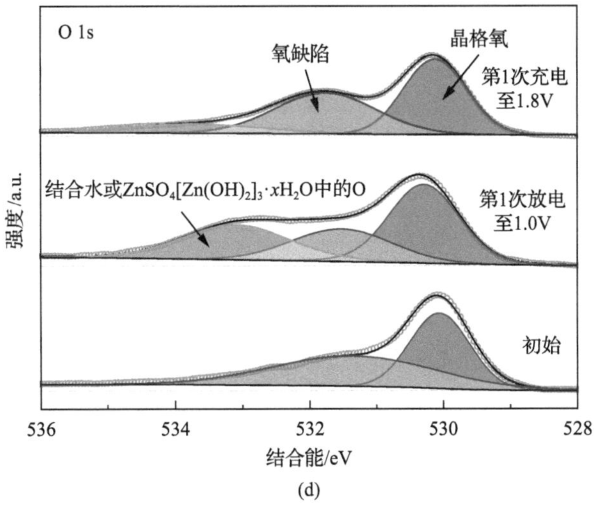

(d)

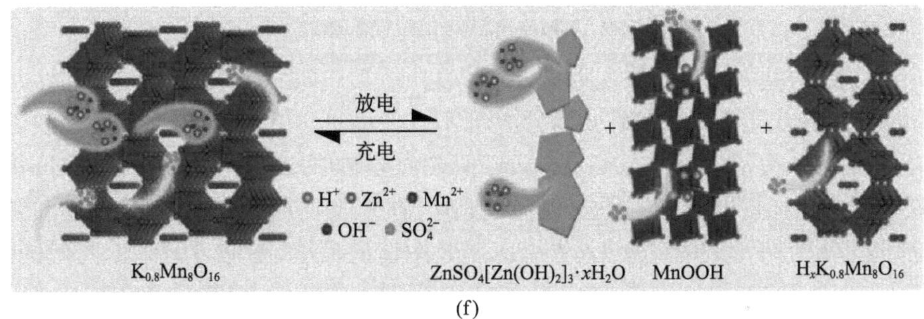

(f)

图 12-8 新材料 KMO 的储锌机理分析

(a)在 0.1A/g 电流密度下前两次循环的非原位 XRD 图谱；(b)、(c)完全放电状态下的非原位 TEM 图像及其 EDX 元素(K、Mn、O、Zn 和 S)面扫图像；(d)不同放充电状态的 O 1s 高分辨率 XPS 光谱；(e)完全放电状态下的非原位 HRTEM 图像；(f)电化学反应机理示意图

S 和 O 元素组成。从非原位 XRD 图谱可以看出，这两种化合物在充电过程中消失，并且可以在下一个循环中完全重复，证明 KMO 电极具有高度的可逆性。

非原位 O1s 高分辨 XPS 图谱表明，完全放电状态时在 533.1eV 处出现一个明显的峰，如图 12-8(d)所示。该峰可能来源于 $Zn_4SO_4(OH)_6\cdot 5H_2O$ 或吸收的 H_2O，但在完全充电时消失。如图 12-9 所示，非原位 SEM 图像以更直观的方式说明了该可逆行为，在完全放电状态下，KMO 电极被一层片状化合物覆盖[图 12-9(b)和(d)]，但在完全充电后，它恢复到原始状态[图 12-9(c)和(e)]。同时注意到，在放电至 1.0V 后仍可观察到 KMO 相，这可能是由于 H^+离子向 KMO 结构扩散导致共嵌入($H_xK_{0.8}Mn_8O_{16}$)和转化(MnOOH 或 $K_{0.1}MnOOH$)反应。HRTEM 分析进一步证明了 KMO 正极的反应机理。如图 12-8(e)所示，在一根纳米棒中有两种类型的晶格条纹，它们分别与四方晶系 $K_{1.33}Mn_8O_{16}$ 相的(220)面 $d = 0.34$nm 和正交晶系 MnOOH 相的(220)面 $d = 0.17$nm 相匹配。

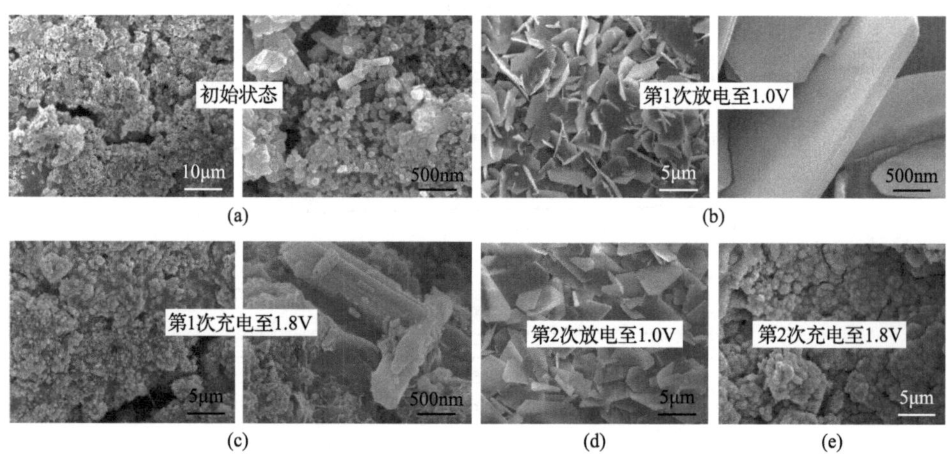

图 12-9　KMO 电极的非原位 SEM 图片

(a)初始状态；(b)首放结束；(c)首充结束；(d)第二次放电结束；(e)第二次充电结束

同时，还通过非原位 Mn 2p 高分辨率 XPS 图谱研究了充放电过程中 Mn 价态的演变，如图 12-10(a)所示。放电后，Mn 2p 的信号峰向低能方向移动，表明 Mn 价态随 H^+离子的嵌入而降低。在完全充电状态下，随着 H^+ 的脱嵌，Mn 2p 的峰返回到高能处。这也得到了非原位 Mn L-近 NEXAFS 图谱的证实[图 12-10(b)]。与此同时，研究了 α-MnO_2 电极的反应行为。在放电结束时，α-MnO_2 电极的 XRD 图谱出现了典型的 $Zn_4SO_4(OH)_6 \cdot 5H_2O$(JCPDS 39-0688)和 MnOOH (JCPDS 74-1842)相[图 12-10(c)]。而在充电结束时，α-MnO_2 电极又回到了初始状态[图 12-10(d)]，这一行为与 KMO 电极极为相似。基于上述讨论，KMO 的储能机理如图 12-8(f)所示，反应方程式如下。

正极反应：

$$H_2O \rightleftharpoons H^+ + OH^- \tag{12-1}$$

$$\frac{1}{8}K_{0.8}Mn_8O_{16} + H^+ + e^- \rightleftharpoons K_{0.1}MnOOH(MnOOH) \tag{12-2}$$

$$K_{0.8}Mn_8O_{16} + xH^+ + xe^- \rightleftharpoons H_xK_{0.8}Mn_8O_{16} \tag{12-3}$$

$$\frac{1}{2}Zn^{2+} + OH^- + \frac{1}{6}ZnSO_4 + \frac{5}{6}H_2O \rightleftharpoons \frac{1}{6}Zn_4SO_4(OH)_6 \cdot 5H_2O \tag{12-4}$$

负极反应：

$$\frac{(1+x)}{2}\mathrm{Zn} \rightleftharpoons \frac{(1+x)}{2}\mathrm{Zn}^{2+}+(1+x)\mathrm{e}^{-} \tag{12-5}$$

考虑到 H^+的尺寸比 Zn^{2+}离子小且电荷数少，所以储 H^+的反应动力学可能比储 Zn^{2+}的反应动力学要快得多。但是，由于实验条件的限制，今后仍需要更精确的实验手段和更多的分析方法来进一步讨论和确认 KMO 的反应机理。

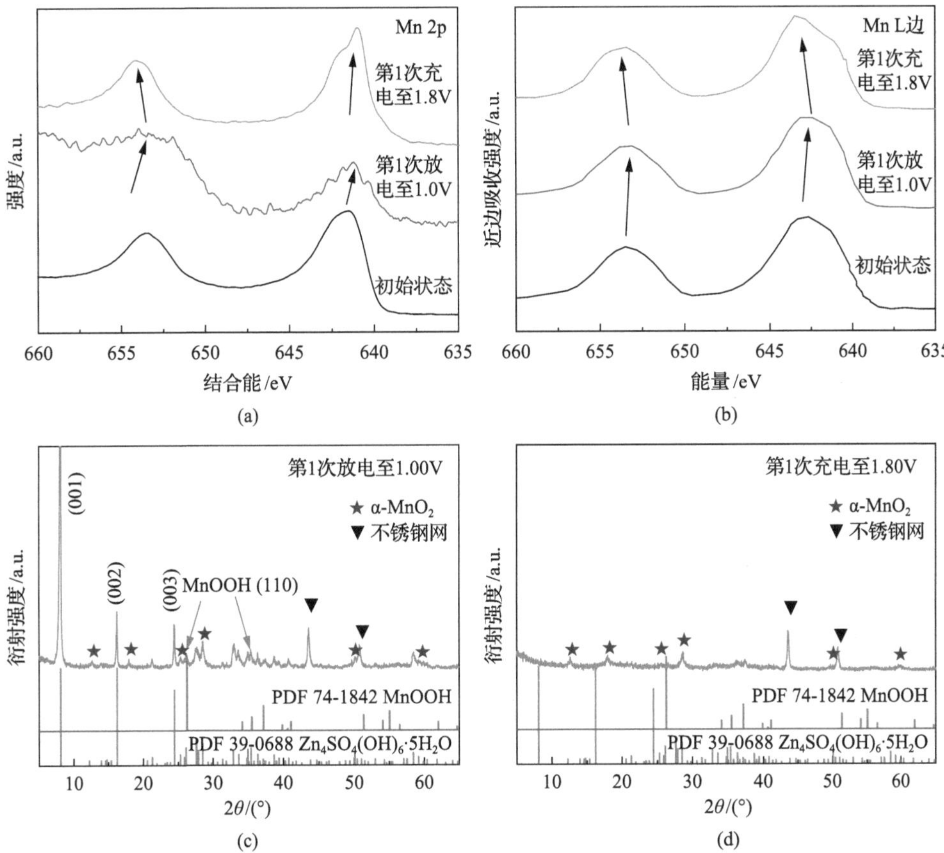

图 12-10　KMO 与 α-MnO_2 电极的 XPS、NEXAFS 和 XRD 分析

(a) KMO 电极的非原位 Mn 2p 高分辨率 XPS 图谱；(b) KMO 电极的非原位 Mn L 边 NEXAFS 图谱；(c) α-MnO_2 电极首次放电结束状态的 XRD 图谱；(d) α-MnO_2 电极首次充电结束状态的非原位 XRD 图谱

12.1.7　小结

通过溶胶凝胶法合成了一种 K^+掺杂和含氧缺陷的 $K_{0.8}Mn_8O_{16}$ 纳米棒作为水系锌离子电池的正极材料。掺入的 K^+与 Mn-O 多面体结合，从而增强了 $K_{0.8}Mn_8O_{16}$ 的本征稳定性，抑制了循环过程中锰的溶解。$K_{0.8}Mn_8O_{16}$ 中的氧缺陷一方面极大地提高了 $K_{0.8}Mn_8O_{16}$ 的电子浓度，降低了氧化还原反应中电子输运和电荷转移的

能量；另一方面，它引起[MnO_6]八面体的变形，打开了[MnO_6]多面体壁，在 *ab* 平面上形成额外的 H^+扩散通道，有效提高了 $K_{0.8}Mn_8O_{16}$ 的电化学活性和反应动力学。因此，$K_{0.8}Mn_8O_{16}$ 获得了 398W·h/kg 的高能量密度(基于正极材料质量计算)和 1000 次稳定循环性能，且没有明显的容量衰减。

12.2　电化学诱导锰缺陷 MnO/C 纳米复合新材料

12.2.1　概要

材料中的空位缺陷可以为多价离子提供额外扩散通道的同时，还削弱了材料主晶格和多价离子之间的静电相互作用，促进多价离子在电极材料中的扩散[30]。本节介绍一种用原位电化学诱导方法在化学沉淀法制备的 MnO 材料中生成 Mn 缺陷的方法，极大地提高了 MnO/C 纳米复合新材料的电化学活性[31]。

密度泛函理论(DFT)计算表明，完整的 MnO 晶格结构不适合 Zn^{2+}的嵌入，而 Mn 缺陷的存在增强了 MnO 的导电性，并为 Zn^{2+}的嵌入提供通道。具有 Mn 缺陷的 MnO 材料具有可逆的 Zn^{2+}嵌入/脱嵌行为，且在循环过程中没有结构坍塌，表现出良好的电化学性能。所制备的 Zn/MnO 电池在 135.6W/kg 的功率密度下获得了 356.86W·h/kg 的能量密度。综上，表明含 Mn 缺陷的 MnO 是一种具有应用前景的正极材料。

12.2.2　材料制备

化学沉淀法制备 MnO/C 纳米颗粒的实验流程主要包括以下几个步骤。①溶解搅拌：首先将 2mmol 的 $Mn(NO_3)_2$ 和 1.3g 的 2-甲基咪唑(Hmim)分别溶解在 40mL 的去离子水中，并在室温下磁力搅拌 30min。将 $Mn(NO_3)_2$ 溶液快速倒入 Hmim 溶液中，溶液迅速变色。然后将该悬浊液在室温下连续搅拌 4h，充分反应。②洗涤干燥：将获得的棕色沉淀物用去离子水和无水乙醇离心洗涤几次，并于 60℃下干燥得到棕色 MnO/C 前驱体粉末。③煅烧热处理：将收集到的粉末，在氩气气氛下以 2℃/min 的升温速率升到 500℃，并进行保温 2h 的热处理，并随炉自然冷却至室温，得到灰绿色的 MnO/C 粉末。

为了进行比较研究，用 MnO/C 纳米颗粒在相同的实验条件下，将前驱体在马弗炉中于 450℃保温 60min 以除去碳，制备了一批无碳的 MnO 纳米颗粒。

12.2.3　合成材料结构的评价表征技术

材料结构表征是通过 XRD 测试实现的，其图谱扫描方式是步进扫描，步长为 0.02°，计数时间为 2s。采用 GSAS 软件对 XRD 图谱进行全谱拟合精修，获取材料的晶胞参数、原子占位、物相比例等信息；SEM 观察样品的微观形貌、表面形态信息；通过 TEM 获得材料内部精细的结构信息，如获得的层间距等，在更小尺度观察元素面分布情况；拉曼光谱分析获得纳米颗粒的结构信息等。

12.2.4　合成材料结构的评价表征结果与分析讨论

1. XRD、XPS、拉曼、SEM、TEM 测试表征

如图 12-11(a)所示，XRD 图谱显示所有特征衍射峰均与面心立方 MnO 相(空间群 $Fm\overline{3}m$，PDF 75-0626)匹配良好，具有面心立方结构。通过 X 射线光电子能谱(XPS)确定样品中 Mn 元素的价态，显示 Mn 3s 双峰的自旋能分离为 6.0eV [图 12-11(b)]，这表明 Mn 元素在材料中的价态状态为+2 价[32, 33]。同时 MnO 的拉曼光谱显示出三个明显的峰位，它们分别是 Mn-O 振动($626cm^{-1}$)、D 带($1366cm^{-1}$)和 G 带($1587cm^{-1}$)，如图 12-11(c)所示。D 带和 G 带两个峰位的出现证明在 MnO/C 样品中有碳的存在[34]，而在 $626cm^{-1}$ 处的拉曼峰是由于$[MnO_6]$中的 Mn-O 拉伸振动。

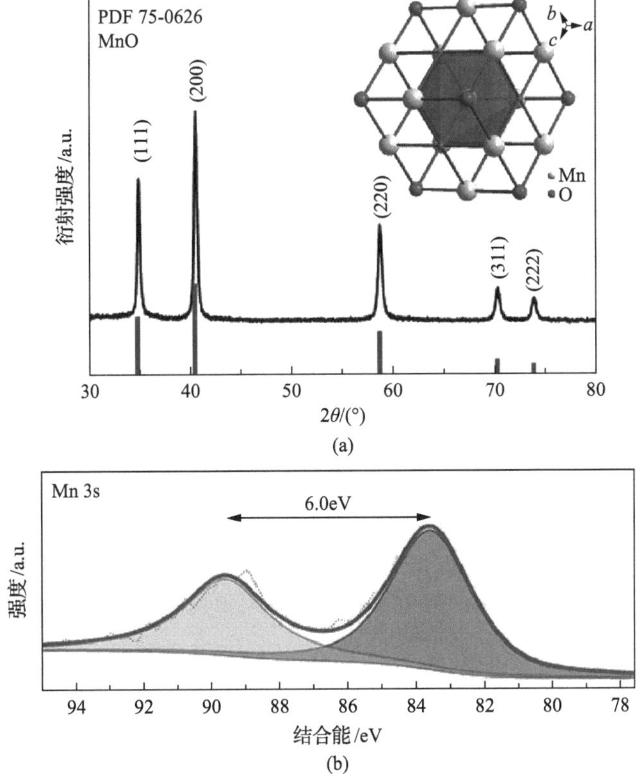

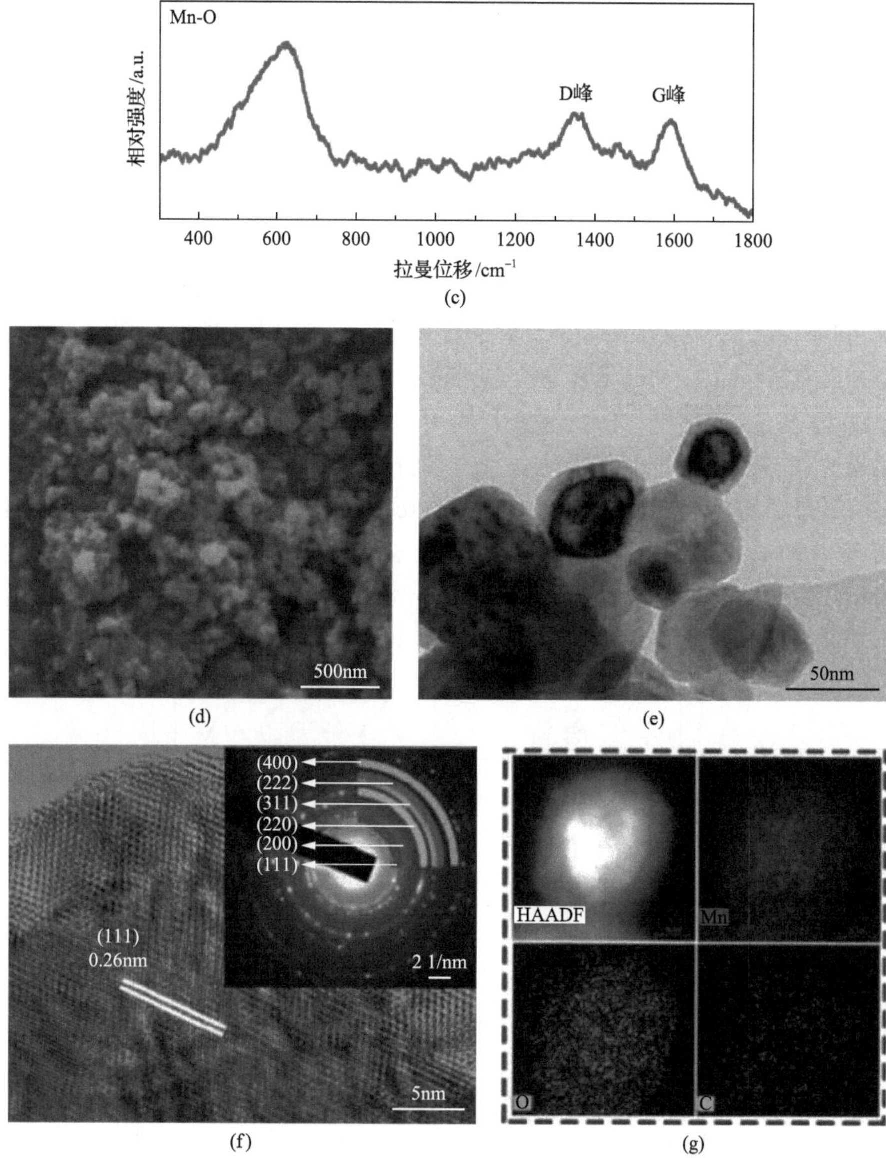

图 12-11　MnO 纳米颗粒的材料表征

(a) XRD 图(小图为 MnO 的晶体结构)；(b) XPS 光谱的 Mn 3s 区域；(c) 拉曼光谱；(d) SEM 图像；(e) TEM 图像；(f) HRTEM 图像(小图为 SAED 模式)；(g) TEM-EDX 元素面分布图像

图 12-11(d)和图 12-11(e)表征了 MnO/C 样品的形貌。从图可以看出，MnO/C 具有纳米颗粒形态，平均尺寸为 50nm。HRTEM 图像显示出了明显的晶格条纹，其中晶面间距为 0.26nm 的晶格条纹对应于 MnO 相的(111)面，如图 12-11(f)所示。而其傅里叶衍射环完美地与空间群 $Fm\overline{3}m$ 的 MnO 晶面契合，表明材料为多晶相。

元素面扫描图谱显示 Mn、O 和 C 元素均匀地分布在 MnO 颗粒中，如图 12-11(g)所示，同时也证实了碳的存在。碳的复合可以改善 MnO 纳米颗粒的导电性，并且还有助于维护 MnO 结构的稳定性。

2. 原位形成锰缺陷测试表征

大多数的锰氧化物，如 MnO_2 在第一次放电过程大约在 1V 处具有明显的放电平台[20]。而 MnO 电极却呈现不同于其他锰氧化物的电化学行为，它在初始放电过程中没有还原峰，如图 12-12 所示。而 MnO 的这种表现可能是由于其晶体结构中的离子扩散通道很小，且 Mn(Ⅱ)的电化学活性很低。然而，在接下来的充电过程中，却可以观察到明显的氧化电压平台。

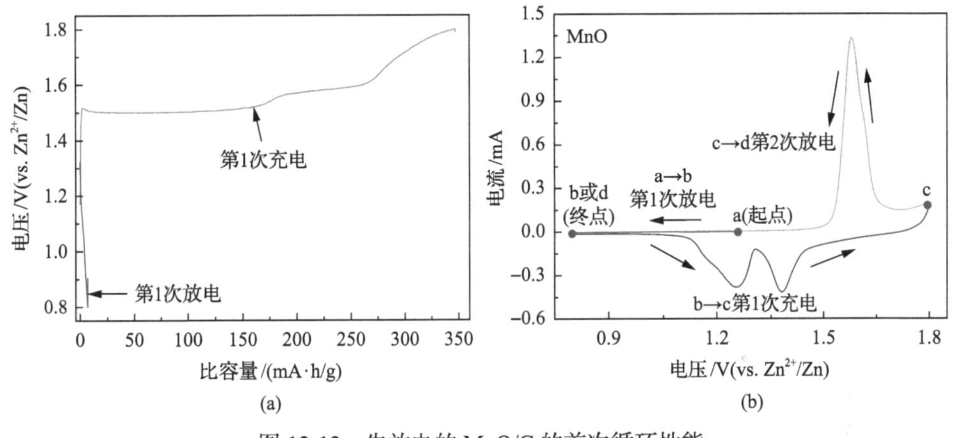

图 12-12　先放电的 MnO/C 的首次循环性能

(a)恒电流充放电曲线；(b)CV 曲线(扫描速率为 0.1mV/s)

为了揭示造成这种现象的原因，图 12-13(a)表征了电解液中的 Zn/Mn 浓度比(实验用 2mol/L $ZnSO_4$ 电解液)。从中可以很明显地看出，在经历了一次充电过程后电解液中的 Mn/Zn 比值增加。这表明在充电过程中 Mn 会从 MnO 中溶解，而在后续的放电过程，电解液中 Zn/Mn 比值没有大幅变化。由于在充电过程中 MnO 基体形成了 Mn 空位缺陷，XPS 分析显示初始充电后 Mn 3s 多态分裂距离减小，如图 12-13(b)所示，表明 Mn 的氧化态增加[35]。

HRTEM 图像清晰地展示了 MnO 在充电状态后的高清原子图像，其中 0.26nm 晶面间距对应于 MnO 相的(111)面，如图 12-13(c)所示。图中标注 1、2、3 区域的放大图像显示部分区域的 Mn 晶格柱变弱或缺失(图中虚线圆圈所示)，直观地展示了充电后 MnO 中的 Mn 缺陷。通过 XRD 图谱的 Rietveld 分析进一步确定了 Mn 缺陷的量。如表 12-2 所示，初始状态下 MnO 中 Mn 和 O 的原子占有率分别

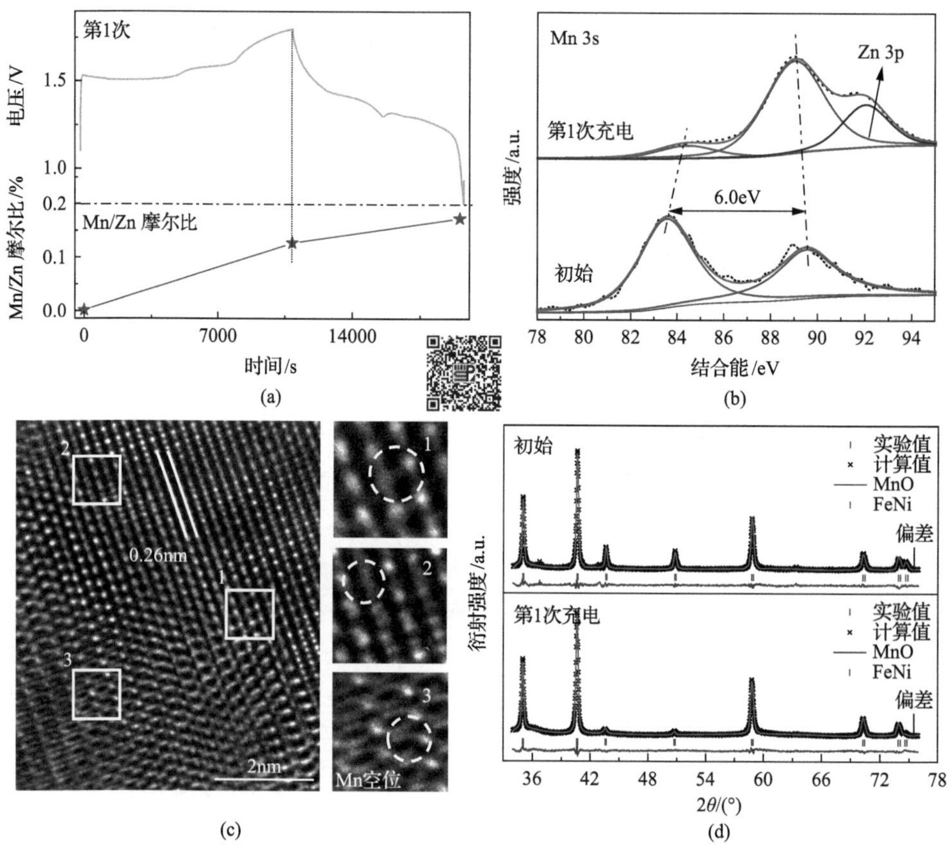

图 12-13　电解液中 Mn^{2+}量与电极初始和首充电子状态、缺陷结构、相结构分析

(a)循环过程中 2M $ZnSO_4$ 电解质中溶解的 Mn^{2+}离子分析；(b)XPS 光谱；(c)首次充电后的 HRTEM(从带有褐色正方形的区域放大的图像中，橙色圆圈指出缺失的 Mn 晶格柱位置，代表阳离子缺陷(Mn 缺陷))；(d)精修 XRD(FeNi 相对应于不锈钢网的 XRD 峰)(彩图扫二维码)

为 0.97 和 1。充电后，MnO 的结构没有明显变化[图 12-13(d)]，但 Mn 和 O 的原子占有率分别为 0.61 和 0.99，这意味着 MnO 中的 Mn 缺陷含量为 0.39。因此，含有缺陷的 MnO 化学式可以描述为 $Mn_{0.61}\square_{0.39}O$(□指 Mn 缺陷)。Mn 缺陷的形成提高了 MnO 中 Mn 的平均化合价，MnO 在随后的循环中转变为有电化学活性的正极材料。因此，引入 Mn 缺陷和 Mn-O 晶格变形可以激活 MnO 基体的电化学活性。这是首次提出电极材料在充电过程中原位形成阳离子缺陷，使储锌电化学惰性的 MnO 转化为高储锌电化学活性的 $Mn_{0.61}\square_{0.39}O$。此外，这些 Mn 缺陷能够减少 Zn^{2+}离子迁移的势垒[36]，从而促进 Zn^{2+}离子在 MnO 晶体中的嵌入和脱出。

表 12-2　不同状态下 MnO Rietveld 精修的结构参数

样品名		晶胞参数			原子占有率			wRp/%
		$a=b=c$/Å	$\alpha=\beta=\gamma$/(°)	V/nm^3	Mn	O	Zn	
MnO/C	初始态	4.4427	90	0.087694	0.97	1	0	7.88
	第 1 次充电	4.4412	90	0.087599	0.61	0.99	0	7.43
	第 1 次放电	4.4449	90	0.087817	0.62	0.99	0.45	7.33
	第 2 次充电	4.4390	90	0.087471	0.65	0.99	0.07	6.79
	第 10 次循环	4.4419	90	0.087641	0.66	0.98	0.38	7.51
	第 50 次循环	4.4409	90	0.087581	0.68	0.99	0.39	7.88
	第 100 次循环	4.4429	90	0.087700	0.64	0.97	0.40	7.88
不含碳 MnO	第 1 次充电	4.4413	90	0.087605	0.87	1	0	6.92
	第 1 次放电	4.4527	90	0.088281	0.63	0.98	0.35	7.56
	第 10 次循环	4.4469	90	0.087937	0.63	0.99	0.36	9.42

12.2.5　电化学性能与动力学分析评价表征方法

将活性物质和乙炔黑及 PVDF 以 7∶2∶1 的质量比混合研磨制成极片，锌金属作为对电极和参比电极，聚丙烯膜作为隔膜，在空气中将试样极片组装成 2016 式纽扣半电池进行各项电化学性能测试。主要半电池性能测试包括：在电化学工作站上，以 0.1～1.0mV/s 不同的扫描速度在 0.8～1.8V(vs. Zn^{2+}/Zn)的电压范围内进行循环伏安测试；在蓝电电池测试系统上，通过充放电实验来测量电池在常温(25℃)下的倍率性能和循环稳定性等。通过恒电流间歇滴定测试技术(GITT)研究 Zn^{2+}嵌入/脱嵌反应对离子扩散和导电性能的影响，扩散系数随充电/放电过程的变化。

12.2.6　电化学性能与动力学分析评价表征结果与讨论

1. 充放电测试结果与分析

图 12-14(a)显示了初始充电 CV 曲线与后续充电过程中的曲线完全不同。在初始充电过程中，1.55V 处的强阳极峰伴随着较弱的肩峰可归因于 Mn^{2+}从 MnO 结构中脱出；而随后的两个阳极峰分别位于 1.57V 和 1.60V 附近，这可能是由于 Zn^{2+}离子的脱出所致[2, 21]。在 1.39V 和 1.25V 附近观察到两个明显的峰，这是由于 Zn^{2+}离子的嵌入。在 100mA/g 电流密度下经过 50 个循环后，可以保持 283.1mA·h/g 的放电比容量，如图 12-14(b)所示。

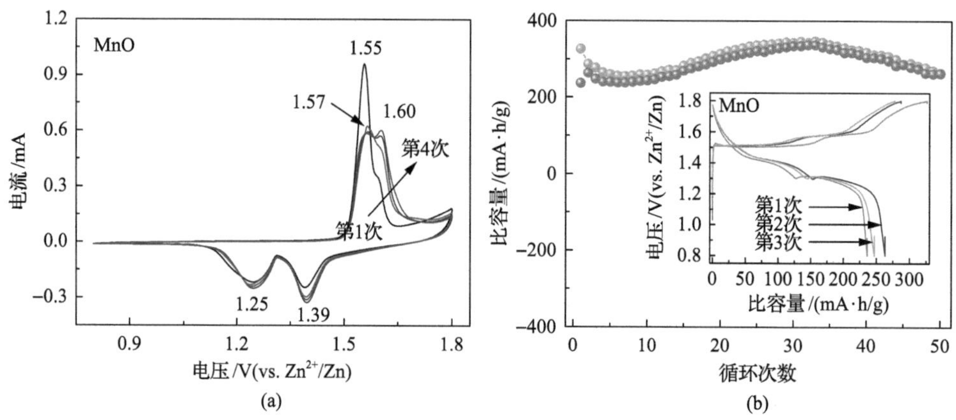

图 12-14　含 MnO/C CV 的曲线和恒电流充放电测试

(a)在 0.1mV/s 时的 CV 曲线；(b)在 100mA/g 电流密度时的循环性能及插图显示相应的恒电流充放电曲线

图 12-15(a)显示了 MnO/C 电极的高倍率性能，其放电比容量范围从 0.1A/g 时的 300mA·h/g 到 2A/g 时的 105mA·h/g。Ragone 图显示了 Zn/MnO/C 电池的相应能量密度从 356.86W·h/kg(135.6W/kg)到 144.92W·h/kg(2760W/kg)，明显高于其他报道的正极材料，如 α-MnO_2[2]、β-MnO_2[20, 37]、$ZnMn_2O_4$[10]、Mn_2O_3[38]、$V_2O_5 \cdot nH_2O$[39]、VS_2[23]、VO_2[40]、$Na_2V_6O_{16} \cdot 3H_2O$[41]、$Zn_{0.25}V_2O_5 \cdot nH_2O$[42]和 $MgMn_2O_4$[21]等，如图 12-15(b)所示。

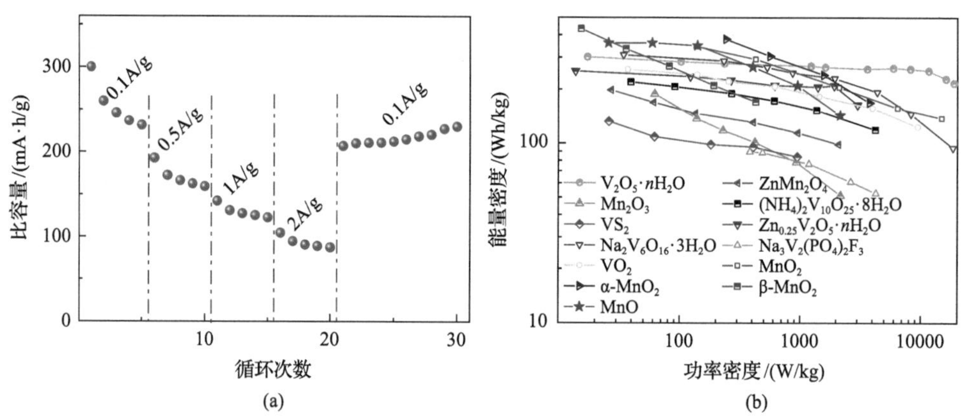

图 12-15　Zn/MnO 电池的电化学性能

(a)倍率性能；(b)MnO 与水系 ZIBs 其他正极材料比较的 Ragone 图
(仅基于正极材料的重量)

图 12-16 显示了 MnO/C 正极的长循环性能，结果表明在 1A/g 电流密度下，循环 1500 次后仍然具有 116mA·h/g 的高可逆容量。在初始阶段的容量有所下降，而在随后的循环中逐渐上升并稳定。实际上，初期比容量的下降在许多水系 ZIBs

正极中十分常见[25]。同时本节也测试了不含碳的 MnO 材料的长循环性能。结果显示，其具有较差的循环稳定性。

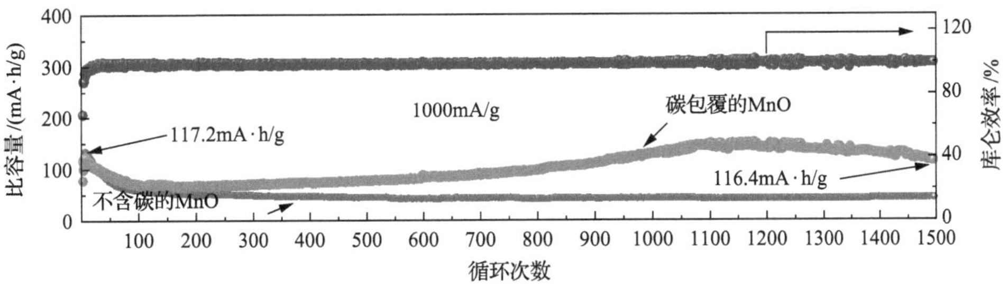

图 12-16　含碳和无碳 MnO 纳米颗粒在 1000mA/g 电流密度下的长循环性能

此外，还通过 ICP-OES 技术测量了不同循环次数后电解液中 Zn/Mn 的浓度比。很明显，与第 1 次充电过程相比，在随后的电池循环中电解液中 Mn 元素的比例没有明显增加，如图 12-17 所示，表明锰的溶解趋于平衡，这也反映出材料在循环过程中保持大致稳定。这可能是因为电解液中 Mn^{2+} 的存在抑制了 Mn^{2+}的持续溶解。

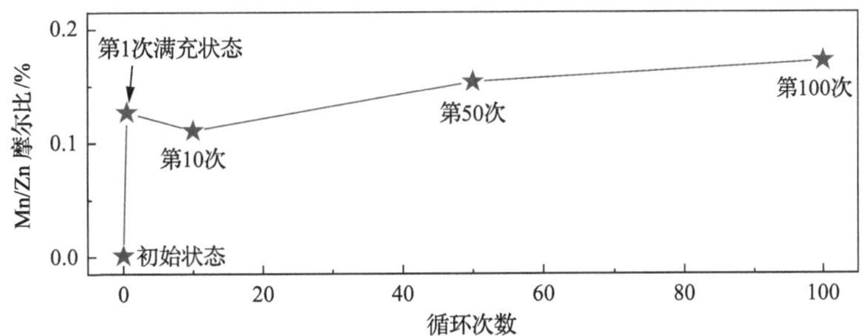

图 12-17　循环期间 2mol/L $ZnSO_4$ 电解质中溶解的 Mn^{2+}的元素分析

2. EIS 测试结果与分析

不同状态下的阻抗测试表明，第一次充电状态后含 Mn 缺陷 MnO 电极的电荷转移电阻值低于初始状态 MnO 电极的电荷转移电阻值，如图 12-18 所示。说明缺陷为材料提供了更好的导电性。阻抗谱显示，在第 5 和第 10 次循环后，充电状态下的阻抗值明显高于初始状态(表 12-3)，这可能与 MnO 中残留的 Zn^{2+}有关。此后，阻抗值逐渐缩小并稳定，经过 100 次甚至 400 次循环仍然没有明显的变化，这与稳定的循环容量相对应。

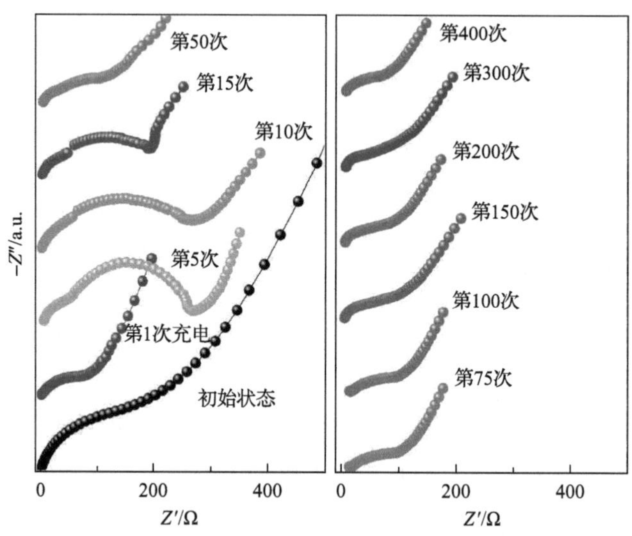

图 12-18 处于不同状态电池的 Nyquist 曲线图

表 12-3 MnO/C 的 R_s 和 R_{ct} 阻抗拟合结果

材料与状态		R_{ct}/Ω	R_s/Ω
MnO/C	初始状态	195.6	2.011
	第 1 次充电	105.3	1.984
	第 5 次循环	252.4	5.054
	第 10 次循环	248.9	2.925
	第 15 次循环	180.5	3.139
	第 50 次循环	59.31	5.122
	第 100 次循环	95.59	10.96
	第 150 次循环	84.75	5.708
	第 200 次循环	82.86	4.767
	第 300 次循环	85.36	7.408
	第 400 次循环	52.42	8.092

3. 结构演变分析

图 12-19 表征了不同状态的 MnO/C 和无碳 MnO 结构的 XRD 精修结果。由精修结果可知，在第 2 次充电状态下 Zn 原子的占有率为 0.07(表 12-2)，这表明在充放电过程中可以很好地保持 Mn 缺陷。这也可以解释循环过程中初期比容量的下降，在充电过程中部分 Zn^{2+}与晶格主体之间的强静电相互作用而导致无法从电

极的晶格中脱出，从而使容量不可逆。

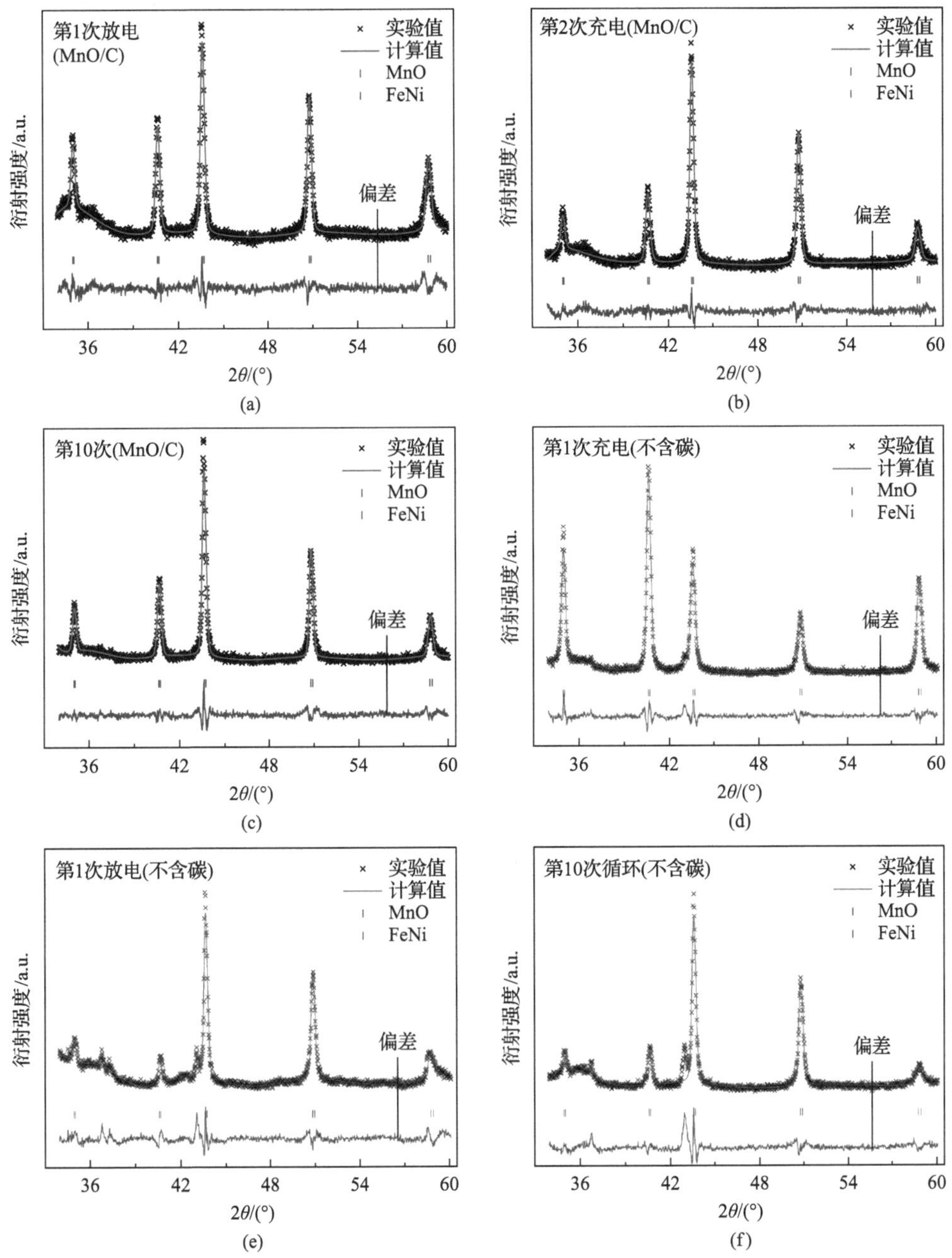

图 12-19　MnO/C 和 MnO 电极结构分析

MnO/C 电极(a)第 1 次放电；(b)第 2 次充电；(c)第 10 次循环后的精修 XRD 衍射谱；MnO 电极(d)第 1 次充电；(e)第 1 次放电；(f)第 10 次循环后的精修 XRD 衍射(FeNi 相对应于不锈钢网的 XRD 峰)

精修结果表明无碳 MnO 的晶胞体积参数变化更明显，而 MnO/C 的体积仅有微小变化，如图 12-20(a)所示，这表明碳包覆可以缓冲 Zn^{2+}离子嵌入/脱嵌过程中的体积变化。此外，碳包覆的 MnO/C 在 100 次循环后仍显示出原始的结构，但无碳的 MnO 在 50 次循环后发生了相变，生成了 $ZnMn_2O_4$ 相，如图 12-20(b)所示，进一步证实了碳包覆的 MnO 可以稳定结构。

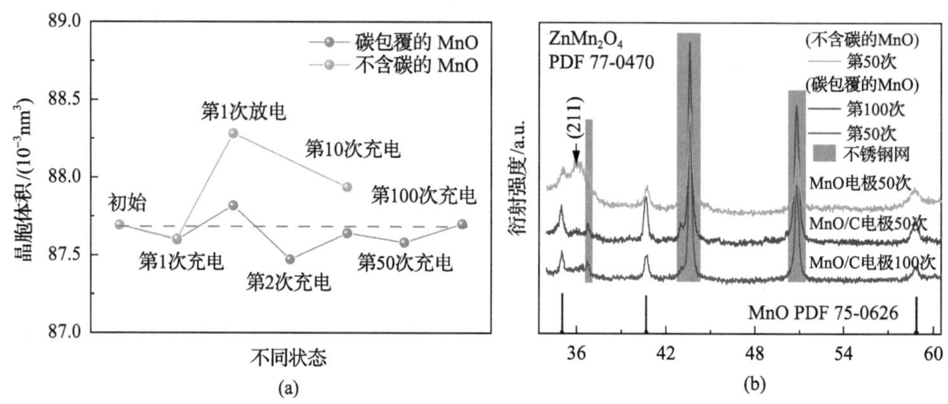

图 12-20　MnO/C 和 MnO 电极结构变化

(a) XRD 精修结果中 MnO/C 和 MnO 在不同状态下的体积变化；(b) MnO/C 第 50 次、第 100 次和 MnO 第 50 次循环后的非原位 XRD 图

4. 电化学活化现象分析

图 12-21(a)和(b)表征了不同循环次数 MnO/C 电极在不同扫描速率下的 CV 曲线。300 次循环后的 CV 曲线与首次曲线一致，表明 MnO 的电化学行为在循环过程中没有发生明显变化。根据不同扫描速率的 CV 曲线结果，使用公式(6-11)计算可得初始状态时峰 1 和峰 2 的 b 值接近 0.5，如图 12-21(c)所示，表明电极的储能主要受扩散控制。经过 300 次循环后，峰 1 和峰 2 的 b 值分别为 0.84 和 0.91，

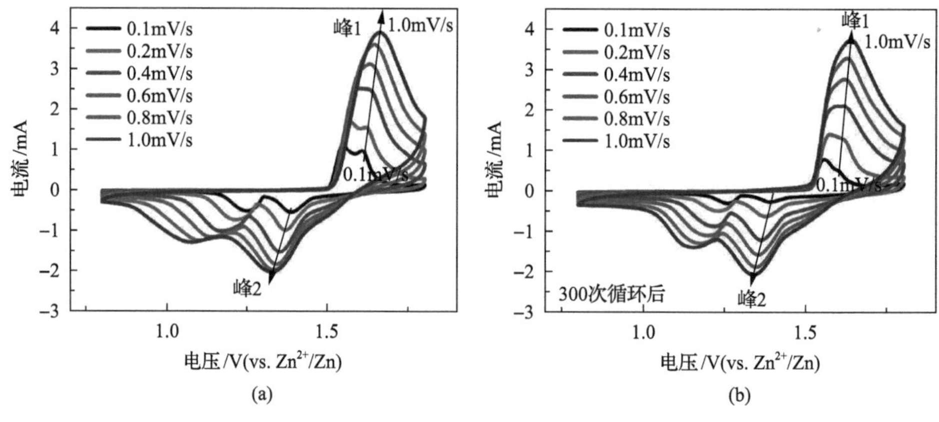

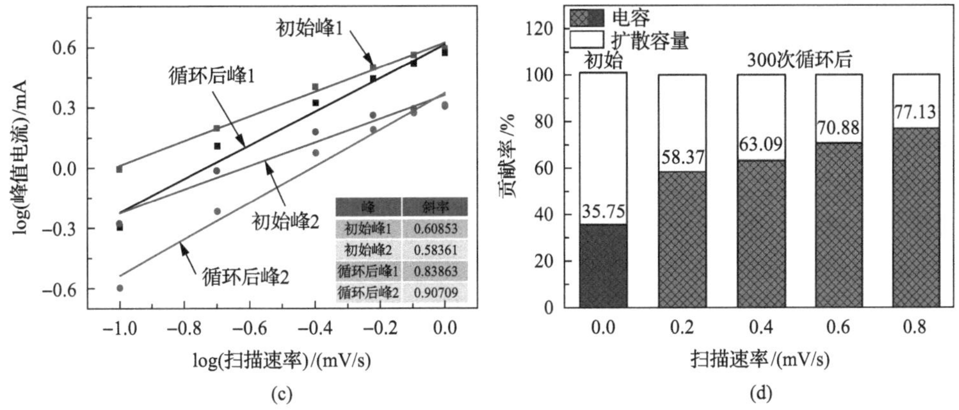

图 12-21　具有不同扫描速率的 Zn/MnO/C 电池的 CV 测试和电化学活化分析

(a) 初始状态的 CV 曲线；(b) 第 300 次循环后的 CV 曲线；(c) 由 CV 曲线获得的 log (峰值电流) 和 log (扫描速率) 曲线；(d) 初始和第 300 次循环后，由扩散控制的容量和电容产生的电荷转移贡献

表明电极的储能行为主要受电容控制。例如在 0.4mV/s 扫描速率下，初始和第 300 次周期的电容贡献与总容量的比值分别为 35.75%和 63.09%，如图 12-21(d)所示。这个结果表明，由于电化学活化，材料界面存储能力在循环后得到改善，因此后续的循环容量增加[43]。

5. 锌离子扩散系数测试结果与分析

通过恒电流间歇滴定技术(GITT)测试可得到 Zn^{2+}的扩散系数。如图 12-22 所示，MnO/C 电极的 Zn^{2+}扩散系数 D 在 10^{-13}～$10^{-9}cm^2/s$，接近先前报道的 $ZnMn_{1.86}O_4$[10, 43]，而高于其他锰氧化物，如 α-MnO_2[44, 45]、层状 MnO_2[46]等。MnO/C 电极的高扩散系数可能是由于 MnO 中的 Mn 缺陷[47]。此外，循环一定次数后扩散系数的变化趋势基本保持一致，表明 MnO 电极的高度可逆性。

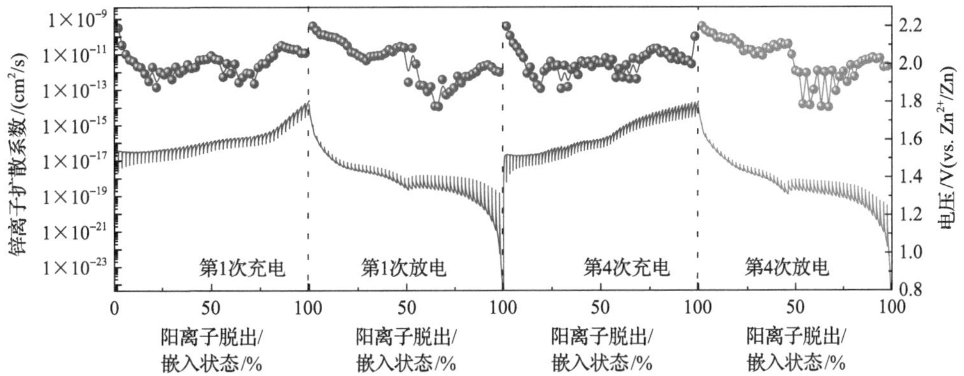

图 12-22　GITT 测量中的放电/充电曲线及放电和充电过程中 Zn^{2+}相应的扩散系数 D

6. DFT 计算与 Mn 缺陷作用分析

电导率是电极材料中快速电子转移的重要属性，此属性与材料的固体电子能带结构有关，特别是带隙有关[12]。因此，通过 DFT 计算进一步分析含和不含 Mn 缺陷的 MnO 结构的电子结构。态密度(DOS)分布表明，MnO/C 中 Mn 缺陷的存在增加了费米能级附近的电荷密度，提升了其电导率，如图 12-23(a)和(b)所示[48]，含缺陷的 MnO 费米能级附近的电子态密度显著增加。电荷密度分布图表明原始 MnO 具有均匀的电荷分布，且是高度局域的，如图 12-23(c)所示。而在含 Mn 缺陷的 MnO 中，电子将在 Mn 缺陷处非局域化聚集，从而形成强静电场。这种 Mn 缺陷周围的电子积累会对 Zn^{2+}有较强的吸引力。此外，还模拟了 Zn^{2+}分别嵌入带 Mn 缺陷和不带有 Mn 缺陷的 MnO 的离子电化学反应行为。当 Zn^{2+}插入完整 MnO

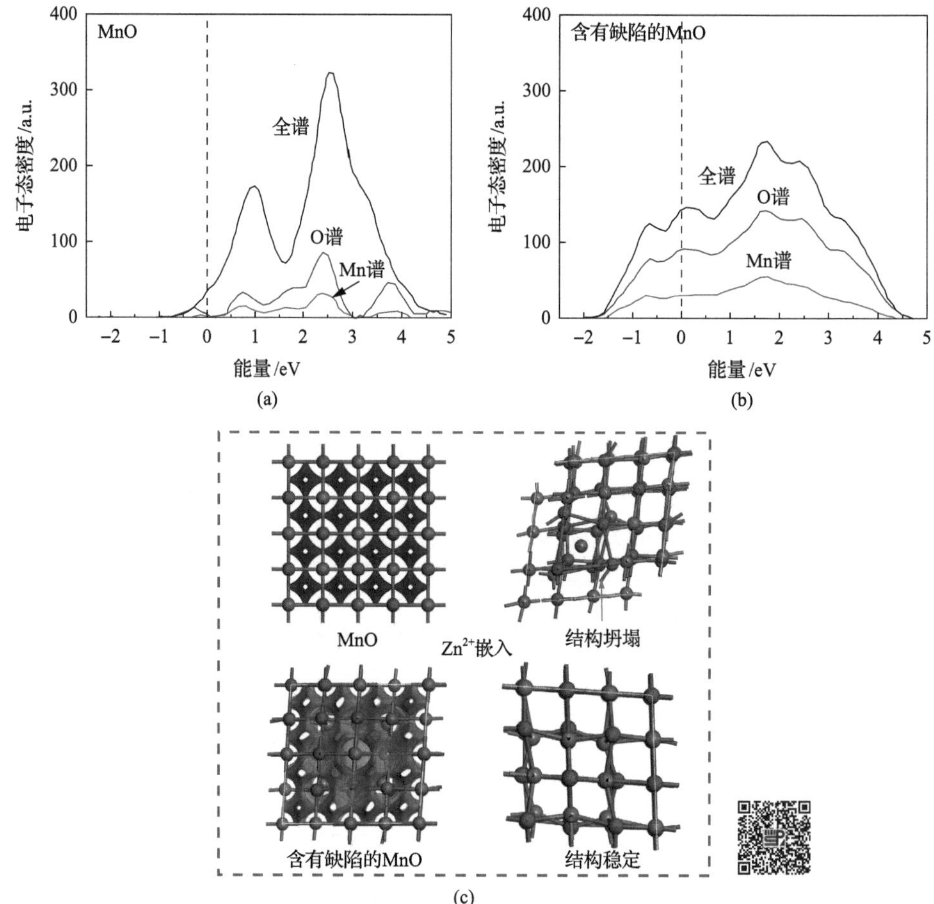

图 12-23　MnO 和 $Mn_{0.61}\square_{0.39}O$ 态密度(DOS)分布和电荷分布

(a) MnO DOS；(b) $Mn_{0.61}\square_{0.39}O$ DOS；(c) MnO 和 $Mn_{0.61}\square_{0.39}O$ 电荷分布及 Zn^{2+}离子嵌入后的结构(绿色圆圈表示结构塌陷)(彩图扫二维码)

中时，该结构将被极大的破坏，意味着 Zn^{2+}直接插入 MnO 结构的阻力非常大，从而无法实现[49]。实验观察结果也证实，MnO 在初始放电过程中没有还原峰。分析发现，在 MnO 结构中最大的离子扩散通道的直径约为 2.9Å，没有足够的空间给 Zn^{2+}嵌入，但是，由于 Mn 缺陷产生空位，则可以形成较大的空间和可用的 Zn^{2+}活性位点，因此 Zn^{2+}离子很容易嵌入含 Mn 缺陷的 MnO 中，形成 Zn—O 键，Zn—O 键的长度约为 2.0，如图 12-24 所示，而没有发生明显的结构改变，从而实现了快速的反应动力学。

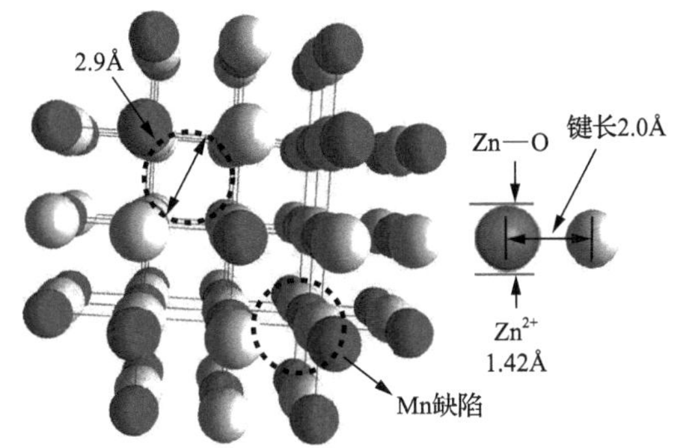

图 12-24　立方 MnO 的晶格结构、Mn 缺陷与 Zn—O 键形成

7. 储能机理分析

图 12-25(a)表征了不同状态的 MnO/C 电极的 XRD 结果，从图中可以看出，MnO/C 正极具有稳定的结构而且在循环中没有相变。这与其他锰基材料有区别，过去的报道中大多数锰氧化物在储锌时都经历了相变，例如，MnO_2 在嵌入 Zn^{2+}后会转变为 $ZnMn_2O_4$ 等物质。对 XRD 图谱进行更细微的观察发现，放电过程中，MnO/C 的(111)峰会略微向低角度方向偏移，表明晶面间距增大。这是由于 Zn^{2+}半径大于 Mn 的半径(离子半径：Zn^{2+}为 0.74Å；Mn^{2+}为 0.66Å，Mn^{4+}为 0.39Å)[50]，Zn^{2+}的嵌入使晶格稍微膨胀。而在充电过程中，衍射峰逐渐偏移回原来的角度，表明 MnO/C 材料的嵌入/脱嵌过程高度可逆。此外，还对 XRD 图谱进行精修分析，已列于前面表 12-2 中。充电至 1.8V 后，由于在 MnO 中脱出了 Mn^{2+}，晶格参数(a、b 和 c)的值从 4.4427Å(初始 MnO 相)略微收缩至 4.4412Å。在随后的放电过程中，晶格参数值扩展到 4.4449Å，这归因于 Zn^{2+}的嵌入，对应的 Zn 原子占有率为 0.45。而当再次充电时，它们回缩至 4.439Å，锌含量可忽略不计，表明 MnO/C 电极具有较好的可逆性。HRTEM 分析为 MnO/C 正极的 Zn^{2+}存储机理提供了进一步的证据。前面提到，初始的 MnO 纳米粒子的(111)晶面显示出约为 0.26nm 晶面间距。首次充电后，晶面之间的间距没有明显变化，(111)晶面之间的间距与初

始晶面相同，但是材料中存在大量缺陷，如图 12-13(c)所示。当放电至 0.8V 时，由于 Zn^{2+}的嵌入，(111)晶面的晶格条纹扩展至约 0.27nm，但是当 Zn^{2+}脱嵌(1.8V)时，其回到约 0.26nm，如图 12-25(b)所示。

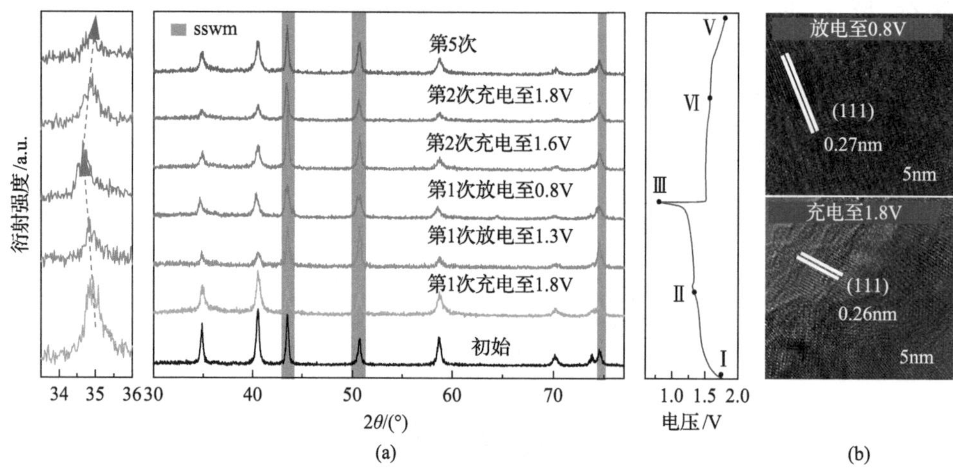

图 12-25　MnO 正极结构的稳定性与储能机理分析

(a)在 0.1A/g 电流密度处的非原位 XRD 图谱和相应的 GCD 曲线；(b)处于放电后和充满电状态的 MnO HRTEM 图像

此外，在 Zn 2p 的高分辨率 XPS 光谱中观察到在放电后的样品中有两个明显的峰，如图 12-26(a)所示，这进一步证明了 Zn^{2+}已成功嵌入 MnO/C 中。充电后，Mn^{2+}被氧化成 Mn^{3+}，并伴随着 Mn^{2+}从 MnO/C 中的脱出。与完全充电状态相比，在完全放电状态下 Mn $2p_{3/2}$的峰值向低能量方向移动，反映出在放电过程中部分 Mn^{3+}被还原为 Mn^{2+}，如图 12-26(b)所示。

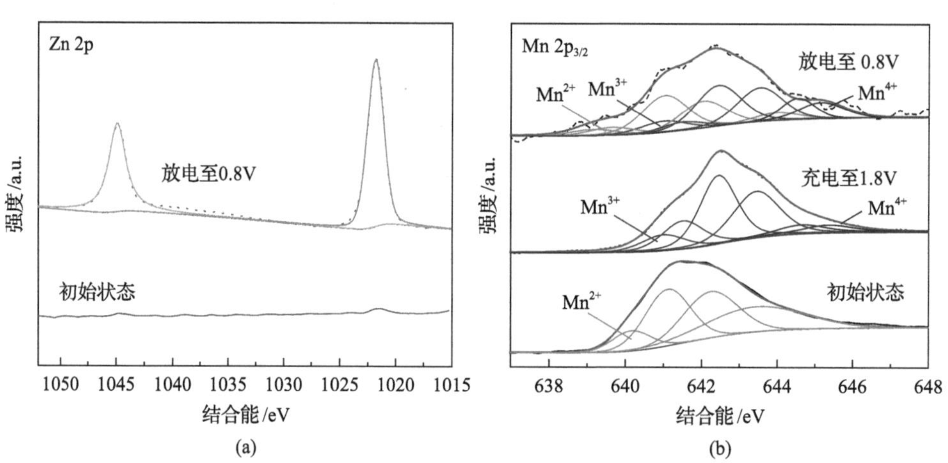

图 12-26　初始和充放电状态下 Zn 2p、Mn 2p 的高分辨率 XPS 光谱

(a) Zn 2p 的高分辨率 XPS 光谱；(b) Mn 2p 的高分辨率 XPS 光谱

近边 X 射线吸收精细结构(NEXAFS)光谱表明 Mn L-边的主峰位置在充电至 1.8V 后移至更高的能量，这意味着 Mn 的主要氧化态可能是从 Mn^{2+}变化到 Mn^{3+}和 Mn^{4+}。此外，放电时峰的位置向较低的能量移动，表明 Mn^{3+}离子被还原成 Mn^{2+}，这与 XPS 光谱的结论一致。NEXAFS 和 XPS 分析均证明，由于 Mn 缺陷使 Mn 的氧化态升高，而由于放电后 Zn^{2+}的插入，Mn 的氧化态降低。锰的不同氧化态的比例可以通过 Mn 元素的 L 近边 NEXAFS 光谱的拟合峰面积确定(表 12-4)，结果表明充电后 MnO/C 中 Mn^{2+}占 16.8%，Mn^{3+}占 73%，Mn^{4+}占 8.9%。此外，表 12-5 记录了不同样品和不同状态下 Mn 的局部结构和配位信息。与初始 MnO 中 Mn—Mn 配位数相比，在完全充电状态下 Mn—Mn 的配位数从 9.7 降低到 7.9，这可能是由于 MnO 中存在大量的 Mn 缺陷。图 12-27(b)中相应的 EXAFS 光谱表明，与标准 MnO 样品相比，处于不同状态的 MnO 电极的 Mn—O 和 Mn—Mn 峰没有明显的偏差，表明 MnO 的结构在循环过程中是稳定的。

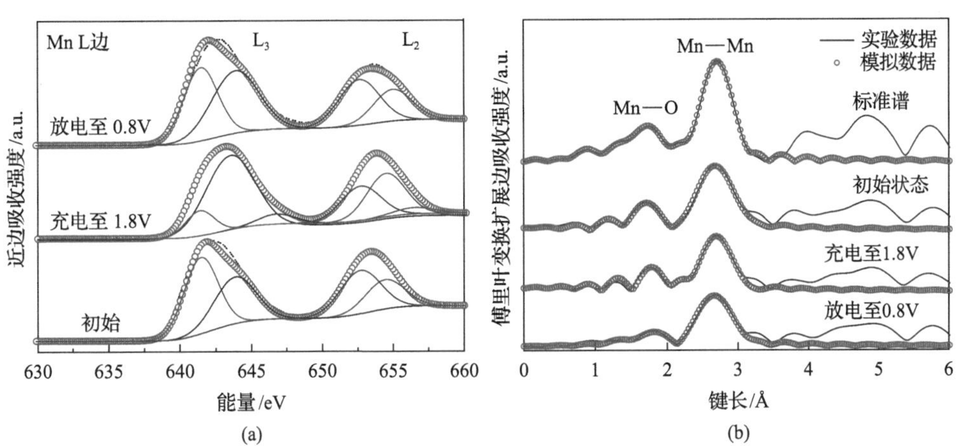

图 12-27　MnO 电极材料 NEXAFS 光谱分析

(a) Mn L 边 NEXAFS 光谱；(b) 不同状态 MnO 电极的 EXAFS 光谱相应的傅里叶变换

表 12-4　不同状态下 MnO 的 NEXAFS 峰分析

样品状态	Mn^{2+}/%	Mn^{3+}/%	Mn^{4+}/%
原始材料	60.2	39.8	
充电后	16.8	74.3	8.9
放电后	45.9	54.1	

表 12-5　EXAFS 在 Mn K-边上对各样品的拟合参数(S_0^2=0.813)

样品	化学键	N^{a}	R/(Å)^{b}	σ^2/(Å)^{2c}	ΔE_0/(eV)^{d}	R 因子
MnO	Mn-O	6	2.19	0.0087	−8.3	0.0001
	Mn-Mn	12	3.13	0.0086		

续表

样品	化学键	N^a	$R/(\text{Å})^b$	$\sigma^2/(\text{Å})^{2c}$	$\Delta E_0/(\text{eV})^d$	R 因子
合成新材料	Mn-O	5.6	2.24	0.0226	1.5	0.0018
	Mn-Mn	9.7	3.13	0.0096		
充电后	Mn-O	5.4	2.26	0.0310	3.5	0.0041
	Mn-Mn	7.9	3.12	0.0102		
放电后	Mn-O	5.5	2.32	0.0332	8.0	0.0013
	Mn-Mn	7.7	3.11	0.0099		

a: 配位数；b: 键距；c: 德拜-瓦勒因子；d: 内能校准；R 因子: 拟合偏差。

为了进一步证实 MnO 的电化学特性，通过水热法制备了直径约为 2μm 的 MnO 球，如图 12-28 所示。MnO 球表现出与 MnO/C 纳米颗粒相似的首次放电特征。尤其是球形 MnO 正极的非原位 XRD 图谱也表明其没有相变且结构稳定。

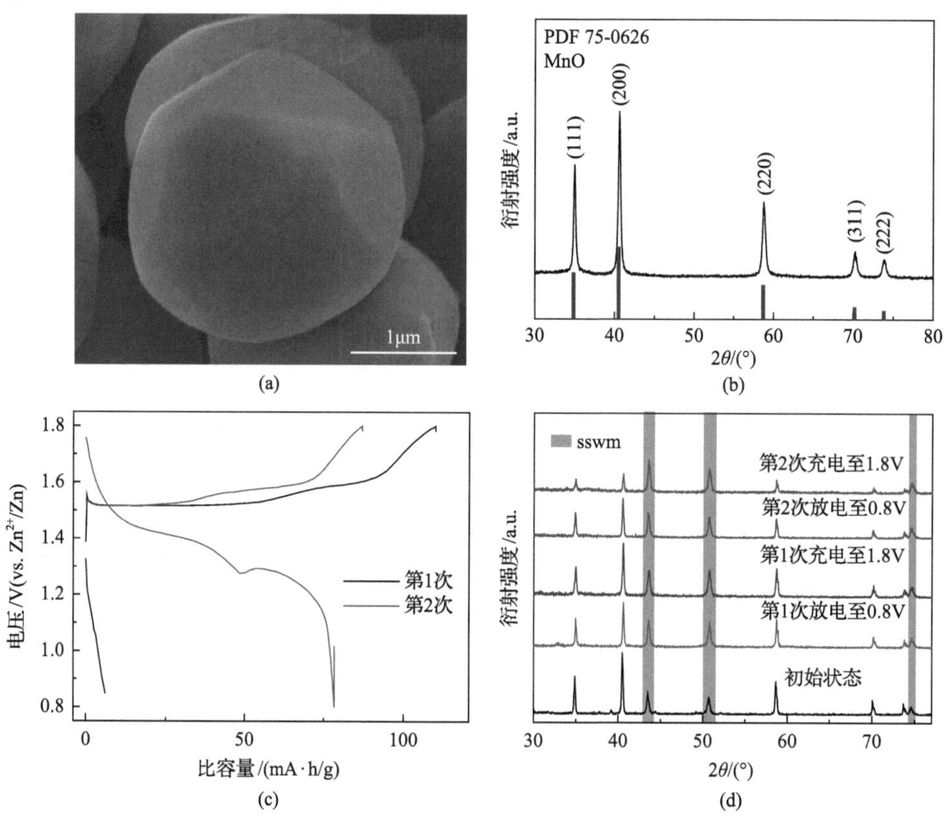

图 12-28　球状 MnO 材料的表征

(a) SEM 图像；(b) XRD 图谱；(c) 恒电流充放电曲线；(d) 非原位 XRD 图谱

基于以上讨论，MnO 电极材料的储能机理描述如下，如图 12-29 所示。

$$MnO \longrightarrow Mn_{0.61\square0.39}O + 0.39Mn^{2+} + 0.78e^- \text{（首次充电）} \quad (12\text{-}6)$$

$$Mn_{0.61\square0.39}O + yZn^{2+} + 2ye^- \rightleftharpoons Zn_yMn_{0.61\square0.39}O \text{（后续循环）} \quad (12\text{-}7)$$

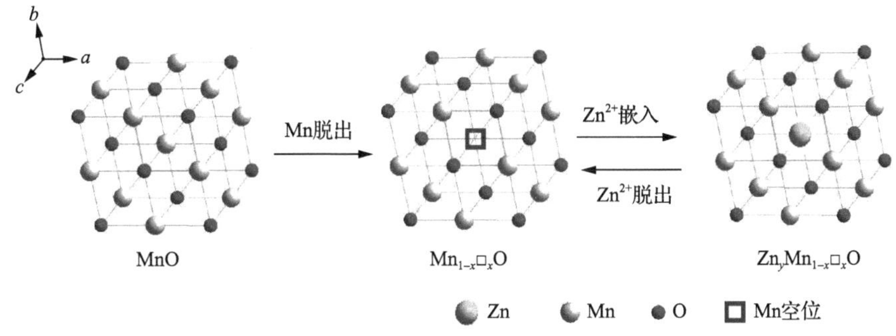

图 12-29　MnO 的储锌机理示意图

12.2.7　小结

通过化学沉淀法及后续煅烧成功制备了一种碳包覆 MnO 锌离子正极新材料。研究表明：通过电化学诱导法可在 MnO 结构中原位形成 Mn 缺陷，从而将电化学储锌惰性的 MnO 转化为高储锌电化学活性的 $Mn_{0.61}\square_{0.39}O$。$Mn_{0.61}\square_{0.39}O$ 结构中的 Mn 缺陷为 Zn^{2+}的储存提供了较大的扩散通道和较多的储锌活性位点，促进了 Zn^{2+}的扩散。$Mn_{0.61}\square_{0.39}O$ 材料结构在充放电过程中没有明显变化，表现出嵌入/脱嵌机制。同时，表面碳包覆能有效抑制材料在充放电过程中的体积膨胀，从而有效提高材料的循环稳定性。因此，$Zn/Mn_{0.61}\square_{0.39}O$ 电池在 135.6W/kg 的功率密度下可提供 356.86W · h/kg 的高能量密度，并在 1A/g 电流密度下经过 1500 次循环后仍可提供 116mA · h/g 的高可逆容量。

12.3　原位生成 SEI 膜的纳米 Ca_2MnO_4 新材料

12.3.1　概要

目前，研究人员已通过多种途径来努力改善锰基正极材料的循环稳定性，但是锰的溶解问题仍然没有得到很好的解决[29, 30]。本节介绍一种采用溶胶凝胶法制备的 Ca_2MnO_4 锌离子电池正极纳米新材料，该新材料的最大特点是在循环过程中 Ca_2MnO_4 颗粒表面原位形成固体电解质保护膜（$CaSO_4 \cdot 2H_2O$）[51]。该保护膜可有效抑制锰的溶解，降低电极的阻抗，改善界面并降低活化能，促进锌离子的嵌入和脱嵌，从而提高稳定性并延长电池的使用寿命。研究表明：新材料组装电池，在 1000mA/g 的电流密度下，经过 1000 次循环后，容量没有明显的衰减。这种原位生成 SEI 膜以保护正极的思路有望助力锌离子电池的发展。

12.3.2　材料制备

溶胶凝胶法制备 Ca_2MnO_4 纳米材料的主要过程包括以下几个步骤。第一步，前驱体制备：将 3mmol $MnCl_2$、6mmol $CaCO_3$、9mmol 柠檬酸和 9mmol 的乙二醇加入 30mL 的蒸馏水中。在 70℃的条件下搅拌蒸干得到前驱体。第二步，前驱体煅烧：将前驱体放置在 250℃空气气氛炉中，预烧 6h。然后取出研磨，在 800℃下烧结 12h，得到目标产物。

12.3.3　合成材料结构评价表征技术

合成材料结构的评价表征技术与 12.2.3 节一致。

12.3.4　合成材料结构评价表征结果与分析讨论

1. XRD、SEM 和 TEM 测试表征

如图 12-30 所示，XRD 图谱显示合成的产物是一种标准的正方钙锰氧化物 Ca_2MnO_4（CMO，PDF 78-1031），空间群 $I4_1/acd$，晶胞参数为 $a = b = 5.183$Å，$c = 24.117$Å[52]。从晶体结构来看，其结构是由沿 c 方向堆积的氧化锰层组成，钙离子分散在氧化锰层之间，以稳定主体结构；每个氧化锰层是由锰氧八面体沿 a、b 方向角连接而成的网状结构[53]。

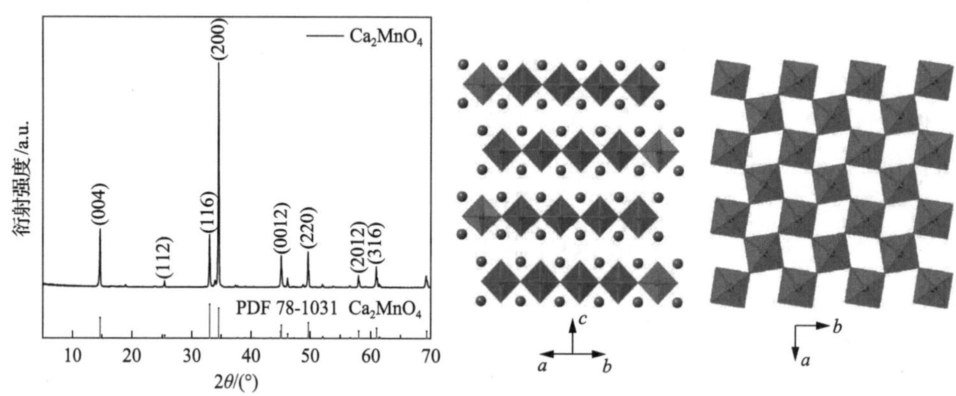

图 12-30　CMO 的 XRD 图谱及晶体结构示意图

从 TEM 图像可以看出，CMO 呈不规则短棒状，如图 12-31(a)所示。SAED 图谱表明该纳米棒为单晶相[图 12-31(b)]。从 HRTEM 图像可以看出，其晶格条纹与 CMO 相的(200)和(220)晶面匹配，如图 12-31(c)和(d)所示。元素扫描图像显示，Ca、Mn、O 元素在材料中均匀分布，如图 12-31(e)和(f)所示，进一步证实了 CMO 的合成。

(a) (b) (c) (d) (e) (f)

图 12-31　CMO 的微结构分析

(a) TEM 图像；(b) SAED 图谱；(c)、(d) HRTEM 图像；(e) 元素面分布图像；(f) EDS 线扫描图谱

2. XPS 测试表征

通过 XPS 图谱分析各个元素的状态，图 12-32(a) 显示出 Ca 的 $2p_{1/2}$ 和 $2p_{3/2}$ 峰，表明含有 Ca 元素；图 12-32(b) 和 (c) 显示出 Mn 的 2p 轨道存在两种价态及 3s 轨道存在能级分裂，表明 Mn 元素具有混合价态。图 12-32(d) 中位于 530eV 的峰表示 CMO 中的晶格氧。

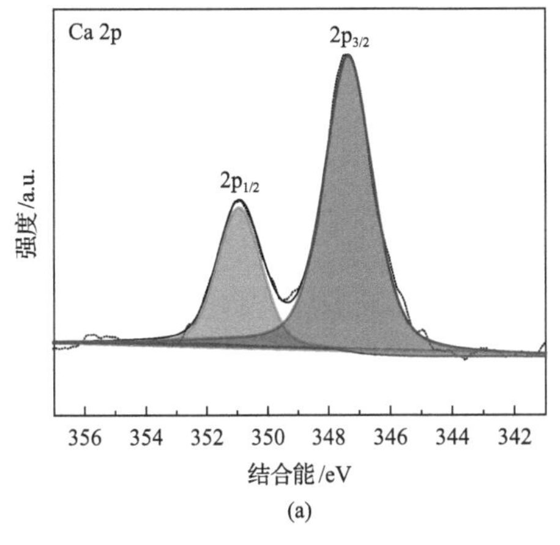

(a)

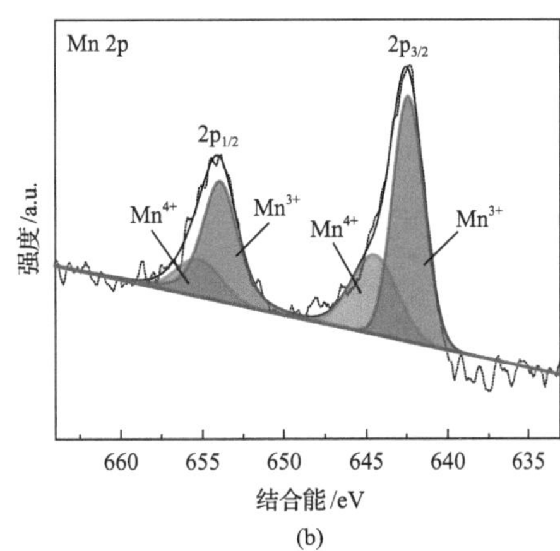

(b)

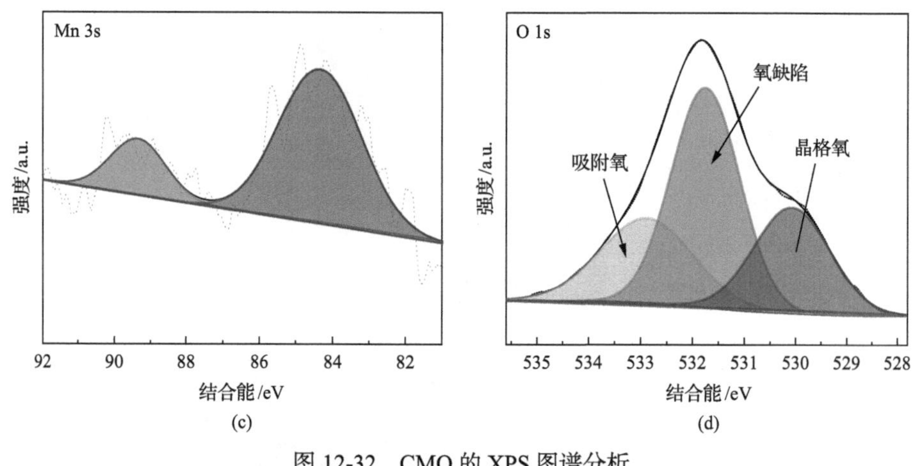

图 12-32　CMO 的 XPS 图谱分析

(a) Ca 2p；(b) Mn 2p；(c) Mn 3s；(d) O 1s

3. 原位形成 CS 相的测试表征

非原位 XRD 图表明，在充电时电极会出现 $CaSO_4 \cdot 2H_2O$(CS)相，并且该相在放电过程中保持稳定，如图 12-33(a)所示。此外，$Zn_4SO_4(OH)_6 \cdot 4H_2O$ 相也可以在放电状态下被检测到，并在充电时消失，这在水系锌离子电池中很常见[54, 55]。而 CMO 的结构几乎保持不变，表明其具有典型的插层反应[28, 56-59]。满充电状态下电极的 SAED 图像显示出两套斑点，分别对应于 CMO(如(200)和(020)晶面)和 CS(如(200)和(002)晶面)，这也证实了两相的存在，如图 12-33(b)所示。元素扫描图像表明，CS 相包覆在 CMO 相表面，形成了核-壳结构，如图 12-33(c)所示。同时对外壳位置 A 和内核位置 B 进行了元素谱分析[图 12-33(d)]，结果表明外壳处的 Ca∶Mn∶S 比为 1.09∶0.01∶1，表明主要成分为 CS，而块状 CMO 的 Ca∶Mn∶S 比为 1.93∶1∶0.02，表示主要成分为 CMO。此外，EDS 元素线扫描表明，在边缘部分锰含量显著下降，但是边缘部分中的 S 含量高于整体中的含量，表明 CS 在正极表面上形成，如图 12-33(e)所示。这是因为水系电解液中的硫酸根离子基团太大而不能嵌入 CMO 的本体相中，仅当钙离子溶出材料表面，才与硫酸根结合，形成 CS，且 CS 可以在充放电循环中保持稳定，如图 12-34 所示。完全充电状态下的 TEM 图像清楚地表明，黑色 CMO 主体被灰色 CS 层覆盖，如图 12-35 所示。根据以上分析，可得知 CS SEI 包覆 CMO 独特结构的形成机理，如图 12-33(f)所示。当电池充电时，考虑到硫酸根离子太大而无法嵌入 CMO 晶格，当钙离子脱出并在电极表面遇到硫酸盐时生成 CS 膜将 CMO 覆盖。根据布拉格定律，计算得出的 CS 层间距(7.6Å)大于 CMO 的层间距(6.0Å)。因此，包覆的 CS 层不会阻碍 Zn^{2+}离子的扩散，反而会保护 CMO 的结构。

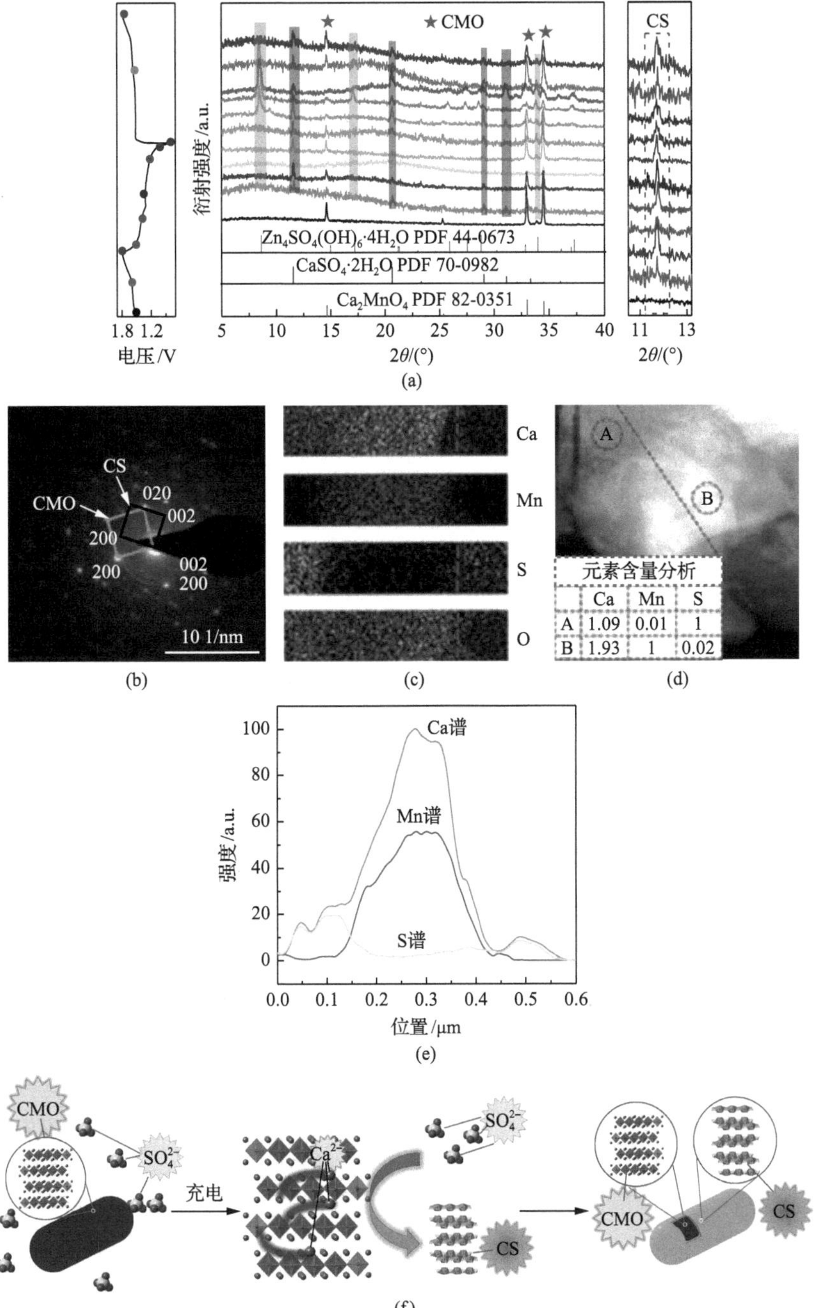

图 12-33　不同状态下 CMO 的结构变化分析

(a)前两个循环的非原位 XRD 图谱；(b)满充状态下的 SAED 图像；(c)完全充电状态的元素分析图；(d)完全充电状态的 TEM 图，插表：元素含量分析；(e)图(d)中划线位置的线性 EDS 扫描；(f)CS SEI 包覆 CMO 结构的形成机理示意图

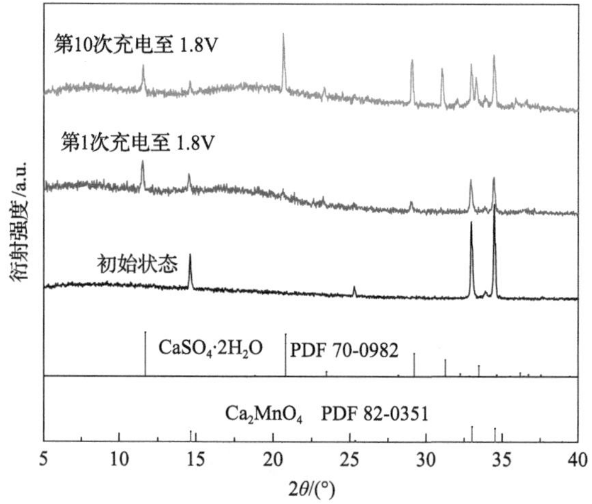

图 12-34　CMO 不同循环次数的非原位 XRD 图谱

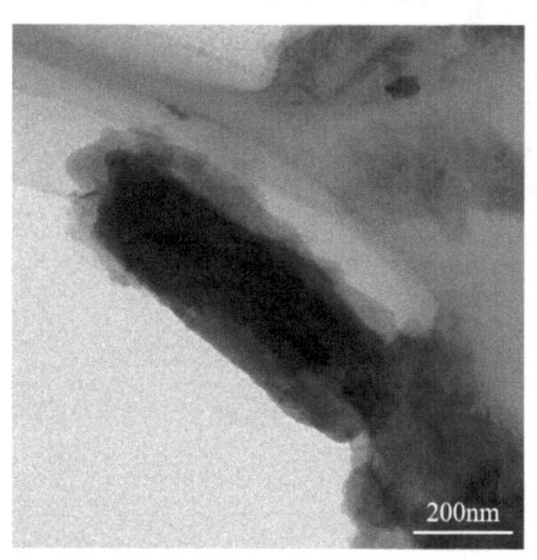

图 12-35　CMO 在满充电状态下的 TEM 形态

4. DFT 计算 CS 导电性表征

为了了解 CS SEI 薄的特性，使用 DFT 计算对 CS 结构的空间电荷密度分布、电子能带和电子态密度作了计算，并以此为基础对其导电特性进行分析。图 12-36(a)显示了 CS 的空间电荷密度分布。由图可见，电荷密度之间有交集，并未完全局域。图 12-36(b)和(c)分别表征了 CS 的能带结构和 DOS 分布。从图中可以看出，CS 的带隙为 7.2eV，表明 CS 是电子绝缘体性，但图 12-36(c)的电荷密度分布图表明：在费米能级上有一定的电荷存在。进一步建立了锌离子嵌入 $CaSO_4$ 的模型，如图 12-36(d)所示，探索 CS 的离子电导率。图 12-36(e)显示了 Zn^{2+}在 CS 中迁移的可行路径，其中 Zn^{2+}离子在 CS 层之间穿梭。Zn^{2+}从 Zn^{I}迁移到 Zn^{II}的能垒仅为 0.357eV，如图 12-36(f)所示，表明 CS 是优良的 Zn^{2+}导体。出色的 Zn^{2+}导电性和一定的电子绝缘性确保了 CS 是合适的 SEI 膜材料。SEI 膜相当于正极的“铠甲”。一方面，SEI 可以防止溶剂分子的共嵌入对正极的损害；另一方面，SEI 确保电池的正常运行并提高电池的循环稳定性。

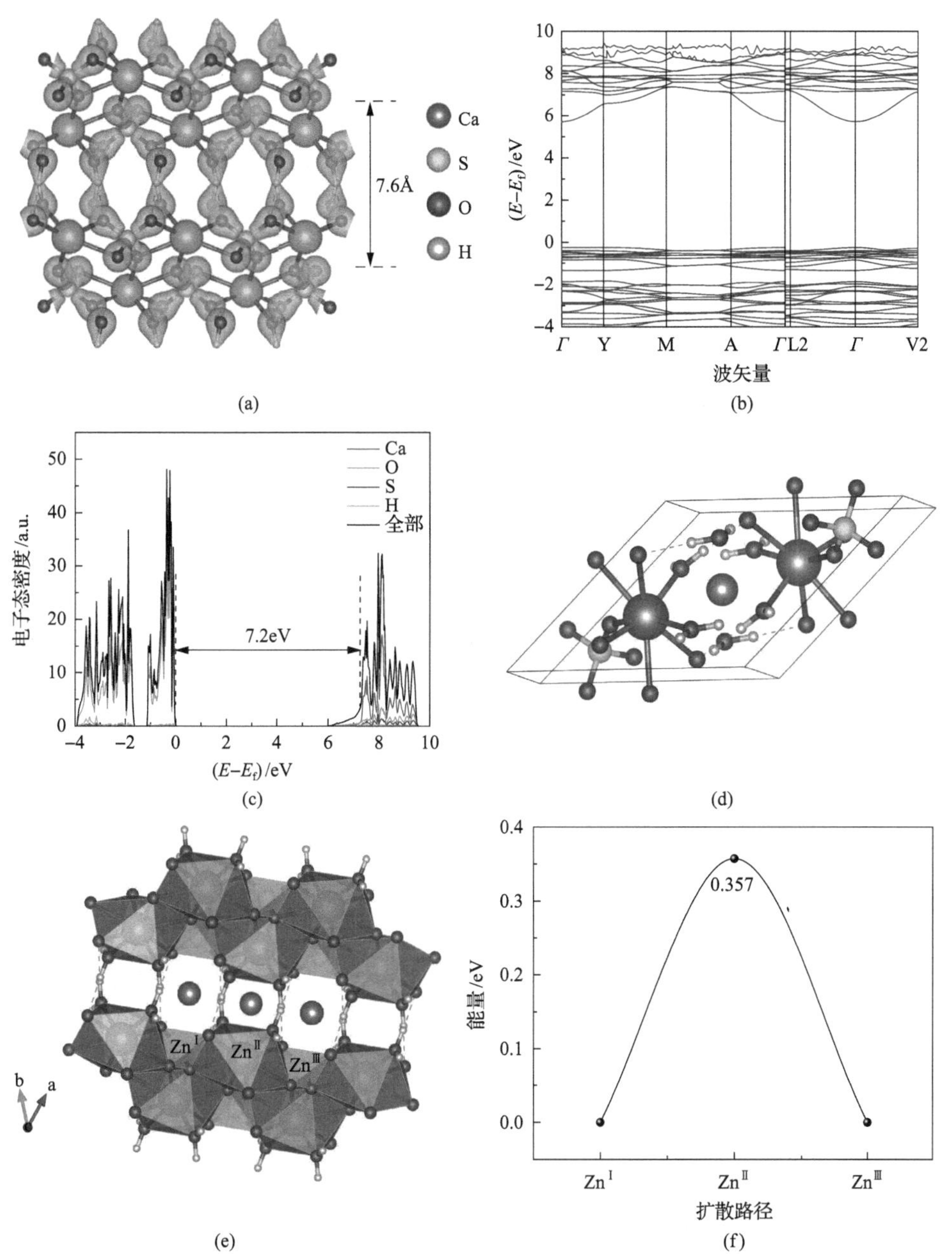

图 12-36　CS SEI 薄膜的结构特性分析

(a)空间电荷密度分布；(b)能带结构图；(c)电子态密度(DOS)图像；(d) Zn^{2+}嵌入 CS 的计算模型；(e)CS 中 Zn^{2+}的可能迁移路径；(f) Zn^{2+}迁移能

12.3.5 电化学性能与动力学分析技术与方法

电化学性能与动力学的分析评价表征方法与 12.2.5 节一致。

12.3.6 电化学性能与动力学分析表征结果与分析

1. CV、充放电测试结果与分析

图 12-37(a)表征了在 0.8～1.8V 电压窗口下，以 0.1mV/s 的扫描速率测试的 CMO 电极的 CV 曲线。从图中可以看出，首次充电的曲线与后续充电的曲线有明显不同，这是因为首次充电主要是由于钙离子的脱出。在接下来的两次中，锌离子已嵌入到 CMO 中，因此随后的充电过程主要以锌离子的脱出机理为主要特征，表现出较大的峰值电流。对于放电过程，CV 曲线显示有两个峰，这主要是锌离子的嵌入所致，并且电流强度的增加可归因于材料的逐渐激活[21]。

图 12-37(b)显示了 CMO 电极在 100mA/g 电流密度下的 GCD 曲线，从图中可以看出，CMO 电极具有高达约 1.5V 的开路电压。首次充电曲线与接下来的几

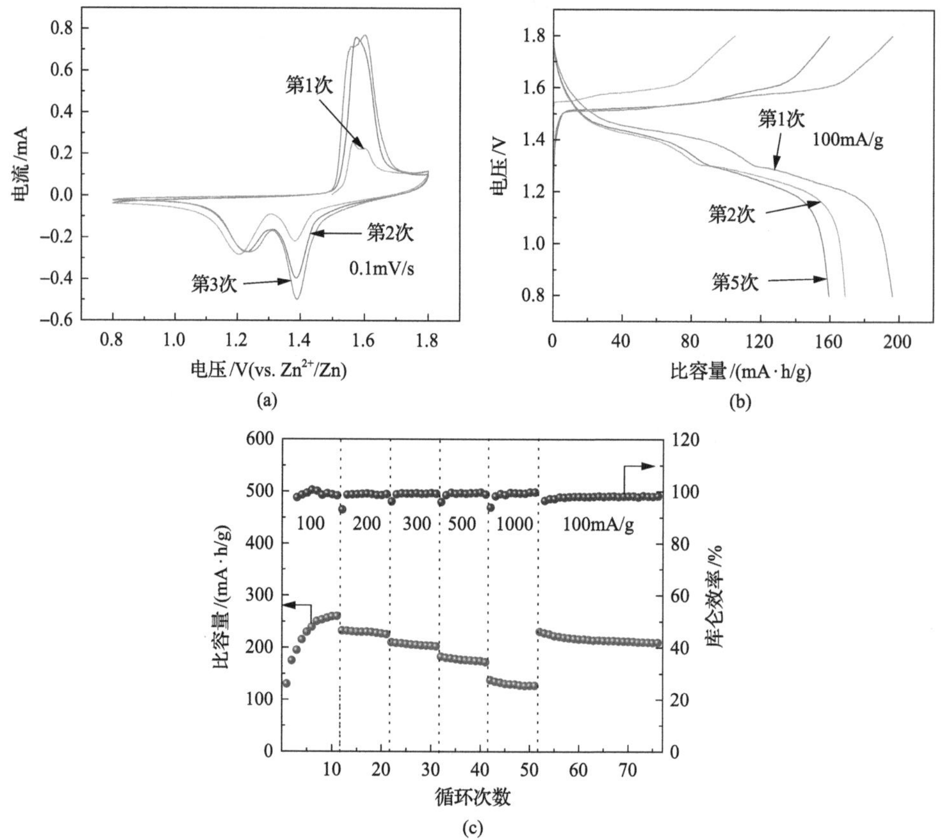

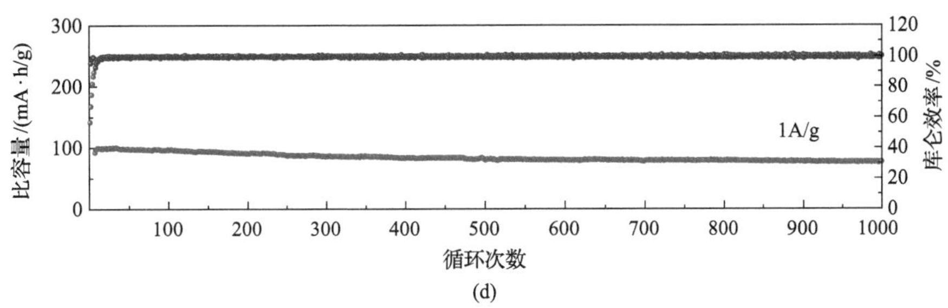

图 12-37　CMO 的电化学性能

(a) 在 0.1mV/s 扫描速率下的 CV 曲线；(b) 在 100mA/g 电流密度时的充放电曲线；(c) 倍率性能；(d) 长循环性能

次明显不同，并且其充电比容量较低，这与 CV 曲线中观察到的现象一致。此外，在放电过程中会出现约 1.4V 的较大电压平台。图 12-37(c) 显示了 CMO 的倍率性能，其在 100mA/g、200mA/g、300mA/g、500mA/g 和 1000mA/g 的电流密度下，分别获得约 250mA·h/g、220mA·h/g、200mA·h/g、170mA·h/g 和 120mA·h/g 的比容量。图 12-37(d) 展示了在 1A/g 电流密度时的循环性能，为了减缓材料活化对电极性能的不良影响，在测试长循环之前，电极材料先以 100mA/g 的小电流循环 5 次。从图中可以看出，其比容量达到 100mA·h/g，在 1000 个循环后其容量中没有明显的波动，且最后容量保持率为 80%，显示出优异的循环稳定性。

2. 电化学活化现象分析

在首次充电过程中，Ca^{2+}脱嵌并在材料表面形成 CS SEI 膜。而在放电过程中，Zn^{2+}嵌入，如图 12-38(a) 所示。然而，在第二次充电过程中，除了 Zn^{2+}的脱嵌，还存在小部分的 Ca^{2+}脱嵌以形成 CS SEI 膜，所以第二次充电容量比首次放电容量高，如图 12-38(b) 所示。由于第二次充电容量的增加，也提供给 Zn^{2+}更多的嵌入位点，所以随后的第二次放电容量也有所增加，如图 12-38(c) 所示。以此类推，第三次充放电周期以同样的方式进行，如图 12-38(d) 所示。随着 CS SEI 膜的形

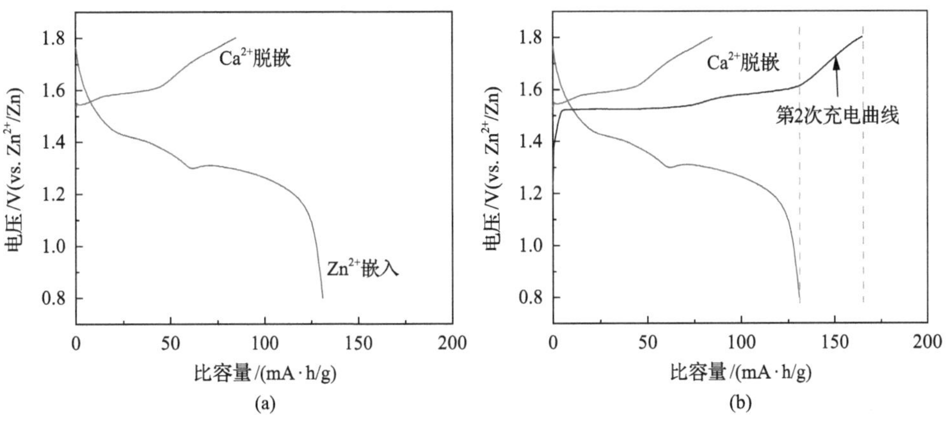

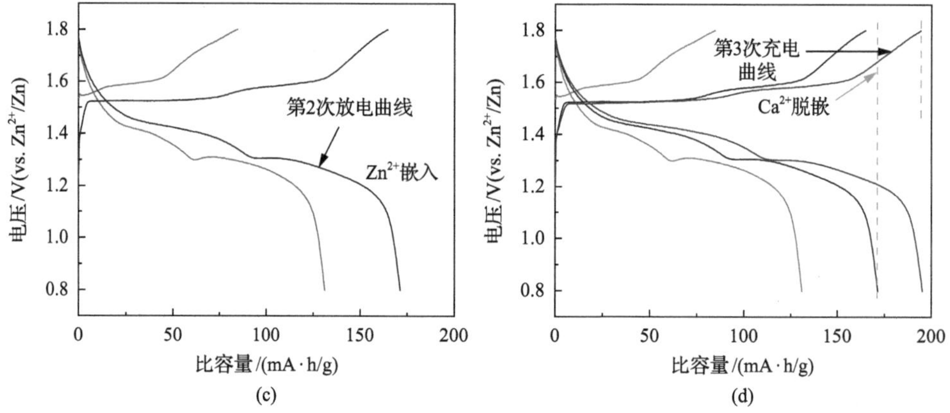

图 12-38　CMO 不同次数的充放电曲线

(a) 首次充放电曲线；(b) 在 (a) 的基础上增加第 2 次充电曲线；(c) 在 (b) 的基础上增加第 2 次放电曲线；(d) 在 (c) 的基础上增加第 3 次充电曲线

成，Ca^{2+}脱出的难度增加，因此 Ca^{2+}脱出的数量减少，容量趋于逐渐稳定。因此，材料的活化可归因于 Ca^{2+}的脱出，并形成 CS SEI 膜。

3. 电化学反应动力学分析

图 12-39(a) 显示了 CMO 电极在 0.1～1.0mV/s 的不同扫描速率的 CV 曲线。由图可以看出，CMO 的 CV 曲线有三个氧化还原峰，根据公式(6-11)计算得到的 b 值分别为 0.64、0.66 和 0.76，表明 CMO 电极的储能行为部分受电容控制[40]。如图 12-39(b) 所示，电容贡献从 0.2mV/s 的 41.5%逐渐增加到 1mV/s 的 71.2%，显示出快速的反应动力学[60]。图 12-39(c) 显示 CMO 放电后期的扩散系数明显高于 α-MnO_2(阴影区域)。同时，考虑到 α-MnO_2 电极的容量下降主要集中在放电过程的最后阶段，如图 12-39(d) 所示，而 CMO 在放电阶段结束时仍保持了出色的稳定性，如图 12-39(e) 所示。因此，CMO 电极优异的稳定性可能与其放电最后阶

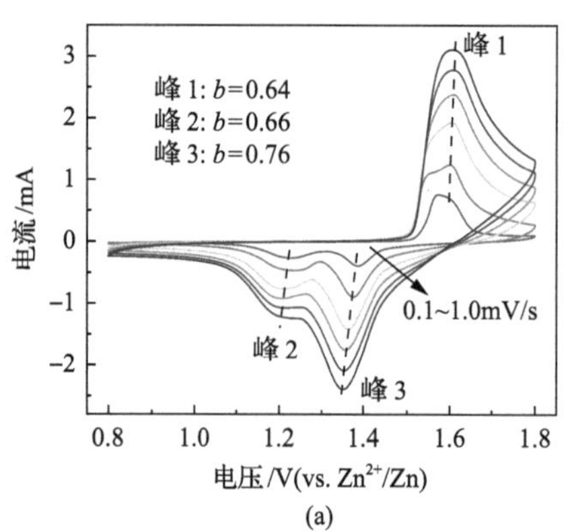

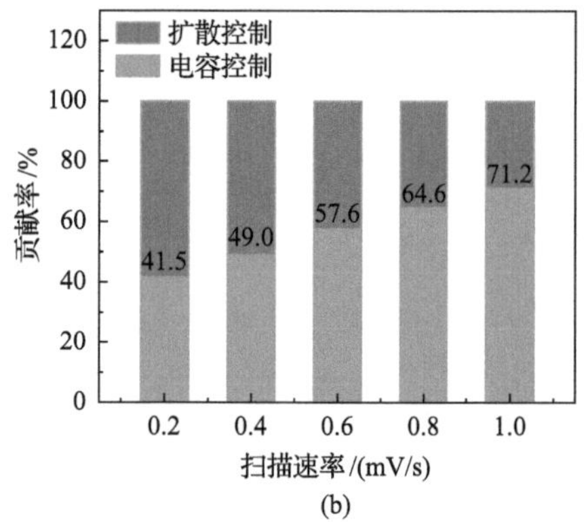

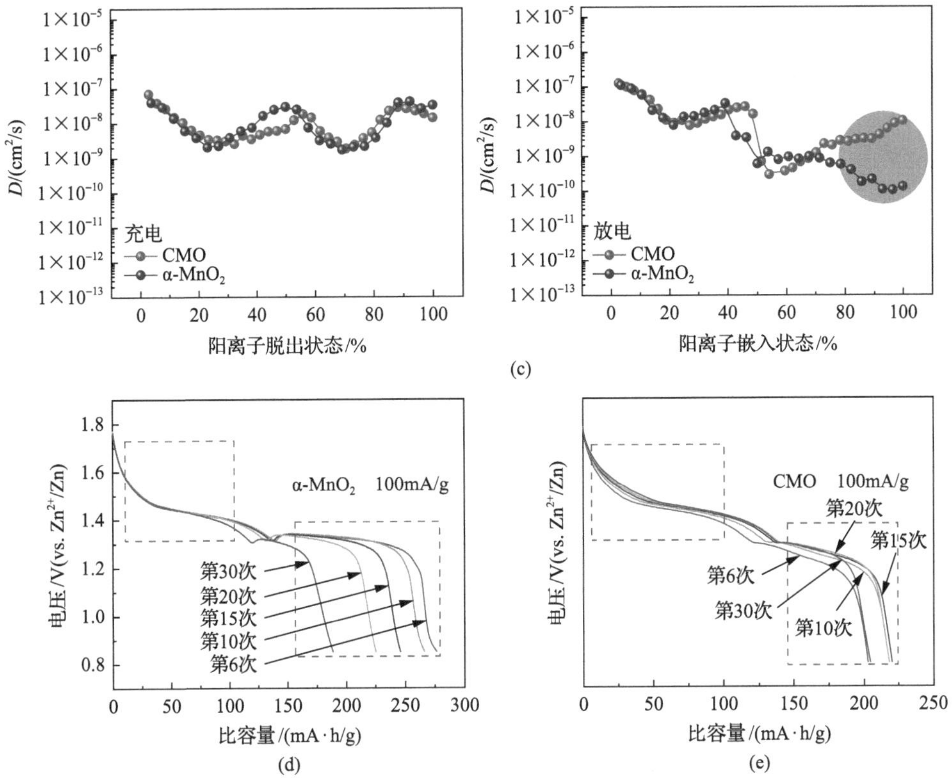

图 12-39　电极材料电化学反应动力学分析

(a) CV 曲线；(b) 电容贡献率；(c) 第二次中 CMO 和 α-MnO_2 的扩散系数对比曲线；(d) α-MnO_2 和 (e) CMO 在 100mA/g 中的恒电流放电比较曲线

段的可逆性有关，CS 的生成维护了 CMO 在放电后期的结构稳定性，保证了良好的离子扩散能力。

4. CS SEI 膜的作用分析

为了进一步探讨 SEI 膜的影响，采用不同电解液和不同电极进行对比实验。考虑到 CS 不溶于水，而乙酸钙(CA)可溶于水。使用 1mol/L Zn(CH_3COO)$_2$ + 0.1mol/L Mn(CH_3COO)$_2$(ZMA)电解液和 ZMS 电解液在 100mA/g 电流密度下进行了对比测试[图 12-40(a)]。与 ZMA 相比，ZMS 电解液中的 CMO 表现出更高的循环稳定性和库仑效率，表明 CS SEI 膜结构对电池性能有积极影响。同时将 CMO 和 α-MnO_2 作为正极与 2mol/L $ZnSO_4$ 电解液(ZS)或 1mol/L Zn(CH_3COO)$_2$ 电解液(ZA)组装成电池并进行了测试，经过一定的循环后，通过 ICP-OES 技术对电解液中的锰离子溶解度进行分析，如图 12-40(b)所示。结果表明 CMO 在 ZS 中的溶解速率远小于 α-MnO_2 在 ZS 电解液中和 CMO 在 ZA 中锰的溶解速率，这表明表面生成的 CS SEI 膜可以抑制锰在水系电解液中的溶解，从而提高稳定性并延长电池寿命。α-MnO_2 和完全充电状态下的 CMO 的阻抗测试显示，两者有不同的电化学行为，α-MnO_2 电极的阻抗图谱只有 1 个半圆弧，而 CMO 电极有两个半圆弧，表明 CMO 拥有更复杂的界面反应，这可能与 CS 膜的形成有关，如图 12-40(c) 和(d) 所示。

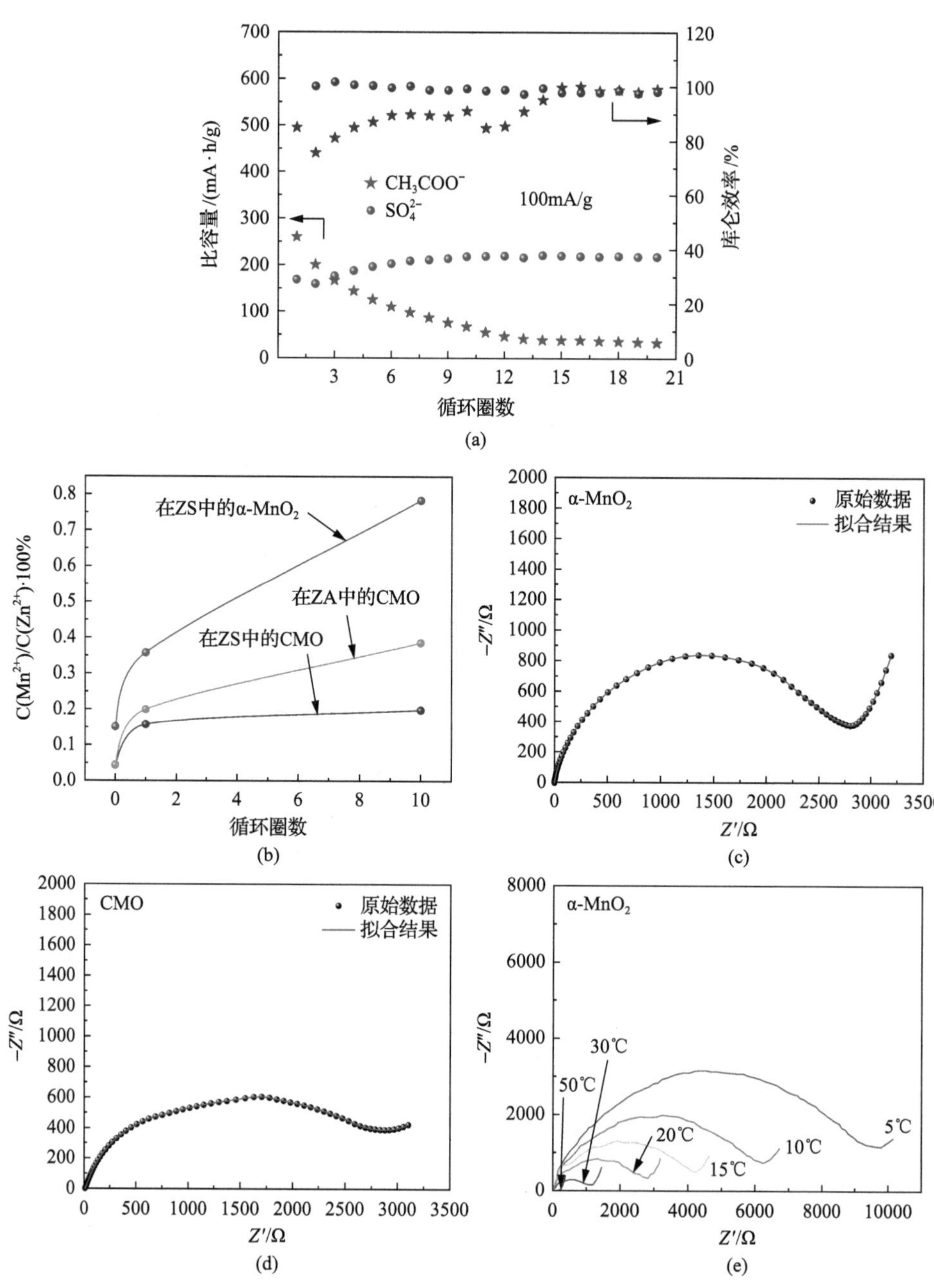

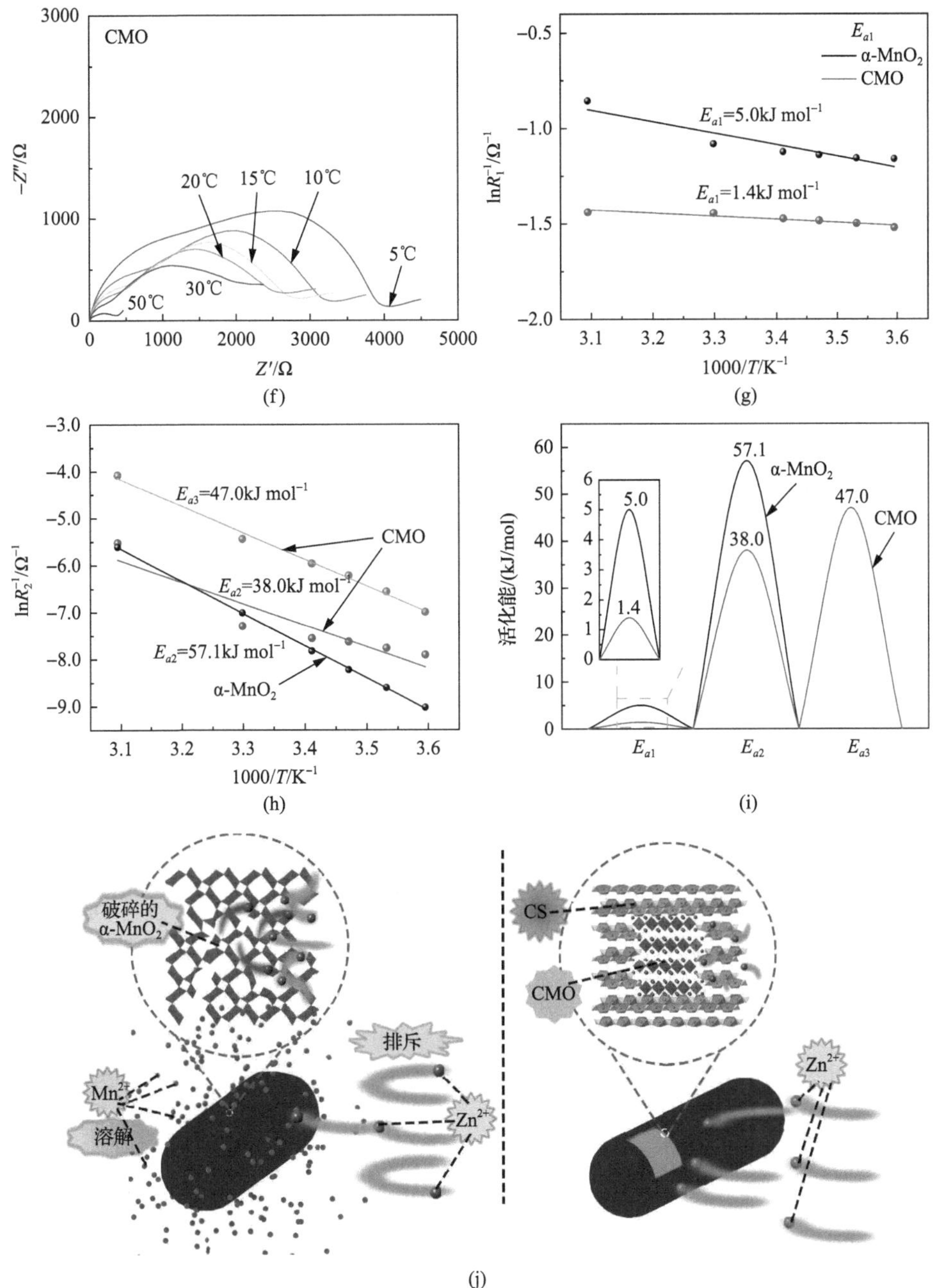

图 12-40　电极材料储能的机理分析

(a) 在 100mA/g 电流密度时，CMO 在 ZMS 和 ZMA 电解质的循环性能和库仑效率的比较；(b) 不同电解质中 α-MnO_2 和 CMO 的锰溶解速率比较；(c) α-MnO_2 和 (d) 完全充电状态下的 CMO 的阻抗图和等效电路图；(e) α-MnO_2 和 (f) 完全充电状态下的 CMO 在不同温度下的阻抗图；阿仑尼乌斯曲线确定 (g) E_{a1} 和 (h) E_{a2} & E_{a3} 的活化能；(i) α-MnO_2 和完全充电状态下 CMO 的活化能比较曲线；(j) α-MnO_2 和 CMO 电池的反应机理示意图

图 12-40(e)和(f)显示了在不同温度下 α-MnO_2 和 CMO 的阻抗图谱。从中可以看出，CMO/CS/溶液的阻抗值明显低于 α-MnO_2/溶液的阻抗值。根据不同温度的电荷转移阻抗，计算得到了两个电极的活化能，如图 12-40(g)和(h)所示。图 12-40(i)显示了 α-MnO_2 和 CMO 的活化能比较曲线。可见，CMO 的界面活化能明显低于 α-MnO_2，表明 CS SEI 膜的形成有利于改善界面并促进电极反应。

图 12-40(j)概括了 CS SEI 膜的作用，对于 α-MnO_2 正极，一方面，在放电过程中，α-MnO_2 的四价锰(Ⅳ)还原为三价(Ⅲ)，三价锰(Ⅲ)易于引起 Jahn-Teller 变形，而 Jahn-Teller 效应引起的歧化反应会导致二价锰离子(Ⅱ)的溶解[61]。值得注意的是，放电过程包含锰溶解的过程(溶解的锰离子从正极扩散到电解质)和锌离子的嵌入过程(锌离子从电解质嵌入正极)，这两个过程相反，可能会相互干扰。同时放电过程中溶解的 Mn^{2+}会与嵌入的 Zn^{2+}发生静电排斥，从而降低了放电后期 Zn^{2+}的扩散速率。另外由 Jahn-Teller 效应引起的锰溶解是正极容量迅速下降的重要原因之一，如图 12-39(d)。对于 CMO 电极，生成的 CS SEI 膜不仅可以抑制锰离子的溶解，而且还可以保护 CMO 正极。在这种情况下，不仅没有溶解的锰离子干扰锌离子的嵌入，还可以抑制材料的溶解，容量也不会急剧下降。因此，CMO 在放电后期的扩散系数显著高于 α-MnO_2 的扩散系数，而 CMO 在放电阶段也可以保持出色的稳定性。

12.3.7 小结

当用溶胶凝胶法制备的 Ca_2MnO_4 纳米新材料用作水系锌离子电池正极材料时，通过电化学充电方法可以在 Ca_2MnO_4 表面原位生成 $CaSO_4 \cdot 2H_2O$ 界面保护膜。$CaSO_4 \cdot 2H_2O$ 界面保护膜具有 7.2eV 的禁带宽度和低于 0.357eV 的锌离子迁移能垒，说明其具有优异的电子绝缘性和离子传导性，是一种合适的 SEI 膜材料。与 α-MnO_2 的性能对比，$CaSO_4 \cdot 2H_2O$ 膜包覆 Ca_2MnO_4 的结构可以有助于在放电末期提高扩散速率并抑制容量衰退，并且可以有效抑制锰的溶解并降低界面活化能。在 1000mA/g 的电流密度下，循环 1000 次，比容量始终维持在 100mA·h/g，表现出优异的循环稳定性。这种原位生成 SEI 界面膜保护正极的方法有助于促进水系电池的发展。

参 考 文 献

[1] Goodenough J B, Kim Y. Challenges for rechargeable li batteries†[J]. Chem Mater, 2010, 22(3): 587-603.

[2] Pan H, Shao Y, Yan P, et al. Reversible aqueous zinc/manganese oxide energy storage from conversion reactions[J]. Nat Energy, 2016, 1(5): 16039.

[3] Zhang N, Cheng F, Liu J, et al. Rechargeable aqueous zinc-manganese dioxide batteries with high energy and power densities[J]. Nat Commun, 2017, 8(1): 1-9.

[4] Wu B, Zhang G, Yan M, et al. Graphene scroll-coated α-MnO_2 nanowires as high-performance cathode materials for aqueous Zn-ion battery[J]. Small, 2018, 14(13): 1703850.

[5] Huang J, Wang Z, Hou M, et al. Polyaniline-intercalated manganese dioxide nanolayers as a high-performance cathode material for an aqueous zinc-ion battery[J]. Nat Commun, 2018, 9(1): 2906.

[6] Sun W, Wang F, Hou S, et al. Zn/MnO_2 battery chemistry with H^+ and Zn^{2+} coinsertion[J]. J Am Chem Soc, 2017, 139(29): 9775-9778.

[7] Fang G, Zhu C, Chen M, et al. Suppressing manganese dissolution in potassium manganate with rich oxygen defects engaged high energy density and durable aqueous zincion battery[J]. Adv Funct Mater, 2019, 29 (15): 1808375.

[8] Wu L, Xu F, Zhu Y, et al. Structural defects of silver hollandite, $Ag_xMn_8O_y$, nanorods: Dramatic impact on electrochemistry[J]. ACS Nano, 2015, 9(8): 8430-8439.

[9] Zeng Y, Lai Z, Han Y, et al. Oxygen-vacancy and surface modulation of ultrathin nickel cobaltite nanosheets as a high-energy cathode for advanced Zn-ion batteries[J]. Adv Mater, 2018, 30(33): 1802396.

[10] Zhang N, Cheng F, Liu Y, et al. Cation-deficient spinel $ZnMn_2O_4$ cathode in $Zn(CF_3SO_3)_2$ electrolyte for rechargeable aqueous Zn-ion battery[J]. J Am Chem Soc, 2016, 138(39): 12894-12901.

[11] Bao J, Zhang X, Fan B, et al. Ultrathin spinel-structured nanosheets rich in oxygen deficiencies for enhanced electrocatalytic water oxidation[J]. Angew Chem, 2015, 54(25): 7399-7404.

[12] Geng Z, Kong X, Chen W, et al. Oxygen vacancies in ZnO nanosheets enhance CO_2 electrochemical reduction to CO [J]. Angew Chem, 2018, 57(21): 6054-6059.

[13] Bai S, Zhang N, Gao C, et al. Defect engineering in photocatalytic materials[J]. Nano Energy, 2018, 53: 296-336.

[14] Fang G, Zhou J, Hu Y, et al. Facile synthesis of potassium vanadate cathode material with superior cycling stability for lithium ion batteries[J]. J Power Sources, 2015, 275: 694-701.

[15] Sun Y K, Myung S T, Park B C, et al. High-energy cathode material for long-life and safe lithium batteries[J]. Nat Mater, 2009, 8: 320-324.

[16] Zhan C, Lu J, Jeremy Kropf A, et al. Mn(II) deposition on anodes and its effects on capacity fade in spinel lithium manganate-carbon systems[J]. Nat Commun, 2013, 4: 2437.

[17] Wang X, Yagi Y, Lee Y S, et al. Storage and cycling performance of Stoichiometric spinel at elevated temperatures [J]. J Power Sources, 2001, 97-98: 427-429.

[18] Wang X, Nakamura H, Yoshio M. Capacity fading mechanism for oxygen defect spinel as a 4 V cathode material in Li-ion batteries[J]. J Power Sources, 2002, 110(1): 19-26.

[19] Chen J, Li S, Kumar V, et al. Carbon coated bimetallic sulfide hollow nanocubes as advanced sodium-ion battery anode[J]. Adv Energy Mater, 2017, 7(19): 1700180.

[20] Zhang N, Cheng F, Liu J, et al. Rechargeable aqueous zinc-manganese dioxide batteries with high energy and power densities[J]. Nat Commun, 2017, 8(1): 405.

[21] Soundharrajan V, Sambandam B, Kim S, et al. Aqueous magnesium zinc hybrid battery: An advanced high-voltage and high-energy $MgMn_2O_4$ cathode[J]. ACS Energy Lett, 2018, 3(8): 1998-2004.

[22] Zhang L, Chen L, Zhou X, et al. Towards high-voltage aqueous metal-ion batteries beyond 1.5V: The zinc/zinc hexacyanoferrate system[J]. Adv Energy Mater, 2015, 5(2): 1400930.

[23] He P, Yan M, Zhang G, et al. Layered VS_2 nanosheet-based aqueous Zn ion battery cathode[J]. Adv Energy Mater, 2017, 7(11): 1601920.

[24] Li W, Wang K, Cheng S, et al. A long-life aqueous Zn-ion battery based on $Na_3V_2(PO_4)_2F_3$ cathode[J]. Energy Storage Mater, 2018, 15: 14-21.

[25] Soundharrajan V, Sambandam B, Kim S, et al. $Na_2V_6O_{16}\cdot 3H_2O$ barnesite nanorod: An open door to display a stable and high energy for aqueous rechargeable Zn-ion batteries as cathodes[J]. Nano Lett, 2018, 18 (4) : 2402-2410.

[26] Fang G, Liang C, Zhou J, et al. Effect of crystalline structure on the electrochemical properties of $K_{0.25}V_2O_5$ nanobelt for fast Li insertion[J]. Electrochim Acta, 2016, 218: 199-207.

[27] Alfaruqi M H, Mathew V, Gim J, et al. Electrochemically induced structural transformation in a γ-MnO_2 cathode of a high capacity zinc-ion battery system[J]. Chem Mater, 2015, 27 (10) : 3609-3620.

[28] Xu C, Li B, Du H, et al. Energetic zinc ion chemistry: The rechargeable zinc ion battery[J]. Angew Chem, 2012, 51 (4) : 933-935.

[29] Pan H L, Shao Y Y, Yan P F, et al. Reversible aqueous zinc/manganese oxide energy storage from conversion reactions[J]. Nat Energy, 2016, 1 (5) : 16039.

[30] Fang G, Zhu C, Chen M, et al. Suppressing manganese dissolution in potassium manganate with rich oxygen defects engaged high-energy-density and durable aqueous Inc-ion battery[J]. Adv Funct Mater, 2019, 29 (15) : 1808375.

[31] Zhu C, Fang G, Liang S, et al. Electrochemically induced cationic defect in MnO intercalation cathode for aqueous zinc-ion battery[J]. Energy Stor Mater, 2020, 24: 394-401.

[32] Beyreuther E, Grafström S, Eng L M, et al. XPS investigation of Mn valence in lanthanum manganite thin films under variation of oxygen content[J]. Phys Rev B, 2006, 73 (15) : 155425.

[33] Biesinger M C, Payne B P, Grosvenor A P, et al. Resolving surface chemical states in XPS analysis of first row transition metals, oxides and hydroxides: Cr, Mn, Fe, Co and Ni[J]. Appl Surface Sci, 2011, 257 (7) : 2717-2730.

[34] Tang X, Feng Q, Huang J, et al. Carbon-coated cobalt oxide porous spheres with improved kinetics and good structural stability for long-life lithium-ion batteries[J]. J Colloid Interface Sci, 2018, 510: 368-375.

[35] Ilton E S, Post J E, Heaney P J, et al. XPS determination of Mn oxidation states in Mn (hydr) oxides[J]. Appl Surface Sci, 2016, 366: 475-485.

[36] Gao P, Metz P, Hey T, et al. The critical role of point defects in improving the specific capacitance of delta-MnO_2 nanosheets[J]. Nat Commun, 2017, 8: 14559.

[37] Islam S, Alfaruqi M H, Mathew V, et al. Facile synthesis and the exploration of the zinc storage mechanism of β-MnO_2 nanorods with exposed (101) planes as a novel cathode material for high performance eco-friendly zinc-ion batteries[J]. J Mater Chem A, 2017, 5 (44) : 23299-23309.

[38] Jiang B, Xu C, Wu C, et al. Manganese sesquioxide as cathode material for multivalent zinc ion battery with high capacity and long cycle life[J]. Electrochim Acta, 2017, 229: 422-428.

[39] Yan M, He P, Chen Y, et al. Water-Lubricated intercalation in $V_2O_5\cdot nH_2O$ for high-capacity and high-rate aqueous rechargeable zinc batteries[J]. Adv Mater, 2018, 30 (1) : 1703725.

[40] Ding J, Du Z, Gu L, et al. Ultrafast Zn^{2+} intercalation and deintercalation in vanadium dioxide[J]. Adv Mater, 2018, 30 (26) : 1800762.

[41] Wan F, Zhang L, Dai X, et al. Aqueous rechargeable zinc/sodium vanadate batteries with enhanced performance from simultaneous insertion of dual carriers[J]. Nat Commun, 2018, 9 (1) : 1656.

[42] Kundu D, Adams B D, Duffort V, et al. A high-capacity and long-life aqueous rechargeable zinc battery using a metal oxide intercalation cathode[J]. Nat Energy, 2016, 1 (10) : 16119.

[43] Zhang Q, Pei J, Chen G, et al. Porous $Co_3V_2O_8$ nanosheets with ultrahigh performance as anode materials for lithium ion batteries[J]. Adv Mater Interfaces, 2017, 4 (13) : 1700054.

[44] Wu B, Zhang G, Yan M, et al. Graphene scroll-coated alpha-MnO_2 nanowires as high-performance cathode materials for aqueous Zn-ion battery[J]. Small, 2018, 14 (13) : 1703850.

[45] Lee B, Lee H R, Kim H, et al. Elucidating the intercalation mechanism of zinc ions into alpha-MnO_2 for rechargeable zinc batteries[J]. Chem Commun, 2015, 51 (45) : 9265-9268.

[46] Qiu N, Chen H, Yang Z, et al. Low-cost birnessite as a promising cathode for high-performance aqueous rechargeable batteries[J]. Electrochim Acta, 2018, 272: 154-160.

[47] Kim C, Phillips P J, Key B, et al. Direct observation of reversible magnesium ion intercalation into a spinel oxide host[J]. Adv Mater, 2015, 27 (22) : 3377-3384.

[48] Liu B, Wang Y, Peng H Q, et al. Iron vacancies induced bifunctionality in ultrathin feroxyhyte nanosheets for overall water splitting[J]. Adv Mater, 2018, 36 (30) : 18031441-18031448.

[49] Qu G, Wang J, Liu G, et al. Vanadium doping enhanced electrochemical performance of molybdenum oxide in lithium-ion batteries[J]. Adv Funct Mater, 2019, 29 (2) : 1805227.

[50] Shannon R D. Revised effective ionic radii and systematic studies of interatomic distances in halides and chalcogenides[J]. Energy Harv Syst, 1976, 32 (5) : 751-767.

[51] Guo S, Liang S, Zhang B, et al. Cathode interfacial layer formation via in situ electrochemically charging in aqueous zinc-ion battery[J]. ACS Nano, 2019, 13 (11) : 13456-13464.

[52] Autret C, Martin C, Hervieu M, et al. Structural investigation of Ca_2MnO_4 by neutron powder diffraction and electron microscopy[J]. J Solid State Chem, 2004, 177 (6) : 2044-2052.

[53] Rørmark L, Mørch A B, Wiik K, et al. Enthalpies of oxidation of $CaMnO_{3-\delta}$, $Ca_2MnO_{4-\delta}$ and $SrMnO_{3-\delta}$ - deduced redox properties[J]. Chem Mater, 2001, 13 (11) : 4005-4013.

[54] Zhu C, Fang G, Zhou J, et al. Binder-free stainless steel@Mn_3O_4 nanoflower composite: A high-activity aqueous zinc-ion battery cathode with high-capacity and long-cycle-life[J]. J Mater Chem A, 2018, 6 (20) : 9677-9683.

[55] Chamoun M, Brant W R, Tai C W, et al. Rechargeability of aqueous sulfate Zn/MnO_2 batteries enhanced by accessible Mn^{2+} ions[J]. Energy Storage Mater, 2018, 15: 351-360.

[56] Cai Y, Liu F, Luo Z, et al. Pilotaxitic $Na_{1.1}V_3O_{7.9}$ nanoribbons/graphene as high-performance sodium ion battery and aqueous zinc ion battery cathode[J]. Energy Storage Mater, 2018, 13: 168-174.

[57] Guo X, Fang G Z, Zhang W Y, et al. Mechanistic insights of Zn^{2+} storage in sodium vanadates[J]. Adv Energy Mater, 2018, 8 (27) : 1801819.

[58] Zhang N, Dong Y, Jia M, et al. Rechargeable aqueous Zn-V_2O_5 battery with high energy density and long cycle life [J]. ACS Energy Lett, 2018, 3 (6) : 1366-1372.

[59] Guo S, Fang G, Liang S, et al. Structural perspective on revealing energy storage behaviors of silver vanadate cathodes in aqueous zinc-ion batteries[J]. Acta Mater, 2019, 180: 51-59.

[60] Tang B, Fang G, Zhou J, et al. Potassium vanadates with stable structure and fast ion diffusion channel as cathode for rechargeable aqueous zinc-ion batteries[J]. Nano Energy, 2018, 51: 579-587.

[61] Choi J U, Park Y J, Jo J H, et al. Unraveling the role of earth-abundant Fe in the suppression of jahn-teller distortion of P'2-type $Na_{2/3}MnO_2$: Experimental and theoretical studies[J]. ACS Appl Mater Inter, 2018, 10 (48) : 40978-40984.

第 13 章　水系锌离子电池用钒基正极新材料

13.1　混合价态 V_2O_5 中空纳米球新材料

13.1.1　概要

由于钒资源丰富，并且钒基化合物的电化学性能稳定，其在水系锌离子电池正极材料中表现出巨大的潜力。Nazar 团队最初将 $Zn_{0.25}V_2O_5 \cdot nH_2O$ 用作水系锌离子电池正极材料，其能量密度达 250W·h/kg，且可稳定循环 1000 次[1]。随后一系列钒氧化合物，如 $Ca_{0.25}V_2O_5 \cdot nH_2O$[2]、$K_{0.25}V_2O_5$[3]、$Na_2V_6O_{16} \cdot 1.63H_2O$[4]、$Na_{0.33}V_2O_5$[5]、$NH_4V_4O_{10}$[6]、$Mg_xV_2O_5 \cdot nH_2O$[7]等也被研究，表现出优异的电化学性能。但是客体离子的引入会增加材料的摩尔质量并且在一定程度上降低容量。而纯相 V_2O_5 由于电子和离子的导电率低，表现出较差的电化学性能[8]。

受混合价态的钒氧化合物可以增强电化学性能的启发[9]。本节介绍一种水热法制备的混合价态 V_2O_5 中空纳米球新材料[10]。所得的混合价态 V_2O_5 比纯相的 V_2O_5 拥有更高的电化学活性，表现为更低的极化程度、更快的离子传输速率及更高的电子导电率。因此，混合价态 V_2O_5 用作水系锌离子电池正极时表现出优异的电化学性能，包括高比容量、优异的倍率性能和可达 1000 次的长循环寿命。

13.1.2　材料制备

水热法制备混合价态 V_2O_5 中空纳米球的步骤主要包括 VOOH 前驱体制备和煅烧合成两个环节。首先，将 2mmol 的 NH_4VO_3 溶解于装有 45mL 去离子水的烧杯中，并搅拌 10min。然后，将 5mL 浓度为 1mol/L 的 HCl 溶液以每分钟 1mL 的速率注入烧杯中，直到混浊的液体变成黄色的透明溶液。再将 5mL 的 $N_2H_4 \cdot 3H_2O$ 溶液作为强还原剂添加到之前制备的溶液中，搅拌 30min。将获得的 $V(OH)_2NH_2$ 褐色混浊液转移到 50mL 的水热釜中，并在 120℃的烘箱中保温 8h，待其冷却至室温，将水热反应后的物质抽滤，真空环境下 50℃干燥，即可制得所需的 VOOH 前驱体。最后，将 VOOH 转移至马弗炉，在空气气氛中以 2℃/min 的升温速率加热至 250℃，并保温 6h，即可制备出混合价态的 V_2O_5；若退火温度升至 300℃以上，即可获得 V_2O_5。

13.1.3　合成材料结构的评价表征技术

材料结构表征实验是通过 XRD 测试完成的，具体做法是将合成产物放在 XRD

设备中扫描出衍射图谱，扫描方式是步进扫描，步长设置为 0.02°，计数时间设置为 2s。采用 Jade 软件对 XRD 图谱进行全谱拟合精修，获取材料的晶胞参数、原子占位、物相比例等信息。采用 SEM 观察样品的形貌及颗粒大小，以对反应合成过程做出进一步判断。通过 TEM 获得材料内部结构信息，如层间距等。通过 TG 确定选择的物质因分解、氧化，或挥发(如水分)而造成质量的减少或增加。XPS 用来测定样品表面的元素组成与价态。

13.1.4　合成材料结构的评价表征结果与分析讨论

图 13-1 显示的是 VOOH 在 10℃/min 升温速率下的 TG-DSC 数据，这个曲线有几个比较特殊的地方。一是 VOOH 前驱体，在 50～125℃有一个非常强的放热峰，但材料质量却变化很小。为弄清楚这一过程，对前驱体进行了进一步的物相分析，如图 13-2(a)可见，合成的前驱体结晶度比较高，结构与正交晶系 FeOOH(PDF 74-1877)相似。对前驱体的高温 XRD 原位分析表明，在 50℃加热时，前驱体衍射峰变弱、变宽，表明前驱体结构有非晶化的过程发生，即

$$\mathrm{VOOH_{晶}} \xrightarrow{50\sim125℃} \mathrm{VOOH_{非晶}}$$

与此过程同时进行的还有，前驱体与空气中的氧气作用发生氧化和失水，即

$$\mathrm{2VOOH}+\frac{1}{2}\mathrm{O_2} \xrightarrow{50\sim125℃} \mathrm{2VO_2}+\mathrm{H_2O_{(g)}}$$

这个过程放出了大量热量，而质量变化很小。

低价态钒氧化合物在 125～350℃进一步氧化成高价态的钒氧化合物，即

$$\mathrm{2VO_2}+\frac{1}{2}\mathrm{O_2} \xrightarrow{125\sim350℃} \mathrm{V_2O_5}$$

并伴随着一定的放热和质量增加，如图 13-1 所示。最终在 350℃附件完成反应转变为稳定的 V_2O_5 相，这一点通过不同温度处理过程中样品的 XRD 原位分析结果已得到印证，如图 13-2(b)所示。

如图 13-3(a)所示，在 250℃和 350℃下所制备样品的 XRD 图谱均与正交结构的 V_2O_5(PDF 41-1426)相匹配。具有层状框架的 V_2O_5 晶体结构可为锌离子的嵌入/脱嵌提供足够的空间。采用 XPS 分析研究了不同温度下 V_2O_5 中钒的化学氧化状态。以位于 284.5eV 处的 C 1s 峰为参考，标定了 XPS 光谱的结合能。如图 13-3(b)所示，在 350℃下获得的 V_2O_5 的 V $2p_{3/2}$ 和 V $2p_{1/2}$ 峰位于 517.6eV 和 525eV 处，证实了由于高温煅烧，钒元素处于五价状态(V^{5+})[11]。然而，在 250℃下获得的

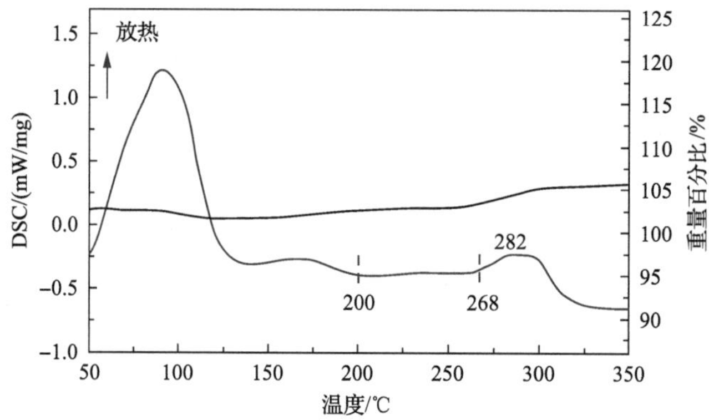

图 13-1　50℃烘干得到的 VOOH 在 10℃/min 升温速率下的热重-差热数据

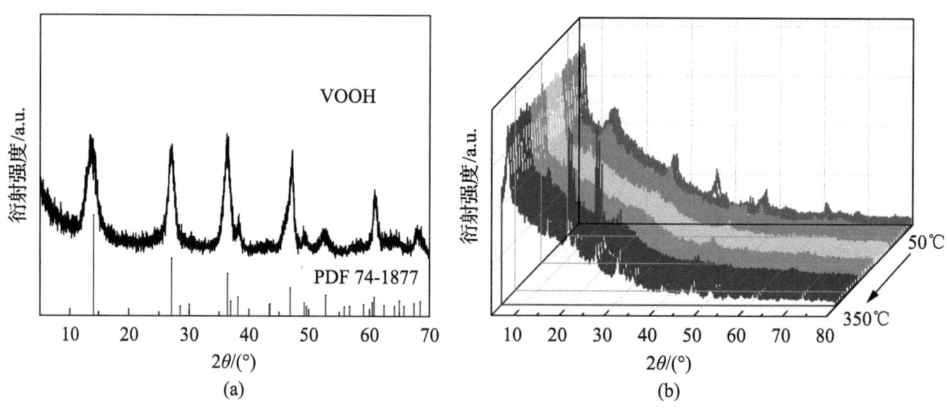

图 13-2　前驱体的 XRD 分析

(a) VOOH 的 XRD 图谱；(b) VOOH 的动态高温 XRD 图

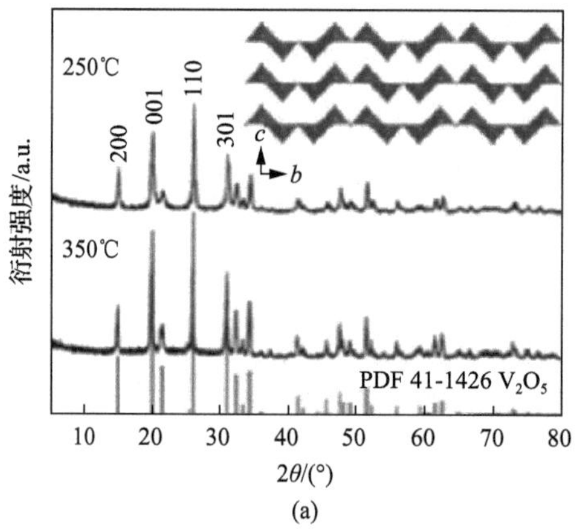

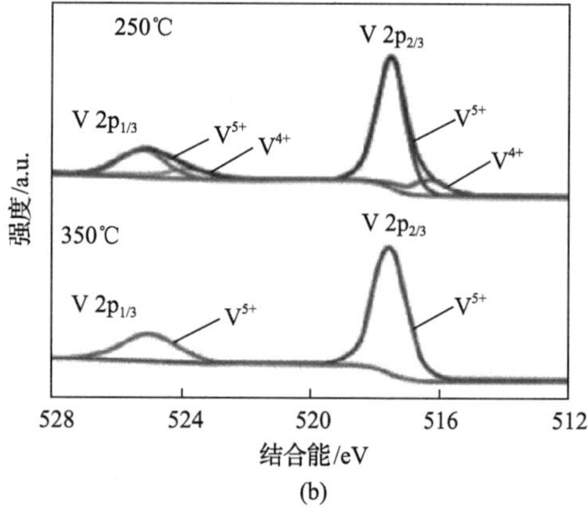

(c)

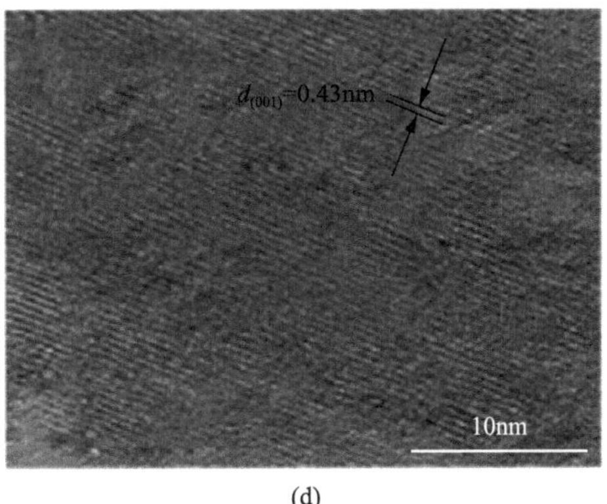

(d)

图 13-3　V^{4+}-V_2O_5 和 V_2O_5 的结构表征

(a) V^{4+}-V_2O_5 的 XRD 图谱和晶体结构图；(b) V^{4+}-V_2O_5 和 V_2O_5 的 V 2p XPS 图谱；(c) V^{4+}-V_2O_5 的 TEM 图；(d) V^{4+}-V_2O_5 的 HRTEM 图

V 2p 峰在 516.4eV 和 523.8eV 下呈现两个额外的峰，对应于四价钒 (V^{4+}) [12]，这意味着在 250℃下获得的 V_2O_5 中的钒在低温煅烧过程中没有被完全氧化。V^{5+} 与 V^{4+} 的摩尔比为 4.74∶1。因此，将在 250℃和 350℃下制备的样品分别记为 V^{4+}-V_2O_5 和 V_2O_5。

V^{4+}-V_2O_5 的 TEM 图像显示其是由纳米薄片组成的空心球，如图 13-3(c) 所示。这种独特的纳米结构可以提供更多的活性位点，提高离子的扩散能力[13]。HRTEM 图像中 0.43nm 的平面间距对应于 V_2O_5 的 (001) 晶面，如图 13-3(d) 所示。

13.1.5　电化学性能与动力学分析评价表征技术与方法

将活性物质和乙炔黑及 PVDF 以 7∶2∶1 的质量比混合研磨，锌金属作为对电极和参比电极，聚丙烯膜作为隔膜，在空气中将试样极片组装成 CR2016 式纽扣半电池进行各项电化学性能测试。半电池性能测试主要包括：在电化学工作站上，以 0.1～1.0mV/s 的扫描速度在 0.4～1.4V (vs. Zn^{2+}/Zn) 的电压范围内进行循环伏安测试；在蓝电电池测试系统上，通过充放电实验来测量电池在常温 (25℃) 下的倍率性能和循环稳定性等。

锌离子扩散系数计算：通过恒电流间歇滴定测试技术 (GITT) 研究 Zn^{2+} 嵌入/脱嵌反应对离子扩散的影响，扩散系数随充电/放电过程而变化。扩散系数计算公式与第 6.4.5 节中式 (6-15) 一致。

13.1.6　电化学性能与动力学分析评价表征结果与讨论

1. CV 测试、锌离子扩散系数计算、EIS、充放电测试结果与分析

图 13-4(a) 显示了 V^{4+}-V_2O_5 和 V_2O_5 电极在扫描速率为 0.1mV/s、电压范围为

0.4～1.4V (vs. Zn^{2+}/Zn) 的 CV 曲线。两种样品都有三对氧化还原峰，如 V^{4+}-V_2O_5 的氧化还原峰为 0.61/0.74V、0.92/0.97V 和 1.04/1.12V。由图可见，V^{4+}-V_2O_5 氧化还原峰之间的极化小于 V_2O_5，表明 V^{4+}-V_2O_5 的极化较低[14]。此外，V^{4+}-V_2O_5 的峰值电流密度比 V_2O_5 的峰值电流密度要强得多，这表明前者比后者具有更高的电化学活性和更高的容量[15]。

为了进一步验证 V^{4+}-V_2O_5 的优点，采用恒电流间歇滴定法(GITT)测定 Zn^{2+}

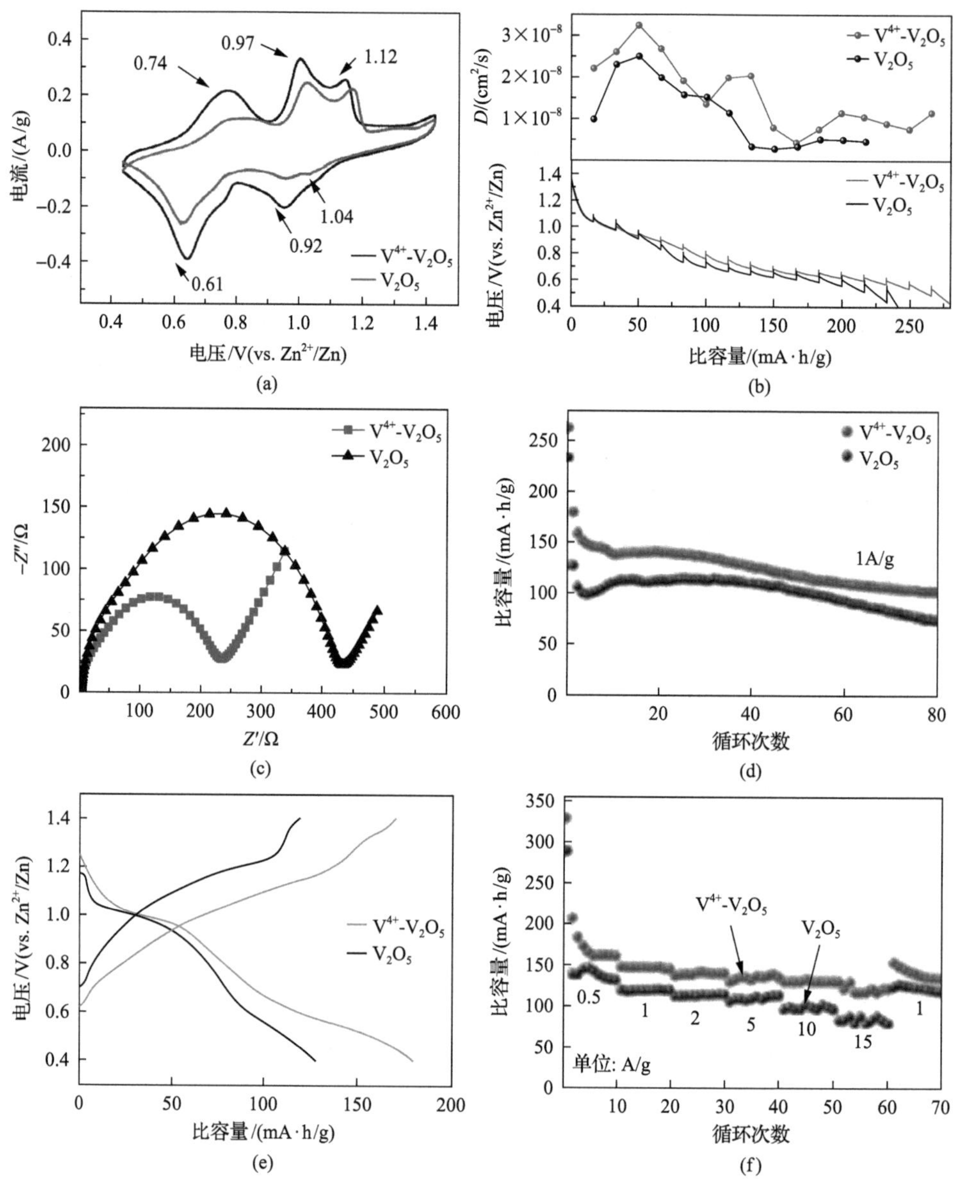

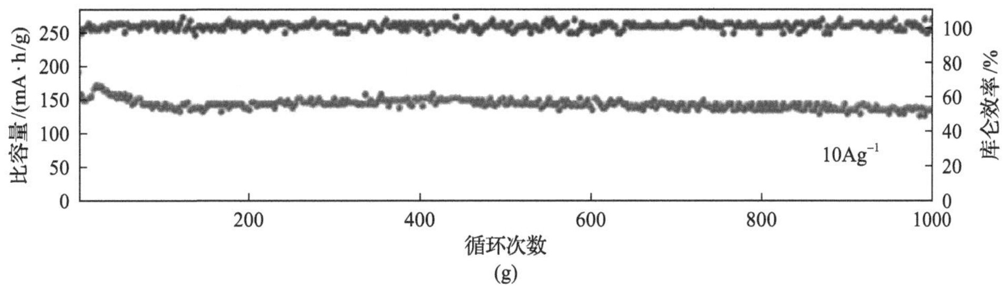

图 13-4　V^{4+}-V_2O_5和V_2O_5电极的电化学性能表征

(a)第 3 次的 CV 曲线；(b)GITT 曲线和计算的扩散系数；(c)充放电循环前的阻抗图；(d)1A/g 电流密度时的循环性能；(e)在 1A/g 电流密度下，循环第 2 次的放电、充电电压曲线；(f)在不同电流密度下的倍率性能；(g)Zn/V^{4+}-V_2O_5电池在 10A/g 电流密度下的长循环性能

离子的扩散系数，图 13-4(b)显示了V^{4+}-V_2O_5和V_2O_5的 GITT 曲线和对应的Zn^{2+}扩散系数($D_{Zn}{}^{2+}$)。V^{4+}-V_2O_5中的$D_{Zn}{}^{2+}$值在4.31×10^{-9}～$3.24\times10^{-8}cm^2/s$，而V_2O_5中的$D_{Zn}{}^{2+}$值在2.82×10^{-9}～$2.50\times10^{-8}cm^2/s$。很明显，V_2O_5中的$D_{Zn}{}^{2+}$比V^{4+}-V_2O_5中的$D_{Zn}{}^{2+}$要低得多。

通过 EIS 测试来分析V^{4+}-V_2O_5和V_2O_5之间的阻抗差异，如图 13-4(c)所示。阻抗图谱在高频范围内呈半圆形，在低频范围内呈倾斜线。半圆的形成归因于固体电解质界面(SEI)膜和电极/电解质界面的电荷转移反应[16]。很明显，V^{4+}-V_2O_5电极的电荷转移电阻值远低于V_2O_5电极。V^{4+}-V_2O_5和V_2O_5电极的R_{ct}分别为 203.5Ω 和 377.3Ω。上述结果表明，V^{4+}-V_2O_5在V^{4+}存在时具有较高的电化学活性、较快的离子扩散能力和较好的导电性，因此有望获得比V_2O_5更好的电化学性能。

V^{4+}-V_2O_5和V_2O_5在 1A/g 电流密度下的初始比容量分别为 262.1mA·h/g 和 249.6mA·h/g，如图 13-4(d)所示。经过 80 次循环后，两者的比容量下降得都较快，而V^{4+}-V_2O_5显示出更好的循环稳定性。初始循环中比容量快速下降的原因将在后续讨论。V^{4+}-V_2O_5的充放电电压曲线在约 1.1V、1.0V 和 0.6V 处有三个平台，如图 13-4(e)所示。这表明Zn^{2+}在V^{4+}-V_2O_5中的嵌入/脱出行为比在V_2O_5中更明显。在电流密度分别为 0.5A/g、1A/g、2A/g、5A/g、10A/g 和 15A/g 时，V^{4+}-V_2O_5的平均放电比容量分别为 188.7mA·h/g、149.9mA·h/g、143mA·h/g、138.31mA·h/g、133mA·h/g 和 124.93mA·h/g，如图 13-4(f)所示。然而，V_2O_5正极在 15A/g 电流密度下显示出 87.5mA·h/g 的低容量。此外，V^{4+}-V_2O_5正极在 10A/g 的高电流密度下表现出优异的长循环性能，循环 1000 次后仍可保持 140mA·h/g 的高比容量，如图 13-4(g)所示。

为了进一步确认V^{4+}-V_2O_5性能的优异性，测试了更高温度下制备V_2O_5材料在 1A/g 电流密度下，即 350℃、400℃、450℃下的循环性能，结果如图 13-5 所示。由图可见，高于 350℃以上合成电极材料相关电化学性能保持稳定，较高合成温度对材料进一步性能影响较小。因此，V^{4+}-V_2O_5与V_2O_5相比，电化学性能的改善可能是由于混合价态的存在。众所周知，在电极材料中引入金属离子的混合价对其电化学反应有显著影响[9]。在电极界面存在此类缺陷不仅可以增加电极和电解质之间的有效接触面积[17]，还可以对电极起到稳定的作用[9]。

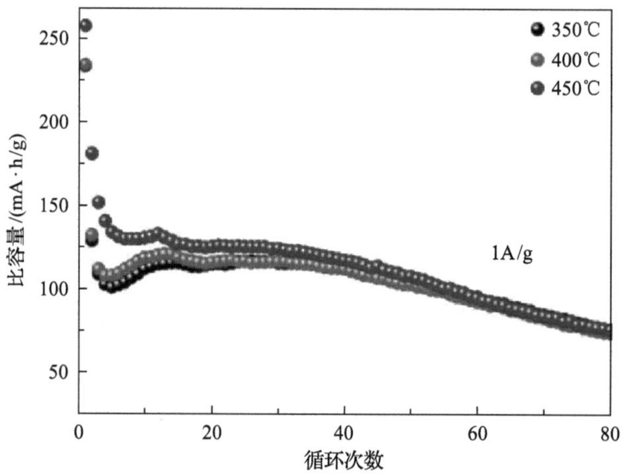

图 13-5　不同温度样品在 1A/g 电流密度下的循环性能

2. 赝电容效应分析

V^{4+}-V_2O_5的电化学反应动力学可进一步通过在 0.1～1.0mV/s 扫描速率下的 CV 曲线进行研究，如图 13-6(a)所示。计算出的六个氧化还原峰的 *b* 值分别为 0.68、0.64、0.71、0.56、0.83 和 0.77，表明部分赝电容对 V^{4+}-V_2O_5的容量有贡献，从而导致了 Zn^{2+}离子的快速扩散。图 13-6(b)中阴影区域的面积为电容贡献比，当扫描速率从 0.2mV/s 增加到 1.0mV/s 时，V^{4+}-V_2O_5的赝电容贡献率从 33.9%提高到 57.2%。

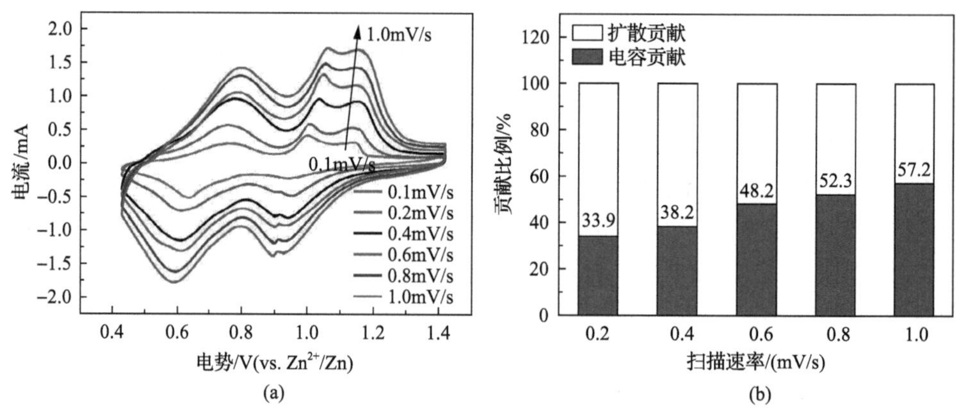

图 13-6　V^{4+}-V_2O_5电极赝电容效应分析

(a) CV 曲线；(b) 赝电容贡献百分比

3. 储能机制分析

利用X射线衍射技术研究了 V^{4+}-V_2O_5 在放电/充电过程中的结构变化，如图 13-7(a)所示。由图看出，从初始状态到放电至 1.0V，分别对应于(001)、(101)和(110)晶面的位于 20.262°、21.711°和 26.126°处的衍射峰，其位置没有发生明显变化，但强度变弱且明显宽化。这是由于 Zn^{2+} 的嵌入引起结构畸变，造成衍射峰强度下降。在后续的放电/充电过程中，这 3 个衍射峰的位置和强度基本保持不变，如图 13-7(a)和(b)所示。前 3 次的充电至 1.4V 的 XRD 图谱也可以观察到(001)、(101)和(110)晶面的衍射峰，如图 13-7(c)所示，说明该电极在后续的循环过程中能保持结构稳定。值得注意的是，在放电过程中生产了 $Zn_4SO_4(OH)_6·5H_2O$ 相(PDF 39-0688)，该相在充电过程中逐渐消失，前人的报道也发现类似的现象[18]。

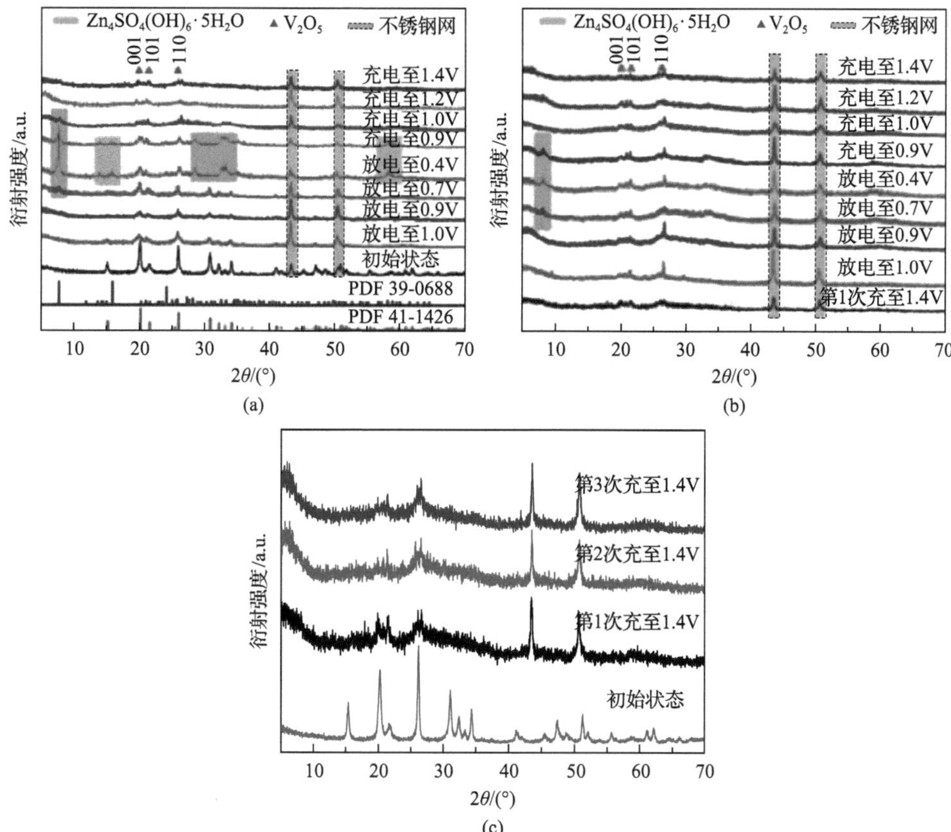

图 13-7　V^{4+}-V_2O_5 电极在放电/充电过程中的结构变化分析

(a)在 100mA/g 电流密度下，放电或充电至不同电压状态的非原位 XRD 图谱；(b)在 100mA/g 电流密度下，第 2 次循环中充放电到不同电压状态的 XRD 图谱；(c)在不同循环周期下充电至 1.4V 的 XRD 图谱

图 13-8 显示了处于不同状态的 V^{4+}-V_2O_5 电极的 SEM 图像。初始状态的 V^{4+}-V_2O_5 电极的 SEM 图像如图 13-8(a)、(b)所示，其表面和内部结构是相对疏松的，这有利于 Zn^{2+}的扩散。当放电至 0.4V 时，可以看出电极表面上材料的形态发生了很大变化。与初始状态相比，出现了许多层状薄片，如图 13-8(c)和(d)所示。这种现象在以前的一些文章中也有所报道。放电状态出现的薄片可能是由于 $Zn_4SO_4(OH)_6 \cdot 5H_2O$ 的形成。这些层状薄片在充电过程中又会消失[图 13-8(e)]。该变化对应着 $Zn_4SO_4(OH)_6 \cdot 5H_2O$ 相的可逆形成与消失，与图 13-7 的 XRD 结果一致。当充电至 1.4V 时，V^{4+}-V_2O_5 电极膜的形态不如原始状态完整，但其内部结构还保持疏松状态，如图 13-8(f)所示。

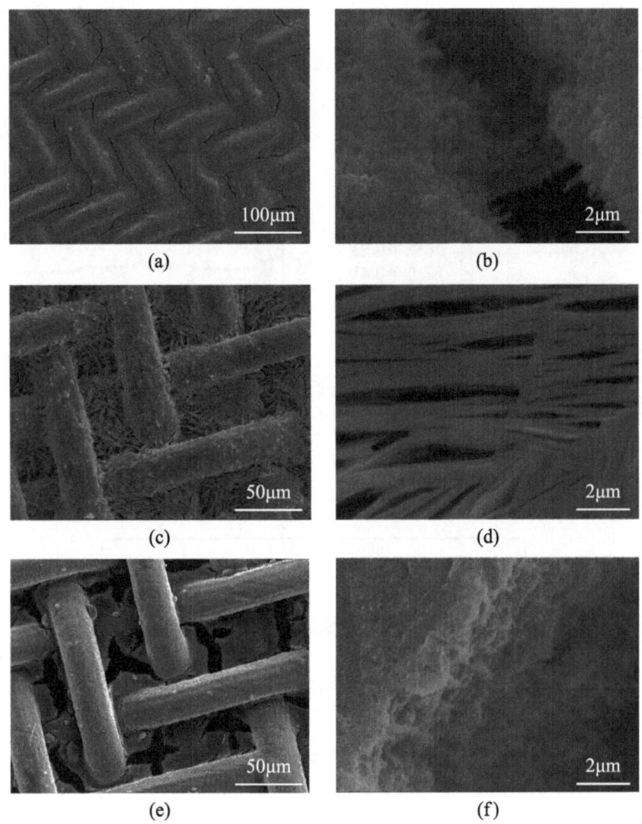

图 13-8 V^{4+}-V_2O_5 电极不同放大倍数下的 SEM 图

(a)、(b)初始状态；(c)、(d)放电至 0.4V；(e)、(f)充电至 1.4V

进一步通过非原位 HRTEM 表征 V^{4+}-V_2O_5 材料在放电至 0.4V 和充电至 1.4V 时的结构变化，如图 13-9(a)和(b)所示。(001)晶面在 0.4V 放电状态下的面间距为 0.45nm，而在 1.4V 充电状态下的面间距为 0.43nm，证实了 Zn^{2+}在 V^{4+}-V_2O_5

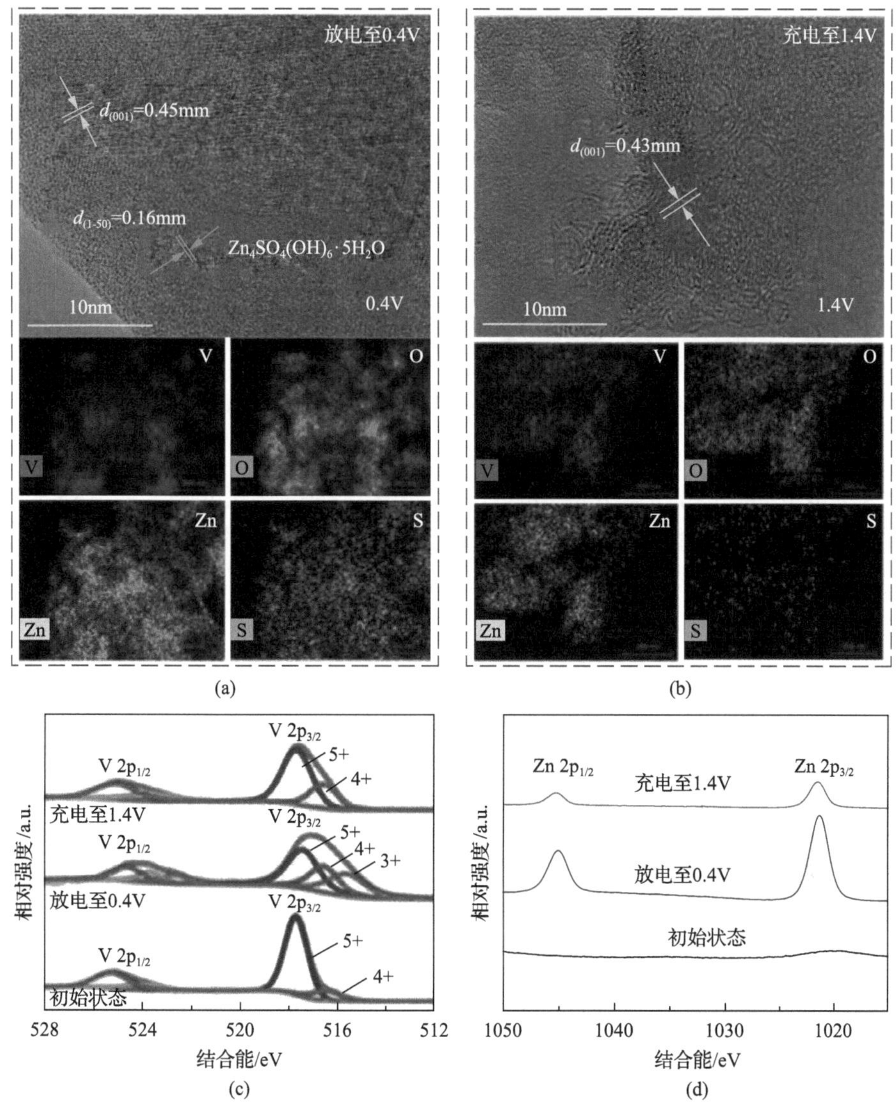

图 13-9　电极在不同状态下的 HRTEM、TEM-EDS 图和 XPS 分析

(a)放电至 0.4V 时材料的 HRTEM 图和元素分布图；(b)充电至 1.4V 时材料的 HRTEM 图和元素分布图；(c)完全放电/充电状态下 V 2p 的高分辨率 XPS 光谱；(d)完全放电/充电状态下 Zn 2p 的高分辨率 XPS 光谱

电极中的嵌入/脱嵌行为。0.4V 状态下晶面间距为 0.16nm 的晶面与 $Zn_4SO_4(OH)_6\cdot 5H_2O$(PDF 39-0688)相的晶面间距匹配，在充电至 1.4V 时消失。从相应的元素分布图可以观察到，S 元素在放电至 0.4V 时大量存在，而在充电至 1.4V 几乎消失，进一步说明了 $Zn_4SO_4(OH)_6\cdot 5H_2O$ 相的可逆形成与消失。图 13-10 显示了 V^{4+}-V_2O_5 在不同状态下的 SAED 图。在初始状态观察到明显的衍射斑点，经分析表明它们与 V_2O_5 的(200)、(002)、(400)等晶面对应，如图 13-10(a)所示。当放电至 0.4V 时，观察到

几个不明显的衍射环，这可能是新相 $Zn_4SO_4(OH)_6\cdot 5H_2O$[图 13-10(b)]。当充电至 1.4V 时，物质呈现出单一和非晶态混合物[图 13-10(c)]，这与 XRD 结果一致。

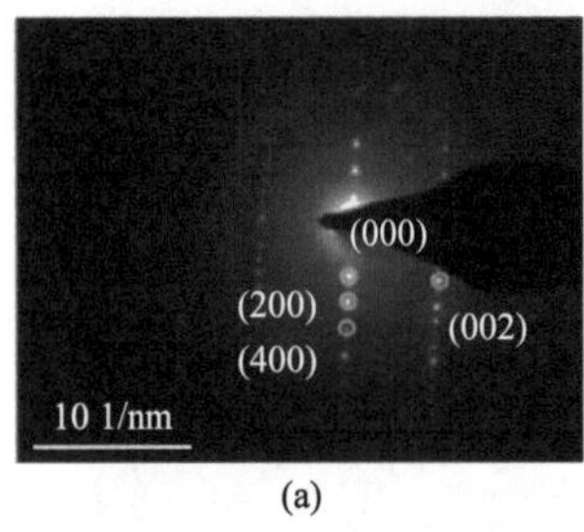

(a)

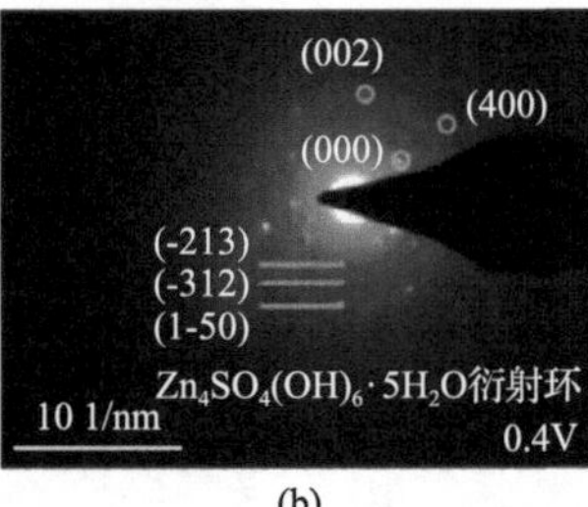

(b)

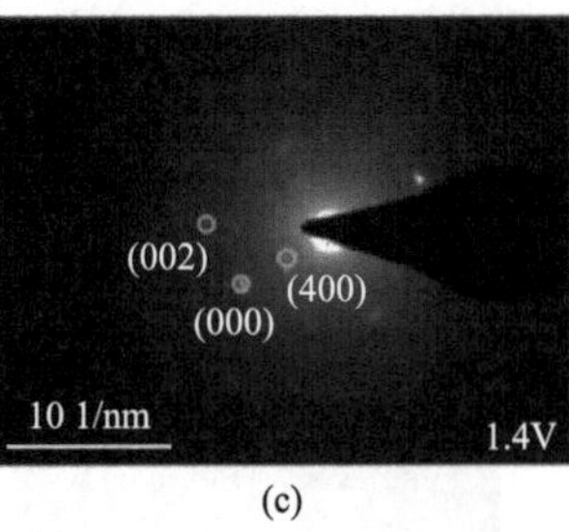

(c)

图 13-10 V^{4+}-V_2O_5 的选区电子衍射(SAED)图

(a)原始粉末；(b)放电至 0.4V；(c)充电至 1.4V

从充电至 1.4V 时的元素分布图可以观察到电极材料中有残留的锌，如图 13-9(b)。这可能是引起初始阶段容量快速下降，如前面的图 13-4(d)的原因。但是，据报道，这些残留的锌可以充当层间支柱，有利于后续的稳定循环[20]。如图 13-9(c)所示，通过 XPS 研究了钒的价态变化，当放电到 0.4V 时，V $2p_{3/2}$ 峰分为三个峰，分别位于 517.3eV、516.4eV 和 515.5eV，对应于 V^{5+}、V^{4+}、V^{3+}。V $2p_{1/2}$ 峰处于 524.5eV、523.6eV 和 522.6eV，也各自对应于 V^{5+}、V^{4+}和 V^{3+}。这表明在 Zn^{2+}的嵌入的过程中伴随着钒还原。在充电过程中，钒进一步氧化。值得注意的是，V^{4+}所占比重与初始状态相比要更高，这可能是由部分 Zn^{2+}未能完全脱出所致。这一现象与高分辨率的 Zn 2p XPS 光谱一致，如图 13-9(d)所示。

13.1.7 小结

通过控制 VOOH 前驱体的煅烧过程，成功地合成了钒氧化状态不同的 V^{4+}-V_2O_5 和 V_2O_5 空心球。利用 CV、GITT 和 EIS 技术，证明了混合钒价态的 V^{4+}-V_2O_5 比 V_2O_5 具有更高的电化学活性、更低的极化程度、更快的离子扩散能力和更高的导电性。结果表明，V^{4+}-V_2O_5 正极表现出优异的 Zn^{2+}存储性能，在 10A/g 电流密度下进行 1000 次循环后，仍可以保持 140mA·h/g 的高比容量，并表现了出色的倍率性能。V^{4+}-V_2O_5 额外的四价钒离子可以提高材料的电子和离子的导电率，在水系锌离子电池正极材料方面具有很大的应用前景。

13.2 晶面间距可调控钒酸铵新材料

13.2.1 概要

电极的可逆离子存储能力取决于材料的固有特性，如晶体结构特性中的晶面间距。层状的 V_2O_5 由于层间距较小，导致其离子的导电率低，表现出较差的循环性能和倍率性能。通过在钒氧层中引入客体离子能够改善其电化学性能。其中，将铵根(NH_4^+)离子作为客体嵌入钒氧层中形成钒酸铵就是一个很好的选择。因为：①嵌入的 NH_4^+ 能够在钒氧层之间起到“支柱”的作用，降低离子嵌入/脱嵌过程中的结构变化[21, 22]；②NH_4^+和钒氧化物层之间的 N-H-O 氢键网络增加了结构稳定性，在增强电极材料的循环稳定性方面起着关键作用[23-25]；③与金属钒酸盐相比，钒酸铵具有较低的密度和分子量，因此可以获得更高的质量和体积比容量。这些优点使其有可能在水系锌离子电池中获得非常优异的电化学性能。

本节介绍利用水热法制备不同结构组成的钒酸铵[6]，包括 $NH_4V_4O_{10}$、$NH_4V_3O_8$ 和$(NH_4)_2V_3O_8$。通过制备技术调控了钒酸铵的晶面间距，以实现其作为水系锌离子电池正极的最佳电化学性能。对钒酸铵的电化学行为进行了的详细研究，并深入探究了其电化学性能与晶体结构的关系。制备的 $NH_4V_4O_{10}$ 具有最大的面间距(9.8Å)，并且锌离子在 $NH_4V_4O_{10}$ 中的扩散系数最高。$NH_4V_4O_{10}$ 在 1A/g 电流密度下可获得 361.6mA·h/g 的高容量，并表现出稳定的循环性能，在 10A/g 电流密度下循环寿命超过 1000 次。

13.2.2　材料制备

利用水热法制备不同结构组成的钒酸铵的工艺过程主要包括以下步骤。

1. $NH_4V_4O_{10}$ 的制备合成

首先，将 1.170g NH_4VO_3 溶解在 80℃去离子水中，形成浅黄色溶液。随后，在磁力搅拌下将 1.891g $H_2C_2O_4·2H_2O$ 固体粉末添加至溶液中，直至其变为黑绿色。然后，将该溶液转移至 50mL 高压釜中，并在 140℃的烘箱中保持 48h。待高压釜自然冷却至室温后，收集产物并用去离子水反复洗涤。将最终产物在 60℃下保持 12h 干燥[26]。

2. $NH_4V_3O_8$ 的制备合成

首先，将 0.936g NH_4VO_3 溶解于 100mL 去离子水(80℃)中，在连续搅拌下滴加适量的稀盐酸将溶液的 pH 值调节至约 2.0。然后，将所得溶液于 90℃油浴 2.5h，自然冷却至室温。最后，将产物用去离子水洗涤几次，然后在 60℃下干燥 12h[27]。

3. $(NH_4)_2V_3O_8$ 的制备合成

首先，将 1.275g NH_4VO_3 溶解在 35mL 去离子水(80℃)中，形成浅黄色溶液。加入 0.687 g $H_2C_2O_4·2H_2O$，溶液变成橙色。然后，将溶液转移到 50mL 不锈钢高压釜中，密封并在 180℃保持 24h。待高压釜自然冷却至室温后，将沉淀物用水洗涤并在 60℃下的空气中干燥 12h[28]。

13.2.3　合成材料结构的评价表征技术

材料表征主要技术有：XRD 测试，合成产物在 XRD 设备中扫描出衍射图谱，图谱扫描步长为 0.02°，计数时间为 2s，采用 Jade 软件对 XRD 图谱进行全谱拟合精修，获取材料的晶胞参数、原子占位、物相比例等信息；采用 SEM 观察钒酸铵材料样品的微观形貌、表面形态和微区成分等信息；通过 TEM 获得材料内部结构更精细的结构信息，如层间距；使用 XPS 测定样品表面元素组成与价态。

13.2.4　合成材料结构的评价表征结果与分析讨论

$NH_4V_4O_{10}$的 XRD 衍射峰与标准 JCPDS 卡片一致(JCPDS 31-0075)[图 13-11(a)]，其(001)晶面的晶面间距为 9.8Å，$NH_4V_4O_{10}$由[VO_6]扭曲八面体和沿 a 轴堆叠的

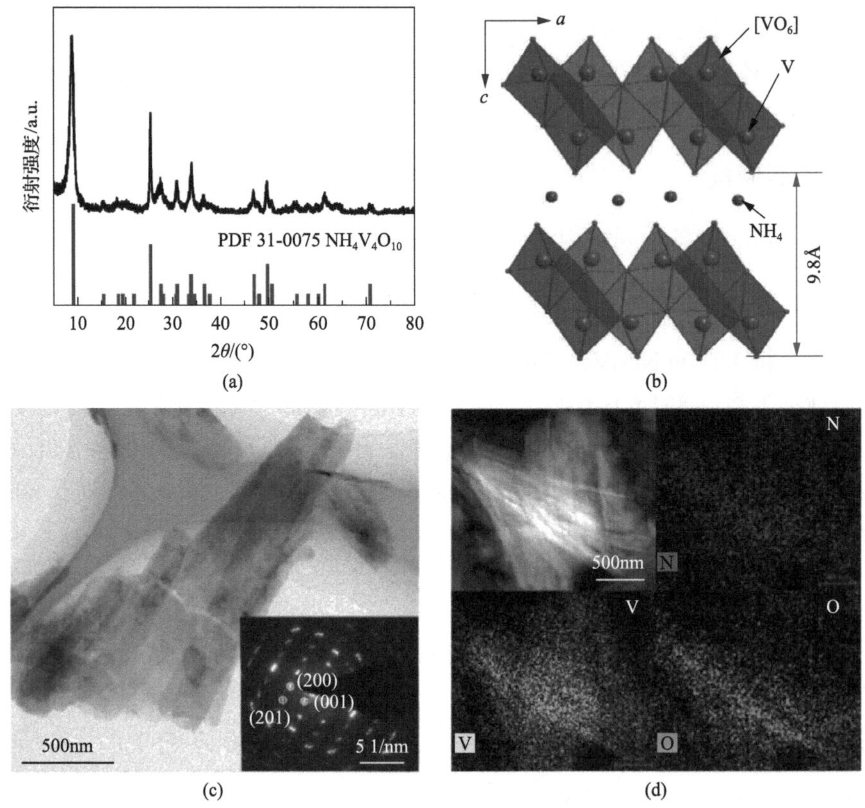

(a)　(b)　(c)　(d)

图 13-11　$NH_4V_4O_{10}$的结构表征

(a) XRD 图谱；(b) 晶体结构；(c) $NH_4V_4O_{10}$的 TEM 图像和 SAED 谱；(d) TEM-EDS 元素面分布图

V_4O_{10} 构成稳定的双层结构[图 13-11(b)]。$NH_4V_4O_{10}$ 中的氧原子是单连的，NH_4^+ 起稳定结构的作用，能够减弱循环过程中的体积变化。TEM 结果表明 $NH_4V_4O_{10}$ 为片状结构[图 13-11(c)]。$NH_4V_4O_{10}$ 的 SAED 结果显示出清晰的衍射斑点，表明所制备的 $NH_4V_4O_{10}$ 材料为单相[图 13-11(c) 中插图]。TEM-EDS 元素分布结果表明 $NH_4V_4O_{10}$ 中 N、V 和 O 元素均匀分布[图 13-11(d)]。

$NH_4V_3O_8$ 的 XRD 结果如图 13-12(a)所示，其衍射峰的位置与晶格参数为 a=4.99nm，b=8.42nm，c=7.86nm，β=96.41°的单斜 $NH_4V_3O_8$ 匹配(JCPDS 89-6614)。($\bar{1}11$)和(120)峰的相对强度与标准相对强度不一致，这是由于晶体各向异性生长导致的[29, 30]，其(001)晶面的晶面间距约为 7.9Å。$NH_4V_3O_8$ 由 VO_5 方形锥体单元和[VO_6]扭曲八面体组成，形成平行于(00l)晶面的扭曲层结构[图 13-12(b)]。样品的 SEM 结果表明 $NH_4V_3O_8$ 为堆叠的方形薄片状形貌，SEM-EDS 元素分析表明样品的 N∶V 比为 1∶3，进一步佐证了合成的材料为 $NH_4V_3O_8$ 相[图 13-12(c)]。

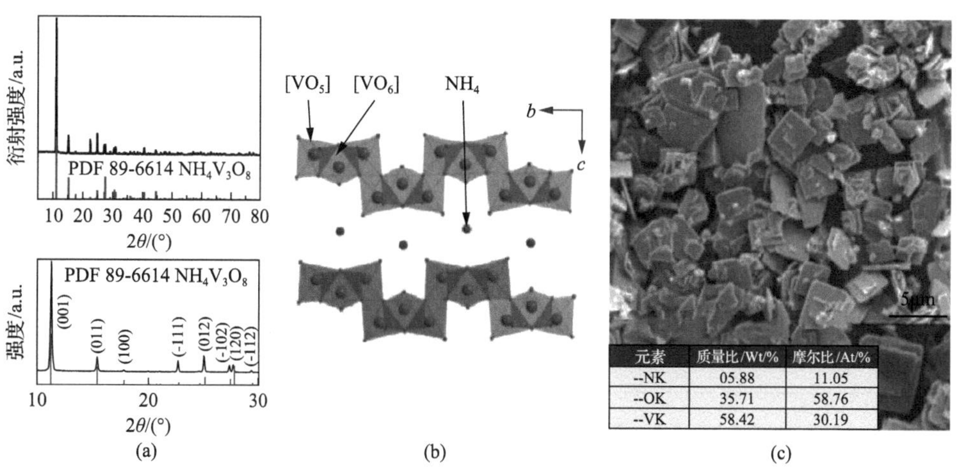

图 13-12　$NH_4V_3O_8$ 的结构表征

(a) XRD 测试图谱和拟合；(b) 晶体结构；(c) SEM 和 SEM-EDS 结果

$(NH_4)_2V_3O_8$ 的 XRD 结果如图 13-13(a)所示，其衍射峰对应于四方晶系 $(NH_4)_2V_3O_8$(JCPDS 84-0972)。$(NH_4)_2V_3O_8$ 的(001)晶面衍射峰的相对强度明显高于其他峰的相对强度，表明 $(NH_4)_2V_3O_8$ 以 c 轴为择优取向，其(001)晶面的晶面间距约为 5.6Å。$(NH_4)_2V_3O_8$ 同时具有层状结构和隧道结构，由[VO_5]方形锥体和 VO_4 四面体组成[图 13-13(b)]。具有层状或隧道骨架特征的结构可提供二维间隙空间，易于嵌入二价 Zn^{2+}，减小由体积变化引起的机械应力并缩短扩散距离[28, 31]。SEM 结果表明所合成的 $(NH_4)_2V_3O_8$ 为不规则的薄片形貌，SEM-EDS 结果表明样品的 N∶V 比约为 2∶3，证明了合成的材料为 $(NH_4)_2V_3O_8$ 相[图 13-13(c)]。

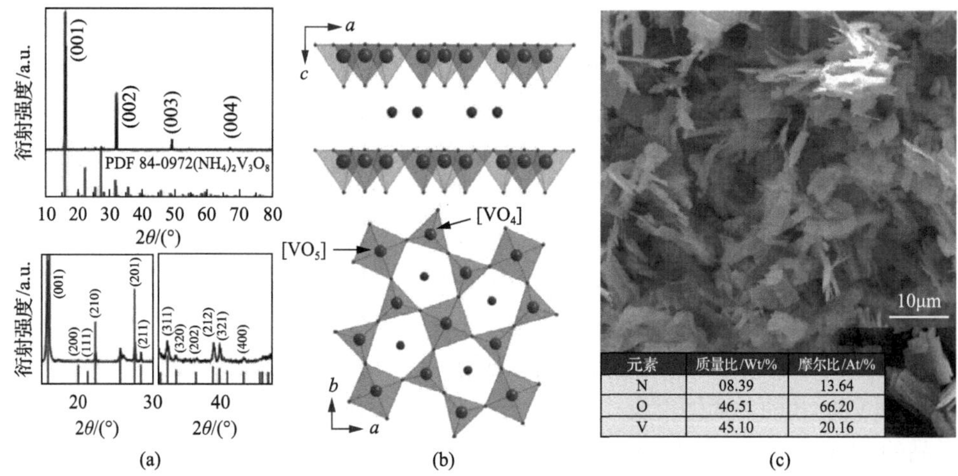

元素	质量比/Wt/%	摩尔比/At/%
N	08.39	13.64
O	46.51	66.20
V	45.10	20.16

(a)　(b)　(c)

图 13-13　$(NH_4)_2V_3O_8$ 的结构表征

(a) XRD 图谱；(b) 晶体结构；(c) SEM 和 SEM-EDS 结果

13.2.5　电化学性能与动力学分析评价表征技术和方法

半电池的组装、电化学测试和锌离子扩散系数的计算方法与 13.1.5 节一致。

13.2.6　电化学性能与动力学分析评价表征结果与讨论

1. CV 和充放电测试结果与分析

图 13-14(a) 为钒酸铵在 100mA/g 电流密度时的循环性能。$NH_4V_4O_{10}$ 具有高

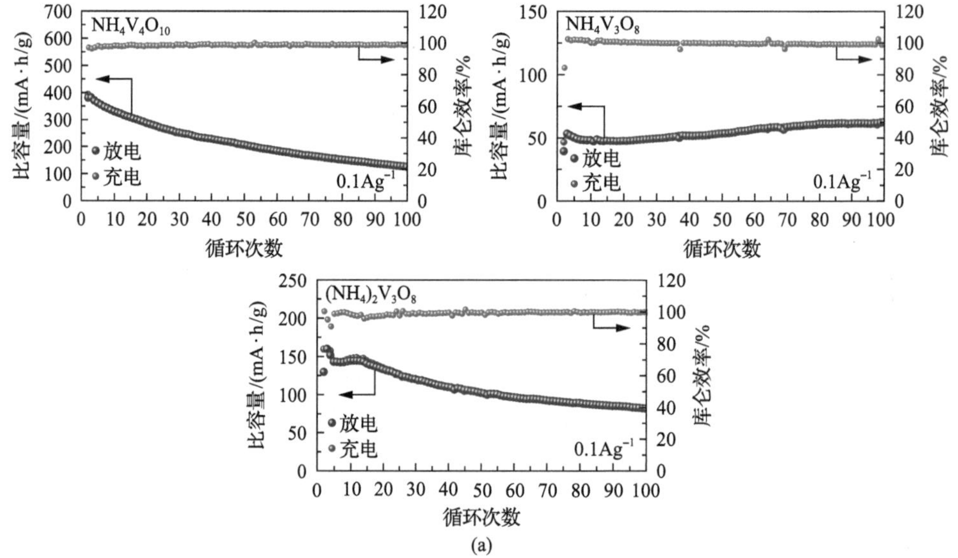

(a)

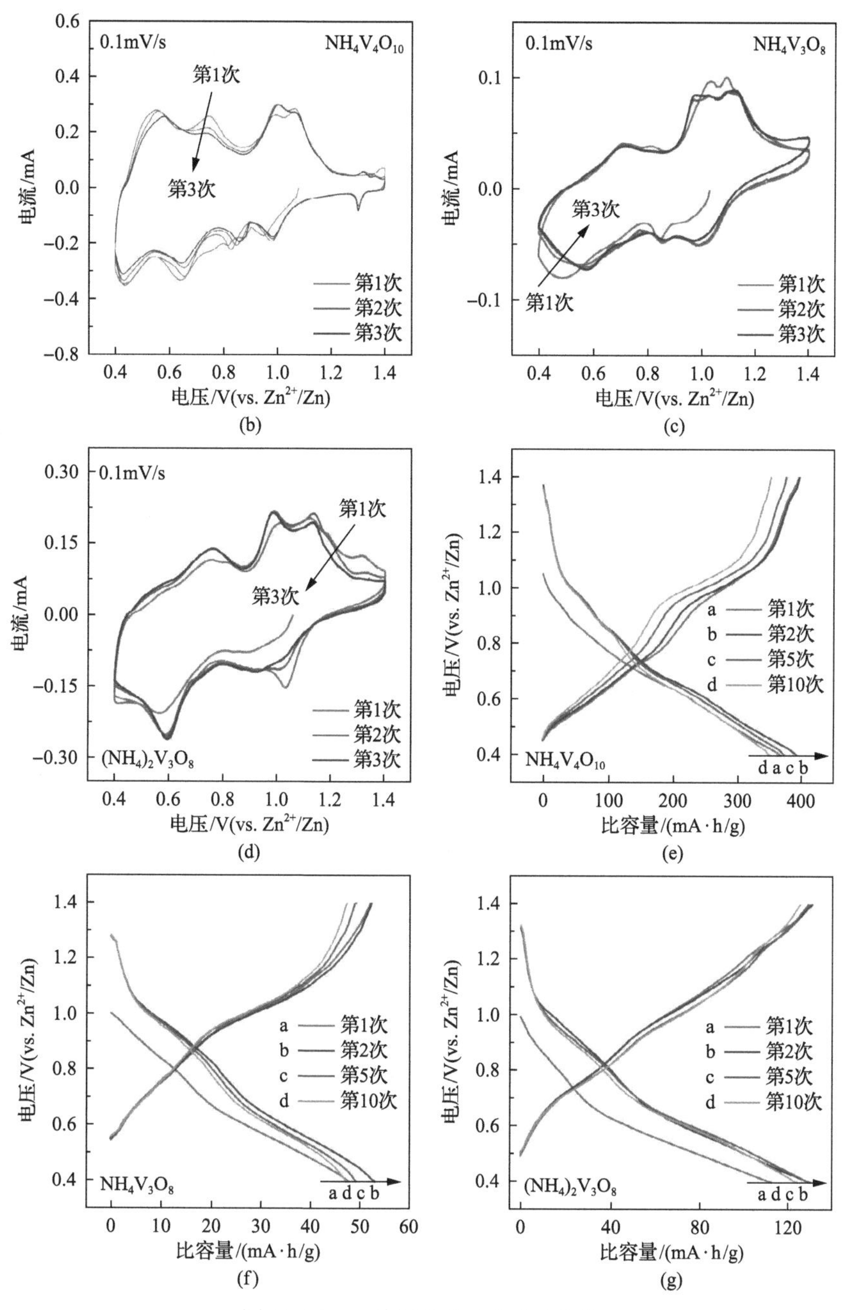

图 13-14　三种钒酸铵的电化学性能

(a)在 0.1A/g 电流密度下的循环性能；(b)～(d)CV 曲线；(e)～(g)充放电曲线

达 380.3mA·h/g 的初始放电容量，但是之后容量逐渐衰减，经过 100 次循环后，放电容量为 125.6mA·h/g，高于 $NH_4V_3O_8$ 和 $(NH_4)_2V_3O_8$ 的放电容量。$NH_4V_4O_{10}$、

$NH_4V_3O_8$ 和 $(NH_4)_2V_3O_8$ 的循环伏安曲线（CV）如 13-14（b）～（d）所示。CV 曲线具有成对的还原/氧化峰，表明多步可逆锌的嵌入/脱嵌过程，这与充电/放电曲线对应，如图 13-14（e）～（g）所示。

$NH_4V_4O_{10}$ 的电化学性能如图 13-15 所示。在 1A/g 电流密度下循环时，初始放电容量为 361.6mA · h/g，如图 13-15（a）所示。100 次循环后，容量衰减至 275.3mA · h/g，相应的容量保持率为 76%。$NH_4V_4O_{10}$ 的倍率性能如图 13-15（b）所示，电流密度从 0.3A/g 增加到 10A/g。当 $NH_4V_4O_{10}$ 在低倍率（300mA/g 和 500mA/g）放电时，其比容量呈现衰减趋势，而在高倍率下保持稳定。这种现象很可能是由低电流下缓慢的嵌入机制所致，从而初始状态下的放电容量较高[32, 33]。然而，在随后的循环中发生了体积膨胀和结构退化，导致容量逐渐下降。在高电流密度下，离子将倾向于快速存储在电极的界面中。因此，大电流下由锌离子重复嵌入和脱出导致的结构坍塌可以被减弱[34]。在 5A/g 的电流密度下测试了 $NH_4V_4O_{10}$ 电极的高温/低温性能（50/0℃）［图 13-15（c）］。在高温（50℃）下测试时，放电容量可达 377mA · h/g。当电极在 0℃循环时，容量可以达到 179mA · h/g，在 200 次循环后容量还有 121mA · h/g。

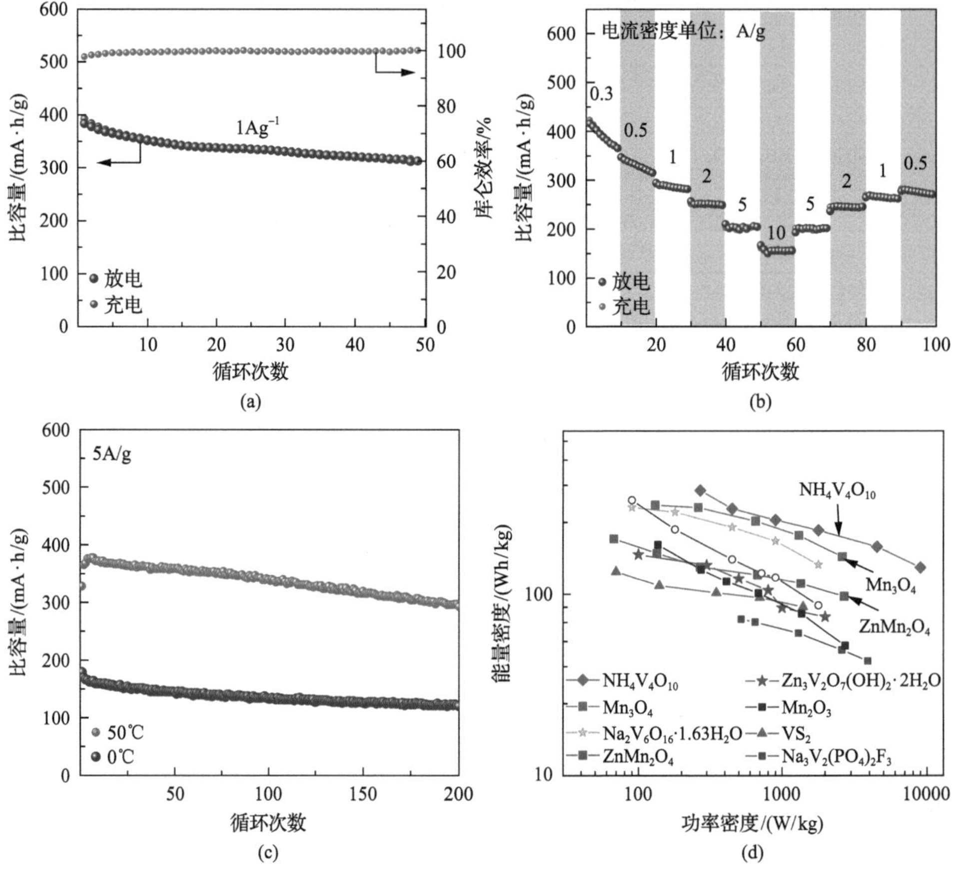

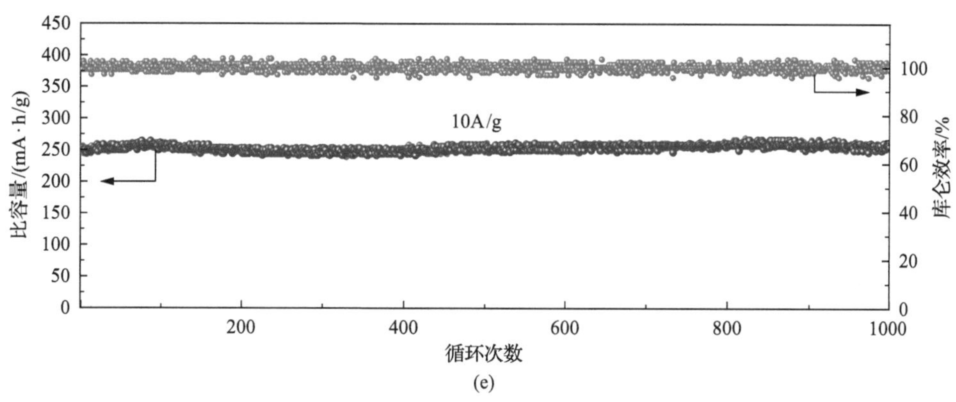

图 13-15　$NH_4V_4O_{10}$ 的电化学性能

(a)循环性能；(b)倍率性能；(c)高低温性能；(d)与报道的正极材料的能量密度及功率密度对比；(e)长循环性能

此外，与之前报道的水系锌离子电池正极材料相比，$NH_4V_4O_{10}$ 电极有更高的能量密度(374.3Wh/kg)和功率密度(9000W/kg)，如图 13-15(d)所示，这表明其在电网储能应用方面具有潜力。图 13-15(e)显示了 $NH_4V_4O_{10}$ 电极在 10A/g 高电流密度下的循环性能，其初始容量高达 252.8mA·h/g，经过 1000 次循环后容量可以保持在 255.5mA·h/g。为了证明这种 Zn/$NH_4V_4O_{10}$ 水系锌离子电池在实际应用中的潜力，用四个串联的纽扣电池成功点亮了试验灯珠(3V，60mW)。值得注意的是，试验灯珠至少可以通电 150min，如图 13-16 所示。

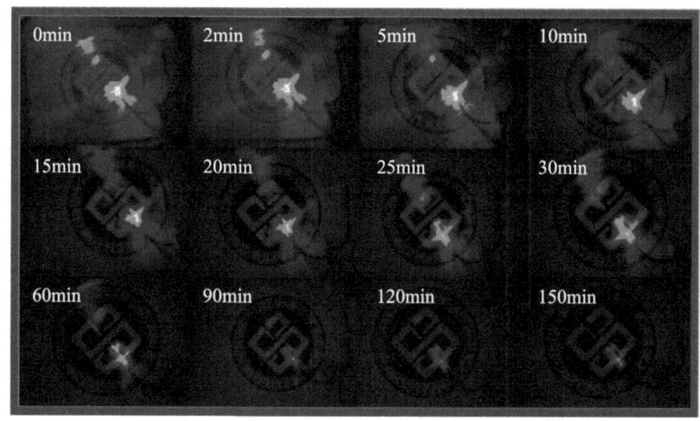

图 13-16　以 $NH_4V_4O_{10}$ 为正极的水系锌离子电池成功地点亮蓝灯珠至少 150min

2. 锌离子扩散系数的测试结果与分析

锌离子在化合物中的嵌入/脱出速率取决于锌离子的扩散系数[35]。为了进一步了解钒酸铵电化学行为的细节，计算了锌离子的扩散系数。图 13-17(a)～(c)为三种

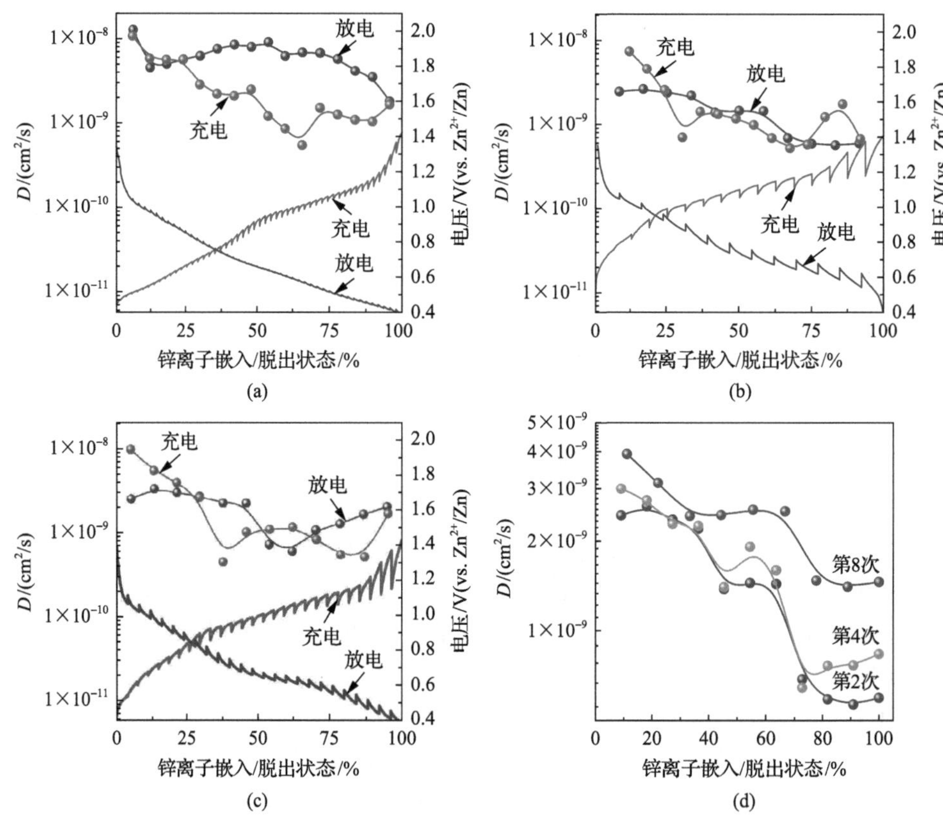

图 13-17　三种钒酸铵的 GITT 曲线与锌离子扩散系数

(a) $NH_4V_4O_{10}$；(b) $NH_4V_3O_8$；(c) $(NH_4)_2V_3O_8$；(d) 不同循环次数下的 $NH_4V_3O_8$

钒酸铵在 50mA/g 电流密度下第二次循环的 GITT 曲线及计算得到的锌离子扩散系数，在放电过程中，$NH_4V_4O_{10}$ 表现出最高的扩散系数($1.79\times10^{-9}\sim1.27\times10^{-8}cm^2/s$)，因为它具有最大的晶面间距[(001)面间距 0.98Å]，这为电化学反应过程中锌离子的快速迁移提供了更多的通道。此外，$(NH_4)_2V_3O_8$ 所具有的较高扩散系数($6.06\times10^{-10}\sim3.33\times10^{-9}cm^2/s$)可以归因于其隧道结构，从而提供有效的锌离子扩散通道。锌离子在 $NH_4V_3O_8$ 中的扩散系数在第二次充放电循环只有 $5.65\times10^{-10}\sim2.62\times10^{-9}cm^2/s$，但是该值随着循环的增加而增加[图 13-17(d)]，这与其容量的增加相对应。此外，应注意的是在脱嵌过程中计算得出的锌离子在 $NH_4V_4O_{10}$ 中的离子扩散系数远低于在嵌入过程中的值，这可能是导致其容量下降的原因。

3. 赝电容效应分析

通过测试从 0.1～1.0mV/s 的不同扫描速率(u)的峰值电流(I_p)变化，可以进一步确认界面的电容行为，如图 13-18[(a)～(c)]所示。通过计算可得出 4 个氧化还

原峰的 b 值分别为 0.83、0.65、0.83、0.72，这意味着 $NH_4V_4O_{10}$ 的电化学反应有一部分与表面电容行为有关[36-38]。

图 13-18(c)显示了在 0.1～1.0mV/s 的不同扫描速率下，由两种容量机制计算出的贡献率。随着扫描速率的增加，$NH_4V_4O_{10}$ 的电容贡献率从 38.6%逐渐提高到 67.3%，这表明 $NH_4V_4O_{10}$ 电极具有良好的电荷转移动力学，对应于其高倍率性能。通过循环伏安法测试进一步证实了其在大电流下的电化学稳定性。图 13-18(d)为电池在 10A/g 电流密度下循环不同次数后的 CV 曲线，CV 测试扫描速率为 0.5mV/s。从第 1 到第 1000 次周期，所有曲线大部分重叠，这表明充放电过程具有很高的可逆性。

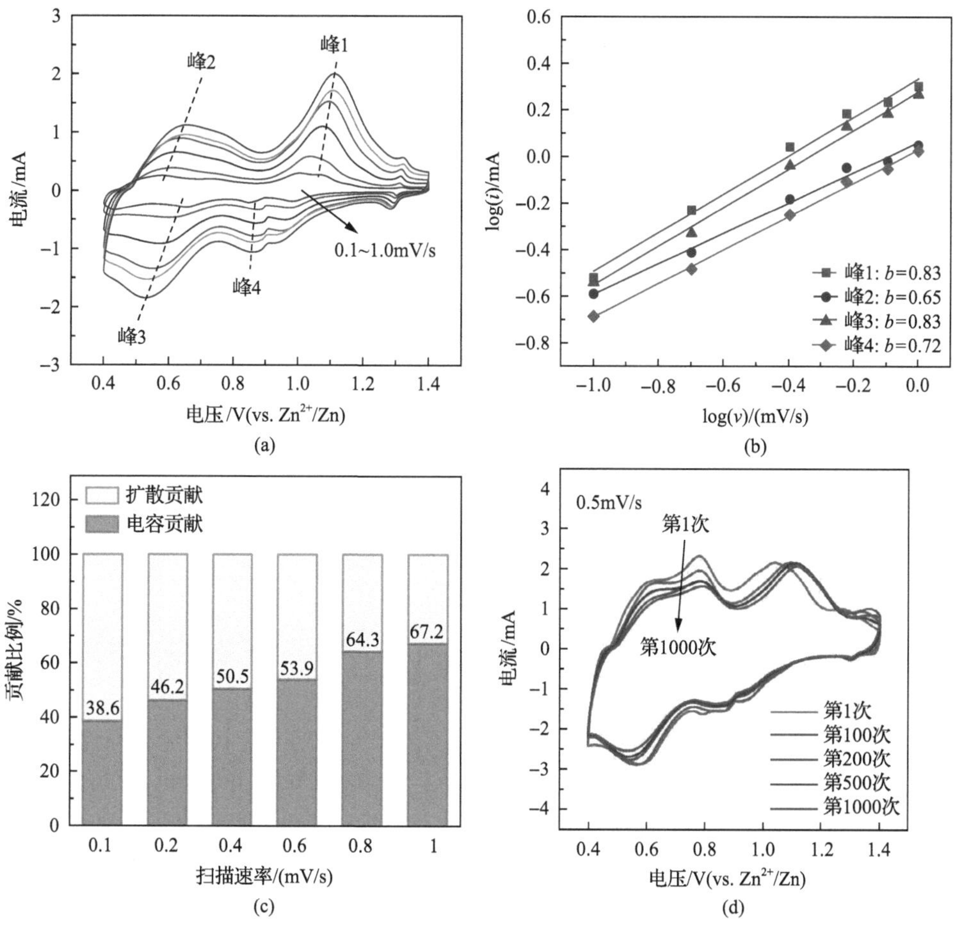

图 13-18　$NH_4V_4O_{10}$ 电极的赝电容分析

(a) CV 曲线；(b) 相应的 log(i)-log(v) 曲线和 b 值；(c) 容量贡献百分比；

(d) 10A/g 电流密度下循环不同次数的 CV 曲线

4. 储锌能机理分析

为了研究 $NH_4V_4O_{10}$ 作为水系锌离子电池的正极电化学过程机理对其晶体结构的演变，使用非原位 XRD 进行了表征。图 13-19(a)为不同充电和放电状态下 $NH_4V_4O_{10}$ 电极的 XRD 图。从中可以看出，在浸入电解质中时，(001)峰的角度明显降低，这对应于层间距从 9.8Å 增加到了 11.1Å。浸入电解液时层间间距变大可归因于水分子的嵌入，这进一步扩大了扩散通道并降低了静电阻力，从而促进双电荷 Zn^{2+} 的嵌入[39, 40]。在放电过程中，观察到晶格微小收缩并且伴随着 $Zn_3V_2O_7(OH)_2\cdot 2H_2O$ 第二相的生成(JCPDS 50-0570)。$Zn_3V_2O_7(OH)_2\cdot 2H_2O$ 第二相可以在充电时消失，这可能是由嵌入的锌离子和钒氧层之间的强静电相互作用所致，这将导致晶格间距减小和 $Zn_3V_2O_7(OH)_2\cdot 2H_2O$ 的形成[40-42]。在以前的研究中也发现了在嵌锌过程中形成钒酸锌的现象，该反应可能部分地影响了容量[3,42,43]。此外，

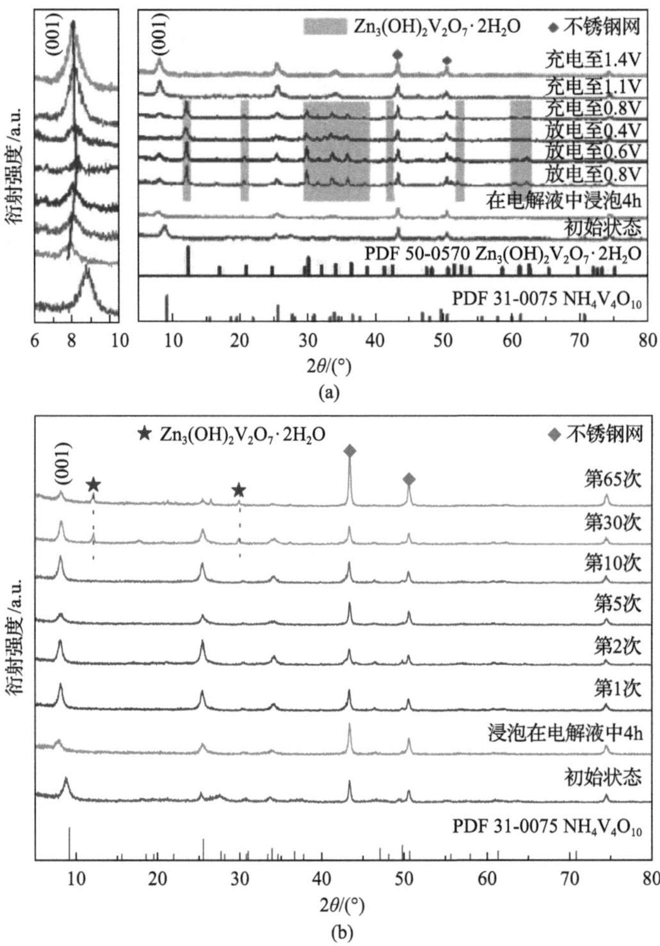

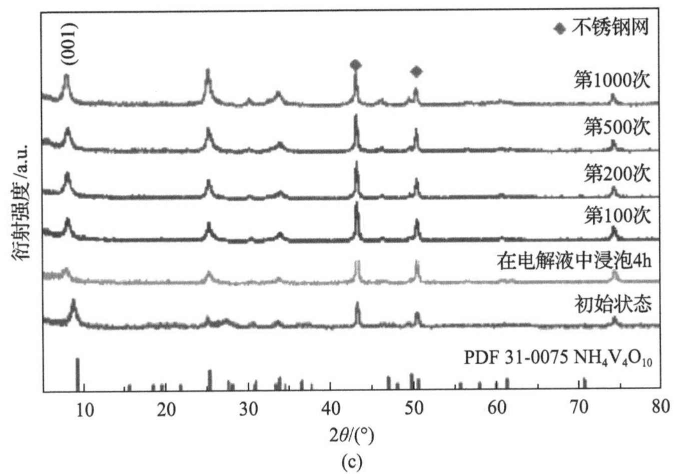

(c)

图 13-19　初始状态，经电解液浸泡的 $NH_4V_4O_{10}$ 电极及在不同充电/放电状态下的非原位 XRD 图谱

(a) 0.1A/g 电流密度下首次循环的非原位 XRD 图谱；(b) 0.1A/g 电流密度下不同循环次数的非原位 XRD 图谱；(c) 10A/g 电流密度下不同循环次数的非原位 XRD 图谱

充电后电极的(001)晶面的晶面间距明显大于所制备的 $NH_4V_4O_{10}$ 的晶面间距，这表明在放电/充电过程中嵌入的水分子仍在层间，这一点可以通过 XPS 分析进一步得以证明。水分子充当 $NH_4V_4O_{10}$ 晶体层之间的“支柱”，可以与牢固固定的 NH_4^+ 协同支持整个结构。图 13-19(b)和(c)显示了 $NH_4V_4O_{10}$ 电极在 100mA/g 和 10A/g 电流密度下放电/充电循环的 XRD 图谱。第 1～10 个循环图谱类似，而 30 个循环之后就有 $Zn_3V_2O_7(OH)_2\cdot 2H_2O$ 不可逆地形成。之后，由于不可脱嵌的 Zn^{2+} 在 $NH_4V_4O_{10}$ 晶格中的积累，晶格中不可逆 Zn^{2+}的逐渐填充导致活性位点的减少，从而容量衰减。在 10A/g 电流密度下的非原位 XRD 图谱中，没有明显的新相变化，如图 13-19(c)所示，因此表明在大电流连续循环过程中结构是稳定性的。

非原位 XRD 图谱也用于研究 $NH_4V_3O_8$ 和 $(NH_4)_2V_3O_8$ 在不同放电、充电状态下的结构演变。在图 13-20(a)中，层状 $NH_4V_3O_8$ 的(001)晶面间距在放电和充电

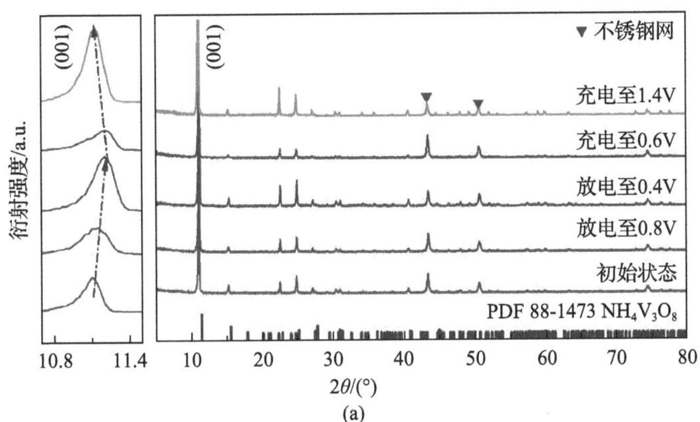

(a)

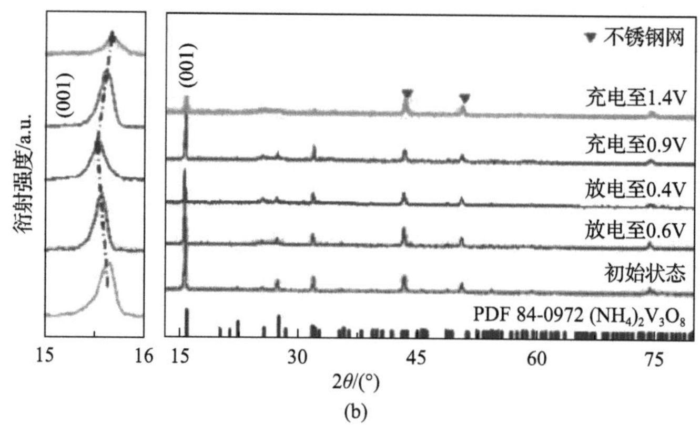

图 13-20　不同电极在 0.1A/g 电流密度下首次循环的非原位 XRD 图谱

(a) $NH_4V_3O_8$；(b) $(NH_4)_2V_3O_8$

期间的变化与层状 $NH_4V_4O_{10}$ 的相似，而在隧道状的 $(NH_4)_2V_3O_8$ 中观察到相反的趋势，如图 13-20(b)所示。

为了解 $NH_4V_4O_{10}$ 的氧化还原行为，测试了初始状态、放电状态和充电状态的非原位 XPS 光谱。从中发现，在嵌入锌离子时钒的化合价降低，并在充电后可逆地再氧化，如图 13-21(a)所示。放电过程中出现了位于 1022.3($2p_{3/2}$)eV 和 1045.4($2p_{1/2}$)eV 的 Zn 2p 信号，准确地表明锌离子已嵌入 $NH_4V_4O_{10}$ 中。TEM-EDS 结果也证明了锌离子嵌入，如图 13-22 所示。Zn 2p XPS 图谱在 1.4 V 充电状态下的微弱信号表明锌离子的脱出并不完全，这可能是其容量下降的原因。在 O 1s 区域，新的宽峰出现在 532.5eV 处，对应于水分子中氧的信号[40, 44]。充电后，水分子中氧的信号得以保留，这也验证了非原位 XRD 结果。

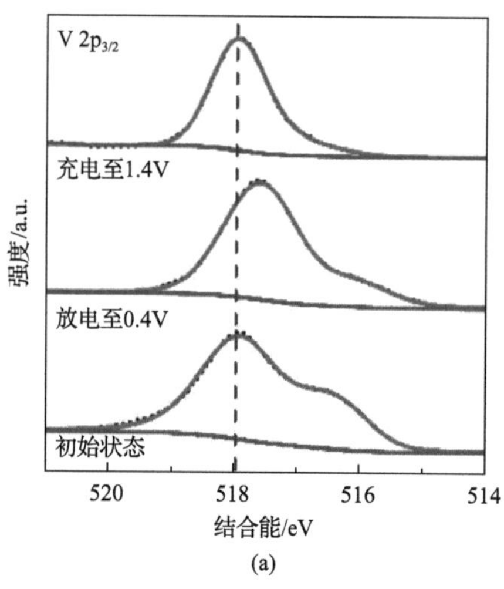

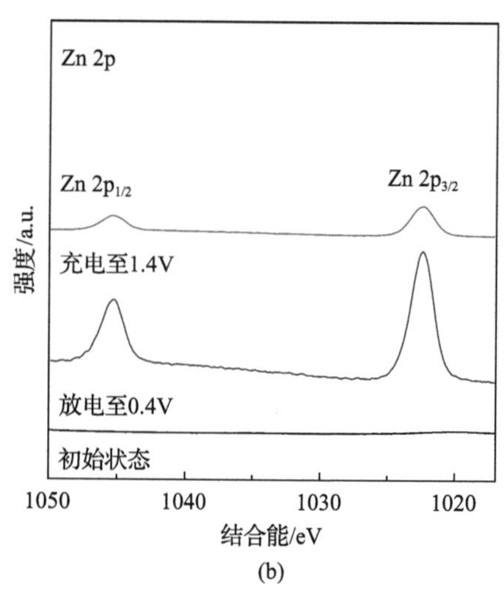

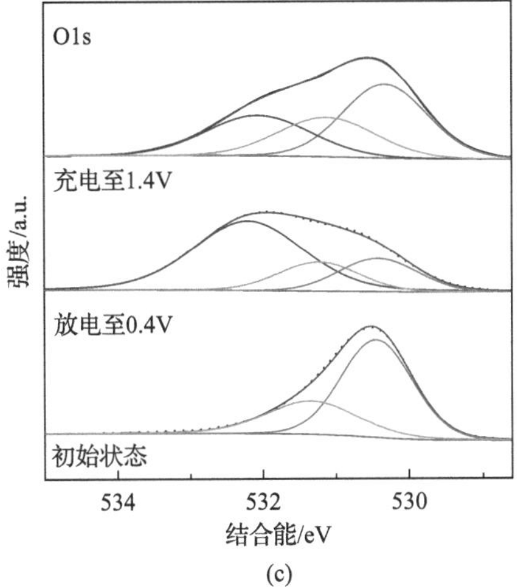

(c)

图 13-21　$NH_4V_4O_{10}$初始状态与首次充放电状态的 XPS 高分辨图谱

(a) V 元素；(b) Zn 元素；(c) O 元素

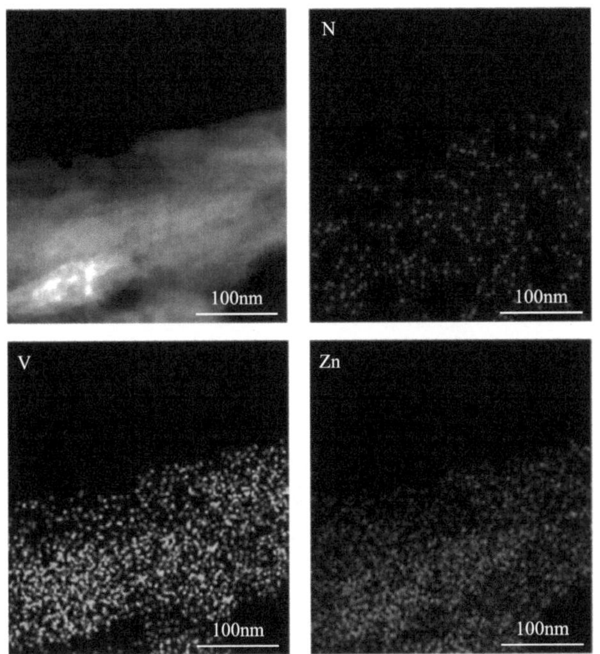

图 13-22　$NH_4V_4O_{10}$首次放电状态的 TEM-EDS 元素面分布图谱

基于以上分析，为了说明水分子的嵌入及 Zn^{2+}在 $NH_4V_4O_{10}$ 中的存储行为，提出电化学嵌入过程中的晶体结构演化机制，如图 13-23 所示。在第一次放电过程之前，水分子嵌入 $NH_4V_4O_{10}$ 中以形成 $NH_4V_4O_{10}\cdot nH_2O$，从而导致层间距的增加。这些嵌入的水分子在放电/充电过程中留在钒氧化物骨架中，有助于与稳定

的 NH_4^+ 协同支撑整个结构。而且，通过配位的水分子可以有效降低锌离子与主体材料之间的强静电相互作用[39, 45]。在放电过程中，嵌入 $NH_4V_4O_{10}\cdot nH_2O$ 层中的锌离子形成 $Zn_mNH_4V_4O_{10}\cdot nH_2O$ 和 $Zn_3V_2O_7(OH)_2\cdot 2H_2O$ 的新相并伴随着(001)面晶面间距的减小，与图 13-19(a)中的非原位 XRD 结果一致。充电后，大多数锌离子可从主体结构中脱出。

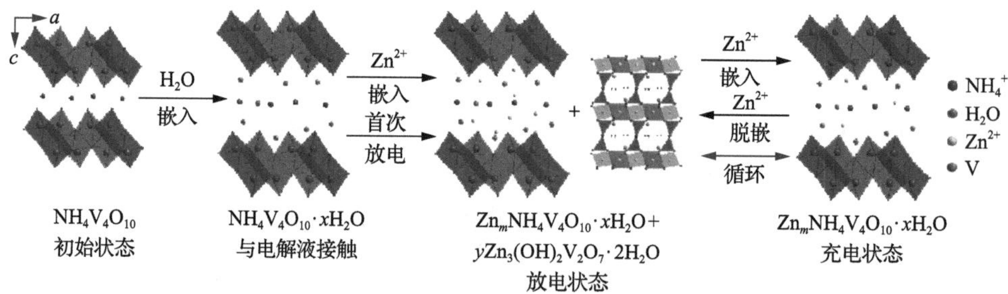

图 13-23　$NH_4V_4O_{10}$ 循环过程中水分子及锌离子嵌入/脱嵌机理示意图

根据以上分析，$NH_4V_4O_{10}$ 优异的电化学性能可归因于以下优点：①具有 9.8Å 晶面间距的开放骨架晶体结构为锌离子嵌入/脱嵌提供了更多的位点，有利于离子扩散；②层表面上的单连接氧原子可以与铵离子牢固键合，稳定的铵离子可以充当“支柱”，以稳定整个结构，在锌离子嵌入/脱嵌过程中保持高可逆性；③$NH_4V_4O_{10}$ 中间层之间嵌入的水分子不仅有效保持了整体结构的稳定性并扩大了扩散通道，而且在放电/充电过程中产生了静电屏蔽作用，从而确保了高放电容量和超长的循环寿命。

13.2.7　小结

在制备的一系列层状钒酸铵材料中，$NH_4V_4O_{10}$ 具有最大的(001)晶面间距(9.8Å)。因而，相对于 $(NH_4)_2V_3O_8$ 和 $NH_4V_3O_8$，$NH_4V_4O_{10}$ 也表现出了最高的扩散系数($1.79\times10^{-9}\sim1.27\times10^{-8}cm^2/s$)。同时，$NH_4V_4O_{10}$(001)层上的单连接氧原子与铵根离子形成强相互作用，从而增强了结构稳定性。在 1A/g 电流密度下，可获得 361.6mA · h/g 的高比容量，并且在 10A/g 电流密度下获得超过 1000 次的循环寿命，比容量可以保持在 255.5mA · h/g。此外，$NH_4V_4O_{10}$ 也表现出了高能量密度(374.3W · h/kg)和功率密度(9000W/kg)。

13.3　层间预嵌金属离子 $M_xV_2O_5\cdot nH_2O$ 新材料

13.3.1　概要

以 V_2O_5 为基础相，许多研究表明结构水或金属离子在其层状结构中的预嵌入可以扩大其内部晶面间距，该类材料也表现出了较稳定的储存 Zn^{2+}的能力[2, 40, 46]。本节以层状结构 V_2O_5 为基础，探究微量金属离子在 V_2O_5 结构中的预嵌入带来的内部结构与电化学性能上的影响[47]。包括微量一价金属离子，如 Li^+，表征测试表明其成功嵌入使得产物内部存在较大层间距的(001)晶面，这为 Zn^{2+}的嵌入/脱嵌提供了稳定的空间，该正极也表现出了理想的电化学性能。此外，还对过渡金属离子(Fe^{2+}、Co^{2+}、Ni^{2+}、…)在该合成策略下的行为做了进一步的探究，更加系统性地对微量金属离子预嵌入 V_2O_5 内部结构以实现其层间改造进行了总结。证明了当金属离子的半径符合一定条件时，该合成策略在提高传统层状结构 V_2O_5 正极储锌稳定性上具备普遍适用性。

13.3.2　材料制备

利用水热法制备不同组成结构的 $M_xV_2O_5 \cdot nH_2O$ 新材料的工艺过程主要包括前驱体制备和煅烧热处理。

1. $Li_xV_2O_5 \cdot nH_2O$ 的制备

首先，将 0.3g V_2O_5 加入盛有 30mL 去离子水的烧杯中搅拌，并在该过程中将 4mL 30% H_2O_2 溶液逐滴滴入其中。整个溶液在 40℃下加热并持续搅拌 30min 得到澄清的橙黄色液体。然后，将 22.7mg $LiNO_3$(V_2O_5 与 $LiNO_3$ 的化学计量比为 1∶0.1)加入上述溶液中，保持 40℃并继续搅拌 30min。最后，将溶液转移至 50mL 的水热釜内，在 200℃下保温 48h。待体系冷却至室温，使用超纯水、乙醇的离心处理及 70℃下的干燥处理，即得到 $Li_xV_2O_5 \cdot nH_2O$ 粉末，标记为 LVO。将上述得到的 LVO 粉末转移至马弗炉中，在空气气氛中以 2℃/min 的速率升温至 200℃，或 250℃，或 300℃，并保温 2h 后即可得到最终产物。各种不同热处理温度的样品被标记为 LVO-T(热处理温度)，如上面有关 LVO 样品，经过 200℃热处理样品记为 LVO-200，经过 250℃热处理的样品记为 LVO-250 等。

2. 过渡金属离子预嵌 V_2O_5(TVO)的制备

其合成策略与 LVO 基本相同，只是根据需预嵌入的过渡金属离子种类的不同，选择不同的硝酸盐。首先，溶液中的过渡金属离子与 V_2O_5 的化学计量数之比为 0.1:1。具体加入量为 39.8mg $Cu(NO_3)_2 \cdot 3H_2O$、70.5mg $Fe(NO_3)_3 \cdot 9H_2O$、50.8mg $Co(NO_3)_2 \cdot 6H_2O$、47.9mg $Ni(NO_3)_2 \cdot 6H_2O$、49.0mg $Zn(NO_3)_2 \cdot 6H_2O$。锰源以 $Mn(NO_3)_2$ 水溶液的形式引入，质量分数为 50%，加入量约为 20μL。根据加入过渡金属离子种类不同，对应产物将被标记为 FeVO、CoVO、NiVO、…(统称为 *T*VO)。同样地，将这些粉末在空气中进行热处理，参数与 LVO 基本相同。标记方法也相似。

3. 各种对比粉末样品的制备

对比粉末样品用于研究水热过程中各参数对最终产物物相的影响。以 CuVO 为例，通过控制制备过程中 $Cu(NO_3)_2 \cdot 3H_2O$ 的加入量，制备出了 $Cu_{0.05}VO$ 与 $Cu_{0.2}VO$ 样品，以比较不同化学计量数比对过渡金属离子预嵌入的影响；还通过加入非过渡金属硝酸盐，制备 AlVO 样品用于研究反映预嵌入金属离子种类的影响；此外，未加入任何硝酸盐的 VO 样品也被合成。

13.3.3 合成材料结构的评价表征技术

主要分析表征手段有：步进扫描 XRD 测试，步长为 0.02°，计数时间为 2s，采用 GSAS 软件对 XRD 图谱进行全谱拟合精修，获取材料的晶胞参数、原子占位、物相比例等信息；通过 TEM 获得材料内部精细的结构信息，如层间距等，并在更小尺度观察元素面分布情况；通过 TG 收集物质因分解、氧化或挥发而造成的质量增减关系；X 射线光电子能谱，用于分析材料表面元素成分、原子价态、化学键等信息。

13.3.4 合成材料结构的评价表征结果与分析讨论

1. LVO 的结构与理化测试表征

图 13-24(a)为水热法合成的样品 LVO，和不同温度热处理得到的样品 LVO-200，LVO-250 与 VO-250 粉末的 XRD 图谱。从中可以看出，所有粉末的衍射峰强度偏低，但大多数峰都与 $V_2O_5 \cdot 3H_2O$ 相(PDF 07-0332)匹配，并含少量 $H_xV_2O_5$ 相(PDF 45-0429)，两者均为层间存在结构水的 V_2O_5 相。图 13-24(b)为 300℃热处理后得到的完全氧化粉末，其衍射峰对应 $Li_{0.04}V_2O_5$(PDF 85-0608)，表明微量 Li^+在 V_2O_5结构中的存在。同时，相对于 $V_2O_5 \cdot 3H_2O$，LVO，LVO-200，LVO-250

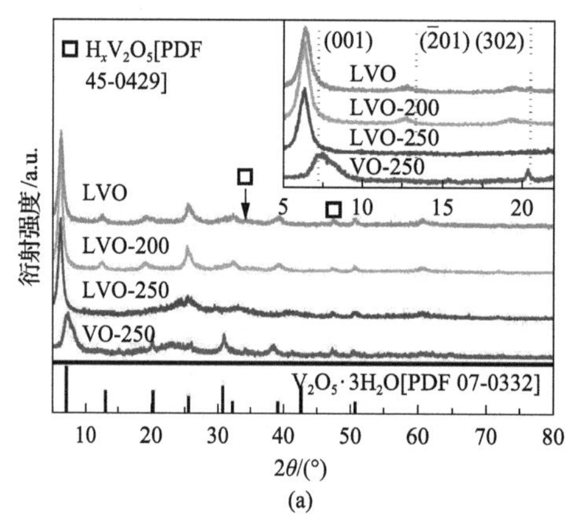

(a)

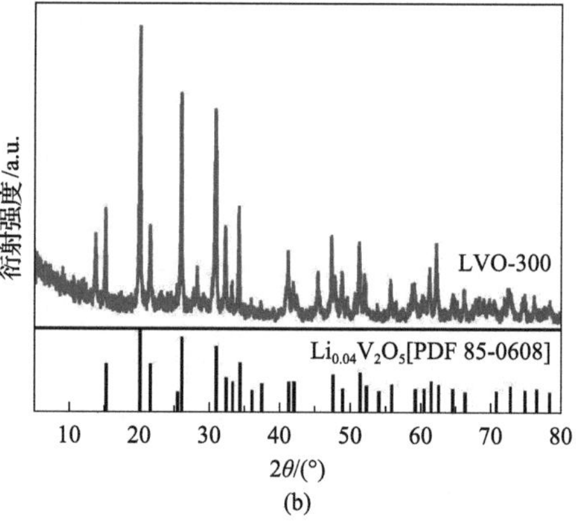

(b)

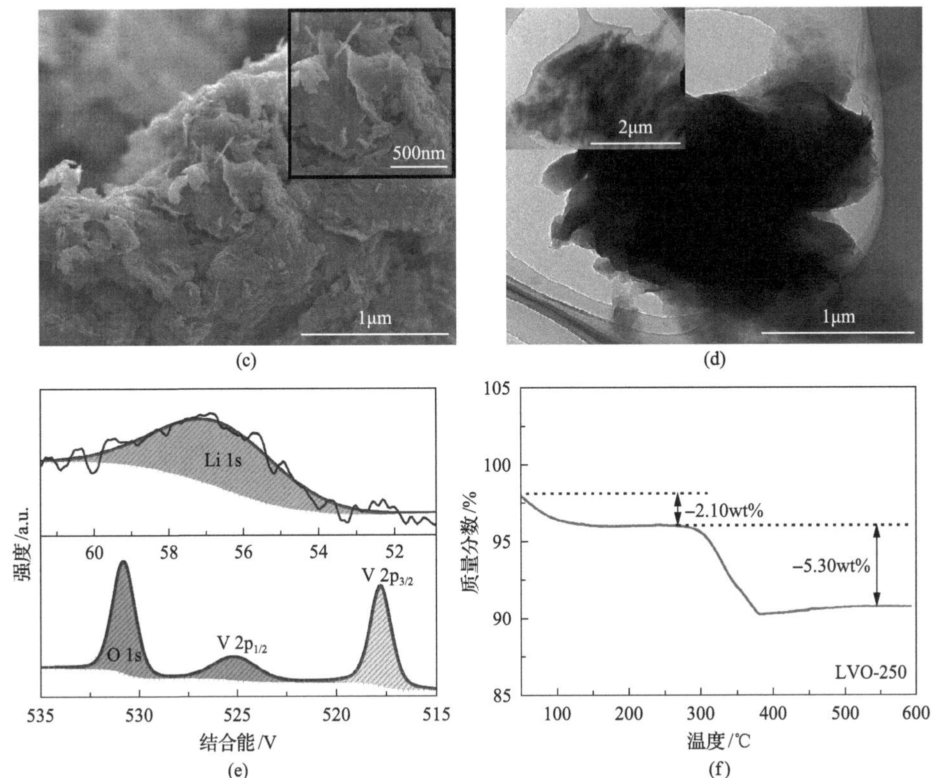

图 13-24　LVO 系列样品的结构形貌表征与理化表征

(a) LVO 系列样品与 VO-250 的 XRD 图谱；(b) LVO-300 的 XRD 图谱；LVO-250 的 (c) SEM 图像；(d) TEM 图像；(e) XPS 图谱；(f) 热重曲线

粉末存在更低角度的(001)、($\bar{2}01$)与(302)衍射峰，预示着其内部存在更大晶面间距的晶面。根据布拉格方程，LVO-250 的(001)晶面的间距为 13.77Å，大于对比样品 VO-250(12.00Å)。SEM 形貌观察表明，其中 LVO-250 具有纳米片堆叠而成的棉花状形貌，如图 13-24(c)所示。并进一步对其细微结构做了 TEM 观察，如图 13-24(d)所示。如图 13-24(f)所示，热重结果在 100℃以下和 300～400℃范围内有两次明显的质量降低，分别表明吸附水分子和结合水分子的减少。

X 射线光电子能谱(XPS)测量了其表面元素组成，位于 517eV、525.0eV 的 V $2p_{3/2}$、V $2p_{1/2}$ 峰完全对应 V^{5+}。56.8eV 对应 Li 1s 光谱[图 13-24(e)]。

2. CuVO 的结构与理化测试表征

CuVO-300 样品具有纳米片堆叠的棉花状形貌，如图 13-25(a)所示。HRTEM 图像中观察到 0.192nm、0.203nm、0.267nm 三种不同的晶格间距，分别对应($\bar{1}21$)、($\bar{3}06$)、(312)晶面；选区电子衍射(SEAD)图像中也反映了($\bar{3}03$)、(312)、($\bar{1}21$)晶面的衍射环，如图 13-25(b)所示。TEM-EDS 元素图像证明了元素 V、Cu 是均

匀分布的，如图 13-25(c)所示。XPS 图谱对 CuVO-300 中的元素 V、Cu 的价态进行了探测，位于 517.9eV、525.2eV 与 516.9eV、523.8eV 分别对应 V^{5+}、V^{4+}的 V $2p_{3/2}$

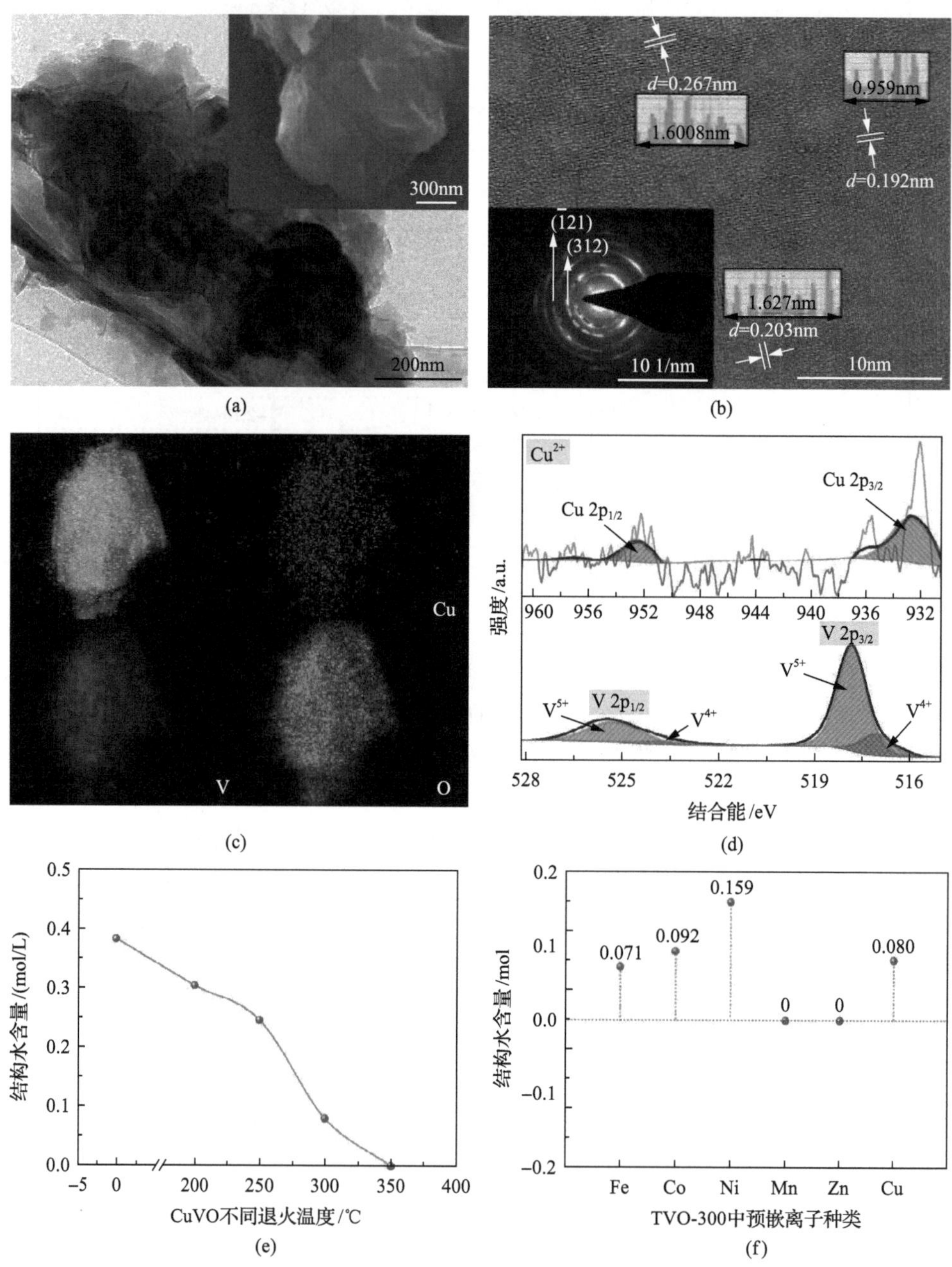

图 13-25　CuVO 系列样品的结构形貌表征与元素分析

CuVO-300 的(a)SEM、TEM 图；(b)HRTEM、SEAD 图；(c)TEM-EDS 元素分布图；(d)XPS 图谱；(e)CuVO 不同热处理样品的水含量分析；(f)TVO-300 预嵌不同离子的水含量分析

与 V $2p_{1/2}$ 轨道，如图 13-25(d)所示。表明 Cu^{2+}在结构中的预嵌入会将部分 V^{5+}还原为 V^{4+}，这在其他工作中也有被发现[48]。此外，在 932.8eV、952.5eV 处的两个特征峰，对应 Cu^{2+}的信号。

通过测量 CuVO-300 在氩气环境下的热重曲线，便可得到结构水的含量(即 n 值)，如图 13-25(e)所示。计算后得出 CuVO，CuVO-200，CuVO-250，CuVO-300，CuVO-350 中结构水的含量为 0.38、0.30、0.25、0.08、0。因此，CuVO-300 的化学式为 $Cu_{0.1}V_2O_5 \cdot 0.08H_2O$。另外，还测量了 TVO-300 系列样品中预嵌不同离子的结构水的含量，与 TVO 样品相比，TVO-300 样品的含量水普遍偏少，如图 13-25(f)所示。

3. 其他 TVO 的结构与理化测试表征

碱金属离子的预嵌入改善了 V_2O_5 内部结构的环境。因此，可进一步考虑该合成策略下，其他金属离子预嵌入的情况，特别是过渡金属离子的预嵌入。图 13-26(a)和(b)展示了 TVO 及 TVO-300 的 XRD 图谱。所有样品的特征峰都对应 $V_2O_5 \cdot 3H_2O$ 相(PDF 07-0332)，并含有 $H_xV_2O_5$ 相(PDF 45-0429)。这与 LVO 系列物质很相似，也表明其内部拥有较大层间距的(001)晶面，其晶面间距计算结果如表 13-1 所示。该系列物质的(001)晶面间距普遍在 11.50Å 左右，在以往报道过的大层间距钒基材料类别中属上游[46, 48]。以 CuVO 样品为例，图 13-26(c)和(d)展示了该系列样品在不同热处理温度下的 XRD 图谱与放大的(001)晶面间距变化情况。其衍射峰的强度随着煅烧温度的升高而增加，这也意味着材料的结晶性得到增强。

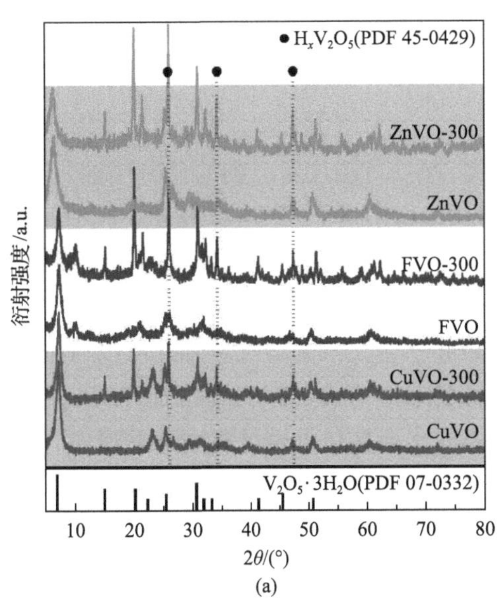

(a)

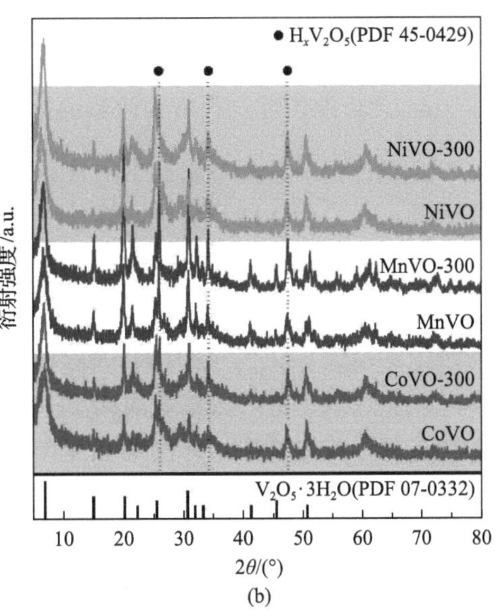

(b)

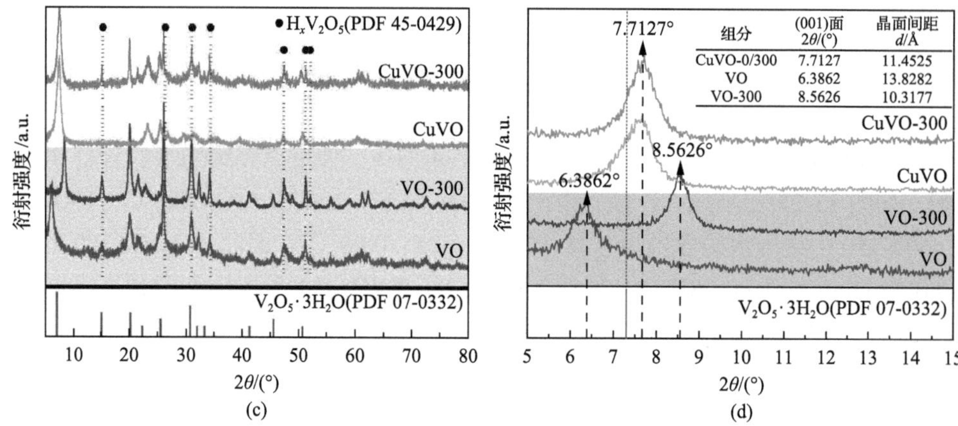

图 13-26　TVO 系列样品的 XRD 图谱

(a)、(b) TVO、TVO-300 系列样品；(c)、(d) CuVO、VO 系列样品

表 13-1　TVO-300 的(001)晶面在 XRD 图谱中的位置与计算所得晶面间距

材料	(001)面 2θ/(°)	θ/(°)	晶面间距 d/Å
FeVO-300	7.7145	3.8573	11.4492
CoVO-300	7.1169	3.5585	12.4099
NiVO-300	7.1924	3.5962	12.2799
MnVO-300	7.1169	3.5585	12.4099
ZnVO-300	6.8944	3.4472	12.8100
CuVO-300	7.7127	3.8564	11.4525
VO-300	8.5626	4.2813	10.3177

4. 实验条件对产物结构的影响分析

合成过程中过渡金属离子的含量及种类、热处理温度对产物的(001)晶面有重要影响。以 CuVO 样品为例，其对比样品的 XRD 图谱如图 13-27 所示。其中，嵌入 Cu^{2+}含量较少的 $Cu_{0.05}VO$ 的(001)晶面对应的衍射峰位置随热处理温度的增加而向高角度移动，这意味着晶面间距发生了收缩。此外，随预嵌入金属离子含量的进一步增加，层状 V_2O_5 的(001)晶面间距并不会无限制增长。因此可以得到以下结论。①极少量的过渡金属离子不足以稳定维持 V_2O_5 的(001)晶面扩大，需要结构水与过渡金属离子共同起支撑作用。结构水会在热处理过程中蒸发流失，导致晶面间距减小如图 13-27(d)所示。但当热处理温度超过 100℃后，晶面间距相对稳定。②当过渡金属离子与 V_2O_5 的化学计量数之比超过 0.1 时，(001)晶面间距的扩大效果最好，且这是决定其面间距的关键因素。但是，一味地增加预嵌入

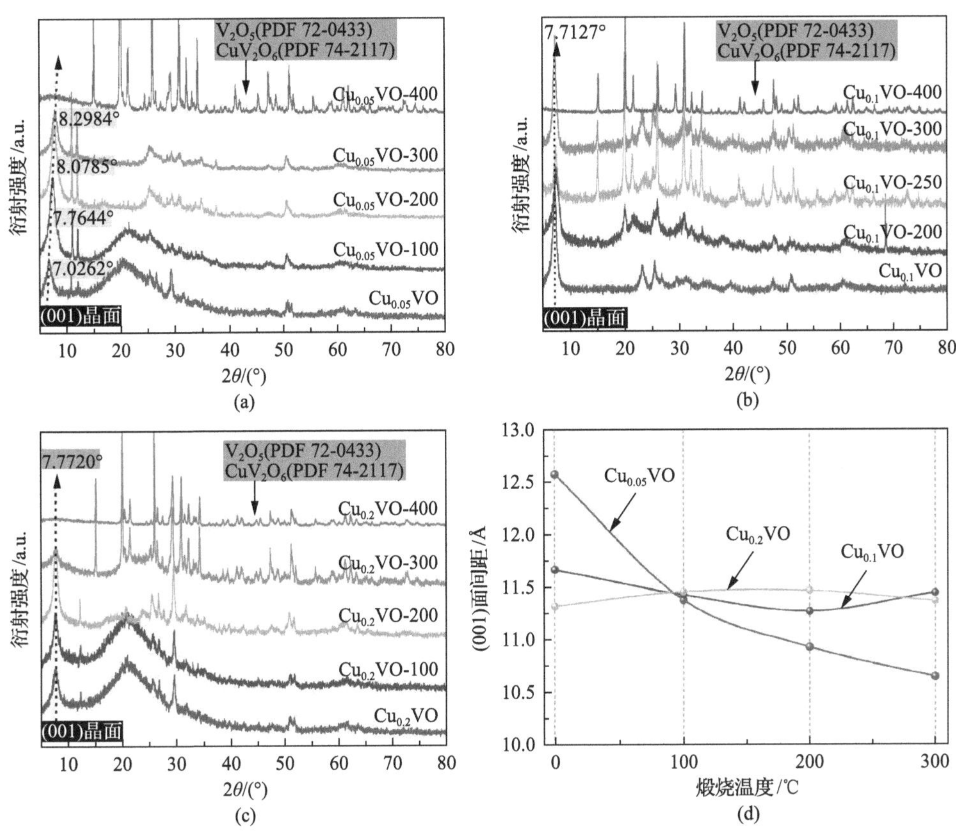

图 13-27　不同热处理温度得到的 CuVO 系列样品的结构表征

(a) $Cu_{0.05}VO$；(b) $Cu_{0.1}VO$；(c) $Cu_{0.2}VO$；(d) (001) 晶面大小的变化

的量并不能显著地扩大其晶面间距。基于以上两点，本工作中用于改性 V_2O_5 层间结构的过渡金属离子嵌入量与 V_2O_5 的化学计量数之比控制为 0.1。

在探究了离子含量、热处理温度的变化后，进一步探究元素种类对产物的影响。选用了不同价态的金属离子(Ag^+、Al^{3+})进行预嵌入，并将所有水热产物(TVO、AgVO、AlVO)在空气中热处理至 600℃(分别标记为 TVO-600、AgVO-600、AlVO-600)，其 XRD 图谱如图 13-28 所示。所有的 TVO-600 与 AlVO 样品，其物相都由 V_2O_5 相与对应金属的钒酸盐($Fe_2(V_4O_{13})$、CoV_2O_6、$Ni_2V_2O_7$、$Mn(V_2O_6)$、ZnV_2O_6、AlV_3O_9)相组成，这证明了金属离子的存在。唯独 AgVO-600 为纯 V_2O_5 相，反映了 Ag^+并不能通过该合成策略实现嵌入。究其原因可以发现，相比 Zn^{2+}、Co^{2+}、Cu^{2+}等金属离子，Ag^+的离子半径较大(表 13-2)。这表明该合成策略在实现金属离子预嵌入 V_2O_5 结构中仍具有普遍适用性。

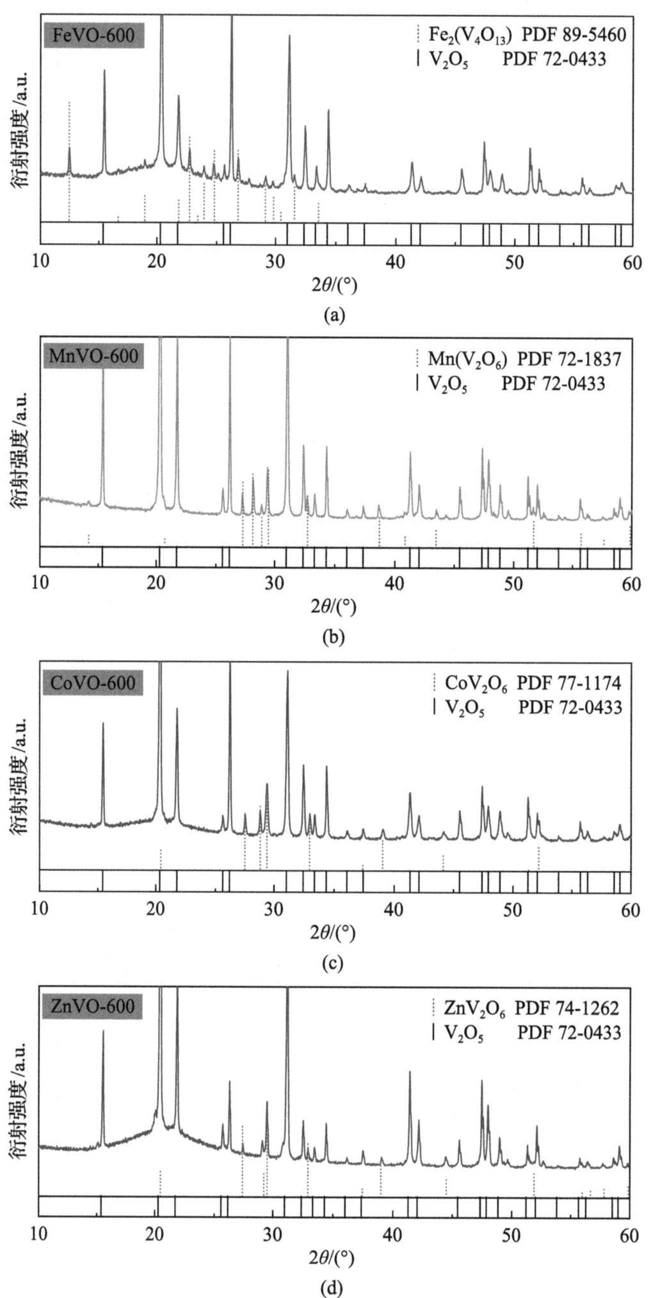
FeVO-600
Fe$_2$(V$_4$O$_{13}$) PDF 89-5460
V$_2$O$_5$ PDF 72-0433
衍射强度/a.u.
2θ/(°)
(a)
MnVO-600
Mn(V$_2$O$_6$) PDF 72-1837
V$_2$O$_5$ PDF 72-0433
(b)
CoVO-600
CoV$_2$O$_6$ PDF 77-1174
V$_2$O$_5$ PDF 72-0433
(c)
ZnVO-600
ZnV$_2$O$_6$ PDF 74-1262
V$_2$O$_5$ PDF 72-0433
(d)

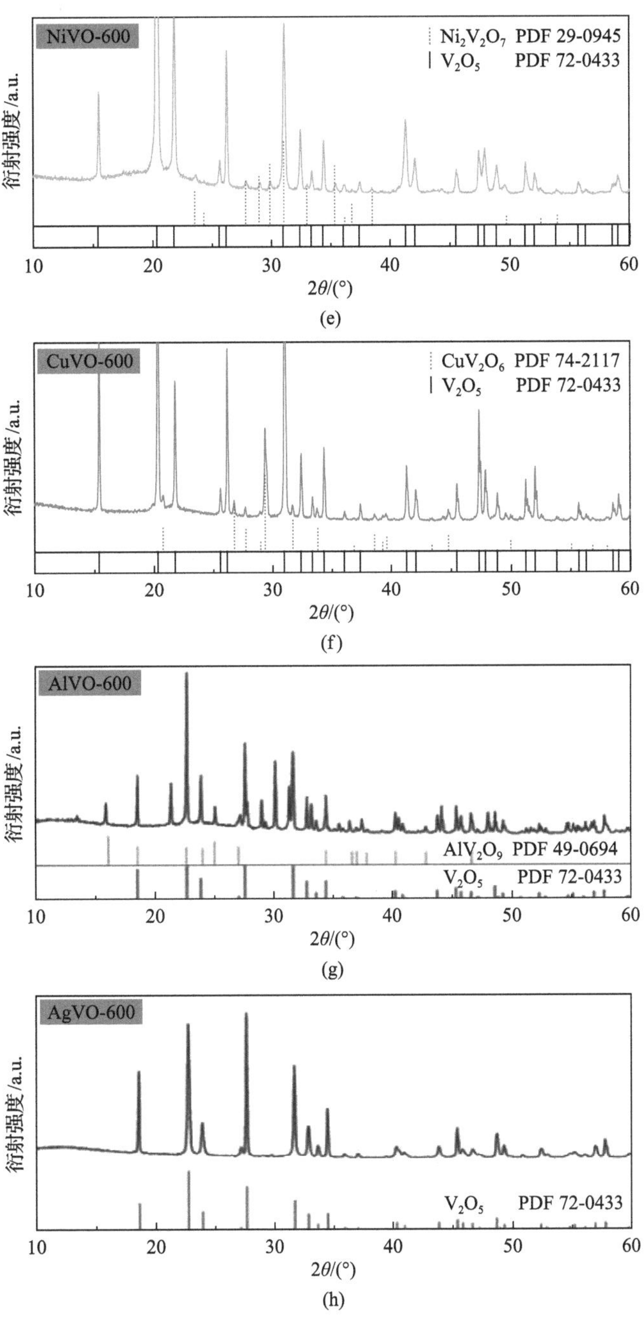

图 13-28　不同样品的 XRD 图谱

(a)～(f) TVO-600；(g) AlVO-600；(h) AgVO-600

表 13-2　预嵌入离子及半径表

原子序数	元素	离子半径/ pm
47	Ag	129 (Ag^+)
26	Fe	69 (Fe^{2+})
27	Co	74.5 (Co^{2+})
28	Ni	69 (Ni^{2+})
25	Mn	67 (Mn^{2+})
30	Zn	74 (Zn^{2+})
29	Cu	73 (Cu^{2+})
13	Al	53.5 (Al^{3+})

5. CuVO 样品定量测量计算与相关分析

CuVO-600 的 XRD 图谱表明其由 CuV_2O_6 与 V_2O_5 两相组成，如图 13-29 所示，采用 Rietved 方案进行精修分析，得到计算图谱与测试图谱的 R 因子数值为 8.69%，表明精修结果高度可信。进一步计算获得该混合相中 CuV_2O_6 与 V_2O_5 的质量分数分别为 84.93%与 15.07%，见表 13-3。采用电感耦合等离子体发射光谱仪(ICP-OES)直接对 CuVO-300 中元素 Cu 与 V 的含量进行直接测量。结果显示元素 Cu 与 V 的质量比为 6.24∶96.9，换算为化学计量数之比约为 0.1∶2.0，即 x 值为 0.1。

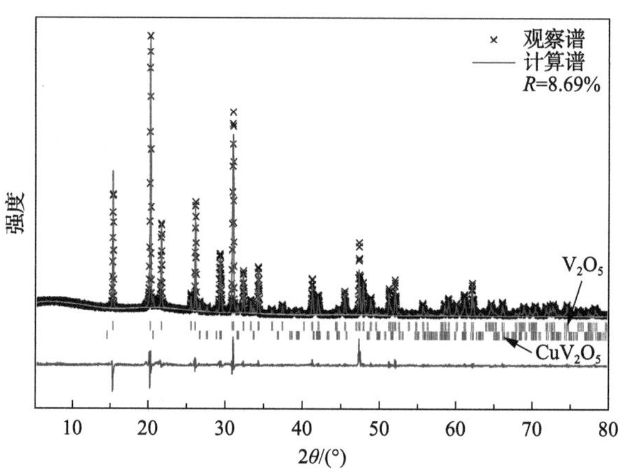

图 13-29　使用 Rietved 精修的 CuVO-600 的 XRD 图谱

表 13-3　XRD 图谱 Rietveld 精修结果得到的 V_2O_5 与 CuV_2O_6 的晶格参数与质量比

样品	晶格常数					相含量/%
	a/nm	b/nm	c/nm	γ/(°)	V/nm^3	
V_2O_5	1.1513	0.3565	0.4372	90.000	0.1795	84.932
CuV_2O_6	0.9177	0.3554	0.6485	91.781	0.1979	15.068

综上，无论是 Li^+ 预嵌入的 LVO-300，还是过渡金属离子预嵌入的 TVO-300 系列物质，其物相都反映了内部具备较大面间距的(001)晶面，微观形貌为纳米片堆叠而成的“棉花状”结构。据以往报道过的水系锌离子电池正极，这两项均能为 Zn^{2+} 的存储创造优势[49, 50]。

13.3.5　电化学性能与动力学分析表征技术和方法

半电池的组装、电化学性能测试和锌离子扩散系数的计算与 13.1.5 节一致，其中半电池电压测试范围为 0.3～1.4V。

13.3.6　电化学性能与动力学分析表征结果与讨论

1. CuVO 的电化学测试结果与分析

CuVO 系列正极的电化学性能与储锌机理研究以具备较大(001)晶面间距的绕 CuVO-300 正极为代表展开，如图 13-30 所示。图 13-30(a)展示了 CuVO-300 正极在 0.1mV/s 扫描速率下的前四次 CV 曲线。由图发现，位于 1.09V/0.96V、0.98V/0.81V 和 0.68V/0.59V 的三对氧化还原峰，预示存在着多步 Zn^{2+} 嵌入/脱出

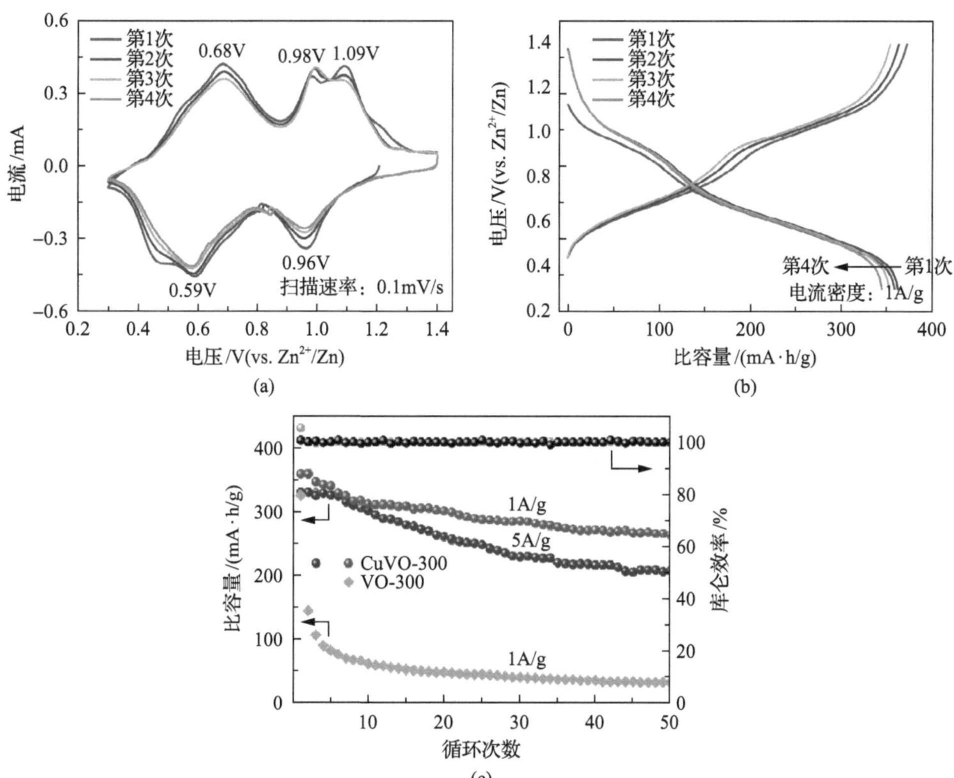

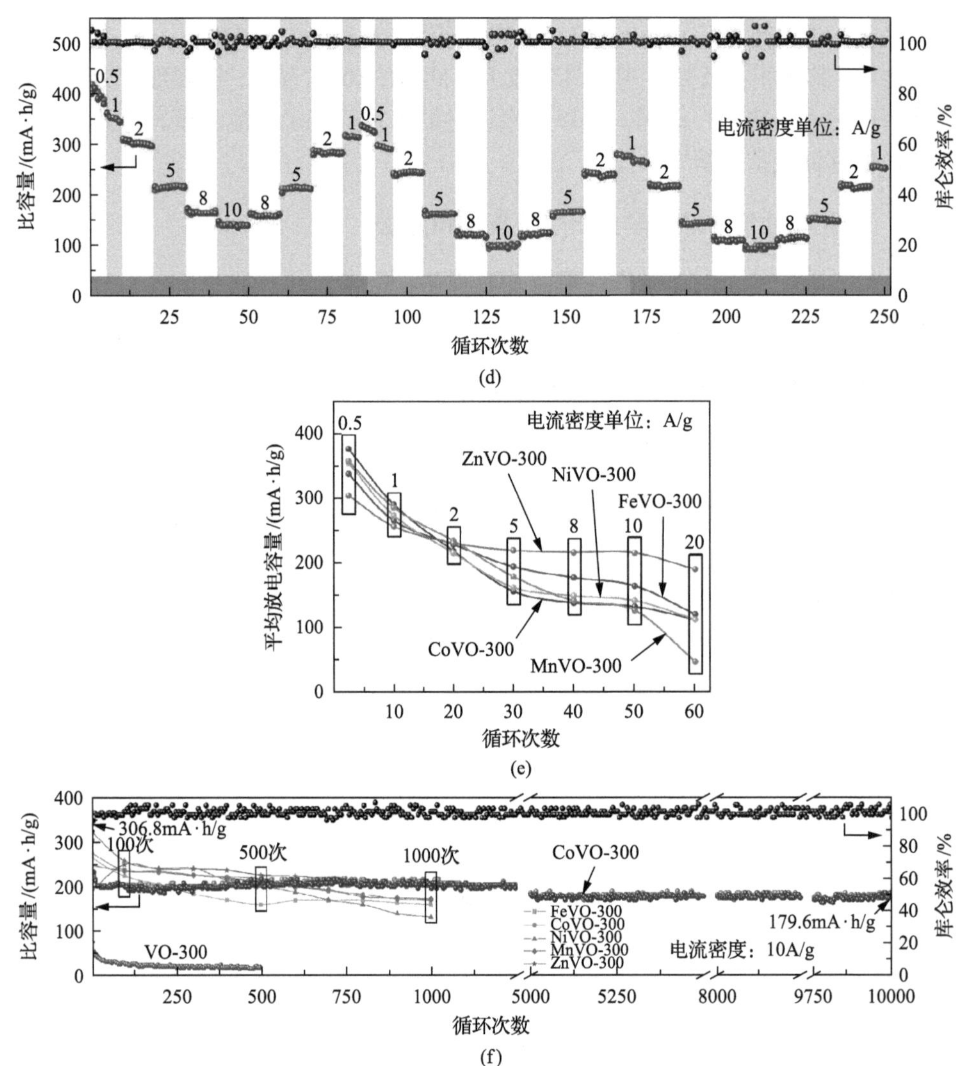

图 13-30　CuVO-300 电极与 TVO-300 电极的电化学性能

CuVO-300 的 CV 曲线(a)与对应恒电流充放电平台(b)；(c)循环性能；(d)倍率性能；TVO-300 系列电极；(e)在 0.5～20A/g 倍率测试下的平均比容量；(f)长循环性能

反应[46]。图 13-30(b)中充放电曲线大致保持相同的形状也反映了该正极在循环初期就具备较好的可逆性与稳定性。进一步对该正极的循环性能进行了测试，如图 13-30(c)所示，在 1A/g、5A/g 电流密度下分别表现出了 359mA·h/g、331mA·h/g 的首次比容量，循环 50 次保持了 264mA·h/g、208mA·h/g 的可逆比容量。低电流密度下 Zn^{2+}缓慢的脱嵌过程加重了其在结构中的残余，导致材料整体正电荷分布加强，阻碍了 Zn^{2+}的进一步嵌入，使比容量衰减[48, 51]。而未含有金属离子的 VO-300 正极由于其内部狭窄的空间与弱导电性，在循环的第 50 次时仅有 33mA·h/g 的可逆比容量[8]。在倍率性能测试中，CuVO-300 在 0.5～10A/g 的电流密度区间内表现出了优异的倍率性能，如图 13-30(d)所示。同时，从图 13-30(e)也可以看出，其他 TVO-300 也展现了很好的倍率性能。进一步评估 CuVO-300 正极的长循环性能，发现在 10A/g 电流密度下，该正极在循环 10000 次后仍能保持 180mA·h/g 的可逆比容量，容量保持率达到 88%(相比稳定时的 204mA·h/g)，如图 13-30(f)所示。其他 TVO-300 正极材料在 1000 次循环测试中也表现出了很好的稳定性。

此外，TVO-300 系列正极也具备较高的能量密度与功率密度，其中 CuVO-300 具有 298W h/kg 的能量密度与 6400W/kg 的功率密度，如图 13-31 所示。

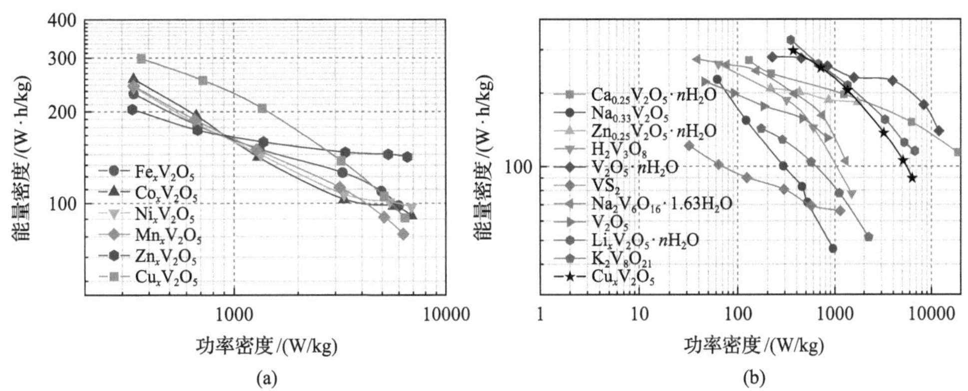

图 13-31　TVO-300 能量密度与功率密度计算及其与其他材料的对比

(a)计算结果；(b)与其他正极材料比较

2. LVO 的电化学测试分析

图 13-32 展示了 LVO-250 正极的电化学性能。其在 1A/g 电流密度下提供了 407.6mA·h/g 的首次比容量，如图 13-32(a)所示。在 0.5～10A/g 内分别表现出 470mA·h/g、386mA·h/g、316mA·h/g、236mA·h/g、190mA·h/g、170mA·h/g 的可逆比容量，如图 13-32(b)所示。在 10A/g 的大电流密度测试中，该正极稳定循环 1000 次后仍有 192mA·h/g 可逆比容量，如图 13-32(c)所示。

3. AgVO-300 和 AlVO-300 的电化学测试分析

制备了 AgVO 与 AlVO 样品，并对这两个物质的电化学性能也进行了测定，如图 13-33 所示。由于 Ag^+的半径过大而无法通过此合成策略实现预嵌入，因而实际为 V_2O_5 相与 Ag 复合的 AgVO-300 表现出较差的可逆比容量与循环稳定性，如图 13-33(a)和(b)所示。而 AlVO-300 中 Al^{3+}离子成功实现了预嵌入，其与 TVO-300 系列正极有着相似的电化学性能表现，如图 13-33(c)和(d)所示。至此，证明了通过预嵌入具备合适尺寸的金属离子(Li^+、Fe^{2+}、Co^{2+}、Al^{3+}等)后，V_2O_5 的内部空间能够得到增加，以此提升其储存 Zn^{2+}的能力。

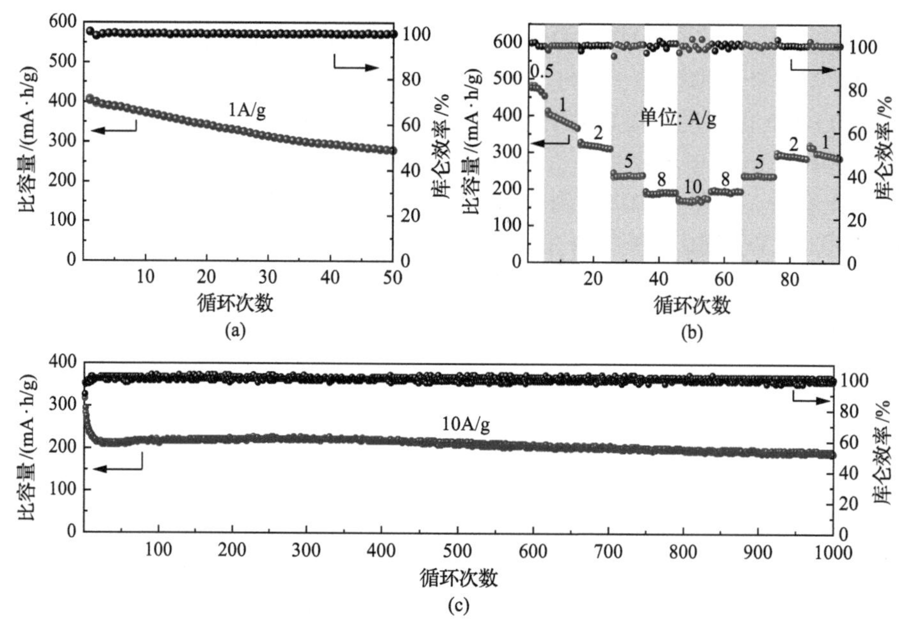

图 13-32　LVO-250 电极的电化学性能

(a) 1A/g 电流密度下的循环性能；(b) 倍率性能；(c) 10A/g 电流密度下的长循环性能

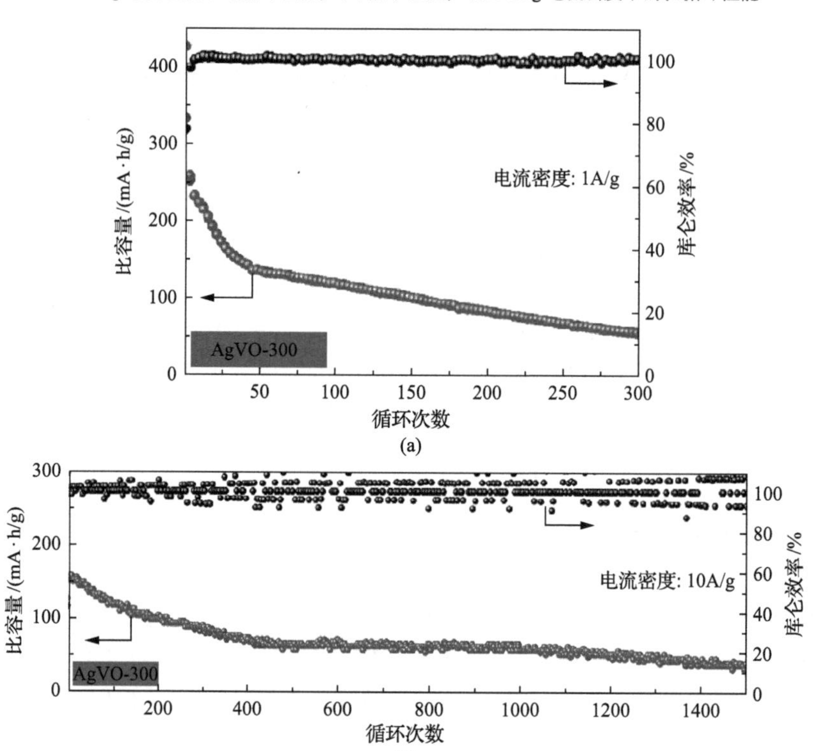

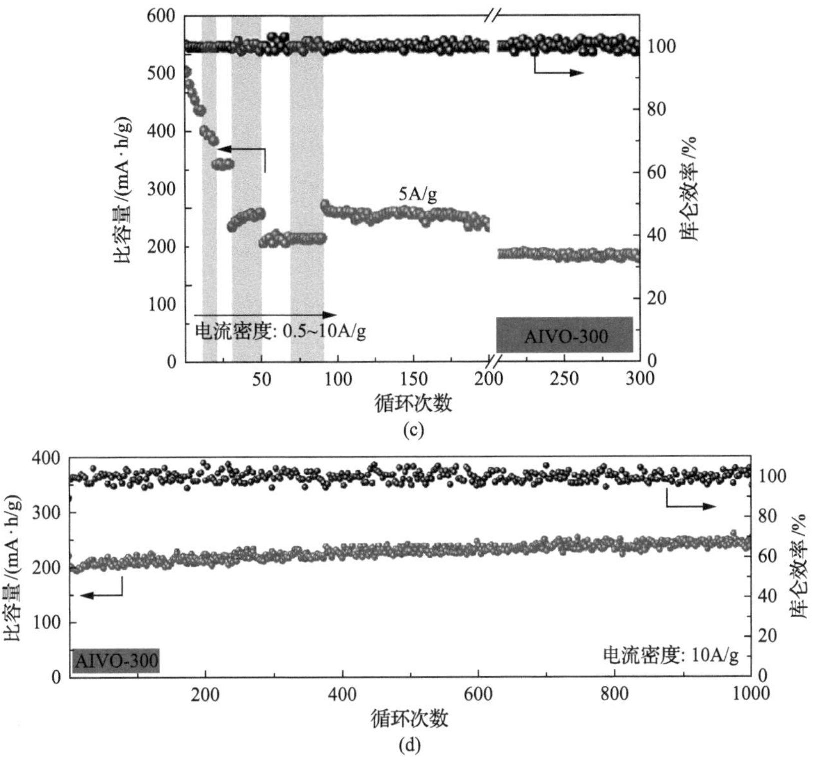

图 13-33　AgVO-300 与 AlVO-300 的电化学性能

AgVO-300：(a) 1A/g 和 (b) 10A/g 电流密度下的循环性能；AlVO：(c) 倍率性能和 (d) 10A/g 电流密度下的循环性能

4. 锌离子扩散系数的测试结果与分析

TVO-300 系列正极都具备优异的电化学性能，进一步从 Zn^{2+}动力学分析以探究其原因。采用恒电流间歇滴定技术(GITT)对循环初期 Zn^{2+}在 TVO-300 正极的固态扩散动力学进行了研究，其测试曲线与计算结果如图 13-34(a)所示。经计算，所有 TVO-300 正极的扩散系数在变化趋势上基本一致，这反映了 TVO-300 中微量离子的种类对 Zn^{2+}嵌入行为的影响较小。在与未嵌入的 VO-300 或其他报道过的水系锌离子电池正极材料的比较下，TVO-300 系列正极表现出较高的扩散系数。该现象的原因在于正极材料中较大的(001)晶面间距撑大了内部空间，进而增强了离子的扩散效率。例如，在 CuVO-300 中，(001)晶面的大小为 11.45Å，如图 13-34(b)所示，相较于传统 V_2O_5 的 5.77Å，扩大了 5.68Å。循环过程中，Zn^{2+}与结合水分子共同嵌入结构中(水合 Zn^{2+}直径为 4.3Å，Zn^{2+}直径为 1.4Å，该空间完全足够)，嵌入后 H_2O 会形成“屏蔽层”，增加了 Zn^{2+}与原始存在其周围的 O^{2-}之间的距离，间接提高了结构内 Zn^{2+}的“活性”，加速了其脱出过程[41, 46, 53]。

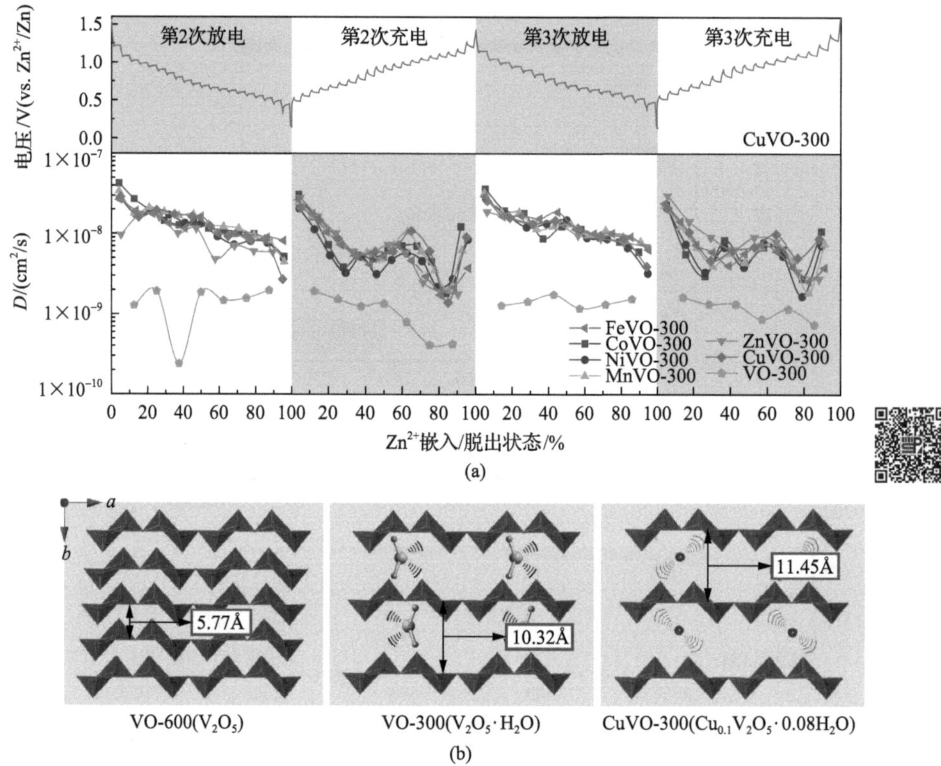

图 13-34 VO 与 TVO 系列样品的扩散系数与结构框架图(彩图扫二维码)

(a) TVO-300、VO-300 的 GITT 曲线与扩散系数(D)的计算结果;

(b) VO-600、VO-300 与 CuVO-300 的晶体结构图

5. 储锌能的机理分析

为了研究 CuVO-300 正极在循环过程中的物相与结构变化，以探究其电化学反应机理，对材料结构进行了系列表征，结果如图 13-35 所示。首先测试了在不同状态下 CuVO-300 正极首次循环的 XRD 图谱，(001) 晶面间距在 Zn^{2+}嵌入的过程中始终保持不变，如图 13-35(a) 所示，这与之前的报道不同，反映了过渡金属离子能为 V_2O_5 提供稳定的结构[2, 8, 40, 46]。位于 8.2°与 12.2°、34.1°、36.3°的衍射峰为 Zn^{2+}的嵌入相 $Zn_{0.25}V_2O_5 \cdot H_2O$ (PDF 86-1238) 与 $Zn_3(OH)_2V_2O_7 \cdot 2H_2O$ (PDF 50-0570)。其中，$Zn_3(OH)_2V_2O_7 \cdot 2H_2O$ 为不可逆相，其形成可归因于嵌入 Zn^{2+}与电解液中的 H_2O 的结合能作用[41, 54]。另外，XPS 图谱显示，在放电过程中，位于 1045.2eV、1022.1eV 的新特征峰出现，对应 Zn^{2+}的 $2p_{1/2}$、$2p_{3/2}$ 轨道，如图 13-35(b) 所示。V^{5+}的 $2p_{1/2}$、$2p_{3/2}$ 特征峰的强度也在完全放电状态下变弱，同时 V^{4+}的信号增强，并伴随着 V^{3+}特征峰出现，如图 13-35(c) 所示。这些变化都在后续的充电过程中基本恢复，反映了该正极具有较好的可逆性。

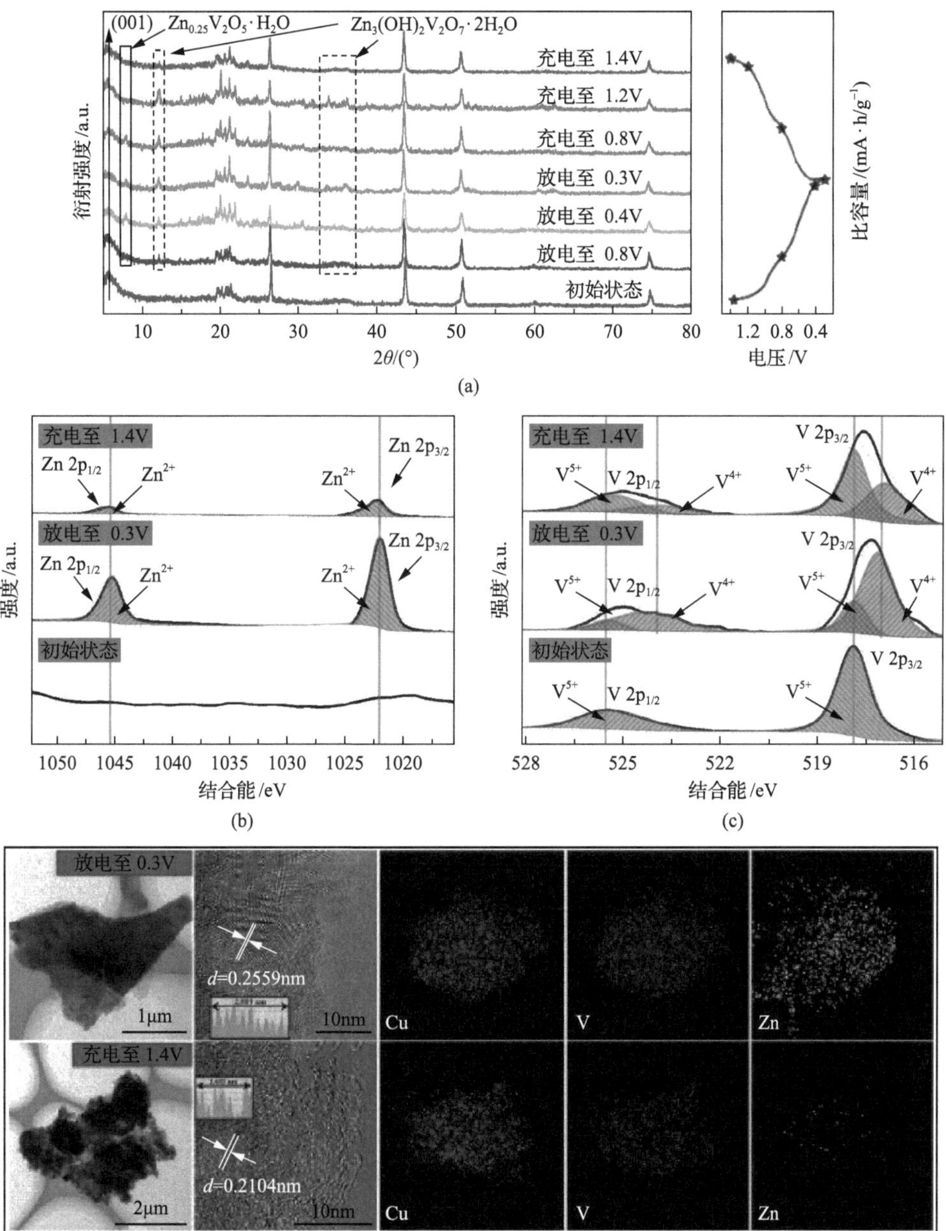
(001)
$Zn_{0.25}V_2O_5 \cdot H_2O$
$Zn_3(OH)_2V_2O_7 \cdot 2H_2O$
充电至 1.4V
充电至 1.2V
充电至 0.8V
放电至 0.3V
放电至 0.4V
放电至 0.8V
初始状态
衍射强度/a.u.
2θ/(°)
比容量/(mA·h/g⁻¹)
电压/V
(a)
Zn 2p1/2
Zn 2p3/2
Zn2+
强度/a.u.
结合能/eV
(b)
V 2p1/2
V 2p3/2
V5+
V4+
(c)
放电至 0.3V
d=0.2559nm
1μm
10nm
充电至 1.4V
d=0.2104nm
2μm
Cu
V
Zn
(d)

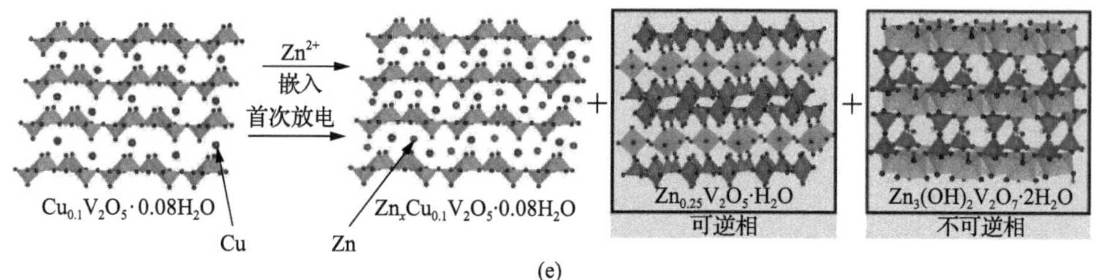

图 13-35　CuVO-300 的储锌机理分析

(a)非原位 XRD 图谱；(b)、(c)非原位 XPS 图谱；(d)TEM、HRTEM、TEM-EDS 元素分布图像；(e)相变示意图

如图 13-35(d)所示，在形貌变化上，CuVO-300 纳米片堆叠的"棉花状"形貌在循环过程中基本得到保持。其($\bar{8}02$)晶面间距在放电后扩大至 0.256nm，并在充电后恢复到 0.210nm。TEM-EDS 元素分布图像反映了 Zn^{2+}在结构中的脱嵌情况。

综合以上分析，CuVO-300 在首次放电中，生成嵌入相 $Zn_xCu_{0.1}V_2O_5·0.08H_2O$、可逆相 $Zn_{0.25}V_2O_5·H_2O$ 与不可逆相 $Zn_3(OH)_2V_2O_7·2H_2O$。在随后的循环中，Zn^{2+}在 $Zn_xCu_{0.1}V_2O_5·0.08H_2O$ 与 $Zn_yCu_{0.1}V_2O_5·0.08H_2O$($y \ll x$)中脱嵌并贡献了大部分可逆容量，$Zn_{0.25}V_2O_5·H_2O$ 也在期间生成并消失。$Zn_3(OH)_2V_2O_7·2H_2O$ 中的 Zn^{2+}由于氢键的作用而难以脱出，在体系中保持稳定[55, 56]。CuVO-300 首次的反应机理示意图如图 13-35(e)所示，其电化学反应过程如下所示。

正极中：

$$(x+0.25)Zn^{2+} + 2\,Cu_{0.1}V_2O_5 \cdot 0.08H_2O + (1-0.08)\,H_2O + 2(x+0.15)\,e^-$$

$$\rightleftharpoons Zn_xCu_{0.1}V_2O_5 \cdot 0.08H_2O + Zn_{0.25}V_2O_5 \cdot H_2O + 0.1Cu^{2+}\ (\text{可逆反应}) \quad (13\text{-}1)$$

$$(x+3)Zn^{2+} + 2Cu_{0.1}V_2O_5 \cdot 0.08H_2O + H_2O + 6OH^- + (2x-0.2)e^- \longrightarrow$$

$$Zn_xCu_{0.1}V_2O_5 \cdot 0.08H_2O + Zn_3(OH)_2V_2O_7 \cdot 2H_2O + 0.1Cu^{2+} + 0.08H_2O\ (\text{不可逆反应}) \quad (13\text{-}2)$$

负极中：

$$Zn \rightleftharpoons Zn^{2+} + 2e^- \quad (13\text{-}3)$$

此外，本节还表征了 CuVO-300 正极与负极金属锌在不同循环次数的 XRD 图谱与 SEM 图像，如图 13-36 所示。首次循环中 CuVO-300 中(001)晶面间距与不可逆相 $Zn_3(OH)_2V_2O_7·2H_2O$ 都在后续的循环中保持稳定，如图 13-26(a)所示。

由锌负极初始状态和不同循环次数后的 SEM 图像可见，金属锌表面也产生了致密且薄的纳米片，并在随后的循环中保持稳定，如图 13-36(b)～(e)所示。同时也未观察到有锌枝晶的产生，证明了该储能体系的稳定性与安全性[40, 57]。

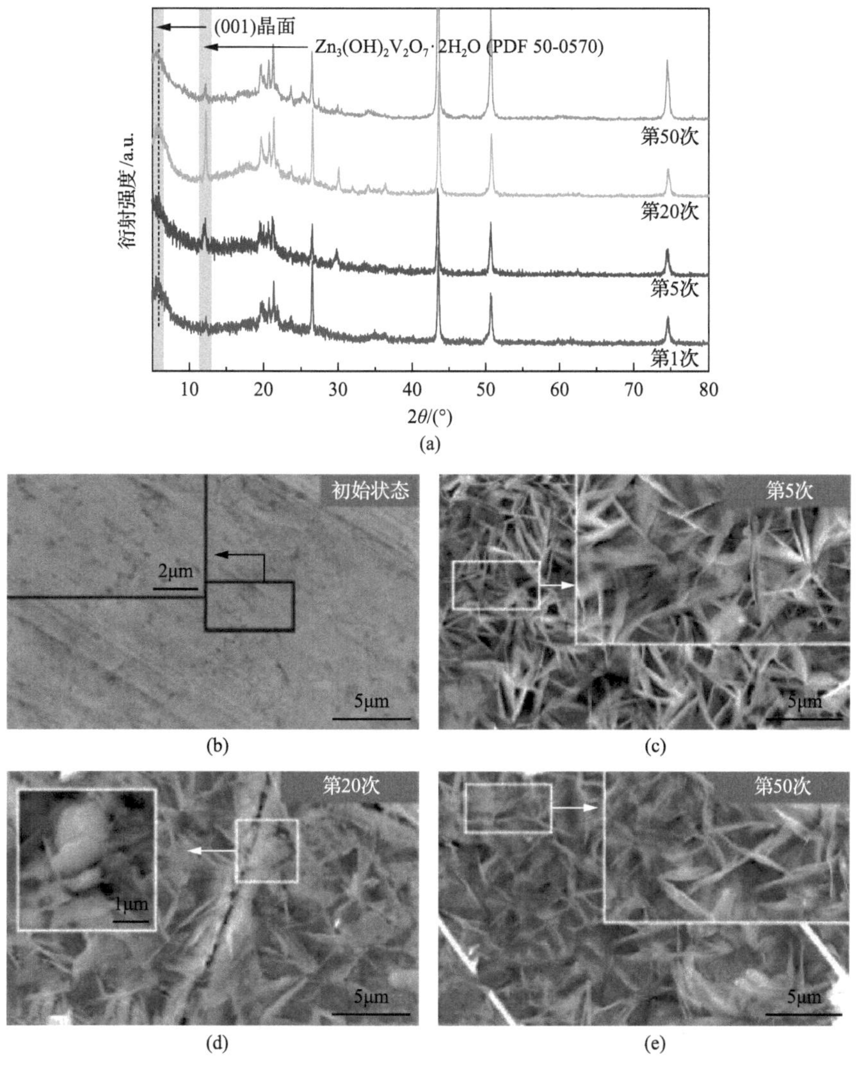

图 13-36　不同循环后电极的结构形貌表征

(a) CuVO-300 的 XRD 图谱；(b)～(e) 负极金属锌的 SEM 图像

13.3.7　小结

通过水热法在 V_2O_5 层间实现了碱金属 Li、过渡金属 Cu、Fe、Co 等金属离子的预嵌入，形成层间预嵌金属离子的 $M_xV_2O_5 \cdot nH_2O$ 材料。由于水分子和金属离子的嵌入，所制备的 $M_xV_2O_5 \cdot nH_2O$ 都具有大于 11Å 的(001)晶面间距。通过调节金属离子的嵌入量和热处理温度，对(001)晶面间距的大小与结构稳定性进行调控。研究表明，当金属离子与 V_2O_5 的化学计量数之比达 0.1 时，足以维持最佳的(001)晶面间距，当比例继续增加时，其晶面间距并不能线性的扩大。另一方面，考虑到层间的结构水会在热处理过程中蒸发流失，导致晶面间距减少，因此热处理温度维持在 250～300℃较为适宜。当 $M_xV_2O_5 \cdot nH_2O$ 被用作水系锌离子电池正极时，表现出了较高的可逆比容量与优异的循环稳定性。例如，$Cu_{0.1}V_2O_5 \cdot 0.08H_2O$ 在 1A/g 电流密度下表现出了 359mA · h/g 的首次比容量，在 10A/g 大电流密度下，经过 10000 次后仍能保持 180mA · h/g 的可逆比容量，容量保持率达到 88%（相比稳定时的 204mA · h/g）。

参 考 文 献

[1] Kundu D, Adams B D, Duffort V, et al. A high-capacity and long-life aqueous rechargeable zinc battery using a metal oxide intercalation cathode[J]. Nat Energy, 2016, 1(8): 16119-16125.

[2] Xia C, Guo J, Li P, et al. Highly stable aqueous zinc-ion storage using a layered calcium vanadium oxide bronze cathode[J]. Angew Chem Int Edit, 2018, 57(15): 3943-3948.

[3] Tang B, Fang G, Zhou J, et al. Potassium vanadates with stable structure and fast ion diffusion channel as cathode for rechargeable aqueous zinc-ion batteries[J]. Nano Energy, 2018, 51(6): 579-587.

[4] Hu P, Zhu T, Wang X, et al. Highly durable $Na_2V_6O_{16}$, $1.63H_2O$ nanowire cathode for aqueous zinc-ion battery[J]. Nano Lett, 2018, 18(3): 1758-1763.

[5] He P, Zhang G, Liao X, et al. Sodium Ion stabilized vanadium oxide nanowire cathode for high-performance zinc-ion batteries[J]. Adv Energy Mater, 2018, 8(10): 1702463.

[6] Tang B, Zhou J, Fang G, et al. Engineering the interplanar spacing of ammonium vanadates as a high-performance aqueous zinc-ion battery cathode[J]. J Mater Chem A, 2019, 7(3): 940-945.

[7] Ming F, Liang H, Lei Y, et al. Layered $Mg_xV_2O_5 \cdot nH_2O$ as cathode material for high-performance aqueous zinc ion batteries[J]. ACS Energy Lett, 2018, 3(10): 2602-2609.

[8] Hu P, Yan M, Zhu T, et al. Zn/V_2O_5 aqueous hybrid-ion battery with high voltage platform and long cycle life[J]. ACS Appl Mater Inter, 2017, 9(49): 42717-42722.

[9] Liu D, Liu Y, Garcia B B, et al. V_2O_5 xerogel electrodes with much enhanced lithium-ion intercalation properties with N_2 annealing[J]. J Mater Chem, 2009, 19(46): 8789-8803.

[10] Liu F, Chen Z, Fang G, et al. V_2O_5 Nanospheres with mixed vanadium valences as high electrochemically active aqueous zinc-ion battery cathode[J]. Nano-Micro Letters, 2019, 11(1): 1-11.

[11] Li H, Zhai T, He P, et al. Single-crystal $H_2V_3O_8$ nanowires: A competitive anode with large capacity for aqueous lithium-ion batteries[J]. J Mater Chem, 2011, 21(6): 1780-1787.

[12] watzky G A, Post D. X-ray photoelectron and auger spectroscopy study of some vanadium oxides[J]. Phy Rev B, 1979, 20(4): 1546-1555.

[13] Liu M, Su B, Tang Y, et al. Recent advances in nanostructured vanadium oxides and composites for energy conversion[J]. Adv Energy Mater, 2017, 7(23): 1700885.

[14] Ma W, Zhang C, Liu C, et al. Impacts of surface energy on lithium ion intercalation properties of V_2O_5[J]. ACS Appl Mater Inter, 2016, 8(30): 19542-19549.

[15] Chao D, Xia X, Liu J, et al. A V_2O_5/conductive-polymer core/shell nanobelt array on three-dimensional graphite foam: A high-rate, ultrastable, and freestanding cathode for lithium-ion batteries[J]. Adv Mater, 2014, 26(33): 5794-5800.

[16] Liang S, Zhou J, Fang G, et al. Synthesis of mesoporous β-$Na_{0.33}V_2O_5$ with enhanced electrochemical performance for lithium ion batteries[J]. Electrochim Acta, 2014, 130(7): 119-126.

[17] Sun Y, Xie Z, Li Y. Enhanced lithium storage performance of V_2O_5 with oxygen vacancy[J]. RSC Adv, 2018, 8(69): 39371-39376.

[18] Wan F, Zhang L, Dai X, et al. Aqueous rechargeable zinc/sodium vanadate batteries with enhanced performance from simultaneous insertion of dual carriers[J]. Nat Commun, 2018, 9(1): 1656-1668.

[19] He P, Quan Y, Xu X, et al. High-performance aqueous zinc-ion battery based on layered $H_2V_3O_8$ nanowire cathode [J]. Small, 2017, 13(47): 1702551-1702563.

[20] Zhang N, Dong Y, Jia M, et al. Rechargeable aqueous Zn-V_2O_5 battery with high energy density and long cycle life [J]. ACS Energy Lett, 2018, 3(6): 1366-1372.

[21] Wang H, Huang K, Huang C, et al. $(NH_4)_{0.5}V_2O_5$ nanobelt with good cycling stability as cathode material for Li-ion battery[J]. J Power Sources, 2011, 196(13): 5645-5650.

[22] Li H Y, Wang L, Wei C, et al. Synthesis of ultralong $(NH_4)_2V_6O_{16}\cdot 1.5H_2O$ nanobelts for application in supercapacitors[J]. Mater Techno, 2015, 30: A109-A114.

[23] Liu Y, Xu M, Shen B, et al. Facile synthesis of mesoporous $NH_4V_4O_{10}$ nanoflowers with high performance as cathode material for lithium battery[J]. J Mater Sci, 2017, 53(3): 2045-2053.

[24] He H, Shang Z, Huang X, et al. Ultrathin $(NH_4)_{0.5}V_2O_5$ nanosheets as a stable anode for aqueous lithium ion battery [J]. J Electrochem Soc, 2016, 163(10): A2349-A2355.

[25] Ottmann A, Zakharova G S, Ehrstein B, et al. Electrochemical performance of single crystal belt-like $NH_4V_3O_8$ as cathode material for lithium-ion batteries[J]. Electrochim Acta, 2015, 174(11): 682-687.

[26] Zhang K F, Zhang G Q, Liu X, et al. Large scale hydrothermal synthesis and electrochemistry of ammonium vanadium bronze nanobelts[J]. J Power Sources, 2006, 157(1): 528-532.

[27] Cao S S, Huang J F, Ouyang H B, et al. A simple method to prepare $NH_4V_3O_8$ nanorods as cathode material for Li-ion batteries[J]. Mater Lett, 2014, 126(3): 20-23.

[28] Xu G, He H, Wan H, et al. Facile synthesis and lithium storage performance of $(NH_4)_2V_3O_8$ nanoflakes[J]. J Appl Electrochem, 2016, 46(8): 879-885.

[29] Madhusudan P, Ran J, Zhang J, et al. Novel urea assisted hydrothermal synthesis of hierarchical $BiVO_4/Bi_2O_2CO_3$ nanocomposites with enhanced visible-light photocatalytic activity[J]. Appl Catal B: Environ, 2011, 110(6): 286-295.

[30] Inoue M, Hirasawa I. The relationship between crystal morphology and XRD peak intensity on $CaSO_4\cdot 2H_2O$[J]. J Cryst Growth, 2013, 380(9): 169-175.

[31] Xu Y, Han X, Zheng L, et al. Pillar effect on cyclability enhancement for aqueous lithium ion batteries: A new material of β-vanadium bronze $M_{0.33}V_2O_5$ (M = Ag、Na) nanowires[J]. J Mater Chem, 2011, 21(38): 14466-14478.

[32] Zhang Q, Pei J, Chen G, et al. Porous $Co_3V_2O_8$ nanosheets with ultrahigh performance as anode materials for lithium ion batteries[J]. Adv Mater Interfaces, 2017, 4(13): 1700054-1700063.

[33] Shin J Y, Samuelis D, Maier J. Sustained lithium-storage performance of hierarchical, nanoporous anatase TiO_2 at high rates: Emphasis on interfacial storage phenomena[J]. Adv Funct Mater, 2011, 21 (18) : 3464-3472.

[34] Fang G, Zhou J, Hu Y, et al. Facile synthesis of potassium vanadate cathode material with superior cycling stability for lithium ion batteries[J]. J Power Sources, 2015, 275 (11) : 694-701.

[35] Shaju K M, Subba Rao G V, Chowdari B V R. EIS and GITT studies on oxide cathodes, O2-$Li_{(2/3)+x}(Co_{0.15}Mn_{0.85})O_2$ (x=0 and 1/3) [J]. Electrochim Acta, 2003, 48 (18) : 2691-2703.

[36] Aricò A S, Bruce P, Scrosati B, et al. Nanostructured materials for advanced energy conversion and storage devices [J]. Nat Mater, 2005, 4 (12) : 366-378.

[37] Conway B E, Birss V, Wojtowicz J. The role and utilization of pseudocapacitance for energy storage by supercapacitors[J]. J Power Sources, 1997, 66 (1) : 1-14.

[38] Fang G Z, Wu Z X, Zhou J, et al. Observation of pseudocapacitive effect and fast ion diffusion in bimetallic sulfides as an advanced sodium-ion battery anode[J]. Adv Energy Mater, 2018, 8 (19) : 1703155.

[39] Yan M, He P, Chen Y, et al. Water-lubricated intercalation in $V_2O_5 \cdot nH_2O$ for high-capacity and high-rate aqueous rechargeable zinc batteries[J]. Adv Mater, 2018, 30 (1) : 1703725.

[40] Kundu D, Adams B D, Duffort V, et al. A high-capacity and long-life aqueous rechargeable zinc battery using a metal oxide intercalation cathode[J]. Nat. Energy, 2016, 1 (10) : 16119.

[41] Soundharrajan V, Sambandam B, Kim S, et al. $Na_2V_6O_{16} \cdot 3H_2O$ barnesite nanorod: An open door to display a stable and high energy for aqueous rechargeable Zn-ion batteries as cathodes[J]. Nano Lett, 2018, 18 (4) : 2402-2410.

[42] Guo X, Fang G, Zhang W, et al. Mechanistic insights of Zn^{2+} storage in sodium vanadates[J]. Adv Energy Mater, 2018, 8 (27) : 1801819.

[43] Jo J H, Sun Y K, Myung S T. Hollandite-type Al-doped $VO_{1.52}(OH)_{0.77}$ as a zinc ion insertion host material[J]. J Mater Chem A, 2017, 5 (18) : 8367-8375.

[44] Pang Q, Sun C, Yu Y, et al. $H_2V_3O_8$ nanowire/graphene electrodes for aqueous rechargeable zinc ion batteries with high rate capability and large capacity[J]. Adv Energy Mater, 2018, 8 (19) : 1800144.

[45] Huang J, Wang Z, Hou M, et al. Polyaniline-intercalated manganese dioxide nanolayers as a high-performance cathode material for an aqueous zinc-ion battery[J]. Nat Commun, 2018, 9 (1) : 2906-2916.

[46] Yan M, He P, Chen Y, et al. Water-lubricated intercalation in $V_2O_5 \cdot nH_2O$ for high-capacity and high-rate aqueous rechargeable zinc batteries[J]. Adv Mater, 2018, 30 (1) : 1703725.

[47] Yang Y, Tang Y, Liang S, et al. Transition metal ion-preintercalated V_2O_5 as high-performance aqueous zinc-ion battery cathode with broad temperature adaptability[J]. Nano Energy, 2019, 61: 617-625.

[48] He P, Zhang G B, Liao X B, et al. Sodium ion stabilized vanadium oxide nanowire cathode for high-performance zinc-ion batteries[J]. Adv Energy Mater, 2018, 8 (10) : 1702463-1702476.

[49] Liu C, Neale Z, Zheng J, et al. Expanded hydrated vanadate for high-performance aqueous zinc-ion batteries[J]. Energ Environ Sci, 2019, 12 (7) : 2273-2285.

[50] Konarov A, Voronina N, Jo J H, et al. Present and future perspective on electrode materials for rechargeable zinc-ion batteries[J]. ACS Energy Lett, 2018, 3 (10) : 2620-2640.

[51] He P, Quan Y, Xu X, et al. High-performance aqueous zinc-ion battery based on layered $H_2V_3O_8$ nanowire cathode [J]. Small, 2017, 13 (47) : 1702551.

[52] Yang Y, Tang Y, Fang G, et al. Li^+ intercalated $V_2O_5 \cdot nH_2O$ with enlarged layer spacing and fast ion diffusion as an aqueous zinc-ion battery cathode[J]. Energ Environ Sci, 2018, 11 (11) : 3157-3162.

[53] Hu P, Zhu T, Wang X, et al. Highly durable $Na_2V_6O_{16}\cdot 1.63H_2O$ nanowire cathode for aqueous zinc-ion battery[J]. Nano Lett, 2018, 18(3): 1758-1763.

[54] Jo J H, Sun Y K, Myung S T. Hollandite-type Al-doped $VO_{1.52}(OH)_{0.77}$ as a zinc ion insertion host material[J]. J Mater Chem A, 2017, 5(18): 8367-8375.

[55] Qin H, Yang Z, Chen L, et al. A high-rate aqueous rechargeable zinc ion battery based on the VS_4@rGO nanocomposite[J]. J Mater Chem A, 2018, 6(46): 23757-23765.

[56] Xia C, Guo J, Lei Y, et al. Rechargeable aqueous zinc-ion battery based on porous framework zinc pyrovanadate intercalation cathode[J]. Adv Mater, 2018, 30(5): 462-474.

[57] Wang F, Borodin O, Gao T, et al. Highly reversible zinc metal anode for aqueous batteries[J]. Nat Mater, 2018, 17(6): 543-549.